Schimmelpilz-Handbuch

Schimmelpilz-Handbuch

Praxiswissen zu Schimmelpilz-schäden in Gebäuden

- Mikrobiologie + Gesundheit
- Bautechnik + Arbeitsschutz
- Versicherung, Bewertung + Recht

herausgegeben von

Dipl.-Ing. (FH) Architektin Irina Kraus-Johnsen, Hamburg

bearbeitet von

Dr. Ernst J. Baumann
Dipl.-Chem. Wolfhard Böttcher
Dipl.-Ing. Andrea Bonner
Tobias Doll
Dr. Sven Dreher
Dr. Dr. med. Thomas Fenner
RA Lutz D. Fischer
Dipl.-Ing. (FH) Ekkehard Flohr
Dr. rer. nat. Lothar Grün
Mario Hänseler
Dipl.-Biol. Dr. Tobias Huckfeldt
RA Jochen Kern
Dr. rer. nat. Klaus Klus
Dr. sc. agr. Uwe Koop
Dipl.-Ing. (FH) Architektin Irina Kraus-Johnsen
Glenn Lange
Dipl.-Ing. (FH) Arndt Lubrich
Dipl.-Inf.-Wirt, M. Sc. Judith Meider
Frank B. Peters
Prof. Dr. Andreas O. Rapp
Michael K. Resch
Dipl.-Biol. Nicole Richardson
Dr. rer. nat. Dipl.-Biol. Christoph Trautmann
Dipl.-Ing. Daniela Unglaube
Dr. Kerttu Valtanen
Ina Viebrok-Hörmann
Dr. Thomas Warscheid
Dr. Robby Wegner
Prof. Dipl.-Ing. Matthias Zöller

2., aktualisierte Auflage

Reguvis

Bibliografische Information der Deutschen Nationalbibliothek
Die Deutsche Nationalbibliothek verzeichnet diese Publikation in der Deutschen Nationalbibliografie; detaillierte bibliografische Daten sind im Internet über http://dnb.d-nb.de abrufbar.

Reguvis Fachmedien GmbH
Amsterdamer Str. 192
50735 Köln

service@reguvis.de

www.reguvis.de

ISBN (Print): 978-3-8462-1450-3

ISBN (E-Book): 978-3-8462-1451-0

Satz: Cicero Computer GmbH, Bonn
Druck und buchbinderische Verarbeitung: Appel & Klinger Druck und Medien GmbH, Schneckenlohe

Printed in Germany

Vorwort

Liebe Leserinnen, liebe Leser,

tempora mutantur – die Zeiten ändern sich …!

Vor nunmehr fast sechs Jahren, als die erste Auflage des Schimmelpilz-Handbuchs veröffentlicht wurde, war die Welt eine andere. Seither hat sich vieles in unserem Leben zum Teil drastisch verändert.

Seit Ende 2019 müssen wir mit dem Corona-Virus umgehen. Das hat auch Auswirkungen auf die Wohnbedingungen gehabt: Während der Lockdowns haben viele Erwerbstätige von zu Hause aus arbeiten müssen und Kinder durften nicht in Schulen und Kindergärten gehen. Man hielt sich dadurch viel länger zu Hause auf als gewöhnlich. Diese verordnete Reduktion auf das häusliche Umfeld hatte zum Teil dramatische Folgen. In zahlreichen Wohneinheiten entstanden Feuchteschäden, die es vor den Lockdowns noch nicht gab. Flapsig könnte man von „Corona-Schimmel" sprechen.

Nicht genug damit. Der Angriff Russlands auf die Ukraine hat zu einer globalen Energiekrise bisher unbekannten Ausmaßes geführt. Die Folgen sind für uns alle spürbar. Preise für Gas, Strom, Kraftstoff schossen in die Höhe. Im Sommer 2022 rief die Bundesregierung ihre Bürger und Firmen zum Energiesparen auf. Ab dem 01.09.2022 traten Verordnungen in Kraft, die Energiesparmaßnahmen zur Pflicht machten und alle Bereiche der Republik betrafen. Die Raumtemperaturen in öffentlichen Gebäuden und Büros sollten heruntergesetzt werden und die Bürger waren aufgerufen, auch die zum Teil mietvertraglich vorgegebenen einzuhaltenden Raumtemperaturen aus Energiespargründen zu reduzieren.

Die Preissteigerungen bei der Energieversorgung haben viele Bürger zusätzlich dazu veranlasst, die Beheizung ihrer Wohnungen auf ein Mindestmaß zu reduzieren. Dies alles hat die Schimmelpilzproblematik in Innenräumen in den vergangenen Heizperioden verschärft. Vor diesem Hintergrund ist damit zu rechnen, dass die Zahl der notwendigen Schimmelpilzsanierungsmaßnahmen in den nächsten Jahren hoch bleiben wird.

Die Kenntnisse in der Bevölkerung über bauphysikalische Zusammenhänge und Schimmelpilzbildung sind weiterhin zu gering. Der Bedarf zur diesbezüglichen Aufklärung der Gebäudenutzer und Gebäudeeigentümer ist daher groß.

Vor diesem Hintergrund ist es umso wichtiger, dass das Schimmelpilz-Handbuch überarbeitet wurde und Ihnen damit ein aktuelles Arbeitsmittel zur Verfügung steht. In der 2. Auflage sind nicht nur die Beiträge an die aktuellen Regelwerke und Erkenntnisse angepasst worden. Es ist auch ein Artikel über den Einsatz von Schimmelspürhunden bei der Schimmelpilzdetektion neu in das Buch aufgenommen worden. Der Beitrag zur Optischen Bau-Forensik wurde zudem deutlich erweitert.

Es ist spannend zu sehen, was sich in den verschiedenen Bereichen getan hat!

Abschließend noch ein allgemeiner Hinweis: Zur Verbesserung der Lesbarkeit verzichten wir in diesem Buch auf eine Genderisierung. Sämtliche Personenbezeichnungen gelten gleichermaßen für Menschen aller Geschlechtszugehörigkeiten.

Hamburg, im März 2024 Irina Kraus-Johnsen

Inhalt

Teil 4: Schimmelpilzsanierung und Präventionsmaßnahmen

Teil 5: Schimmelpilzschäden im Versicherungsfall

Teil 6: Rechtliche Bewertung von Schimmelpilzschäden

Teil 7: Schimmelpilzschäden bei der Immobilienbewertung

Teil 1:

Schimmelpilze und Bakterien in Gebäuden

1 Baukonstruktion und Mikrobiologie als Ursache für Schimmelpilzbildung

Prof. Dipl.-Ing. Matthias Zöller, Dr. Thomas Warscheid

Inhalt

1.1 Ausgangssituation

Schimmelpilze bilden einen wichtigen, nicht zu unterschätzenden ökologischen Bestandteil in der natürlichen wie auch anthropogenen Umwelt, ob als wichtiges Kettenglied im Kohlenstoffkreislauf, unverzichtbare Grundlage vieler Lebensmittel und Pharmazeutika oder als biotechnologische Anwendung bei der Schadstoffinstandsetzung. Wachsen sie aber auf Baustoffen und Beschichtungen in Wohn- und Arbeitsräumen, sind sie sowohl aus ästhetischen als auch aus gesundheitlichen Gründen unerwünscht.

In Innenräumen kann ein günstiges Umfeld für Schimmelpilze durch Feuchte und Nährstoffangebot bestehen. Um Maßnahmen gegen bestehenden Schimmelpilzbewuchs ergreifen sowie Strategien zu dessen Vermeidung entwickeln zu können, sind die grundsätzlichen mikrobiellen Wachstumsbedingungen auf Baustoffen und Beschichtungen zu klären. Die Bewertung der baulichen und ökologischen Zusammenhänge bildet die Grundlage einer Wiederherstellung der Gebrauchstauglichkeit durch eine fachgerechte Instandsetzung. Das bedeutet, dass eine Instandsetzung bei Schimmelpilzschäden in Wohnräumen oder ähnlich genutzten Räumen nicht auf die vollständige Beseitigung allen mikrobiellen Bewuchses hinarbeiten kann, wie das bei Reinraumbedingungen z.B. in sensiblen Bereichen von Krankenhäusern oder in Wohnräumen von hypersensiblen Personen erforderlich ist. Patienten mit Immunsuppression zählen nicht zur Personengruppe, für die der übliche Zustand von Wohnräumen geeignet ist. Die allgemeine (und nicht die in besonderen Situationen anzunehmende) Gebrauchstauglichkeit zielt auf einen hygienischen Zustand ab, der üblicherweise vor einem bestimmten Schadensereignis vorgelegen hat oder dieses anzunehmen ist.

1.2 Ursachen von Schimmelpilzbildungen

Neben der seit vielen Jahren diskutierten Hauptursache von Feuchtigkeitsangebot in Kapillarporen oder auf Bauteiloberflächen gibt es in der Baupraxis häufig keine Schimmelpilzbildung, obwohl die Rahmenbedingungen bezüglich des Feuchtigkeitsangebots gegeben sind. Andererseits kann es zu Schimmelpilzbildungen kommen, obwohl diese Rahmenbedingungen nicht gegeben sind. Nur aufgrund der baukonstruktiven und bauphysikalischen Situation kann also nicht mit ausreichendem Sicherheitsgrad prognostiziert werden, ob Schimmelpilze wachsen werden oder nicht.

Dabei nimmt die Wahrscheinlichkeit von Schimmelpilzbildungen durch sorptive Feuchtigkeit an inneren Oberflächen von Außenbauteilen mit dem immer besseren Wärmeschutz stetig ab. Guter Wärmeschutz sorgt für höhere Temperaturen an den Innenseiten der wärmeübertragenden Hüllfläche, sodass das bislang als wesentlich beschriebene Kriterium der 80 % relative Luftfeuchtigkeit an Relevanz verliert. Untersuchungen des Aachener Instituts für Bauschadensforschung[1] haben gezeigt, dass sich vor und nach der energetisch bedeutsamen Wärmeschutzverordnung 1995 die Wahrscheinlichkeit von Schimmelpilzbildung nicht geändert hat. Allerdings sind nicht nur die Streitfällen zugrunde liegenden und häufig diskutierten Rahmenbedingungen aus einem zu geringen Wärmeschutz Ursache von Schimmelpilzbewuchs. Bei der breit aufgestellten Untersuchung wurden alle Formen von Schimmelpilzbildungen berücksichtigt, also vom kleinsten Schimmelfleck an der Dichtstofffuge in der Dusche eines Badezimmers bis zu größeren, von Schimmelpilzen bewachsenen Flächen. Die Schadensquote aller Schimmelpilzbildungen wurde unabhängig vom Baujahr mit ca. 9 % aller Wohnungen festgestellt. Etwa ein Drittel davon beruht auf zu geringem Wärmeschutz mit einem Anteil von insgesamt ca. 3 %. Durch die weitere Steigerung der Anforderungen an den Wärmeschutz geht dieser Anteil zurück.

Neben den baulichen Bedingungen verbleibt der Aspekt der Raumluftqualität. Dabei stellt sich mittlerweile die Frage, ob raumlufttechnische Anlagen installiert werden müssen, die nutzerunabhängig einen ausreichenden Luftwechsel sicherstellen oder ob Nutzer, die nur bei Anwesenheit wesentliche Mengen von Feuchtigkeit produzieren, auch für deren Ableitung zu sorgen haben. Dabei hat sich für Neubauten mit sehr wirksamen Luftdichtheitsmaßnahmen und entsprechend geringen natürlichen Infiltrationsraten die Installation von Außenluftdurchlässen oder anderen raumlufttechnischen Anlagen etabliert, mit denen kontinuierlich für einen hygienischen Basisraumluftwechsel gesorgt und die Notwendigkeit von Fensterlüftung reduziert wird.

In diesem Beitrag wird beleuchtet, dass trotz der für die baulichen Raumhygiene günstiger werdenden Rahmenbedingungen mit verbessertem Wärmeschutz und mittlerweile schon fast üblichen Anlagen zur nutzerunabhängigen Lüftung bzw. Unterstützung derselben

1 Oswald, R., Liebert, G., Spilker, R. Schimmelpilzbefall bei hochwärmegedämmten Neu- und Altbauten. Bauforschung für die Praxis, Band 84, IRB-Verlag, Stuttgart, 2008.

dennoch Schimmelpilzbildungen nicht immer zu vermeiden sind und dass mittlerweile die Bedeutung weiterer Faktoren zunimmt. Dazu zählt auch der weitere Aspekt der Raumhygiene, nämlich die Reinigung von Oberflächen innerhalb von Wohnungen.

Schutzziel ist eine nicht gesundheitsschädigende Innenraumhygiene. Diese kann durch Schimmelpilzbildungen an gegenüber Innenräumen offenen Bauteilflächen eingeschränkt sein. Anders verhält sich eventueller mikrobieller Bewuchs innerhalb von Bauteilschichten, die sich nicht auf Innenräume auswirken. Näheres dazu enthält Kapitel 1.7.1.

1.3 Verantwortlichkeiten

Kommt es zu Schimmelpilzbefall, stellt sich die Frage, worauf dieser zurückzuführen ist. Gerichtliche Streitfälle beruhen regelmäßig auf Anspruchsverhältnissen, also auf berechtigten oder vermeintlichen Ansprüchen von Mietern gegenüber Eigentümer, Versicherungsnehmer gegenüber Versicherer oder Käufer gegenüber Verkäufer. Den Anspruchsverhältnissen liegen jeweils vertragliche Inhalte zugrunde, die jeweils danach zu prüfen sind, ob sich Ursache(n) aus dem vertraglichen Gegenstand ergeben oder ob andere Sachverhalte zur Schimmelpilzbildung geführt haben.

Mieter werden sich nur gegenüber Eigentümern durchsetzen können, wenn der vertragliche Gegenstand, die angemietete Wohnung oder das angemietete Haus, eine Beschaffenheit aufweist, die auch bei üblicher Nutzung zwangsläufig zu Schimmelpilzwachstum führen muss. Vergleichbar sind die Anspruchsverhältnisse von Käufern gegenüber Verkäufern. Allerdings bestehen Unterschiede zwischen dem Erwerb von Neubauwohnungen und dem von Gebrauchtimmobilien, weil (private) Verkäufer (mit Ausnahmen) nicht für Fehler am Gebäude haften. Versicherungsnehmer begründen ihre Ansprüche auf versicherte Ereignisse, etwa versicherte Folgen von Undichtheiten von wasserführenden Leitungen unter der Voraussetzung, dass die übliche Vorsorge zur Vermeidung solcher Schäden getroffen wurde.

Beruhen Schimmelpilze auf z.B. zu hoher relativer Raumluftfeuchtigkeit, lassen sich Fehler bei der Nutzung einer Immobilie gegenüber Verkäufern oder Vermietern üblicherweise nur dann durchsetzen, wenn gegen Schimmelpilzbildung gedachte Lüftungseinrichtungen erforderlich sind, diese von den Nutzern richtig bedient wurden, aber fehlerbehaftet sind. Sind Ursachen von Schimmelpilzbildungen auf die Möblierung der Räume zurückzuführen, stellt sich die Frage, ob die Anordnung der Möblierung bereits vertraglich z.B. durch fehlende Alternativen oder durch eine planerische Annahme so vorgesehen war oder ob ein reiner Möblierungs- und damit Nutzungsfehler vorliegt.

Die Analyse zur Ursache von Schimmelpilzbildung ist meistens sehr komplex, da selten nur eine einzige Ursache, sondern sich überlagernde Bedingungen vorliegen. Das wiederum führt dazu, dass derjenige, der sich mit den Ursachen beschäftigt, den dazu erforderlichen Aufwand in Relation zum tatsächlichen Problem sehen muss, damit die Verhältnismäßigkeit zwischen Ursachenfeststellung und Problemlösung gewahrt bleibt – es sei denn, dass die Betroffenen – möglicherweise auch unvernünftigerweise – etwas anderes wollen.

1.4 Ursachen von Feuchtebelastungen in Gebäuden

Die Ansiedlung und das Wachstum von Mikroorganismen hängen stark von der Feuchtigkeit ab. In Gebäuden kann diese auf

- Bau(rest)feuchte, also Materialfeuchte der Baustoffe (z.B. Neubaufeuchte, Abb. 1),
- Raumfeuchte resultierend aus zu geringer Beheizung und Luftbewegung im Raum (z.B. erhöhte Nutzungsfeuchte, unzureichende Lüftung, zu dicht vor Außenwänden gestelltes Mobiliar ohne Hinterströmung, Abb. 2),
- hohe Sorptionsfeuchtegehalte oder gar Tauwasser an kühlen Oberflächen (z.B. an Wärmebrücken, Abb. 3),
- unzureichende Absorption von Feuchte an Oberflächen (z.B. nicht saugende Oberflächen, geringer Porenraum, Abb. 3),
- Wasserschäden aufgrund fehlerhafter Abdichtung, Leitungswasserschäden oder Überschwemmungen (Abb. 4),
- dem umgebenden Makroklima am Objekt (z.B. Nebelbildung, Vegetation)

beruhen.

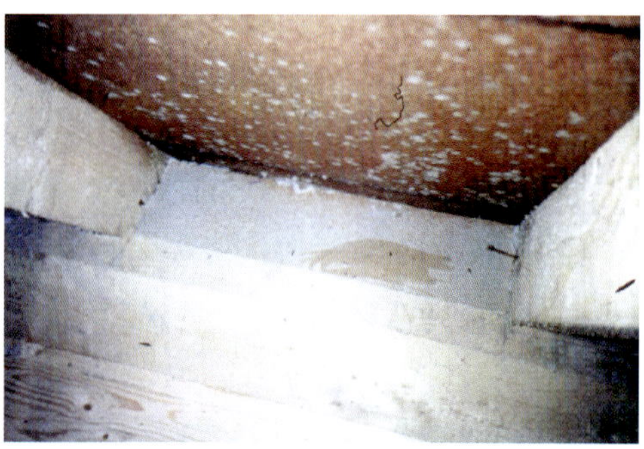

Abb. 1: Neubaufeuchte

Abb. 2: Nutzungsfeuchte

Abb. 3: Geringe Absorption von Feuchtigkeit an Bauteiloberfläche an Wärmebrücke

Abb. 4: Leitungswasserschaden

Quellen für alle Fotos: Dr. Thomas Warscheid

Denkbare Ursachen fasst der UBA-Leitfaden im Ursachenbaum in Anlage 3 zusammen (siehe Abb. 5).

Abb. 5: Ursachenbaum für Schimmelbildung auf Bauteilen[2]

2 Quelle: UBA-Leitfaden zur Vorbeugung, Erfassung und Sanierung von Schimmelbefall in Gebäuden („Schimmelleitfaden"), Umweltbundesamt Berlin 2017.

Der UBA-Ursachenbaum setzt als Ursache von Schimmelpilzbildungen primär das Angebot von Feuchtigkeit voraus. Dabei wird nach den möglichen Ursachensphären differenziert, ob sich Feuchtigkeit aus der Innenraumluft an den Innenseiten von Außenbauteilen bildet, ob Feuchtigkeitsquellen innerhalb der Bauteile durch z.B. undichte wasserführende Leitungen vorliegen oder witterungsbedingte Feuchteereignisse gegeben sind.

Um Schimmelpilzwachstum im Innenraum zu vermeiden, vertraute man bislang auf das „80 % r.F. Kriterium" als einen „praktikablen Grenzwert" (z.B. in DIN 4108-2[3]). Wie oben bereits ausgeführt, reicht diese Betrachtung im modernen Wohnungsbau nicht aus, da der heute übliche energetische Wärmeschutz zu hohen inneren Oberflächentemperaturen führt, bei denen dieses Kriterium keine Rolle mehr spielt. Schimmelpilze dürften dort auch bei sonst für sie günstigen Rahmenbedingungen eigentlich nie wachsen. Daher drängt sich die Frage nach anderen, möglichen Ursachen auf.

Gegenüber den vorhergehenden Fassungen wurden deshalb im Ursachenbaum im UBA-Schimmelleitfaden von 2017 die Ebenen gestrafft, dafür aber andere, denkbare Gründe zum Schimmelpilzwachstum aufgenommen. Dazu zählen gute Nährstoffangebote bei Oberflächenbaustoffen mit hohen organischen Bestandteilen oder die Exposition der Flächen hinsichtlich einer Luftanströmung, da Schimmelpilze bevorzugt in Bereichen wachsen, bei denen keine Zugluft herrscht. Dabei gilt auch hier, dass nicht immer nur eine einzige Ursache vorliegt, sondern sich mehrere überlagern.

1.5 Wachstumsbedingungen für Mikroorganismen

Das Wachstum von Mikroorganismen auf Werkstoffoberflächen wird durch das Angebot an Feuchtigkeit, die Materialeigenschaften der jeweiligen Werkstoffe, die betreffende Feuchtigkeit zu binden bzw. abzugeben, die Verfügbarkeit von materialimmanenten als auch aus der Umwelt zugetragenen Nährstoffen sowie dem zusätzlichen Einfluss potenzieller Infektionsherde von außen bestimmt.

Insbesondere bei einer ausreichenden Feuchteversorgung haben Mikroorganismen im Laufe der Erdgeschichte besondere Fähigkeiten entwickelt.

In marinen Systemen, bei denen das Wasser aufgrund des hohen Salzgehaltes biologisch nicht ohne Weiteres für Mikroben verfügbar ist, haben die dort lebenden Mikroorganismen mit der Bildung von sog. kompatiblen Soluten und deren Eigenschaft als hochkonzentrierte, jedoch stoffwechselphysiologisch indifferente Osmolyte die Möglichkeit erreicht, auch gegen die hohe Salzkonzentration lebenswichtiges Wasser aufnehmen zu können. Ähnliche stoffwechselphysiologische Mechanismen helfen Mikroorganismen in der Wüste, wo die nur kurzzeitig verfügbare Taufeuchtigkeit in den kühleren Nachtstunden rasch und effizient gebunden werden kann[4].

In stark feuchten bis nassen Habitaten wachsen meistens keine Schimmelpilze. Eine besondere Ausnahme bildet die Gattung *Fusarium* spp., die z.B. in Schwimmbädern auf verunrei-

3 DIN 4108-2: 2013-02 Wärmeschutz und Energie-Einsparung in Gebäuden – Teil 2: Mindestanforderungen an den Wärmeschutz.

4 Krumbein, W. E. (2008). Biogenerated Rock Structures. Space Sci. Rev. 135, 81-94.

nigten oder schlecht vernetzten Polymerverfugungen auch unter Wasser wachsen und dort zu unansehnlichen, schwer zu entfernenden Verschwärzungen sowie hygienisch relevanten Belastungen führen kann. Feuchte Tropfsteinhöhlen sind sehr oft hygienisch unbedenklich und werden sogar für die Therapie bei Lungenerkrankungen genutzt. Sinkt aber in diesen Höhlen aufgrund natürlicher oder anthropogener Einflüsse die relative Luftfeuchtigkeit auf nahe 95 % r.F., können insbesondere bei geringer Luftbewegung die menschliche Gesundheit beeinträchtigende Schimmelpilze wachsen. In Höhlen mit frühgeschichtlichen Höhlenmalereien können so entstandene Schimmelpilze erhebliche Schäden anrichten, obwohl die Höhlen seit der Entstehung der Malereien vor etwa 18.000 Jahren kaum Veränderungen unterlagen[5].

1.5.1 Feuchteanpassung von Schimmelpilzen

Die meisten Schimmelpilze sind Mehrzeller, sie wachsen in fädigen Hyphenstrukturen und bilden im fortgeschrittenen Stadium verschiedenartige Sporenträger aus, von denen die überdauerungsfähigen Sporen zur Verbreitung in die Umwelt freigesetzt werden.

Zur Energiegewinnung nutzen Schimmelpilze die Oxidation organischer Verbindungen über die sauerstoffgebundene Atmung oder die weniger energiebringende Fermentation bzw. Gärung bei Luftabschluss. Beim Stoffwechsel bilden Schimmelpilze verfärbende Pigmente, schädigen Werkstoffe durch Biokorrosion (Abb. 6) und Biooxidation und können potenziell hygienisch relevante, allergene Sporen sowie Stoffwechselprodukte freisetzen.

5 Orial, G., Bousta, F., Francois, A., Pallot-Frossard, I., Warscheid, Th. (2013). Managing Biological Activities in Lascaux: Identification of Microorganisms, Monitoring and Treatments. In: Proceedings of the International Symposium „Lascaux and Preservation Issues in Subterranean Environments" (Ed.: Noel Coye), Documents d'archaelogie francaise – dAf 105 (Chapter 9), 220-251.

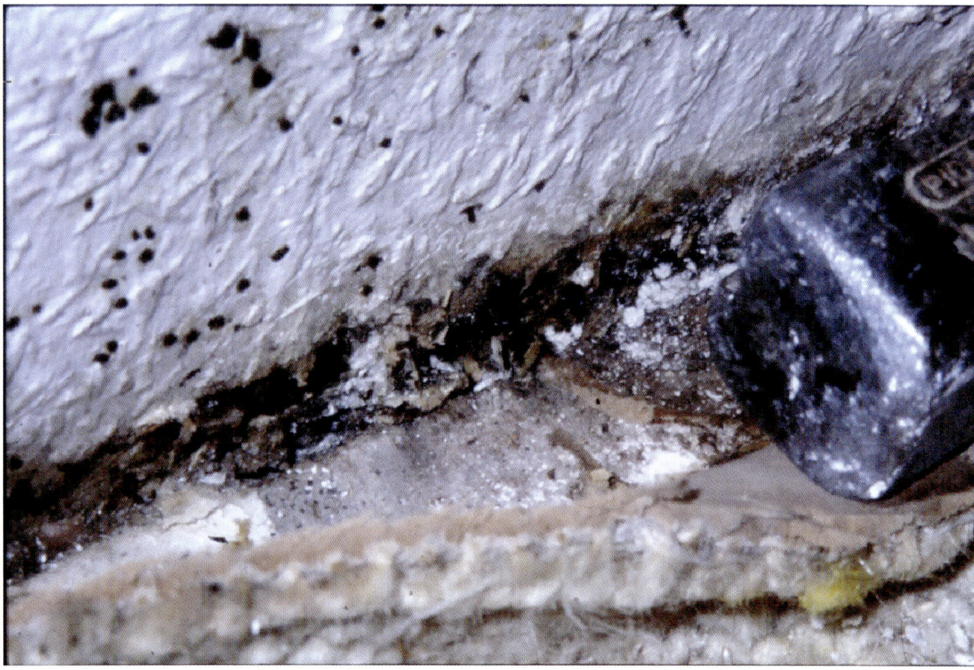

Abb. 6: Mikrobielle Zersetzung von feuchtegeschädigten Baustoffen in einer Fußbodenrandfuge

Quelle: Dr. Thomas Warscheid

Schimmelpilze können ein weites Nährstoffspektrum selbst bei geringen Konzentrationsangeboten unter sehr variablen Feuchtigkeitsangeboten an Bauteiloberflächen nutzen. Dabei passen sie sich der Materialfeuchtigkeit an, die sich durch Sorption (der Anlagerung von Wassermolekülen in Poren von Baustoffen, die überwiegend von der relativen Umgebungsfeuchte abhängt) bei relativen Luftfeuchten zwischen 65 % und 95 % einstellt.

Können diese Wachstumseigenschaften der Schimmelpilze auf Innenräume, insbesondere im Hinblick auf die erwähnten Feuchteansprüche, übertragen werden oder liegen hier besondere Anpassungsmöglichkeiten vor?

Die Angaben über die Bandbreite der Temperatur- und Feuchteansprüche verschiedener Schimmelpilzarten entstammen vor allem aus der Lebensmittelbranche. Sie wurden auf verschiedenen Nährmedien mit unterschiedlichen osmotischen Eigenschaften bestimmt. Die jeweilige Abhängigkeit des Schimmelpilzwachstums von Temperatur, pH-Wert und Feuchtegehalt wurde dabei jeweils separat und nicht in einem Gesamtzusammenhang bewertet, der in der komplexen Gebäudesituation zu berücksichtigen wäre[6].

Welche Bedeutung die Zusammenhänge für das Wachstum von Schimmelpilzen in Innenräumen haben können, zeigt eine Untersuchung des CBS Utrecht[7]. In dieser Studie wurde

6 Magan N., Lacey J. (1984). Effect of water activity, temperature and substrate on interactions between field and storage fungi. In: Trans. Br. Mycol. Soc. 82, 83-93.

7 Bekker, M., Huinink, H.P., Adan, O.C.G., Samson, R.A., Wyatt, T., Dijksterhuis, J. (2012). Production of an Extracellular Matrix as an Isotropic Growth Phase of Penicillium rubens on Gypsum. Applied and Environmental Microbiology. Vol 78 No. 19, 6930-6937.

festgestellt, dass das Keimverhalten von trockenen Sporen bzw. feuchten Sporensuspensionen sehr unterschiedlich ausgeprägt ist und einen bedeutenden Einfluss auf die späteren Feuchteansprüche von Schimmelpilzen in Innenräumen nehmen kann. Nur luftgetragene Sporen mit geringem Wasseranteil und hohen Anteilen energiereicher Speicherstoffe, die i.d.R. in Innenräumen vorkommen, können eine hygroskopische und viskose „extrazelluläre Matrix" (ESM, ein Biofilm) als Schutz vor Austrocknung und Keimfähigkeitsverlust (bis < 40 % r.F.) aufbauen. Der Aufwuchs von Schimmelpilzen mit reiner Sporensuspension zeigte dagegen keine Ausbildung einer derartig feuchtekonservierenden ESM. Die Ausbildung von derartigen Biofilmen als schützende Mikronischen kannte man bislang fast ausschließlich von feuchteempfindlichen Bakterien[8]. Auf Grundlage der oben genannten Studie ist davon auszugehen, dass auch Schimmelpilze in der Lage sind, insbesondere unter realen Bedingungen in Innenräumen, schützende Biofilme auszubilden, die auch das Austrocknungs- und Benetzungsverhalten der betreffenden Baustoffe verändern (Abb. 7).

Abb. 7: Geändertes Benetzungsverhalten eines Baustoffes ohne (links) und mit Biofilm (rechts)

Quelle: Dr. Thomas Warscheid

Schimmelpilze sind, wenn sie in der kolloidalen Schleimmatrix eines Biofilms eingebunden sind, sowohl vor Feuchtigkeits- und Temperaturschwankungen als auch vor osmotischen sowie pH-relevanten Einflüssen geschützt. Die Ionen-Austauschkapazität der Biofilme erhöht zudem die Resistenz gegenüber Biozid- bzw. Desinfektionsbehandlungen, was die Behandlung von ausgewachsenen mikrobiellen Befallsherden deutlich erschwert.

Die Ergebnisse der vorgenannten Studie aus den Niederlanden relativieren auch die Aussagekraft der in der Baustoffindustrie verwandten Standardverfahren für die Prüfung der mikrobiellen Anfälligkeit von Baustoffen und Beschichtungen. Auch medizinische Desinfektionsprüfungen, die mit den jeweils dort eingesetzten Sporensuspensionen keine praxisnahe Expositionssituation nachbilden, tragen der vermeintlichen Resistenz und Überlebensfähigkeit von Schimmelpilzen in einem Biofilm nicht hinreichend Rechnung.

Die Untersuchungen belegen aber die Notwendigkeit von Sofortmaßnahmen bei einem Schimmelpilzbefall. Entdeckt ein Nutzer einen kleineren Befall und tut nichts, trägt er nicht nur unwesentlich dazu bei, dass ernsthafte Probleme durch Ausweitung des Befalls entstehen können. Ein kleiner Befall kann in Grenzfällen durch die zuvor beschriebenen Mecha-

8 Flemming, H.-C. (1994). Biofilme, Biofouling und mikrobielle Schädigung von Werkstoffen, Oldenbourg Verlag.

nismen auch ohne weitere bauliche Ursache die Grundlagen der Ausbreitung selbst schaffen.

1.5.2 Eingeschränkte Prognose bei physikalischen Rechenmodellen

Isoplethenmodelle, die auf Basis empirischer und labortechnischer Datengrundlagen die Wachstumsgeschwindigkeit verschiedener Schimmelpilzarten in Abhängigkeit von Feuchtigkeit und Temperatur angeben, sind eher theoretischer Natur, da sie nutzungsbedingte und natürliche Expositionsfaktoren (u.a. Schmutzanreicherungen, mikrobielle Filme) weitgehend unberücksichtigt lassen[9].

Auch der Zeitraum der Feuchtebeaufschlagung kann entscheidend für die Keimung und das Wachstum von Schimmelpilzen sein. Xerophilen (= trockenheitsliebenden) Pilzspezies reicht bereits ein sich regelmäßig wiederholendes Feuchteangebot über mindestens zwölf Stunden pro Tag (i.e. TOW = time of wetness > 0,5), um einen Schimmelpilzbewuchs bei Wasseraktivitäten von a_w 0,6 innerhalb von drei Wochen auszubilden.

Das Feuchtigkeitsangebot hat auch einen bestimmenden Einfluss auf die vermeintlich gesundheitsrelevanten Auswirkungen eines Schimmelpilzbewuchses. Während bei Feuchtigkeitsgehalten von unter 90 % r.F. selbst potente, feuchteschadenstypische Schimmelpilzspezies des Innenraums (u.a. *Stachybotrys chartarum*, *Chaetomium globosum* und *Aspergillus versicolor*) keine Mykotoxine bilden, steigt mit zunehmender Trocknung eines Feuchteschadens das Risiko einer potenziell allergenen Sporenfreisetzung. Vor Trocknungsmaßnahmen sollte daher stets der mikrobielle Befall entfernt werden.

Wegen der offensichtlich flexiblen Anpassungsfähigkeit von Schimmelpilzen in Innenräumen ist die Aussagefähigkeit statischer (z.B. Glaser) oder dynamischer Rechenmodelle (z.B. Wufi oder Delphin) zur Prognosewahrscheinlichkeit eines Schimmelpilzbewuchses als kritisch einzuschätzen. Diese Rechenprogramme beschränken sich auf die physikalische Gegebenheit, die relative Luftfeuchtigkeit an einer bestimmten Bauteiloberfläche, lassen aber sonstige Rahmenbedingungen außer Acht – dazu sind sie auch nicht entwickelt worden. Aufgrund der variablen Anpassungsfähigkeit von Schimmelpilzen bleibt es schwierig, alleine auf Grundlage theoretischer Ableitungen eine Auskeimung bzw. ein Wachstum von Schimmelpilzen auf Bauteiloberflächen im Innenraum vorauszusagen bzw. zu kontrollieren. Das bisherige „80 %-Kriterium" kann nur zur groben Orientierung, nicht als fester Grenzwert verstanden werden.

1.5.3 Baupraktische Aspekte des Schimmelpilzwachstums

Zur Schimmelpilzbildung in Innenräumen tragen bei (siehe auch Abb. 5):

- das Wohnverhalten (z.B. zeitbegrenzte Wohnraumnutzung, höhere Raumtemperaturen bei unzureichendem Luftaustausch im Winterhalbjahr),
- unzureichende Instandhaltung eines Wohnraums (z.B. unzureichende Reinigung, unangepasstes Heiz-Lüftungs-Verhalten, Übermöblierung, Innenseiten von Außenbauteilen so abgedeckt, dass keine Raumluft über die Oberflächen streichen kann),

9 Sedlbauer, K. (2001). Vorhersage von Schimmelpilzbildung auf und in Bauteilen. Dissertation Universität Stuttgart.

- unzureichende Raumluftwechsel durch ggf. ungeeignete Lüftungseinrichtungen,
- Zeitdruck bei der Durchführung von Baumaßnahmen (z.B. unzureichende Bautrocknung, hoher Wasseranteil und zunehmend organische Zusätze in immer rascher zu verarbeitenden Baustoffen) sowie
- Verwendung wenig feuchteabsorbierender Baustoffe und Beschichtungen mit für Schimmelpilze günstigen Substraten (Kunststoff(schaum)- und Glasfasertapeten, versiegelte Böden und Dekordecken).

1.5.3.1 Sauberkeit und Lüftung

Oberflächige Schmutzanreicherungen begünstigen nicht nur die weitverbreitete Hausstauballergie, sondern auch das Schimmelpilzwachstum. Schmutz erhöht die hygroskopische Wasseraufnahme (Sorption) und damit die Verfügbarkeit von Feuchtigkeit sowie die Faser- und Partikelanhaftungen. Schimmelpilzen stehen darüber zusätzliche Nährstoffe aus Verunreinigungen zur Verfügung.

In gering feuchtebelasteten Wohn- und Arbeitsräumen kann durch eine ausreichende Luftbewegung einem erneuten (nicht akuten) Befall von Schimmelpilzen wirkungsvoll begegnet werden. Schimmelpilze meiden nachweislich selbst für sie sonst günstig feuchte Baustoffoberflächen, wenn Luft über die Bauteiloberflächen streicht.

Wohnungsnutzer sollten Hinweise zur ausreichenden Lüftung, einer gleichmäßigen Erwärmung der einzelnen Räume und der Bauteile sowie zu Instandhaltungsmaßnahmen, insbesondere zur Reinigung von Bauteiloberflächen, beachten. Solche „Gebrauchsanleitungen" von Wohnräumen sind sowohl beim Umweltbundesamt als auch bei Miet- oder Vermieterorganisationen erhältlich.

1.5.3.2 Baustellenhygiene, Baufeuchte, Baustoffstruktur und Zeitdruck

Bei der Erstellung und Durchführung von Baumaßnahmen wird oft zu wenig Wert auf eine angemessene Baustellenhygiene gelegt. Rasche und gezielte Bautrocknung, der Schutz von mikrobiell empfindlichen Baustoffen (z.B. Holzwerkstoffe, Gips- oder Papierprodukte) vor vermeidbaren Feuchtebelastungen und Verschmutzungen beim Transport und auf der Baustelle sind wichtige Voraussetzungen zum Schutz gegen mikrobiell bedingte Schäden.

Unter Zeitdruck begangene handwerkliche Fehler bei den immer umfassender werdenden haustechnischen Installationen sind zunehmend Ursache kostenträchtiger Wasserschäden. Diese können bei den inzwischen häufig eingesetzten organisch basierten und damit mikrobiell sensiblen Baustoffen zu drastischen Schimmelpilzschäden führen.

Eine Regelungslücke betrifft Baufeuchte in Mauerwerk. Keine der Abdichtungsnormen behandelt das Problem des in einen Rohbau eindringenden Niederschlagswassers, das die erste oder auch zweite Steinreihe durchfeuchtet. Die in der Abdichtungsnorm für erdberührte Bauteile, DIN 18533[10], geforderte Mauerquerschnittsabdichtung ist gegen diese Wassereinwirkung ungeeignet und darüber hinaus überflüssig, weil durch heutigen Konstruktionsbeton kein Wasser kapillar aufsteigt. Das in Steinen gebundene, in die Baustelle

10 DIN 18533:2017-07 Abdichtung von erdberührten Bauteilen.

eingedrungene Niederschlagswasser wird dort über sehr lange Zeiträume gehalten, bis es nach gegebenenfalls etlichen Jahren wieder austrocknet. Es wäre daher geboten, kapillaraktive Mauersteine, die Wasser aufsaugen können, durch z.B. mineralische Dichtschlämme gegen Niederschlagswasser abzudichten. Wenn dann doch Feuchtigkeit in die Steine gelangt, wird dieses schadensfrei in den Steinen gespeichert und erst so langsam abgegeben, dass es keinen Einfluss auf die Innenraumhygiene haben kann.

Neben einer ausreichenden Feuchteversorgung spielt die Struktur eines Baustoffs eine wichtige Rolle.

Moderne, polymervergütete Baustoffe und Beschichtungen nehmen üblicherweise weniger Feuchtigkeit auf als mineralische Systeme und tragen damit weniger zum Feuchteausgleich in Innenräumen bei.

Wasserabweisende Beschichtungen (z.B. organisch-basierte und damit nährstoffreiche Silikonharzfarben) vermeiden zwar den Eintrag von Feuchtigkeit, jedoch binden sie an den Oberflächen schneller Schmutz. Durch Schmutz, der folgenden, erhöhten Oberflächenfeuchtigkeit und dem stofflich bedingten Nährstoffangebot können sie einen mikrobiellen Befall begünstigen, solange sie nicht mit anhaltend wirksam keimhemmenden Zusätzen (Biozide) ausgestattet sind. Wenn sich diese Stoffe aber in der Innenraumluft wiederfinden, können sie sich negativ auswirken und so dem Gesamtziel einer gesunden Wohnumgebung entgegenstehen.

Bei durchweg mineralischen Systemen ist das Porensystem weitgehend offen. Die Porenoberfläche ist im Vergleich zu kunststoffbasierten Systemen wesentlich größer. Dabei sind Kalkputze zur Vermeidung von Schimmelpilzbefall günstiger als Gipsputze (Abb. 8 und 9).

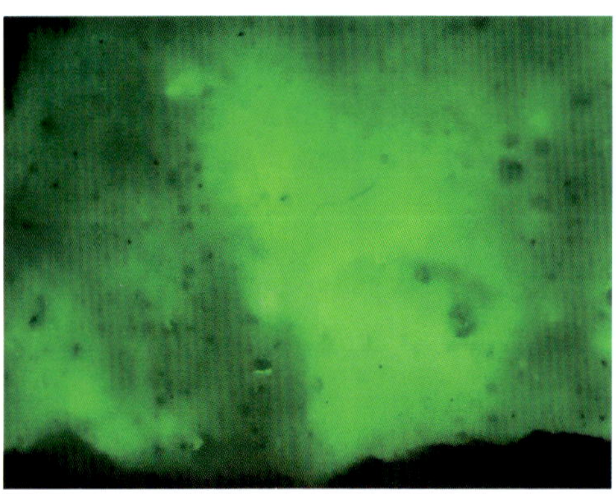

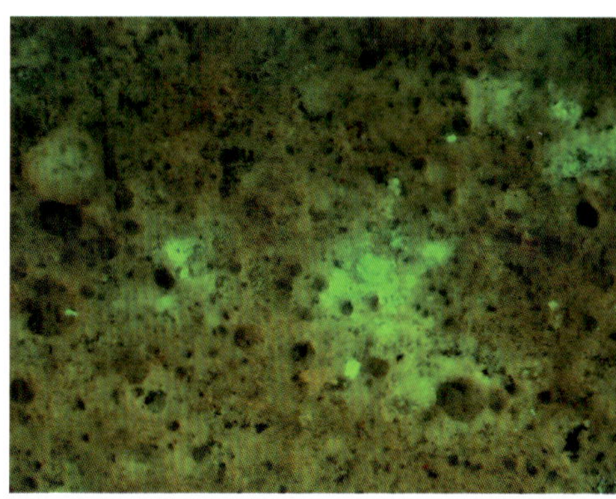

Abb. 8 und 9: Fluoreszenzmikroskopische Analyse (FDA) eines mikrobiell empfindlicheren Gipsputzes (i.e. deutliche mikrobielle Befallsherde, Abb. 8) und eines mikrobiell resistenteren Kalkputzes (i.e. sehr vereinzelte mikrobielle Befallsherde, Abb. 9) nach 6-monatiger Feuchteinkubation in einer Vermikulitkammer[11]

Quelle: Dr. Thomas Warscheid

11 Warscheid, Thomas Wandbaustoffe aus Kalk. Ein natürlicher Schutz gegen Schimmelpilzbildung in Innenräumen. BauSchäden. Jg.3, Nr.1 (2007), Abb., S.11-16.

Bei zeitweise sich bildender Oberflächenfeuchte an z.B. Wärmebrücken kann zunächst Feuchtigkeit in größeren Mengen im Porenraum von Kalkputzen gespeichert werden. Diese kann bei temporär geänderten Rahmenbedingungen, bei z.B. höheren Temperaturen oder mehr Luftbewegung, bei diffusionsoffenen Kalkputzen schneller abtrocknen als bei kunststoffbasierten Beschichtungen. Mineralische Systeme funktionieren so als Feuchtepuffer.

1.5.3.3 Nährstoffe und pH-Wert

Auf Baustoffen mit einem hohen Nährstoffangebot wachsen Schimmelpilze schon bei einer vergleichsweise geringen Feuchtigkeit. Dazu zählen:

- leicht verwertbare organische Baustoffe (z.B. Zellulose in Tapeten, Holz, Stroh, Holzfaserdämmplatten, Papier, Schrotkork),
- Ablagerungen (an-)organischer Aerosole auf exponierten Baustoffoberflächen, z.B. Ammonium, Nitrate, Kohlenwasserstoffe, polyzyklische Aromate, Phtalate (Weichmacher in Kunststoffen, Anmerkung: Mitverursacher von Fogging),
- polymere Dichtstoffe und Beschichtungen, z.B. Dispersionsfarben.

Eine mikrobielle Kontamination sorgt durch den Biofilm für eine klebrige Oberflächenstruktur (s.o.) und dadurch für die weitere Akkumulation nährstoffreicher Partikel sowie Aerosole. Ein Erstbefall sorgt somit für die Ausbreitung und Etablierung eines komplexen Bewuchses, der sich immer weiterentwickelt.

Wegen der ausgeprägten Feuchtepufferung sind mineralische Baustoffe und Beschichtungen dagegen erheblich weniger anfällig gegenüber Feuchtebelastungen und nachfolgendem mikrobiellem Befall. Ihre mineralischen Komponenten bieten auch keine zusätzlichen Nährstoffe für Mikroorganismen. Die oft höhere Alkalität von Kalkputzen mit ggf. silikatischen Beschichtungen führt selbst unter anhaltender Feuchtebelastung weniger oft zum mikrobiellen Befall oder verzögert diesen zumindest stark[12].

1.5.4 Fazit

Bei gleicher Raumluftfeuchtigkeit bestehen in Abhängigkeit von der Reinlichkeit, der Wohnraumnutzung, der Art der Baustoffe und Beschichtungen unterschiedliche Wachstumsbedingungen für Mikroorganismen.

Die Verfügbarkeit von Feuchtigkeit für Mikroorganismen hängt nicht nur vom Wassergehalt eines Werkstoffes ab, sondern auch in welchem Maße das Wasser an den Werkstoff gebunden ist. Das wird durch die sog. Wasseraktivität a_W ausgedrückt.

Bei nur gering bzw. bedingt feuchteregulierenden Werkstoffen kann eine Raumluftfeuchte von 75 % r.F. bereits kritisch sein. Dies gilt insbesondere für Bauteiloberflächen, die z.B. durch elektrostatische Effekte oder Feuchtigkeit schneller Schmutz anlagern. Dieser be-

12 Warscheid, Th. Wandbaustoffe aus Kalk. Ein natürlicher Schutz gegen Schimmelpilzbildung in Innenräumen. Bau-Schäden. Jg. 3, Nr. 1 (2007), Abb., S. 11 bis 16.

günstigt die Bildung eines Biofilms, der wiederum eine erhöhte Feuchtigkeit an der Bauteiloberfläche und zusätzliche Schmutzablagerungen fördert.

Bei diffusionsoffenen und feuchtesorptiven Baustoffen sowie Beschichtungen kann ein gleicher Wassergehalt tolerabel sein, um Schimmelpilzbewuchs nachhaltig zu vermeiden. Zusätzlich hemmt eine Luftanströmung der Bauteiloberflächen das Wachstum von Schimmel.

1.6 Prophylaxe

Wenn es nicht möglich ist, mit Hilfe von physikalischen Messungen oder Simulationen mit Grenz- bzw. Richtwerten ein Schimmelpilzwachstum in Innenräumen voraussagen zu können, bleibt der Weg, nach bestem Wissen und Erfahrung (dem gesunden Menschenverstand), mikrobiell bedingte Schäden in Gebäuden zu vermeiden.

Zur hygienischen Vorsorge sind alle Möglichkeiten auszuschöpfen, die Raumluftfeuchte von maximal 65 % r.F. nicht zu überschreiten. Allerdings sind im Winterhalbjahr bei kalter Witterung unterhalb der 0°C – Grenze bereits durch die Infiltration von Außenluft durch Fugen der Fenster bzw. in neueren Gebäuden durch luftdifferenzdruckgesteuerte Außenluftdurchlässe (ALD) Raumluftfeuchtigkeiten von unter 30 % üblich. Je kälter die Witterung, desto geringer die relative Luftfeuchte in Innenräumen, desto geringer die Wahrscheinlichkeit von Schimmelpilzbildungen an Wärmebrücken.

Nicht bestimmungsgemäße Feuchtigkeitseinträge sollten vermieden werden. In Innenräumen wirken sich feuchtigkeitsregulierende Baustoffe und Beschichtungen günstig aus, ersetzen aber nicht ein angemessenes Lüftungsverhalten.

Bei häufiger Überschreitung der Grenze von 65 % r.F. können nutzerunabhängige Lüftungssysteme helfen, Schimmelpilzbildung zu vermeiden. Regelmäßige Lüftungsvorgänge und ggf. eine unterstützende Bauteiloberflächenerwärmung reduzieren ebenfalls erheblich die Gefahr eines Schimmelpilzwachstums.

Als Prophylaxe gegen Schimmelpilzbewuchs in Innenräumen seien folgende Punkte gemäß den bisherigen Ausführungen herausgestellt:

(1) Baustellenhygiene

(2) Schutz von massiven, kapillar aktiven Werkstoffen gegen Niederschlag während der Bauzeit

(3) Begrenzung der Luftfeuchtigkeit auf unter 65 % r.F.

(4) Lüftung/Luftbewegung, ggf. gezielte Bauteilerwärmung

(5) Vermeidung organisch basierter Baustoffe an Außenbauteilen

(6) mineralische, feuchteregulierende, diffusionsoffene Baustoffe und Beschichtungen

(7) Sauberkeit im Wohn- und Nutzungsbereich

(7) Aufklärung: Kommunikation und Moderation

Insbesondere die Aufklärung behandelt das folgende Kapitel zu Leitfäden und Richtlinien des Umweltbundesamts und anderer Verbände. Weitere, wesentliche Hinweise sind im Kapitel zur Schimmelpilzprävention von *Kraus-Johnsen* in diesem Band enthalten.

1.7 Leitfäden und Richtlinien

Schimmelpilzvermeidung in Innenräumen dient dem vorsorglichen Gesundheitsschutz, da Schimmelpilze und ihre Sporen als potenziell allergieauslösende bzw. das Immunsystem beeinflussende Agenzien gelten.

Schimmelpilzbewuchs wird in Streitfällen oft auf vermeintlich baukonstruktive bzw. bauphysikalische Schwächen der wärmeübertragenen Hüllfläche als nicht hinnehmbarer Baumangel dargestellt. Umgekehrt wird ein Bewuchs als Folge eines unangemessenen Heiz- und Lüftungsverhaltens der Wohnraumnutzer bewertet. Unabhängig von der Frage der Ursache ist zu bewerten, ob durch den Schimmelpilzbewuchs mit vermeintlich biogenen Schadensprozessen oder die begleitenden Faktoren die Gebrauchstauglichkeit des Objektes eingeschränkt ist.

Mit diesen Fragen beschäftigen sich eine Reihe von Leitfäden und Richtlinien (u.a.[13], [14]), die im Kern eines wollen: den Betroffenen helfen, Schimmelpilzbildung zu vermeiden und bei einem Befall richtig mit diesen umzugehen.

1.7.1 UBA-Leitfäden

Nach Maßgabe der bisherigen Leitfäden des Umweltbundesamts[15] bedarf es einer interdisziplinären Bearbeitung des komplexen Problemfelds durch qualifizierte Sachverständige. Auch wenn ein Zusammenhang zwischen Schimmelpilz(feuchte)exposition und Atemwegsbeschwerden nicht generell auszuschließen ist, gibt es keine nachgewiesene Dosis-Wirkungs-Beziehung, die eine bestimmte Schimmelpilzkonzentration mit gesundheitlichen Wirkungen verbindet. Aus hygienischen Gründen ist die Minimierung einer mikrobiell-organischen Belastung in Innenräumen anzustreben. Dabei ist zwischen aktivem Schimmelpilzbewuchs und einer Kontamination mit wachstumsfähigen Pilzsporen zu unterscheiden.

Bei Schäden sollte das jeweilige Instandsetzungsziel sein, Schimmelpilzbewuchs, raumlufthygienische Belastungen und Geruchsbelastungen so weit zu reduzieren, dass die Raumhygiene und das Wohlbefinden in Innenräumen nicht beeinträchtigt werden. Darüber hinaus sollten die Ursachen des Schimmelpilzbewuchses beseitigt werden. Oft reicht dazu die Beseitigung von z.B. Undichtheiten in Dachabdichtungen oder Leckstellen in wasserführenden Leitungssystemen. Gravierende und schadensverursachende Wärmebrücken sollten wärmegedämmt werden, ggf. in Kombination mit einem angemessenen Heiz- und

13 UBA-Leitfaden zur Ursachensuche und Sanierung bei Schimmelpilzwachstum in Innenräumen. Umweltbundesamt Berlin 2005; UBA-Leitfaden zur Vorbeugung, Erfassung und Sanierung von Schimmelbefall in Gebäuden („Schimmelleitfaden") Umweltbundesamt Berlin 2017.

14 Netzwerk Schimmel et al. (3. überarbeitete Fassung vom 01.06.2022,). Richtlinie zum sachgerechten Umgang mit Schimmelpilzschäden in Gebäuden – Erkennen, Bewerten und Instandsetzen (Hrsg.: Deitschun, F., Warscheid, Th.).

15 UBA Schimmelleitfaden 2017.

Lüftungsverhalten. Eine nutzerunabhängige Lüftungseinrichtung kann ggf. andere Maßnahmen ergänzen oder gar ersetzen. Ziel sollte dabei ein jeweils üblicher Zustand sein, der in seltenen Fällen mit Reinraumbedingungen gleichzusetzen ist.[16]

Zur Aufklärung und damit Hilfe bei einer Schimmelpilzproblematik in Innenräumen hat das Umweltbundesamt den Schimmelleitfaden 2017[17] herausgegeben. Dieser hat sich zum Ziel gesetzt, einheitliche Empfehlungen in Bereichen der Ursachenfeststellung, Erfassung, Bewertung und Instandsetzung bei Schimmelpilzwachstum in Innenräumen zu geben. Darüber hinaus möchte der Leitfaden gesundheitliche, bauphysikalische, messtechnische und raumlufthygienische Fragestellungen klären.

Der Leitfaden wird von einer Kommission ausgearbeitet; er ist kein bauordnungsrechtlich relevantes Regelwerk, sondern als Hilfestellung gedacht, die über den Schlüssel der anerkannten Regeln der Technik Anwendung finden kann. Nicht bauordnungsrechtlich relevante Regeln können auf Grundlage des Werkvertragsrechts angewendet werden. Solche Regeln dürfen (nur) angewendet werden, solange sie dem Werkerfolg nicht entgegenstehen. Sie schließen damit andere Vorgehensweisen nicht aus, die ebenfalls zielgerichtet zum gewünschten Ergebnis führen. Anders als viele bautechnische Regeln befasst sich der Leitfaden nicht mit der Planung und Ausführung von neuen Gebäuden oder Bauteilen, sondern dient in erster Linie der Vermeidung von gesundheitlichen Risiken.

Der Leitfaden richtet sich nicht nur an diejenigen, die Werkverträge eingehen und Bauleistungen erbringen, sondern auch an Betroffene, die den Erhalt ihrer Gesundheit im Blick haben. Trotz dieser eigentlich klaren Zielsetzung kommt es nach Abschluss von Instandsetzungsmaßnahmen häufig zum Streit darüber, ob und in welchem Umfang von Empfehlungen eines Regelwerks oder Leitfadens abgewichen wurde. Wann aber sind Regeln maßgeblich? Welche Bedeutung haben Abweichungen, sind immer Schäden zu befürchten? Muss gerade im Bestand nicht immer wieder bewusst von Regelwerken abgewichen werden, damit unter Berücksichtigung der konkreten Situation keine Schäden entstehen?

1.7.1.1 Differenzierung nach Raumnutzung

Bereits die Schimmelpilzleitfäden des Umweltbundesamtes aus den Jahren 2002 und 2005[18] rieten dazu, bei einem Schimmelpilzbewuchs die Dringlichkeit und nachfolgenden Maßnahmen durch Spezialisten beurteilen zu lassen. Als Kriterien wurden der jeweilige Gesundheitszustand der Bewohner, Ausmaß und Aktivität des Schimmelschadens, die Art der Schimmelpilze sowie die Art und Weise der Raumnutzung angeführt. Da bisher keine nach Gebäudebereichen abgestuften Empfehlungen ausgesprochen wurden, sind oft Bauteile abgebrochen und ausgetauscht worden, obwohl dies aus hygienischen Erwägungen nicht immer notwendig war.

Erstmals differenziert der UBA-Schimmelleitfaden 2017[19] nach Nutzungsklassen, die nachfolgend erläutert werden.

16 Ebd.
17 UBA-Leitfaden zur Vorbeugung, Erfassung und Sanierung von Schimmelbefall in Gebäuden („Schimmelleitfaden") Umweltbundesamt Berlin 2017.
18 UBA-Leitfaden zur Ursachensuche und Sanierung bei Schimmelpilzwachstum in Innenräumen. Umweltbundesamt Berlin 2005.
19 Ebd.

Nutzungsklasse	Anforderungen an die Innenraumhygiene	Beispiel	Anmerkungen
I	Spezielle, sehr hohe Anforderungen wegen individueller Disposition	Räume für Patienten mit Immunsuppression	Nicht in diesem Leitfaden behandelt; die Anforderungen bedürfen gesonderter Vereinbarung
II	Normale Anforderungen	Innenräume zum nicht nur vorübergehenden Aufenthalt von Menschen: Wohn- oder Büroräume, Schulen, Kitas usw. einschließlich dazugehörender Nebenräume	Es gelten die gleichen Anforderungen für alle genutzten Räume (d.h. bei Wohnungen alle Räume einschließlich in der Wohnung liegender Nebenräume)
III	Reduzierte Anforderungen	Nicht dauerhaft genutzte Räume außerhalb von Wohnungen, Büros, Schulen usw., z.B. Kellerräume und Abstellräume (ohne direkten Zugang zur Wohnung), nicht ausgebaute Dachgeschosse sowie Garagen oder Treppenhäuser	Verringertes Anforderungsniveau für Sanierung und Instandsetzung; geringere Dringlichkeit der Sanierung
IV	Deutlich reduzierte Anforderungen bis hin zu keinen Maßnahmen hinter der Abschottung	Luftdicht abgeschottete Bauteile und Hohlräume in Bauteilen oder Räumen, die nach Anforderung der DIN 4108-7 mit geeigneten Stoffen gegenüber Innenräumen abgeschottet sind	Bestimmungsgemäß trockene Bauteile hinter der Abschottung müssen trocken bzw. dürfen nicht dauerhaft feucht sein

Abb. 10: Raumnutzungsklassen des UBA-Schimmelleitfadens 2017[20]

Nutzungsklasse I stellt besondere Bedingungen an die Keimfreiheit, die etwa in Krankenhäusern oder besonderen Produktionsstätten erforderlich und nicht Gegenstand des Leitfadens ist.

Damit wird klar, dass **Nutzungsklasse II**, die üblichen Wohnräumen oder Räumen mit ähnlichen Nutzungen (z.B. Büros) zum dauernden Aufenthalt von Menschen ohne beson-

20 Quelle: UBA-Leitfaden zur Vorbeugung, Erfassung und Sanierung von Schimmelbefall in Gebäuden („Schimmelleitfaden") Umweltbundesamt Berlin 2017 (Stand bis 2023-12).

dere Disposition gegen eine mikrobiellen Belastung zugedacht ist, nicht keimfrei sein muss und das auch nicht sein kann.

Abb. 11: Von Schimmel befallener Innenraum der Gipskartonwand

Quelle: Professor Matthias Zöller

Nutzungsklasse III beschreibt (reduzierte) Anforderungen an Räume, die nicht dem längeren Aufenthalt von Menschen dienen, etwa Abstellräume. Anforderungen in diesen Räumen sind üblicherweise weit geringer als in Räumen der Nutzungsklasse II. In den meisten Altbaukellern befinden sich unterschiedliche Mikroben, die somit dort als üblich einzustufen sind, aber in Wohnräumen nicht üblich und nicht tolerabel sind.

Abb. 12: Typische Kellernutzung in einem Gründerzeithaus, dessen Wände außenseitig nicht abgedichtet sind. Dieser Raum wird entsprechend der Nutzungsklasse III genutzt.

Quelle: Professor Matthias Zöller

Nutzungsklasse IV sind Raumbereiche, die gegenüber Räumen der Nutzungsklasse II abgeschottet sind und an die im Wesentlichen keine gesundheitlichen Anforderungen zu stellen sind. So ist innerhalb von Bauteilschichten, z.B. in Dachaufbauten oder in Fußbodenaufbauten, häufig mikrobieller Bewuchs festzustellen, der nicht in Innenräume gelangt und dort deswegen weder bemerkt wird noch sich auf die Qualität der Innenraumluft auswirken kann. Als weiteres Beispiel dienen die seit Jahrzehnten üblichen Feuchtigkeitsschutzmaßnahmen von Fußbodenflächen in gewerblichen Küchen, auch in solchen von Krankenhäusern, bei denen die Abdichtung unterhalb des Estrichs auf der Decke bzw. der Bodenplatte angeordnet wird und damit bestimmungsgemäß ständig von Brauchwasser durchströmt ist. Der innerhalb der Schichten entstehende Schimmel (der Begriff meint jeglichen mikrobiologischen Bewuchs) verbleibt dort und findet sich nicht an den Belagsoberflächen, wenn entweder der Schimmel den Belag nicht durchdringen kann oder die Oberflächen regelmäßig gereinigt werden.

Abb. 13: Blick in einen Kriechraum unterhalb von Innenräumen der Nutzungsklasse II

Quelle: Professor Matthias Zöller

Diese Differenzierung in einem Leitfaden ist zu begrüßen, da umfassende Maßnahmen in Räumen, die durch ihren bestimmungsgemäßen Gebrauch oder durch ihre Bauweise nicht die üblichen Hygieneanforderungen von Innenräumen erfüllen müssen, häufig weit über das hygienisch notwendige Ziel hinausgehen. Instandsetzungen sind in erster Linie unter dem Aspekt der Gefahrenabwehr unter Berücksichtigung der hygienischen Anforderungen entsprechend der jeweiligen Nutzungsklasse zu planen und auszuführen.

Im Gegensatz zu den Raum- oder Raumnutzungsklassen der Abdichtungsnorm[21] bzw. der WU-Richtlinie[22] orientieren sich die Nutzungsklassen des UBA-Leitfadens an der hygienischen Situation. Dennoch besteht ein Zusammenhang, da Feuchtigkeit zu Schimmelpilzbildung führen kann und zu dessen Vermeidung Trockenheit gefordert wird. Diese Forderung wiederum korreliert mit den Anforderungen der beiden anderen Regelwerke.

21 DIN 18533:2017-07 Abdichtung von erdberührten Bauteilen.

22 DAfStb Richtlinie Wasserundurchlässige Bauwerke aus Beton (WU-Richtlinie), Ausgabe November 2003 (erhältlich seit Mai 2004). Deutscher Ausschuss für Stahlbeton im Deutschen Institut für Normung e.V., Berlin; Erläuterungen zur DAfStb-Richtlinie; Schriftenreihe Heft 555, 1. Auflage Juli 2006, 2. Auflage 2017.

1.7.1.2 Sachgerechter Umgang mit dem UBA Schimmelleitfaden 2017

Wie schon ausgeführt, wird über Schimmelpilzbefall nur gestritten, wenn Mieter, Versicherungsnehmer oder Wohnungskäufer der Auffassung sind, Instandsetzungskosten nicht selbst tragen zu müssen, sondern Ansprüche an ihre Vertragspartner stellen.

Was sollen aber Wohnungsnutzer tun, die für alle Probleme selbst aufkommen müssen? Der Schimmelleitfaden des UBA ist keine Grundlage von rechtlichen Anspruchsverhältnissen, er distanziert sich ausdrücklich davon. Es geht um Hilfestellung zur Festlegung von Maßnahmen im Einzelfall, um Gefahren abzuwehren. Diese Hilfestellung wird jedem Betroffenen gegeben, gleichgültig, ob er Rechtsansprüche gegenüber anderen hat oder nicht.

Leitfäden müssen naturgemäß gewisse Schemata beinhalten. Dennoch sind nach dem UBA-Leitfaden differenzierte, der Aufgabe angepasste Vorgehensweisen durch abgestufte Vorschläge möglich. Nicht immer müssen alle denkbaren Untersuchungen angestellt werden, nicht immer Bauteile abgebrochen und ersetzt werden.

Der Leitfaden lässt ausdrücklich eine abgestufte Vorgehensweise zu und setzt Sachverstand über Wortklauberei. Nicht nur die Maßnahmen der Instandsetzung, sondern auch die der Untersuchung sind angemessen festzulegen. Gegebenenfalls genügen Sofortmaßnahmen zur Gefahrenabwehr. Wenn anschließend Gefahren abgewendet sowie die Ursachen beseitigt sind und damit keine hygienischen Probleme mehr bestehen und auch nicht zu erwarten sind, ist es nicht erforderlich, weitere Maßnahmen sowohl zur Untersuchung, als auch zur Instandsetzung zu ergreifen.

Der UBA-Leitfaden stellt ein sinnvolles und handhabbares Hilfsmittel dar. Gleichzeitig bestehen Risiken bei der Anwendung durch Fehlinterpretationen oder ungeeignete Auswahl der vorgeschlagenen Maßnahmen. Das gilt aber grundsätzlich für alle Regelwerke, denn diese sind grundsätzlich eigenverantwortlich anzuwenden und dürfen nicht z.B. zur Durchsetzung vermeintlicher Ansprüche missbraucht werden. Damit wird die Verantwortung derjenigen groß, die Untersuchungen bei oder Instandsetzungen von Schimmelschäden anbieten, die jeweils angemessene Maßnahme vorzuschlagen. Anwender des Leitfadens sollten sich differenziert überlegen, welche Maßnahmen jeweils notwendig sind, um einen gesundheitlich unbedenklichen Zustand zu erreichen, der bei gleicher Art von Räumen üblich ist. Andererseits sollten sie von Maßnahmenvorschlägen absehen, die nicht diesem Schutzziel dienlich sind, aber unnötige Aufwendungen erzeugen, sei es in Form von Kosten, aber auch in Form von nicht notwendiger Müllentstehung, Ressourcenverbrauch, CO_2 Ausstoß sowie durch Risiken bei eventueller Durchsetzung von Kostenübernahmen.

Anspruchsverhältnisse können darüber hinausgehen, wozu z.B. § 633 BGB Regelungen enthält. Verträge können vereinbarte Beschaffenheiten zu Maßnahmen und Zielen von Untersuchungen beinhalten. Schweigen sie dazu, besteht durch die gesetzliche Regelung eine Verpflichtung, die vom Vertrag vorausgesetzte oder gewöhnliche Verwendungseignung zu erzielen, wobei darunter hier nicht nur Aspekte der Wohnraumhygiene fallen, sondern auch des Wirtschaftlichkeitsgebots. Falls Reinraumbedingungen in Wohnräumen wegen persönlicher Dispositionen oder erhöhte Anforderungen an Nebenräumen bestehen sollten, können solche besondere, konkrete Umstände auch stillschweigend Einfluss auf das Leistungssoll nehmen. Andererseits sind Planer, aber auch Sachverständige gehalten, Auftraggeber über wirtschaftliche Risiken durch möglicherweise übertriebene Aufwendungen aufzuklären, wenn sie mehr als das Notwendige tun. Nur so können sie vermeiden, sich eventuellen Schadensersatzanforderungen auszusetzen.

Trotz häufig geübter Kritik ist positiv herauszustellen, dass der Schimmelleitfaden des Umweltbundesamts die gesundheitliche Bedeutung von Schimmelpilzen deutlich differenzierter darstellt und auf Basis von Richtlinien nationaler wie internationaler Gremien (u.a. WHO / GHUP) relativiert. Überbordende mikrobiologische Untersuchungen für umweltmedizinische Fragestellungen werden richtigerweise infrage gestellt. Bei Keimzählungen muss zwischen der Kontamination mit natürlich sedimentierten Pilzsporen und strukturiertem Schimmelpilzbewuchs unterschieden werden. Wegen der Unsicherheit diesbezüglicher Messergebnisse wird eine ergänzende mikroskopische Analyse von Baustoffproben empfohlen. Der Umfang von Maßnahmen soll mit Augenmaß nach jeweiliger hygienischer Relevanz erfolgen. Der Leitfaden enthält viele Erläuterungen zur Ursachenerkennung und nachhaltigen Vermeidung von Schimmelpilzbewuchs sowie pragmatische Hilfestellungen.

Desinfektionsmaßnahmen werden bei Schimmelpilzinstandsetzungen durch den Leitfaden erheblich eingeschränkt. Dazu wünscht man sich aber eine differenziertere Auseinandersetzung auf Grundlage von weitreichenden Wirksamkeitsstudien und gesetzlichen Verordnungen. Nicht ohne Grund werden Desinfektionsmaßnahmen in medizinischen Einrichtungen und Lebensmittelbetrieben regelmäßig und mit Erfolg angewendet. Sie sind sicherlich keine alleinige Lösung bei Schimmelpilzschäden, aber sie können in erheblichem Maße helfen, wirtschaftlich und zielgerichtet einen Befall zu behandeln. Insbesondere bei Sofortmaßnahmen können sie einer Ausweitung entgegenwirken (siehe Abschnitt 1.5.1).

1.7.2 BVS-Richtlinie zum sachgerechten Umgang mit Schimmelpilzschäden in Gebäuden – Erkennen, Bewerten und Instandsetzen

Das Netzwerk Schimmel e.V. hat in jahrelanger Zusammenarbeit mit Spezialisten unterschiedlicher Disziplinen (Bausachverständige, Mikrobiologen, Mediziner, Juristen und Instandsetzungsunternehmen) auf Grundlage bereits vorhandener und neuer Leitfäden, langjähriger Praxiserfahrung sowie wissenschaftlich fundierter Erkenntnisse eine Richtlinie zum sachgerechten Umgang mit Schimmelpilzschäden in Gebäuden verfasst. Der BVS (Bundesverband öffentlich bestellter und vereidigter sowie qualifizierter Sachverständiger e.V.) unterstützt die Richtlinie. Sie wird als praktikabel angesehen und häufig angewendet.

In Übereinstimmung mit den Leitfäden des Umweltbundesamts gibt es folgende Kernpunkte:

- interdisziplinäre Bewertung von Feuchte- und Schimmelpilzschäden durch qualifizierte Sachverständige,
- bautechnische und bauphysikalische Ursachenanalyse,
- Instandsetzungsplanung mit Zielbeschreibung,
- Einbindung mikrobiologischer Untersuchung zur Gefährdungsabschätzung, auch zur Dokumentation und späteren Bewertung des Maßnahmenerfolgs,

- Möglichkeiten der Trocknung, Rückbau, Reinigung und Desinfektion unter Berücksichtigung der DGUV-Information 201-028,
- Definition von Aufmerksamkeitswerten für Feststellung eines Bewuchses, Abnahme und Prüfung des Maßnahmenerfolgs sowie
- Hinweise für Maßnahmen zur Beseitigung der Schadensursachen.

Die von der Richtlinie zur Hilfestellung definierten mikrobiologischen Aufmerksamkeitswerte sind ausdrücklich nicht als Grenzwerte zu verstehen. Sie helfen, unter Berücksichtigung der Gesamtsituation, angemessene Empfehlungen und Maßnahmen zu formulieren, um eine bauübliche, mikrobiell-hygienische Situation erreichen zu können.

Ziel der Instandsetzung von Schimmelpilzschäden in Gebäuden ist die Wiederherstellung der üblichen Gebrauchstauglichkeit. Dies bedeutet im Einzelnen, dass nach der Instandsetzung

I kein, insbesondere auf die Schadensursache bezogener, Schimmelpilzbewuchs mehr vorhanden sein darf,

II keine auffällige mikrobiell-organische Kontamination oder biogene Raumluftbelastung verbleibt,

III keine schadensbedingten Geruchsbelästigungen mehr bestehen,

IV keine Feuchtebelastung mehr vorhanden ist, die über die nutzungsbedingte Ausgleichsfeuchte hinausgeht sowie

V die Schadensursache grundlegend beseitigt ist.

1.8 Ausblick

Die einleitenden Ausführungen in diesem Beitrag zu den bekannten und unbekannten Parametern für die Wachstumsbedingungen von Schimmelpilzen haben deutlich gemacht, dass eine quantitative Erfassung und Bewertung von Schimmelpilzbewuchs in Innenräumen aufgrund der vielfältigen und im Einzelfall zu beachteten Expositionsbedingungen kaum möglich erscheint.

Schimmelpilzbewuchs in Innenräumen sowie seine gesundheitlichen und materialtechnischen Auswirkungen können nur auf der Basis von nachprüfbaren, wissenschaftlichen Erkenntnissen bewertet werden. Nur auf dieser Grundlage lassen sich fundierte Analysen, angemessene Bewertungen und Maßnahmen sicherstellen.

Leitfäden und Richtlinien (u.a. UBA, BVS, GDV und WTA) sind interdisziplinär auszuarbeiten, um nachvollziehbare Empfehlungen für den Umgang mit biogenen Schadensprozessen zu definieren.

Die Natur ist zu verstehen. Wir sollten mit ihr und nicht gegen sie leben. Gesundheitliche Risiken in einer natürlichen Umgebung sind zu vermeiden. Schimmelpilze und andere Mikroben sind aber wichtige Bestandteile unserer Umwelt und dürfen nicht grundsätzlich verteufelt werden. Deswegen ist die sachliche Diskussion zu fördern und eine wenig dienliche Aufgeregtheit zu vermeiden.

2 Chemische Eigenschaften von Baustoffen und ihr Einfluss auf die Schimmelpilzbildung

Dipl.-Chem. Wolfhard Böttcher

Inhalt

2.1 Einleitung

Schimmelpilze brauchen für ihr Wachstum einen geeigneten Untergrund. Grundsätzlich kann jeder im Gebäude vorhandene Baustoff unter bestimmten Randbedingungen von Schimmelpilzen besiedelt werden, wenn eine ausreichend hohe Feuchtigkeit vorhanden ist.

Ein Schimmelpilz wird sich aber unter gleichen Bedingungen umso mehr ausbreiten, je besser der Baustoff, auf dem er wächst, dafür geeignet ist. Nachfolgend werden die verschiedenen Parameter behandelt, die Einfluss auf Schimmelpilzwachstum auf unterschiedlichen Materialien haben können.

2.2 Sorptionsverhalten

Grundsätzlich ist der wesentliche Einflussfaktor des Baustoffes sein Feuchtegehalt. Dass aber nicht allein der absolute Feuchtegehalt ausschlaggebend ist, zeigen beispielhaft Sorptionsisothermen von verschiedenen Putzen.

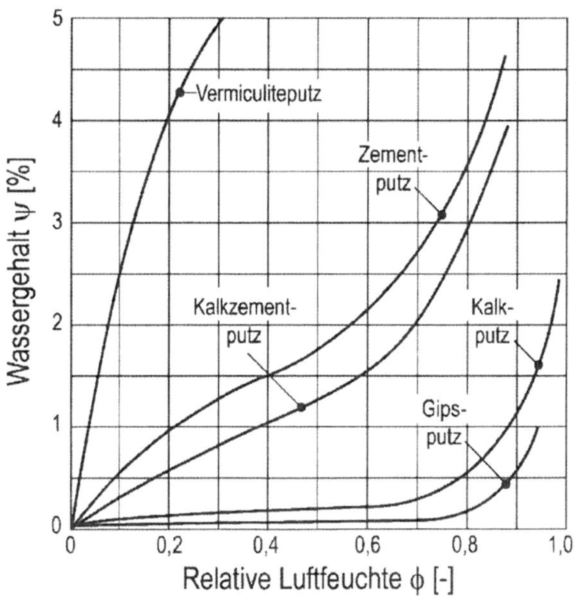

Abb. 1: Speicherisothermen von Putzen

Quelle: Wolfgang M. Willems, Lehrbuch der Bauphysik, 8. Auflage, Springer Vieweg, Wiesbaden 2017, S. 180. Abdruck mit freundlicher Genehmigung des Verlages.

Eine Sorptionsisotherme gibt an, wie viel Feuchtigkeit verschiedene Materialien bei konstanter Temperatur und bestimmten Luftfeuchten aufnehmen. Je geringer der Wert ist, umso weniger Feuchtigkeit nimmt der Baustoff auf (und umso mehr kann sich der jeweilige Baustoff unter ansonsten gleichen Bedingungen als Untergrund für Schimmelpilze eignen, solange Feuchtigkeit von der Oberfläche in das Innere des Baustoffs geleitet werden kann; siehe auch Abschnitt 2.3). Aus diesem Diagramm ist ersichtlich, dass Zementputz viel und Gipsputz wenig Feuchtigkeit aufnimmt, während die Aufnahme bei Kalkzementputz und Kalkputz zwischen diesen beiden Baustoffen liegt. Offensichtlich kann also die Tatsache, dass aller Erfahrung nach Gipsputz leichter mikrobiell besiedelt wird als Kalkputz, auch auf das unterschiedliche Sorptionsverhalten (gleich Aufnahmevermögen für Feuchtigkeit) beider Bindemittel zurückgeführt werden. Darüber hinaus können auch zeitabhängige Prozesse von Bedeutung sein, wenn Gips die eingelagerte Feuchtigkeit langsamer abgibt als andere Baustoffe. Eine weitere Rolle können auch die unterschiedlichen pH-Werte des Porenwassers spielen (siehe Abschnitt 2.6).

2.3 Beschaffenheit der Oberfläche

Für das Wachstum von Schimmelpilzen spielt es keine entscheidende Rolle, ob die Oberfläche rau oder glatt ist. Indirekt ist die Gestaltung der Oberfläche aber schon von Bedeutung: Von verhältnismäßig glatten Flächen, wie Glas oder Metall, lässt sich ein Schimmelpilzbewuchs deutlich leichter entfernen als von rauen Oberflächen.

Warscheid[1] ordnet gut sorptionsfähigen Baustoffen eine geringe Neigung zum Schimmelpilzwachstum zu, da sie die Feuchte, die sich sonst auf der Oberfläche ablagern kann, in tieferen Zonen des Baustoffes sorbieren, sodass sie an der Oberfläche nicht zur Schimmelpilzbildung zur Verfügung steht. Dies kann im Einzelfall ein Kriterium sein (besonders dann, wenn ähnlich strukturierte Baustoffe hoher und niedriger Sorptionsfähigkeit verglichen werden). Auf einem Baustoff ohne Porengefüge ist zwar die Feuchteablagerung optimal für das Wachstum des Schimmelpilzes, andererseits aber auch das Entfernen des Schimmelpilzes leicht möglich. Beispielhaft seien Fliesen in Duschen genannt, die zwar Wasser meistens schlechter aufnehmen als die benachbarte Mörtelfuge, aber anders als Letztere eine glattere Oberfläche aufweisen und im Regelfall weniger Bewuchs von Schimmelpilz aufweisen.

Block[2] untersucht die Besiedlung von Glaswolle als Produkt, das kein Porensystem aufweist, näher. Bewuchs konnte erst oberhalb von 92 % relativer Feuchte festgestellt werden.

Baustoffe, bei denen das Porengefüge insoweit wachstumsfördernd wirkt, sind:

- bestimmte Natursteine (z.B. Sandstein),
- Kalksandstein,
- Ziegel,
- Beton (einschließlich Porenbeton),
- Mörtel,
- Tapeten,
- Gipskarton.

Keine Poren, die das Wachstum fördern können, besitzen folgende Stoffe:

- bestimmte dichte Natursteine (z.B. Granit oder Marmor),
- Glas,
- Kunststoff,
- Metall,
- dauerelastische Fugenmasse (siehe dazu aber auch die Ausführungen am Ende des Abschnittes 2.5).

Zur Kennzeichnung des Sorptionsverhaltens im Hinblick auf das Schimmelpilzwachstum schlagen *Reick/Setzer*[3] eine Feuchtepufferfunktion vor, wobei Porenbeton die meiste und

1 Warscheid, Thomas, Schimmelbewuchs – gilt noch das 80% r.F. Kriterium? In: Aachener Bausachverständigentage 2016, Praktische Bewährung neuer Bauweisen – ein (un-)lösbarer Widerspruch? Hrsg. von Martin Oswald und Matthias Zöller, AIBau – Aachener Institut für Bauschadensforschung und Angewandte Bauphysik gGmbH; Springer Fachmedien Wiesbaden.

2 Block, Seymour S., Humidity requirements for mold growth, in: Applied microbiology. Hrsg.: American Society for Microbiology, Washington DC, 1 (1953), Heft 6, S. 287 ff.

3 Reick, Martin; Setzer, Max, Erstellung eines materialspezifischen Kataloges für wohnraumumschließende Materialien, Bauphysik der Außenwände – Schlussbericht, Internationaler Bauphysikkongress, Berlin, 1997, Fraunhofer IRB-Verlag Stuttgart, S. 363 ff.

Raufaser die wenigste Feuchtigkeit einlagern kann. Kalkzementputz und Kalksandstein weisen mittlere Werte auf. Ein funktionaler Zusammenhang zwischen Feuchteeinlagerung und Diffusionswiderstand des Bauteils war hingegen nicht festzustellen. Ursache dafür kann sein, dass die kapillare Leitung von Wasser einen erheblich leistungsfähigeren Transportmechanismus darstellt als die Diffusion.

Ein Beispiel für eine deutlich unterschiedliche Besiedlung benachbarter Materialien zeigt Abb. 2. Während auf der linken Fläche, die aus Beton besteht und die mit einem Anstrich versehen ist, keinerlei Schimmelpilzwachstum erkennbar ist, zeigt die rechte, aus Kalksandsteinmauerwerk bestehende Fläche deutlichen Schimmelpilzbewuchs. Sowohl Beton als auch Mörtel und Stein weisen grundsätzlich ein Porensystem auf, sind also nicht absolut dicht. Insbesondere in Kombination mit der Beschichtung dringt in Beton kaum Wasser ein, während die (rauere) Mauerwerksoberfläche bessere Möglichkeiten für die Aufnahme und das Speichern von Wasser bietet. Zudem ist Wasser, das mit Beton in Berührung kommt, immer alkalischer als Wasser, das mit Kalksandstein in Berührung kommt (und je alkalischer das Wasser ist, umso schlechter wächst der Schimmelpilz). Außerdem wird bei Kalksandstein die Alkalität schneller abgebaut als bei Beton, da Kohlenstoffdioxid der Luft, das den pH-Wert absenkt, schneller in Kalksandstein als in Beton eindringen kann. Zu erwarten ist demnach, dass sich ein Mauerwerk umso mehr (zement-)mörtelähnlich verhält (und damit schlechter besiedelt wird), je breiter die Fugen und je kleiner die Steine werden.

Abb. 2: Beispiel für unterschiedliche Besiedlung Beton (links) und Kalksandstein (rechts) nach einem Hochwasserschaden.

Quelle: Irina Kraus-Johnsen, 2017

2.4 Nährstoffgehalt

Nachwachsende Rohstoffe, insbesondere wenn sie pflanzlicher Herkunft sind, sollten von ihrer Zusammensetzung her einen guten Nährboden für Schimmelpilze bilden, da zu erwarten ist, dass Schimmelpilze auf diesen Untergründen Bestandteile vorfinden, die sie verstoffwechseln können (anders als bspw. bei Dämmung aus Mineralwolle). Dieser Einfluss ist von *Sedlbauer*[4] näher untersucht worden. Der Verfasser kommt abweichend von der Erwartung zu dem Ergebnis, dass bei nachwachsenden Rohstoffen im Hinblick auf eventuellen Schimmelpilzbefall kein wesentlicher Unterschied zu anderen Dämmstoffen, die keine Nährstoffe zur Verfügung stellen, zu erwarten ist. Eine mögliche Ursache dafür können Verunreinigungen des technischen Produktes sein, die bereits für eine Besiedlung ausreichen.

Andererseits differenziert der Leitfaden des Umweltbundesamtes[5] hinsichtlich der Frage, ob ein durch Feuchte beaufschlagter Fußboden zurückgebaut werden muss, unter „Kriterium IV" zwischen schwer, weniger gut und leicht zu besiedelnden Materialien und nennt in der zuletzt genannten Kategorie beispielhaft Kokosdämmplatten oder Sisalplatten, bei denen es sich um nachwachsende Rohstoffe handelt, die nach Durchfeuchtung häufig einen mikrobiellen Bewuchs zeigen.

2.5 Dichtstoffe

Einen Sonderfall stellen Dichtstofffugen dar, die häufig intensiver als Fugen aus mineralischen Baustoffen befallen werden. Der Schimmelpilz kann in den Dichtstoff, der im Ursprungszustand kein Porensystem aufweist, einwachsen, was dadurch begünstigt wird, dass beim Reinigen der Oberfläche deren Rauigkeit und damit die Verschmutzungsneigung weiter zunimmt.

Bei ausreichend abgebundenen Dichtstoffen ist es eher unwahrscheinlich, dass Schimmelpilze die organische Fugendichtmasse verstoffwechseln, da sowohl bewachsene als auch nicht bewachsene Oberflächen ähnliche Eigenschaften zeigen (eine mit Schimmelpilz bewachsene Oberfläche ist nicht automatisch sichtbar angegriffen). Soweit Fugenmasse zerfällt, geht dies nicht notwendig mit einem Schimmelpilzbefall einher. Für einen Zerfall sind andere Ursachen (Weichmacherwanderung, Zersetzung durch Einfluss von Licht und Sauerstoff) denkbar. Bedeutend für einen Bewuchs ist,

- dass die zunächst weiche Oberfläche den unter Baustellenbedingungen immer reichlich vorhandenen Staub, der Nährstoffe für Schimmelpilz enthält, gut bindet und einlagert;

4 Sedlbauer, Klaus, Dämmstoffe aus nachwachsenden Rohstoffen und Schimmelpilze – ein Junktim? Abgerufen am 1.12.2017 unter https://www.ibp.fraunhofer.de/content/dam/ibp/de/documents/Publikationen/Konferenzbeitraege/Deutsch/KB_8_tcm45-30.

5 Leitfaden zur Vorbeugung, Erfassung und Sanierung von Schimmelbefall in Gebäuden. Herausgeber und Redaktion: Umweltbundesamt – Innenraumlufthygiene-Kommission des Umweltbundesamtes. Dessau-Roßlau, Stand: November 2017, Anlage 6, Tabelle 6.1

- dass sich in der weichen Oberfläche spätestens durch regelmäßige Reinigung Vertiefungen bilden, in denen sich Feuchtigkeit halten kann und die die Schimmelpilze vor einer mechanischen Entfernung schützen;
- dass Dichtmasse, anders als mineralischer Mörtel, keine Verbindungen enthält, die in ähnlicher Weise wie bei diesem Mörtel Alkalien freisetzen und damit die Schimmelpilzbildung hemmen;
- dass Dichtmasse häufig Verbindungen wie Essigsäure freisetzt, die zwar zunächst den Schimmelpilz durch den niedrigen pH-Wert bekämpfen, aber nach Neutralisation mit dem alkalischen Wasser aus dem Kontakt mit mineralischen Baustoffen einen Nährstoff zur Verfügung stellen.

2.6 Chemische Zusammensetzung des Untergrundes (pH-Wert)

Anorganische Bindemittel, wie Kalk, Gips und Zement, können Schimmelpilzen nicht als Nahrungsbestandteil dienen. Die Zusammensetzung des Bindemittels kann aber fördernd oder hinderlich für sein Wachstum sein. Ausgedrückt werden kann dies durch den pH-Wert, der eigentlich für Flüssigkeiten definiert ist, aber unter bestimmten Randbedingungen auch auf Feststoffe angewendet werden kann. Für die pH-Wert-Messung eines Feststoffes wird dieser Stoff vor der Messung mit Wasser in Kontakt gebracht. Bindemittel mit etwa ähnlichen pH-Werten können insoweit identisch behandelt werden.

Optimal für ein Schimmelpilzwachstum ist ein pH-Wert im leicht sauren Bereich (pH-Wert etwa zwischen 4,5 und 6,5). Einzelne Spezies können bei pH-Werten zwischen 2 und 8 wachsen.[6]

Alle im Hochbau üblichen Baustoffe erreichen an ihrer Oberfläche pH-Werte oberhalb von 2 bis 3, sodass nicht zu erwarten ist, dass ein zu hoher Säuregehalt auf der Bauteiloberfläche ein Schimmelpilzwachstum begrenzen würde. Zum alkalischen Ende hin sind wachstumshemmend Produkte, die unter Verwendung der Bindemittel Kalk bzw. Zement hergestellt worden sind: Insbesondere bei frischem Zement können in Lösungen pH-Werte von über 12,5 gemessen werden.[7]

Es gibt allerdings Effekte, die den Einfluss des pH-Wertes auf die Schimmelpilzbildung gewissermaßen neutralisieren:

- Durch den Einfluss von Kohlenstoffdioxid der Luft verändert sich auf einer frisch hergestellten Baustoffoberfläche der pH-Wert allmählich von alkalisch in Richtung Neutralpunkt („Carbonatisierung"). Die Carbonatisierung beginnt grundsätzlich an der Oberfläche (also dort, wo auch der Schimmelpilz sein Wachstum startet). Dadurch kann der pH-Wert so weit abgesenkt werden, dass Schimmelpilze damit gut leben können!

6 Mücke, Wolfgang; Lemmen, Christa, Schimmelpilze, Vorkommen, Gesundheitsgefahren, Schutzmaßnahmen, Ecomed-Verlag, Landsberg am Lech, 3. Auflage 2004; Erhorn, Hans, Schimmelpilzanfälligkeit von Baumaterialien, IBP-Mitteilungen 17 (1990), Nr. 196, Hrsg. Fraunhofer-Institut für Bauphysik, Stuttgart.

7 Zement-Taschenbuch 2002 Verein Deutscher Zementwerke e.V. (Hrsg.), Düsseldorf – Düsseldorf: Verlag Bau+Technik, 2002.

Eine wenige Millimeter dicke carbonatisierte Schicht, die einem Schimmelpilzbewuchs insoweit keinen Widerstand mehr entgegensetzt, kann je nach den gegebenen Verhältnissen schon nach wenigen Wochen erreicht sein.

- Für eine Erstbesiedlung reicht auch bei alkalischer Oberfläche grundsätzlich bereits eine dünne Staubschicht aus, die sich auf der Bauteiloberfläche abgelagert hat.[8] Dadurch, dass der Schimmelpilz beim Wachstum saure Verbindungen bildet, kann sich das Milieu in unmittelbarer Umgebung der Wachstumsstelle zudem verändern, sodass der pH-Wert zumindest weit genug abgesenkt wird, um ein Schimmelpilzwachstum zu ermöglichen.

Bielecki/Hempel[9] beschreiben pH-Wert-Messungen an Tapeten unterschiedlichen Alters und unterschiedlichen Verschmutzungsgrades, wobei die Messergebnisse mit Werten zwischen 6,3 und 7,3 praktisch im Neutralbereich liegen. Lediglich eine Tapete ohne Anstrich weist mit 4,6 einen sauren pH-Wert auf (wobei eine Tapete ohne Anstrich in der praktischen Anwendung während der Bauphase von Bedeutung ist). Nach Einsprühen mit einer Kaliumcarbonatlösung wurden im Versuch pH-Werte oberhalb von 11 gemessen, was im praktischen Versuch für eine gewisse Zeit die Schimmelpilzbildung hemmt. Diese Feststellung bestätigt die Auswirkung des pH-Wertes. Hingewiesen wird außerdem darauf, dass wässrige Lösungen von Essigsäure aufgrund ihres niedrigen (= im sauren Bereich liegenden) pH-Wertes zwar den Schimmelpilz entfernen, aber durch bestimmte mineralische Baustoffe (hier sind vor allem kalk- und zementhaltige Produkte zu nennen) neutralisiert werden und dann nicht mehr bekämpfend wirken, sondern sogar das Schimmelpilzwachstum fördern können, indem das Salz einer organischen Säure (z.B. Natriumacetat) entsteht, das dem Schimmelpilz zumindest theoretisch auch als Nahrungsquelle dienen kann.

Bestätigt wird der Einfluss des pH-Wertes auf die Schimmelpilzbildung auch durch die Untersuchungen von *Ritschkoff/Viitanen/Koskela*[10]. Im Rahmen dieser Untersuchung sind verschiedene Baustoffe geprüft worden. Herausgestellt hat sich dabei, dass Oberflächen von Zementestrich bzw. Beton am schlechtesten besiedelt werden (aber bei sehr hohen Feuchtigkeiten auch Schimmelpilzwachstum zeigen können). Höchste Besiedelungsraten werden bspw. bei Holzoberflächen erreicht. Gipsoberflächen verhalten sich unterschiedlich und werden im Vergleich zu anderen Oberflächen bei niedriger Feuchte schlechter und bei höherer Feuchte besser besiedelt.

Im Unterschied dazu kommen *Gertis/Erhorn/Reiß*[11] zu dem Ergebnis, dass nur eine geringe Abhängigkeit von der Bindemittelart des verwendeten Putzes besteht, während Anstriche und Tapeten Schimmelpilzwachstum fördern. In die Vergleiche einbezogen wurden auch Flächen mit intensiven Ablagerungen von organischen Stoffen, etwa in der Art, wie sie

8 Erhorn, Hans, Schimmelpilzanfälligkeit von Baumaterialien, IBP-Mitteilungen 17 (1990), Nr. 196, Hrsg. Fraunhofer-Institut für Bauphysik, Stuttgart.

9 Bielecki, Roland; Hempel Barbara, Schimmelpilze – Alternativen zur Bekämpfung und Vorbeugung, in: Bauhandwerk, Fachzeitschrift für die gewerkeübergreifende Bauausführung, Bauverlag, Gütersloh, Heft 4/2000, S. 61 ff.

10 Ritschkoff, Anne-Christine; Viitanen, Hannu; Koskela, Kyösti, The response of building materials to the mould exposure at different humidity and temperature conditions, in: „Proceedings of Healthy Buildings 2000", Vol. 3 (Microbes, moisture and building physics). Säteri, Olli (Hrsg.), SIY Indoor Air Information, Helsinki, 2000, S. 317 ff.

11 Gertis, Karl; Erhorn, Hans; Reiß, Johann, Klimawirkung und Schimmelpilzbildung bei sanierten Gebäuden, Bauphysik der Außenwände – Schlussbericht, Internationaler Bauphysikkongress, Berlin, 1997, Fraunhofer IRB-Verlag Stuttgart, S. 569 ff.

auch in sog. schwarzen Wohnungen vorhanden sind (Stichwort „Fogging-Effekt"). Aus den Untersuchungen geht hervor, dass derartige Ablagerungen ausreichen, das Schimmelpilzwachstum so zu fördern, dass die übrigen Eigenschaften des Baustoffes bedeutungslos werden.

Manzke/Laar/Berg[12] berichten, dass bei gleichzeitiger Anwesenheit von Gipsputz und Baufeuchte mit Schimmelpilzbildung zu rechnen ist. Gips sei nahezu pH-neutral (wenngleich Gips-Wandbauplatten üblicherweise pH-Werte zwischen 6,5 und 10,5 aufweisen)[13]. Bei Kalksandsteinen ist durch einen (geringen) Kalküberschuss mit einem pH-Wert von maximal 11 zu rechnen, der allerdings aufgrund der im Vergleich zu Beton deutlich gröberen Poren deutlich schneller unter Bindung von Kohlenstoffdioxid abgebaut werden kann.

Sedlbauer[14] hat für sein Vorhersagemodell des Schimmelpilzwachstums den pH-Wert nur indirekt berücksichtigt, da Schimmelpilze in der Lage sind, durch Ausschütten von Säuren den pH-Wert in ihrer unmittelbaren Umgebung zu reduzieren. Dennoch ist der pH-Wert, wie die praktische Erfahrung zeigt, keine hinsichtlich des Schimmelpilzwachstums zu vernachlässigende Größe.

Wie bereits erwähnt, ist bei den meisten Baustoffen zu erwarten, dass sich ein pH-Wert im alkalischen Bereich einstellt. Eine Ausnahme hiervon stellt Bitumen dar: Durch Reaktion der im Bitumen enthaltenen Verbindungen mit Luftsauerstoff und Wasser bilden sich organische Säuren, sodass der pH-Wert von Wasser, das von Bitumen abläuft, verhältnismäßig niedrig sein kann. *Rückert/Neubauer/Zietelmann*[15] beschreiben Versuche, bei denen bei bestimmten Bitumenarten Durchschnitts-pH-Werte von minimal 3,1 im Ablaufwasser gemessen wurden. Dieser Effekt kann ein Grund dafür sein, dass Bitumen durchaus auch von Schimmelpilzen besiedelt wird, zumal das an sich saure Ablaufwasser von der Bitumenbahn selbst (pH-Wert minimal 3,1) durch Reaktion mit alkalischem Ablaufwasser bspw. von benachbarten Betonflächen (pH-Wert maximal 14) so verändert werden kann, dass sich auf der Oberfläche einer Bitumenbahn unterschiedliche pH-Werte zwischen ca. 3 und 14 einstellen können. Die jeweilige Schimmelpilzart hätte also Gelegenheit, sich gewissermaßen die Fläche mit dem für sie optimalen pH-Wert auszusuchen. Ein weiterer Grund kann sein, dass bei der Herstellung von Polymerbitumenmassen auch tierische oder pflanzliche Öle oder Fette als Weichmacher eingesetzt werden. Bei derartigen organischen Komponenten ist ein erhöhtes Wachstum von Schimmelpilzen möglich.

Wie die Untersuchungen von *Rückert/Neubauer/Zietelmann* auch gezeigt haben, reagieren unterschiedliche bitumenhaltige Produkte unterschiedlich mit Wasser, wenn betrachtet wird, welcher pH-Wert sich im Wasser, das im Kontakt mit dem Produkt steht, einstellt. Es ist also durchaus zu erwarten, dass unterschiedliche Bitumenbahnen auch unterschiedliche Neigung zum Bewuchs mit Schimmelpilzen zeigen. Eine Beurteilung eines bestimmten Pro-

---

12 Manzke, Jens; Laar, Claudia von; Berg, Alexander, Projektbezogene Untersuchung zu Schimmelpilzbefall auf Gipsbaustoffen, 23. Hanseatische Sanierungstage, Feuchte – Wärme – Schimmelpilz, BuFAS e.V. (Hrsg.), Heringsdorf, 2012, Berlin u.a.: Beuth; Stuttgart: Fraunhofer IRB-Verlag, 2012, S. 131 ff.

13 Möhring, Rolf (Hrsg.), Baustoffkenntnis, 18. Auflage, 2016, Bundesanzeiger Verlag, Köln.

14 Sedlbauer, Klaus, Vorhersage von Schimmelpilzbildung auf und in Bauteilen, Universität Stuttgart, Dissertation, Stuttgart, 2001.

15 Rückert, Joachim; Neubauer, Franz; Zietelmann, Christina, Einfluß von bituminösen Dachbelagsmaterialien auf das Korrosionsverhalten von Dachentwässerungssystemen aus Zink und verzinktem Stahl, Bericht Nr. 91 des Gemeinschaftsausschusses Verzinken e.V., Düsseldorf, 1983.

duktes ist aber nicht so ohne Weiteres möglich, da es keine vom Hersteller einer Dichtbahn zu deklarierenden Eigenschaften gibt, die direkten Rückschluss auf die Neigung der Dichtbahn zur Besiedlung mit Schimmelpilzen zulassen. Erschwert wird eine Einschätzung noch dadurch, dass sich die (nicht deklarierten) Produkteigenschaften jederzeit ändern können, ohne dass dies für den Verwender transparent wird. Erfahrungen aus der Vergangenheit mit einem bestimmten Produkt sind also unter Umständen für die Zukunft wertlos.

2.7 Besonders gut zu besiedelnde Materialien

Erfahrungsgemäß besonders leicht besiedelt werden Gipskarton sowie Tapeten (wenn diese Tapeten auf Gipsputz aufgetragen werden, können sie mit Gipskarton praktisch gleichgestellt werden). Dies hat folgenden Hintergrund:

- Tapete bzw. Karton weist eine lockere Struktur auf, die den Schimmelpilzen die Besiedelung erleichtert und in der sich zudem Staub einlagern kann, dessen Bestandteile den Schimmelpilzen als Nahrung dienen.
- Sowohl in der Tapete als auch im Karton sind Komponenten enthalten, die ein Schimmelpilzwachstum fördern können. Es handelt sich dabei um natürliche Bestandteile wie Cellulose oder Lignin, die von Schimmelpilzen verstoffwechselt werden können. Beispielhaft für die (vergleichsweise) gute Besiedelung von Gipskartonplatten (und hier speziell von Karton) ist Abb. 3, die eine Feuchtesituation in einem Neubau zeigt, bei dem die Decke aus Gipskartonplatten besteht und die Wände mit Gips verputzt sind: Obwohl offenbar auch der Gipsputz unmittelbar unterhalb der Decke einen erhöhten Feuchteanteil aufweist, wie an der Dunkelfärbung zu erkennen ist, ist nicht dieser, sondern die Gipskartonplatte (genauer: die Papierkaschierung) besiedelt.

Abb. 3: Beispiel für unterschiedliche Besiedlung von Gipskarton (Decke) und Gipsputz (Wand)
Quelle: Bernd Gericke, 2017

- Sowohl Tapete als auch Karton verfügen über die Möglichkeit, Feuchte zu speichern, sodass dem Schimmelpilz ein Reservoir zur Verfügung steht, dass ihm bei kurzfristiger Trocknung noch Wasser zur Verfügung stellt.
- Der pH-Wert des Baustoffes hinter dem Karton oder der Tapete spielt demgegenüber nur eine unbedeutende Rolle: Selbst dann, wenn hinter der Tapete bspw. ein Zementputz vorhanden wäre, ist nur im Ausnahmefall (etwa wenn die Tapete im Spritzwasserbereich einer Dusche liegt oder eine unter Putz liegende Leitung geborsten ist) auf der Wandoberfläche so viel Feuchtigkeit vorhanden, dass die Tapete durchdrungen und alkalische Bestandteile aus der Wand zur Bauteiloberfläche hin transportiert werden können. Wegen der optimalen Eignung dieses Untergrundes für einen Schimmelpilzbewuchs kann es daher durchaus vorkommen, dass nach einem Feuchteschaden Gipskarton massiv besiedelt ist, während benachbarte Bauteiloberflächen kein oder wenig Schimmelpilzwachstum zeigen. Die Bedeutung dieses Sachverhaltes für die Praxis kann auch Abb. 4 entnommen werden.

Abb. 4: Beispiel für unterschiedliche Besiedlung von Gipskarton (Wand) und Anhydritestrich (Decke) einerseits sowie Beton (Boden) andererseits

Quelle: Wolfhard Böttcher

Das Bild stellt die Situation in einem Hohlraumboden nach einer längeren Beanspruchung durch Feuchtigkeit dar. Demnach konnten die Schimmelpilze an der Unterseite des Anhydritestrichs (im Bild oben) sowie auf der Gipskartonwand wachsen, nicht jedoch auf der Betondecke. Dies bestätigt die Beobachtung, dass Schimmelpilzbefall bei Feuchteeinwirkung auf unterschiedliche Materialien auch zu unterschiedlichen Intensitäten des Bewuchses führt.

2.8 Fazit

Baustoffe werden in Abhängigkeit von ihrer Alkalität mehr oder weniger stark von Schimmelpilzen besiedelt. Den Baustoff, der nicht besiedelt werden kann, gibt es aber nicht: Wenn die Feuchtigkeit genügend hoch und die Einwirkzeit genügend lang ist, kann grundsätzlich jedes Material besiedelt werden (auch wegen der Fähigkeit von Schimmelpilzen, Staubablagerungen als Nahrungsquelle zu nutzen und sich das Milieu, das sie zum Wachstum benötigen, durch Veränderung des pH-Wertes des Untergrundes gewissermaßen selbst herzustellen).

3 Ableitung von Bewertungskategorien für Schimmelpilze und Bakterien in Baumaterialien

Dr. rer. nat. Dipl.-Biol. Christoph Trautmann, Dipl.-Inf.-Wirt, M.Sc. Judith Meider

Inhalt

3.1 Einleitung

Die Entwicklung von Mikroorganismen an Materialien stellt ein hygienisches Problem dar und kann zu gesundheitlichen Beeinträchtigungen der Raumnutzer führen. Entsprechend wird im Leitfaden des Umweltbundesamtes[1] der Ausbau stark besiedelter Materialien empfohlen. Für eine Bewertung von Mikroorganismenkonzentrationen an oder in Baumaterialien ist es notwendig, sowohl die üblichen sog. „Hintergrundkonzentrationen" dieser Materialien, als auch typische Konzentrationen von besiedelten Materialien zu kennen. Die Hintergrundkonzentrationen ergeben sich durch die Materialzusammensetzung (relevant insbesondere bei organischen Materialien) oder durch eine Verschmutzung (möglich bei Lagerung und Transport) bzw. aufgrund einer länger anhaltenden Verstaubung. Weiterhin kommt es bei der Erstellung von Neubauten häufig zu Bauphasen mit einem erhöhten Feuchteeintrag, vor allem durch das Anmachwasser bei Beton-/Estrich- und Putzarbeiten. Insbesondere bei zu kurzen oder langfristig unterbundenen Trocknungszeiten (z.B. durch dichte Fußbodenbeläge) kann diese Neubaufeuchte zu verdeckten mikrobiellen Besiedlungen führen.

Bereits 2005 wurden von *Trautmann*[2] auf Grundlage von Laborbefunden Bewertungshilfen für verschiedene Baumaterialien veröffentlicht. Aus den Ergebnissen wurde abgeleitet, dass die übliche Hintergrundkonzentration unterhalb von 10.000 KBE/g liegt und auch durch Verstaubungen und kleinere Verschmutzungen i.d.R. die Konzentrationen nicht über 50.000 KBE/g Material ansteigen. *Richardson und Grün*[3] schlugen vor, ab einer Konzentration von 100.000 KBE/g den Ausbau von Dämmmaterialien in Betracht zu ziehen. 2008 wurde vom Umweltbundesamt eine Arbeitsgruppe zur Erstellung einer Handlungs-

1 Umweltbundesamt: Leitfaden zur Vorbeugung, Erfassung und Sanierung von Schimmelbefall in Gebäuden, Dessau 11/2017.

2 Trautmann, Christoph: Aussagekraft von Schimmelpilzuntersuchungen, 9. Pilztagung des VDB: Schimmel sicher erkennen, bewerten und sanieren. Berufsverband Deutscher Baubiologen – VDB e.V., Verlag AnBUS e.V., 2005.

3 Richardson, Nicole/Grün, Lothar: Sanierung betroffener Wohnungen und Gebäude, 15. Erg.-Lieferung 9/2005, Handbuch für Bioklima und Lufthygiene, ecomed Verlag.

empfehlung für die mikrobiologische Beurteilung von Fußböden eingerichtet. Durch diese Arbeitsgruppe wurde die für einen Ergebnisvergleich zwingend notwendige Standardisierung der Labormethode zur quantitativen Erfassung von Mikroorganismen (Suspensionsmethode) festgelegt. Zusätzlich wurde eine abgestufte Bewertung von kultivierbaren Schimmelpilzen in Fußbodendämmungen vorgeschlagen. Die von der Arbeitsgruppe ausgearbeitete Aufbereitungsmethode ist inzwischen in die Norm DIN ISO 16000 – 21[4] eingegangen.

Um die Standardisierung von Laboranalytik weiter voranzubringen, wurde 2022 der Gründruck der VDI 4300 Blatt 14 „Durchführung mikroskopischer Analysen von Materialproben zur Beurteilung von mikrobiellem Wachstum" herausgebracht. Im Anschluss an die Arbeit an der Norm für die Durchführung mikroskopischer Analysen von Materialproben wird im Jahr 2023 mit der Bearbeitung einer Standardisierung für Untersuchungen zur Feststellung der Gesamtzellzahl begonnen werden.

Trotz der erreichten Fortschritte kommt es noch immer zu Streitigkeiten zwischen Sachverständigen bei der Beurteilung von Feuchteschäden. Es wird insbesondere über die Höhe der üblichen Hintergrundkonzentrationen von Materialien gestritten und darüber, ab welcher Mikroorganismenkonzentration eine Sanierung erfolgen muss. Die Erhebung statistisch abgesicherter Werte für Hintergrundkonzentrationen stellt allerdings ein Problem dar, weil fast kein Sachverständiger bzw. Immobilienbesitzer dazu bereit ist, Proben aus einem intakten Gebäude zu entnehmen. Zusätzlich entstehen durch die Probenahme, Probenauswertung und den Wiederverschluss der Probenahmestelle relativ hohe Kosten.

Da es bisher nicht möglich war, größere Probenzahlen aus zufällig ausgewählten unauffälligen Gebäudebereichen zu gewinnen, wurde der Versuch unternommen, Hintergrundkonzentrationen aus Routineproben abzuleiten. Hierzu wurden die Laborergebnisse der Labore Umweltmykologie GmbH und Urbanus GmbH aus den letzten fünf Jahren herangezogen. Die Ergebnisse beider Labore wurden getrennt aufgearbeitet, um laborspezifische Unterschiede aufdecken zu können. Zusätzlich konnte so überprüft werden, inwieweit charakteristische Konzentrationen oder Artenzusammensetzungen in den Proben beider Labore parallel auftreten. Die Proben bzw. Laborergebnisse beider Labore stammen aus einer Vielzahl von unabhängigen Probenahmen und wurden nicht nach bestimmten Kriterien vorsortiert. Es wurde dabei hingenommen, dass sich durch die Zusammenführung der Proben aus verschiedenen Probenahmen auch einzelne Effekte (wie z.B. trockene oder sehr feuchte Proben) gegenseitig aufheben können. Beide Labore hatten zudem in den letzten fünf Jahren unterschiedliche Analyseschwerpunkte. Von der Umweltmykologie GmbH konnten aus dieser Zeit besonders große Probenzahlen von KBE-Analysen (KBE = koloniebildende Einheit, z.B. Sporen, Sporenaggregate oder Myzelien) sowie parallel analysierten Ergebnissen zur direkten Mikroskopie verwendet werden. Mit diesen Ergebnissen wurden statistisch relevante Kennwerte der Mikroorganismenkonzentrationen in häufig verwendeten Materialtypen herausgearbeitet. Durch eine Ordnung der Laborergebnisse nach ihren Konzentrationen wurden niedrige bzw. hohe Konzentrationen voneinander abgegrenzt. Zusätzlich konnte überprüft werden, ob eine Abhängigkeit zwischen

4 DIN ISO 16000 – 21, Innenraumluftverunreinigungen – Teil 21: Nachweis und Zählung von Schimmelpilzen – Probenahme von Materialien, Beuth Verlag, 2014-05.

der Gesamtkonzentration der Schimmelpilze und deren Anzahl bzw. Artenzusammensetzung besteht. Weiterhin wurden die geordneten Proben auf Konzentrationssprünge bzw. gleichmäßige Konzentrationsanstiege überprüft. Das Labor Urbanus GmbH hingegen konnte eine große Anzahl von Proben einbringen, bei denen jeweils für die Pilze und die Bakterien parallel Gesamtzellzahl- und KBE-Konzentrationen ermittelt wurden. Für diese Proben wurden ebenfalls die Konzentrationsbereiche von niedrigen und hohen Konzentrationen festgelegt. Weiterhin konnten die KBE-Analysen mit den festgestellten Besonderheiten in den Proben der Umweltmykologie GmbH verglichen werden. Zusätzlich ermöglichte die Gegenüberstellung von Gesamtzellzahl- und KBE-Analysen eine Auswertung darüber, welche Informationen aus den unterschiedlichen Analyseergebnissen abgeleitet werden können. Für die beiden speziellen Fragestellungen a) „Einfluss von Staubeinträgen auf die Hintergrundkonzentration" und b) „Einfluss von Neubaufeuchtigkeit auf die Pilz- und Bakterienkonzentration in Materialien" wurden die Proben einzelner Projekte herangezogen.

3.2 Ergebnisse

Die Erfassung von Mikroorganismen an oder in Baumaterialien kann durch verschiedene Labormethoden erfolgen. In der Praxis werden hierzu kultivierungstechnische (KBE-Erfassung) und mikroskopische Methoden (Gesamtzellzahlerfassung und direkte Mikroskopie) parallel eingesetzt.

3.2.1 KBE-Ergebnisse

3.2.1.1 Suspensionsmethode

Für die KBE-Analytik wird vom Probenmaterial eine Suspension hergestellt. Die Suspensionsmethode ist in der DIN ISO 16000 – 21[5] beschrieben. Mittels eines Schüttlers und eines Schikanekolbens werden die Mikroorganismen vom Material in eine standardisierte Lösung abgewaschen. Diese Suspension ist die Grundlage für alle weiteren Analyseschritte. Somit ist die Aufbereitung der Probe ein elementarer Bestandteil der mikrobiologischen Analytik. Es wurden die Konzentrationen pro Gramm berechnet. In den dargestellten Daten wurden die Proben der Umweltmykologie GmbH mit der beschriebenen Methode aufbereitet. Labor Urbanus GmbH verwendete in dem untersuchten Zeitraum eine leicht abgewandelte Aufbereitungsmethode zur Ablösung der Mikroorganismen mittels Ultraschallbad (siehe 3.2.1.2). Die Labore haben inzwischen die Probenaufbereitung modifiziert und angeglichen. Da jedoch Proben aus der Vergangenheit untersucht wurden, zeigen sich aufgrund dieser leicht unterschiedlichen Aufbereitung der Proben Unterschiede in den Ergebnissen. Aus diesem Grund können die Laborergebnisse beider Labore untereinander nur bedingt miteinander verglichen werden und es müssen unterschiedliche Bewertungskriterien angesetzt werden.

5 Ebd.

3.2.1.2 Suspensionsmethode mit Sporenablösung durch Ultraschall

Bei der vom Labor Urbanus GmbH verwendeten Methode zur Sporenablösung wurden die Proben nicht geschüttelt wie in der in Punkt 3.2.1.1 beschriebenen Suspensionsmethode, sondern mittels Ultraschallbad in die Lösung überführt. Die sonstige Aufbereitung der Proben unterschied sich nicht von der beschriebenen Suspensionsmethode.

3.2.1.3 Begriffsdefinitionen

Der Begriff Perzentil wird im Folgenden als „Grenzkonzentration" verwendet, unter der ein nach ihrer Konzentration geordneter prozentualer Anteil der Proben liegt. Das 50. Perzentil entspricht daher dem Median. Es repräsentiert die Konzentration, unter der 50 % der betrachteten Proben liegen. Die Begriffe Quartile bzw. Dezile werden im Folgenden als vier bzw. zehn aufeinanderfolgende Gruppen mit jeweils gleicher Anzahl von Proben verwendet, wobei vorab die Proben nach ihrer Konzentration geordnet sind.

Um einen schnellen Überblick über die Ergebnisse zu erhalten, werden die Konzentrationen als Quartile dargestellt.

Quartile unterteilen die zugrunde liegenden Daten in vier Viertel. Das erste Quartil enthält die nach der Größe geordneten unteren 25 % der Ergebnisse. Das 25. Perzentil stellt die Grenze zwischen dem ersten und dem zweiten Quartil dar und gibt die Konzentration wieder, die von 25 % der verwendeten Daten nicht überschritten wird. Das 50. Perzentil (auch als Median bezeichnet) bzw. das 75. Perzentil entspricht jeweils der Grenze zwischen dem zweiten und dritten bzw. dem dritten und vierten Quartil. Das vierte Quartil enthält die Daten, die über dem 75. Perzentil bis zum Maximalwert liegen. Der Maximalwert wird in den folgenden Beschreibungen nicht dargestellt, da er auf einem Wert beruht, der stark vom Zufall abhängt und für die weiteren Betrachtungen nicht von Bedeutung ist. Ein wesentlich besseres Maß, um sehr hohe Konzentrationen der verwendeten Daten zu ermitteln, ist dagegen das 95. Perzentil. In dem hier dargestellten Zusammenhang repräsentiert das 95. Perzentil die Konzentration, die von 95 % der zugrunde liegenden Konzentrationen nicht überschritten wird. Durch die Verwendung des 95. Perzentils werden extreme Ausreißer vernachlässigt.

3.2.1.4 Darstellung der Ergebnisse in Quartilen

In Tab. 1 und 2 sind die untersuchten Routineproben nach Materialtyp differenziert aufgeführt. Es sind jeweils die Grenzkonzentrationen der vier Quartile durch das 25. bzw. 50. und das 75. Perzentil wiedergegeben. Zusätzlich ist das 95. Perzentil aufgeführt. Die statistischen Auswertungen beziehen sich in Tab. 1 auf die KBE-Gesamtkonzentration [KBE/g] der Pilze und in Tab. 2 auf die der Bakterien.

Tab. 1: Quartilsgrenzen sowie das 95. Perzentil der KBE-Konzentrationen von Pilzen [KBE/g] für häufige Materialproben (Sortierung nach dem 95. Perzentil).

Materialtyp	Proben-anzahl [n][a]	25. Perz. [KBE/g]	50. Perz. [KBE/g]	75. Perz. [KBE/g]	95. Perz. [KBE/g]
Spachtelmasse	21	$3,0 \cdot 10^1$	$8,5 \cdot 10^1$	$9,0 \cdot 10^2$	$9,6 \cdot 10^4$
Ziegel	28	$1,9 \cdot 10^3$	$2,1 \cdot 10^4$	$1,1 \cdot 10^5$	$1,9 \cdot 10^5$
Beton/Estrich	265	$7,0 \cdot 10^0$	$8,8 \cdot 10^1$	$3,3 \cdot 10^3$	$2,1 \cdot 10^5$
Sand	28	$7,9 \cdot 10^2$	$1,9 \cdot 10^4$	$7,9 \cdot 10^4$	$4,3 \cdot 10^5$
Perlite	120	$3,2 \cdot 10^2$	$7,0 \cdot 10^3$	$6,9 \cdot 10^4$	$8,4 \cdot 10^5$
Porenbeton	39	$6,0 \cdot 10^2$	$4,6 \cdot 10^3$	$1,1 \cdot 10^5$	$8,5 \cdot 10^5$
XPS	227	$1,1 \cdot 10^3$	$8,0 \cdot 10^3$	$5,4 \cdot 10^4$	$1,1 \cdot 10^6$
Schüttung/Schlacke	172	$1,9 \cdot 10^2$	$3,9 \cdot 10^3$	$1,2 \cdot 10^5$	$1,1 \cdot 10^6$
Heraklith (u.Ä.)	32	$3,8 \cdot 10^2$	$7,4 \cdot 10^3$	$1,9 \cdot 10^5$	$1,5 \cdot 10^6$
Gipsputz	50	$6,9 \cdot 10^2$	$4,6 \cdot 10^4$	$2,8 \cdot 10^5$	$1,5 \cdot 10^6$
Putz	1.295	$4,6 \cdot 10^2$	$1,8 \cdot 10^4$	$2,6 \cdot 10^5$	$2,2 \cdot 10^6$
Gips	12	$3,2 \cdot 10^3$	$2,3 \cdot 10^4$	$2,1 \cdot 10^5$	$2,4 \cdot 10^6$
EPS	7.463	$5,1 \cdot 10^3$	$4,6 \cdot 10^4$	$3,0 \cdot 10^5$	$2,6 \cdot 10^6$
PUR	310	$1,3 \cdot 10^3$	$1,3 \cdot 10^4$	$2,1 \cdot 10^5$	$3,2 \cdot 10^6$
Zelluloseflocken	73	$3,7 \cdot 10^2$	$3,8 \cdot 10^3$	$3,2 \cdot 10^5$	$5,8 \cdot 10^6$
KMF	1.686	$6,7 \cdot 10^2$	$4,6 \cdot 10^3$	$1,2 \cdot 10^5$	$5,8 \cdot 10^6$
Schaumfolie	205	$3,8 \cdot 10^3$	$5,3 \cdot 10^4$	$8,6 \cdot 10^5$	$6,7 \cdot 10^6$
Gipsfaserplatte	337	$2,8 \cdot 10^2$	$1,9 \cdot 10^4$	$9,0 \cdot 10^5$	$7,0 \cdot 10^6$
Holz	135	$1,8 \cdot 10^2$	$6,1 \cdot 10^3$	$2,8 \cdot 10^5$	$7,1 \cdot 10^6$
bitumierte Holzfasern	29	$4,4 \cdot 10^3$	$4,2 \cdot 10^6$	$7,4 \cdot 10^6$	$1,1 \cdot 10^7$
Holzwerkstoffe (OSB u.Ä.)	180	$1,1 \cdot 10^3$	$6,4 \cdot 10^4$	$1,1 \cdot 10^6$	$1,2 \cdot 10^7$
Farbe	110	$5,5 \cdot 10^2$	$6,6 \cdot 10^4$	$1,8 \cdot 10^6$	$1,9 \cdot 10^7$
Holzweichfaser	51	$8,7 \cdot 10^2$	$7,6 \cdot 10^4$	$5,0 \cdot 10^6$	$2,3 \cdot 10^7$
Schaumstoff	31	$2,3 \cdot 10^3$	$7,5 \cdot 10^3$	$2,3 \cdot 10^5$	$2,7 \cdot 10^7$

[a] *siehe 3.2.1.5; EPS = expandiertes Polystyrol, KMF = künstliche Mineralfasern, PUR = Polyurethan-Hartschaum, XPS = extrudierter Polystyrol-Hartschaum*

Quelle: Christoph Trautmann/Judith Meider

Tab. 2: Quartilsgrenzen sowie das 95. Perzentil der KBE-Konzentrationen von Bakterien [KBE/g] für häufige Materialproben (Sortierung nach dem 95. Perzentil).

Materialtyp	Proben-anzahl [n][a]	25. Perz. [KBE/g]	50. Perz. [KBE/g]	75. Perz. [KBE/g]	95. Perz. [KBE/g]
Spachtelmasse	21	u.N.	$2{,}7 \cdot 10^2$	$5{,}4 \cdot 10^3$	$2{,}2 \cdot 10^5$
Porenbeton	39	$1{,}7 \cdot 10^2$	$9{,}3 \cdot 10^4$	$1{,}4 \cdot 10^6$	$3{,}1 \cdot 10^6$
Beton/Estrich	265	$2{,}1 \cdot 10^1$	$5{,}5 \cdot 10^2$	$2{,}1 \cdot 10^5$	$6{,}6 \cdot 10^6$
Sand	28	$1{,}9 \cdot 10^4$	$4{,}8 \cdot 10^5$	$2{,}1 \cdot 10^6$	$6{,}7 \cdot 10^6$
Heraklith (u.Ä.)	32	$1{,}8 \cdot 10^2$	$6{,}8 \cdot 10^3$	$3{,}2 \cdot 10^6$	$1{,}2 \cdot 10^7$
Holz	135	$1{,}0 \cdot 10^2$	$1{,}3 \cdot 10^3$	$9{,}0 \cdot 10^5$	$1{,}4 \cdot 10^7$
Schüttung/Schlacke	172	$8{,}0 \cdot 10^3$	$3{,}4 \cdot 10^5$	$3{,}3 \cdot 10^6$	$1{,}5 \cdot 10^7$
Putz	1.295	$5{,}8 \cdot 10^2$	$1{,}5 \cdot 10^5$	$2{,}4 \cdot 10^6$	$1{,}8 \cdot 10^7$
Ziegel	28	$5{,}6 \cdot 10^5$	$2{,}6 \cdot 10^6$	$7{,}0 \cdot 10^6$	$1{,}9 \cdot 10^7$
Gips	12	$2{,}2 \cdot 10^3$	$1{,}4 \cdot 10^5$	$4{,}1 \cdot 10^6$	$2{,}2 \cdot 10^7$
XPS	227	$5{,}2 \cdot 10^3$	$9{,}6 \cdot 10^4$	$2{,}4 \cdot 10^6$	$2{,}5 \cdot 10^7$
Gipsputz	50	$1{,}6 \cdot 10^3$	$2{,}6 \cdot 10^5$	$7{,}6 \cdot 10^6$	$2{,}9 \cdot 10^7$
Perlite	120	$1{,}9 \cdot 10^3$	$2{,}7 \cdot 10^5$	$2{,}8 \cdot 10^6$	$3{,}1 \cdot 10^7$
Gipsfaserplatte	337	$5{,}5 \cdot 10^3$	$5{,}6 \cdot 10^5$	$3{,}9 \cdot 10^6$	$3{,}1 \cdot 10^7$
KMF	1.686	$4{,}6 \cdot 10^2$	$3{,}8 \cdot 10^3$	$1{,}5 \cdot 10^5$	$3{,}3 \cdot 10^7$
Schaumfolie	205	$1{,}9 \cdot 10^3$	$1{,}0 \cdot 10^5$	$4{,}6 \cdot 10^6$	$3{,}8 \cdot 10^7$
Holzwerkstoffe (OSB u.Ä.)	180	$5{,}8 \cdot 10^1$	$4{,}0 \cdot 10^2$	$3{,}0 \cdot 10^6$	$4{,}1 \cdot 10^7$
PUR	310	$7{,}7 \cdot 10^3$	$2{,}1 \cdot 10^5$	$4{,}4 \cdot 10^6$	$4{,}8 \cdot 10^7$
Zelluloseflocken	73	$3{,}7 \cdot 10^3$	$3{,}3 \cdot 10^4$	$9{,}6 \cdot 10^5$	$4{,}9 \cdot 10^7$
EPS	7.463	$7{,}5 \cdot 10^3$	$3{,}9 \cdot 10^5$	$6{,}4 \cdot 10^6$	$5{,}7 \cdot 10^7$
Farbe	110	u.N.	$5{,}5 \cdot 10^3$	$4{,}4 \cdot 10^6$	$6{,}1 \cdot 10^7$
Holzweichfaser	51	$3{,}3 \cdot 10^3$	$7{,}6 \cdot 10^5$	$6{,}1 \cdot 10^6$	$6{,}3 \cdot 10^7$
bitumierte Holzfasern	29	$5{,}4 \cdot 10^5$	$4{,}7 \cdot 10^6$	$3{,}4 \cdot 10^7$	$7{,}1 \cdot 10^7$
Schaumstoff	31	$2{,}1 \cdot 10^4$	$4{,}8 \cdot 10^5$	$9{,}9 \cdot 10^6$	$7{,}6 \cdot 10^7$

[a] *siehe 3.2.1.5; EPS = expandiertes Polystyrol, KMF = künstliche Mineralfasern, PUR = Polyurethan-Hartschaum, XPS = extrudierter Polystyrol-Hartschaum, u.N. = unter der Nachweisgrenze*

Quelle: Christoph Trautmann/Judith Meider

Die in den Tabellen dargestellten Konzentrationen für das 25., 50., 75. und 95. Perzentil geben für häufige Materialien einen Überblick darüber, innerhalb welcher Konzentrationsbereiche jeweils ein Viertel der Routineproben der Umweltmykologie GmbH der letzten fünf Jahre lag. Alle Proben wurden entsprechend der unter 3.2.1.1 angegebenen Suspensionsmethode (entsprechend DIN ISO 16000-21) aufgearbeitet.

In den verschiedenen Materialien werden unterschiedlich hohe Pilz- und Bakterienkonzentrationen erreicht. Bei der Interpretation dieser Unterschiede muss grundsätzlich berücksichtigt werden, dass Werte von Materialtypen, von denen nur wenige Proben [n] vorliegen, eine erhöhte statistische Unsicherheit aufweisen. Außerdem muss beachtet werden, dass die verschiedenen Materialien aus unterschiedlichen Gebäudebereichen (Fußböden, Wandoberflächen, Wandfüllungen, Decken) stammen. Sie können daher beim Vorliegen von Feuchteschäden unterschiedlich starken Feuchtegehalten ausgesetzt sein. Weiterhin unterscheiden sich die Materialtypen jeweils in ihrem Gehalt an verwertbaren organischen Bestandteilen. Feuchte Materialien mit einem hohen organischen Anteil bieten Mikroorganismen i.d.R. sehr gute Lebensbedingungen und ermöglichen daher oft sehr hohe Mikroorganismenkonzentrationen. Da die Konzentrationen je Gramm Materialgewicht berechnet wurden, wäre zu erwarten, dass die KBE-Konzentrationen der Materialtypen, die ein hohes spezifisches Gewicht haben, in Relation zu den Materialien mit geringem spezifischem Gewicht bei vergleichbarem Nährstoffgehalt insgesamt niedriger ausfallen.

Die Materialtypen mit einem mutmaßlich hohen organischen Anteil und vermutlich guter Nährstoffverfügbarkeit wurden in der Tabelle grün, die mit einem mittleren Nährstoffgehalt gelb und die mit geringem Nährstoffgehalt grau unterlegt. Weiterhin wurden die beiden Tabellen nach den Konzentrationen des jeweiligen 95. Perzentils geordnet. Insgesamt führt diese Sortierung für die Pilzkonzentrationen (Tab. 1) zu einer relativ guten Anordnung entsprechend der erwarteten Nährstoffverfügbarkeit und dem spezifischen Materialgewicht. Erwartungsgemäß liegen die Pilzkonzentrationen der Materialtypen „Spachtelmasse", „Ziegel", „Beton/Estrich", „Sand", „Perlite" und „Porenbeton" im unteren Konzentrationsbereich. Materialien mit hohem organischen Anteil sind dagegen im oberen Konzentrationsbereich angeordnet und die diversen Kunststoffe sowie mineralischer Putz und Gipsmaterialien im mittleren Bereich.

Es fällt auf, dass die Putzproben trotz ihres relativ hohen spezifischen Gewichts und ihres hohen mineralischen Anteils relativ hohe Mikroorganismenkonzentrationen enthalten. Dieser vermeintliche Widerspruch beruht vermutlich auf organischen Zuschlagstoffen der Putze und der häufigen Zuführung von Nährstoffen auf den Putz in Form von Tapetenkleister oder organischen Farbstoffen. Ähnliches ist auch für die Mikroorganismenkonzentrationen an Wandfarbpartikeln anzunehmen. Hier sind zum einen erhöhte organische Anteile möglich und zum anderen ebenfalls eine Zuführung von Nährstoffen in Form von Tapetenkleister.

Die relativ geringen Mikroorganismenkonzentrationen auf dem Materialtyp „Zelluloseflocken", der einen hohen organischen Anteil besitzt, ist vermutlich auf eine hemmende Wirkung des Borsalzgehalts (Flammschutzmittel) in den Flocken zurückzuführen.

Bei der Sortierung der Materialtypen nach dem 95. Perzentil der Pilzkonzentrationen ergibt sich parallel eine relativ gleichlaufende Sortierung für die 75. Perzentile. Die 50. Perzentile weisen dagegen eine davon deutlich abweichende Sortierung auf. Dieser Unterschied deutet darauf hin, dass zwischen den Konzentrationen der unteren Perzentile und denen der oberen Perzentile „Konzentrationssprünge" auftreten.

Die Sortierung der Bakterienkonzentrationen entsprechend dem 95. Perzentil ergibt ein in Teilen anderes Bild. Hier liegen die Holzproben im unteren Konzentrationsbereich, während die Ziegel- und Perliteproben weiter ins Mittelfeld rücken. Abweichend von den beobachteten Verhältnissen bei den Pilzen ergibt sich durch die Sortierung nach dem 95. Perzentil keine vergleichbar gleichlaufende Sortierung des 75. Perzentils. Weiterhin liegen die Werte für das 75. Perzentil der Materialtypen „Holz" oder „Zelluloseflocken" relativ niedrig, obwohl sie überwiegend aus organischem Material bestehen. Das 75. Perzentil der Bakterienkonzentrationen in den KMF-Proben erreicht mit nur $1{,}5 \cdot 10^5$ KBE/g einen auffallend niedrigen Wert.

Eine Erklärung für diesen geringeren Anstieg der Bakterienkonzentrationen im 75. Perzentil der KMF-Proben liegt in deren wesentlich stärkeren Empfindlichkeit gegenüber einer kurzzeitigen Austrocknung. KMF-Proben können nicht quellen und haben daher lediglich ein geringes Vermögen, Feuchtigkeit mittelfristig zu binden. Zusätzlich können Mineralfasern aufgrund ihrer watteartigen Struktur bei leichter Durchfeuchtung vergleichsweise gut abtrocknen, sodass Bakterienentwicklungen vermutlich häufig frühzeitig gestoppt werden.

Die vergleichsweise hohen KBE-Konzentrationen für das 25. Perzentil der Bakterien in den bitumierten Holzfasern und an den Ziegelsteinen werden von den Autoren als unrealistisch für eine niedrige oder mittlere Belastung eingeschätzt. Es ist vielmehr zu vermuten, dass diese Werte aufgrund der geringen Probenzahl (bitumierte Holzfasern $n = 29$, Ziegel $n = 28$) in Verbindung mit einer gezielten Beprobung von besiedelten Materialien zustande gekommen sind.

Es zeigt sich, dass die Konzentrationsentwicklung der Pilze und Bakterien innerhalb der verschiedenen Materialtypen nicht gleichmäßig verläuft.

a) Der Vergleich des 25. Perzentils der Pilz- und Bakterienkonzentrationen ergibt ein heterogenes Bild, da für etwa die Hälfte der Materialtypen ein höheres 25. Perzentil der Bakterienkonzentrationen und für die andere Hälfte ein leicht höheres 25. Perzentil der Pilzkonzentrationen festgestellt wurde.

b) Der Vergleich des 50. Perzentils ergibt bereits, dass das 50. Perzentil der Pilzkonzentrationen nur in wenigen Materialtypen höher liegt als das 50. Perzentil der Bakterienkonzentrationen. Der Wert des 50. Perzentils der Bakterienkonzentrationen übersteigt häufig den Wert der Pilze um mehrere Hunderttausend KBE/g.

c) Das 75. Perzentil der Bakterienkonzentrationen liegt immer über dem der Pilze. Oft liegt das 75. Perzentil der Bakterienkonzentrationen bereits um mehr als eine Million KBE/g höher als das der Pilze.

Zusammenfassend kann festgestellt werden, dass unabhängig vom Materialtyp die 25. und die 50. Perzentile der Bakterien- und der Pilzkonzentrationen jeweils ähnliche Größenordnungen aufweisen, während die 75. und 95. Perzentile der Bakterienkonzentrationen i.d.R. deutlich über denen der Pilze liegen.

Von den Materialtypen EPS (expandiertes Polystyrol) [n = 7.463], Putz [n = 1.295] und KMF (künstliche Mineralfaser) [n = 1.686] lagen die höchsten Probenzahlen vor. Die 95. Perzentile der Pilzkonzentrationen dieser Materialien lagen in einem ähnlichen Konzentrationsbereich von 2,2 bis 5,7 Mio. KBE/g. Hier erreichten die KMF-Proben mit $5{,}8 \cdot 10^6$ KBE/g etwas höhere Konzentrationen als EPS-Proben ($2{,}6 \cdot 10^6$ KBE/g) oder Putzproben ($2{,}2 \cdot 10^6$ KBE/g).

In Abb. 1 sind die nach ihrer Größe sortierten Pilzkonzentrationen mit jedem zehnten Perzentil wiedergegeben. Die Konzentrationsangabe ist auf maximal $3{,}0 \cdot 10^5$ KBE/g begrenzt worden, da die Abbildung das Perzentil hervorheben soll, in dem ein erster Konzentrationsanstieg deutlich wird. Abb. 1 verdeutlicht, dass kleinere „Konzentrationssprünge" zuerst bei den EPS-Proben mit dem 30. Perzentil auftreten und bei den Putzproben sowie den EPS-Proben erst in höheren Perzentilen sichtbar werden. Der besonders stark verzögerte Konzentrationsanstieg der KMF-Proben ist bemerkenswert, da die KMF-Proben im Vergleich zu den beiden anderen Materialien die höchste Konzentration im 95. Perzentil erreichen.

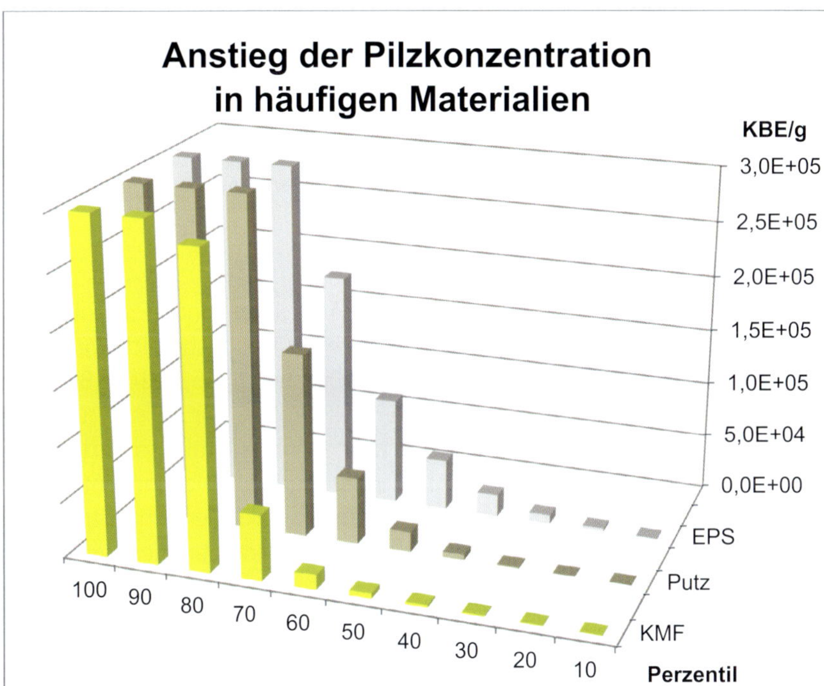

Abb. 1: Anstieg der **Pilzkonzentration** *in den nach ihrer Konzentration geordneten Proben EPS [n = 7.463], Putz [n = 1.295] und KMF [n = 1.686].*

Quelle: Christoph Trautmann/Judith Meider

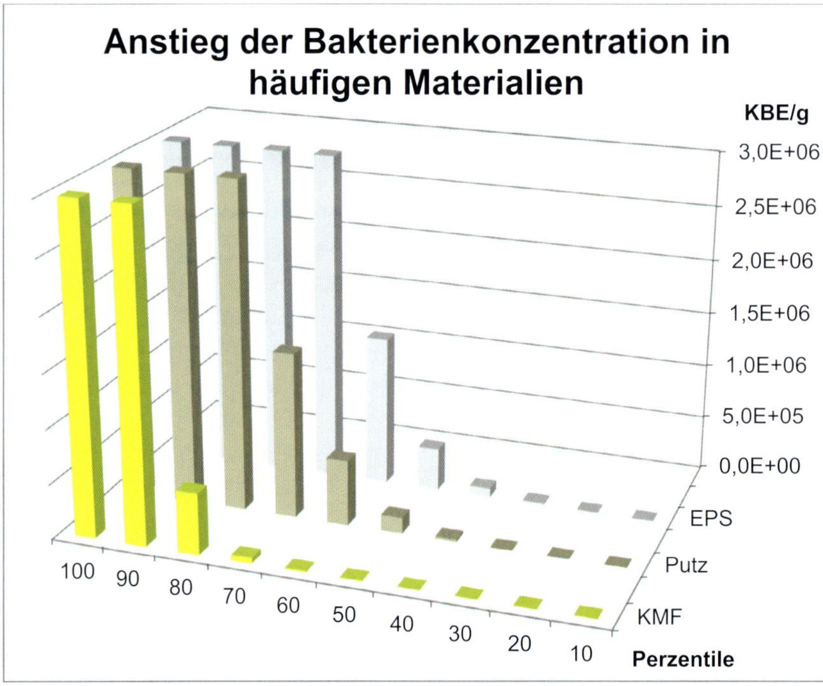

Abb. 2: Anstieg der **Bakterienkonzentration** *in den nach ihrer Konzentration geordneten Proben EPS [n = 7.463], Putz [n = 1.295] und KMF [n = 1.686].*

Quelle: Christoph Trautmann/Judith Meider

Die 95. Perzentile der Bakterienkonzentrationen in den KMF-, Putz- und EPS-Proben erreichten ca. zehnfach höhere Werte und liegen in einem Konzentrationsbereich von 18 bis 57 Mio. KBE/g. Hier erreicht das 95. Perzentil der EPS-Proben mit $5{,}7 \cdot 10^7$ KBE/g die höchste Konzentration, während das 95. Perzentil der KMF-Proben bei $3{,}3 \cdot 10^7$ und das der Putzproben bei $1{,}8 \cdot 10^7$ KBE/g liegt. In Abb. 2 sind die nach ihrer Größe sortierten Bakterienkonzentrationen mit jedem zehnten Perzentil wiedergegeben. Die Konzentrationsangabe auf der y-Achse wurde wegen der insgesamt höheren Bakterienkonzentrationen auf maximal $3{,}0 \cdot 10^6$ KBE/g begrenzt, da in der Abbildung die Perzentile hervorgehoben werden sollen, in denen ein erster Konzentrationsanstieg deutlich wird. Abb. 2 zeigt für die Bakterien insgesamt eine ähnliche Konzentrationsentwicklung wie in Abb. 1 für die Pilze dargestellt, allerdings auf einem deutlich höheren Konzentrationsniveau. Weiterhin fällt auf, dass ein wesentlicher Konzentrationsanstieg der Bakterien erst ab dem 70. Perzentil erfolgt und damit im Vergleich zur Entwicklung der Pilze um ca. zehn Perzentile verzögert ist.

Die Labor Urbanus GmbH hat in dem gleichen Zeitraum ebenfalls vergleichbare Materialtypen auf ihren Gehalt an Pilz- und Bakterienkonzentrationen analysiert. Vergleichbar zum Labor Umweltmykologie GmbH wurden auch von dem Labor Urbanus GmbH die größten Probenzahlen für die Materialtypen EPS, Putz und KMF analysiert. In Tab. 3 und 4 sind die Probenzahlen und das 25., 50., 75. sowie das 95. Perzentil der Ergebnisse beider Labore einander gegenübergestellt.

Tab. 3: Pilzkonzentrationen in EPS-, Putz- und KMF-Proben; Gegenüberstellung der Laboranalysen der Umweltmykologie GmbH (UM) und der Urbanus GmbH (UR).

Materialtyp	Proben-anzahl [n]	25. Perz. [KBE/g]	50. Perz. [KBE/g]	75. Perz. [KBE/g]	95. Perz. [KBE/g]
EPS (UM)	7.463	$5{,}1 \cdot 10^3$	$4{,}6 \cdot 10^4$	$3{,}0 \cdot 10^5$	$2{,}6 \cdot 10^6$
EPS (UR)	1.298	$3{,}1 \cdot 10^3$	$2{,}8 \cdot 10^4$	$1{,}4 \cdot 10^5$	$1{,}5 \cdot 10^6$
Putz (UM)	1.295	$4{,}6 \cdot 10^2$	$1{,}8 \cdot 10^4$	$2{,}6 \cdot 10^5$	$2{,}2 \cdot 10^6$
Putz (UR)	383	$2{,}4 \cdot 10^3$	$5{,}5 \cdot 10^4$	$6{,}2 \cdot 10^5$	$2{,}1 \cdot 10^7$
KMF (UM)	1.686	$6{,}7 \cdot 10^2$	$4{,}6 \cdot 10^3$	$1{,}2 \cdot 10^5$	$5{,}8 \cdot 10^6$
KMF (UR)	355	$6{,}3 \cdot 10^2$	$1{,}3 \cdot 10^4$	$3{,}4 \cdot 10^5$	$6{,}0 \cdot 10^6$

Quelle: Christoph Trautmann/Judith Meider

Tab. 4: Bakterienkonzentrationen in EPS-, Putz- und KMF-Proben; Gegenüberstellung der Laboranalysen der Umweltmykologie GmbH (UM) und der Urbanus GmbH (UR).

Materialtyp	Proben-anzahl [n]	25. Perz. [KBE/g]	50. Perz. [KBE/g]	75. Perz. [KBE/g]	95. Perz. [KBE/g]
EPS (UM)	7.463	$7{,}5 \cdot 10^3$	$3{,}9 \cdot 10^5$	$6{,}4 \cdot 10^6$	$5{,}7 \cdot 10^7$
EPS (UR)	1.298	$1{,}8 \cdot 10^3$	$1{,}1 \cdot 10^5$	$2{,}2 \cdot 10^6$	$7{,}4 \cdot 10^7$
Putz (UM)	1.295	$5{,}8 \cdot 10^2$	$1{,}5 \cdot 10^5$	$2{,}4 \cdot 10^6$	$1{,}8 \cdot 10^7$
Putz (UR)	383	$2{,}1 \cdot 10^2$	$2{,}7 \cdot 10^4$	$9{,}0 \cdot 10^5$	$5{,}0 \cdot 10^7$
KMF (UM)	1.686	$4{,}6 \cdot 10^2$	$3{,}8 \cdot 10^3$	$1{,}5 \cdot 10^5$	$3{,}3 \cdot 10^7$
KMF (UR)	355	$4{,}4 \cdot 10^2$	$6{,}1 \cdot 10^3$	$4{,}1 \cdot 10^5$	$1{,}7 \cdot 10^8$

Quelle: Christoph Trautmann/Judith Meider

Die Konzentrationsentwicklungen der Pilze und Bakterien innerhalb gleicher Materialtypen aus den Proben beider Labore zeigen Übereinstimmungen und Unterschiede. Während die 25., 50. und 75. Perzentile der Pilz- und Bakterienkonzentrationen in den EPS-Proben der Umweltmykologie GmbH immer etwas höher als in denen der Urbanus GmbH liegen, ist dieser Trend für die anderen Materialien teilweise umgekehrt. Ein zufallsbedingter Einfluss kann aufgrund der hohen Probenzahl weitgehend ausgeschlossen werden. Es ist auch nicht wahrscheinlich, dass diese Unterschiede überwiegend auf einem abweichenden Probenpool beruhen, da beide Labore Proben von Sachverständigen aus ganz Deutschland aufarbeiten. Es ist daher anzunehmen, dass die beobachteten Unterschiede auf dem Einsatz abweichender Methoden zur Sporenablösung vom Material beruhen. Denkbar sind Unterschiede in der Zerkleinerung der Materialproben sowie bei der Umspülung der Proben mit Waschpuffern beim Schüttelverfahren bzw. im Ultraschallbad (siehe 3.2.1.1 und 3.2.1.2).

Auf den Zusammenhang, dass korrespondierend zur verwendeten Methode die Analyseergebnisse in unterschiedlichen Konzentrationsbereichen liegen können, wurde von den Autoren bereits bei verschiedenen Vorträgen in der Vergangenheit hingewiesen. Dabei wurde insbesondere betont, dass die Bewertungskriterien der Labore Umweltmykologie GmbH oder Urbanus GmbH von anderen Laboren nur dann verwendet werden können, wenn auch die Probenaufarbeitung mit der jeweiligen Methode erfolgt ist.

3.2.1.5 Ab welcher Probenzahl kann von aussagekräftigen Quartilen ausgegangen werden?

Die erfassten Pilzkonzentrationen in den EPS-Proben [n = 7.463] haben eine „linksschiefe" Dichteverteilung, die in Abb. 3 für die EPS-Proben dargestellt ist. Die Abbildung verdeutlicht, dass eine sehr hohe Anzahl von Proben im Konzentrationsbereich bis $1{,}0 \cdot 10^4$ KBE/g EPS liegt (2.394 Proben; 32 % aller EPS-Proben). Die Anzahl von Proben zwischen $1{,}0 \cdot 10^4$ KBE/g und $1{,}0 \cdot 10^5$ KBE/g EPS (2.139 Proben; 29 % aller EPS-Proben) hingegen nimmt kontinuierlich ab. Insgesamt liegen die Pilzkonzentrationen von ca. 61 % der EPS-Proben [n = 4.533] unter $1{,}0 \cdot 10^5$ KBE/g EPS. Der Probenanteil mit Konzentrationen bis $1{,}0 \cdot 10^5$ KBE/g EPS wurde ermittelt, weil im UBA-Leitfaden[6] diese Konzentration für Proben angegeben wird, ab der ein Material besiedelt sein kann. Die übrigen Proben mit höheren Pilzkonzentrationen verteilen sich über einen sehr weiten Konzentrationsbereich (bis $1{,}3 \cdot 10^7$ KBE Pilze/g EPS, Maximalwert nicht dargestellt).

Es handelt sich um eine Art Pareto-Verteilung, deren Standardfehler bzw. Aussagekraft durch mathematische Methoden nur aufwendig und unsicher eingeschätzt werden kann. Insbesondere beim Vorliegen von nur wenigen Proben (geringe Stichprobe) kann durch das zufallsbedingte Auftreten sehr hoher oder niedriger Konzentrationen eine unrealistische Einschätzung auf die tatsächliche Verteilung vorliegen.

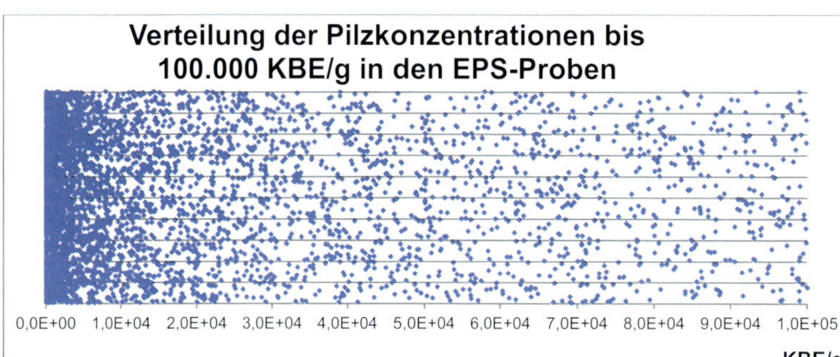

Abb. 3: Verteilung der Pilzkonzentrationen bis 100.000 KBE/g in den EPS-Proben.

Quelle: Christoph Trautmann/Judith Meider

Um zu prüfen, ab welcher Probenanzahl aussagekräftige Ergebnisse zu erwarten sind, wurden am Beispiel der EPS-Proben empirische Berechnungen durchgeführt. Hierzu wurden über einen Zufallsgenerator Stichproben aus der Gesamtprobenzahl der EPS-Proben ermittelt. Dabei wurden in 100 Durchgängen jeweils 25, 50, 100, 150, 200, 250, 300 sowie 350 Stichproben ermittelt. Für die Pilzkonzentrationen dieser Stichproben wurden die

6 Umweltbundesamt.

Konzentrationen des 25., 50., 75. und 95. Perzentils ermittelt und jeweils die Standardabweichungen der 100 Durchgänge einer Stichprobengruppe berechnet. Ab einer Stichprobengröße von 250 Proben lag die Standardabweichung für alle Perzentile unter 30 %. Es kann daher davon ausgegangen werden, dass die Perzentile von Probenkollektiven mit mehr als 250 Proben zuverlässige Werte liefern.

3.2.1.6 Detaillierte Darstellung der häufigsten Materialproben (EPS, KMF, Putz)

Von den Materialtypen EPS (expandiertes Polystyrol), KMF (künstliche Mineralfaser) und Putz (mineralischer Wandputz) liegen die Ergebnisse großer Probenzahlen vor, sodass grundlegende Unterschiede zwischen Hintergrundkonzentrationen und besiedelten Proben deutlich werden sollten. Diese drei Materialtypen repräsentieren gleichzeitig auch Proben aus unterschiedlichen Gebäudebereichen. Während Polystyrolproben überwiegend aus Fußböden entnommen wurden, stammen Putzproben aus Wandbelägen und KMF-Proben aus Leichtbauwänden und Dachschrägen.

Zusätzlich zu den unter 3.2.1.4 vorgestellten Verteilungen der Ergebnisse der Pilz- und Bakterienkonzentrationen der jeweiligen Materialtypen in vier Quartile bzw. jeweils der Angabe des 25., 50., 75. und 95. Perzentils (siehe Tab. 1 bzw. 2) können auch typische Unterschiede in der Zusammensetzung sowie in der Konzentration einzelner Pilzarten bzw. Gattungen innerhalb der Proben mit geringen Pilzkonzentrationen und denen mit hohen Pilzkonzentrationen eines Materialtyps festgestellt werden. Nachfolgend werden die nach ihren Pilzkonzentrationen sortierten und in Quartile aufgeteilten Laborergebnisse betrachtet.

Tab. 5 gibt eine Übersicht darüber, mit welcher Häufigkeit (Angabe in %) keine Pilze bzw. eine bis 14 Pilzarten in den EPS-Proben erfasst wurden. Diese Angaben wurden sowohl für die Gesamtzahl der Proben (zweite Spalte) als auch jeweils getrennt für die Anzahl der Proben des ersten, zweiten, dritten und vierten Quartils (Spalten 3 bis 6) aufgeführt.

Durch die in Quartile zerlegte Verteilung der Proben wurden die geringsten durchschnittlichen Artenzahlen für die Proben des ersten Quartils und kontinuierlich steigende durchschnittliche Artenzahlen in den folgenden Quartilen festgestellt.

Zur besseren Übersicht wurden alle Felder, die 10 % oder mehr der Probenzahl repräsentieren, fett dargestellt. Die Ergebnisse zeigen, dass die Artenzahl in den Proben zunimmt, je höher die Pilzgesamtkonzentration ist. Die Zunahme der Artenzahl mit einhergehender Zunahme der Pilzgesamtkonzentration bleibt auch dann erhalten, wenn die Proben in Dezile (zehn Gruppen mit gleicher Probenzahl) aufgeteilt werden (nicht dargestellt). Diese Beobachtungen können dahin gehend interpretiert werden, dass mit steigender Schadenintensität entweder die „Mikrohabitate" im Schaden zunehmen, oder die Lebensbedingungen im Schaden insgesamt vielfältiger werden, z.B. dadurch, dass die Entwicklung einer Art erst die Entwicklung einer weiteren Art ermöglicht.

Übereinstimmend zum aufgezeigten Trend in den Proben der Umweltmykologie GmbH (Tab. 5) kann der gleiche Trend auch für EPS-Proben der Urbanus GmbH festgestellt werden (nicht dargestellt).

Tab. 5: Anzahl der Pilzarten in den EPS-Proben, aufgeteilt in vier Quartile; angegeben ist der Anteil [%] der Proben bezogen auf die Gesamtzahl der Proben bzw. auf die Zahl der Proben eines Quartils.

	alle Proben [n = 7.463]	**Proben Q1 [n = 1.866]**	**Proben Q2 [n = 1.866]**	**Proben Q3 [n = 1.866]**	**Proben Q4 [n = 1.865]**
Artenzahl = 0	6,4 %	**25,4 %**	0,0 %	0,0 %	0,0 %
Artenzahl = 1	9,3 %	**25,5 %**	7,3 %	3,0 %	1,5 %
Artenzahl = 2	**13,9 %**	**21,9 %**	**15,7 %**	**11,0 %**	7,3 %
Artenzahl = 3	**16,9 %**	**13,2 %**	**23,2 %**	**18,0 %**	**13,2 %**
Artenzahl = 4	**16,3 %**	8,0 %	**20,5 %**	**18,0 %**	**18,5 %**
Artenzahl = 5	**12,8 %**	3,8 %	**14,0 %**	**16,0 %**	**17,0 %**
Artenzahl = 6	9,8 %	1,2 %	9,5 %	**13,0 %**	**15,8 %**
Artenzahl = 7	6,6 %	0,8 %	4,7 %	9,0 %	**11,8 %**
Artenzahl = 8	4,1 %	0,1 %	2,8 %	6,0 %	7,1 %
Artenzahl = 9	2,1 %	0,0 %	1,2 %	3,0 %	4,0 %
Artenzahl = 10	1,1 %	0,0 %	0,8 %	2,0 %	1,9 %
Artenzahl = 11	0,6 %	0,0 %	0,2 %	1,0 %	1,4 %
Artenzahl = 12	0,1 %	0,1 %	0,1 %	0,0 %	0,4 %
Artenzahl = 13	0,1 %	0,0 %	0,1 %	0,0 %	0,1 %
Artenzahl = 14	0,1 %	0,0 %	0,0 %	0,0 %	0,1 %

Quelle: Christoph Trautmann/Judith Meider

Ein entsprechend analoger Trend konnte auch in den KMF-Proben und den Putzproben der Umweltmykologie GmbH und der Urbanus GmbH festgestellt werden (nicht dargestellt).

Tendenziell wurden in den KMF-Proben die kleinste und in den Putzproben die größte Artenzahl je Probe festgestellt. Dazu passend lagen in 14,4 % der KMF-Proben, in 6,4 % der EPS-Proben und nur in 5,4 % der Putzproben die Konzentrationen der Mikroorganismen unter der jeweiligen Nachweisgrenze.

Eine Unterscheidung zwischen Hintergrundkonzentrationen und besiedelten Proben sollte auch in der Artenzusammensetzung und in der Höhe der Konzentration einzelner Arten deutlich werden. Es wurden daher für die Proben mit geringen Pilzkonzentrationen und denen mit erhöhten bis hohen Pilzkonzentrationen die Artenzusammensetzungen und die Konzentrationen der häufigen Arten überprüft. Hierzu wurden die Proben eines Materialtyps nach der Pilzgesamtkonzentration sortiert, anschließend in vier Quartile zerlegt und das Vorkommen der Arten und deren jeweilige Konzentrationen innerhalb der Quartile überprüft.

Insgesamt wurden von der Umweltmykologie GmbH sowie von der Urbanus GmbH ca. 70 Arten unterschieden. Viele der festgestellten Arten treten nur sporadisch auf, sodass ein Vergleich dieser Arten in den verschiedenen Quartilen statistisch nicht sinnvoll ist.

Um eine bessere Vergleichbarkeit zu ermöglichen, wurden die Vertreter einer Gattung zusammengefasst. In den drei häufigen Materialtypen (EPS, KMF und Putz) wurden Vertreter der Gattungen *Acremonium*, *Aspergillus*, *Cladosporium* und *Penicillium* mit der höchsten Häufigkeit festgestellt.

Die Häufigkeit der vier Gattungen ist für die EPS-Proben der Umweltmykologie GmbH in Tab. 6 und für die EPS-Proben der Urbanus GmbH in Tab. 7 wiedergegeben. In der zweiten Tabellenzeile ist jeweils die Anzahl der Proben angegeben, in der Vertreter einer Gattung festgestellt wurden. In den EPS-Proben der Umweltmykologie GmbH traten z.B. Vertreter der Gattung *Aspergillus* insgesamt in 5.882 Proben auf. Die Gattung *Aspergillus* wurde damit in den EPS-Proben am häufigsten festgestellt. In den Zeilen 3 bis 6 ist die Häufigkeit der Gattungen in den Proben des ersten bis vierten Quartils wiedergegeben. Das Vorkommen ist als prozentualer Anteil der Proben jeweils eines Quartils dargestellt. In Tab. 6 kann für alle Gattungen ein Anstieg der Häufigkeit vom ersten zum vierten Quartil festgestellt werden. Sehr ähnliche Ergebnisse erhält man auch für die Proben der Urbanus GmbH (Tab. 7). Diese sehr hohe Übereinstimmung zwischen den Ergebnissen der beiden Labore ist bemerkenswert, weil die Gesamtprobenzahl der Urbanus GmbH deutlich geringer ist, die Proben von anderen Sachverständigen genommen wurden, die Proben aus anderen Feuchteschäden stammen und die Proben mit einer abweichenden Methodik aufgearbeitet wurden (vgl. hierzu auch Tab. 3 und 4).

Auch die KMF- und Putzproben weisen eine prinzipiell ähnliche Verteilung mit geringer Häufigkeit der Gattungen im ersten Quartil und erhöhter und hoher Häufigkeit im zweiten bzw. dritten und vierten Quartil auf (nicht dargestellt).

Tab. 6: Häufigkeit der Vertreter wichtiger Pilzgattungen je Quartil in den EPS-Proben (Laborergebnisse der Umweltmykologie GmbH).

Gattungen	***Acremonium***	***Aspergillus***	***Cladosporium***	***Penicillium***
Probenanzahl	**[n = 3.135]**	**[n = 5.882]**	**[n = 1.443]**	**[n = 5.098]**
1. Quartil	14 %	47 %	10 %	36 %
2. Quartil	41 %	86 %	20 %	69 %
3. Quartil	53 %	91 %	22 %	79 %
4. Quartil	61 %	92 %	25 %	88 %

Quelle: Christoph Trautmann/Judith Meider

Tab. 7: Häufigkeit der Vertreter wichtiger Pilzgattungen je Quartil in den EPS-Proben (Laborergebnisse der Urbanus GmbH).

Gattungen	***Acremonium***	***Aspergillus***	***Cladosporium***	***Penicillium***
Probenanzahl	**[n = 624]**	**[n = 940]**	**[n = 352]**	**[n = 861]**
1. Quartil	26 %	54 %	21 %	46 %
2. Quartil	58 %	88 %	31 %	71 %
3. Quartil	64 %	88 %	29 %	83 %
4. Quartil	64 %	89 %	39 %	92 %

Quelle: Christoph Trautmann/Judith Meider

Dass die in Tab. 6 und 7 dargestellten Häufigkeitsverteilungen nicht zufallsbedingt sind, wird auch durch die Verteilung der KBE-Konzentrationen der häufigen Gattungen innerhalb der vier Quartile bestätigt (vgl. Abb. 4 bis 6). In Abb. 4 sind jeweils die Konzentrationen der Gattungen *Acremonium*, *Aspergillus*, *Penicillium* und *Cladosporium* in den vier Quartilen der Pilzgesamtkonzentration für die EPS-Proben dargestellt. Für jedes Quartil wurde die Konzentration der Vertreter einer Gattung ebenfalls in Quartile gegliedert dargestellt. Die Bezeichnung Q1/P25 steht dabei für das 25. Perzentil der KBE-Konzentration einer Gattung innerhalb der Proben des ersten Quartils der Gesamtkonzentration. Da insgesamt 7.463 EPS-Proben ausgewertet wurden, entfallen auf die einzelnen Quartile jeweils ca. 1.865 Proben. Die wiederum in vier Quartile aufgeteilten Konzentrationen der einzelnen Gattungen enthalten daher jeweils 466 bzw. 467 Proben. Abb. 4 gibt die Ergebnisse der EPS-Proben wieder. Es wird deutlich, dass insbesondere *Aspergillus-*, *Acremonium-* und *Penicillium*-Arten hohe Konzentrationen zur Pilzgesamtkonzentration beisteuern. Die Gattung *Cladosporium*, die üblicherweise in Luft- und Staubproben hohe Konzentrationen erreicht, ist in den Proben insgesamt seltener (siehe Tab. 6 bzw. 7) und mit deutlich geringeren Konzentrationen vertreten. Lediglich im vierten Quartil der Gesamtkonzentration erreicht das 95. Perzentil dieser Gattung mit $2{,}0 \cdot 10^4$ KBE/g eine nennenswerte Konzentration, die gegenüber den Konzentrationen der anderen Gattungen in diesem Perzentil (*Aspergillus* = $3{,}6 \cdot 10^6$ KBE/g, *Acremonium* = $1{,}9 \cdot 10^6$ KBE/g, *Penicillium* = $1{,}2 \cdot 10^6$ KBE/g) als gering eingestuft werden kann.

In Abb. 5 ist die Verteilung der Konzentrationen häufiger Gattungen in den Putzproben dargestellt. Auch in den Putzproben wurden Vertreter der Gattungen *Penicillium* [n = 976], *Aspergillus* [n = 784], *Acremonium* [n = 446] und *Cladosporium* [n = 475] in der Gesamtheit der Proben mit hohen Häufigkeiten festgestellt. Abweichend zur Verteilung der Konzentrationen in den EPS-Proben dominieren in den Putzproben die Vertreter der Gattung *Penicillium*. Auch in den Putzproben erreichen die *Cladosporium*-Arten erst ab dem 95. Perzentil (Q4/P95) im vierten Quartil der Gesamtkonzentration hohe Konzentrationen. Im Vergleich zu den 95. Perzentilen der übrigen Gattungen (*Penicillium* = $1{,}5 \cdot 10^6$ KBE/g, *Aspergillus* = $1{,}3 \cdot 10^6$ KBE/g, *Acremonium* = $1{,}5 \cdot 10^6$ KBE/g) liegt die Konzentration mit $8{,}4 \cdot 10^5$ KBE/g allerdings auch wieder deutlich niedriger als die der anderen Gattungen.

In Abb. 6 ist die Verteilung der Konzentrationen häufiger Gattungen in den KMF-Proben dargestellt. Ähnlich wie für die beiden anderen Materialtypen wurden in den KMF-Proben Vertreter der Gattungen *Penicillium* [n = 1.147], *Aspergillus* [n = 924], *Acremonium* [n = 414] und *Cladosporium* [n = 440] in der Gesamtheit der Proben mit hohen Häufigkeiten festgestellt. In den KMF-Proben dominieren die Vertreter der Gattung *Penicillium* und *Aspergillus*. Die Verteilung der Gattungen und deren Konzentrationen in den KMF-Proben ähneln insgesamt eher den Verhältnissen in den Putzproben als denen der EPS-Proben. Die Gattungen erreichen nur im dritten und vierten Quartil relevante Konzentrationen. Die Konzentration der Gattung *Cladosporium* im vierten Quartil für das 95. Perzentil liegt mit $2{,}9 \cdot 10^5$ KBE/g deutlich niedriger als die Konzentrationen der übrigen Gattungen (*Penicillium* = $9{,}2 \cdot 10^6$ KBE/g, *Aspergillus* = $5{,}0 \cdot 10^6$ KBE/g, *Acremonium* = $3{,}4 \cdot 10^6$ KBE/g).

Abb. 4 bis 6 verdeutlichen, dass die Konzentrationen der Gattungen *Acremonium*, *Aspergillus* und *Penicillium* zumindest in den Proben der dritten und vierten Quartile nicht durch gewöhnliche Umwelteinflüsse wie z.B. Verstaubungen zustande gekommen sein können, da die Vertreter der Gattung *Cladosporium*, die zu den häufigsten Umweltkeimen gehören, jeweils in viel geringerer Konzentration auftreten. In den Abbildungen ist anhand der früher oder später ansteigenden Konzentrationen der häufigen Gattungen auch zu vermuten, dass die EPS-Proben einen höheren Anteil an besiedelten Proben als die beiden anderen Materialien (Putz, KMF) enthalten. Dieser Effekt passt zu den oben in Abb. 1 bzw. 2 dargestellten Konzentrationsentwicklungen in den verschiedenen Materialproben.

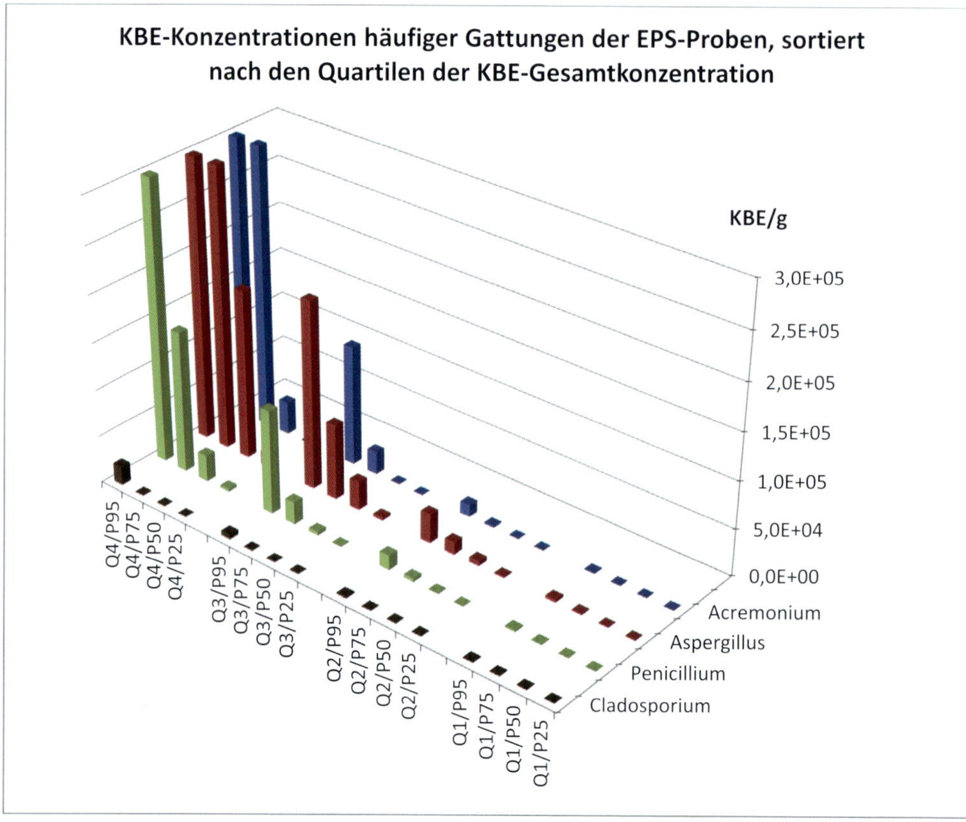

Abb. 4: KBE-Konzentrationsverteilung häufiger Gattungen in den EPS-Proben. Die Proben sind mit ansteigender Gesamtkonzentration in Quartile (Q1 bis Q4) geordnet. Innerhalb der einzelnen Quartile sind die Konzentrationen der Gattungen als Perzentile (P25, P50, P75 und P95) dargestellt.

Quelle: Christoph Trautmann/Judith Meider

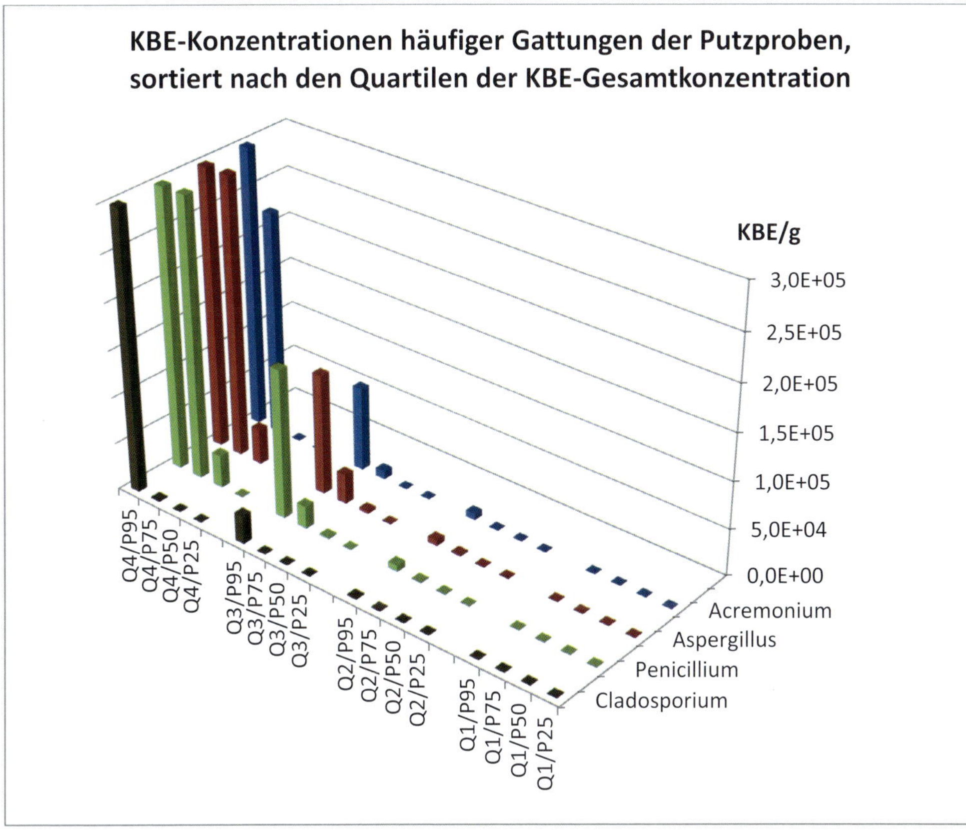

Abb. 5: KBE-Konzentrationsverteilung häufiger Gattungen in den Putzproben. Die Proben sind mit ansteigender Gesamtkonzentration in Quartile (Q1 bis Q4) geordnet. Innerhalb der einzelnen Quartile sind die Konzentrationen der Gattungen als Perzentile (P25, P50, P75 und P95) dargestellt.

Quelle: Christoph Trautmann/Judith Meider

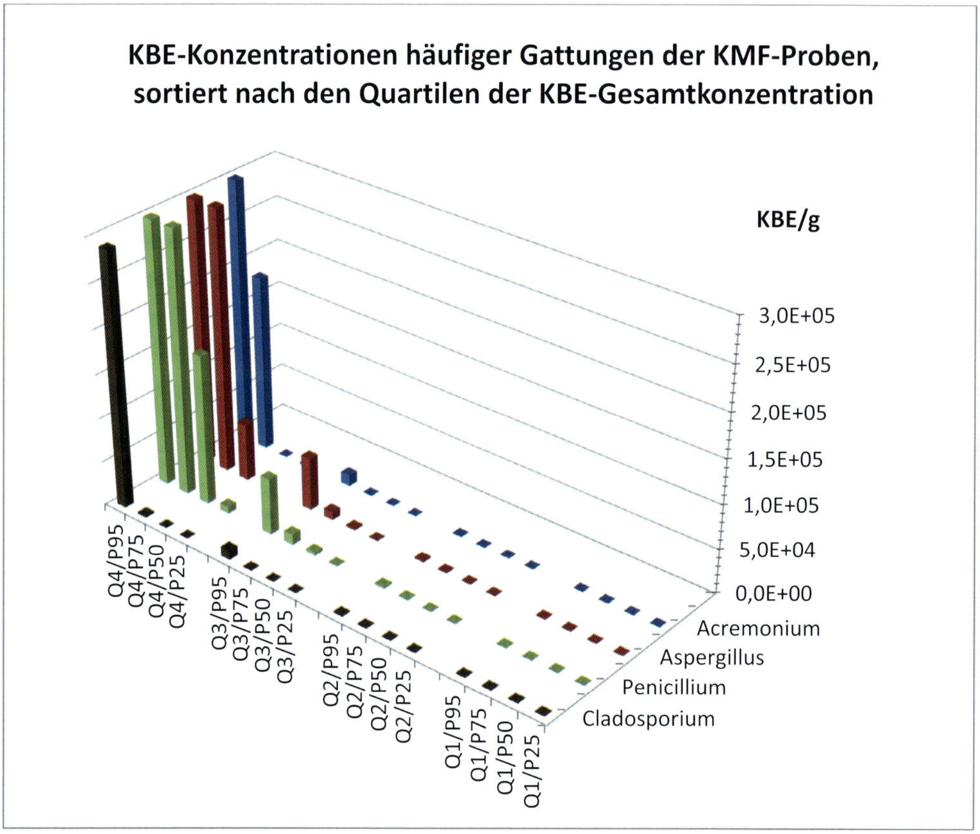

Abb. 6: KBE-Konzentrationsverteilung häufiger Gattungen in den KMF-Proben. Die Proben sind mit ansteigender Gesamtkonzentration in Quartile (Q1 bis Q4) geordnet. Innerhalb der einzelnen Quartile sind die Konzentrationen der Gattungen als Perzentile (P25, P50, P75 und P95) dargestellt.

Quelle: Christoph Trautmann/Judith Meider

Dass es zu einer Verschiebung in der Artenzusammensetzung zwischen den EPS-Proben mit relativ geringen Pilzkonzentrationen und solchen mit hohen Pilzkonzentrationen kommt, kann auch an den Konzentrationsverhältnissen der häufigen Gattungen zueinander erkannt werden. In Tab. 8 sind die Verhältnisse zwischen den KBE-Konzentrationen von zwei Gattungen zueinander angegeben. Aufgeführt sind die 50. Perzentile (= Medianwerte) innerhalb der Dezile 1 bis 10 (ein Dezil entspricht 746 Proben). Die Konzentration von Vertretern der Gattungen *Acremonium*, *Aspergillus* oder *Penicillium* nehmen mit zunehmender Gesamtkonzentration in der Probe stärker zu als die der Gattung *Cladosporium*. Daher steigen die Verhältniszahlen in Tab. 8 für alle drei Gattungen vom ersten Dezil bis zum zehnten Dezil an. Ein verstärkter Anstieg der Verhältniszahl zwischen den Vertretern der Gattungen *Acremonium* und *Cladosporium* wird nach dem fünften Dezil deutlich und für die Verhältniszahlen zwischen den Vertretern der Gattungen *Aspergillus* bzw. *Penicillium* bereits nach dem vierten Dezil. Diese sprunghaften Anstiege der Verhältniszahlen zeigen eine stärkere Veränderung in der Artenzusammensetzung der EPS-Materialproben an. Auch für Putz- und KMF-Proben konnten in der Tendenz ähnliche Veränderungen in den Verhältnissen zwischen den Konzentrationen von Vertretern der Gattungen *Acremonium*, *Aspergillus* oder *Penicillium* und der Konzentrationen von Vertretern der Gattung *Cladosporium* festgestellt werden. Diese Tendenz konnte auch an den Proben der Urbanus GmbH nachvollzogen werden.

Tab. 8: Verhältnis der KBE-Konzentrationen von Vertretern der Gattungen Acremonium, Aspergillus oder Penicillium zu Vertretern der Gattung Cladosporium in EPS-Proben. Dargestellt sind die Mediane der Dezile. Ein Dezil enthält 746 Proben.

Verhältnisse der KBE-Konzentrationen	1. Dezil	2. Dezil	3. Dezil	4. Dezil	5. Dezil	6. Dezil	7. Dezil	8. Dezil	9. Dezil	10. Dezil
Acremonium/Cladosp.	0,0	0,0	0,0	0,9	0,9	3,0	7,0	11,4	26,5	45,4
Aspergillus/Cladosp.	0,0	0,0	1,0	1,1	2,5	4,0	5,9	4,4	6,8	6,7
Penicillium/Cladosp.	0,0	0,5	1,0	1,0	2,0	2,8	4,0	4,8	6,1	6,6

Quelle: Christoph Trautmann/Judith Meider

Neben den dargestellten KBE-Konzentrationen einzelner Gattungen waren einzelne Pilzarten in den verschiedenen Materialtypen durch ihr verstärktes Vorkommen und ihre Konzentrationen auffällig. Mit abnehmender Häufigkeit in der angegebenen Reihenfolge wurden in den EPS-Proben hohe Konzentrationen von *Aspergillus versicolor*-Komplex, *Acremonium (Sarocladium) strictum*, *Penicillium* spp. (die Arten der Gattung *Penicillium* wurden nur in einzelnen Proben bestimmt. In der Routine wurden aber verschiedene Kolonietypen beobachtet, von denen sehr häufig der Typ *P. chrysogenum* und in geringerer Häufigkeit der Typ *P. brevicompactum* festgestellt wurden), *Lecanicillium psalliotae*, *Engyodontium album*, *Scopulariopsis brevicaulis*, *Aspergillus sydowii*, *Aspergillus restrictus*-Komplex, *Clonostachys rosea (= Gliocladium roseum)*, *Acrostalagmus luteoalbus*, *Chaetomium globosum*, *Aspergillus ustus*-Komplex und *Aspergillus glaucus*-Komplex festgestellt.

Mit abnehmender Häufigkeit in der angegebenen Reihenfolge wurden in den Putzproben hohe Konzentrationen von *Aspergillus versicolor*-Komplex, *Penicillium* spp. (siehe oben), *Acremonium (Sarocladium) strictum*, *Engyodontium album*, *Scopulariopsis brumptii*, *Aspergillus restrictus*-Komplex, *Chaetomium globosum* und Hefen festgestellt.

Mit abnehmender Häufigkeit in der angegebenen Reihenfolge wurden in den KMF-Proben hohe Konzentrationen von *Aspergillus versicolor*-Komplex, *Penicillium* spp. (siehe oben), *Acremonium (Sarocladium) strictum*, Hefen, *Chaetomium globosum*, *Aspergillus restrictus*-Komplex, *Aspergillus glaucus*-Komplex, *Aspergillus sydowii*, *Scopulariopsis brevicaulis*, *Trichoderma harzianum*, *Aspergillus ustus*-Komplex und *Engyodontium album* festgestellt.

Die in den EPS-, KMF- und Putzproben häufig festgestellten Vertreter der Gattung *Cladosporium* treten zumindest während der Vegetationsperiode sehr häufig bis dominierend in Staub- und Luftproben auf. Es wäre daher naheliegend, dass Vertreter der Gattung *Cladosporium* in einem größeren Teil der Proben mit geringen Konzentrationen enthalten sind. Vertreter der Gattungen *Penicillium* und *Aspergillus* werden i.d.R. in deutlich geringeren Konzentrationen in Luftproben festgestellt. Sie können aber über längere Phasen unter trockenen Bedingungen überleben, sodass auch für diese Pilzarten mit geringen Konzentrationen an Materialien gerechnet werden muss. Vertreter der Gattung *Acremonium* und insbesondere *Acremonium (Sarocladium) strictum* treten dagegen seltener in Luftproben auf und haben auch keine besondere Fähigkeit, unter trockenen Lebensbedingungen längere Zeitperioden zu überleben. Das Vorkommen von Vertretern dieser Gattung ist daher ein Hinweis auf eine Besiedlung oder zumindest auf eine Kontamination der Probe.

In diesem Zusammenhang fällt auf, dass die Vertreter der Gattung *Cladosporium* in allen vier Quartilen mit einer geringeren Häufigkeit festgestellt wurden als die der drei übrigen Gattungen. Während die Gattungen *Acremonium*, *Aspergillus* und *Penicillium* innerhalb der ersten drei Dezile niedrigere Konzentrationen als die der Gattung *Cladosporium* erreichten, veränderten sich die Verhältnisse nach dem vierten bzw. fünften Dezil (siehe Tab. 8). Die Konzentrationen der Gattungen *Acremonium*, *Aspergillus* und *Penicillium* im vierten und fünften Dezil sind vermutlich nicht die Folge von Verstaubungen, sondern können eher durch Verschmutzungen oder geringfügige Besiedlungen erklärt werden. Die erhöhten bis sehr hohen Konzentrationen aller vier Gattungen in den Proben oberhalb des 50. Perzentils lassen mit hoher Sicherheit auf eine Entwicklung dieser Pilze in den Proben schließen.

3.2.2 Gesamtzellzahl-Ergebnisse

3.2.2.1 Methode

Die Methode zur Bestimmung der Gesamtzellzahl (GZZ) ist eine mikroskopische Analytik, bei der die Schimmelpilze und Bakterien mit dem Fluoreszenzfarbstoff Acridinorange, unabhängig von dem Lebenszustand der Mikroorganismen, sichtbar gemacht und ausgezählt werden. Dadurch können Mikroorganismen in einem Material auch dann bestimmt werden, wenn die Sporen bzw. Zellen nicht mehr anzüchtbar sind. Im Vergleich mit den Ergebnissen von Kultivierungsmethoden werden mit dieser Methode i.d.R. deutlich höhere Mikroorganismenkonzentrationen in und an Materialproben festgestellt. Basis für diese Analytik ist die Suspension, deren Herstellung in den Abschnitten 3.2.1.1 und 3.2.1.2 beschrieben wird. Das Labor Urbanus GmbH führt diese Methode bereits seit über 30 Jahren routinemäßig durch und kann daher bei dieser Methode auf die Ergebnisse einer hohen Probenzahl zurückgreifen.

3.2.2.2 Darstellung der Ergebnisse in Quartilen

Die Ergebnisse in Tab. 9 und 10 stammen von der Firma Urbanus GmbH. Für die Auflistung wurden ausschließlich die KMF-, Putz- und EPS-Proben ausgewählt, für die sowohl Pilz- als auch Bakterienkonzentrationen mit der Gesamtzellzahl- und der KBE-Methode ermittelt wurden.

Das 25. Perzentil der GZZ-Konzentrationen für Pilze liegt für alle drei Materialien im Bereich von 1 bis $3 \cdot 10^5$ Zellen/g Material, die Konzentrationen des 50. Perzentils liegen im Bereich von $1 \cdot 10^6$ Zellen/g Material und die des 75. Perzentils im Bereich von 4 bis $9 \cdot 10^6$ Zellen/g Material. Die jeweiligen Perzentile der Bakterien-Gesamtzellzahlen erreichten noch höhere Werte. Sie liegen oft um das Zehnfache und mehr höher als die der Pilze. Erwartungsgemäß liegen die GZZ-Konzentrationen immer über denen der KBE-Konzentrationen (vgl. Tab. 9 und 10).

Tab. 9: Quartilsgrenzen sowie das 95. Perzentil der KBE- [KBE/g] und GZZ-Konzentrationen [Zellen/g] von Pilzen in KMF-, Putz- und EPS-Proben.

Materialtyp	[n]	25. Perz.	50. Perz.	75. Perz.	95. Perz.
KMF-GZZ	355	$1,2 \cdot 10^5$	$7,8 \cdot 10^5$	$5,2 \cdot 10^6$	$7,1 \cdot 10^7$
KMF-KBE	355	$6,3 \cdot 10^2$	$1,3 \cdot 10^4$	$3,4 \cdot 10^5$	$6,0 \cdot 10^6$
Putz-GZZ	383	$3,1 \cdot 10^5$	$1,7 \cdot 10^6$	$8,8 \cdot 10^6$	$6,5 \cdot 10^7$
Putz-KBE	383	$2,4 \cdot 10^3$	$5,5 \cdot 10^4$	$6,2 \cdot 10^5$	$2,1 \cdot 10^7$
EPS-GZZ	1.298	$2,5 \cdot 10^5$	$1,1 \cdot 10^6$	$4,1 \cdot 10^6$	$2,5 \cdot 10^7$
EPS-KBE	1.298	$3,1 \cdot 10^3$	$2,8 \cdot 10^4$	$1,4 \cdot 10^5$	$1,5 \cdot 10^6$

Quelle: Christoph Trautmann/Judith Meider

Tab. 10: Quartilsgrenzen sowie das 95. Perzentil der KBE- [KBE/g] und GZZ-Konzentrationen [Zellen/g] von Bakterien in KMF-, Putz- und EPS-Proben.

Materialtyp	[n]	25. Perz.	50. Perz.	75. Perz.	95. Perz.
KMF-GZZ	355	$1,3 \cdot 10^6$	$6,8 \cdot 10^6$	$8,5 \cdot 10^7$	$7,1 \cdot 10^8$
KMF-KBE	355	$4,4 \cdot 10^2$	$6,1 \cdot 10^3$	$4,1 \cdot 10^5$	$1,7 \cdot 10^8$
Putz-GZZ	383	$9,7 \cdot 10^5$	$1,3 \cdot 10^7$	$1,0 \cdot 10^8$	$6,5 \cdot 10^8$
Putz-KBE	383	$2,1 \cdot 10^2$	$2,7 \cdot 10^4$	$9,0 \cdot 10^5$	$5,0 \cdot 10^7$
EPS-GZZ	1.298	$3,9 \cdot 10^6$	$2,7 \cdot 10^7$	$1,5 \cdot 10^8$	$9,2 \cdot 10^8$
EPS-KBE	1.298	$1,8 \cdot 10^3$	$1,1 \cdot 10^5$	$2,2 \cdot 10^6$	$7,4 \cdot 10^7$

Quelle: Christoph Trautmann/Judith Meider

Beispielhaft sind in Abb. 7 (siehe nächste Seite) für die EPS-Proben die Gesamtzellzahl- den KBE-Konzentrationen der Pilze gegenübergestellt. Die rote Linie in der Abbildung verdeutlicht den Bereich gleicher Wertepaare (KBE/g = GZZ/g). Es wird deutlich, dass die KBE-Konzentrationen der Einzelproben bestenfalls im Bereich der GZZ-Konzentrationen liegen, in den meisten Proben jedoch deutlich niedrigere Konzentrationen erreichen. Es ist erkennbar, dass die Wertepaare keine enge Korrelation aufweisen. In allen Konzentrationsbereichen treten Proben auf, die durch ähnliche GZZ- und KBE-Konzentrationen definiert sind (Punkte, die im Bereich der roten Linie liegen), und solche, bei denen die KBE-Konzentrationen deutlich unter denen der GZZ-Konzentrationen liegen, sodass eine in Richtung x-Achse fallende Punktwolke vorliegt. Eine ähnliche Verteilung mit geringer Korrelation und „hängender" Punktwolke wurde auch für die Wertepaare der Bakterienkonzentrationen der EPS-Proben (GZZ/KBE) sowie für die der Bakterien- und Pilzkonzentrationen der Putz- bzw. KMF-Proben festgestellt (nicht dargestellt).

Dass die Ergebnisse der Gesamtzellzahl- und der KBE-Methode keine gute Korrelation ergeben, ist erwartungsgemäß, da die Ergebnisse der Gesamtzellzahlen auch dann erhöht oder hoch ausfallen können, wenn ein Feuchteschaden bereits seit mehreren Jahren abgetrocknet ist und zu diesem Zeitpunkt nur noch eine geringe KBE-Konzentration erfasst werden kann.

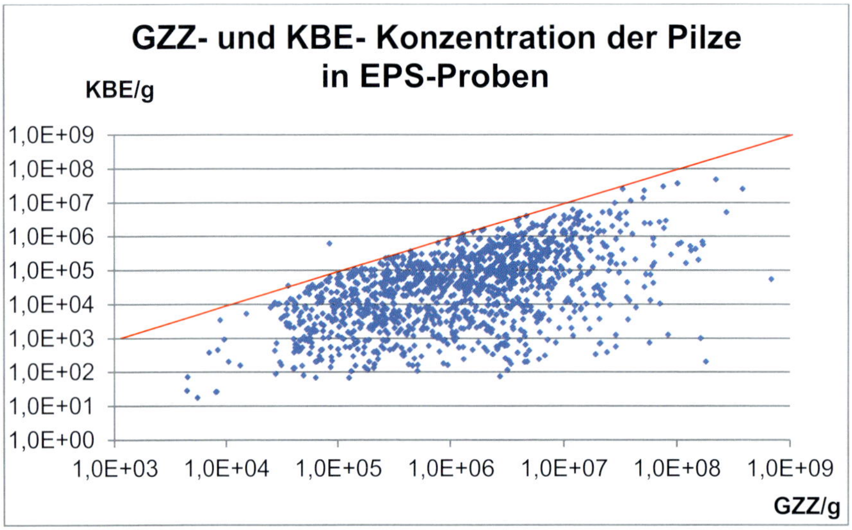

Abb. 7: Gegenüberstellung der GZZ- und KBE-Konzentrationen von Pilzen in EPS-Proben.

Quelle: Christoph Trautmann/Judith Meider

Abb. 7 verdeutlicht auch, dass für einen Teil der Proben geringe KBE-Konzentrationen, aber hohe Gesamtzellzahlkonzentrationen festgestellt wurden.

Die Proben, die relativ niedrige KBE-Konzentrationen und relativ hohe GZZ-Konzentrationen aufweisen, sind in Tab. 11 zusammengefasst. Hierzu wurden die Proben ermittelt, deren KBE-Konzentrationen der Pilze im ersten oder zweiten Quartil lagen und deren Gesamtzellkonzentrationen für Pilze im vierten Quartil (Bedingung: KBE ≤ P50; GZZ ≥ P75) lagen. Von den EPS-Proben [n = 1.298] entsprachen 7 %, von den Putzproben [n = 384] 3 % und von den KMF-Proben [n = 355] 2 % der Proben den gewählten Bedingungen. Für einen entsprechenden Vergleich der Bakterienkonzentrationen wurde für alle drei Materialien ein ähnlicher Anteil von etwa 4 % festgestellt. Verändert man die Bedingungen, indem man die Proben ermittelt, deren KBE-Konzentrationen im ersten oder zweiten Quartil liegen und deren Gesamtzellkonzentrationen im dritten oder vierten Quartil (Bedingung: KBE ≤ P50; GZZ ≥ P50) liegen, erhöhen sich die Probenanteile (siehe Tab. 11). Je nach Materialtyp werden auf Basis der Pilzkonzentrationen dann 12 % bis 16 % und auf Basis der Bakterienkonzentrationen 11 % bis 13 % der Proben ermittelt. Die vorgestellten Ergebnisse verdeutlichen, dass selbst Proben mit hohen Mikroorganismenkonzentrationen durch die alleinige Verwendung von KBE-Methoden mit einem Anteil von ca. 12 % falsch negativ bewertet werden können. Es wird daher empfohlen, zusätzlich zur KBE-Methode auch eine Gesamtzellzahlanalyse durchzuführen.

Tab. 11: Materialproben mit abweichenden KBE- und GZZ-Konzentrationen.

	Bedingungen	**EPS [n = 1.298]**	**Putz [n = 384]**	**KMF [n = 355]**
Pilze	KBE ≤ P50; GZZ ≥ P75	7 % [n = 87]	3 % [n = 10]	2 % [n = 7]
Pilze	KBE ≤ P50; GZZ ≥ P50	16 % [n = 205]	12 % [n = 45]	12 % [n = 41]
Bakterien	KBE ≤ P50; GZZ ≥ P75	4 % [n = 50]	4 % [n = 14]	4 % [n = 13]
Bakterien	KBE ≤ P50; GZZ ≥ P50	12 % [n = 157]	11 %]n = 43]	13 % [n = 45]

Quelle: Christoph Trautmann/Judith Meider

Ähnlich zu Abb. 4 bis 6 werden in Abb. 8 bis 10 der Zusammenhang von steigenden GZZ-Konzentrationen und das Auftreten von erhöhten KBE-Konzentrationen der Vertreter häufiger Gattungen dargestellt.

Obwohl die GZZ-Konzentration (fluoreszenzmikroskopische Methode) mit einer anderen Methode als die der KBE-Konzentration (kultivierungstechnische Methode) ermittelt wurde und beide Parameter daher nicht direkt voneinander abhängig sind, wird in allen drei Abbildungen (siehe Abb. 8 bis 10 auf den folgenden Seiten) deutlich, dass bei erhöhten und hohen GZZ-Konzentrationen auch die KBE-Konzentrationen für *Acremonium*, *Aspergillus* und *Penicillium* stark ansteigen. Die Konzentrationen der Gattung *Cladosporium*, die ebenfalls in den drei Materialtypen häufig festgestellt wurde, blieben für die Mehrzahl der EPS- und KMF-Proben auf einem geringen Konzentrationsniveau. Vertreter der Gattung *Cladosporium* erreichen dagegen in den Putzproben vergleichbare Konzentrationen wie die übrigen Gattungen. Ähnliche Verhältnisse wurden auch für die Proben der Umweltmykologie GmbH mit Bezug zur Gesamt-KBE-Konzentration festgestellt (siehe Abb. 4 bis 6). Auch in diesen Proben wurden erhöhte und hohe Konzentrationen für Vertreter der Gattungen *Acremonium*, *Aspergillus* und *Penicillium* festgestellt, während Vertreter der Gattung *Cladosporium* nur geringe bis mäßige Konzentrationen erreichten.

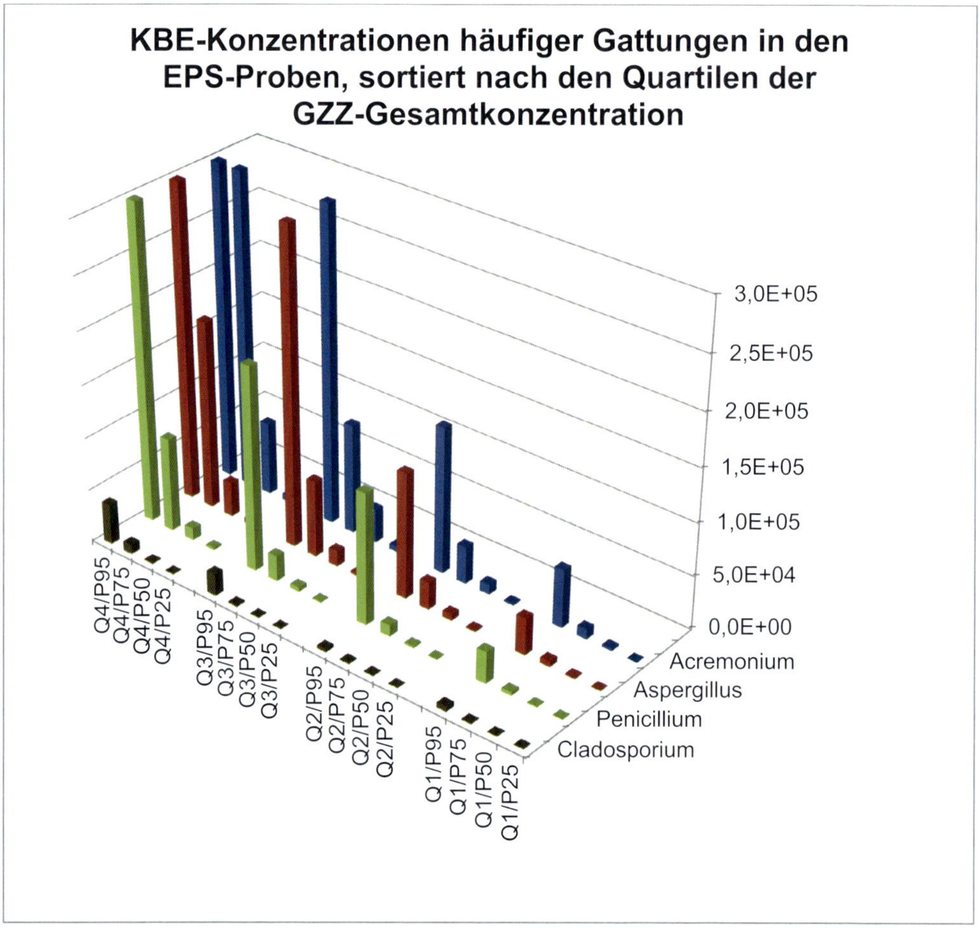

Abb. 8: EPS-Proben sortiert nach den Quartilen der Pilz-GZZ und anschließender Zuordnung der KBE-Konzentrationen häufiger Gattungen.

Quelle: Christoph Trautmann/Judith Meider

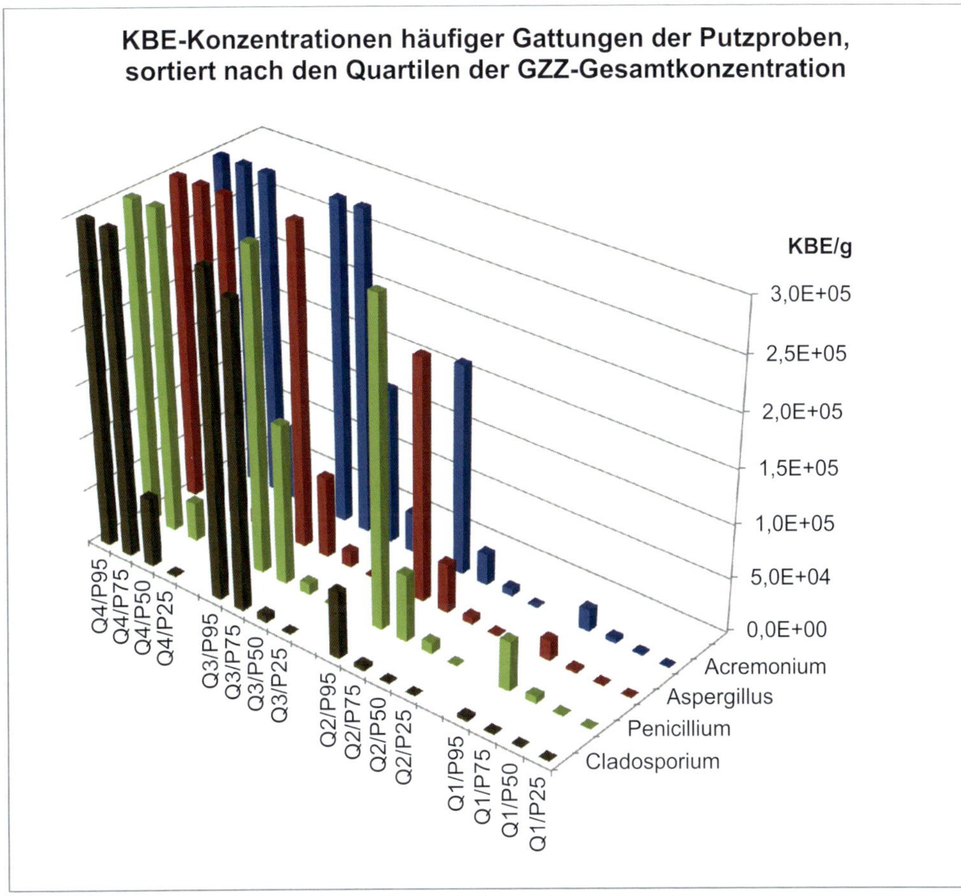

Abb. 9: Putzproben sortiert nach den Quartilen der Pilz-GZZ und anschließender Zuordnung der KBE-Konzentrationen häufiger Gattungen.

Quelle: Christoph Trautmann/Judith Meider

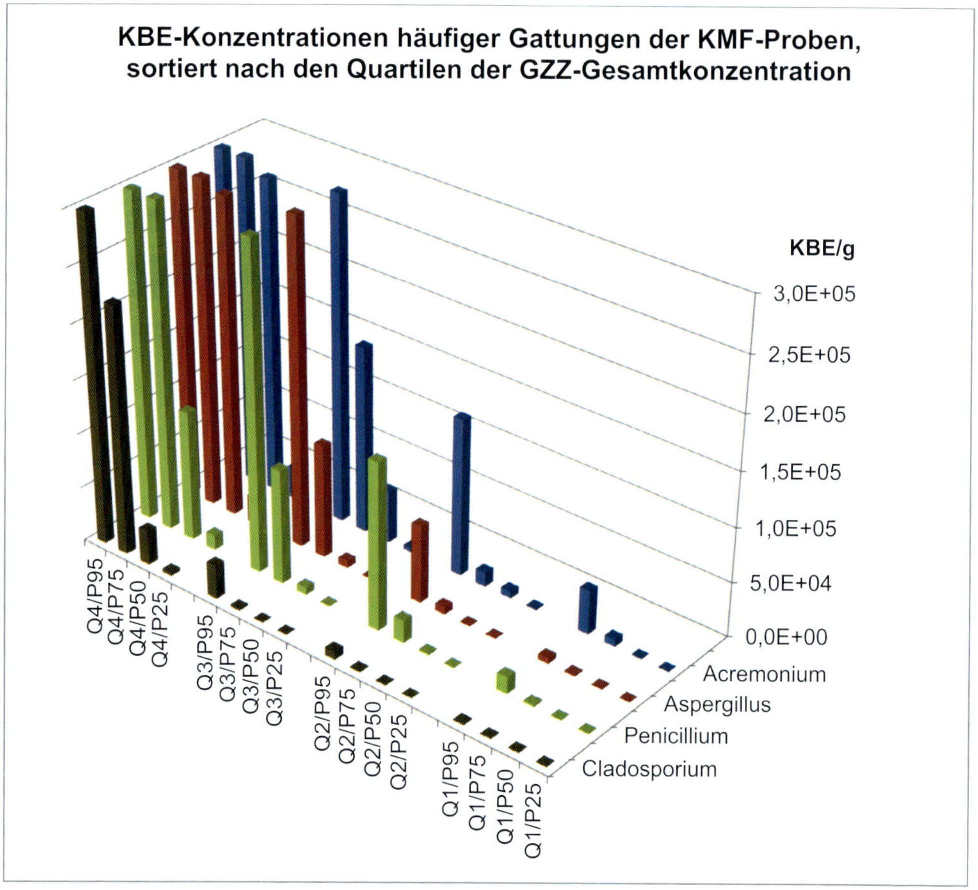

Abb. 10: KMF-Proben sortiert nach den Quartilen der Pilz-GZZ und anschließender Zuordnung der KBE-Konzentrationen häufiger Gattungen.

Quelle: Christoph Trautmann/Judith Meider

3.2.3 Direkte Mikroskopie-Ergebnisse

Die direkte Mikroskopie ist für makroskopisch auffällige Proben eine wichtige und sichere Methode zur Feststellung, ob Materialien von Mikroorganismen besiedelt sind. Diese Methode wird vor allem bei oberflächlichen Materialbesiedlungen eingesetzt. Bei intensiven Materialbesiedlungen reichen häufig diese orientierenden Analysen aus, durch die relativ schnell erkannt werden kann, dass sich eine große Zahl von Mikroorganismen am Material entwickelt hat. Eine exakte Quantifizierung ist mit dieser Methode allerdings nicht möglich, da die Mikroorganismen oft sehr unregelmäßig und in kleinen Aggregaten auf den Materialien verteilt vorkommen. Zudem können mit der direkten Mikroskopie, aufgrund der notwendigen starken Vergrößerung, nur relativ kleine Flächen zu einem ökonomisch vertretbaren Preis abgesucht werden. Das Ergebnis dieser Auswertungen wird als halbquantitativ bezeichnet. Zum einen wird bei der Präparation nur ein Teil der vorliegenden Mikroorganismen erfasst. Zum anderen treten viele Mikroorganismen in kleinen Aggregaten auf, deren Anzahl nur geschätzt werden kann. Größere Schwierigkeiten ergeben sich bei der Bewertung von Materialien ohne geschlossene Oberfläche, die aber eine große „innere" Oberfläche besitzen, wie z.B. EPS- oder KMF-Proben. Die Umweltmykologie GmbH wertet mikroskopische Proben halbquantitativ nach folgender Methode aus: Es werden eine Übersichtsauswertung bei 200-facher Vergrößerung (100 Gesichtsfelder) und eine Detailauswertung bei 1.000-facher Vergrößerung (200 bis 300 Gesichtsfelder) durchgeführt. Die beobachteten Myzelien, Pilzsporen oder Bakterien werden den Kategorien der Tab. 12 zugeordnet.

Proben mit geringen Konzentrationen fallen normalerweise in die Bewertungskategorie „Hintergrund". Auf Oberflächen, die einer starken Staubsedimentation ausgesetzt sind (offenliegende, waagerechte Flächen), werden häufig erhöhte Sporenkonzentrationen festgestellt. Sofern nur vereinzelt Myzelbruchstücke enthalten sind, handelt es sich i.d.R. um eine „Kontamination" z.B. durch Sedimentation. Dann sind derartige Flächen durch eine hohe Anzahl typischer Staubpartikel (Hautschuppen und Fasern) charakterisiert. Damit das Kriterium einer „Besiedlung" erfüllt ist, müssen beim Nachweis einer erhöhten bis hohen Anzahl typischer Sporen (z.B. Sporen der Gattung *Aspergillus*) zusätzlich zumindest einzelne Myzelien festgestellt werden. Die in Tab. 12 angegebenen Konzentrationen für Sporen gelten für kleine Sporen, wie z.B. die der Gattungen *Aspergillus* oder *Scopulariopsis*. Pilzgattungen mit großen Sporen (z.B. Sporen der Gattung *Alternaria*) bilden i.d.R. deutlich geringere Sporenzahlen. Entsprechend werden für solche Sporen die Beurteilungswerte auf ein Fünftel verringert.

Tab. 12: Einstufung von Sporen- und Myzelkonzentrationen auf Materialoberflächen durch direkte Mikroskopie

Bewertung	**Pilzmyzel/cm²[a]**	**Pilzsporen/cm²[b]**	**Bakterien/cm²**
Hintergrund	Myzelbruchstücke	≤ 150	≤ 1.500
Kontamination/Besiedlung nicht abgrenzbar	Myzelbruchstücke	> 150 – 3.000	> 1.500 – 30.000
Besiedlung	< 300	> 3.000 – 60.000	> 30.000 – 600.000
starke Besiedlung	> 300	> 60.000	> 600.000

[a] *einschließlich Sporenträgern*

[b] *Beim Auftreten von Pilzen mit großen Sporen (z.B. Stachybotrys chartarum, Chaetomium, Alternaria oder Epicoccum) wird in der Auswertung ab der Kategorie „Kontamination/Besiedlung nicht abgrenzbar" nur ein Fünftel der angegebenen Sporenkonzentrationen angesetzt.*

Quelle: Christoph Trautmann/Judith Meider

Hinsichtlich einer Besiedlung von Materialien durch Pilze ist ein direkter Vergleich der Ergebnisse der direkten Mikroskopie mit den Ergebnissen anderer Methoden aufgrund der unterschiedlichen Bezugsgrößen (KBE/g bzw. Sporen/cm²) nicht möglich.

Es wurde daher der Versuch unternommen, zu prüfen, ob und in welcher Weise die Ergebnisse der direkten Mikroskopie mit den Ergebnissen der KBE-Methode korrelieren. Für diese Trendanalyse wurden die Ergebnisse von insgesamt 2.511 EPS-Proben herangezogen, für die Ergebnisse beider Methoden vorliegen.

Die KBE-Ergebnisse der einzelnen Proben wurden entsprechend ihrer Zugehörigkeit zu einem Quartil den Klasse KBE-1 bis KBE-4 (KBE-1 = erstes Quartil, KBE-2 = zweites Quartil, KBE-3 = drittes Quartil, oder KBE-4 = viertes Quartil) zugeordnet. Die Ergebnisse der direkten Mikroskopie wurden entsprechend der Spalte „Bewertung" in Tab. 12 in die vier Klassen Mik-1 = „Hintergrund", Mik-2 = „Kontamination/Besiedlung nicht abgrenzbar", Mik-3 = „Besiedlung" und Mik-4 = „starke Besiedlung" unterteilt. In Tab. 13 sind die 2.511 EPS-Proben den 16 möglichen Kombinationen, die sich aus den vier Mikroskopie-Klassenwerten (Mik-1 bis Mik-4) und den vier KBE-Klassenwerten (KBE-1 bis KBE-4) ergeben, zugeordnet.

Tab. 13: Verteilung der 2.511 EPS-Proben auf 16 mögliche Kombinationen zwischen der Größe der KBE-Konzentration (Pilze KBE/g) und dem Grad der Besiedlung auf Grundlage der Mikroskopie

EPS [n = 2.511]	KBE-1	KBE-2	KBE-3	KBE-4
Mik-1	**421**	319	192	113
Mik-2	160	**246**	332	319
Mik-3	39	56	**88**	157
Mik-4	8	7	14	**39**

Quelle: Christoph Trautmann/Judith Meider

Tab. 13 verdeutlicht, dass mit der mikroskopischen Analyse die kleinste Probenzahl in der Klasse Mik-4 (68 Proben bzw. 3 %; untere Zeile in Tab. 13), die nächstkleinere in die Klasse Mik-3 (340 Proben bzw. 14 %) und vergleichsweise große Probenzahlen in die Klassen Mik-2 (1.057 Proben bzw. 42 %) und Mik-1 (1.045 Proben bzw. 42 %) gelistet wurden. Insgesamt ergibt sich ein schwacher Trend, bei dem insbesondere Proben mit geringen KBE-Konzentrationen sehr gut durch die direkte Mikroskopie erkannt wurden, während Proben mit erhöhten KBE-Konzentrationen und Proben mit hohen KBE-Konzentrationen durch die direkte Mikroskopie unterschätzt wurden. Wäre die Korrelation ideal, so müssten die in Tab. 13 hervorgehobenen Probenzahlen jeweils die höchsten Werte im horizontalen und vertikalen Vergleich aufweisen.

3.3 Untersuchung von Styropor mit Gesamtzellzahl, KBE und direkter Mikroskopie im Vergleich

Im Jahr 2022 wurde ein weiterer Versuch publiziert, in dem das nährstoffarme Material Styropor mit den Methoden der Gesamtzellzahl, KBE und direkte Mikroskopie mittels Klebefilm untersucht wurde. Ziel der Untersuchung war es festzustellen, ob die direkte Mikroskopie mittels Klebefilm ein geeignetes Verfahren ist, um die mikrobiologische Belastung auf Styropor zu detektieren. Da die Gesamtzellzahl und die KBE in diesem Versuch aus einer Suspension gewonnen wurden, konnten diese Ergebnisse ins Verhältnis gesetzt werden und beziehen sich auf das Volumen des Materials. Dies bedeutet, dass auch tiefere Schichten untersucht wurden. Bei der direkten Mikroskopie mittels Klebefilmproben wurde nur die Materialoberfläche mikroskopiert. Bewertet wurden die Ergebnisse der jeweiligen Proben mit den jeweils aktuell vorhandenen Bewertungskriterien.

Die Untersuchung von Meider (2022)[7] zeigte, dass eindeutige und aktive Schäden mit allen drei Methoden gut und sicher festgestellt werden können.

Anders wird die Situation, wenn es sich um ältere, abgetrocknete oder chemisch behandelte Schäden handelt. In der Untersuchung waren dies 44% der zufällig ausgewählten Proben. Über die Hälfte dieser Proben waren nur mit der Gesamtzellzahl auffällig. KBE und Klebefilm zeigten diese Schäden nicht an. Bei zusätzlichen 20% waren Gesamtzellzahl und KBE auffällig, aber auch bei diesen Proben zeigte die direkte Mikroskopie keinen eindeutigen Befall an. Dies bedeutet, dass knapp 75%, der uneindeutigen Proben z.B. mit abgetrocknetem oder chemisch behandeltem Material, jedoch mit einer hohen mikrobiologischen Belastung, mit der Klebefilmanalytik nicht nachgewiesen worden sind.

Diese Untersuchung zeigt auf, dass die Bewertungskriterien des UBA Schimmelleitfadens (Anhang 6, Handlungsempfehlung Fußböden) überarbeitet werden sollten. Aktuell besagen diese Kriterien, dass eine reine Mikroskopie des Materials mittels Klebefilm ausreicht, um ein Material zu bewerten und eine Analyse der KBE nicht zwingend notwendig ist. Hauptkriterium hierbei ist der Nachweis von Wachstumsstrukturen. Gerade diese konnten in der Studie nicht nachgewiesen werden. Die Autorin erklärt dies damit, dass durch Nährstoffmangel, Zeit und Trockenheit Hypen und Sporenträger zerfallen und so schwierig mittels Klebefilm nachzuweisen sind. Auch die Menge der KBE nimmt aufgrund dieser Faktoren ab. Die Gesamtzellzahl hat sich bei mikrobiologischer Belastung als zuverlässiger herausgestellt, weil diese Methode weniger durch die genannten Störfaktoren beeinflusst wird.

7 Judith Meider: Ist der Klebefilm noch der Goldstandard für die Bewertung von Estrichdämmschichten? Tagungsband VDB 25. Pilztagung 2022.

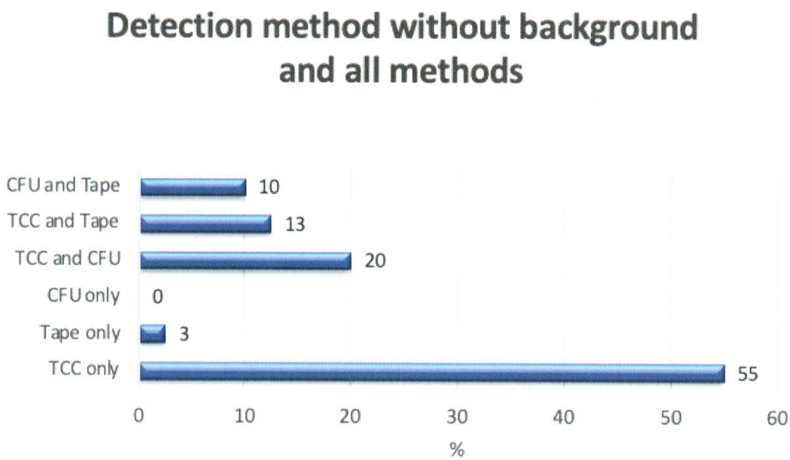

Abb. 11: 44% der Proben, bei denen nicht alle 3 Analysen ein eindeutiges Ergebnis zeigten.
Quelle: Judith Meider

3.4 Einfluss von Staubeinträgen auf die Hintergrundkonzentration

Zu den Materialien, die häufig größere Staubeinträge aufweisen, gehören Mineralfasern (KMF) aus Dachdämmungen. Es wurden daher 34 leicht verstaubte Mineralfaserproben aus Dächern mit einer Standzeit von über 20 Jahren mit der Suspensionsmethode (siehe 3.2.1.1) auf den Gehalt von Pilzen und Bakterien überprüft. Dabei wurden für 33 Proben Pilzkonzentrationen von weniger als $3{,}0 \cdot 10^3$ KBE/g festgestellt und in einer Probe eine erhöhte Konzentration von *Aspergillus restrictus*-Komplex ($6{,}7 \cdot 10^4$ KBE/g). Das dominierende Auftreten von *Aspergillus restrictus*-Komplex in dieser Probe war allerdings ein eindeutiger Hinweis, dass es sich hierbei nicht um Staubeinträge handeln konnte, sondern um eine Besiedlung. Die Bakterienkonzentrationen lagen für 29 Proben unter $4{,}0 \cdot 10^3$ KBE/g und die übrigen vier Proben lagen unter $3{,}6 \cdot 10^4$ KBE/g. Insgesamt wird bei diesen KMF-Proben bereits deutlich, dass Staubproben keinen wesentlichen Beitrag zu Mikroorganismenkonzentrationen an Materialien leisten.

Gegen einen wesentlichen Einfluss von Stäuben sprechen zudem die häufig schlechte Erreichbarkeit von Materialien (z.B. durch einen verdeckten Einbau in Fußböden) und die vergleichsweise geringen Oberflächen der Proben. Weiterhin sollte auch bedacht werden, dass bei frei zugänglichen Oberflächen eine Ansammlung von Sporen über sedimentierenden Staub über mehrere Jahre mit der KBE-Methode nur bedingt erkannt werden kann, weil z.B. Sporen von *Cladosporium*-Arten bereits nach wenigen Monaten nicht mehr keimfähig sind. Andere Arten, wie einzelne Vertreter der Gattungen *Aspergillus* und *Penicillium*, können zwar unter trockenen Bedingungen mehrere Jahre überleben, aber ihr durchschnittliches Vorkommen in der Umwelt ist zu niedrig, um hohe Konzentrationen am Material zu erreichen. Zusammenfassend kann daher festgestellt werden, dass weder auf verdeckten noch auf frei zugänglichen Oberflächen übliche Staubablagerungen einen derartigen Einfluss auf die KBE-Konzentrationen von Materialien haben, dass es zu Fehlinterpretationen hinsichtlich einer Besiedlung kommen kann. Die KBE-Konzentrationen, die durch Staubeinträge bedingt sind, liegen deutlich unter denen besiedelter Proben.

3.5 Einfluss von Neubaufeuchtigkeit auf die Pilz- und Bakterienkonzentration in Materialien

Zur Thematik Neubaufeuchtigkeit liegen den Autoren nur zwei kleinere Studien bzw. Projekte vor.

In einem Projekt wurden 40 EPS-Proben aus den Fußbodenkonstruktionen von sechs parallel erbauten Gebäuden in der Neubauphase (nach Baufertigstellung) gewonnen. In den Gebäuden waren aufgrund der Neubaufeuchtigkeit Schimmelbildungen an Gipskartonwänden und Putz aufgefallen, aber es lagen keine Wassereinbrüche oder ähnliche Schäden vor.

Die Proben wurden mit der Ultraschallmethode aufgearbeitet (siehe 3.2.1.2). In diesen 40 Proben wurden mit der KBE-Methode maximale Pilzkonzentrationen von $9{,}3 \cdot 10^2$ KBE/g und maximale Bakterienkonzentrationen von $1{,}5 \cdot 10^4$ KBE/g bestimmt. Mit der Gesamtzellzahlmethode wurden für die Pilze maximale Konzentrationen von $3{,}8 \cdot 10^4$ Zellen/g und für die Bakterien maximale Konzentrationen von $3{,}2 \cdot 10^5$ Zellen/g festgestellt. Werden diese Ergebnisse mit den Werten in Tab. 9 und 10 verglichen, wird deutlich, dass alle vier Konzentrationen unter dem bzw. geringfügig über dem 25. Perzentil liegen und daher als unauffällig eingestuft werden können.

In einem weiteren Projekt der Labore Wartig-Nord GmbH und der Umweltmykologie GmbH wurden 24 EPS-Proben aus Neubauten entnommen und mit der unter 3.2.1.1 aufgeführten Suspensionsmethode aufgearbeitet. Die Gebäude wurden in der Zeit zwischen Herbst und Winter erstellt und die Proben wurden in den Monaten April und Mai entnommen. Bei der Probenahme wurde eine erhöhte bis hohe Materialfeuchtigkeit (80 % bis 95 % rel. F.) festgestellt. Die maximalen Pilzkonzentrationen von 21 Proben lagen unter $4{,}0 \cdot 10^3$ KBE/g und bei den übrigen zwei Proben um $3{,}0 \cdot 10^4$ KBE/g. Die Mehrzahl der Bakterienkonzentrationen lag unter $3{,}9 \cdot 10^5$ KBE/g. Lediglich zwei Proben erreichten Bakterienkonzentrationen von $1{,}0 \cdot 10^6$ KBE/g bzw. $1{,}2 \cdot 10^6$ KBE/g. Insgesamt wurden für 21 Proben Pilzkonzentrationen ermittelt, die entsprechend den Perzentilen in Tab. 1 im ersten Quartil liegen und damit als unauffällig gewertet werden können. Die Pilzkonzentrationen der beiden übrigen Proben liegen im zweiten Quartil und befinden sich damit immer noch in einem Konzentrationsbereich, in dem bestenfalls mit geringen Pilzbesiedlungen zu rechnen ist. Die Bakterienkonzentrationen lagen demgegenüber auf einem erhöhten Konzentrationsniveau, da nur wenige Proben unter dem Wert des 25. Perzentils in Tab. 2 lagen. Die meisten Proben wiesen erhöhte KBE-Konzentrationen auf, die üblicherweise nicht mehr als Hintergrundkonzentrationen eingestuft werden können. Die zwei Proben mit den höchsten Bakterienkonzentrationen überschritten sogar den Wert für das 50. Perzentil der EPS-Proben in Tab. 2 und fallen damit in das dritte Quartil der vorgestellten Routineproben, das von $3{,}9 \cdot 10^5$ KBE/g bis $6{,}4 \cdot 10^6$ KBE/g reicht.

Hohe Bakterienkonzentrationen im Zusammenhang mit Feuchteschäden wurden von den Autoren mehrfach an Proben aus Neubauten festgestellt. In anderen Projekten, bei denen

Proben aus demselben Objekt im Abstand von einem Jahr wiederholt beprobt wurden, konnten im ersten Jahr erhöhte bis hohe Bakterienkonzentrationen festgestellt werden, die im folgenden Jahr nicht mehr mit Kultivierungsmethoden reproduziert werden konnten.

3.6 Diskussion/Zusammenfassung

Der Begriff Hintergrundkonzentration wird von den Sachverständigen im Bereich der Begutachtung von Feuchteschäden unterschiedlich ausgelegt.

A) Konzentration von Mikroorganismen an Materialien, die als unproblematisch und daher nicht sanierungsbedürftig angesehen werden.

B) Maximale Konzentration von Mikroorganismen an nicht besiedelten Materialien aufgrund von Umwelteinträgen.

C) Konzentration von Mikroorganismen an Materialien, die durch Einbau und Nutzung von Materialien entstehen kann.

Definition A ist sehr allgemein gehalten. Es fehlt vor allem eine Festlegung, worauf sich die Bezeichnung „unproblematisch" bezieht. Wird darunter eine gesundheitlich unproblematische Konzentration verstanden, von der keine Gefährdung ausgeht, stellt sich die Frage, wie diese definiert werden kann. Darüber hinaus wurde in der Vergangenheit auch bei sichtbar geringem Mikroorganismenwachstum bereits eine Schadenregulierung vor Gericht erstritten.

Die Definition unter B zielt darauf, dass alle verbauten Materialien zumindest geringe Mikroorganismenkonzentrationen aufgrund von Staubkontaminationen oder Verschmutzungen enthalten können. Eine Anreicherung von Mikroorganismen über die Nutzungsdauer durch erhöhte Staubeinträge erscheint zumindest denkbar. Die unter Kapitel 3.3 vorgestellte Auswertung von Mineralfaserproben aus Dachdämmungen nach einer Nutzungsdauer von 20 Jahren zeigt allerdings, dass diese Staubeinträge auf KBE-Methoden keinen großen Einfluss haben, da in diesen KMF-Proben nur geringe Pilz- und Bakterienkonzentrationen festgestellt wurden, obwohl die Proben z.T. erkennbar verstaubt waren. Weiterhin wird durch die in diesem Beitrag vorgestellten Analysen von Kultivierungsergebnissen aus der Laborroutine deutlich, dass für einen großen Anteil der Laboranalysen nur geringe KBE-Konzentrationen festgestellt wurden. Proben mit erhöhten und hohen KBE-Konzentrationen enthielten zudem eine für Staubeinträge untypische Schimmelpilzzusammensetzung. Es ist daher unwahrscheinlich, dass durch den üblichen Staubeintrag in Materialien wie Putz, EPS oder KMF Pilz- und Bakterienkonzentrationen von mehr als $1{,}0 \cdot 10^4$ KBE/g Material entstehen.

Bei Definition C wird der Schwerpunkt darauf gelegt, dass Materialien vor einem Einbau bereits verschmutzt sein können oder während der Bauphase kontaminiert wurden.

Für die weiteren Ausführungen kann grundsätzlich herausgestellt werden, dass Materialien, die bereits makroskopisch erkennbare Verfärbungen aufweisen, i.d.R. durch eine direkte Mikroskopie ausreichend bewertet werden können. In weniger eindeutigen Fällen müssen dagegen häufig zusätzliche Analysen mit dem Suspensionsverfahren durchgeführt werden.

Ob ein Material oberflächlich verschmutzt oder besiedelt ist, kann am besten mit der direkten Mikroskopie beurteilt werden, da mit dieser Methode die Anordnung von Mikroorganismen an der Mikrostruktur des Materials bewertet werden kann.

Es kann mit Hilfe mikroskopischer Untersuchungen unterschieden werden, ob Mikroorganismen mehr oder weniger zufällig am Material anliegen oder ob z.B. Myzelien oder Bakterienaggregate in Materialvertiefungen oder an bzw. in sowie um Fasern oder ähnliche Materialstrukturen herum gewachsen sind. In einigen Fällen kann eine Besiedlung dadurch erkannt werden, dass tiefer liegende Materialschichten analysiert werden. Derartige Befunde sind z.B. für Holzproben möglich, da Holz eine relativ geschlossene Oberfläche besitzt, sodass Mikroorganismen nur in einem sehr begrenzten Umfang in die Holzfaser eingespült werden können. Sofern eine Besiedlung vorliegt, werden i.d.R. Myzelien erkannt, die in und zwischen den Holzfasern gewachsen sind. Eine mikroskopische Betrachtung der Mikrostruktur des Materials kann prinzipiell auch bei großporigen Materialien wie z.B. EPS-Proben dazu genutzt werden, um eingespülte Mikroorganismen gegenüber im Material gewachsenen Mikroorganismen abzugrenzen. In solchen Proben kann unterschieden werden, ob die Mikroorganismen in zufälliger Anordnung oder an der inneren Materialoberfläche in typischer Weise angeordnet vorliegen (siehe Beispiel in Abb. 12).

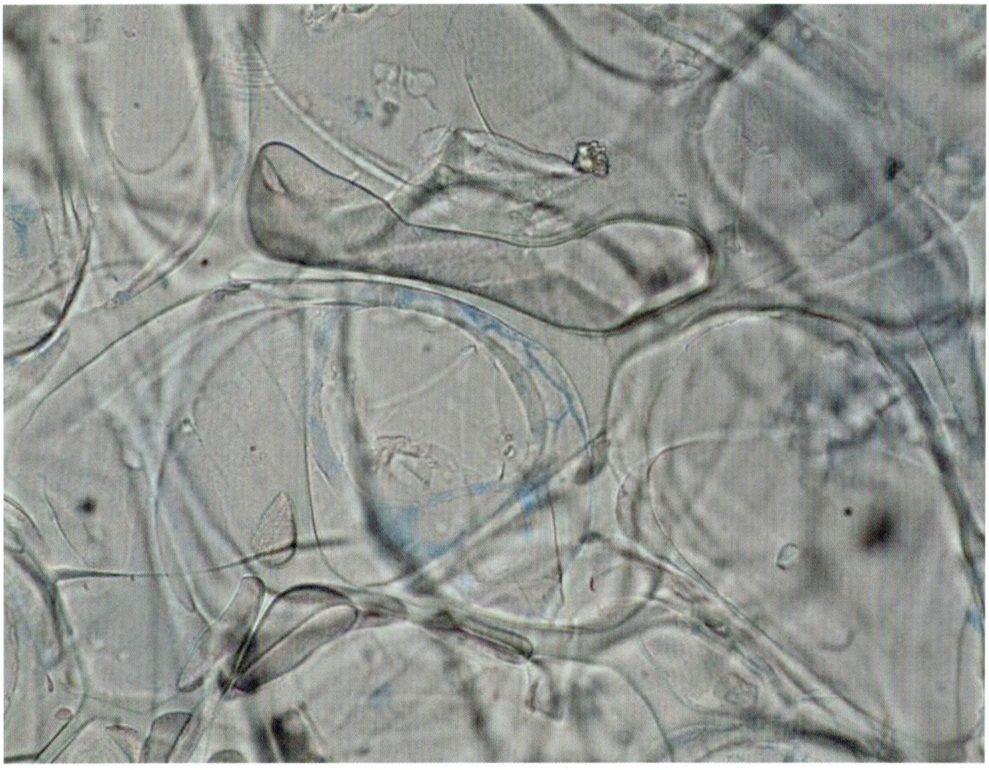

Abb. 12: Von Pilzhyphen bewachsenes EPS, siehe blaue Hyphen in der Bildmitte.

Quelle: Christoph Trautmann

In den meisten Fällen können bei einer relevanten Besiedlung am oder im Material zumindest geringe Reste von Myzelbildungen und größere Sporenmengen oder Bakterienaggregate erkannt werden. Die mikroskopische Bewertung von Materialien setzt jedoch fundierte Erfahrungen voraus.

Bei der mikroskopischen Bewertung von faserigen (KMF-Proben) oder stark porösen Materialien (Putz- oder EPS-Proben) kann verständlicherweise dann eine Fehleinschätzung auftreten, wenn diese Materialien nur geringfügig oder sehr ungleichmäßig besiedelt sind. Zusätzlich weisen diese Materialien eine sehr große innere Oberfläche auf und in der Routine können nur vergleichsweise kleine Oberflächen ausgewertet werden, was Fehlinterpretationen ermöglicht. Bei derartigen faserigen und porösen Proben kommt zusätzlich erschwerend hinzu, dass mit der direkten Mikroskopie nur eine grobe Konzentrationseinschätzung vorgenommen werden kann (siehe entsprechende Anmerkungen unter 3.2.3 „halbquantitative Methode"), die vor allem bei unregelmäßig bewachsenen Proben auch eine hohe statistische Unsicherheit bedingt. Ebenso muss berücksichtigt werden, dass die Biomasse von Mikroorganismen in Feuchteschäden nicht statisch ist, sondern in der aktiven Phase und insbesondere während einer langsamen Abtrocknungsphase einer dynamischen Umwandlung unterliegt, die bei den verschiedenen Materialien unterschiedlich ausgeprägt ist.

In der Praxis werden für Putz-, EPS- und insbesondere für KMF-Proben aus bekannten Feuchteschäden bei einem Teil der Proben geringe Mikroorganismenkonzentrationen mit der direkten Mikroskopie festgestellt, während mit einem Suspensionsverfahren Konzentrationen erfasst werden, die typischerweise nur bei einer Besiedlung durch Mikroorganismen auftreten (siehe hierzu auch Tab. 13). In solchen Proben werden mit der direkten Mikroskopie im Durchlichtverfahren Sporen, aber nur wenig Myzel festgestellt. Die Schlussfolgerung, dass es sich aufgrund der fehlenden Myzelbefunde um Einträge von Sporen aus der Umwelt handeln muss, ist jedoch in vielen Fällen nicht zutreffend. Vielmehr ist zu berücksichtigen, dass die Mikroorganismen auf die Veränderungen ihrer Lebensbedingungen reagieren und bei langsam abnehmender Feuchtigkeit ihre Myzelien reduzieren, um möglichst viele Sporen zu bilden, die bei einer Wiederbefeuchtung die Existenz der Art sichern. Eine Bestätigung dafür, dass in derartigen Proben eine entsprechend starke Besiedlung vorlag, kann häufig durch umfangreichere mikroskopische Prüfungen mit der Phasenkontrastmikroskopie, bei der eingefallene Myzelreste besser kontrastiert werden, erkannt werden.

Um Fehleinschätzungen zu verringern, empfehlen wir grundsätzlich, für die Bewertung von Materialproben neben der direkten Mikroskopie zusätzlich Untersuchungen mit dem Suspensionsverfahren (GZZ und KBE) durchführen zu lassen. Das Suspensionsverfahren bietet gegenüber der direkten Mikroskopie den Vorteil, dass Sporen und Zellen von großen Oberflächenbereichen in eine Waschlösung überführt werden, sodass der Zellgehalt dieser Waschlösungen den durchschnittlichen Mikroorganismengehalt einer deutlich größeren Stichprobe repräsentiert.

Das Suspensionsverfahren ist vor allem dann von Vorteil, wenn die zu untersuchenden Materialien makroskopisch nicht auffällig sind und daher nicht sicher mit dem direkten mikroskopischen Verfahren bewertet werden können (siehe auch einleitende Bemerkung oben).

Eine Grundvoraussetzung für die Anwendung der KBE-Methode ist natürlich, dass die vorhandenen Mikroorganismen auf den verwendeten Nährmedien kultivierbar sind. Die Kultivierbarkeit unterschiedlicher Mikroorganismen kann sich in Einzelfällen für bestimmte Nährmedien erheblich unterscheiden. Komplementär zur direkten Mikroskopie weist das Suspensionsverfahren für wenige Proben zusätzliche Einschränkungen auf. Beispielsweise geht durch das Suspensionsverfahren die Anordnung der Mikroorganismen am Material verloren und geringfügige Besiedlungen können aufgrund des Verdünnungseffekts durch die Suspension nicht sicher erkannt werden. Zusätzlich werden beim Ablösen der Mikroorganismen vom Material vor allem komplexere Strukturen wie Myzelien teilweise zerstört, sodass insbesondere Myzelien in den Waschlösungen durch die Gesamtzellzahlmethode zu einem verringerten Anteil wiedergefunden werden. Vergleichbar tragen diese Myzelbruchstücke auch bei der KBE-Methode nur zu einem geringen Teil zur Koloniebildung bei.

Der Einsatz von Suspensionsuntersuchungen ist in der Routine unverzichtbar, weil mit diesen Methoden im Vergleich zur Mikroskopie für größere Probenbereiche und mit einem begrenzten Aufwand reproduzierbare Konzentrationsangaben erzielt werden können. Diese Konzentrationsangaben sind insbesondere für eine Vielzahl von Proben hilfreich, die, wie oben ausgeführt, durch direkte Mikroskopie nicht sicher bewertet werden können.

Die vorgestellten Ergebnisse verdeutlichen, dass

1) ein großer Anteil der KBE-Analysen von EPS-Routineproben auf einem relativ niedrigen Konzentrationsniveau liegt. So erreichten 32 % der 7.463 EPS-Proben Konzentrationen unter $1{,}0 \cdot 10^4$ KBE/g und 61 % der Proben Konzentrationen unter $1{,}0 \cdot 10^5$ KBE/g (siehe 3.2.1.4).

2) sich die EPS-Proben durch vergleichbar hohe Werte von Pilzen und Bakterien für das 25. Perzentil auszeichnen (vgl. Tab. 1 und 2 für Pilze ca. $5{,}1 \cdot 10^3$ KBE/g und für Bakterien ca. $7{,}5 \cdot 10^3$ KBE/g). Im Vergleich der 50. Perzentile der verschiedenen Materialtypen untereinander liegen die EPS-Proben hinsichtlich der Pilzkonzentrationen mit ca. $4{,}6 \cdot 10^4$ KBE/g EPS im oberen Bereich. In einem ähnlichen Konzentrationsbereich (bis $7{,}6 \cdot 10^4$ KBE/g) liegen hinsichtlich der Pilzkonzentrationen die 50. Perzentile der Materialtypen Gipsputz, Schaumfolie, Holzwerkstoffe, Farbpartikel und Holzweichfasern. Deutlich höhere Pilzgesamtkonzentrationen wurden dagegen für das 50. Perzentil von bitumierten Holzfasern festgestellt. Allerdings lagen von diesem Materialtyp nur 29 Proben vor. Das 50. Perzentil der Bakterienkonzentration der EPS-Proben lag mit $3{,}9 \cdot 10^5$ KBE/g im Vergleich zu anderen Materialien ebenfalls in einem erhöhten Bereich. Leicht höhere Werte erreichten die Materialien Sand, Schaumstoff, Gipsfaserplatte und Holzweichfaser mit einem 50. Perzentil bis $7{,}6 \cdot 10^5$ KBE/g. Deutlich höhere Werte für die 50. Perzentile der Bakteriengehalte wurden für Ziegel ($2{,}6 \cdot 10^6$ KBE/g) und bitumierte Holzfasern ($4{,}7 \cdot 10^6$ KBE/g) festgestellt.

3) über 50 % aller von der Umweltmykologie GmbH untersuchten Materialproben Pilzkonzentrationen von weniger als $8{,}0 \cdot 10^4$ KBE/g erreichten und dass insbesondere die Konzentrationen von EPS-Proben in diesen 50 % der Proben auf einem vergleichbaren Niveau zu anderen Materialtypen liegen.

4) die Häufigkeit von Schimmelpilzarten bzw. -gattungen, die typisch für Feuchteschäden sind und weniger häufig als „Umweltkeime" auftreten, mit der Gesamtkonzentration der Pilze ansteigt. Insbesondere in den oberen 50 % der nach ihrer Konzentration sortierten Proben (drittes und viertes Quartil) wurden darüber hinaus deutliche Konzentrationsanstiege für diese Arten und Gattungen festgestellt. Vergleichbare Verhältnisse wurden auch für Proben des Labors Urbanus GmbH festgestellt (Tab. 5 bis 7 sowie Abb. 4 bis 6).

5) für eine Teilmenge der Proben des Labors Urbanus GmbH, die sowohl auf Pilz- als auch auf Bakteriengehalte jeweils für die GZZ- und für die KBE-Konzentrationen analysiert wurden (Tab. 9 und 10), gezeigt werden konnte, dass die Gesamtzellzahlen immer deutlich über denen der KBE-Konzentrationen liegen. Erwartungsgemäß treten bei diesem Vergleich Proben auf, für die hohe GZZ-Konzentrationen festgestellt wurden und nur relativ niedrige KBE-Konzentrationen. Eine Erklärung für diesen Probenanteil liegt darin, dass abgestorbene Zellen mit der Gesamtzellzahlmethode, aber nicht mit der KBE-Methode erfasst werden können. Für eine sichere Materialbewertung sollte daher neben der KBE-Methode auch die GZZ-Methode eingesetzt werden.

6) die für Feuchteschäden typischen Pilzgattungen *Acremonium*, *Aspergillus* und *Penicillium* in den Proben hohe Konzentrationen erreichen, in denen auch hohe GZZ-Konzentrationen vorkommen. Vertreter der Gattung *Cladosporium* hingegen, die zu den häufigsten Umweltkeimen gehören, zeigen zumindest in den KMF- und EPS-Proben eine davon abweichende Verteilung und Konzentrationsentwicklung (Abb. 8 bis 10).

7) der Eintrag von Staub auf KBE-Konzentrationen keinen wesentlichen Einfluss hat, wie anhand einer gesonderten Zusammenstellung von verstaubten KMF-Proben aus Dachdämmungen gezeigt werden konnte (siehe 3.3).

8) in EPS-Proben aus Fußböden in Neubauten, bei denen keine Feuchteschäden durch Wassereinbruch, aber eine erhöhte Neubaufeuchtigkeit vorlag, keine Auffälligkeiten für Pilze und nur mäßig starke Konzentrationserhöhungen für Bakterien festgestellt wurden (siehe 3.4).

Bei der Interpretation der aufgeführten Ergebnisse muss insgesamt berücksichtigt werden, dass Proben verwendet wurden, die im Regelfall aus Objekten mit Feuchteschäden stammen, und dass daher davon ausgegangen werden muss, dass die Mehrzahl der Proben bereits Besiedlungen durch Schimmelpilze aufwies.

Aus der Sicht der Autoren zeigen die aufgeführten Ergebnisse, dass eine „Kontamination" der Materialproben auf niedrige Konzentrationsbereiche beschränkt ist. Hierfür spricht, dass für relativ viele Analysen Konzentrationen unter der Nachweisgrenze oder in einem geringen Konzentrationsbereich festgestellt wurden. In diesen Proben wurden überwiegend Pilze festgestellt, die als typische Hintergrundkeime gewertet werden können, wie z.B. Vertreter der Gattungen *Cladosporium* oder *Alternaria* sowie spezielle Arten wie z.B. *Aspergillus fumigatus*, allerdings erreichen diese Pilze in den Proben im Regelfall nur geringe Konzentrationen. Insbesondere die Vertreter der Gattung *Cladosporium* wurden, obwohl sie die dominanten Umweltkeime in Luft- und Staubproben darstellen, in den EPS-, Putz-, und KMF-Proben in weniger Proben und mit geringeren Konzentrationen als die häufig in Feuchteschäden auftretenden Vertreter der Gattungen *Acremonium*, *Aspergillus* und *Penicillium* festgestellt.

In den Proben, in denen erhöhte *Cladosporium*-Konzentrationen auftraten, waren auch die Konzentrationen von anderen Pilzarten, die typischerweise in Feuchteschäden auftreten, erhöht. Zu diesen Arten gehören z.B. *Acremonium (Sarocladium) strictum*, *Aspergillus versicolor*-Komplex oder *Engyodontium album*, sodass in diesen Fällen von einer Besiedlung der Proben ausgegangen werden kann.

Sofern der Begriff „Hintergrundkonzentration" auf verstaubte und mäßig verschmutzte Materialien bezogen wird, erscheint es insgesamt denkbar, dass ein Anteil von ca. 25 % der analysierten Proben derartige „Hintergrundkonzentrationen" repräsentiert. Die steigende Häufigkeit und die zunehmenden Konzentrationen von Vertretern der Gattungen *Acremonium*, *Aspergillus* und *Penicillium*, aber auch von einzelnen Arten wie *Acremonium (Sarocladium) strictum*, *Acremonium murorum*, *Acrostalagmus luteoalbus*, *Aspergillus versicolor*-Komplex, *Aspergillus glaucus*-Komplex, *Aspergillus restrictus*-Komplex, *Aspergillus sydowii*, *Aspergillus calidoustus*, *Engyodontium album*, *Scopulariopsis brevicaulis*, *Scopulariopsis brumptii* oder *Lecanicillium psalliotae* in den oberen 50 % der Proben spricht dafür, dass mit dem 50. Perzentil eine Pilzkonzentration erreicht ist, die bereits deutlich vom Hintergrund getrennt ist. Ab dem 50. Perzentil der Pilzkonzentration kann auch aufgrund der Artenzusammensetzung nicht mehr von einer Verschmutzung der Proben ausgegangen werden, sondern man muss annehmen, dass diese Proben besiedelt sind. Proben mit Konzentrationen, die über dem 75. Perzentil liegen, können als stark besiedelt eingestuft werden.

In Tab. 14 bis 17 sind für die KBE- und GZZ-Konzentrationen von Pilzen und Bakterien die 25., 50. und 75. Perzentile für die drei häufigsten Materialtypen EPS, Putz und KMF zusammengestellt (vgl. Tab. 1 und 2 sowie Tab. 9 und 10). Bei den KBE-Konzentrationen fallen die KMF-Proben, im Vergleich zu den EPS- und Putzproben, durch besonders niedrige Konzentrationen für das 25. und 50. Perzentil auf. Für die KMF-Proben wurden insgesamt auch geringere Gesamtzellzahlen im Vergleich zu den EPS- und Putzproben festgestellt, allerdings fallen hier die Unterschiede nicht so drastisch aus. Die geringeren Pilz- und Bakterienkonzentrationen in den KMF-Proben können zu einem Teil durch den höheren Anteil von nicht besiedelten Proben bzw. von Proben, deren Mikroorganismenkonzentrationen unter der Nachweisgrenze lagen, erklärt werden. Ein weiterer Erklärungsansatz wäre, dass KMF insgesamt schlechtere Lebensbedingungen bietet als Putz oder EPS. Das kann dadurch bedingt sein, dass KMF im Vergleich zu Putz und EPS seltener durchfeuchtet wird und aufgrund seiner watteartigen Struktur schneller abtrocknen kann. Der Vergleich der 75. Perzentile der EPS-, Putz- und KMF-Proben zeigt, dass für diesen Konzentrationsbereich, der üblicherweise nur in stark besiedelten Proben erreicht wird, die Werte für die drei Probentypen jeweils in einem ähnlichen Konzentrationsbereich liegen (Ausnahme KBE-Konzentration von Bakterien, Tab. 15). Der im Vergleich zu Putz und EPS deutlich niedrigere Wert für das 75. Perzentil der Bakterien in KMF-Proben ist relativ sicher durch die starke Austrocknungsempfindlichkeit der Bakterien bedingt.

Insgesamt sollte es daher vertretbar sein, mit Ausnahme der Bakterien in KMF-Proben, die Konzentrationen aller drei Materialien zusammengefasst durch eine Bewertungshilfe

(Tab. 18) zu beschreiben. In dieser Bewertungshilfe werden die Konzentrationen, die unter dem 25. Perzentil liegen, als Hintergrundkonzentration, solche, die unter dem 50. Perzentil liegen, als Kontamination/Besiedlung nicht abgrenzbar, solche, die über dem 50. Perzentil liegen, als Besiedlung, und solche, die über dem 75. Perzentil liegen, als starke Besiedlung definiert.

Tab. 14: Zusammenfassung der KBE-Konzentration von Pilzen [KBE/g] für die häufigsten Materialtypen EPS, Putz, KMF (vgl. Tab. 1).

Material	kleiner 25. Perzentil	25. bis 50. Perzentil	50. bis 75. Perzentil	über 75. Perzentil
EPS	$\leq 5{,}1 \cdot 10^3$	$> 5{,}1 \cdot 10^3$ $- 4{,}6 \cdot 10^4$	$> 4{,}6 \cdot 10^4$ $- 3{,}0 \cdot 10^5$	$> 3{,}0 \cdot 10^5$
Putz	$\leq 4{,}6 \cdot 10^2$	$> 4{,}6 \cdot 10^2$ $- 1{,}8 \cdot 10^4$	$> 1{,}8 \cdot 10^4$ $- 2{,}6 \cdot 10^5$	$> 2{,}6 \cdot 10^5$
KMF	$\leq 6{,}7 \cdot 10^2$	$> 6{,}7 \cdot 10^2$ $- 4{,}6 \cdot 10^3$	$> 4{,}6 \cdot 10^3$ $- 1{,}2 \cdot 10^5$	$> 1{,}2 \cdot 10^5$

Quelle: Christoph Trautmann/Judith Meider

Tab. 15: Zusammenfassung der KBE-Konzentration von Bakterien [KBE/g] für die häufigsten Materialtypen EPS, Putz, KMF (vgl. Tab. 2).

Material	kleiner 25. Perzentil	25. bis 50. Perzentil	50. bis 75. Perzentil	über 75. Perzentil
EPS	$\leq 7{,}5 \cdot 10^3$	$> 7{,}5 \cdot 10^3$ $- 3{,}9 \cdot 10^5$	$> 3{,}9 \cdot 10^5$ $- 6{,}4 \cdot 10^6$	$> 6{,}4 \cdot 10^6$
Putz	$\leq 5{,}8 \cdot 10^2$	$> 5{,}8 \cdot 10^2$ $- 1{,}5 \cdot 10^5$	$> 1{,}5 \cdot 10^5$ $- 2{,}4 \cdot 10^6$	$> 2{,}4 \cdot 10^6$
KMF	$\leq 4{,}6 \cdot 10^2$	$> 4{,}6 \cdot 10^2$ $- 3{,}8 \cdot 10^3$	$> 3{,}8 \cdot 10^3$ $- 1{,}5 \cdot 10^5$	$> 1{,}5 \cdot 10^5$

Quelle: Christoph Trautmann/Judith Meider

Tab. 16: Zusammenfassung der GZZ-Konzentration [Zellen/g] von Pilzen für die häufigsten Materialtypen EPS, Putz, KMF (vgl. Tab. 9).

Material	kleiner 25. Perzentil	25. bis 50. Perzentil	50. bis 75. Perzentil	über 75. Perzentil
EPS	$\leq 2{,}5 \cdot 10^5$	$> 2{,}5 \cdot 10^5$ $- 1{,}1 \cdot 10^6$	$> 1{,}1 \cdot 10^6$ $- 4{,}1 \cdot 10^6$	$> 4{,}1 \cdot 10^6$
Putz	$\leq 3{,}1 \cdot 10^5$	$> 3{,}1 \cdot 10^5$ $- 1{,}7 \cdot 10^6$	$> 1{,}7 \cdot 10^6$ $- 8{,}8 \cdot 10^6$	$> 8{,}8 \cdot 10^6$
KMF	$\leq 1{,}2 \cdot 10^5$	$> 1{,}2 \cdot 10^5$ $- 7{,}8 \cdot 10^5$	$> 7{,}8 \cdot 10^5$ $- 5{,}2 \cdot 10^6$	$> 5{,}2 \cdot 10^6$

Quelle: Christoph Trautmann/Judith Meider

Tab. 17: Zusammenfassung der GZZ-Konzentration [Zellen/g] von Bakterien für die häufigsten Materialtypen EPS, Putz, KMF (vgl. Tab. 10).

Material	kleiner 25. Perzentil	25. bis 50. Perzentil	50. bis 75. Perzentil	über 75. Perzentil
EPS	$\leq 3{,}9 \cdot 10^6$	$> 3{,}9 \cdot 10^6$ $- 2{,}7 \cdot 10^7$	$> 2{,}7 \cdot 10^7$ $- 1{,}5 \cdot 10^8$	$> 1{,}5 \cdot 10^8$
Putz	$\leq 9{,}7 \cdot 10^5$	$> 9{,}7 \cdot 10^5$ $- 1{,}3 \cdot 10^7$	$> 1{,}3 \cdot 10^7$ $- 1{,}0 \cdot 10^8$	$> 1{,}0 \cdot 10^8$
KMF	$\leq 1{,}3 \cdot 10^6$	$> 1{,}3 \cdot 10^6$ $- 6{,}8 \cdot 10^6$	$> 6{,}8 \cdot 10^6$ $- 8{,}5 \cdot 10^7$	$> 8{,}5 \cdot 10^7$

Quelle: Christoph Trautmann/Judith Meider

Tab. 18: Verallgemeinerte und kategorisierte Bewertungshilfe für KBE-Konzentrationen [KBE/g] und GZZ-Konzentrationen [Zellen/g] für EPS-, KMF- und Putzproben (Grundlage Tab. 14 bis 17, Werte gewichtet unter Einbezug des 95. Perzentils, vgl. Tab. 1 und 2 sowie Tab. 9 und 10).

Methode	Hintergrund	Kontamination/ Besiedlung nicht abgrenzbar	Besiedlung	starke Besiedlung
KBE – Pilze	$\leq 5{,}0 \cdot 10^3$	$> 5{,}0 \cdot 10^3$ $- 5{,}0 \cdot 10^4$	$> 5{,}0 \cdot 10^4$ $- 5{,}0 \cdot 10^5$	$> 5{,}0 \cdot 10^5$
KBE – Bakterien[a]	$\leq 1{,}0 \cdot 10^4$	$> 1{,}0 \cdot 10^4$ $- 5{,}0 \cdot 10^5$	$> 5{,}0 \cdot 10^5$ $- 5{,}0 \cdot 10^6$	$> 5{,}0 \cdot 10^6$
GZZ – Pilze	$\leq 3{,}0 \cdot 10^5$	$> 3{,}0 \cdot 10^5$ $- 1{,}0 \cdot 10^6$	$> 1{,}0 \cdot 10^6$ $- 1{,}0 \cdot 10^7$	$> 1{,}0 \cdot 10^7$
GZZ – Bakterien	$\leq 3{,}0 \cdot 10^6$	$> 3{,}0 \cdot 10^6$ $- 2{,}0 \cdot 10^7$	$> 2{,}0 \cdot 10^7$ $- 2{,}0 \cdot 10^8$	$> 2{,}0 \cdot 10^8$

[a] *Bewertungen hinsichtlich der Bakterien gelten nicht für KMF-Proben (siehe Text).*

Quelle: Christoph Trautmann/Judith Meider

Mit dem vorgestellten Konzept (Tab. 18) haben die Autoren versucht, eine bessere und auf zahlreiche Ergebnisse aus Labordaten zurückzuführende Objektivierung bei der Bewertung von Feuchteschäden einzuführen. Es wurde absichtlich darauf verzichtet, eine Empfehlung darüber zu geben, ab welcher Konzentration ein Material zwingend saniert oder ausgebaut werden sollte, da derartige Entscheidungen immer von der jeweiligen Nutzung der untersuchten Gebäudeeinheit, der Gesamtsituation vor Ort und ggf. von rechtlichen Vorgaben abhängig sind.

Den Autoren ist aus zahlreichen Diskussionen das Argument bekannt, dass für Neubauten andere Kenngrößen gelten müssen, da in diesen Gebäuden immer eine Erstbesiedlung der verbauten Materialien aufgrund der erhöhten Feuchtigkeit vorliegt. Diese Hypothese kann durch die den Autoren bisher vorliegenden Ergebnisse nicht generell bestätigt werden (siehe 3.4).

Um zur Erfassung von Hintergrundkonzentrationen in Neubauten weitere Erkenntnisse zu erlangen, sollten gezielte Untersuchungen durchgeführt werden, mit denen die Mikroorganismenkonzentrationen in den ersten drei Jahren nach der Errichtung eines Gebäudes erfasst werden können. Die Autoren hatten bereits in der Vergangenheit das Angebot gemacht, für ein Probenkontingent von ca. 100 Proben aus Neubauten die Kosten für die Laboranalysen zu tragen, und rufen erneut Bauherren, Sachverständige und insbesondere Versicherungsunternehmen dazu auf, sich bei der Gewinnung von aussagekräftigen Proben einzubringen.

Teil 2:

Medizinische Diagnostik bei Schimmelpilzschäden

4 Diagnostische Möglichkeiten bei Schimmelpilzexposition in Innenräumen aus medizinischer Sicht

Dr. Dr. med. Thomas Fenner

Inhalt

4.1 Bewertung von Messergebnissen in Innenräumen als individuelles Gesundheitsrisiko

Die Gruppe der in der Umwelt auftretenden Schimmelpilze ist sehr heterogen und artenreich. Obwohl die meisten Pilzarten in der freien Natur mit Menschen nicht in Berührung kommen, gibt es zahlreiche Arten, die durch Wachstum, Auftreten und Nahrungsquelle in unmittelbarer Berührung zum Menschen stehen. Dies kann über die freigesetzten Toxine ebenso sein wie über den Ort, Menge und Art ihres Wachstums auf Lebensmitteln, Wänden, Kleidungsstücken oder im gefährlichsten Fall im immunabwehrgeschwächten Patienten selbst. Alle Arten von Pilzen und Schimmelpilzen sind wesentlicher Bestandteil bei der Zersetzung von organischen Substanzen. Luftfeuchtigkeit, Temperatur und Nahrungsangebot sind dabei die entscheidenden Wachstumsfaktoren.

Gehören Pilze jeglicher Art in der freien Natur zum normalen Bestandteil der Flora, können sie in Innenräumen bei Personen im Gegensatz zum Kontakt im Freien gesundheitsschädigend sein. Durch die Energiekrise und die dadurch abgesenkten Innenraumtemperaturen ist gerade in schlecht gedämmten Gebäuden zukünftig mit einer Vermehrung des Schimmelpilzbefalls zu rechnen, wenn die Luftfeuchtigkeit über längere Zeiträume oder dauerhaft über 60% liegt.

Der Nachweis von Schimmelpilzen in Innenräumen selbst ist oft nicht einfach. Schon aufgrund der zahlreichen Schimmelpilzarten mit sehr unterschiedlicher Wachstumsaktivität ist eine mykologische Differenzierung schwer und zeitintensiv. Gelingt der Nachweis lückenlos, hängt es von zahlreichen individuellen Faktoren und der Konzentration ab, ob ein Bewohner einer schimmelpilzbelasteten Wohnung oder eines belasteten Arbeitsplatzes klinische Symptome entwickelt oder womöglich durch die Exposition erkrankt.

Abb. 1: Zersetzende Pilze in der freien Natur.

Quelle: Dr. Thomas Fenner

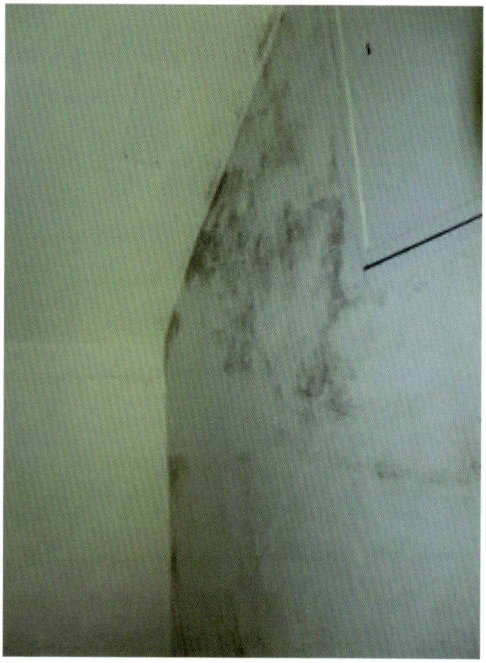

Abb. 2: Feuchtigkeit und beginnender Schimmelpilzbesatz auf einer Zimmerwand.

Quelle: Dr. Thomas Fenner

Es gibt beim Patienten nicht den Labortest oder die Kombination von Labortests, die eine pathologische Exposition sichern können. Daher ist immer die zusammenfassende Beurteilung verschiedener medizinisch-diagnostischer Einzelfaktoren in Bezug zur Bewertung der lokalen Befunde durch den Sachverständigen ausschlaggebend für die endgültige Diagnose, aus der sich ggf. eine Therapie ableiten lässt.

Im ersten Schritt ist die lokale Situation zu bewerten. Die Diagnostik von Schimmelpilzen gehört daher immer in die Hände von Spezialisten. Besonders ausgebildete und ausgewiesene weibliche oder männliche Sachverständige und Gutachter unter Architekten, Handwerkern, Holzwirten, Materialkundlern, Baubiologen, Bau- und Gebäudesanierern oder Ärzten, um nur einige zu nennen, sollten bei einem entsprechenden Befall im optimalen Fall zurate gezogen werden, um nicht nur den gesundheitlichen Schaden einzugrenzen, sondern eine gezielte nachhaltige Sanierung für eine dauerhaft gesunde Umgebung zu erreichen.

Gutachter und Schimmelpilzexperten sollten ihre Expertise ausweisen können, z.B. in dem sie als Gutachter bei der Handels- oder Handwerkskammer gelistet sind oder eine Zertifizierung ihrer speziellen Tätigkeit nach DIN EN ISO/IEC nachweisen können. Nicht zertifizierte Sachverständige können den Sanierungsprozess unnötig verteuern.

Drei Dinge zum Schimmelpilznachweis in Innenräumen sollte man jedoch im Hinblick auf die weiterführende Diagnostik beim Patienten beherzigen und daher abfragen:

1. Eine Schadensanamnese vor Ort mit anschließender/ergänzender Schimmelpilzanalytik im Labor kostet Zeit, Geld und erfordert langjährige Kenntnis.

2. Eine Analytik auf Basis von Sedimentationsplatten zum Nachweis einer Schimmelpilzbelastung in Innenräumen wird zwar immer noch als orientierende Maßnahme angepriesen, erlaubt medizinisch aber keine klare Aussage zur tatsächlichen Schimmelpilzbelastung in der Luft. Sie kann aber wichtige Erkenntnisse zu anwesenden Schimmelpilzspezies liefern, wenn aus Kostengründen keine weiterreichende Diagnostik möglich ist.

3. Allzu häufig erfolgen Schimmelpilzsanierungen in Innenräumen nur halbherzig oberflächlich und nicht nachhaltig. Daher muss stets die Frage nach der Art der Sanierung und der Form der abschließenden Kontrolle/Überprüfung der Schadensbehebung durch den behandelnden Arzt erfragt und dokumentiert werden.

In der Evolutionsgeschichte des Menschen haben Schimmelpilze in unterschiedlichen Konzentrationen zum Lebensumfeld gehört. Ohne eine Assimilation an Schimmelpilze hätte die Menschheit eine andere Entwicklung genommen.

Der schimmelpilzexponierte Patient kommt häufig nicht mit eindeutig spezifischen klinischen Beschwerden zum Arzt. Die Bandbreite der Beschwerden ist je nach Expositionsstärke und Art der Schimmelpilze sehr unterschiedlich und folgt keinem eindeutigen Muster der Beschwerden. Die Beschwerden reichen von allergischen Symptomen über Hautausschläge, Müdigkeit, Abgeschlagenheit, Konzentrationsstörungen, grippale Symptomatiken mit Gelenkbeschwerden, Kopfschmerzen, Infektanfälligkeit, Durchfälle bis hin zu Herzbeschwerden, Muskelschmerzen und anderen Symptomen. Der Bezug zu einer Schimmelpilzexposition ist daher auf den ersten Blick für den Kliniker oft nicht gegeben. Umgekehrt ist bei Angabe dieser klinischen Beschwerden die vermeintliche Schimmelpilzexposition differentialdiagnostisch nicht die vordergründige Ursache, an die der Kliniker denken muss.

Eine körperliche Untersuchung sowie eine ausführliche Anamnese stehen daher immer an erster Stelle, bei der Lebensgewohnheiten, Arbeitsplatz, Wohnungswechsel und Wohnungssituationen in der Vergangenheit abgefragt werden müssen, bevor eine aufwendige Diagnostik begonnen wird. Stellt sich dabei bereits heraus, dass in der Wohnung ein Feuchtigkeitsschaden mit Schimmelpilzbelastung besteht, muss dieser als allererstes behoben werden. Mit dauerhafter Schimmelexposition, insbesondere in den zunehmend abgedichteten Wohnungen mit geringer Luftzirkulation, ist kaum eine zielführende Diagnostik und Therapie vereinbar.

Welche Analytik steht nun dem Mediziner zur Verfügung, um die gesundheitlichen Auswirkungen einer Schimmelpilzbelastung am Arbeitsplatz oder im Wohnbereich näher einzugrenzen? Da es nicht einen oder einige spezielle labordiagnostische Tests gibt, die die Aussage einer gesundheitsbelastenden Schimmelpilzexposition beweisen, ist die Diagnostik vielschichtig. Hilfreich ist dabei u.a. ein Auslassversuch, um herauszufinden, ob eine Besserung der Beschwerden bei Verlassen oder Vermeiden des Gebäudes, Arbeitsraumes oder Wohnung über einen Zeitraum von ca. 14 Tagen eintritt. Gezielte Frage hierzu: Wurden die Beschwerden im Urlaub besser – es sei denn, am Urlaubsort war der Patient ebenfalls mit Schimmel exponiert.

Häufig werden von den Patienten wiederkehrende Infektionen, Nasennebenhöhlenentzündungen sowie Müdigkeit, Abgeschlagenheit und Antriebsarmut als Symptome beschrieben. Damit sind aber bereits zahlreiche Beschwerden benannt, die differentialdiagnostisch für verschiedene/zahlreiche Erkrankungen infrage kommen, die entsprechend abgeklärt werden sollten, bevor fälschlicherweise alle Beschwerden auf eine Schimmelpilzexposition subsumiert werden.

Seit Mitte 2023 gibt es eine neue AWMF Schimmelpilz-Leitlinie (AWMF-Schimmelpilz-Leitlinie „Medizinisch klinische Diagnostik bei Schimmelpilzexposition in Innenräumen" – Update 2023 AWMF-Register-Nr. 161/001). Diese neue Leitlinie setzt sich im Kapitel 3 intensiv mit der Spezialdiagnostik auseinander. Erste allgemeingültige Hinweise auf eine Schimmelpilzallergie liefert demnach nur die Bestimmung des IGE aus dem Serum.

Dennoch bleibt das wichtigste Kriterium die Anamnese, die erste Hinweise für weitere diagnostische Schritte liefert. Wenn die in Tab. 1 aufgeführten Symptome auftreten, kann ein Bezug zwischen den gesundheitlichen Beschwerden des Patienten und einer Schimmelpilzbelastung in den von ihm genutzten Räumen angenommen werden.

Aus dieser Tabelle lassen sich zwei wesentliche Aussagen entnehmen. Die erste Aussage: „Kausaler Zusammenhang: keine ausreichende Evidenz" heißt übersetzt: Die vermeintliche Ursache der klinischen Beschwerden und die Auswirkung auf den Patienten alleine sind nicht ausreichend oder beweisend, dass eine Schimmelpilzexposition vorliegt, sondern müssen immer eingegrenzt und mit objektivierbaren, reproduzierbaren Methoden belegt werden. Das ist nicht immer leicht. Eine spezifische Labordiagnostik fehlt, weil es letztendlich hierzu keine evidenzbasierten Studien gibt. Labordiagnostik ist in jeder Hinsicht immer nur ein zusätzlicher Baustein eine Erstdiagnose besser abzusichern.

Die zweite Aussage grenzt die klinischen Beschwerden, für die eine Schimmelpilzexposition in Innenräumen eine Ursache sein kann, fast ausschließlich auf die Symptome der Atemwege als klinisch gesichert ein. Hier liegt ein wesentliches Problem der Diagnostik. Die Diagnostik soll dabei unterstützen, ob das beschriebene klinische Krankheitsbild und die nachgewiesenen Messergebnisse im Sinne eines Beweises zusammenpassen. Es zeigt aber, dass Labormediziner und Kliniker ohne adäquate Messergebnisse durch den Sachverständigen vor Ort im Heuhaufen stochern, ohne zu wissen, ob dort überhaupt eine Stecknadel ist.

Tab. 1: Evidenz für den Zusammenhang zwischen Schimmelpilzexposition oder Feuchtigkeit in Innenräumen und Krankheiten (ohne Mykosen), modifiziert nach 80, 81, 190, 221, 319 der Literaturangabe aus AWMF-Schimmelpilz-Leitlinie „Medizinisch klinische Diagnostik bei Schimmelpilzexposition in Innenräumen", AWMF-Register-Nr. 161/001 – Endfassung 2016. Gerhard E. Wiesmüller et al.

Kausaler Zusammenhang: keine ausreichende Evidenz
Ausreichende Evidenz für eine Assoziation: allergische Atemwegserkrankungen Asthma (Manifestation, Progression, Exazerbation) allergische Rhinitis exogen allergische Alveolitis Begünstigung von Atemwegsinfekten Bronchitis
Eingeschränkte oder vermutete Evidenz für eine Assoziation: Mucous Membrane Irritation (MMI) atopisches Ekzem (Manifestation, Progression, Exazerbation)
Inadäquate oder unzureichende Evidenz für eine Assoziation: chronisch obstruktive Lungenerkrankung (Chronic Obstructive Pulmonary Disease (COPD)) akute idiopathische pulmonale Hämorrhagie bei Kindern Rheuma Arthritis Sarkoidose Tumorerkrankungen

4.2 Allgemeine labordiagnostische Verfahren bei Schimmelpilzexponierten

4.2.1 Laborparameter und ihre Wertigkeit

Die Labordiagnostik sichert in etwa 65 % bis 80 % der Fälle die Diagnose des Klinikers bzw. ermöglicht diese erst. Dennoch gibt es in der Analytik kein Testverfahren, das eindeutig eine Schimmelpilzexposition und deren Auswirkungen auf die Gesundheit auf Anhieb belegt. Um eine gute Diagnostik bei Schimmelpilzexponierten sicherzustellen, sollten folgende allgemeingültige Punkte beherzigt werden:

Präanalytik: Sie stellt sicher, dass das abgenommene Blut unter optimalen Bedingungen das Labor erreicht, damit nicht systematische Fehler durch Entnahme oder Transportart und -dauer das Messergebnis verfälschen. Daher sollte für den überwiegenden Teil der Diagnostik ein akkreditiertes Labor in der lokalen Nähe für den größten Teil der diagnostischen Verfahren gewählt werden. Die Akkreditierung stellt sicher, dass bei Verwendung zweier verschiedener Laboratorien gleiche Standards angewendet werden, damit die Ergebnisse vergleichbar bleiben. Hat der behandelnde Arzt Fragen zum Vorgehen oder zum optimalen Umgang nach der Entnahme des Blutes des Patienten, sollte er Kontakt mit den ärztlichen Kollegen des Laboratoriums seines Vertrauens aufnehmen und sich beraten lassen. Insbesondere bei ausgefallenen, teuren oder zeitkritischen Untersuchungen ist eine Optimierung der Prozesse zwingend notwendig, um reproduzierbare und aussagekräftige Ergebnisse zu erhalten und Kosten zu minimieren. Manche enzymatischen Tests sehen eine Kühlung bereits nach der Abnahme vor. Werden diese Blutproben z.B. bei Raumtemperatur gelagert oder versandt, werden mit Sicherheit keine verwertbaren oder reproduzierbaren Ergebnisse erreicht. Für die Labordiagnostik ist es immer hilfreich, neben der klinischen Diagnose, insbesondere bei komplexen Erkrankungen oder Verdachtsdiagnose, die Fragestellung zu präzisieren und nicht nur einzelne Parameter anzufordern. Es empfiehlt sich daher dringend, den Fachkollegen in differenzialdiagnostische Überlegungen mit einzubeziehen.

Analytik: Um die Vergleichbarkeit der Ergebnisse im Verlauf sicherzustellen, ist zu empfehlen, zwischen zwei Untersuchungsgängen bei einem Patienten nicht unterschiedliche Laboratorien zu wählen. Gerade bei den Routineparametern werden verschiedene diagnostische Testanbieter und Reagenzienhersteller im Labor verwendet, deren Produkte dann leider durchaus trotz Akkreditierung im Untersuchungsergebnis zu leichten Verschiebungen in der Messanalytik führen können. Die Laborärzte können anhand der Qualitätskontrollen und der täglichen Erfassung von niedrigen und hohen Werten die Messanalytik präzisieren und bewerten.

Alle medizinischen Laboratorien oder Einrichtungen, die Messanalytik in der Bundesrepublik durchführen, unterliegen außerdem der sog. RiLiBÄK (Richtlinie Bundesärztekammer). Sie regelt die Art und Häufigkeit der Qualitätskontrollen und Teilnahme an Ringversuchen. Werden diese nicht bestanden, schreibt die RiLiBÄK bis zur Aberkennung der diagnostischen Befähigung vor, wie in diesen Fällen vorzugehen ist. Von daher kann sich jeder Einsender durch eine Akkreditierungsurkunde des Einsendelabors oder das Ärztekammerzertifikat belegen lassen, ob die Ringversuche regelmäßig bestanden wurden oder wann, wo und in welcher Form Abweichungen bestehen.

Die verwendeten Testverfahren sind CE-zertifiziert und gekennzeichnet. Dies stellt sicher, dass ein Produkt den geltenden Anforderungen genügt und die gleichbleibende Qualität sicherstellt. Wird ein Testsystem aus dem Handel genommen, ist es oftmals schwierig ein vergleichbares Testsystem zu finden, das dann beim Patienten zu vergleichbaren Messergebnissen kommt. Dies erschwert oftmals die Interpretation der Ergebnisse im Verlauf.

Ergebnisse: Die Ergebnisse der Laboruntersuchungen werden i.d.R. schriftlich übermittelt. Dabei muss der Befund stets einen Referenzwert oder eine Bezugsgröße enthalten. Bei seltenen Messmethoden, die oft nur in Speziallaboratorien erbracht werden, wird nicht selten auf Literatur verwiesen, auf deren Grundlage der Referenzwert ermittelt wurde. Bei der Verwendung von Laboratorien in Übersee (USA) gelten andere Referenzwerte und Bezugsgrößen als in Europa, weil die Bevölkerung dort durch Einwanderung eine andere Zusammensetzung aufweist als in Europa. Werden die speziellen Laborverfahren nicht interpretiert, sollte man in jedem Fall mit dem Labor Kontakt aufnehmen und sich beraten oder die Ergebnisse in Bezug auf die Grunderkrankung des Patienten und ein mögliches weiteres Vorgehen diskutieren.

Welche Laboruntersuchungen im Zusammenhang mit einer Schimmelpilzexposition klinisch sinnvoll sind, ist immer von der Art der Exposition, dem durch den Sachverständigen festgestellten Ausmaß der Schimmelpilzexposition im Innenraum, der Dauer und natürlich dem klinischen Bild des Patienten sowie dem differentialdiagnostischen Ausschluss anderer Erkrankungen abhängig. Es gibt dabei kein Standardschema, wohl aber wichtige Parameter, die richtungweisend sind. Dies geht aus der neuen AWMF-Leitlinie 2023 klar hervor. Es gibt allerdings viele pseudowissenschaftlich erstellte Parameter, die entweder den oben angeführten Qualitätskriterien nicht entsprechen oder deren klinische Wertigkeit durch Studien nicht entsprechend belegt sind. Hierzu gibt es im internationalen Vergleich kaum Studien, so dass diese Werte für die Diagnostik den Leitlinien nicht genügen. Neben den Sachverständigen- und Sanierungskosten werden den Patienten oft teure Laboruntersuchungen angeboten, die zwar ein Ergebnis liefern, jedoch keine Diagnose. Aber auch die Standardleistungen, die von den Krankenkassen getragen werden, sollten so ausgewählt werden, dass im optimalen Fall am Ende eine Diagnose zu überschaubaren Kosten erstellt werden kann. Jeder klinische Diagnoseansatz beinhaltet zusätzlich eine gewisse Varianz in der eingesetzten Analytik, die auf der Erfahrung des behandelnden Arztes beruht, wenn er die analytischen Ergebnisse in eine erfolgversprechende Therapie umsetzen kann.

4.2.2 Stufendiagnostik – was, wann, warum?

Viel hilft nicht immer viel. Dies gilt ebenso für die Labordiagnostik. Die Basisdiagnostik aus Hämatologie, Gerinnung und klinischer Chemie ist i.d.R. preiswert zu erstellen. Dennoch sollten bei einer Schimmelpilzexposition die Regeln der Stufendiagnostik beherzigt werden. Es ist zeitlich aufwendiger, eine Stufendiagnostik durchzuführen – also nicht alle mit dem Krankheitsbild und den Differentialdiagnosen möglichen Laborparameter auf einmal zu untersuchen. Der behandelnde Arzt oder Umweltmediziner sollte sich insbesondere bei Patienten mit Schimmelpilzkontakt in Innenräumen nach Vorliegen der ersten Ergebnisse zur nächsten Stufe der Differenzierung leiten lassen. Labordiagnostik kann dabei immer nur ein wertvolles Hilfsinstrument zur Diagnosefindung oder der Differentialdiagnose sein.

Welche Diagnostik angebracht ist, hängt in erster Linie von den klinischen Beschwerden ab und welche Differentialdiagnostik zur Klärung der Frage erforderlich ist. Hier gibt es durchaus unterschiedliche Ansätze. Leider wird ein Königsweg weder in den neuen AWMF-Leitlinien noch in der Literatur beschrieben. Jede Differentialdiagnose (siehe AWMF-Leitlinie 2023 Kapitel 1), die mit einer Schimmelpilzexposition im Zusammenhang stehen kann, zieht eine eigene Labordiagnostik nach sich. In den meisten Fällen basieren bei der Schimmelpilzdiagnostik viele Untersuchungen auf der Erfahrung des behandelnden Kollegen und nicht auf Studien, was die Vergleichbarkeit für Standards erschwert.

Zur Basisdiagnostik gehört immer die Funktionsprüfung der Niere mit der Ausscheidungskapazität über Kreatinin und Harnstoff. Ein weiterer, allerdings teurerer Parameter ist die Bestimmung des Cystatin C. So kann bei Patienten über 60 Jahre das Kreatinin noch im Referenzbereich liegen, das Cystatin C aber bereits eine beginnende Niereninsuffizienz anzeigen. Jede Niereninsuffizienz zeigt aber ein Defizit in der Entgiftungsleistung an, das bei der Beurteilung der Laborwerte und der Entgiftungskapazität berücksichtigt werden muss.

Die Bestimmung der Elektrolyte ist nur bei eingeschränkter Nierenfunktion erforderlich. Häufig werden dabei Natrium, Kalium und Calcium in einem angefordert. Auf die Bestimmung des Calciums kann verzichtet werden, da dieser Wert lediglich im Rahmen eines Hyperparathyreoidismus von Bedeutung ist und differentialdiagnostisch bei einer Schimmelpilzbelastung keine Rolle spielt.

Bei der Leberfunktion sind die Parameter γ-GT (GGT), Cholinesterase und Bilirubin entscheidend, auf die gerne mitangeforderten ASAT (GOT) und ALAT (GPT) kann im ersten Schritt verzichtet werden. Die γ-GT lässt eine Belastungssituation entweder durch toxische, in der Leber abzubauende Stoffe zu oder zeigt eine Leberentzündung an. Die Cholinesterase sagt etwas über die Funktionsfähigkeit der Leber aus. Sie wird in der Leber produziert. Die Höhe der Cholinesterase ist ein Maß dafür, wie gut die Leber Eiweiße produzieren kann. Bei einem toxischen Leberschaden kann die Leber nicht mehr genügend Eiweiße produzieren und die Cholinesterase sinkt dann ab. Zu hohe Cholinesterase-Werte (falsch positiv) können aber bei chronischen Erkrankungen wie Diabetes mellitus, Fettleber, koronare Herzerkrankung oder Schilddrüsenüberfunktion auftreten. Liegen diese in der Bevölkerung häufig als Zivilisationskrankheiten auftretenden Erkrankungen bei dem Patienten vor, kaschieren sie fälschlicherweise eine hohe Cholinesterase, ohne dass diese tatsächlich mit einer guten Leberfunktion einhergeht.

Die klinischen Beschwerden von Umweltpatienten oder Schimmelpilzexponierten zeichnen sich oftmals durch Allgemeinsymptome aus. Diese Allgemeinsymptome treten bei anderen Erkrankungen auf, die bei der Differentialdiagnostik z.B. bei Müdigkeit, Abgeschlagenheit, Antriebsarmut, Fieber, Infektanfälligkeit nicht außer Acht gelassen werden dürfen. Oftmals kommt der Patient dann mit der Erwartungshaltung, dass diese Symptome einer Schimmelpilzbelastung zuzuordnen sind, in Wirklichkeit aber ist die Ursache in einer anderen Erkrankung fixiert.

Gerade bei der Differentialdiagnose chronische Müdigkeit sind die Schilddrüsenparameter TSH und fT4 hilfreich, um eine chronische Unterfunktion auszuschließen. fT3 und Schilddrüsenantikörper werden differentialdiagnostisch erst bei verändertem TsH und/oder fT4 bei Nachweis einer Schilddrüsenunter- bzw. -überfunktion erforderlich und müssen nicht bereits zu Anfang angefordert werden. Ebenso hilfreich sind natürlich die klassischen Parameter des Eisenstoffwechsels, die im großen Blutbild erkennbar sind, oder die Bestimmung des Ferritins oder Transferrins.

Zu jeder primären Laboruntersuchung bei Schimmelpilzexposition gehört daher das große Blutbild, da gerade die erhöhte Zahl der eosinophilen Granulozyten im Rahmen der Allergiediagnostik vom Soforttyp ein erster Hinweis sein kann. Eine Eosinophilie im Blut weist auf eine ca. 100-fach stärkere Eosinophilie im Zielgewebe hin. Der höchste Wert lässt sich i.d.R. abends, der niedrigste morgens im Blut bestimmen.

Das Eosinophile Cationische Protein (ECP) wird von degranulierenden eosinophilen Granulozyten freigesetzt. Sie sind neben den T-Zellen eine der wesentlichen Zellreihen, die für die Immunpathogenese der allergischen Erkrankung verantwortlich zeichnen. Sie treten vermehrt in der Mucosa des oberen und unteren Respirationstraktes auf und setzen zelltoxische Substanzen frei. Erhöhte ECP-Konzentrationen spiegeln den Aktivierungszustand der eosinophilen Granulozyten im peripheren Blut wider. Der ECP-Wert ist unabhängig von der eosinophilen Konzentration im Blut und unterliegt leider einer großen individuellen Schwankung. ECP dient daher lediglich der Verlaufsbeurteilung z.B. zur Beurteilung einer erfolgreichen Hyposensibilisierung mit abfallenden Titern. ECP ist nicht geeignet zum Nachweis von bestimmten allergischen Erkrankungen, zeigt aber durchaus den Kontakt mit einem Allergen als positive Reaktion an.

Die Elektrophorese ist vielleicht etwas aus der Mode gekommen, ermöglicht aber bei der richtigen Interpretation den Ausschluss einer chronischen oder akuten Erkrankung sowie den Ausschluss einer latenten Entzündung.

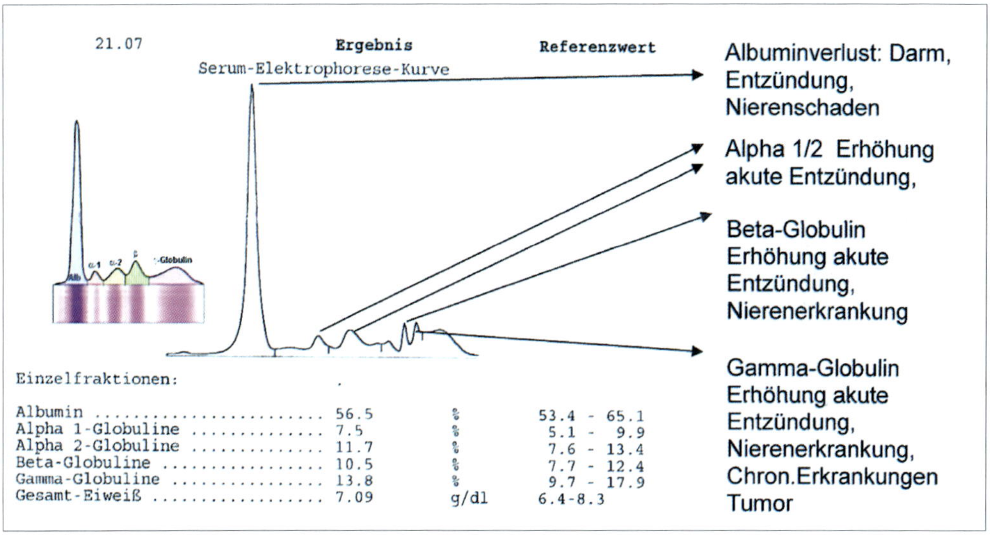

Abb. 3: Elektrophorese

Quelle: Dr. Thomas Fenner

Für die Durchführung dieser oben aufgeführten Untersuchungen reichen i.d.R. ein EDTA-Röhrchen (5 ml) und ein Serumröhrchen (10 ml Vollblut) aus. Die Untersuchungsmenge erhöht sich, je nachdem, welche Spezialuntersuchungen im Folgenden noch hinzukommen. Hier sollte mit dem Labor Rücksprache gehalten werden, um die entnommene Blutmenge möglichst gering, aber ausreichend für das Spektrum zu halten, sodass eine erneute Blutentnahme außer für die Stufendiagnostik nicht erforderlich ist.

4.3 Spezielle labordiagnostische Verfahren bei Schimmelpilzexponierten

4.3.1 Spezielle Laborparameter und ihre Wertigkeit

Mit der speziellen Labordiagnostik können zum einen die allergischen Reaktionen weiter eingegrenzt, zum anderen aber Mangelerscheinungen nachgewiesen werden, die möglicherweise durch eine Schimmelpilzbelastung mitreagieren. Sehr rasch kann die Labordiagnostik auf ein umfangreiches Spektrum ausgedehnt werden, dessen Sinnhaftigkeit sich im Gesamtkontext oftmals verschließt. Auf einzelne Parameter und deren Veränderungen, die in der Differentialdiagnostik hilfreich sein können, soll daher kurz eingegangen werden.

Bei der Lymphozytendifferenzierung werden gegenüber dem klassischen Blutbild aus einer frisch gewonnenen und innerhalb von vier Stunden ins Labor gebrachten EDTA-Probe die T-Lymphozyten, B-Lymphozyten und natürlichen Killerzellzahlen in ihrem absoluten und prozentualen Verhältnis bestimmt. Hieran lassen sich infektbedingte spezifische Aktivierungen der körpereigenen Abwehr erkennen. Die speziellere Diagnostik kann dann aus der Lyphozytendifferenzierung T4/T8 bestehen, weil der komplizierte Mechanismus der T4-Zellen (früher T-Helferzellen) an der IgE-Aktivierung und Zytokinfreisetzung beteiligt ist. Die Höhe der natürlichen Killerzellen ist ein Hinweis auf aktive entzündliche Prozesse. Dieser Diagnostik wird in der neuen AWMF Leitlinie nur eine geringe Aussagefähigkeit zugeschrieben bzw. ist nur ganz gezielt einzusetzen.

Die Interleukine, insbesondere IL 5, sind ein wichtiger Botenstoff zur Freisetzung der Eosinophilen. Eine leichte Allergie reicht jedoch nicht aus, um hier zwingend messbare Veränderungen auszulösen, die dann insbesondere bei kurzfristiger Exposition klinisch verwertet werden können. Daher reicht eine Schimmelpilzexposition meist nicht aus, um eine gravierende Verschiebung in den Zellpopulationen zu erkennen.

Häufig spielt in diesem Zusammenhang die präanalytische Behandlung der abgenommenen Probe für den reproduzierbaren Laborwert eine entscheidende Rolle. Entnahmezeitpunkt, Transportzeiten und Transporttemperatur sind wesentliche Einflussfaktoren auf die empfindlichen Laborparameter, die bei Nichteinhaltung zu erheblichen Messungenauigkeiten führen können.

Die Bestimmung der Vitamine B1, B6, B12, ggf. Vitamin A und E können in der Stufendiagnostik einen Mangel nachweisen. Bei Mangelsituationen ist aber differentialdiagnostisch ebenfalls abzuklären, ob dieser Mangel tatsächlich aus einer länger anhaltenden Schimmelpilzexposition herrührt. Meist ist dies nicht der Fall und gerade die Vitamine A, C und E können durch die Zufuhr als Nahrungsergänzung in Lebensmitteln keine zielführenden Ergebnisse liefern. Bei den Vitaminen, Spurenelementen und Mineralstoffen bleibt außerdem offen, ob es bei einer ausgewogenen Ernährung tatsächlich zu einer Mangelerscheinung kommen kann. Daher propagieren einige Autoren die intrazelluläre Bestimmung gegenüber der Serumspiegelbestimmung aus lysierten Blutzellen. Die Datenlage ist im Gegensatz zur nachgewiesenen erfolgreichen Supplementierung hinsichtlich der Analytik spärlich. Die Bestimmung von Vitamin C ist nur in wenigen Ausnahmefällen sinnvoll, da die meisten Nahrungsmittel und Getränke mit Vitamin C versetzt werden, sodass hier keine Mangelsituation messbar ist bzw. durch die Zufuhr stets erhöhte oder in der Norm liegende Werte ermittelt werden.

Vitamin D hingegen ist an zahlreichen immunologischen Prozessen beteiligt. Von daher werden unter einem nachgewiesenen Vitamin-D-Mangel Allergien begünstigt. Auf der anderen Seite wird ein Vitamin-D-Mangel in der Bevölkerung häufig beobachtet und tritt als Nebenergebnis im Rahmen der Diagnostik zutage.

Viele Entgiftungsproteine wie z.B. die Glutathionperoxidase, Katalase, Superoxiddismutase, Glutathion, oder die messbare gesamtoxidative Kapazität sind von der intrazellulären Selenkonzentration abhängig. Wird Selen in hohem Maße verbraucht, so fehlt dieses für die körpereigene Entgiftungskaskade. Ein Mangel kann den vermehrten Verbrauch anzeigen und kann somit indirekt den Rückschluss auf eine vermehrte Entgiftungsaktivität zulassen. Umgekehrt kann die mangelhafte Zufuhr auf eine verringerte Entgiftungsleistung hinweisen. Zinkmangel ist in diesem Zusammenhang ebenfalls negativ für die Reaktionsfähigkeit des Immunsystems.

TNF-Alpha ist ein proentzündliches Schlüsselcytokin, das an fast allen Entzündungsreaktionen beteiligt ist und von Makrophagen freigesetzt wird. Es dient der Aktivierung verschiedener Immunzellen. Insbesondere bei schwer septischen Patienten ist TNF-Alpha ein guter Prognosemarker. Bei chronischen Patienten mit inflammatorischen Prozessen lassen sich eher niedrige TNF-Alpha-Werte nachweisen. Oftmals spielt hier die Präanalytik (zu lange Transportzeiten) hinsichtlich der Aussage des Wertes eine wichtige Rolle. Lange anhaltende TNF-Ausschüttungen fördern u.a. wiederum Autoimmunprozesse, sodass die Bestimmung der ANA (antinukleären Antikörper) ebenfalls einen Hinweis auf einen aktiven chronisch-entzündlichen Prozess geben kann. Oft finden sich während des Entzündungsprozesses positive ANA-Werte in niedriger Titerstufe und müssen dann als unspezifische immunologische Reaktion gewertet werden. Ist der ANA-Titer positiv, erfolgt eine weitere Differenzierung der Einzelantigene. Oftmals untermauert gerade diese Differenzierung durch ihre negativen Ergebnisse die Unspezifität des ANA-(Such)titers.

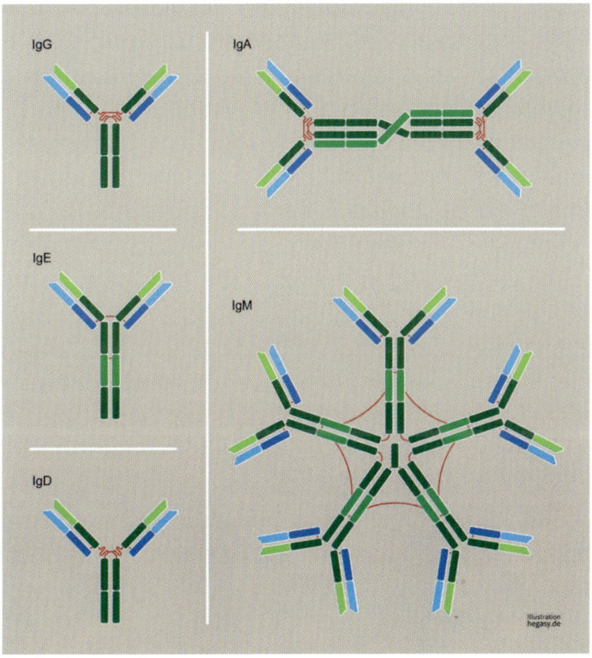

Abb. 4: Aussehen der fünf verschiedenen Immunglobulinklassen.

Quelle: Dr. Guido Hegasy

Die Bestimmung der Immunglobuline IgA, IgG und IgM zeigt bei rezidivierenden Infektionen den Mangel an, der differentialdiagnostisch auf eine genetisch bedingte Immundefizienz (IgA), Veränderungen der Subklassen (IgG), vermehrten Verbrauch oder eine Entzündung mit vermehrter Aktivierung (IgM) hinweist. Die Immunglobuline haben je nach ihrer Aufgabe unterschiedliche Strukturen und Lokalisationen. Findet man IgA vermehrt auf und in den Schleimhäuten, ist IgM aufgrund seiner Größe nicht plazentagängig. In der Abgrenzung zu allergiebedingten Erkrankungssymptomen ist daher die quantitative Bestimmung im Blut hilfreich und in die Überlegungen der Differentialdiagnose mit einzubeziehen.

Spezielle Aussagen über die aktuelle Entgiftungsleistung erlaubt die Bestimmung einiger Entgiftungsenzyme wie Gluthation, N-Acetyltransferase und Malondialdehyd oder die ATP-Bestimmung. Hierbei handelt es sich um extrem empfindliche und teure Parameter, deren Bestimmung nur dann sinnvoll ist, wenn das Material u.a. nach der Entnahme sofort auf Eis gelegt oder gekühlt abzentrifugiert werden kann und anschließend bis zur Bestimmung tiefgefroren wird.

Alleine das Procedere zeigt, wie leicht hier Messfehler entstehen können, die zu falschen Schlüssen führen. Diese Methoden bieten richtig gehandhabt im Verlauf eine gute Aussage über einen Teil der möglichen Entgiftungsleistung. Hier muss man immer berücksichtigen, dass die Beanspruchung der Entgiftungsleistung in unserer komplexen Industriegesellschaft vielseitig ist und nicht alleine von einer Schimmelpilzexposition in Innenräumen herrührt.

Schimmelpilze können nicht nur durch die Freisetzung der Sporen ein allergisches Potenzial aktivieren. Sie sind in der Lage, flüchtige organische Verbindungen freizusetzen, die oftmals als „Schimmelgeruch" wahrgenommen werden können. Unter anderem ist dafür Geosmin verantwortlich, ein natürlich vorkommender bicyclischer Alkohol, der als erdigmuffiger Geruch auffällig ist. Alle von Schimmelpilzen produzierten flüchtigen Substanzen werden als MVOC (Microbial Volatile Organic Compounds) bezeichnet und müssen von der exponierten Person nach Aufnahme im Körper abgebaut werden. Für den Abbau stellt der Körper entsprechende Entgiftungsenzyme zur Verfügung, die genetisch festgelegt sind. Die körpereigene Entgiftung erfolgt vorwiegend in der Leber sowie in Niere, Darm, Lunge und einigen Blutzellen. Bei der körpereigenen Entgiftung unterscheidet man zwei Phasen: In Phase I werden alle körpereigenen und fremden abzubauenden Substanzen mithilfe oxidierender und reduzierender Enzyme in einen hochaktiven Zustand umgewandelt. Diese Zwischenprodukte, die im Wesentlichen durch das Cytochrom p450 gebildet werden, sind hochreaktiv und können leider auch Proteine und Nukleinsäuren schädigen. Die Entgiftungsphase I ist durch bestimmte körperfremde Substanzen induzierbar (z.B. Tabakrauch). Ist eine Person langfristig flüchtigen organischen Verbindungen exponiert, kann die Dauerschädigung zu entzündlichen oder chronischen Prozessen mit daraus resultierenden Krankheiten führen.

Die Zwischenprodukte der Phase I werden durch die Phase II entgiftet, indem sie in eine wasserlösliche und damit ausscheidbare Form überführt werden. An der Acetylierung, Methylierung, Konjugation oder Glukoronidierung sind hauptsächlich die Enzyme der Glutathion-S-Transferase, Superoxiddismutase und N-Acetyltransferase beteiligt. Dieser Entgiftungsschritt ist induzierbar, wenn die Menge der Zwischenprodukte aus der Phase I angestiegen ist. Hierzu ist es aber erforderlich, dass die Entgiftungsenzyme genetisch komplett angelegt, also vorhanden sind. Die Induktion bleibt aus, wenn angeboren entsprechende genetische Varianten vorhanden sind. So gliedert sich die Glutathion-S-Transferase in M1, P1 und T1 auf. Sind ein, zwei oder alle drei der Enzyme genetisch nicht angelegt, so wird die Entgiftung der Zwischenprodukte bei der betroffenen Person wesentlich langsamer ablaufen und die Zwischenprodukte der Phase I können ihre zellschädigende Wirkung voll entfalten. Wird nun die betroffene Person mit einer solchen Entgiftungsvariante, also z.B. dem Verlust der Glutathion-S-Transferase M1 und P1, überproportional mit flüchtigen Substanzen oder der Einnahme von Medikamenten belastet, ist der Abbau deutlich verzögert und es kommt langfristig zu klinischen Beschwerden durch die Zellschädigung. Die von Schimmelpilzen freigesetzten flüchtigen organischen Verbindungen müssen von den Betroffenen entsprechend entgiftet werden. Daher liefert die molekularbiologische Diagnostik der Entgiftungsenzyme aus 5 ml EDTA-Blut einen wesentlichen Beitrag zur Feststellung der Entgiftungskapazität des Patienten und trägt dazu bei, die Ursache der klinischen Symptome zu erklären.

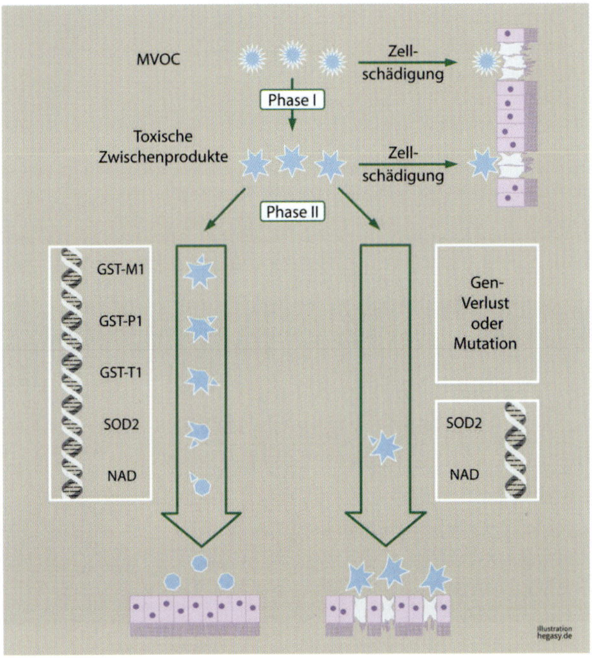

Abb. 5: Schematische Darstellung der Entgiftungskaskade in Phase I und II. Fehlt die Glutathion-S-Transferase komplett, bleiben toxische Zwischenprodukte aus Phase I erhalten, die dann zu einer entsprechenden Zellschädigung führen.

Quelle: Dr. Guido Hegasy

4.3.2 Allergienachweis

Der Ausschluss einer Allergie ist einer der wichtigen labordiagnostischen Parameter bei der Schimmelpilzexposition. Spezifischere Testverfahren sind der Ausschluss einer Allergie vom Soforttyp (Typ I), die an das Immunglobulin E gebunden ist, oder die Immunreaktion vom verzögerten Typ, die an das Immunglobulin G gebunden ist.

Welche diagnostischen Pfade beschritten werden können, soll nachfolgend vereinfacht dargestellt werden. Die immunologischen Abläufe, die dahinter stehen, sind komplex und lassen sich soweit möglich entweder bereits am Krankheitsbild eingrenzen bzw. anhand verschiedener Allergengruppen nachweisen. Die betroffenen Personen oder Atopiker sind genetisch disponierte Individuen, die im Laufe ihres Lebens eine IgE-vermittelte Reaktion entwickeln können. Daher ist bei der Allergie vom Soforttyp als Erstes die Bestimmung des Gesamt-IgE erforderlich. Erhöhte Werte finden sich bei Allergikern z.B. in der Zeit des Pollenfluges. Bei Reaktion auf Hausstaubmilben kann das IgE ganzjährig erhöht sein. Oftmals ist der Schimmel sichtbar, die Milben aber nicht. Auf Milbenkot wird jedoch im Rahmen einer Hausstaubmilben-Allergie sehr viel stärker reagiert als auf Schimmel.

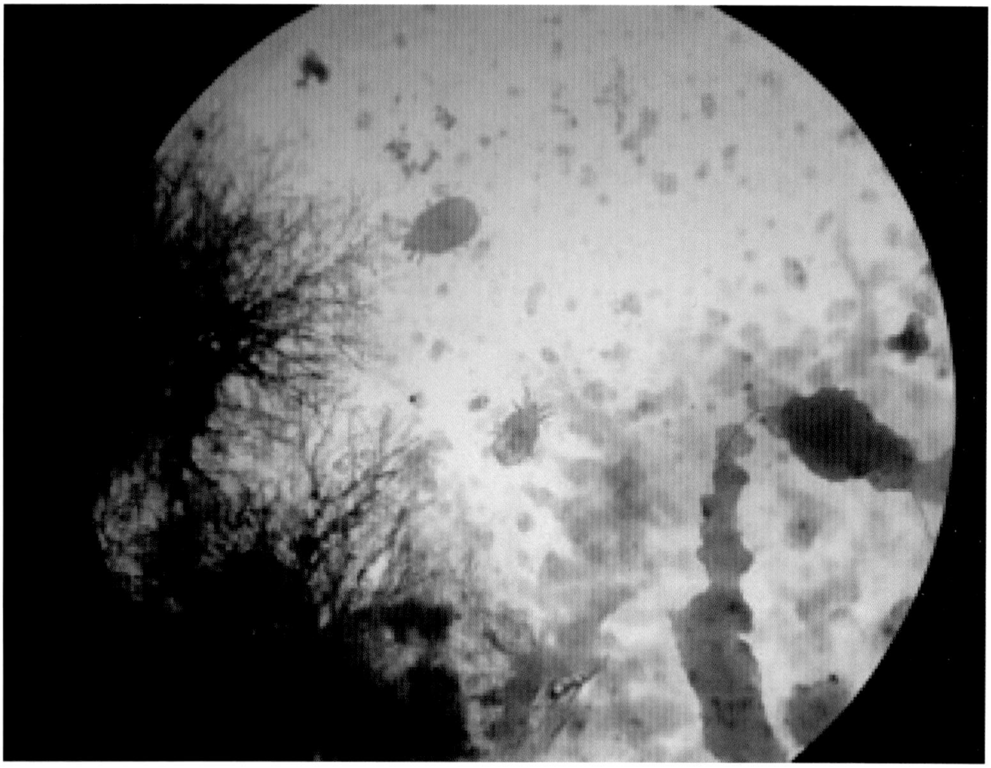

Abb. 6: Hausstaubmilben beim Verzehr von Schimmelpilzen als Nahrungsquelle.

Quelle: Dr. Thomas Fenner

Es besteht zwar eine gewisse Korrelation zwischen chronischer Allergenexposition und der Höhe des Gesamt-IgE, aber ein erhöhtes Gesamt-IgE ist noch kein Beweis für eine allergische Sensibilisierung an sich. Normale IgE-Werte hingegen schließen eine Allergie nicht aus, wenn z.B. die Allergenmenge, mit der ein Patient in Kontakt kommt, nur gering ist.

Daher sollte im nächsten diagnostischen Schritt die Reaktion auf das spezifische Allergen mittels Radio-Allergo-Sorbent-Test (RAST) durchgeführt werden. In diesem Testverfahren werden IgE-spezifische Antikörper gegen speziell aufgereinigte Allergene, die in das Testverfahren eingesetzt werden, nachgewiesen. Mittlerweile sind viele hundert Einzelallergene im Angebot, die WHO-kalibrierten Standards entsprechen müssen. Dadurch wird herstellerseitig sichergestellt, dass nicht Kreuzreaktionen bei Mischallergenen zu falsch positiven Befunden führen. Um in einem Screeningverfahren die Allergengruppen schneller und kostengünstiger eingrenzen zu können, werden Screening panels z.B. für Frühblüher,

Inhalationsallergene, Nahrungsmittel, Leitpollen Frühjahr, Hausstaub, Schimmelpilze und viele andere angeboten. Damit kann differentialdiagnostisch nachgewiesen werden, ob eine Allergie gegen unterschiedliche Pollen oder Allergene bei dem Patienten vorliegt. Sind die RAST-Screeningtests positiv, muss mit der Einzelallergentestung fortgefahren werden, um im Idealfall den Auslöser der Allergie nachzuweisen. Mit den Gruppenantigenen kann im positiven Fall nachgewiesen werden, ob eine Allergie gegen verschiedene Schimmelpilze gerichtet ist. Zahlreiche Schimmelpilzspezies stehen als Einzelallergene zur Verfügung, sodass i.d.R. gegen die häufigsten Schimmelpilze, die mikrobiologisch in einer Wohnung nachgewiesen wurden, die persönliche Empfindlichkeit geprüft werden kann. Die neue AWMF Leitlinie stellt ebenfalls fest, dass die Auswahl der zur Verfügung stehenden Allergene insbesondere der Schimmelpilze in Innenräumen für Testsysteme sehr begrenzt ausfällt.

Tab. 2: Beispiele für RAST-Gruppenallergentests, die auch als Einzeltests erhältlich sind:

mx1	Schimmelpilzmischung *Penicillium chrysogenum*, *Cladosporium herbarum*, *Aspergillus fumigatus*, *Alternaria alternata*
mx2	Schimmelpilzmischung *Penicillium chrysogenum*, *Cladosporium herbarum*, *Aspergillus fumigatus*, *Candida albicans*, *Alternaria alternata*, *Setomelanomma rostrata*
mx4	Schimmelpilzmischung *Aspergillus fumigatus*, *Aspergillus terreus*, *Aspergillus niger*, *Aspergillus flavus*
rx5	Innenraummischung mit *Dermatophagoides pteronyssinus* (Milbe), Katzenschuppen, *Aspergillus fumigatus*, Küchenschabe
sx1	Inhalationsscreening mit *Dermatophagoides pteronyssinus*, Katzenschuppen, Hundeschuppen, Lieschgras, Roggen, *Cladosporium herbarum*, Birke, Beifuß

Quelle: Zusammengestellt durch Dr. Thomas Fenner

Tab. 2 zeigt, wie wichtig es ist, einerseits außerhalb der Schimmelpilze Allergien zu erfragen, andererseits die vorliegende Schimmelpilzspezies in dem Innenraum genau zu klassifizieren, weil es ansonsten vom Testansatz her zu falsch negativen Ergebnissen kommen kann. Die Durchführung des RAST erfolgt aus dem Blut. Dazu ist die Abnahme eines normalen Vollblutröhrchens ausreichend. Das Untersuchungsmaterial ist sehr stabil und kann per Post bei Raumtemperatur in das Einsendelabor geschickt werden, wenn die Proben nicht mit einem Kurierdienst abgeholt werden. Idealerweise wird das Vollblut bei Lagerung über acht Stunden bereits nach der Entnahme in der Arztpraxis abzentrifugiert. Mit dem 10-ml-Vollblutröhrchen können weitere Untersuchungen durchgeführt werden, da nur kleine Serummengen in das Testverfahren im Labor eingesetzt werden müssen. Leider ändern sich firmenspezifisch die in das RAST-Verfahren eingesetzten Einzel- und Gruppenallergene, was die Diagnostik eindeutig erschwert.

Gleichzeitig sollte mit einem Prick-Test (aus dem Englischen für Einstich), bei dem einzelne Schimmelpilzextrakte in die Haut eingeritzt werden, die Empfindlichkeit auf einzelne Schimmelpilzspezies nachgewiesen werden. Hier sollten vorrangig die Schimmelpilze aus dem Umfeld des Patienten zur Testung kommen. Der Prick-Test ist aufgrund der Reagibilität der Haut weniger empfindlich als der RAST-Test. Somit kann bei niedriger Schimmelexposition der Prick-Test negativ ausfallen, der RAST-Test aber mit einem positiven Ergebnis auf eine Allergieneigung hinweisen. Ist der Prick-Test auf Schimmelpilze eindeutig positiv, ist dieses Ergebnis auch bei niedrigem Gesamt-IgE beweisend. Der Prick-Test wird von Allergologen oder Lungenfachärzten bzw. HNO-Ärzten ambulant durchgeführt.

Weitere Methoden sind nasale Provokationstests auf Schimmelpilze, die aber von den Patienten häufig als unangenehm empfunden werden, da es zu einer starken Schleimhautreizung kommen kann.

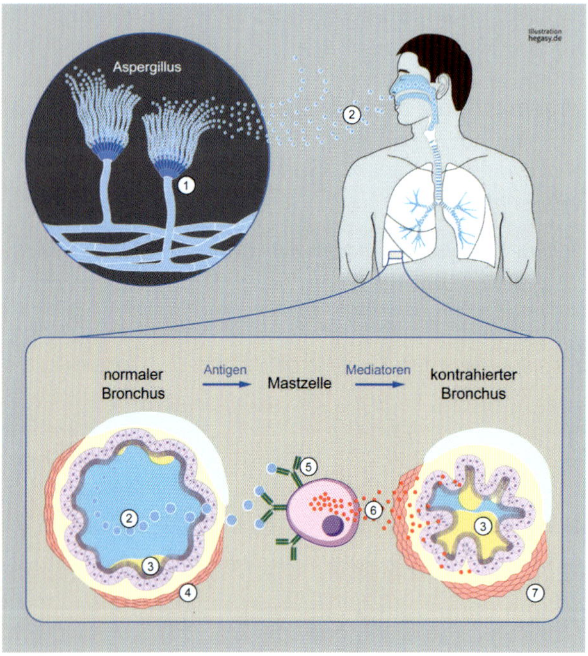

1. *Sporenträger*
2. *Pilzsporen*
3. *Schleim*
4. *Muskelzellen des Bronchialsystems*
5. *Mastzellen mit Immunglobulin E*
6. *Entzündungsmediatoren*
7. *Bronchokonstriktion*

Abb. 7: Immunreaktion vom Soforttyp.

Quelle: Dr. Guido Hegasy

Liegt keine Allergie vom Soforttyp vor (Abb. 7), kann eine Immunreaktion vom Typ III (Immunkomplextyp) oder Typ IV (Spättyp, verzögerter Typ) zugrunde liegen (Abb. 8).

Bei der allergischen Reaktion vom Typ 3 entstehen unter bestimmten Bedingungen mehrgliedrige Komplexe aus Allergenen und Antikörpern. Was zu dieser „Zusammenballung" führt, ist bisher nicht geklärt.

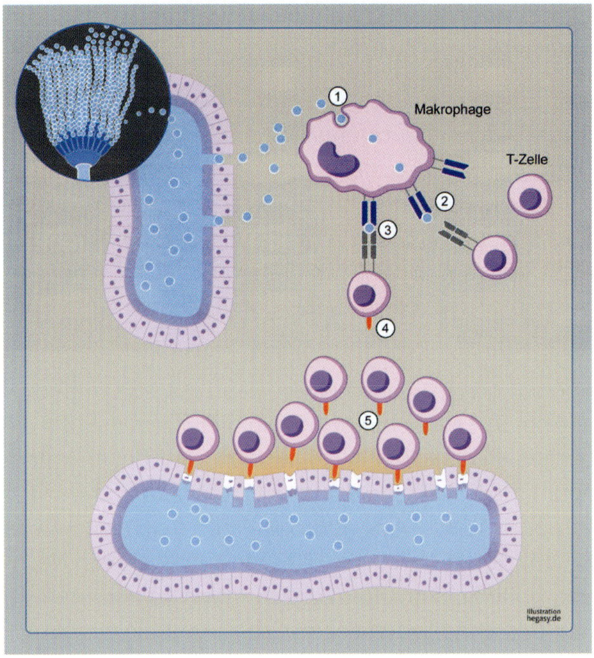

1. *Sporenaufnahme durch Makrophagen*
2. *Ladung des Sporen-Antigens auf das Präsentationsmolekül*
3. *Präsentation des Antigens an T-Zellen*
4. *Aktivierung der T-Zellen*
5. *Autoimmune Gewebezerstörung durch aktivierte zytotoxische T-Zelle*

Abb. 8: Immunreaktion vom verzögerten Typ.

Quelle: Dr. Guido Hegasy

Im Wesentlichen sind daran IgG- und nicht IgE-Antikörper beteiligt. Das IgG (siehe Abb. 4) ist laienhaft formuliert in der Lage, mit seinem Y-förmigen oberen Anteil, dem sog. Fab-Fragment (engl. Fragment antigen binding), Antigene an sich zu binden. Geschieht dies, entstehen Immunkomplexe, die weitere chemische und zelluläre Abräumprozesse im Rahmen der Abwehr im Körper des Menschen auf den Plan rufen. Diese Komplexe zirkulieren im Blut und lösen das Komplementsystem mit einer unspezifischen Reaktion aus. Das Komplementsystem ist eine chemische Informationskaskade ähnlich dem Gerinnungssystem, an dessen Ende die gezielte Auflösung und damit Beseitigung des Antigen-Antikörper-Komplexes steht. Die Folge ist bei der Auflösung der Immunkomplexe eine Schädigung des umliegenden Gewebes, die sich ggf. bei chronischen Prozessen in veränderten Werten der Elektrophorese oder der Lymphozytendifferenzierung widerspiegeln kann.

Klinisch kommt es zur exogen allergischen Alveolitis, ausgelöst durch exogene Allergene mit einer Partikelgröße von bis zu 5 µm, die daher bis in die Alveolen gelangen können. Bei Verdacht auf allergische Aspergillose oder asthmatischen Beschwerden ist diese Nachweismethode in vielen Fällen zielführend. Einschränkend zeigt sich, dass hohe IgG-Antikörper gegen *Aspergillus fumigatus* oder *Aspergillus niger* temporär bei Exposition im Rahmen eines Feuchtigkeitsschadens im Innenraum nachweisbar und somit bei negativen RAST-Tests ein indirekter Hinweis auf eine Schimmelpilzexposition sein können, ohne dass es gleich zu einer Alveolitis kommt. Unter Therapie oder Ausschaltung der Exposition sind die präzipitierenden Antikörpertiter gegen Schimmelpilze dann meist nach ca. sechs Monaten rückläufig. Leider sind die Testsysteme der verschiedenen Anbieter für die präzipitierenden Antikörper ebenfalls schwankend und nicht einheitlich verfügbar, was die Vergleichbarkeit der Ergebnisse im Langzeitverlauf erschwert.

Die Typ-IV-Reaktion wird durch T-Lymphozyten vermittelt und tritt erst nach zwölf bis 72 Stunden mit klinischen Beschwerden auf. Bei den betroffenen Patienten können die klinischen Beschwerden außerdem sehr unterschiedlich ausfallen und von Allgemeinsymptomen wie Kopfschmerzen, Mattigkeit, Abgeschlagenheit bis hin zu sehr komplexen klinischen Krankheitsbildern reichen. Oftmals wird durch die Verzögerung der klinischen Beschwerden die auslösende Noxe nicht erkannt oder vom Patienten nicht eindeutig bewertet wie bei Immunreaktionen vom Soforttyp, bei dem das unmittelbare Ereignis des Allergenkontaktes zu klinischen Symptomen führt.

Der Nachweis T-Zell-vermittelter Reaktionen gegen Schimmelpilze kann mittels Lymphozytentransformationstest (LTT) erfolgen (Abb. 9). Hierzu können Schimmelpilze mit Abstrichtupfer, Abklatschplatten (z.B. Feuchtstellen, Bücher, Tierställe) aus den betroffenen Innenräumen gewonnen werden und eine punktuelle Aussage der vorherrschenden, für den Patienten belastenden Schimmelpilzspezies liefern. Materialproben der Unterseiten von Laminat, Polystyrol-Dämmungen, Tapeten, Holzleisten u.v.m. können zum weiteren Nachweis hilfreich sein, weil hier häufig eine hohe Schimmelpilzkonzentration zu erwarten ist. Leider sind ebenso andere Allergene auf den Unterseiten nachweisbar, weshalb die AWMF Leitlinie zur Recht die Wertigkeit der Methode einschränkt.

Diese individuell nachgewiesenen Schimmelpilze können dann in den LTT in den Speziallaboratorien neben den verfügbaren Standardantigenen eingesetzt werden. Insbesondere bei LTT-Ergebnissen, bei denen der Einsatz der Standardallergene negativ ausgefallen ist, kann ein erneuter Test mit den individuell vor Ort nachgewiesenen Schimmelpilzen weiterführende Ergebnisse liefern. Es ist dafür nicht erforderlich, dass jede einzelne Spezies ausgetestet wird, sondern die Schimmelpilze können in ihrer Gesamtheit als „Gemisch" eingesetzt werden. Ist der LTT dann positiv, ist zumindest nachgewiesen, dass der Patient auf eine in der Wohnung oder am Arbeitsplatz auftretende Schimmelpilzexposition immunologisch reagiert. Das Ergebnis wird in der Einheit SI für Stimmulationsindex angegeben.

Mit der Schimmelpilzprobe aus den belasteten Innenräumen werden die Lymphozyten aus der Blutentnahme des Patienten mit den Schimmelpilzextrakten in den Test eingesetzt. Bei einer positiven Reaktion werden aus den Lymphozyten Interleukine freigesetzt, deren Extinktion gemessen wird. Bei diesem Test ist der direkte rasche Transport ins ausführende Labor für die Vermeidung falsch negativer Ergebnisse entscheidend. Die Speziallabore, die diesen Test anbieten, haben aber in der Regel geeignete Transportmöglichkeiten, die einen raschen Transport sicherstellen. Die Artpraxis kann hier mithelfen, indem sie die Blutabnahme so legt, dass das Material noch zu normalen Laborzeiten an den üblichen Werktagen das Labor erreicht. Die Transportzeit sollte nicht länger als vier Stunden betragen.

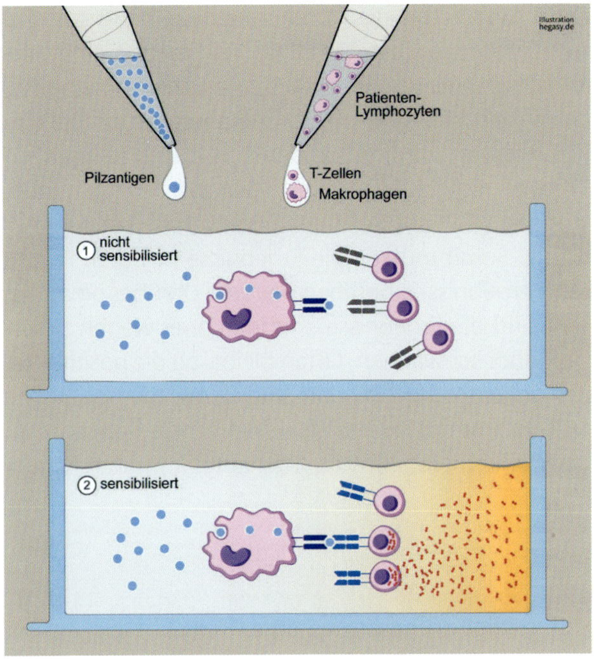

Die Lymphozyten des Patienten werden mit standardisierten Pilzantigenen in einen Kulturansatz gegeben.

1. *Sind die T-Zellen des Patienten nicht sensibilisiert (kein Pilzkontakt), so reagieren sie nicht auf die vom Lymphozyten präsentierten Pilzantigene (in einer Farbreaktion messbare Interleukinausschüttung bleibt aus).*
2. *Wurden die T-Zellen bereits sensibilisiert, reagiert der Rezeptor auf die Pilzantigene im Kulturansatz. Die T-Zellen werden aktiviert und schütten in einer Farbreaktion messbare Interleukine aus.*

Abb. 9: Prinzip des Lymphozytentransformationstests.

Quelle: Dr. Guido Hegasy

4.3.3 Grenzen und Fehlermöglichkeiten des Nachweises

Die Grenzen der Allergietestung bei Schimmelpilzexponierten liegen zum einen in den für die Testverfahren zur Verfügung stehenden Schimmelpilzallergenen, zum anderen in der schwachen immunologischen Reaktion bei niedriger oder kurzer Exposition der Betroffenen. Darauf geht die neue AWMF Leitlinie 2023 im Kapitel 3.5.1.1.ein. Die IgG-Konzentrationen gegen Schimmelpilze, insbesondere *Aspergillus fumigatius*, können individuell unterschiedlich ausfallen. Es gibt keine festgelegten Grenzwertkonzentrationen, die mit einer eindeutig krankmachenden Veränderung korrelieren würden. Daher sind alle angewandten Methoden immer im Zusammenspiel mit den klinischen Beschwerden lediglich eine Annäherung, um den Krankheitszustand des Patienten einzugrenzen und zu erklären. Darüber hinaus werden negative Ergebnisse nicht erneut hinterfragt oder nur selten hinsichtlich eines Anstiegs oder Abfalls der IgG-Konzentration im Verlauf beurteilt. Die Fokussierung auf ein bestimmtes Allergen wie z.B. Schimmelpilze verschließt oft den Blick auf andere in Innenräumen auftretende Allergene, wie z.B. Hausstaubmilben als eine der häufigsten Allergieformen. Dabei ist die Wahrscheinlichkeit, eine Allergie auf Hausstaubmilben zu entwickeln, häufiger, zumal sehr oft dort, wo Schimmelpilze auftreten, Menschen leben und ein gewisser Grad an Feuchtigkeit herrscht, bei dem sich Milben ausgesprochen wohlfühlen.

Bei den Provokationstests besteht die Gefahr der Sensibilisierung sowie einer Verfälschung der Ergebnisse bei Medikamenteneinnahme.

Der LTT wird von den unterschiedlichen AWMF-Leitlinien unterschiedlich bewertet. Die AWMF-Leitlinie In-vitro-Allergiediagnostik sieht bei einem positiven LTT-Ergebnis eine Hilfe für die Diagnostik, ein negatives Testergebnis schließt aber eine Sensibilisierung nicht aus. Der LTT wird nur in den Fällen empfohlen, bei denen der Verdacht einer Reaktion bei eindeutiger Exposition auf Schimmelpilze vermutet wird, die anderen Testverfahren jedoch negativ ausfallen. Da Schimmelpilzallergene nicht zu einer Typ IV-Sensibilisierung führen, sind Lymphozytentransformationstestungen (LTT) auf Schimmelpilze gerade beim Typ IV als diagnostische Verfahren nicht indiziert. Somit müssen die Ergebnisse in jedem Fall im Kontext mit Klinik und den anderen Laborergebnissen gesehen werden. Darüber hinaus ist der LTT nicht vollkommen standardisiert und die Ergebnisse können daher wegen unterschiedlicher Durchführung von Labor zu Labor schwanken. Offen bleibt, ob die positive Reaktion als allergisches Reaktionsmuster gewertet werden darf und damit therapeutische Konsequenzen hätte oder der Ausdruck der Immunabwehr als eine normale Reaktion auf ein Antigen zu werten ist, ohne dass hier eine therapeutische Intervention für den Patienten eine Linderung bringt.

4.3.4 Klinische Bewertung

Die klinische Bewertung aller Ergebnisse erfolgt grundsätzlich unter Berücksichtigung der Symptome bei dem Betroffenen. Die Labordiagnostik unterstützt den Kliniker bei der Diagnosestellung. Es werden keine Antikörpertiter behandelt, sondern die klinischen Symptome. Liegen keine klinischen Beschwerden, aber ein Nachweis von Schimmel in den zum dauernden Aufenthalt genutzten Innenräumen vor, ist die Indikation zur Diagnostik lediglich eine Absicherung oder Ausschlussdiagnostik.

Um einige der häufigsten Konstellationen der diagnostischen Ergebnisse der IgE-vermittelten Allergien zu bewerten, sind in der folgenden Tab. 3 einige Ergebnisse kurz dargestellt.

Tab. 3: Verschiedene labordiagnostische Befundkonstellationen beim Nachweis/bzw. Ausschluss und deren Bewertung bei einer Allergie vom Soforttyp.

Gesamt-IgE	RAST	ECP	Bewertung
positiv	Schimmelpilze Suchtest positiv	erhöht oder negativ	Schimmelpilzallergie
positiv	Schimmelpilze Suchtest negativ	erhöht	Allergie vorhanden, verwendetes Schimmelpilzallergen falsch; differentialdiagnostisch weitere Allergene testen
negativ	Schimmelpilze Suchtest positiv	negativ	Exposition mit Schimmelpilzen möglich; allergische Reaktion oder unzureichende Therapie nicht gegeben

Gesamt-IgE	RAST	ECP	Bewertung
positiv	Schimmelpilze Suchtest negativ	negativ	Allergieneigung, aber nicht auf Schimmelpilze; bei Klinik weitere saisonal bedingte Allergene austesten

Quelle: Dr. Thomas Fenner

4.3.5 Therapiemöglichkeiten

Eine zu vereinheitlichende (medikamentöse) Therapie bei Schimmelpilzexposition besteht nicht. In erster Linie ist die Schimmelpilzquelle zu beseitigen und die Sporenlast zu senken. Aufgestellte Luftfilter mit entsprechend ausgestatteten HEPA-Filtern können die Gesamtsporenlast vorübergehend senken, beheben aber die Ursache nicht. Die therapeutischen Maßnahmen richten sich nach den klinischen Beschwerden. Eine medikamentöse Therapie kann symptomlindernd sein, aber nicht dauerhaft kurierend, wenn die Schimmelpilzexposition weiter besteht. Systemische Therapien, dauerhaft gegeben, müssen immer im Hinblick auf die Nebenwirkungen entsprechend kritisch bewertet werden.

4.4 Schimmelpilzexposition bei Risikopatienten

Bezüglich einer Schimmelpilzexposition sind folgende Patientengruppen besonders zu schützen, weil die Exposition zu einer Verschlechterung des Gesundheitszustandes bis hin zu einer massiven Gefährdung führen kann:

- Personen mit Immunsuppression nach den drei Risikogruppen der Kommission für Krankenhaushygiene und Infektionsprävention (KRINKO) beim Robert-Koch-Institut:
  - Tumorerkrankte, Autoimmunerkrankte,
  - Immunsuppression bei Autoimmunerkrankungen,
  - Stammzelltransplantierte;
- Personen mit Asthma bronchiale;
- Personen mit Mukoviszidose (zystischer Fibrose).

4.5 Nachweis von Schimmelpilzen aus Innenräumen im menschlichen Körper

Häufig ist die Meinung bei den Patienten vertreten, dass man bei einer Schimmelpilzexposition in der Wohnung diese genauso im Trachealsekret oder im Stuhl als „Ausscheidungsprodukte" nachweisen kann. Dies sind zum einen nicht validierte Methoden, zum anderen haben sie absolut keinen klinischen Bezug. Dennoch ist bei einzelnen Patienten aus stark schimmelbelasteten Wohnungen ein intensiver schimmeltypischer Geruch für entsprechend sensibilisierte Personen olfaktorisch z.B. in der Sprechstunde wahrnehmbar. Ggf. können anhand der Kleidung, die aus der betroffenen Wohnung stammt, die im Innenraum vorherrschenden Schimmelpilzspezies nachgewiesen werden. Dies hat diagnostisch im Hinblick auf den Patienten keine Relevanz, bestätigt aber das Ausmaß der Kontamination mit Schimmelpilzen in der Wohnung.

Der Nachweis von Candida-Antigenen oder Aspergillus-Antikörpern im Blut ist ebenfalls kein Nachweisverfahren, mit dem eine Exposition von Schimmelpilzen bei belasteten Personen nachgewiesen werden kann. Beide Verfahren kommen nur in der Intensivmedizin bei schwer immunsupprimierten Patienten, Tumorpatienten, Knochenmarkstransplantierten, Patienten mit Long-Covid oder einer akuten SARS-COV-2 Infektion oder HIV-Patienten in lebensbedrohlichen Situationen mit hohem Fieber sinnvollerweise zum Einsatz. (Diagnostik für Klinikpatienten mit schweren Krankheitssymptomen). Schimmelpilzexponierte Personen zeigen hier keine messbare Veränderung und daher sind diese Verfahren ebenfalls absolut obsolet. Darüber hinaus verwirren schimmelpilzantikörperpositive Untersuchungsergebnisse oftmals die Betroffenen, da sie fälschlicherweise davon ausgehen, dass z.B. Aspergillen bereits massiv ihren Körper befallen haben. Eine Antikörperproduktion ist jedoch stets nur das messbare Zeichen, dass sich der Körper mit einem von außen herantretenden Bakterium, Virus oder Pilz auseinandergesetzt und die körpereigene Abwehr aktiviert hat.

Die Anforderung an das Labor „Nachweis von Mykotoxinen im Blut oder Urin" ist ebenfalls nicht zielführend. Es gibt derzeit keine Methode, Mykotoxine im Blut oder Urin nachzuweisen. Somit kann diese Untersuchung von akkreditierten Laboratorien nicht angeboten werden. Außerdem handelt es sich bei Mykotoxinen um ein Stoffwechselprodukt von Schimmelpilzen, das toxisch bereits in kleinen Mengen wirken kann. Nachweisbar ist die Substanz jedoch weder in Reinform bei Exponierten noch dessen Abbauprodukte. Somit kann lediglich über den Umweg einer eingeschränkten molekulargenetischen Entgiftung beim Patienten gemutmaßt werden, dass sich über einen verzögerten Abbau die toxischen Zwischenprodukte im Rahmen der Verstoffwechselung stärker negativ auswirken könnten. Belastbare Studien liegen aber im Hinblick auf Analytik und Folgeschäden einer Exposition derzeit nicht vor.

4.6 Zusammenfassung und Fazit

- Klinische Beschwerden als Folge einer Schimmelpilzbelastung können nur bei entsprechender Exposition in Innenräumen auftreten.
- Die Diagnostik und die daraus ableitbaren Therapieoptionen bei Schimmelpilzexponierten sollten immer unter Berücksichtigung der Messergebnisse des Sachverständigen vor Ort, der Bewertung der möglicherweise vorgenommenen Sanierung und des klinischen Beschwerdebilds erfolgen.
- Die Diagnostik richtet sich nach dem klinischen Beschwerdebild, der Verdachtsdiagnose und wird idealerweise im Rahmen einer Stufendiagnostik durch akkreditierte Messmethoden durchgeführt.

- Die Ergebnisse der Labordiagnostik sind abhängig von Konzentration, Dauer und Art der Schimmelpilzexposition und sollten daher unter Zuhilfenahme der vor Ort erhobenen Ergebnisse des Sachverständigen erfolgen.
- Die Laboranalytik kann negativ ausfallen. Dann ist in erster Linie an weitere Differentialdiagnosen zu denken oder die Dauer der Exposition in Betracht zu ziehen (Verlaufskontrollen).
- Neben den Messergebnissen ist anhand der Klinik des Patienten stets differentialdiagnostisch an andere Krankheitsbilder zu denken, die nicht mit einer Schimmelpilzexposition im Zusammenhang stehen.
- Die Folgen einer Schimmelpilzexposition bei den Betroffenen lassen sich nur im gemeinsamen Austausch der unterschiedlichen Fachdisziplinen und nicht im Alleingang der jeweils eigenen Fachdisziplin optimal beseitigen.
- Die Folgen der veränderten politisch gewollten Heizgewohnheiten und die zunehmende Luftdichtigkeit von Gebäuden müssen in der klinischen Anamnese und Bewertung verstärkt mit berücksichtigt werden.

Teil 3:

Diagnostik bei Schimmelpilzschäden

5 Sachgerechte Anwendung von Feuchtemesstechnik bei der Detektion von Schimmelpilzschäden

Dipl.-Ing. (FH) Arndt Lubrich

Inhalt

Entscheidend für das Wachstum von Schimmelpilzen ist die Verfügbarkeit von ausreichend Feuchtigkeit. Mikroorganismen können die im Material und in der Luft vorhandene Feuchte effektiv für ihr Wachstum nutzen. Entsprechend stellt sich bei der Ursachenfeststellung die Frage, wo und in welchem Ausmaß die Bausubstanz oder das Raumklima überhöhte Feuchtigkeit als Grundlage für mikrobielles Wachstum bieten. Hinweise zum Thema Feuchtemessung finden sich in fast allen einschlägigen Ratgebern und Richtlinien. Die BVS-Richtlinie zum sachgerechten Umgang mit Schimmelpilzschäden in Gebäuden fordert als Ziel der Instandsetzung von Schimmelpilzschäden, dass u.a. keine Feuchtebelastungen mehr bestehen. Vorrangiges Ziel der Untersuchung durch den Bausachverständigen sei die Feststellung von Feuchtigkeit und deren Ursache. Hierbei sei zu prüfen, ob das Wasser innerhalb eines Bauteiles oder als Oberflächenfeuchte auftritt.

Die VdS-Richtlinie 3151[1] verlangt unter Punkt 5.6 Erfolgskontrolle, dass durch eine trocknungsbegleitende Dokumentation das Erreichen des Trocknungsziels nachzuweisen ist. Das Trocknungsziel wird definiert als die baustoffspezifische Ausgleichsfeuchte. Der vom Umweltbundesamt veröffentlichte Leitfaden zur Vorbeugung, Erfassung und Sanierung von Schimmelbefall nennt als wichtigste Ursache für das Wachstum von Schimmelpilzen in Gebäuden erhöhte Feuchte. Bereits eine dauerhaft vorherrschende relative Luftfeuchte oberhalb von ca. 70 % reiche für xerophile Schimmelpilzarten bei sonst optimalen Bedingungen aus, um zu wachsen. Materialien müssten nicht sichtbar nass sein. Für den Anwender bedeutet dies zunächst, dass es keine fachgerechte Diagnose und Sanierung von Schimmelschäden ohne Feuchtemessung geben kann. Es wird zudem deutlich, dass die Bewertung und die spätere Kontrolle nicht im Vorbeigehen erfolgen können. Es gibt ganz

1 VdS 3151 : 2020-03 (02) Richtlinien zur Schimmelpilzsanierung nach Leitungswasserschäden, hrsg. vom Gesamtverband der Deutschen Versichterungswirtschaft e.V. (GDV), VdS Schadenverhütung GmbH, Köln 2020.

unterschiedliche Schadenszenarien, die jeweils andere Anforderungen an die erforderliche Messtechnik stellen. Von den verschiedenen am Markt verfügbaren Verfahren ist das jeweils passendste einzusetzen.

Die Messprinzipien, nach denen die meisten Feuchtemessgeräte arbeiten, sind im Grunde leicht zu verstehen. Und dennoch fällt die Interpretation der angezeigten Messwerte häufig schwer, da die Geräte eben nicht auf Knopfdruck die baustoffspezifische Ausgleichsfeuchte anzeigen. Speziell bei der Messung der Materialfeuchte werden zunächst ganz andere Messgrößen ermittelt, wie z.B. Masse, Volumen, Druck, Widerstand. Der Feuchtegehalt kann über physikalisch bekannte und festgelegte Beziehungen aus diesen Hilfsgrößen abgeleitet werden. Grundlegendes Verständnis der gängigen Messprinzipien und die Möglichkeit, zwischen verschiedenen Verfahren je nach Aufgabenstellung auswählen zu können, helfen, die Feuchtesituation in Gebäuden und Bauteilen richtig bewerten zu können. Wichtig ist darüber hinaus, dass mit der gebotenen Sorgfalt gemessen wird. Zeitdruck oder Bequemlichkeit sind fehl am Platz, wenn es nicht zu Fehlbewertungen kommen soll.

5.1 Bestimmen der Materialfeuchte

Poröse Baustoffe lagern in ihrem Porengefüge Feuchtigkeit ein. Der Begriff Materialfeuchte steht für die Relation eines Baustoffes zu dem darin enthaltenen Wasser, welche durch eine dimensionslose Prozentangabe ausgedrückt wird. Betrachtet man das Verhältnis zwischen der Masse des Baustoffs und der Masse des Wassers, erhält man Angaben in Masse-% oder umgangssprachlich in Gewichts-%. Der massebezogene Wassergehalt ergibt sich aus folgender Gleichung:

$$\frac{\text{Feuchtgewicht - Trockengewicht}}{\text{Trockengewicht}} \times 100 = \begin{array}{c}\text{Wassergehalt der}\\ \text{Baustoffprobe in Masse-\%}\end{array}$$

Soll das Verhältnis zwischen dem Volumen des Baustoffes und dem Volumen des Wassers ausgedrückt werden, ermittelt man den Wassergehalt in Volumen-% wie folgt:

$$\frac{\text{Volumen des Wassers in der Probe}}{\text{Volumen der Baustoffprobe}} = \begin{array}{c}\text{Volumenbezogener}\\ \text{Wassergehalt } \psi \text{ [\%]}\end{array}$$

Berücksichtigt wird jeweils nur das freie Wasser in den Poren und das an den Porenwänden physikalisch gebundene Wasser. Nicht berücksichtigt wird das chemisch gebundene Wasser, da dieses ein Bestandteil des Baustoffes ist. Der Entzug von chemisch gebundenem Wasser kann bei Baustoffen zum Verlust der Festigkeit führen. Wasser, das sich z.B. in den Kammern eines Hohlsteines angesammelt hat, fließt ebenfalls nicht in die Berechnung mit ein.

Wird ein Baustoff längere Zeit unter Wasser getaucht, so füllen sich sämtliche Poren im Baustoff mit Wasser. Der Baustoff erreicht seine Sättigung. Stellt man den massebezogenen Wassergehalt ins Verhältnis zur Sättigungsfeuchte, so erhält man den Durchfeuchtungsgrad in Prozent:

$$\frac{\text{Massebezogener Wassergehalt}}{\text{Sättigungsfeuchte}} \times 100 = \text{Durchfeuchtungsgrad in \%}$$

Durchfeuchtungsgrade werden speziell vor der Durchführung bestimmter Maßnahmen im Bereich des Bautenschutzes ermittelt. Materialien mit Durchfeuchtungsgraden oberhalb 90 % gelten bei Außenbauteilen als frostgefährdet.

5.1.1 Die gravimetrische Feuchtemessung

Die gravimetrische Feuchtemessmethode wird auch als Darr-Wäge-Verfahren bezeichnet. Sie wird angewendet, um den Feuchtegehalt in Masse-% oder Volumen-% zu ermitteln. Zunächst ist es erforderlich, Material zu entnehmen. Die Entnahme der Probe erfolgt i.d.R. mit einem Kernbohrgerät. Damit die Probe beim Bohren nicht zu stark erwärmt wird, was zum vorzeitigen Trocknen an den Randzonen des Bohrkerns führen würde, werden gekühlte Bohrkronen mit einem größeren Durchmesser von ca. 150 mm verwendet. Anschließend wird die entnommene Probe luftdicht verpackt und mit möglichst wenig Luft innerhalb der Verpackung zeitnah in ein Prüflabor mit Darrofen gegeben. Dort wird die Probe zunächst mit einer Feinwaage gewogen. In einem Darrofen wird die Probe bei einer materialspezifischen Temperatur bis zur vollständigen Austrocknung getrocknet. Man nennt diesen Vorgang Darren. Beim Darren von gipshaltigen Baustoffen wird darauf geachtet, dass durch eine geringere Trocknungstemperatur das chemisch gebundene Kristallwasser nicht ausgetrieben wird. Während des Darrvorgangs wird die Probe regelmäßig gewogen. Sobald das Gewicht zwischen zwei Wägungen konstant bleibt, ist sämtliche Feuchtigkeit entwichen. Nun kann aus der Differenz von Nassgewicht zu Trockengewicht die Masse des Wassers errechnet werden.

Ermittelt man weiterhin das Volumen des Probekörpers und jenes des Wassers aus der Probe, können die Volumen-% errechnet werden. Um das Volumen des Probekörpers zu ermitteln, wird dieser in einen mit Wasser gefüllten Glaszylinder getaucht. An der Skala des Zylinders lässt sich über die Wasserverdrängung das Volumen der Probe ablesen. Hohlräume bei Lochsteinen bleiben so unberücksichtigt. Das Volumen des Wassers errechnet sich aus dessen Masse sowie dessen Rohdichte.

Anhand der ermittelten Werte wird eine Bewertung erfolgen, ob diese Werte noch im Bereich der normalen Gleichgewichtsfeuchte bzw. des praktischen Feuchtegehalts liegen. Dies ist derjenige Wassergehalt, der sich in einem Baustoff nach längerer Lagerung in einem Raum mit konstanter relativer Luftfeuchte und konstanter Temperatur einstellt. Im Rahmen eines einmaligen Ortstermins lässt sich leider nicht klären, welches die konstanten Werte für Feuchte und Temperatur im Objekt sind. In der Praxis dürften in den wenigsten Gebäuden konstante Werte herrschen. Gemeint dürften hier eher die langfristigen Durchschnittswerte sein.

Die DIN 4108-4[2] nennt einige Ausgleichsfeuchtewerte von Werkstoffen bei 23°C und 80 bzw. 50% relativer Feuchte, sowie Umrechnungsfaktoren für Wandbaustoffe und Wärmedämmstoffe. Sie verweist auf weitere Ausgleichsfeuchtewerte in der DIN EN ISO

2 DIN 4108-4:2020-11 Wärmeschutz und Energie-Einsparung in Gebäuden – Teil 4: Wärme- und feuchteschutztechnische Bemessungswerte.

10456:2010-05 Baustoffe und Bauprodukte – Wärme- und feuchtetechnische Eigenschaften. Vorgenannte Tabellenwerte sind auch in den Anlagen 3 und 4 vom WTA-Merkblatt 4-11-16/D (siehe Fußnote 5) zu finden. Es kann daher erforderlich sein, eine weitere Probe als Referenz zu nehmen. Die Referenzprobe sollte vom gleichen Material an einer „nicht vom Schaden betroffenen", trockenen Stelle im gleichen Raum stammen. Steht eine Klimakammer zur Verfügung, kann mit deren Hilfe und weiteren Materialproben die Ausgleichsfeuchte bei bestimmten Klimabedingungen ermittelt und die entsprechende Sorptionsisotherme für das Material erstellt werden. Im Rahmen der Ursachenfeststellung kann es unter Umständen hilfreich sein, ein Feuchteprofil zu erstellen. Hierfür wird der Bohrkern vor dem Wägen zerteilt. Schicht für Schicht wird anschließend der Feuchtegehalt ermittelt.

Bei korrekter Durchführung der Probeentnahme und des Wägens bietet das gravimetrische Verfahren eine hohe Genauigkeit. Entsprechend DIN EN ISO 12570[3] stellt die gravimetrische Methode das Referenzverfahren für alle anderen Messmethoden dar. Für den typischen Leitungswasserschaden ist diese Methode allerdings viel zu aufwendig. Aufgrund der Materialzerstörung können auch keine Wiederholungsmessungen am selben Messpunkt erfolgen, um z.B. den Trocknungsverlauf zu betrachten. Es werden daher meistens weniger präzise, aber dafür deutlich schnellere Verfahren verwendet. Die Messgrößen Masse oder Volumen sind dabei nicht Gegenstand der Messung. Ob ein Baumaterial anfällig für mikrobielles Wachstum ist, lässt sich mit der gravimetrischen Methode nur bedingt feststellen. Zwischen dem mit der Darrmethode festgestellten Materialfeuchtewert und der Ausgleichsfeuchte des Materials besteht nicht zwangsläufig ein proportionales Verhältnis.

5.1.2 Elektrische Messverfahren

Abb. 1: Orientierende Messungen mit elektronischen Verfahren sind schnell, aber selten präzise. KS-Steine z. B. können kapazitiv nur ungenau gemessen werden.

Quelle: Dipl.-Ing. (FH) Arndt Lubrich

3 DIN EN ISO 12570:2018-07 Wärme- und feuchtetechnisches Verhalten von Baustoffen und Bauprodukten – Bestimmung des Feuchtegehaltes durch Trocknen bei erhöhter Temperatur.

Zu nennen sind hier in erster Linie die Leitfähigkeits- bzw. Widerstandsmessung, das kapazitive bzw. dielektrische Verfahren und das Mikrowellenmessverfahren. Mit den elektrischen Verfahren misst man lediglich relative Skalenwerte wie das Holzfeuchteäquivalent (kurz HFÄ oder engl. WME), MC% oder Digits. Diese Werte entsprechen keiner physikalischen Einheit. Unterschiedliche Skaleneinteilungen verschiedener Hersteller erleichtern die Anwendung kaum. Die fehlerfreie Bewertung der Messergebnisse setzt demgemäß einigen Sachverstand voraus. Es sollte immer darauf hingewiesen werden, dass es sich lediglich um orientierende Messungen handelt. Theoretisch ist es zwar möglich, die Messgeräte durch vergleichende gravimetrische Messungen auf den Werkstoff zu kalibrieren. In der Praxis wird dieser Aufwand kaum getrieben. Liegen Anzeichen für erhöhte Feuchte vor, kann diese durch eine Ausgleichsfeuchtemessung vergleichsweise einfach verifiziert werden.

5.1.2.1 Die Leitfähigkeitsmessung

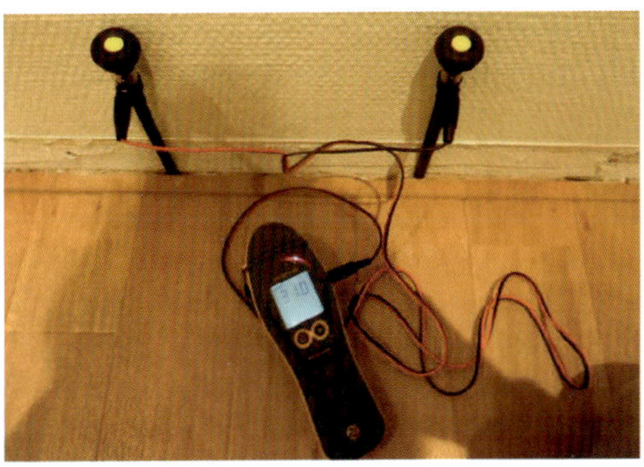

Abb. 2: Schnelle Prüfung in einer Estrichrandfuge im Leitfähigkeitsverfahren mit Flachelektroden. Hygrothermische Messungen sind präziser, aber deutlich zeitaufwendiger.

Quelle: Dipl.-Ing. (FH) Arndt Lubrich

Abb. 3: Einfache Prüfung einer Holzbalkendecke mit Tiefenmesssonden. Aufgrund der Schadenschilderung und der Anzeigewerte wird das Bauteil geöffnet.

Quelle: Dipl.-Ing. (FH) Arndt Lubrich

Eines der einfachsten Verfahren, um auffällige Materialfeuchtewerte und deren Ausdehnung zu lokalisieren, stellt die Leitfähigkeits- oder Widerstandsmessmethode dar. Das Verfahren ist zudem zerstörungsarm. Gemessen wird bei diesem Messprinzip der elektrische Widerstand. Die Geräte wandeln diesen in einen Skalenwert um. Im trockenen Zustand sind die meisten Baustoffe schlechte elektrische Leiter. Sie weisen hohe elektrische Widerstände auf. Steigt der Feuchtegehalt im Material an, verbessert sich sogleich die Leitfähigkeit deutlich und die Widerstandswerte nehmen ab. Hohe Anzeigewerte können somit auf das Vorhandensein von Wasser oder aber auch auf andere leitfähige Materialien hindeuten.

Für die Messung erzeugt das Gerät einen Prüfstrom, der über zwei Elektroden in das Material geleitet wird. Nur wenn ein guter Kontakt zwischen Elektrode und Material besteht, kann der Prüfstrom sicher ins Material fließen. Für die Messung an der Materialoberfläche sind an den Geräten oder an externen Messköpfen Stahlstifte bzw. Nadeln zum Einstechen in weiche Materialien vorgesehen. Harte Materialien müssen dagegen angebohrt werden.

Ein ausreichender Stromfluss kann dann durch die Verwendung von Bürstenelektroden oder Kontaktpaste erreicht werden. Als Kontaktpaste dient leicht feuchter Ton, der die beim Bohren entstehende Verdunstung ausgleichen soll. Damit die Werte anschließend vergleichbar sind, sollten die gleichen Hilfsmittel bei allen Messungen durchgängig verwendet werden.

Weil mit dem Anbohren ein höherer Aufwand und eine Beschädigung des Materials verbunden sind, werden harte Materialien an der Oberfläche bevorzugt mit dem zerstörungsfreien dielektrischen Verfahren gemessen. Soll der Feuchtegehalt nicht nur oberflächlich, sondern in tieferen Schichten geprüft werden, ist das Herstellen von Bohrungen unverzichtbar. Schmale Tiefenelektroden werden in unterschiedlichen Längen angeboten und erlauben eine Messung innerhalb des Bauteils. Durch unterschiedlich tiefe Messbohrungen kann mittels der Widerstandsmessung ebenfalls ein Feuchteprofil erstellt werden. Insbesondere bei Tiefenmessungen ist darauf zu achten, dass die Elektroden nicht in Kontakt mit elektrisch leitenden Materialien kommen. Strom hat die Eigenart, immer den Weg des geringsten Widerstands zu wählen. Das unbemerkte Berühren von metallischen Putzträgern, Bewehrungsmatten, Alufolien etc. führt den Anwender durch extrem hohe Werte in die Irre. Nicht selten hat eine alukaschierte Dämmung zum unnötigen Öffnen von Bauteilen geführt. Auch das Festhalten der Elektroden mit den bloßen Händen führt zu erhöhten Werten, da der Prüfstrom dann über den Körper des Messenden läuft. Tiefenelektroden werden entsprechend mit oder ohne Isolierung angeboten. Während des Gebrauchs der Elektroden wird die Isolierung schnell beschädigt, kann aber durch einen Überzug aus sog. Schrumpfschlauch oder Isolierband leicht wieder ersetzt werden.

Bei der Kontrolle von Estrichdämmschichten hat sich der Einsatz von flachen, biegsamen Elektroden für die Messung über die Randfugen bewährt. Steht keine Randfuge zur Verfügung, werden zwei Bohrungen in einem Durchmesser von 3 bis 6 mm in den Estrich gebohrt und dünne, isolierte Stabelektroden eingeführt. Bei gefliesten Böden wird in die Fugenkreuze gebohrt. Untergeordnet ist hierbei der Abstand der Elektroden voneinander. Der Dämmstoff wird mit den Elektroden durchstoßen und die Elektrode auf die Betondecke bzw. die Sperrfolie gedrückt. Frei stehendes Wasser zeigt sich mit einem Vollausschlag auf der Anzeige.

Im Zusammenhang mit der Messung an schwimmenden Estrichen wird die Leitfähigkeitsmessung gelegentlich als unzureichend angesehen, da bei Stichprobenmessung „Feuchtenester" übersehen werden können, die sich in Senken auf der Betondecke befinden. Sofern die zerstörenden Bohrungen in Kauf genommen werden, können solche Feuchtenester durch Rastermessungen mit Tiefenmesssonden detektiert werden. Materialien wie Porenbetonsteine trocknen bei einer technischen Trocknungsmaßnahme an der Oberfläche schnell ab. Da dem Material die Kapillarität eines Ziegelsteins fehlt, kann die in tieferen Schichten gespeicherte Feuchtigkeit nur sehr langsam austrocknen. Um ein späteres Durchschlagen von Feuchtigkeit zu verhindern, sollte dieser Baustoff immer durch Tiefenmessungen auf vollständiges Austrocknen kontrolliert werden.

Störfaktoren bei der Messung sind gelöste Salze im Mauerwerk oder in Wandputzen. Größere Abweichungen sind aufgrund von Salzen nicht unüblich. Versalzenes Mauerwerk entsteht u.a. bei längerer Einwirkung durch aufsteigende Feuchte oder bei früherer Stallnutzung der Gebäude aus Nitraten. Oft lassen sich Salze auf der Wandoberfläche bereits mit dem Auge erkennen oder mit dem feuchten Finger aufnehmen und „erschmecken". Sicherheit bringen Schnelltests, die auch in Labors verwendet werden.

Trockene und nasse Materialien lassen sich mit der Widerstandsmessmethode meist eindeutig voneinander unterscheiden. Eine Differenzierung zwischen hohen und sehr hohen Feuchtewerten ist dagegen nicht möglich. Eine gute Leitfähigkeit ist früher erreicht als die vollständige Sättigung des Materials mit Wasser. Das Gerät erreicht also zu früh seinen „Vollausschlag". Auch lässt sich oft nicht genau bestimmen, wo die Grenze zwischen dem trockenen Normalzustand und beginnender Überfeuchtung zu ziehen ist. Materialspezifisch können diese Grenzwerte bei ganz unterschiedlichen Anzeigewerten liegen.

Da es sich bei den angezeigten Werten eben nicht um physikalische Einheiten handelt, sollte man die Messwerte bei anorganischen Baustoffen eher als Indikatoren sehen, die einer Interpretation durch den Anwender bedürfen. Insbesondere bei nicht eindeutigen Messergebnissen kommt der Erfahrung des Anwenders wiederum eine höhere Bedeutung zu. Wie bei allen anderen Messverfahren auch sollte immer ein Vergleich mit einem Referenzwert erfolgen. Er ist im gleichen Raum mit dem gleichen Raumklima am gleichen Baustoff an einer mutmaßlich trockenen Stelle zu nehmen. Erst ein Vergleich des für den Einbauort typischen Referenzwerts mit dem auffälligen Wert kann Aufschluss über die Relevanz des erhöhten Wertes geben. Nachkommastellen oder Unterschiede einiger weniger Digits sind selten relevant. Wenn für die Beurteilung der Werte Tabellen zu Hilfe genommen werden, ist es wichtig, das Baumaterial richtig zu bestimmen. Verlassen darf man sich auf diese Tabellen jedoch keineswegs, da in der Praxis selten an sortenreinen Baustoffen gemessen wird. Meistens sind schon Beschichtungen oder Putze aufgetragen, die den Wert erheblich beeinflussen können.

Sonderformen stellen die Elektroden für die Kontrolle von WDVS-Systemen oder Hammerelektroden für die Holzfeuchtemessung dar. Ursprünglich für die Messung der Holzfeuchte entwickelt, bietet die Leitfähigkeitsmethode in diesen Bereich ihre größte Genauigkeit. Im Bereich zwischen sieben und 30 Masse-% lässt sich die Holzfeuchte mit dieser Methode für die meisten Anwendungen ausreichend genau ermitteln. Vorausgesetzt, der Anwender bestimmt die Holzart richtig und korrigiert das Messergebnis unter Zuhilfenahme der Holzartentabelle. Über 30 Masse-% wird die Messung an Hölzern zunehmend ungenau. Es sollte bei der Holzfeuchtemessung immer quer zur Faserrichtung gemessen werden.

Dickere Querschnitte werden mit der Hammerelektrode gemessen, die eine tiefere Eindringung ins Holz bietet. Die Eindringtiefe sollte hierbei mind. 1/4 bis max. 1/3 des Holzquerschnittes betragen. Von Bretterstapeln sollten nicht die obersten belüfteten Bretter, sondern die aus tieferen Schichten gemessen werden. Die abgelesenen Messwerte gelten für Temperaturen von 20 °C. Bei Abweichungen sind Korrekturfaktoren anzuwenden. Einzelne Geräte mit Temperaturfühler nehmen bereits eine automatische Korrektur vor. Zur Vermeidung von Schäden durch holzzerstörende Pilze darf Bauholz beim Einbau nicht mehr als 20 Masse-% Feuchtigkeit aufweisen. Bereits bei 15 Masse-% liegt die Ausgleichsfeuchte bei ca. 80 % r.F., siehe auch DIN 4108.

Abb. 4: Bestimmung der Holzfeuchte im Leitfähigkeitsverfahren an einem durch Holzfäule zerstörten Deckenbalken.

Quelle: Dipl.-Ing. (FH) Arndt Lubrich

Da eine Kalibrierung von Widerstandsmessgeräten nicht vorgesehen ist, liegen einigen Geräten Prüfwiderstände bei. Bei Kontakt mit dem Prüfwiderstand soll ein vorgegebener Anzeigewert erscheinen. Umgekehrt muss ein stark leitendes Material zum Vollausschlag führen. Andernfalls ist das Gerät nicht mehr zu verwenden.

5.1.2.2 Das kapazitive oder dielektrische Verfahren

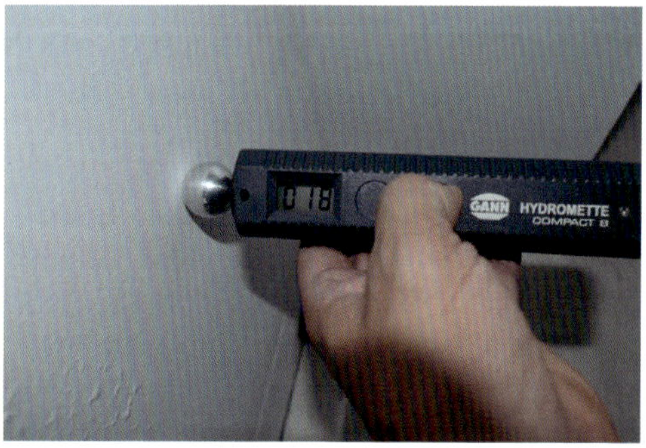

Abb. 5: Bei der kapazitiven Messung wird zunächst ein Referenzwert an einer trockenen Stelle des Bauteils bestimmt.

Quelle: Dipl.-Ing. (FH) Arndt Lubrich

Abb. 6: Deutlich vom Referenzwert abweichende Anzeigewerte können als Indikatoren für Feuchtigkeit verstanden werden. Aber auch Metalle, Salze, Sott in Schornsteinen u.a.m. können zu hohen Werten führen.

Quelle: Dipl.-Ing. (FH) Arndt Lubrich

Das kapazitive Verfahren ermöglicht eine schnelle Sondierung an harten Oberflächen und vor allem hochwertigen Bauteilen, bei denen ein Anbohren ein viel zu großes Risiko darstellt. Um präzise, reproduzierbare Werte zu generieren, sind andere Verfahren besser geeignet. Als schneller Indikator für die erste Schadeneinschätzung sind Geräte, die nach dem kapazitiven Prinzip arbeiten, dennoch unverzichtbar. Kapazitive oder dielektrische Messgeräte sind ebenfalls kostengünstig und daher weitverbreitet. Umgangssprachlich wird oft davon gesprochen, dass etwas mit der „Kugel" gemessen wird. Tatsächlich sind Messköpfe häufig kugelförmig, aber nicht zwingend. Andere Bauformen, bei denen der Sensor aufgelegt wird, sind teilweise besser gegen störende Faktoren abgeschirmt, wie z.B. die Hände des Anwenders bei ungünstiger Haltung des Gerätes.

Das kapazitive Verfahren zeichnet sich vor allem dadurch aus, dass die Messungen schnell und zerstörungsfrei vorgenommen werden können. Das Messverfahren basiert auf dem Kondensatorprinzip. Im Messkopf wird ein elektrisches Streufeld erzeugt. Gemessen wird die dielektrische Konstante, also die Durchlässigkeit eines Materials für elektrische Felder. Das Streufeld wird vom Gerät in der Luft auf „null" kalibriert, denn Luft hat eine gute Durchlässigkeit für elektrische Felder. Wird das Gerät beim Messvorgang an einen Baustoff angehalten, verändert sich die Kapazität des Kondensators. Der Wert der dielektrischen Konstante steigt an. Nasses Material hat eine nochmals höhere dielektrische Konstante als trockenes Material. Auch die Rohdichte eines Materials sowie dessen stoffliche Zusammensetzung können Einfluss auf den Messwert haben.

Allgemeingültige Werte, nach denen sich der Anwender richten könnte, existieren leider nicht. Auch hier hilft nur der Vergleich zwischen Referenzpunkt und Messpunkt. Relevant sind vor allem deutliche Abweichungen, da die Ergebnisse relativ großen Streuungen unterliegen. Einzelne Gerätehersteller sprechen daher vom Suchmodus, wenn dielektrische Messungen gemeint sind. Die Eindringtiefe des Streufeldes beträgt i.d.R. nur zwischen 15 und 30 mm – ein Umstand, der häufig von dem Anwender ignoriert wird, wodurch Feuchte in tieferen Schichten leichtfertig übersehen wird. Um sich die Eindringtiefe vor Augen zu führen, hilft es, auf einem metallischen Untergrund zu messen. Das Gerät zeigt einen sehr hohen Wert an. Nun werden sukzessive Zeitschriften zwischen den Sensor und die Platte gelegt. Nach wenigen Heften ist der metallische Untergrund am Messwert nicht mehr abzulesen.

Oft werden die Geräte auf Untergründe gesetzt, in denen Metalle enthalten sind. Zu Streckmetall als Putzträger, Putzkanten, Stromkabeln, Stahlzargen ist 10 cm Abstand zu halten, da Metallteile Fehlmessungen bewirken. Metallspäne in Estrichen oder andere Beimengungen zu Baustoffen sind oft schwer zu erkennen. Eine falsche Positionierung des Messkopfes birgt weiteres Potenzial für Fehler. Die Geräte sollen in einem Winkel von 90° angehalten werden, mit der Hand am hinteren Ende. Jede Winkeländerung kann die Werte verändern, die Hand im Streufeld ebenfalls. Vermieden werden müssen Messungen in Bauteilöffnungen und Innenecken. Da das Streufeld von zu viel Baustoff umgeben ist, werden zu hohe Werte angezeigt, die eben nicht auf erhöhter Feuchtigkeit beruhen. Auf Fliesen ist wegen möglicher Metallanteile in den Glasuren mit höheren Werten zu rechnen. Allerdings kann ein nasser Stein, Wandsockel oder Estrich unter einer Fliese durchaus erkannt werden.

Für kapazitive Messgeräte ist keine Kalibrierung vorgesehen. Um das Gerät zu überprüfen, wird es zur Messung einfach in die Luft gehalten. Der Messwert sollte nun null betragen. An den eigenen Körper gehalten, sollte ein Vollausschlag vorliegen. Weiterhin kann ein bestimmter Punkt im eigenen Büro als Referenz festgelegt werden, an dem in bestimmten Abständen eine Messung vorgenommen wird. Ergeben sich größere Abweichungen, sollte das Gerät überprüft werden. Wie auch bei der Leitfähigkeitsmessung entsprechen die Messwerte keiner physikalischen Einheit. Die Hersteller der Geräte verwenden unterschiedliche Skalen und interpretieren diese zudem auf unterschiedliche Weise. Es prägen sich bei den Nutzern im Laufe der Zeit Erfahrungswerte ein, die bei der Interpretation helfen. Auf einen Abgleich mit dem trockenen Bauteil sollte trotzdem nicht verzichtet werden.

Einige Messgeräte werden mit Warnschwellen für kritische oder überhöhte Materialfeuchte voreingestellt. Diesen Grenzwerten darf man nicht blind vertrauen. Sie bieten nur eine grobe Orientierung. Zudem erfolgen die Messungen in den seltensten Fällen an homogenen Bauteilen. Ein leicht überhöhter Feuchtegehalt gemessen auf einer größeren Fläche hat in der Praxis ein höheres Schadenpotenzial als ein sehr hoher Feuchtemesswert, der nur punktuell in Erscheinung tritt. Bei der Bewertung der Materialfeuchte muss das Raumklima des Einbauortes außerdem berücksichtigt werden. Ein Messwert, der in einem gut geheizten und belüfteten Wohnraum zu hoch wäre, kann in einem kalten, unbeheizten Keller durchaus normal sein. Vom Anwender darf erwartet werden, dass er diese Begleitumstände mit in seine Betrachtung einbezieht.

Abb. 7: Kapazitive Geräte sollten zu Metallen, flankierenden Bauteilen und Raumecken Abstand halten.

Quelle: Dipl.-Ing. (FH) Arndt Lubrich

5.1.2.3 Die Mikrowellenmessung

Mikrowellenmessgeräte gehören ebenfalls zu den dielektrischen Messverfahren und arbeiten zerstörungsfrei. In den Messköpfen befinden sich Sende- und Empfangsantennen, die im Hochfrequenzbereich arbeiten. Von den Sendeantennen wird ein elektromagnetisches Wechselfeld erzeugt und in das Bauteil ausgestrahlt. Wasser besitzt stärker ausgeprägte dielektrische Eigenschaften als die meisten Baustoffe. Die Wassermoleküle beginnen bei hohen Frequenzen mit der Frequenz des Feldes zu rotieren. Die Empfangsantennen nehmen die reflektierten Frequenzen wieder auf. Aus der Differenz der eingestrahlten und reflektierten Frequenzen wird der Messwert ermittelt. Auch bei diesem Verfahren ist der Wert dimensionslos.

Mikrowellenmessgeräte bieten den Vorteil einer höheren Eindringtiefe als die kapazitiven Geräte. Je nach Messkopf sind Eindringtiefen zwischen 5 und bis zu 30 cm möglich. Wird ein Bauteil nach einem zuvor festgelegten Raster mit verschiedenen Messköpfen systematisch erfasst, lässt sich hieraus ein Feuchteprofil für den Querschnitt des Bauteils erstellen. Messungen erfolgen bevorzugt an massiven, homogenen Bauteilen wie sehr dickem Mauerwerk. Bei der Mikrowellenmessung ist es wichtig, die im Untergrund verwendeten Materialien und Schichtenaufbauten zu kennen. Seine Grenzen hat dieses Verfahren bei mehrschichtigen Aufbauten und bei dünnen Wasserfilmen in Zwischenschichten. Es besteht bei derartigen Aufbauten die Möglichkeit, vorhandene Nässe zu übersehen. In den meisten Wohngebäuden reichen die, i.d.R. kostengünstigeren, kapazitiven Messgeräte aus.

5.1.3 Das Calciumcarbid-Verfahren

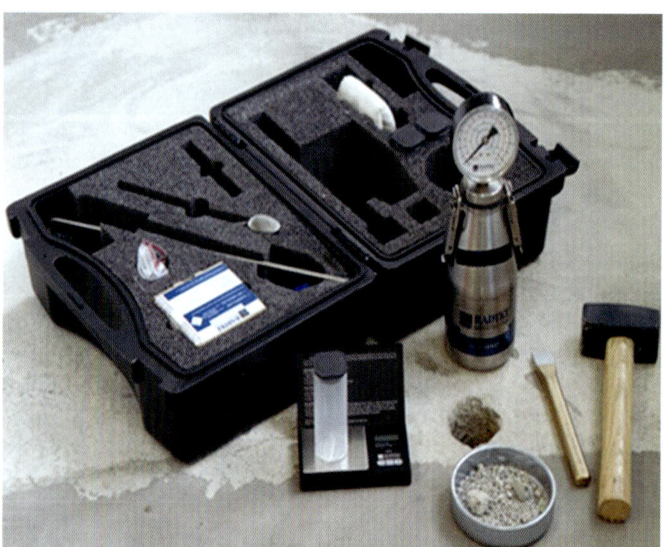

Abb. 8: Die CM-Methode dient zur Bestimmung der Belegreife von Estrichen. Die Messung erfordert eine Materialentnahme.

Quelle: Dipl.-Ing. (FH) Arndt Lubrich

Die CM-Messung ist eine schnelle, hinreichend genaue Methode zur Feuchtemessung an Estrichen und anderen Baustoffen, die Zementmörtel enthalten. Angewendet wird dieses Messverfahren in erster Linie, um die Belegreife von Estrichen vor dem Verlegen neuer Bodenbeläge nachzuweisen. Für den Bodenleger handelt es sich um eine vertragliche Nebenleistung nach VOB/B. Im Zuge dieser Messung wird zunächst eine Materialprobe entnommen, zerkleinert, genau abgewogen und danach in einen Druckbehälter eingefüllt. In den Behälter werden zudem vier Stahlkugeln sowie eine Glasampulle mit Calciumcarbid gegeben. Alles wird in dem verschlossenen Behälter durch Schütteln nach einer zeitlich genau vorgegebenen Prozedur miteinander vermischt. Das in der Probe enthaltene Wasser reagiert mit dem Calciumcarbid und bildet Acetylengas. Auf dem Verschluss des Druckbehälters ist ein Manometer montiert. Über den angezeigten Druckanstieg, der von der Menge des Acetylens abhängt, sind Rückschlüsse auf die Wassermenge in der Probe möglich. Die Menge des Probenmaterials richtet sich nach der Korngröße. So werden für die Messung von Zementestrich 20 g bzw. 50 g (je nach Alter des Zementestrichs) und bei Anhydritestrich 100 g Probenmaterial verwendet.

Bereits über das Prozedere zur Entnahme der Proben kam es in der Vergangenheit unter Experten zu unterschiedlichen Ansichten. Teilweise wurde eine Probenahme aus der oberen Hälfte gefordert, teilweise über den gesamten Querschnitt, aber auch aus dem unteren Teil des Estrichs. Die Feuchtewerte steigen mit zunehmender Tiefe nämlich an. Eine ausreichende Sicherheit vor Folgeschäden bietet die Entnahme der Probe über den gesamten Querschnitt. Würde man dagegen nur die untere Hälfte messen, würden sich die Trocknungszeiten erheblich verlängern. Bereits bei der Entnahme der Probe aus dem Material kommt es häufig zu Anwendungsfehlern. Wird das Material zu stark zerkleinert, kommt es bereits vor dem Einfüllen in die Flasche zur Verdunstung. Wird es zu wenig zerkleinert, bleibt der Druckanstieg zu gering. Können beim Leeren des Behälters noch Glassplitter identifiziert werden, dann wurde der Behälter nicht hinreichend geschüttelt und der Messvorgang muss wiederholt werden. Werden die Messgeräte im Auto gelagert, kann in der Flasche vor dem Messen Kondensat entstehen. Durch eine Vorabmessung nur mit einer Wasserampulle und einer Calciumcarbitampulle kann die Flasche auf Zimmertemperatur angewärmt und das Manometer auf richtige Funktion getestet werden. Gelegentlich ist die Bohrung des Manometers mit Staub verstopft und die Anzeige bleibt hängen.

Angezeigt werden die Werte in CM-%. Eine Umrechnung in Masse- oder Volumen-% ist nicht möglich. Vorteil des Verfahrens ist, dass es für den Bodenleger klare Grenzwerte gibt, mit denen er arbeiten kann. Nachteilig ist, dass diese Grenzwerte auf den jahrelang gemachten Erfahrungen mit Portlandzementen beruhen. Bei heute verwendeten CEM-II-Estrichen und allen Sonderestrichen, wie z.B. Schnellestrichen, können diese Erfahrungswerte nicht mehr als sicher gelten. Bei neu eingebrachten Baustoffen stellt es kein Problem dar, den Zementhersteller nach den Werten für die Belegreife zu befragen. Nur werden diese Materialien eines Tages, wenn sich niemand mehr an den Hersteller oder die Grenzwerte erinnern kann, erneut belegt werden müssen. Einige Verbände verweisen daher bereits darauf, dass der Verarbeiter die zulässigen Werte vom Auftraggeber zu erfragen hat. Für den Erhalt solch wichtiger Informationen ist das Anlegen einer Gebäudeakte sinnvoll.

Grundsätzlich ist das Messverfahren auf der Baustelle einfach einzusetzen. Es erfordert jedoch einen relativ hohen Zeitaufwand von etwa 30 Minuten für Probenvorbereitung, Messung und Reinigung des Equipments. Bei der Bewertung von Schimmelschäden kommt es daher selten zum Einsatz.

5.1.4 Der a_w-Wert

Mit dem Begriff der Wasseraktivität wird die Menge des im Material für Schadprozesse zur Verfügung stehenden freien Wassers ausgedrückt und nicht die Feuchtigkeit des Materials selbst beschrieben. Die Kurzbezeichnung für die Wasseraktivität lautet a_w-Wert. Anwendung fand die Wasseraktivität zunächst in der Lebensmitteltechnologie. Sie galt als Maß für die Haltbarkeit von Lebensmitteln. Den a_w-Wert ermittelt man, indem man eine Materialprobe in einen luftdichten Behälter gibt und anschließend in dem Behälter die relative Luftfeuchtigkeit misst. Wird der ermittelte Wert durch 100 geteilt, erhält man die a_w-Werte, die dementsprechend zwischen 0 und 1 liegen. Laut dem aktuellen Leitfaden zur Vorbeugung, Erfassung und Sanierung von Schimmelbefall in Gebäuden liegt stark erhöhte Feuchte bei a_w-Werten über 0,80 und erhöhte Feuchte bei Werten zwischen 0,70 und 0,80 vor. Keine erhöhte Feuchte liegt bei a_w-Werten unter 0,70 vor. Besonders exakte Messungen sind nur unter Gleichgewichtsbedingungen möglich. Derartige Bedingungen herrschen ausschließlich im Labor. Im Alltag liegen ständig wechselnde Temperaturen, Drücke und Luftströmungen vor. Es gibt von dieser Messmethode unterschiedlicher Abwandlungen wie die hygrothermische Sondenmessung oder die KRL-Methode, die im Folgenden genauer beschrieben werden.

5.1.5 Die Ausgleichsfeuchtemessung

Bei der Ausgleichsfeuchtemessung bzw. der hygrothermischen Sondenmessung werden Luftfeuchtesensoren direkt in das Material eingesetzt. Sie messen in einer gegen die Raumluft abgeschlossenen Luftkammer die relative Luftfeuchte. Da Wasserdampf immer bestrebt ist, sich zwischen Material und Luft auszugleichen, werden sich in dem Luftvolumen bald Ausgleichsfeuchtewerte einstellen. Die Vorteile dieses Verfahrens liegen auf der Hand. Der prozentuale Feuchtegehalt des Materials ist nicht relevant. Entscheidend ist die ungebundene Feuchtemenge im Baustoff, die er an Mikroorganismen abgeben kann. Bei Werten über 80 % besteht die Notwendigkeit, das Material technisch zu trocknen oder auszutauschen. Unter 70 % ist ein mikrobielles Wachstum nicht gänzlich ausgeschlossen, die Anfälligkeit nimmt aber deutlich ab. Zwischen 70 und 80 % sollte man das Material zumindest unter Beobachtung halten.

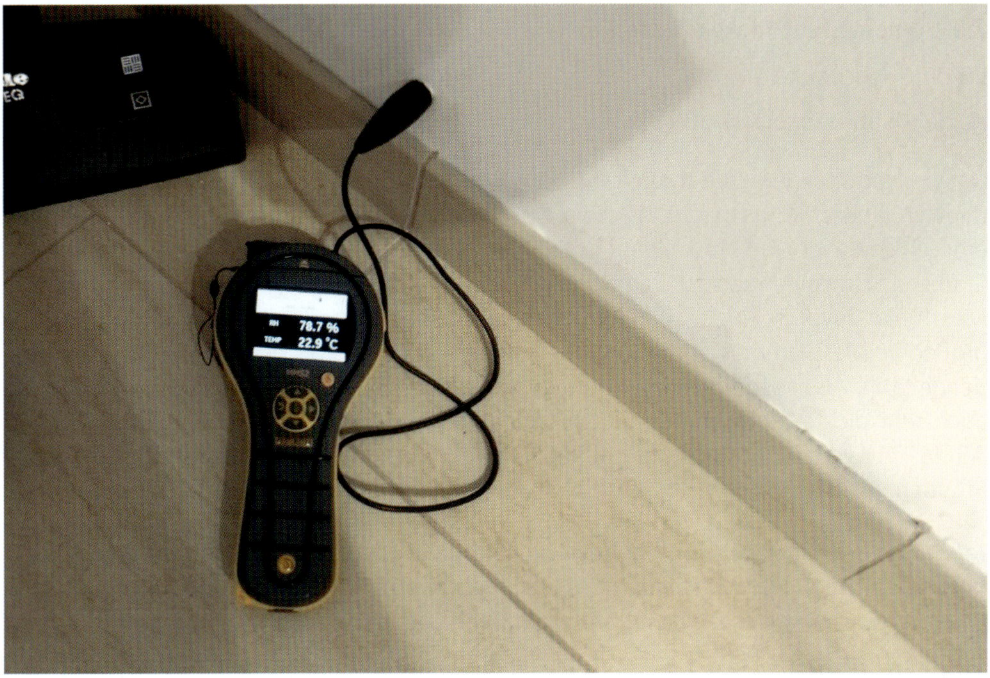

Abb. 9a: Kontrolle an einer Holzrahmenwand mit Bekleidung aus Gipskarton. Die Ausgleichsfeuchtemessung erkennt eingeschlossene Feuchtigkeit, selbst wenn an der Beplankung keine Auffälligkeiten festzustellen sind.

Quelle: Dipl.-Ing. (FH) Arndt Lubrich

Kaum ein Verfahren bietet derart eindeutige Grenzwerte. Es müssen keine stoffspezifischen Grenzwerte ermittelt werden, denn das Verfahren funktioniert unabhängig von der stofflichen Zusammensetzung der Substanz immer gleich gut. Es lassen sich sehr einfach Aussagen über den Gleichgewichtszustand des Materials treffen. Liegt ein Ungleichgewicht vor, ist die Richtung der Veränderung unmittelbar zu erkennen. Eine Abschätzung des Risikos von Schimmelpilzbildung oder für das Auftreten von Bauschäden wird dadurch viel leichter möglich als bei anderen Verfahren. Neue Untersuchungen vom IBP Stuttgart/Holzkirchen besagen aber auch, dass der Feuchtegehalt im Baustoff unter anderem abhängig von der Bauteiltiefe und der Jahreszeit ist – siehe hierzu auch WTA-Merkblatt E-6-16.[4]

Die vom Umweltbundesamt als Anlage 6 zum vorgenannten Leitfaden veröffentlichte Handlungsempfehlung zur Beurteilung von Feuchte- und Schimmelschäden in Fußböden stellt fest, dass man quantitative Messwerte, die eine Abschätzung erlauben, ob in der Fußbodenkonstruktion Feuchtigkeitswerte vorliegen, die ein mikrobielles Wachstum ermöglichen, nur mittels Sondenmessung erhält. Diese seien auch als „Ausgleichsfeuchtemessungen" bekannt. Es werden Grenzwerte genannt, die eine Bewertung von Dämmungen unabhängig vom Material ermöglichen sollen:

4 WTA Merkblatt 6-16-19/D:2019-01 Technische Trocknung durchfeuchteter Bauteile – Planung, Ausführung und Kontrolle.

Stark erhöhte Feuchtigkeit/Nässe:	Feuchtigkeitswerte > 80 %
Erhöhte Feuchtigkeit:	Feuchtigkeitswerte zwischen 70 und 80 %
Keine erhöhte Feuchtigkeit:	Feuchtigkeitswerte < 70 %

Nachteilig ist bei dem Verfahren, dass Bohrungen in den Baustoff erforderlich sind und es deutlich langsamer anspricht als etwa elektronische Messungen. Einige Gerätehersteller empfehlen daher eine Verweildauer des Sensors im Material von mindestens 30 Minuten. Stärkere Schwankungen zu Beginn der Messung sind normal, insbesondere wenn die Messfühler zuvor in einem zu kalten oder zu warmen Fahrzeug transportiert wurden. Je größer die Messkammer ist, desto größer ist die Zeitspanne, bis sich ein fester Wert eingependelt hat. Als Faustregel darf angenommen werden, dass sich nach rund zwölf Stunden auch sehr dichte Stoffe mit geringem Feuchtegehalt ausgeglichen haben. Die US-Norm ASTM F710 verlangt für die Prüfung der Belegreife von Böden einen Messzeitraum von 24 Stunden.

Tab. 1: Bei der hygrothermischen Messung über einen längeren Zeitraum konnte eine kontinuierliche Abwärtsbewegung der Luftfeuchtewerte beobachtet werden. Für die Belegreifemessung werden daher Messzeiträume von 24 Stunden empfohlen.

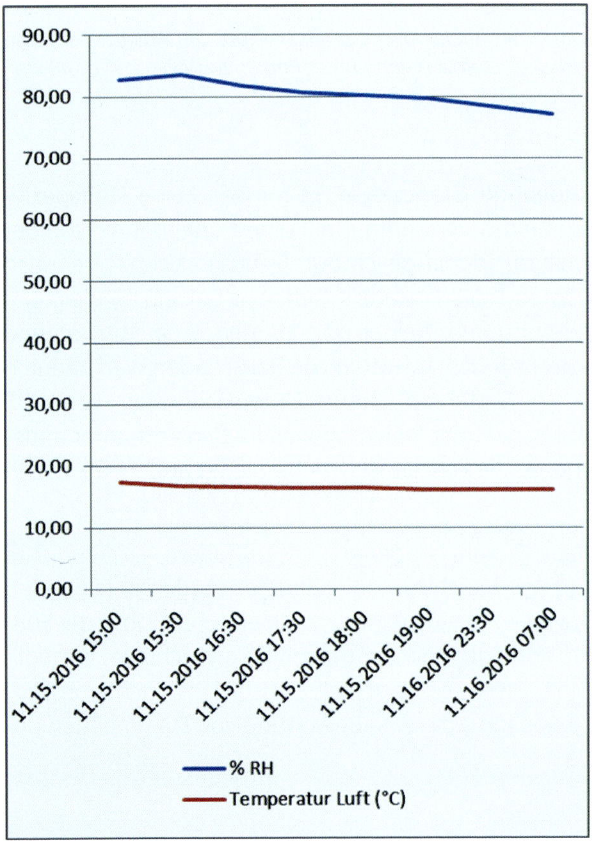

Quelle: Dipl.-Ing. (FH) Arndt Lubrich

Als Grenzwert für die Belegreife werden dort 75 % r.F. angesehen.

Werden kurz nach dem Einsetzen der Sensoren Messwerte über 90 % r.F. festgestellt, sollten die Sensoren wieder entfernt werden. Die meisten Sensoren vertragen keinen dauerhaften Einsatz im kondensierenden Milieu. Es kann zu dauerhaft überhöhten Anzeigewerten bei nachfolgenden Messungen kommen. Auch sollten Messungen an kalten Bauteilen unter 10 °C vermieden werden. Der Ablauf von hygrometrischen Messungen wird im WTA-Merkblatt 4-11 „Messung des Wassergehaltes bzw. der Feuchte in mineralischen Baustoffen“[5] beschrieben.

Abb. 9b: Bei hygrothermischen Sondenmessungen muss das Bohrloch zur Raumluft abgedichtet werden, wie hier mit Plastilin am feststehenden Fühler. Die Wartezeit pro Messung sollte mindestens 30 Minuten betragen.

Quelle: Dipl.-Ing. (FH) Arndt Lubrich

Abb. 10: Abnehmbare Minisensoren können zwischen zwei Terminen in der Messhülse verbleiben. Eine erneute Wartezeit entfällt dann, da sich Material und Luft in der Messkammer bereits ausgeglichen haben. Der Sensor wird durch eine Kappe vor Verschmutzung geschützt. Mehrere Sensoren können zeitgleich verwendet werden.

Quelle: Dipl.-Ing. (FH) Arndt Lubrich

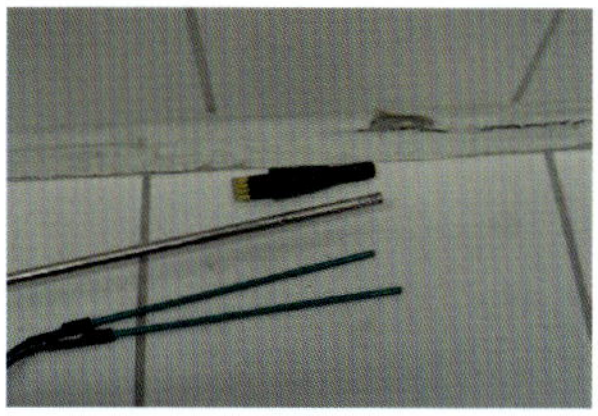

Abb. 11: Verschieden dicke Sensoren für die Ausgleichsfeuchte- und Leitfähigkeitsmessung im Vergleich. Bei der Prüfung sollten Flächenabdichtungen möglichst nicht beschädigt werden.

Quelle: Dipl.-Ing. (FH) Arndt Lubrich

Werden bei der hygrothermischen Messung Sensoren verwendet, die vom Gerät getrennt werden können, besteht die Möglichkeit, mehrere Sensoren gleichzeitig an verschiedenen Messpunkten einzusetzen. Nach Ablauf der Messdauer werden die Sensoren über ein USB-Kabel ausgelesen. Die Sensoren verbleiben dabei für Wiederholungsmessungen in der Messkammer. Durch eine Kappe werden die Sensoren vor Staub und Beschädigungen sowie die Messkammer vor Austrocknung geschützt. Bei Folgemessungen oder mehreren Messpunkten lassen sich auf diese Weise erhebliche Zeiteinsparungen gegenüber sequenziellen Messungen realisieren.

5 WTA Merkblatt 4-11-16/D:2016-03 Messung des Wassergehalts bzw. der Feuchte von mineralischen Baustoffen.

Vor dem Einsetzen der Messkammer in den Baustoff sind die Bohrungen mit Bürste und Staubsauger zu reinigen. Damit die Sensoren fehlerfrei funktionieren, sind sie vor Staub und Wasser zu schützen. Bei der Messung in Bauteilen müssen die Bohrlöcher vor dem Einsetzen der Sensoren mit einem Sauger von Bohrmehl befreit werden. Besteht die Möglichkeit, dass sich in der Bauteilschicht stehendes Wasser befindet, sollte dies vorab durch Leitfähigkeitsmessungen geprüft werden. Auf eine hygrothermische Messung kann dann vorerst verzichtet werden. Luftfeuchtesensoren müssen in regelmäßigen Abständen auf korrekte Funktion geprüft werden. Hierfür werden Prüffläschchen mit einer Salzlösung angeboten. Die Sensoren werden, durch eine Membran getrennt, in die Salzlösung eingesetzt. Nach einer Zeit von ca. 30 Minuten sollten sich die vorgegebenen Werte der relativen Luftfeuchte einstellen. Üblich sind Werte von 33 oder 75 %. Kleinere Abweichungen sind auf die ermittelten Messwerte aufzuschlagen bzw. davon abzuziehen. Liegen die Anzeigewerte außerhalb der zulässigen Toleranz, sind die Sensoren zu ersetzen. Ideal ist es, wenn der Nutzer die Sensoren selbst wechseln kann. Für den Gerichtsgutachter wird diese Selbstkontrolle nicht ausreichen. Zusätzlich sollten die Geräte mindestens einmal jährlich von akkreditierten Kalibrierlaboren kalibriert werden.

Als Alternative zur Messung im Material kämen auch Messungen an der Bauteiloberfläche in Frage. Nur besteht hierbei das Problem, dass sich die raumklimatischen Verhältnisse permanent ändern können und die Messungen damit immer nur Momentaufnahmen darstellen. Mit den herkömmlichen Messgeräten mit feststehenden Fühlern lassen sich o.g. Zeiträume aus praktischen Gründen nicht einhalten. Zu groß wäre erstens die Gefahr, dass die aus dem Estrich ragenden Geräte versehentlich beschädigt würden. Weiterhin müssten die Messungen nacheinander erfolgen, wenn nur ein Gerät zur Verfügung steht.

Im Gegensatz zur Widerstandsmessmethode mit den flexiblen und schmalen Tiefensonden lassen sich die meisten Luftfeuchtefühler kaum in die Randfuge eines Estrichs einsetzen. Neben der Gefahr einer mechanischen Beschädigung des Fühlers droht auch die Verschmutzung des empfindlichen Sensors. Besser ist es daher, Bohrungen in den Boden einzulassen. Bohrungen sind bei Fußbodenheizungen, aber auch bei Flächenabdichtungen immer risikobehaftet. Nassbereiche mit hoher Feuchtebeanspruchung (z.B. Bäder mit Bodeneinlauf, ebenerdigen Duschen, Gewerbeküchen, …) oder auch Wohnungsbäder mit feuchteempfindlichen Untergründen erfordern intakte Flächenabdichtungen. Werden Bohrungen in die Abdichtung vorgenommen, sind diese meist nicht reparabel. Um die Flächenabdichtung zu erneuern, müssen die Fliesen meist komplett entfernt werden.

Bevor also die Bohrmaschine angesetzt wird, sollten zunächst andere Hinweise auf eine Durchfeuchtung des Bodens gesucht werden. In der Dämmschicht eingeschlossenes freies Wasser zeichnet sich oft am gefliesten Wandsockel durch erhöhte kapazitive Messwerte ab. Die Umfassungswände können meistens ebenso gut von den angrenzenden Räumen aus über Widerstandsmessungen in den Randfugen geprüft werden. Bei Leichtbauwänden sind alternativ Messungen der relativen Luftfeuchte im Inneren möglich. Liegen an mindestens zwei Raumseiten erhöhte Werte an den Wandsockeln, in den Randfugen oder in der Wand vor, ist dies ein recht sicheres Indiz für Nässe im Fußbodenaufbau des Raumes.

Ein gelegentliches Problem für den Bodenleger, aber auch für den Trocknungsunternehmer stellt nachstoßende Feuchte aus dem Untergrund dar. Beim Gießen von Betondecken werden erhebliche Wassermengen ins Gebäude eingebracht. Der Fachautor *Dr. Alexander Unger* hat ermittelt, dass in Fußbodenaufbauten aufgrund von nachstoßender Baufeuchte aus der Rohbetonplatte auch sechs Monate nach dem Betonieren regelmäßig eine relative Luftfeuchte von 98 % herrscht.[6] Wurde keine Neubautrocknung durchgeführt und fehlen zudem Dampfbremsfolien oder Sperrschichten, ist mit Schäden an dampfdichten Bodenbelägen zu rechnen. Bei einem eventuell später auftretenden Leitungswasserschaden muss zudem davon ausgegangen werden, dass ein Vorschaden älter als drei Monate vorliegt. Aufgrund dieses „Vorschadens" ist eine Einteilung in die Bewertungsstufe 1 gemäß „Leitfaden zur Vorbeugung, Erfassung und Sanierung von Schimmelbefall in Gebäuden"[7] vom Umweltbundesamt nicht mehr möglich. Das heißt, eine rasche Beurteilung ohne Mikrobiologie ist nicht mehr statthaft. Stattdessen erfolgt die Einteilung in Bewertungsstufe 2, die eine ausführliche Bewertung nach mikrobiologischer Untersuchung erfordert.

Zur Prüfung können nach erfolgter Dämmschichttrocknung hygrometrische Messungen am abgekühlten Boden durchgeführt werden. Der Messzeitraum sollte dabei 24 Stunden betragen, damit nachstoßende Feuchtigkeit weitestgehend ausgeschlossen werden kann. Während der Messung muss die Luft ruhen, da die Messwerte durch Druckunterschiede und Luftströmungen verfälscht würden. Der Luftfeuchtefühler kann in eine bereits vorhandene Estrichbohrung eingesetzt und dort luftdicht abgeklebt werden.

5.1.6 Die KRL-Methode

Der Feuchtezustand eines Estrichs kann auch durch die KRL-Methode beschrieben werden. Das Kürzel KRL steht dabei für die korrespondierende relative Luftfeuchte. Die für die CM-Messung genannten Grenzwerte für die Belegreife beruhen auf Erfahrungen, die einst mit Portlandzementen gemacht wurden. Heutige Estriche weisen hingegen stark abweichende Zusammensetzungen auf. Die bewährten Erfahrungswerte verlieren zunehmend ihre Verbindlichkeit. Im Ausland hat sich für die Belegreifemessung vor allem die hygrothermische Sondenmessung gegen die CM-Methode durchgesetzt. In Deutschland wird seit einiger Zeit die KRL-Methode als Alternative publiziert.

6 Unger, Alexander: Schäden durch nachstoßende Feuchtigkeit aus der Rohbetonplatte, Fachkolumne „Dr. Estrich" auf www.dr-estrich.info.

7 Umweltbundesamt: Leitfaden zur Vorbeugung, Erfassung und Sanierung von Schimmelbefall in Gebauden („Schimmelleitfaden"); Dessau 11/2017., Anlage 6: Handlungsempfehlung zur Beurteilung von Feuchte- und Schimmelschäden in Fußböden.

Abb. 12: Prüfung einer Estrichprobe mit dem KRL-Verfahren im Druckbehälter des CM-Gerätes. Dieses Verfahren wird sich zu einer Alternative zur CM-Messung entwickeln.

Quelle: Dipl.-Ing. (FH) Arndt Lubrich

Die KRL-Methode kombiniert die CM-Messung mit der hygrothermischen Messung, indem eine Luftfeuchtemessung in dem Druckbehälter des CM-Gerätes erfolgt. Der Materialprobe wird jedoch kein Calciumcarbid zugefügt. Nach der Zerkleinerung der Probe erfolgt lediglich eine hygrothermische Messung innerhalb des Behälters. Der übliche Verschluss des Behälters mit dem aufgesetzten Manometer wird gegen einen Verschluss mit einer Bohrung für den Messfühler getauscht. Die KRL-Methode wird in den TKB-Berichten 1 bis 3 der Technischen Kommission Bauklebstoffe (TKB) ausführlich dargestellt.[8] Ein Vorteil der KRL-Methode kann sein, dass „spontan" entnommene Proben auch noch später im Büro geprüft werden können, sofern sie auf dem Transport vor Austrocknung geschützt wurden. Bereits vorhandene Geräte wie CM-Gerät und Hygrometer können kostensparend kombiniert werden. Im Vergleich zur Sondenmessung kann immer nur eine Messung pro Entnahmestelle erfolgen. Je Prüfgerät ist auch nur eine Messung zur gleichen Zeit möglich.

5.1.7 Die Neutronensonde

In der Anschaffung teuer und in der Handhabung komplex ist die Neutronensonde, die auch unter dem Namen Troxler-Sonde bekannt ist Bei der Messung werden Neutronen ausgesendet, die in das Material eindringen. Sie werden dabei von Wasserstoffatomen abgebremst. Eine starke Abbremsung deutet auf einen hohen Feuchtigkeitsgehalt im Material hin. Bei der zerstörungsfreien Feuchtemessung an Flachdächern oder Parkdecks wird als Vorteil die hohe Eindringtiefe geschätzt. Da mit radioaktiven Stoffen gearbeitet wird, sind

8 TKB-Bericht 1 Belegereife und Feuchte Versuche zur Trocknung von Estrichen, TKB-Bericht 2 Belegreife und Feuchte Die KRL-Methode zur Bestimmung der Feuchte in Estrichen, TKB-Bericht 3 Belegreife und Feuchte/Geeignete Messgeräte zur Feuchtebestimmung nach der KRL-Methode.

entsprechende Genehmigungen für Handhabung und Transport erforderlich. Entsprechend selten sind die Geräte bei der Bauwerksdiagnose anzutreffen. Das Gerät findet vorrangig im Straßen- und Tiefbau bei der Bestimmung der Dichte eines Bodens oder eines Asphalts Anwendung.

5.2 Raumklimamessungen

5.2.1 Bestimmen von Luftfeuchtewerten und Lufttemperaturen

Luft ist ein Gemisch aus verschiedenen Gasen. Mit dem Begriff Luftfeuchtigkeit wird der Anteil des in der Luft enthaltenen Wasserdampfs beschrieben. Bei der Messung der Luftfeuchtigkeit besteht die Möglichkeit, sich diese als relative Luftfeuchtigkeit in Prozent oder als absolute Luftfeuchtigkeit in Gramm anzeigen zu lassen. Die absolute Luftfeuchtigkeit bezeichnet die Menge des Wasserdampfs in Gramm, die sich in 1 m^3 Luft befindet. Die Maßeinheit lautet entsprechend g/m^3. In der Thermodynamik wird daneben der Begriff Mischungsverhältnis verwendet. Hierbei wird der Wasserdampfgehalt bezogen auf das Gewicht der Luft angegeben. Die Maßeinheit für das Mischungsverhältnis lautet entsprechend g/kg. Umrechnen lässt sich zwischen beiden Einheiten mit dem Dreisatz. Bei normalen Luftdruckverhältnissen wiegt 1 kg Luft 1,2 kg.

Bekanntlich ist das Speichervermögen der Luft abhängig von der Temperatur. Kalte Luft kann nur sehr wenig Wasserdampf aufnehmen, warme Luft dagegen umso mehr. Die Sättigungsmenge gibt an, welche Menge Wasserdampf bei der vorherrschenden Lufttemperatur von der Luft maximal aufgenommen werden könnte. Als physikalische Einheit wird ebenfalls g/m^3 verwendet. Mit der relativen Luftfeuchtigkeit wird das Verhältnis der absoluten Luftfeuchtigkeit zur Sättigungsmenge als Prozentwert angegeben. Anhand der relativen Feuchtigkeit kann unmittelbar der Grad der Sättigung abgelesen werden. Niedrige Prozentwerte machen deutlich, dass die Luft noch viel Feuchtigkeit bis zur Sättigung aufnehmen kann. Das begünstigt bspw. die Austrocknung von Baumaterialien. Hohe Werte bewirken ein Ansteigen der Materialfeuchte bei hygroskopischen Materialien und erhöhen zudem die Gefahr der Kondensation auf Bauteiloberflächen. Somit hat die relative Luftfeuchte einen wesentlichen Einfluss auf das Trocknungs- und Schwindverhalten von Baustoffen und das Auftreten von Schimmelpilz oder Korrosion.

Bei sehr empfindlichen Baustoffen ist ab einer Ausgleichsfeuchte von 65 % mit einem Schimmelpilzwachstum zu rechnen. Eine fundierte Bewertung der Feuchtesituation nur anhand der relativen Luftfeuchtigkeit ist dennoch kaum möglich. Aufgrund von permanenten Temperaturschwankungen während der Gebäudenutzung unterliegen die Werte der relativen Luftfeuchte ebenso stetigen Veränderungen. Bei einem Raumklima von 20 °C/60,0 % r.F. führt eine Temperaturveränderung um nur 1,0 °C zu einem Raumklima von 21 °C/56,40 % r.F. oder zu 19 °C/63,8 % r.F. Je weiter also die Luft abkühlt, desto höher steigt der Prozentwert der relativen Luftfeuchte an. Wird die Luft bis zu dem Punkt abgekühlt, bei dem die relative Luftfeuchtigkeit 100 % erreicht, so spricht man vom Erreichen der Taupunkttemperatur. Es kann zur Kondensation an kalten Bauteilen oder zu Nebel kommen. Die absolute Luftfeuchtigkeit verändert sich bei Temperaturschwankungen dagegen nicht. Allenfalls beim Absinken unter die Taupunkttemperatur reduziert sich die absolute Feuchte aufgrund des Kondenswasserausfalls. Im Tagesverlauf ändert sich mit den Temperaturen zwangsläufig die relative Luftfeuchtigkeit der Außenluft. Die absolute Luftfeuchte verändert sich dagegen mit der Wetterlage. Es ist also sehr wichtig, neben der relativen Luftfeuchte immer auch die Lufttemperatur zu protokollieren.

Um Prozesse bei der technischen Gebäudetrocknung, die zwangsläufig mit Temperaturveränderungen einhergeht, richtig beurteilen zu können, sollte die absolute Luftfeuchte überwacht werden. Derartige Werte können von den meisten Thermohygrometern ebenfalls angezeigt werden. Zu beachten ist jedoch, dass korrekte Messungen eine ruhende Luft voraussetzen. Zugluft oder große Druckunterschiede, wie sie z.B. bei Messungen an Trocknungsanlagen auftreten, haben einen stark verfälschenden Einfluss auf die Messwerte. Mit dem h,x-Diagramm nach *Mollier* ist es möglich, Zustandsänderungen feuchter Luft durch verschiedene Vorgänge wie Erwärmung, Befeuchtung, Entfeuchtung, Kühlung und Mischung verschiedener Luftmengen abzulesen. Voraussetzung ist eine vorherige Auseinandersetzung mit den Grundlagen der Thermodynamik. Leichter verständlich sind Tabellen zur Bestimmung der absoluten Feuchte oder der Taupunkttemperatur.

Abb. 13: Prüfung eines Luftfeuchtesensors in einer Salzlösung. Der Sensor liegt außerhalb der gewünschten Toleranz und muss ersetzt werden. Regelmäßige Kontrollen sollten nicht vergessen werden.

Quelle: Dipl.-Ing. (FH) Arndt Lubrich

Zur Messung der Lufttemperatur werden Thermometer eingesetzt, deren Sensoren mit Halbleiter- oder Thermoeffekt arbeiten. Bei der Anwendung an wechselnden Einsatzorten darf die Trägheit des Messfühlers nicht außer Acht gelassen werden. Ein Thermometer, welches aus einem überhitzten Fahrzeug in einen kühlen Keller zum Messen verbracht wird, benötigt Zeit, sich anzugleichen. Auch kalte Geräte in warmen Räumen benötigen Zeit, sich zu „akklimatisieren". Zwischen einem schnellen und einem langsamen Gerät können bis zu 30 Minuten Differenz liegen. Wie schnell das eigene Gerät auf Temperaturänderungen reagiert, lässt sich leicht in einem Versuch ermitteln. Nachdem das Gerät im Kühlschrank oder auf der Heizung einer größeren Temperaturdifferenz ausgesetzt wurde, beobachtet man anschließend, wie lang der Zeitraum ist, bis sich die vorherigen Werte in der Raumluft wieder einstellen.

Tab. 2: Bei der Messung mit Thermohygrometern muss deren Trägheit berücksichtigt werden. Temperaturunterschiede, wie sie beim Transport entstehen können, nivellieren sich in diesem Versuch nach ca. drei Minuten. Vergleichbare Luftfeuchten stellen sich erst nach ca. zehn Minuten ein.

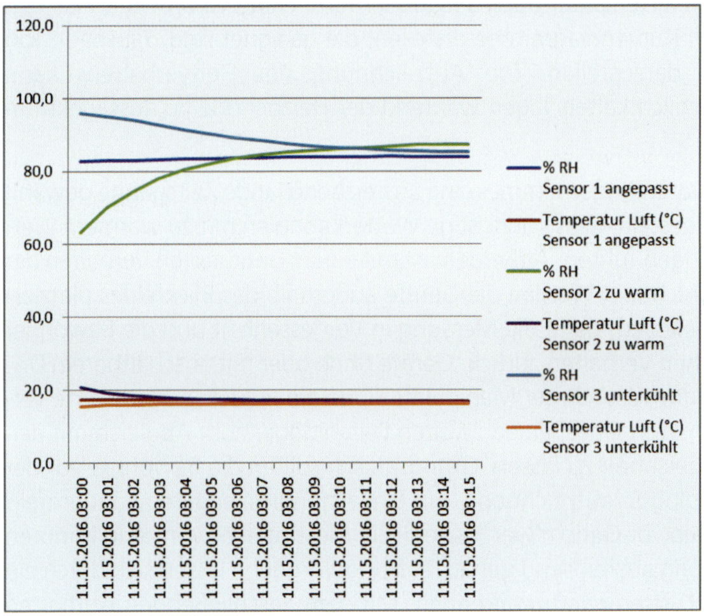

Quelle: Dipl.-Ing. (FH) Arndt Lubrich

Die Messung am Schadenort sollte nach Möglichkeit in Raummitte in ca. 1 m Höhe erfolgen. Zwischen Boden und Decken können in der Heizperiode bis ca. 4 °C Differenz bestehen. Zuluft kann das Messergebnis verfälschen, daher sind Türen geschlossen zu halten. Die Anzeigewerte sollen erst dann übernommen werden, wenn die Anzeige stabil steht. Es empfiehlt sich daher, das Messgerät als Erstes in Betrieb zu nehmen und sich dann einer anderen Tätigkeit zuzuwenden, bis sich die Anzeigewerte eingependelt haben.

Für die Messung der Luftfeuchte kommen Thermohygrometer als Handinstrument, als Wand- oder Tischgerät oder als Klimadatenlogger zum Einsatz. Der Anwender sollte sich im Klaren sein, dass jede Einzelmessung nur eine Momentaufnahme darstellt. Ortstermine werden selten ohne Terminankündigung wahrgenommen. Häufig wird man feststellen, dass vor angekündigten Terminen gelüftet und ausnahmsweise die Heizung in Betrieb genommen wird. Der folgenden Messung liegen damit eher untypische Werte zugrunde. Soll der Normalzustand möglichst realitätsnah erfasst werden, dann müssen die Messungen über einen längeren Zeitraum mittels Klimadatenlogger erfolgen.

5.2.2 Klimadatenlogger

Durch Langzeitaufzeichnungen können die Heiz- und Lüftungsvorgänge in einer Wohnung viel besser nachvollzogen werden als durch Einzelmessungen. Mittels eines Datenloggers werden Klimamessungen in einem frei wählbaren Intervall automatisiert vorgenommen und aufgezeichnet. Es wird deutlich, zu welchen Zeiten oder bei welchen Aktivitäten kritische Konstellationen hinsichtlich Temperatur und Luftfeuchte entstehen. Die Geräte werden vor dem Einsatz i.d.R. am PC für die jeweilige Messung konfiguriert. Am PC werden die gespeicherten Werte später auch ausgelesen und weiterverarbeitet. Aus den Zahlenkolonnen lassen sich Kurvendiagramme erstellen, die geeignet sind, Tausende von Einzelwerten anschaulich darzustellen. Die Aufzeichnung des Heizverhaltens kann zwangsläufig nur an tatsächlich kalten Tagen während der Heizperiode zu aussagekräftigen Ergebnissen führen.

Es sollte beim Einsatz von Datenloggern immer eine ausreichend lange Zeitspanne gewählt werden. Nur so wird sichergestellt, dass kurzfristige Wetterkapriolen mit zu warmem Wetter nicht zu Fehleinschätzungen führen. Außerdem ist mit einem optimierten Verhalten der betroffenen Bewohner zu rechnen. Werden die Geräte außerhalb des Blickfeldes platziert und lange genug vor Ort belassen, gerät die Messung in Vergessenheit und die Bewohner kehren bald zu ihrem üblichen Verhalten zurück. Geräte ohne oder mit abschaltbarem Display unterliegen seltener dem Versuch der Manipulation, da die aktuellen Messwerte verborgen bleiben. Empfehlenswert ist es, einen zweiten Datenlogger zum Abgleich mit den Wetterdaten im Freien aufzeichnen zu lassen. Grundsätzlich sollten die Bewohner vor der Durchführung einer Datenloggeraufzeichnung ihr Einverständnis erklären, andernfalls könnten die Aufzeichnungen vor Gericht wertlos sein. Ein Messintervall von zehn Minuten ist für die spätere Auswertung ausreichend genau. Lüftungsvorgänge lassen sich durch ein kurzzeitiges Absinken der Lufttemperatur erkennen. Mit dem anschließenden Aufheizen der frischen Luft folgt ein deutlicher Abfall der relativen Luftfeuchtigkeit. Einige Geräte bieten die Möglichkeit, Taupunkttemperaturen mit anzuzeigen.

Werden parallel Temperaturmessungen an den Oberflächen der Außenwände durchgeführt, lassen sich Taupunktunterschreitungen sehr gut nachweisen. Optional sind daher für einige Geräte auch Oberflächentemperaturfühler zum Befestigen an Bauteilen erhältlich. Bei den oftmals sehr günstigen Geräten fallen gelegentlich große Messfehler negativ auf. Wie alle Thermohygrometer sollten auch Datenlogger regelmäßig kalibriert werden, um fehlerbehaftete Bewertungen zu vermeiden.

5.3 Oberflächentemperaturmessung

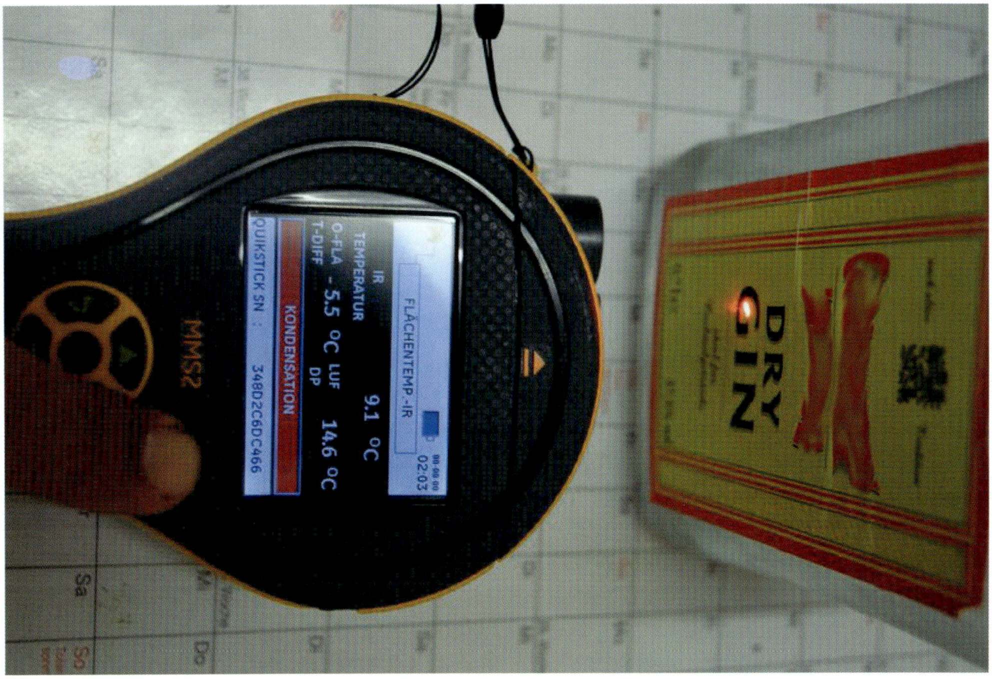

Abb. 14: Nachweis von Kondensatbildung. Die gemessene Oberflächentemperatur beträgt 9,1 °C, die Taupunkttemperatur 14,6 °C. Die Taupunkttemperatur weist eine Differenz von -5,5 °C auf. Bereits eine Differenz von +3,0 °C ist als kritisch anzusehen.

Quelle: Dipl.-Ing. (FH) Arndt Lubrich

Bei der Suche nach Wärmebrücken in Gebäuden ist das Messen der Oberflächentemperaturen erforderlich. Gelegentlich lassen sich auf diese Weise bereits während des Ortstermins Taupunktunterschreitungen und Kondensatbildung auf Bauteiloberflächen nachweisen. Mit dem Thermohygrometer wird die Taupunkttemperatur entsprechend dem vorherrschenden Raumklima ermittelt und mit der Oberflächentemperatur am Bauteil vergleichen. Um Kondensatbildung zu verhindern, sollte die Bauteiltemperatur mindestens 3 °C über der Taupunkttemperatur liegen. Für die Messung der Bauteiltemperaturen gibt es berührungslose und berührende Verfahren. Berührungslos arbeiten Infrarot-Thermometer, auch Pyrometer genannt, und Thermografie-Kameras. Kontakt mit dem zu messenden Bauteil benötigen mechanisch oder elektrisch messende Berührungsthermometer. Mechanische Geräte arbeiten meistens mit einer Bimetallfeder oder einem Gas- oder Flüssigkeitsvolumen. Elektrische Berührungsthermometer gibt es als Widerstandsthermometer oder als Thermoelement. Berührungsthermometer werden zum Auflegen auf das Bauteil oder zum Einsetzen in eine Bohrung angeboten. Berührende Verfahren messen langsamer als Infrarot-Geräte und haben größere Toleranzen. Ihr Vorteil ist jedoch, dass Reflexionen auf der Oberfläche und unbekannte Emissionsgrade die Messwerte nicht verfälschen. Bei der Thermografie werden dagegen falsche Werte erzeugt, wenn der Nutzer den Emissionsgrad nicht auf das Material angepasst hat oder auf einer spiegelnden Oberfläche misst. Je wärmer, desto größer der Messfehler.

Es erscheinen zunehmend Geräte am Markt, welche die Messung von Taupunkt- und Oberflächentemperatur in einem Arbeitsgang kombinieren und kritische Verhältnisse unmittelbar anzeigen. Zu diesem Zweck werden Thermohygrometer mit einer zusätzlichen Funktion zur Messung der Oberflächentemperatur ausgerüstet. Weiterhin lassen sich einige Wärmebildkameras drahtlos mit bestimmten Thermohygrometern koppeln und können deren Klimamesswerte in die bildliche Darstellung übernehmen.

5.4 Fazit

Allen vorgestellten Verfahren sind aus physikalischen, chemischen oder bautechnischen Gründen Grenzen gesetzt. Der Anwender hat sich mit diesen Einschränkungen vor der Anwendung intensiv auseinanderzusetzen. Jedes Verfahren besitzt dennoch seine Berechtigung, weil es für einen ganz bestimmten Zweck besonders gut geeignet ist. Wenn es darum geht, freies Wasser in Bauteilschichten und Hohlräumen aufzuspüren, sind Zahlenwerte meist unerheblich. Es kommt vielmehr darauf an, Auffälligkeiten schnell und möglichst zerstörungsarm zu entdecken sowie den Schadenumfang rasch eingrenzen zu können. Um den Handlungsbedarf zügig bestimmen zu können, sind die elektronischen Verfahren unverzichtbar. Durch die Ausgleichsfeuchtemessung kann dagegen gut abgeschätzt werden, ob die festgestellte Feuchtigkeit im Baustoff tatsächlich auch ein mikrobielles Wachstum begünstigen und Bauschäden erzeugen kann. Die vom Umweltbundesamt genannten Grenzwerte für die Ausgleichsfeuchte bieten immerhin einen Bewertungsmaßstab, der sich ohne aufwendige Laboruntersuchungen anwenden lässt. Fälle, in denen die Masse- oder Volumen-%-Gehalte eines Baustoffs ermittelt werden müssen, dürften weiterhin eher die Ausnahmen bleiben. Gleichgültig, welches Messverfahren eingesetzt wird, ohne Sorgfalt bei der Messung, grundlegendes Verständnis der Messmethode und dessen Grenzen sollten Messwerte niemals nur allein zu einer Bewertung herangezogen werden. Die gewonnenen Messergebnisse sind immer im Zusammenhang mit den örtlichen Gegebenheiten zu interpretieren.

6 Mikrobiologische Untersuchungsmethoden zur Schimmelpilzdiagnostik, fachgerechte Durchführung und Bewertung

Dr. rer. nat. Lothar Grün, Dr. rer. nat. Klaus Klus

Inhalt

Im Dezember 2017 hat das Umweltbundesamt nach langer Diskussion und vielen Überarbeitungen den „Leitfaden zur Vorbeugung, Erfassung und Sanierung von Schimmelbefall in Gebäuden"[1] veröffentlicht. Der neue Leitfaden ersetzt alle bisherigen Empfehlungen des Umweltbundesamtes („Schimmelpilz-Leitfaden: Leitfaden zur Vorbeugung, Untersuchung, Bewertung und Sanierung von Schimmelpilzwachstum in Innenräumen" aus dem Jahr 2002[2] und den „Schimmelpilzsanierungs-Leitfaden: Leitfaden zur Ursachensuche und Sanierung bei Schimmelpilzwachstum in Innenräumen" aus dem Jahr 2005[3]). Als eine von zwei wesentlichen Neuerungen wurde der Begriff „Schimmelpilze" durch „Schimmel" ersetzt. Dieser neue Begriff ist wesentlich weiter gefasst und schließt neben den Schimmel-

1 Umweltbundesamt; Leitfaden zur Vorbeugung, Erfassung und Sanierung von Schimmelbefall in Gebäuden („Schimmelleitfaden"). Dessau-Roßlau 2017.
2 Umweltbundesamt; Leitfaden zur Vorbeugung, Untersuchung, Bewertung und Sanierung von Schimmelpilzwachstum in Innenräumen („Schimmelpilz-Leitfaden"). Berlin 2002.
3 Umweltbundesamt; Leitfaden zur Ursachensuche und Sanierung bei Schimmelpilzwachstum in Innenräumen („Schimmelpilz-Sanierungsleitfaden"). Dessau 2005.

pilzen noch andere Organismen wie z.B. Bakterien und Hefen mit ein, die infolge von Feuchteeinwirkungen in und an Bauteilen auftreten können. Diese Änderung wurde in Anlehnung an die internationale Literatur eingeführt, in der der englische Begriff „mould" in dieser erweiterten Bedeutung verwendet wird.

Das Umweltbundesamt empfiehlt, Schimmelwachstum durch präventive Maßnahmen in Gebäuden zu vermeiden, im Verdachtsfall oder bei gesundheitlichen Beschwerden von Gebäudenutzern Räume und Gebäude auf Schimmelquellen zu untersuchen. Festgestellte Schäden sollen unter Berücksichtigung der Nutzung der Räume (siehe auch Beitrag *Zöller/Warscheid* in diesem Buch) saniert werden. Dieser Empfehlung sollte sich leicht folgen lassen. Voraussetzung ist, dass eine Schimmelquelle oder ein Schimmelwachstum eindeutig feststeht.

An diesem Punkt kommt die Mikrobiologie ins Spiel. Welche Informationen kann die mikrobiologische Analyse liefern? Kann allein auf Grundlage mikrobiologischer Untersuchungsergebnisse eine Schadenfeststellung erfolgen? Diese Fragen wollen wir – unter Berücksichtigung der Empfehlungen im neuen „Schimmelleitfaden" – beantworten.

Ob Schimmelwachstum an einem Bauteil oder einem Bauprodukt vorliegt, kann durch Sichtkontrolle oft nicht sicher beurteilt werden. Unbekannte Materialzusammensetzung, raue Oberflächenstruktur und ein hoher Verschmutzungsgrad erschweren die rein visuelle Befunderhebung.

Bei der Untersuchung von feuchtegeschädigten Bauteilen und der Auswahl der Proben für die mikrobiologische Untersuchung sind die Aufbauten des Bauteiles und die vorhandenen Bauprodukte möglichst genau zu dokumentieren (Beschreibung des Schadens, Fotos, siehe auch Anlage C in der DIN EN ISO 16000-19[4]). Als Proben sollten keine Mischungen aus verschiedenen Bauprodukten verwendet werden. Je nach Materialart können unterschiedliche materialspezifische Grundbelastungen vorliegen. Materialien weisen auch eine unterschiedliche Widerstandsfähigkeit gegenüber mikrobieller Besiedelung auf (siehe Tab. 1).

Hintergrundinformationen über die Herkunft der Feuchtigkeit sowie Art und Dauer der Feuchteeinwirkung spielen eine Rolle bei der Auswahl geeigneter mikrobiologischer Parameter für die Schadenanalyse (siehe Abb. 1 und 2).

4 DIN EN ISO 16000-19 Innenraumluftverunreinigungen - Teil 19: Probenahmestrategie für Schimmelpilze (ISO 16000-19:2012); Deutsche Fassung EN ISO 16000-19:2014.

Tab. 1: Mikrobielle Grundbelastung und Beständigkeit gegenüber mikrobiellem Wachstum

Bauprodukt-gruppe	Beispiele	Mikrobielle Grundbelastung	Beständigkeit gegenüber mikrobieller Besiedelung
Synthetische chemische Bauprodukte	Polyurethan, Polystyrol, Beschichtungssysteme	Nicht vorhanden (steigt mit Alter und Verschmutzungsgrad des Produktes)	Mäßig bis hoch
Geogene Bauprodukte	Naturstein, Sand, Lehm, Kalk	Teilweise vorhanden (z.B. Bakterien in Sand und Lehm)	Hoch
Technisch modifizierte geogene Produkte	Ziegel, Kalksandstein, Gips, Lehmprodukte (erhitzt, ohne organische Zuschläge)	Nicht vorhanden/gering	Hoch
Produkte aus nachwachsenden Rohstoffen	Holz, Holzbauplatten, Dämmstoffe (Cellulose, Stroh, Flachs etc.)	Gering bis hoch	Gering bis mäßig*

* *Beständigkeit wird erhöht durch Druckimprägnierungen oder Oberflächenbehandlungen (z.B. mit Borsalzen)*

Quelle: Dr. Lothar Grün

Für die mikrobiologische Analyse werden i.d.R. Bauprodukte ausgewählt, die gute Nährstoffquellen für Mikroorganismen sind. Bei anorganischen Bauprodukten hängt die Wachstumswahrscheinlichkeit vom Ausmaß organischer Schmutzanhaftungen (z.B. Hausstaub) oder vom Grad der Verschmutzung des Wassers ab, das zur Durchfeuchtung des Bauteils geführt hat. Für die Auswahl geeigneter mikrobiologischer Parameter sollte darüber hinaus möglichst auch die Wasseraktivität in dem beprobten Bauteil bestimmt werden. In Abb. 1 sind die Wachstumswahrscheinlichkeiten von unterschiedlichen Organismen in Abhängigkeit von der Wasseraktivität dargestellt.

Bakterien, Schimmelpilze und Hefen wachsen oder vermehren sich selbst unter den jeweils optimalen Wachstumsbedingungen unterschiedlich schnell. In Abhängigkeit von der Wasseraktivität und der Dauer der Feuchteeinwirkung können zum Probenahmezeitpunkt unterschiedliche Mikroorganismen dominieren (siehe Abb. 1).

Berücksichtigt man darüber hinaus noch die unterschiedlichen Wachstumsgeschwindigkeiten und Überlebensraten von schadentypischen Bakterien, Schimmelpilzen und Aktinomyzeten, ist in Abhängigkeit vom Schadenalter mit unterschiedlichen „Leitparametern" zu rechnen. In den ersten Tagen nach Durchfeuchtung von Bauteilen, wie z.B. von Fußbodenkonstruktionen, kann es bei ausreichendem Nährstoffangebot zu einem bakteriellen Wachstum kommen. Schimmelpilze wachsen weniger schnell und sind erfahrungsgemäß erst nach einigen Wochen und Monaten in erhöhten Konzentrationen an oder in Bauteilen nachweisbar (siehe Abb. 2). Da eine vollständige Trocknung der Bausubstanz nach einem Feuchteintrag nur selten innerhalb von ein bis zwei Wochen gelingt, sind die Schimmelpilze ein geeigneter Untersuchungsparameter zur Feststellung eines Schimmelbefalls. Vor diesem Hintergrund wird im „Schimmelleitfaden" des Umweltbundesamtes empfohlen, bei Schimmelschäden (Bakterien, Hefen, Schimmelpilzen) die Schimmelpilze weiterhin als Leitparameter zur Beurteilung eines Schimmelschadens zu untersuchen. Im „Schimmelleitfaden" wird aber auch darauf hingewiesen, dass in Abhängigkeit von der Feuchtesituation in einem Bauteil und dem Alter eines Feuchteschadens auch zusätzliche Parameter untersucht werden können.

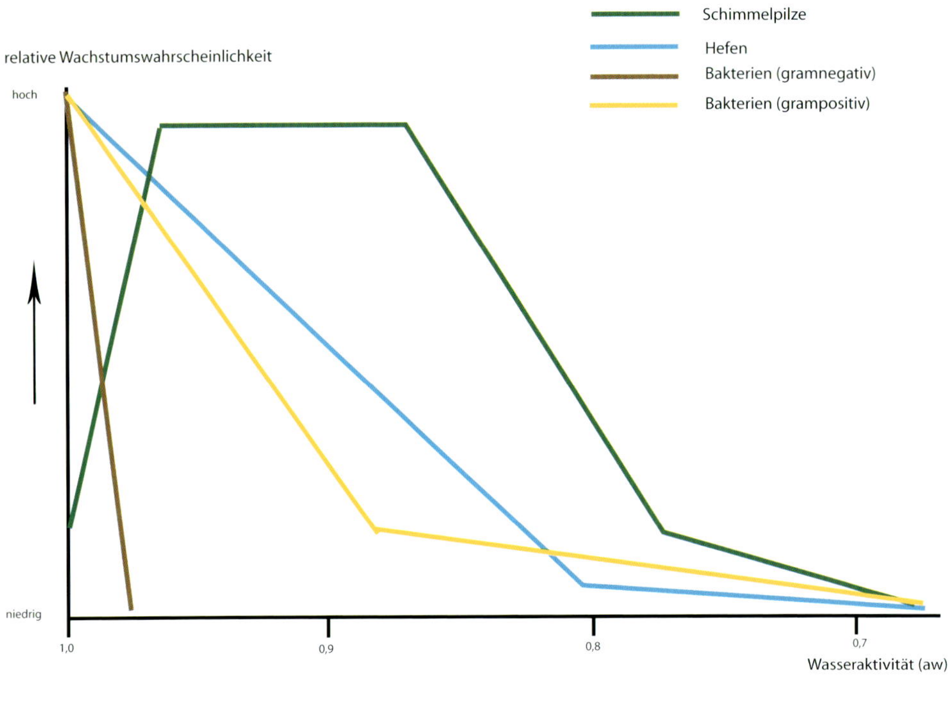

Abb. 1: Einfluss der Wasseraktivität im Bauteil auf die Wachstumswahrscheinlichkeit von Mikroorganismen.

Quelle: Dr. Lothar Grün

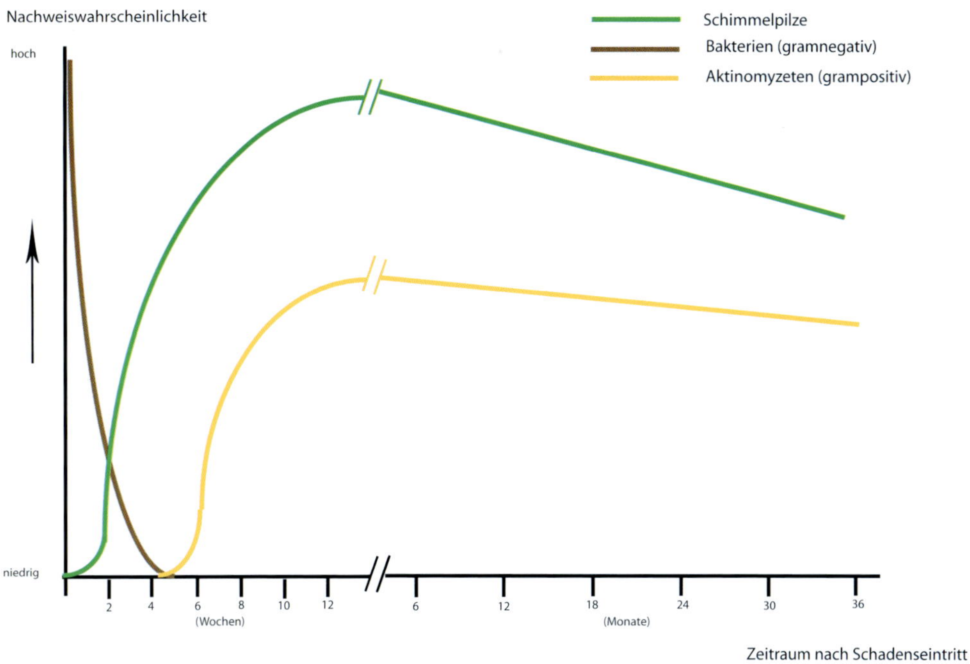

Abb. 2: Nachweiswahrscheinlichkeit von kultivierbaren Mikroorganismen in Abhängigkeit vom Schadenalter.

Quelle: Dr. Lothar Grün

In Tab. 2 sind die Entscheidungskriterien für die Festlegung mikrobiologischer Untersuchungen zusammengefasst und die sich daraus ergebenden Untersuchungen angeführt.

Tab. 2: Entscheidungsmatrix zur Auswahl geeigneter mikrobiologischer Untersuchungsverfahren.

Art des Feuchte-eintrages	**Betroffenes Bauteil**	**Alter des Schadens**	**Wasser-aktivität (a_w)**	**Parameter**	**Probenart**
Abwasser/ Grauwasser	Massive Wände/Putz	< 7 Tage	> 0,98	Fäkalkeime	Material
		< 3 Monate	> 0,98	Fäkalkeime	Material
			< 0,98	Schimmel-pilze	Oberfläche oder Material
		> 3 Monate	> 0,98	Fäkalkeime/ Schimmel-pilze	Material
			< 0,98	Schimmel-pilze	Oberfläche oder Material

Art des Feuchteeintrages	**Betroffenes Bauteil**	**Alter des Schadens**	**Wasseraktivität (a_w)**	**Parameter**	**Probenart**
Abwasser/ Grauwasser	Vorsatzschalen/ Leichtbauwände	< 7 Tage	> 0,98	Fäkalkeime	Material
		< 3 Monate	> 0,98	Fäkalkeime/ Schimmelpilze	Material
			< 0,98	Schimmelpilze	Oberfläche oder Material
		> 3 Monate	> 0,98	Fäkalkeime	Material
			< 0,98	Schimmelpilze	Oberfläche oder Material
	Fußböden (i.d.R. Trittschalldämmung)	< 7 Tage	> 0,98	Fäkalkeime	Material
		< 3 Monate	> 0,98	Fäkalkeime/ Schimmelpilze	Material
			< 0,98	Schimmelpilze	Oberfläche und Material
		> 3 Monate	> 0,98	Fäkalkeime/ Schimmelpilze	Material
			< 0,98	Schimmelpilze/ Aktinomyzeten	Oberfläche und Material
Trinkwasser	Massive Wände	> 1 Monat	> 0,8	Schimmelpilze	Oberfläche oder Material
	Vorsatzschalen/ Leichtbauwände	> 7 Tage	> 0,8	Schimmelpilze	Oberfläche oder Material
	Fußböden (i.d.R. Trittschalldämmung)	< 2 Monate	> 0,98	Schimmelpilze/ Bakterien	Material
			< 0,98	Schimmelpilze	Oberfläche und Material

Art des Feuchteeintrages	**Betroffenes Bauteil**	**Alter des Schadens**	**Wasseraktivität (a_w)**	**Parameter**	**Probenart**
Trinkwasser		> 2 Monate	> 0,98	Schimmelpilze/ Bakterien	Material
			< 0,98	Schimmelpilze/ Aktinomyzeten	Oberfläche und Material
Tauwasser/ Intermittierende Einträge aus undichten Leitungen	Massive Wände	> 1 Monat	> 0,8	Schimmelpilze	Oberfläche oder Material
	Vorsatzschalen/ Leichtbauwände	> 7 Tage	> 0,8	Schimmelpilze	Oberfläche oder Material
		< 2 Monate	> 0,98	Schimmelpilze	Oberfläche oder Material
			< 0,98	Schimmelpilze	Oberfläche oder Material
		> 2 Monate	> 0,98	Schimmelpilze/ Bakterien	Material
			< 0,98	Schimmelpilze	Oberfläche oder Material
	Fußböden (i.d.R. Trittschalldämmung)	< 2 Monate	> 0,98	Schimmelpilze/ Bakterien	Material
			< 0,98	Schimmelpilze	Oberfläche und Material
		> 2 Monate	> 0,98	Schimmelpilze/ Bakterien	Material
			< 0,98	Schimmelpilze/ Aktinomyzeten	Oberfläche und Material

Quelle: Dr. Klaus Klus/ Dr. Lothar Grün

In den Kapiteln 6.1 bis 6.4 werden die zur Schadenbeurteilung verfügbaren mikrobiologischen Verfahren und deren Aussagekraft anhand von typischen Anwendungs- und Schadenbeispielen (inkl. Probenahmeanleitung) beschrieben.

Bei der Abklärung eines bloßen Schimmelverdachts bei Altschäden in komplex aufgebauten Bauteilen (z.B. Fußböden, mehrschichtigen Wandaufbauten) kann sich die Frage stellen, ob – unter Berücksichtigung der Höhe der Wiederherstellungskosten – der bestehende Schimmelverdacht einen zerstörenden Eingriff in die Bausubstanz rechtfertigt. Im Kapitel 5 des „Schimmelleitfadens" wird in diesem Zusammenhang der Einsatz von Raumluftmessungen, Schimmel-Spürhunden und MVOC-Messungen erwähnt. Das Kapitel 6.5 beschäftigt sich mit den im „Schimmelleitfaden" angeführten zerstörungsfreien Verfahren zur Ermittlung von Schimmelquellen.

Im Kapitel 6.6 wird betrachtet, wie die im Schimmelleitfaden neu eingeführten Raumnutzungsklassen 1 bis 4 bei der Beurteilung von Schimmelschäden zu berücksichtigen sind (siehe auch Beitrag *Zöller/Warscheid* in diesem Buch).

6.1 Mikrobiologische Untersuchungsmethoden zur Unterscheidung zwischen Kondensat- und Durchfeuchtungsschaden

Die Sanierung von Schimmelschäden muss mit einer Klärung der Ursache des Feuchteanfalls in oder an der Bausubstanz einhergehen. Insbesondere bei älteren, bereits abgetrockneten Schäden ist die Ursache bauphysikalisch nicht immer eindeutig. Im Folgenden wird dargestellt, wie anhand der in Proben nachweisbaren Schimmelpilzspezies Rückschlüsse über die Wasseraktivität zum Zeitpunkt des Feuchteeintritts und damit zur Ursache der Durchfeuchtung gezogen werden können.

Hinsichtlich der Ursache kann bei Schimmelpilzschäden zwischen Kondenswasserschäden (Feuchtigkeit an der Bauteiloberfläche) und Durchfeuchtungsschäden (Feuchtigkeit im Bauteil) unterschieden werden. Kennt der Sachverständige die Feuchteursache, kann er leichter beurteilen, ob nur ein oberflächlicher Bewuchs vorliegt oder auch tiefer gelegene Bauteile betroffen sein könnten.

6.1.1 Kondensatschäden (Wärmebrücken/hohe Raumluftfeuchte)

Kondenswasserschäden entstehen aufgrund zu hoher Luftfeuchtigkeit an der Bauteiloberfläche. Diese tritt dann auf, wenn die Oberflächentemperatur die Raumlufttemperatur unterschreitet, z.B. aufgrund einer Wärmebrücke, und/oder als Folge zu hoher Luftfeuchtigkeit der Raumluft.

Ab ca. 75 bis 80 % relativer Luftfeuchtigkeit an der Bauteiloberfläche steht einigen xerophilen Schimmelpilzarten (Arten mit geringem Feuchteanspruch) ausreichend Feuchtigkeit zum Auskeimen und Wachstum zur Verfügung, wenn sich zwischen Luft und Bauteil die Ausgleichsfeuchte, d.h. eine Wasseraktivität von 0,75 bis 0,80 eingestellt hat und wenn Nährstoffe zur Verfügung stehen. Es kommt i.d.R. nur zu einer sehr geringfügig erhöhten Feuchte im Bauteil. Es ist keine über eine gebrauchsübliche Feuchtigkeit erhöhte Feuchtigkeit messbar.

Auf massiven Wänden findet das Wachstum zunächst nur an der Raumseite z.B. auf noch festhaftenden Tapeten oder Farbschichten statt (Abb. 3 und 4). Auf der Raumseite ist deshalb i.d.R. der Befall stärker und die befallene Fläche größer. Haben sich die Tapeten bereits gelöst, kann die feuchte Luft hinter die Tapete gelangen. In solchen Fällen ist die Rückseite meist genauso bewachsen wie die Vorderseite.

Es wachsen je nach Höhe der Feuchtigkeit bzw. Wasseraktivität Arten mit geringem Feuchteanspruch (xerophile Arten) und Arten mit mittlerem Feuchteanspruch (siehe Tab. 3).

Bei Kondenswasserschäden sind nur Oberflächen betroffen, die mit der Raumluft in Kontakt stehen. Von daher sind i.d.R. keine tieferen Schichten betroffen. Ausnahmen stellen Schimmelpilzschäden dar, die entstanden sind, weil Raumluft in tiefer liegende kältere Schichten vordringen kann (Abb. 5).

Abb. 3 und 4: Raumseitiger Befall auf Farbe (Abb. links) und auf Raufaser (Abb. rechts). Die Bereiche, in denen die Farbe bzw. Raufaser entfernt wurden, sind nicht befallen (rote Pfeile).

Quelle: Dr. Klaus Klus

Abb. 5: Befall auf der Wand hinter punktverklebten Polystyrolinnendämmplatten. Hier gelangte Raumluft hinter die Dämmplatten, wodurch im Winter an der kalten Außenwandoberfläche hinter der Dämmung stark erhöhte relative Luftfeuchte entstand.

Quelle: Dr. Klaus Klus

6.1.2 Durchfeuchtungsschäden (Havarie/mangelhafter Feuchteschutz)

Im Gegensatz dazu kommt es bei Durchfeuchtungsschäden in Wänden zunächst zu einem Befall der Wandseiten von Farbe oder Tapeten und zu einem Befall des Verputzes unter der Tapete und ist deshalb nicht immer sofort sichtbar (Abb. 6 und 7). Es sind also in den meisten Fällen tiefere Schichten vom Schimmelpilzschaden betroffen.

Durchfeuchtung entsteht z.B. bei Havarie von wasserführenden Leitungen oder bei mangelhaftem Feuchteschutz (Undichtigkeiten) von Außenwänden oder erdberührten Bauteilen.

Die Feuchtigkeit befindet sich hauptsächlich innerhalb des Bauteils und nimmt z.B. bei Havarieschäden und Undichtigkeiten in Außenwänden von der raumseitigen Oberfläche zum Inneren des Bauteils zu. Die Bauteile sind i.d.R. erheblich feuchter als bei Kondenswasserschäden. Es ist eine – im Vergleich zu Referenzflächen – deutlich erhöhte Feuchtigkeit messbar.

Es wachsen hauptsächlich Schimmelpilzarten mit mittlerem und hohem Feuchteanspruch (Tab. 3). In seltenen Fällen kommt es ausschließlich in den trockeneren Randbereichen der Durchfeuchtungsschäden zum Wachstum von wenigen xerophilen Arten (Abb. 8).

Abb. 6 und 7: Wandseitiger Befall auf der Rückseite der Tapeten und auf der Verputzoberfläche. Die Raumseite der Tapeten ist augenscheinlich sichtbar noch nicht befallen.

Quelle: Dr. Klaus Klus: Anwendung und Umsetzung mikrobiologischer Analyseberichte durch Bausachverständige. Der Bausachverständige, Zeitschrift für Bauschäden, Grundstückswert und gutachterliche Tätigkeit, Bundesanzeiger Verlag / Frauenhofer IRB Verlag, 4 (2013); S. 10-15

Tab. 3: Feuchteanspruch von häufig in Feuchteschäden wachsenden Schimmelpilzarten

Feuchteanspruch von häufig in Feuchteschäden wachsenden Schimmelpilzarten		
Arten mit geringem Feuchteanspruch (xerophile Arten)	Arten mit mittlerem Feuchteanspruch	Arten mit hohem Feuchteanspruch
Aspergillus penicillioides *Aspergillus restrictus* *Aspergillus glaucus*-Komplex (früher: *Eurotium* spp.) *Wallemia sebi*	*Aspergillus versicolor* *Aspergillus sydowii* *Paecilomyces variotii* *Penicillium chrysogenum* *Alternaria* spp. Einige *Acremonium*-Arten	*Chaetomium*-Arten *Stachybotrys chartarum*

Quelle: Dr. Klaus Klus, nach Klus, Klaus: Anwendung und Umsetzung mikrobiologischer Analyseberichte durch Bausachverständige. Der Bausachverständige, Zeitschrift für Bauschäden, Grundstückswert und gutachterliche Tätigkeit, Bundesanzeiger Verlag / Frauenhofer IRB Verlag, 4 (2013); S. 10-15

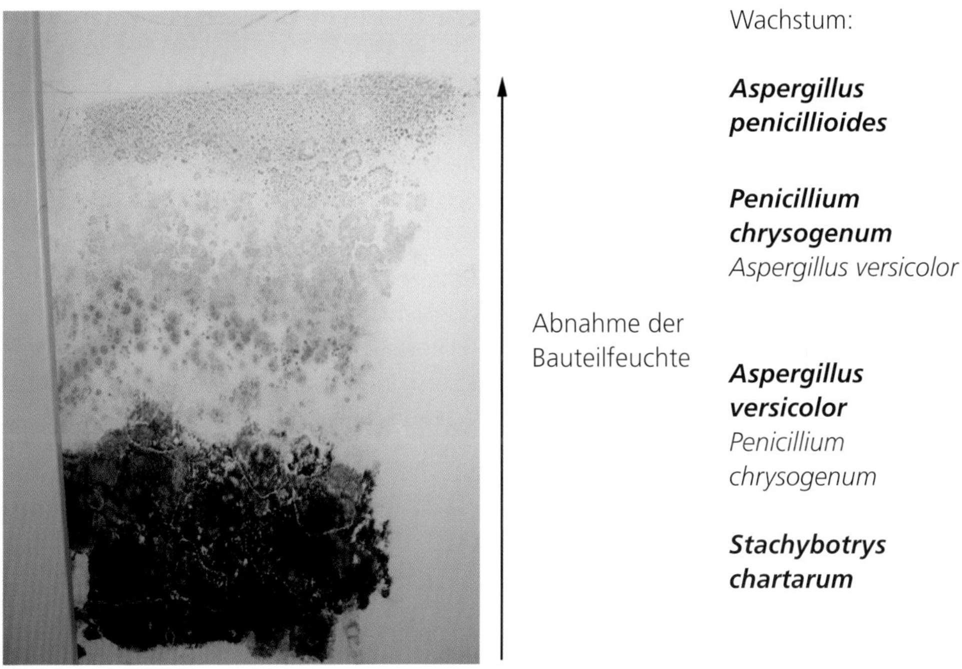

Abb. 8: Beispiel für das Schimmelpilzwachstum an einer Wand (Gipskarton) mit aufsteigender Feuchte. Die Bauteilfeuchte nimmt nach oben ab, entsprechend ändert sich das nachgewiesene Artspektrum der Schimmelpilze.

Quelle: Dr. Klaus Klus

6.1.3 Korrelation zwischen Auftreten bestimmter Schimmelpilzarten und des Ursachentyps

Aufgrund unterschiedlicher Feuchteverhältnisse bei Kondenswasser- und Durchfeuchtungsschäden kommt es also zu unterschiedlich gearteten Schimmelpilzschäden. Die Unterschiede liegen besonders im Bereich des Artspektrums, d.h., es treten unterschiedliche Arten in unterschiedlicher Artzusammensetzung auf.

Ein Vergleich der Schimmelpilzartspektren und der Wachstumsdichten von Schimmelpilzen in 125 Feuchteschäden auf Wänden und/oder Decken in 53 Objekten mit eindeutiger Ursache, die zwischen Juni 2010 und September 2012 untersucht wurden, hat gezeigt, dass sie sich in Abhängigkeit von der Ursache unterscheiden[5]. Bei 72 Feuchteschäden lag eine Durchfeuchtung als Ursache und bei 53 ein Kondenswasserschaden als Ursache vor. Das Vorkommen und die Wachstumsdichte von elf Schimmelpilzarten, die häufig in Schimmelpilzschäden auftreten, wurden verglichen. Das Ergebnis ist in Abb. 9 dargestellt.

Besonders fünf Schimmelpilzarten mit hohem Feuchteanspruch (zwei *Chaetomium*-Arten, *Microascus paisii, Microascus chartarum* (*früher: Scopulariopsis brumptii, Scopulariopsis chartarum*) und *Stachybotrys chartarum*) traten nahezu ausschließlich in Durchfeuchtungsschäden auf. Das Auftreten dieser Schimmelpilzarten liefert also einen starken Hinweis auf einen Durchfeuchtungsschaden als Ursache für das Schimmelpilzwachstum.

Nach den Ergebnissen liefert das überwiegende oder ausschließliche Auftreten von *Cladosporium cladosporioides* und/oder *Cladosporium sphaerospermum* sowie *Aspergillus penicillioides* und/oder *Aspergillus restrictus* dagegen einen starken Hinweis auf einen Kondenswasserschaden als Ursache für das Schimmelpilzwachstum.

Zusammen mit der genauen Lokalisation des Befalls im Schichtaufbau von Bauteilen (z.B. Vorder- und Rückseite einer Tapete) können die Hinweise auf die Ursache aufgrund des nachgewiesenen Artspektrums eine wichtige Hilfestellung bei der Ursachenbestimmung (Durchfeuchtungs- oder Kondensatschaden) leisten. In Tab. 4 ist die Korrelation zwischen dem Auftreten bestimmter Arten und der Schadenursache aufgeführt.

5 Klus, Klaus: Anwendung und Umsetzung mikrobiologischer Analyseberichte durch Bausachverständige. Der Bausachverständige, Zeitschrift für Bauschäden, Grundstückswert und gutachterliche Tätigkeit, Bundesanzeiger Verlag / Fraunhofer IRB Verlag, 4 (2013); S. 10-15.

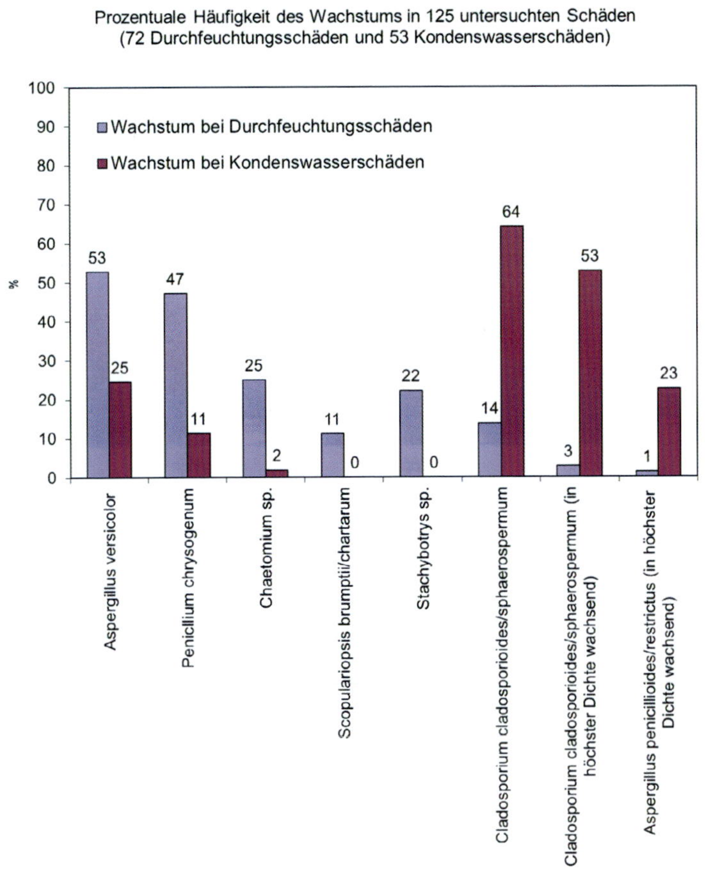

Abb. 9: Prozentuale Häufigkeit des Wachstums in 125 untersuchten Schäden.

Quelle: Dr. Klaus Klus: Anwendung und Umsetzung mikrobiologischer Analyseberichte durch Bausachverständige. Der Bausachverständige, Zeitschrift für Bauschäden, Grundstückswert und gutachterliche Tätigkeit, Bundesanzeiger Verlag / Frauenhofer IRB Verlag, 4 (2013); S. 10-15

Aus den in Abb. 9 dargestellten Ergebnissen lassen sich folgende Korrelationen zwischen dem Auftreten bestimmter Arten und der Schadenursache ableiten:

Tab. 4: Korrelationen zwischen dem Auftreten bestimmter Arten und der Schadenursache

Hinweis auf Kondensatschaden	Kondensat/ Durchfeuchtung	Hinweis auf Durchfeuchtungsschaden
Starker Hinweis: Bei überwiegendem/ausschließlichem Auftreten von *Cladosporium cladosporioides* oder *Cladosporium sphaerospermum* Bei gemeinsamem/gleichmäßig verteiltem Auftreten von *Cladosporium cladosporioides* oder *Cladosporium sphaerospermum* zusammen mit *Aspergillus penicillioides* oder *Aspergillus restrictus* **Weniger starker Hinweis:** Bei überwiegendem/ausschließlichem Auftreten von *Aspergillus penicillioides* oder *Aspergillus restrictus* **Weitere u.a. bei Kondensatschäden auftretende Arten** (kein Hinweis auf Kondensatschaden): *Sarocladium* spp. / *Gliomastix* spp. (früher: *Acremonium*-Arten) *Alternaria*-Arten *Aspergillus versicolor* *Exophiala* sp. *Penicillium chrysogenum*	**Bei beiden Ursachen u.a. auftretende Arten:** *Acremonium*-Arten *Alternaria*-Arten *Aspergillus versicolor* *Penicillium chrysogenum*	**Starker Hinweis:** *Chaetomium*-Arten *Stachybotrys chartarum* *Scopulariopsis chartarum* *Scopulariopsis brumptii* **Weitere u.a. bei Durchfeuchtungsschäden auftretende Arten** (kein Hinweis auf Durchfeuchtungsschaden): *Sarocladium* spp. / *Gliomastix* spp. (früher: *Acremonium*-Arten) *Alternaria*-Arten *Aspergillus sydowii* *Aspergillus versicolor* *Aspergillus ustus*/ *A. calidoustus* *Gliocladium roseum* *Nectria inventa* *Penicillium chrysogenum* *Tritirachium album* *Tritirachium oryzae*

Quelle: Dr. Klaus Klus, nach Klus, Klaus: Anwendung und Umsetzung mikrobiologischer Analyseberichte durch Bausachverständige. Der Bausachverständige, Zeitschrift für Bauschäden, Grundstückswert und gutachterliche Tätigkeit, Bundesanzeiger Verlag / Frauenhofer IRB Verlag, 4 (2013); S. 10-15

Fazit

Mikrobiologische Untersuchungen liefern einen Beitrag zur Ursachenermittlung und können damit eine wichtige Hilfestellung für den Bausachverständigen sein.

6.2 Mikrobiologische Analysen zum Nachweis von Schimmelquellen

Neben der Feststellung der Ursachen von Feuchteeinträgen empfiehlt das Umweltbundesamt im Schimmelleitfaden, Bauteile, an denen Schimmelwachstum aufgetreten ist, zu sanieren. Bei vielen Materialien können Schimmelquellen nur auf der Grundlage mikrobiologischer Untersuchungen zuverlässig bewertet werden.

Mikrobiologische Analysen müssen bei Auftreten von schimmelpilzverdächtigen, aber nicht eindeutig als Schimmelpilzbefall identifizierbaren Verfärbungen zum Nachweis von Bewuchs durchgeführt werden. Bei Durchfeuchtungsschäden mit Salzausblühungen auf der Putzoberfläche ist der Schimmelpilzbefall im Verputz in vielen Fällen nicht erkennbar. Auch ein starker Schimmelpilzbefall auf den Kartonschichten von Gipskartonplatten zeigt sich aufgrund der Eigenfärbung der Kartonschicht nicht unbedingt dem menschlichen Auge. Gerade die Schimmelpilzarten, die große Mengen an sehr luftgängigen Sporen bilden und deshalb zu hohen Schimmelpilzbelastungen der Raumluft führen können, treten häufig in hellen Farbtönen auf, die sich auf der Kartonschicht nur geringfügig abzeichnen und deshalb kaum erkennbar sind.

Abb. 10: Beispiel für einen augenscheinlich nur schwer erkennbaren Befall an der Gipskartonbeplankung einer Leichtbauwand mit der Schimmelpilzart Aspergillus versicolor

Quelle: Dr. Klaus Klus

Auf Abb. 10 ist die Kartonschicht der Rückseite einer Gipskartonbeplankung einer Leichtbauwand zu sehen. Auf der Kartonschicht befindet sich ein starker, aber kaum erkennbarer Befall mit der Schimmelpilzart *Aspergillus versicolor*. Es sind lediglich diffuse, hell erscheinende Flecken sichtbar, die sich kaum von der Färbung der Kartonschicht absetzen. Abb. 11 zeigt das mikroskopische Bild dieser Oberfläche nach Klebefilmpräparation. Die großen Sporenmassen, die im Bereich der hellen Flecken durch *Aspergillus versicolor* gebildet wurden, sind als hellgelb gefärbte Punkte erkennbar.

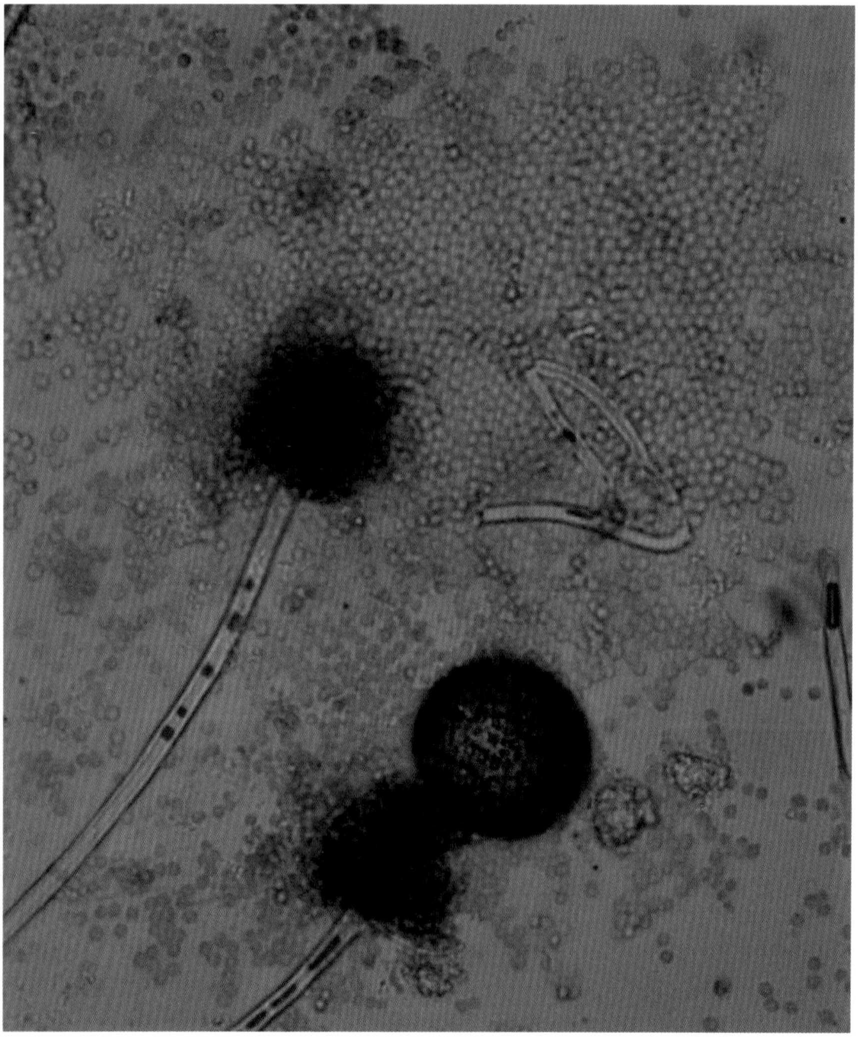

Abb. 11: Lichtmikroskopisches Bild der mit Aspergillus versicolor befallenen Kartonschicht der Gipskartonplatte nach Klebefilmpräparation (400 ×, angefärbt mit Laktophenolblau). Der mit dem Auge kaum erkennbare Befall zeigt sich unter dem Mikroskop als starker Befall mit großen Sporenmengen, die als hellgelb bis hellblau gefärbte Punkte erkennbar sind und von den blau angefärbten Sporenträgern abgegeben wurden.

Quelle: Dr. Klaus Klus: Anwendung und Umsetzung mikrobiologischer Analyseberichte durch Bausachverständige. Der Bausachverständige, Zeitschrift für Bauschäden, Grundstückswert und gutachterliche Tätigkeit, Bundesanzeiger Verlag / Frauenhofer IRB Verlag, 4 (2013); S. 10-15

Die Öffnung dieser Leichtbauwand auf einer Fläche von nur 20 × 50 cm führte zu einer *Aspergillus-versicolor*-Belastung von 800 KBE/m³ in der Luft der betroffenen Küche (KBE = Kolonie bildende Einheit, d.h. ein Bestandteil des Schimmelpilzes, der nach Kultivierung der Probe auf Nährböden eine Kolonie gebildet hat).

Ein Befall dieser Art wird häufig von Bausachverständigen übersehen. Der eigentlich erforderliche Rückbau dieser Gipskartonplattenbereiche findet nicht statt.

6.2.1 Wann sind keine mikrobiologischen Untersuchungen erforderlich (Beispiele)?

Mikrobieller Befall kann bei fortgeschrittenem Wachstum (siehe Abb. 3 bis 8) bereits durch Sichtkontrolle mit hinreichender Sicherheit identifiziert werden. Eine mikrobiologische Untersuchung ist in diesen Fällen nicht zwingend erforderlich.

Bei Durchfeuchtungsschäden im Trockenbau, die weniger als eine Woche alt sind, ist die sofortige Entfernung der nassen GK-Bereiche zur Verhinderung eines spätestens nach eineinhalb bis zwei Wochen einsetzenden Befalls zu empfehlen. So können kostspielige mikrobiologische Untersuchungen und Schutzmaßnahmen einer Sanierung von Schäden mit Schimmelpilzbefall vermieden werden.

6.2.2 Die richtige Beprobung von Material: Klebefilm-Verfahren oder Materialtiefenbeprobung?

Von den in der DIN ISO 16000-21[6] beschriebenen Verfahren sind zur Beprobung von Baustoffproben besonders das Klebefilm-Verfahren und die Materialtiefenbeprobung zu nennen.

Zu der bzgl. des Probenahmeaufwands wohl einfachsten und trotzdem sehr aussagekräftigen Analyse von Schimmelpilzbewuchs gehört das **Klebefilm-Verfahren**. Mit diesem kann Schimmelpilzbewuchs eines Bauteils und ein großer Teil der wachsenden Gattungen, teilweise auch Arten, eindeutig bestimmt werden. Durch die Möglichkeit der direkten Analyse können Ergebnisse schnell vorgelegt werden. Nicht unterschieden werden kann mit dieser Methode, ob der Befall bereits abgestorben ist oder noch lebt. Auch lässt sich diese Methode nicht in allen Fällen anwenden. Bei Befall auf Oberflächen von rauem oder mürbem Putz oder bei Befall tieferer Schichten ist diese Methode nicht mehr anwendbar. Hier muss eine **Materialprobe** entnommen werden. Diese muss in einem Labor nach Suspension aufgearbeitet und anschließend auf Nährböden kultiviert werden. Mit dieser Methode können einzelne Arten sehr gut differenziert und die Aktivität des Befalls (lebend oder abgestorben) bestimmt werden. Es werden die Pilze in allen beprobten Materialschichten erfasst. Da eine Kultivierung der Schimmelpilze erforderlich ist, liegen die Ergebnisse frühestens nach ein bis zwei Wochen vor. Die Unterscheidung von Bewuchs oder Kontamination (reine Sporenbelastung) ist nicht gesichert möglich.

6 DIN ISO 16000-21: Innenraumluftverunreinigungen – Teil 21: Nachweis und Zählung von Schimmelpilzen – Probenahme von Materialien.

6.2.3 Klebefilm-Verfahren: Nachweis von Schimmelpilzen auf Materialoberflächen

Bewertungskriterien und -maßstäbe dieser mikrobiologischen Analyse

Die Klebefilmprobe dient zum mikroskopischen Nachweis von Oberflächenbewuchs auf Baustoffen, insbesondere im Hinblick auf die Unterscheidung zwischen Bewuchs und Kontamination. Je nach Qualität des Präparates ist dabei auch eine Bestimmung der vorliegenden Schimmelpilzgattungen, in einigen Fällen auch Arten oder Gruppen von Arten möglich (siehe Tab. 5). Mit Klebefilmpräparaten können differenziert verschiedene Schichten beprobt werden, z.B. die Tapetenraumseite, die Tapetenrückseite und die Putzoberfläche. Dadurch können Informationen zur Ursache und zur Tiefe des Befalls gewonnen werden (nur Tapete oder auch Putz befallen?).

Wie der Vergleich der Tab. 4 und 5 zeigt, sind die Gattungen, Arten und Artgruppen, die starke Hinweise auf einen Durchfeuchtungs- oder Kondenswasserschaden als Ursache für das Schimmelpilzwachstum geben, per Klebfilm-Verfahren gut differenzierbar.

Tab. 5: Wichtigste mit Hilfe des Klebefilm-Verfahrens identifizierbare Arten, Gattungen und Artgruppen.

Gruppe/Gattung/Art	Art-/Gattungsnamen
Gattung	*Sarocladium* spp. / *Gliomastix* spp. (früher: *Acremonium* spp.)
Gruppe	*Alternaria* spp.
Gruppe	*Aspergillus glaucus*-Komplex (früher: *Eurotium* spp.)/*Aspergillus restrictus*-Komplex
Gruppe	*Aspergillus versicolor/Aspergillus sydowii*
Art	*Chaetomium globosum*
Gattung	*Chaetomium* sp.
Gruppe	Typ *Cladosporium cladosporioides/Cladosporium sphaerospermum*
Gattung	*Cladosporium* sp.
Gattung	*Paecilomyces* spp.
Gattung	*Penicillium* spp. / *Talaromyces* spp.
Gruppe	*Microascus paisii* oder *Microascus chartarum* (früher: *Scopulariopsis brumptii/Scopulariopsis chartarum*)
Gruppe	*Stachybotrys chartarum/Stachybotrys chlorohalonata*
Art	*Stachybotrys echinata*
Gattung	*Trichoderma* spp.

Quelle: Dr. Klaus Klus

Die Bewertung der Ergebnisse erfolgt in den meisten Labors nach folgendem Muster:

Wichtig ist zunächst die Unterscheidung zwischen Kontamination und Bewuchs/Besiedlung. Bei einer Kontamination mit Sporen und Hyphenbruchstücken kann unter Umständen zwischen einer normalen Hintergrundkonzentration und einer auffällig erhöhten, oberhalb einer normalen Hintergrundkonzentration liegenden Kontamination unterschieden werden. Diese Unterscheidung ist in den meisten Fällen jedoch sehr schwierig. Wird strukturierter Schimmelpilzbewuchs nachgewiesen, ist eine normale Hintergrundkonzentration immer überschritten, da Bewuchs im Innenraum immer nur bei Auftreten von erhöhter Feuchtigkeit auftritt. Nach der „Richtlinie zum sachgerechten Umgang mit Schimmelpilzschäden in Gebäuden" des Netzwerks Schimmel e.V.[7] bedeutet das die Überschreitung eines *Auffälligkeitswertes,* respektive *Aufmerksamkeitswertes* nach der „Richtlinie zum sachgerechten Umgang mit Schimmelpilzschäden in Gebäuden" des Netzwerks Schimmel e.V. An diesem Punkt sind vom verantwortlichen Sachverständigen etwaige angemessene Interventionen bzw. Sanierungsmaßnahmen zu formulieren, die die Wiederherstellung einer bauüblichen, mikrobiell-hygienischen Situation gewährleisten können.

Werden viele für Schimmelpilzwachstum typische Strukturen nachgewiesen, ist der Laborbefund in der Regel eindeutig. Es wird von einer Besiedlung / einem Bewuchs ausgegangen (Kategorie „Besiedlung"). Gleiches gilt, wenn keine wachstumstypischen Strukturen und nur wenige Sporen und Hyphenbruchstücke nachgewiesen werden. In diesem Fall handelt es sich um normale Hintergrundkonzentrationen (Kategorie „Hintergrund"). Liegen dagegen wenige wachstumstypische Strukturen und auffällig erhöhte Konzentrationen von Sporen und Hyphenbruchstücken vor, dann kann das Labor nicht eindeutig zwischen Kontamination und Bewuchs/Besiedlung unterscheiden (Kategorie „Kontamination oder Besiedlung möglich"). Für weiterführende Bewertungen ist bei dieser Kategorie die Berücksichtigung der Situation vor Ort erforderlich, so dass nur der Gutachter oder die Gutachterin nach Rücksprache mit dem Labor diese Bewertung vornehmen kann.

Ist eine Besiedlung eindeutig nachgewiesen, wird häufig in die zwei Kategorien „Besiedlung" und „Besiedlung hoher Dichte" unterteilt. Eine Standardisierung der mikroskopischen Analyse und der Bewertungskriterien ist zurzeit in Arbeit und soll zukünftig in der VDI-Richtlinie 4300 Bl. 13 Eingang finden.

7 Netzwerk Schimmel et al. (3. überarbeitete Fassung vom 01.06.2022). Richtlinie zum sachgerechten Umgang mit Schimmelpilzschäden in Gebäuden – Erkennen, Bewerten und Instandsetzen (Hrsg.: Deitschun, F., Warscheid, Th.).

Tab. 6: Beispiel einer Ergebnisstabelle zu Klebefilmpräparaten

<table>
<tr><th>Probe Nr.</th><th colspan="3">Bezeichnung/Probenahmestelle</th><th>Probenart</th></tr>
<tr><td>1</td><td colspan="3">Tapete: Raumseite</td><td rowspan="3">Klebefilm-präparat</td></tr>
<tr><td>2</td><td colspan="3">Putzoberfläche</td></tr>
<tr><td>3</td><td colspan="3">Tapete: Rückseite</td></tr>
<tr><th colspan="2">Probennummer:
Pilzart:</th><th>1</th><th>2</th><th>3</th></tr>
<tr><td colspan="2">Aspergillus restrictus-Gruppe</td><td>++++</td><td rowspan="3">–</td><td>++</td></tr>
<tr><td colspan="2">Cladosporium sp.</td><td>+++</td><td>+</td></tr>
<tr><td colspan="2">Penicillium sp.</td><td>++</td><td>(++)</td></tr>
<tr><td colspan="2">Gesamtbewertung</td><td>++++</td><td>–</td><td>++</td></tr>
</table>

Legende:

–: *keine Organismen-Bestandteile nachgewiesen,* **Hintergrund**

+: *keine wachstumstypischen Schimmelpilzstrukturen, Sporen, Myzelbruchstücke in normaler Hintergrundkonzentration,* **Hintergrund**

(++): *Sporen, Myzelbruchstücke in auffällig* **erhöhter**, *über einer normalen Hintergrundkonzentration liegenden* **Kontamination**

++: *einzelne wachstumstypische Schimmelpilzstrukturen, ggf. Sporen, Myzelbruchstücke in erhöhter Konzentration (***Kontamination oder Besiedlung möglich, Auffälligkeitswert***)*

+++: *viele wachstumstypischen Schimmelpilzstrukturen (***Besiedlung***)*

++++: *Flächendeckend wachstumstypische Schimmelpilzstrukturen (Besiedlung hoher Dichte)*

Quelle: Dr. Klaus Klus

6.2.4 Materialproben: Nachweis von wachstumsfähigen Schimmelpilzen im Material

Bewertungskriterien und -maßstäbe dieser mikrobiologischen Analyse

Diese Methode dient zum Nachweis wachstumsfähiger Pilzbestandteile mittels Suspension und Kultivierung, insbesondere im Hinblick auf die quantitative und qualitative Verteilung der verschiedenen Pilzspezies innerhalb eines Baustoffs bzw. Bauteils. Die quantitative Auswertung erlaubt nur sehr bedingt eine Unterscheidung zwischen mikrobiellem Bewuchs bzw. Kontamination. Arten sind besser differenzierbar als bei Klebefilmpräparaten. Die Methode sollte nur angewandt werden, wenn das genaue Artspektrum gefragt ist, Aussagen zur Aktivität und Wachstumsfähigkeit des Befalls gemacht werden müssen oder wenn Klebefilmproben nicht möglich sind (z.B. bei der Untersuchung mürben Putzes, Putzes unter Ausblühungen oder tieferer Putzschichten sowie von KMF-Dämmungen).

Wichtig ist für die Bewertung der Ergebnisse bzgl. der Stärke des Befalls, die in KBE/g angegeben werden, dass die Dichte des Materials berücksichtigt wird. Zum Beispiel ist die Grenze zwischen normalem Hintergrund und erhöhter Belastung bei leichtem Polystyrol aufgrund des relativ großen Volumens pro Gramm hoch anzusetzen. Bei nassem, schwerem Putz ist sie dagegen aufgrund des relativ geringen Volumens pro Gramm sehr viel niedriger anzusetzen. So ist nach den Erfahrungswerten bei Putz die normale Hintergrundkonzentration schon bei ca. 10.000 bis 20.000 KBE/g überschritten, bei Polystyrol ist sie dagegen erst ab ca. 100.000 bis 500.000 KBE/g überschritten. Diese Konzentrationen bedeuten noch nicht unbedingt, dass Schimmelpilzwachstum vorliegt.

Die Bewertung der Ergebnisse kann folgendermaßen durchgeführt werden:

1. keine Belastung (normaler Hintergrund),
2. Kontamination oder geringes Schimmelpilzwachstum,
3. mit hoher Wahrscheinlichkeit Schimmelpilzwachstum,
4. mit hoher Wahrscheinlichkeit starkes Schimmelpilzwachstum.

Bezüglich Wachstum oder Kontamination müssen Informationen zum Schaden und die Randbedingungen am Schadenort berücksichtigt werden. Zum Beispiel kann ein hoher KBE/g-Wert in künstlicher Mineralfaser (KMF) bedeuten, dass ein Bewuchs vorliegt, aber auch, dass eine Kontamination mit ausschließlich Sporen aus einem angrenzenden Schimmelpilzschaden z.B. einer Gipskartonbeplankung einer Trockenbauwand vorliegt. Bei der Kultivierungsmethode kann deshalb eine starke Sporenkontamination der Probe einen starken Bewuchs vortäuschen. Der Schluss, ob Wachstum vorliegt oder nicht, kann also nicht mit Sicherheit gezogen werden.

Wenn der KBE/g-Wert eines bestimmten Materials so hoch ist, dass aufgrund von Erfahrungswerten „mit hoher Wahrscheinlichkeit Schimmelpilzwachstum" (siehe 4. oben) in diesem Material vorliegt, ist ein *Auffälligkeitswert* respektive *Aufmerksamkeitswert* nach der „Richtlinie zum sachgerechten Umgang mit Schimmelpilzschäden in Gebäuden" des Netzwerks Schimmel e.V. überschritten.

Tab. 7: Beispiel einer Ergebnistabelle zur Suspension und Kultivierung von Materialproben

Probe Nr.	Probenbezeichnung/ Probenahmestelle	Material	Suspension: g	ml	Agar
1	**Büroraum**, Wand zum Flur Sockelbereich	Farbe/Putz	1,13	5,0	DG-18, MEA
2	**Schlafzimmer**, Außen-wandecke unten	Farbe/Putz	1,60	5,0	

Probennummer: / Pilzart:	1 KBE/g	1 Wachstum	2 KBE/g	2 Wachstum
Acremonium strictum	625.612	+++	56.645	++
Aspergillus versicolor	205.023	+++		
Chaetomium globosum	10.532	++		
Cladosporium clado-sporioides			120.654	++
Stachybotrys chartarum	350.253	+++		
Nicht bestimmte Schim-melpilze				
Gesamt-KBE	**1.191.420**		**177.299**	
Hefen	88		132	
Nachweisgrenze[1)]	44		31	
Schimmelpilzbelastung der Materialprobe[2)]	**mit hoher Wahrschein-lichkeit starkes Schimmel-pilzwachstum**		**mit hoher Wahrschein-lichkeit Schimmelpilz-wachstum**	

1) *Die Nachweisgrenze in KBE/g Material entspricht 1 KBE auf 1 Agarplatte der konzentrierten Suspension (100 µl) u.N. = unter der Nachweisgrenze*

2) **Stufen der Schimmelpilzbelastung bei Materialproben (Kontamination oder Wachstum).** *Die Beurteilung der Schimmelpilzbelastung bezieht sich ausschließlich auf die untersuchte Probe. Die Belastung des Gesamtschadens ist u.a. von der Art des befallenen Materials und der Repräsentativität der Probe abhängig. Bei der Beurteilung wurde die Dichte des Materials berücksichtigt:*

- \- *keine Belastung (normaler Hintergrund)*
- \+ *Kontamination oder geringes Schimmelpilzwachstum*
- ++ *(mit hoher Wahrscheinlichkeit) Schimmelpilzwachstum (***Auffälligkeitswert***)*
- +++ *(mit hoher Wahrscheinlichkeit) starkes Schimmelpilzwachstum*

Kontamination = Schimmelpilzsporen, die sich auf bzw. in dem Material ab-/festgesetzt haben, aber nicht ausgekeimt sind (kein Wachstum)

Quelle: Dr. Klaus Klus

6.2.5 Gesamtzellbestimmung zum Nachweis von lebenden und abgestorbenen Mikroorganismenzellen

Diese Methode soll zum Nachweis von lebenden und abgestorbenen Schimmelpilz- und Bakterienzellen dienen. Die bis zu diesem Zeitpunkt für die Gesamtzellzahlbestimmung angewandten unterschiedlichen Färbeverfahren sind für diesen Anwendungsbereich noch nicht ausreichend validiert und die Ergebnisse entsprechend nicht vergleichbar. Aus diesem Grund wird die Methode hier nicht beschrieben und dafür auf den Beitrag von *Trautmann/Meider* in diesem Buch verwiesen.

Fazit

Mikrobiologische Analysen sind bei augenscheinlich nicht eindeutig zu bewertenden Schadenfällen zur Planung von Sanierungs- bzw. Rückbauarbeiten unumgänglich. Durch mikrobiologische Untersuchungen können Schimmelquellen identifiziert und von Verschmutzungen und Sekundärbelastungen unterschieden werden.

6.3 Leitungsleckagen/Überschwemmungen (Frischwasser, Abwasser, Grauwasser)

Bei Leckagen an Frischwasserleitungen kommt es zu Durchfeuchtungsschäden mit einem hohen Risiko von Schimmelwachstum.

Bei Leitungsleckagen von Abwasserleitungen und bei Überschwemmungen kann es zum Eintrag von organischen Verunreinigungen und Fäkalkeimen kommen. Insbesondere bei Leckagen an Abwasserleitungen, an die Toiletten angeschlossen sind, hat die Abklärung des Austritts von Fäkalien aus hygienischer Sicht erste Priorität. Besonders in den Dämmlagen von Estrichbodenkonstruktionen kommt es dann schneller zu sowohl Schimmelpilzwachstum als auch Bakterienwachstum (siehe auch Tab. 2 und Kapitel 9 „Schimmelpilzschäden unter Estrichen"). Ist die Dämmlage stark durchnässt, haben Bakterien einen Wachstumsvorteil gegenüber Schimmelpilzen (siehe Abb. 1). Besonders fäkale Verunreinigungen können dann zu einer geruchlichen Belastung führen. In solchen Fällen oder in Fällen, in denen der Nachweis einer fäkalen Belastung geführt werden soll, kann es sinnvoll sein, Untersuchungen zur Belastung mit Bakterien, speziell mit Indikatorarten für fäkale Verunreinigungen, durchzuführen. Die Probenahme unterscheidet sich nicht von der für die Schimmelpilzanalytik (siehe Kapitel 9 „Schimmelpilzschäden unter Estrichen").

Die übliche Bestimmung der Konzentration aerober mesophiler Bakterien liefert einen Näherungswert für die Gesamtbakterienkonzentration der untersuchten Probe. Da es für die Bakterienbelastungen noch keine ausreichenden Datenerhebungen für Hintergrundkonzentrationen in Bauteilen gibt, können noch keine allgemeingültigen Konzentrationen für die Bewertung bzgl. Bakterienkonzentrationen angegeben werden, die oberhalb der üblichen Hintergrundkonzentrationen liegen. Zur Bewertung sind Referenzuntersuchungen in vom Schaden nicht betroffenen Bodenbereichen gleichen Aufbaus besonders wichtig.

Bei der Untersuchung von nassen Proben auf fäkale Verunreinigungen können Enterokokken als Indikatoren für eine fäkale Verschmutzung herangezogen werden (DIN EN ISO 7899-2[8]). Es ist jedoch zu vergegenwärtigen, dass einige Bakterienarten aus der Gruppe der Enterokokken gelegentlich auch aus nicht fäkalen Verunreinigungen stammen könnten.

Einen Hinweis auf eine fäkale Verunreinigung kann eine Untersuchung von nassen Proben auf *Escherichia coli* (*E. coli*) geben, die natürlicherweise im menschlichen Darm und im Darm von Vögeln und Säugetieren vorkommen (DIN EN ISO 9308-1[9]). Die Untersuchung auf coliforme Bakterien ist schwieriger zu interpretieren, da einige coliforme Bakterien im Boden und im Oberflächenwasser leben und nicht ausschließlich im Darm.

Bei der Bewertung der Ergebnisse aus den Analysen auf Indikatororganismen wie Enterokokken, coliforme Bakterien und *Escherichia coli* ist zu beachten, dass diese Bakterien bei Austrocknung der Probe absterben können. Das bedeutet, dass bei der Untersuchung trockener Proben die zuvor vorhandenen Bakterien bereits abgestorben und die zu detektierenden Indikatororganismen mittels des angewandten Kultivierungsverfahrens nicht mehr nachweisbar sind. Wenn also in den untersuchten ausgetrockneten Proben keine Fäkalindikatoren nachgewiesen wurden, ist ein Schaden, der auf eine fäkale Verunreinigung zurückgeführt werden kann, aufgrund des Probenzustands trotzdem nicht auszuschließen.

Fazit

Bei der Planung und Durchführung von Trocknungen und Probenahmen infolge von Leitungsleckagen ist die Herkunft des Wassers zu berücksichtigen. Das Ausmaß und die Art der Verunreinigungen des eingedrungenen Wassers sind bei der Festlegung der mikrobiologischen Untersuchungsparameter zusätzlich zu berücksichtigen (siehe Tab. 2).

6.4 Mikrobiologische Untersuchungen bei der Sanierungskontrolle

Unter der Sanierung von Schimmelpilzschäden wird im Sinne des WTA-Merkblatts 4-12 (Ausgabe: 05.2021/D)[10] die Entfernung der mit Schimmelpilzen bewachsenen Materialien und die Reinigung der mit Schimmelpilzen kontaminierten Oberflächen verstanden. Sanierungsziel ist die Entfernung bewachsener Materialien bzw. die Zurückversetzung dieser in den Normalzustand und die Reinigung von Oberflächen, so dass keine Kontaminationen über das übliche Maß hinaus mehr bestehen.

Das Erreichen dieses Ziels kann durch eine Sanierungserfolgskontrolle überprüft werden.

Die Sanierungskontrolle besteht aus einer visuellen Inspektion, in der überprüft wird, ob die mit Schimmelpilzen bewachsenen Materialien ausreichend entfernt wurden, dass scha-

8 DIN EN ISO 7899-2:2000: Wasserbeschaffenheit - Nachweis und Zählung von intestinalen Enterokokken – Teil 2: Verfahren durch Membranfiltration.

9 DIN EN ISO 9308-1:2000: Wasserbeschaffenheit - Zählung von Escherichia coli und coliformen Bakterien – Teil 1: Membranfiltrationsverfahren für Wässer mit niedriger Begleitflora.

10 WTA Merkblatt 4-12 (Ausgabe 05.2021/D): Ziele und Kontrolle von Schimmelpilzschadensanierungen in Innenräumen.

denbedingte geruchliche Auffälligkeiten nicht mehr vorhanden sind und ob durch eine Reinigung der Normalzustand der Oberflächen erreicht wurde. Die erfolgreiche Reinigung kann dabei durch Wischtests auf Oberflächen mit Handschuhen erfolgen. Werden Mängel festgestellt, müssen diese zunächst beseitigt werden.

Zur Überprüfung, ob alles mit Schimmelpilzen bewachsene Material entfernt wurde, können Bauteile, falls Befall nicht sicher visuell als solcher erkennbar ist, durch das Klebefilm-Verfahren auf noch vorhandenen Befall untersucht werden.

Durch Raumluftmessungen nach Mobilisierung möglicherweise noch vorhandenen Staubes kann überprüft werden, ob die Reinigung erfolgreich war und der Normalzustand erreicht wurde.

Der Umfang der Erfolgskontrolluntersuchung ist von den während der Sanierungsmaßnahmen zu erwartenden Sporenbelastungen und der Nutzung abhängig. Grundlage sind die drei Gefährdungsklassen (GK) aus der DGUV-Information 201-028 der Deutschen Gesetzlichen Unfallversicherung e.V.,[11] die unterschiedlichen Sanierungs- bzw. Rückbauverfahren zugeordnet wurden.

Folgende Anforderungen werden in der „Richtlinie zum sachgerechten Umgang mit Schimmelpilzschäden in Gebäuden" des Netzwerks Schimmel e.V. empfohlen:

GK 0	Keine Erfolgskontrolle erforderlich
GK I	Sichtkontrolle, ggf. Raumluftmessung
GK II	Sichtkontrolle, ggf. Raumluftmessung
GK III	Sichtkontrolle und Raumluftmessung

Art und Weise sowie der Umfang der Untersuchungen sind zwischen den Vertragsparteien zu vereinbaren.

Die Kontrollmessung (Raumluftmessung) sollte möglichst nach dem Rückbau der schimmelpilzbelasteten Baumaterialien und der Feinreinigung und noch vor Wiederherstellung der Räume durchgeführt werden. Die Messung wird zehn Minuten nach einer Mobilisierung der ggf. vorhandenen Stäube und Schimmelpilzbestandteile durchgeführt. Zur Mobilisierung werden mindestens 50 % der Oberflächen mit einem Ventilator mit einer Strömungsgeschwindigkeit von 1 bis 4 m/sec angeblasen.

Die Raumluftmessung wird mittels Impaktion der Partikel auf beschichteten Objektträgern (Gesamtsporenbestimmung gemäß DIN ISO 16000-20)[12] durchgeführt. Ergänzend kann eine Probenahme mit kultivierungsbasiertem Nachweis (Impaktion auf Nährböden oder Filtration mit anschließender Kultivierung, Bestimmung der wachstumsfähigen Pilzsporen: DIN ISO 16000-18,[13] DIN ISO 16000-16[14] und DIN ISO 16000-17)[15] durchgeführt werden.

11 DGUV Information 201-028: Gesundheitsgefährdungen durch Biostoffe bei der Schimmelpilzsanierung, 2022.
12 DIN ISO 16000-20: Innenraumluftverunreinigungen – Teil 20: Nachweis und Zählung von Schimmelpilzen – Bestimmung der Gesamtsporenanzahl.
13 DIN ISO 16000-18: Innenraumluftverunreinigungen – Teil 18: Nachweis und Zählung von Schimmelpilzen – Probenahme durch Impaktion.
14 DIN ISO 16000-16: Innenraumluftverunreinigungen – Teil 16: Nachweis und Zählung von Schimmelpilzen – Probenahme durch Filtration (ISO 16000-16:2008).
15 DIN ISO 16000-17: Innenraumluftverunreinigungen – Teil 17: Nachweis und Zählung von Schimmelpilzen – Kultivierungsverfahren.

Als Referenz kann eine Außenluftprobe oder eine Luftprobe in einem ungeschädigten Vergleichsraum im selben Gebäude mit gleicher Nutzung gezogen werden. Aufgrund inzwischen durchgeführter Ringversuche kann die Methode der Gesamtsporenbestimmung als ausreichend validierte Methode angesehen werden.

Falls die Sanierungskontrolle nach Wiederherstellung durchgeführt wird, sind die Probenahmeverfahren mit kultivierungsbasiertem Nachweis der Gesamtsporenbestimmung vorzuziehen, da es durch die Möglichkeit der Differenzierung von *Penicillium*- und *Aspergillus*-Arten möglich ist, zwischen Schimmelpilzbelastungen, die aus der Sanierung stammen, und denen, die aus anderen sanierungsunabhängigen Schimmelpilzquellen stammen, zu unterscheiden. Mit der Gesamtsporenbestimmung können Arten der Gattungen *Penicillium* und *Aspergillus,* die sehr viele verschiedene Arten, besonders auch Arten, die in Quellen wie verschimmelten Lebensmitteln oder in Pflanzsubstraten von Topfpflanzen auftreten, beinhalten, nicht unterschieden werden, da sie nicht eindeutig unterscheidbare Sporentypen bilden. Lediglich die *Aspergillus*-Artengruppe *Aspergillus penicillioides/ Aspergillus restrictus/Eurotium*-Arten können vom Sporentyp unterschieden werden.

Als grundsätzliche Orientierung gilt: Räume können nach der Sanierung eines Schimmelpilzschadens zur Nutzung freigegeben werden, wenn die Ergebnisse der visuellen Kontrolle eine fachgerechte Reinigung indizieren und die Messergebnisse die in den folgenden Tabellen aufgeführten Kriterien erfüllen.

Tab. 8: Durch die WTA-Arbeitsgruppe zum WTA-Merkblatt 4-12 festgelegte Kriterien für die Gesamtsporenbestimmung

Gruppe	Kriterien/Auffälligkeitswerte gemäß WTA-Merkblatt 4-12 Ausgabe: 05.2021/D Konzentration im Vergleich zur Referenzluft [Sporen/m³] Probenahme nach Mobilisierung
Typ *Aspergillus/Penicillium*	≤ 800
Typ *Chaetomium*	≤ 100
Typ *Stachybotrys*	≤ 50
Typ *Scopulariopsis/Doratomyces*	≤ 300
Hyphenstücke	≤ 300

Wird die Anzahl für einen Typ oder eine Gattung um max. 50 % überschritten, alle anderen Werte aber eingehalten, dann kann das Ergebnis, wenn alle anderen Ergebnisse der visuellen Kontrolle eine fachgerechte Reinigung indizieren, akzeptiert werden.

Quelle: Dr. Klaus Klus nach WTA Merkblatt 4-12 Ausgabe: 05.2021/D: Ziele und Kontrolle von Schimmelpilzschadensanierungen in Innenräumen

Tab. 9: Kriterien für die Probenahme (Impaktion, Filtration) mit kultivierungsbasiertem Nachweis nach den Aufmerksamkeitswerten für die raumlufthygienische Kontrollmessung der „Richtlinie zum sachgerechten Umgang mit Schimmelpilzschäden in Gebäuden" des Netzwerks Schimmel e.V. nach vorheriger Mobilisierung.

Gruppe	Auffälligkeitswerte Konzentration im Vergleich zur Außenluft [KBE/m³] Probenahme nach Mobilisierung	
	vor Wiederherstellung [1)]	nach Wiederherstellung
Summe innenraumrelevanter Arten	≤ 500	≤ 300
Einzelne innenraumrelevante Art	≤ 300	≤ 150
Arten • Mit geringer Keimfähigkeit auf Nährböden • Mit vergleichsweise schlechter Luftgängigkeit • Stark auf Feuchteschäden begrenzt • Die aufgrund ihres Toxingehaltes eine besondere gesundheitliche Bedeutung besitzen (z.B. *Stachybotrys*)	≤ 50	≤ 30

Quelle: Dr. Klaus Klus

Die Unterschreitung der Auffälligkeitswerte, respektive *Aufmerksamkeitswerte* nach der „Richtlinie zum sachgerechten Umgang mit Schimmelpilzschäden in Gebäuden" des Netzwerks Schimmel e.V., erlaubt, die betreffenden Räumlichkeiten bzw. Objektbereiche nach der Sanierung eines Schimmelpilzschadens zur Nutzung freizugeben.

Die für die Probenahme (Impaktion, Filtration) mit kultivierungsbasiertem Schimmelpilznachweis und die Gesamtsporenbestimmung angegebenen Auffälligkeitswerte stellen einen in der Praxis auftretenden durchschnittlichen Grenzbereich dar und sind so gewählt, dass sich darunterliegende Werte nach derzeitigem Stand der Erfahrungen im Bereich einer üblichen Hintergrundkonzentration nach Sanierung befinden; d.h., bei Unterschreitung sind i.d.R. keine weiteren Maßnahmen erforderlich. Falls die gesamten oder einzelne dieser Kriterien nicht erfüllt sind, muss – im Einzelfall in Abhängigkeit von den Rahmenbedingungen – entschieden werden, ob trotzdem eine sofortige Freigabe möglich ist oder erst nach Durchführung weiterer Maßnahmen (z.B. gezielte Reinigung ohne weitere Kontrollmessung oder erneute Feinreinigung mit Kontrollmessung). Bei dieser Entscheidung müssen u.a. mögliche zur Kenntnis gelangte gesundheitliche Beschwerden der Raumnutzer (durch strengere Auslegung der Auffälligkeitswerte) sowie die durchschnittliche Raumnutzung berücksichtigt werden (z.B. seltene Nutzung: großzügigere Auslegung der Auffälligkeitswerte).

Berücksichtigt werden muss außerdem, dass bei Kontrollmessungen vor Wiederherstellung häufig noch offene, nicht vollständig zu entstaubende Flächen (z.B. freiliegende Backsteinmauerwerke oder Betonflächen nach Entfernung von Verputz bzw. Estrich) vorliegen, wodurch eine in der Praxis nach Feinreinigung erreichbare Konzentration i.d.R. höher liegt als nach Wiederherstellung. Auch dann können Überschreitungen im o.g. Maße akzeptiert werden.

In Räumen der Nutzungsklasse I (siehe Schimmelleitfaden 2017) reicht eine Gesamtsporenmessung gemäß WTA-Merkblatt 4-12 Ausgabe 05.2021/D zur Bestätigung des Sanierungserfolges nicht aus. Es ist sicherzustellen, dass keine kultivierbaren Schimmelpilze der Risikogruppe 2 (TRBA 460)[16] in der Raumluft vorhanden sind. Dazu sind Raumluftmessungen mit einer kultivierungsbasierten Auswertung unverzichtbar.

Fazit

Die Kontrolle der Beseitigung von schimmelbefallenen Bauteilen erfolgt i.d.R. durch Sichtkontrolle. In Zweifelsfällen kann der Befund durch mikrobiologische Untersuchungen (Oberflächen- oder Materialuntersuchungen) abgesichert werden. Der Erfolg einer Feinreinigung nach einer Schimmelsanierung (Raumnutzungstyp 2) kann durch eine Bestimmung der Gesamtsporenzahl gemäß WTA-Merkblatt 4-12 Ausgabe 05.2021/D oder mit Probenahmeverfahren (Impaktion, Filtration) mit kultivierungsbasiertem Nachweis geprüft werden.

6.5 Zerstörungsfreie Methoden zum Auffinden verdeckter Quellen

Da bei den meisten Feuchteschäden nicht auf zerstörende Eingriffe zur Bestimmung der Baufeuchte und Durchführung von Trocknungsmaßnahmen verzichtet werden kann, sind diese Verfahren für die Arbeit des Bausachverständigen von untergeordneter Bedeutung. Der Vollständigkeit halber und zum besseren Verständnis der sich aus den Untersuchungen ergebenden Schlussfolgerungen werden diese Verfahren hier kurz beschrieben.

6.5.1 Bestimmung der Schimmelpilzkonzentration in der Raumluft

In der DIN EN ISO 16000-19 („Innenraumluftverunreinigungen: Probenahmestrategie für Schimmelpilze") wird die Messstrategie zur Ermittlung von Schimmelpilzquellen in Innenräumen beschrieben. Als zerstörungsfreies Verfahren werden Raumluftmessungen genannt, die bei vermuteten Schimmelpilzschäden, gesundheitlichen Beschwerden von Nutzern, Geruchsbelästigungen und zur Sanierungsbegleitung (siehe auch Kapitel 6.2) eingesetzt werden können. Die messtechnischen Verfahren und deren Anwendungsbereich sind in Tab. 10 aufgeführt.

16 TRBA 460 Einstufung von Pilzen in Risikogruppen, Technische Regel für Biologische Arbeitsstoffe, GMBl. 2016, Nr. 29/30 vom 22.07.2016, S. 562 1. Änderung: GMBl. Nr. 42 vom 17.10.2016, S. 839.

Tab. 10: Verfahren zum Nachweis von Schimmelpilzen in der Raumluft

Abscheideprinzip	**Nachweisverfahren**	**Normen/ Richtlinien**	**Anwendungsbereich** (erwartete Konzentration in KBE/m³)
Filtration	Kultivierung	DIN ISO 16000-16 in Kombination mit DIN ISO 16000-17	50 bis 100.000*
	Direktmikroskopie	i. A. VDI 4253 Bl. 4[17]	> 1.000
Impaktion (Schlitz- oder Lochimpaktion)	Kultivierung	DIN ISO 16000-18 in Kombination mit DIN ISO 16000-17	50 bis 2.000*
	Direktmikroskopie	DIN ISO 16000-20	5 bis 500.000

** siehe DIN EN ISO 16000-19*

Quelle: Dr. Lothar Grün

Bei einem Schimmelpilzverdacht können Raumluftmessungen nach DIN ISO 16000-16 oder DIN ISO 16000-18 in Kombination mit einer kultivierungsbasierten mikrobiologischen Auswertung in Anlehnung an DIN ISO 16000-17 die Wahrscheinlichkeit einer Schimmelquelle stützen oder entkräften. Zur Beurteilung der Wahrscheinlichkeit einer Schimmelquelle wird im Schimmelleitfaden (UBA, 2017) eine aktualisierte Bewertungshilfe angeboten.

17 VDI 4253 Blatt 4:2013-02: Bioaerosole und biologische Agenzien - Bestimmung der Gesamtzellzahl mittels Fluoreszenzanalyse nach Anfärbung mit DAPI.

Tab. 11: Aktualisierte Bewertungshilfe für Luftproben – kultivierbare Schimmelpilze (KBE/m³) gemäß Schimmelleitfaden (UBA, 2017)

Parameter	Hintergrundbelastung Innenraumquelle unwahrscheinlich	Innenraumquelle möglich	Innenraumquelle wahrscheinlich
Cladosporium sowie andere Pilzgattungen, die in der Außenluft erhöhte Konzentrationen erreichen können (z.B. sterile Myzelien, Hefen, *Alternaria, Botrytis*)	Wenn die Konzentration einer Gattung in der Innenraumluft nicht höher als in der Außenluft liegt. $I_{typ\ A} \leq A_{typ\ A}$	Wenn die Konzentration einer Gattung in der Innenraumluft über dem Einfachen und bis zum Zweifachen der Außenluft liegt. $A_{typ\ A} < I_{typ\ A} \leq A_{typ\ A} \times 2$	Wenn die Konzentration einer Gattung in der Innenraumluft über dem Zweifachen der Außenluft liegt. $I_{typ\ A} > A_{typ\ A} \times 2$
Summe der KBE aller untypischen Außenluftarten	Wenn die Differenz der Konzentration zwischen Innenraumluft und Außenluft nicht über 150 KBE/m³ liegt. $I_{\Sigma untyp\ A} \leq A_{\Sigma untyp\ A} + 150$	Wenn die Differenz der Konzentration zwischen Innenraumluft und Außenluft über 150 KBE/m³ und bis zu 500 KBE/m³ liegt. $A_{\Sigma untyp\ A} + 150 < I_{\Sigma untyp\ A} \leq A_{\Sigma untyp\ A} + 500$	Wenn die Differenz der Konzentration zwischen Innenraumluft und Außenluft über 500 KBE/m³ liegt. $I_{\Sigma untyp\ A} > A_{\Sigma untyp\ A} + 500$
***eine* Gattung** (Summe der KBE aller zugehörigen Arten) der untypischen Außenluftarten	Wenn die Differenz der Konzentration zwischen Innenraumluft und Außenluft nicht über 100 KBE/m³ liegt. $I_{Euntyp\ G} \leq A_{Euntyp\ G} + 100$	Wenn die Differenz der Konzentration zwischen Innenraumluft und Außenluft über 100 KBE/m³ und bis zu 300 KBE/m³ liegt. $A_{Euntyp\ G} + 100 < I_{Euntyp\ G} \leq A_{Euntyp\ G} + 300$	Wenn die Differenz der Konzentration zwischen Innenraumluft und Außenluft über 300 KBE/m³ liegt. $I_{Euntyp\ G} > A_{Euntyp\ G} + 300$
***eine* Art** der untypischen Außenluftarten mit guter luftgetragener Verbreitung; z.B. *Aspergillus* spp.	Wenn die Differenz der Konzentration zwischen Innenraumluft und Außenluft nicht über 50 KBE/m³ liegt.* $I_{Euntyp\ A} \leq A_{Euntyp\ A} + 50$	Wenn die Differenz der Konzentration zwischen Innenraumluft und Außenluft über 50 KBE/m³ und bis zu 100 KBE/m³ liegt.* $A_{Euntyp\ A} + 50 < I_{Euntyp\ A} \leq A_{Euntyp\ A} + 100$	Wenn die Differenz der Konzentration zwischen Innenraumluft und Außenluft über 100 KBE/m³ liegt. $I_{Euntyp\ A} > A_{Euntyp\ A} + 100$

Parameter	Hintergrundbelastung Innenraumquelle unwahrscheinlich	Innenraumquelle möglich	Innenraumquelle wahrscheinlich
***eine* Art** der untypischen Außenluftarten mit schlechter luftgetragener Verbreitung; z.B. *Phialophora* sp., *Stachybotrys chartarum*	Wenn die Differenz der Konzentration zwischen Innenraumluft und Außenluft nicht über 30 KBE/m³ liegt.* $I_{Euntyp\ AS} \leq A_{Euntyp\ AS} + 30$	Wenn die Differenz der Konzentration zwischen Innenraumluft und Außenluft über 30 KBE/m³ und bis zu 50 KBE/m³ liegt.* $A_{Euntyp\ AS} + 30 < I_{Euntyp\ AS} \leq A_{Euntyp\ AS} + 50$	Wenn die Differenz der Konzentration zwischen Innenraumluft und Außenluft über 50 KBE/m³ liegt.* $I_{Euntyp\ AS} > A_{Euntyp\ AS} + 50$

* *Konzentrationen von unter 100 KBE/m³ bzw. unter 50 KBE/m³ lassen sich bei einem Probevolumen von 100 l bzw. 200 l nicht mit einer ausreichenden Genauigkeit nachweisen, da erst ab einer Zahl von zehn Kolonien pro Platte quantitativ mit einer ausreichenden statistischen Sicherheit ausgewertet werden kann. Trotzdem kann der Nachweis einzelner Kolonien dieser Schimmelpilze ein erster Hinweis auf eine mögliche Schimmelpilzquelle sein.*

KBE *Kolonie bildende Einheiten*

I *Konzentration in der Innenraumluft in KBE/m³*

A *Konzentration in der Außenluft in KBE/m³*

typ A *typische Außenluftarten bzw. -gattungen (extramurale Pilze wie Cladosporium, sterile Myzelien, ggf. Hefen, ggf. Alternaria, ggf. Botrytis)*

untyp A *untypische Außenluftarten bzw. -gattungen (intramurale Pilze wie Pilzarten mit hoher Indikation für Feuchteschäden, z.B. Acremonium spp., Aspergillus versicolor, A. penicillioides, A. restrictus, Chaetomium spp., Phialophora spp., Scopulariopsis brevicaulis, S. fusca, Stachybotrys chartarum, Tritirachium (Engyodontium) album, Trichoderma spp.)*

Σuntyp A *Summe der untypischen Außenluftarten (andere als typ A)*

Euntyp A ***eine** Art, die untypisch ist in der Außenluft mit guter luftgetragener Verbreitung*

Euntyp AS ***eine** Art, die untypisch ist in der Außenluft mit schlechter luftgetragener Verbreitung*

Euntyp G ***eine** Gattung, die untypisch ist in der Außenluft*

Quelle: UBA-Leitfaden zur Vorbeugung, Erfassung und Sanierung von Schimmelbefall in Gebäuden („Schimmelleitfaden") Umweltbundesamt, Berlin 2017

In der Fußnote der aktualisierten Bewertungshilfe wird darauf hingewiesen, dass nicht alle Kriterien mit häufig verwendeten Messverfahren sicher zu bestimmen sind und die so ermittelten Befunde lediglich als Hinweis auf eine mögliche Quelle interpretiert werden können. Da neben gebäudebedingten Quellen (Schimmelpilzwachstum an durchfeuchtetem Bauteil oder unzulässiger Wärmebrücke) auch andere Quellen wie z.B. durch nutzungsbedingte Einflüsse entstandene Quellen (Schimmelpilzbefall auf Obst/Pflanzsubstrat etc.) oder durch das Raumklima bedingtes Schimmelpilzwachstum, z.B. auf Inventar, zu erhöhten Schimmelpilzkonzentrationen in Innenräumen führen können, sind erhöhte Schimmelkonzentrationen kein Beleg für das Vorhandensein eines Schimmelschadens an der Bausubstanz.

Beim Nachweis erhöhter Schimmelpilzkonzentrationen wäre deshalb zunächst abzuklären, ob nutzungs- oder bauseitsbedingte Quellen vorhanden sind. Können Außenlufteinträge oder durch nutzungsbedingte Einflüsse entstandene Quellen ausgeschlossen werden, wären zur Bestätigung eines bauseitigen Schimmelschadens weitere – wie in dem Kapitel 6.2 beschriebene – Untersuchungen von Oberflächen oder Materialien erforderlich.

6.5.2 Messung flüchtiger organischer Stoffwechselprodukte (MVOC)

Als MVOC werden flüchtige organische Luftverunreinigungen bezeichnet, die als Stoffwechselprodukte von Mikroorganismen gebildet werden können und messtechnisch mit den in der VDI 4254 Bl. 1 beschriebenen Verfahren bestimmt werden können. Als gängige Indikatoren für Schimmelschäden gelten folgende Verbindungen: Dimethylsulfid, 2-Methyl-1-butanol, 2-Pentylfuran, 1-Octen-3-ol, Dimethyldisulfid, 3-Methyl-1-1-butanol, 3-Methylfuran[18].

Ein Nachweis der angeführten Indikatorstoffe in der Raumluft kann mögliche verdeckte Schimmelquellen indizieren. Von verschiedenen Autoren wurden Bewertungsschemata veröffentlicht, die in der folgenden Tab. 12 aufgeführt sind. Die in der Tabelle angeführten Daten zeigen, dass sich nicht nur die zur Bewertung von Schimmelschäden heranzuziehenden MVOC in Art und Anzahl der Einzelstoffe, sondern auch in der Summenkonzentration erheblich unterscheiden. Die Gründe für die unterschiedlichen Bewertungsmaßstäbe sind bislang nicht abschließend aufgeklärt.

18 Heinzow B., Walker G.; Gesundheitliche Bedeutung der MVOC. Umweltmed ForschPraxis 17, 2012, S. 143-155.

Tab. 12: Zusammenstellung der Bewertungskriterien für den Nachweis von verdeckten Schimmelquellen (nach Heinzow und Walker, 2012)

	***Börjesson*, 1993**[19]	**Landesgesundheitsamt Baden-Württemberg, 2001**	**Umweltbundesamt, 2002**[20]	**nach *Lorenz* (zitiert nach *Keller et al.*, 2004, 2006, *Heinzow und Walker*, 2012)**[21]	***Keller et al.*, 2006**[22]
Hauptindikatoren					
Dimethylsulfid		X			X
Dimethyldisulfid	X		X	X	X
DMSO					X
2-Methylfuran					X
3-Methylfuran	X	X	X	X	X
1-Octen-3-ol	X	X	X	X	X
2-Pentanol	X				X
3-Octanon	X	X	X		X
2-Methylisoborneol					X
3-Methyl-1-butanol	X	X			
2-Heptanon	X				
2-Hexanon	X				
2-Methyl-1-butanol					
2-Pentylfuran					
Bewertung	100 ng/m^3	> 500 ng/m^3	240 ng/m^3	185 ng/m^3	440 ng/m^3 (II. bis III. Quartal) 530 ng/m^3 (IV. bis I. Quartal)

Quelle: Grün, Kaesler und Wiesmüller Umweltmed-Hygiene-Arbeitsmed 18 (1), 2013; ecomed Medizin, Verlagsgruppe Hüthig Jehle Rehm GmbH (2013). Abdruck mit freundlicher Genehmigung des Verlags.

19 Börjesson, T.; Volatile fungal metabolites as indicators of mold growth in stored cereals, Ph.D. thesis, Swedish Univ. of Agricultural Science, Uppsala 1993.
20 Umweltbundesamt ; Leitfaden zur Vorbeugung, Untersuchung, Bewertung und Sanierung von Schimmelpilzwachstum in Innenräumen („Schimmelpilz-Leitfaden"). Berlin 2002.
21 Heinzow B., Walker G.; Gesundheitliche Bedeutung der MVOC. Umweltmed ForschPraxis 17, 2012, S. 143-155.
22 Keller, R., Senkpiel, K., Butte, W.; Detektion von saisonal bedingten MVOC-Referenzwerten in unbelasteten Wohnungen. Gefahrstoffe – Reinhaltung der Luft 66, 2006 S. 107-111.

Auch bei MVOC-Werten, die nach allen in der Tabelle aufgeführten Kriterien als auffällig einzustufen wären, ließe sich daraus nicht zwingend schließen, dass ein Schimmelschaden vorhanden ist.[23] Das Analyseverfahren ist störanfällig und die als MVOC bezeichneten Stoffe können grundsätzlich auch als VOC-Emissionen aus anderen Quellen wie z.B. nutzungsbedingten Freisetzungen oder Bauprodukten stammen. Vor diesem Hintergrund ist die Aussagekraft dieser Messwerte zur Bestätigung eines verdeckten Schimmelschadens als eher gering zu bewerten. Zur Bestätigung eines bauseitigen Schimmelschadens wären weitere – wie in dem Kapitel 6.2 beschriebene – Untersuchungen von Oberflächen oder Materialien erforderlich.

6.5.3 Einsatz von Schimmelspürhunden

In dem Schimmelleitfaden des Umweltbundesamtes wird im Kapitel 5 (Schimmelbefall erkennen, erfassen und bewerten) auch der Einsatz von Schimmelpilz-Spürhunden erwähnt. Diese können bei Verdacht auf verdeckten Schimmelbefall in Gebäuden eingesetzt werden, um Hinweise auf das Vorhandensein und die Lokalisation von Schimmelbefall zu erhalten (siehe auch den Beitrag von *Valtanen* in diesem Buch). Die Markierungen der Spürhunde liefern jedoch noch keinen hinreichenden Beweis für einen Schimmelschaden. Die Geruchsquelle (Schimmel) muss nicht zwingend an der vom Hund markierten Stelle gelegen sein. Der vom Spürhund identifizierte Geruch kann auch mit dem Luftstrom von der Quelle weg an den Ort der Markierung verfrachtet worden sein. Im Schimmelleitfaden wird deshalb ausdrücklich darauf hingewiesen, dass es nicht möglich ist, allein auf Grundlage der Markierung eines Schimmelspürhundes auf eine Schimmelpilzquelle zu schließen oder bereits Sanierungsentscheidungen zu treffen. Auch beim Einsatz von Schimmelspürhunden ist eine zusätzliche Bestätigung des Verdachts durch die in dem Kapitel 6.2 beschriebenen mikrobiologischen Verfahren erforderlich.

Fazit

Zerstörungsfreie Untersuchungsverfahren können einen Schimmelverdacht in einem verdeckten Bauteil erhärten oder entkräften. Einen Beweis für das Vorhandensein oder nicht Vorhandensein eines verdeckten Schimmelschadens liefern die Verfahren nicht.

6.6 Berücksichtigung der Raumnutzungsklassen bei der Bewertung von Schimmelwachstum in Gebäuden

Die zweite grundsätzliche Neuerung im Schimmelleitfaden ist die Einführung von vier Raumnutzungsklassen (siehe Tab. 13). Bei der hygienischen Bewertung von mikrobiologischen Befunden und der Festlegung von Art und Umfang von Sanierungsmaßnahmen sollen die jeweiligen Hygieneanforderungen für die unterschiedlichen Raumnutzungsklassen berücksichtigt werden.

23 Kaesler, C., Wiesmüller, G.A.; MVOC als mögliche Indikatoren für Feuchtigkeitsschäden. Umweltmed ForschPraxis 17, 2012, S. 27-33; Grün, L., Kaesler, C., Wiesmüller, G.A.; MVOC – Vergleichbarkeit und Aussagekraft von Messungen. Umweltmed ForschPraxis 18, 2013, S. 17-26.

Tab. 13: Hygienische Bewertung von Schimmelschäden nach Nutzungsklassen

Nutzungsklasse	Anforderungen an die Innenraumhygiene	Beispiel	Anmerkungen
I	Spezielle, sehr hohe Anforderungen wegen individueller Disposition	Räume für Patienten mit Immunsuppression	Nicht in diesem Leitfaden behandelt; die Anforderungen bedürfen gesonderter Vereinbarung
II	Normale Anforderungen	Innenräume zum nicht nur vorübergehenden Aufenthalt von Menschen: Wohn- oder Büroräume, Schulen, Kitas usw. einschließlich dazugehörender Nebenräume	Es gelten die gleichen Anforderungen für alle genutzten Räume (d.h. bei Wohnungen alle Räume einschließlich in der Wohnung liegender Nebenräume)
III	Reduzierte Anforderungen	Nicht dauerhaft genutzte Nebenräume **außerhalb** von Wohnungen, Büros, Schulen usw., z.B. Kellerräume und Abstellräume (ohne direkten Zugang zur Wohnung), nicht ausgebaute Dachgeschosse sowie Garagen oder Treppenhäuser	Verringertes Anforderungsniveau für Sanierung und Instandsetzung; geringere Dringlichkeit der Sanierung
IV	Deutlich reduzierte Anforderungen bis hin zu keinen Maßnahmen hinter der Abschottung	Luftdicht abgeschottete Bauteile und Hohlräume in Bauteilen oder Räumen, die nach Anforderung der DIN 4108-7 mit geeigneten Stoffen gegenüber Innenräumen abgeschottet sind	Bestimmungsgemäß trockene Bauteile hinter der Abschottung müssen trocken bzw. dürfen nicht dauerhaft feucht sein

Quelle: UBA-Leitfaden zur Vorbeugung, Erfassung und Sanierung von Schimmelbefall in Gebäuden („Schimmelleitfaden“) Umweltbundesamt, Berlin 2017 (bis 12.2023)

Die Einführung der Nutzungsklassen impliziert, dass bei der Schadenbeurteilung und der Festlegung der Dringlichkeit und des Umfangs der Maßnahmen zur Beseitigung des Schadens letztendlich auch die Möglichkeit und Wahrscheinlichkeit einer stofflichen Einwirkung auf Personen zu berücksichtigen ist. Der Nachweis von Schimmelquellen im Gebäude muss nicht zwangsläufig zum Ausbau eines belasteten Materials führen. Das Ziel einer Schimmelsanierung besteht darin, die Schimmelbelastung auf ein bau-/bauteilübliches Niveau zurückzuführen. Für die Raumnutzungsklassen I und IV ist von deutlich unterschiedlichen Hintergrundniveaus auszugehen. In diesem Sinne kann ein frühes Stadium von Schimmelwachstum in einem Raum der Nutzungsklasse I eine hygienisch bedenkliche und zu sanierende Schimmelquelle sein. Im Unterschied dazu könnte der gleiche Materialbefund in einem Raum der Nutzungsklasse IV keine weiteren Maßnahmen erfordern.

In der Vergangenheit haben Hygienesachverständige und Bausachverständige die Beurteilung eines Schimmelschadens weitgehend aus der Befundung und der Kommentierung in den Analyseberichten ihrer Labors übernommen. Mikrobiologische Labore bewerten ihre Untersuchungsbefunde häufig anhand von veröffentlichten Orientierungswerten (siehe Anhang 7 und 8 des Schimmelleitfadens) oder auf Grundlage eigener Erfahrungswerte. Im besten Fall handelt es sich um statistisch ermittelte Kenngrößen (siehe Beitrag von *Trautmann/Meider* in diesem Buch). Grundlage sind Proben, die aus Räumen stammen, deren Nutzungsklasse dem Labor nicht bekannt ist. Der Sachverständige erhält vom Labor lediglich die Information, wie sich der Befund im Vergleich zum Gros der vom Labor untersuchten belasteten Proben verhält.

Die Frage, ob eine mikrobiologische „Auffälligkeit" einer Probe vorliegt und welche Maßnahmen im konkreten Fall zur Sanierung geeignet wären, kann letztendlich nur von dem Sachverständigen beantwortet werden, der vor Ort den Schaden aufgenommen und die Proben entnommen hat. Es ist fraglich, ob in absehbarer Zeit genügend Daten zur mikrobiellen Grundbelastung von Bauprodukten, der Widerstandfähigkeit gegen Schimmelwachstum und zur Hintergrundbelastung von Materialien aus unterschiedlichen Nutzungsklassen zur Verfügung stehen, um den Sachverständigen die Befundung zu erleichtern.

In der Vergangenheit war es bereits üblich, dass Sachverständige in engem Kontakt zu den beauftragten Labors standen und Ergebnisse vor dem Hintergrund der örtlichen Gegebenheiten und den Randbedingungen am Schadenort besprachen. Diese Vorgehensweise wird in Zukunft noch wichtiger sein. Bausachverständige sollten deshalb pauschalen Aussagen zu Sanierungsempfehlungen in Laborberichten noch kritischer gegenüberstehen. Aussagen zu möglichen Gesundheitsgefährdungen gehören weder in die Prüfberichte von Laboren noch in die Gutachten von Bau- und Hygienesachverständigen. Derartige Aussagen können nur unter Berücksichtigung der gesundheitlichen Prädisposition von exponierten Personen getroffen werden und sollten kompetenten Umweltmedizinern vorbehalten bleiben.

Fazit

Maßnahmen zur Sanierung von Schimmelschäden in Gebäuden sind nicht durch ein konkretes Gesundheitsrisiko begründet. Anders als bei Schadstoffen (z.B. Asbest, PCB, PCP) gibt es keine gesetzliche Verpflichtung für die Ermittlung und Sanierung von Schimmelquellen. Es ist die Aufgabe von Sachverständigen, bei deutlichen Anhaltspunkten für Feuchteschäden und Schimmelwachstum Eigentümer und Nutzer davon zu überzeugen, die Schadenursache und das Schadenausmaß im Sinne der Vorsorge zu ermitteln. Das Sanierungsziel liegt darin, den für die jeweilige Raumnutzungsklasse üblichen Hygienestandard wiederherzustellen und diesen auf Dauer aufrechtzuerhalten.

Infobox I: Anleitung zu Klebefilmpräparaten

Klebefilmpräparate eignen sich zur Untersuchung von oberflächlichem Schimmelpilzbefall.

Ein Präparat darf insgesamt 6 cm lang sein und auch aus zwei oder drei kürzeren Stückchen bestehen.

Ist Tapete betroffen? Dann ist es unter Umständen sinnvoller, statt des Klebefilmpräparates dem Labor ein Stück Tapete zu schicken!

Sie benötigen:	• Klaren Klebefilm • Einen sauberen Probenträger: Objektträger oder feste Plastikfolie (z.B. Dokumentenhülle). Bitte testen Sie vor der Probenahme, ob sich der Klebefilm leicht wieder vom Träger lösen lässt! • Saubere Pinzette
Probenahme:	• Ziehen Sie ein Stück Klebefilm von der Rolle (nur am Rand anfassen!) und fassen Sie es mit der Pinzette. • Kleben Sie den Klebefilm auf eine der betroffenen Stellen und drücken Sie ihn an. • Beproben Sie verschiedene Stellen (d.h. alle unterschiedlich aussehenden Stellen) des Schadenbereiches!  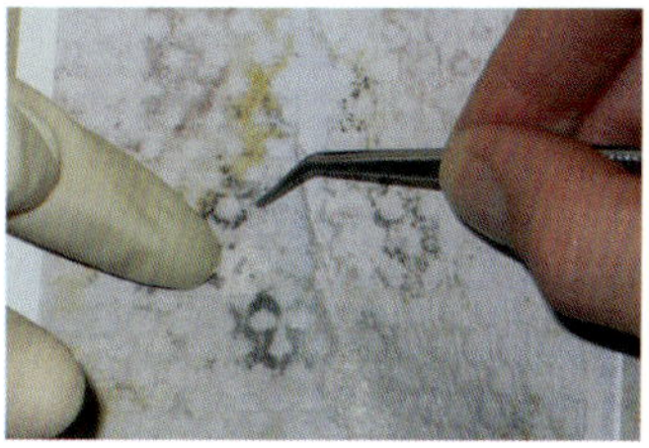 • Ziehen Sie den Klebefilm mit der Pinzette ab und kleben Sie ihn auf den Probenträger.

	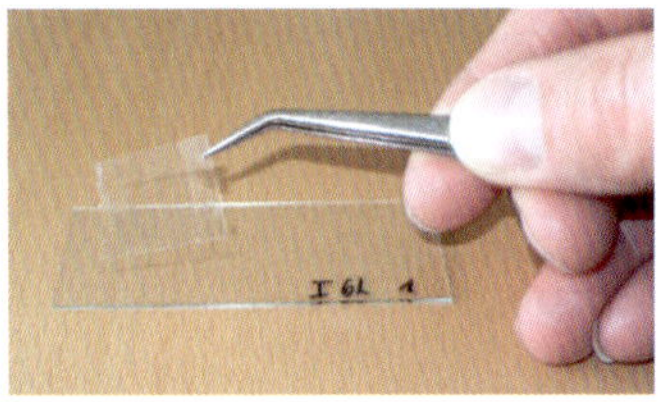 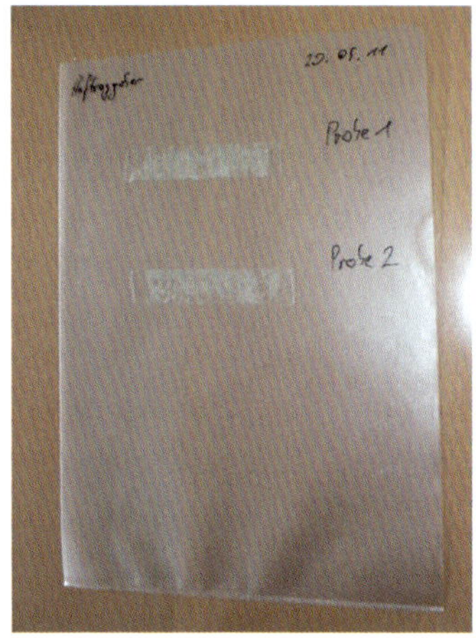 • Beschriften Sie die Proben (für die spätere Zuordnung).
Verpackung:	• Verschicken Sie Glasobjektträger in speziellen Versandbehältern. 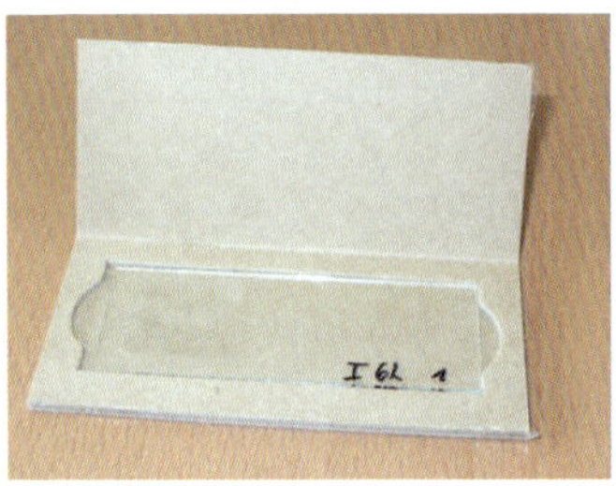
Was gehört auf den Auftrag?	• Auflistung der Proben (Nummer: Probenahmestelle) • Falls Probenahmestelle schon behandelt wurde: wie und wann? • Adresse und Telefonnummer für Rückfragen • Datum und Unterschrift

Quelle für die Fotos in Infobox I: Dr. Klaus Klus

Infobox II: Anleitung zur Probenahme von Materialproben

Sie benötigen:	• Werkzeug: Messer, Pinzette, Schere, Schraubenzieher. Benutzen Sie kein schwer zu säuberndes Werkzeug wie Kehrblech, Kombizange etc.! • Probenbehälter: Sauberes (am besten fabrikneues) Behältnis, z.B. Schraubdeckelglas, neuer Gefrierbeutel 
Vor der Probenahme:	Desinfizieren Sie das Werkzeug möglichst oder reinigen Sie es zumindest mit sauberem Wasser. 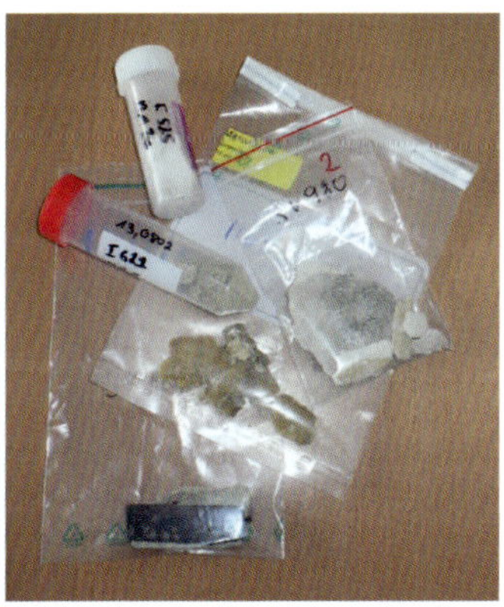
Probenahme:	• Nehmen Sie pro Schadenbereich bzw. -ursache je eine Probe. • Nehmen Sie eine repräsentative Probe, d.h., nehmen Sie Material von verschiedenen Stellen (besonders von allen unterschiedlich aussehenden Stellen) des Schadenbereiches. • Probemenge: Je Probe insgesamt ca. ein Teelöffel Material (Tapeteneinzelstücke mindestens 2 × 2 cm) • Kennzeichnen Sie die zu untersuchende Oberfläche.

Verpackung:	• Verpacken Sie die Proben getrennt voneinander. • Verpacken Sie v.a. Putz immer getrennt von Tapete. • Beschriften Sie die Probenbehälter (mit Probenahmestelle) und • verschließen Sie den Probenbehälter luftdicht.
Auftrag mitschicken:	• Auflistung der Proben und Probenahmestellen • Adresse und Telefonnummer für Rückfragen • Unterschrift

Quelle für die Fotos in Infobox II: Dr. Klaus Klus

7 Einsatz von Schimmelspürhunden bei der Schimmelpilzdetektion

Dr. rer. nat. Kerttu Valtanen

Inhalt

7.1 Wozu wird ein Schimmelspürhund genutzt?

Der überragende Geruchssinn von Hunden wird sich schon seit geraumer Zeit vom Menschen zu Nutze gemacht. In Deutschland werden Schimmelspürhunde seit über 30 Jahren eingesetzt, in Skandinavien bereits länger.

Ein Schimmelspürhund kann in mehreren Szenarien zur Schimmelsuche eingesetzt werden. Das Umweltbundesamt erwähnt in dem aktuellen Schimmelleitfaden[1] den Schimmelspürhund als eine Hilfestellung, um verdeckte Schimmelschäden zu lokalisieren. Dieses dürfte das am häufigsten vorkommende Einsatzszenario sein.

Bei schwer zu lokalisierenden Schimmelschäden kann ein Spürhundeinsatz hilfreich sein. Vor allem, wenn es eine starke Indikation für einen verdeckten Schaden gibt, aber es olfaktorisch oder messtechnisch nicht möglich ist, den Schadensbereich zu lokalisieren. Solche Schäden können aktive Schimmelschäden in den Gebäudestrukturen oder aber auch bereits trockene Altschäden sein.

Eine weitere Einsatzmöglichkeit des Schimmelspürhundes ist die Lokalisierung von Schadensbereichen in größeren Objekten. Im Vergleich zu Messungen von mikrobiologischen Parametern ist ein Schimmelspürhundeinsatz deutlich schneller, um in zahlreichen Räumen

1 Umweltbundesamt, Leitfaden zur Vorbeugung, Erfassung und Sanierung von Schimmelbefall in Gebäuden („Schimmelleitfaden"), Dessau-Roßlau 2017.

Verdachtsbereiche zu identifizieren. Damit können z.B. mikrobiologische Messungen oder Bauteilöffnungen gezielter und kosteneffektiver eingesetzt werden.

Abb. 1: Ein Schimmelspürhund kann Schimmelgeruch im Raum effektiv lokalisieren.

Quelle: Jaana Sagulin

Meistens ist es möglich, mehrere Räume mit einem Hund am Stück abzusuchen. Pauschalisieren kann man die Geschwindigkeit des Schimmelspürhundeinsatzes jedoch nicht, da diese sowohl von dem eingesetzten Hund, der Suchroutine des Spürhundführers, aber auch sehr stark von den Bedingungen vor Ort abhängig ist. Vor Ort beeinflussen u.a. die Größe und Belegung der abzusuchenden Räume sowie die Raumtemperatur die Suche.

Eine weitere Einsatzmöglichkeit des Schimmelspürhundes sind Kontrollen/„Vorsorgechecks" in Objekten ohne bekannte Schäden. Diese können z.B. Einsätze vor Kaufentscheidungen oder vor dem Einzug in ein Mietobjekt sein. Diese Suchaufgaben scheinen Schimmelspürhundteams vor allem im privaten Bereich zu beschäftigen.

Ein spezieller Einsatzbereich von Schimmelspürhunden, der in Deutschland eventuell zukünftig eine Rolle spielen könnte, ist die Überprüfung von Dichtigkeit der Versiegelungen bei abgeschotteten Schäden. Versiegelungen werden als eine recht schnelle und kostengünstige Alternative zur Entfernung von Schimmelschäden, vor allem in Fußböden angeboten. Falls solche Maßnahmen durchgeführt werden, ist es notwendig die Dichtigkeit der Versiegelungen für die gesamte Dauer der Abdichtungsmaßnahme zu gewährleisten. Mehrfache Überprüfungen solcher Versiegelungen mit Schimmelspürhunden in Finnland deuten darauf hin, dass eine Geruchs-Dichtigkeit zumindest zeitweise erreichbar ist. Ob und wie schnell leicht flüchtige Stoffwechselprodukte von Mikroorganismen (microbial volatile organic compounds – MVOC) durch eine Abschottung diffundieren, ist abhängig von den eingesetzten Materialien.

Vor Überprüfung der Abschottungen mit den Schimmelspürhund sollte sichergestellt sein, dass die Einsatzräume/Bereiche nicht mit Schimmel kontaminiert sind (z.B. durch eine unzureichende Entfernung von oberflächlichen Schäden oder eine fehlende Reinigung nach dem Öffnen der Schadensbereiche), weil es sonst zu Anzeigen an den kontaminierten Stellen kommen kann.

Bei Planung einer Abschottung ist zu berücksichtigen, dass es nach Ansetzen der Abschottungen zum Austritt der Gerüche aus dem Schimmelschaden an anderen Stellen kommen kann. Diese können ebenfalls durch einen Schimmelspürhundeinsatz überprüft werden.

Bei den Angaben zur Überprüfung von Abschottungen handelt es sich um erste Erfahrungswerte, die durch kontrollierte Studien oder weitere Fallbeschreibungen aus der Praxis bestätigt werden müssen. Dies gilt ebenfalls für den Einsatz von messtechnischen Prüfungen von Abschottungen.

7.2 Was ist ein Schimmelspürhund-Team?

Ein Schimmelspürhund-Team setzt sich zusammen aus dem Schimmelspürhund und dem Spürhundführer. Ein Schimmelspürhund ist ausgebildet, durch Schimmelbefall ausgelösten mikrobiellen Geruch aufzuspüren und diesen durch ein antrainiertes Anzeigeverhalten anzuzeigen. Der Hund erkennt dabei die schimmeltypischen Geruchsmuster. Das sind Kombinationen von Schimmelpilz- und Bakteriengerüchen, die bei Schimmelbefall auftreten. Anders als der Mensch ist der Hund in der Lage, Gerüche differenziert wahrzunehmen. Deshalb ist es für einen Hund u.a. möglich, mühelos einen bestimmten Geruch oder ein Geruchsmuster trotz vorhandener anderer überlagernder Gerüche wahrzunehmen.

Der Spürhundführer ist die Hauptbezugsperson des Hundes, leitet die systematische Suche an, interpretiert das Verhalten und die Anzeigen des Hundes und dokumentiert die Ergebnisse in einem Protokoll. Das Protokoll beinhaltet Skizzen der begangenen Räume und optimalerweise Fotodokumentationen der wesentlichen Bereiche. Das können z.B. die Bereiche mit Anzeigen sein, aber auch Bereiche, in denen der Schimmelspürhund ein gesteigertes Interesse gezeigt hat, ohne dass es zu einer Anzeige kam.

7.3 Schimmelspürhund vs. andere Methoden

Im Vergleich der zur Verfügung stehenden Messparameter, die zu dem Auffinden von verdeckten Schimmelschäden zurzeit eingesetzt werden, hat der Einsatz von (gut ausgebildeten) Schimmelspürhunden einige Vorteile. Luftmessungen zur Lokalisierung vom mikrobiologischen Befall (u.a. DIN ISO 16000-17 Kultivierung[2] und DIN ISO 16000-20 Gesamtsporen[3]) basieren i.d.R. darauf, dass Schimmelbestandteile – wie Hyphenbruchstücke oder Sporen – in die Raumluft gelangen. Bei verdeckten Schäden ist das jedoch nicht immer der

2 DIN EN ISO 16000-17 Nachweis und Zählung von Schimmelpilzen – Kultivierungsverfahren.
3 DIN EN ISO 16000-20 Nachweis und Zählung von Schimmelpilzen – Bestimmung der Gesamtsporenzahl.

Fall. Ein Schimmelspürhund lokalisiert Schäden unabhängig von Sporen/Schimmelbestandteilen in der Raumluft anhand des Schimmelgeruchs (MVOC). Ein weiterer Vorteil im Vergleich zu Luftproben ist, dass das Ergebnis einer Schimmelspürhundbegehung schneller vorliegt als z.B. bei Methoden, die auf Kultivierung von Mikroorganismen basieren. Hier vergehen oftmals mind. fünf bis sieben Tage bis die Untersuchungsergebnisse bekannt sind.

Weiterer Vorteil von Schimmelspürhunden gegenüber Luftmessungen ist, dass der Schadensbereich im Raum genauer eingegrenzt werden kann. Die mikrobiologische Analyse der Raumluft indiziert höchstens einen potenziellen Schaden im Raum, nicht aber dessen genaue Lage. Auch wenn die Anzeigen des Hundes nicht unbedingt eine punktgenaue Lage des Schadens erkennen lassen (Gründe dafür werden in Kapitel 7.4 genauer erläutert), ist eine Angabe „Anzeige im Fußboden, Ecke x" oder Höhenanzeige an der Wand/Deckenbereich y" möglich.

Abb. 2: Anzeige an der Wand. Hier lag ein flächiger Befall mit mittlerer mikrobieller Biomasse vor.

Quelle: Kerttu Valtanen

Abb. 3: Hunde können problemlos einen verdeckten Schaden auch hinter dichteren Baumaterialien wahrnehmen.

Quelle: Jaana Sagulin

Für MVOC Messungen gilt der gleiche Vorteil des Spürhundeinsatzes zu genauerer Lokalisierung der Schadensbereiche. Im Vergleich zu MVOC Analysen, die mittels Massenspektrometer gemessen werden, ist noch zu erwähnen, dass die Hundenase Konzentrationen der Geruchskomponente deutlich unter der Detektionsgrenze von Massenspektrometern erkennt. Zudem wird die Interpretation von MVOC Analysen dadurch erschwert, da sie neben Schimmel auch aus anderen Quellen stammen können. Ein Schimmelspürhund dagegen detektiert immer schimmeltypische Kombinationen von mehreren Geruchskomponenten, nicht einzelne MVOC.

Ein weiterer Vorteil des Spürhundes ist es, dass er unvoreingenommen arbeitet. Wir Menschen handeln oft auf Basis unserer Erfahrungen. Das ist meistens ein Vorteil, aber bei der Suche nach Schäden kann dies uns Sachverständige „betriebsblind" für ungewöhnliche oder unerwartete Schadensbereiche machen. Der Hund dagegen „übersieht" keine Geruchsstellen, die er in die Nase bekommt. Seine Anzeigen sind also nicht abhängig von Gedanken wie „da muss der Schaden sein, wie bei den letzten 20 Fällen auch" oder „da kann niemals ein Schaden sein". Lassen Sie sich deshalb darauf ein, dass hin und wieder der

Schimmelspürhund Schäden anzeigt, auf die Sie ohne eine Schimmelspürhundbegehung nicht gekommen wären.

7.4 Grenzen des Einsatzes des Schimmelspürhundes

Auch wenn es viele Einsatzmöglichkeiten für einen Schimmelspürhund gibt, so existieren ebenfalls Fälle, in denen ein Schimmelspürhund unnötig oder sogar fehl am Platz ist. Einer davon ist ein Schadensbereich mit sichtbarem Schimmel. An diesen Stellen ist die Suche mit dem Spürhund nicht notwendig. Auch als „Kontrolle" der Arbeitsqualität des Schimmelspürhundes sind diese Stellen nicht sinnvoll. Der Hund ist ausgebildet, die Stelle mit dem intensivsten Schimmelgeruch anzuzeigen. Diese Stelle muss nicht unbedingt der Schimmelschaden auf der Oberfläche sein, auch wenn das mit unserer menschlichen Logik (und unserer Vorliebe für das Sehvermögen von allen Sinneswahrnehmungen) so erscheinen kann. Außerdem sollen die Hunde sowohl bei dem Einsatz als auch beim Training so gut es geht nicht direkt in Kontakt mit Schimmelbefall gebracht werden. Auch wenn Hunde erfahrungsgemäß gut die Arbeit mit Schimmel vertragen, ist aus ethischen Gründen eine unnötige direkte Belastung mit Schimmelbestandteilen zu vermeiden.

Weitere Fälle, in denen der Spürhundeinsatz nicht sinnvoll ist, sind mit Möbeln oder anderen Utensilien vollgestellte Räume. Hier kann der Hund nicht alle für die Suche relevanten Bereiche an der Wand oder dem Fußboden erreichen. Zudem ist mit einem höheren Verletzungsrisiko für den Hund zu rechnen.

Ebenfalls sind Räume, in denen bereits ein starker Schimmelgeruch vorliegt, wie feuchte Keller, für den Spürhundeinsatz weniger geeignet. Wenn trotz Lüftung der Räume vor dem Einsatz ein deutlicher Schimmelgeruch wahrnehmbar ist, ist davon auszugehen, dass Gegenstände und Oberflächen im Raum den Geruch absorbiert haben. Daher kann es für den Hund schwer bis unmöglich sein, Schadensbereiche und Geruchskontaminationen zu unterscheiden. Es kann hier sowohl zu Fehlanzeigen (von Bereichen oder Utensilien mit viel absorbiertem Geruch ohne mikrobiellen Schaden) aber auch zu falsch negativen Ergebnissen kommen. Sowohl Mehr- als auch Minderfunde sind also möglich. Letztendlich muss der Hundeführer/Sachverständige im Einzelfall abschätzen, ob trotz der eingeschränkten Aussagekraft beim Einsatz in Bereichen mit extremem Schimmelgeruch mit einer Schimmelspürhundbegehung noch Mehrwert gewonnen werden kann oder nicht.

Ein Schimmelspürhundeinsatz ist keine Ausschlussmethode für Schimmelschäden. In Innenräumen sind mehrere Hundert verschiedene Arten von Mikroorganismen nachgewiesen. Die Anzahl von Mikroorganismen, die bei Schimmelschäden häufig vorkommen, ist deutlich geringer. Trotzdem können hin und wieder Schäden vorkommen, deren Geruchsmuster dem Schimmelspürhund nicht antrainiert worden sind. Weil ein oder mehrere Indikatorarten Schätzungen zufolge bei 80-90% der Schimmelschäden vorkommen, ist die Wahrscheinlichkeit, dass der Hund den vorliegenden Schimmelschaden erkennt, bei einem gut ausgebildeten Spürhund hoch. In einer finnischen Studie zur Validität von Spürhunden bei der Detektion von mikrobiellen Schäden wurde festgestellt, dass die speziell für die Studie drei Monate ausgebildeten zwei Hunde 75 % der Testproben (Pilze und Bakterien sowie mikrobiell befallene Holzmaterialien) fanden[4]. Im Vergleich zu den anderen mikrobiologischen Messparametern wurde die Spezifität des Spürhundes als gut und die Wahrscheinlichkeit, einen Schaden zu detektieren, als hoch (90,1%) eingestuft. Die Sensitivität der Methoden wurde dagegen als niedrig (75%) eingestuft. Die Ergebnisse können als richtungsweisend betrachtet werden, auch wenn die Studie qualitative Schwächen bezüglich des Trainings der eingesetzten Hunde aufweist, und nur wenige Hunde eines Spürhundführers eingesetzt wurden.

Weitere Grenze des Verfahrens ist die Erreichbarkeit des Geruchs aus der Befallstelle. Weil es bei einem Spürhundeinsatz um verdeckten Schimmelbefall in der Baukonstruktion geht, muss der Geruch in den abzusuchenden Raum gelangen, damit der Spürhund ihn finden kann. Die Druckverhältnisse im Raum und teilweise auch Wetterverhältnisse wie starker Wind können Einfluss auf die Geruchsdetektion haben. Durch einen Überdruck kann das Eindringen des Geruchs in den Raum verhindert sein. Deshalb ist es üblich, die Räume vor einem Spürhundeinsatz zu lüften. Das gleicht kurzfristig Druckunterschiede aus. Im Umkehrschluss kann eine Erzeugung von leichtem Unterdruck im Raum vor dem Spürhundeinsatz vorteilhaft sein. Während des Einsatzes sollen die Fenster des Raumes geschlossen sein.

Ebenfalls ist es möglich, dass zwar Geruch in den Raum eintritt, aber dieser nicht die Hundenase erreicht. Ein Beispiel könnte ein Schaden (mit recht wenig Geruch im Raum) im Deckenbereich bei warmer Temperatur sein, wenn die Luftströmung durch die Thermik eher von unten nach oben gerichtet ist. Ebenfalls kann die Thermik im Raum den aus höherem Bereich/Deckenbereich austretenden Geruch in einen anderen Bereich strömen lassen. Erfahrungsgemäß ist es so, dass der Geruch aus dem hohen Schaden erst in einer Raumecke nach unten strömt, und dort zu einer Höhenanzeige durch den Schimmelspürhund führt. Bei undichten Fenstern strömt der Geruch häufig auch Richtung Fenster. Bei Schäden im Deckenbereich kann dies bedeuten, dass der Hund den Geruch am leichtesten deshalb beim Fenster „in die Nase" bekommt, und von dort aus der Geruchsfahne folgt.

Aus einer Schimmelspürhundbegehung können keine Aussagen über die Befallsstärke gemacht werden. Die Spürhunde werden dazu ausgebildet, Stellen mit dem „intensivsten Schimmelgeruch" zu suchen und dort Anzeigen zu machen. Das Training der Anzeige von bestimmten Geruchsmengen ist eine Gratwanderung. Zum einen, weil wir Menschen mit unserem limitierten Geruchssinn die Geruchsmengen bei Schimmelschäden nicht genau einschätzen können. Zweitens, weil der Geruchssinn des Hundes sehr gut ist. Er kann bereits kleinste Geruchsmengen wahrnehmen und, wenn darauf ausgebildet, auch anzeigen. Der Hund soll aber für einen Schaden relevante Geruchsmengen anzeigen. Jede Raumecke mit sedimentierten Sporen im Staub wird also nicht vom korrekt ausgebildeten Hund angezeigt. Ein Training nur auf extrem hohe Geruchsmengen wäre allerdings auch kontraproduktiv. Ein erfahrener Hundeführer kann aus dem Verhalten des Hundes bei der Suche ablesen, ob er Schimmelgeruch aufgenommen hat, und oft auch abschätzen, ob der Schimmelspürhund „viel" oder „wenig" Geruch wahrnimmt. Allerdings korreliert die Geruchsstärke nicht unbedingt mit der Schadensausdehnung oder Stärke des mikrobiellen

4 Kauhanen, E., Harri, M., Nevalainen A., Nevalainen, T., Validity of detection of microbial growth in buildings by trained dogs. Environment International (2002) 28, S.153-157.

Befalls. Viele andere Faktoren (Schadensalter, bauliche Bedingungen, Thermik etc.) spielen hier auch eine Rolle.

Abb. 4: Der Schimmelspürhund hat von oben strömenden Schimmelgeruch gewittert

Quelle: Jaana Sagulin

Ebenfalls kann ein flächiger Schaden von dem Hund nicht als solcher angezeigt werden. Der Hund kann höchstens mehrere Anzeigen nah beieinander machen. Auch kommt es häufig vor, dass derselbe Wandbereich in zwei Räumen angezeigt wird, oder eine Höhenanzeige im unteren Geschoss und eine Fußbodenanzeige im Obergeschoss übereinstimmen.

Der Spürhund ist vor allem ein vorgeschaltetes Hilfsmittel, das die Lokalisierung von Bereichen, die einer näheren Untersuchung bedürfen, erleichtert. Die Interpretation, der Schadensausdehnung wird vom Sachverständigen anhand der Gesamtbewertung der Ergebnisse der Spürhundbegehung und weiteren Untersuchungen vorgenommen.

7.5 Besonderheiten der Arbeit mit einem Hund

7.5.1 Einsatzdauer

Generell sollte ein Schimmelspürhund maximal eine halbe Stunde am Stück im Einsatz sein. Das Absuchen von Räumen ist sowohl mental als auch physisch Schwerstarbeit für den Hund. Deshalb ist es notwendig, für Pausen und eine ausreichende Menge Trinkwasser zu sorgen. Viele professionelle Schimmelspürhundführer haben mehrere Hunde, die sie abwechselnd einsetzen können. Somit ist das Absuchen von größeren Objekten oder mehreren Objekten am Tag in der Regel problemlos möglich.

7.5.2 Sicherheit geht vor

Die Suche ist für einen Hund eine geistig und körperlich anstrengende Arbeit, wobei hohe Raumlufttemperaturen eine zusätzliche Belastung darstellen. Deshalb kann ein Hund bei kühler Temperatur mehr leisten als bei hohen Temperaturen. Bei extrem hohen Temperaturen sollte von einer Suche mit dem Hund aus Tierschutzgründen abgesehen werden. Bei sommerlicher Hitze ist alternativ die Sucharbeit in den kühlen Morgenstunden zu empfehlen.

Hunde sollen nie in Bereichen eingesetzt werden, in denen Sturzgefahr oder Verletzungsgefahr durch Objekte im Raum möglich sind. Auch sollten die Räume vor dem Spürhundeinsatz gesaugt werden, da z.B. Baustaub im Extremfall zu schweren Verletzungen der Riechschleimhaut des Hundes führen kann.

Aus meiner Sicht ist es wichtig, einen direkten Kontakt des Hundes mit dem Schimmelschaden sowohl bei dem Training als auch in Einsätzen soweit wie möglich zu vermeiden – obwohl Hunde gegenüber Belastungen durch Schimmelpilze außerordentlich robust zu sein scheinen. Die meisten mir bekannten Schimmelspürhunde bleiben gesund und einsetzbar bis ins hohe Alter. Wenige Ausnahmen mit Schimmelpilzallergien sind mir bekannt, diese Hunde kommen aber i.d.R. nie zum Echteinsatz, weil sich die Allergie gewöhnlich bereits am Anfang der Ausbildung zeigt. Schimmelpilzinfektionen bei einem Schimmelspürhund sind mir bisher nicht begegnet.

Zu beachten ist außerdem, dass viele Schimmelpilze in den Baumaterialien Mykotoxine bilden, die sowohl für Tiere als auch für Menschen giftig sein können.

7.5.3 Vorbereitung der Räume

Vor dem Schimmelspürhundeinsatz müssen die Räume für die Untersuchung vorbereitet werden. Unter Umständen ist es notwendig, Möbel von Wänden abzurücken, damit der Hund die Wandbereiche absuchen kann. Ebenfalls müssen die Räume abgesichert sein, Utensilien mit Bruchgefahr gesichert und Verletzungsgefahren für den Hund ausgeschlossen werden. Die Räume sollten optimaler Weise ca. eine halbe Stunde vor dem Einsatz durchgelüftet und anschließend die Fenster geschlossen werden, damit Druckdifferenzen vermieden werden und sich der Schimmelgeruch aus den möglichen Schadensbereichen in den Räumen neu verteilen kann. Eine technische Lüftung soll nach Möglichkeit vor der Begehung geschlossen werden. Während des Schimmelspürhundeinsatzes sollte das Hundeteam konzentriert und ohne unnötige Ablenkung arbeiten können. Wenn Sachverständige oder weitere Personen die Suche begleiten, folgen Sie den Anleitungen des Hundeführes, damit der Hund optimal arbeiten kann.

7.5.4 Anzeigen in Objekten ohne oder mit nur geringen Schadensbereichen

Die Erfahrung hat gezeigt, dass wenn ein Suchobjekt sehr wenig Schäden aufweist, Schimmelspürhunde anfangen können, geringere Geruchsquellen oder ggf. nicht relevante

Quellen (z.B. Mülleimer) anzuzeigen. Das Phänomen kann damit erklärt werden, dass die Spürhunde zuerst die eindeutigsten Schimmelschäden anzeigen und anschließend anfangen, „feiner zu arbeiten". Bei einem Objekt mit wenig Schäden sind die Hunde schneller in der Suche der geringeren Geruchsquellen. Zudem werden Hunde trainiert, indem sie bei der Anzeige belohnt werden, und sind auch deshalb sehr motiviert zu einer Anzeige zu kommen. Diesem Verhalten kann mit richtigem Training entgegengewirkt werden, und es ist per se kein Fehlverhalten des Hundes. Trotzdem ist es sinnvoll, dieses Phänomen zu kennen. Der Schimmelspürhundführer kann in der Regel gut ablesen, wann der Hund weniger relevante Geruchsquelle anzeigt, und diese entsprechend protokollieren.

7.5.5 Blower-Door und Schimmelspürhund

Es gibt positive Erfahrungen zu der Kombination von Differenzdruck-Tests (Blower-Door-Tests) und Geruchsdetektion. Durch den eingestellten leichten Unterdruck können Gerüche aus den Baukonstruktionen vor einem Schimmelspürhundeinsatz gezielt in den Raum geleitet werden. Dabei ist jedoch zu beachten, dass Gerüche aus dem Erdboden unter dem Gebäude ggf. auch in die Innenräume gezogen werden. Dies sollte bei der Interpretation der Ergebnisse berücksichtigt werden.

7.5.6 Die Sache mit der Steckdose

Schimmelspürhunde sind ausgebildet, die Stellen mit dem intensivsten Schimmelgeruch im Suchbereich anzuzeigen.

Bei Schäden in der Baukonstruktion sind das raumseitig meistens Durchlässe/Spalten/Öffnungen in den Bauteilen. Von dort gelangt der Geruch aus der Konstruktion in die Raumluft. Das Geruch kann aber auch durch die Baumaterialien durchdiffundieren. Beides wird vom Hund auf gleicher Weise angezeigt. Beispielweise ist der Geruch einer auf der Rückseite verschimmelten Beplankung aus Gipsbauplatten auf einer Trockenbauwand für den Hund auf der gegenüberliegenden Stelle leicht zu detektieren, die Gerüche aus dem Fußboden gelangen aber häufig mehr aus den Randbereichen in die Raumluft, wo es dann vermehrt zu Anzeigen kommt.

Wenn der Hund einen Durchlass im Bauteil, wie z.B. eine Steckdose anzeigt, ist nicht die Steckdose die Geruchsquelle, sondern es ist ein klares Indiz, dass es in/hinter der Wand einen auffälligen Geruch gibt. Die Quelle kann weiter weg liegen. Beispiel: Ein altes Schulgebäude, in dem ein Schimmelspürhund viele Anzeigen im Fußboden im EG gemacht hat. Der Fußboden selbst war in diesem Fall nicht die Geruchsquelle, sondern der schlecht belüftete, zum Erdreich offene Hohlraum unter dem Haus. Um Energie zu sparen und den Fußboden wärmer zu halten, wurden die Lüftungsöffnungen unter dem Haus abgedichtet. Mit dieser Methode der Verhinderung einer Durchlüftung ist so manches Holzhaus abrissreif „kompostiert" worden.

Abb. 5: Anzeige an einem Spalt zwischen zwei bearbeiteten Holzstämmen in einem Blockhaus

Quelle: Jaana Sagulin

7.6 Sanierungsentscheidung

Das Umweltbundesamt (UBA) betont, dass eine Entscheidung für eine Sanierung nie direkt aus den Ergebnissen einer Schimmelspürhundbegehung erfolgen sollte.[5] Der Schimmelspürhund kann nur Verdachtsbereiche anzeigen, die mittels anderer Methoden bestätigt werden müssen. Weiterführende Untersuchungen sind immer notwendig, bevor eine Sanierungsentscheidung getroffen werden kann. Meistens bedeutet das eine Bauteilöffnung und bei Bedarf noch weitere mikrobiologische Untersuchungen (überwiegend Untersuchungen von Materialproben). Die sinnvolle Kombination von Untersuchungen und die Gesamtbewertung eines Untersuchungsobjektes sind Aufgaben eines Sachverständigen.

7.7 Was ist zu bedenken, wenn ich einen Schimmelspürhund führen möchte?

Durch die häufig verdeckte Lage von Schimmelpilzbewuchs ist es besonders wichtig, in den Einsatz gehende Hunde häufig kontrolliert zu trainieren. Wenn dies nicht ausreichend oder in korrekter Art und Weise durchgeführt wird, sind Fehler im Suchmuster des Hundes nur eine Frage der Zeit. Die große Mehrheit der Einsätze mit dem Hund sollten daher keine „Echteinsätze", sondern unter kontrollierten Bedingungen stattfindendes Training sein. Deshalb ist Schimmelspürhundarbeit sehr zeitaufwendig – vor der Entscheidung einen ei-

5 Siehe Fn. 1.

genen Hund auszubilden, sollte deshalb genau überlegt werden, wie viel Zeit in die Arbeit mit dem Hund investiert werden kann.

7.8 Ausbildung von Schimmelspürhunden

7.8.1 Grundsätzliches

Die Ausbildung und das Training eines Schimmelspürhundes sind eine Herausforderung sogar für die Experten aus anderen Spürhundsparten. Als „Hobbyhundeführer bzw. Novize" ist es äußerst schwer, sich selbst auszubilden oder die Qualität eines mit Unterstützung von erfahrenen Hundetrainern korrekt ausgebildeten Hundes selbstständig beizubehalten.

Abb. 6: Welpe (3 Monate) am Beginn der Ausbildung

Quelle: Katja Krauß

Schimmelpilzspürhunde sind in vielen Ländern im Einsatz. In Finnland sind die meisten Schimmelspürhundführer in Verbänden organisiert und veranstalten gemeinsam regelmäßig Weiterbildungsseminare, Trainingseinheiten und Tests. Das hat sehr zu einer positiven Entwicklung, sowohl was die Qualität der Spürhunde als auch die Akzeptanz der Methode angeht, beigetragen. Der Schimmelspürhund wird neben Training an bekannten Echtschäden mit kontrollierten Schimmelproben ausgebildet und trainiert. Als Proben können Reinkulturen von Schimmelpilzen und Bakterien dienen, aber auch kontrolliert angewachsene Materialproben oder Material aus Echtschäden. Dabei sind ein genauestens strukturierter Trainingsplan und immer wieder frische, kontrollierte Proben notwendig. Die Proben müssen korrekt gelagert und immer wieder neue Proben angeschafft werden.

In der Ausbildung spielen die als Feuchteindikatoren bekannten Schimmelpilzarten eine besondere Rolle. Es werden also gezielt Mikroorganismen (einzeln und in Kombinationen) zum Training angewendet, die häufig bei Schimmelschäden in Innenräumen vorkommen. Diese Arten bzw. Artenkombinationen werden den Hunden auf verschiedensten Baumaterialien antrainiert. Dies bedeutet, dass ein Schimmelspürhund geschätzt mit ca. 20 Schimmelpilz- und Bakterienarten auf ca. 10 Baumaterialien in verschiedenen Kombinationen, in verschiedenen Konzentrationen und in verschiedenem Zustand (feucht/trocken) und Probenalter trainiert wird.

7.8.2 Qualitätsprüfung des Schimmelspürhundteams

Der Schimmelleitfaden des UBA betont, dass eine regelmäßige Qualitätssicherung des Schimmelspürhundes notwendig ist. Ein Grund dafür ist, dass bei der Schimmelspürhundarbeit – anders als bei den meisten anderen Spürhundarbeiten – eine unmittelbare Kontrolle einer Anzeige bzw. Vorliegen eines mikrobiologischen Befalls nicht möglich ist. Von einem Schimmelspürhundführer werden daher sehr gute Kenntnisse der gesamten Spürhundarbeit vorausgesetzt, um dauerhaft auf sehr gutem Niveau zu arbeiten. Eine regelmäßige Qualitätsprüfung ist meiner Erfahrung nach sowohl bei den jungen Schimmelspürhundführern als auch bei den erfahrenen Teams notwendig. Es ist wichtig darauf zu achten, dass die Prüfung nach einer Prüfungsordnung durchgeführt wird, die jeder sich vor der Prüfung beschaffen kann, und dass der Prüfer nicht der Ausbilder des Spürhundteams ist. Die Prüfung soll also durch eine unabhängige Einrichtung und entsprechend einer festgelegten, standardisierten Prüfungsordnung durchgeführt werden. Da standardisierte Prüfbedingungen mit Echtschäden nicht erreicht werden können, ist es leider notwendig, bei den Prüfungen auf kontrolliert inokulierte Baumaterialien als Proben zurückzugreifen.

Die Prüfung sollte von jedem Spürhund in regelmäßigen Abständen (z.B. alle 2 Jahre) abgelegt werden. Es ist empfehlenswert, dass ein Spürhundführer alle seine in Einsatz gehenden Hunde regelmäßig prüfen lässt. Das Zertifikat gilt nur für ein Spürhund-Mensch-Team und ist nicht auf andere Spürhunde oder Hundeführer übertragbar.

8 Methoden der optischen Bau-Forensik für die Schimmelpilzdetektion

Prof. Dr. Andreas O. Rapp, Frank B. Peters, Glenn Lange

Inhalt

8.1 Was ist optische Bau-Forensik?

In der bildgebenden optischen Bau-Forensik werden Tatortlampen, Filterbrillen und Forensikkameras zur Spurensuche bei der Ursachenklärung von Bauschäden eingesetzt.

Seit fast einem Jahrhundert werden in der Forensik Spuren von Körperflüssigkeiten durch Beleuchtung mit kurzwelligem Licht mittels Fluoreszenz sichtbar gemacht. Aufgrund ihrer Molekülstruktur fluoresziert eine Vielzahl von überwiegend organischen Verbindungen charakteristisch. Auch die im Bauwesen heute verbreiteten Stoffe sind häufig organisch oder sie enthalten organische Beimengungen, von denen zumindest eine schwache Fluoreszenz erwartet werden darf. Diese Überlegung des Erstautors war im Jahr 2013 Anlass für systematische bildgebenden Untersuchung von Materialien im Bauwesen hinsichtlich ihrer Fluoreszenz, sowie ihres Absorptionsverhaltens im nahen ultravioletten (UV) und nahen infraroten (IR) Wellenlängenbereich. Schon die ersten Ergebnisse waren überraschend: In fast allen Fällen, die im Rahmen der Tätigkeit als öffentlich bestellter und vereidigter Sachverständiger untersucht wurden, offenbarten die Forensikbilder wichtige Informationen, die bei Tageslicht nicht erkennbar waren. Die erläuternden Bildunterschriften unter den folgenden Abbildungen vermitteln einen exemplarischen Eindruck der Anwendungsmöglichkeiten der bildgebenden optischen Bau-Forensik, die 2013 an der Leibniz Universität Hannover als Forschungsgebiet begründet wurde.

Abb. 1 Tageslichtbild (VIS-Normalbild) eines ca. 4 m breiten Deckenbereiches, über dem sich links eine schlecht gedämmte Terrasse befindet und rechts ein Wohnzimmer. Trotz starkem Schimmelgeruch im Raum ist im Tageslicht kein Schimmelpilzbewuchs erkennbar, nicht einmal mit Lupenvergrößerung (vergl. Abb. 8 ff.).

Quelle: Prof. Dr. Andreas O. Rapp

Abb. 2 Blau angeregtes Fluoreszenzbild des gleiches Deckenbereiches wie im vorigen Bild. An der Fluoreszenz ist erkennbar, dass die linke Deckenhälfte durch **transparente Schimmelpilze** *bewachsen ist, während rechts kein Befall vorliegt. Hinweis: Die linke und rechte Decken- und Bildhälfte wurden gleichstark mit blauem Licht der Peakwellenlänge 445 nm beleuchtet.*

Quelle: Prof. Dr. Andreas O. Rapp

Abb. 3 links: VIS-Normalbild von **Kabeln** *mit hellgrauem PVC-Mantel.*

Quelle: Prof. Dr. Andreas O. Rapp

Abb. 3 rechts: UV angeregtes Fluoreszenzbild der gleichen Kabel. Die charakteristische Fluoreszenz erleichtert nicht nur die Verfolgung eines Kabels unter vielen, sie gibt auch Hinweise auf die stoffliche Zusammensetzung des Kabelmantels.

Quelle: Prof. Dr. Andreas O. Rapp

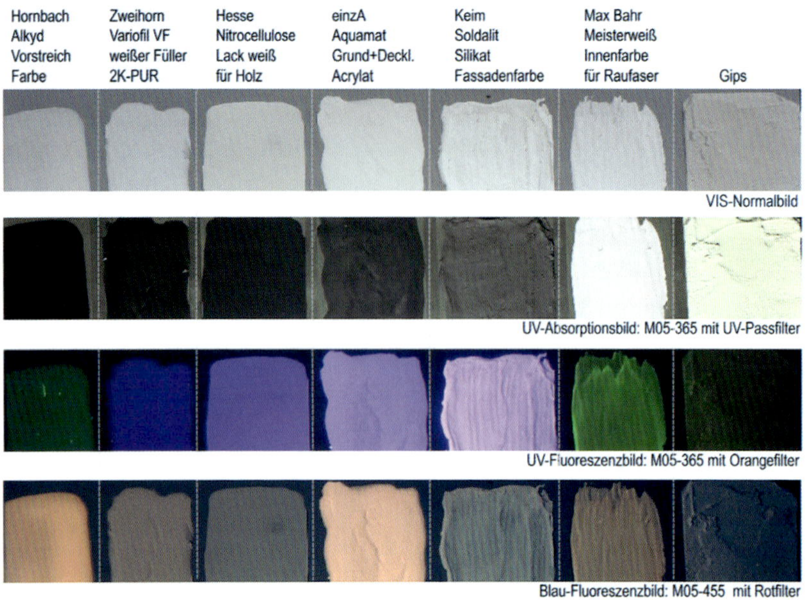

Abb. 4 Sieben verschiedene **Beschichtungsmittel** *(Bezeichnung in der 1. Zeile des Bildes) die im VIS-Normalbild (2. Zeile) alle ähnlich weiß aussehen, unterscheiden sich deutlich in ihrem UV-Absorptionsbild (3. Zeile) nach der Regel: je höher der organische Anteil, desto stärker (dunkler) ist die UV-Absorption. Ebenfalls starke Unterscheidung im UV angeregten Fluoreszenzbild (4. Zeile) und im blau angeregten Fluoreszenzbild (5. Zeile) hinsichtlich Farbe und Helligkeit der Materialien. Bei Betrachtung der sieben Spalten fällt auf, dass keine der anderen gleicht, d.h. diese sieben weißen Beschichtungsmittel sind auch ohne Laboranalyse voneinander unterscheidbar.*

Quelle: Prof. Dr. Andreas O. Rapp

Abb. 5 Im VIS-Normalbild (links) keine Auffälligkeit, im **UV-Absorptionsbild** *(rechts) ist die nachlackierte Stelle durch deren wesentlich stärkere UV-Absorption (dunkler) deutlich erkennbar. Hinweis: Der in Außenlacken enthaltene UV-Absorber verbraucht sich im Laufe der Jahre. Als UV-Beleuchtung des Bildes reichte hier das Sonnenlicht aus.*

Quelle: Prof. Dr. Andreas O. Rapp

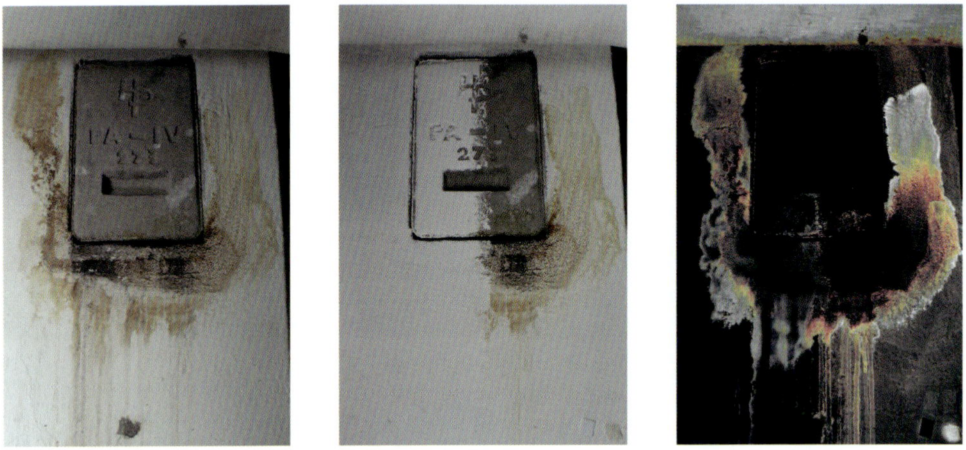

Abb. 6 links: VIS-Normalbild der Reinigungsklappe des Schornsteinzuges einer Holzfeuerung, aus dem bei einem Starkregen Ruß und Teer gewaschen worden war.

Abb. 6 Mitte: Gleiche Stelle im VIS-Normalbild nach dem halbseitigen Überstreichen mit weißer Wandfarbe, welche den Ruß und Teer überdeckt.

Abb. 6 rechts: Blau angeregtes Fluoreszenzbild macht den mit weißer Wandfarbe **überstrichenen Teer** *sichtbar. Hinweis: Im Ruß von Holz- und Kohlefeuerungen finden sich wasserlösliche phenolische Verbindungen, die in Abhängigkeit ihres Molekulargewichts in unterschiedlichen Farben fluoreszieren. Die Untersuchung hat ergeben, dass die Fluoreszenz nicht etwa unter der Wandfarbe erzeugt wird und durch diese hindurch scheint, vielmehr ist es so, dass sich im Gegensatz zum schwarzen Ruß die phenolischen Stoffe des Teers in der frisch aufgerollten Dispersionsfarbe lösen und so an deren Oberfläche gelangen. Sofern die Phenole nur in Spuren vorliegen, sind sie mit bloßem Auge im Tageslicht nicht erkennbar (linke Hälfte des mittleren Bildes), sie fluoreszieren jedoch stark bei Anregung mit UV, Violett- oder Blaulicht (rechtes Bild).*

Quelle: Prof. Dr. Andreas O. Rapp

8.2 Nutzen der optischen Bau-Forensik

8.2.1 Detektion von Schimmelpilzen

Aus der Dermatologie ist seit einem knappen Jahrhundert bekannt (Margarot und Deveze 1925), dass zwar nicht alle Dermatophyten stark fluoreszieren, jedoch alle durch Beleuchtung mit kurzwelligem Licht auffälligen Hautstellen näher untersucht werden sollten. Durch Dermatophyten verursachte Krankheitsherde fluoreszieren häufig stärker und krankhafte Pigmentveränderungen fluoreszieren häufig schwächer als gesunde Haut. Die meist gelbliche bis grünliche Fluoreszenz bei Haut- und Nagelpilzen soll durch Tryptophan-Metabolite verursacht werden. Es ist zu vermuten, dass bei einem Befall durch unpigmentierte Schimmelpilze ebenfalls Metabolite fluoreszieren (Schaudel und Lischtschenko 2016). Auch in der Zellwand vorkommendes Dityrosin wird für die Fluoreszenzen verschiedener Pilzspezies verantwortlich gemacht (Briza et al. 1990; Smail et al. 1995). Unabhängig von diesen stark fluoreszierenden Substanzen enthält die Zellwand aller Pilze als Hauptbestandteil Chitin. Diese Gerüstsubstanz besitzt wie Cellulose eine schwache Eigenfluoreszenz mit breitem Maximum im sichtbaren Wellenlängenbereich des Lichts (Abb. 7).

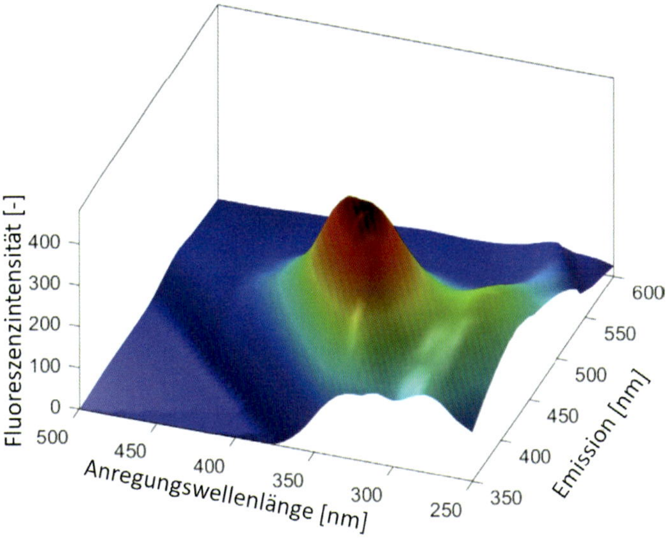

Abb. 7: Exzitations-Emissions-Matrix von Chitin, mit breitem Anregungsspektrum von UV bis blau (Exzitation) und breitbandiger Fluoreszenz mit einem breiten Emissionsspektrum von UV bis grün.

Quelle: Frank B. Peters

Bei fehlender Pigmentierung gelangt das kurzwellige Anregungslicht direkt an das Chitin der pilzlichen Zellwand. Deshalb zeigen sich unpigmentierte und schwach pigmentierte Pilzhyphen im Fluoreszenzbild hell (Abb. 9 und Abb. 10). Farbe und Intensität der Fluoreszenz stehen im Zusammenhang mit Befallsdichte, Spezies, Alter und Wachstumsbedingungen.[1]

Die Hauptvorteile der Bau-Forensik liegen in der Möglichkeit, den gesamten Schadensbereich bis hin zu einem ganzen Raum in Sekundenschnelle zerstörungsfrei zu untersuchen und geringste Mengen organischen Materials sowie zurückliegender Wassereinwirkung sichtbar zu machen. Auch die Zeitverzögerung durch Kultivierung der Organismen entfällt. Das Ergebnis liegt unmittelbar vor. Ist eine Probennahme dennoch erforderlich, so können geeignete Stellen schnell und zuverlässig identifiziert werden. Dies gilt sogar für Fälle, in denen Pilzhyphen und Sporen selbst mit dem Auflichtmikroskop ohne Präparation durch Anfärbung mit Mikrofarbstoffen nicht erkennbar sind.

In den nachfolgenden Beispielbildern finden sich wesentliche Erläuterungen ausschließlich in den Bildunterschriften, um Wiederholungen zu vermeiden und die Lesbarkeit zu erleichtern.

1 Graf *et al.* 1998; Koldehoff 2019; Lange 2021. Vergleiche hierzu auch Abschnitt 8.2.2.1.

8.2.1.1 Detektion von hellen Pilzen

Eigene Untersuchungen und Beobachtungen von Kollegen[2] belegen, dass die in Abb. 1 und Abb. 2 exemplarisch gezeigten Befunde von unsichtbarem Schimmelpilzbewuchs keine Ausnahmen sind. Sie legen vielmehr den Schluss nahe, dass unpigmentierte Schimmelpilze in der Vergangenheit oft einfach übersehen wurden und erst entdeckt werden, seit Bau-Forensiklampen für die Gebäudeuntersuchung Verwendung finden. Vereinfacht lässt sich sagen: Nicht alles, was fluoresziert, sind unpigmentierte Schimmelpilze. Wenn aber ein Fluoreszenzbild an das bekannte Verteilungsmuster von Schimmelpilzen erinnert (vergl. Abb. 9 und Abb. 10), hat sich in den meisten Fällen das tatsächliche Vorliegen eines Schimmelpilzbefalls bestätigt, auch wenn dieser im normalen Licht vollständig unsichtbar war (Abb. 8). Dies wurde durch Probenahme und mikroskopische Untersuchung nach Anfärbung mit Mikrofarbstoffen und spezifischen Reagenzien (Abb. 11) und eine DNA-Analyse nachgewiesen.

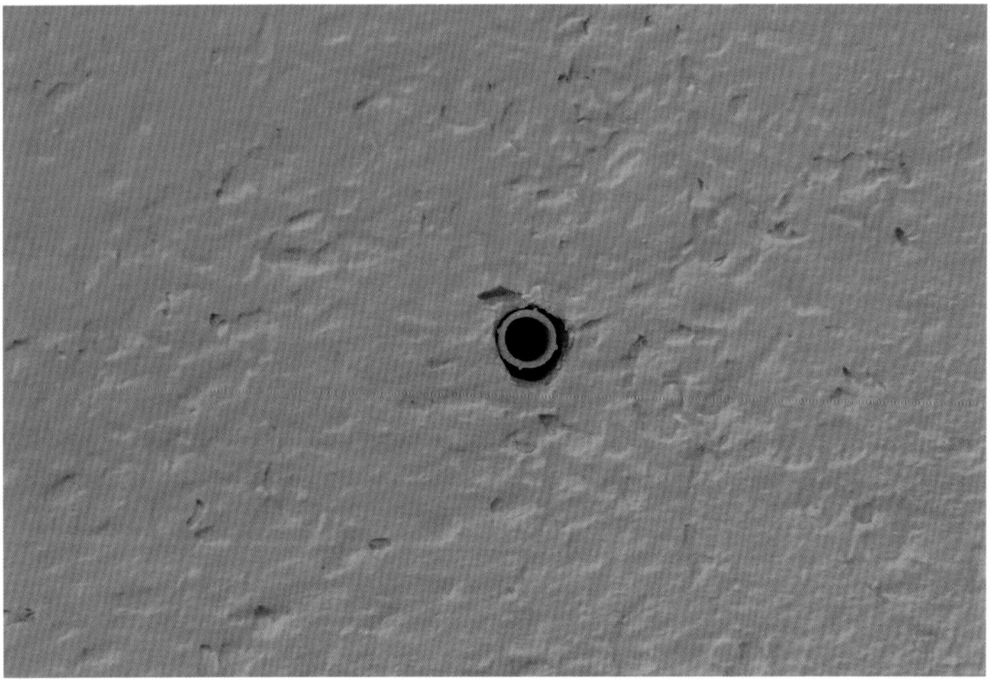

Abb. 8: VIS-Normalbild von transparentem Schimmelpilzbewuchs auf weißer Rollraufaser; der in Bildmitte befindliche Deckendübel mit 8 mm Außendurchmesser bietet einen Größenvergleich.

Quelle: Prof. Dr. Andreas O. Rapp

2 Bauer, persönliche Mitteilung 2016; Harsch, persönliche Mitteilung 2016; Dilanas, persönliche Mitteilung 2017; Herzberg, persönliche Mitteilung 2017; Wachowiak, persönliche Mitteilung 2017. Koldehoff 2019 sowie Lange 2021.

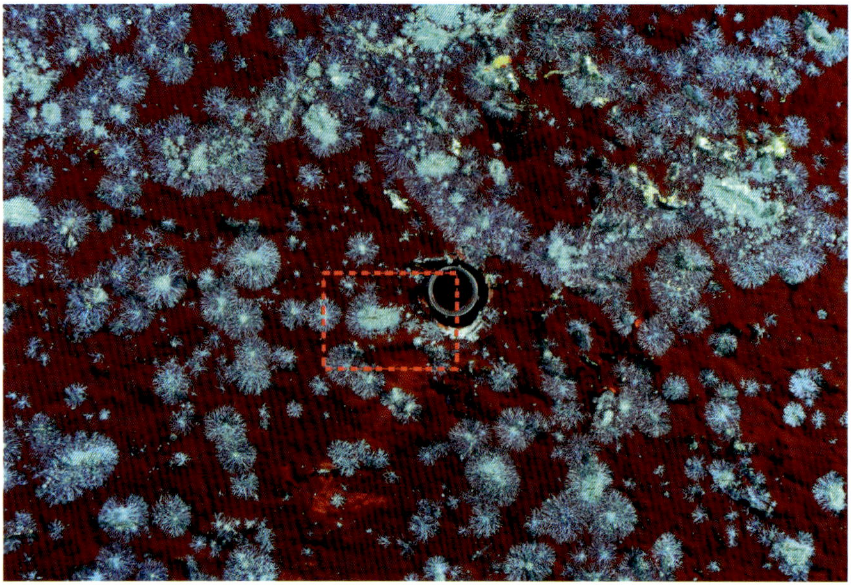

Abb. 9: UV angeregtes Fluoreszenzbild des gleichen Bildausschnittes wie im vorherigen Bild; der gestrichelte Rahmen markiert den Bereich von Abb. 10.

Quelle: Prof. Dr. Andreas O. Rapp

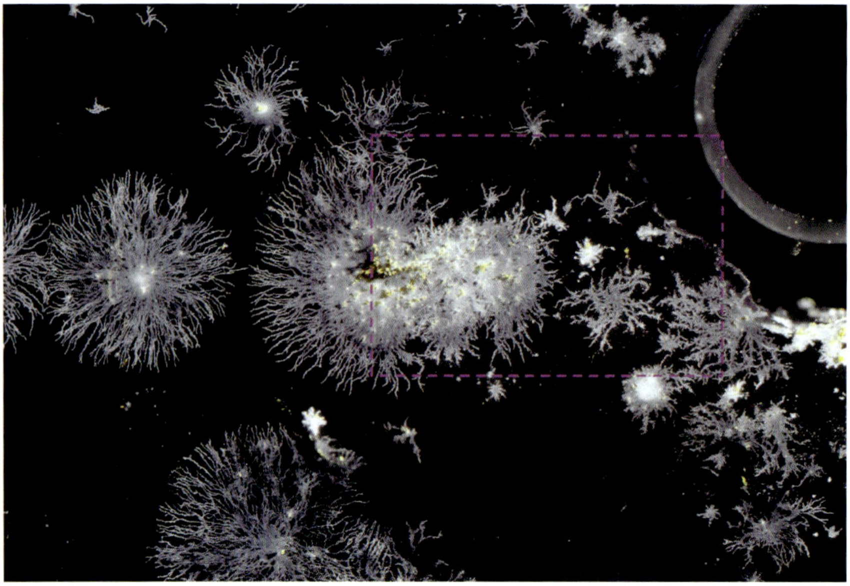

Abb. 10: UV angeregtes Fluoreszenzbild mit ausgefiltertem UV-Licht, Detail aus dem vorherigen Bild (Orientierung am 8 mm Dübel); typische silbergraue Eigenfluoreszenz (des Chitins) des transparenten Myzels vor der nicht fluoreszierenden (daher dunkel erscheinenden) weißen Raufaserfarbe; der gestrichelte Rahmen markiert den Bereich von Abb. 11.

Quelle: Prof. Dr. Andreas O. Rapp

Abb. 11: VIS-Absorptionsbild nach dem Aufsprühen von farblosem Ninhydrin-Reagenz auf den in Abb. 10 markierten Bereich links des Dübels. Es zeigt durch die violette Farbreaktion an, dass in und um die Hyphen Aminogruppen vorhanden sind. Im Vergleich mit Abb. 10 wird deutlich, dass das Ninhydrin nicht scharf begrenzt die Hyphen färbt, sondern offensichtlich auch die in die unmittelbare Hyphenumgebung diffundierten Metabolite.

Quelle: Prof. Dr. Andreas O. Rapp

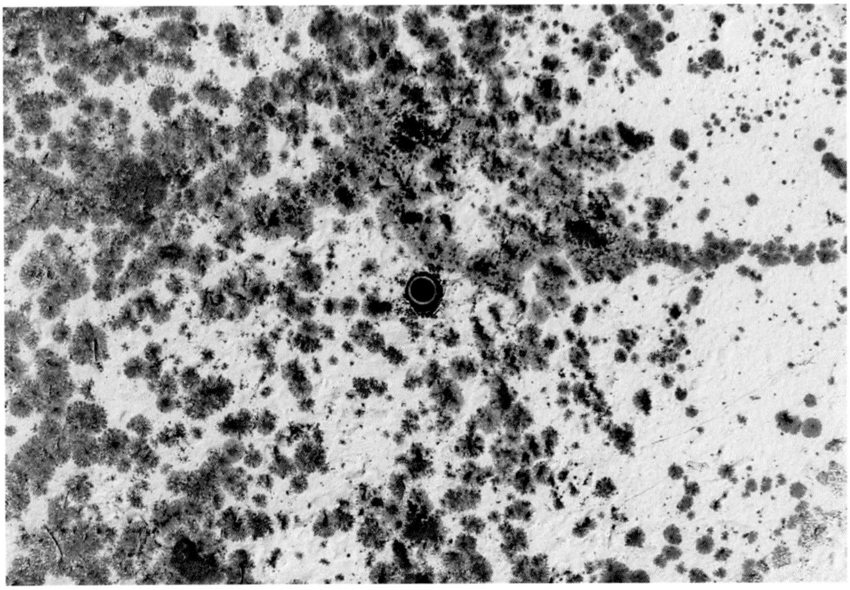

Abb. 12: VIS-Absorptionsbild eines größeren Ausschnitts um den Dübel zeigt die hinterlassene Verwüstung, wenn mit dem Ninhydrin-Reagenz gearbeitet wird. Im Gegensatz hierzu hinterlässt der Schimmelpilznachweis durch Fluoreszenzanalyse keinerlei Spuren am Gebäude.

Quelle: Prof. Dr. Andreas O. Rapp

Abb. 13: VIS-Normalbild von transparentem Schimmelpilzbewuchs auf Naturstein; im Tageslicht sind keine Schimmelpilze erkennbar, nur das punktuell aufgesprühte farblose Ninhydrin-Reagenz zeigt durch Violettverfärbung das Vorhandensein von Aminogruppen auf dem Stein an.
Quelle: Prof. Dr. Andreas O. Rapp

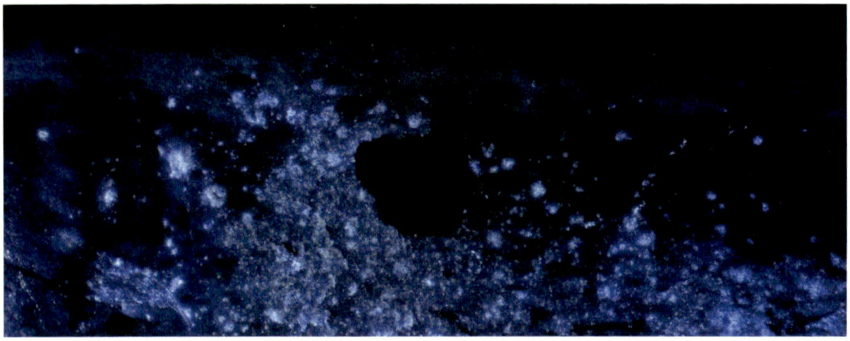

Abb. 14: UV angeregtes Fluoreszenzbild von der gleichen Stelle wie vorheriges Bild; der Naturstein fluoresziert an Stellen mit Schimmelpilzbewuchs, während er an Stellen ohne Schimmelpilzbewuchs dunkel bleibt (das Ninhydrin-Reagenz löscht alle Fluoreszenz).
Quelle: Prof. Dr. Andreas O. Rapp

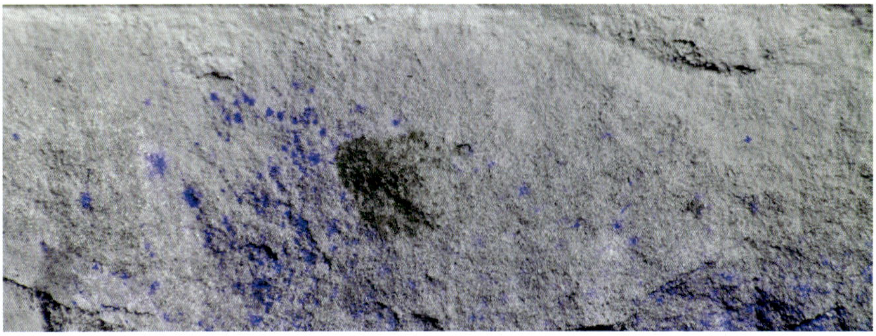

Abb. 15: UV-Absorptionsbild von transparenten Schimmelpilzen auf Naturstein, gleicher Bildausschnitt wie in den beiden vorherigen Bildern; die organische Substanz (Schimmelpilz und Metabolite) absorbieren das UV-Licht, wodurch die dunkleren (blauen) Stellen im Gegensatz zur hell bleibenden unkontaminierten mineralischen Gesteinsoberfläche erscheinen. Da der hier vorhandene Biofilm das langwellige UV nicht absorbiert, erscheint er blau statt schwarz, während das aufgesprühte Ninhydrin-Reagenz alles eingestrahlte UV absorbiert und daher schwarz erscheint.
Quelle: Prof. Dr. Andreas O. Rapp

8.2.1.2 Detektion von dunklen Pilzen

Auch dunkle Schimmelpilze auf dunklen Untergründen (z.B. Teppichen, Gardinen und Kleidung) sind meist detektierbar, obwohl sie sich im visuellen Bild nicht vom Untergrund abheben. Das Prinzip besteht darin, Kontrast zwischen dunklem Pilz und dunklem Untergrund zu erzeugen. Dies gelingt durch eine IR-Absorptionsbildanalyse (vergl. 8.5.3), da im nahen Infrarotlicht (IR) viele dunkle Farbstoffe hell oder sogar transparent erscheinen, während das Melanin in schwarz pigmentierten Pilzen oder Haaren dunkel bleibt (Abb. 16 und Abb. 17).

Abb. 16: VIS-Normalbild (links) und IR-Absorptionsbild (rechts) der Autorengruppe. Auffällig ist, dass die schwarze Kleidung im IR-Absorptionsbild (rechts) hell erscheint, während das Melanin der dunklen Haare schwarz bleibt.

Quelle: Prof. Dr. Andreas O. Rapp, Frank B. Peters, Glenn Lange

Abb. 17: VIS-Normalbild (links) und IR-Absorptionsbild (rechts) eines Teppichbodens mit dunklem Schimmelpilz. Der Teppich absorbiert wenig IR und erscheint deshalb im rechten Bild hell. Der melaninhaltige Schimmelpilz absorbiert stark im IR und zeichnet sich deshalb dunkel ab.

Quelle: Frank B. Peters

Auch der umgekehrte Fall ist möglich: hier wird der dunkle Pilz im IR-Absorptionsbild hell, weil er das IR-Licht stärker reflektiert als der Hintergrund, der das IR-Licht stärker absorbiert und daher dunkel bleibt (Abb. 18).

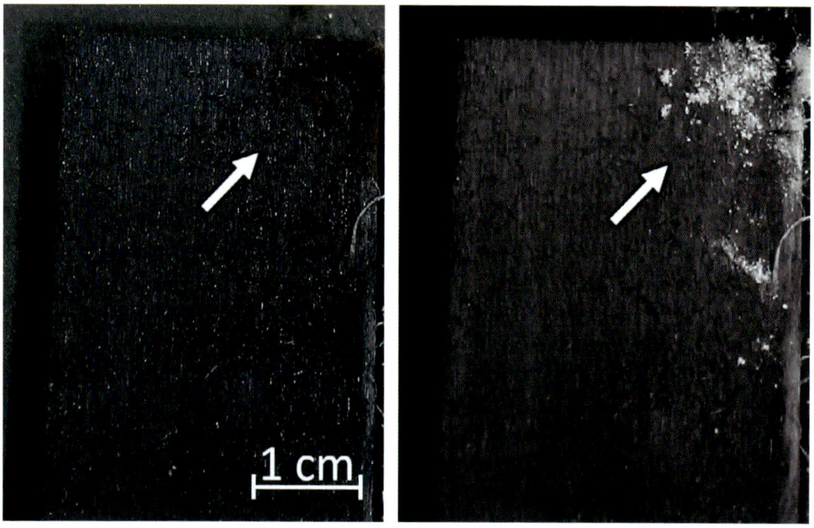

Abb. 18: VIS-Normalbild (links) und IR-Absorptionsbild (rechts) von Schimmelpilz auf dunkel gebeiztem Holz. Der dunkle Schimmelpilz ist im VIS-Normalbild (links) kaum auszumachen, während er sich im IR-Absorptionsbild (rechts) hell abhebt (Pfeile).

Quelle: Joana S. Koldehoff

In einigen seltenen Fällen zeigt sich kein Kontrast, weil Untergrund und Pilz sowohl im VIS-Normalbild als auch im IR-Absorptionsbild gleich hell zeichnen. Hier kann die Fluoreszenzbildanalyse weiterhelfen. In Abb. 19 hebt sich der Pilz durch seine Fluoreszenz hell ab, in Abb. 20 der Untergrund.

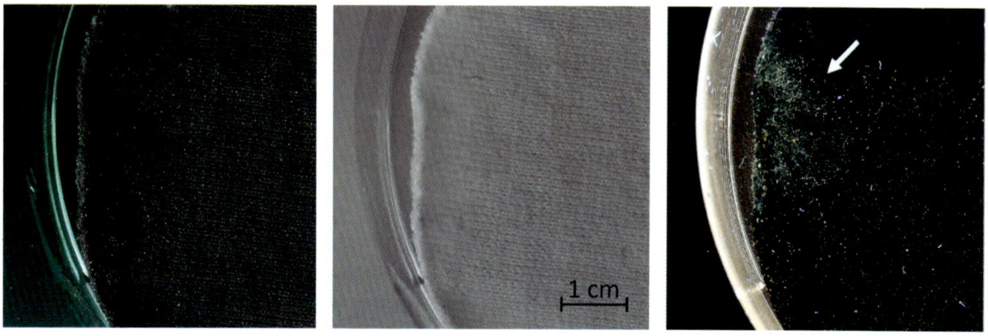

Abb. 19: Der dunkle Schimmelpilz auf dem Kleidungsstück kontrastiert weder im VIS-Normalbild (links) noch im IR-Absorptionsbild (Mitte). Im UV angeregten Fluoreszenzbild (rechts) heben sich die Hyphen (weißer Pfeil) jedoch durch ihre Fluoreszenz hell ab.

Quelle: Frank B. Peters

Abb. 20: Der kleine dunkle Schimmelpilzbewuchs (Pfeil) auf einem dunklen Ziegenhaarteppich (Tretford) kontrastiert weder im VIS-Normalbild (links) noch im IR-Absorptionsbild (Mitte). Da der Untergrund jedoch fluoresziert, hebt sich der Schimmel dunkel im UV angeregten Fluoreszenzbild (rechts) ab.

Quelle: Matteo Pille

Das richtige Vorgehen, um dunkle Schimmelpilze zu detektieren, ist die Aufnahme von einem IR-Absorptionsbild, gefolgt von einem UV-angeregten Fluoreszenzbild.

8.2.2 Nutzen für die Aufklärung von Schimmel- und Wasserschäden

Die Kenntnis des Entstehungsortes und Entstehungszeitpunktes eines Schadens sind von besonderem Interesse bei der Ursachenforschung. Der kundige Sachverständige bezieht aus der Ausprägung des Erscheinungsbildes, der Verteilung und Morphologie wertvolle Informationen. Dies setzt allerdings voraus, dass Merkmale erkennbar sind. Die optische Bau-Forensik bringt diese Merkmale deutlich hervor und zeigt weitere auf.

8.2.2.1 Ausdehnung und Wachstumsstadien

Eine Stärke der optischen Bau-Forensik ist, dass sie durch bildgebende Methoden die tatsächliche flächenmäßige **Ausdehnung** eines Schadens in Sekundenschnelle sichtbar macht. Die Fluoreszenzintensität korreliert mit der **Befallsintensität** eines Schimmelpilzschadens. Unterschiede zwischen Hotspots, Übergangs- und Randbereichen werden dadurch deutlich (vergl. Abb. 1 und Abb. 2). Farbliche Unterschiede in Fluoreszenzbildern zeigen verschiedene **Wachstumsstadien** von Schimmelpilzen an (Abb. 21 und Abb. 22).

Durch zeitlich versetzte Beobachtungen lässt sich die zeitliche Veränderung und die Ausbreitungsgeschwindigkeit von Schimmelpilzen (mit Bildbearbeitungssoftware) bestimmen, indem ihre Zuwachszonen, Fluoreszenzintensität und -farbe gemessen werden (vergl. Kapitel 8.5.8).

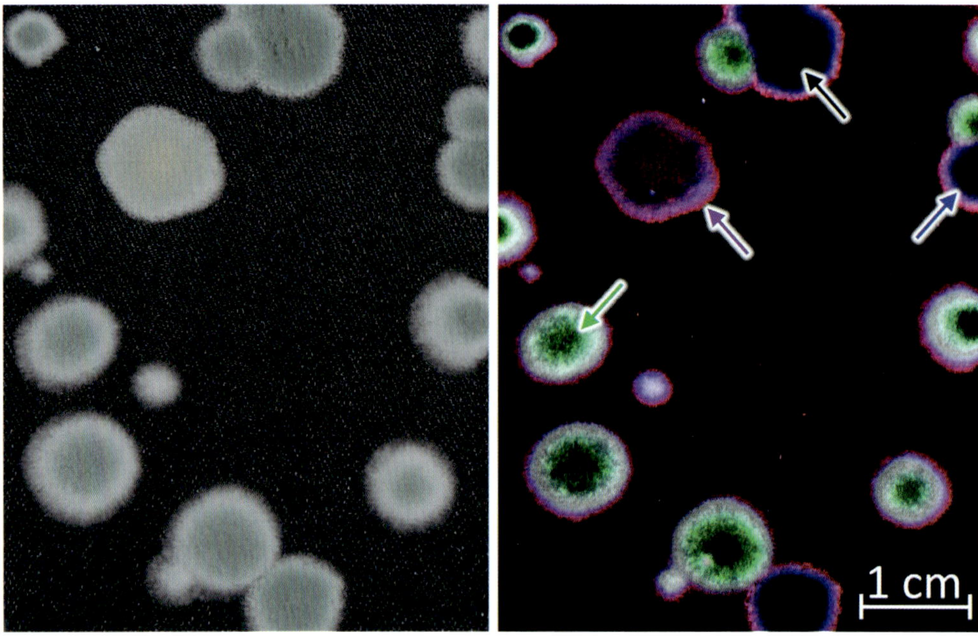

Abb. 21: Schimmelpilz auf Textilgewebe im VIS-Normalbild (links) und im UV angeregten Fluoreszenzbild (rechts). Hyphenspitzen der Kolonien fluoreszieren hier pink (pinker Pfeil), Wachstumsstadien zeigen sich in unterschiedlicher Fluoreszenzfarbe (grüner, schwarzer, blauer Pfeil).

Quelle: Joana S. Koldehoff

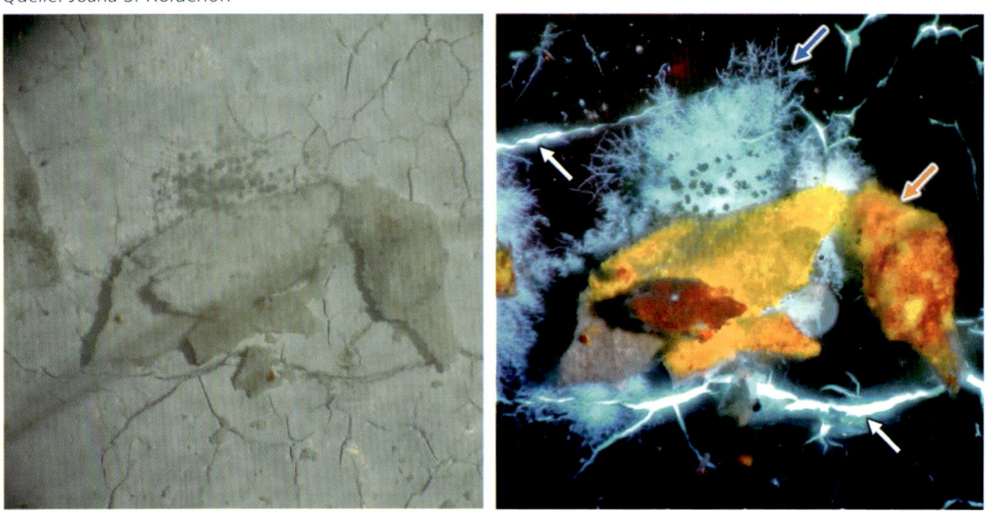

Abb. 22: VIS-Normalbild (links) und UV angeregtes Fluoreszenzbild (rechts) einer jungen Schimmelpilzinfektion, ausgehend von einem älteren, bewachsenen Impfstück auf geweißelter Raufasertapete. Erst das UV-angeregte Fluoreszenzbild (rechts) zeigt den sich ausbreitenden, jungen Befall mit bläulich fluoreszierendem Myzel (blauer Pfeil). Älterer Schimmel auf dem Impfstück erscheint hingegen orange bis rot (oranger Pfeil). Die weißen Pfeile zeigen Risse in der Beschichtung mit durchscheinender Fluoreszenz der Raufasertapete.

Quelle: Prof. Dr. Andreas O. Rapp

Zu bedenken ist, dass verschiedene Spezies je nach Umgebungsbedingungen unterschiedliche Fluoreszenzfarben hervorbringen. Deshalb ist keine einfache Regel für die Zuordnung von Fluoreszenzfarben zu Wachstums- bzw. Vitalitätsstadien bekannt. In bisherigen Beobachtungen haben sich folgende grobe Regeln als hilfreich erwiesen:

- Unpigmentierte, junge Hyphen mit erhöhter Bioaktivität fluoreszieren stärker als Hyphen mit geringerer Bioaktivität.[3]
- Die Bildung von pigmentierten Sporenträgern, die auch im VIS-Normalbild sichtbar sind, führt oft zu einer Abschwächung der Fluoreszenz.[4]

8.2.2.2 Morphologie von Schimmel und Wassereinwirkung

Aus der Morphologie eines Schimmelpilzbewuchses lassen sich Rückschlüsse auf die Entstehungsursachen ziehen. So sind geometrische Formen oder Übereinstimmungen mit Bauteilgrenzen häufig ein Indiz für Wärmebrücken (Abb. 23).

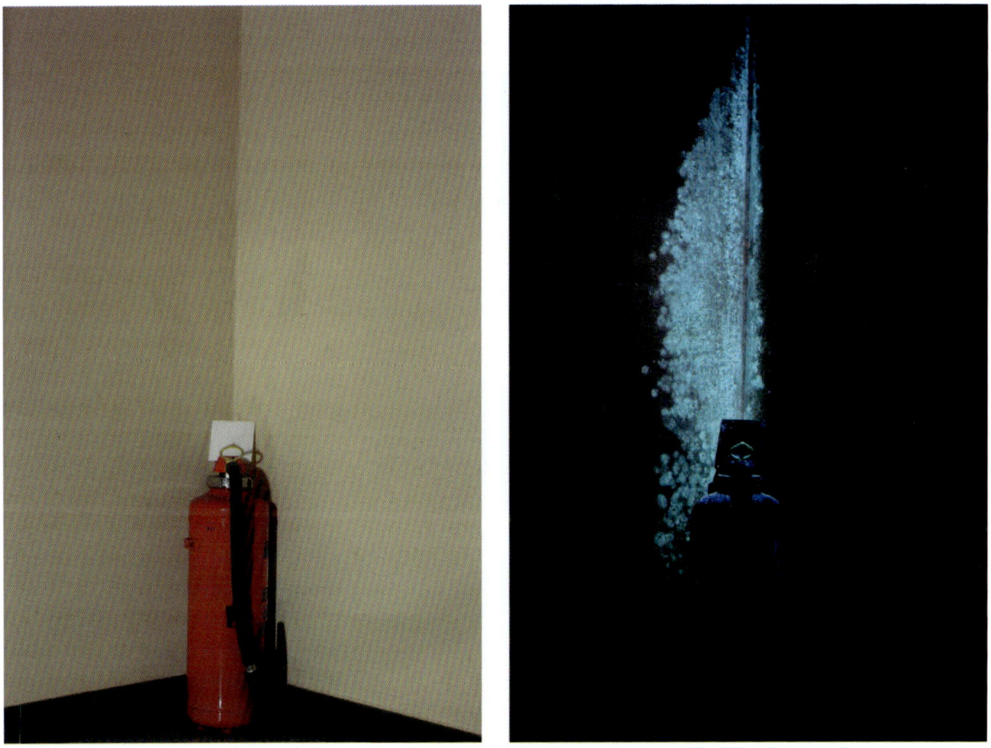

Abb. 23: VIS-Normalbild (links) und UV angeregtes Fluoreszenzbild (rechts) eines transparenten Schimmelpilzbewuchses in einer Außenecke. Die Form und Lage folgen einer geometrischen Wärmebrücke.

Quelle: Prof. Dr. Andreas O. Rapp

3 Auch beschrieben von Butt *et al.* (1989).
4 Ebd.

Die Ausprägung von Wasserspuren gibt wichtige Hinweise auf den Schadenshergang. Folgende Ausprägungen lassen sich Ursachen zuordnen:

- **Scharf umrissene** Spuren in Form von Flecken (Abb. 24, Abb. 29, Abb. 42, Abb. 43), Tropfen (Abb. 25) oder Linien (Abb. 26) entstehen, wenn **flüssiges** Wasser auf Oberflächen vorhanden war. Diese zeigen sich im Fluoreszenzbild mit hellen Rändern, auch wenn sie im VIS-Normalbild nicht sichtbar sind.
- **Wolkenförmige** Ränder, also ohne scharfe Umrandung, entstehen, wenn **kein flüssiges** Wasser auf der Oberfläche vorhanden war, sich jedoch Feuchtigkeit im Bauteil befand, z.B. durch rückseitig eingedrungene Feuchte (Abb. 27) oder erhöhte Raumluftfeuchte.
- Wenn **überlagernde** fluoreszierende Wasserflecken vorliegen, lässt dies auf **mehrere** zeitlich getrennte Feuchteereignisse schließen (Abb. 24).
- In **unterschiedlicher Farbe** fluoreszierende Wasserflecken (Abb. 24, Abb. 27, Abb. 28) werden durch unterschiedliche **Stoffe** verursacht.

Abb. 24: VIS-Normalbild (links) und UV angeregtes Fluoreszenzbild (rechts) einer Kellerwand, mit mehreren zeitlich unabhängigen Feuchteereignissen. Herablaufendes Wasser von den Pflanzen auf der Fensterbank (grüne Pfeile), aufsteigende Feuchte (braune Pfeile), weitere Flecken (blaue Pfeile). Die türkis fluoreszierenden Flecken (gestrichelter Rahmen) sind in Abb. 45 als Makroaufnahme dargestellt.

Quelle: Frank B. Peters

Abb. 25: Die Tropfspuren des über die Dachfenster eingetretenen Wassers sind nicht im VIS-Normalbild (oben) erkennbar, treten jedoch eindeutig im UV angeregten Fluoreszenzbild (unten, markierter Bildausschnitt) hervor.

Quelle: Prof. Dr. Andreas O. Rapp

Abb. 26: VIS-Normalbild (oben) und UV angeregtes Fluoreszenzbild (unten) einer Kellerwand mit Spuren von flüssigem Wasser. Die Eintrittsstelle (Pfeile) des Wassers als Anfangspunkt der Rinnsale ist klar erkennbar.

Quelle: Frank B. Peters

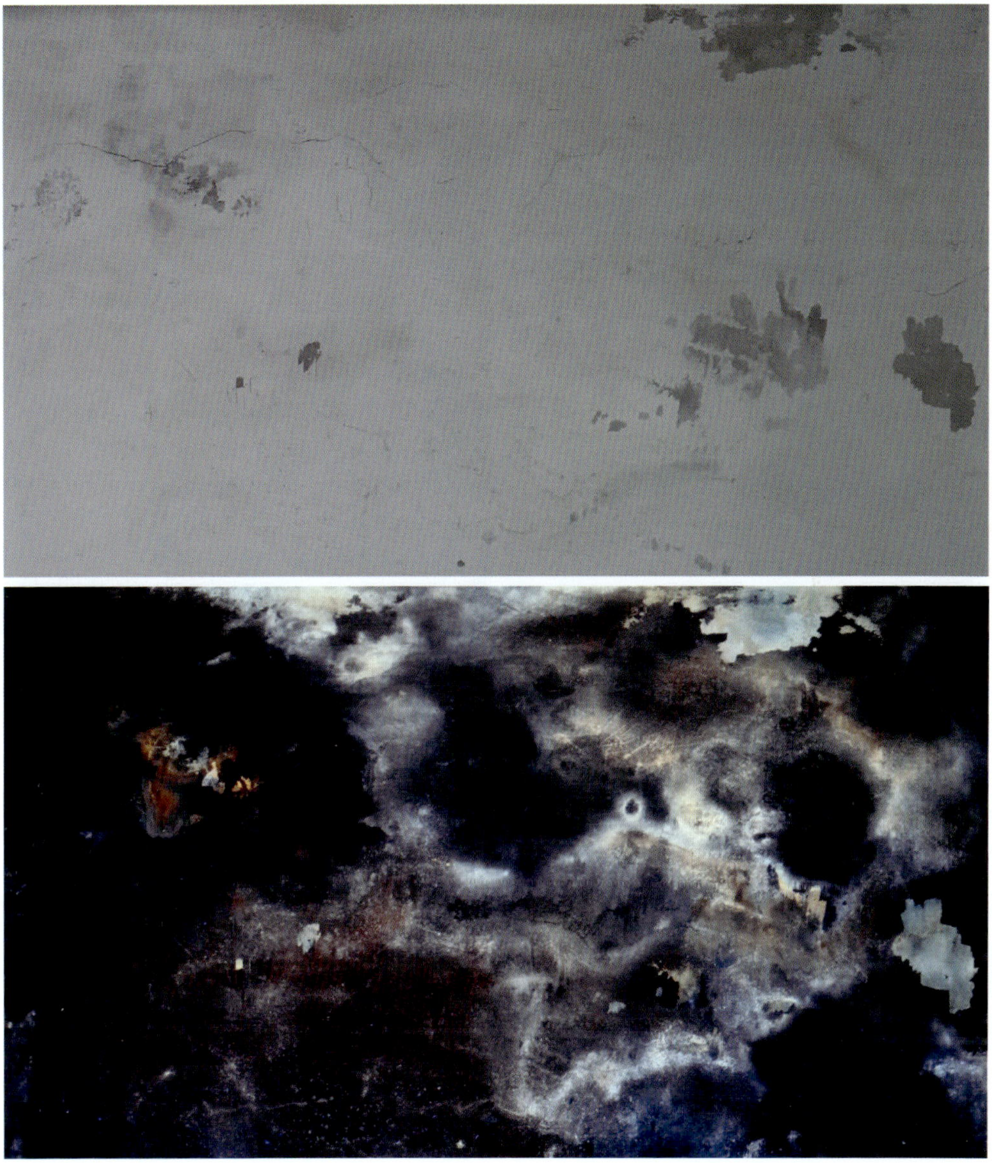

Abb. 27: VIS-Normalbild (oben) und UV angeregtes Fluoreszenzbild einer feuchten Kellerwand. Die wolkigen, nicht scharf umrandeten Wasserspuren sind typisch für seitlich in die Wand eingedrungenes Wasser (Ursache z.B. defekte Vertikalabdichtung eines erdberührten Bauteils), das an der Oberfläche verdunstet. Die unterschiedlichen Farben (gelb-orange und weiß-blau) der Fluoreszenz entstehen durch verschiedene Stoffe.

Quelle: Frank B. Peters

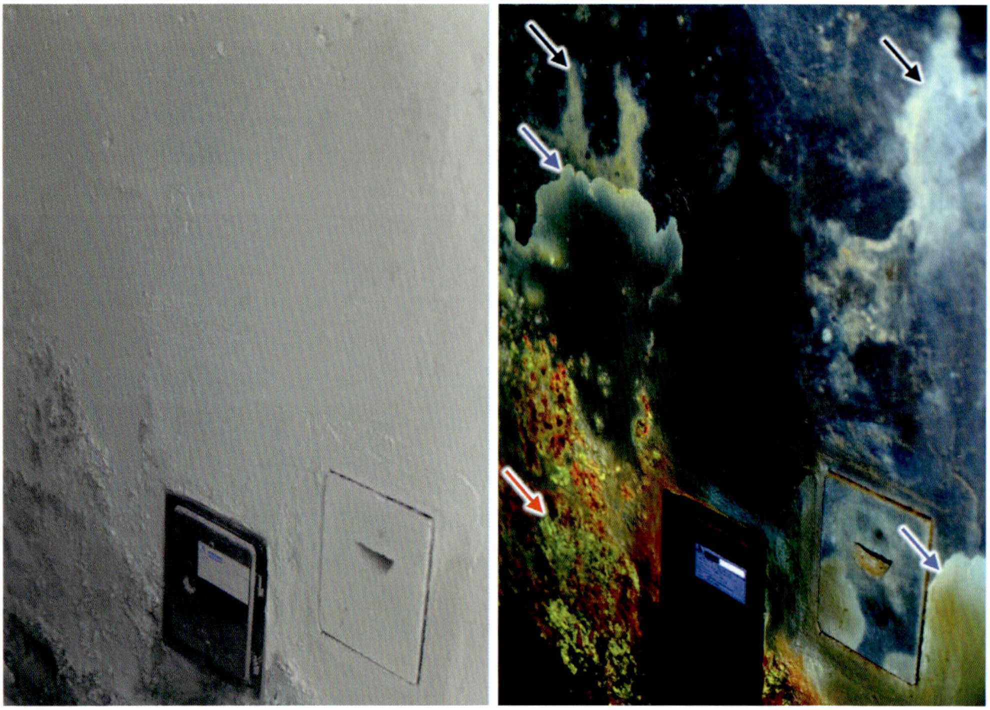

Abb. 28: VIS-Normalbild (links) und UV angeregtes Fluoreszenzbild (rechts) einer Kellerwand. Im Fluoreszenzbild sind verschiedene Wasserspuren mit scharf umrissenen (blaue Pfeile) und wolkenförmigen (schwarze Pfeile) Rändern erkennbar, die außerdem in unterschiedlichen Farben fluoreszieren. Deshalb ist hier von mehreren unabhängigen Feuchteereignissen auszugehen. Hinweis: Bei den gelb und rot fluoreszierenden Flecken (roter Pfeil) handelt es sich um sulfathaltige mineralische Ausblühungen, nicht um Schimmelpilze.

Quelle: Frank B. Peters

Sofern Schimmelpilzbewuchs und Wasserränder im gleichen Bereich auftreten, liegt ein ursächlicher Zusammenhang, wie im in Abb. 29 gezeigten Schadensfall, nahe. Die Wasserränder werden mit blauer Anregung besonders deutlich, während sich die Pilze bei UV-Anregung hier deutlich vom Wasserrand abheben.

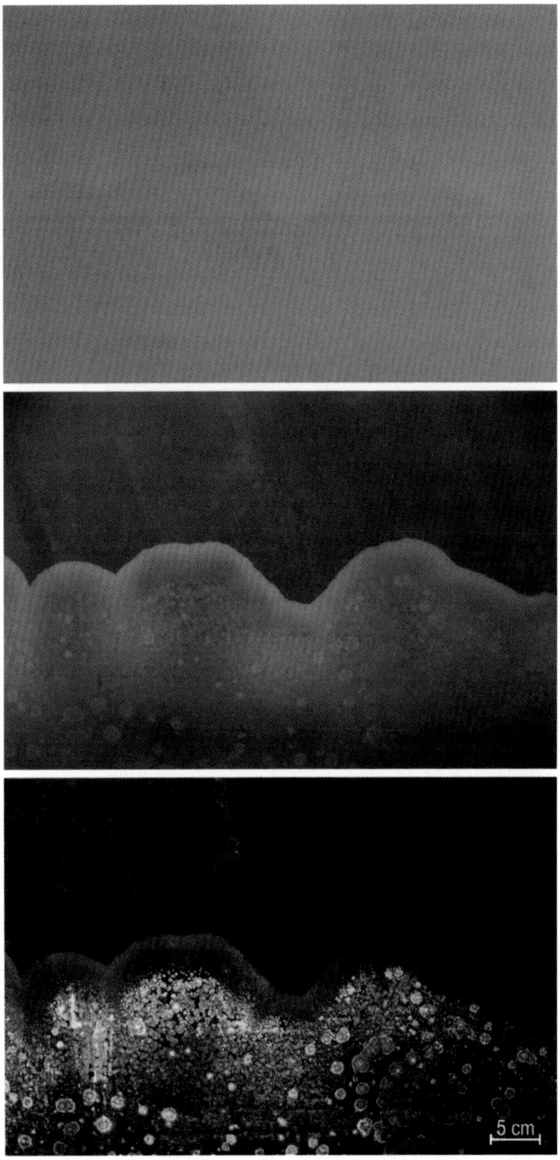

Abb. 29: Intensiver Wasserfleck mit Schimmelbewuchs an einer Kellerdecke. Der im VIS-Normalbild (oben) kaum erkennbare Wasserrand tritt im blau angeregten Fluoreszenzbild (Mitte) besonders hell hervor. Im UV angeregten Fluoreszenzbild (unten) wird der fast flächendeckende Schimmelpilzbewuchs innerhalb des Wasserflecks deutlich.

Quelle: Frank B. Peters

8.2.3 Nutzen bei der Sanierung

Die optische Bau-Forensik ist vor, während und nach der Sanierung hilfreich. Unsachgemäße Sanierung lässt sich durch Fluoreszenzbildanalyse erkennen, zum Beispiel in folgenden Formen:

- unvollständige Reinigung (Abb. 30 und Abb. 31),
- Desinfektion (Abb. 32),
- einfaches Überstreichen ohne Sperrgrund (Abb. 40, Abb. 42) und
- sogar überstreichen mit Sperrgrund (Abb. 43).

Abb. 30: VIS-Normalbild vom Monitoring der Reinigung einer Schalter-Steckdosenkombination.
Quelle: Prof. Dr. A.O. Rapp

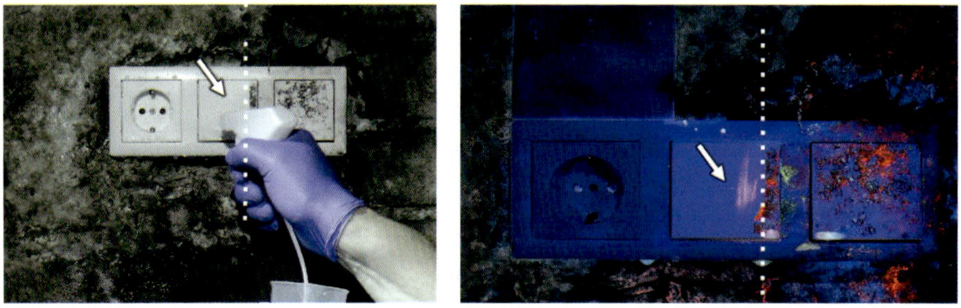

Abb. 31: Schalter-Steckdosenkombination während der Reinigung, links der gepunkteten Linie gereinigt, rechts der Linie noch nicht gereinigt. Im UV angeregten Fluoreszenzbild (rechts) sind Spuren von noch verbliebenen Schimmelpilzresten (Pfeil) an ihrer hellen Fluoreszenz leicht erkennbar, die im VIS-Normalbild (links) unsichtbar sind (Pfeil).
Quelle: Prof. Dr. A.O. Rapp

8.2.3.1 Desinfizierte Flächen

Der Einsatz von Desinfektionsmitteln und deren Wirkung lassen sich durch Fluoreszenzuntersuchung im sichtbaren Bereich nachweisen (Abb. 32).

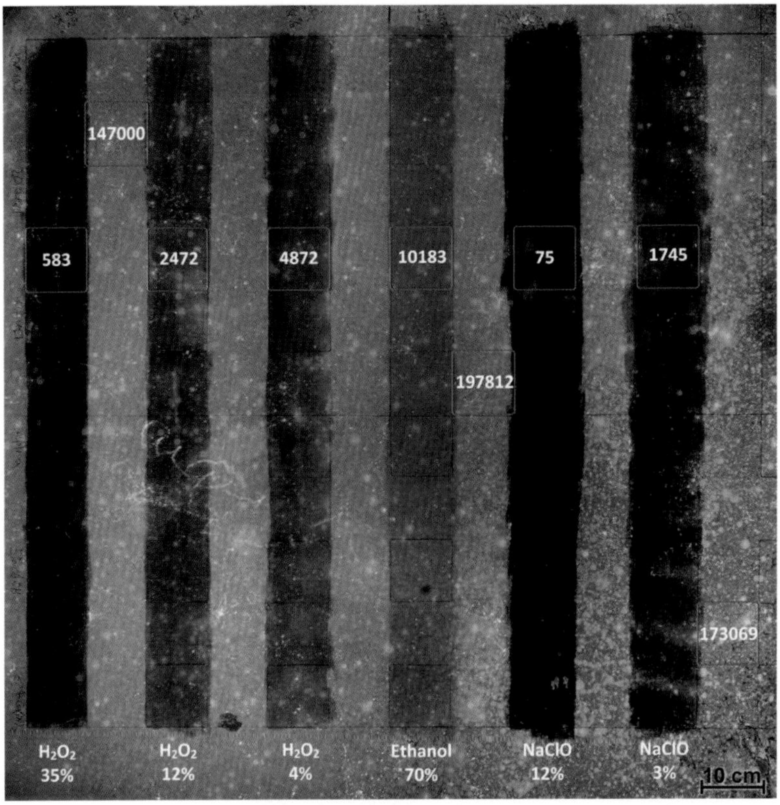

Abb. 32: UV angeregtes Fluoreszenzbild einer schimmelpilzbewachsenen Fläche, die streifenweise mit unterschiedlichen Desinfektionsmitteln behandelt wurde. Die Aufnahme erfolgte 8 Stunden nach Desinfektion. Je höher die Konzentration der Desinfektionsmittel Wasserstoffperoxid (H_2O_2) und Natriumhypochlorit (NaClO), desto stärker die Fluoreszenzabnahme. Durch ihre bläuliche Fluoreszenzfarbe unterscheidet sich die mit Ethanol desinfizierte Fläche von den übrigen Desinfektionsmitteln. Die rot gerahmten Zahlen geben die ATP+AMP-Werte an, ermittelt mit Kikkoman Lumitester PD-30.

Quelle: Glenn Lange

Die in Abb. 32 nach 8 Stunden noch dunklen Flächen waren nach 70 Tagen wiederbewachsen, besonders in den Randbereichen. Sie zeigten nach 70 Tagen erhöhte ATP+AMP-Werte und erhöhte Fluoreszenz (Abb. 33). Dies deckt sich mit einer Beobachtung von Graßl (2012).

Der gleiche Effekt wurde auch an zu schwach mit UV-C desinfizierten Flächen (Abb. 34) beobachtet, wo die ATP+AMP-Werte 70 Tage nach Desinfektion mehr als verdoppelt waren, bei ebenfalls gestiegener Fluoreszenz. Erhöhte Bioaktivität einiger Schimmelpilze nach Bestrahlung mit UV-Licht wurde auch von Kück (2009) berichtet.

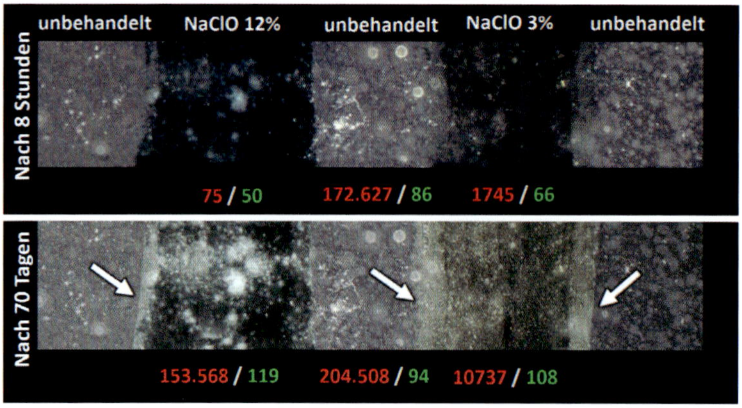

Abb. 33: UV-angeregtes Fluoreszenzbild der desinfizierten Testfläche nach 8 Stunden (oben) und 70 Tagen (unten), gleicher Bildausschnitt. Wiederbewachsene Zonen weisen erhöhte ATP+AMP-Werte (rote Beschriftung) und erhöhte Helligkeitswerte (RGB-Mittelwerte, grüne Beschriftung) auf. Unvollständig desinfizierte Übergangsbereiche fluoreszieren sogar heller und in anderer Farbe (Pfeile) als unbehandelte Flächen.

Quelle: Glenn Lange

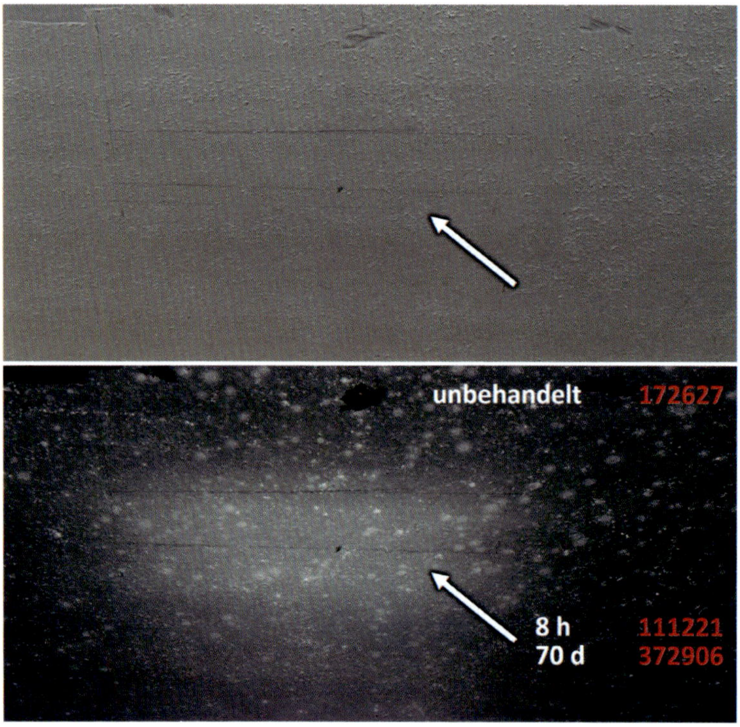

Abb. 34: VIS-Normalbild (oben) und UV angeregtes Fluoreszenzbild (unten) einer schimmelbewachsenen Fläche, die 7 Stunden mit einer 254 nm-Desinfektionslampe bestrahlt wurde (Pfeil). Die Aufnahme erfolgte 70 Tage nach Bestrahlung. Die insgesamt schwache Desinfektion führte zu verstärkter Fluoreszenz und erhöhten ATP+AMP-Werten (rote Beschriftung, in RLU) an der bestrahlten Fläche.

Quelle: Glenn Lange

Die untersuchten Fälle zeigen, dass eine Korrelation zwischen Fluoreszenzintensität und ATP+AMP-Werten besteht (Abb. 35).

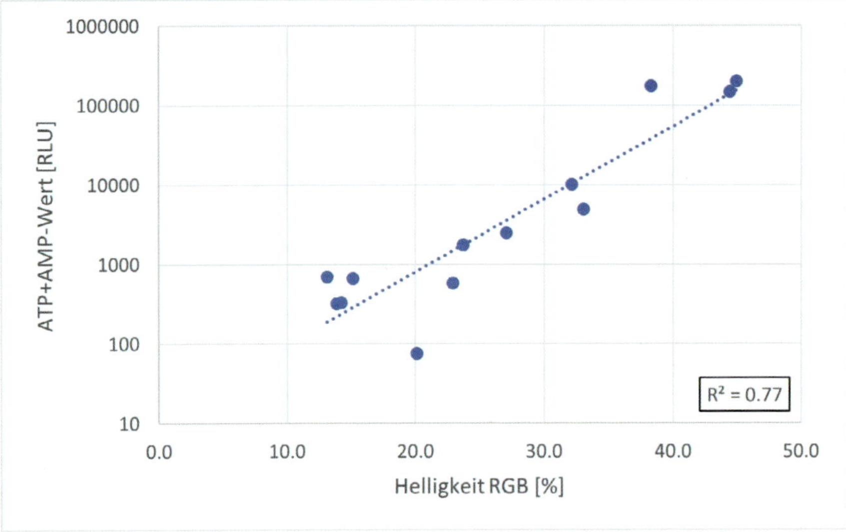

Abb. 35: Korrelation zwischen ATP+AMP-Werten und Fluoreszenzhelligkeit in der zuvor beschriebenen Studie (Abb. 32).

Quelle: Frank B. Peters

Eine Verstärkung der Fluoreszenz nach Desinfektion kann jedoch auch andere Ursachen als erhöhte Aktivität haben, z. B. freigesetzter Zellinhalt, wie der Fall einer ozonbegasten Fläche verdeutlicht (Abb. 36). Obwohl die ATP+AMP-Werte bereits stark erniedrigt waren, fluoreszierte die ozonierte Fläche stärker als die unbehandelte Fläche mit ihren hohen ATP+AMP-Werten. Lediglich im direkten Einströmbereich des Ozons trat ein Fluoreszenzverlust ein.

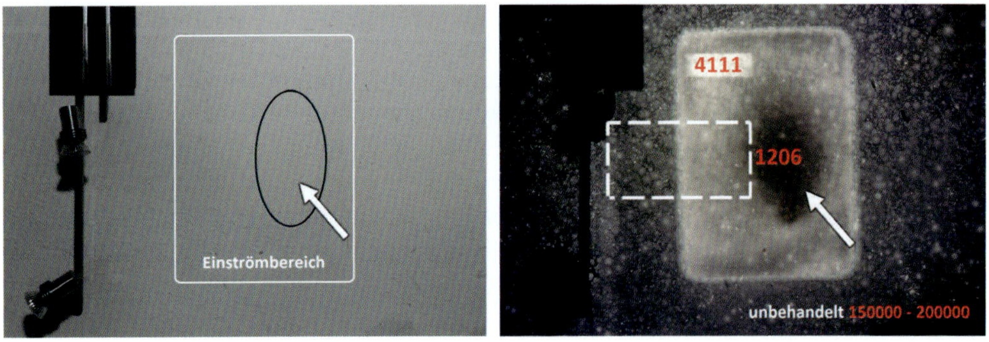

Abb. 36: VIS-Normalbild (links) und blau angeregtes Fluoreszenzbild (rechts) einer schimmelbewachsenen Fläche. Der weiß umrandete Bereich wurde mit Ozon begast. In der Einströmungszone (schwarz umrandet) des Ozons trat eine Abschwächung, in größerer Entfernung jedoch eine Verstärkung der Fluoreszenz und der ATP+AMP-Werte auf. Die gestrichelte Markierung zeigt den Bildausschnitt von Abb. 37 an.

Quelle: Glenn Lange

Die erhöhte Fluoreszenz ist erklärbar durch eine Lysis der Zellen mit austretendem fluoreszierenden Zellinhalt, erkennbar an den nur noch unscharf abgegrenzten Kolonien (Abb. 37). Bei intensiverer Zerstörung der Biomasse durch Ozon erlosch die Fluoreszenz, hier im Einströmbereich.

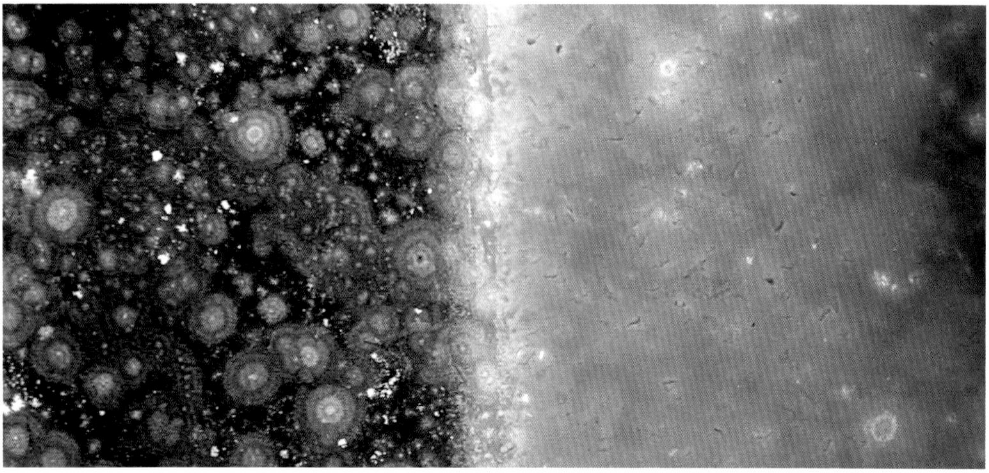

Abb. 37: Ausschnittvergrößerung des gestrichelten Bereichs in Abb. 36. In der linken Bildhälfte sind intakte, scharf abgegrenzte Koloniestrukturen vorhanden, während in der rechten Bildhälfte die Lysis mit ausgetretenem fluoreszierenden Zellinhalt an dem verschwommenen Erscheinungsbild erkennbar ist.

Quelle: Glenn Lange

Zusammenfassend lässt sich sagen, dass ein helleres Fluoreszenzbild durch mehr fluoreszierende Substanz verursacht wird. Dies kann entweder durch erhöhte Aktivität hervorgerufen werden oder durch Freisetzung fluoreszierender Zellbestandteile bei Zelllysis. Zu beachten ist hierbei, dass letzteres nicht durch erhöhte Aktivität, sondern durch Zelltod verursacht wird.

Durch die Fluoreszenz als Indikator für Aktivität und Aktivitätsbesonderheiten wird innerhalb eines Sanierungsobjektes eine repräsentative Probenahme bei gleichzeitiger Reduzierung des Probenumfangs möglich. Hierzu werden nach einer Fluoreszenzuntersuchung an durchschnittlich fluoreszierenden Stellen sowie an allen auffällig stark und auffällig schwach fluoreszierenden Stellen Proben genommen. So verringern sich durch Einsatz der optischen Bau-Forensik Zeit- und Kostenaufwand bei der Sanierungskontrolle erheblich.

8.2.3.2 Überstrichene Flächen

Schimmelbewachsene oder durch Feuchteeinwirkung veränderte Flächen sind nicht nur im Rohzustand oder nach Desinfektion durch Fluoreszenzbildanalyse detektierbar, sondern sogar, wenn sie überstrichen worden sind (Abb. 38 bis Abb. 40). Hier zeigt sich eine besondere Stärke der optischen Bau-Forensik: Überstrichener Schimmelbewuchs ist detektierbar, obwohl er im visuellen Bild und durch ATP+AMP-Messungen nicht nachweisbar ist.[5]

5 Lange, 2021.

Abb. 38: Blau angeregtes Fluoreszenzbild von im Tageslicht farblosem Schimmelpilzbewuchs an einer Decke, **vor** *dem Überstreichen mit weißer Wandfarbe.*

Quelle: Prof. Dr. A.O. Rapp

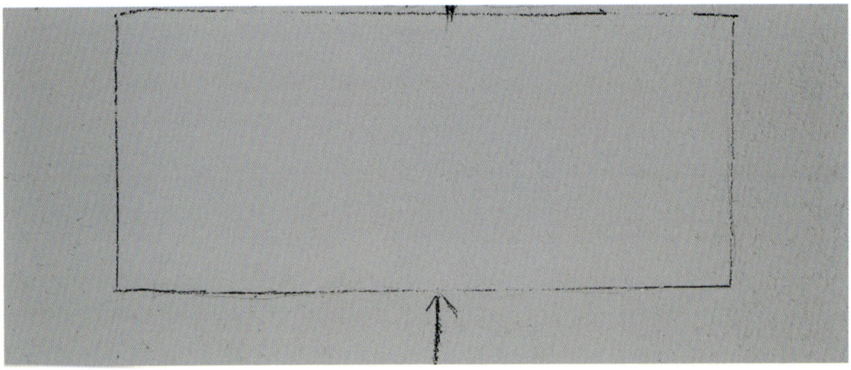

Abb. 39: VIS-Normalbild von farblosem Schimmelpilzbewuchs 12 Stunden **nach** *dem voll deckenden Überstreichen mit weißer Wandfarbe innerhalb des Rechtecks, wo im Tageslicht selbst mit dem Mikroskop keinerlei Auffälligkeiten, geschweige denn Hinweise auf Pilzbewuchs vorliegen.*

Quelle: Prof. Dr. A.O. Rapp

Abb. 40: Anhand des blau angeregten Fluoreszenzbildes sind die mit weißer Wandfarbe überstrichenen farblosen Schimmelpilze trotz ihrer deutlich abgeschwächten Fluoreszenz noch eindeutig detektierbar; im Tageslicht sieht das Rechteck frisch weiß gestrichen aus (vergl. Abb. 39).

Quelle: Prof. Dr. A.O. Rapp

Die Detektierbarkeit von überstrichenen Spuren beruht auf zwei Prinzipien.

a. Diffusion von löslichen fluoreszierenden Substanzen in die Beschichtung hinein (Durchschlagen) und Anregung an der Oberfläche und/oder

b. Anregung der Fluoreszenz unter der Beschichtung. Voraussetzungen hierfür sind, dass sowohl das Anregungslicht als auch die erzeugte Fluoreszenz die Beschichtung durchdringen.

Im Allgemeinen gilt: Kurzwelliges UV-Licht ist energiereich und regt viele Stoffe zur Fluoreszenz an, dringt jedoch weniger tief in Materie ein. Längerwelliges Licht dringt tiefer ein, regt jedoch weniger Stoffe zur Fluoreszenz an. Für die optimale Ausnutzung beider Prinzipien hat sich blaues Licht bei überstrichenen Schimmelpilzen und Wasserspuren bewährt. Blaues Licht besitzt ausreichend hohe Energie und ist gleichzeitig bereits langwellig genug, um Anstriche zu durchdringen. Die Vor- und Nachteile von UV- und blauer Anregung werden aus Abb. 41 bis Abb. 43 deutlich.

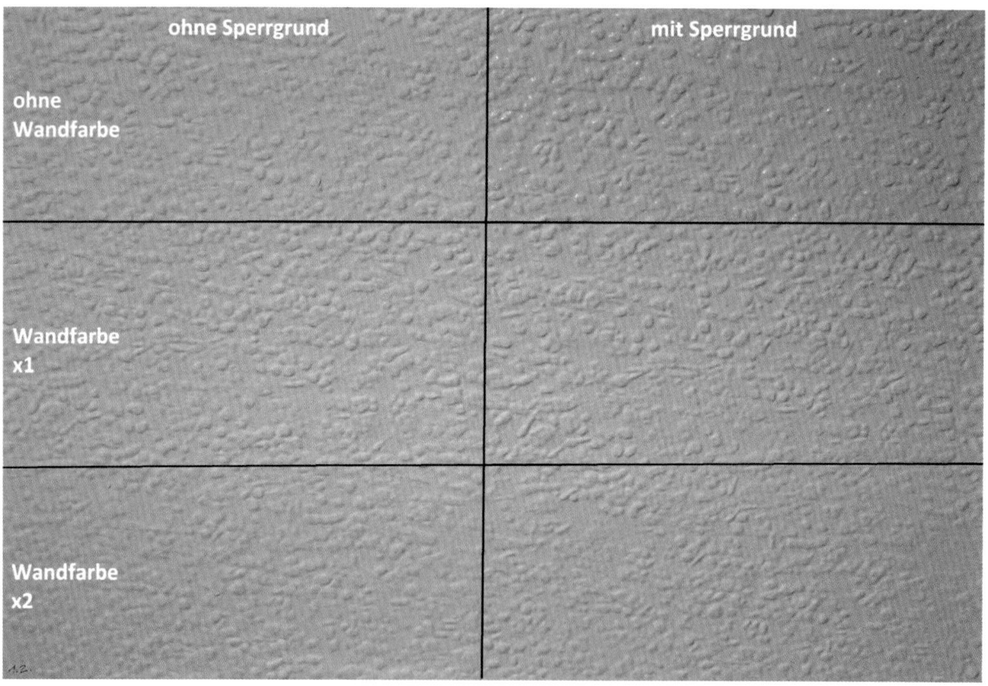

Abb. 41: VIS-Normalbild einer Raufasertapete mit Wasserfleck, der mit dem bloßem Auge unsichtbar ist. Die rechte Bildhälfte wurde vertikal mit Sperrgrund behandelt. Horizontal wurde in zwei Schichtstärken mit weißer Wandfarbe überstrichen.

Quelle: Glenn Lange

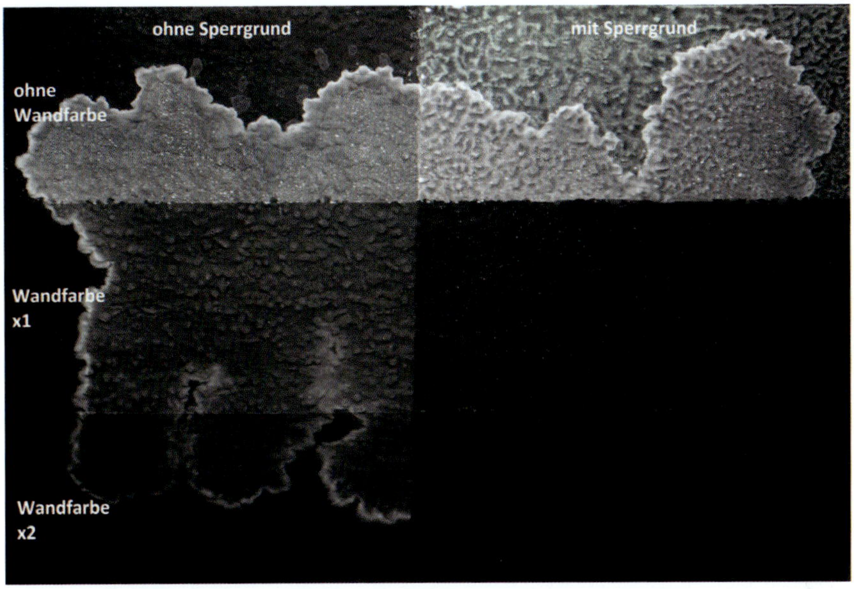

Abb. 42: **UV angeregtes** *Fluoreszenzbild desselben Bildausschnitts aus Abb. 41. Der Wasserfleck ist auch nach zweimaligem Überstreichen erkennbar (unten links), da die wasserlöslichen fluoreszierenden Substanzen ohne Sperrgrund durchschlagen. Sperrgrund (rechts) verhindert jedoch das Durchschlagen, die Fläche bleibt daher im UV angeregten Fluoreszenzbild schwarz.*

Quelle: Glenn Lange

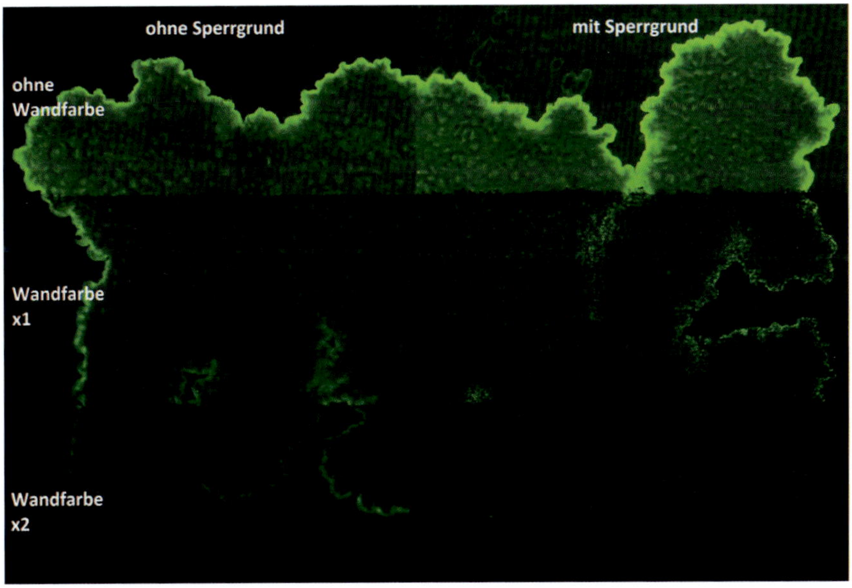

Abb. 43: **Blau angeregtes** *Fluoreszenzbild desselben Bildausschnitts wie Abb. 41 und Abb. 42. Trotz Sperrgrund und zweifachem Überstreichen (unten rechts) ist der Wasserfleck detektierbar, da das blaue Anregungslicht und die grüne Fluoreszenz alle Schichten durchdringen.*

Quelle: Glenn Lange

Da jede zusätzliche Pigmentschicht die Fluoreszenz abschwächt, ist die Detektion unter pigmentierten Sperrgründen erschwert gegenüber transparenten Sperrgründen. Im Extremfall ist bei vielen übereinanderliegenden Beschichtungslagen die Fluoreszenz auch mit blauer Anregung nicht detektierbar.

8.3 Verwechslungsmöglichkeiten und Grenzen

In der schimmelpilzdiagnostischen Praxis kann der Befund positiv oder negativ ausfallen. Falsch-positiv sind Diagnosen, die einen vermeintlichen Schimmelbewuchs diagnostizieren, der in Wahrheit nicht vorhanden ist. Falsch-negativ sind Diagnosen, die fälschlicherweise die Abwesenheit von Schimmelpilzbewuchs diagnostizieren.

8.3.1 Falsch-Positiv-Diagnosen

Die optische Bau-Forensik ist hoch empfindlich und macht Spuren verschiedenster Art sichtbar. Aber nicht alles, was fluoresziert und in Außenecken auftritt, ist farbloser Schimmelpilzbewuchs. Die Gefahr einer Falsch-Positiv-Diagnose besteht, wenn andere fluoreszierende Stoffe mit Schimmel verwechselt werden.

Viele fluoreszierende Spuren lassen sich eindeutig aufgrund ihrer Form (Flecken, Tropfen, Spritzer, geometrische Formen etc.) von Schimmelpilzen unterscheiden. Neben den bereits beschriebenen Wasserspuren (8.2.2.2) sind das z.B. auch verschmierte Lebensmittel wie Stärke, Mehl, Speiseöl, Butter, Eier sowie Klebstoffe, Kleister, Papier, Tapeten, Farbstoffe, Reinigungsmittel, Körperpflegemittel oder einfach nur Fingerabdrücke bzw. Handabdrücke.

Fehlinterpretationen sind insbesondere denkbar bei Hausstaub. Dieser ist jedoch relativ einfach dadurch von Schimmelbewuchs zu unterscheiden, dass er nur bei UV Anregung blau fluoresziert (Abb. 44), nicht jedoch bei blau-Anregung. Pilze fluoreszieren hingegen auch unter blauer Anregung.

Abb. 44: Vergrößerter Ausschnitt aus Abb. 23, UV angeregtes Fluoreszenzbild (links). Der Hausstaub auf dem Feuerlöscher fluoresziert nur bei UV-Anregung blau. Bei Blau-Anregung fluoresziert er jedoch nicht und bleibt wie im rechten Bild dunkel.

Quelle: Prof. Dr. Andreas O. Rapp

Bei erhöhter Feuchte können außer Schimmelpilzen auch mineralische Ausblühungen mit ähnlichem Erscheinungsbild auftreten (Abb. 45, Abb. 46), insbesondere kreisförmige, kolonieartige Strukturen. Als hinreichender Beweis für Schimmelpilzbewuchs zählt in solchen Fällen u.a. der Nachweis von Hyphenstrukturen. Bei Abb. 45 belegte die Makrofluoreszenzbildanalyse keine Hyphenstruktur.

Abb. 45: Vergrößerter Ausschnitt aus Abb. 24. Links: VIS-Normalbild mit auffälligen Verfärbungen; Rechts: UV angeregtes Fluoreszenzbild mit grünlich fluoreszierenden Strukturen. Da auch bei starker Vergrößerung keine Hyphenstrukturen erkennbar sind, fehlt der Beweis für einen Pilzbewuchs.

Quelle: Frank B. Peters

Abb. 46: UV angeregtes Fluoreszenzbild; aus der unten im Bild befindlichen PTFE-Referenz, die dunkel erscheint, obwohl sie im Tageslicht schneeweiß ist, folgt, dass in diesem Bild fast alles fluoresziert: der mit Ölfarbe gestrichene grün fluoreszierende Türrahmen rechts im Bild, die hellblau fluoreszierenden Textilfasern auf dem Sockel und ganz links im Bild auf dem Boden, die rot fluoreszierende Kellerwandfarbe, welche im Tageslicht hellgelb ist und insbesondere der stark gelbgrün fluoreszierende Putz, welcher unter der abblätternden Wandfarbe rechts neben der PTFE Referenz erkennbar ist. Hier könnte vermutet werden, dass die Fluoreszenz in der oberen Bildhälfte nicht von Pilzen herrührt, sondern von einer Ausblühung des fluoreszierenden Putzes.

Quelle; Prof. Dr. Andreas O. Rapp

Ergänzende Untersuchungen (z.B. KBE, ATP+AMP, Mikroskopie, Ninhydrin-Anfärbung) erhöhen die Sicherheit von bau-forensischen Diagnosen. In dem in Abb. 46 gezeigten Fall ergaben weitere Untersuchungen (Fluoreszenz-Auflichtmikroskopie mit klar erkennbaren Hyphenstrukturen (Abb. 47 oben), ein positiver Ninhydrin-Reagenztest und mit Anilinblau gefärbte im Durchlicht mikroskopierte Klebefilmpräparate mit Schimmelpilzsporen) zweifelsfrei, dass es sich hier nicht um mineralische Ausblühungen, sondern doch um einen Schimmelpilz mit transparentem Pilzmyzel handelte. Dieses war auf der hellgelben Kellerwandfarbe im Tageslicht (Abb. 47 unten) weder mit bloßem Auge noch mit dem Auflichtmikroskop (ohne UV-Licht und ohne Färbung) erkennbar.

Abb. 47 oben: UV angeregtes Fluoreszenz-Auflichtmikroskopiebild aus dem in der oberen Bildhälfte von Abb. 46 fluoreszierenden Bereich; unten: Tageslichtbild des gleichen Wandausschnitts, in dem das transparente Pilzmyzel selbst im Auflichtmikroskop unsichtbar ist; zur besseren Orientierung für den Bildvergleich sind Linien eingezeichnet.

Quelle: Prof. Dr. Andreas O. Rapp

8.3.2 Falsch-Negativ-Diagnosen

Bau-Forensik zeigt Spuren auf. Die Abwesenheit von Spuren ist jedoch kein hinreichender Beleg für Schadensfreiheit, weil Spuren verdeckt sein können, oder durch ungünstige Untersuchungsbedingungen übersehen werden. Damit keine Falsch-Negativ-Diagnosen gestellt werden, sind Negativdiagnosen mit besonderer Sorgfalt und unter Einbeziehung weiterer Untersuchungsmethoden zu überprüfen. Im Folgenden werden mögliche Falsch-Negativ-Diagnosen besprochen.

Einer der häufigsten Gründe dafür, dass Fluoreszenz übersehen wird, ist Störlicht (8.5.7), egal ob es von unzureichenden Lichtquellen, schlechten Filtern oder zu viel Umgebungslicht stammt.

Eine weitere Ursache ist die Fluoreszenz von Untergründen. Schimmelbewuchs auf solchen Untergründen kann daher übersehen werden, wenn er eine ähnliche Fluoreszenz aufweist wie der Untergrund. Auch Beschichtungen können fluoreszieren und dadurch Schimmelpilzbewuchs maskieren (Abb. 48).

Abb. 48: VIS-Normalbild (links) eines Zementputzes mit Schimmelpilzbewuchs, der mit einem weiß pigmentierten Sperrgrund beschichtet wird. Das UV angeregte Fluoreszenzbild (rechts) zeigt die starke Fluoreszenz des Beschichtungsmittels, welche den Schimmelpilz überstrahlt.

Quelle: Glenn Lange

Nicht jeder überstrichene Schimmelpilzbewuchs ist detektierbar. In einigen Fällen sind die notwendigen Voraussetzungen hierfür nicht gegeben, d.h. es diffundiert weder der fluoreszierende Stoff an die Oberfläche, noch durchdringt das Anregungs- und Fluoreszenzlicht die Beschichtung (8.2.3.2).

Die Durchlässigkeit (Transmissionsgrad) der Beschichtung hängt ab von der Schichtdicke, dem Absorptionsgrad und dem Brechungsindex von Pigment und Bindemittel sowie ggf. der Eigenfluoreszenz der Beschichtung.

Eine Detektion von darunterliegendem Schimmelpilz wird erschwert durch

- mehrfaches Überstreichen (= hohe Schichtdicke),
- Absorption des Anregungslichts, z.B. wird UV-Licht von dem Weißpigment Titandioxid absorbiert.

Ebenfalls von großer Bedeutung ist die Wellenlänge des Lichts. Kurzwelliges, energiereiches UV-Licht dringt nur bis etwa 0,1 mm tief in organisches Material ein. Bei einigen Festkörpern erreicht die Eindringtiefe von Licht sogar nur einige Mikrometer. Langwelliges rotes Licht kann hingegen bis zu mehreren Millimeter in organisches Material eindringen.[6]

Bei manchen Beschichtungsmitteln genügt daher ein einziger Anstrich, um die Fluoreszenz des Schimmelpilzes zu maskieren. Bei anderen wiederum ist auch nach dreimaligem Überstreichen die darunterliegende Fluoreszenz noch eindeutig erkennbar.

Zusammenfassend lässt sich sagen: Durch Beschichtungen hindurch kann ein zurückliegender Schimmelbefall oder Feuchteschaden detektierbar sein, muss es aber nicht. Deshalb ist eine Negativdiagnose, noch mehr als in anderen Fällen, bei überstrichenen Schäden nur mit äußerster Vorsicht auszusprechen.

6 Liedtke und Popp 2012.

8.3.3 Bedarf für weitere Untersuchungen

Die bisher aufgeführten Beispiele zeigen den Hauptnutzen (8.2), aber auch die Grenzen (8.3) der bildgebenden optischen Bau-Forensik auf:

- Ohne Einsatz von Reagenzien Spuren erkennbar machen, die mit bloßem Auge im Tageslicht verborgen sind.
- Schnelle Übersicht und Überprüfung großer Flächen auf verdächtige Spuren.
- Identifikation der Stellen, die für eine weiterführende Analyse die besten Erfolgschancen besitzen.

Der letzte Punkt macht deutlich, dass die optische Bau-Forensik in zahlreichen Fällen weiterführende Untersuchungen nicht ersetzen kann. Dies rührt auch daher, dass durch Fluoreszenzuntersuchungen zwar Spuren kleinster Stoffmengen nachweisbar sind, jedoch wegen der vergleichsweise geringen Stoff-Spezifität des Fluoreszenzsignals einzelne Verbindungen oder bestimmte Spezies nicht ausreichend sicher differenzierbar und identifizierbar sind.

Es besteht hier eine Analogie zur Kriminaltechnik: auch dort können Tatortlampen eine DNA-Analyse zur Identifizierung des Täters nicht ersetzen. Ohne Tatortlampen wäre jedoch das Auffinden der richtigen Spur und Stelle für die DNA-Probenahme oft nicht möglich.

8.4 Begriffe und Grundlagen

8.4.1 Ursachen von Fluoreszenz

Fluoreszenz ist die Fähigkeit eines Materials, eingestrahltes Licht einer bestimmten Wellenlänge („Farbe") zu absorbieren (aufzunehmen) und in Licht einer anderen Wellenlänge („andere Farbe") umzuwandeln, das spontan wieder abgestrahlt wird. Bei stark fluoreszierenden Materialien leuchten diese regelrecht in der Farbe des abgestrahlten Lichts. Gelbe Textmarker z. B. nehmen UV-, Violett- und Blaulicht aus dem Tageslicht auf und wandeln dieses hocheffizient in gelbes Licht um, das sie leuchtend abstrahlen. Ob und wie ein Material fluoresziert, hängt letztlich von der Art seiner chemischen Bindungen in den Molekülen ab. Wenn die Bindungen so vorliegen, dass die Elektronen durch das eingestrahlte Anregungslicht tatsächlich angeregt, d. h. auf ein höheres Energieniveau gebracht werden, von diesem wieder auf das Grundniveau zurückfallen und die dabei frei werdende Energie in Form eines Lichtquants wieder abgeben können, so tritt dieses abgegebene Licht als Fluoreszenz in Erscheinung. Nur bestimmte Bindungsarten und Anordnungen von Elektronen ermöglichen Fluoreszenz im sichtbaren Bereich des Lichts. Deshalb fluoreszieren nicht alle Stoffe. Eine in großen organischen Molekülen häufig auftretende Vielzahl von Doppelbindungen ermöglicht den Wechsel der Energieniveaus von Elektronen besonders leicht, entsprechend besitzen diese Stoffe eine deutlich beobachtbare Fluoreszenz. Als grobe Regel kann gelten: organische Stoffe fluoreszieren, rein mineralische (Bau-)Stoffe fluoreszieren nicht (Titandioxid, Zement, Quarz, normalerweise auch Gips und Kalk). Einige mineralische Stoffe bilden Ausnahmen, insbesondere durch Spuren von Übergangsmetallen, die als Aktivatoren in der Gesteinsmatrix eingebunden sind. Dies kann bei Gips und Calcit auftreten, obwohl reines Calciumsulfat und reines Calciumcarbonat nicht fluoreszieren. Zusammenfassend kann man sagen, dass in Ausnahmenfällen auch rein mineralische Oberflächen fluoreszieren können (vergl. abgeplatzte Wandfarbe in Abb. 27 sowie Putz in Abb. 46 unten, rechts neben der PTFE-Referenz).

8.4.2 Intensität der Fluoreszenz

Die Intensität (Helligkeit) der Fluoreszenz ist abhängig von der Menge des fluoreszierenden Stoffes pro Fläche. Es besteht ein strenger linearer Zusammenhang zwischen der Intensität der Fluoreszenz und der vorhandenen Menge des fluoreszierenden Materials je Flächeneinheit. Beobachtete doppelte Intensität der Fluoreszenz ist also beispielsweise gleichbedeutend mit doppelter Menge Pilzmyzel bzw. Metaboliten. Es besteht auch ein strenger linearer Zusammenhang zwischen der Stärke des eingestrahlten Anregungslichts und der Fluoreszenz. Dies bedeutet, dass die Investition in eine 10x so starke Forensiklampe belohnt wird mit einer 10x so hellen beobachtbaren Fluoreszenz. Man sollte sich im Zusammenhang mit der Intensität auch klar machen, dass Fluoreszenz deshalb **die** Methode für die Spurensuche ist, weil damit Kleinststoffmengen nachgewiesen werden können. So sind bestimmte fluoreszierende Stoffe noch in einer Verdünnungen von eins zu 100 Billionen ($1:10^{14}$) nachweisbar. Die Intensität der Fluoreszenz ist objektiv quantifizierbar (8.5.8) durch Fluoreszenzintensitäts-Standards und -Referenzen (8.6.3.2).

8.4.3 Fluoreszenzfarbe

Die Wellenlänge (beobachtbare Farbe) der Fluoreszenz hängt ab von der Größe des Energieunterschieds der Elektronen zwischen angeregtem Zustand und Grundzustand. Je kleiner der Energieniveauunterschied, desto langwelliger (gelb, orange, rot oder sogar IR) ist die Fluoreszenz. Je größer der Energieniveauunterschied, desto kurzwelliger ist die Fluoreszenz (grün, cyan, blau oder violett). Wenn ein Stoff weiß oder silbergrau oder nur mit schwachem Farbstich fluoresziert (wie z.B. transparentes Pilzmyzel oder Cellulose), so kommt dies dadurch zustande, dass Licht in einem weiten Wellenlängenbereich (d.h. alle Farben gleichzeitig) vom Material abgestrahlt wird. Fluoreszenzspektren (Farbverteilungen) sind also durchaus stoffspezifisch, allerdings gibt es mehr unterschiedliche Stoffe als es unterschiedliche Fluoreszenzfarben gibt. Fluoreszenzfarben können durch die Verwendung von Fluoreszenz-Farbstandards (8.6.3.3) objektiviert werden (8.5.8), d.h. in eine objektive Farbskala eingeordnet werden.

8.4.4 Veränderungen der Fluoreszenz

Biologische oder chemische stoffliche Veränderungen z.B. Entwicklungsstadien, Abbauprozesse oder Alterungsprozesse führen oft schon bei geringem Grad zu einer auffälligen Veränderung der Fluoreszenz. Die Fluoreszenz kann hierbei entstehen, verstärkt oder abgeschwächt oder ganz gelöscht werden. Es kann sich auch die dominierende Wellenlänge der Fluoreszenz (Fluoreszenzfarbe) verändern.

Eine Veränderung der Fluoreszenzfarbe zum Kurzwelligen hin (sog. hypsochromer Effekt, auch Blauverschiebung genannt) hat seine Ursache häufig in einer Verkleinerung eines π-Elektronensystems z.B. durch Zerbrechen von Molekülen in kleinere Bruchstücke im Rahmen von Abbauprozessen.

Eine Veränderung der Fluoreszenz zum Langwelligen hin (sog. bathochromer Effekt, auch Rotverschiebung genannt) hat seine Ursache häufig in einer Vergrößerung oder stärkeren Delokalisierung eines π-Elektronensystems z.B. durch oxidative Alterungsprozesse mit einhergehender Einbindung von Sauerstoff. Auch die Einbindung folgender funktioneller Gruppen bewirkt häufig eine Verschiebung zum Langwelligen hin: $-OH$, $-NH_2$, $-NR_2$ und $-OCH_3$.

8.4.5 Optische Eigenschaften von Pilzen

Chitin, die Gerüstsubstanz der Zellwand der Pilze, besitzt eine schwache natürliche Fluoreszenz, die sich bei Anregung mit UV-Licht mit einer Peakwellenlänge von 365 nm in einer gräulichen, oft silbrig glänzenden (Abb. 10), teilweise bläulichen- oder grünstichigen Fluoreszenz zeigt, sofern der Untergrund, auf welchem das Myzel wächst, nicht zufällig mit exakt der gleichen Intensität und Farbe fluoresziert. Auf den meisten Untergründen, wie z.B. Naturstein, Ziegel, Mörtel, Gips, Zement, mit Wandfarbe gestrichene Tapete wird Schimmelpilzbefall, der im Tageslicht unsichtbar ist (Abb. 8), durch Bestrahlung mit kurzwelligem Licht in abgedunkelter Umgebung durch sein fluoreszierendes Myzel hell auf dunklem Untergrund detektierbar (vergl. Abb. 2 und Abb. 9 ff.).

Mit steigendem Grad der **Pigmentierung** durch das dunkle Melanin verschwindet die Eigenfluoreszenz des Chitins, da das kurzwellige Anregungslicht von den Pigmenten absorbiert wird. Hierdurch gelangt es nicht bis zum Chitin und anderen fluoreszierenden Stoffen und kann entsprechend keine Fluoreszenz anregen. Da pigmentierte Hyphen ohne weitere Hilfsmittel bei Tageslicht leicht erkennbar sind, ist deren absente Fluoreszenz nur in seltenen Fällen ein Problem.

Enzyme, andere Proteine und Stoffwechselprodukte, die sich in der unmittelbaren Umgebung der Hyphen befinden (vergl. Abb. 11), lassen sich sogar bei starker Pigmentierung oft zur Fluoreszenz anregen (Abb. 19 rechts), sofern der Untergrund nicht zufällig mit der gleichen Intensität und Farbe fluoresziert wie die Hyphen.

8.5 Techniken

8.5.1 Die Grundtechniken

Es lassen sich folgende Grundtechniken der optischen bildgebenden Bau-Forensik nach steigender praktischer Bedeutung unterscheiden:

- VIS-Normalbildanalyse (normale Tageslicht-Fotografie),
- IR-Absorptionsbildanalyse (auch „IR-Fotografie" genannt),
- UV-Absorptionsbildanalyse,
- Fluoreszenzbildanalyse,
- Phosphoreszenzbildanalyse.

Das Prinzip dieser Techniken wird nachfolgend erläutert. Welche genaue Technik für die Untersuchung welcher Objekte geeignet ist, wird im Schlussabschnitt 8.7 beschrieben.

8.5.2 VIS-Normalbildanalyse

Die VIS-Normalbildanalyse ist die „normale Farbfotografie" im sichtbaren = **vis**uellen Wellenlängenbereich des Lichts von ca. 400 nm bis 720 nm. Jedes Farbfoto aus einer „normalen Kamera" ist für eine VIS-Normalbildanalyse geeignet. Farben entstehen dadurch, dass von einer Materialoberfläche bestimmte Wellenlängen aus dem „weißen" Tageslicht absorbiert werden. Wir sehen z.B. rot, wenn von seiner Oberfläche die Wellenlängen von 400 nm bis 610 nm, das sind die Lichtfarben violett, blau, cyan, grün und gelb absorbiert werden, nur das längerwellige rot und ggf. infrarote Licht gelangt zum Auge bzw. zur Kamera. VIS-Normalbilder, also normale Tageslichtbilder, sind wichtig für die Orientierung des Betrachters und als Referenzbild für den direkten Vergleich mit den eigentlichen Forensikbildern. Für die Herstellung von VIS-Normalbildern muss keine zweite Kamera mit zum Einsatzort genommen werden, da jede Forensikkamera „Normalfotos" aufnehmen kann, wenn der richtige „Normalfoto"-Filter vor die Kamera gesetzt wird.

Auch bei den beiden nachbeschriebenen Techniken handelt es sich um **Absorptions**bilder, mit dem einzigen Unterschied, dass eine Forensikkamera und spezielle Filter notwendig sind, um die Wellenlängenbereiche untersuchen zu können, die für das menschliche Auge unsichtbar sind.

8.5.3 IR-Absorptionsbildanalyse

Bei der IR-Absorptionsbildanalyse wird untersucht, in welchem Grad von einer Materialoberfläche Licht im Wellenlängenbereich des nahen Infrarots (von 720 nm bis 1100 nm) absorbiert wird. Eine starke IR-Absorption erscheint dunkel im Bild, eine schwache hell. Für die IR-Absorptionsanalyse wird vor die Forensikkamera ein sog. IR-Passfilter gesetzt, welcher nur das IR-Licht in die Kamera hinein passieren lässt, jedoch die Wellenlängen des sichtbaren Lichts (aus)sperrt. Beispiele und Anwendungen dieser Technik finden sich in den Abschnitten 8.2.1.2 und 8.7.7.

8.5.4 UV-Absorptionsbildanalyse

Bei der UV-Absorptionsbildanalyse wird untersucht, in welchem Grad von einer Materialoberfläche Licht im Wellenlängenbereich des nahen ultravioletten Lichts (UV-A Bereich von ca. 315 nm bis 400 nm) absorbiert wird. Eine starke UV-Absorption erscheint dunkel im Bild, eine schwache hell. Für die UV-Absorptionsanalyse wird vor die Forensikkamera ein sog. UV-Passfilter gesetzt, der nur das UV-Licht in die Kamera hinein passieren lässt, jedoch die Wellenlängen des sichtbaren Lichts (aus)sperrt. Da viele organische Materialien (auch Pilzhyphen, Sporen, Enzyme und Metabolite) eine ausgeprägte UV-Absorption besitzen und im Gegensatz hierzu rein mineralische Baustoffe (z.B. Kalk, Gips, Zement, Quarz, Beton) meist keine nennenswerte UV-Absorption besitzen, lässt sich anhand eines UV-Absorptionsbildes abschätzen, ob ein Material viel oder wenig organische Substanz besitzt (vergl. Zeile 3 in Abb. 4) bzw. ob auf einer rein mineralischen Oberfläche ein wie auch immer gearteter „Biofilm" z. B. aus transparenten Pilzen vorliegt (Abb. 15). Eine Ausnahme von dieser Regel bildet das Pigment Titandioxid, das eine starke UV-Absorption aufweist, obwohl es rein mineralisch ist. Da die meisten gebräuchlichen Wandfarben unterschiedliche Anteile an Titandioxid enthalten, können am unterschiedlichen Absorptionsgrad im UV-Absorptionsbild Nachbesserungen häufig erkannt werden (Abb. 49).

Abb. 49: Weiße Wand mit Nachbesserung, die im VIS-Normalbild (links) nicht sichtbar ist und im UV-Absorptionsbild (rechts) dunkel hervortritt. Die Nachbesserung mit ihrem hohen Titandioxid-Anteil zeichnet im UV-Absorptionsbild (rechts) dunkel, während die ursprüngliche Beschichtung weniger Titandioxid enthält und das UV-Licht wenig absorbiert und dadurch hell zeichnet. Hilfreich sind hier die UV-Absorptionsreferenzen, Titandioxid (schwarzer Pfeil) und kalkhaltiges Pigment (weißer Pfeil).

Quelle: Frank B. Peters

8.5.5 Fluoreszenzanalyse

Bei der Fluoreszenzanalyse wird untersucht, wie stark das auf ein Objekt eingestrahlte kurzwellige Anregungslicht in Licht **größerer** Wellenlänge umgewandelt und vom Gegenstand (Wand) abgestrahlt wird. Aus Tab. 1 ist ersichtlich, aus welchem Anregungslicht welche Fluoreszenz entstehen kann.

Tab. 1 Farbe des fluoreszierenden Lichts, das durch ein bestimmtes Anregungslicht hervorgerufen werden kann: [+] möglich [–] nicht möglich

Eingestrahltes Anregungslicht	mögliche Farbe der abgestrahlten Fluoreszenz						
	UV	Violett	Blau	Grün	Gelb	Rot	IR
UV	-	+	+	+	+	+	+
Violett	-	-	+	+	+	+	+
Blau	-	-	-	+	+	+	+
Grün	-	-	-	-	+	+	+
Gelb	-	-	-	-	-	+	+
Rot	-	-	-	-	-	-	+
IR	-	-	-	-	-	-	-

Ausgewertet werden bei der Fluoreszenzanalyse:

- die **Gegenwart** oder Abwesenheit von Fluoreszenz,
- die **Intensität** und der **Farbton** der Fluoreszenz,
- das räumliche **Verteilungsmuster** (z.B. gleichmäßig flächig, gehäuft, punktuell, wolkenförmig mit Rändern, bauteilübergreifend oder scharf auf einzelne Bauteile begrenzt),
- das Vorhandensein auffälliger **geometrischer Formen** wie Ringe, Kreise, Rechtecke oder charakteristische Formen wie Laufnasen, Streifen, Spritzer, Tropfen, Fußabdrücke, Handabdrücke, sowie typische Koloniemuster, in der gleichen Form, wie sie bei pigmentierten Schimmelpilzen auftreten.

Die von einem transparenten Schimmelpilzbewuchs ausgehende Fluoreszenzintensität ist vergleichsweise schwach. Um diese schwache Fluoreszenz erkennen zu können, müssen folgende Voraussetzungen geschaffen werden:

- Es muss mit besonders starken Anregungslichtquellen (Forensiklampen) beleuchtet werden.
- Das Anregungslicht soll nur einen engen Wellenlängenbereich haben und möglichst wenig Störlicht (8.5.7) aussenden.
- Der Raum, in dem sich das Objekt befindet, muss entweder perfekt abgedunkelt sein, oder die Untersuchung des Objektes ist unter einem lichtdichten Zelt oder einer lichtdichten umgedrehten Box durchzuführen. Diese Bedingung kann durch die in Kapitel 8.5.7 genannten Techniken zum Störlichtmanagement teilweise umgangen werden.
- Das Auge des Beobachters bzw. der Sensor der Kamera ist durch eine Filterbrille bzw. einen Filter zu schützen, welche eine Blendung durch das starke kurzwellige Anregungslicht verhindern. Der Filter lässt also nur die zu beobachtende Fluoreszenzwellen-

länge zum Auge (Kamerasensor) gelangen, sperrt jedoch das helle kurzwellige Anregungslicht.

Bei dieser Vielzahl von Voraussetzungen ist es nicht verwunderlich, dass erst im 21. Jahrhundert der Nutzen der schwachen Fluoreszenz für die Untersuchung von transparenten Schimmelpilzen und Baustoffen nutzbar wurde.

8.5.5.1 VIS-Fluoreszenzanalyse

Der Vorteil der Fluoreszenzanalyse im visuellen Wellenlängenbereich (VIS) liegt darin, dass dafür keine Forensikkamera erforderlich ist. Es genügt der richtige Sperrfilter vor dem Objektiv einer normalen Digital- oder Smartphonekamera, da die von Pilzen ausgesendete Fluoreszenz überwiegend im Wellenlängenbereich (Farbe) des sichtbaren Lichts liegt. Genau für diesen Wellenlängenbereich ist jede normale Kamera gebaut und geeignet.

8.5.5.2 IR-Fluoreszenzanalyse

Insbesondere für Algenbewuchs (Abb. 50), Bindemittel, Lacke, Klebstoffe, andere Polymere oder Schriftdokumente z.B. in Trocknungs- oder Aufheizprotokollen ist eine IR-Fluoreszenzanalyse aufschlussreich. Diese ist nur mit einer Forensik-Kamera möglich, da normale Kameras im IR eine zu geringe Lichtempfindlichkeit besitzen.

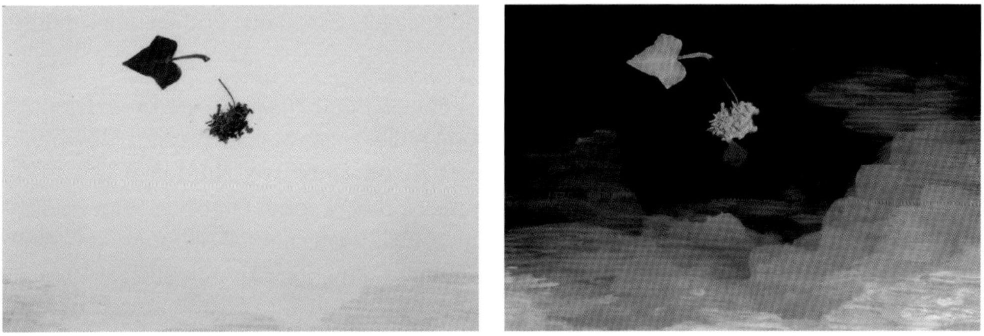

Abb. 50: Algenbewuchs an einer geweißelten Wand, mit Pflanzenblättern als Referenz; nur das UV-angeregte IR-Fluoreszenzbild (rechts) zeigt die volle Ausdehnung inklusive der Frühstadien des Algenbewuchses in Form von wolkenförmig fluoreszierenden Flecken, die im VIS-Normalbild (links) nur ansatzweise ganz unten erkennbar sind.

Quelle: Prof. Dr. Andreas O. Rapp

8.5.5.3 Richtige Kombination aus Lampe und Filter wählen

Welcher Filter bzw. welche Brille besonders geeignet ist, in Kombination mit einer bestimmten Lichtquelle, geht aus Tab. 2 hervor. Wer Zeit sparen muss, untersucht lediglich die mit „+++" gekennzeichneten Kombinationen und findet trotzdem in der Mehrzahl der Fälle das Optimalbild. Kombinationen, welche mit einem „-" gekennzeichnet sind, sind sinnlos, da der Filter für die das Anregungslicht vollständig durchlässig ist, d.h. mit oder ohne Filter ergibt sich das gleiche Bild. Genaue Hinweise zu Untersuchungstechniken, die sich für bestimmte Objekte bzw. Materialien bewährt haben, finden sich im Abschnitt 8.7.

Tab. 2 Bewährte Kombinationen von Forensiklampen und Kamerafiltern für die Fluoreszenzuntersuchung: p = für Pilzuntersuchungen; +++ wichtigste Kombinationen, sie decken über 95% aller Fälle ab; + zusätzlich sinnvoll; (+) möglich; – sinnlos

Lampe	Fluo1-Filter	Fluo2-Filter	Fluo3-Filter	Fluo4-Filter	*IR-Passfilter
UV 365 nm	+++ p	(+)	(+)	+++	+
Violett 405 nm	-	+ p	(+)	(+)	(+)
Blau 445 nm	-	-	+++ p	(+)	+
Grün 530 nm	-	-	-	+	+
Rot 630 nm	-		-	-	+++

** nur möglich bei Einsatz einer Kamera, die im IR-Bereich empfindlich ist*

8.5.5.4 Referenzproben nicht vergessen

Um die Intensität und die Farbe einer Fluoreszenz zu bestimmen, ist es notwendig, Referenzmaterialien mit ins Bild zu legen. Mindestens folgende zwei einfache Referenzproben gehören in jedes Bau-Forensik-Fluoreszenzbild: ein Stück Polytetrafluorethylen (PTFE) und ein Stück Baumwollnesseltuch. Noch besser sind spezielle Standards und kalibrierte Referenzen (vergl. 8.6.3).

Das **PTFE** ist schneeweiß und reflektiert alle Wellenlängen maximal, es besitzt jedoch **keine Fluoreszenz**. Es ist also die Referenz für ein Objekt, das null fluoresziert, obwohl es maximal reflektiert. An der Helligkeit von PTFE auf einem Fluoreszenzfoto lässt sich so die Menge an (unerwünschtem) Störlicht ermitteln (vergl. 8.5.7). Jedes Objekt, das im Fluoreszenzbild heller als PTFE erscheint, besitzt mit 100%iger Sicherheit Fluoreszenz. Auch schwach fluoreszierende Objekte sind so mit Hilfe eines danebengelegten Stückes PTFE erkennbar (vergl. Abb. 46)

Das **Baumwollnesseltuch** besitzt eine schwache bis mittelstarke Fluoreszenz mit breitem Maximum im leicht gelblichen Bereich. Diese **Fluoreszenzreferenz** fluoresziert nach Art und Stärke etwa so wie das Chitin der pilzlichen Zellwand. Zu bedenken ist allerdings, dass meist viel weniger Pilzfäden je Flächeneinheit vorhanden sind als Baumwollfäden im Tuchgewebe. Daher ist die Fluoreszenz eines transparenten Pilzmyzels meist schwächer als die der Baumwollnesselreferenz. Trotzdem hat sich Baumwollnessel als gute Fluoreszenzreferenz im Bauwesen inkl. transparentem Pilzmyzel und Wasserränder erwiesen, insbesondere in seiner stufenweise abgeschwächten Form, wie in Abb. 61 im Abschnitt 8.6.3.2. gezeigt.

Durch Anfassen beider Referenzen verändert sich deren Fluoreszenz, da Hautpartikel und Schweiß fluoreszieren und auf die Referenzen übertragen werden. Daher sind die Referenzen immer nur an einer Stelle anzufassen und bei Bedarf durch neue zu ersetzen. Es lohnt sich daher, für wenig Geld einmalig ca. 1 m² Baumwollnessel und eine PTFE Platte von 2 oder 3 mm Dicke und 50 cm x 50 cm zu erwer-

ben, um durch Abschneiden kleiner Stücke davon ein Leben lang immer zwei konstante, wenn auch sehr einfache Referenzen zu haben. Sie sind hilfreich, obwohl für die Objektivierung und exakte Quantifizierung (8.5.8) weitere Standards und spezielle Referenzen erforderlich sind (vergl. 8.6.3)

8.5.5.5 Weißabgleich der Kamera durchführen

Fluoreszenzbilder sind besonders aussagekräftig, wenn ein manueller Weißabgleich mit der Kamera vor der Aufnahme des Objekts durchgeführt wird. Starke Farbstiche werden so vermieden und Fluoreszenzfarbunterschiede erst erkennbar. Für den Weißabgleich bei Fluoreszenzbildern hat sich als Referenzmaterial z.B. ein Stück Baumwollnessel bewährt. Der jeweiligen Bedienungsanleitung der Kamera folgend, wird die Referenzfläche fotografiert und als „weiß" deklariert. Auf die danach aufgenommenen Bilder wird dann dieser Weißabgleich automatisch von der Kamera angewendet, bis für eine neue Kombination aus Lampe und Filter ein neuer manueller Weißabgleich durchgeführt wird. Wie wichtig ein sauberer Weißabgleich ist, zeigt Abb. 51. Ohne Weißabgleich (links) ist nur erkennbar, dass es Klebstoffe gibt, die stärker, schwächer oder gleichstark wie die Baumwollreferenz fluoreszieren. Im selben Bild mit korrektem Weißabgleich (rechts), das mit der gleichen Kombination aus Lichtquelle und Filter aufgenommen wurde, können die verschiedenen Klebstoffe anhand ihrer nun erkennbaren charakteristischen Fluoreszenzfarben leicht unterschieden und gleiche Klebstoffe einander zugeordnet werden.

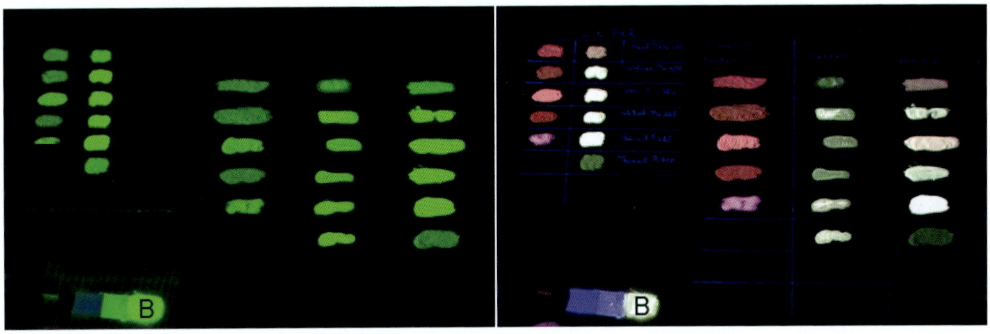

Abb. 51: Verschiedene 2K-PUR Klebstoffe und ein Stück Baumwollnessel (mit B bezeichnet) als Referenzmaterial für den Weißabgleich; links: aufgenommen ***ohne*** *Weißabgleich und rechts: gleiches Bild aufgenommen* ***mit*** *manuellem Weißabgleich auf Baumwollnessel.*

Quelle: Prof. Dr. Andreas O. Rapp

Bei Bildern im RAW-Format kann der Weißabgleich auch noch nachträglich per Software angepasst werden.

8.5.6 Phosphoreszenzanalyse

Bei der Phosphoreszenzanalyse wird das charakteristische Nachleuchten von Stoffen untersucht, das über der Zeit logarithmisch abnimmt. Nachleuchteffekte sind bekannt z.B. von Armbanduhren, Notausgangsbeleuchtungen oder Leuchtsternen in Kinderzimmern. Während industriell hergestellte Phosphoreszenzstoffe oft viele Stunden nachleuchten, liegt die

Nachleuchtdauer von phosphoreszierenden Baustoffen im Millisekunden- bis Sekundenbereich. Nachleuchtdauern ab ca. 0,1 s sind mithilfe der Methoden der optischen Bau-Forensik messbar. Ohne Laborausrüstung bereits mit Lampen, Filtern, Referenzen und Kamera auswertbare Größen sind bei der Phosphoreszenzanalyse:

1. Intensität = Anfangshelligkeit
2. Nachleuchtdauer = Zeitdauer bis zur Wahrnehmungsgrenze
3. Nachleuchtfarbe, oft anders als Fluoreszenzfarbe (Abb. 52) und
4. Anregungswellenlängen, oft anders als Fluoreszenz (Abb. 53).

Phosphoreszenz tritt deutlich seltener auf als Fluoreszenz, ist dann aber umso charakteristischer für einen bestimmten Stoff. Obwohl phosphoreszierende Stoffe fast immer auch fluoreszieren, ist Phosphoreszenz ein eigenständiges Phänomen und keine „verzögerte Fluoreszenz". Die Fluoreszenz- und Phosphoreszenzfarben eines Stoffes unterscheiden sich oft voneinander (Abb. 52).

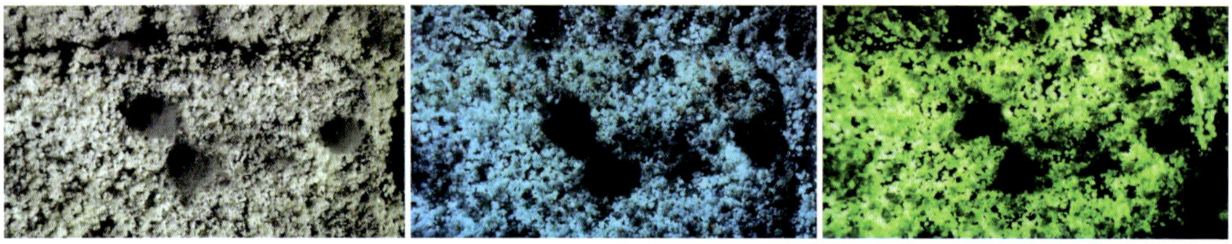

Abb. 52: Gewölbekellerwand mit Schimmelpilzbewuchs. Die im VIS-Normalbild (links) grau erscheinende Wand weist bei UV-Anregung eine blaue Fluoreszenz auf (Mitte), leuchtet jedoch nach Abschalten der UV-Lichtquelle mit grüner Phosphoreszenz nach (rechts).

Quelle: Prof. Dr. A.O. Rapp, Emanuel Mairinger und Stefan Frey

Auch die Wellenlängen, mit denen sich Fluoreszenz und Phosphoreszenz anregen lassen, sind oft charakteristisch unterschiedlich (Abb. 53).

Aus der Kombination von Fluoreszenz- und Phosphoreszenzwerten lassen sich Baustoffe wesentlich besser differenzieren als mit nur einer dieser Methoden. Zu beachten ist allerdings, dass bereits geringe Unterschiede bei der stofflichen Zusammensetzung und den Verarbeitungsbedingungen die Phosphoreszenz beeinflussen. Die Phosphoreszenzmethode ist daher im positiven und im negativen Sinne empfindlich und dementsprechend auch anfällig für Störungen.

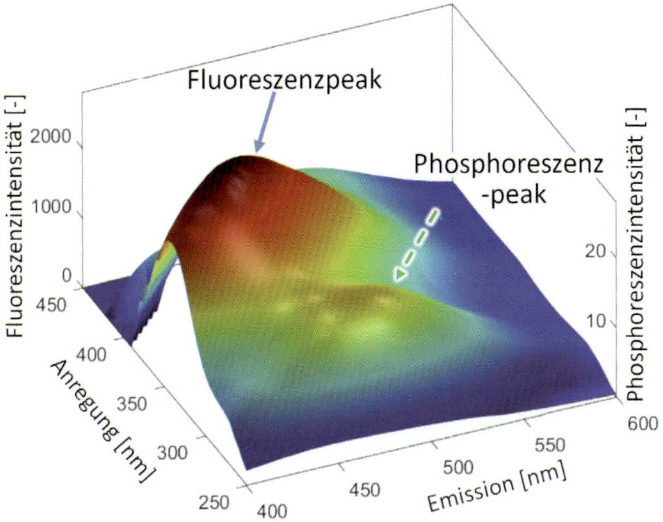

Abb. 53: Exzitations-Emissions-Matrix von erhitztem Harnstoff-Formaldehydharz-Klebstoff. Fluoreszenzpeak (blauer Pfeil): Anregungsmaximum bei 360 nm, Emissionsmaximum bei 440. Phosphoreszenzpeak (grün gestrichelter Pfeil: Anregungsmaximum bei 290 nm, Emissionsmaximum bei 490 nm. Für diese Darstellung wurden zwei Messungen mit unterschiedlichen Intensitätsmaßstäben zusammengeführt.

Quelle: Frank B. Peters

Um Phosphoreszenz zu beobachten, muss Störlicht (vergl. 8.5.7) möglichst weitgehend ausgeschlossen werden, d. h. der Raum muss maximal verdunkelt werden, da Phosphoreszenz noch lichtschwächer ist als Fluoreszenz. Schwache und kurzlebige Phosphoreszenz ist mit bloßem Auge oft schwer zu erkennen, da das Auge nach dem Ausschalten der Lichtquelle eine gewisse Zeit benötigt, um sich auf die neuen Lichtverhältnisse einzustellen. Hier hilft es, die Augen zu schließen und erst unmittelbar nach Erlöschen der Lichtquelle wieder zu öffnen. Dadurch sind sie bereits auf die dunklen Lichtverhältnisse eingestellt und nehmen auch schwächeres Nachleuchten wahr. Bei Dunkelheit ist das menschliche Auge seitlich der Hauptblickrichtung für schwache Kontraste empfindlicher. Schwache Phosphoreszenz ist deshalb, ebenso wie schwach leuchtende Sterne, besser aus dem Augenwinkel erkennbar als mit direkter Blickrichtung auf das Objekt.

Exakter und empfindlicher als die Auswertung mit dem menschlichen Auge ist die Aufzeichnung eines Phosphoreszenzvideos für die anschließende Bestimmung der Phosphoreszenz. Hierbei wird noch vor dem Ausschalten der Lichtquelle mit der Forensikkamera plus vorgesetztem Kamerafilter die Aufnahme des Videos im manuellen Modus gestartet. Blende und ISO-Zahl sollten so eingestellt sein, dass das Bild unmittelbar nach dem Ausschalten der Lichtquelle möglichst hell, aber nicht überbelichtet ist (Abb. 56). In einer Video-Software wird Frame für Frame betrachtet und die RGB-Werte der Untersuchungsfläche gemessen (Abb. 57). Die anschließende Objektivierung und Quantifizierung mithilfe von Bau-Forensikkamera und Software wird in Kapitel 8.5.8 an einem konkreten Beispiel beschrieben.

8.5.7 Störlichtmanagement in der Fluoreszenzanalyse

Die Qualität eines Fluoreszenzbildes hängt wesentlich vom möglichst kleinen Anteil des Störlichts ab. Als Störlicht wird sämtliches Licht bezeichnet, das einen Körper hell erscheinen lässt, obwohl er nicht fluoresziert. Je mehr Störlicht im Verhältnis zur Fluoreszenz vorhanden ist, desto kontrastärmer wird das Bild. Besonders bei schwacher Fluoreszenz führt schon eine geringe Menge Störlicht zur Unkenntlichkeit der Untersuchungsobjekte. Der Störlichtanteil in einem Bild kann abgeschätzt werden mit Hilfe eines stark reflektierenden nicht fluoreszierenden Referenzmaterials wie z. B. PTFE (vergl. 8.5.5.4 und 8.6.3). Je heller das reflektierende Referenzmaterial im Bild erscheint, desto höher ist der Störlichtanteil (Abb. 54).

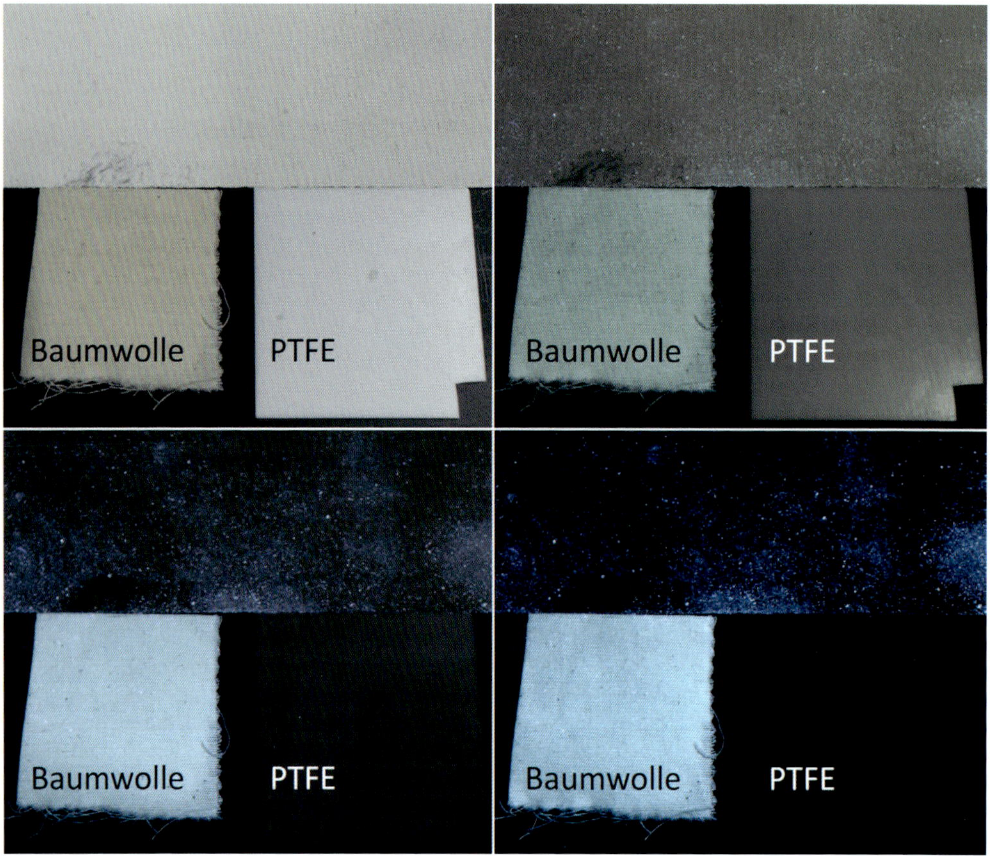

Abb. 54: Chitin auf weißer Wandfarbe mit Baumwollnessel und PTFE als Referenz. VIS-Normalbild (oben links) und UV angeregte Fluoreszenzbilder mit viel (oben rechts), wenig (unten links) und ohne (unten rechts) Störlicht. An der Helligkeit von PTFE zeigt sich die Störlichtmenge: Je weniger Störlicht, desto dunkler das PTFE und desto besser erkennbar das Chitin.

Quelle: Frank B. Peters

Um den Störlichtanteil zu verringern, müssen zunächst die Ursachen ermittelt werden. Störlicht kann aus folgenden Quellen stammen:

1. Anregungslichtquelle sendet selbst längerwelliges Störlicht aus (z. B. eine UV-Lampe, die neben UV-Licht auch einen geringen Anteil unerwünschten „Weißlichts" aussendet).
2. Unvollständige Ausfilterung des in die Kamera eintreffenden Anregungslichtes (z.B. UV-Anregungslicht, das von der Untersuchungsoberfläche reflektiert wird und durch schlechte Filter in die Kamera gelangt, wo es ein helles Bild erzeugt).
3. Fluoreszierende Filtergläser können insbesondere bei Nahaufnahmen den Kontrast verringern.
4. Fluoreszierende Nicht-Zielobjekte in der Umgebung, die durch ihre Fluoreszenz das Untersuchungsobjekt beleuchten (z. B. stark fluoreszierendes Papier, weißes Hemd des Bau-Forensikers oder fluoreszierende Vorhänge/Möbel).
5. Umgebungslicht (z. B. Tageslicht, das durch zugezogene Vorhänge hindurchscheint, oder nicht abschaltbare Notausgangsbeleuchtung).

Die Punkte 1 bis 3 hängen ausschließlich mit der Qualität der Ausrüstung, insbesondere der Filtergläser vor den Lichtquellen und vor der Kamera zusammen und sind daher kalkulierbar und vermeidbar.

Punkt 4 lässt sich durch eine gerichtete Lichtquelle reduzieren, die ausschließlich den gewünschten Untersuchungsbereich beleuchtet. Außerdem sind das Tragen dunkler Kleidung und das Entfernen von stark fluoreszierenden Gegenständen (z. B. Papier) aus dem Untersuchungsbereich einfache und wirksame Maßnahmen.

Das Abschirmen/Verdunkeln von Umgebungslicht (Punkt 5) ist häufig mit großem Aufwand verbunden. Einen Untersuchungstermin in die Abend- oder Nachtstunden zu legen, ist oft die einfachere Lösung. Wenn es nicht möglich ist, ein günstiges Verhältnis von Fluoreszenz zu Störlicht durch Minimierung des Umgebungslichts zu erreichen, so muss dies durch Maximierung der Fluoreszenz erreicht werden. Hierbei wird durch extrem leistungsstarke Anregungslichtquellen sehr viel mehr Fluoreszenz erzeugt. Diese Überwältigung des Umgebungslichts durch schiere Anregungslichtstärke funktioniert deshalb, weil die Stärke der Fluoreszenz direkt proportional mit der Stärke der Anregungslichtquelle zunimmt, während die Stärke des Umgebungslichts konstant bleibt. Neben besonders starken permanenten Lichtquellen kommen hier insbesondere gepulste Lichtquellen, also Blitze, zum Einsatz. Es können auch mehrere Blitzgeräte oder ein großer Studioblitz mit Filtern versehen werden, die nur die gewünschte Wellenlänge aus dem Blitzgehäuse lassen, während sie unerwünschte Wellenlängen blockieren.

Vielleicht die eleganteste Lösung des Umgebungslichtproblems (Punkt 5) bietet die nachträgliche Subtraktion des Störlichts mittels Bildbearbeitungssoftware. Hierzu werden zwei Aufnahmen erstellt:

- ein **Mischbild** aus Fluoreszenz und Störlicht (mit eingeschalteter Anregungs-Lichtquelle, z. B. UV) und

- ein **Störlichtbild** ohne Anregungs-Lichtquelle (reines Störlichtbild).

Vom Mischbild wird nun das Störlichtbild subtrahiert, woraus sich das bereinigte Fluoreszenzbild ergibt. Abb. 55 zeigt die Leistungsfähigkeit der Bildsubtraktionsmethode am Beispiel einer schimmelpilzbewachsenen Tapete, die bei voller Bürobeleuchtung untersucht wurde.

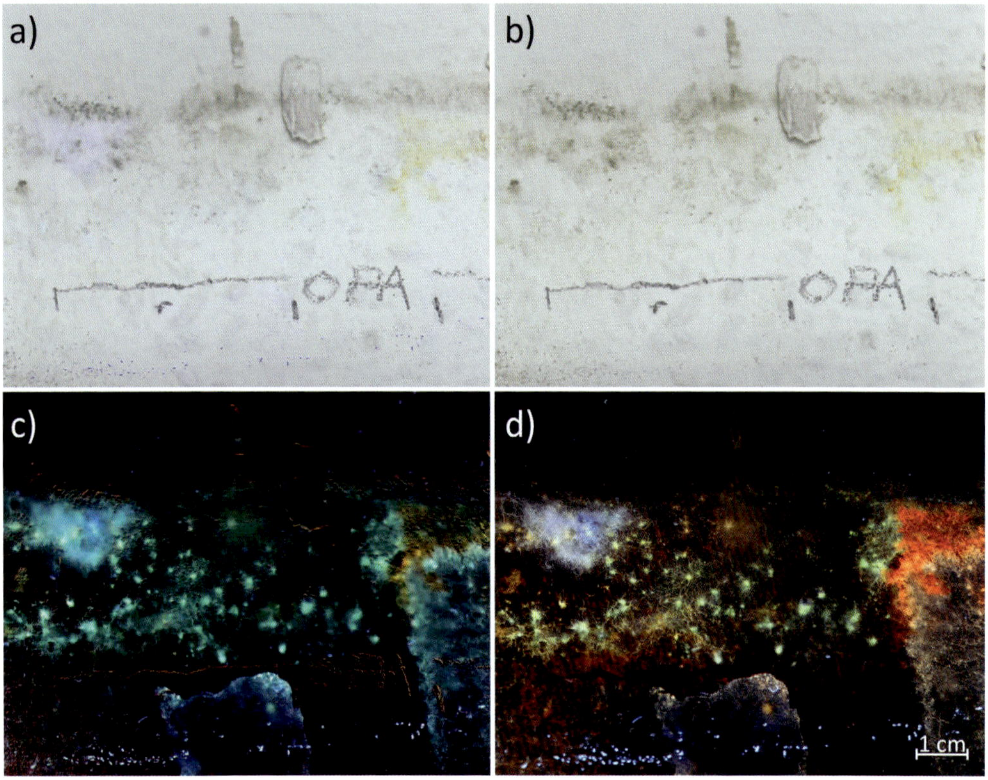

Abb. 55: Demonstration zur Leistungsfähigkeit der Bildsubtraktionsmethode.

a) UV-angeregtes Fluoreszenzbild mit großem Störlichtanteil durch volle Bürobeleuchtung (= Mischbild), in dem die Fluoreszenz fast vollständig durch das helle Umgebungslicht überstrahlt wird

b) Störlichtbild (bei ausgeschalteter UV-Lampe)

c) Subtraktionsergebnis (nach im RAW-Format durchgeführter Aufhellung, Weißabgleich und Rauschentfernung)

d) unter optimalen Bedingungen (bei perfekter Verdunkelung) aufgenommenes Fluoreszenzbild zum Vergleich.

Quelle: Frank B. Peters

Folgende Punkte müssen beachtet werden, damit die Bildsubtraktion gelingt:

- Die Bildausschnitte müssen exakt übereinstimmen. Bei der kleinsten Verschiebung ergeben sich ansonsten Artefakte. Diese können durch Verwendung eines Stativs vermieden werden. Um Bilder nachträglich deckungsgleich auszurichten, kann auch Alignment-Software verwendet werden.

- Der Weißabgleich kann nicht wie gewohnt in der Kamera eingestellt werden, da das Fluoreszenzbild erst nachträglich entsteht. Vielmehr muss der Weißabgleich nachträglich am bereinigten Fluoreszenzbild (nach Störlichtsubtraktion) durchgeführt werden. Die Verarbeitung sollte im RAW-Format erfolgen, da ein nachträglicher Weißabgleich an JPG-Dateien die Bildqualität erheblich verschlechtert.
- Wenn sich der Störlichtanteil zwischen beiden Aufnahmen leicht verändert, verfälscht dies das Subtraktionsergebnis. Gründe dafür können sein: Veränderte Intensität, z.B. durch eine Wolke vor der Sonne, oder veränderte Ausleuchtung, z.B. der Bau-Forensiker verursacht selbst einen Schatten auf dem Bild. Dieser ist nicht exakt auf beiden Bildern gleich.
- Die bereinigten Fluoreszenzbilder sind dunkler als die Mischbilder. Wenn der Störlichtanteil hoch war, kann das die bereinigten Fluoreszenzbilder sogar unbrauchbar dunkel machen. Das bereinigte Fluoreszenzbild kann nachträglich aufgehellt werden. Damit feine Unterschiede dabei nicht verloren gehen, ist es auch hier von großem Vorteil, bis zum Schluss im RAW-Format mit 14 Bit Farbtiefe zu arbeiten.

Mehrere der oben aufgeführten Methoden des Störlichtmanagements können miteinander kombiniert werden. Wenn z. B. große zusammenhängende Flächen gänzlich ohne Verdunkelung in einem einzigen großen Fluoreszenzbild ausgewertet werden sollen, so bietet es sich an, mit mehreren gekoppelten starken Bau-Forensik-Blitzgeräten zu arbeiten und zusätzlich noch nachträglich durch Bildsubtraktion das nicht vollständig überwältigte Umgebungslicht zu subtrahieren. So entstehen aussagekräftige Fluoreszenzbilder auch ohne (perfekte) Verdunkelung.

8.5.8 Objektivierung und Quantifizierung

8.5.8.1 Grundlagen

Die Objektivierung und die Quantifizierung von Befunden ist in der Wissenschaft und im Gutachtenwesen essentiell. Eine Quantifizierung ermöglicht u. a.

- die Einordnung eines Befundes innerhalb einer Skala, die unabhängig ist von Ort, Zeit, Gerätekonfiguration, Randbedingungen und insbesondere vom Beobachter,
- die Einordnung eines Befundes zu aus der Literatur bekannten Werten, die hilfreich ist bei der Identifizierung von Stoffen, Entwicklungsstadien und Graden,
- die Beurteilung zeitlicher Veränderungen einer Beanstandung, weil der Zustand zum Zeitpunkt 1 mit dem zum Zeitpunkt 2 exakt vergleichbar wird.

Insbesondere bei folgenden Größen in der optischen Bau-Forensik ist eine quantitative, skalierte Angabe bedeutsam:

1. Ausdehnung bzw. Flächenanteil,
2. Helligkeit (abhängig von Absorptionsgrad oder Fluoreszenz- bzw. Phosphoreszenzintensität),

3. Farbton/Wellenlänge,
4. Nachleuchtzeit bei Phosphoreszenz.

Diese Quantifizierung gelingt im ersten Fall durch einfaches Mitfotografieren von Längenmaßstäben. Dies ermöglicht quantitative Flächenauswertungen mit Bildanalysesoftware. In den Fällen 2. bis 4. gelingt die Quantifizierung durch Mitfotografieren der im Abschnitt 8.6.3 beschriebenen Standards und Referenzmaterialien, welche als Maßstäbe für Helligkeit, Farbton und Nachleuchtzeit fungieren. Zur Bestimmung der genannten Auswertungsgrößen dienen die RGB (Rot-Grün-Blau)-Werte von Zielobjekt und Referenz. Sie werden per Software aus den jeweiligen Bildbereichen ausgelesen.

Die RGB-Werte eines Bildbereichs hängen von mindestens 7 Faktoren ab:

1. **Art** des zu untersuchenden Stoffes,
2. **Menge** des fluoreszierenden/phosphoreszierenden Stoffes an der Untersuchungsoberfläche,
3. **Beleuchtungsstärke**, d.h. Stärke der Lichtquelle,
4. **Abstand** der Lichtquelle zur Oberfläche,
5. **Kameraeinstellungen** (z.B. Blendenzahl, Belichtungszeit, ISO-Wert etc.),
6. **Störlichtmenge**,
7. bei Phosphoreszenz zusätzlich der **Einstrahlungsdauer** des Lichts.

Da nur die ersten beiden Faktoren etwas über das Untersuchungsobjekt aussagen und die Einflussfaktoren 3. bis 7. variierende Aufnahmebedingungen sind, müssen diese unbedingt bei zu vergleichenden Objekten gleich gehalten werden.

Der Prozess der Quantifizierung ist nachfolgend für die Phosphoreszenz an einem Praxisbeispiel beschrieben. Diese Vorgehensweise gilt gleichermaßen für die Fluoreszenz- und Absorptionsbildanalyse, wobei sich hier Vereinfachungen ergeben, da einige Schritte entfallen, z. B. die Messung der Nachleuchtdauer.

8.5.8.2 Praxisbeispiel

In einem Schadensfall wurde 2019 beobachtet, dass zu heiß gehärteter Harnstoff-Formaldehydharz- (UF-) Leim an seiner erhöhten Phosphoreszenz erkennbar ist. Hierzu war die Quantifizierung der wesentlichen Bildeigenschaften erforderlich, die durch Aufnahme eines Videos erfasst und nachträglich bestimmt wurden. Mittels Videosoftware wurden die Einzelbilder (Frames) extrahiert und in Abb. 56 zusammengestellt.

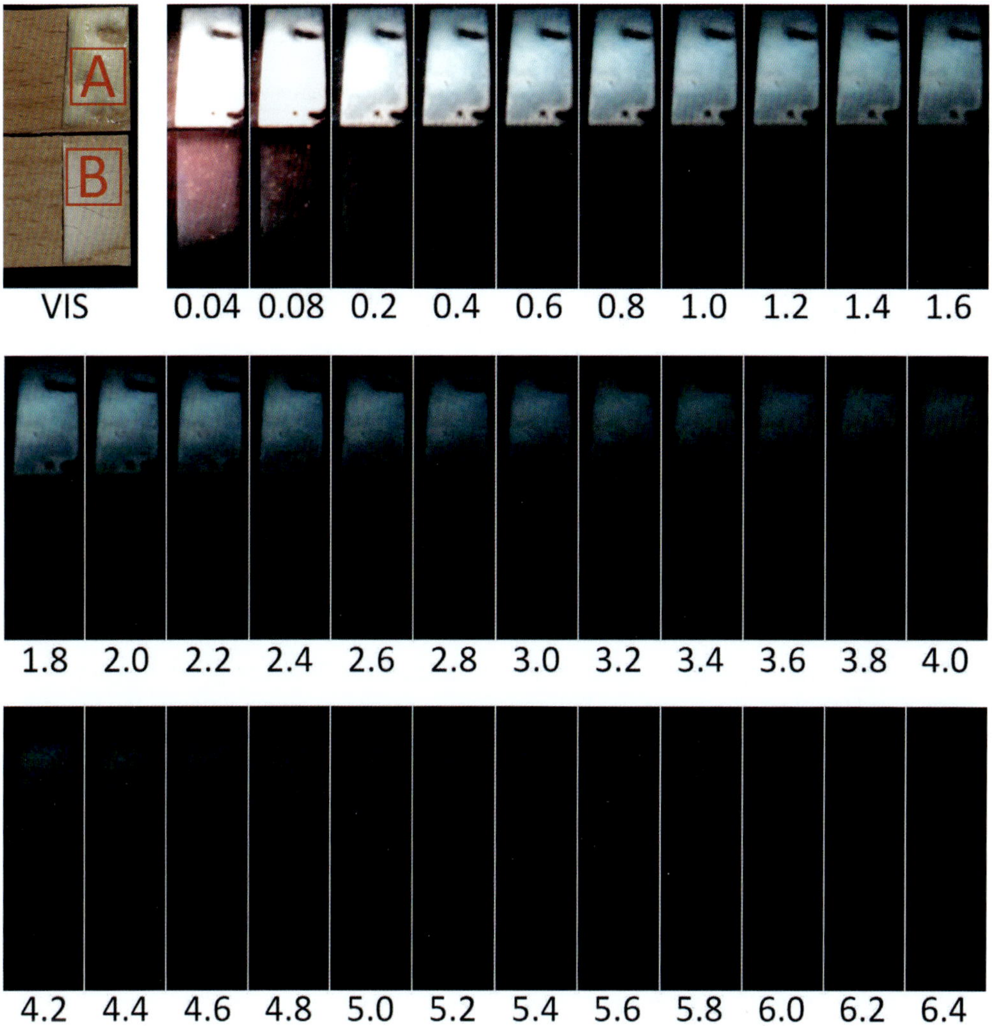

Abb. 56: Bildsequenz von Harnstoff-Formaldehydharz-Leimproben auf Buchenholz. A: zu heiß verarbeitet; B: nach den Sollvorgaben des Herstellers verarbeitet. Die roten Quadrate im VIS-Normalbild (oben links) kennzeichnen die Messbereiche, in denen die Helligkeit aus den einzelnen Videoframes ausgelesen wurde. Die Zahlen unter den Bildern geben die verstrichene Zeit (in Sekunden) nach Abschalten der Lichtquelle an.

Quelle: Frank B. Peters

Aus den Bereichen A und B in Abb. 56 wurden die Mittelwerte von R, G und B per Software ausgelesen. Sie sind in Abb. 57 als Zeitreihe dargestellt. Anschließend wurden die Anfangshelligkeit und die Nachleuchtdauer bestimmt.

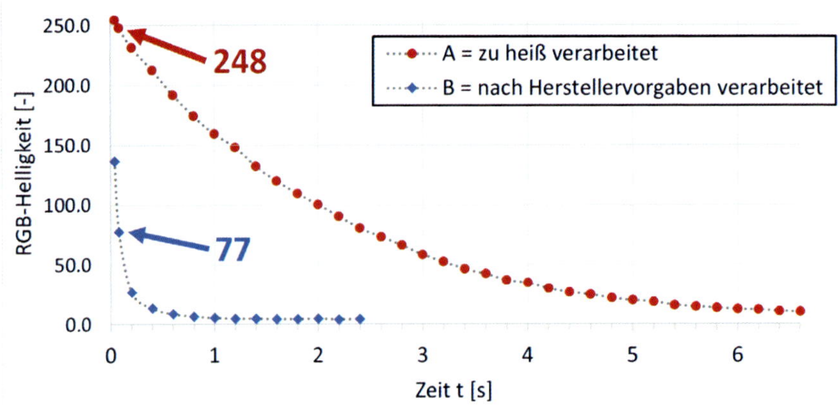

Abb. 57: RGB-Pixelhelligkeiten der Leime aus Abb. 56 aufgetragen über der Zeit. Am zweiten Frame nach Erlöschen der Lichtquelle (rote/blaue Pfeile) wird die Anfangshelligkeit bestimmt.

Quelle: Frank B. Peters

8.5.8.3 Bestimmung der relativen Helligkeit

Die Helligkeit eines Bildausschnitts ist der Mittelwert aus R, G- und B-Werten. Die Helligkeit des Untersuchungsobjektes wird immer im Bezug zu einer Referenz gesetzt, woraus sich die relative Helligkeit ergibt. Bei der Referenz kann es sich um einen allgemeinen Standard handeln (vergl. 8.6.3.1 und 8.6.3.4) oder, wie im vorliegenden Fall, um ein nach den Sollvorgaben des Herstellers korrekt verarbeitetes Produkt.

Die Anfangshelligkeit wird bei der Phosphoreszenzanalyse im zweiten Frame des Videos nach Erlöschen der Anregungslichtquelle ausgelesen (hier nach 0,08 s), um sicherzustellen, dass die Lichtquelle tatsächlich erloschen war.

Im vorliegenden Fall (Abb. 57) betrug die Anfangshelligkeit des zu heiß verarbeiteten Klebstoffs (A) 248 und die des nach Sollvorgaben verarbeiteten Klebstoffs (B) 77. Hieraus ergibt sich die relative Helligkeit von 3,22 als Verhältnis beider Materialien, d.h. die Anfangshelligkeit von Material A war 3,22 mal höher als die der Referenz B.

8.5.8.4 Bestimmung der relativen Nachleuchtdauer

Dieser Schritt entfällt bei der Fluoreszenz- und Absorptionsbildanalyse.

Bei der Phosphoreszenzanalyse ist die Nachleuchtdauer die Dauer vom Erlöschen der Lichtquelle bis zum Erlöschen der Phosphoreszenz. Sie wird bestimmt, indem der erste Frame gesucht wird, in dem die Helligkeit einen Grenzwert unterschreitet. Für die Praxis hat sich ein Grenzwert von 10 (aus 255) bewährt. Die Nachleuchtdauer wird also gemessen vom Erlöschen der Lichtquelle bis zum Unterschreiten des RGB = 10 Wertes. In Abb. 57 ist dies nach 6,4 Sekunden für Material A und 0,5 Sekunden für Material B (Referenz) der Fall. Hieraus ergibt sich ein Verhältnis von 12,8, d.h. die relative Nachleuchtdauer von Material A ist 12,8 mal länger als die der Referenz B.

8.5.8.5 Bestimmung der Farbe

Die Bestimmung der Farbe im Sinne der Wellenlänge des emittierten Lichts ist nur exakt mit einem Spektrometer möglich. Ersatzweise können mit der Kamera und Software die Werte von roten (R), grünen (G) und blauen (B) Pixeln ausgelesen werden. Aus den Werten dieser drei Primärfarben ergibt sich der Farbton. Um den gleichen Farbeindruck wie mit dem menschlichen Auge zu erhalten, wird der Weißabgleich in der Kamera auf „Tageslicht" bzw. 5600 K eingestellt und vor Forensikkameras ein Cyanfilter gesetzt. Zu beachten ist hierbei, dass vom Farbton nicht auf die Wellenlänge geschlossen werden kann. Am einfachsten ist die Einschätzung und Dokumentation der Farbe durch Verwendung spezieller Referenzmaterialien (8.6.3) bei Weißabgleich auf Tageslicht. Wenn es jedoch nicht um eine realitätsnahe Farbdokumentation geht, sondern darum, Abweichungen des Untersuchungsobjektes von dem Referenzmaterial besonders deutlich hervorzuheben, ist es sinnvoll, den Weißabgleich auf das Referenzmaterial zu setzen (vergl. 8.5.5.5), d. h. das Referenzmaterial als Weiß zu deklarieren, da das menschliche Auge für Abweichungen von weiß besonders empfindlich ist.

8.5.8.6 Bestimmung der maximal Anregungswellenlänge

Auch die exakte Bestimmung der Wellenlänge, mit der sich das Objekt maximal anregen lässt, ist nur mit einem Fluoreszenzspektrometer möglich. Ersatzweise kann sie grob abgeschätzt werden, indem das Objekt mit Lichtquellen unterschiedlicher Wellenlänge angeregt wird. Die Helligkeit der Fluoreszenz/Phosphoreszenz dient dann als Maß für die Anregbarkeit des Objektes mit der jeweiligen Peakwellenlänge.

8.6 Notwendige Ausrüstung

8.6.1 Lichtquellen

Da für Bauschäden aus Kostengründen verständlicherweise meist kein so großer Verdunkelungsaufwand betrieben wird wie für die Aufklärung von Kapitalverbrechen, sind für die meist unvollständig verdunkelten Einsatzorte der Bau-Forensik die stärksten und besten Tatortlampen gerade gut genug (vergl. 8.5.7 Punkt 5 und Erläuterungen). Geeignete Lampen für die Bau-Forensik besitzen nicht nur einen sehr kleinen Störlichtanteil, sondern auch und eine so „ungesund" hohe Lichtausgangsleistung, dass sie immer mit Schutzbrille benutzt werden sollten. Hinweis: häufig wird nur der wesentlich höhere Zahlenwert der nicht aussagekräftigen elektrischen Aufnahmeleistung anstatt der Lichtausgangsleistung angegeben.

8.6.1.1 Lichtquellen mit integriertem Filter

Die Tatortlampen vom Typ M05 des Herstellers Lumatec erfüllen die gestellten Anforderungen durch **in** die Lampenköpfe integrierte Lichtquellenfilter. Diese Filter sind zwar äußerlich unsichtbar, sie filtern jedoch trotzdem den von allen LEDs ausgesendeten unerwünschten Störlichtanteil in ausreichendem Maße aus. Sie gewährleisten außerdem eine sehr gleichmäßige Ausleuchtung, was besonders wichtig ist für die Fotodokumentation der Sachverständigen.

8.6.1.2 Lichtquellen mit vorgesetztem Filter

Leistungsfähige und gleichzeitig preiswerte Forensik-Lichtlösungen werden dadurch erzielt, dass **vor** weit verbreitete und daher günstige Lichtquellen (z.B. Blitzlichtgeräte oder starke weiße LED-Lampen oder preiswerte UV Lampen) hochwertige Forensik-Lichtquellenfilter gesetzt werden. Sie erfüllen die gleiche Aufgabe wie die internen Filter (s.o.), nämlich die unerwünschten Störlichtanteile auszufiltern und das für die Forensik notwendige Lichtspektrum mit hoher Reinheit zu erzeugen. Dies geschieht ohne Qualitätseinbußen. Im Vergleich zu integrierten Filtern bieten wechselbare, vor die Lichtquelle gesetzte Filter eine höhere Flexibilität bei geringerem Gesamtgewicht und wesentlich geringeren Gesamtkosten. Es wird nur eine einzige Lichtquelle benötigt, da durch Wechseln des vorgesetzten Lichtquellenfilters mit einer einzigen Lichtquelle (Lampe oder Blitz) mehrere unterschiedliche Forensik-Lichtarten erzeugt werden.

Vor- und Nachteile mit **vorgesetztem** Lichtquellenfilter gegenüber Lampen mit **fest verbautem internem** Lichtquellenfilter sind:

+ deutlich geringere Gesamtkosten,
+ geringeres Gewicht,
+ herstellerunabhängige, weit verbreitete Akkus,
+ flexibler Einsatz der Lichtquellenfilter vor Lampen oder Blitzen,
+ kein Verwackeln bei Blitzeinsatz, auch ohne Kamerastativ.
– Geringerer Komfort durch notwendige Filterwechsel,
– ggf. geringere Lichtleistung (nur bei Einsatz von schwachen Lampen).

8.6.2 Filter

Die richtigen Filter sind die wichtigste Voraussetzung für die Bau-Forensik! Nachfolgend unterschieden wird in drei Gruppen von Filtern:

- **Lichtquellen**-Filter werden vor Lampen oder Blitzlichtgeräte gesetzt,
- **Kamera-Basis**-Filter werden vor Normalkameras und vor Forensikkameras gesetzt,
- **Kamera-Erweiterungs**-Filter werden vor Forensikkameras gesetzt und nutzen in Kombination mit den Kamera-Basis-Filtern den vollen erweiterten Wellenlängenbereich einer Forensikkamera.

8.6.2.1 Lichtquellen-Filter

Die Erfahrung hat gezeigt, dass mit den nachfolgenden drei abgebildeten Lichtquellenfiltern sämtliches für die Bau-Forensik notwendige reine Licht erzeugt werden kann. Die drei wichtigsten Lichtquellenfilter sind in Abb. 58 dargestellt und erläutert:

Abb. 58:

Forensik UV-Pass Lichtquellenfilter

Er filtert Störlicht (Weißlicht) aus 365 nm UV-Lampen und UV-Blitzen.

Erst durch Einsatz dieses UV-Lichtquellenfilters wird die hohe Kontraststärke bei UV Fluoreszbildanalysen erzeugt, die notwendig ist, um die bautypischen schwachen Fluoreszenzen erkennen und auswerten zu können.

Dieser vor die Lichtquelle gesetzte Filter wird am häufigsten eingesetzt in Kombination mit dem Fluo1 Kamerafilter, der vor die Kamera gesetzt wird.

Forensik Blau-Lichtquellenfilter

Er ist sehr **vielseitig** *einsetzbar:*

a) *Er filtert Störlicht aus preiswerten 390 nm UV-Lampen und* **Violett-Lampen**. *Dieser Lichtquellenfilter erzeugt in Kombination mit dem Fluo2 Kamerafilter sehr kontraststarke Fluoreszenzbilder.*

b) *Er filtert Störlicht aus blauen LED-Lampen und er macht aus einer starken kaltweißen LED-Lampe eine störlichtfreie* **blaue LED-Lampe**. *Dieser Lichtquellenfilter erzeugt in Kombination mit dem Fluo3 Kamerafilter sehr kontraststarke Fluoreszenzbilder, z.B. bei der Detektion von verdeckten (überstrichenen) Schäden durch Schimmelpilze, Feuchte, PAKs u.a.*

c) *Er macht aus jedem* **„normalen" Blitz** *einen Forensik-Blitz.*

Forensik Cyan-Lichtquellenfilter

Er erfüllt drei Funktionen:

a) *Wenn der Cyan-Lichtquellenfilter* **zusammen** *mit dem Blau-Lichtquellenfilter vor einen normalen Blitz oder eine weiße LED gesetzt wird, so ist kein aufwändiger manueller Weißabgleich erforderlich in Kombination mit dem Fluo3- Kamerafilter. Es kann einfach wie bei Tageslicht im Automatik-WB-Modus gearbeitet werden.*

b) *Er kann als alleiniger Filter vor einer weißen LED oder einem weißen Blitz in fast allen Fällen eine rote LED-Lampe bei der IR-Fluoreszenzbildanalyse ersetzen.*

c) *Er wird bei der UV-Absorptionsbildanalyse im Freien bei starkem Sonnenschein als 2. Cyanfilter zusätzlich zum 1. Cyanfilter und zum UV-Pass-Filter vor eine Forensikkamera gesetzt, um sicherzustellen, dass kein IR-Störlicht das UV-Bild verfälscht.*

Quelle: Prof. Dr. Andreas O. Rapp

8.6.2.2 Kamera-Basis-Filter

Passend zu den Lichtquellenfiltern (8.6.2.1) werden Kamerafilter benötigt, die genau auf das Spektrum der Lichtquelle abgestimmt sind. Diese Kamerafilter werden mit Hilfe eines Schnellwechselfilterhalters vor die Kamera gesetzt.

Für den Einsatz vor einer Forensikkamera und gleichermaßen für den Einsatz vor jeder serienmäßigen Normalkamera, welche nicht zur Forensikkamera umgebaut worden ist, haben sich folgende vier Vollglasfilter als Grundausstattung bewährt.

1. **Fluo1 Kamerafilter**
   Dieser Kamerafilter wird am häufigsten in Kombination mit dem auf ihn abgestimmten **UV-Pass Lichtquellenfilter** verwendet, der in oder vor einer **365 nm UV**-Lampe oder einem Blitzlichtgerät sitzt.
2. **Fluo2 Kamerafilter**
   Dieser Kamerafilter wird am häufigsten in Kombination mit dem auf ihn abgestimmten Blau Lichtquellenfilter verwendet, der in oder vor einer **365 nm UV**-Lampe oder Violett-Lampe sitzt.
3. **Fluo3 Kamerafilter**
   Dieser Kamerafilter wird am häufigsten in Kombination mit dem auf ihn abgestimmten Blau Lichtquellenfilter verwendet, der vor einer **kaltweißen oder blauen** LED-Lampe oder einem normalen Blitz sitzt.
4. **Fluo4 Kamerafilter**
   Dieser Kamerafilter wird am häufigsten in Kombination mit dem auf ihn abgestimmten Blau Lichtquellenfilter verwendet, der entweder vor einer **kaltweißen oder blauen** LED-Lampe oder vor einem **normalen** Blitz sitzt.

Alle Kamerafilter sind in Abb. 59 dargestellt. Die Kamera-Basis-Filter, welche für Forensikkamera und Normalkamera notwendig sind, sind grau umrandet. Rot umrandet sind die zusätzlich für eine Forensikkamera noch notwendigen Filter.

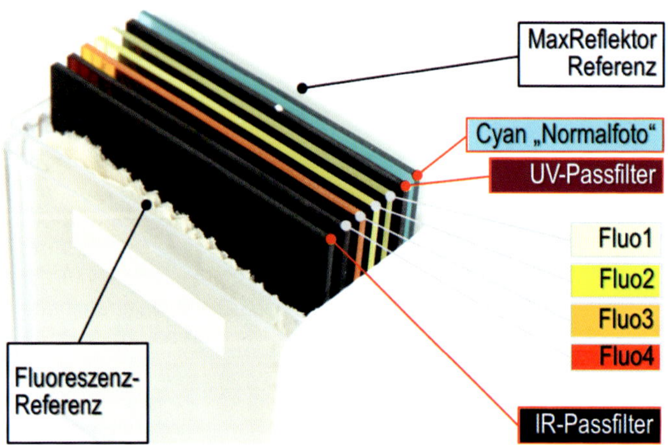

Abb. 59: Bau-Forensik Filterset, bestehend aus 7 Filtern für die optische Bau-Forensik sowie PTFE (MaxReflektor-Referenz) und Baumwollnessel (Fluoreszenz-Referenz).

Quelle: Prof. Dr. Andreas O. Rapp

8.6.2.3 Kamera-Erweiterungs-Filter

Für den Einsatz einer **Forensikkamera** in der optischen Bau-Forensik werden sämtliche unter 8.6.2.2 beschriebenen Kamera-Basis-Filter benötigt, die auch für den Einsatz mit Normalkameras funktionieren (in Abb. 59 grau umrandet). **Zusätzlich** werden folgende drei weitere Filter benötigt (in Abb. 59 rot umrandet), um den erweiterten Wellenlängenbereich der Forensikkamera zu nutzen:

1. **UV-Pass Kamerafilter**
   Dieser Kamerafilter ist durchlässig für UV-Licht und sperrt das sichtbare Licht. Er wird am häufigsten bei **UV-Absorptionsbildanalyse** in Kombination mit einer 365 nm UV-Lampe oder einem UV-Blitz verwendet. Bei Untersuchungen im Freien mit Sonnenlicht als UV-Quelle sollte dieser Filter zusammen mit ein oder sogar zwei Cyanfiltern vor die Kamera gesetzt werden. Die Cyanfilter übernehmen die Aufgabe, den sehr hohen IR-Anteil des Sonnenlichts sicher auszufiltern.

2. **IR-Pass Kamerafilter**
   Dieser Kamerafilter ist durchlässig für IR, sperrt jedoch das sichtbare Licht und das UV-Licht. Er wird am häufigsten für **NIR-Absorptionsuntersuchungen** mit Sonnenlicht, Halogenlicht, Glühlampenlicht oder Blitzlicht eingesetzt. Außerdem dient er für **NIR-Fluoreszenzuntersuchungen** in Kombination mit einer roten 620 nm LED oder einem Cyan-Lichtquellenfilter vor einer weißen LED-Lampe oder Blitz.

3. **Cyan Kamerafilter für Normalfotos**
   Dieser Kamerafilter sperrt IR. Mit ihm wird jede Forensikkamera wieder zur normalen Kamera. Damit können mit der Forensikkamera auch **„Normal-Fotos"** aufgenommen werden, die zeigen, wie das Objekt für das menschliche Auge bei Tageslicht normal aussieht. Es werden also keine zwei Kameras benötigt, sondern nur **eine** Forensik-Kamera, da diese nicht nur Forensikfotos, sondern mit Hilfe des Normalfoto-Filters auch Normalfotos aufnehmen kann.

Damit die Filter auf unterschiedlichen Kameraobjektiven verwendet werden können, empfiehlt es sich grundsätzlich, alle Filter in einer großen Größe von mindestens 82 mm zu beschaffen. Jeder Filtertyp muss dann nur 1 mal angeschafft werden und kann mit vergleichsweise günstigen Adaptern auf jedem kleineren Objektiv verwendet werden.

Die in Abb. 58 und Abb. 59 gezeigten Filtergläser werden jeweils für Bau-Forensik Seminare von einem optischen Fachbetrieb in Kleinserie im Maß von 85 mm x 85 mm geschliffen. Damit passen die Filter in 85 mm-Schnellwechsel-Filterhalter und können mittels Adapter auf jedem Objektiv befestigt werden. Bei der Beschaffung der optimalen Filter ist der Erstautor gern behilflich, Kontakt: rapp@faktum.eu.

8.6.3 Standards und Referenzmaterialien

8.6.3.1 Grundlegendes

Standards und Referenzmaterialien sind notwendig für die

- Objektivierung und Quantifizierung von Befunden (vergl. 8.5.8),
- Identifikation von Stoffen und Zuständen,
- Durchführung des Weißabgleichs (vergl. 8.5.5.5),

- Nachträgliche Feststellung von Aufnahmeparametern wie Art (Peakwellenlänge) der Lichtquelle sowie Art des Kamerafilters, wenn vor Ort vergessen wurde, diese zu einem aufgenommenen Bau-Forensikfoto zu notieren.

Das **Prinzip** ist der direkte Vergleich des Untersuchungsobjektes mit einem Maßstab, welcher durch den Standard bzw. die Referenz gebildet wird. Hierzu muss der Standard bzw. das Referenzmaterial in den Aufnahmebereich gelegt und zusammen mit dem Zielobjekt abgelichtet werden. Der Vorteil hierbei ist, dass eine Variation der Aufnahmebedingungen immer automatisch kompensiert wird. Dies betrifft z.B. stärkere/schwächere Beleuchtung, größeren/kleineren Abstand der Lichtquelle oder Kameraparameter wie ISO-Zahl, Blendenzahl und Belichtungszeit. Diese wirken sich ja immer gleichzeitig auf das Untersuchungsobjekt und den Standard bzw. das Referenzmaterial aus.

Der **Unterschied zwischen Standard und Referenz** liegt darin, dass ein Referenzmaterial als 100%-Vergleichswert steht, zu dem das Untersuchungsobjekt relativ angegeben wird als %-Wert oder Faktor. Dies ist bei einem Standard ebenso möglich, jedoch existiert zu einem Standard zusätzlich noch eine international ankerkannte SI-Einheit.

Zum Beispiel sind PTFE und Baumwollnesseltuch „nur" Referenzmaterialien, sie werden willkürlich als Faktor 1 oder alternativ 100% (Helligkeit) gesetzt. Hingegen ist eine Chininlösung bestimmter Konzentration ein Standard, weil ihre Konzentration in SI-Einheiten angegeben wird, z. B. Gramm pro Liter oder Mol pro Liter. Ihre Konzentration ist direkt proportional zu ihrer Fluoreszenzhelligkeit.

Zur Verdeutlichung wird eine Chininlösung mit einer Konzentration von 0,0001 (10^{-4}) Mol pro Liter betrachtet. Sie ist durch ihre SI-Einheiten Mol und Liter eindeutig definiert und damit als Standard qualifiziert. Ein Beobachtungsobjekt, das nun beispielsweise doppelt so hell fluoresziert wie diese Lösung, kann entweder angegeben werden mit

a) Relative Fluoreszenzhelligkeit 2,0 bzw. 200% bezogen auf diese Chininlösung oder

b) Fluoreszenzhelligkeit äquivalent zu 0,0002 Mol/Liter Chininlösung.

Im Fall a) wird diese Chininlösung wie eine Referenz verwendet, während sie im Fall b) als Standard dient.

8.6.3.2 Fluoreszenz Intensitäts- (Helligkeits-) Standards

Eine Chininlösung bestimmter Konzentration ist in der Wissenschaft der wichtigste Standard für die geräteunabhängige Quantifizierung der Intensität (Helligkeit) von Fluoreszenz. Da flüssige Lösungen zwar im Labor, jedoch nicht in der Fluoreszenzbildanalyse unter bautypischen Bedingungen handhabbar sind, kommen in der Bau-Forensik leicht handhabbare Festkörper-Standards zum Einsatz, wie schematisch in Abb. 60 dargestellt.

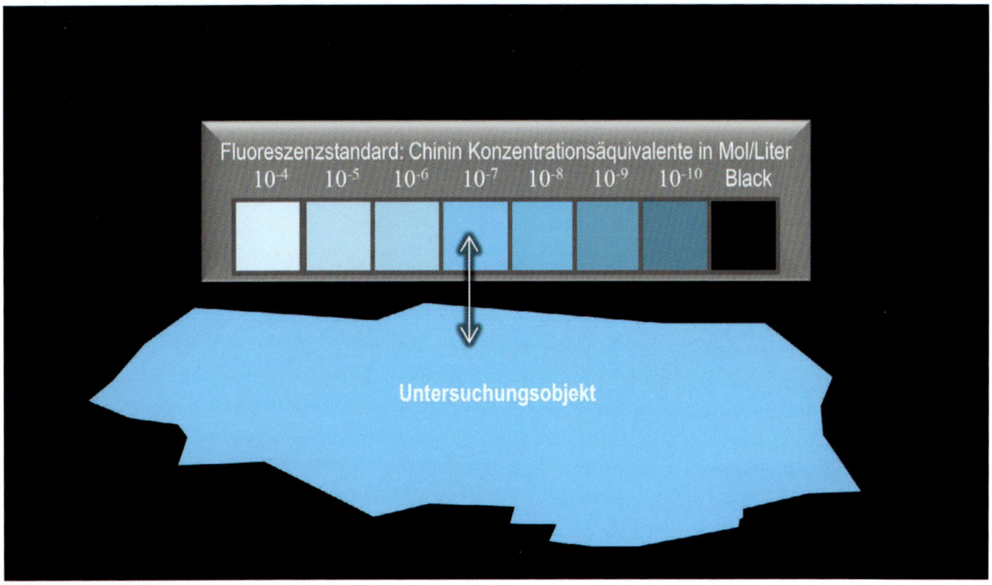

Abb. 60: **Festkörper-Standard** *zur Quantifizierung der Fluoreszenzhelligkeit (Intensität) in Chinin-Konzentrationsäquivalenten. Das Prinzipbild zeigt hier die Zuordnung (Doppelpfeil) der Fluoreszenzstärke des Zielobjekts zur Chininkonzentration 10^{-7} Mol / Liter.*

Quelle: Prof. Dr. Andreas O. Rapp

Da Fluoreszenzfarbtöne bei der Messung der Fluoreszenzhelligkeit störend wirken, wird hierzu häufig an der Kamera der monochrome Bildstil (Schwarzweißfoto) eingestellt. Die Bestimmung der Fluoreszenzhelligkeit eines Zielobjektes kann entweder bereits vor Ort durch Zuordnung des Objekts zu einem Chininäquivalent des Standards nach Augenschein erfolgen oder durch exakte Messung der Helligkeiten von Zielobjekt und Standard in einer Bildanalysesoftware am PC (8.5.8.1 und 8.5.8.3).

Ein Standard ist immer nur für eine bestimmte Anregungswellenlänge anwendbar. Chinin ist z.B. als Standard bei Anregung mit UV-Licht geeignet. Fluorescein ist als Standard bei Anregung mit blauem Licht geeignet, nicht jedoch für Untersuchungen mit grünem Licht und rotem Licht. Für den gesamten Wellenlängenbereich der Bau-Forensik eignen sich nur aus mehreren Stoffen zusammengesetzte Breitband-Referenzen in Festkörperform. Durch geeignete Maßnahmen werden sie in ihrer Fluoreszenzintensität in definierten Stufen abgeschwächt und so ein Stufenmaßstab erzeugt (Abb. 61). Die Helligkeitsstufen werden hier in Prozent bzw. als Faktor vom nicht abgeschwächten Originalmaterial angegeben, das 100% bzw. den Faktor 1 besitzt.

Unabhängig davon, ob ein Standard oder eine Referenz für die Quantifizierung der Fluoreszenzhelligkeit verwendet wird, handelt es sich, wie im Abschnitt 8.5.8.1 allgemein und im Abschnitt 8.5.8.3 exemplarisch beschrieben, um die **relative** Helligkeit des Untersuchungsobjektes im Verhältnis zum Standard bzw. zur anzugebenden Referenz.

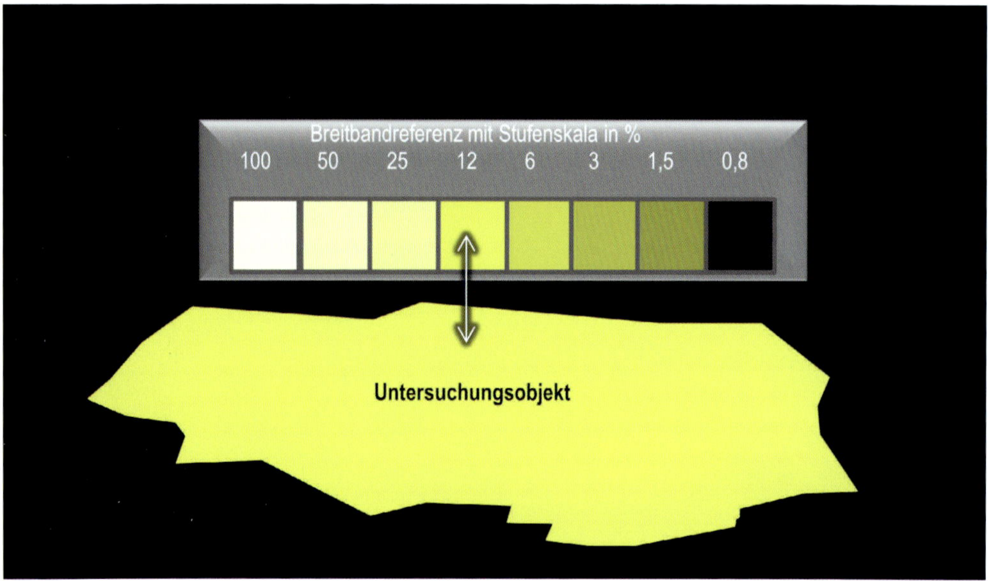

Abb. 61: Prinzipbild einer **Breitband-Referenz** *zur Quantifizierung der Fluoreszenzhelligkeit (Intensität) in Prozent. Hier beträgt die Fluoreszenzhelligkeit des Zielobjekts 12% der nicht abgeschwächten Referenz.*

Quelle: Prof. Dr. Andreas O. Rapp

8.6.3.3 Fluoreszenz Farbstandards

Fluoreszenz-**Farb**standards erlauben die exakte und nachvollziehbare Zuordnung eines Untersuchungsobjekts zu einer Fluoreszenzfarbe (8.4.3) bei Anwendung des richtigen Weißabgleichs (8.5.5.5).

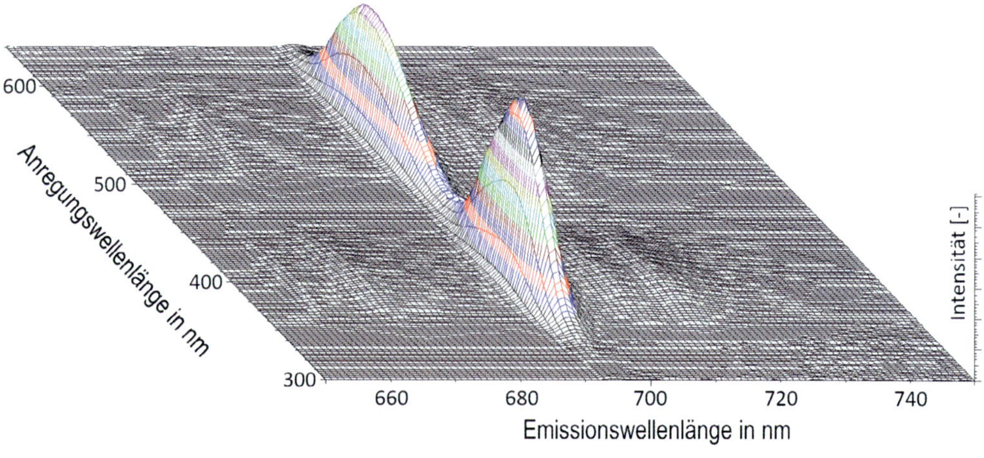

Abb. 62: Fluoreszenzspektrum von Rubin als Beispiel für einen idealen, besonders schmalbandigen Fluoreszenzfarbstandard mit Emission im tiefroten Bereich, bei 694,3 nm Peakwellenlänge.

Quelle: Prof. Dr. Andreas O. Rapp

Im Gegensatz zu Fluoreszenz-Intensitätsstandards besitzen Fluoreszenz-**Farb**standards einen spezifischen und **engen** Emissionsbereich, der typisch ist für eine Farbe bzw. Wellenlänge. Der Edelstein Rubin erfüllt diese Anforderungen in idealer Weise im tiefroten Wellenlängenbereich, wie das Fluoreszenzspektrum eines echten Rubins verdeutlicht (Abb. 62). Egal mit welcher Wellenlänge (Licht einer Forensiklampe) ein Rubin-Farbstandard angeregt wird, er sendet immer eine intensiv rote, schmalbandige Fluoreszenz mit einer Peakwellenlänge von exakt 694,3 nm aus.

Zusammen mit dem Rubin für den tiefroten Bereich bilden weitere wertvolle Referenzmaterialien wie beispielweise Ägyptischblau für den IR-Bereich sowie Referenzmaterialien für den orangeroten, grünen, blauen und violetten Bereich eine Palette von Fluoreszenzfarbstandards für unterschiedliche Wellenlängen. Sie sind besonders einfach handhabbar, wenn sie in mehreren definiert abgeschwächten Stufen vorliegen, wie die Breitband-Referenz in Abb. 61. Das Prinzip ist auch hier, dass eine stufenweise Farbreferenz-Palette ins Bild gelegt und zusammen mit dem Untersuchungsobjekt aufgenommen wird. Die Auswertung erfolgt entweder nach Augenschein, durch Vergleich mit den Stufen oder quantitativ (8.5.8.1 und 8.5.8.5) durch nachträgliche Farbmessung mit einem Bildauswertungsprogramm. Essentiell ist hierbei der richtige Weißabgleich auf einem Referenzmaterial (8.5.5.5).

8.6.3.4 Phosphoreszenz Referenzmaterialien

Das Nachleuchten von Stoffen ist in hohem Maße abhängig von der Wellenlänge und Stärke des auftreffenden Anregungslichts und in noch höherem Maße von dem Nachtsehvermögen des Betrachters bzw. der Kameraparameter (8.5.6 und 8.5.8.1). Deshalb sind quantitative Aussagen über die Phosphoreszenz nur mit Hilfe von Referenzmaterialien möglich, die gleichzeitig zusammen mit dem Untersuchungsobjekt aufgenommen werden. Für Analysen mit der Forensikkamera werden deshalb Phosphoreszenz-Referenzmaterialien mit unterschiedlichen Nachleuchtdauern und Nachleuchtfarben eingesetzt.

8.6.3.5 Absorptionsreferenzen

Aus der normalen Fotografie sind Graukarten, Farbkarten und Farbkorrekturhilfen (Abb. 63) bekannt.

In hochwertiger Ausführung sind sie als Referenz für die VIS-Normalbildanalyse geeignet. Sie sind jedoch vollständig ungeeignet in der Fluoreszenzbildanalyse, ebenso in der IR-Absorptionsbildanalyse und der UV-Absorptionsbildanalyse. Auch ein weißes Blatt Papier oder eine weiße Wand sind als (Weiß-) Referenz hier ungeeignet. Im UV-Absorptionsbild kann beispielweise eine geweißelte Wand entweder weiß erscheinen, d.h. UV-Licht stark reflektieren, oder schwarz erscheinen, d.h. das UV-Licht stark absorbieren oder aber irgendwo dazwischen liegen (vergl. Abb. 49 und Abb. 64). Dies geschieht in Abhängigkeit der Art und Mischung der eingesetzten Weißpigmente, Füllstoffe und Bindemittel.

Abb. 63: VIS-Absorptionsreferenz für die Normalbild-Fotografie und -Videographie.

Quelle: Prof. Dr. Andreas O. Rapp

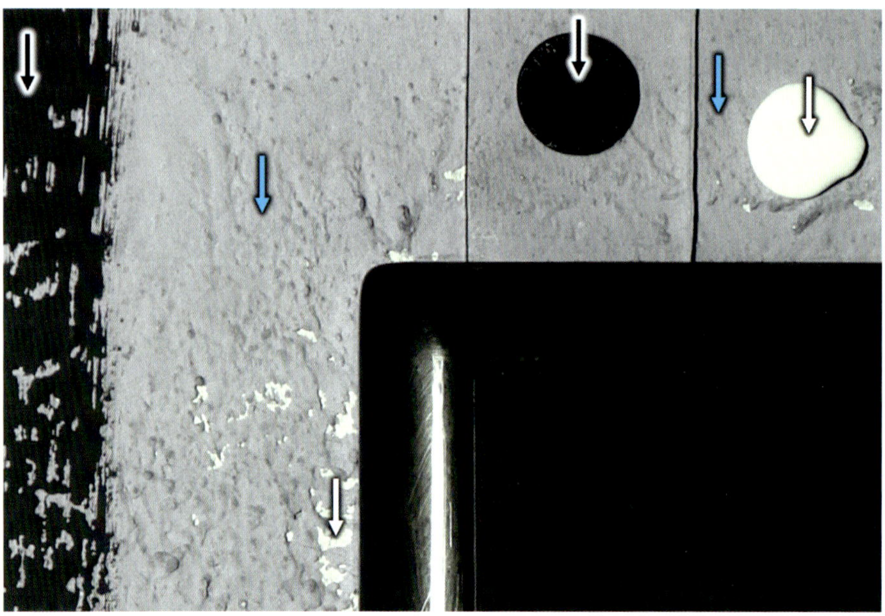

Abb. 64: Ausschnitt aus dem im UV-Absorptionsbild (Abb. 49) gestrichelt markierten Bereich. Obwohl im VIS-Normalbildausschnitt alle Materialien weiß erscheinen, werden hier im UV-Absorptionsbild drei verschiedene Anstrichstoffe anhand ihrer unterschiedlichen UV-Absorption erkennbar, wobei der 1. Anstrich der Kalkpigment-Referenz gleicht (weiße Pfeile) und der 3. Anstrich der Titandioxid-Referenz (schwarze Pfeile). Der 2. Anstrich liegt in seinem UV-Absorptionsgrad zwischen diesen beiden Referenzenmaterialien (blaue Pfeile).

Aus Abb. 49 und Abb. 64 und ebenso aus Abb. 16 bis Abb. 18, wird klar, dass für die UV-Absorptionsbildanalyse und die IR-Absorptionsbildanalyse spezielle Referenzmaterialien benötigt werden, die in diesen Wellenlängenbereichen funktionieren.

Hierbei gibt es nicht nur Referenzmaterialien für die Bestimmung des Absorptionsgrades (Helligkeit), wie in Abb. 64 gezeigt, sondern auch **Farb**referenzen für den IR- und UV-Bereich. Dies ist sinnvoll, da die RGB-Pixel einer Forensikkamera auch außerhalb des sichtbaren Wellenlängenbereichs farbig zeichnen. Allerdings haben die aufgezeichneten Farbtöne nichts mit den Farben im sichtbaren Bereich zu tun, es wird deshalb von Falschfarben gesprochen. Glücklicherweise zeichnen die RGB-Pixel kürzerwelliges UV-Licht in einer anderen Falschfarbe als längerwelliges UV-Licht. Das gleiche gilt für den IR-Bereich. Mit Hilfe von speziellen Falschfarbstandards für den UV-Bereich und speziellen Falschfarbstandards für den IR-Bereich kann deshalb bestimmt werden, ob ein Material bzw. ein Bewuchs gleichmäßig oder selektiv kürzerwellig oder selektiv längerwellig absorbiert. Falschfarben lassen wichtige Rückschlüsse auf die Materialzusammensetzung des Untersuchungsobjektes zu.

8.6.3.6 Indikatoren für Bildaufnahmebedingungen

Zusammen mit jedem Foto protokolliert die Kamera automatisch im EXIF-Format die Kameraeinstellungen, mit denen das Foto aufgenommen wurde, z.B. Datum, Uhrzeit, Belichtungszeit, Blende, ISO-Zahl, Fokusabstand, Brennweite, Objektivmodell, Kameramodell u. a.. Was die Kamera leider nicht kann, ist, automatisch zu protokollieren, mit welcher Lichtquelle und welchen Filtern das Bild aufgenommen wurde. Neben den EXIF-Daten sind jedoch gerade diese Informationen für die nachträgliche Bildanalyse von entscheidender Bedeutung. Wenn sie vom Bau-Forensiker nicht manuell aufgezeichnet wurden, besteht ein großes Problem bei der nachträglichen Bildanalyse, außer es wurden Indikatoren mitfotografiert, die anzeigen, mit welcher Lampe und welchem Filter das Foto aufgenommen wurde. Ein solcher Lampen- und Filterindikator sieht äußerlich ähnlich aus wie die in Abb. 63 dargestellte Referenz, wobei sich aus dem Hell-Dunkel Muster der einzelnen Felder die Wellenlänge des eingestrahlten Lichts und die Filterart ablesen lässt.

8.6.4 Kameras

8.6.4.1 Grundsätzliches

Eine Vielzahl von Aufgabenstellungen der optischen Bau-Forensik können mit einer ganz normalen serienmäßigen Kamera erledigt werden, sofern die richtigen Lichtquellenfilter und die richtigen Kamerafilter eingesetzt werden. Untersuchungen, die in das UV-Spektrum oder das IR-Spektrum hineinreichen, können jedoch nur mit einer Forensikkamera durchgeführt werden. Diese ist nicht nur im sichtbaren Bereich des Lichts empfindlich, sondern auch zusätzlich noch im nahen Ultraviolett (UV) und im nahen Infrarotwellenlängenbereich (IR).

Sensoren von Digitalkameras bestehen aus Silizium. Alle Siliziumkamerabildsensoren besitzen von Natur aus eine Lichtempfindlichkeit, die vom nahen UV über das sichtbare Licht bis zum IR reicht. Damit ein Kamerasensor genau das sieht, was unser menschliches Auge sieht, muss er „künstlich gezwungen" werden, das UV und das IR nicht zu sehen. Dies wird vom Kamerahersteller durch einen kamera**internen** Filter erreicht, der unmittelbar vor dem Bildsensor platziert ist. Wenn dieser Filter ausgebaut wird, dann wird aus einer normalen Digitalkamera eine Forensikkamera.

Da heute alle Digitalkameras ähnlich arbeitende Siliziumsensoren verwenden, können unabhängig vom Kamerahersteller grundsätzlich alle **modernen** Digitalkameras als Forensikkamera dienen.

8.6.4.2 Voraussetzungen für eine gute Forensikkamera

Obwohl fast jede Digitalkamera zur Forensikkamera umgebaut werden kann, sind nicht alle gleich gut geeignet. Die Voraussetzungen für eine Forensikkamera sind nachfolgend gelistet (die wichtigsten zuerst):

1. **Manueller Weißabgleich in einem weiten Farbbereich**
   Durch den Umbau zur Forensikkamera kommt viel UV- und noch mehr IR-Licht auf den Bildsensor mit seinen roten, grünen und blauen Bildpunkten. Sowohl UV- als auch IR-Licht werden besonders gut von den roten Bildpunkten „gesehen". Dadurch ist nach dem Umbau zur Forensikkamera fast jedes Bild stark rotstichig. Um interessante Unterschiede an Untersuchungsobjekten erkennen zu können, ist es sehr hilfreich, wenn bereits bei der Aufnahme des Bildes der starke Rotstich kompensiert werden kann. Deshalb muss der Weißabgleich manuell in einem sehr **weiten** Bereich einfach und schnell durchführbar sein.

2. **Live-View auf einem elektronischen Display**
   Das aktuelle Live-Bild erscheint bereits bevor das Bild geschossen wird auf dem Display oder im **elektronischen** Sucher. Das ist deshalb so wichtig, weil das menschliche Auge kein UV- und kein IR-Licht sehen kann. Im **optischen** Sucher einer Kamera sieht das menschliche Auge daher kein Bild, das durch UV-Licht oder IR-Licht gezeichnet wird. Das Display oder der elektronische Sucher zeigen jedoch das Bild, so wie es der Bildsensor aufnimmt.

3. **Wechselbare Objektive**
   Nicht alle Objektive sind gleichermaßen geeignet, um IR- und UV-Bilder abzubilden. Daher ist es sehr vorteilhaft, wenn das Objektiv gewechselt werden kann.

4. **Hohe maximale ISO-Zahlen**
   Da in der Forensik wenig Licht zur Verfügung steht (ein Teil wird ja meist absichtlich ausgefiltert) ist eine möglichst hohe Lichtempfindlichkeit der Kamera und geringes Rauschen entscheidend. Wenn eine Kamera hohe ISO-Zahlen zulässt, ist das ein Indiz dafür, dass sie diese Anforderungen erfüllt. In der Praxis haben sich Kameras mit einer maximalen ISO-Zahl von mindestens 25600, besser noch 51200, bewährt. Ältere Kameras besitzen diese nicht und benötigen dann lange Belichtungszeiten und/oder haben ein starkes Bildrauschen. Der Vorteil einer modernen, lichtstarken Kamera ist in der Bau-Forensik unschätzbar **viel** größer als in der normalen Fotografie.

5. **Aufnahme im RAW-Format**
   Nachträgliche Bildbearbeitung am PC, z.B. Korrektur des Weißabgleichs (8.5.5.5) ist in der Bau-Forensik wichtig. Im RAW-Format ist dies viel besser möglich als im JPEG-Format. Die Kamera sollte daher beide Formate beherrschen und parallel abspeichern können.

6. **Live-Bild am HDMI-Ausgang**
   Wer ein großes Live-Bild auf einem Monitor oder Beamer sehen möchte, z.B. für Arbeiten im Labor, benötigt eine leistungsfähige Bildübertragungsmöglichkeit. Hier ist es von Vorteil, wenn die Kamera einen HDMI-Ausgang besitzt oder eine leistungsfähige USB-, WLAN oder Bluetooth-Übertragung. Wichtig ist neben der Auflösung auch die Übertragungsrate.

8.6.4.3 Welche Kamera ist am besten geeignet als Forensikkamera?

Alle oben genannten Voraussetzungen werden von Spiegelreflexkameras und spiegellosen Modellen des Herstellers Canon in hohem Maße erfüllt. Andere Kameras versagen öfter den manuellen Weißabgleich in der Kamera (also vor Ort auf der Baustelle) bei starken orangerot Tönen, wie sie in der Bau-Forensik öfter auftreten. Am PC kann jedoch nachträglich ein manueller Weißabgleich bei allen Bildern durchgeführt werden, unabhängig davon, mit welcher Kamera sie aufgekommen wurden. Aus den genannten Gründen sind Canon Kameras für die Forensik die Favoriten der Autoren.

8.6.5 Objektive für die optische Bau-Forensik

8.6.5.1 Einsatz „normaler" Objektive

Um es vorweg zu nehmen: Es werden nicht notwendigerweise extrem teure Spezialobjektive benötigt, vielmehr können mit vielen Standardobjektiven brauchbare Ergebnisse in der Bau-Forensik erzielt werden. Allerdings gibt es Einschränkungen und es kann sein, dass ein besonders teures Objektiv mit hervorragender Abbildungsleistung in der normalen Fotografie in der Bau-Forensik im IR- und UV-Bereich enttäuscht und ein „Billigobjektiv" hier wesentlich bessere Ergebnisse liefert.

Die meisten Anwender wollen mit normalen Glasobjektiven in der Bau-Forensik arbeiten. Folgende Informationen helfen bei der Suche eines geeigneten Objektives.

- Für die **Fluoreszenzbildanalyse** funktionieren alle Kameras und alle Objektive, vorausgesetzt es wird der richtige Filter (vergl. Abb. 58 bis Abb. 59) verwendet.
- Für die **IR-Absorptionsbildanalyse** funktionieren die meisten Objektive. Allerdings tritt bei manchen Objektiven ein heller Bereich in Bildmitte auf. Dieser kann meist abgeschwächt oder vermieden werden, wenn mit einer großen Blendenöffnung fotografiert wird.
- Für die **UV-Absorptionsbildanalyse** gilt, dass moderne Objektive, welche eine besonders wirksame Mehrschichtvergütung besitzen, weniger UV-durchlässig (und damit schlechter für die Bau-Forensik geeignet) sind, als Objektive ohne Vergütung. Außer-

dem gilt: Je mehr Glas (Anzahl und Dicke der Linsen) ein Objektiv enthält, desto weniger durchlässig ist es für UV.

Viele alte Objektive (vor ca. 1980) sind besser für die UV-Absorptionsbildanalyse geeignet als neue. Mit einem Adapter können diese an eine neue leistungsstarke Kamera angeschlossen werden.
Wenn **neue Objektive** kurz, leicht, einfach aufgebaut und weniger lichtstark sind (wenn sie besonders flach „wie eine Pfannenkuchen" sind, werden sie auch „Pancake Objektive" genannt), eigenen sie sich oft besser für die UV-Absorptionsbildanalyse als teure, schwere, lichtstarke Objektive.

8.6.5.2 Einsatz von speziellen Quarzobjektiven

Glas ist zwar für langwelliges UV-Licht noch durchlässig, jedoch nicht für mittel- und kurzwelliges UV-Licht. Für perfekte Abbildungsleistungen in einem Wellenlängenbereich kürzer als 320 nm sind Spezialobjektive mit Quarzlinsen erforderlich. Mit einem Preis von mehreren tausend Euro bleiben sie überwiegend Laboren in Industrie und Wissenschaft vorbehalten.

8.7 Praktische Anleitungen: Wie untersuche ich welche Objekte?

Folgende Checkliste hilft bei der Planung eines Ortstermins:

- Stativ nicht vergessen,
- eine immer am Körper griffbereite Lichtquelle in Form einer Stirnlampe ist sowohl im Labor als auch am Einsatzort sehr hilfreich,
- dunkle Kleidung tragen. Weiße Kleidung hellt das Bild durch störende Fluoreszenz auf,
- Umgebungslicht minimieren, am einfachsten durch Planung des Ortstermins am Abend oder bei Nacht. Dies vermeidet hohen Aufwand bei der Abdunkelung oder der nachträglichen Bildbearbeitung (8.5.7).

Während der Ortsbesichtigung werden störende Reflexionen dadurch vermieden, dass weder auf die zu untersuchende Fläche exakt senkrecht fotografiert wird, noch diese exakt senkrecht beleuchtet wird. Eine optimale Anordnung der Geräte ist aus Abb. 65 ersichtlich.

Eine Frage wird fast in jedem Bau-Forensik Seminar gestellt: „Welche Lampe (Wellenlänge) und welchen Filter benötige ich mit welchem Weißabgleich für die optimale Untersuchung von…" Schimmelpilzen, Wasserspuren, Beschichtungen, Lacken, Grundierungen, Klebstoffen, Kunststoffen, Weichmachern, Mörteln, Spachtelmassen, Brandbeschleunigern, Urin etc.. Selbst wenn die Frage so differenziert nach konkreten Untersuchungsobjekten bzw. Materialien gestellt wird, gibt es keine Antwort, die garantiert immer auf Anhieb das beste Bild liefert. Man wird also fast immer probieren müssen, um das **Optimal**bild mit der kontrastreichsten Differenzierung zwischen Materialien zu erreichen. Damit die Suche verkürzt wird, finden sich nachfolgend Untersuchungsanleitungen, die sich für bestimmte Objekte/Materialien bewährt haben. Die Gliederung ist so gewählt, dass die Anleitungen in 8.7.1 bis 8.7.3 auch ohne Forensikkamera durchführbar sind. Ab 8.7.4 ist eine Forensikkamera von Vorteil, für 8.7.6 bis 8.7.7 ist eine Forensikkamera zwingend erforderlich.

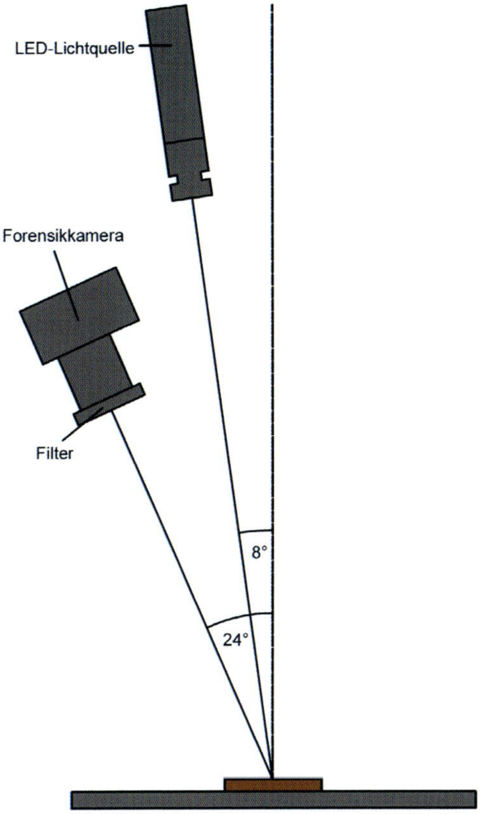

Abb. 65: Anordnung von Kamera mit Filtern und Forensiklampen.

Quelle: Prof. Dr. Andreas O. Rapp

8.7.1 Der Anfang für alle Arten von Objekten

Objekt: Für alle Arten von Objekten und immer dann, wenn man nicht genau weiß, nach was man eigentlich genau suchen soll (offene Spurensuche nach verdächtigen Auffälligkeiten), hat es sich bewährt, mit einer **UV angeregten Fluoreszenzbildanalyse** zu beginnen, da diese Technik eine Vielzahl von Spuren gleichzeitig sichtbar macht.

Vorgehen: Klare UV-Schutzbrille aufsetzen und im abgedunkelten Raum das Objekt mit der UV-Lichtquelle (ggf. mit vorgesetztem UV-Passfilter, Abb. 58) beleuchten. Dabei entdeckte interessante Befunde werden fotografisch dokumentiert durch Vorsetzen des Fluo1- oder Fluo2-Filters vor das Kameraobjektiv. Der Weißabgleich der Kamera erfolgt entweder auf rohem Baumwollnessel oder auf dem zu dokumentierenden Objekt selbst.

Befunde: Myzel erscheint hell, oft silbergrau, teilweise grünlich bis gelblich vor nicht fluoreszierenden mineralischen Untergründen. Weißes Papier fluoresziert aufgrund seines optischen Aufhellers leuchtend hellblau und überstrahlt dadurch schwach fluoreszierendes transparentes Pilzmyzel, das dann nicht erkennbar ist. Wenn Papier (Tapete) mit Wandfarbe gestrichen ist, wird durch das Titandioxid der Wandfarbe das Papier abgeschirmt, daher fluoresziert es nicht. Die schwache Fluoreszenz des Pilzmyzels erscheint dann hell vor dem dunklen Hintergrund der Wandfarbe (auch wenn diese im Tagelicht hell ist). Holz und ungebleichtes Papier ohne optische Aufheller sowie reine Cellulose fluoreszieren in ähnlicher Stärke und in ähnlichem Farbton wie unpigmentiertes Pilzmyzel. Es ist auf diesen Untergründen deshalb nur schwer erkennbar. Aktive Algen (Chlorophyll) fluoreszieren blutrot im UV-Licht.

Hinweis 1: Restlicht aus unvollständiger Raumverdunkelung und/oder UV-Lampen mit einem gewissen Weißlichtanteil schwächen den Kontrast bei allen Arten von Fluoreszenzuntersuchungen, da sie die weiße Wandfarbe beleuchten. Durch Reflektion des Weißlichts erscheint der Hintergrund heller und das Bild ist kontrastarm, im schlimmsten Fall geht die schwache silbergraue Fluoreszenz eines Pilzmyzels vor dem mit Weißlicht beleuchteten Hintergrund völlig unter und bleibt unerkannt. Abhilfe bietet perfekte Verdunkelung und eine starke UV-Lampe ohne Weißlichtanteil.

Hinweis 2: Hausstaub und Textilfasern überstrahlen durch die in Vollwaschmitteln enthaltenen optischen Aufheller mit deren hellvioletten bis hellblauen Fluoreszenz oft störend alle schwächeren Fluoreszenzen z.B. von transparenten Schimmelpilzen oder von Holz, Wasserflecken und Wasserrändern. Abhilfe gegen die störende helle Fluoreszenz von Staub und Textilfasern kann durch Absaugen mit einem Staubsauger oder Abblasen mit Druckluft (aus Kompressor oder Spraydose) geschaffen werden. Falls beides nicht geht, hilft Blaulicht (vergl. 8.7.3) anstatt UV-Licht, da durch blaues Licht die blau fluoreszierenden optischen Aufheller nicht mehr zur Fluoreszenz angeregt werden (vergl. Tab. 1).

8.7.2 Unpigmentierte Schimmelpilze, Öle sowie Lacke

Objekte: Für unpigmentierte Schimmelpilze, Oberflächenbehandlungsmittel auf Basis von trocknenden Ölen, Alkydharzen, andere Lacke und Beschichtungen, ergibt eine **violett angeregte Fluoreszenzbildanalyse** oft noch kontrastreichere und differenziertere Bilder als eine UV angeregte Fluoreszenzbildanalyse.

Vorgehen: Hierzu wird die gelbe Brille aufgesetzt und im abgedunkelten Raum das Objekt mit einer Violettlampe (mit ggf. vorgesetztem Blaufilter, Abb. 58) betrachtet. Dabei entdeckte interessante Befunde werden fotografisch dokumentiert durch Vorsetzen des Fluo2-Filters vor das Kameraobjektiv. Ein manueller Weißabgleich der Kamera wird durchgeführt entweder auf rohem Baumwollnessel oder auf dem zu dokumentierenden Objekt selbst.

Befunde: Ähnlich wie bei der UV-angeregten Fluoreszenzbildanalyse (8.7.1), jedoch häufig mit besonders deutlicher grünlicher Kontrastierung der Fluoreszenz gegenüber dem nichtfluoreszierenden dunklen Hintergrund.

8.7.3 Pilze in staubiger Umgebung und überstrichene Mängel

Objekte: Unpigmentierte Pilze können mit Hausstaub und Textilfasern verwechselt werden, da diese bei UV- und Violettanregung störenden hellblau fluoreszieren. Um eine falsch-Positiv-Diagnose zu vermeiden, sollte hier auch mit blauem Licht untersucht werden (Abb. 44). Mit Wandfarbe überstrichener Pilzbefall (Abb. 40), Teer (Abb. 6), oder Wasserflecken (Abb. 43) werden mit Blaulicht oft zu stärkerer Fluoreszenz angeregt als durch UV-Licht, da das kurzwellige UV-Licht weit weniger tief eindringt als das längerwellige Blaulicht.

Durchführung: Zur Durchführung einer **blau angeregten Fluoreszenzbildanalyse** wird die orange Brille aufgesetzt und im abgedunkelten Raum das Objekt mit Blaulicht (oder weißer Lichtquelle mit vorgesetztem Blaufilter, Abb. 58) beleuchtet. Dabei entdeckte interessante Befunde werden fotografisch dokumentiert durch Vorsetzen eines Fluo3-Filters vor das Kameraobjektiv. Der Weißabgleich der Kamera wird manuell durchgeführt entweder auf rohem Baumwollnessel oder auf dem zu dokumentierenden Objekt selbst.

Befunde: Im Gegensatz zur UV-Anregung treten bei Anregung mit blauem Licht die Pilzhyphen weniger und dafür die hyphenumgebenden Metabolite oft mit gelber bis oranger Fluoreszenz stärker hervor, wenn auch mit häufig verschwommeneren Konturen. Auch mit weißer Wandfarbe überstrichener Pilzbefall ist bei Blaulichtanregung deutlicher erkennbar als mit UV-Anregung, da blaues Licht tiefer in die Wandfarbe eindringt als UV-Licht (Abb. 40).

Es kann Situationen geben, in denen der Sachverständige unbehelligt von Spekulationen der um ihn stehenden Neugierigen besonders konzentriert arbeiten möchte. Dies ist bei blauer Anregung gegeben, da nur der Sachverständige mit seiner orangenen Filterbrille etwas erkennen kann. Alle Umstehenden wenden sich vom starken blauen Licht geblendet ab und sind nach einiger Zeit meist gelangweilt. Im Gegensatz hierzu können bei UV-Licht alle Neugierigen mitbeobachten und spekulieren. Hierdurch können unerwünschte Eigendynamiken zwischen den Parteien entstehen, die der Sachverständige leicht dadurch vermeiden kann, dass er entgegen des üblichen Ablaufs seine Untersuchungen mit der blau angeregten Fluoreszenzbildanalyse beginnt und erst nachdem die Neugierigen endgültig das Interesse verloren haben, zur UV-Anregung übergeht.

8.7.4 Algenbewuchs und Vegetation

Objekte: Für Algen und Vegetation allgemein ist eine blau angeregte Fluoreszenzbildanalyse im langwelligen Bereich oft sehr aufschlussreich.

Durchführung: Zur Durchführung einer **blau angeregten Fluoreszenzbildanalyse** im langwelligen Bereich wird nacheinander die orange und die rote Brille aufgesetzt und im abgedunkelten Raum das Objekt mit Blaulicht (oder weißer Lichtquelle mit vorgesetztem Blaufilter, Abb. 58) beleuchtet. Mit der Kamera wird nacheinander zuerst mit vorgesetztem Fluo3-Filter, dann Fluo4-Filter und (wenn eine Forensikkamera vorhanden) abschließend auch mit IR-Passfilter untersucht. Der Weißabgleich der Kamera wird manuell durchgeführt, entweder auf rohem Baumwollnessel oder auf dem zu dokumentierenden Objekt selbst.

Befunde: In einem Forschungsprojekt an der Leibniz Universität Hannover wurde Algenbewuchs von unterschiedlich aufgebauten Gebäudefassaden bereits im Frühstadium detektiert (Ackerbauer 2020). Hierzu wurde die herausragende Rot-Fluoreszenz und IR-Fluoreszenz des Chlorophylls der Algen genutzt. In Neumondnächten (nur wenig Störlicht durch den Mond) wurden die Testfassaden aus mehreren Metern Entfernung mit Blaulicht (445 nm) angestrahlt und mit Fluo4-Filter vor dem Kameraobjektiv fotografiert. Die Rot- und IR-Fluoreszenz des Chlorophylls ist so stark, dass mit der Kamera aus mehreren Metern Entfernung selbst Stecknadelkopf-kleine Bereiche von beginnendem Algenbewuchs noch als leuchtende Punkte auf der sonst dunkel erscheinenden Fassade sichtbar wurden. Der Vitalitätsgrad von Vegetation zeigt sich u.a. an der Intensität ihrer Rot- und IR-Fluoreszenz. Wenige Stunden nach dem Absterben verlieren Algen und Blätter ihre Rot- und IR-Fluoreszenz, obwohl sie im Tageslicht noch lange ihre grüne Farbe behalten. Dies ermöglicht auf einfache Art einen Vitalitätsnachweis. Die Untersuchung von lebenden vs. toten Pflanzenteilen, (Tiefkühl-)Petersilie, grünem Pesto, aber auch Butter, Eiern, Bananen, Gewürzen, Tonic-Water und anderen Lebensmitteln ist übrigens ein großer Spaß für die ganze Familie des Besitzers einer Bau-Forensikausrüstung.

8.7.5 Holz, Polymere, Kunststoffe, Klebstoffe, Teppichböden

Objekte: Für Holz, Kork, Linoleum, Latex, Gummi und andere natürliche Polymere, sowie synthetische Polymere wie Kunststoffe, PVC inkl. Weichmacher, Klebstoffe, Teppichböden und deren Hilfsstoffe ergibt eine zusätzliche Untersuchung der Fluoreszenz im langwelligen Bereich oft den entscheidenden Hinweis bei der Ursachenforschung von Schäden.

Vorgehen: Bewährte Kombinationen von Lampen und Filtern für die Fluoreszenzuntersuchung dieser Materialien sind aus Tab. 3 ersichtlich.

Tab. 3 Kombinationen von Forensiklampen und Kamerafiltern für die Fluoreszenzuntersuchung von Polymeren: + meist sehr aufschlussreich, (+) möglich, – sinnlos

Lampe	Fluo1-Filter	Fluo3-Filter	Fluo4-Filter	* IR-Passfilter
UV 365 nm	+	(+)	(+)	+
Blau 445 nm	-	+	(+)	+
Rot 630 nm	-	-	-	+

** nur möglich bei Einsatz einer Kamera, die im IR-Bereich empfindlich ist*

Befunde: Unterschiede zwischen Produktionschargen, (beginnende) Alterungsprozesse und andere Qualitätsunterschiede von natürlichen und synthetischen Polymeren sowie Produkten daraus, die mit bloßem Auge nicht erkennbar sind und sich nur mit aufwändigen chemischen Analysen nachweisen lassen, gehen oft einher mit signifikanten Veränderungen des Fluoreszenzverhaltens und zwar insbesondere im langwelligen Bereich (Peters und Rapp, 2021). Die zugrundeliegenden Prinzipien sind in den Abschnitten 8.4.3 und 8.4.4 beschrieben.

8.7.6 Farblose Biofilme, Öle, Wandfarben und Beschichtungen

Objekte: Besonders für Biofilme, Lacke, Öle, Wandfarben und Beschichtungen ist zusätzlich zur unter 8.7.2 beschriebenen Violett angeregten Fluoreszenzbildanalyse eine **UV-Absorptions**bildanalyse oft aufschlussreich.

Vorgehen: Während nahezu alle Fluoreszenzuntersuchungen mit einer normalen Digitalkamera durchführbar sind, ist für eine **UV-Absorptions**bildanalyse zwingend eine **Forensik Kamera** erforderlich, die im UV-Bereich empfindlich ist. Hierzu wird die zu untersuchende Fläche mit einer UV-Lichtquelle beleuchtet (zusätzlich vorhandenes Tageslicht oder Kunstlicht verändert das Untersuchungsergebnis kaum, d.h. es darf bei dieser Technik im Hellen gearbeitet werden). Vor das Kameraobjektiv wird der UV-Passfilter zusammen mit einem Cyanfilter gesetzt, bei Sonneneinstrahlung außerdem ein zweiter Cyanfilter. Ein manueller Weißabgleich der Kamera wird auf PTFE durchgeführt oder ersatzweise auf Asphalt oder einer Betonfläche.

Befunde: Je stärker die UV-Absorption eines Materials, desto dunkler erscheint es auf dem Bild. Helle mineralische Baustoffe erscheinen auch im UV-Absorptionsbild hell. Ausnahmen bilden Titandioxid mit dunkler Erscheinung (Abb. 49) und Zinkweiß mit blauer Erscheinung. Je höher der organische Anteil, desto dunkler (vergl. 3. Zeile in Abb. 4 und Abb. 5). Biofilme und unpigmentiertes Myzel erscheinen meist dunkler (oft bläulich) als der mineralische Untergrund ohne Biofilm bzw. ohne Myzel (Abb. 15).

8.7.7 Pigmentierte Schimmelpilze und dunkle Verschmutzungen

Objekte: Für pigmentierte Schimmelpilze, dunkle Verschmutzungen auf dunklem Grund, z.B. Ruß, Brandspuren, Textilien, Seide, Teppiche, (Natur-) farbstoffe vs. Pigmente ist eine IR-Absorptionsanalyse sinnvoll, ergänzt durch eine UV-angeregte Fluoreszenzbildanalyse (vergl. 8.7.1).

Vorgehen bei der IR-Absorptionsbildanalyse: Während nahezu alle Fluoreszenzuntersuchungen mit einer normalen Digitalkamera in Kombination mit Forensikfiltern durchführbar sind, ist für eine **IR-Absorptions**bildanalyse zwingend eine **Forensikkamera** erforderlich. Es wird mit Sonnenlicht, Glühlampenlicht, Halogenlampenlicht oder einer anderen IR-Lichtquelle, notfalls mit einem Feuerzeug beleuchtet. Alle anderen Lichtquellen dürfen zusätzlich vorhanden sein, es kann also gleich wie bei der UV-Absorptionsbildanalyse ohne Verdunkelung untersucht werden. Vor das Kameraobjektiv wird der IR-Passfilter gesetzt. Ein manueller Weißabgleich der Kamera wird auf PTFE durchgeführt.

Befunde bei der IR-Absorptionsbildanalyse: Je stärker die IR-Absorption eines Materials, desto dunkler erscheint es auf dem Bild. Die meisten Stoffe im Bauwesen, die **nicht** Ruß, Kohle, Bitumen, dunkle Metalloxide oder Melanin enthalten, erscheinen hell im IR-Absorptionsbild. Wenn schwarze Schimmelpilze auf/in schwarzen Textilen wachsen (vergl. 8.2.1.2), sind sie im IR-Absorptionsbild ebenso dunkel auf hellem Grund erkennbar wie Ruß nach einer nicht erfolgreichen Brandsanierung. Die Erkennbarkeit von dunklen Schimmelpilzen und Schmutz auf/in dunklen Textilien ist lediglich eingeschränkt, wenn die Garne nach dem sog. Spinndüsenverfahren gefärbt worden sind. Hier werden dunkle (Ruß-) Pigmente bei der Herstellung in das Innere des Spinnfadens eingeschmolzen. Deshalb zeigen sich die meisten im Tageslicht dunklen Teppiche und andere Heimtextilien hell im IR-Absorptionsbild, wenn sie nicht kontaminiert sind mit den o.g. Pigmenten. Diese mit bloßem Auge auf dunklen Textilen nicht erkennbaren dunklen Kontaminationen werden im IR-Absorptionsbild dunkel vor hellem (sauberem) Hintergrund sichtbar.

8.8 Fortbildung in der optischen Bau-Forensik

Sofern trotz dieses Buchkapitels Fragen offen geblieben sind, ist das kein Grund zur Verzweiflung. In den vergangenen Jahren wurden an folgenden Orten Bau-Forensik Seminare durchgeführt, um an interessierte Sachverständige die Techniken der optischen Bau-Forensik mit konkreter praktischer Anleitung und Hilfe weiterzugeben:

- Leibniz Universität Hannover,
- Fraunhofer IRB in Stuttgart,
- EIPOS in Dresden,
- Handwerkskammer Frankfurt,
- Deutsche Gütegemeinschaft ImmobilienSchadenService in Hüllhorst,
- BV-Schimmel Wien, Österreich,
- Berufsbildungszentrum Bruneck, Italien.

Auch in Zukunft wird es Bau-Forensik Seminare geben, bei denen die Teilnehmer an Lernstationen den Umgang mit Forensiklampen, Filtern und Kameras Schritt für Schritt unter fachkundiger Anleitung praktisch erlernen. Kontakt: rapp@faktum.eu

Teil 4:

Schimmelpilzsanierung und Präventionsmaßnahmen

9 Sanierung von schimmelpilzbelasteten Bereichen

Tobias Doll

Inhalt

9.1 Einleitung

Vor dem Hintergrund steigender Energiekosten und der allgemeinen Empfehlung, das persönliche Heizverhalten zu überdenken, rückt das Thema Schimmelpilzbefall in Wohnungen wieder verstärkt in das öffentliche Bewusstsein. Um Schimmelpilze ranken sich noch immer zahlreiche Mythen, mit denen sowohl Sachverständige als auch Sanierungsfirmen in ihrem beruflichen Alltag regelmäßig konfrontiert werden. Die Bandbreite reicht hier von der „tödlichen Gesundheitsgefährdung", die von eingeatmeten Schimmelpilzsporen ausgeht, bis hin zum vollständigen Ignorieren jeglicher sicherheits- und gesundheitsrelevanter

Mindeststandards im Zuge der Sanierung, da es „auch im Wald Schimmel gibt". Die Wahrheit liegt wie so oft irgendwo dazwischen.

Grundsätzlich ist festzuhalten, dass zwar kein Schaden wie der andere ist, es aber dennoch allgemeingültige Handlungsgrundsätze gibt, die bei jeder Schimmelpilzsanierung beachtet werden sollten. So ist ein Schimmelpilzbefall in Gebäuden zunächst einmal als unerwünschter Zustand, somit also als Schaden anzusehen, für den es (mindestens) eine Ursache geben muss. Zur fachgerechten und vor allem dauerhaften Beseitigung eines solchen Schadens gehört zwingend, dessen Ursache zu kennen bzw. zu ermitteln sowie sie nach Möglichkeit abzustellen, da der Schaden ansonsten erneut auftreten wird.

Da Schimmelpilze neben einem ausreichenden Nährstoffangebot und einer geeigneten Temperatur (die beide in Innenräumen üblicherweise in ausreichendem Umfang vorhanden sind) für ihr Wachstum eine hohe Feuchtigkeit benötigen, ist diese (zu) hohe Feuchtigkeit als schadenursächlich ins Visier zu nehmen. Das Feuchtigkeitsangebot stellt quasi den Flaschenhals dar, der letztlich darüber entscheidet, ob es zu einem Schimmelpilzwachstum kommt oder nicht. Fehlt es an einem ausreichenden Feuchtigkeitsangebot, so wird es auch bei ansonsten günstigsten Wachstumsbedingungen nicht zu einem Schimmelpilzbefall kommen. Deshalb ist zu ermitteln, wo die Ursache für die erhöhte Feuchtigkeit liegt, ob diese dauerhaft oder nur temporär vorhanden ist und welche Maßnahmen geeignet sind, dieses Problem nachhaltig zu beseitigen.

Zur Sanierung eines mikrobiellen Schadens gehört selbstverständlich ebenso die fachgerechte Beseitigung des eigentlichen Befalls. Ziel dieser Maßnahme muss stets sein, den Befall vollständig zu entfernen und dabei weder die Bewohner/Raumnutzer noch die ausführenden Mitarbeiter vermeidbaren gesundheitlichen Gefährdungen auszusetzen. Dafür ist es erforderlich, dass das Schadensausmaß bekannt ist. Die Feststellung des tatsächlichen Schadensumfangs kann durchaus herausfordernd sein, da nicht alle Schäden optisch sichtbar sind.

Weiterhin ist eine unnötige Verteilung von Stäuben mit Schimmelpilzbestandteilen in nicht betroffene Bereiche zu vermeiden. Ferner ist zu entscheiden, ob technische Trocknungsmaßnahmen durchgeführt werden müssen, um erhöhte Bauteilfeuchten zu beseitigen. Dies hängt stark von der jeweiligen Schadensursache ab und setzt, ebenso wie die eigentliche Schimmelpilzbeseitigung, die Kenntnis der Schadenursache sowie deren Behebung voraus.

Eine fachgerechte Schimmelpilzsanierung schließt in der Regel mit der Durchführung einer Feinreinigung der betroffenen Oberflächen ab. Mit dieser Maßnahme werden vor und während der Sanierungsmaßnahme freigesetzte und auf den Oberflächen abgelagerte Stäube sowie Schimmelpilzbestandteile (wie Sporen, Myzelbruchstücke o.ä.) mit HEPA-gefilterten Entstaubern aufgenommen und so physikalisch aus den Räumlichkeiten entfernt.

Für eine fachgerechte Schimmelpilzsanierung ist neben dem hierfür benötigten Spezial-Equipment auch eine fundierte fachliche Ausbildung der ausführenden Sanierungskräfte vonnöten. Maßgeblich ist die Sachkunde nach der DGUV-Regel 201-028[1] „Gesundheitsgefährdung durch biologische Arbeitsstoffe bei der Gebäudesanierung".

9.2 Erstkontakt

Im Falle eines Schadens wird der Kunde sich in der Regel zunächst bei seiner Gebäudeversicherung (bei versicherten Wasserschäden) oder direkt bei einem entsprechenden Fachunternehmen melden. Diese Kontaktaufnahme erfolgt in der überwiegenden Zahl der Fälle telefonisch oder per E-Mail.

Neben den obligatorischen Eckdaten wie Telefonnummern, Kunden- und Objektadresse sowie möglicherweise involvierten Versicherungen und Sachverständigen bietet es sich an, bereits vorab einige grundlegende Informationen zum Schadensfall bei diesem ersten Gespräch einzuholen. Hierzu zählen unter anderem folgende Fragen:

- Ist die Schadenursache bekannt und behoben?
- Kann eingeschätzt werden, wie alt der Schaden ist?
- Handelt es sich um einen Frisch- oder Abwasserschaden? Sind möglicherweise Fäkalien (menschliche oder tierische) beteiligt?
- Liegt ein sichtbarer Schimmelpilzbefall vor und falls ja, in welchem Ausmaß?
- Wie ist die Lage des Schadens im Gebäude?
- Liegen auffällige Gerüche vor?
- Wie viele und welche Räume sind betroffen?

Hierbei ist zu berücksichtigen, dass der Kunde diese Fragen vermutlich nicht vollständig beantworten oder eine realistische Einschätzung etwa zum Schadensausmaß abgeben kann. Nicht nur, weil ihm die Kenntnisse und Instrumente zur Erfassung des Schadens fehlen, sondern auch, weil jeder Mensch derartige Schäden sehr unterschiedlich beurteilt. Was für den einen ein „riesiger Schimmelpilzschaden" ist, wäre dem anderen nicht einmal eine Erwähnung wert. Dennoch hilft diese erste Befragung bereits sehr dabei, sich auf den in der Folge zu vereinbarenden Ortstermin zur Besichtigung des Schadens vorzubereiten.

9.3 Schadenaufnahme und Angebot

Der zur Schadenbeurteilung erforderliche Ortstermin muss durch eine sach- und fachkundige Person (oder mehrere Personen) durchgeführt werden. Diese wird im Folgenden Projektleitung genannt. Diese sollte über fundierte Kenntnisse hinsichtlich des für solche Sanierungen erforderlichen Arbeits- und Umgebungsschutzes verfügen sowie Erfahrung in der Baustellenplanung und Kalkulation aufweisen. Unerfahrene Projektleiter sollten ihre ersten Schadenaufnahmen gemeinsam mit routinierteren Kollegen durchführen, da Fehl-

1 DGUV 201-028 (bisher BGI 858) Handlungsanleitung Gesundheitsgefährdungen durch biologische Arbeitsstoffe bei der Gebäudesanierung, November 2022, Berlin, Berufsgenossenschaft der Bauwirtschaft BG Bau.

einschätzungen in der Beurteilung von Feuchte- und Schimmelpilzschäden neben vermeidbarem Ärger auch hohe Kosten und im schlimmsten Fall gesundheitliche Schäden bei den ausführenden Mitarbeitern oder betroffenen Raumnutzern verursachen können.

Vor Beginn der eigentlichen Untersuchung ist es sinnvoll, die versicherungsvertraglichen Gegebenheiten im Objekt abzuklären. Liegt ein versicherter Schaden vor, betrifft dieser die Gebäude-, Hausrat- oder Haftpflichtversicherung? Ist eine Schadennummer bekannt, sollen Versicherungsvertreter oder Schadenregulierer kontaktiert/in einen E-Mail-Verteiler aufgenommen werden? Liegen diese Kontaktdaten bereits vor? Teilweise können diese Informationen auch bereits bei der ersten telefonischen Kontaktaufnahme gesammelt werden.

Nicht immer ist es möglich, bereits bei der Schadenaufnahme die exakte Größe des Schadens festzustellen. Gerade Feuchte- und Schimmelpilzschäden spielen sich häufig in nicht ohne Weiteres zugänglichen oder einsehbaren Bereichen ab. Die Qualität einer Schadenaufnahme hängt daher wesentlich von der Sachkunde und der Erfahrung der durchführenden Projektleitung ab, die einschätzen können muss, wie sich solche Schäden in Bereichen, die nicht ohne erheblichen Aufwand untersucht werden können, darstellen bzw. ausbreiten. Hierfür sind umfangreiche Kenntnisse zu Baustoffen, zum Aufbau der Konstruktionen und der typischen Verteilung von Feuchtigkeit und Schimmelpilzen vonnöten.

Verschiedene Messinstrumente unterstützen bei der Schadenaufnahme. Je nach vorab erhobenen Objektdaten sollten die voraussichtlich benötigten Geräte bei der Schadenaufnahme mitgeführt werden, wobei einige standardmäßig, andere nur in Einzelfällen zum Einsatz kommen.

9.4 Feuchtigkeitsmessungen

Grundlage jeder Schadenaufnahme bei Feuchte- und Schimmelpilzschäden ist die Feuchtigkeitsmessung. Diese wird in der Regel zunächst mit orientierenden Messverfahren wie der Widerstandsmessung oder der kapazitiven Messung durchgeführt. Diese Methoden liefern zwar keine exakten Messwerte, bieten jedoch eine sehr schnelle und verlässliche Möglichkeit, das Schadensausmaß einschätzen bzw. die Ausdehnung des Schadens eingrenzen zu können. Andere Messverfahren wie etwa die Darr-Methode sind genauer, aber auch deutlich aufwändiger und zeitintensiver, so dass ihr Einsatz im Zuge einer ersten Schadenaufnahme selten wirtschaftlich ist. In geringerem Umfang gilt dies auch für die Umgebungsfeuchtemessung, die zwar weniger aufwändig als das Darr-Verfahren ist, aber doch deutlich mehr Zeit in Anspruch nimmt als die orientierenden Messverfahren (siehe hierzu auch den Beitrag von *Lubrich* in diesem Buch).

Ziel der ersten Feuchtigkeitsmessungen ist es, durchfeuchtete/betroffene Bereiche von trockenen/nicht betroffenen Bereichen abzugrenzen. Auch hier sind bereits vorliegende Hintergrundinformationen in Betracht zu ziehen: Ist der Schaden möglicherweise älter, könnten Randbereiche bereits abgetrocknet sein? Handelt es sich um lediglich temporär auftretende Feuchte, die womöglich nur gerade zum Zeitpunkt des Ortstermins nicht messbar ist?

Die Projektleitung muss mit dem Einsatz und der Bedienung der Messgeräte vertraut sein und die Ergebnisse, die ihre Messungen hervorbringen, richtig interpretieren können. Salzablagerungen an Wänden oder metallische Oberflächen wie auch Versottungen im Untergrund können die angesprochenen Widerstands- und kapazitiven Messungen erheblich verfälschen. Auch haben die Geräte begrenzte technische Möglichkeiten. Die kapazitive Messung verfügt bspw. je nach Materialbeschaffenheit nur über eine geringe Eindringtiefe, so dass Aussagen über den Feuchtegehalt einer Estrich-Dämmschicht mithilfe einer solchen Messung auf dem gefliesten Bodenbelag mit Vorsicht getätigt werden sollten – auch wenn dies in der täglichen Praxis leider regelmäßig beobachtet werden kann, inklusive der damit verbundenen Fehlinterpretation der daraus gewonnenen Messergebnisse.

Neben den obligatorischen Feuchtigkeitsmessungen können je nach Schadensbild weitere Messungen sinnvoll sein. So sollten raumklimatische Daten erhoben werden, wenn kondensationsbedingte Schimmelpilzschäden insbesondere in der Heizperiode auftreten. Auch diese Messungen erfordern fundierte Kenntnisse hinsichtlich ihrer Interpretation, da sich bei diesen Schäden häufig die Frage nach der Verantwortlichkeit für die Ausbildung eines Schimmelpilzbefalls („Wer ist schuld?") stellt, mit allen rechtlichen und finanziellen Konsequenzen, die sich daraus ergeben können.

9.5 Bauteilöffnungen

Zur fachgerechten Beurteilung von Feuchte- und Schimmelpilzschäden sind Bauteilöffnungen oft nicht zu vermeiden. Gerade in Hohlräumen, hinter Vorsatzschalen oder Wand-/Deckenverkleidungen finden sich häufig starke Befallsflächen, die ohne Eröffnung der Konstruktion nicht zu sehen sind („verdeckte Schäden").

Bereits vor Durchführung der Schadenaufnahme sollten grundsätzliche rechtliche Fragen geklärt werden, bspw. ob die die Projektleitung Bauteilöffnungen durchführen darf. Hierzu muss ein entsprechendes Einverständnis des Eigentümers vorliegen – insbesondere bei der Begutachtung von Schimmelpilzschäden in Mietobjekten ein wichtiger Aspekt.

Welche Bauteilöffnungen sind sinnvoll? Sind im Objekt Gipskartonwände verbaut, so ist es empfehlenswert, in diesen einige Probeöffnungen zu erstellen, um die Rückseite der Trockenbaukonstruktion in Augenschein nehmen zu können. Häufig ist der hier vorhandene Hohlraum mit einer Dämmung, z.B. aus Mineralwolle (KMF), verfüllt, so dass die Sicht auf dahinterliegende Flächen eingeschränkt ist. Das Dämmmaterial sollte dann im Bereich der Öffnung ebenfalls entfernt werden – unter Berücksichtigung entsprechender gesetzlicher Vorschriften, wenn es sich z.B. um „alte Mineralwolle" nach der TRGS 521[2] handelt.

Weitere sinnvolle Öffnungen können im Bereich von Tapeten vorgenommen werden, welche sich – insbesondere bei stärkerer Durchfeuchtung – häufig leicht ablösen lassen. Hinter Tapeten oder Vorbaukonstruktionen zeigen sich regelmäßig große mikrobielle Befallsflächen, die auf den ersten Blick nicht ersichtlich sind. Bei einer Tapete etwa hat ihre Materialbeschaffenheit oder die Art der (Farb-)Beschichtung großen Einfluss darauf, ob sich ein rückseitiger Schaden an ihrer Oberfläche überhaupt zeigt oder nicht. Eine mit Latexfarbe

2 TRGS 521, Abbruch-, Sanierungs- und Instandhaltungsarbeiten mit alter Mineralwolle, Februar 2008.

beschichtete Glasfasertapete bspw. kann trotz oberflächlich einwandfreiem Erscheinungsbild einen massiven Schimmelpilzbefall auf ihrer Rückseite aufweisen.

Abb. 1: Nach Öffnen der optisch unauffälligen verfliesten Trockenbauwand zeigt sich rückseitig massiver Schimmelpilzbefall.

Quelle: inn-o-tec Spezial-Sanierung GmbH

Die Öffnungen sollen nach Abschluss der Schadenaufnahme provisorisch wieder luftdicht verschlossen werden (z.B. mit Folie und Klebeband), um einen Sporenaustrag oder, im Falle von Mineralwolledämmung, einen Austrag von KMF-Fasern zu unterbinden.

Möchte man größere Öffnungen vermeiden, kann unter Umständen eine kleinere Öffnung in Verbindung mit einer videoskopischen Untersuchung (z.B. Endoskopkamera) ebenfalls ein hilfreiches Instrument sein.

Die im Zuge der Bauteilöffnung entnommenen Materialien können ggf. zur weiteren mikrobiologischen Analyse als Materialprobe an ein entsprechend qualifiziertes Fachlabor versendet werden. Hierbei gilt der Grundsatz, dass eine Probeentnahme sinnvoll ist, wenn ohne sie wichtige Informationen für die Beurteilung eines Schadens fehlen. Dies gilt bspw. häufig für die Entnahme von Estrichdämmschicht-Proben, deren optisches Erscheinungsbild selten Auskunft über ihre tatsächliche Schimmelpilzbelastung zulässt. Eine stark verschimmelte Tapete hingegen untersuchen zu lassen, kann zwar Erkenntnisse über die Zusammensetzung der unterschiedlichen Mikroorganismen, die auf ihr gewachsen sind, bringen, aber an der eigentlichen Sanierungsmaßnahme wird dieses Wissen voraussichtlich wenig ändern. Die Tapete ist unabhängig von der Art der Schimmelpilze zu entfernen. In solchen Fällen muss abgewogen werden, ob die für die Probenahme anfallenden Kosten und der mit der Auswertung verbundene Zeitaufwand zu rechtfertigen sind. Dies kann bspw. der Fall sein, wenn die konkrete Fragestellung über die Festlegung der notwendigen Sanierungsmaßnahmen hinausgeht (weiterführende Informationen zu mikrobiologischen Untersuchungsmethoden siehe *Grün/Klus* in diesem Buch).

Zu beachten ist, dass bereits beim Einbringen von kleinen Bauteilöffnungen größere Mengen an Schimmelpilzbestandteilen freigesetzt und eingeatmet werden können. Die Projektleitung sollte also bereits bei der Schadenaufnahme entsprechende Schutzausrüstung (Handschuhe, FFP2-Maske) mitführen und auf diese zurückgreifen, sobald Tätigkeiten mit relevanter Staubfreisetzung ausgeführt werden. Sinnvoll ist es zudem, einen Sauger der Staubklasse H mitzubringen, um eine lokale Absaugung beim Eröffnen der Bauteile vorzuhalten und freigewordene Stäube im Anschluss entfernen zu können. Gleiches gilt, wenn die telefonischen Vorab-Schilderungen des Kunden oder das optische/olfaktorische Erscheinungsbild des Schadens beim Ortstermin eine Belastung der Raumluft mit Schimmelpilzen erwarten lassen. Dann sollte auch bereits beim Betreten der Räume zur Aufnahme von Fotos, Raum- oder Flächenmäßen und zur Durchführung der Feuchtigkeitsmessungen die Schutzkleidung angelegt werden. Gelegentlich wird dies von den Kunden als übertriebene Maßnahme bewertet, was sich aber durch das Argument entkräftigen lässt, dass es aufgrund der Häufigkeit der Schadenuntersuchungen unerlässlich ist, die regelmäßige Exposition mit Schimmelpilzen so gering wie möglich zu halten. Dem Kunden ist in solchen Fällen anzuraten, stark betroffene Räume selbst möglichst nicht mehr zu nutzen oder die Aufenthaltsdauer in diesen Räumen zu reduzieren. Die Möglichkeit, durch Aufstellen von Raumluftreinigern eine rasche Verbesserung der Raumluftqualität zu erreichen, sollte als Sofortmaßnahme ebenfalls in Betracht gezogen werden.

9.6 Weitere Aspekte der Schadenaufnahme

Neben dem Abklären der Randbedingungen (Versicherungsschutz etc.) sowie der Durchführung von Messungen und Bauteilöffnungen sollten folgende Aspekte im Zuge der Schadenaufnahme Beachtung finden:

- Welche Flächen müssen voraussichtlich bearbeitet/entfernt werden? Hierfür sollte ein Aufmaß erstellt werden, wobei zu berücksichtigen ist, dass die exakten Flächen gegebenenfalls zu diesem frühen Zeitpunkt noch nicht bekannt sind.
- Welche Räume sind von den Maßnahmen betroffen? Sinnvoll ist es, für die spätere Dokumentation und Einweisung der Sanierungskräfte zahlreiche Fotos Videos sowie Raum- und Objektskizzen anzufertigen, sofern diese nicht bereits in Form von Grundrissplänen vorhanden sind.
- Über welche Zugangs- und Transportwege kann der Abtransport von Bauschutt erfolgen? Anzustreben ist, dass das abgetragene Schuttgut auf möglichst kurzem Wege nach draußen verbracht werden kann. Unbedingt sollte vermieden werden, das Abbruchgut quer durch eigentlich unbelastete Räume abtransportieren zu müssen. Sollte

dies unvermeidbar sein, so ist auf entsprechende Ausschleusung des Materials und staubdichtes Verpacken zu achten.

- Werden Bauschuttcontainer benötigt, gibt es hierfür Stellflächen? Falls ja, wie weit sind die Wege, die bis zum Container zurückgelegt werden müssen? Ist sichergestellt, dass zum Zeitpunkt der Anlieferung diese Flächen auch verfügbar sind? Sind ggf. Sondergenehmigungen einzuholen oder sind Sperrungen erforderlich?
- Welche Bereiche sind im Zeitraum der Sanierung nicht oder nur eingeschränkt nutzbar? Ist eine Wohnung bspw. überhaupt noch bewohnbar, wenn das Badezimmer oder die Küche herausgerissen wird? Gibt es Ausweichmöglichkeiten?
- Ist vor Ort eine Toilettennutzung möglich, steht fließendes Wasser zur Verfügung? Ist die Energieversorgung ausreichend? Gibt es Starkstromanschlüsse, die genutzt werden können?
- Sind bis zum Beginn der eigentlichen Sanierung eventuell Sofortmaßnahmen sinnvoll oder erforderlich?

9.7 Sanierungskonzept

Nach der ersten Objektbesichtigung mit Durchführung von Feuchtigkeitsmessungen und ggf. dem Einbringen von Bauteilöffnungen sollte die Projektleitung im Regelfall in der Lage sein, das Schadensausmaß grundsätzlich einschätzen und eine Empfehlung abzugeben, ob das Hinzuziehen eines Sachverständigen anzuraten wäre.

Insbesondere bei ausgedehnten, großen Schäden oder solchen Schäden, bei denen eine weitergehende Untersuchung zur Feststellung des Gesamtausmaßes notwendig erscheint, empfiehlt sich das Einschalten eines qualifizierten Sachverständigen. Gleiches gilt generell für Schäden in sensiblen Bereichen wie Altersheimen, Krankenhäusern oder Objekten, in denen die Nutzer gesundheitlich vorbelastet und einem erhöhten Erkrankungsrisiko ausgesetzt sind – zum Beispiel immunsupprimierte Menschen, Allergiker oder Menschen mit relevanten Vorerkrankungen.

Die Untersuchungen vor Ort sollen in der Erstellung eines Sanierungskonzeptes münden. Bei kleineren oder „Routine"-Schäden kann dies ohne Weiteres durch das Sanierungsunternehmen erfolgen, bei komplexen Schäden ist die Erstellung des Sanierungskonzepts durch einen Sachverständigen zu empfehlen.

Es gibt allerdings keine festgelegte Schwelle, ab wann das Einschalten eines Sachverständigen notwendig wäre oder nicht. Letztlich hängt dies maßgeblich von der Einschätzung des Projektleiters und natürlich dessen eigener Expertise ab. Grundlage für das Sanierungskonzept ist die in jedem Fall zu erstellende Gefährdungsbeurteilung.

9.8 Gefährdungsbeurteilung

Das Arbeitsschutzgesetz schreibt allen Arbeitgebern in Deutschland vor, die mit ihrer Beschäftigung einhergehenden Gefährdungen zu ermitteln[3] und diese in Form einer Gefährdungsbeurteilung zu konkretisieren[4].

Aufgrund des Umstandes, dass jedes Sanierungsobjekt einzeln zu bewerten ist, muss auch für jede Baustelle eine individuelle Gefährdungsbeurteilung erstellt werden.

Bei Schimmelpilzsanierungen in Gebäuden handelt es sich um nicht gezielte Tätigkeiten im Sinne der Biostoffverordnung[5]. Gemäß dieser Verordnung sind die beteiligten Mikroorganismen je nach Gefährdungspotenzial, welches von ihnen ausgeht, in vier Risikogruppen einzuordnen, wobei in der Gebäudesanierung üblicherweise nur Mikroorganismen aus den ersten beiden (weniger risikobehafteten) Arten auftreten.

Von Schimmelpilzen können neben dem Risiko der Infektion – welches bei den Arten, die einem in der Gebäudesanierung begegnen, sehr gering ist – auch toxische und sensibilisierende Wirkungen ausgehen. Dieser Umstand bewirkt, dass trotz des real sehr geringen Infektionsrisikos dennoch zum Teil umfangreiche Schutzmaßnahmen getroffen werden müssen, um Gesundheitsgefährdungen für Mitarbeiter und Raumnutzer zu minimieren.

Gemäß DGUV-Information 201-028 (früher BGI 858) sind die durchzuführenden Tätigkeiten Gefährdungsklassen zuzuordnen. Maßgeblich für die Zuordnung ist hier die zu erwartende Exposition der Mitarbeiter: Es geht darum, wie staubintensiv die durchzuführende Arbeit voraussichtlich ist und wie lange diese ausgeübt wird. Nur bei sehr kleinen Schäden kann die Gefährdungsklasse „ohne besondere Gefährdung" (entspricht Gefährdungsklasse 0) in Betracht gezogen werden. Hierbei handelt es sich um Tätigkeiten, bei denen mit keiner oder nur schwacher Staubfreisetzung zu rechnen ist. Hierunter sind Kleinstschäden zu verstehen, für deren Sanierung kein Fachunternehmen herangezogen werden muss. Beispielhaft wäre hier das Entfernen einer verschimmelten Silikonfuge zu nennen. Zu beachten ist, dass auch für diese kleinste Gefährdungsklasse mindestens die „Allgemeinen Hygienemaßnahmen" für Tätigkeiten mit biologischen Arbeitsstoffen nach TRBA 500[6] einzuhalten sind: Hände und ggf. kontaminierte Hautoberflächen sind nach der Arbeit bzw. vor Pausen gründlich zu waschen. Im Arbeitsbereich darf nicht gegessen, getrunken oder geraucht werden. Das Tragen von Handschuhen ist anzuraten. Aufgrund der damit einhergehenden erhöhten Hautbelastung sind Hände und Finger nach Arbeitsende mit einem regenerierenden Hautpflegemittel einzucremen.

Ist hingegen bei der üblichen Ausführung der Tätigkeit von einer mittleren Freisetzung von Staub und Sporen auszugehen, muss – abhängig von der Dauer der Tätigkeit – die Gefährdungsklasse 1 (Dauer kürzer als 2 Stunden) bzw. Gefährdungsklasse 2 (Dauer länger als

3 §5 Satz 1 Arbeitsschutzgesetz vom 7. August 1996 (BGBl. I S. 1246), das zuletzt durch Artikel 6k des Gesetzes vom 16. September 2022 (BGBl. I S. 1454) geändert worden ist.

4 §6 Satz 1 Arbeitsschutzgesetz vom 7. August 1996 (BGBl. I S. 1246), das zuletzt durch Artikel 6k des Gesetzes vom 16. September 2022 (BGBl. I S. 1454) geändert worden ist.

5 §4 Biostoffverordnung vom 15. Juli 2013 (BGBl. I S. 2514), die zuletzt durch Artikel 1 der Verordnung vom 21. Juli 2021 (BGBl. I S. 3115) geändert worden ist.

6 TRBA 500 Grundlegende Maßnahmen bei Tätigkeiten mit biologischen Arbeitsstoffen, Stand: April 2012, Berlin, GMBl. Nr. 15-20.

2 Stunden) angewendet werden. Eine starke Staubfreisetzung führt unabhängig von der Ausführungsdauer unmittelbar zur Einstufung in Gefährdungsklasse 3 mit entsprechend nochmals erhöhten Anforderungen an die zu treffenden Schutzmaßnahmen.

Die Gefährdungsklassen beinhalten jeweils technische, organisatorische und persönliche Schutzmaßnahmen, die mit zunehmender Gefährdungsklasse umfangreicher bzw. strenger werden. Aus der Gefährdungsbeurteilung resultiert eine ebenfalls schriftlich zu verfassende Betriebsanweisung für die Mitarbeiter, mit deren Hilfe diese für ihre Tätigkeit unterwiesen werden und die außerdem auf der Baustelle hinterlegt werden muss. Sie enthält Hinweise und Erläuterungen zum Anlegen und Tragen der Persönlichen Schutzausrüstung (PSA) sowie zu den Arbeitsabläufen, Hygienemaßnahmen und dem Verhalten in Notfällen.

Es gibt grundsätzliche Bestimmungen, die bei jeder über die Behebung eines Kleinstschadens hinausgehenden Sanierungstätigkeit im Zusammenhang mit Schimmelpilzbefall beachtet werden müssen. Diese sind in der Gefährdungsklasse 1 zusammengefasst.

Als Grundsatz gilt, dass eine hohe Staub- und Aerosolbildung auch eine deutliche Erhöhung der Sporenkonzentration zur Folge hat, so dass diese durch das Ergreifen von technischen und organisatorischen Maßnahmen minimiert werden sollte. Die zu erwartende Sporenkonzentration ist einer der beiden maßgeblichen Faktoren für die Einschätzung des Gefährdungspotenzials, so dass deren Absenkung das wesentliche Ziel ist. Durch die Auswahl geeigneter Arbeitsverfahren kann eine solche Reduzierung der Sporenkonzentration erreicht werden (siehe zum Thema Arbeitsschutzanforderungen bei der Schimmelpilzsanierung ergänzend *Bonner* in diesem Buch).

9.9 Sanierungsplanung

Bei der Sanierungsplanung sollten folgende Sanierungsschritte berücksichtigt werden:

- Im Zuge jeder Sanierungsplanung sollte die Projektleitung im Vorfeld das Ziel der Schimmelpilzsanierung formulieren. Im Einzelfall sind hier Abweichungen möglich.
- Mikrobiell bewachsene (also besiedelte) Bauteile sollten nach Möglichkeit vollständig ausgebaut oder zumindest, wenn materialbedingt möglich, die bewachsenen oberen Bauteilschichten (Beispiel: Innenputz) entfernt werden. Die arbeitsbedingte Freisetzung von Schimmelpilzsporen und -bestandteilen sollte so weit wie möglich minimiert werden, um die ausführenden Mitarbeiter und Dritte keinen vermeidbaren Belastungen auszusetzen. Hierfür sollten entsprechende Arbeitstechniken und/oder Maßnahmen zur Staubabsaugung eingesetzt werden.
- Während der Durchführung dieser Arbeiten soll die Verteilung von Schimmelpilzsporen und -bestandteilen in unbelastete Bereiche vermieden werden. Anordnung und Ausführung von Abschottungen sowie Transportwege sind zu planen.
- Nach vollständiger Beseitigung der besiedelten Baustoffe sind kontaminierte Bereiche einer Feinreinigung zu unterziehen, um vor und während der Sanierung freigesetzte Schimmelpilzsporen und -bestandteile von allen betroffenen Oberflächen zu entfernen. Dieser kontaminierte Bereich kann sehr viel größer als der eigentliche Schadensbereich

(in dem das Schimmelpilzwachstum stattgefunden hat) sein, im Zweifelsfall muss dieser über Oberflächenproben oder Untersuchungen der Raumluft eingegrenzt werden.

Im Kern geht es also darum, die über die normalen Hintergrundwerte hinausgehende Schimmelpilzbelastung im Innenraum zu entfernen. Schimmelpilze sind ubiquitär vorhanden, also natürlicher Teil unserer Umwelt. Dieses „normale" Vorkommen wird als Hintergrundbelastung bezeichnet. Bei einem Schimmelpilzschaden ist diese überschritten. Ziel einer Sanierung ist es nicht, eine vollkommen sporenfreie Umgebung zu schaffen (von Sanierungen in Reinräumen einmal abgesehen), sondern eben diese normale Hintergrundbelastung zu erreichen.

9.10 Baustelleneinrichtung – Organisation

Ehe es an die erste Abbrucharbeit geht, gilt es zunächst, die Baustelle so einzurichten, dass die oben angesprochenen Vorgaben eingehalten werden. Diese Baustelleneinrichtung kann durchaus sehr komplex sein und einige Arbeitsstunden, bei Großprojekten sogar Tage in Anspruch nehmen.

Anzumerken ist, dass im Bereich der Schimmelpilzsanierung bisher keine eindeutigen gesetzlichen Regelungen – wie etwa bei der Asbestsanierung (in Form der TRGS 519)[7] – existieren, wann und wie ein solcher Bereich einzurichten ist. Während sich bspw. die Notwendigkeit und Ausgestaltung von Abschottungen/Schleusen etc. in der Asbestsanierung aus der zu erwartenden Faserkonzentration ableiten lassen, liegen derartige starre Grenzwerte in der Schimmelpilzsanierung nicht vor. Aufgrund der Dynamik eines biologischen Befalls mit stets wechselnder Zusammensetzung der Mikroorganismen erscheinen starre Grenzwerte hier auch wenig sinnvoll. Dennoch ist zu konstatieren, dass das Fehlen rechtlich bindender Verordnungen ein einheitliches Vorgehen bei Schimmelpilzsanierungen, auf das alle Beteiligten sich verständigen können, erschwert.

9.11 Abschottungen

Es gilt zunächst, das Objekt in Schwarz- und Weißbereiche einzuteilen. Aufgrund nicht vorhandener gesetzlicher Regelungen obliegt es der Projektleitung, unter Rückgriff auf die vorliegenden Leitfäden, Richtlinien und die eigene Expertise, eine sinnvolle Baustellenorganisation zu planen. In welchem Abschnitt finden Abbrucharbeiten statt, wo liegen die Quellen des Schimmelpilzbefalls, welche Bereiche sind kontaminiert, welche sind als unbelastet anzusehen? Klar ist, dass eine Kontaminierung des unbelasteten Bereichs verhindert werden soll. Ebenfalls ist anzustreben, die zwangsläufig bei größeren Schimmelpilzbeseitigungsmaßnahmen freiwerdenden mikrobiellen Bestandteile möglichst effizient zu minimieren und ihre Verteilung nicht unkontrolliert ablaufen zu lassen.

Ein probates Mittel zur Absteckung des Sanierungsbereichs sind Abschottungen. Diese können auf vielfältige Art und Weise konstruiert werden. Bei kleineren Sanierungen, z.B. Tagesbaustellen, werden häufig Folienschotts zum Einsatz kommen. Hierbei wird eine PE-

7 TRGS 519 Asbest: Abbruch-, Sanierungs- oder Instandhaltungsarbeiten, Januar 2014, zuletzt geändert und ergänzt 31. März 2022.

Folie aufgespannt und bspw. mittels Teleskopstangen, oft unter Zuhilfenahme von Dachlatten, befestigt. In die Folien kann ohne großen Aufwand durch aufklebbare Reißverschlüsse eine Durchgangsmöglichkeit geschaffen werden.

Soll eine Abschottung längere Zeit bestehen, etwa, wenn die Sanierung selbst eine längere Standzeit erfordert oder die Abtrennung für die Dauer einer Sanierungskontrolle oder Trocknung vorgehalten werden soll, bieten sich konstruktiv stabilere Varianten an. Abschottungen können aus OSB-Platten, Bauplatten aus Gipskarton oder ähnlichen Materialien erstellt werden. Diese sind deutlich stabiler und stellen auch für Dritte, die vom Zutritt in den Bereich abgehalten werden sollen, eine größere (erwünschte) psychologische Hürde zum Durchschreiten dar.

Für die Herstellung einer möglichst geringen Luftdurchlässigkeit ist es wichtig, die Stoßbereiche (an Decken, Wänden, Fußböden und zwischen den einzelnen Abschottungselementen) nochmals mit Klebebändern nachzudichten, da diese sonst mögliche Schwachstellen sind. Bei der Auswahl des Klebebands ist darauf zu achten, diese auf die jeweiligen Untergründe passend auszuwählen und zu berücksichtigen, dass sie irgendwann auch wieder abgelöst werden müssen. Ein Hochleistungsklebeband für Dampfsperren hält sicherlich bombenfest, aber eine Abschottung darf letztlich nicht für die Ewigkeit konstruiert werden. Unnötige Beschädigungen an angrenzenden Bauteilen sind nach Möglichkeit zu vermeiden, die falsche Klebebandauswahl kann dem entgegenstehen.

Abb. 2: Stabile Abschottung aus Werkstoffplatten mit integrierter Bautür.

Quelle: inn-o-tec Spezial-Sanierung GmbH

9.12 Schleusen

Neben der einfachen Abschottung können auch mehrstufige sogenannte Schleusen errichtet werden. Grundsätzlich ist damit ein Bereich zwischen zwei (oder mehreren) Abschottungen gemeint. Je nach Umfang werden diese Schleusen als Einkammer- oder Mehrkammerschleusen bezeichnet.

Üblicherweise werden Schleusen bei größeren Sanierungsprojekten oder sensiblen Bereichen eingesetzt, in denen es darum geht, den Austrag von Stäuben und/oder Sporen beim Betreten oder Verlassen des Schwarzbereichs noch weiter zu minimieren. Unterschieden werden hier hauptsächlich Personen- und Materialschleusen.

Eine Schleuse wird in der Regel zwischen dem Weißbereich und dem Schwarzbereich aufgebaut. Sie selbst wird daher auch oft als Graubereich bezeichnet. Der Mitarbeiter, der den Sanierungsbereich zur Aufnahme seiner Tätigkeit betreten möchte, betritt zunächst die Personenschleuse und verschließt die Tür hinter sich. Dann legt er innerhalb der Schleuse seine Schutzkleidung an und betritt anschließend über die zweite Tür den Schwarzbereich. Hält man ein HEPA-gefiltertes Luftreinigungsgerät oder eine gezielte Unterdruckhaltung in der Schleuse vor, so kann ein unerwünschter Austritt von Belastungen aus dem Schwarz- in den Weißbereich sehr effektiv verhindert werden.

Beim Verlassen des Schwarzbereichs wird die nun kontaminierte PSA in der Schleuse ausgezogen, wobei die Maske als letztes abzunehmen ist. Einwegschutzkleidung muss in bereitzustellende Plastikmüllsäcke entsorgt werden, gleiches gilt auch für Einwegschutzmasken. Sind Schutzkleidung und / oder Masken mehrfach verwendbar, so empfiehlt es sich, innerhalb der Schleuse Reinigungsutensilien (Wasser, Seife, Luftdruckpistolen o.ä.) vorzuhalten, damit diese dort von Schimmelpilz- und Staubkontamination befreit werden können. Alternativ wäre auch die zu reinigende Schutzausrüstung in staubdicht verschließbare Säcke zu verpacken, um diese zum Ort ihrer Reinigung zu transportieren. Diese Säcke, ob sie nun Einweg- oder Mehrwegschutzkleidung enthalten, sollten von außen vor dem Ausschleusen nochmals abgesaugt bzw. nebelfeucht abgewischt werden, um anhaftende Stäube zu beseitigen.

Eine Materialschleuse verfolgt ein ähnliches Ziel, nur dass es bei ihr um das Ausschleusen von Abbruchmaterialien und nicht um Personen geht. In ihr wird das Material, sofern nicht bereits im Sanierungsbereich geschehen, staubdicht verpackt und diese Verpackung (auch hier in der Regel Plastikmüllsäcke) wird vor dem Verlassen der Schleuse feucht abgewischt. Vor und hinter den Schleusen können Staubbindematten ausgelegt werden, um an den Schuhen anhaftende Stäube aufzunehmen und somit auch einen Austrag über diesen Weg zu minimieren.

Schleusen existieren in vielen verschiedenen Ausführungen, von der selbsterstellten Schleuse (bestehend aus zwei oder mehr PE-Folienwänden) bis hin zu kompletten Mehrkammer-Fertigelementen, die Anschlüsse für Luftreinigung, Unterdruckhaltung, Energie-, Frisch- und Abwasserversorgung oder sogar Duschelemente enthalten.

Abb. 3: Aufbau einer Schleuse vor dem Eingang zum Sanierungsbereich.

Quelle: inn-o-tec Spezial-Sanierung GmbH

9.13 Gezielte Luftführung – Unterdruckhaltung

Die gezielte Luftführung ist ein zentrales Element einer vernünftigen Sanierungsplanung. Im Kern geht es darum zu steuern, in welche Richtung sich Stäube und Schimmelpilzsporen über die Luft bewegen können. Diese Richtung sollte immer vom Weißbereich weg und zum Schwarzbereich hin führen. Dies gilt für die Schleuse ebenso wie für den Sanierungsbereich. Hierdurch wird gewährleistet, dass auch bei kleineren Undichtigkeiten an den Abschottungen/Schleusen oder z.B. durch unbeabsichtigtes Öffnen der Zugangstüren, die Luftbewegung immer „zur Belastung hin" führt, und somit keine Verdriftung der Sporen in den Weißbereich stattfindet.

Eine fachgerecht installierte Unterdruckhaltung kann rasch überprüft werden. Die Abschottungen (sofern sie aus Folien erstellt wurden) sollten sich bei Inbetriebnahme der Anlage nach innen, also Richtung Schwarzbereich, wölben. Wölben sie sich hingegen in die andere Richtung (zum Weißbereich hin), liegt unerwünschter Überdruck vor und die Unterdruckhaltung ist falsch installiert. Die Auswölbung sollte deutlich, aber auch nicht zu stark ausfallen, da bei zu großem Unterdruck möglicherweise ein Kollabieren der Abschottung droht. Dies hängt maßgeblich von der Konstruktion der Schotts ab.

Andere Möglichkeiten zur Überprüfung des Unterdrucks sind z.B. Rauchstifte, die den Luftstrom visualisieren oder auch Mess- bzw. Überwachungsgeräte, die entweder separat betrieben werden oder auch im Unterdruckhaltegerät selbst installiert sein können.

Die Installation einer Unterdruckhaltung erfolgt üblicherweise so, dass eine passend gesägte Holzwerkstoffplatte (z.B. OSB) oder auch ein im Fachhandel erwerbbares Fertigelement in ein geöffnetes Fenster montiert und der Abluftschlauch der Unterdruckanlage durch eine weitere passgenaue Öffnung in der Platte hinausgeführt wird. Der zweite (Zuluft-)Schlauch sollte stets, z.B. durch eine zweite Sanierungskraft, im Bereich der Staubentstehung platziert werden, also dort, wo gerade Abbrucharbeiten stattfinden. Hierdurch wird die Staubentwicklung direkt an Ort und Stelle stark reduziert.

Die Unterdruckanlage sollte über eine Leistung verfügen, die einen sechs- bis achtfachen Luftwechsel im Sanierungsbereich gewährleistet.

Ein Aspekt, der bei der Installation einer Unterdruckanlage häufig vernachlässigt wird, ist die Überlegung, wo die Frischluft eigentlich zuströmen soll. Im Idealfall besteht gegenüber der Abluftöffnung die Möglichkeit, ein Fenster zu öffnen, über das durch den erzeugten Unterdruck die Frischluft einströmt. Besteht diese Option nicht, z.B. bei gefangenen Räumen wie innenliegenden Badezimmern, kann eine technische Luftzufuhr in Betracht gezogen werden. Dabei muss darauf geachtet werden, dass der generierte Unterdruck den zugeführten Überdruck stets überschreiten sollte.

Grundsätzlich sollte eine Unterdruckanlage langsam hochgefahren werden, um die Stabilität der Abschottungen nicht zu überlasten.

Abb. 4: Einrichten einer Unterdruckhaltung. Anschluss an die Fensteröffnung mithilfe einer OSB-Platte.

Quelle: inn-o-tec Spezial-Sanierung GmbH

9.14 Luftreinigung

Ein wichtiges Instrument bei der Durchführung von Schimmelsanierungen sind HEPA-gefilterte Luftreiniger. Während der Abbrucharbeiten leisten diese Geräte gute Dienste bei der Aufstellung in Schleusen und vor den abgeschotteten Bereichen im Weißbereich. Sollte es hier doch einmal zu einem kleineren Austrag von Stäuben kommen, werden diese durch klug platzierte Luftreiniger direkt aufgenommen. Im Sanierungsbereich selbst sind die Geräte erst während der abschließenden Feinreinigung aufzustellen, da sie nicht für Arbeiten in stark staubbelasteten Räumen geeignet sind – dort übernehmen leistungsstarke Unterdruckanlagen und HEPA-Sauger diese Funktion, indem sie direkt am Ort des Materialabtrags angesetzt werden.

Umso sinnvoller ist ihr Einsatz während der Feinreinigung, da sie zuverlässig die hierbei anfallenden Schwebstäube aufnehmen. Das Ergebnis der Freimessung wird erfahrungsgemäß durch den Betrieb von Luftreinigungsgeräten deutlich verbessert.

Desweiteren bietet sich das Aufstellen von Luftreinigern überall dort an, wo mit einer Sanierung noch nicht unmittelbar begonnen werden kann, um die Schimmelkonzentration in der Raumluft spürbar abzusenken und das Gesundheitsrisiko für die Nutzer zu vermindern.

Abb. 5: Betrieb von Luftreinigern nach Feinreinigung.

Quelle: inn-o-tec Spezial-Sanierung GmbH

9.15 Persönliche Schutzausrüstung

Die persönliche Schutzausrüstung ist für jede Sanierungstätigkeit festzulegen und leitet sich aus den durchzuführenden Tätigkeiten, den Materialien, mit denen man zu tun hat und den zuvor getroffenen Umgebungsschutzmaßnahmen ab. Hierbei ist das sogenannte TOP-Prinzip anzuwenden. Dieses Kürzel steht für „Technisch – Organisatorisch – Persönlich", worunter verstanden wird, dass zunächst technische und organisatorische Lösungen für den Arbeitsschutz gefunden werden sollten. Ziel ist es, die persönliche Schutzausrüstung, die für den Mitarbeiter während seiner Tätigkeit die größte Belastung darstellt, auf das erforderliche Minimum zu reduzieren.

Gemeinsam mit der BG Bau durchgeführte Messungen[8] direkt am Mitarbeiter haben gezeigt, dass unter Anwendung spezieller Verfahren bei typischen Sanierungstätigkeiten, bspw. dem Einschneiden von Trockenbauwänden oder der Aufnahme von mikrobiell belasteten Dämmschichten, derart niedrige Expositionswerte erreicht werden können, dass theoretisch sogar auf eine Atemschutzmaske verzichtet werden könnte. Insbesondere eine starke lokale Absaugung direkt am Ort der Sanierungstätigkeit erzielt äußerst gute Ergebnisse.

Derartige Schlussfolgerungen dürfen allerdings nicht voreilig gezogen werden. Eine Messsituation im Beisein der Berufsgenossenschaft stellt eine besondere Situation dar, die nicht eins zu eins auf jede beliebige Baustelle zu übertragen ist. In der Praxis werden trotz großer Sorgfalt Situationen auftreten, in der die Exposition sprunghaft nach oben steigt – etwa, wenn die Absaugung einmal ausfällt oder das Arbeitswerkzeug in ungünstigem Winkel angesetzt wurde. Da auch in diesen Fällen die Gesundheit der ausführenden Sanierungskraft oberste Priorität besitzt, wird der verantwortungsbewusste Unternehmer auch für diese Tätigkeiten das Tragen eines Atemschutzes richtigerweise anordnen.

In der Regel wird die persönliche Schutzausrüstung aus Schutzkleidung der Kategorie III Typ 5, geeigneten Schutzhandschuhen (Nitrilkautschuk, Leder oder ähnlich) sowie FFP2- oder FFP3-Atemschutz bestehen, wobei es insbesondere bei letzterem individuelle Lösungen gibt, die dem Träger das Arbeiten erleichtern. Vollmasken bieten den Vorteil, dass sie den Schutz des Gesichts und der Augen vor abplatzenden Splittern oder Bruchstücken gleich mitliefern. Bei Halbmasken wäre hier eine zusätzliche Schutzbrille erforderlich. Überdies sind diese durch aufschraubbare Filterkartuschen auf die jeweilige Anforderung individuell anpassbar. So gibt es FFP2- und FFP3-Aufsätze, Gasfilter und CO-Filter. Die Maske kann somit schnell auf die jeweils benötigte Schutzstufe eingestellt werden. Kombiniert man die Vollmasken mit einer automatisierten Frischluftzufuhr (Gebläseunterstützung), so fällt das Arbeiten damit weniger schwer und das lästige Schwitzen unter der Maske wird reduziert. Die zugeführte Frischluft wird gefiltert, die benötigte Apparatur, bestehend aus Stromzufuhr und Partikelfilter, wird am Rücken befestigt, so dass sie den Mitarbeiter nicht behindert.

8 Messung von Gefahrstoffen-IFA – Arbeitsmappe – Gefährdungsermittlung bei chemischen und biologischen Einwirkungen; Herausgeber: Deutsche Unfallversicherung (DGUV); Bearbeitung: Institut für Arbeitsschutz der Deutschen Gesetzlichen Unfallversicherung (IFA); Erich Schmidt Verlag, Berlin.

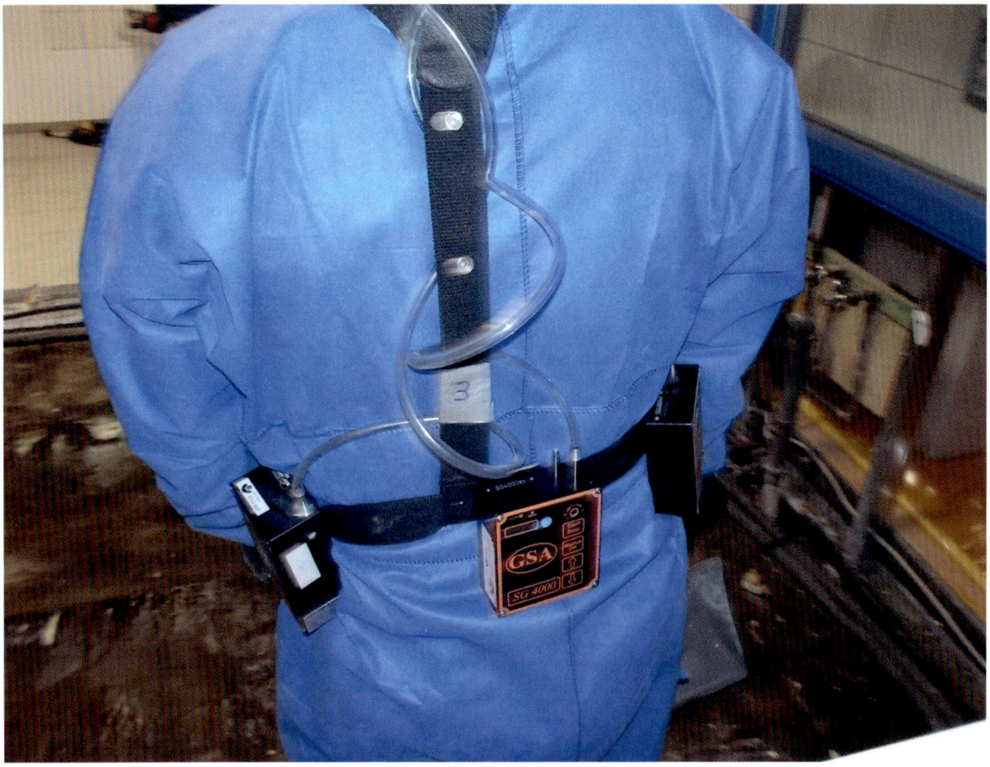

Abb. 6: Messvorrichtung am Mitarbeiter zur Ermittlung der Schimmelpilzexposition bei unterschiedlichen Sanierungstätigkeiten.

Quelle: inn-o-tec Spezial-Sanierung GmbH

9.16 Sonstige organisatorische Aspekte

9.16.1 Inventar

Im Rahmen der Sanierungsvorbereitung sollte geklärt sein, wie mit gegebenenfalls im Sanierungsbereich vorhandenem Inventar umgegangen werden soll. Im Idealfall ist der Sanierungsabschnitt komplett geräumt und frei von Gegenständen. In der Praxis ist dies jedoch häufig nicht der Fall. Bei Inventar ist zu unterscheiden, ob dieses selbst von Schimmelpilzen besiedelt, lediglich kontaminiert oder möglicherweise auch unbelastet ist. Bei einer Besiedlung wird Inventar häufig entsorgt, lediglich bei entsprechendem wirtschaftlichem Wert ist es sinnvoll, eine eigene Schimmelpilzbeseitigung am Inventar in Betracht zu ziehen. Das kann bspw. bei hochwertigen Gegenständen, unersetzbaren Akten, Dokumenten oder Antiquitäten der Fall sein. Ist das Inventar lediglich kontaminiert, muss dieses genau wie die Raumoberflächen einer Reinigung unterzogen werden. Auch hier ist es denkbar, dass eine Reinigung nicht wirtschaftlich erscheint und man die Gegenstände eher entsorgt – z.B. bei Bastelbögen im Kindergarten oder alten Elektrogeräten, deren Reinigung im Vergleich zum Restwert wesentlich teurer als die Neuanschaffung wäre.

Entscheidet man sich dafür, Inventar reinigen zu lassen, ist die Frage zu klären, ob dies innerhalb des Raumes, in dem es sich befindet, geschieht, oder ob das Inventar ausgelagert und an einem anderen Ort separat gereinigt wird. Letzteres ist in der Regel zu bevorzugen, bei sperrigem Inventar wie Schränken kann es allerdings auch sinnvoll sein, diese im Schwarzbereich zu belassen und im Zuge der abschließenden Feinreinigung zu dekontaminieren, denn mit jedem Transport geht auch ein Beschädigungsrisiko einher. In diesem Fall sollte allerdings darauf geachtet werden, die Gegenstände während der Abbrucharbeiten vor dem unnötigen Aussetzen von zusätzlichen Staub- und Schimmelbelastungen zu schützen, indem man sie bspw. eigens verpackt bzw. schützt. Auch dürfen sie natürlich nicht die Durchführung der eigentlichen Schimmelpilzsanierung behindern bzw. dieser im Wege stehen.

Abb. 7: Reinigungsstraße zur Dekontaminierung von Inventar (eigenes Lager).

Quelle: inn-o-tec Spezial-Sanierung GmbH

9.16.2 Fotodokumentation

Insbesondere, wenn Inventar bewegt, transportiert oder behandelt/gereinigt wird, ist eine umfangreiche Fotodokumentation dringend zu empfehlen. Grundsätzlich gilt dies jedoch für jede Sanierungsmaßnahme, die ein Unternehmen durchführt. Das Fotografieren und Dokumentieren von Vorschäden, Schrammen, Kratzern und sonstigen Beschädigungen erfordert Zeit und stellt sich im Nachhinein häufig als nicht notwendig heraus. Sollten jedoch im Nachgang an die Sanierung Regressansprüche gestellt werden, kann dies sehr viel Zeit, Geld und Nerven ersparen, wenn der Unternehmer nachweisen kann, dass der Schaden bereits vor Aufnahme der Arbeiten bestanden hat. Neben dem besonderen Augenmerk auf das Inventar (hier insbesondere die hochwertigen Teile) sind insbesondere Zuwegungen, Tür- und Fensterdurchgänge, Bodenbeläge und angrenzende Wandflächen gründlich auf Vorschäden zu prüfen.

9.16.3 Organisation des Personals

Auf Baustellen kann es mitunter hektisch bis chaotisch zugehen. Um dem zu begegnen, ist es bei größeren Projekten wichtig, einen verantwortungsbewussten Vorarbeiter zu benennen und diesen mit Weisungsbefugnissen auszustatten. Dieser sollte als Ansprechpartner für Fragen vor Ort fungieren, die Einhaltung der Hygiene- und Sicherheitsbestimmungen überwachen und besondere Ereignisse sowie den Baustellenfortschritt in einem Bautagebuch protokollieren und dokumentieren.

9.17 Sanierungstechniken zum Materialabtrag

9.17.1 Putze

Maschinen, die für den Materialabtrag eingesetzt werden, sollten über einen ausreichend dimensionierten Adapter zum Anschluss eines HEPA-Saugers verfügen. Putzfräsen mit Bürstenkranz, die über an das zu entfernende Material anpassbare Schleifteller verfügen, stellen eine gute Möglichkeit dar, das klassische, staubintensive Abstemmen mittels Meißelhammer zu umgehen. Dabei wird an die Fräse ein starker Sauger angeschlossen. Mittels eines zwischengeschalteten Vorabscheiders kann ein Großteil des dann beim Abtrag entstehenden sehr feinen Schleifstaubes vorab aufgefangen werden, um die Filter des Saugers zu entlasten. Eine ausreichend hohe Leistung des Entstaubers vorausgesetzt, sorgt dies dafür, dass sich der Schleifteller an die Wand ansaugt und die Staubfreisetzung deutlich reduziert werden kann. Dennoch darf man nicht erwarten, dass diese Art des Putzabtragens völlig staubfrei vonstattengeht. In der Praxis wird der Sanierer beim Schleifen auch mal abrutschen, die Fräse etwas schräg halten oder die Ansaugleistung nimmt bei hohem Füllstand des Vorabscheiders bzw. des Saugers temporär ab. In all diesen Fällen wird es auch bei dieser Methode zu Staubfreisetzung kommen, weswegen auf Persönliche Schutzausrüstung sowie idealerweise eine technische Luftführung über eine Unterdruckhaltung nicht verzichtet werden sollte. Trotzdem bietet diese Art des Putzabtragens einige Vorteile. Neben der geringeren Sporenkonzentration am Mitarbeiter entfällt das spätere Aufnehmen der abgestemmten Putzreste vom Boden, was ebenfalls eine sehr staubige Angelegenheit ist. Der zwischen den Füßen herumliegende Schutt behindert außerdem den Mitarbeiter zunehmend und stellt auch eine Stolperfalle dar.

Das Wandbild ist bei dieser Variante deutlich gleichmäßiger, während das Stemmen je nach Mauerwerk teils erhebliche Riefen oder gar Löcher in der Wand verursacht. Einige Systeme bieten auch die Möglichkeit, die Fräse an einer Wandhalterung zu befestigen, so dass der Großteil des Gewichts an dieser Halterung hängt und der Mitarbeiter deutlich weniger Kraft aufwenden muss. Gerade bei großen Wandflächen lohnt sich dieser zusätzliche Aufwand, den das Anbringen der Halterung mit sich bringt. Die Option, die Fräsen mit unterschiedlichen Aufsätzen zu bestücken, ermöglicht es darüber hinaus, auch andere Oberflächen zu bearbeiten. Es gibt hier verschiedene Schleifteller, bspw. zum Abtragen von Kleberesten, Farbanstrichen oder zum Bearbeiten von Holzbaustoffen. Die Einsatzmöglichkeiten sind also nicht auf das reine Putzentfernen begrenzt. Nachteile dieser Frästechnik sind ein gegenüber dem Abstemmen häufig langsameres Vorankommen (trotz des zusätzlichen Arbeitsschrittes des Putzaufnehmens vom Boden, gerade auch bei dicken Putzschichten) sowie die erhebliche Belastung für das eingesetzte Gerät. Die Vorabscheider füllen sich sehr schnell mit feinstem Schleifstaub, der teilweise auch seinen Weg in den Staubsauger findet. Diese Behälter müssen also oft, beim zügigen Arbeiten etwa alle 30 Minuten, entleert werden.

Putzfräsen haben aufgrund ihrer Bauart einen Arbeitsbereich, der nicht die komplette Wandfläche abdecken kann. Eckbereiche und andere verwinkelte Stellen, etwa hinter installierten Rohrleitungen oder Wandinstallationen, können mit dem Schleifteller nicht erreicht werden, so dass hier händisch nachgearbeitet werden muss. Dies gilt natürlich für die meisten anderen eingesetzten Geräte gleichermaßen. Hochwertige Fräsen verfügen in der Regel über einen einklappbaren Bürstenkopf, so dass man noch einige Zentimeter weiter Richtung Ecke arbeiten kann.

Abb. 8: Schleiftechnik mit angeschlossener Absaugung.

Quelle: inn-o-tec Spezial-Sanierung GmbH

Das Equipment ist verhältnismäßig teuer, sowohl in der Anschaffung wie auch im Verbrauch. Die eingesetzten Staubsaugerfilter sind auch bei zwischengeschaltetem Vorabscheider einer starken Feinstaubbelastung ausgesetzt, was ihre Lebensdauer natürlicherweise verkürzt. Die Schleifteller nutzen sich bei Gebrauch ebenfalls ab und kosten bei guter Qualität mehrere Hundert Euro.

Eine Herausforderung stellt die Auswahl des geeigneten Staubsaugers für die Absaugung der entstehenden Stäube dar. Hochwertige HEPA-Filter bieten die beste Abscheidung von Schimmelpilzsporen und Stäuben, allerdings „bezahlt" man diesen Vorteil mit einem verringerten Luftdurchsatz und damit einer reduzierten Ansaugleistung. Gerade wenn dann die ersten Minuten mit einem solchen Gerät gearbeitet wird und die produzierten Feinstäube den Filter immer weiter zusetzen, nimmt die Leistung unter Umständen derart ab, dass am Fräskopf kaum noch eine Staubreduzierung festzustellen ist. In solchen Fällen kann es ratsam sein, die Filterklasse des Saugers zu reduzieren, weil etwa die geringere Staubklasse M zwar einen schlechteren Abscheidungsgrad aufweist als die Staubklasse H, aber durch den höheren Luftdurchsatz die Stäube sehr viel effektiver am Ort des Entstehens entfernen und „vom Sanierer weg" befördern kann. In diesem Fall ist allerdings zwingend eine HEPA-gefilterte Unterdruckanlage parallel zu betreiben, da der Sauger die Schimmelpilzsporen nicht herausfiltern kann. Der HEPA-Sauger allerdings kann auch nur das filtern, was ihn überhaupt erreicht, so dass diese Kompromisslösung sich in der Praxis bewährt hat.

Abb. 9: Hochleistungssauger mit HEPA-Filtrierung und Unterdruckanlage.

Quelle: inn-o-tec Spezial-Sanierung GmbH

Tapeten sind vergleichsweise einfach zu entfernen. Häufig lassen sich diese bei starken Durchfeuchtungsschäden leicht ablösen, da das Wasser den Tapetenkleister bereits größtenteils aufgelöst hat. Sollte dem nicht so sein, empfiehlt es sich, die Tapeten großzügig zu befeuchten. Dies mindert zum einen die Sporenfreisetzung beim Entfernen, zum andern wird das Entfernen dadurch erleichtert. Sofern sicher ist, dass der dahinterliegende Wandputz ebenfalls entfernt werden soll, kann die Tapete oft auch direkt mit dem Putz „weggeschliffen" werden.

9.17.2 Estriche bzw. Estrichdämmschichten

Neben Tapeten und Wandputzen sind Fußbodenkonstruktionen häufig Ziel eines Rückbaus im Zusammenhang mit mikrobiellem Befall. Bei vielen Wasserschäden wird die Dämmschicht unterhalb des Estrichs durchfeuchtet, was nicht selten zunächst für mehrere Tage oder gar Wochen unbemerkt bleibt. Im hier verbauten Dämmmaterial, meistens expandiertes Polystyrol (EPS, das bekannte Styropor) oder Mineralwolle, bildet sich infolgedessen regelmäßig ein Schimmelpilzbefall aus.

Bei der Wahl der Sanierungsmethode wird hier häufig auf eine Biozidbehandlung zurückgegriffen, da man den Aufwand und die Kosten für einen kompletten Rückbau scheut. Diese erfolgt über das Einbringen eines keimabtötenden Schaums oder einer entsprechenden Flüssigkeit. Die Mittel werden zum Teil über die für eine technische Trocknung ohnehin benötigten Bohrlöcher eingebracht. Im Fall des Schaums sind allerdings häufig zusätzliche Bohrungen nötig, um eine gleichmäßige Verteilung des Mittels in der Dämmebene zu erreichen. Eine Flutung kommt in vielen Fällen schon aufgrund der baulichen Gegebenheiten nicht infrage. So muss sichergestellt sein, dass die Flüssigkeit nicht in unerwünschte Bereiche gelangt – z.B. darunterliegende Geschosse oder angrenzende, eigentlich nicht betroffene Räume. Auch wenn eine Biozidbehandlung möglich ist, muss das ausführende Unternehmen schriftlich darauf hinweisen, dass bei dieser Art der Behandlung mikrobielle Biomasse in der Bodenkonstruktion verbleibt, da maximal eine Abtötung der Mikroorganismen erreicht werden kann. Daneben bleiben gewisse Risiken, auf die ebenfalls hingewiesen werden muss: So können die Mittel eine Korrosion an den im betroffenen Bereich verlegten Leitungen und Kabeln bzw. Metallen verursachen. Auch stellt die sichere gleichmäßige Verteilung in der Bodenkonstruktion häufig ein Problem dar. Es ist daher empfehlenswert, diese Art der Behandlung nur in Zusammenarbeit mit einem Sachverständigen durchzuführen, mit dem auch das Sanierungsziel dementsprechend vereinbart werden sollte – denn hier wird der Schimmelpilzbefall tatsächlich nicht vollständig „entfernt". Nach einer Biozidbehandlung ist in jedem Fall noch eine technische Trocknung erforderlich.

Entscheidet man sich für den Rückbau der Estrichdämmschicht (und damit auch für den Rückbau des Estrichs selbst), so sollte dieser nach Möglichkeit nass in händelbare Stücke geschnitten werden. Ist das Nassschneiden nicht möglich, sind entsprechend leistungsstarke Absaug-Vorrichtungen bzw. Unterdruckanlagen einzurichten. Eine weitere, noch selten eingesetzte Methode, ist das Expansionsdruckverfahren, bei dem ein explosionsfreies Sprengmittel rasterförmig in den Estrich eingebracht wird. Durch die anschließende Expansion des Mittels wird der Estrich in die entsprechenden Teile zerbrochen und kann anschließend Stück für Stück aufgenommen werden.

Zahlreiche Materialproben haben gezeigt, dass der Zementestrich selbst in der Regel keinen Schimmelpilzbefall aufweist. Somit ist es im Regelfall nicht erforderlich, diesen vor dem Abtransport extra zu verpacken. Anders sieht dies bei der Dämmung aus, die verpackt werden muss. Die Materialien sind getrennt zu entsorgen.

Abb. 10: Massiv verschimmelte Estrichdämmung.

Quelle: inn-o-tec Spezial-Sanierung GmbH

9.17.3 Andere Oberflächen, Dachstühle

Das Trockeneisstrahlverfahren stellt eine zunehmend eingesetzte Sanierungstechnik dar, die sich bereits in der Brandschadensanierung oder der Entfernung von Graffiti an Gebäudefassaden bewährt hat.

Bei Trockeneis handelt es sich um festes (gefrorenes) Kohlenstoffdioxid. Der große Vorteil gegenüber anderen Strahlmitteln ist, dass es bei Umgebungsdruck direkt vom festen in den gasförmigen Zustand übergeht (sublimiert), somit also weder Flüssigkeiten noch das Strahlgut selbst als Rückstände zurückbleiben. Einzig die zu entfernende Schicht fällt herab und kann im Anschluss mittels HEPA-Sauger aufgenommen werden.

Die ersten eintreffenden Trockeneispartikel sorgen für eine starke Unterkühlung und Versprödung der bestrahlten Oberfläche, in die so erzeugten Sprödrisse dringen die nachfolgenden Partikel daraufhin ein und sublimieren schlagartig, das heißt sie gehen in den gasförmigen Zustand über und vergrößern ihr Volumen um das bis zu 1000-fache. Dies führt zur Absprengung der versprödeten Schicht, bspw. einem mikrobiellen Befall. Es handelt sich hierbei um ein minimal-abrasives Verfahren, was die zu entfernenden Schichten äußert schonend für die darunterliegenden Oberflächen entfernt. Der Arbeitsdruck kann für die jeweilige Anwendung angepasst werden, was allerdings auch einiges an Erfahrung erfordert. Ein großer Vorteil dieser Methode ist, dass diese Art des Materialabtrags für die ausführenden Mitarbeiter weniger anstrengend ist und die zu reinigende Oberfläche im Vergleich zum Schleifen sehr viel schonender bearbeitet wird.

Die Logistik ist vergleichsweise herausfordernd, denn es wird je nach Größe der zu behandelnden Oberfläche sehr viel Strahlgut benötigt – welches in speziellen Kühlboxen transportiert werden muss –, das nur einige Tage haltbar ist. Die Boxen müssen gut belüftet sein, da auch kleine Mengen an Trockeneis große Gasmengen erzeugen können, was eine potenzielle Gefahr bis hin zum Ersticken bedeuten kann. Aus diesem Grund muss auch der Sanierungsbereich zwingend gut belüftet sein und die Mitarbeiter sollten CO_2-Warnmelder am Körper tragen. Hautkontakt mit Trockeneis kann zu sehr schweren Verbrennungen führen. Die Anwendung sollte daher nur mit erfahrenen Sanierungskräften in Betracht gezogen werden, und das Material muss vor Fremdzugriff geschützt werden. Diese Gründe sowie die hohen Anschaffungskosten für das benötigte Equipment führen dazu, dass das Trockeneisstrahlen im Vergleich zu anderen abrasiven Verfahren vergleichsweise teuer ist.

Abb. 11: Einsatz des Trockeneisstrahlverfahrens.

Quelle: Sachverständigenbüro Hänseler

Abb. 12: Holzbalken nach Einsatz des Trockeneisstrahlverfahrens.

Quelle: CSV Umweltschutztechnik GmbH

9.18 Feinreinigung

Jede größere Schimmelpilzsanierung sollte mit einer Feinreinigung abschließen. Erst diese gewährleistet, dass die vor und während der Sanierungsarbeiten freigewordenen Schimmelpilzsporen und -bestandteile tatsächlich aus dem Sanierungsbereich entfernt werden und von ihnen keine gesundheitlichen Gefährdungen mehr ausgehen können. Die erforderliche Sorgfalt, die bei einer Feinreinigung an den Tag zu legen ist, darf nicht unterschätzt werden. Es geht letztlich darum, sämtliche Oberflächen und Winkel, die mit möglicherweise mikrobiell belasteten Stäuben in Kontakt gekommen sind, einer intensiven Reinigung zu unterziehen.

Vor Beginn der Feinreinigung ist sicherzustellen, dass es zu keinerlei Störeinflüssen, also Einträgen aus anderen Bereichen, kommen kann. Abflüsse, Schächte, Lüftungsanlagen oder ähnliches sollten zuvor luftdicht abgeklebt werden. Auch ist sicherzustellen, dass der Sanierungsbereich von Beginn der Reinigung bis zur Durchführung der Freimessung nicht durch Dritte betreten wird, die möglicherweise neue Kontaminationen hereinbringen könnten. Das Gros der Oberflächen wird mit Sicherheitssaugern der Staubklasse H abgesaugt. Niedrigere Filterklassen sind nicht geeignet, da sie die Schimmelpilzsporen nicht zurückhalten können. Mit einem handelsüblichen Staubsauger würde man die belasteten

Stäube also lediglich im Raum verteilen. Ein bewährtes Vorgehen stellt die Reihenfolge Boden – Decke – Wände – Boden dar. Hierbei wird zunächst der am stärksten staubbelastete Fußboden einmal abgesaugt. Anschließend erfolgt ein komplettes Absaugen der Deckenfläche, gefolgt von den Wänden. Zum Schluss wird erneut der Fußboden gereinigt. Die verwendeten Bürsten sollten passend zu den abzusaugenden Oberflächen gewählt werden, um unschöne Streifen oder Kratzer zu vermeiden. Parallel zur Feinreinigung sollten H13-Raumluftfilter betrieben werden, um Stäube aus der Raumluft effektiv aufzunehmen. Ein Weiterbetrieb für 24-72 Stunden nach Abschluss der eigentlichen Reinigungstätigkeit ist sinnvoll, da Schwebstäube noch sehr lange in der Luft verbleiben, ehe sie sich wieder auf den Boden abgesenkt haben. Es ist allerdings darauf zu achten, dass mindestens zwölf-Stunden vor einer abschließenden Freimessung die Geräte abgeschaltet werden, da das Messergebnis ansonsten verfälscht wird.

Es ist empfehlenswert, glatte Oberflächen nebelfeucht abzuwischen. Es sind hierfür keine scharfen Reinigungsmittel erforderlich, da es nicht um keimtötende Wirkung, sondern um das physikalische Entfernen von Schmutz von den Oberflächen geht. Ein für die jeweilige Oberfläche geeigneter üblicher Reiniger reicht vollkommen aus. Bei der Wahl der Reinigungstücher sind Mikrofasertücher das Mittel der Wahl, außer bei sehr empfindlichen, z.B. lackierten Oberflächen. Hier könnten Mikrofasern unschöne Kratzer hinterlassen und Baumwolltücher wären zu bevorzugen. Im Zweifel ist an unauffälliger Stelle eine Probereinigung durchzuführen. Es lohnt sich, hier mit großen Mengen zu hantieren, statt einige wenige Tücher mehrfach zu verwenden. Faltet man das Reinigungstuch zweimal, so erhält man acht Seiten, mit denen je ein Wischvorgang durchgeführt werden kann. Anschließend wandert das Tuch in einen hierfür bereitgestellten Sammelbehälter und ein neues wird verwendet. Diese Vorgehensweise setzt eine große Menge an Tüchern voraus (mehrere Hundert sind bei umfangreicheren Feinreinigungen durchaus üblich) man läuft dafür aber nicht Gefahr, mit verschmutzten Lappen zu hantieren und die Oberflächenbelastungen nur zu verteilen, anstatt diese aufzunehmen. Das verwendete Reinigungswasser kommt auf diese Art und Weise nicht mit Schmutz in Kontakt. Die gesammelten verschmutzten Tücher werden später gewaschen und können wiederverwendet werden. Da diese keiner extremen Verschmutzung ausgesetzt wurden, lassen sie sich daher auch lange verwenden, was die zunächst hohen Anschaffungskosten relativiert. Diese Art der Reinigung ist gewöhnungsbedürftig und die Sanierungskräfte müssen sich erst darauf einstellen, letztlich ist diese Vorgehensweise aber höchst effektiv und zeichnet sich durch sehr gute Reinigungsergebnisse aus.

Abb. 13: Feinreinigung mit HEPA-Sauger.

Quelle: inn-o-tec Spezial-Sanierung GmbH

9.19 Sanierungskontrolle

Der Erfolg einer Schimmelpilzbeseitigung wird häufig durch eine abschließende Freimessung überprüft. Infrage kommen hier sowohl Luft- als auch Oberflächenproben, manchmal auch Materialproben, die idealerweise durch einen externen Sachverständigen durchgeführt werden. Vor der eigentlichen Probenentnahme sollte jedoch der Sanierungsbereich zunächst einer Sichtkontrolle unterzogen werden. Auch Oberflächen können so rasch und unkompliziert überprüft werden, indem bspw. mittels Fingerprobe mit einem Baumwollhandschuh über horizontale Oberflächen gestrichen wird (z.B. die Oberseite einer Türzarge). Zeigen sich bei diesen ersten einfachen Tests noch deutliche Staubablagerungen, ist dies bereits ein Hinweis auf eine nicht sorgfältig durchgeführte Feinreinigung. In diesem Fall sollte auf eine kosten- und zeitaufwändige Probenentnahme verzichtet und eine Nachreinigung unmittelbar veranlasst werden.

Die Freimessung sollte in Absprache mit dem ausführenden Sanierungsunternehmen gestaltet werden und zum zuvor formulierten Sanierungsziel passen. Hat man sich bspw. auf eine reine Biozidbehandlung und damit lediglich die Abtötung des mikrobiellen Befalls einer Oberfläche verständigt, weil diese aufgrund von Vorgaben des Auftraggebers nicht ausgebaut werden darf, wäre eine mikroskopische Untersuchung auf Klebefilm keine sinnvolle Kontrolle. An diesem Beispiel wird deutlich, wie wichtig das Formulieren eines klaren Sanierungsziels für das ausführende Unternehmen ist, um sich nachher nicht möglicherweise unberechtigten Haftungsansprüchen gegenüber zu sehen (siehe WTA-Merkblatt 4-12).[9] Bedeutend ist ebenfalls, dass sich im Vorfeld darüber verständigt wird, wie der Sanierungsbereich im Zeitraum zwischen der Durchführung der Freimessung und dem Vorliegen des Ergebnisses zu behandeln ist. Dieses liegt nämlich je nach Untersuchungsmethodik erst mehrere Tage oder Wochen später vor. Dieser Zeitraum kann durch Beschränkung auf mikroskopische Untersuchungen und Expressbeauftragungen verkürzt werden. Andere labortechnische Untersuchungsmethoden, wie z.B. die Verdünnung, können allerdings nicht beschleunigt werden. Nach Möglichkeit sollte der Bereich bis zum Eintreffen des Untersuchungsberichts weiterhin abgeschottet und gesperrt bleiben, da bis dahin nicht bekannt ist, ob die Räume tatsächlich hygienisch einwandfrei sind. Ist das Ergebnis der Freimessung schlecht, so muss die Ursache hierfür gefunden werden: Wurde nicht ausreichend gereinigt? Wurden Befallsflächen übersehen? Liegen eventuell weitere Primärquellen vor, die man nicht berücksichtigt hat? Wenn bereits direkt nach der Freimessung mit der Wiederherstellung begonnen wurde, besteht die Gefahr, dass die erforderlichen Nacharbeiten unnötig erschwert und verteuert werden. Gleiches gilt, wenn festgestellt wird, dass die Räume nach der Feinreinigung noch belastet waren und mit Entfernen von Abschottungen bzw. Wiederaufnahme der Raumnutzung es zu einer Verteilung von Sporen und Stäuben in angrenzende Bereiche gekommen sein könnte. Diese müssen dann unter Umständen in die Nachreinigung mit einbezogen werden, was zum Teil erhebliche Mehrkosten mit sich bringt, einschließlich der Frage, wer diese zu verantworten und damit zu tragen hat.

Sanierungsunternehmen sollten eine Freimessung nicht als Bedrohung, sondern als Chance verstehen, dass ihnen eine fachgerechte und saubere Sanierungsleistung bescheinigt wird. Gerade in Objekten, bei denen aufgrund externer Faktoren zu einem neuerlichen Schimmelwachstum kommen kann (klassisches Beispiel stellt hier die Mietwohnung mit kondensationsbedingtem Schimmelpilzbefall dar), kann es von großem Vorteil sein, die eigene mangelfreie Arbeit nachweisen zu können. Auch Versicherungen gehen vermehrt dazu über, solche Freimessungen zu fordern, wenngleich sie aus Kostengründen auch noch immer häufig als überflüssig angesehen werden.

Neben der Freimessung sollten Sanierungsunternehmen immer auch eine „normale" Abnahme mit ihrem Auftraggeber durchführen.

9.20 Nachbereitung der Sanierung

Die eingesetzten Maschinen und Geräte müssen, genau wie die Räume und das Inventar selbst, nach Abschluss aller Arbeiten fachgerecht dekontaminiert werden. Gerade die Sauger und Unterdruckanlagen sind großen Staubmengen ausgesetzt, so dass deren Reinigung einiges an Zeit in Anspruch nimmt. Die Qualität eines Sanierungsunternehmens lässt sich auch am Erscheinungsbild der eingesetzten Werkzeuge und Maschinen ablesen. Auch

9 WTA-Merkblatt 4-12: Ziele und Kontrolle von Schimmelpilzschadensanierungen in Innenräumen, 05-2021.

bei dieser Arbeit außerhalb der eigentlichen Baustelle sind die gebotenen Arbeits- und Umgebungsschutzmaßnahmen selbstverständlich einzuhalten.

Nach der Reinigung sind die Dichtungen an den Geräten zu überprüfen, da diese durch permanente Belastung und stetiges Auseinander- und Zusammenbauen verschleißen.

Anzuraten ist eine abschließende Fotodokumentation der Baustelle, die den Zustand kurz vor Beginn des Abbaus der Baustelleneinrichtung und den Zustand danach festhält. Hier dokumentiert das Unternehmen nochmal den letzten Zustand, in dem es das Objekt verlassen hat. Dies kann späteren Regressforderungen den Nährboden entziehen, sollten diese ungerechtfertigt sein. Hilfreich ist es aber auch, um das Vorhandensein bestimmter baustellenspezifischer Aufbauten oder Einrichtungen nachweisen zu können, bspw. Abschottungen, Absturzsicherungen oder Luftreinigungsgeräte.

9.21 Mitarbeiter und Equipment

Die Qualität einer Schimmelpilzsanierung hängt unmittelbar mit der Qualität der eingesetzten Mitarbeiter zusammen. Nur wenn an dieser Stelle das Verständnis für die Wichtigkeit der einzelnen Maßnahmen vorhanden ist, werden diese auch korrekt umgesetzt, sei es der Aufbau von Abschottungen, das Einrichten der Unterdruckhaltung, der richtige Sitz der Atemschutzmaske, das Sicherstellen einer permanenten Absaugung am Sanierungsort oder die penible Durchführung der abschließenden Feinreinigung. Es gibt im Verlauf einer solchen Sanierung zahlreiche Möglichkeiten, es an der einen oder anderen Stelle „nicht so genau zu nehmen". Dem kann man durch zielgerichtete, klare Einweisungen auf den Baustellen – mehr aber noch durch gezielte Schulungen und Fortbildungen – entgegenwirken. Mitarbeiter müssen nicht wiederholt an die Einhaltung von Regeln erinnert werden, wenn sie eine Sinnhaftigkeit in diesen erkennen. Umgekehrt werden Vorschriften, die für unnötig erachtet werden, üblicherweise schnell missachtet, wenn man sich unbeobachtet wähnt.

Da die Sanierungskräfte harte Arbeit unter schweren Bedingungen ausführen, ist ihnen von der Unternehmensleitung eine entsprechende Wertschätzung entgegenzubringen. Dies drückt sich in guter Entlohnung und motivierender Ansprache, aber auch in der Bereitstellung qualitativ hochwertiger Arbeitsmaterialien aus. Niemand arbeitet gerne mit schlechtem Werkzeug oder unzuverlässigem, leistungsschwachem Gerät. Ein konstruktives Miteinander fördert ein gesundes Betriebsklima, welches Grundvoraussetzung für jede erfolgreiche betriebliche Tätigkeit ist. Überdies sind die Sanierungskräfte in aller Regel diejenigen Personen, die den meisten Kontakt zum Kunden haben (bedingt durch die sehr viel längere Verweilzeit auf den jeweiligen Baustellen), so dass sie als ein Aushängeschild des Unternehmens fungieren und dieses natürlich auf möglichst positive Art und Weise repräsentieren sollten. Gut geschultes Personal ist in der Lage, kurzfristig auftretende Probleme vor Ort selbständig zu lösen und Fragen der Kunden fachkundig zu beantworten. Das schafft Vertrauen und erhöht die Dienstleistungsqualität des Sanierungsbetriebs deutlich. Mittlerweile gibt es ein großes Angebot an Fortbildungen sowohl betriebsintern als auch außerhalb der Betriebe. Die Schulungen sollten durch möglichst anerkannte Fortbildungsveranstalter mit abgestimmten Lehrinhalten (analog der im Arbeitskreis „Weiterbildung in der Schimmelpilzsanierung" des Netzwerk Schimmelberatung festgelegten Standards) erfolgen.

9.22 Marktsituation und Versicherungen

Der Bereich der Schimmelsanierungen ist in den letzten Jahren stetig gewachsen. Das früher in der Trocknungsbranche vorherrschende Mantra, dass Schimmelbildung bei Feuchteschäden mehr oder weniger ignoriert werden könne, ist mittlerweile einer sehr viel differenzierteren Beurteilung solcher Schäden gewichen. Wie jede Entwicklung treibt auch diese ihre ganz eigenen, gelegentlich seltsam anmutenden Blüten. Viele versuchen, in den vermeintlich rasant wachsenden Markt einzusteigen und bieten Schimmelsanierungen an, ohne je etwas von Gefährdungsbeurteilungen, gezielter Luftführung oder gar dem „Schimmelleitfaden" des Umweltbundesamtes gehört zu haben. Abbrucharbeiten an verschimmelten Bauteilen werden ohne entsprechende Schutzmaßnahmen oder mit unzureichenden Staubschutzmasken durchgeführt, was eine erhebliche Gesundheitsgefährdung für die ausführenden Mitarbeiter sowie die Raumnutzer darstellt. Eine Raumvernebelung mittels Kalt- oder Heißnebel wird bei massiv verschimmelten Trockenbauwänden als Sanierungsmethode verkauft. Eine Feinreinigung wird häufig als unsinnige, unnötig teure Maßnahme angesehen. Wieder andere übertreiben in die andere Richtung und stellen auch kleinere Schimmelschäden als potenziell lebensbedrohliche Gefahr dar, um überzogene Maßnahmen veranlassen zu können. Hier gilt es, das gesunde Mittelmaß zu finden. Kompetente Fachunternehmen sollten ihre Zusammenarbeit mit den häufig an solchen Schäden beteiligten Versicherungen intensivieren, um die Grundlage für eine vertrauensvolle Zusammenarbeit zu schaffen. Umgekehrt sollten Versicherer konkurrierende Kostenvoranschläge nicht nur rein nach dem Preis beurteilen, sondern auch die generelle Vergleichbarkeit der angebotenen Maßnahmen überprüfen. Der gelegentlich vernommene Vorwurf, die Schimmelsanierung sei eine Gelddruckmaschine, kann nicht unwidersprochen stehen bleiben. Eine fachgerechte Schimmelbeseitigung verursacht auch für das durchführende Unternehmen erhebliche Kosten, sei es durch die Bereitstellung der hochwertigen Geräte und Maschinen, der teuren HEPA-Filtereinheiten oder des gut ausgebildeten Personals.

Es wäre hilfreich, wenn hier beide Seiten eine partnerschaftliche Zusammenarbeit entwickeln könnten, anstatt gegeneinander zu arbeiten, worunter letztlich vor allem der betroffene Kunde leidet. Dem legitimen Interesse des Versicherers, die Kosten im wirtschaftlichen Rahmen zu halten, steht das Bestreben des Sanierungsunternehmens, seine Haftungsrisiken zu minimieren, logischerweise entgegen. Diesen Zielkonflikt kann man nur lösen, indem man konstruktiv zusammenarbeitet, ohne die vermeintliche Gegenseite zu diskreditieren. Sanierungsunternehmen sollten anstreben, fachgerechte Sanierungen zu fairen Preisen anzubieten. Dabei sollte allerdings sprichwörtlich „die Kirche im Dorf" gelassen werden. Versicherer wiederum sollten bei der Auswahl ihrer Sachverständigen auf eine dort vorhandene hinreichende Kompetenz für die Beurteilung größerer mikrobieller Schäden achten, damit überhaupt auf einer gemeinsamen Wissengrundlage diskutiert wird.

Solange keine einheitlichen gesetzlichen Verordnungen zur Schimmelpilzsanierung bestehen, wie dies etwa bei Asbest (TRGS 519) oder „alter" Mineralwolle (TRGS 521) der Fall ist, sollte sich auf die Einhaltung vorhandener Richtlinien wie den Schimmelleitfaden des Umweltbundesamtes[10] oder der VdS 3151[11] der Versicherungswirtschaft verständigt werden.

In einigen Punkten unterscheiden sich diese Richtlinien hinsichtlich der Beurteilung mikrobieller Schäden merklich. Als Stichwort sei hier die Sanierung mikrobiell belasteter Estrichdämmschichten genannt. Diese Differenzen auszuräumen und sich auf eine allgemeingültige, verlässliche Sichtweise zu einigen, ist Aufgabe der dort arbeitenden Sachverständigen und Wissenschaftler. Sanierungsunternehmen sind darauf angewiesen, sich bei der Durchführung ihrer Arbeit auf rechtlich fundierte und anerkannte Regelungen beziehen zu können, da sie letztlich für die Qualität der Ausführung in Haftung genommen werden.

10 Leitfaden zur Vorbeugung, Erfassung und Sanierung von Schimmelbefall in Gebäuden, Dezember 2017.
11 VdS 3151 Richtlinien zur Schimmelpilzsanierung nach Leitungswasserschäden, März 2020.

10 Schimmelpilzschäden unter Estrichen – Erkunden, Bewerten und Sanieren

Dipl.-Biol. Nicole Richardson, Mario Hänseler

Inhalt

10.1 Einleitung

In den vergangenen Jahren hat es eine Vielzahl an Fachveröffentlichungen, neuen Leitfäden, Richtlinien, Merkblättern, Leitlinien etc. zum Thema Schimmelpilzbefall/mikrobieller Befall in Innenräumen gegeben.

In der Zwischenzeit ist sich die Fachwelt im Wesentlichen darüber einig, wie mikrobieller Befall erkannt, bewertet und saniert werden sollte. Lediglich in zwei Bereichen, bei denen ein derartiger Befall in Gebäuden vorkommt, gibt es auch heute noch, selbst unter Fachleuten, regelmäßig Uneinigkeiten und Schwierigkeiten bei der Bewertung und Sanierung.

Zum einen ist dies der Fall bei Schimmelpilzbefall auf Holzkonstruktionen und zum anderen bei mikrobiellem Befall in Fußbodenkonstruktionen.

Die am häufigsten im Wohnungsbau/in Innenräumen vorkommende Fußbodenkonstruktion ist seit mehreren Jahrzehnten ein sog. schwimmender Estrich. Dabei handelt es sich um einen Estrich auf ein- oder mehrlagigen Dämmschichten (siehe Abb. 1).

Die nachfolgenden Ausführungen sollen die derzeitige Situation im Hinblick auf die Bestandsaufnahme, Bewertung und mögliche Sanierungsvarianten/Maßnahmen von mikrobiellem Befall in Estrichdämmschichten und ähnlichen Konstruktionen darstellen und erläutern.

Der Beitrag beabsichtigt nicht, die aktuell veröffentlichten Ausführungen der „Handlungsempfehlung zur Beurteilung von Feuchte- und Schimmelschäden in Fußböden" als Anlage 6[1] des aktuellen Schimmelleitfadens des Umweltbundesamts oder des WTA-Merkblatts 4-12 zur Sanierungskontrolle von Schimmelpilzsanierungen[2] zu wiederholen. Da es sich um ein praxisorientiertes Handbuch handelt, betrachtet dieser Beitrag ausgewählte Schadenszenarien, wie sie täglich in der Praxis von Sachverständigen oder Unternehmen, welche sich mit dem Thema Feuchteschäden beschäftigen, vorkommen.

---

1 Umweltbundesamt: Leitfaden zur Vorbeugung, Erfassung und Sanierung von Schimmelbefall in Gebäuden („Schimmelleitfaden"); Dessau 11/2017.

2 Wissenschaftlich-Technische Arbeitsgemeinschaft für Bauwerkserhaltung und Denkmalpflege e.V. (WTA): Ziele und Kontrolle von Schimmelpilzschadensanierungen in Innenräumen; Merkblatt 4-12, Ausgabe 05.2021/D.

Die Bewertung eines mikrobiellen Schadens kann unter baulichen, hygienischen, medizinischen oder auch rechtlichen und wirtschaftlichen Aspekten erfolgen. Der vorliegende Beitrag beschäftigt sich im Wesentlichen mit den baulichen und hygienischen Aspekten.

Allen bisherigen Fachveröffentlichungen zum Thema Schimmelpilzschäden in Innenräumen ist gemein, dass keine Zahl genannt werden kann, bei der es eine Korrelation zwischen Höhe der Schimmelpilzkonzentration und einem gesundheitlichen Risiko bzw. einer Gefahr gibt. Insofern liegt jede Bewertung von Feuchteschäden in Fußbodenkonstruktionen mit einer vermuteten oder tatsächlichen mikrobiellen Belastung im sachverständigen Ermessensbereich.

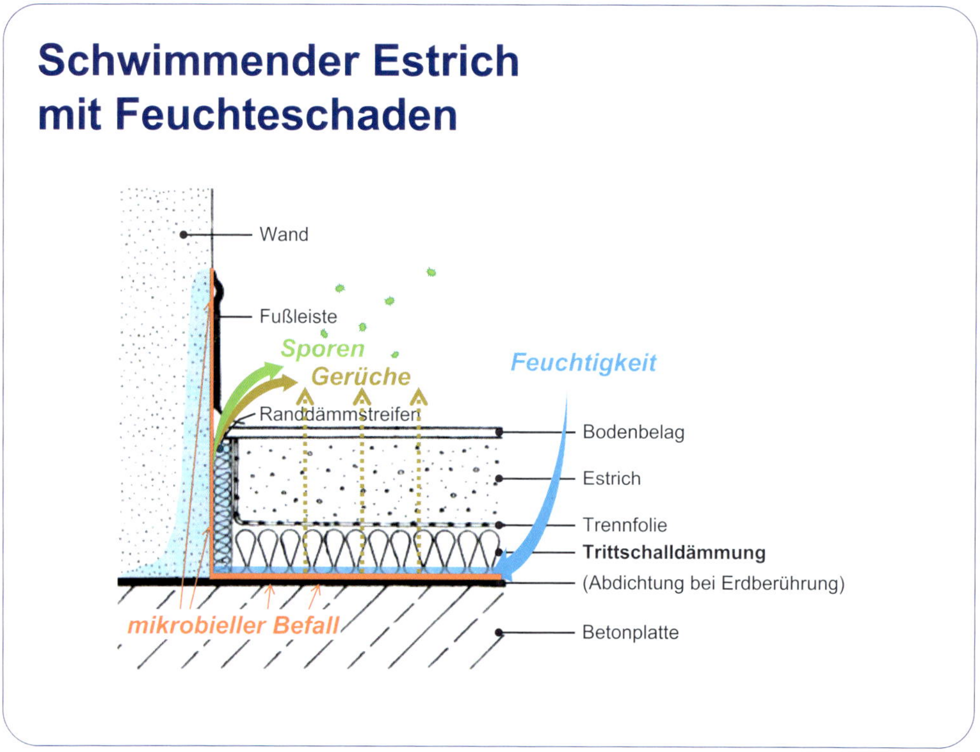

Abb. 1: Schematische Darstellung Fußbodenaufbau und Auswirkungen von Wassereintrag.

Quelle: Nicole Richardson

Die nach Erfahrung des Autorenteams am häufigsten vorkommenden Szenarien im Zusammenhang mit mikrobiellem Befall in Estrichdämmschichten sind:

- **Schimmelpilzschäden unter Estrichen nach einem Leitungswasserschaden,**
- **Schimmelpilzschäden unter Estrichen während oder kurz nach der Bauphase,**
- **Schimmelpilzschäden unter Estrichen nach Überschwemmungen, Rückstau- oder Starkregenereignissen.**

Nachfolgend werden jeweils für das spezielle Schadenszenario die Vorgehensweise zur Bestandsaufnahme, zur Bewertung und etwaige Maßnahmen dargestellt und erläutert.

10.2 Schimmelpilzschäden unter Estrichen nach einem Leitungswasserschaden

Gemäß den Allgemeinen Versicherungsbedingungen der Sachversicherer handelt es sich bei einem Leitungswasserschaden um einen bestimmungswidrigen Austritt von Wasser aus wasserführenden Leitungen und den damit verbundenen Schläuchen oder Einrichtungen.

Ursächlich sind im Wesentlichen Planungs- oder Ausführungsfehler, Materialfehler, falsche Betriebsbedingungen oder Alterung. Für die Folgen eines solchen Schadens kommen i.d.R. die Sachversicherer wie Wohngebäudeversicherung oder ggf. ein Haftpflichtversicherer auf. Geschuldet im Sinne des versicherten Schadenersatzes ist i.d.R. die Wiederherstellung des Zustands wie unmittelbar vor Schadeneintritt, entweder zum Neuwert oder zum Zeitwert (Neuwert einer Sache abzüglich eines Geldbetrages für Alter, Gebrauch und Abnutzung). Gemäß den Statistiken des Gesamtverbands der Deutschen Versicherungswirtschaft e.V. (GdV)[3] gab es bei Wohngebäudeversicherungen im Jahr 2020 in Deutschland ca. 1,1 Millionen versicherte Leitungswasserschäden. Die daraus resultierenden Schadenkosten werden mit ca. 3,3 Mrd. € angegeben

Bestandsaufnahme:

Nach einem Leitungswasserschaden ergibt sich i.d.R. die Notwendigkeit, dass die Konstruktion im Hinblick auf erhöhte Feuchtigkeit und mikrobielle Belastung geprüft wird. Als Bewertungsmaßstab sollte der Zustand unmittelbar vor Schadeneintritt dienen. Da dieser i.d.R. nicht bekannt ist, sollte bei der Untersuchungsstrategie (s.u) dieser Aspekt berücksichtigt werden.

Zunächst ist die Ursache des Schadens zu ermitteln und diese möglichst zu beseitigen. Dabei ist auch zu prüfen, ob festzustellen ist, über welchen Zeitraum Wasser in die Konstruktion gelangt ist.

Obligatorisch ist eine ausführliche Untersuchung der vorhandenen Feuchtigkeit in der Konstruktion (siehe Handlungsempfehlung des UBA[4] und WTA-Merkblatt 4-12[5]). Dazu gehört auch die Prüfung, in welchen Bereichen sich flüssiges Wasser befindet, in welchen Bereichen eine relative Luftfeuchte > 80 % bzw. ein a_W-Wert > 0,8 vorliegt und welche Ausgleichsfeuchte in nicht vom Schaden betroffenen Bereichen vorliegt.

Der a_W-Wert (activity of water) ist ein Maß für die Verfügbarkeit von freiem Wasser im Material bzw. auf Materialoberflächen für Mikroorganismen. Ein Wert von 0 beschreibt Trockenheit, ein Wert von 1 beschreibt kondensierte Feuchte.

3 http://www.gdv.de/de/zahlen-und-fakten/versicherungsbereiche/wohngebaeude-24080#Beitraege.

4 Umweltbundesamt: Leitfaden zur Vorbeugung, Erfassung und Sanierung von Schimmelbefall in Gebäuden („Schimmelleitfaden"); Dessau 11/2017, Anlage 6: Handlungsempfehlung zur Beurteilung von Feuchte- und Schimmelschäden in Fußböden, Abschnitt C. 4.

5 Wissenschaftlich-Technische Arbeitsgemeinschaft für Bauwerkserhaltung und Denkmalpflege e. V. (WTA): Ziele und Kontrolle von Schimmelpilzschadensanierungen in Innenräumen; Merkblatt 4-12, Ausgabe 05.2021/D.

Für die Nachvollziehbarkeit und Transparenz ist es hilfreich, dass das Ergebnis der Untersuchungen in einem Grundrissplan oder einer Skizze dargestellt wird.

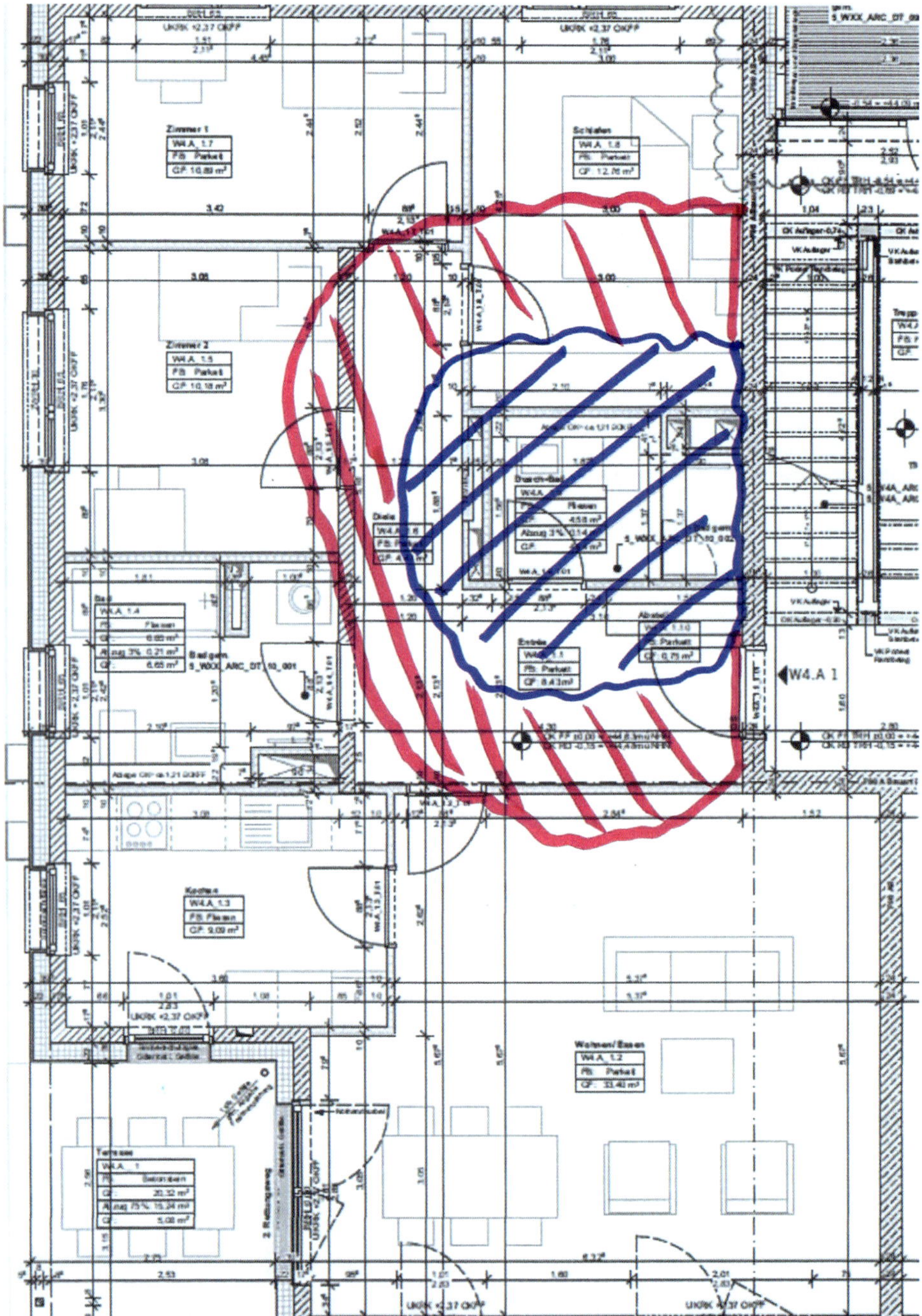

Abb. 2: Feuchteverteilung, Musterskizze; Blaue Kennzeichnung – freies Wasser, Rote Kennzeichnung – Ausgleichsfeuchte > 80% (a_w > 0,8).

Quelle: Mario Hänseler

Zur Bewertung, ob in der Fußbodenkonstruktion eine mikrobielle Belastung vorliegt, ist eine ausreichende Anzahl von Proben aus der Dämmschicht zu entnehmen. Dabei empfehlen wir ausdrücklich, auch Proben aus einem Bereich der Dämmschicht zu entnehmen, welche nicht vom Schadenereignis betroffen ist (Vergleich Hintergrundbelastung). Die Probenahme selbst ist ausführlich in der o.g. Handlungsempfehlung des UBA beschrieben.

Abb. 3a: Probenahme Estrichdämmschicht.

Quelle: Mario Hänseler

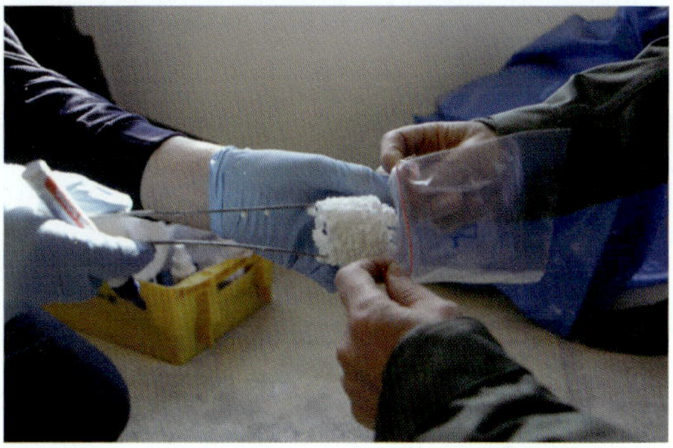

Abb. 3b: Probenahme Estrichdämmschicht.

Quelle: Mario Hänseler

Standardmäßig gehört zur Dokumentation der Aufbau der Konstruktion, die vorhandenen Materialien und der Zustand der Materialien im Hinblick auf Verschmutzungen, Verfärbungen oder geruchliche Auffälligkeiten.

Die Proben sind anschließend umgehend durch ein qualifiziertes/akkreditiertes mikrobiologisches Analyselabor zu untersuchen. Das Labor wird beauftragt sowohl mikroskopische Untersuchungen zum Nachweis auf Wachstum (Myzel, Sporenträger) durch sog. halbquantitative Nachweise auszuführen als auch Analysen durch Suspension und Kultivierung zur Ermittlung der kultivierbaren Mikroorganismen (Schimmelpilze und in sehr seltenen Fällen auch Bakterien) in Abhängigkeit von der Masse (KBE/g). Diese Angaben werden insbesondere auch zum Vergleich mit der in der Konstruktion vorhandenen Hintergrundbelastung benötigt. Als sinnvoll und wirtschaftlich hat sich eine schrittweise Analyse bewährt.

Zunächst werden die Proben lediglich mikroskopiert. Sollte schon hier ein, positiver Nachweis vorliegen, kann fast immer auf Suspension und Kultivierung verzichtet werden.

Bei negativen oder unklaren mikroskopischen Befunden sind in einem zweiten Schritt die Suspension, Kultivierung und Konzentrationsbestimmungen erforderlich. Erst mit dieser Kombination können Sachverständige dann ausreichend sicher den Ergebnissen der Laboranalytik vertrauen.

Für weitere Untersuchungsmethoden (z.B. Ermittlung der Gesamtzellzahl durch spezielle Anfärbung und spezielle Mikroskopie sowie stoffwechselrelevante Methoden (ATP)) fehlen für die allgemeine Anwendung ausreichende Erfahrungen zur Bewertung von mikrobiellem Befall und Richtlinien, wie VDI Normen oder vergleichbar.

Bewertung:

Bei der Bewertung, ob nach einem Leitungswasserschaden der Fußbodenaufbau zurückzubauen ist, hat sich in großen Teilen die Handlungsempfehlung des Umweltbundesamtes zur Bewertung von Feuchteschäden in Fußbodenaufbauten bewährt. Da ein starres Schema nicht alle in der Praxis vorkommenden Konstellationen abdecken kann, soll hier auf Besonderheiten eingegangen werden.

10.2.1 Altbauten mit Schüttungen und Dielenböden

In Altbauten bis zu den 1950er-Jahren wurden in Geschossdecken häufig Schlacke oder organische Materialien (z.B. Lehm, Stroh etc.) als Schüttung eingebracht und darauf (i.d.R. auch ohne Folien) ein Dielenboden als Oberboden eingesetzt.

Wird ein solcher Bodenaufbau durch Leitungswasser durchfeuchtet, fließt durch mangelnde Abdichtung ein großer Teil des Wassers direkt in das Geschoss darunter. Ein anderer Teil verbleibt in der Schüttung. Durch Einsatz von ausreichenden technischen Trocknungsgeräten wäre eine schnelle Trocknung (innerhalb von einem Monat) möglich. Da es jedoch auch häufig Situationen gibt, in denen diese Forderung aus organisatorischen oder technischen Gründen nicht eingehalten werden kann, sind dann mikrobielle Untersuchungen empfohlen.

Und damit fängt es an, schwieriger zu werden.

Schüttungen aus den o.g. Zeiträumen aus einem Gemenge aus Staub, Schmutz und Schlacke sind in jedem Fall mikrobiologisch auffällig. Eigene Untersuchungen des Autorenteams zeigen, dass in Fußbodenkonstruktionen mit Schüttungen auch ohne Wasserschäden regelmäßig um die 10^5 KBE/g festzustellen sind.

Die häufig aufgestellte Forderung, dass ein Bodenaufbau bei eindeutigem Befall zu entfernen ist, ist z.B. bei Versicherungsschäden oder Gewährleistungsansprüchen vertraglich für den oben beschriebenen Fußbodenaufbau zu prüfen. Versicherungen haben i.d.R. die Pflicht, den Zustand vor Eintreten des Schadens wiederherzustellen. Aber in den meisten Fällen war dabei auch vorher schon in der Schüttung Schimmel umfangreich nachzuweisen. Mit diesen Vorgaben müssten die Versicherungen dann den mikrobiellen Schaden nicht beheben.

Ein eindeutiger Befall nach UBA-Vorgaben ist, wenn 10^5 KBE/g überschritten sind **und** die mikroskopischen Untersuchungen viele/sehr viele Sporen, Myzel, Sporenträger im Material ergeben.

Die für die Kultivierungsmethode vorgeschlagenen 10^5 KBE/g als „Eingreifwert" können bei Schüttungen jedoch nicht durch die Mikroskopie abgesichert werden. Die mikroskopische Methode ist bei der Untersuchung von bestimmten Materialzuständen nicht geeignet. Brösel, Krümel, einzelne Partikel sind kaum sicher zu mikroskopieren.

In der Praxis hat es sich bewährt, vergleichende Proben zu entnehmen aus dem Schadenbereich und aus einem Raum außerhalb des Schadenbereiches. Liegen dann deutliche Unterschiede vor (damit meinen die Autoren eine 10er-Potenz und nicht wenige

1.000 KBE/g), so sind Maßnahmen aufgrund der Unterschiede durch den Leitungswasserschaden zu rechtfertigen.

Auch wenn in diesem Artikel im Wesentlichen auf Schimmelschäden eingegangen wird, ist der Vollständigkeit halber zu erwähnen, dass in Altbauten mit Holzbalkendecken die Gefahr eines Befalls durch holzzerstörende Pilze häufig sehr viel größer ist. Durch eine langsame, natürliche Abtrocknung erhalten holzzerstörende Pilze über einen ausreichenden langen Zeitraum geeignete Wachstumsbedingungen. Die daraus resultierenden Schäden sind i.d.R. ungleich größer, siehe auch den Buchbeitrag von *Huckfeldt*.

10.2.2 Neubau

Leitungswasserschäden im Neubau sind häufig eine Gemengelage aus unterschiedlichen Anforderungen, Ansprüchen und Ängsten.

Nachfolgend betrachtet werden nur zwei Fragen, die Eigentümer häufig an Sachverständige stellen:

1. Ist eine Nutzung der Räume, in denen Wasser in die Fußbodenkonstruktion gedrungen ist, gesundheitlich bedenklich?
2. Ist im Fußbodenaufbau ein mikrobieller Befall vorhanden, der von der Versicherung zu regulieren ist?

In der Regel wird nach Erkennen des Leitungswasserschadens die technische Trocknung zeitnah veranlasst. Aufgrund des in Neubauten heute üblichen höheren Dämmstoffaufbaus (teilweise bis zu 30 cm) ist die Trocknungszeit häufig deutlich länger als z.B. in älteren Gebäuden mit geringeren Dämmstoffdicken.

Sollten nicht eindeutige Fakten eine Entscheidung für den Erhalt oder den Rückbau nahelegen, sind zur weiteren Bewertung der notwendigen Maßnahmen mikrobielle Untersuchungen erforderlich.

Das Umweltbundesamt empfiehlt bei mikrobiellem Befall den Rückbau der Fußbodenkonstruktion in Räumen der Nutzungsklasse 2 (UBA-Nutzungsklasse 2: Innenräume zum nicht nur vorübergehenden Aufenthalt von Menschen, einschließlich dazugehörender Nebenräume)[6]. Trotz aktueller, lebhaft geführter Diskussionen, in denen der Fußbodenaufbau in die Nutzungsklasse 4 gehören sollte (und damit einem verminderten Sanierungsbedarf unterliegt) ist der übliche Fußbodenaufbau in Wohngebäuden der Nutzungsklasse 2 zuzuordnen. Diese Einstufung ist dem konstruktionsbedingtem Luftaustausch zwischen Bodenaufbau und Wohnraum geschuldet.

Ein mikrobieller Befall liegt vor:

- wenn durch die mikroskopische Analyse viele Sporen, Myzel und Sporenträger nachzuweisen sind.

Eine Kultivierung der Proben ist bei diesem Befund nicht mehr notwendig.

---

6 Umweltbundesamt: Leitfaden zur Vorbeugung, Erfassung und Sanierung von Schimmelbefall in Gebauden („Schimmelleitfaden"); Dessau 11/2017, Anlage 6: Handlungsempfehlung zur Beurteilung von Feuchte- und Schimmelschäden in Fußböden, Abschnitt B.1 und D. 3.

Es liegt keine eindeutige Besiedlung vor, wenn die Proben ausschließlich kultiviert werden und dabei eine Schimmelpilzkonzentration von 10^5 KBE/g festgestellt wird. Der mikroskopische Befund ist notwendig, um eindeutig Schimmelwachstum festzustellen und nicht nur eine Kontamination oder Verunreinigung vorliegen zu haben. Erst ab Konzentrationen von mehr als 10^6 KBE/g kann von einem Schimmelwachstum im Material ausgegangen werden.[7, 8] Diese Stufe der Bewertung ist dann relevant, wenn das Material nicht ausreichend sicher mikroskopiert werden kann.

Mikroskopische Analysen von Materialproben für die Bewertung von Feuchteschäden in Fußbodenaufbauten sind demnach wann immer möglich das Mittel der Wahl.

Die pauschale Empfehlung des Umweltbundesamtes in der Anlage 6 des neuen Schimmelleitfadens, bei Schimmelbefall den Rückbau vorzunehmen oder die Beteiligten über mögliche Alternativen und deren Konsequenzen zu informieren, muss nach Ansicht der Autoren näher konkretisiert werden, da diese Empfehlung auch den vollständigen Rückbau einer Fußbodenkonstruktion nahelegt, wenn nur ein geringer Teil der Dämmschicht Schimmelpilzwachstum aufweist.

Den Autoren sind keine Untersuchungen bekannt, die belegen, dass in einem Raum mit massiven Wänden und einem üblichen Fußbodenaufbau aus Estrich – Folie – Dämmung bei Schimmelpilzwachstum in der Dämmschicht hygienisch auffällige Konzentrationen an Schimmelpilzen aus der Dämmschicht in die Raumluft gelangen. Das Expositionsrisiko von Sporen muss im Neubau als gering bewertet werden.

Untersuchungen zu gesundheitlichen Risiken aufgrund von Stoffwechselprodukten wie Mykotoxinen oder MVOC aus einem Feuchteschaden im Fußbodenaufbau sind nicht hinreichend belegt.[9] Liegen im Fußbodenaufbau nur Schimmelschäden vor, die als gering bis leicht auffällig zu bewerten sind,[10] besteht mit sehr großer Wahrscheinlichkeit weder von Sporen noch von Gerüchen ein Eintragsrisiko.

Ebenso verhält es sich unserer Ansicht nach auch mit einem großflächigen Schimmelbefall im Fußbodenaufbau. Einträge durch Sporen in die Raumluft halten wir bei einem neubauüblichen Aufbau mit massiven Wänden für nicht wahrscheinlich.

Jedoch kann das Risiko einer Geruchsbildung in diesem Fall weniger ausgeschlossen werden, aus diesem Grund raten die Autoren deshalb zu weiteren Maßnahmen.

Ein häufig anzutreffendes Szenario ist, dass im Fußbodenaufbau kleinere Bereiche vorhanden sind, in denen Schimmelwachstum nachzuweisen ist, es aber auch Bereiche gibt, in denen kein Wachstum vorliegt. Hier muss ebenfalls sowohl das Expositionsrisiko als gering bewertet werden als auch das Risiko einer Geruchsentwicklung. Je geringer die Biomasse im Verhältnis zum Raumvolumen desto geringer das Risiko eines wahrnehmbaren Eintrags.

7 Ebd.

8 Netzwerk Schimmel et al. (3. überarbeitete Fassung vom 01.06.2022). Richtlinie zum sachgerechten Umgang mit Schimmelpilzschäden in Gebäuden – Erkennen, Bewerten und Instandsetzen (Hrsg.: Deitschun, F., Warscheid, Th.).

9 Hurraß, Julia u.a.: Stellungnahme zum Beitrag von Carmen Kroczek, Jochen Kern und Hartmut M. Hanauske-Abel „Mykotoxine: Thesen"; in: Umwelt – Hygiene – Arbeitsmedizin 22 (3) 105–114 (2017).

10 Umweltbundesamt: Leitfaden zur Vorbeugung, Erfassung und Sanierung von Schimmelbefall in Gebäuden („Schimmelleitfaden"); Dessau 11/2017, Anlage 6: Handlungsempfehlung zur Beurteilung von Feuchte- und Schimmelschäden in Fußböden, Abschnitt D. 3.

Die Frage für Eigentümer/Nutzende nach einem hygienischen Risiko mit einem üblichen Fußbodenaufbau aus Estrich – Folie – Dämmung und massiven Wänden kann dann verneint werden, wenn ein mikrobieller Befall im Anschlussbereich Wand/Boden auszuschließen ist.

Besonders hinweisen möchten wir auf den Anschlussbereich Wand/Fußboden.

Aufgrund des direkten Luftverbunds zur Raumluft ist davon auszugehen, dass sich Sporen aus einem mikrobiellen Befall im Bereich der Estrichrandfuge gut in der Raumluft verteilen, und damit ist das Expositionsrisiko als hoch einzustufen.

Neubauten mit Wänden in Leichtbauweise sind deutlich feuchteempfindlicher, denn die Beplankungen schimmeln bei erhöhter Feuchtigkeit schnell, diese Anschlussbereiche stellen Schwachstellen dar. Eine erste visuelle Inspektion und Beprobung an diesen „Worst-Case"-Stellen gibt bereits einen Eindruck vom Schadenbild.

Bei Aufbauten mit Leichtbauwänden, die auf der Betondecke stehen, sind häufig die Randzonen der Beplankung mit Schimmel bewachsen. Da ein Expositionsrisiko von Sporen vorliegt, halten die Autoren den Rückbau von befallenen Leichtbauwänden bis zur Betonrohdecke aus hygienischen Gründen für notwendig.

Um die Platten rückstandslos von den Profilen zu entfernen und auch für den Wiedereinbau ist es bautechnisch fast immer notwendig, den Estrich auf einer Breite von mind. ca. 15 bis 30 cm zurückzubauen.

Die Tragkonstruktion der Wand und die offene Kante der Estrichkonstruktion sind gründlich mit einem Staubsauger der Staubklasse H zu reinigen.

In der massiven Neubau-Ausführungsvariante ist der Wandputz auch bis unter die Oberkante Estrich angebracht. Die massive Wand ist feuchte- und damit schimmelunempfindlicher als eine Leichtbauwand. Der überwiegend verwendete Gipsputz auf der Wandoberfläche (häufig hinter der Fußleiste) ist dagegen ähnlich schnell schimmelanfällig. Auch hier gilt, dass bei sichtbarem oder analytisch nachgewiesenem mikrobiellem Befall der Rückbau des befallenen Putzes an der Anschlussstelle zum Boden aus hygienischen Gründen erforderlich ist, da Einträge von Sporen in die Raumluft zu erwarten sind.

Für die Sanierung ist auch hier zunächst der Randdämmstreifen zu entfernen. Um die Putzoberfläche zu entfernen, ist häufig eine größere Arbeitsbreite erforderlich. Dabei hat es sich bewährt, den Estrich an der Kante etwas aufzustemmen. Die Wand und die offene Kante der Estrichkonstruktion sind dann gründlich mit einem Staubsauger der Staubklasse H zu reinigen.

Es ist obligatorisch für eine umfassende Schadensbewertung, dass bereits im Vorfeld durch geeignete Probenahme und mikrobiologische Analysen (Klebefilmproben, ggf. Materialproben) dieser besonders kritische Bereich der Estrichrandfugen untersucht und bewertet wird.

Werden keine Auffälligkeiten festgestellt oder wird der vorhandene Befall fachgerecht beseitigt, verbleibt kein hygienisches Risiko und damit auch keine Gesundheitsgefahr für die Nutzenden.

Wie oben erwähnt, werden Leitungswasserschäden auch im Neubau häufig von Versicherungen reguliert. In der Regel ist die Wiederherstellung des Zustands wie unmittelbar vor Schadeneintritt vertraglich geregelt.

In einem Neubau wird vom Laien normalerweise erwartet, dass im Fußbodenaufbau kein Schimmel vorhanden ist. Dem ist aber nicht so.[11]

Durch viele Veröffentlichungen ist bereits dokumentiert, dass mikrobielle Hintergrundkonzentrationen auch ohne Schadenereignis in der Dämmung um die 10^4 KBE/g vorliegen.[12, 13] Das heißt, es ist normal und üblich, dass Schimmelpilze unter Estrichen vorhanden sind.

In der aktuellen Rechtsprechung werden jedoch unabhängig von der hygienischen Fragestellung Konzentrationen von >104 KBE/g als Abweichung vom Soll und damit als Mangel bewertet.

Nach Ansicht der Autoren ist es entscheidend, wieviele Proben pro Fläche mit mehr als 10^4 KBE/g belastet sind (s. unten). Sollte nur eine Probe von vielen mehr als 10^4 KBE/g überschreiten, ist die aktuelle Rechtsprechung zu hinterfragen.

Durch die Definitionen in der „Richtlinie zum sachgerechten Umgang mit Schimmelpilzschäden in Innenräumen" des Netzwerks Schimmel[14] werden Konzentrationen von 10^5 KBE/g auch nach Ansicht der Autoren richtigerweise als „Aufmerksamkeitswert" beschrieben. Das bedeutet zunächst nur, dass die Sachverständigen weitere Informationen für die Entscheidungen über Maßnahmen benötigen. Im besten Fall liegt das Ergebnis der mikroskopischen Untersuchung als ausschlaggebende Methode vor. Zeigt dieses Ergebnis, dass die überwiegende Zahl der Proben mit Schimmelpilzen bewachsen ist, kann zu Recht davon ausgegangen werden, dass dies nicht üblich ist. Ist eine Mikroskopie des Materials nicht möglich (z.B. Proben ergeben nur Styroporbrösel) oder ergibt lediglich die Einstufung als Kontamination, sind bei Erreichen des Aufmerksamkeitswertes durch die Kultivierungsmethode weitere Aspekte durch die Sachverständigen zu prüfen (z.B.: Wurde nur an einzelnen Stellen der Aufmerksamkeitswert erreicht? Liegt noch Feuchtigkeit vor, die technisch zu trocknen ist? Wie lang ist die zu erwartende Trocknungsdauer?).

Ist von einer langen Trocknungszeit (mehr als vier Wochen) auszugehen, was bei hohen Dämmstoffaufbauten in Neubauten häufiger als gedacht der Fall ist, muss berücksichtigt werden, dass in dieser Zeit das Wachstum von Schimmelpilzen weiter voranschreiten kann. Daraus resultierend wären auch nach der Trocknung noch mal mikrobiologische Analysen durchzuführen.

Es ist unstrittig, dass es nicht als üblich angesehen werden kann, wenn in einem Fußbodenaufbau die Mehrzahl der Proben Schimmelpilzwachstum zeigt. Hier muss davon ausgegangen werden, dass dies vor dem Schadenereignis nicht vorgelegen hat.

---

11 Vgl. Literatur Fußnote 1, 7, 15, 16, und Fischer, Guido (LGA Baden-Württemberg): Hintergrundkonzentrationen von Schimmelpilzen in Baumaterialien im Hinblick auf Sanierungsempfehlungen, Stuttgart 2013.

12 Bauer, Anselm: Führt Einbaufeuchte in schwimmenden Estrichkonstruktionen im Neubau zu Feuchteschäden? Bachelorarbeit Hochschule für Technik, Studiengang Bauphysik, Stuttgart, 1.7.2015.

13 Trautmann, Christoph: „Hintergrundwerte Schimmelpilze auf Baumaterialien", 3. Deutscher Schimmelpilztag 2017.

14 Netzwerk Schimmel et al. (3. überarbeitete Fassung vom 01.06.2022). Richtlinie zum sachgerechten Umgang mit Schimmelpilzschäden in Gebäuden – Erkennen, Bewerten und Instandsetzen (Hrsg.: Deitschun, F., Warscheid, Th.).

Es ist auch unstrittig, dass es nicht üblich ist, dass in einem Fußbodenaufbau die Mehrzahl der Proben Konzentrationen von mehr als 10^5 KBE/g (Aufmerksamkeitswert) erreicht. Auch hier muss davon ausgegangen werden, dass dies vor dem Schadenereignis nicht vorgelegen hat.

Die wesentliche Einschränkung in den Aussagen heißt: die Mehrzahl der Proben.

Das führt zu der Frage: Wie viele der Proben bzw. wie viel Prozent der Dämmung müssen bewachsen sein, um einen Rückbau bzw. Mangel zu rechtfertigen?

Ist die Entscheidung zu rechtfertigen, einen Rückbau vorzunehmen, wenn von mehreren Proben lediglich eine mit Schimmelpilzen bewachsen ist, die anderen Proben aber wenig oder gar nicht auffällig sind? So viel vorab: Die Autoren sind nicht dieser Ansicht. Vielmehr halten es die Autoren für üblich, dass unter Berücksichtigung eines typischen Bauablaufs auch lokal begrenztes Wachstum von Schimmelpilzen im Fußboden vorliegt.

Das UBA[15] führt richtigerweise aus, dass eine ausreichende Probenanzahl für die Bewertung der Feuchteschäden notwendig ist. Aus einem Raum mit bis zu 20 m² Fläche sollten mindestens zwei Proben aus der Dämmung mikrobiologisch untersucht werden. Sind beide Proben aus dem Fußbodenaufbau mit Schimmelpilzen bewachsen, ist die Entscheidung einfacher, als wenn eine bewachsen ist, die andere nicht, oder wenn beide nicht bewachsen sind. Kritische Beobachter fragen dann genau nach, ob die Sachverständigen sicher einen mikrobiellen Befall ausschließen können.

Streng genommen kann auch bei zwei von zwei negativen Proben nicht ausgeschlossen werden, dass ein mikrobieller Befall übersehen wird, da die Probenahmefläche nur ca. 0,02 % der Gesamtfläche (20 m²) darstellt. Das macht deutlich, dass die Probenahme wenig mit Statistik zu tun hat, sondern vielmehr auch hier Sachverständige ihre Erfahrungen einbringen müssen.

Die Anzahl der Proben wird üblicherweise mit dem Auftraggeber abgestimmt. Auch wenn es trivial ist: Je mehr Proben genommen werden, desto höher ist die Aussagekraft. Bei zwei Proben kann der „normale" Ausreißer nicht erkannt werden. Und darum geht es nach Ansicht der Autoren bei der Frage nach der üblichen Beschaffenheit oder der Frage nach der Abweichung vom Soll.

Wann liegt eine lokale, noch hinnehmbare – da übliche – Auffälligkeit (hinzunehmende Unregelmäßigkeit) vor und wann ist die Auffälligkeit nicht mehr hinnehmbar?

Die Autoren schlagen dazu folgende Bewertungshilfen vor:

1. Die Mehrzahl der Proben aus einem Raum oder einem Geschoss ist mikrobiell bewachsen – dann empfehlen die Autoren den Rückbau, da sie der Meinung sind, das ist nicht üblich. Hier liegt (unabhängig von einer hygienischen Fragestellung) eine Abweichung vom Soll vor.

2. Sind weniger als 10 % der Proben mikrobiell bewachsen, empfehlen die Autoren keinen Rückbau, da sie der Meinung sind, dass dieser Befund eine übliche Beschaffenheit dar-

15 Umweltbundesamt: Leitfaden zur Vorbeugung, Erfassung und Sanierung von Schimmelbefall in Gebäuden („Schimmelleitfaden"); Dessau 11/2017, Anlage 6: Handlungsempfehlung zur Beurteilung von Feuchte- und Schimmelschäden in Fußböden, Abschnitt C. 5.

stellt. Durch Verschmutzungen während der Bauphase gibt es Bereiche, die mit einem höheren Risiko für mikrobielles Wachstum behaftet sind und wo mit großer Wahrscheinlichkeit bei der üblichen Baupraxis Schimmelwachstum nachzuweisen sein wird.

Üblicherweise übergibt ein Gewerk „besenrein" an das nächste Gewerk. Würde auf Baustellen die seit Jahren bestehende und auch von den Autoren unterstützte Forderung umgesetzt werden, statt Besen geeignete Staubsauger z.B. der Staubklasse M oder H einzusetzen, würde das Risiko mikrobiellen Wachstums minimiert werden. Diese eher verschmutzten und/oder feuchteanfälligen Bereiche sind häufig an folgenden Stellen zu finden:

- in Raumecken,
- an Estrichrandstreifen,
- an den Schüttungen der Rohrleitungen,
- an unmittelbar auf die Betonsohle aufgesetzten Gipskartonplatten,
- an Hauszugängen und bodentiefen Fenstern in EG und UG.

Die Erfahrung zeigt, dass Raumecken durch Besenreinigung der Betonoberflächen/Abdichtungsoberfläche nicht so gründlich gereinigt werden, wie es gefordert wird. In diesen Bereichen finden sich also i.d.R. höhere Schmutzansammlungen als auf der sonstigen Fläche. Zusätzlich ist das Einwirken von Feuchte aus den Wandbereichen dort deutlicher. Auch nach einer fachgerecht durchgeführten technischen Estrichdämmschichttrocknung verbleibt in diesen Bereichen häufig noch erhöhte Feuchtigkeit.[16] Schimmelpilzwachstum findet sich dort auch ohne Schadenereignis häufiger als in der Fläche.

Zu den üblichen Verschmutzungen gehört auch, dass immer wieder lokal Schmutzansammlungen festzustellen sind. Handwerker oder andere Personen, die auf der Betonsohle oder der Abdichtung nach der Besenreinigung noch Schmutz einbringen, tragen so unwissentlich zu einem erhöhten Risiko mikrobiellen Wachstums in der Dämmschicht bei.

Die Autoren halten es unter Berücksichtigung der gängigen Baustellenabläufe für üblich, dass es Teilbereiche in der Fußbodenkonstruktion gibt, die verschmutzt, die feucht und damit auch lokal mikrobiell bewachsen sind. Damit wäre dieser Zustand eine übliche Beschaffenheit. Die Autoren schätzen, dass diese Fläche bis zu 1 % der Gesamtfläche in der Fußbodenkonstruktion in jedem Bauvorhaben ausmachen kann. Hier gibt es jedoch noch weiteren Forschungsbedarf, z.B. durch Sammlung und Auswertung von Referenzproben aus nicht geschädigten Bereichen.

3. Sind zwischen 10 % und 30 % der Proben auffällig, sollte versucht werden, den Schadenbereich näher einzugrenzen bzw. unter Berücksichtigung der Wirtschaftlichkeit zu prüfen, ob ggf. ein Rückbau günstiger sein kann.

16 Fraunhofer-Institut für Bauphysik IBP, Prüfbericht P17-027.1/2017, Untersuchung des Trocknungsverhaltens von Fußbodenaufbauten und angrenzenden Wänden sowie von Deckenaufbauten mit natürlicher und mechanischer Trocknung nach einem Wasserschaden.

In der Praxis wird es für kleine Schadenbereiche unwirtschaftlich sein, so viele Proben zu nehmen, dass valide Prozentangaben gemacht werden können. In größeren Schadenfällen bei mehr als 100 m^2 halten die Autoren jedoch zehn Proben für möglich. Sollte davon lediglich eine Probe mit Schimmelpilzen bewachsen sein, also 10 % der Proben, halten die Autoren das nicht für eine Abweichung vom Soll.

Mit dieser Einschätzung soll dazu angeregt werden, Ergebnisse und daraus folgende Maßnahmen, die auf ein oder zwei Proben beruhen, besonders kritisch zu bewerten und zu berücksichtigen, dass es auch lokal deutliche Auffälligkeiten gibt.

Maßnahmen/Sanierung:

Als Maßnahmen kommen i.d.R. der vollständige oder teilweise Ausbau oder der Erhalt der Fußbodenkonstruktion in Betracht.

Bei dem vollständigen oder teilweisen Ausbau der Fußbodenkonstruktion sind aufgrund der praktisch nicht zu vermeidenden Staubentwicklung und damit verbundenen Exposition von Schimmelpilzbestandteilen umfangreiche Maßnahmen zum Schutz des Sanierungspersonals, sonstiger Personen, die sich im Sanierungsbereich aufhalten, sowie der angrenzenden Räume erforderlich. Die notwendigen Schutzmaßnahmen sind der Handlungsanleitung der Berufsgenossenschaft DGUV-Information 201-028[17] zu entnehmen.

Falls die Fußbodenkonstruktion erhalten werden soll, ist zunächst die technische Austrocknung bis zur Ausgleichsfeuchte zwingend erforderlich. Je schneller diese Austrocknung erfolgt, desto geringer ist das Risiko mikrobiellen Wachstums.

In der Praxis werden häufig vor Ausführung der technischen Trocknung Maßnahmen zur bioziden Behandlung (umgangssprachlich Desinfektion genannt) des Fußbodenaufbaus z.B. durch Foggen, Schäumen oder Fluten durchgeführt. Grundsätzlich dürfen nur für den jeweiligen Anwendungszweck zugelassene Biozide eingesetzt werden. Ausgerechnet für diesen Anwendungszweck gibt es aktuell keine zugelassenen Produkte, sondern nur solche, die sich in einem Übergangsregelung befinden.

Dabei geht der Laie davon aus, dass durch diese Maßnahmen eine vorhandene mikrobielle Belastung vollständig beseitigt wird. Tatsächlich werden durch diese Maßnahmen im günstigsten Fall vorhandene Mikroorganismen teilweise abgetötet, die toten Reste der Mikroorganismen und auch ein nicht unerheblicher Anteil noch lebender Schimmelpilze verbleiben jedoch in der Fußbodenkonstruktion.

Wissenschaftlich abgesicherte, allgemeingültige Erkenntnisse für die nachhaltige Wirksamkeit dieser Maßnahmen unter Baustellenbedingungen liegen nicht vor. Im konkreten Einzelfall empfehlen die Autoren die Wirksamkeit der durchgeführten Maßnahmen mikrobiologisch zu untersuchen und zu bewerten. Dazu sind unter Berücksichtigung des Sanierungsziels (z.B. Minderung der kultivierbaren Schimmelpilze) geeignete Methoden der Analyse auszuwählen, durchzuführen und zu dokumentieren.

Eine Kontrolle ist in der Praxis direkt nach der Trocknung (auf keinen Fall direkt nach der Behandlung mit dem Biozid) umzusetzen. Im Hinblick auf die Nachhaltigkeit halten die Au-

17 DGUV Information 201-028: Handlungsanleitung Gesundheitsgefährdungen durch biologische Arbeitsstoffe bei der Gebäudesanierung; Berufsgenossenschaft der Bauwirtschaft, 2022.

toren eine Kontrolle nach ca. drei Monaten für aussagekräftiger, wohlwissend, dass in der Praxis diese Vorgehensweise unüblich ist.

Als weitere Maßnahme werden in der Praxis gelegentlich nach der technischen Trocknung Abdichtungen der Estrichfugen vorgenommen. Es ist davon auszugehen, dass eine mögliche Exposition von partikelförmigen Schimmelpilzbestandteilen ausschließlich über Öffnungen in der Fußbodenkonstruktion, also im Wesentlichen über die offenen Randfugen in die Raumluft erfolgen kann. Sofern sämtliche sonstigen Öffnungen innerhalb des Estrichs (Durchdringungen, Arbeitsfugen etc.) luftdicht verschlossen sind und auch die Estrichrandfuge luftdicht verschlossen wird, ist aus technischer Sicht eine Exposition von Schimmelpilzbestandteilen in die Raumluft unwahrscheinlich. Dabei muss jedoch gewährleistet sein, dass diese Abdichtung dauerhaft funktionsfähig ist bzw. in regelmäßigen Abständen inspiziert und ggf. instandgesetzt wird. Eine Abdichtung z.B. nur mit üblichen spritzbaren Dichtstoffen ist nicht geeignet. Aus Erfahrung der Autoren scheinen elastomere Fugenbänder mit Vlieskaschierung für Verbundabdichtungen, die in die Wand und Bodenfläche eingeklebt werden, hinreichend geeignet.

Für die Überprüfung der Wirksamkeit einer Abschottung gibt es keine allgemeingültigen Abnahmekriterien. Im Einzelfall kann ggf. durch geeignete Raumluftuntersuchungen (u.U. durch zusätzliche Provokation, durch Belastung des Estrichs, durch für diese Räume übliche Raumnutzung) eine Prüfung erfolgen.

Nach Ansicht der Autoren sollten die Eigentümer des Objekts über sämtliche möglichen Sanierungsvarianten einschließlich der damit verbundenen Vor- und Nachteile aufgeklärt werden, sodass diese gemeinsam mit den Sachverständigen und den Unternehmen das Sanierungsziel und etwaige Maßnahmen vereinbaren können.

10.3 Schimmelpilzschäden unter Estrichen während oder kurz nach der Bauphase (Neubaufeuchte)

Bereits im Jahr 1998 weist *Prof. Oswald* in einer Veröffentlichung des AIBAU/IRB mit dem Titel „Leitfaden über hinzunehmende Unregelmäßigkeiten bei Neubauten"[18] darauf hin, dass bei den meisten Bauverfahren frisch fertiggestellte Neubauten einen erhöhten Feuchtigkeitshaushalt im Vergleich zum späteren Dauerzustand aufweisen. Je nach Bauweise und Intensität der Beheizung und Belüftung kann nach mind. einem und max. vier Jahren mit der Austrocknung gerechnet werden.

Aus eigenen Erfahrungen der Sachverständigentätigkeit in den vergangenen Jahren haben die Autoren in Fußbodenkonstruktionen in Neubauten deutlich erhöhte Feuchtigkeit (rel. LF > 80 % bzw. $a_W > 0{,}8$) gemessen, ohne dass ein Wasserschaden vorlag. Demgemäß ist davon auszugehen, dass in Fußbodenkonstruktionen von Neubauten ausreichende Wachstumsbedingungen für Schimmelpilze ($a_W > 0{,}8$) über einen Zeitraum von mehreren

18 Oswald, Rainer, Abel, Ruth: Leitfaden über hinzunehmende Unregelmäßigkeiten bei Neubauten, Fraunhofer IRB Verlag, 1998.

Monaten vorliegen können. Dieses bestätigen auch die Ausführungen einer Bachelorarbeit an der Hochschule für Technik Stuttgart.[19]

Für den Sachverständigen stellen sich daher die Fragen,

- ob ggf. vorhandene erhöhte Feuchtigkeit in der Fußbodenkonstruktion über das übliche Maß einer zur erwartenden Feuchtigkeit in einem Neubau hinausgeht, und
- ob ggf. besondere Umstände wie Verschmutzungen, ungeeignete Baustoffe etc. einen mikrobiellen Befall verursacht oder begünstigt haben.

Bestandsaufnahme:

Wie bei den anderen Fragestellungen oben beschrieben, sind zunächst auch messtechnische Untersuchungen der Fußbodenkonstruktion auf Luftfeuchtigkeit und Temperatur möglichst in der ganzen Wohnung bzw. Nutzungseinheit vorzunehmen. Auch der Aufbau der Konstruktion und der vorhandenen Materialien/Baustoffe ist zu dokumentieren.

Bei der heute üblichen großen Anzahl von Leitungen in den Fußbodenkonstruktionen werden zum Ausgleich von Unebenheiten oder von Schichtdicken schüttbare Dämmstoffe eingesetzt. Diese bestehen teilweise aus organischem Material, z.B. Hanf, und sind somit bereits besonders anfällig bzw. teilweise sogar vorbelastet und deshalb besonders kritisch zu würdigen.

Die Bauteilaufbauten sollten sorgfältig im Hinblick auf Verunreinigungen, Verfärbungen oder auffällige Gerüche untersucht und geprüft werden. Sollten eindeutige bautechnische Auffälligkeiten wie z.B. fehlende Abdichtung oder in neueren Gebäuden ungebundene Schüttungen vorliegen, so ist das durch Fachleute zu bewerten. Soweit möglich, sollten die Chronologie und besondere Ereignisse z.B. über eine vorhandene Fotodokumentation während der Bauphase eruiert und berücksichtigt werden. Falls ein hinreichender Verdacht auf mikrobiellen Befall vorliegt, sollte eine ausreichende Anzahl an Proben der Dämmschicht entnommen werden. Die Analyse der Proben sollte analog zu Szenario 1 erfolgen. Wurden im Zuge der Feuchtemessungen in Teilbereichen unauffällige Werte (< 80 %) festgestellt, sollten auch hier Proben entnommen werden (Vergleich Hintergrund).

Bewertung:

Ähnlich wie bei der Fragestellung „Leitungswasserschaden im Neubau“ stehen für den Eigentümer/Nutzer die Frage nach der gesundheitlichen Gefährdung und die rechtliche Frage nach einem Mangel im Vordergrund.

Die Frage nach der gesundheitlichen Gefährdung wurde oben bereits ausgeführt. Eine Besonderheit bei der Frage nach einem Mangel ist, dass es teilweise keinen richtigen Schaden gegeben hat, sondern bereits die normale Baufeuchte zu einem Schadenbild führen kann.

Eine häufige Ursache für das typische Schadenbild mit verschimmelten Wandanschlüssen – oft hinter den Fußleisten – sind nicht fachgerecht behobene Tagwassereinträge, Rohrleitungsschäden o.Ä. während der Bauphase.

19 Bauer, Anselm: Führt Einbaufeuchte in schwimmenden Estrichkonstruktionen im Neubau zu Feuchteschäden? Bachelorarbeit Hochschule für Technik, Studiengang Bauphysik, Stuttgart, 1.7.2015.

Auch hier steht die Frage im Raum, ob die Dämmung ggf. auch mikrobiell bewachsen ist.

Bei einer Ausgleichsfeuchte im ersten Jahr des Neubaus mit a_W-Werten > 0,8 liegt rein theoretisch ein mikrobielles Wachstumsrisiko vor. Die Alkalität der Betonsohle und die eher schlechte Besiedelbarkeit von expandiertem Polystyrol (EPS) als dem am häufigsten verwendeten Dämmmaterial unter Estrichen führen jedoch dazu, dass Schimmelwachstum nicht regelmäßig nachzuweisen ist.

Fallbeispiel:

Nachfolgend aufgeführt ist ein typisches Fallbeispiel in einem Neubau in massiver Ausführung, bei dem es keinen Leitungswasserschaden gegeben hat und auch keinen anderen dokumentierten Wassereintrag.

Der Bodenaufbau besteht aus einem Fertigparkett mit aluminiumkaschierter Unterlage, dem mineralischen Estrich (8 cm) mit Fußbodenheizung, einer Trennfolie, der EPS-Trittschalldämmung (zweilagig, 16 cm) sowie einer bituminösen Abdichtung auf der Betonsohle.

Anlass für die nachfolgend aufgeführte Untersuchung ist die Feststellung der Auftraggeber, dass hinter den Fußleisten Schimmel festzustellen war. Der zuerst eingeschaltete Gutachter hat MVOC-Messungen, Beprobungen des Randdämmstreifens und eine Probe der Dämmung im Fußbodenaufbau genommen. Diese Ergebnisse waren auffällig, die Eigentümer waren verwirrt und befürchteten umfangreiche Schäden und Mängel.

MVOC-Messungen sind im Neubau nicht zielführend! Es ist bekannt, dass aus neuen Baustoffen MVOC-ähnliche Substanzen ausgasen und es zu falsch positiven Befunden kommt. Mikrobiologische Untersuchungen des Randdämmstreifens ergeben fast immer auffällige Befunde. Umfangreiche Maßnahmen hieraus abzuleiten, ist fachlich als falsch zu bewerten. Auch die exemplarische Beprobung an einer Stelle ist nicht aussagekräftig. Hier sind zur Absicherung mehr Proben zu nehmen.

Unabhängig voneinander eingeschaltete Bausachverständige konnten bestätigen, dass keine Schäden wie Abdichtungsmängel, Leitungswasserschäden o. Ä. vorliegen.

Auf Wunsch des Auftraggebers wurden umfassende Beprobungen vorgenommen und damit ergab sich ein guter Überblick, was in einem Neubau als Hintergrundbelastung zu erwarten ist.

Zusätzlich wurden umfangreiche Ausgleichsfeuchtemessungen vorgenommen, die zeigen, dass neun Monate nach Fertigstellung noch hohe Ausgleichsfeuchten vorliegen, ohne dass es eine bekannte Ursache für einen Wassereintrag gibt.

Das Ergebnis dieser exemplarisch dargestellten Untersuchung kann durch andere Untersuchungen und auch durch ähnliche Erfahrungen anderer Sachverständiger bestätigt werden.

- (X) rot: Bauteilöffnung Fußboden, mikrobiell bewachsen
- (X) gelb: Bauteilöffnung Fußboden, mikrobiell belastet
- (X) grün: Bauteilöffnung Fußboden, unauffällig
- 20,0 °C / 50,0 %: Feuchtemessung in Dämmschicht (rot = auffällig)
- (X) Sechseck: Raumluftmessung

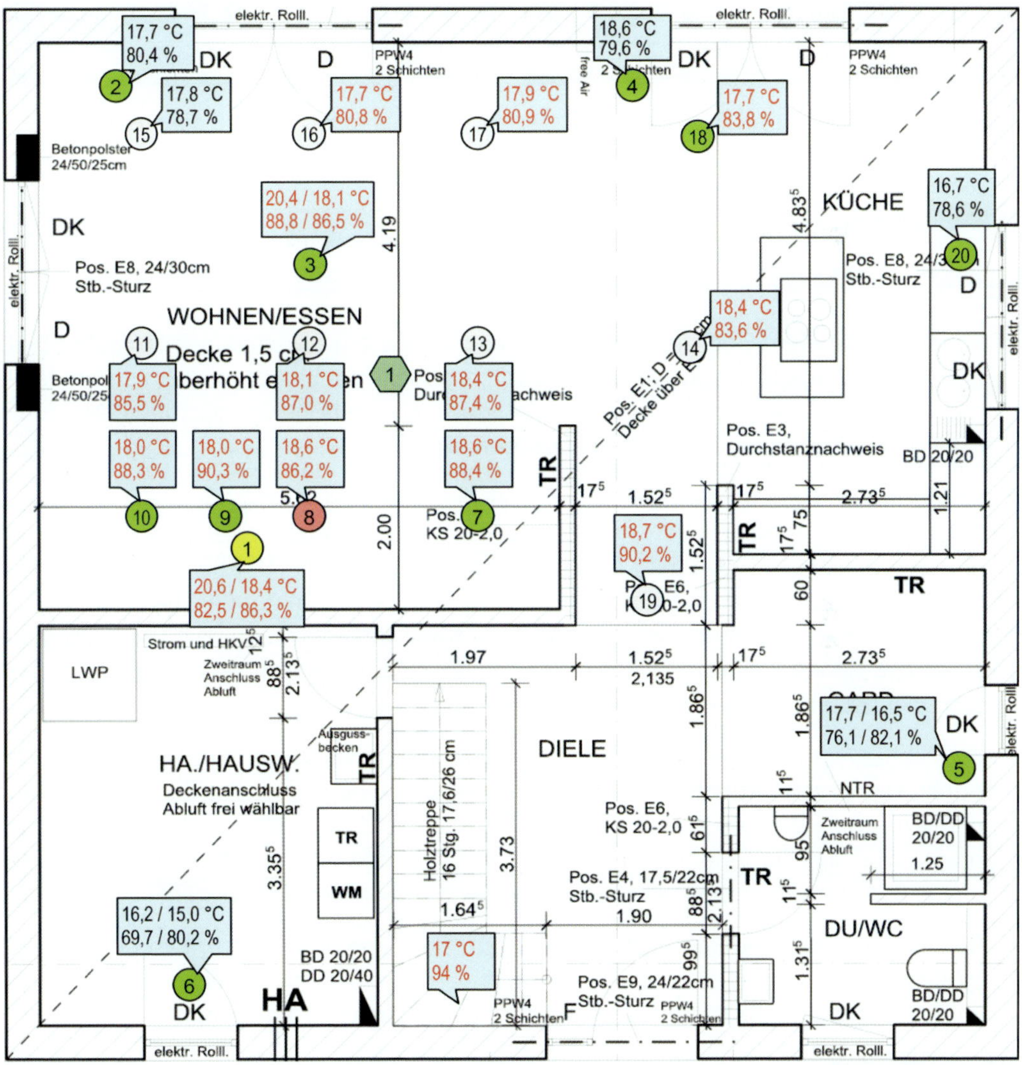

Abb. 4: Fallbeispiel Neubaufeuchte ohne Schadenereignis.

Quelle: Nicole Richardson

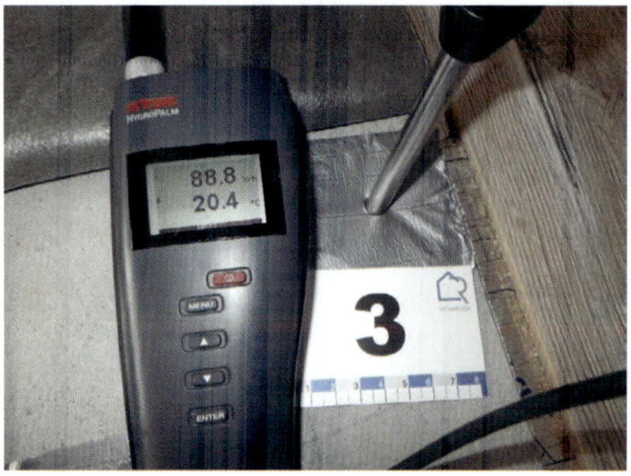

Abb. 5: Messung der Ausgleichsfeuchte in Bauteilöffnung mit auffälligen Werten, ohne dass ein Schaden vorgelegen hat.

Quelle: Nicole Richardson

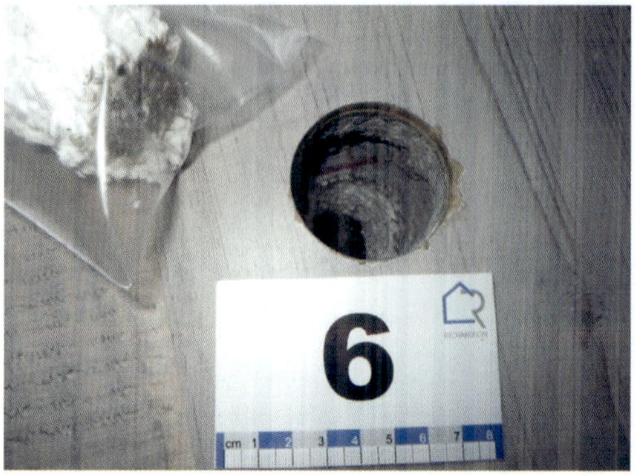

Abb. 6: Dämmung verfärbt, aber nicht mit Schimmel bewachsen.

Quelle: Nicole Richardson

Typische Schadenbereiche im Neubau sind:

- Randdämmstreifen: Eine Ursache ist, dass auch in diesem Zwischenbereich mehr Staub und Schmutz anfällt, da vor Verlegen des Oberbodens der Estrich mit dem Besen gereinigt wird. Gleichzeitig ist in diesem Anschlussbereich von höheren Feuchtewerten durch Estrich und Wand/Putz im Neubau auszugehen.
- Schüttungen: Eigene Untersuchungen von bituminierten Hanfspänen, die als Schüttung an den Rohrisolierungen im Fußbodenaufbau eingesetzt werden, zeigen regelmäßig Schimmelbelastungen mit Konzentrationen von mehr als 10^5 KBE/g. Bei Einbau der Späne sind diese fast steril. Nach Erfahrung der Autoren reicht normale Baufeuchte, wie sie im Estrich auch ohne zusätzliche Wassereinträge vorliegen kann, aus, um die organischen Hanfspäne, die nicht lückenlos bituminiert sind, mit Schimmel bewachsen zu lassen. Hier besteht dringender Handlungsbedarf.
- In Leichtbauwänden sind die dort häufig verwendeten Gipskartonplatten ein Schwachpunkt. Dieses sehr feuchteempfindliche Material wird häufig am Profil unmittelbar auf der Betonsohle stehend angebracht. Das ist zwar nach Herstellerangaben nicht vorgesehen, wird aber aus praktischen Gründen häufig umgesetzt, da der Gipskarton besser an die Profile angeschraubt werden kann, wenn er auf dem Boden steht.
- Bereits durch normale Baufeuchte kann es zu Schimmelpilzwachstum im unteren Anschlussbereich kommen. Ist der Gipskarton verschimmelt, sind, wie bereits oben erwähnt, Rückbaumaßnahmen aus hygienischen Gründen erforderlich.

Neubaufeuchte

Eine häufig diskutierte Frage ist: Wie viel Feuchtigkeit darf im Fußboden vorliegen?

Anerkannt und unstrittig ist, dass bei einem a_W-Wert von 0,8 mikrobielles Wachstum häufig möglich ist.

Dem WTA-Merkblatt 4-12 und den Ausführungen des UBA ist zu entnehmen, dass stark erhöhte Feuchte im Fußbodenaufbau noch vorliegt, wenn der a_W-Wert über 0,8 liegt, mikrobielles Wachstum ist möglich.

Bei Feuchtewerten, die bei einer Temperatur um die 20 °C bei unter 70 % relativer Feuchte (a_W-Wert 0,7) liegen, ist umfangreiches mikrobielles Wachstum i.d.R. nicht möglich. Auch wenn diese Vorgabe aus biologischer Sicht nachvollziehbar sein mag, muss sie als Zielwert auch kritisch betrachtet werden, weil sie z.B. wenig praxisnah ist.

Den Zielwert für eine technische Trocknung oder für ein Baumaterial mit einem a_W-Wert von maximal 0,7 in einem Neubau zu erreichen, halten wir für problematisch. Aus unserer Sicht werden folgende Aspekte nicht ausreichend berücksichtigt:

1. In den Sommermonaten ist eine technische Trocknung nur mit umfangreichen Gerätschaften und Einbringen von technisch getrockneter Luft in ausschließlich während der Trocknung nicht genutzten Räumen zu erreichen.
2. Räume, die noch bewohnt werden und die dem natürlichen Außenklima in Intervallen ausgesetzt sind, werden kaum nachhaltig auf einen a_W-Wert von 0,7 heruntergetrocknet werden können. In der sommerlichen Außenluft ist die Luftfeuchtigkeit natürlicherweise hoch, die durch Einbringen in den kälteren Fußbodenaufbau Feuchte einträgt. In hochgedämmten Neubaufußbodenaufbauten können auch im Sommer in erdberührten Fußbodenkonstruktionen Temperaturen von 15 °C erreicht werden. Wird dort eine sommerliche Luft von 22 °C auch nur mit 65 % Luftfeuchte eingetragen, werden in Ausgleichsfeuchtemessungen in der Fußbodenkonstruktion über 90 % gemessen werden.
3. Ein ähnlicher Einwand gilt für Kellerräume. Auch hier ist die Temperatur und damit auch das Feuchtehaltevermögen der Luft im Fußbodenaufbau im Sommer deutlich geringer als in der Umgebungsluft. Unter üblichen technischen Trocknungsbedingungen wird ein a_W-Wert von 0,7 dauerhaft nicht erreicht werden können.

Maßnahmen/Sanierung:

Im Hinblick auf einen Schaden im Neubau ist insbesondere zu berücksichtigen, dass es sich hier um ein neues Bauteil handelt. Inwieweit die oben bereits dargestellten Maßnahmen wie z.B. Abschotten der Randfugen oder auch der Austausch eines Bodens eine Veränderung in der vereinbarten oder üblichen Beschaffenheit darstellen, muss im Einzelfall von juristischer Seite geprüft und bewertet werden.

Nach Ansicht der Autoren ist davon auszugehen, dass bei einem vollständigen Rückbau eines mikrobiell belasteten Estrichs und der anschließenden Wiederherstellung des ursprünglichen, neuwertigen Zustands kein Mangel am Objekt verbleibt. Auch ein sog. merkantiler Minderwert für das Objekt kann nach Auffassung der Autoren nicht greifen. Psychologische Argumente, dass am Haus ein „Geschmäckle" verbleibt, sollten von Sachverständigen nicht unterstützt werden. Zur Bewertung eines schimmelbedingten Minderwerts von Immobilien siehe auch Umfrageergebnis im Buchbeitrag von *Viebrok-Hörmann/Unglaube*.

Vielmehr ist davon auszugehen, dass die von Sachverständigen begleiteten Maßnahmen äußerst sorgfältig durchgeführt wurden. Insbesondere nach der Durchführung einer Sanierungskontrolle weist das Objekt i.d.R. eine deutlich geringere mikrobielle Belastung auf als ein gleichartiges Objekt, welches in gleicher Bauweise hergestellt wurde, im Zuge der Bauphase keinen Schimmelpilzschaden erlitten hat und demgemäß weder saniert noch sachkundig kontrolliert wurde.

Exkurs Präventionsvorschläge für den Neubau

Um die übliche Belastung mit Schimmelpilzen im Fußbodenaufbau zu mindern, empfehlen die Autoren folgende Präventionsmaßnahmen:

Die baustellenübliche Reinigung des Rohbodens muss verbessert werden. Die seit Jahren von den Bauberufsgenossenschaften geforderte Reinigung mit geeigneten Saugern/Entstaubern muss auch zur Minderung des mikrobiellen Wachstumsrisikos in Fußbodenkonstruktionen umgesetzt werden. Zur Minderung des gleichen Risikos empfehlen die Autoren, an den Rohrleitungen ausschließlich feuchteunempfindliches anorganisches Material einzusetzen.

Die gängige Praxis, feuchteempfindliches Material einzusetzen, muss unter den Bedingungen des hohen Wassereinsatzes für Baumaterial vermindert werden. Die Autoren empfehlen weiterhin, feuchteempfindliches Material wie z.B. Gipskarton nicht direkt auf die Betonsohle zu stellen. Empfehlenswert ist der Einsatz feuchteunempfindlicher Materialien (zementgebundene Bauplatten, Kalk- oder Zementputze etc.) in Bereichen (Bäder, Keller etc.), in denen erfahrungsgemäß mit einem höheren Risiko von Feuchtebelastungen zu rechnen ist.

10.4 Schimmelpilzschäden unter Estrichen nach Überschwemmungen, Rückstau- oder Starkregenereignissen

Überschwemmungen, Rückstau- oder Starkregenereignisse unterscheiden sich von den o.g. Szenarien im Wesentlichen dadurch, dass verunreinigtes/belastetes Wasser in die Konstruktion gelangt. Je nach Ereignis kann es sich um Belastungen aus Schlamm, Fäkalien, Tierkadavern, Heizöl, Schadstoffe aus Kläranlagen etc. handeln. Nur ein Bruchteil dieser Ereignisse ist im Schadenfall durch Versicherungen abgedeckt (Elementarschaden), sodass die Eigentümer i.d.R. selbst für die Schäden aufkommen müssen.

Bestandsaufnahme:

Das wesentliche Augenmerk bei der Bestandsaufnahme ist auch hier die Untersuchung auf erhöhte Feuchtigkeit in der Konstruktion (siehe Szenario 1). Anschließend ist zu prüfen, ob und soweit bekannt welche Verunreinigungen mit dem Wasser in die Konstruktion gelangen konnten. Die Materialien/Baustoffe sollten insbesondere im Hinblick auf Verunreinigungen, Verfärbungen oder auffällige Gerüche untersucht und geprüft werden.

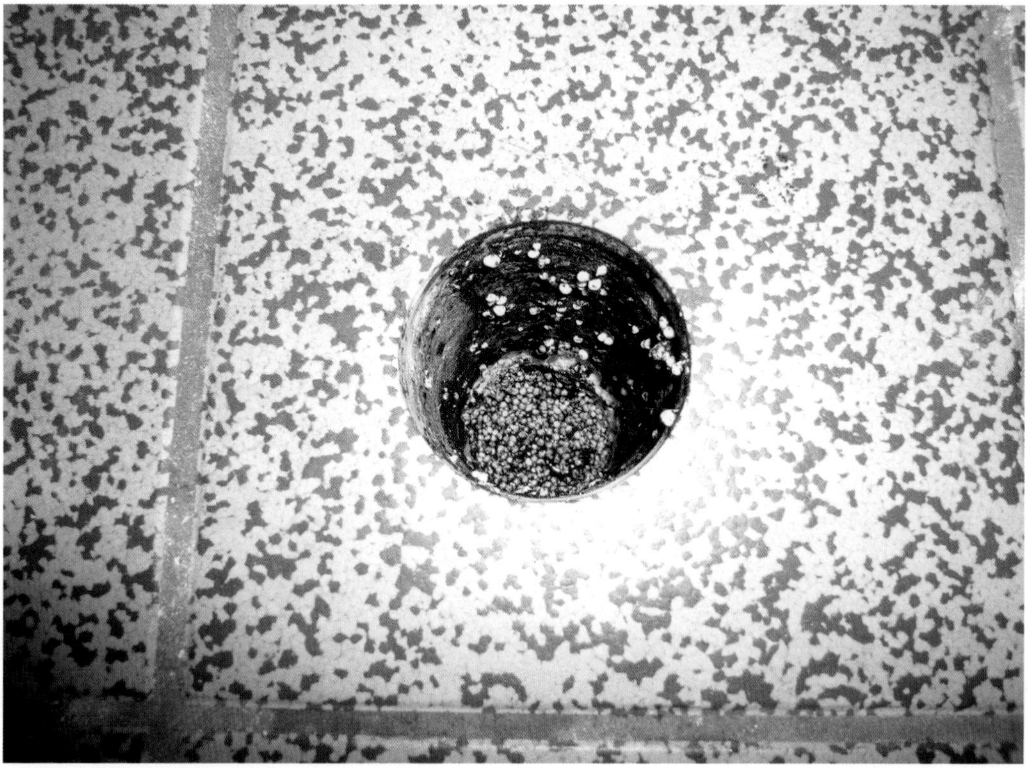

Abb. 7: Stehendes, stark verunreinigtes Wasser im Kernbohrloch.

Quelle: Mario Hänseler

Auf Grundlage von visuellen Auffälligkeiten und der Feuchtemessungen ist ggf. eine ausreichende Anzahl an Proben der Dämmschicht zu entnehmen. Dabei sollte versucht werden, auch Proben aus einem Bereich der Dämmschicht zu entnehmen, welcher nicht vom Schadenereignis betroffen ist (Vergleich Hintergrundbelastung).

Bewertung:

Grundsätzlich entspricht die Vorgehensweise den oben beschriebenen Szenarien. Unterschiedlich ist hier, dass es bei Überschwemmungen oder Abwasserschäden einen Eintrag von gut verfügbarer Biomasse für Mikroorganismen gibt und Schimmelpilze und Bakterien sich besonders schnell vermehren können.

Sind bei den Bauteilöffnungen bereits feste Bestandteile, insbesondere Schlamm, zu erkennen oder Gerüche wahrzunehmen, die auf Einträge von Fäkalien o.Ä. hindeuten, empfehlen die Autoren den Rückbau. Analysen halten die Autoren bei eindeutiger Ursache dann nicht mehr für nötig.

Da Laboranalysen der Dämmung auf Fäkalkeime i.d.R. aufgrund der schlechten Wachstumsbedingungen durch Trockenheit zu Minderbefunden führen, ist diese Untersuchungsmethode nur eingeschränkt zu empfehlen.

Wenn Fäkalkeime gefunden werden, reicht dieser Nachweis bereits aus, um einen Ausbau zu rechtfertigen, auch wenn diese Keime nach Austrocknen nicht infektiös sind.

Ist eine Eingrenzung des Schadenbereiches notwendig, werden neben üblichen Ausgleichsfeuchtemessungen auch mikrobiologische Analysen auf Schimmelpilze notwendig sein, die analog wie oben bereits dargestellt zu bewerten sind.

Maßnahmen/Sanierung:

Bei Überschwemmungen, Fäkalschäden o.Ä. ist im Zuge der Planung der Sanierungsmaßnahmen insbesondere zu berücksichtigen, dass z.B. organische Bestandteile in die Konstruktion eindringen konnten, die ggf. auch im trockenen Zustand der Konstruktion zu einer geruchlichen Beeinträchtigung der Raumluft führen können. Nahezu sämtlichen Richtlinien, Merkblättern etc. ist zu entnehmen, dass in einem solchen Fall der Ausbau der Fußbodenkonstruktion die einzige zielführende Maßnahme darstellt. Sollte auf besonderen Wunsch oder Anforderung der Beteiligten ein Erhalt der Konstruktion gefordert werden, so sind die Beteiligten dokumentiert auf eventuelle Probleme bei Ersatzmaßnahmen hinzuweisen.

Im Hinblick auf ein Schadenereignis, das aus einem Leitungswasserschaden aus einer Abflussleitung resultiert, ist insbesondere zu berücksichtigen, ob ggf. fäkalhaltiges Abwasser in die Konstruktion gelangt ist und daraus entstehende geruchliche Belastungen eingetreten sind. Eine Abschottung müsste daraus resultierend nicht nur partikeldicht, sondern auch gasdicht sein. Eine nachhaltige gasdichte Abschottung ist im Baubereich kaum zu erstellen. Aus diesem Grund empfehlen die Autoren auch hier den Rückbau.

11 Gefahren durch Asbest bei der Schimmelpilzsanierung

Dr. sc. agr. Uwe Koop

Inhalt

11.1 Vorbemerkung

Schimmelpilzsanierung, falls sie effektiv und nachhaltig sein soll, greift regelmäßig in die geschädigte Bausubstanz ein. Das Problem: Handwerker nutzten in früheren Jahren üblicherweise Materialien, die aus gesundheitlicher Sicht heute überwiegend kritisch bewertet werden. Diese Altlasten sind auf Jahre gesehen potenziell bedrohlich für Bewohner – eine akute Gefahr jedoch bergen sie unter Umständen für jeden Menschen, der später Arbeiten an solchen heiklen Baustoffen vornimmt.

Beispiele hierfür geben formaldehydhaltige Spanplatten, mit Holzschutzmittel gestrichene Oberflächen, Putze oder Anstriche, die Polychlorierte Biphenyle (PCB) enthalten – oder im Besonderen asbesthaltige Baustoffe. Werden diese Baustoffe im Zuge einer Schimmelpilzsanierung unsachgemäß bearbeitet, kann das die Gesundheit der Handwerker, durch unkontrolliert freigesetzte Stoffe zudem die Gebäudenutzer gefährden. Um die genannte Exposition zu vermeiden, sind für die Handhabung von Gefahrstoffen aus der Bausubstanz Verbote und technische Regeln veröffentlicht worden. Diese zu beachten setzt voraus, sich über die gefährlichen Stoffe in dem zur Bearbeitung anstehenden Material im Klaren zu sein.

Zur fundierten Analyse, ob sich in Gebäuden Gefahrstoffe befinden und, falls ja, wo und welche, ist eine grundlegende – von Baumaßnahmen unabhängige – vollständige Untersuchung des Gesamtgebäudes wünschenswert. Methodische Gründlichkeit ist aber zurzeit in Deutschland weder Pflicht noch von der Immobilienwirtschaft gewünscht.[1]

Pragmatismus also statt wissenschaftlicher Akribie? Die Entscheidung ist weniger klar, als sie scheint. Zumindest bauteilbezogene Untersuchungen verdächtiger Materialien, sog. anlassbezogene Untersuchungen,[2] sollten in jedem Fall durchgeführt werden. Jene sind insofern bereits jetzt verpflichtend, als der ausführende Handwerker eine Beurteilung für seine Mitarbeiter anzufertigen hat, die Gefährdungen und die angemessenen Schutzmaßnahmen beschreibt. Hierzu ist die Kenntnis gefahrstoffhaltiger Baumaterialien notwendig.

1 Kodim, Corinna, Haus und Grund Deutschland. In: Nationaler Asbestdialog, Themenblock 1, 22.6.2017.
2 BMAS „Leitplanken" (22.6.2017): Nationaler Asbestdialog, Berlin.

Zur Verpflichtung, eine Gefährdungsbeurteilung anzufertigen, sind in der TRGS 400[3] Festlegungen getroffen worden, die auf der Rechtsvorschrift des Arbeitsschutzgesetzes und des Gefahrstoffrechts beruhen.

Um von Gefahrstoffen in der Bausubstanz zu erfahren, soll das ausführende Unternehmen Erkundigungen beim Bauherrn einziehen. Dieser ist nach der Gefahrstoffverordnung zwar auskunftspflichtig,[4] in der Praxis aber hiermit meistens überfordert und kommt seiner Auskunftspflicht nicht nach. Da der ausführende Unternehmer ohne ausdrückliches Einverständnis des Gebäudeeigentümers eigene Ermittlungen, Probenahmen und Untersuchungen nicht anstellen darf, sind ohne eine per Gesetz geregelte Verpflichtung des Gebäudeeigentümers zur Erstellung geeigneter Unterlagen – eines Gefahrstoff-Katasters – Probleme im Bauablauf vorprogrammiert. Im Entwurf der Gefahrstoffverordnung (Stand 15.08.22) ist festgelegt, dass Handwerker in Gebäuden, die vor dem 31.10.1993 errichtet worden sind, grundsätzlich mit dem Auftreten von Asbest zu rechnen haben und Schutzmaßnahmen ergreifen müssen. Von diesen darf nur abgewichen werden, wenn ein Nachweis von Asbestfreiheit erbracht worden ist.

Einer der sehr häufig anzutreffenden Gefahrstoffe in Baumaterialien ist Asbest. Neben akut für Gebäudenutzer gefährlichen Materialien, die Handlungsbedarf aus dem Baurecht bedingen, verbirgt sich Asbest mitunter an wenig offensichtlichen Stellen. Der einst äußerst populäre Baustoff schlummert heute in Materialmixturen, denen ihre Asbesthaltigkeit nicht anzusehen ist. Deren Gefährdungspotenzial bei der Sanierung von Schimmelpilzschäden gilt das Hauptaugenmerk dieses Artikels.

11.2 Asbest – Verwendung im Hoch- und Tiefbau

Asbest ist ein faserförmiges Gestein mit herausragenden technischen Eigenschaften. Obwohl bereits seit Jahrhunderten bekannt, erlangte Asbest erst mit der Erfindung der Dampfmaschine, besonders aber der Patentierung eines Asbestzement-Herstellungsverfahrens wirtschaftliche und großtechnische Bedeutung. Asbesthaltige Gesteine finden sich weltweit als Varietäten von Serpentiniten und Amphibolen, wirtschaftliche Bedeutung erlangte aber vor allem Chrysotilasbest, dessen Fasern lang und gut verspinnbar sind.

---

3 TRGS 400 Gefährdungsbeurteilung für Tätigkeiten mit Gefahrstoffen, Technische Regel für Gefahrstoffe, Ausgabe: Juli 2017, GMBl 2017 Nr. 36 S. 638 (08.09.2017).

4 Gefahrstoffverordnung vom 26. November 2010 (BGBl. I S. 1643, 1644), die durch Artikel 2 der Verordnung vom 3. Februar 2015 (BGBl. I S. 49) geändert worden ist, § 6 (2).

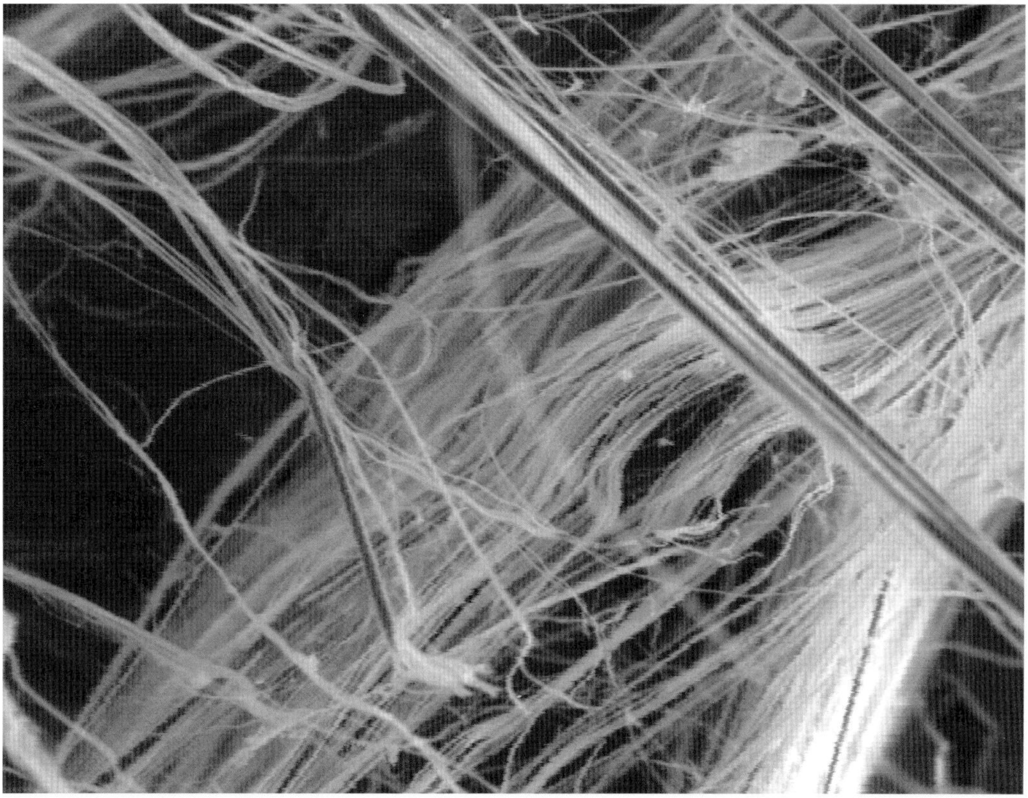

Abb. 1: Chrysotilasbest, 500x

Quelle: Dr. Uwe Koop

Asbest wurde seit Anfang des vergangenen Jahrhunderts in großem Stil verwendet, weil Asbestprodukte technisch hervorragende Eigenschaften besitzen. Asbest ist wärmeisolierend, anorganisch und unbrennbar, sehr zugfest, chemisch in vielen Prozessen hinreichend stabil, schallschluckend und feuchtigkeitsausgleichend. Er besitzt aufgrund seiner Faserform eine hohe innere Oberfläche, die ihn für Filtrationszwecke prädestiniert. Und er ist als Naturschatz kostengünstig zu gewinnen. Aufgrund der Vielzahl positiver Eigenschaften zögerten industrielle Anbieter lange, Ersatzmaterialien zu suchen und einzubinden. Um die Verwendung von Asbest in Deutschland und mögliche Substitutionen aller Anwendungsbereiche möglich zu machen, wurde bereits Anfang der 1980er-Jahre eine Schriftenreihe herausgegeben,[5] die im Handel verfügbare Substitute für Asbest und asbesthaltige Produkte auflistete. Sie dokumentiert die enorme Verbreitung von Asbestprodukten und gibt Hinweise auf die teilweise schleppende Umsetzung der Asbestsubstitution in Deutschland.

Asbest ist eine Gefahr. Gegen Widerstände von Produzenten wurde der Verzicht auf Asbest als Werkstoff in vielen Industrienationen forciert und stufenweise in vielen Ländern umgesetzt. Weltweit steigt die Gewinnung und Verwendung von Asbest jedoch immer noch an.[6] So sollen 2015 weltweit 649.000 t Asbest (ohne Eigenverbrauch) gehandelt

5 Schriftenreihe der Bundesanstalt für Arbeitsschutz (Hrsg.): Asbestersatzstoffkatalog. GA 17, Band I bis X.
6 Internationale Vereinigung für Soziale Sicherheit (2006): Asbest: Auf dem Weg zu einem internationalen Verbot.

worden sein,[7] der Weltverbrauch wird für 2003 mit 2,23 Mio. t Asbest angegeben, davon wurden in Deutschland 2003 insgesamt 102 t mit entsprechenden Ausnahmegenehmigungen importiert und verbraucht.[8]

Seit Langem ist bekannt, dass Arbeiter, die Asbeststaub ausgesetzt sind, hohe Risiken arbeitsplatztypischer Erkrankungen in Kauf nehmen. Eingeatmeter Asbeststaub wird in den Lungen zurückgehalten und verbleibt dort über lange Zeiträume, ohne abgebaut zu werden. Bereits 1899[9] war der gesundheitliche Effekt von Asbest erkannt und bei Arbeitern in einer Asbest-Spinnerei dokumentiert worden. In dieser frühen Untersuchung wurde festgestellt, dass eingeatmete Asbestfasern zu Lungenschäden führen können und bei sehr hohen Expositionsszenarien auch regelmäßig führen.

In dieser Phase der Verwendung von Asbestprodukten waren es überwiegend die Gewinnung und Verarbeitung des Rohstoffs selbst, bei der derartige Expositionsspitzen auftauchten. Erste Arbeitsplatzgrenzwerte bezogen sich auf diese hochbelasteten Bereiche. Die Begrenzung von Expositionen in Gebäuden, in denen Asbest verbaut worden war, wurde 1989 mit der Einführung der Asbest-Richtlinie vorgenommen. Von dieser Vorschrift des Baurechts waren jedoch nur sog. schwach gebundene Asbestprodukte betroffen, die sich i.d.R. durch hohe Asbestanteile im Baustoff und eine geringe Faserbindung auszeichnen. Sie können bereits bei einer normalen Einbausituation Asbestfasern freisetzen, ohne dass Arbeiten an dem Produkt stattfinden. Fest gebundene Asbestprodukte werden nicht nach der Asbest-Richtlinie gesucht und bewertet, weil man davon ausgeht, dass von ihnen keine Gefahr ausgeht. Im Entwurf der neuen Gefahrstoffverordnung (Stand 15.08.22) ist die Differenzierung in „schwach gebundene" und „fest gebundene" Asbestprodukte aufgehoben worden und durch den Begriff „Faserfreisetzungspotential" ersetzt worden. Damit können Asbestprodukte, die z.B. bei handwerksüblicher Bearbeitung zu Staubfreisetzung neigen, zukünftig ähnlich wie die früheren, schwach gebundenen Asbestprodukte bewertet werden.

Anders als in der Schweiz, die auch einen Umgang mit Asbest im Privat- und Hobbybereich als gefährlich eingestuft hat und in allen handwerklichen Ausbildungsbereichen thematisiert, blieb Asbest in Deutschland ein Spezialistenthema. Jede Verantwortung für die Untersuchung der Bausubstanz auf „schwach gebundene" Asbestprodukte und deren gesundheitliche Bewertung liegt in Deutschland bei den Gebäudebesitzern bzw. -eigentümern. Die Verpflichtung ist im Baurecht[10] verankert und soll von den Bauordnungsbehörden überwacht werden. Die Umsetzung dieser Verpflichtung läuft tatsächlich sehr schleppend, sodass auch heute noch schwach gebundene Asbestprodukte, die eine Gefahr für den Nutzer darstellen können, von Fall zu Fall festgestellt werden. Nur solche Produkte sind unverzüglich sanierungsbedürftig im Sinne der Asbest-Richtlinie. Andere schwach gebundene Asbestprodukte sind hingegen nur überwachungsbedürftig und

7 PTRC (2017): India: National Asbestos Profile. 61p.

8 US Dep. Of the Interior and US Geologial Survey (Circular 1298, 2006): Worldwide Asebstos Supply and Consumption Trendsfrom 1900 trough 2003, 81p.

9 Murray, R., Asbestos: a chronology of its origins and health effects. Br J Ind Med, 1990. 47(6): p. 361-365. Aus: Stefan Kröger (2010), Asbest und seine gesundheitlichen Effekte: Eine szientometrische Untersuchung. Dissertation. Charité – Universitätsmedizin Berlin.

10 MBO, § 85a (1). Ermächtigung der Obersten Bauaufsichtsbehörden, mit der die Asbest-Richtlinie bauaufsichtlich in den Ländern eingeführt wurde.

müssen regelmäßig, binnen zwei oder fünf Jahren, erneut untersucht und hinsichtlich einer Veränderung ihres Zustandes und daraus resultierenden Sanierungsbedarfs bewertet werden. Die Bewertung hinsichtlich einer möglichen, unverzüglichen Sanierungsbedürftigkeit erfolgt nach Anlage 1 der Asbest-Richtlinie und bezieht sich auf sieben Bewertungsgruppen, die das Asbestprodukt in seiner konkreten Einbausituation beschreiben. Eine Kennzeichnungspflicht für diese schwach gebundenen Asbestprodukte gibt es nicht, sodass sie sich, nur dem Spezialisten erkennbar, in der Bausubstanz befinden können. Für fest gebundene Asbestprodukte besteht in keinem Fall eine Kennzeichnungs- oder auch nur Ermittlungspflicht, doch auch sie können, staubintensive Arbeiten vorausgesetzt, hohe Asbestfaserkonzentrationen freisetzen. Eine Ermittlungspflicht auch für diese Baustoffe wäre daher für die Sicherheit bei handwerklichem Umgang wünschenswert.

Bewertungsvorschriften oder Sanierungsverpflichtungen fehlen somit für „fest gebundene" Asbestprodukte, wie z.B. Asbestzement. Diese asbesthaltigen Produkte werden aufgrund der geltenden Gesetze nie sanierungsbedürftig, können also bis zum Ende der Gebäudelebensdauer im Gebäude verbleiben. Die Folge: Es können sich Situationen ergeben, in denen Handwerker oder Heimwerker unbeabsichtigt und in Unkenntnis Asbestprodukte bearbeiten und sich und Dritte mit Asbest kontaminieren. Besonders kritisch sind in diesem Zusammenhang staubende Arbeiten. Haben die Asbestfasern eine bestimmte Größe, können sie eingeatmet werden. Für eingeatmete Asbestfasern bestehen Expositions-Risiko-Beziehungen, die die Wahrscheinlichkeit einer Erkrankung umreißen. Nicht ausgeschlossen sind weitere Übertragungswege: Bei auf andere Weise inkorporierten Asbestfasern wird ein Krebsrisiko zurzeit diskutiert und z.B. für Ovarialkarzinome bejaht.[11]

Trotz dieser offensichtlichen gesundheitlichen Risiken wird die Verwendung von Asbest nach wie vor propagiert[12] und Versuche, den Handel mit Asbest international zu ächten,[13] haben bislang nicht zum Erfolg geführt.[14]

Die Definition einer „einatembaren Faser" beruht auf Untersuchungen von *Pott* [15] und ist von der Weltgesundheitsorganisation für Asbest und andere Fasern eingeführt. Danach sind Fasern einatembar und krebswirksam kritisch, wenn sie drei Kriterien erfüllen: Sie sind über 5 µm lang, unter 3 µm im Durchmesser und es ist alles als „Faser" definiert, dessen Länge den Durchmesser um mindestens das Dreifache übersteigt. Hierbei differieren internationale und deutsche Kriterien. Wird im Ausland der größte Durchmesser des Partikels zu seiner Länge ins Verhältnis gesetzt, ist es nach der deutschen Definition[16] der mittlere Durchmesser. Auch unterscheiden sich international die Längendefinitionen einer Faser.

11 Das Bundesministerium für Arbeit und Soziales hat eine neue wissenschaftliche Empfehlung zu „Ovarialkarzinom durch Asbest" veröffentlicht. Damit liegen für ein weiteres Krankheitsbild ausreichende wissenschaftliche Erkenntnisse vor, um diese Erkrankungen künftig „wie eine Berufskrankheit" (§ 9 Abs. 2 SGB VII) anzuerkennen. Darauf weisen Berufsgenossenschaften und Unfallkassen hin. Aus: http://www.dguv.de/de/mediencenter/pm/pressearchiv/2017/quartal_1/details_1_143174.jsp, zuletzt geprüft: 26.6.2017.

12 www.nochrysotileban.com International Trade Unions „Allience Chrysotile".

13 www.pic.int Rotterdam Convention on the Prior Informed Consent Procedure for Certain Hazardous Chemicals and Pesticides in International Trade.

14 http://www.ibasecretariat.org/, zuletzt geprüft: 14.9.2022; Verbrauch von Asbest (2014): Russland: 608 Tto, China 507 Tto, Indien 379Tto, Brasilien 154 Tto, Kasachstan 68 Tto.

15 Pott, Friedrich (1984): Zur Wirkung von Asbest. In: bga-Schriften, 2/84 „Zur Beurteilung der Krebsgefahr durch Asbest" 2, S. 82 bis 89.

16 VDI 3492 (2013): Messen von Innenraumluftverunreinigungen – Messen von Immissionen – Messen anorganischer faserförmiger Partikel – Rasterelektronenmikroskopisches Verfahren.

Das hat zur Folge, dass partikelgebundene oder kürzere Fasern im Ausland ggf. nicht als Faser gelten, obwohl sie gesundheitlich relevant sind.

Nach eigenen Messungen ist in Deutschland im Außenbereich im Regelfall von Faserkonzentrationen deutlich unter 50 F/m³ (Asbestfasern pro Kubikmeter Raumluft) auszugehen. Auch bei mit Asbestbauteilen ausgestatteten Gebäuden sind es regelmäßig überwiegend unter 100 F/m³. Eine nennenswerte Asbestfaserbelastung aus dem vorhandenen Asbestinventar ist also regelmäßig nicht anzunehmen. Das kann sich allerdings ändern, sobald mit Asbestbauteilen unsachgemäß umgegangen wird. Es sind bei Messungen nach solchen Arbeiten, die für polizeiliche Ermittlungen vielfach vorgenommen wurden, oft mehrere Tausend Asbestfasern nachgewiesen worden, sodass anzunehmen ist, dass Freisetzungen im Bereich Hunderttausender oder gar Millionen Fasern pro Kubikmeter bei unsachgemäßen Arbeiten an Asbestprodukten stattgefunden haben müssen.

Stand bei hohen Asbeststaubkonzentrationen, wie sie z.B. bei der Gewinnung und Verarbeitung von Asbest gemessen werden konnten, Asbestose als fibröse Lungenerkrankung im Vordergrund, sind es bei den heutigen Asbestexpositionen im eher niedrigen Expositionsbereich Mesotheliome – Krebserkrankungen des Brust- oder Bauchfells. Es existiert eine statistische Beziehung zwischen der Höhe der Exposition und der Wahrscheinlichkeit, an einer asbestassoziierten Krankheit zu erkranken. Hohe Expositionen und lange Expositionszeiten erhöhen das Risiko. Zusätzliche schädigende Einflüsse, wie z.B. Rauchen, kommen verschärfend hinzu und erhöhen das Risiko überadditiv.

Bei den heute anzutreffenden Belastungen stehen die malignen Mesotheliome als Gesundheitsfolgen unsachgemäßen Umgangs mit Asbest im Vordergrund. Diese Krebsart ist sehr virulent und schwer bzw. zu spät bei der arbeitsmedizinischen Vorsorge zu entdecken, sodass für die Betroffenen eine sehr schlechte Prognose besteht. Nützlich wäre, Methoden in die arbeitsmedizinische Vorsorge zu integrieren, die eine Frühdiagnose erlauben. Solche Untersuchungsmethoden sind bekannt,[17] aber noch nicht in der berufsgenossenschaftlichen Praxis bei arbeitsmedizinischen Untersuchungen eingeführt.

Die Expositions-Risiko-Beziehung wird in Deutschland verwendet, um aus gesellschaftlicher Sicht „akzeptable" Asbestkonzentrationen am Arbeitsplatz zu definieren. Das Expositions-Risiko-Beziehungskonzept (ERB-Konzept) ist in der Bekanntmachung 910 von 2008, heute TRGS 910, dargestellt.[18]

Danach ist eine Todesrate von vier zusätzlichen Toten durch die lebensarbeitszeitlange Exposition mit Asbestfasern pro 10.000 Exponierte akzeptabel. Bis in diesen Bereich darf ohne zusätzliche Schutzausrüstung (Atemschutz, Abschottungen, Schleusen usw.) gearbeitet werden. Steigt die Belastung bis zur „Toleranzgrenze", sind erste Schutzmaßnahmen erforderlich, oberhalb dieser Grenze sind sämtliche Schutzmaßnahmen einzusetzen. Die Toleranzgrenze wird zurzeit mit 100.000 F/m³ bestimmt, was unter Annahme einer linearen Korrelation einer Todesrate von vier zusätzlichen Toten pro 1.000 Arbeitnehmern

17 Böcking, Alfred (2009): Mechanismus der Krebsentstehung durch Asbestfasern und Möglichkeit der Frühdiagnose maligner Mesotheliome. In: 18. Asbest Forum (2009), Haus der Technik, Essen.

18 Technische Regel für Gefahrstoffe (TRGS) 910: TRGS 910 Risikobezogenes Maßnahmenkonzept für Tätigkeiten mit krebserzeugenden Gefahrstoffen, Ausgabe: Februar 2014. GMBl 2014 S. 258 bis 270 vom 2.4.2014 [Nr. 12], zuletzt geändert und ergänzt: GMBl 2017 S. 372 bis 373 [Nr. 20] vom 8.6.2017.

bei 40-jähriger Arbeitsplatzexposition entspricht. Das ERB-Konzept soll 2026 um den Faktor 10 verbessert werden, was zu einen Akzeptanzkonzentration von 1.000 F/m³ führen würde. Fachleute[19] bezweifeln, dass diese Verschärfung des ERB-Konzepts für Asbest umgesetzt werden kann.

Arbeitsschutz gemäß der Technischen Regel für Gefahrstoffe 519 (TRGS 519) richtet sich nach diesem ERB-Konzept. Danach werden Asbestkonzentrationen, die unterhalb von 10.000 Asbestfasern pro Kubikmeter Luft (F/m³) liegen, als „emissionsarm" bzw. „Arbeit geringer Exposition" in der TRGS 519 bezeichnet. Arbeiten in diesem Bereich sind mit verminderten Schutzmaßnahmen gestattet. Wird die Akzeptanzkonzentration nicht überschritten, kann z.B. auf eine Abschottung der Arbeitsbereiche mit Folienwänden und das Tragen von Atemschutzmasken verzichtet werden. Will man feststellen, ob das geplante Sanierungsverfahren die Akzeptanzkonzentration gewährleistet, kann man Messungen hierzu selbst durchführen (lassen) oder man übernimmt ein veröffentlichtes Arbeitsverfahren, mit dem die Einhaltung des Arbeitsplatzgrenzwertes bereits nachgewiesen wurde.[20] Hierbei wird das Risiko in Form der Ampelfarben gekennzeichnet. Aufgrund des Minimierungsgrundsatzes sind solche emissionsarmen Arbeiten zu bevorzugen.

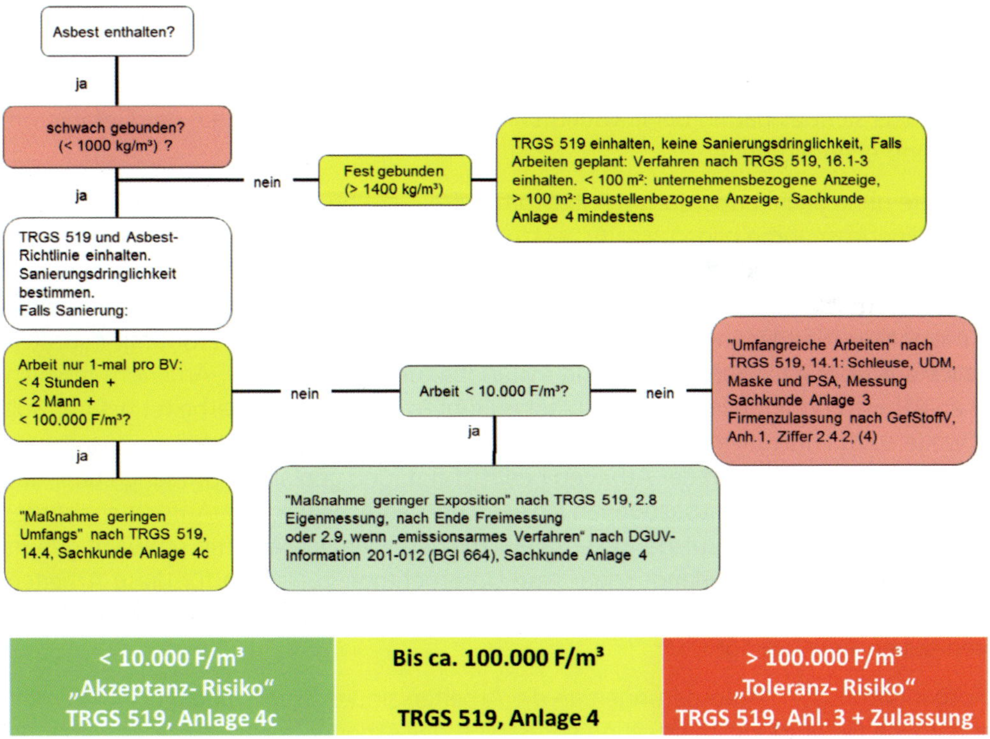

Abb. 2: Arbeiten an Asbest richten sich nach der Exposition und der Arbeitsdauer. Die Anforderungen steigen mit steigender Asbestexposition.

Quelle: Dr. Uwe Koop

19 Feige-Munzig, Andreas, BG Bau (12.11.2015): mündliche Mitteilung.

20 Arbeitsverfahren, die die Akzeptanzkonzentration einhalten, sind vom Institut für Arbeitsschutz in der DGUV-Information 201-012 (früher: BGI 664) veröffentlicht. Sie gelten als „emissionsarme Verfahren".

Allgemein bekannt sind technische Produkte, die Asbest in zumeist mittleren Konzentrationen enthalten, z.B. Asbestzementprodukte als Bedachungsmaterial (Asbestzement-Wellplatten, Kunstschieferplatten) oder als Fassadenverkleidung. Ihre Bearbeitung findet bei ordnungsgemäßer Durchführung im Bereich zwischen Akzeptanz- und Toleranzkonzentration statt.[21] Für diese Arbeiten ist in der TRGS 519 ein genauer Arbeitsplan dargestellt,[22] bei dessen Einhaltung damit gerechnet wird, dass die Toleranzkonzentration von 100.000 F/m^3 eingehalten werden kann.

Auch Produkte, die einen hohen Asbestanteil haben können, wie z.B. Dichtschnüre in Ofentüren oder Schornsteinklappen, sind allgemein bekannt. Die Bewertung dieser Produkte im Hinblick auf eine Gefährdung von Gebäudenutzern ist baurechtlich in der Asbest-Richtlinie der Bundesländer geregelt. Der Umgang damit ist in der Technischen Regel für Gefahrstoffe, der TRGS 519, durch den Ausschuss für Gefahrstoffe beispielhaft beschrieben. Die TRGS 519 spiegelt den Stand der Technik für den Umgang mit Asbestprodukten wider; sie ist die Ausführungsvorschrift für den Arbeitsschutz und konkretisiert die Festlegungen der Gefahrstoffverordnung.

Bauherren, Architekten und sonstige Bauschaffende haben häufig die notwendigen Kenntnisse, um Gefahren beim Umgang mit asbesthaltigem Material gering zu halten. Ein Teil der Produkte, die Asbest enthalten, ist bei den ausführenden Handwerkern bekannt, sodass auf Baustellen i.d.R. der unbeabsichtigte Umgang mit Asbestprodukten vermieden wird. Anders sieht es häufig bei Privatleuten aus, für die die Regelungen der Gefahrstoffverordnung ebenfalls gelten.

Privatleute ohne Sachkunde dürfen Asbestprodukte nicht bearbeiten, ausbauen oder entsorgen. Eine Ausnahme bilden hier Asbestzementprodukte, die deren Besitzer selbst entfernen und entsorgen darf. Um diese Fachkenntnisse („Sachkunde") zu erwerben, sind Ausbildungen, wie sie in der TRGS 519, Anlage 3, 4 und 10 beschrieben sind, notwendig. Nur mit entsprechender Sachkunde ist eine Ausnahme vom Umgangsverbot mit Asbest im Hinblick auf Abbruch-, Sanierungs- und Instandhaltungsarbeiten (ASI-Arbeiten) möglich. Falls an Asbestprodukten im Rahmen dieser erlaubten Ausnahmen gearbeitet werden soll, sind weitere administrative und organisatorische Voraussetzungen zu erfüllen. So muss der Betrieb, der die Ausführung der Arbeiten beabsichtigt, den geplanten Umgang zumindest in Form einer unternehmensbezogenen Anzeige bei den Arbeitsschutz-Aufsichtsbehörden und seiner zuständigen Berufsgenossenschaft melden. Der Umgang mit schwach gebundenen Asbestprodukten verlangt sogar eine Unternehmenszulassung für diese Arbeiten. Die ASI-Arbeiten selbst sind auch anzeigepflichtig, wobei die Meldefrist vor Beginn der Arbeiten sieben Tage beträgt.

Die organisatorischen Anforderungen an die Arbeiten sind ebenfalls hoch. Der Unternehmer hat eine Gefährdungsbeurteilung vor Beginn der Arbeiten schriftlich zu dokumentieren.[23] Alle asbestexponierten Arbeitnehmer sind einer arbeitsmedizinischen Vorsorgeun-

---

21 Hessisches Ministerium für Frauen, Arbeit und Sozialordnung/Bericht zur Schwerpunktaktion Asbest März 96.

22 TRGS 519, 16.1-3.

23 TRGS 400 Gefährdungsbeurteilung für Tätigkeiten mit Gefahrstoffen. Technische Regel für Gefahrstoffe, Ausgabe: Dezember 2010, GMBl 2011 Nr. 2 S. 19 bis 32 (31.1.2011), zuletzt geändert und ergänzt: GMBl 2012 S. 715 vom 13.9.2012 [Nr. 40].

tersuchung zu unterziehen, wobei nach der gültigen Verordnung für die Arbeitsmedizinische Vorsorge (ArbMedVV[24]) keine Tauglichkeitsfeststellung mehr erfolgt, sondern der Fokus auf ein Beratungsgespräch zur Vorsorge gelegt wird. Dieses Beratungsgespräch muss nach Festlegung durch den Arbeitsmediziner regelmäßig, spätestens alle drei Jahre wiederholt werden. Für die Mitarbeiter ist ein Expositionsverzeichnis zu führen, in dem die individuelle Belastung jedes Arbeitnehmers mit krebserzeugenden Stoffen dokumentiert wird.

Eine weitere Gruppe von Asbestprodukten hat über viele Jahre ein Schattendasein geführt. Bei früher üblicher Materialprobenahme und Untersuchung nach den üblichen Verfahren konnten Materialien, die nur geringe Asbestgehalte aufwiesen und nur in geringen Schichtdicken auf Bauteilen aufgebracht waren, wie Farben und Spachtelmassen, regelmäßig nicht messtechnisch nachgewiesen werden. Die Konzentration von Asbest in der Materialprobe selbst war hierfür zu gering.

Asbest aus diesen Anwendungen hat dann aber seit 2015 wieder viel Staub aufgewirbelt. Dachte man bis dato, Asbest wäre ein Thema der Vergangenheit und dessen Handhabung im Baubestand einschätzbarer Standard, so wurde mit dem Diskussionsbeitrag des Verbandes Deutscher Ingenieure und des Gesamtverbandes Schadstoffsanierung e.V. (VDI/GVSS), „Asbesthaltige Putze, Spachtelmassen und Fliesenkleber in Gebäuden. Diskussionspapier zu Erkundung, Bewertung und Sanierung",[25] das Thema wieder ins Bewusstsein der Öffentlichkeit gebracht. Anlass hierzu waren Untersuchungsergebnisse aus der Schweiz und Feststellungen von Asbest in Hamburger Schulen an zunächst unverdächtigen Orten. Untersuchungen normaler Handwerkstätigkeiten an diesen bisher wenig beachteten, flächenhaft und in dünner Schicht verwendeten Asbestprodukten belegten, dass gesundheitsrelevante Asbestfaserkonzentrationen an den Arbeitsstellen auftreten können. Die überraschenden Ergebnisse der Messungen führten zu dem Begriff „neue Asbestprodukte" für die im Diskussionspapier beschriebenen Anwendungen. Hiermit werden Materialien bezeichnet, die zwar bis 1993 verbaut werden konnten, deren Gefährlichkeit aber bisher unterschätzt wurde. Abschätzungen besagen, dass bei jedem dritten vor 1993 errichteten Gebäude solche Asbestprodukte zu finden sind. Zum Schutz der Handwerker und Heimwerker gilt es also, dieses kritische Drittel zu identifizieren oder unkritische Handwerkstechniken zu entwickeln und zu propagieren.

Die jetzt in den Fokus gerückten Produkte sind schon länger bekannt und auf deren Gefährdungspotenzial ist bereits 1991 von *Rödelsperger* und *Gerhard*[26] hingewiesen worden. Durch die analytischen Schwierigkeiten konnten diese Produkte jedoch nicht regelmäßig entdeckt und sachgerecht behandelt werden. Über Jahre ist es daher bei staubenden Arbeiten zu Belastungen von Arbeitnehmern und Dritten gekommen.

---

24 Verordnung zur arbeitsmedizinischen Vorsorge vom 18. Dezember 2008 (BGBl. I S. 2768), die zuletzt durch Artikel 3 Abs. 1 der Verordnung vom 15. November 2016 (BGBl. I S. 2549) geändert worden ist.

25 VDI/GVSS (2015): Asbesthaltige Putze, Spachtelmassen und Fliesenkleber in Gebäuden. Diskussionspapier zu Erkundung, Bewertung und Sanierung.

26 Rödelsperger, K. und Gerhard, J. (1991): Asbest: Mineralogie, Eigenschaften und Verwendung. In: Asbest-Handbuch, 0110, S. 22. *„Allerdings muss befürchtet werden, dass bei einer Bearbeitung wie etwa dem Beschleifen asbesthaltiger Spachtelmassen für den trockenen Innenausbau mit einer Freisetzung von Asbestfasern zu rechnen ist".*

2016 hat das BMAS zusammen mit dem Bundesbauministerium (BMUB) den „Nationalen Asbestdialog" ausgerufen.

Ziel des Dialogs ist die Beteiligung der Öffentlichkeit. Durch diese Veranstaltungsreihe hat sich die Novellierung der GefStoffV bis nach der Bundestagswahl 2017 verschoben. Der Referentenentwurf der Gefahrstoffverordnung ist am 15.03.2022 veröffentlicht worden.[27]

11.3 Schimmelschäden: typische Befallsorte

Bei ausreichender Feuchtigkeit siedeln sich Schimmelpilze oder in der Folge auch andere Mikroorganismen (Bakterien, Hausstaubmilben) auf Oberflächen an. Schimmelpilzsporen als Keimzellen der Schimmelpilze umgeben uns ständig. Sie werden als Verbreitungsorgane der Schimmelpilze mit der Umgebungsluft überallhin getragen. Ob aus den Sporen ein Befall entsteht, ist lediglich von dem Wasserangebot an der Ablagerungsstelle der Sporen abhängig.

Schimmelpilzwachstum in Innenräumen ist unerwünscht. Zumindest ist es ein hygienischer Mangel, falls Schimmelpilzwachstum auftritt. Schimmelpilze als Sammelbegriff für mikrobielles Wachstum im Lebensraum des Menschen sind prinzipiell für den Menschen weitgehend ungefährlich; wir haben uns an die beteiligten Mikroorganismen im Zuge unserer Evolution angepasst. Aber: Ein über übliche Hintergrundwerte hinausgehendes Schimmelpilzwachstum sollte aus Gründen gesundheitlicher Vorsorge vermieden werden. Schimmelpilze können sensibilisierend wirken, Allergien und letztlich Asthma auslösen. Eine Infektion des Menschen durch die typischen Innenraum-Mikroorganismen findet i.d.R. jedoch nicht statt.

Die Wassermenge ist für mikrobielles Wachstum schon ausreichend, wenn in einem mehrwöchigen Zeitraum über mehrere Stunden am Tag auf der Oberfläche des Besiedlungsortes eine Bauteilausgleichsfeuchte von 80 % und darunter erreicht wird (siehe *Zöller/Warscheid* in diesem Buch). Das Wachstum von Mikroorganismen ist primär vom Wasserangebot abhängig; geeignete Nahrung, ideale Temperaturen und andere Wachstumsfaktoren sind in aller Regel in den Wohnungen vorhanden. Der beste Schutz vor Schimmelpilzbewuchs in Innenräumen ist somit das Vermeiden von Bauteilfeuchten.

Feuchte kommt über vielerlei Wege in den Wohnbereich des Menschen. In Küche und Bad, sogar allein durch die körperliche Anwesenheit in der Wohnung (Atmung, Transpiration) entsteht Wasserdampf, der, um Anreicherungen zu vermeiden, regelmäßig abgelüftet werden muss. Bei renovierten Wohnungen muss der Nutzer häufig sein Lüftungsverhalten verändern. Nutzerverhalten und bauliche Gründe sind die Hauptursachen für Schimmelpilzbildung in Wohnungen. Daneben schlagen aber auch Havarien und witterungsbedingter Eintrag von Wasser zu Buche.

27 Referentenentwurf der Bundesregierung vom 15.3.22. Verordnung zur Änderung der Gefahrstoffverordnung und anderer Arbeitsschutzverordnungen, 43 pp.

Das freigesetzte Wasser verteilt sich als Wasserdampf, messbar als „relative Luftfeuchte [% rF]“, in der Wohnung. Wird in Wohnungen, die vor 1980 errichtet worden sind, eine relative Luftfeuchte von 50 % und in später errichteten Wohnungen mit einem besseren Wärmedämmstandard eine relative Luftfeuchte von 60 % dauerhaft unterschritten, kann erwartet werden, dass es in diesen Wohnungen nicht zu Schimmelpilzwachstum kommt. Das Umweltbundesamt[28] geht davon aus, dass Gebäude, die nach den allgemein anerkannten Regeln der Technik errichtet wurden, keine Schimmelpilzprobleme zeigen.

Zum Nachweis der mittleren Luftfeuchte-Situation werden Datenlogger eingesetzt. Die Luftfeuchte verteilt sich in der Raumluft gleichmäßig, steigt aber an kühlen Oberflächen an. Dasselbe physikalische Phänomen zeigt sich bspw. bei Wasserflaschen, die aus dem Kühlschrank geholt werden. Außenwände von Wohnungen sind je nach Dämmstandard z.T. erheblich kälter als die Raumluft, sodass es an typischen Stellen der Außenwände zu Schimmelpilzwachstum kommen kann. Geometrische oder konstruktive Wärmebrücken sind Orte, an denen Kondensat am häufigsten auftritt – und in dessen Folge Schimmelpilzbildung. Bauteile mit Schimmelpilzbewuchs fachgerecht zu sanieren, bedeutet stets, in die Bausubstanz einzugreifen. So sind z.B. Tapeten oder Fußbodenbeläge zu entfernen oder Oberflächen durch Entfernen der obersten Bauteilschicht schimmelpilzfrei zu machen.

Über den Arbeitsschutz bei Schimmelpilzsanierungen informiert die DGUV-Information 201-028[29] (früher: BGI 858). Ziel der Schimmelpilzsanierung ist, durch Schimmelpilzwachstum belastete Bauteile zu entfernen und besiedelte Materialien oder Materialschichten auszubauen,[30] Oberflächen zu reinigen und auf diese Weise eine nutzungstypische Oberflächenkonzentration an Sporen zu erhalten. Eine „Null-Konzentration“ wird dabei nicht angestrebt, dies wäre aufgrund der überall vorkommenden Anflugsporen unrealistisch und ist ohnehin vom hygienischen Standpunkt aus betrachtet nicht erforderlich. Ziel einer Schimmelpilzsanierung ist vielmehr die Herstellung eines „Normalzustandes“.[27]

Wichtig vor einer Sanierung ist jedoch vorab die Klärung der Frage, ob sich an oder in den zu sanierenden Bauteilen Asbestprodukte befinden. Bei Arbeitstechniken, wie sie bei der Schimmelpilzsanierung angewandt werden, könnten sich sonst hohe Asbestfaserkonzentrationen entwickeln, die eine Gefahr für den Schimmelpilzsanierer und die Gebäudenutzer darstellen. Probearbeiten an den „neuen“ Asbestprodukten weisen ggf. auf erhöhte Asbestfaserkonzentrationen hin.

---

28 Umweltbundesamt (2017): Leitfaden. Zur Vorbeugung, Erfassung und Sanierung von Schimmelbefall in Gebäuden („Schimmelleitfaden“), Kapitel 4.1, S. 69.

29 DGUV Information 201-028, Gesundheitsgefährdungen durch Biostoffe bei der Schimmelpilzsanierung, November 2022.

30 WTA-Merkblatt 4-12, Ausgabe 05-2021: Ziele und Kontrolle von Schimmelpilzschadensanierungen in Innenräumen. S. 5.

Tab. 1: Asbestexpositionen bei Arbeiten an „neuen" Asbestprodukten nach[31]

Typische Arbeitsvorgänge bei Schimmel-Sanierungen	Expositionshöhe bis [Asbestfasern pro m³]
Tapete abreißen, asbesthaltiger Gipsspachtel auf 10 % der Fläche	5.000 F/m³
Tapete abreißen, asbesthaltiger Spachtel auf Beton	1.040 – 7.080 F/m³
Loch bohren in Gipsspachtel	8.600 F/m³
Stemmarbeiten in Gipsputz	9.400 F/m³
Asbesthaltiger Putz auf Beton. Schlitz fräsen	47.900 F/m³
Loch in Fliese bei asbesthaltigem Fliesenkleber bohren	36.000 F/m³
Fliesen abklopfen	77.000 F/m³
Abgesaugt Beton mit Feinspachtel schleifen	1,5 Mio F/m³
Mit Schleifgiraffe abgesaugt GK- Wand schleifen	1,5 Mio F/m³

Quelle: Dr. Uwe Koop

11.4 Schimmelpilzfundstellen, die asbestverdächtig sind

Etliche Bauteile und Baustoffe können Asbest enthalten. Die Schnittmenge zwischen Asbestverwendung und typischen Schimmelpilz-Wachstumsorten soll beispielhaft dargestellt werden. Ausreichende Feuchtigkeit vorausgesetzt, können Asbestfundstellen auch mit mikrobiellem Wachstum belastet sein. Als typische Befallsorte für Schimmelpilze sind z.B. Fensterlaibungen und Heizkörpernischen zu nennen. Diese Stellen sind heute verdächtig, mit asbesthaltigen Putzen oder Spachteln eingeputzt worden zu sein. Bei der Entfernung von Tapeten, dem Ausstemmen oder Ausschleifen dieser Flächen kann es zu hohen Asbeststaubexpositionen kommen. Fenster und Fensternischen sind häufig Kondensationsflächen und beim Einbau von Fenstern sind nicht selten Gipsspachtel mit Asbestanteilen verwendet worden. Auch sind asbesthaltige Farben an diesen Stellen zu finden, neben Asbestzementprodukten, z.B. einer Fensterbank. Asbestzement-Fensterbänke sind voll durchgefärbte, schwarze, weiße, rote oder andersfarbige Kunststeine. Sie haben häufig eine eingefräste Wasserrinne oder eingesägte Lüftungsschlitze, wenn sie über Heizkörpernischen angeordnet sind. Auch findet man bei hölzernen Fensterbänken gelegentlich untergenagelte Asbestpappen, die als Hitzeschutz fungierten.

Im Badezimmer ist die Fensterlaibung häufig gefliest. Wurden Fliesen im Dünnbett verlegt, ist der Kleber, mit einem Zahnspachtel aufgetragen, asbestverdächtig. Neben Asbest als Schadstoff ist auch auf andere Schadstoffe (Blei in Weißanstrichen der Fenster, Polychlorierte Biphenyle in Dichtungsmassen oder Holzschutzmittel in offenporig gestrichenen Holzfenstern) zu achten. In Außenbereichen an Fenstern ist asbesthaltiger Fensterkitt möglich; im Hinblick auf Schimmelpilzsanierungen hat dieser aber meistens eine untergeordnete Bedeutung.

31 Hohlweck, Christian (2016): mündliche Mitteilung bei der Vorstellung des Spachtelmassen-Leitfadens vom GVSS/VDI, 23. Forum Asbest (2014): Hiltpold, W.: Asbest in Fliesenklebern und die damit verbundene Exposition, 22. Forum Asbest (2013): Berg, Alexander: Praktische Probenahme bei stark staubenden Arbeiten. 18. Forum Asbest (2008): Schäffner, Karl-Heinz: Asbest in Spachtelmassen.

Ist der Fußboden von mikrobiellem Wachstum betroffen, sind es die Fußbodenbeläge selbst (Flexplatten, Cushioned-Vinyl-Bahnenware, Bodenfliesen mit Fliesenkleber, schwarzer Bodenkleber) oder ihr Untergrund, der Aufmerksamkeit verlangt. Asbesthaltige Estriche, schwimmende Estriche (deren Trennlage), schwarze Pappen unter Estrichen können Gefahrstoffe enthalten. Vor einer Bearbeitung ist eine chemische Analyse durchzuführen und ein geeigneter Arbeitsplan zu entwickeln, falls Schadstoffe erkannt wurden.

Bestehen die Wände aus geputztem Mauerwerk und tragen sie einen Ölfarb-Anstrich, können Farbe und Unterspachtel Asbest enthalten. Insbesondere Farbzuschlagsstoffe wie Talkum können geogen mit Asbest belastet sein,[32] sodass sowohl Fertigprodukte als auch handwerklich hergestellte Mischungen asbestverdächtig sind. Der Füllstoff dient hierbei als Verdickungs- oder Thixotropierungsmittel, um in einem Arbeitsgang die Beschichtungsdicke zu erhöhen. Typische Asbest-Verdachtsflächen und Orte mit Schimmelpilzbefall sind in der Bilderstrecke dargestellt.

Abb. 3: Fensternische aus Heraklith mit asbesthaltigem Gipsputz verputzt, darauf tapeziert. Fenster mit Gipsputz eingeputzt, ebenfalls übertapeziert. Hölzernes Fensterbrett von unten mit Asbestpappe beklebt und genagelt. Heizkörper mit Asbestpappendichtungen.

Abb. 4: Fensterbank Asbestzement. Fensterlaibung mit asbesthaltiger Farbe gestrichen (nicht die sichtbare, oberste Farbschicht!).

32 Mattenklott, M.: Asbest in Talkumpuder und Speckstein – heutige Situation. In: Gefahrstoffe-Reinhaltung der Luft 67, (2007) Nr. 5/6, S. 287 bis 292.

Abb. 5: Fliesen im Dünnbett mit asbesthaltigem Fliesenkleber verlegt. Asbestzement-Fensterbank. Holzfenster mit bleihaltigem Anstrich (Bleiweiß).

Abb. 6: Fußboden Cushion-Vinyl-Belag mit Asbestpappenunterlage. Helle Fliesen im Dünnbett mit asbesthaltigem Kleber geklebt. Fugenfüller asbesthaltig.

Abb. 7: Asbesthaltige Flexplatten als Fußbodenbelag mit asbesthaltigem Kleber.

Abb. 8: In einem Belag: asbesthaltiger Stragula als Fußbodenbelag. Unterlagspappe asbestverdächtig, hier aber asbestfrei.

Abb. 9: Terrazzoplatten können asbesthaltige Schmucksteine enthalten.

Abb. 10: Asbesthaltiger Gipsspachtel. Über der abgehängten Decke sichtbar, im Raum übertapeziert und gestrichen, dort nur schwer erkennbar.

Abb. 11: *Gipshaltiger Strukturputz mit Kellenstrich.*

Abb. 12: *Anstrich mit Ölfarbe auf Putz. Grundierungsspachtel asbesthaltig.*

Quellen für die Abb. 3-12: Dr. Uwe Koop

11.5 Schutzmaßnahmen bei Schimmelpilzsanierungen

Arbeitsschutzmaßnahmen bei Schimmelpilzsanierungen hinsichtlich einer Belastung des Ausführenden und zum Schutz Dritter vor Biostoffen sind ausführlich in der DGUV-Information 201-028, früher: BGI 858, besprochen. Ausführungen hierzu finden sich in diesem Buch im Beitrag zum Thema Arbeitsschutz von *Bonner*. Grundlage für die Wahl geeigneter Schutzmaßnahmen sind Expositionshöhe und Arbeitsdauer. Die Expositionshöhe ist vom angewandten Arbeitsverfahren abhängig. Entsprechend dem Minimierungsgebot der Gefahrstoffverordnung ist dem Staubschutz dabei nach dem TOP-Konzept/[33, 34] höchste Priorität einzuräumen, d.h., technische Schutzmaßnahmen führen zu größerer Verfahrenssicherheit als organisatorische Schutzmaßnahmen oder der Einsatz von persönlicher Schutzausrüstung. Prinzipiell entspricht das dem Vorgehen bei Asbest-Sanierungen. Auch bei diesen gilt das TOP-Konzept im Hinblick auf Staubschutzmaßnahmen. Es stellt sich daher die Frage, welche Schutzmaßnahmen für Schimmelpilzsanierungen dem Schutzkonzept der TRGS 519 entsprechen und welche Maßnahmen zum Schutz vor Asbest bei Schimmelpilzsanierungen asbesthaltiger Bauteile erforderlich sind.

11.6 Vergleich des Arbeitsschutzes bei Asbest- und Schimmelpilzsanierungen

Sowohl bei Schimmelpilzsanierungen als auch bei Asbestsanierungen geht die größte Gefahr von einer Freisetzung einatembarer Stäube aus. Bei Schimmelpilzsanierungen wird die Einteilung der Arbeiten nach der Expositionssituation diskutiert,[35] wobei die Freisetzung

33 Technische Regeln für Betriebssicherheit, TRBS 1111, Gefährdungsbeurteilung und sicherheitstechnische Bewertung (Bekanntmachung des Bundesministeriums für Arbeit und Soziales vom 15. September 2006; BAnz. 232a vom 9. Dezember 2006, S. 7). Beschreibt als sichere Abfolge der Schutzmaßnahmen technische, organisatorische Maßnahmen vor dem Einsatz persönlicher Schutzausrüstung.

34 GefStoffV (2010), Anhang 1, Ziffer 2.3.

35 Bonner, Andrea (2016): Die neue DGUV 201-028. In: Bundesverband Schimmelpilzsanierung e.V. Schimmelkonvent 2016.

von Staub neben der Freisetzung von Schimmelpilzsporen und der Arbeitsdauer als Entscheidungskriterium für die Zuordnung zu Gefährdungsklassen benutzt wird. Für die Exposition gegenüber Schimmelpilzen besteht allerdings kein Grenzwert, der eine spezifische gesundheitliche Beeinträchtigung zugrunde liegen müsste. Die Wahl der Expositionsgrenzen ist daher in Anlehnung an einen technischen Kontrollwert aus dem beruflichen Umgang mit schimmelpilzhaltigem Material getroffen worden.

Eine ähnliche Darstellung, allerdings auf der Basis einer Betrachtung des gesundheitlichen Risikos, finden wir bei Asbest in Form des ERB-Konzeptes (siehe Abb. 1), allerdings überwiegend ohne Berücksichtigung der Arbeitszeit für den konkreten Vorgang. Bei Asbest wird die Lebensarbeitszeit als Bezugsgröße gewählt. Eine direkte Vergleichbarkeit ist nicht gegeben, weil die Grenzwerte und deren Herleitung grundverschieden sind. Die tendenzielle Herangehensweise und das Schutzkonzept bei Asbest- und Schimmelpilzsanierungen sind jedoch durchaus vergleichbar. Technische und organisatorische Schutzmaßnahmen und die persönliche Schutzausrüstung ähneln sich.

So werden bei beiden Stoffen, Asbest und Schimmelpilzen, eine Gefährdungsbeurteilung, ein Arbeitsplan und eine Betriebsanweisung erstellt und eine Unterweisung der Mitarbeiter vorgenommen. Das strikte Abtrennen des Arbeitsbereiches (so klein wie möglich, so groß wie nötig), eine technische Lüftung und die abschließende Reinigung des Arbeitsbereiches sind weitere Gemeinsamkeiten. Auch die einzusetzenden Sauger und die Entstauber haben ähnliche Abscheidequalitäten, d.h., für Schimmelpilzsanierungen eingesetzte Sauger sind nur unwesentlich teurer als für Asbest geeignete. Bei beiden Gefahrstoffen wird die essenzielle Wichtigkeit einer qualifizierten Feinreinigung der Arbeitsbereiche zum Schutz nachlaufender Nutzung und nachlaufender Ausbaugewerke betont. Beide Sanierungen schließen mit qualifizierter, visueller Kontrolle der Arbeitsbereiche vor einer Freigabe ab; bei höheren Expositionen ist bei beiden Sanierungen eine Freimessung durch unabhängige Dritte gefordert, natürlich nach unterschiedlichen Messmethoden.

Tab. 2: Einteilung von Schimmelpilzsanierungsarbeiten in Gefährdungsklassen (Entwurf der DGUV Information 201-028) nach Belastungshöhe. Der aktuelle Grenzwert für Quarzstaub wird nicht berücksichtigt (< 0,05 mg/m³ Quarzstaub).

Kriterium	Gefährdungsklasse 1	Gefährdungsklasse 2		Gefährdungsklasse 3
Sporenfreisetzung	< 50.000 KBE/m³	50.000 – 250.000 KBE/m³		> 250.000 KBE/m³
Staubfreisetzung	< 1,25 mg/m³ A-Staub + < 10 mg/m³ E- Staub	< 12,5 mg/m³ A-Staub < 100 mg/m³ E- Staub		> 12,5 mg/m³ A-Staub > 100 mg/m³ E- Staub
Arbeitsdauer	<< 2 h	< 2 h	> 2h	

Quelle: Dr. Uwe Koop

Unterschiede bei der Herangehensweise zeigen sich bei einem Vergleich der TRGS 519 mit der DGUV-Information 201-028 im jetzigen Entwurfsstadium (2017, im vorliegenden Buch der Beitrag von *Bonner*). Wie auch beim Umgang mit Asbest wird auch vor Schimmelpilzsanierungen das Ausmaß des Schadens durch einen Planer bestimmt. Unterschiedlich sind hierbei die Qualifikationen der Personen, die diese Leistung erbringen. So ist gewünscht, aber nicht zwingend, dass bei Asbest der Planer zumindest über einen Sachkundenachweis verfügt. Hierzu werden auch von privatwirtschaftlicher Seite behördlich anerkannte Sachkundeausbildungen angeboten. Schimmelpilzsanierungsplaner können einen solchen Sachkundenachweis nicht über staatlich anerkannte Sachkundekurse erwerben. Keiner der auf dem Markt angebotenen Schimmelpilz-Sachkundekurse hat eine staatliche Zulassung. Im Schimmelpilzleitfaden des UBA sind allerdings Hinweise und Anforderungen an geeignete Planer und Sachverständige, d.h. eine Sachkunde, skizziert,[36] sodass künftig mit vergleichbarer Qualifikation gerechnet werden kann. Auch die DGUV-Information 201-028 enthält im Anhang 1 Hinweise zu Anforderungen an die Fachkunde.

Der Ursachenermittlung von Schimmelpilzschäden ist besondere Aufmerksamkeit zu widmen; ein Erfordernis, das bei Asbestsanierungen nicht bekannt ist. Hier muss allerdings darauf geachtet werden, dass die Funktionalität der Asbestanwendung, z.B. Brandschutz, nach einer Entfernung des Asbestproduktes erhalten bleibt. Schimmelpilze in Innenräumen können eine Belastung der Nutzer darstellen, sodass sich der Planer einer Schimmelpilzsanierung der Frage stellen muss, ob vorläufige Maßnahmen zum Schutz der Raumnutzer bis zur endgültigen Sanierung notwendig sind. Dieser Frage stellt sich auch der Asbest-Sanierungsplaner, allerdings nur bei unverzüglich sanierungsdringlichen, „schwach gebundenen" Asbestprodukten. Werden bei Asbestprodukten „vorläufige Maßnahmen" ausgeführt, sind Funktionalitätsnachweise gefordert. Die Zeit bis zur endgültigen Sanierung ist hier weiterhin begrenzt. Bei Schimmelpilzsanierungen gibt es dagegen keine Funktionskontrollen bei vorläufigen Maßnahmen.

Die Sanierungsplanung und die organisatorischen Vorarbeiten bei Asbest- und Schimmelpilzsanierungen sind, wie bereits dargestellt, sehr ähnlich. Auch die Schutzmaßnahmen bei der Durchführung und das ansteigende Schutzniveau bei Schimmelpilz- und Asbestsanierungen sind vergleichbar, wobei die Lüftungsmaßnahmen (bei Asbest Unterdruck im Sanierungsbereich), die Schleusen (bei Asbest mit Zwangsdusche) und die Sachkunde (bei Asbest staatlich überwachte Ausbildung, ggf. Firmenzulassung) deutliche oder zumindest graduelle Unterschiede aufweisen.

Grundsätzlich gewerkespezifisch ist bei Schimmelpilzen die Klärung der Frage, wieso es zu Feuchteanreicherungen am Bauteil gekommen ist. Ohne eine fachgerechte Beseitigung der Ursachen der Feuchteanreicherung wird aus Anflugsporen erneut Schimmelpilzwachstum entstehen, daher ist dieser Schritt essenziell. Auch erfolgt die bauliche Rekonstruktion der sanierten Flächen im Regelfall anders als bei Asbestsanierungen. Um erneutes Schimmelpilzwachstum zu erschweren, sollten Baumaterialien verwendet werden, die schimmelpilzwidrig sind, d.h. einen hohen pH-Wert aufweisen, hohe Wasserdampf-Speicherfähig-

36 Umweltbundesamt (2017): Leitfaden. Zur Vorbeugung, Erfassung und Sanierung von Schimmelbefall in Gebäuden („Schimmelleitfaden"), Kapitel 5.1.3, S. 107 ff.

keit haben und aus anorganischen Baustoffen bestehen oder andere, schimmelpilzwidrige Eigenschaften aufweisen.

Vor Asbestsanierungen erforderlich, aber nicht gesetzlich verankert, ist die Erkundung der Bausubstanz auf Asbestprodukte. Die Gefahrstoffverordnung kennt zwar die Auskunftsverpflichtung des Bauherrn bei Baumaßnahmen dem ausführenden Handwerker gegenüber,[37] aber diese Auskunftsverpflichtung ist nicht strafbewehrt. Sie wird nur unzureichend und im Ergebnis wenig erfolgreich angewandt.

Ist der Asbest beseitigt, steht die Ertüchtigung der Bauteile im Hinblick auf die ursprünglichen Asbesteigenschaften häufig im Vordergrund. In der Regel sind es die Brandschutzeigenschaften, die beim Wiederaufbau der sanierten Bauteile bedacht werden müssen. Das gilt allerdings nicht für die üblicherweise bei Schimmelpilzsanierungen betroffenen Asbestprodukte. Bei Spachtelmassen, Klebern und Farben, die bei der Schimmelpilzsanierung im Vordergrund stehen, waren es nicht die Brandschutzeigenschaften von Asbest, die bei diesen Produkten gewünscht waren. Daher kann in aller Regel nach einer Schimmelpilzsanierung asbesthaltiger Bauteile die Wiederherstellung mit bekannt schimmelpilzwidrigem Material im Vordergrund stehen.

11.7 Vorgehen bei Schimmelpilzsanierungen zum Schutz vor Belastungen durch Asbest

Zunächst müssen Erkenntnisse gewonnen werden, ob sich in dem zukünftigen Schimmelpilzsanierungs-Arbeitsfeld gefahrstoffhaltige Baumaterialien befinden, die bei einer Sanierung berührt werden. Hierzu geeignet wären Gefahrstoff-Kataster, wie sie in der Normenreihe des VDI/GVSS 6202[38] beschrieben werden. Über die Einbeziehung des Gebäude-Verfügungsberechtigten wird im Hinblick auf die Novellierung der Gefahrstoffverordnung diskutiert.[39] Danach soll eine anlassbezogene Gefahrstoffuntersuchung verpflichtend für den Gebäudeeigentümer werden. Liegen Erkenntnisse über die Existenz von fest gebundenen Asbestprodukten in dem von Schimmelpilzen befallenen Bauteil vor, sind sie nach den Vorgaben der TRGS 519, 16.3 auszubauen und zu entsorgen. Die technischen Voraussetzungen und die persönlichen Schutzmaßnahmen entsprechen hierbei der Gefährdungsklasse 3 nach DGUV-Information 201-028, wobei allerdings ein Sachkundenachweis und eine unternehmensbezogene Anmeldung der ausführenden Firma bei der zuständigen Arbeitsschutzbehörde und der Berufsgenossenschaft erfolgen müssen.

Ohne ein ausreichend genaues Gefahrstoff-Kataster vor Beginn einer Sanierung muss im Bauablauf immer damit gerechnet werden, dass Gefahrstoffe oder Schimmelpilzbelastungen überraschend auftauchen. In Bauteilen verborgen gewesene Baustoffe, die dem ausführenden Handwerker unbekannt sind, müssen dann geprüft werden. Dazu erforderlich ist allerdings, dass dem ausführenden Handwerker ein Verdacht kommt, es könne sich um

37 GefStoffV, § 15 (5).

38 VDI/GVSS 6202 Blatt 1, Schadstoffbelastete bauliche und technische Anlagen – Abbruch-, Sanierungs- und Instandhaltungsarbeiten, Blatt 2: Schadstoffbelastete bauliche und technischen Anlagen; Erkundung und Bewertung; Grundlagen, und Blatt 3: Schadstoffbelastete bauliche und technischen Anlagen; Erkundung und Bewertung; Asbest.

39 BMAS, BMUB (13.7.2016): Nationaler Asbestdialog (Berlin).

gefährliches Material handeln. Erst wenn die Ausbildung der Handwerker oder zumindest der Aufsichtsführenden Kenntnisse über gefahrstoffhaltige Baustoffe vermittelt, kann verhindert werden, dass z.B. asbesthaltiges Material aus Unkenntnis bearbeitet wird.

In Deutschland wurde bisher zwischen „fest gebundenen" und „schwach gebundenen" Asbestprodukten unterschieden. Die „neuen Asbestprodukte", Spachtelmassen, Anstriche und Kleber, sind i.d.R. in so dünner Schicht aufgetragen, dass das Dichte-Kriterium (unter oder über 1.000 kg/m^3) nicht belastbar angewendet werden kann. Daher ist die zurzeit gültige Einstufung für diese Produkte unklar. In der Novellierung der GefStoffV soll der Begriff der „schwach" oder „fest gebundenen" Asbestprodukte zugunsten des „Faserfreisetzungspotenzials" aufgehoben werden. Hierbei ergibt sich jedoch die Schwierigkeit, dass die föderale Gesetzgebung, der Asbest im Hinblick auf die schwach gebundenen Asbestprodukte im Baurecht unterliegt, in allen Bundesländern erst geändert werden müsste, um die neue Begrifflichkeit „Faserfreisetzungspotenzial" anstelle „fest" oder „schwach" gebundener Asbestprodukte in Deutschland einzuführen.

Die Arbeitsbereichsmessungen, die zur Bearbeitung der „neuen" asbesthaltigen Stoffe vorliegen, signalisieren bei unsachgemäßer, staubender Bearbeitung ein hohes Faserfreisetzungspotenzial. Die bisher vorliegenden Arbeitsplatzmessungen deuten aber ebenso darauf hin, dass bei einer staubarmen Bearbeitung möglicherweise die Toleranzkonzentration bei Ausbauarbeiten eingehalten werden könnte. Es wird daher für möglich gehalten, dass technische Maßnahmen und eine persönliche Schutzausrüstung, wie sie für Schimmelpilzsanierungen in der Gefährdungsklasse 3 erforderlich sind, für die Arbeiten an den „neuen" Asbestprodukten ausreichend sein könnten. Diese Annahme wäre jedoch durch weitere Arbeitsplatzmessungen erst noch zu bestätigen. Ein Vergleich der Anforderungen bei Asbestsanierungen und bei Schimmelpilzsanierungen mit Bezug auf den jeweils erforderlichen Arbeitsschutz findet sich in der folgenden Tabelle.

Erhöhte Anforderungen ergeben sich bei Schimmelpilzsanierungen für den Schutz der Schleimhäute (Augen) und im Hinblick auf das Tragen von Handschuhen, was bei Asbest eher weniger kritisch ist.

Tab. 3: Vergleich der Anforderungen von Asbest- und Schimmelpilzsanierungen.

Schimmel Asbest	**Gefährdungsklasse 1 Unter der Akzeptanzkonzentration**	**Gefährdungsklasse 2 Unter der Toleranzgrenze**	**Gefährdungsklasse 3 Über der Toleranzgrenze**
Arbeitsdauer	Asbest: frei	Asbest innen: < 2 h	gleich
Maßnahme	Asbest: unternehmensbezogen anzeigen	Asbest: unternehmensbezogen anzeigen	Asbest: Objekt anzeigen
Gefährdungsbeurteilung	Asbest: erforderlich	gleich	gleich

Schimmel Asbest	**Gefährdungs-klasse 1 Unter der Akzeptanz-konzentration**	**Gefährdungs-klasse 2 Unter der Toleranzgrenze**	**Gefährdungs-klasse 3 Über der Toleranzgrenze**
Betriebsanweisung	Asbest: erforderlich	gleich	gleich
Unterweisung	Asbest: erforderlich	gleich	gleich
Sachkunde	Asbest: TRGS 519 Anlage 4c	Asbest: TRGS 519 Anlage 4	Asbest: TRGS 519 Anlage 3
Information Dritter im Gebäude	Asbest: erforderlich	gleich	gleich
Koordination mit anderen Gewerken	Asbest: erforderlich	gleich	gleich
Begrenzung der Zahl Exponierter	gleich	gleich	gleich
Sofortmaßnahmen	gleich	gleich	gleich
Duschen / Haare waschen	gleich	gleich	gleich (Asbest: alle 2 h)
Körperhygiene in Pausen	gleich	gleich	Asbest: duschen alle 2 h
Atemschutzmaske	Ähnlich. Asbest: Angebot	gleich	gleich, bei Asbest weitere Steigerung nach Expos.
Schutzanzug	gleich	gleich	gleich
Schutzhandschuhe	Schimmel: erforderlich	Schimmel: erforderlich	Schimmel: erforderlich
Hautschutzplan	Schimmel: erforderlich	Schimmel: erforderlich	Schimmel: erforderlich
Fußschutz	gleich	gleich	gleich
Arbeitsmedizinische Vorsorge	gleich	gleich	gleich
Ausgestaltung Zugang zum Bereich	gleich	gleich	Asbest: 3 bis 4-K-Schleuse
Abschottung des Arbeitsbereiches	gleich	gleich	Asbest: Abschottung, Unterdruck

Schimmel **Asbest**	**Gefährdungs-klasse 1** **Unter der Akzeptanz-konzentration**	**Gefährdungs-klasse 2** **Unter der Toleranzgrenze**	**Gefährdungs-klasse 3** **Über der Toleranzgrenze**
Technische Lüftungs-maßnahmen	gleich	Ähnlich	gleich, Asbest: Filter H 13
Feinreinigung nach Ende der Sanierung	gleich	gleich	gleich
Einsatz Entstauber Klasse „M" bzw. „H"	gleich	gleich	gleich
Baustellenfreigabe	gleich	gleich	ähnlich
Abfallentsorgung	Asbest: gefährli-cher Abfall	Asbest: gefähr-licher Abfall	Asbest: gefähr-licher Abfall

Quelle: Dr. Uwe Koop

Zusammenfassend kann festgestellt werden, dass Schimmelpilzsanierungen häufig an Orten vorgenommen werden müssen, an denen früher auch Asbestprodukte verwendet wurden. Eine Erhebung, ob sich in dem durch Schimmelpilze belasteten Bereich asbesthaltige Gipsspachtel, asbesthaltige Farben oder asbesthaltige Kleber befinden, steht vor einer Schimmelpilzsanierung mit an erster Stelle. Hierbei können auch asbesthaltige Baustoffe (hauptsächlich: Asbestzement, Fußbodenbeläge) identifiziert werden. Der Umgang mit Asbest ist streng reguliert. Sachkunde ist zwingend erforderlich und Behörden sind zu informieren. Das ist so bei Schimmelpilzsanierungen nicht bekannt. Der Sanierungsvorgang und der Arbeitsschutz bei Sanierungen sind bei beiden Schadstoffen aber vergleichbar und in vielen Aspekten ähnlich, sodass ein qualifizierter Schimmelpilzsanierer bei Erfüllung der gesetzlichen Vorgaben mit seinen üblichen Mitteln i.d.R. auch eine Asbestsanierung beherrschen kann. Umgekehrt kann davon ausgegangen werden, dass einem geübten Asbestsanierer mit seinen Gerätschaften eine Schimmelpilzsanierung ordnungsgemäß und mit gutem Erfolg gelingen kann.

Trifft ein Schimmelsanierer unerwartet auf asbestverdächtige Materialien, muss er eine Abklärung des Verdachtes herbeiführen. In der Diskussion zur Novellierung der Gefahrstoffverordnung[40] wurde ein „anlassbezogenes Gefahrstoff-Kataster" als Konsens für die Untersuchung von Gebäuden vor Eingriffen in die Bausubstanz festgelegt. Es soll als obligatorische Aufgabe des Bauherrn vor Baumaßnahmen verhindern, dass Handwerker unwissend an einem gefahrstoffhaltigen Bauteil Arbeiten ausführen. Sollten bei einem Auftrag zur Schimmelsanierung dem Handwerker Bedenken hinsichtlich einer Schadstoffbelastung des Bauteils kommen, kann er unter Berufung auf die Gefahrstoffverordnung den Bauherrn um die Herausgabe des anlassbezogenen Gefahrstoff-Katasters bitten. Eine Durchführung von Schimmelpilzsanierungen ohne Abklärung möglicher Gefahrstoffe in

40 BMAS, BMUB (13.7.2016): Nationaler Asbestdialog (Berlin).

der Bausubstanz könnte zur Freisetzung von z.B. Asbeststaub führen und kann einen Straftatbestand[41] darstellen. Eine Klärung ist in jedem Verdachtsfall herbeizuführen, was so auch in der Gefahrstoffverordnung vorgesehen ist. Diese Aufgabe ist die des Bauherrn.

Bei der Sanierung von Schimmelpilzschäden und bei der Asbestsanierung fallen Abfälle an. Der Bauherr ist Abfallerzeuger im Sinne des Kreislaufwirtschaftsgesetzes. Asbesthaltige Abfälle sind, im Gegensatz zu schimmelpilzbelasteten Abfällen, immer gefährliche Abfälle. Während schimmelpilzbelastetes, organisches Material als Hausmüll entsorgt werden kann, wird mineralischer, schimmelpilzbelasteter Abfall dem Baustoffrecycling zugeführt. Nicht so bei Abfällen aus der Asbestsanierung. Dieses Material wird immer separiert, ggf. vorbehandelt, staubdicht verpackt und deponiert. Verfahren zur Zerstörung der Asbestfasern haben sich in der Praxis nicht bewährt. Zeigt der asbesthaltige Abfall einen erhöhten Heizwert, z.B. wenn er Tapeten oder organische Fußbodenbeläge enthält, ist er vorzubehandeln oder kann mit einer Ausnahmegenehmigung deponiert werden. Für die von einigen Landesregierungen geforderte Heizwertermittlung in asbesthaltigen Abfällen sind die Analysenlabore auf den Umgang mit Asbest hinzuweisen.

Defizite im Hinblick auf Asbest und auch die Schimmelpilzsanierung sind bei der Qualifizierung der ausführenden Handwerker und vieler Planer vorhanden. Sowohl die Sachkunde für den Umgang mit Asbest, typische Asbestprodukte und deren Einbauort als auch der sachgerechte Umgang mit Schimmelpilzen in Innenräumen werden zurzeit weder in der dualen Handwerksausbildung noch in der Ausbildung von Architekten, Bauleitern oder allgemeinen Bausachverständigen ausreichend thematisiert. Hier besteht ein hohes Verbesserungspotenzial.

Wie dargestellt wurde, können Asbest- und Schimmelpilzvorkommen gemeinsam nach Stand der Technik sicher gehandhabt werden. Es können Schutzmaßnahmen gewählt werden, die bei üblicher Bearbeitungsweise beide Gefahren beherrschbar machen. Dennoch gilt die Minimierungspflicht bei der Bearbeitung von Gefahrstoffen, die das geringstmögliche Gefährdungspotenzial fordert. Bei Schimmelpilzsanierungen wäre das die Gefährdungsklasse 1, bei Asbestsanierungen „emissionsarme" Verfahren geringer Exposition, die Ziel des Minimierungsgebotes ist. Wann, d.h. bei welcher Exposition das Minimierungsgebot erfüllt ist, ist in Deutschland nicht festgeschrieben. In der Schweiz wird hingegen definiert, dass das Minimierungsgebot als erfüllt angesehen werden kann, wenn 10 % der dort gültigen maximalen Arbeitsplatzkonzentration erreicht sind. Das ist bei Unterschreiten von 1.000 F/m^3 in der Schweiz der Fall.

Arbeitsweisen an den neuen Asbestfundstellen, die die in Deutschland gültige Akzeptanzkonzentration unterschreiten, sind nicht in ausreichender Zahl und für alle Anwendungsbereiche entwickelt und bemessen worden. Es fehlen belastbare Messergebnisse über emissionsarme Arbeitsverfahren, die sicheres, staubarmes Arbeiten erlauben. In diesem Zusammenhang sollen zurzeit von Seiten der Berufsgenossenschaften Probesanierungen messtechnisch begleitet werden; es stellen sich allerdings nur wenige geeignete Baustellen für die Messprogramme zur Verfügung. Hintergrund hierbei ist wohl, dass Bauherren die

41 StGB § 223 (1) (1): *„Wer eine andere Person … an der Gesundheit schädigt, wird mit Freiheitsstrafe bis zu fünf Jahren oder mit Geldstrafe bestraft."*

Erwähnung ihrer Gebäude im Zusammenhang mit Asbest ebenso fürchten wie eine Beeinflussung der Bauzeitenplanung durch die erforderlichen Messungen. Zielführender könnte der neue Ansatz sein, asbesthaltige Farben, Spachtelmassen und Kleber aus „wissenschaftlichen Gründen"[42] herzustellen, diese in Beispielsobjekten (Abbruchhäusern) auszubringen, um dann an definierten Probeflächen Versuche zur Entwicklung emissionsarmer Bearbeitungsverfahren durchführen zu können. Hierdurch ließe sich das Messprogramm zur Entwicklung emissionsarmer Arbeitsverfahren bei den neuen Asbestprodukten Farben, Spachtelmassen und Kleber wesentlich vereinfachen.

42 GefStoffV, § 8 (2).

12 Gefahren durch Holzschutzmittel bei der Schimmelpilzbekämpfung

Dipl.-Ing. (FH) Ekkehard Flohr, Dr. Robby Wegner

Inhalt

12.1 Grundlegendes zum chemischen Holzschutz

Der Werk- und Baustoff Holz ist als natürliches Material je nach Einsatzbedingungen unterschiedlichen Gefährdungen durch holzabbauende Organismen ausgesetzt. Die Behandlung von Holzbauteilen mit Holzschutzmitteln ist eine der Möglichkeiten, diese vor einem Befall durch holzzerstörende oder holzverfärbende Pilze und holzzerstörende Insekten zu schützen oder aber einen bereits bestehenden Befall zu bekämpfen.

Sind insbesondere die 1950er- bis 1980er-Jahre in gewisser Weise aufgrund des normativ dominierenden Materialschutzansatzes der Nachkriegszeit durch den chemischen Holzschutz geprägt, so sind spätestens seit den 1990ern baulich-konstruktive Holzschutzmaßnahmen im Holzbau prioritär anzuwenden und auszuschöpfen. Der frühere Regelfall der Anwendung von Holzschutzmitteln für Holzkonstruktionen in Gebäuden ist mittlerweile zum Ausnahmefall geworden. Darüber hinaus ist der Markt der in Deutschland verfügbaren Holzschutzmittel mit der Umsetzung der europaweit geltenden Biozidprodukteverordnung seit gut einem Jahrzehnt weit stärker reglementiert, als dies in der Vergangenheit der Fall war. Waren in der alten Bundesrepublik und im wiedervereinigten Deutschland bis dahin nur Holzschutzmittel für den bautechnisch relevanten Bereich zulassungspflichtig, so gilt dies heute auch für Do-it-yourself-Produkte wie z.B. biozidhaltige Lasuren. Neben der Wirksamkeit von Bioziden und Biozidprodukten gegenüber den Zielorganismen steht die Bewertung der Risiken für Gesundheit und Umwelt im besonderen Fokus der Biozidprodukteverordnung.

Um mögliche Gefährdungen bei Sanierungsarbeiten in Gebäuden durch frühere Holzschutzmittelanwendungen zu erkennen und einzuschätzen, sind Kenntnisse über typische Einsatzbereiche, Anwendungsverfahren und Inhaltsstoffe von Holzschutzmitteln von Nutzen.

12.2 Entwicklung verschiedener Einbringverfahren

Das wohl älteste Einbringverfahren für Holzschutzmittel ist das Anstrichverfahren, allerdings lassen sich nur wenige Millimeter Eindringtiefe der flüssigen Produkte erreichen. Mit dem Bandageverfahren[1] (bereits vor 5.000 Jahren aus Ägypten bekannt) und dem Saftverdrängungsverfahren[2] (Frankreich, Anfang des 19. Jahrhunderts durch Boucherie) schuf man Wirkstoffdepots, bei denen das Holzschutzmittel über Tage bis Jahre die Gelegenheit hatte, tiefer in das Holz einzudringen. Parallel dazu wurden im Tauchverfahren Hölzer mit Holzschutzmitteln geschützt. Bereits im Mittelalter galt das Lagern von Bauhölzern in heißer Salzsohle als schutzbringend. Hier wurden jedoch, ähnlich dem Anstreichverfahren, nur wenige Millimeter Eindringtiefe erreicht.

Der aus verfahrenstechnischer Sicht entscheidende Durchbruch gelang Anfang des 19. Jahrhunderts in Frankreich durch die Entwicklung des Kesseldruckverfahrens. Maßgeblich beteiligt waren u.a. Bréant, Bethell und Burnett. Erstmals war es gelungen, das Holz in tieferen Bereichen zu durchtränken. Dabei konnte man abhängig von Holzart und Verfahrensbedingungen einen Voll- bzw. Tiefschutz erreichen.

Auch der Erhalt bzw. die Sanierung bereits befallener Holzbauteile im Gebäudebestand war eine politische und wirtschaftliche Notwendigkeit. Gerade das vermehrte Auftreten des Echten Hausschwamms und holzzerstörender Käfer (Hausbock), aufgrund der Konzentration von Bauwerken im innerstädtischen Bereich (Bebauungsdichte), machte die Suche und Anwendung von effektiven handwerklichen Holzschutzverfahren immer dringender. Besonders gefährdete Holzbauteile im Gebäude wurden im Zuge der Organismenbekämpfung im Gebäude einer Nachbehandlung unterzogen. Dabei kamen vorrangig das Anstreich- und das Bohrlochverfahren zum Einsatz (Abb. 1 und 2). Diese seit mehreren Jahrhunderten gebräuchlichen Verfahren werden bis heute abgewandt (Abb. 3).

1 Anwendung an besonders gefährdeten Holzbauteilen (insbesondere an Masten im Bereich der Erde-Luft-Zone). Dabei werden mit Holzschutzmitteln getränkte Bandagen um das Holzbauteil gewickelt, sodass die Holzschutzmittelwirkstoffe langsam in das Holz diffundieren.

2 Eine Durchtränkung der Splintholzzonen mit wasserlöslichen Holzschutzmitteln auch an schwer tränkbaren Holzarten (z.B. Fichte) von einer Hirnholzfläche aus möglich. Voraussetzung ist ein nachweislich saftfrisches Holz und nur bei Rundhölzern realisierbar. Aus ökologischen und verfahrenstechnischen Gründen kaum noch anwendbar.

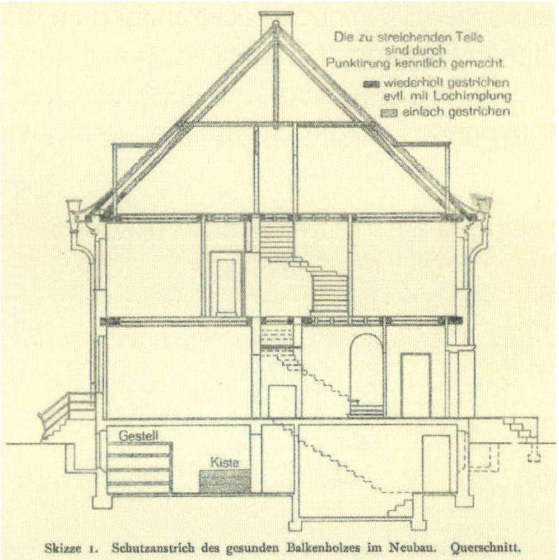

Skizze 1. Schutzanstrich des gesunden Balkenholzes im Neubau. Querschnitt.

Abb. 1: Besonders gefährdete Holzbauteile, die im Gebäude geschützt werden sollen, von 1927

Quelle: Falck, Dr. Richard, Hausschwamm-Forschung, Heft 8, Jena Verlag von Gustav Fischer, 1927

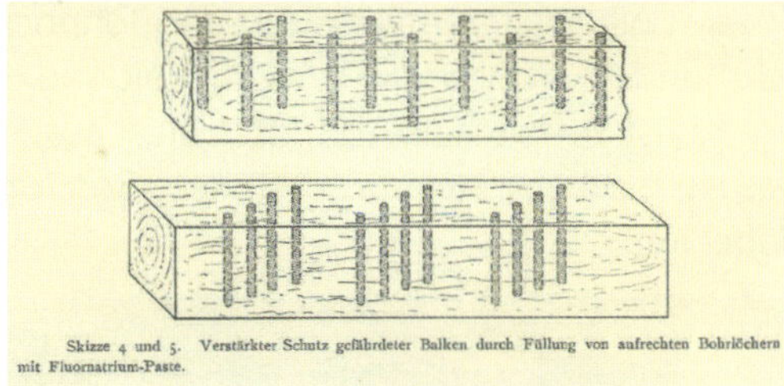

Skizze 4 und 5. Verstärkter Schutz gefährdeter Balken durch Füllung von aufrechten Bohrlöchern mit Fluornatrium-Paste.

Abb. 2: Empfehlung der Bohrlochanordnung an Balken, von 1927

Quelle: Falck, Dr. Richard, Hausschwamm-Forschung, Heft 8, Jena Verlag von Gustav Fischer, 1927

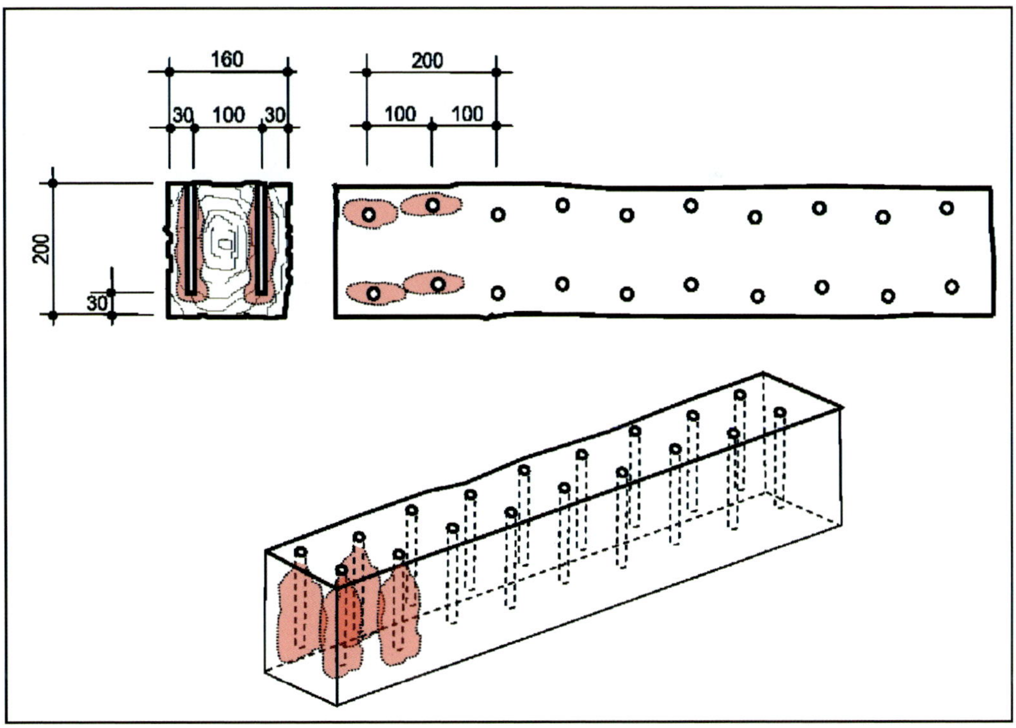

Abb. 3: Bohrlochanordnung nach dem a.a.S.d.T. mit etwaiger Holzschutzmittelverteilung (rot)

Quelle: Ing.-Büro E. Flohr GmbH, Dessau

Speziell die Weiterentwicklung der Bohrlochtränkung zur Bohrlochdrucktränkung im 20. Jahrhundert erhöhte die Wirksamkeit und die Behandlungsgeschwindigkeit. Durch spezielle Kunststoffpacker (Abb. 4), früher aus Stahl bzw. Messing, wird unter leichtem Druck das Holzschutzmittel in vorbereitete Bohrlöcher gepresst. Die Kunststoffpacker verbleiben dabei im Holz.

Abb. 4: Einschlagen der Kunststoffpacker in einen Balkenkopf.

Quelle: Ing.-Büro E. Flohr GmbH, Dessau

Als reines Oberflächenverfahren hat sich, insbesondere bei der Bekämpfung von holzzerstörenden Insekten, das Spritz- oder Sprühverfahren als wirtschaftliches Imprägnierverfahren über mehr als 100 Jahre bewährt. Mittels eines unter Druck stehenden, fein zerstäubenden Spritz- oder Sprühstrahls konnten so schnell und kostengünstig große Holzoberflächen im Gebäudebestand behandelt werden. Vorrangig kam dies in Dachstühlen (Abb. 5), aber auch an freigelegten Holzbalkendecken zur Anwendung. Zwangsläufig entstehen dabei fein zerstäubende Aerosole und Sprühverluste, die auch umgebende, nicht zur Imprägnierung vorgesehene (Holz-)Bauteile benetzen. Dadurch findet man auch oftmals auf der Dachbodendielung einen entsprechenden Schutzmitteleintrag.

Abb. 5: Gegenwärtige Arbeitsweise beim Spritzverfahren im Dachstuhl.

Quelle: Ing.-Büro E. Flohr GmbH, Dessau

Um 1975 entwickelte man in der ehemaligen DDR ein Verfahren, um diese Sprühverluste im Gebäude zu minimieren und um bisher nicht zugängliche Hohlstellen zu erreichen. Zudem werden gegenüber anderen Oberflächenverfahren geringfügig höhere Eindringtiefen erreicht. Hierbei handelt es sich um das Schaumverfahren nach Petermann (Abb. 6). Gegenwärtig werden damit borsalz- und quatbasierte Holzschutzmittel aufgetragen. Von 1975 bis 1990 wurden auch chromat- und fluoridhaltige Holzschutzmittel eingesetzt. Bei allen im Schaumverfahren eingesetzten Holzschutzmitteln handelt es sich um wasserbasierte Produkte.

Abb. 6: Holzschutzmittelauftrag im Schaumverfahren auf einer Dippeldecke.[3]

Quelle: Ing.-Büro E. Flohr GmbH, Dessau

Für den rein vorbeugenden Holzschutz kam es in den letzten Jahrzehnten auch zum Einsatz von pastösen (Abb. 7) bzw. festen Holzschutzmitteln (Abb. 8). Dabei hat man Bohrlöcher im Holz mit einer borsalzhaltigen Paste oder mit Borsalzstäben bzw. Borsalzpresslingen gefüllt. In Abhängigkeit von der Holzfeuchte wird das im Bohrloch in fester Form vorliegende Borsalz angelöst und diffundiert über Wochen und Monate (ggf. Jahre) langsam in die umgebenden Holzbereiche. Fehlen die dafür notwendigen Holzfeuchtevoraussetzungen (deutlich unter 20 %), verändern sich die Borsalzdepots kaum.

3 Eine spezielle Form der Holzbalkendecke (auch Diebel-, Tram-, Mann-an-Mann- oder Döbeldecke genannt), bei der Balken an Balken liegt. Oftmals sind die unterschiedlich großen Balken mittels Dübeln verbunden.

Abb. 7: Bohrlochfüllung mit pastösem Borsalzprodukt.

Quelle: Ing.-Büro E. Flohr GmbH, Dessau

Abb. 8: Borsalzstäbe als Wirkstoffdepots im Bohrloch.

Quelle: Ing.-Büro E. Flohr GmbH, Dessau

12.3 Typische Holzschutzmittel für Holzbauteile in Gebäuden

Die gezielte Entwicklung von Holzschutzmitteln begann im 19. Jahrhundert in erster Linie für den Schutz von Einrichtungen im Bergbau, im Fernmelde- und Verkehrswesen (Masten und Schwellen). Diese in erster Linie auf Steinkohlenteerölen, Phenolen, Zink-Salzen, Quecksilber-Salzen, Chrom-Fluorid-Salzen und Chlornaphthalinen basierenden Produkte wurden bis zum Ende des Zweiten Weltkrieges nur vereinzelt in Gebäuden eingesetzt. In den 1930er-/40er-Jahren lag in Deutschland ein Hauptaugenmerk auf Anwendung und Standardisierung von Feuerschutzmitteln. So wurden drei sog. Einheitsfeuerschutzmittel auf Basis von Ammoniumphosphaten/-sulfaten (FM I), von pigmentiertem Kaliumwasserglas (FM II) und von Natrium-/Kaliumcarbonaten (FM III) eingeführt.[4] Beginnend in der zweiten Hälfte des 20. Jahrhunderts wurde eine Vielzahl von organischen Chlorverbindungen als fungizide oder insektizide Wirkstoffe in lösemittelbasierten Holzschutzmitteln verfügbar und verschiedene Borverbindungen in wasserbasierten Holzschutzmitteln eingeführt. Diese Produkte konnten mit handwerklichen Verfahren verarbeitet werden und waren somit auch für Nachschutz und Bekämpfungsmaßnahmen an bestehenden Holzkonstruktionen einsetzbar. Daher ist insbesondere die Verbindungsklasse der chlororganischen Wirkstoffe einhergehend mit deren toxikologischen und stofflichen Eigenschaften im besonderen Maße für bestehende Belastungen in Gebäuden verantwortlich. Spätestens mit den vom Gesetzgeber in Kraft gesetzten Anwendungseinschränkungen, dem folgenden Herstellungs- und Verwendungsverbot des bis dahin breit eingesetzten fungiziden Wirkstoffes Pentachlorphenol (PCP) Mitte der 1980er-Jahre sind weniger problematische Wirkstoffe (Pyrethroide, Triazole) eingesetzt worden, von denen ein beträchtlicher Teil weiterhin als zulässige Biozide gemäß Biozidprodukteverordnung in Holzschutzmitteln verwendet werden.

4 Mahlke-Troschel-Liese, Handbuch der Holzkonservierung, 3, neubearbeitete Aufl., Springer Verlag 1950.

Die jahrzehntelange Teilung Deutschlands führte zu einigen Unterschieden, was die Verwendung bestimmter Wirkstoffe betraf, so wurde das Insektizid DDT nahezu nur in der DDR in Holzschutzmitteln eingesetzt. Unter den insgesamt 83 in der ehemaligen DDR von 1958 bis 1990 für die Anwendung in Innenräumen ohne dauernden Aufenthalt (z.B. Dachböden und Keller) zugelassenen Holzschutzmitteln finden sich elf DDT-haltige Produkte, zu denen auch die bekannten Hylotox-Präparate gehörten.[5] Dagegen kann in der alten Bundesrepublik die Wirkstoff-Kombination PCP/Lindan als langjähriger Standard angesehen werden, mit mehr als 100 zulassungspflichtigen wie nicht zulassungspflichtigen Produkten. Mit diesen Präparaten wird in der Öffentlichkeit der Produktname Xylamon verbunden. In der DDR bestand für Holzschutzmittel eine Zulassungspflicht, nur wenige Produkte konnten von Privatpersonen erworben werden. In der alten Bundesrepublik Deutschland bestand keine generelle Zulassungspflicht und nicht zulassungspflichtige Produkte (z.B. dekorative Anstrichpräparate) waren verstärkt in den in den 1970ern aufkommenden Heimwerker-Märkten zu beziehen.

Tab. 1 gibt einen Überblick zu den Wirkstoffen, die typischerweise in Holzschutzmitteln in Gebäuden Verwendung fanden. Hierbei handelt es sich in erster Linie um Produkte zur Nachbehandlung von Holzbauteilen, zur Insektenbekämpfung oder zum dekorativen Holzschutz, die mittels handwerklicher Verfahren aufgebracht wurden. Ganz überwiegend handelt es sich bei diesen Präparaten um lösemittelhaltige Formulierungen mit den zu den chlororganischen Verbindungen zählenden Substanzen DDT, Lindan, PCP, HCH und Chlornaphthalinen, die in Einzelfällen Zusätze von PCB (polychlorierte Biphenyle) und/oder PCT (polychlorierte Terphenyle) enthielten. Weniger breite Verwendung fanden Parathion-Ethyl, Endosulfan, Chlorthalonil, Furmecyclox sowie zinnorganische Verbindungen. Die wasserlöslichen Präparate für den genannten Verwendungszweck basierten in erster Linie auf anorganischen Fluor- und Bor-Verbindungen. Unter den in Tab. 1 aufgeführten früher eingesetzten Wirkstoffen sind Borsäure und Permethrin aktuell nach Biozidprodukteverordnung für die Verwendung in Holzschutzmitteln zugelassen.

5 Wegner, Robby/Dürrwald, Stefan/Melcher, Eckhard, Anwendung und Vorkommen von Holzschutzmitteln in gedeckten Räumen in der ehemaligen DDR – Theorie und Praxis, Holz als Roh- und Werkstoff, 2001, S. 431-435.

Tab. 1: Typische Wirkstoffe in früher eingesetzten Holzschutzmitteln (Gebäude) [6]

Wirkstoff/Biozid	**Einsatzregion/ Verwendungszeitraum**	**Wirkung/ Produkttyp**	**Bemerkungen (Produktbeispiel)**
Steinkohlenteeröle (PAK/Phenole)	19./20. Jh.	insektizid und fungizid/lösemittelbasiert	selten kombiniert mit weiteren Wirkstoffen (Carbolineum)
Chlornaphthaline	BRD: 1940er bis 1970er DDR: 1940er bis 1960er	insektizid und fungizid/lösemittelbasiert	technisches Gemisch von Mono-, Di-, Tri-, Tetrachlornaphthalinen sowie chlorierten Binaphthalinen; teilweise kombiniert mit weiteren Wirkstoffen (Xylamon-Hell)
Lindan (γ-HCH)	BRD und DDR: 1950er bis 1990er	insektizid/ lösemittelbasiert	häufig kombiniert mit weiteren Wirkstoffen wie PCP (BRD: Xylamon BV) oder DDT (DDR: Hylotox 59)
Pentachlorphenol (PCP)	BRD und DDR: 1950er bis 1980er	fungizid/ lösemittelbasiert (in Einzelfällen wasserbasiert als PCP-Natrium)	häufig kombiniert mit weiteren Wirkstoffen wie Lindan und Chlornaphthalin (BRD: Xyladekor) oder DDT (DDR: Hylotox IP)
Hexachlorcyclohexan (HCH)	BRD und DDR: 1950er bis 1960er	insektizid/ lösemittelbasiert	technisches Gemisch mehrerer Hexachlorcyclohexane (enthält u.a. Lindan)
DDT	DDR: 1950er bis 1990er	insektizid/ lösemittelbasiert	technisches Gemisch aus p,p'-DDT, o,p-DDT, p,p'-DDD, o,p-DDD); kombiniert

6 WTA-Merkblatt 1-8, Dekontamination von Holzschutzmittel belastetem Holz, Teil 1: Ermittlung und Gefährdungsbeurteilung, November 2013; Zwiener, Gerd, Handbuch Gebäude-Schadstoffe, Rudolf Müller, Köln, 1997; Bayerisches Landesamt für Denkmalpflege: Schriftenreihe Nr. 13; Kontaminiert – Dekontaminiert, Strategien zur Behandlung biozidbelasteter Ausstattungen, Volk Verlag, München, 2016.

Wirkstoff/Biozid	Einsatzregion/ Verwendungszeitraum	Wirkung/ Produkttyp	Bemerkungen (Produktbeispiel)
			mit weiteren Wirkstoffen wie Lindan und PCP (Protexol)
Aldrin/Dieldrin	BRD: 1950er	insektizid/ lösemittelbasiert	
Endosulfan	BRD: 1960er bis 1980er	insektizid/ lösemittelbasiert	
Parathion-Ethyl (E 605)	BRD: 1960er bis 1970er	insektizid/ lösemittelbasiert	kombiniert mit weiteren Wirkstoffen wie Lindan (Xylamon BV spezial)
Tributylzinnverbindungen (TBTO, TBTN)	BRD und DDR: 1960er bis 1980er	fungizid/ lösemittelbasiert	teilweise kombiniert mit weiteren Wirkstoffen (BRD: Basileum Naturbraun U 1120; DDR: Kombinal TO)
Chlorthalonil	BRD: 1970er bis 1980er	fungizid/ lösemittelbasiert	
Furmecyclox	BRD: 1970er bis 1990er	fungizid/ lösemittelbasiert	kombiniert mit weiteren Wirkstoffen wie Lindan/Dichlofluanid (Xyladecor 200)
Permethrin	BRD und DDR: ab 1980er	insektizid/ lösemittelbasiert	häufig kombiniert mit weiteren Wirkstoffen wie Lindan (BRD: Basileum Holzwurm BV; DDR: Hylotox I)
Dichlofluanid	BRD und DDR: 1980er bis 2019	fungizid/ lösemittelbasiert	teilweise kombiniert mit weiteren Wirkstoffen (BRD: Wolmanol braun; DDR: Holzschutzlasur HwKL)

Wirkstoff/Biozid	**Einsatzregion/ Verwendungszeit-raum**	**Wirkung/ Produkttyp**	**Bemerkungen (Produktbeispiel)**
Tolylfluanid	BRD: 1980er bis 2021	fungizid/ lösemittelbasiert	teilweise kombiniert mit weiteren Wirk-stoffen (Xylamon farblos)
Borsäure/Borax	BRD und DDR: ab 1960er	insektizid/fungizid/ wasserbasiert	teilweise kombiniert mit weiteren Wirk-stoffen (Kulbasal B)
Fluoride/ Hydrogenfluoride/ Silicofluoride	BRD und DDR: 1940er bis 1990er	insektizid/fungizid/ wasserbasiert	teilweise kombiniert mit weiteren Flamm-schutz- oder Fixie-rungskomponenten (BRD: Osmol WB 4; DDR: Dohnalit Ull)

Quelle: MPA Eberswalde

12.4 Mit Holzschutzmitteln behandelte Bauteile

12.4.1 Einbausituation im Gebäude

Wo, an welcher Stelle und in welcher Formulierung Holzschutzmittel im Gebäude vorliegen, hängt von den konstruktiven, aber auch von den politischen und wirtschaftlichen Verhältnissen ab, unter denen das Gebäude errichtet und instand gesetzt wurde. Der geschichtliche Abriss unter 12.2 und 12.3 macht dies deutlich.

Grundsätzlich kann man davon ausgehen, dass Holzbauteile, die einer höheren Feuchtebelastung ausgesetzt sind oder bei denen ein Risiko einer Feuchtebelastung besteht, mit Holzschutzmitteln zusätzlich geschützt wurden. Entsprechend der Abb. 1 wurden früher Holzschutzmittel in älteren Gebäuden hauptsächlich im Bereich der Traufe (Sparrenfüße und Balkenköpfe), den Holzbalkendecken (insbesondere Deckenbalkenauflagern) und im gesamten Dachstuhl verwendet.

Die Priorisierung baulich-konstruktiver Holzschutzmaßnahmen und der vermehrte Einsatz von KVH®[7]-Holz ist mit dem weitgehenden Verzicht auf chemische Holzschutzmaßnahmen verbunden. Deshalb kann man davon ausgehen, dass in neueren Bauwerken, insbesondere bei der Verwendung von KVH®-Holz, kaum Holzschutzmittel zum Einsatz kamen.

Zusammenfassend geht der Gesetzgeber davon aus, dass Altholz aus dem Baubereich, insbesondere Konstruktionshölzer für tragende Teile sowie Holzfachwerk und Dachsparren,

7 Als Konstruktionsvollholz bezeichnet man Bauschnittholz, welches durch technische Trocknung eine Holzfeuchte von 15 ± 3 % besitzt, herzgetrennt und meist gehobelt und gefast ist. Zum Einsatz kommen Fichte, Tanne, Kiefer, Lärche und Douglasie.

per se der Altholzkategorie IV entsprechend der Altholzverordnung[8] zugeordnet werden. Bei der Altholzkategorie IV handelt es sich per Definition um sonstiges Altholz, welches mit Holzschutzmitteln behandelt wurde. Da der Gesetzgeber diese Kategorisierung unter der Überschrift „Zuordnung gängiger Altholzsortimente im Regelfall" vornimmt, besteht zwar der begründete Verdacht, dass alle tragenden Holzbauteile behandelt wurden – dies muss jedoch nicht der Fall sein.

Unter Berücksichtigung der o.g. Hinweise ist es deshalb unmöglich, für konkrete Holzbauteile im Baubestand eine vorliegende Holzschutzmittelbehandlung (-belastung) vorherzusagen. Um dies zu bestimmen, bedarf es **immer** einer Einzelfallbetrachtung, die in einer gutachterlichen Stellungnahme bzw. Holzschutzmittelanalyse mündet.

Hinweise, die in die Einzelfallbetrachtung mit einfließen sollten, sind das Studium der Bauakte (z.B. alte Angebote, Rechnungen oder Lieferscheine zur Holzschutzbehandlung) und die Existenz von Dachkarten (Abb. 9). Letztere befinden sich mitunter an den Dachverbandshölzern der Dachstühle in der Nähe der Zugangstüren. Die Empfehlung, solche Kennzeichnungen vorzunehmen, gibt es schon seit den 30er-Jahren des 20 Jahrhunderts. Nach der Holzschutznorm DIN 68800 Teil 3 und 4 wurde und wird ein entsprechender sichtbarer Behandlungsnachweis gefordert.

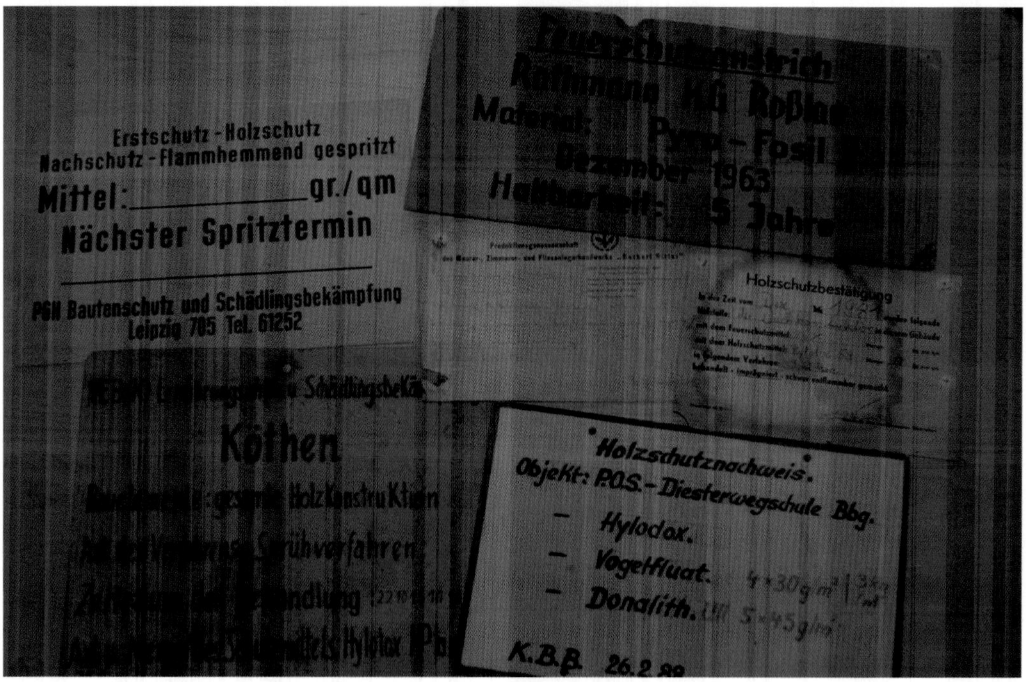

Abb. 9: Dachkarten mit Hinweis auf frühere Holzschutzmittelbehandlungen.

Quelle: Ing.-Büro E. Flohr GmbH, Dessau

8 Verordnung über Anforderungen an die Verwertung und Beseitigung von Altholz (Altholzverordnung – AltholzV), BGBl. I S. 3302, 15. August 2002. Zuletzt geändert durch Art. 120 V v. 19.6.2020 I 1328.

12.4.2 Erscheinungsformen im Gebäude

Da Holzschutzmittel in den meisten Fällen farblos sind, können diese nur in Einzelfällen makroskopisch am oder im Holz diagnostiziert werden. Erkennt man an der Holzoberfläche der Bauhölzer unnatürliche Verfärbungen (meist braun, gelb, orange oder grün), könnte es sich einerseits um Markierungsfarbpasten in den Holzschutzmitteln (insbesondere Tauchsalze) handeln oder dies stammt von der Eigenfärbung der Wirkstoffkomponenten. Letzteres ist anzutreffen, wenn kupfer- und/oder chromathaltige Holzschutzmittel vorliegen. Dann kommt es zu einer schwachen Grünverfärbung.

Deutlicher kann ein organischer Holzschutzmittelwirkstoff anhand der kristallinen Struktur auf der Holzoberfläche erkannt werden. Diese sind meist dem DDT (Dichlordiphenyltrichlorethan) zuzuordnen. Die weißen Kristalle (mikroskopisch kleine Kristallnadeln) erinnern an Flug- bzw. Pulverschnee, im Gegenlicht auch an Raureif (Abb. 10).

Abb. 10: Fein verteilte DDT-Kristallhäufchen an der Oberfläche von Konstruktionsholz.

Quelle: Ing.-Büro E. Flohr GmbH, Dessau

Ähnliche Erscheinungen, die mit den DDT-Ausblühungen leicht verwechselt werden können, treten bei überdosierten und glykolbasierten Borsalzanstrichen (Abb. 11) oder nach einer Fluoridbehandlung (Abb. 12) auf. Hierbei handelt es sich ebenfalls um die wirksamen Bestandteile von Holzschutzmitteln.

Abb. 11: Borsalzkristalle an der Holzoberfläche.

Quelle: Ing.-Büro E. Flohr GmbH, Dessau

Abb. 12: Magnesiumsilicofluorid-Kristalle an der Unterseite einer Parketttafel.

Quelle: Ing.-Büro E. Flohr GmbH, Dessau

Frühere Brandschutzanstriche, die durch Feuchtezufuhr angelöst werden und anschließend wieder rücktrocknen, können mehrere Millimeter bis teilweise 1 cm dicke, pelzige Ausblühungen hinterlassen (Abb. 13). Dabei handelt es sich häufig um Salze auf Sulfat-Basis (z.B. Magnesiumsulfate wie Bittersalz oder Ammoniumsulfate).

Abb. 13: Ausblühungen von Bittersalz an einem Kehlsparren nach massiver Durchfeuchtung.

Quelle: Ing.-Büro E. Flohr GmbH, Dessau

Sofern die Holzoberfläche von Konstruktionshölzern selbst zerfasert erscheint, handelt es sich um die sog. Mazeration[9]. Die Erscheinungsformen reichen von einer leicht filzigen Holzoberfläche (Abb. 14) bis hin zu mehreren Zentimeter langen Holzfasern (Abb. 15).

Abb. 14: Geringe Zerfaserung der Holzoberfläche an einem Sparren.

Quelle: Ing.-Büro E. Flohr GmbH, Dessau

Abb. 15: Etwa 5 bis 10 mm zerstörte Holzsubstanz erzeugen mehrere Zentimeter lange Holzfasern.

Quelle: Ing.-Büro E. Flohr GmbH, Dessau

Verursacht wird die Mazeration meist durch Brandschutzanstriche. Hierbei spielen Ammonium-Verbindungen eine nicht unerhebliche Rolle. Zusätzlich können diese Brandschutzprodukte mit Bioziden kombiniert worden sein. Weiterhin besteht die Möglichkeit, dass es vor oder nach der Brandschutzmaßnahme zu Holzschutzmitteleinträgen mit bioziden Wirkstoffen gekommen ist.

Durch das Zusammenspiel mazerierter Holzoberfläche und biozidhaltiger Produkte werden extrem viel kontaminierte Stäube freigesetzt. Das Arbeiten in Räumen mit derartigen Erscheinungen ist immer ein sehr hohes Risiko.

Makroskopisch sichtbare Ablagerungen oder Ausblühungen sind in aller Regel nur bei sehr hohen oberflächennahen Gehalten zu beobachten (siehe Tab. 2). Das heißt, in den weitaus meisten Fällen sind Belastungen visuell nicht erkennbar.

9 Auflösung des Zellverbandes durch Einwirkung verschiedener Chemikalien. Durch den Kristallisationsdruck werden u.a. die Zellen zerstört und es bildet sich eine wollartige Holzoberfläche von einigen Millimeter Dicke aus.

Tab. 2: Typische Ablagerungen und ihre Erscheinungsformen

Ablagerung/Ausblühung	Erscheinungsform	Quelle
Silicofluoride	weiße (farblose) fleckenartige Salzablagerung	Holzschutzmittel (ca. bis 1990er-Jahre)
Bittersalz (hydratisiertes Magnesiumsulfat)	weiße (farblose) voluminöse amorphe Salzausblühung (geht häufig einher mit Mazeration der Holzoberfläche)	Feuerschutzsalz (ca. bis 1940er-/50er-Jahre)
Borsäure/Borax	weiße (farblose) Kristallplättchen	Holzschutzmittel (aktuell zulässiges Biozid), Flammschutzsalz
DDT	weiße (farblose) Kristallnadelhaufen (raureifartig)	lösemittelhaltige Insektenbekämpfungsmittel (ca. bis 1989/90 auf den Gebiet der ehemaligen DDR)
Chlornaphthaline	weiße (farblose) Kristallplättchen (hochchlorierte Naphthaline und Binaphthaline)	ölige Holzschutzmittel (ca. bis 1970er-Jahre)
Farbpigmente/Farbstoffe	schwarze amorphe (teilweise schmierige) Ablagerungen	farbmarkierende oder farbgebende Zusätze (Farbpasten) von Tränksalzen für Bauholz

Quelle: MPA Eberswalde

Um Gefahrenpotenziale bei der Tätigkeit am verbauten Holz einzuschätzen, sollte ein Sachverständiger für Holzschutz mit einsprechendem analytischem Aufwand eine qualitative und quantitative Ermittlung der Schadstoffe vornehmen.

12.4.3 Vorkommen von Holzschutzmittelwirkstoffen in Gebäuden

Von einer möglichen Gefährdung für Nutzer muss immer dann ausgegangen werden, wenn in der Vergangenheit Holzschutzmittel in Aufenthaltsräumen verwendet wurden oder wenn Innenräume (Dachböden mit behandelten Holzkonstruktionen oder Kellerräume) im Zuge von Umbaumaßnahmen zu Aufenthaltsräumen werden. Dies hat notwendigerweise in den 1990er-Jahren zu behördlichen Vorgaben wie Informationsblättern, Handlungsanleitungen bzw. Sanierungsvorschriften zu Arbeiten und Umgang mit holzschutzmittelbelasteten Bauteilen geführt. Die PCP-Sanierungsrichtlinie (Richtlinie für die Bewertung und Sanierung Pentachlorphenol(PCP)-belasteter Baustoffe und Bauteile in Gebäuden; DIBt 1996) wurde als Technische Baubestimmung in nahezu allen Bundesländern eingeführt.[10]

Ganz überwiegend sind erkannte Kontaminationen von Wohn- und öffentlichen Gebäuden auf den Anwendungszeitraum 1950 bis 1990 und die Verbindungsgruppe der chlororganischen Wirkstoffe zurückzuführen. Bei großflächigen Anwendungen entsprechender Produkte können diese Wirkstoffe insbesondere durch Anlagerung an Staubpartikel zu einer Belastung in den behandelten Räumen und angrenzenden Bereichen führen.

Die Belastungssituation von Dachstühlen wurde in den 1990er-Jahren verschiedentlich beschrieben. So haben Untersuchungen der Jahre 1996 bis 1999 des Materialprüfungsamtes Berlin-Brandenburg an Proben aus über 100 Dachstühlen mit dem Verdacht einer Kontamination gezeigt, dass in 60 % der ganz überwiegend in Brandenburg und den Ostberliner Stadtbezirken gelegenen Objekte eine Behandlung mit lösemittelhaltigen Holzschutzmitteln vorlag. Hier waren deutliche Gehalte der chlororganischen Wirkstoffe DDT, Lindan, PCP und Chlornaphthaline sowie der zinnorganischen Verbindung TBTO nachweisbar. Hinsichtlich der Häufigkeit wurde eine eindeutige Präferenz zu den beiden Insektiziden DDT und Lindan ermittelt, die darüber hinaus in 75 % kombiniert auftraten, was z.B. für die Anwendung des entsprechend zusammengesetzten Insektenbekämpfungsmittels Hylotox 59 spricht (Diagramm 1).

Diagramm 1: Nachgewiesene Wirkstoffe in belasteten Dachstühlen (Berlin/Brandenburg, 1996 bis 1999)

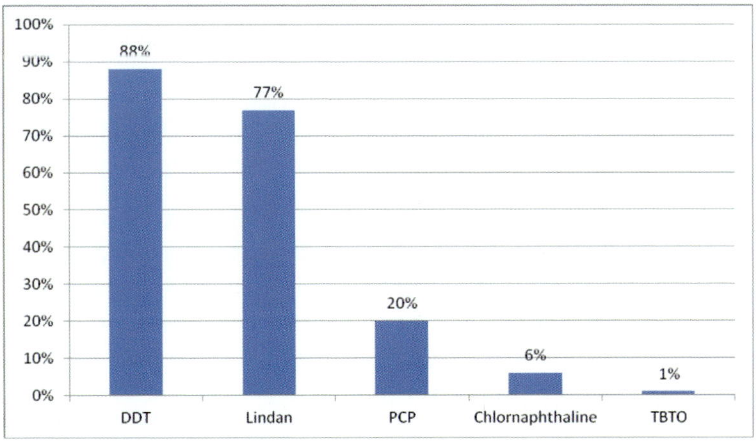

Quelle: MPA Eberswalde/Materialprüfungsamt des Landes Brandenburg

In den vorliegenden Fällen der behandelten Objekte ergaben sich im Mittel Gehalte an DDT von 1.100 mg/kg, an Lindan von 29 mg/kg sowie an PCP von 177 mg/kg in oberflächennahen Holzschichten (0 bis 5 mm Schicht). Diese Mittelwerte stellen jeder für sich eine hohe Belastung dar, die aus unmittelbaren Behandlungen der beprobten Holzbauteile resultie-

10 Richtlinie für die Bewertung und Sanierung Pentachlorphenol (PCP)-belasteter Baustoffe und Bauteile in Gebäuden (PCP-Richtlinie), 4. Februar 1997, GABl. S. 233.

ren, und decken sich mit Ergebnissen einer Untersuchung des Umweltbundesamtes zu Hylotox-59-behandelten Objekten von 1999 (siehe Tab. 3).

Tab. 3: Belastung von verschiedenen Materialien in Hylotox-59-behandelten Gebäuden

		DDT	Lindan
Holz		830 mg/kg 1,25 g/m²	20 mg/kg 0,02 g/m²
Staub	Dachböden	1.000 mg/kg	3 mg/kg
	Wohnungen	20 mg/kg	1 mg/kg
Luft	**Dachböden**	1,55 g/m³	0,065 µg/m³
	ausgebaute Dachwohnungen	0,02 µg/m³	0,005 µg/m³

Quelle: Umweltbundesamt[11]

Besonderes Augenmerk bei den Untersuchungen des Umweltbundesamtes wurde auf eine mögliche Belastung von Wohnungen gelegt, die unmittelbar unter hoch belasteten Dachgeschossen lagen.[12] Man kam dabei insbesondere für mehrgeschossige Mehrparteienhäuser zu folgendem Ergebnis:

> *„Nach derzeitigem Kenntnisstand kann davon ausgegangen werden, dass früher DDT-behandelte Dachböden zu keinen bedenklichen Belastungen in den Wohnungen solcher Häuser führen, seien es direkt unter dem Dachboden gelegene Wohnungen oder neu ausgebaute Dachwohnungen."* (Das heißt, Geschossdecken stellen üblicherweise eine effektive Trennung sicher; ebenso ist dies bei fachgerechter Sanierung durch staubdichte Verkleidung/Abtrennung belasteter Bauteile zu erwarten.)

Bei Einfamilienhäusern kann sich aufgrund besonderer Gegebenheiten im Einzelfall eine langfristig entstandene Belastungssituation ergeben (z.B. unmittelbare Verbindung der Dachböden zum genutzten Wohnraum durch Bodenluken).

Untersuchungsergebnisse der MPA Eberswalde aus den Jahren 2016 bis 2019 bestätigen die spezifischen Unterschiede hinsichtlich der Wirkstoffbelastung zwischen den alten und den neuen Bundesländern. Materialproben (Holz- und Staubproben) aus mehr als 2.000 Objekten des gesamten Bundesgebietes ergaben in 43 % der Fälle eine Belastung, die aus einer unmittelbaren Anwendung von Holzschutzmitteln resultierte (Diagramme 2 und 3). Für die neuen Bundesländer dominierten hierbei die Kombinationen DDT/Lindan (57 %) sowie DDT/PCP (34 %) und für die alten Bundesländer die Kombinationen PCP/Lindan (57 %) sowie Lindan/Parathion-Ethyl (13 %).

---

11 Horn, Wolfgang/Roßkamp, Elke/Ullrich, Detlef, UBA-Texte 70/99: Aktuelle DDT- und Lindan-Konzentrationen in Wohnräumen nach intensivem Holzschutzmitteleinsatz auf Dachböden in der Vergangenheit, Umweltbundesamt, Berlin 1999.

12 Ebd.

Diagramm 2 und 3: Nachgewiesene Wirkstoffe in belasteten Objekten (Bundesgebiet 2016 bis 2019)

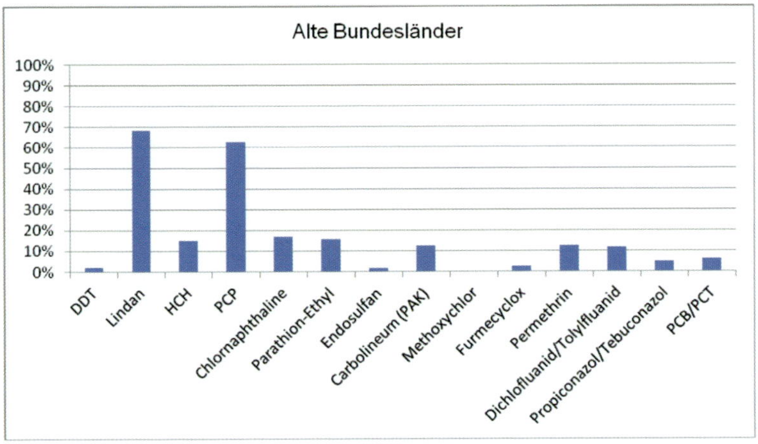

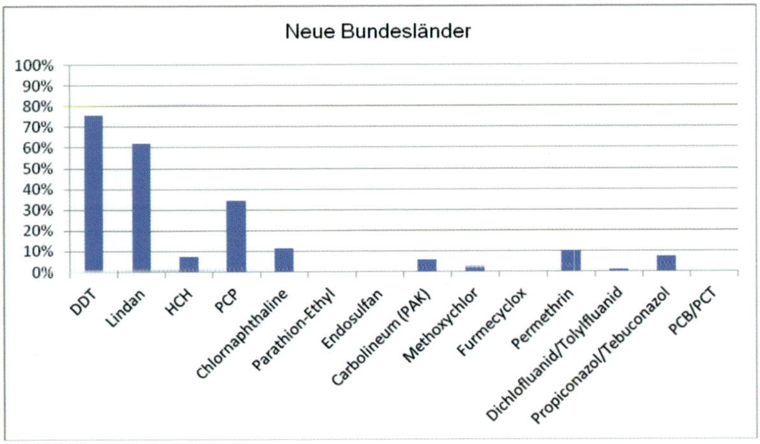

Quelle: MPA Eberswalde

Aus den vorliegenden Untersuchungsergebnissen und den über insgesamt 25 Jahre gesammelten Erfahrungen lassen sich einige allgemeine Hinweise für die gutachterliche Praxis ableiten:

- Mit einer früheren Behandlung mit Holzschutzmitteln muss auf vielen Objekten (insbesondere auf Dachstühlen) gerechnet werden.
- Zielsubstanzen für Untersuchungen sind in erster Linie DDT, Lindan, PCP, Chlornaphthaline und Parathion-Ethyl, es muss im Einzelfall mit anderen Bioziden gerechnet werden.
- Dachkarten sind keinesfalls eine immer verlässliche Informationsquelle, ebenso wenig wie Geruch oder Farbgebung.
- Deutliche Hinweise für Holzschutzmittel sind kristalline Ausblühungen (DDT-Nadeln), Sanierungsspuren in Kombination mit Insektenschäden und Mazeration (denkmalgeschützte Gebäude).
- Der in der Vergangenheit häufig praktizierte modifizierte Beilsteintest ist eine geeignete Vorprobe; eine konkrete Einschätzung der Belastung lässt sich daraus aber nicht ableiten.
- Auf eine labortechnische Untersuchung kann im Allgemeinen nicht verzichtet werden; schon um eine Belastungssituation abzubilden.
- Die Entfernung oberflächennaher Holzschichten kann aufgrund häufig vorliegender Belastungen durch lösemittelhaltige Bekämpfungsmittel mit hohem Eindringvermögen als keine allgemein sinnvolle Sanierungsmaßnahme angesehen werden. Hier müssen ggf. die Hölzer ausgebaut oder räumlich abgeschottet (Verkleidung, Beschichtung) werden.
- Insbesondere denkmalgeschützte Objekte sind aufgrund von Mehrfachbehandlungen häufig außerordentlich hoch belastet.
- Auf belasteten Dachböden gelagerte Materialien weisen teils hohe Sekundärbelastungen auf.

12.4.4 Gefahrenpotenzial bei der Sanierung

Holzoberflächen, die allein durch Schimmelpilze bewachsen sind, können unter Beachtung der Vorschriften bei der Schimmelbeseitigung behandelt werden. Nähere Hinweise dazu siehe 12.1 und 12.2.

Handelt es sich jedoch um Holzbauteile, die zusätzlich mit Holzschutzmitteln bzw. deren bioziden Wirkstoffen kontaminiert sind (Abb. 16), müssen die Regeln für das Arbeiten im kontaminierten Bereich berücksichtigt werden.[13] Hierbei besteht die Gefahr der unkontrollierten Freisetzung und Verteilung von gesundheitsschädlichen Holzschutzmittelwirkstoffen.

---

13 LAGetSi, Umgang mit holzschutzmittelbelasteten Bauteilen, Gegenständen und Materialien, HSM-Handlungsanleitung, September 2008; WTA-Merkblatt 1-8, Dekontamination von Holzschutzmittel belastetem Holz, Teil 1: Ermittlung und Gefährdungsbeurteilung, November 2013.

Abb. 16: Schimmelpilzbefall an einem Dachstuhl, der früher mit einem Insektizid behandelt wurde.

Quelle: Ing.-Büro E. Flohr GmbH, Dessau

Diese Forderung gewinnt an Bedeutung, da in Abhängigkeit von der zu erwartenden Sporenbelastung bei Schimmelpilzbefall vier Kategorien (Gefährdungsklassen 1, 2a, 2b und 3) festgelegt werden.[14] In Abhängigkeit von den ermittelten Gefährdungsklassen sind sehr unterschiedliche Schutzmaßnahmen notwendig. Diese können aufgrund der Arbeitsschutzanforderungen für das Arbeiten im kontaminierten Bereich infolge einer Holzschutzmittelbelastung überlagert werden. Beispielsweise sind bei der Vorreinigung (Staubsaugen) im Rahmen einer reinen Schimmelpilzbeseitigung (kurze Arbeitszeit) P2-Filter[15] einzusetzen. Ist das Holz durch Holzschutzmittel belastet, muss bei adäquaten Arbeiten eine Vollmaske AP3 verwendet werden.[16] Weiter gehende Erläuterungen zum Arbeitsschutz bei der Sanierung von mit Holzschutzmitteln belasteten Hölzern und bei Schimmelpilzbeseitigungen siehe den Beitrag von *Bonner* in diesem Buch.

14 UBA-Leitfaden Zur Vorbeugung, Erfassung und Sanierung von Schimmelbefall in Gebäuden, November 2017.
15 BG Bau, DGUV Information 201-028, November 2022.
16 LAGetSi, Umgang mit holzschutzmittelbelasteten Bauteilen, Gegenständen und Materialien, HSM-Handlungsanleitung, September 2008.

13 Risiken durch holzzerstörende Pilze bei der Schimmelpilzsanierung

Dipl.-Biol. Dr. Tobias Huckfeldt

Inhalt

13.1 Einleitung

Ein Risiko bei der Schimmelpilzsanierung ist das Übersehen von Schäden durch holzzerstörende Pilze, da die Sanierung von Fäulepilzen i.d.R. deutlich aufwendiger ist und oft weitreichende Rückbauten nötig sind – eine Trocknung und ein Putzabtrag allein reichen oft nicht. Unter gealterten Holzoberflächen können sich Fäuleschäden verbergen, die nur schwer zu sehen sind (Abb.1). Gemeinsam ist den Sanierungen, dass die Feuchtezufuhr nachhaltig abgestellt werden muss. Zur Erkennung von holzzerstörenden Pilzen sind einige grundlegende Kenntnisse zu den Holzveränderungen und biologischen Eigenschaften sowie ein Basiswissen zur Artenkenntnis der Fäulepilze erforderlich. Im Folgenden werden die Grundlagen gelegt. Der Text gliedert sich in fünf Bereiche: 13.2. Definitionen und Abgrenzung; 13.3 Faules Holz; 13.4 Fruchtkörper; 13.5. Mycelien und Stränge; 13.6. Wichtige Gruppen/Arten von Fäulepilzen. In Kapitel 13.3 bis 13.6 geht es meist um die Fragen: a) Welche Typen/Erscheinungsformen gibt es? b) Wie werden sie erkannt? c) Welche Funktion haben sie? d) Wo sind sie ggf. im Gebäude zu erwarten? e) Welche Gefahr geht von ihnen aus? Nebenbei werden biologische Daten genannt. Die Auswahl der Pilze im letzten Teil ist hochbaubezogen, so fehlen viele Arten, die bevorzugt an Fenstern, Fachwerk, Dächern und im Freien vorkommen, wie z.B. Blättlinge, Gallerttränen und Trameten.

Abb. 1: Ein äußerlich kaum erkennbarer Fäuleschaden an einer Schwelle mit Schimmelpilzbefall im Gebäudeinneren (nicht sichtbar): verschmutzter und mit Moos bewachsener Sockel (kaum gepflegt); das Moos hält besonders gut die Feuchtigkeit und befeuchtet das Holz; mit einer regelmäßigen Reinigung kann dem begegnet werden; das zerstörte Holz ist zu ersetzen; der bauliche Holzschutz ist unterentwickelt; Fäulepilze werden sich hier zusammen mit Schimmelpilzen immer wieder ansiedeln, solange die Schwelle zu oft befeuchtet wird; auch wenn es um Schimmelpilze geht, sollte das Gebäude ebenfalls von außen in Augenschein genommen werden.

Quelle: Dipl.-Biol. Dr. Tobias Huckfeldt

13.2 Definitionen und Abgrenzung

Dem Grundsatz nach kann durch sechs Fragen festgestellt werden, ob im Holz zusätzlich oder statt eines Schimmelpilzbefalls ein Fäule- oder Hausfäulepilz vorliegt (Abb. 2):

1. Liegt ein für Schimmelpilze atypisches Erscheinungsbild vor, z.B. sehr dichte, ggf. feste Mycelien, sehr viel brauner Sporenstaub, aufragende Fruchtkörper?
2. Ist die Festigkeit des Holzes vermindert (Holzabbau, ggf. auch verdeckt, Abb. 23 und 34)? Durch Säuberung und ggf. Anschleifen/Anschneiden kann dies gut festgestellt werden.
3. Sind tiefere Schichten des Holzes befallen/weich geworden (Abb. 1a)?
4. Wie lange waren die Bauteile feucht? (Fäulepilze brauchen Monate bis Jahre für eine massive Fäule. Schimmelpilze entstehen z.T. nach wenigen Tagen.)
5. Wie ist der allgemeine Pflegezustand des Gebäudes (Abb. 10, Abb. 15, Abb. 32) und gibt es Hinweise auf Feuchteschäden in seiner Geschichte? (Wie viele Kriege/Krisen hat das Gebäude erlebt; wie viele Sanierungsstaus hat es gegeben?)
6. Liegen Stränge im Holz oder im/am Mauerwerk vor (Abb. 3a) oder dicke Mycelien?

Um die Beantwortung zu ermöglichen, werden im Folgenden die Grundlagen zur Erkennung einer Fäule gelegt. Vorab müssen aber einige nötige Begriffe geklärt werden.

Da wir es mit Biologie zu tun haben, gibt es zu jeder der Fragen Ausnahmen, so z.B. die kompakten Mycelien der Gattungsgruppe *Acladium* spp.[1], ein Schimmelpilz, der an einen Befall mit Fäulepilzen erinnert und nicht immer mit ihnen zusammen vorkommt. Ein weiteres Beispiel sind Schimmelpilze, die aus den Mauerwerksfugen wachsen (Abb. 3). Derartige Befälle sind zuverlässig nur mikroskopisch zu prüfen.

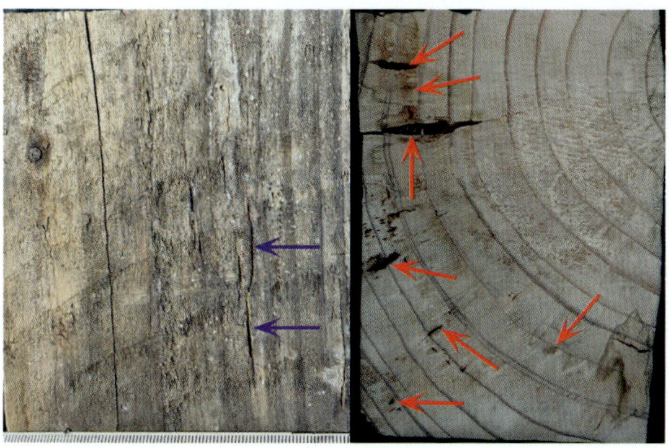

Abb. 1a: Unter der gealterten Holzoberfläche eines Balkens verbirgt sich eine Braunfäule, die optisch kaum zu erkennen ist (links, violette Pfeile); im Bauteil-Querschnitt rechts ist – nach dem Trocknen – die starke Fäule anhand von Rissen, Farbveränderungen und Fehlstellen erkennbar (rote Pfeile; hier liegt ein fast finaler Holzabbau vor), aber es fehlen verräterische Oberflächenmycelien oder Stränge (vgl. Abb. 38)

1 Einige *Acladium*-Arten sind häufig an Holz (*Ellis*, 1971) und gelten als Saprophyten. Sie bilden eine Formgruppe, die zunehmend in einzelne Gattungen aufgeteilt wird (*Domsch* et al., 2007). Eine der Hauptfruchtformen von *Acladium* ist *Botryobasidium*, ein schichtförmig wachsender Basidiomycet, jedoch fast ohne Fäulepotenzial.

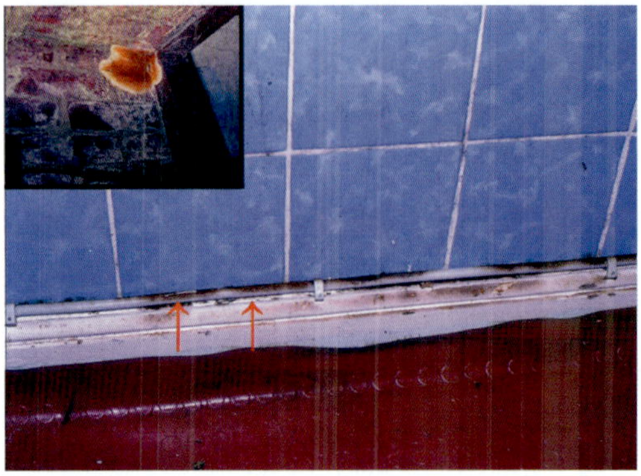

Abb. 2: Küchen-Fußleiste mit braunem Sporenstaub als Signal für einen Befall mit Echtem Hausschwamm (Serpula lacrymans); Eckbild: die Situation in einem benachbarten Raum: Fruchtkörperwachstum an einer Außenwand.

Quelle: Dipl.-Biol. Dr. Tobias Huckfeldt

Abb. 3a: Weiße, cremefarbene bis hellgraue Stränge des Echten Hausschwamms wachsen auf und zwischen den Ziegeln und im Mörtel eines Mauerwerks.

Quelle: Dipl.-Biol. Dr. Tobias Huckfeldt

Abb. 3: Sanierung: Schimmelpilze wachsen bei feuchtem Mauerwerk mit hohen organischen Anteilen in und auf den Mauerwerksfugen und erscheinen wie ein frischer Hausschwamm-Auswuchs – hier Verticillium sp. Zur Beseitigung des Schimmelpilzes reicht ein Abflammen; wichtig ist aber, die Ursache des Schimmelpilzbewuchses zu beseitigen, nämlich die zu hohe Materialfeuchte, und sicherzustellen, dass es keinen zusätzlichen Befall mit Hausschwamm gibt.

Quelle: Dipl.-Biol. Dr. Tobias Huckfeldt

13.2.1 Hausfäulepilze

Der Begriff „*Hausfäulepilz*" wurde 1961 von *Lagendorf*[2] für Fäulepilze geprägt, die speziell in Gebäuden auftreten. Der Begriff wurde jedoch inspiriert durch die „häusliche Fäule" von *Flügge* (1954[3]) und „Hausfäule" von *Liese* (1928[4]). Durch Kempe (1999) hat sich der Begriff Hausfäule als Abgrenzung zur Lagerfäule weiterverbreitet. Hausfäulepilze sind holzzerstörende Pilze, die regelmäßig in Gebäuden vorkommen, und zwar mit einer Häufigkeit von ≥ 3 % (als Art oder Gattung), und einen meist erheblichen wirtschaftlichen Schaden anrichten (Abb. 4). Sie vermehren sich – im Gegensatz zu den Schimmelpilzen – mit Hilfe von vergleichsweise großen Fruchtkörpern (Abb. 30 und Abb. 48). Es sind Echter und Wilder Hausschwamm (*Serpula lacrymans* und *S. himantioides*), die Artengruppe der Weißen Porenschwämme (*Antrodia* spp. = Braunfäuletrameten und *Oligoporus* spp. = Saftporlinge), die Fältlingshäute (*Leucogyrophana* spp.), die Kellerschwämme (*Coniophora* spp.) und der Ausgebreitete Hausporling (*Donkioporia expansa*).

Hinweis:

Für die Sanierung von Fäuleschäden sind besondere Kenntnisse erforderlich, die in einer beruflichen Ausbildung zum „Holz- und Bautenschützer", in einem Meister-Kurs „Restaurator im Zimmererhandwerk" oder in Kursen der Handwerkskammern „Praxiswissen Sachkundenachweis Holzschutz am Bau" für einige Berufe (z.B. Zimmermann) vermittelt werden, die jeweils mit einer Prüfung abschließen.

---

2 Langendorf, G. (1961) Handbuch für den Holzschutz. VEB Fachbuchverlag, Leipzig.
3 Flügge, R. (1954) Die gesamte Schutzbehandlung des Bauholzes. Carl Marhold Verlag; 4. Aufl., Halle.
4 Liese, J. (1928) Zerstörung des Holzes durch Pilze und Bakterien. In: Mahlke, F.; Troschel, E.; Liese, J. (Hrsg.) Handbuch der Holzkonservierung. 2. Aufl., Springer, Berlin, S. 34-105.

Abb. 4: Bauteilöffnung aufgrund von Befall mit Echtem Hausschwamm (Serpula lacrymans): typischer Braunfäule-Schaden an einem alten, ca. 40 cm starken, eingemauerten Balkenkopf aus Eiche mit Strängen (Pfeil). Der Balken gehört zur tragenden Deckenkonstruktion und ist nur an seinem Auflager zerstört; außerhalb der Auflagertasche ist der Fäuleschaden kaum sichtbar. Die Tragfähigkeit ist eingeschränkt. Gut zu sehen ist der Würfelbruch mit Rissen quer zur Holzfaser. Der Kopf war fünfseitig eingemauert – besser ist es, zwischen Balkenkopf und Mauerwerk oben, links, rechts und hinten einen Luftspalt zu lassen. Derartige Spalten ermöglichen die nötige Luftzirkulation und damit die Abtrocknung des Holzes; Eckbild: Detail der Stränge.

Quelle: Dipl.-Biol. Dr. Tobias Huckfeldt

13.2.2 Bauholzpilze

Der Begriff Bauholzpilze ist weiter gefasst als die Hausfäulepilze und umfasst Fäulepilze, die an Bauholz und Bauwerken vorkommen, also z.B. auch an Spielplatzgeräten, Fenstern, Türen, Aussichtstürmen, Bahnschwellen, Masten und Gebäuden (z. B. Abb. 21).

13.2.3 Fäulepilze

„Fäulepilze" ist der Oberbegriff für alle holzzerstörenden Pilze, die durch ihre Ausscheidungen Holz auflösen können. Sie verursachen art- bzw. gattungsspezifisch einen von drei Fäuletypen: Braunfäule, Weißfäule, Moderfäule (Abb. 11 bis Abb. 20). Daneben gibt es noch Bakterienfäulen, die aber im Rahmen von Schimmelpilz-Sanierungen kaum eine Rolle spielen; ihr Lebensraum sind Pfahlgründungen.

13.2.4 Waldpilze

Hierbei handelt es sich um einen Oberbegriff für alle Großpilze, die im Wald und auf Wiesen wachsen, die aber keine Hausfäule- oder Bauholzpilze sind. Viele Waldpilze verursachen keine Fäule, sie sind z.B. Mykorrhizapilze, die zusammen mit Bäumen wachsen und mit ihnen zum beiderseitigen Nutzen Nährstoffe austauschen. Typische Vertreter wären Rotfußröhrlinge und einige Boviste. Ihr Auftreten in Gebäuden signalisiert eine „Ruine" oder einen damit vergleichbaren Pflegezustand eines Gebäudes oder Gebäudeteils, das kann z.B. eine Außenwand im Keller oder Dach sein, die von Wurzeln durchwachsen wird. Wurzeln im Mauerwerk von Gebäuden zeigen einen Wartungsrückstand an. In diesen Bereichen treten auch regelhaft Schimmelpilze auf, da die Fruchtkörper der Mykorrhizapilze nach der Sporenabgabe absterben und dann leicht verschimmeln. Vorsicht ist geboten, da Fäulepilze im Lebensraum von Mykorrhizapilzen auch oft gedeihen können.

13.2.5 Schwamm

Der Begriff „Schwamm" ist eine zu meidende Sammelbezeichnung für verschiedene holzzerstörende Basidiomyceten an verbautem Holz in Gebäuden, z.B. die Hausschwämme (Abb. 9 und Abb. 16), die Artengruppe der Weißen Porenschwämme (= Porenhausschwämme, siehe oben) und die Kellerschwämme, unter explizitem Ausschluss von Weißfäule-Erregern, Moderfäule-, Bläue-, Schimmel-, Schlauch- und Schleimpilzen. Eine sinnvolle, kurze Definition wäre: „Braunfäule erregende, häufige Hausfäulepilze, die den Begriff ‚Schwamm' im Namen tragen". Da dies nicht die alleinige Definition ist, sondern es viele gibt, sollte der Begriff in der Schriftform nicht verwendet werden – er führt leicht zu Missverständnissen (und z.T. auch zu Verschleierung). Auch Gerichte haben eine Meinung hierzu entwickelt; diese umfasst eine Liste bestimmter Fäulepilze.

13.2.6 Bläue versus Bläuepilze

Diese beiden Begriffe – Bläue und Bläuepilze – sind zu trennen:

Bläuepilze gehören i.d.R. zu den Ascomyceten (Schlauchpilzen) und bilden nur sehr kleine schwarze Fruchtkörper, die meist übersehen werden. Ihre Hyphen wachsen im Holz und an der Holzoberfläche. Sie werden nach dieser biologischen Definition auch als Bläuepilze bezeichnet, wenn sie Beschichtungen durchwachsen (Abb. 6).[5] Dies gilt auch für die Fruchtkörper von Bläuepilzen, die meist auch auf der Holzoberfläche gebildet werden.[6] Es ist daher zweckmäßig, von einer biologischen und einer technischen Definition zu sprechen. Die technische Definition erfasst nur die braunen Hyphen von Bläuepilzen im Holz. Wachsen Bläuepilze jedoch an der Holzoberfläche, liegt nach der technischen Definition ein Schimmelpilzbefall vor und es werden i.d.R. Konidien bzw. Sporen freigesetzt. Allerdings verursachen nicht alle Schimmelpilze, die am/im Holz wachsen, eine Bläue.

Der Begriff Bläue hingegen bezeichnet keinen Pilz, sondern blaue, braune bis grauschwarze Farbfehler an/in Holz oder Holzprodukten. Die Bläuepilze sind lediglich die Verursacher. Die Farbfehler entstehen durch braune Pilzhyphen im Holz, die im Lumen von Holzzellen wachsen (Abb. 5). Das Verblauen von Holz geht also auf das Hyphen-Wachstum der Bläuepilze zurück. Bläue im Holz bezeichnet somit „nur" den Farbfehler, der verursacht wurde durch das vorherige Wachstum von Bläuepilzen. Eine Bläue im Holz gehört nach dieser technischen Definition weder zu den Fäule- noch zu den Schimmelpilzbefällen. Nach derzeitigem Wissenstand geht von trockenem, verblautem Holz üblicherweise keine hygienische Gefahr aus (Bild 5a). Hinweis: In stark verblautem Holz kann es zusätzlich einen verdeckten Schaden durch Moderfäulepilze geben, dies ist ggf. zu prüfen. Verblautes Holz kann im Wert gemindert sein, wird aber durch Bläuepilze nicht faul, daher ist der Begriff „Blaufäule" falsch. Hierauf hat u.a. schon *Willeitner* (1981[7]) hingewiesen. Jedoch ist verblautes Holz i.d.R. nicht für den Flugzeugbau zugelassen. Die technische Definition sollte bei Fragen der Hygiene und des Holzhandels angewandt werden, solange das Holz trocken ist und keine Konidien bzw. Sporen freigesetzt werden (Abb 5a).

Abb. 5a: Bläue an Spiel-Bausteinen aus Holz

5 Bardage, S. L.; Daniel, G. (1997) The ability of fungi to penetrate micropores: implication for wood surface coatings. In: Bardage, S. L.: Colonization of painted wood by blue stain fungi. Dissertation Schwedische Universität of Agricultural Sciences, Uppsala, S.11.

6 Pechmann, von, H.; Graessle, E.; Wutz, A. (1964) Untersuchungen über Bläuepilze an Kiefernholz. Forstwissenschaftliches Centralblatt 83 (9/10), S. 290 bis 314.

7 Willeitner, H. (1981) Pilz- und Insektenbefall bei Holz und Holzwerkstoffen. In: H. Willeitner; E. Schwab (Hrsg.) Holz – Außenverwendung im Hochbau. Verlagsanstalt Alexander Koch GmbH, Stuttgart, S. 62-69.

Abb. 5: Bläue-/Schimmelpilze in/an Nadelholz-Anschnitt: Dieses Holz ist durch eine Pilzart befallen. Dabei gelten die braunen Mycelreste an der Oberfläche als Schimmelpilze, die Holzverfärbung mit ihren Substrathyphen im Holzinneren jedoch als Bläue; Skala rechts in Millimetern.

Quelle: Dipl.-Biol. Dr. Tobias Huckfeldt

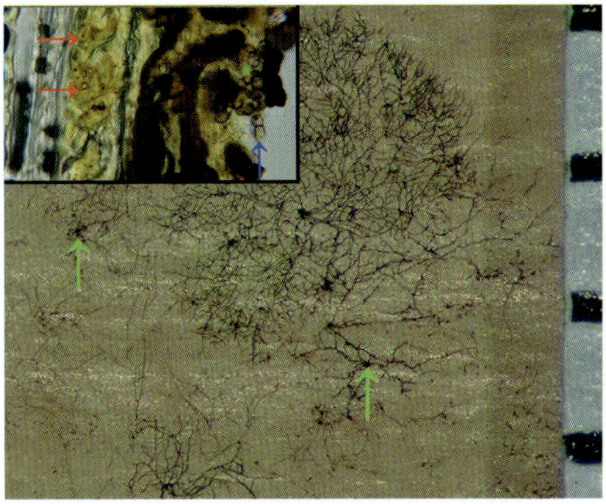

Abb. 6: Lupenaufnahme: Mycel des Bläuepilzes Aureobasidium pullulans auf und in einer Beschichtung; der Pilz durchwächst die Beschichtung unterhalb der schwarzen Mycelknoten (grüne Pfeile) und dringt ins Holz ein; Skala rechts in Millimetern; Eckbild: Querschnitt; Pilz über- (blauer Pfeil), durch- und unterwächst (rote Pfeile) Beschichtung und Holz.

Quelle: Dipl.-Biol. Dr. Tobias Huckfeldt

13.2.7 Schleimpilze

Schleimpilze sind weder Pilze oder Tiere noch Pflanzen; sie gehören einem separaten Unterreich der vielzelligen Organismen an.[8] Sie ernähren sich von Bakterien, Algen und Pilzen – auch von Schimmel- und Fäulepilzen. Schleimpilze leben erst als Einzeller und in ihrer weiteren Entwicklung meist als vielkerniger Verband – dem Plasmodium. Ein Plasmodium ist ein Zell-Zusammenschluss, in dem die einzelnen Zellen ihre Eigenständigkeit aufgegeben haben (Abb. 7). Auch die Schleimpilze bilden z.T. große Fruchtkörper, an denen sie erkannt werden können (Abb. 8). Schleimpilze werden im Gebäude oft in morschem Holz zusammen mit holzzerstörenden Pilzen gefunden. Sie sind Indikatoren für Feuchteschäden. Sie wachsen aber zuweilen auch an den Fugen von Kacheln im Bad, wenn es nur feucht genug ist.

8 Neubert, H.; Nowotny, W.; Baumann, K. (1993) Die Myxomyceten. Bd. 1 bis 3, K. Baumann, Gomaringen.

Abb. 7: Fließendes (kriechendes), frisches Plasmodium eines Schleimpilzes auf einem verschimmelten und verfaulten Brett; Skala rechts in Millimetern. Eckbild: reifender Fruchtkörper der Eichenlohe (Fuligo septica); die gelben Plasmodien im unteren Bildteil bewegen sich nach oben und verdichten sich zu einem Fruchtkörper (Abb. 8).

Quelle: Dipl.-Biol. Dr. Tobias Huckfeldt

Abb. 8: Gelber Schleimpilz: Eichenlohe (Fuligo septica) an der Meranti-Schwelle eines rund 20 Jahre alten Wintergartens; der Fäuleschaden unten ist durch Moderfäulepilze entstanden; Eckbild: Details des Fruchtkörpers.[9]

Quelle: Dipl.-Biol. Dr. Tobias Huckfeldt

13.3 Faules Holz

Im Gegensatz zu Schimmelpilzen können Fäulepilze Holz zerstören und zwar mit Masseverlusten von mehr als 2 %.[10] Alle holzzerstörenden Pilze müssen Holz zuerst verflüssigen, d.h. zunächst in kleine Zuckerbausteine verwandeln, bevor sie den in Wasser gelösten Zucker in ihren Zellen in ihren Stoffwechsel einbringen können. Die Verdauung des Holzes findet also außerhalb der Pilzzellen statt. Diese Abbauprozesse sind nur im feuchten Bauholz möglich, da die holzabbauenden Enzyme außerhalb des Pilzes wirken; denn anders als holzzerstörende Insekten beißen Pilze nichts vom Holz ab. Sie geben flüssige reaktive Stoffe nach außen ab, die das Holz auflösen, und nehmen die frei werdenden Abbauprodukte (meist Zucker) nur in flüssiger Form in ihre Hyphen auf.

9 Aus: Huckfeldt, T. (2009) Schäden durch Pilze und Pflanzen. In: Huckfeldt, T.; Wenk, H.-J. (Hrsg.) Holzfenster. Rudolf Müller Verlag, Köln – verändert.

10 Ein Masseverlust bis zu 2 % kann von vielen Pilzen auslöst werden, da dies die Menge der leicht löslichen Stoffe im Holz ist – einfache Kohlenhydrate und Proteine. Für einen Holzabbau benötigen Pilze nicht nur Cellulasen und Ligninasen, sondern auch Hilfsstoffe, die ein Eindringen dieser Enzyme ins Holz ermöglichen; Huckfeldt, T. (2003) Ökologie und Cytologie des Echten Hausschwammes (*Serpula lacrymans*) und anderer Hausfäulepilze. Mitt. Bundesforschungsanstalt Forst- und Holzwirtschaft Hamburg.

Tipp/Hinweis

Trockenes Holz ist vor holzzerstörenden Pilzen sicher, da diese Holz nur außerhalb ihres „Körpers"/ihrer Hyphen verdauen/verflüssigen können; im Hochbau ist die Trockenhaltung bzw. nachhaltige Trocknung von Holz meist umsetzbar. Probleme ergeben sich bei Fachwerk, Fassaden und Fenstern.

Erste Hinweise auf einen Fäuleschaden ergeben sich z.B. durch Fruchtkörperwachstum, Eindellungen an Türzargen, abgesenkte Fußböden, verdeckte Fäuleschäden (z.B. hinter Schränken, Einbaumöbeln, Vertäfelungen – Abb. 34, selten offener – Abb. 35) und ausgeprägte Feuchteschäden (Abb. 9 bis Abb. 10). Eine Gefahr ist immer dann vorhanden, wenn Fäuleschäden an tragenden Konstruktionen falsch eingeschätzt werden, so z.B. wenn eine Innenfäule nicht erkannt wird (Abb. 23) oder beim Zusammenbau eines Gerüstes eine Fäule übersehen wurde. Beides kann den Unfall-Tod von Menschen verursachen (Abb. 38). Eine weitere Gefahr besteht im Wiederauswuchs von Fäulepilzen aus infiziertem Holz. Dies ist möglich, wenn z.B. Holz nach einem abgetrockneten Wasserschaden wieder nass wird. Diese Fähigkeit ist jedoch abhängig von der die Fäule verursachenden Pilzart (Tab. 1).

Um Fäuleschäden zu vermeiden, muss die Konstruktion trocken gehalten werden, ist dies nicht möglich, ist der Einsatz von chemischen Holzschutzmitteln zu erwägen. Dabei gilt jedoch: Holzschutzmittel sind so wenig wie möglich und nur dort anzuwenden, wo es unbedingt nötig ist. In Wohnräumen gibt es zahlreiche Beschränkungen, so dürfen Holzschutzmittel nur für den ausgewiesenen Verwendungszweck eingesetzt werden (Details siehe *Flohr/Wegner* in diesem Buch).

Tab. 1: Wiederauswuchs von Hausfäulepilzen aus der Trockenstarre (Lagerung bei 60 % r.L.) bei 20 °C aus Kiefern-Splintholz[11]

Art – lateinischer Name	**Längste Trockenstarre-Phase, nach der sich noch ein Auswuchs zeigte (nach Befeuchtung)**
Echter Hausschwamm – *Serpula lacrymans*	1 Jahr
Brauner Kellerschwamm – *Coniophora puteana*	2 Jahre
Wilder Hausschwamm – *Serpula himantioides*	2 Jahre
Marmorierter Kellerschwamm – *Coniophora marmorata*	3 Jahre
Rosafarbener Saftporling – *Oligoporus placenta*	> 11 Jahre
Breitsporige Braunfäuletramete – *Antrodia vaillantii*	9 Jahre

11 Auszug aus: Theden, G. (1972) Das Absterben holzzerstörender Pilze in trockenem Holz. Mat. Org. 7, S. 1 bis 10.

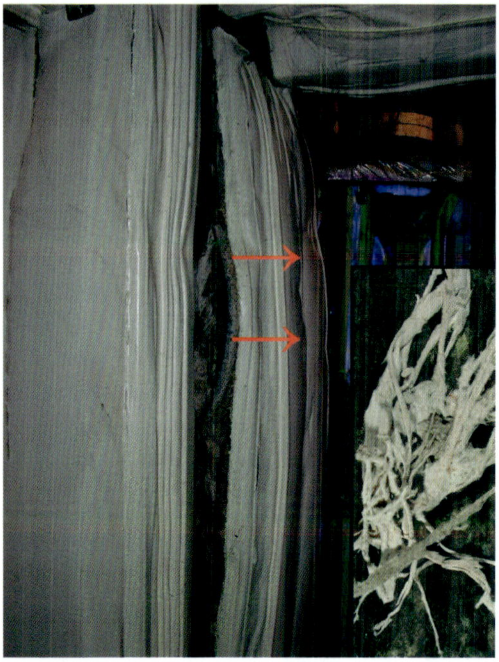

Abb. 9: Hinweis auf Fäuleschäden: Echter Hausschwamm (Serpula lacrymans) in einer Türzarge. Das Holz unter der Lackschicht ist zerstört, nur der Anstrich hält es noch zusammen. Derartige Eindellungen (Pfeile) sind erste, aber keine frühen Befallsmerkmale, sondern späte; Fenster- und Türrahmen sind selten der Ausgangspunkt für einen Befall. Das umliegende Mauerwerk war hier von Strängen durchsetzt (Eckbild), und es hatten sich Fruchtkörper gebildet.

Quelle: Dipl.-Biol. Dr. Tobias Huckfeldt

Abb. 10: Wasserschaden mit Schimmelpilzbefall – im Nachbarraum hat sich der Echte Hausschwamm ausgebreitet, siehe Abb. 9. Bei Wasserschäden ist immer auch ein möglicher Fäuleschaden zu bedenken, wenn die Durchfeuchtung mehr als zwei Monaten angehalten hat. Auch wenn der Zeitraum unbekannt ist, muss eine Fäule ausgeschlossen werden.

Quelle: Dipl.-Biol. Dr. Tobias Huckfeldt

Tipp/Hinweis

Wichtig zu wissen: Schutzmittelhaltige Althölzer sind einer Altholz-Behandlungsanlage zuzuführen, damit ihre Verwertung sichergestellt ist (siehe Altholzverordnung (AltholzV)).

13.3.1 Braunfäule

Eine Braunfäule kann vergleichsweise leicht erkannt werden, da braunfaules Holz beim Trocknen schrumpft. Dadurch entstehen Risse quer und längs zur Faser-Richtung des Holzes.[12] Dies wird als Würfelbruch bezeichnet (Abb. 11). Es wird zwischen „großem" und „kleinem" Würfelbruch unterschieden. Ein großer Würfelbruch liegt vor, wenn die Bruch-

12 Sutter, H.-P. (1997) Holzschädlinge an Kulturgütern erkennen und bekämpfen. 3. Auflage, P. Haupt, Bern.

stücke 7 bis 10 cm groß sind (oder größer). Allerdings stellt die Würfelbruch-Größe kein zuverlässiges Bestimmungsmerkmal dar: Sehr großer Würfelbruch wird nur von wenigen Pilz-Arten gebildet, z.B. Schwefelporling (*Laetiporus sulfureus)*, Eichenwirrling (*Daedalea quercina)*, Keller- und Hausschwämmen. Ein kleiner Würfelbruch aber kann von allen Braunfäule-Erregern verursacht werden und erlaubt keine Rückschlüsse auf den Verursacher. Im Endstadium des Braunfäule-Holzabbaus verbleibt vom Holz nur eine braune Puder-Masse mit hohem Ligningehalt, die sich zwischen den Fingern leicht zerreiben lässt (Abb. 12). Auch Moderfäulepilze verursachen einen Würfelbruch, jedoch sind die Abbaumechanismen andere, dies zeigt sich im mikroskopischen Bild (Abb. 13).

Die Bedeutung der Braunfäule-Erreger zeigt sich darin, dass diese Fäulepilze etwa 80 % aller Holzschäden an Balkenköpfen im Altbau verursachen, fast 62 % der Schäden an verbautem Holz im Freien und rund 54 % der Schäden an Fachwerk. Die häufigsten Braunfäule-Erreger im Holzbau sind der Echte Hausschwamm, der Braune Kellerschwamm, die Weißen Porenschwämme sowie die Blättlinge. Somit kann nur aufgrund des Vorliegens einer Braunfäule nicht behauptet werden, es läge ein Befall mit Echtem Hausschwamm vor.

Die Gefahren, die von Braunfäulepilzen ausgehen, liegen schlicht im Versagen von Konstruktionsteilen (Abb. 17). Dabei bauen Braunfäulepilze vorrangig die Kohlenhydrate Cellulose und Hemicellulose des Holzes ab. Infolge des Abbaus verliert das Holz schnell seine mechanische Festigkeit. Die schnelle Verringerung der mechanischen Eigenschaften bei nur geringem Masseverlust ist primär darauf zurückzuführen, dass die Enzyme der Braunfäulepilze die langen Cellulose-Moleküle im Bereich um die Mittellamelle bereits unmittelbar nach dem Befall in kürzere Cellulose-Fragmente aufspalten (diese sind nicht kristallin und somit für die Enzyme leichter zugänglich). Die eigentlich fest miteinander verwachsenen Holzzell-Verbünde des Holzes fallen förmlich auseinander (Abb. 14). Da Fäulepilze generell für ihren Holzabbau auf feuchtes Holz angewiesen sind, verbleibt bei Sichthölzern oft eine intakte, dünne Außenschicht am faulen Holz, da diese für den Abbau zu trocken ist. Eine solche Fäule wird als Innenfäule bezeichnet (Abb. 22 und Abb. 23). Holzkonstruktionen sollten daher z.B. mit dem Hammer geprüft werden: Eine Innenfäule hat oft einen dumpfen Klang.[13] Die intakte Außenschicht kann auch Lack sein (Abb. 15 und Abb. 16). Wichtig zu wissen ist, dass eine Innenfäule von Braun-, Moder- oder Weißfäulepilzen verursacht werden kann. Der Holzabbau ist von vielen Faktoren abhängig, wichtig sind Pilz- und Holzart (Tab. 6) sowie Holzfeuchte und Temperatur. Dabei ist die Wirkung der Temperatur auf eine Pilzart sehr unterschiedlich (Tab. 2).

13 Liegt eine Innenfäule innerhalb von älteren Gebäuden vor, so liegt der Verdacht nahe, dass eine Behandlung mit einem Holzschutzmittel vorliegt (z.B. mit **D**ichlor**d**iphenyl**t**richlorethan – DDT und **P**enta**c**hlor**p**henol – PCP), da diese häufig nur oberflächlich appliziert wurden. Dies kann durch Probenahme des Holzes in einem geeigneten Fachlabor geprüft werden. Auch Liegestaub und Schüttung können auf Holzschutzmittel analysiert werden. Dem Bauherrn gegenüber hat der Sachkundige oder Sachverständige eine Hinweispflicht; er muss ihn „aufmerksam machen".

Tab. 2: Holzabbau im Labor mit Echtem Hausschwamm (*Serpula lacrymans*) an Kiefernsplintholz in 16 Wochen bei verschiedenen Temperaturen[14] im Vergleich zu einem Balkenblättling (*Gloeophyllum trabeum*)

Temperatur	3 °C	8 °C	13 °C	18 °C	22 °C	28 °C	33 °C	38 °C
Gewichtsverlust durch Echten Hausschwamm	0,9 %	3,0 %	30,5 %	38,7 %	41,3 %	0,9 %	0 %	0 %
Gewichtsverlust durch einen Balkenblättling	0,4 %	5,6 %	25,4 %	33,2 %	34,9 %	49,1 %	64,0 %	3,4 %

Abb. 11: Echter Hausschwamm (Serpula lacrymans): Braunfäule mit großem und kleinem Würfelbruch, Holz durchzogen von feinen, hellen Mycelien und Strängen (rote Pfeile; Holz zur besseren Darstellung des Würfelbruchs getrocknet).

Quelle: Dipl.-Biol. Dr. Tobias Huckfeldt

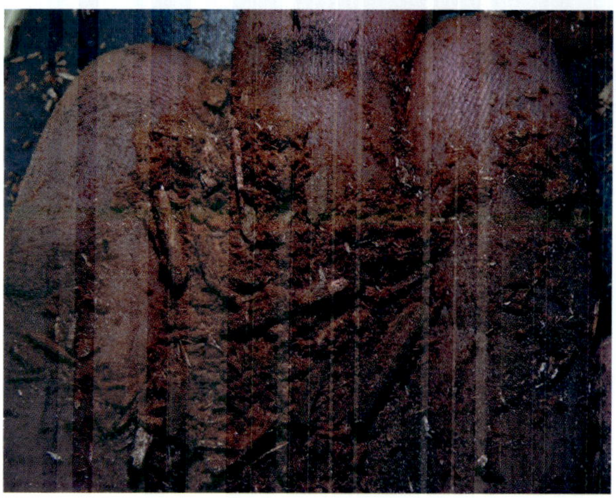

Abb. 12: Reibeprobe bei Braunfäule: zerriebenes Holz bei finalem Abbau – der Zusammenhalt des Holzes ist zerstört. Nach dem Zerreiben bleibt ein braunes, pulverartiges und staubendes Material übrig – wie Humus-Erde. Die Finger wirken fast wie in Kakaopulver getaucht.

Quelle: Dipl.-Biol. Dr. Tobias Huckfeldt

14 Wälchli, O. (1977) Der Temperatureinfluß auf die Holzzerstörung durch Pilze. Holz als Roh- Werkstoff 35, S. 45 bis 51.

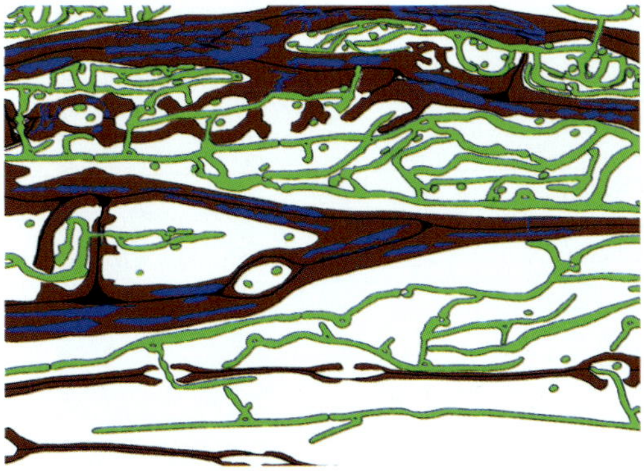

Abb. 13: Mikroskopischer Vergleich von Moder- und Braunfäulepilzen im Holz.

grün: Hyphen einer Braunfäule – geringe Formänderung der Holzzellwände (braun mit schwarzer Mittellamelle); sie greifen das Holz vom Lumen aus an.

blau: verschiedene Kavernen unterschiedlicher Moderfäulepilze – Minierung der Holzzellwand; Moderfäule-Kavernen mit korrekter Form, jedoch ohne korrekte Lagebeziehung zur Holzstruktur (die Kavernen folgen den spiralisch verlaufenden Holzfasern);[15] Kavernenformen aus zahlreichen Befallsbildern zusammengestellt.

Quelle: Dipl.-Biol. Dr. Tobias Huckfeldt

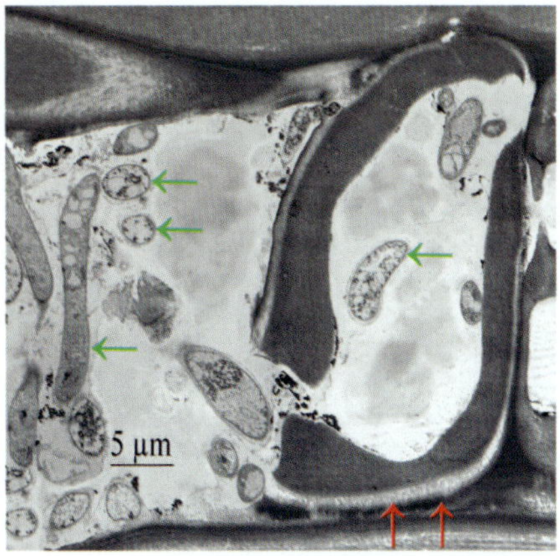

Abb. 14: Braunfäule – elektronenmikroskopische Aufnahme: Hyphen des Echten Hausschwammes (Serpula lacrymans) in Kiefersplintholz; die Hyphen wachsen bevorzugt auf der inneren Oberfläche der hohlen Holzzellen (im Lumen, grüne Pfeile), die Holzzerstörung beginnt im Bereich der Mittellamellen, da die Cellulose in diesem Bereich weniger kristallin ist und mehr Hemicellulosen vorliegen, die einfacher abgebaut werden können (rote Pfeile).

Quelle: Dipl.-Biol. Dr. Tobias Huckfeldt

15 Aus Huckfeldt, T. (2003) Ökologie und Cytologie des Echten Hausschwammes (*Serpula lacrymans*) und anderer Hausfäulepilze. Mitt. Bundesforschungsanstalt Forst- und Holzwirtschaft Hamburg – verändert.

Abb. 15: Hinweis auf Fäuleschäden: Wasserschaden mit Schimmelpilzbefall an einer Wand im Treppenhaus eines Mehrfamilienhauses; verdächtige Stellen sind an der Treppenwange sichtbar (Pfeile); Befall mit Echtem Hausschwamm in der Wohnung und dem angrenzenden Holz (siehe Abb. 16).

Quelle: Dipl.-Biol. Dr. Tobias Huckfeldt

Abb. 16: Erste Bauteilöffnung aufgrund von Befall mit Echtem Hausschwamm (Serpula lacrymans): typischer Braunfäule-Schaden an einer Türzarge; ohne einen schwachen Tritt gegen das Holz wäre der Schaden nicht so deutlich sichtbar geworden (vgl. Abb. 15). Gefahr geht von den Fäuleschäden an der Treppenwange aus (roter Pfeil) – Einsturzgefahr.
Als erste Maßnahme muss die Treppe abgestützt oder gesperrt werden; ggf. muss ein Ersatzzugang zu den oberen Wohnungen geschaffen werden.

Quelle: Dipl.-Biol. Dr. Tobias Huckfeldt

Abb. 17: Bauteilöffnung aufgrund von Befall mit einem Braunfäule-Erreger: Wasserschäden im Bad bedingen oft Fäuleschäden an der tragenden Holzkonstruktion (Pfeil); Befallsbild mit Braunfäule – Würfelbruch deutlich; Eckbild: Details eines Befalls mit feinen Strängen der Kiefern-Fältlingshaut (Leucogyrophana pinastri).

Quelle: Dipl.-Biol. Dr. Tobias Huckfeldt

Abb. 18: Reibeprobe bei Weißfäule: zerriebenes Holz bei finalem Abbau – der Zusammenhalt des Holzes ist zerstört, die mechanischen Eigenschaften nur noch in Resten vorhanden. Es bleibt ein helles, faseriges, mulmartiges Material. Die Finger bleiben beim Zerreiben fast sauber; Skala links in Millimetern.

Quelle: Dipl.-Biol. Dr. Tobias Huckfeldt

Abb. 18a: Befallsbild einer Weißlochfäule, verursacht durch einen Umberbraunen Borstenscheibling (Hymenochaete rubiginosa); Skala unten in Millimetern.

Quelle: Dipl.-Biol. Dr. Tobias Huckfeldt

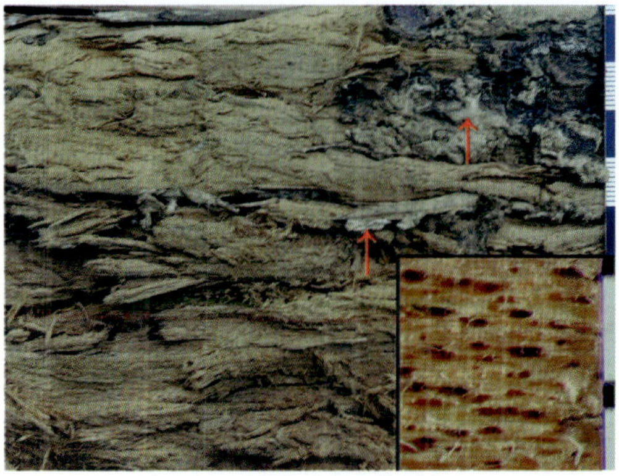

Abb. 19: Holzprobe aus einer Bauteilöffnung: schmutzig weißes Mycel (Pfeil) des Ausgebreiteten Hausporlings (Donkioporia expansa) an weißfaulem Holz; Eckbild: Details der Fäule; Skalen rechts in Millimetern.

Quelle: Dipl.-Biol. Dr. Tobias Huckfeldt

Abb. 20: Ausgebreiteter Hausporling (Donkioporia expansa): Befallsunterschied zwischen Splint- (oben) und Kernholz (unten); Kernholz fast intakt, Splintholz massiv weißfaul und damit zerstört; Eckbild: rundes Ausflugsloch des Bunten Nagekäfers (Xestobium rufovillosum) an weißfaulem Holz; Skala links in Millimetern.

Quelle: Dipl.-Biol. Dr. Tobias Huckfeldt

13.3.2 Weißfäule

Das Erscheinungsbild der Weißfäule ist geprägt von einem faserigen Abbaubild (Abb. 18). Jedoch ist die von Weißfäulepilzen verursachte Fäule weniger gleichförmig als bei den Braunfäule-Erregern. In Abhängigkeit von der die Fäule verursachenden Pilzart kann das Holz entweder a) streifig verfärbt sein, b) durch dunklere Grenz- oder Demarkationszonen ein marmorähnliches Aussehen annehmen („Marmorfäule"), c) sich im ganzen vom Pilz befallenen Bereich gleichmäßig weißlich verfärben (Abb. 19), d) einen vollständigen Abbau der Frühholzanteile zeigen oder e) einen punktuellen Holzabbau zeigen, dann entsteht eine Weißlochfäule (Abb. 18a). Frühe Fäule-Stadien haben zuweilen auch weitere Farben: gelblich, rötlich oder rotbraun. Einige dieser frühen Abbauphasen (Holz ist noch nagelfest!) werden auch als Rotstreifigkeit bezeichnet. Der Grünspanbecherling (*Chlorociboria* sp.) verursacht eine lichtechte Grünfärbung des Holzes (*Schmidt*, 2006). Durch zusätzlich auftretende Bläue- und Schimmelpilze sind weitere Verfärbungen möglich. Im weit fortgeschrittenen Befallsstadium ist das Holz meist hell, faserig zersetzt und durch den Abbau vergleichsweise leicht, wenn es trocken ist. Weißfäule wird von Pilzen hervorgerufen, die sowohl die Cellulose als auch das Lignin der Zellwand abbauen, und zwar entweder nacheinander, also „selektiv", oder fast gleichzeitig; Letzteres wird als „Simultanfäule" bezeichnet.

Viele der an Bauholz vorkommenden Weißfäulepilze greifen bevorzugt Splintholz an[16] und meiden zunächst das Kernholz von dauerhaften Holzarten (Abb. 20); es wird oft erst im weiteren Befallsverlauf zerstört (Tab. 7). Weißfäulepilze treten meist an Bauholz im Freien

16 Dickinson, D. J. (1982) The decay of commercial timbers. In: Frankland, J. C.; Hedger, J. N.; Swift, M. J. (Hrsg.) Decomposer basidiomycetes. British Mycological Society Symposium 4, S. 179 bis 190.

auf – mit wenigen Ausnahmen: Der Ausgebreitete Hausporling und die Sternsetenpilze sind fast nur in Gebäuden zu finden. Ansonsten gehören zu dieser Gruppe viele parasitisch lebende Pilze im stehenden Baum sowie saprophytisch lebende Pilze an Totholz im Wald. Mit infiziertem Bauholz gelangen diese Pilze zuweilen in Gebäude und verursachen punktuelle Schäden. Weitere Arten, die auch häufiger in Gebäuden vorkommen, sind Feuerschwämme, Schichtpilze und Tintlinge.[17] Daneben treten auch Becherlinge (z. B. *Pyronema* und *Peziza* spp.; Abb. 50a) und Schleimpilze auf (Abb. 7-8), die jedoch keine Fäulepilze sind.

Abb. 21: Typischer Wuchsort des Zaunblättlings (Gloeophyllum sepiarium) sind Zäune, Carports, Balkone und andere bewitterte Holzteile. Eckbild: Detail des vom Holz abstehenden Fruchtkörpers – links Oberseite und rechts Unterseite mit Leisten.

Quelle: Dipl.-Biol. Dr. Tobias Huckfeldt

Abb. 22: Braunfäuletramete (Antrodia sp.): Längsschnitt durch ein Bauteil mit Braunfäule in Form einer Innenfäule; feiner Würfelbruch deutlich; umgebendes Holz ist fast gesund; Skala rechts in Zenti-/Millimetern.

Quelle: Dipl. Biol. Dr. Tobias Huckfeldt

17 Siehe hierzu z.B. Huckfeldt, T.; Schmidt, O. (2015) Hausfäule- und Bauholzpilze. Diagnose und Sanierung. 2. Auflage, Rudolf Müller Verlag, Köln.

Abb. 23: Kellerschwammbefall als Innenfäule; Querschnitt an Kiefernholz, äußere Holzschicht intakt; Braunfäule mit gröberen Würfelbruch im Inneren; Skala oben in Zenti-/Millimetern.

Quelle: Dipl.-Biol. Dr. Tobias Huckfeldt

Die Gefahren liegen, wie bei den Braunfäulepilzen, im Versagen einer Konstruktion (Abb. 22 und 23). Andere gesundheitliche Schädigungen durch Basidiomyceten sind selten. Die Sporen einiger Arten können Allergien hervorrufen, so die der Seitlinge (Abb. 48; *Steineck*, 1990). Diese Allergien sind jedoch selten und treten erst bei wiederholtem Kontakt auf, z.B. bei den Erntehelfern in der Speisepilzzucht. Als Speisepilze werden sie lose verkauft. Mykosen, wie bei den Schimmelpilzen beschrieben, werden durch Fäulepilze extrem selten hervorgerufen; beschrieben sind sie bei kranken Menschen z.B. für die Art des Gemeinen Spaltblättlings (*Schizophyllum commune*)[18].

Tipp/Hinweis

! *Ein faseriges Schadbild, das einer Weißfäule ähnelt, entsteht auch durch Chemikalien, wie z.B. durch Säuren, Ammoniak und einige Düngemittel, aber z.T. auch durch einen übermäßigen Einsatz von Holzschutzmitteln. Die Holzschädigung durch Chemikalien wird Mazeration/Holzkorrosion genannt (Abb. 23a).*

18 De Hoog, G. S.; Guarro, J.; Gené, J.; Figueras, M. J. (2000) Atlas of clinical fungi. 2. Auflage Centraalbureau voor Schimmelcultures, Baarn.

Abb. 23a: Schadbild einer Mazeration, verursacht durch Holzschutzsalze an einem Sparren. Das Schadbild ähnelt einer Weißfäulee; Skala links in Millimetern.

Quelle: Dipl.-Biol. Dr. Tobias Huckfeldt

13.3.3 Moderfäule

Ähnlich wie bei den Braunfäule-Erregern bauen Moderfäulepilze bevorzugt Cellulose und Hemicellulose ab, das Holz wird dabei braun bis grau (Abb. 24 und 25). Dabei kann der Schaden oberflächlich sein oder das gesamte Bauteil betreffen. Die Abbauraten von Moderfäulepilzen sind recht unterschiedlich und abhängig vom Feuchte- und Sauerstoffgehalt sowie der verursachenden Art.[19] Die Spanne reicht von geringen Schäden bei Mooreichen nach Jahrhunderten (bei Sauerstoffmangel) über schwache Schäden bei sehr dauerhaften Hölzern bis zu gravierenden Schäden nach wenigen Jahren.[20] Innerhalb kurzer Zeit entstehen aber nur größere Schäden, wenn drei Faktoren zusammen kommen: 1. hohe Temperaturen, 2. sehr hohe Holzfeuchten und 3. eine gute Sauerstoffversorgung; ein Schadbeispiel sind Hölzer aus Kühltürmen. In normalen Gebäuden schreiten die Schäden durch Moderfäulepilze nur sehr langsam voran. Bekannt ist das Schadbild der Moderfäule-

19 Liese, W.; Ammer, U. (1964) Über den Befall von Buchenholz durch Moderfäulepilze in Abhängigkeit von der Holzfeuchte. Holzforschung 18 (4), S. 97 bis 102.

20 Huckfeldt, T.; Melcher, E. (2007) Moderfäulepilze. In: Venzmer, H. (Hrsg.) Europäischer Sanierungskalender 2008, Beuth, Berlin, S. 233 bis 250; Rehbein, M.; Koch, G.; Klein, P. (2009) Moorleiche: Frau von Peiling, Holzbiologische Befunde vom Sarg. Restauro 5/2009, S. 320 bis 325.

pilze seit rund 60 Jahren.[21] Die Mycelien und Fruchtkörper entsprechen aber denen der Schimmelpilze, sodass die Gefahr besteht, Moderfäulepilze für Schimmelpilze zu halten. Dem kann begegnet werden, indem das Holz untersucht wird.

Moderfäule ist mit bloßem Auge nicht leicht zu erkennen. Sie ähnelt der Braunfäule, da sie auch zu einem Würfelbruch führt, der nach dem Trocknen sichtbar wird. Der Würfelbruch ist aber i.d.R. kleiner als bei den meisten Braunfäule-Erregern. Im feuchten Zustand erscheint die Moderfäule meist dunkler als eine Braunfäule; sie kann aber auch hellgrau sein. Da Moderfäulepilze meist an sehr feuchten Orten wachsen, gibt es zahlreiche sekundäre Verfärbungen des Holzes, die kaum unterscheidbar sind. Der Bruch entspricht entweder einem Würfelbruch (Abb. 26), oder die Bruchkanten verlaufen entlang der Jahrringe. Das Bruchbild ist dann muschelförmig und stumpf, die Holzoberfläche schilfert ab und zerfällt (Abb. 24). Die Ursache ist dann ein stark selektiver Abbau des Spätholzes (Abb. 25). Die äußere Holzstruktur bleibt lange intakt – das Schwinden beim Trocknen ist bei gleichem Abbaugrad im Vergleich zu braunfaulem Holz geringer (Abb. 27). Ursache hierfür ist ein spezieller Holzabbau innerhalb der Holzzellwände; hierbei entstehen spitz zulaufende Kavernen – „Abbaustollen", die der Pilz ins Holz treibt (Abb. 28).

Abb. 24: Abbaubild durch Moderfäulepilze, die Holzoberfläche schilfert in kleinen Plättchen ab.

Quelle: Dipl.-Biol. Dr. Tobias Huckfeldt

21 Findlay, W. P. K.; Savory, J. G. (1954) Moderfäule. Die Zerstörung von Holz durch niedere Pilze. Holz Roh-Werkstoff 12 (8), S. 22 bis 24.

Moderfäulepilze sind in Gebäuden häufig: Im Hochbau haben sie einen Anteil von insgesamt 11,9 % und im Fachwerk von 14,4 %.[22] An Holzfenstern liegt ihr Anteil bei ca. 21% und bei Außenanlagen wie Begrenzungen, Balkonen, Terrassen, Schindeln, Lärmschutzwänden und Brückenträgern haben sie einen Anteil von ca. 12 %. Im Tiefbau, an Masten, Pfählen und im Wasserbau sind sie regelhaft in der Übergangszone zwischen Erdreich/Wasser und der Luft nachzuweisen (Erd-Luft-Zone).

Die Bedeutung der Moderfäule-Schäden ist je nach Befallsort unterschiedlich: von bedeutungslos in der obersten Schicht von bewittertem Holz bis hin zu gravierenden Schäden an tragenden Baukonstruktionen. Eine Gefahr ergibt sich aus dem z.T. unvorhergesehenen und schnellen Bruch von moderfaulen Holzteilen. Im Zweifelsfall sollten Holzkonstruktionen von Gutachtern für Holzschutz geprüft werden. Durch Moderfäulepilze gefährdet sind insbesondere durchnässte Hölzer, in denen noch Sauerstoff vorhanden ist, z.B. unmittelbar über- und unterhalb der Wasseroberfläche oder der Erd-Luft-Zone. Einen wirksamen Schutz gegenüber Moderfäulepilzen bieten geprüfte Holzschutzmittel für die Gebrauchsklasse 4 „Holz im Erdkontakt". Empfehlenswert sind Produkte mit dem Wirkstoff Kupfer (Cu), da dieses sich gegen Moderfäulepilze bewährt hat.[23] Wichtig ist, dass nur Holzschutzmittel verwendet werden, die für den jeweiligen Anwendungsfall zugelassen sind. Vor dem Einsatz ist auch zu prüfen, ob es nicht eine bauliche Lösung gibt, bei der auf Holzschutzmittel verzichtet werden kann (Minimierungsgebot).

Abb. 25: Moderfaules Nadelholzbrett im Querschnitt: Befallsintensität nimmt von links nach rechts ab, moderfaule Bereiche sind dunkler (bevorzugt im Spätholz – senkrechte Striche), Verlauf der Fäule im Holz unregelmäßig; weiße Stellen: Harzkanäle; waagerechte schmale Striche: Holzstrahlen; Skala rechts in Millimetern.

Quelle: Dipl.-Biol. Dr. Tobias Huckfeldt

Abb. 26: Brett mit oberflächlicher Moderfäule, feiner Würfelbruch deutlich; Skala links in Millimetern; Eckbild: Querschnitt, Fäule-Intensität von oben (außen) nach unten abnehmend; in 5 mm Tiefe war das Holz intakt.

Quelle: Dipl.-Biol. Dr. Tobias Huckfeldt

22 Huckfeldt, T.; Melcher, E. (2007) Moderfäulepilze. In: Venzmer, H. (Hrsg.) Europäischer Sanierungskalender 2008, Beuth, Berlin, S. 233 bis 250.

23 Schmidt, O. (2006) Wood and tree fungi. Biology, damage, protection, and use. Springer, Berlin, Heidelberg.

Abb. 27: Moderfaules Eichenholz mit zehn sichtbaren Jahrringen im Lupenbild: Obwohl ein finaler Abbau vorliegt, bleibt die Holzstruktur dem Augenschein nach intakt.

Quelle: Dipl.-Biol. Dr. Tobias Huckfeldt

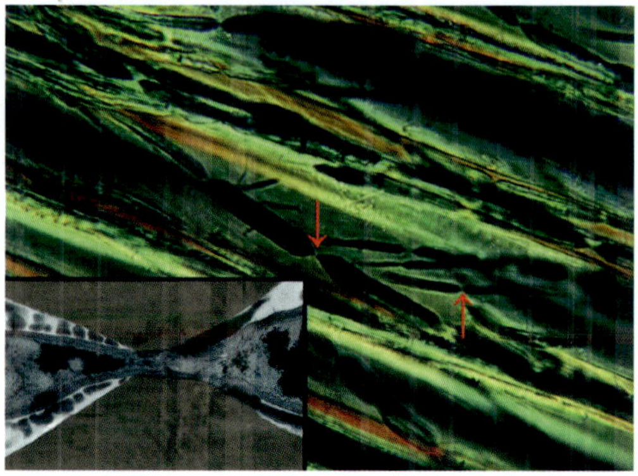

Abb. 28: Moderfaules Kiefernholz – Längsschnitt – mikroskopische Durchlichtaufnahme in polarisiertem Licht: Helle Bereiche zeigen intaktes Holz und dunkle Bereiche zeigen aufgelöste bzw. zerstörte Holzsubstanz; spitz zulaufende, fast perlenschnurartig angeordnete Kavernen sind das Holzzerstörungsmerkmal der Moderfäulepilze (Pfeil); Vergrößerung ca. 600-fach; Eckbild: elektronenmikroskopische Aufnahme einer spitz zulaufenden Kaverne im Holz (braun) mit durchlaufender Hyphe (grau); Vergrößerung ca. 4.000-fach.

Quelle: Dipl.-Biol. Dr. Tobias Huckfeldt

13.4 Fruchtkörper

Die Fruchtkörper von Fäulepilzen sind oft komplexer[24] aufgebaut als die von Schimmelpilzen, wenn von den Schimmelpilz-Hauptfruchtformen, wie *Eurotium* spp., abgesehen wird. Viele Fruchtköper sind erhaben und ragen einige bis viele Zentimeter in den Luftraum hinein (Abb. 21 und Abb. 48). Zudem wachsen sie oft von einem Zentrum (Ansatzstelle) konzentrisch aus, sodass sich eine Wuchsrichtung feststellen lässt (Abb. 30), oder sie haben z.B. einen deutlichen Stiel und Hut oder bilden Konsolen. Die Fruchtkörper von Schimmelpilzen bleiben meist flach (Abb. 29). Gleichwohl gibt es auch Schimmelpilze, die in den Luftraum wachsen (Abb. 50).

Für die Fäulepilze gilt, dass vor dem Fruchtkörperwachstum eine z.T. beträchtliche Holzzerstörung stattgefunden haben muss. Dies ist so, weil Fäulepilze stickstoffhaltige Verbindungen zum Aufbau ihrer eigenen Eiweiße und Zellwände benötigen. Da Holz aber nur wenig Stickstoffverbindungen enthält, müssen holzzerstörende Pilze viel Holz abbauen, um ge-

24 Hausfäulepilze gehören zu den höheren Pilzen und verfügen oft über differenziertere Zelltypen als Schimmelpilze; es gibt jedoch auch sehr einfach aufgebaute Fruchtkörper. Die Sporen- oder Konidienträger von Schimmelpilzen wachsen immer direkt aus dem Mycel heraus. Dies ist eine Gemeinsamkeit mit vielen Fäulepilzen; Ausnahmen bilden z.B. die Hausschwämme, die Fältlingshäute und die Sternsetenpilze, die ihre Fruchtkörper auch am Mauerwerk bilden können. Dort werden sie durch Stränge versorgt.

nügend Stickstoff zunächst für ihre Mycelien und dann für die Fruchtkörperbildung zu gewinnen. Daraus kann abgeleitet werden, dass Konstruktionen, an denen Fruchtkörper von Fäulepilzen wachsen, geöffnet werden sollten, um das Fäule-Ausmaß zu ermitteln. Dies gilt etwas abgeschwächt auch für die Fruchtkörper von Becherlingen, Tintlingen und Schleimpilzen – sie zeigen oft, aber nicht immer verborgene Fäuleschäden an.

Abb. 29: Flache Konidien-Lager des Grünen Holzschimmels (Trichoderma sp.): Ansicht einer verschimmelten Spanplatten-Oberfläche; das Wachstum ist flächig und geht von vielen Punkten aus; die Holzspäne werden durch den Schimmelpilz nicht geschädigt; aber die Spanpatte ist aufgrund des Wasserschadens geschädigt, da der Spanverbund durch die Feuchtigkeit gelockert wurde; Eckbild: Lupenbild eines Konidien-Lagers.

Quelle: Dipl.-Biol. Dr. Tobias Huckfeldt

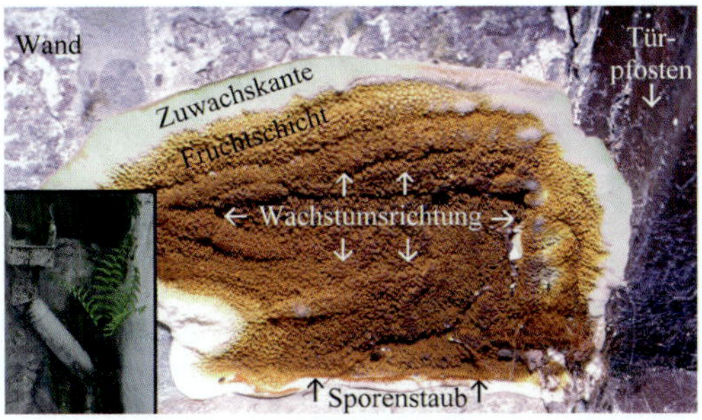

Abb. 30: Dicke, weißrandige und zimtbraune Fruchtkörper des Echten Hausschwammes mit faltig gewundener Fruchtschicht von einer Haus-Außenwand; das Wachstum ist flächig, geht aber von einem Punkt aus; Eckbild: typische Durchfeuchtungsursache für einen Befall mit Hausfäulepilzen.

Quelle: Dipl.-Biol. Dr. Tobias Huckfeldt

13.4.1 Funktionen und Gefahren der Fruchtkörper

Die Fruchtkörper dienen der sexuellen Reproduktion mit einer Neukombination der Eigenschaften von „Eltern-Pilzen". Hierzu werden mikroskopisch kleine Sporen gebildet, aus denen die Nachkommen keimen. Der Fruchtkörper dient der Arterhaltung, der Merkmals-Neukombination und Verbreitung der Fäulepilze (Abb. 30 und 31a). Die Nachkommen sind die Sporen und sie werden an Basidien gebildet (Basidiosporen). Die Größenordnung der Sporen entspricht grob denen der Schimmelpilz-Konidien: Fäulepilz-Sporen aus Gebäuden sind 3,5 bis 18 µm lang und Schimmelpilz-Konidien 2 bis 90 µm lang. Konidien allerdings sind Klone; sie sind mit ihren „Eltern" identisch und bei Fäulepilzen selten. Schimmelpilze verzichten also auf die Merkmalsneukombination. Das Merkmal der Sporenbildung grenzt die Basidiomyceten unter den Fäulepilzen fast immer deutlich von den Schimmelpilzen ab. (Ein Beispiel für einen Fäulepilz mit Konidien wäre die Gattung *Ptychogaster* sp. (= *Oligoporus* sp.); Abb. 30a)

Abb. 30a: Konidien bildende Nebenfruchtform: Fruchtkörper von Ptychogaster rubiginosa (Gruppe der Weißen Porenschwämme) von der Unterseite eines Fehlbodens; feine helle Stränge überziehen das braunfaule Holz.

Quelle: Dipl.-Biol. Dr. Tobias Huckfeldt

Wichtig zu wissen: Die Fruchtkörper werden gebildet, wenn ein Fäulepilz das vorhandene Holz weitgehend abgebaut hat oder die Wuchsbedingungen ungünstig werden. Wird nach einem Wasserschaden schnell und sachgerecht getrocknet, fehlt dem Fäulepilz jedoch die Zeit, noch Fruchtkörper oder einen Fäuleschaden zu bilden. Die Fruchtkörper von vielen Fäulepilzen wachsen zwar schnell, jedoch sind umfangreiche Stoffwechselleistungen („Vorarbeiten") nötig, die von außen nicht sichtbar sind. So muss eine Fruchtkörper-Versorgung aufgebaut werden, z.B. mittels Strangbildung, zudem müssen viele Hyphen, die dem Holzabbau dienten, resorbiert und die Nährstoffe zur Fruchtkörper-Bildungsstelle transportiert werden. Fazit: Nicht bei jedem Fäuleschaden entsteht auch ein Fruchtkörper.

Gefahren gehen von den Fruchtkörpern von Fäulepilzen nicht aus, abgesehen von Allergien gegen die Sporen (Abb. 48). Unter den hier beschriebenen Pilzen sind keine Giftpilze[25], sie gelten aber i.d.R. als ungenießbar, zumal sie oft aus chemisch geschütztem Holz wachsen und einige Pilze als Schwermetall-Sammler bekannt sind.[26] Es gibt in Mitteleu-

25 Bresinsky, A.; Besl, H. (1985) Giftpilze. Wissenschaftliche Verlagsgesellschaft mbH; Flammer, R. (2014) Giftpilze. AT Verlag, München.
26 Fischer, C.; Hein, B. (1990) Blei und Cadmium in Pilzen aus Westberlin. Z. f. Mykologie 56 (1), S. 159 bis 166.

ropa nur eine giftige Gattung von Porlingen, die ggf. in Gebäuden vorkommt, die Weichporlinge – *Hapalopilus*.[27]

Hinweis

Für die Holzzerstörung sind nicht die Fruchtkörper, sondern die nicht sichtbaren Substrathyphen der Fäulepilze zuständig (Gefahren siehe dort).

13.4.2 Vorkommen und Aussehen

Die Fruchtkörper von Fäulepilzen entstehen oft, aber nicht immer an gut sichtbaren Stellen (Abb. 21 und Abb. 48). Sie wachsen meist in den freien Luftraum hinein, damit die Sporen freigesetzt werden können. Je nach Platzangebot sind die Fruchtkörper von Fäulepilzen in Gebäuden aber oft untypisch geformt; dies erschwert die Erkennung (Abb. 30b).

Abb. 30b: Untypischer Fruchtkörper des Zaunblättlings (Gloeophyllum sepiarium) an einem Fensterflügel; eine Oberseite fehlt, es ist nur die Unterseite mit den Leisten vorhanden; das Bauteil weist eine Braunfäule mit Würfelbruch auf (Pfeile).

Quelle: Dipl.-Biol. Dr. Tobias Huckfeldt

27 Lüder, R. (2007) Grundkurs Pilzbestimmung. Quelle & Meyer, Wiebelsheim.

Anders als bei den Schimmelpilzen ist bei verschiedenen Fäulepilzen das Aussehen der Fruchtkörper auch schon makroskopisch sehr mannigfaltig; dies gibt erste Hinweise auf die Art. Aufgrund der großen Vielfalt kann hier nur ein Überblick gegeben werden (Abb. 21, Abb. 24, Abb. 30, Abb. 48 bis Abb. 49).[28] Die Fruchtkörper unterscheiden sich nicht nur von Art zu Art, sondern auch abhängig von den Umweltgegebenheiten und ihrem Alter. Die Abb. 31 zeigt exemplarisch die Altersveränderungen an Fruchtkörpern des Echten Hausschwamms.

Abb. 31: Fruchtschicht-Alterung: Fruchtkörper des Echten Hausschwammes mit faltig gewundener Fruchtschicht; das Alter der Fruchtschicht nimmt von links nach rechts zu – von frisch mit champignonähnlichem Geruch bis alt und übelriechend.

Quelle: Dipl.-Biol. Dr. Tobias Huckfeldt

13.5 Mycelien und Stränge

Mycelien von Fäulepilzen sind alle Pilzteile, die nicht zu einem Fruchtkörper gehören und die nicht innerhalb der Holzzellen wachsen. Stränge, Mycelmatten und Zwischenmycel sind Mycel-Formen. Pilzteile im Holz, die mit bloßem Auge nicht sichtbar sind, werden als Substrathyphen bezeichnet. Sie dienen der Ernährung (Nährstoffgewinnung) des Pilzes. Mycelien sind Geflechte, die aus einem oder mehreren Hyphentypen aufgebaut sind und die Oberflächen wie z.B. Holz, Mauerwerk und Gipskarton über- und durchwachsen (Abb. 9, Abb. 11, Abb. 35, Abb. 37, Abb. 43 und Abb. 49). Stränge sind fadenähnliche, spezialisierte Mycelien, die aus zwei oder mehreren Hyphentypen aufgebaut sind und im Mycel gebildet werden. Wichtig ist, dass nicht alle Fäulepilze echte Stränge bilden; so bildet z.B. der Ausgebreitete Hausporling nur Mycel aus (und natürlich Fruchtkörper). Auch die Fähigkeiten sind bei den einzelnen Arten unterschiedlich: Einige Arten durch- oder überwachsen Mauerwerk etc., andere nicht (Tab. 3). Bei Schimmelpilzen ist dies klarer, sie können anorganische Materialien oder Flächen nur über- bzw. durchwachsen, wenn organische Nährstoffe[29] vorhanden sind.

Der Holzabbau ist ein langwieriger Prozess: Die feuchten Hölzer liegen dabei oft an zuggeschützten Stellen (z.B. ein Balkenkopf einer Altbaudecke), sodass Sporen, die hier ent-

28 In der Literatur kann verwiesen werden auf Breitenbach, J.; Kränzlin, F. (1986) Pilze der Schweiz. Bd. 2, Nichtblätterpilze. Mykologia, Luzern, 2. Auflage; Jahn, H.; Reinartz, H.; Schlag, M. (1990) Pilze an Bäumen. Patzer, Berlin; Huckfeldt, T.; Schmidt, O. (2015) Hausfäule- und Bauholzpilze. Diagnose und Sanierung. 2. Auflage, Rudolf Müller Verlag, Köln.

29 Dies bedeutet, dass ein Nährstofflieferant vorhanden sein muss; dies kann auch die Beschichtung eines optischen Glases sein, das Fett eines Fingerabdrucks oder organische Luftinhaltsstoffe (Allsopp, D.; Seal, K.; Gaylarde, C. (2004) Introduction to Biodeterioration. Cambridge university press).

stehen, nicht fortgeweht werden können. Daher ist es für Fäulepilze von Vorteil, die Nährstoffgewinnung von der Sporenverbreitung (Fruchtkörperbildung) räumlich zu trennen. Hier liegt ein Unterschied zu den Schimmelpilzen, die stets aus ihrem Substrat Konidienträger/Fruchtkörper bilden. Mycelien und Stränge dienen u.a. dieser Verbindung. Jedoch bilden auch viele Fäulepilze ihre Fruchtkörper direkt auf dem Holz. Auf der anderen Seite können auch einige Schimmelpilze Mauerwerksfugen besiedeln, wenn sie von organischen Substanzen durchsetzt sind (Abb. 3).

Tab. 3: Großpilze im/am Mauerwerk[30]

Fäulepilze, die Mauerwerk durch-/bewachsen	**andere Pilze, die Mauerwerk durch-/bewachsen**
Hausschwämme – *Serpula* spp. (Abb. 3a)	Tintlinge – *Coprinus* spp. (vier bis acht Arten)
Kellerschwämme -- *Coniophora* spp. (Abb. 37)	Rotfußröhrlinge – *Xerocomus* spp. – und andere Mykorrhiza-Bildner; treten nur mit Wurzelwerk ihres Mykorrhiza-Partners in der Nähe auf (vgl. Abb. 32)
Einige Braunfäuletrameten – *Antrodia* spp., nachgewiesen nur oberflächlich auf dem Mauerwerk	Becherlinge – *Peziza* spp., bisher nur oberflächlich wachsende, strangähnliche Strukturen nachgewiesen, nicht tief im Mauerwerk
Einige Fältlingshäute – *Leucogyrophana* spp.	Schleimtrüffel – *Melanogaster* spp., zusammen mit den Wurzeln des Mykorrhiza-Partners
Sternsetenpilze – *Asterostroma* spp. (Abb. 31b)	Birnen-Stäubling – *Lycoperdon pyriforme* und andere Boviste, nur zusammen mit Fäulepilzen
Rosafarbener Saftporling – *Oligoporus placenta*, nachgewiesen nur im Boden zwischen Folien und Beton	Haariges Filzgewebe – *Tomentella crinalis*, zusammen mit den Wurzeln des Mykorrhiza-Partners

30 Auszug aus Huckfeldt, T.; Schmidt, O. (2015) Hausfäule- und Bauholzpilze. Diagnose und Sanierung. 2. Auflage, Rudolf Müller Verlag, Köln.

Abb. 31a: Echter Hausschwamm: frischer, vollentwickelter Fruchtkörper mit faltig gewundener (merulioider) Struktur der Fruchtschicht.

Quelle: Dipl.-Biol. Dr. Tobias Huckfeldt

Abb. 31b: Stränge des Ockerfarbigen Sternsetenpilzes (Asterostroma cervicolor) am Mauerwerk; die Stränge (ca. 0,2 mm im Durchmesser) wachsen auch zwischen Ziegelstein und Mörtel; sie laufen in Fruchtkörpern aus.

Quelle: Dipl.-Biol. Dr. Tobias Huckfeldt

13.5.1 Funktion

Die Mycelien am Zuwachsrand dienen der Ausbreitung des Pilzes in einem Gebäude oder zu einem Nachbarhaus. Die Mycelien im Holz dienen dem Nährstoff-Abbau, -Abtransport und der Nährstoff-Speicherung (Abb. 11). Die Stränge werden innerhalb des Mycels gebildet und nicht an der Zuwachszone. Sie verbinden Nährstoff-Lager miteinander und z.T. mit den Fruchtkörpern sowie mit Zuwachszonen und dienen dem Transport von Nährstoffen und Wasser. Hierdurch können auch nährstofffreie Bereiche, wie Mauern, Mörtel etc., von einigen Fäulepilzen durch- oder überwachsen werden (Tab. 3). Hierzu sind Schimmelpilze nur sehr begrenzt fähig. Allerdings werden neue Mauerwerke auch von Fäulepilzen nicht durchwachsen, da der Mörtel/Beton zu alkalisch ist.[31] Einige Mycelien haben zudem die Funktion, die Austrocknung einmal besiedelten Holzes zu vermindern (Abb. 32). Hierzu wird lappiges und festes Mycel gebildet, das Holz und andere Gegenstände überwächst (Abb. 45). Wachsende Pilze haben kein Kreislaufsystem; der Stofftransport kann nur in einer Richtung verlaufen. Daher muss das Transportmedium Wasser an der Wachstumszone ausgeschieden werden. Hierzu dienen Guttationstropfen, die den Nebeneffekt haben,

31 Hinterberger, H.; Grinda, M. S. (1984) Prüfverfahren für Schutzmittel gegen Schwamm im Mauerwerk. Entwicklung eines Laborverfahrens. Vortrag. In: Cymorek, S.; Ehrentreich, W.; Metzner, W. (Hrsg.) Holzschutz – Forschung und Praxis, DRW, Leinfelden-Echterdingen, S. 86 bis 89.

dass die Luftfeuchte ansteigt und sich der Pilz – in begrenztem Umfang – ein günstiges Mikroklima schaffen kann (Abb. 42 und Abb. 45, Eckbild).

Hinweis:

Besonders gefährdet sind von Folien eingepackte Holzkonstruktionsteile, in die Wasser gelangt, das dann nicht wieder abtrocknen kann. Hier kann der Wassertransport des Pilzes eine größere Rolle spielen. Beispiele für derartige Konstruktionen sind Hölzer unter Bädern oder Küchen und Hölzer im Warmdach (Flachdach) oder in der Erdgeschosskonstruktion von Neubauten.

Abb. 32: Bauteilöffnung aufgrund von Befall mit Echtem Hausschwamm (Serpula lacrymans): hell- bis dunkelgraues, violett-fleckiges, watteähnliches und geschlossen-flächiges Mycel unter einem PVC-Bodenbelag (Rückseite); Eckbild: Details der Zuwachszone; Skala links in Zenti-/Millimetern.

Quelle: Dipl.-Biol. Dr. Tobias Huckfeldt

13.5.2 Vorkommen und von den Fäulepilzen ausgehende Gefahren

Mycelien von holzzerstörenden Pilzen wachsen im Verborgenen in der Konstruktion: Nur bei Luftfeuchtigkeiten oberhalb von 93 % r.F. wachsen diese Mycelien offen sichtbar, und ein üppiges Wachstum ist sogar erst oberhalb von 95 % r.F. möglich (Abb. 35). Nur die Fruchtkörper wachsen oft an gut sichtbaren Stellen, da sie ihre Sporen verbreiten müssen. Einige Schimmelpilze dagegen wachsen schon bei deutlich niedrigeren Luftfeuchtigkeiten.

Man darf also bei üppigem Schimmelpilz-Bewuchs **nicht** den Schluss ziehen, Fäulepilze hätten sich zeigen müssen, sind also andernfalls nicht vorhanden. Dies ist ein Irrtum. Normalerweise durch- und unterwachsen die Mycelien und Stränge Holz und andere Baumaterialien wie z.B. Beschichtungen (Abb. 16), PVC-Beläge (Abb. 32), Verkleidungen (Abb. 34) und Wannen (Abb. 36).

Gefahren, die von Mycelien und Strängen selbst ausgehen, sind bisher nicht bekannt. Eine Gefahr ist jedoch durch das Übersehen von Mycelien gegeben, insbesondere wenn sie verschimmelt sind und Sachverständige speziell „nur" auf die Schimmelpilzsuche geschult sind (Abb. 46). Abb. 33 zeigt einen Überblick über typische Schadensschwerpunkte von Fäulepilzen im Altbau.

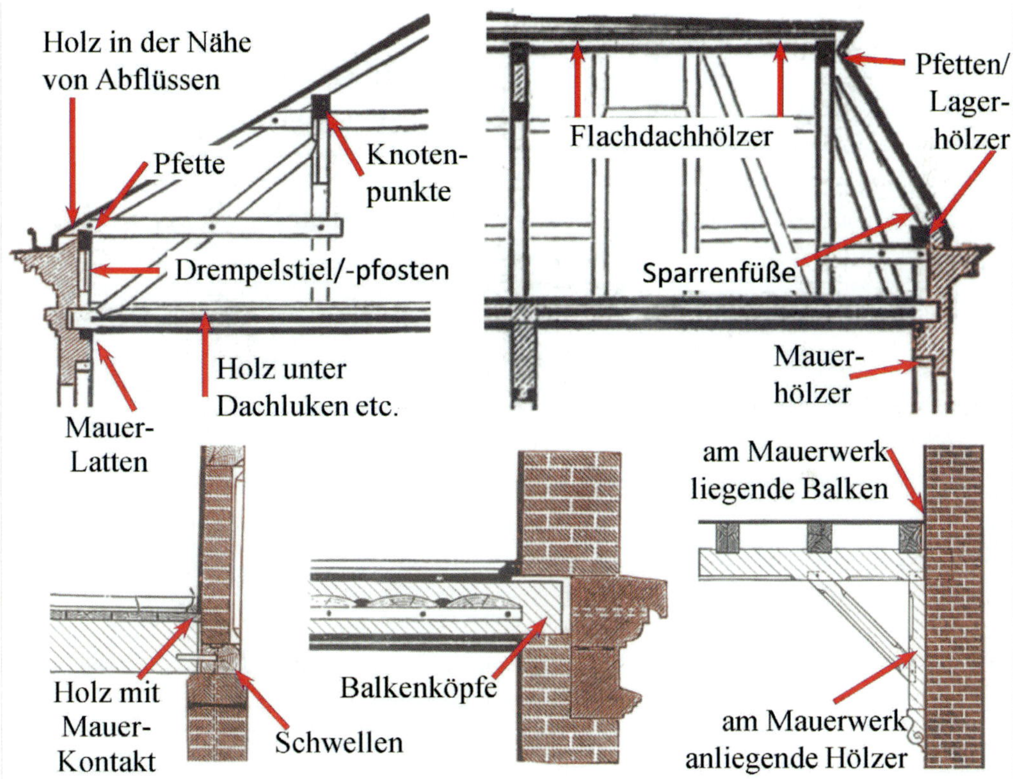

Abb. 33: Schadensschwerpunkte im Altbau (ohne Nassräume): Bereiche, die nach Wasserschäden ggf. zu prüfen sind; Zeichnungen verändert nach Stade (1904).

Quelle: Dipl.-Biol. Dr. Tobias Huckfeldt

13.6 Wichtige Gruppen/Arten von Fäulepilzen

In Gebäuden wurden bisher über 140 Arten von Großpilzen nachgewiesen, die ein z.T. sehr unterschiedliches Fäulepotenzial haben: von schwachen Weißfäule-Erregern, die Jahre für einen massiven Fäule-Schaden brauchen, bis hin zu Haus- und Kellerschwämmen, die innerhalb von einem Jahr große Fäuleschäden anrichten können.[32] Von der Vielzahl der in Gebäuden nachgewiesenen Großpilze verursachen nur wenige Arten so massive Schäden, dass häufiger ein Rückbau bis zum Rohbauzustand eines Gebäudes notwendig wird. Hierzu zählen z.B. Echter Hausschwamm, Brauner Kellerschwamm und die Artengruppe der Weißen Porenschwämme (Braunfäuletrameten und Saftporling) sowie der Ausgebreitete Hausporling.

Die meisten Arten im Hochbau verursachen eine Weißfäule. Gemessen an den Fallzahlen überwiegen jedoch die Schäden durch Braunfäulepilze mit 60 bis 70 % der Befälle. Unter den Hausfäulepilzen nimmt eine Art eine herausragende Rolle ein: der Echte Hausschwamm. Bekannt sind die häufiger auftretenden Fruchtkörper des Echten Hausschwammes am Mauerwerk (Abb. 2), die auch während einer Sanierung auftreten können; diese werden Notfruchtkörper genannt.

Seine besondere Gefährlichkeit beruht auf fünf Fähigkeiten: 1. anorganische Materialien zu durchwachsen (Stichwort: Stränge im Mauerwerk); 2. Holz unter Fasersättigung von einer Feuchte-Quelle aus zu bewachsen; 3. ein dichtes Oberflächenmycel zu bilden, um die Austrocknung einmal befallenen Holzes zu verlangsamen; 4. in trockenem Holz zu überdauern (Stichwort: Trockenstarre; Tab. 1) und 5. massiver Holzabbau. Werden jedoch einzelne Fähigkeiten betrachtet, sind immer andere Fäulepilze „leistungsstärker". Jedoch zeigen die anderen Pilze in der Gesamtschau der Fähigkeiten jeweils mindestens einen deutlichen Schwachpunkt.

Daher wird der Echte Hausschwamm hier als Erstes beschrieben und ausführlicher bebildert als die folgenden Arten.

13.6.1 Echter Hausschwamm – *Serpula lacrymans* (Braunfäule; Hausfäulepilz)

Der Echte Hausschwamm ist der wichtigste und häufigste holzzerstörende Hausfäule- oder Gebäudepilz in Mittel- und Nordeuropa in alten Gebäuden: z.B. Altbau, Kirchen und Schlösser. Er wird auch Tränenschwamm, Tränender Fältling und unglücklicherweise auch Mauerschwamm genannt. Neben dem Echten Hausschwamm gibt es in der Gattung „*Serpula*" nur noch eine weitere Art: den Wilden Hausschwamm (*Serpula himantioides*). Ähnlich sind die seltenen Fältlingshäute (*Leucogyrophana* spp.), die leicht zu Verwechslungen führen können. Die Unterscheidung ist wichtig, da nur für den Echten Hausschwamm nach DIN 68800-4 besonders große Sicherheitsabstände nötig sind (Tab. 4). Der Echte Hausschwamm kommt potenziell im gesamten Gebäude vor, auch in reinen Holzhäusern, wenn es nur feucht genug ist.[33] Eine Ausnahme gibt es: Bereiche, die im Sommer zu heiß werden, meidet er; im Drempelbereich ist er aber noch häufig. In feuchten Mauern und Hölzern fühlt sich dieser Pilz wohl. Von diesen Rückzugsgebieten aus kann er sich auch verdeckt in Wohnräumen ausbreiten, so in Türzargen (Abb. 16), Mauerhölzern und auch hinter Schrank-Rückwänden etc. Die häufigsten Fundorte sind jedoch verdeckt liegende Balkenköpfe in Zimmerdecken (Abb. 4). Die Mycelien breiten sich sternförmig aus, nur die

32 Huckfeldt, T.; Schmidt, O. (2015) Hausfäule- und Bauholzpilze. Diagnose und Sanierung. 2. Auflage, Rudolf Müller Verlag, Köln.

33 Doi, S.; Nishimoto, K. (1986) Case study of damage caused in wooden houses by dry rot fungus, Serpula lacrymans. Wood Research and Technical Note 22, S. 78 bis 98.

umgebende Feuchte und zu hohe Temperaturen begrenzen sein weiteres Wachstum. In Sachsen und Thüringen besteht nach *Grosser et al.*[34] eine behördliche Meldepflicht.

Der Echte Hausschwamm verursacht eine intensive Braunfäule (Abb. 11). Seine Zerstörungskraft wird als hoch eingestuft. Die Abbauleistungen der bisher getesteten Stämme sind hoch bis sehr hoch. Nach drei Monaten kann ein kleines Holznormteil aus Splintholz im Laborversuch bei optimalen Bedingungen vollständig zerstört sein, sodass nur ein braunes Pulver zurückbleibt (Abb. 12). In Gebäuden ist die Abbauleistung durch den Hausschwamm deutlich geringer.

Die frischen Fruchtkörper des Echten Hausschwammes sind zimtbraun, weißrandig und faltig oder hirnähnlich gewunden (Abb. 31a) und riechen herb nach frischen Champignons (Abb. 31), ihr Rand ist oft scharf begrenzt. Die Fruchtkörper sind frisch fleischig, fest, aber nicht holzig und werfen eine große Menge Sporenstaub ab (Abb. 2). Ein weiteres Merkmal ist die leichte Abhebbarkeit der Fruchtkörper von ihrem Untergrund. Ihre Dicke liegt meist über 2 mm, konsolenartig wachsende Fruchtkörper können auch über 20 mm dick werden und ihre einseitig angewachsenen Hüte erreichen einen Radius von über 10 cm. Die maximale Größe der Fruchtkörper dürfte bei 2 bis 3 m im Durchmesser liegen. Häufig sind sie esstellergroß.

Die Stränge des Echten Hausschwammes sind außen cremefarben bis silbrig-grau, innen oft weiß bis cremefarben, alt auch graubraun bis schwarz und von dicken, lappigen Mycelien umgeben. Sie wachsen oft verborgen unter Folien (Abb. 33), hinter Verkleidungen (Abb. 34) und im Mauerwerk, in dem sie sich oft zwischen Mörtel und Stein ausbreiten (Abb. 35). Die Mycelien sind anfangs reinweiß, hellgrau bis grau, und alt sind sie grau, graubraun bis grauschwarz. Bei ungünstigen Wachstumsbedingungen treten an den Mycelien oft gelbe und violette Verfärbungen auf. Besonders dichte und farbige Mycelien werden oft an den Ausbreitungsgrenzen des Befalls gefunden. An Rändern treten gelbe, braune, schwarze, violette und graue Verfärbungen und Tönungen auf. Verwechslungen sind mit anderen im Mauerwerk wachsenden Pilzen denkbar (siehe Tab. 3).

Hausschwamm-Schäden sind sehr ernst zu nehmen, da Gebäudeteile einstürzen können. Leider werden die ersten deutlichen Befallsmerkmale oft übersehen (Abb. 9 und Abb. 15). Wird ein Befall angenommen, ist zu klären, ob ein Befall mit Wildem oder Echtem Hausschwamm vorliegt oder z.B. „nur" eine Fältlingshaut (*Leucogyrophana* spp.). Nur der Echte Hausschwamm muss nach DIN 68800-4 mit einem besonders großen Sicherheitsbereich saniert werden.

34 Grosser, D.; Flohr, E.; Eichhorn, M. (2005) WTA-Merkblatt 1-2 „Der Echte Hausschwamm", Ausgabe 01.2021/D. Wissenschaftlich-Technischer Arbeitsgemeinschaft für Bauwerkserhaltung und Denkmalpflege e. V., Referat Holzschutz.

Tab. 4: Sicherheitsabstände ergänzt nach DIN 68800-4:2020 bei Fäulepilz-Befall und Durchwachsungen
(Mindestgrenzen für die Kontrolle des Umfeldes eines Befalls - über den sichtbaren Befall hinaus)

Pilz / Pilzgruppe	im befallenen Holz (in Längsrichtung der Hölzer)	in Mauerwerk und Schüttungen	Maßnahme im/am Mauerwerk
Echter Hausschwamm (explizit nur *Serpula lacrymans*) (Normtext beachten!)	mindestens 1 m (0,5 m bei statischen Problemen – mit Nachweis)	mindestens 1,5 m (ab Befallsgrenze)	A) Verzicht auf Holz im Sicherheitsbereich oder B) chemische Mauerwerks-Behandlung mit Schwammsperrmittel. Eine Behandlung ist nur zulässig, wenn ein Befall mit Echtem Hausschwamm (*Serpula lacrymans*) nachgewiesen wurde*.
andere Fäulepilze (Nassfäulepilze, z.B. *Antrodia*, *Coniophora* und *Gloeophyllum* spp.)	mindestens 0,3 m, wenn die Fäule nur leicht oberflächlich ist; vgl. abweichende Möglichkeiten im Kommentar zur Norm [**].	ausreichend viel (abhängig von Fäulepilz-Art und Befallsumfang)	Bei den Nassfäulepilzen beschränken sich die Maßnahmen **am/im Mauerwerk** i.d.R. auf Reinigungsarbeiten und ggf. auch ein Monitoring (z.B. Feuchteüberwachung).

* Siehe und vergleiche die Zulassungen für die Schwammsperrmittel der Hersteller. Auch Wandteile, bei denen die Gefahr besteht, dass Schwammsperrmittel ins Grundwasser gelangen könnten, dürfen nicht behandelt werden, z. B. bei Bewitterung oder bei Kelleraußenwänden. Bei diesen Befällen sieht die Norm den Verzicht auf Holz vor.

** Glauner, R.; Grosser, D.; Grosser, D.; Melcher, E.; Plarre, R. (2022) Holzschutz; Praxiskommentar zur DIN 68800 Teile 1 bis 4. Hrsg. DI, Beuth, Berlin, 376 S.

Tipp/Hinweis

Der Echte Hausschwamm kann sich in Gebäuden nur ansiedeln, wenn mindestens eine Feuchtigkeitsquelle vorhanden ist, dies gilt für alle Fäulepilze.

Abb. 34: Echter Hausschwamm (Serpula lacrymans): Oberflächenmycel, teilweise mit Strangbildung, hinter einer umgedrehten Vertäfelung im Keller; die Lage der Latten zeichnet sich dunkel ab; Eckbild: Übersicht nach Abnahme der Vertäfelung.

Quelle: Dipl.-Biol. Dr. Tobias Huckfeldt

Abb. 35: Echter Hausschwamm (Serpula lacrymans): weißes, wattiges Mycel des Echten Hausschwammes an Mauerwerk; die im Mauerwerk wachsenden Stränge sind nicht zu sehen. Die Mycelien wachsen nur offen sichtbar im Kellerraum, weil die Luftfeuchte im Zeitraum des Mycelwachstums über 95 % lag. Im Normalfall wachsen sie verdeckt in der Konstruktion (vgl. Abb. 34).

Quelle: Dipl.-Biol. Dr. Tobias Huckfeldt

13.6.2 Brauner Kellerschwamm – *Coniophora puteana* (Braunfäule; Hausfäulepilz)

Der Begriff „Kellerschwamm" ist eine Sammelbezeichnung für verschiedene im deutschen Sprachraum vorkommende *Coniophora*-Arten. Alternativ kann der Name „Braunsporrindenpilz" verwendet werden. Denn der Name „Kellerschwamm" lässt vermuten, dass z.B. der Braune Kellerschwamm nur in Kellerräumen vorkommt, dies stimmt jedoch nicht: Der Braune Kellerschwamm tritt in vielen Bereichen eines Gebäudes auf (Abb. 36). An Altbau-Balkenlagen liegen die Befallsschwerpunkte in der obersten Geschossdecke und in der Decke des 1. Obergeschosses (Abb. 36a). In feuchten Mauern und Hölzern breitet er sich, wie der Echte Hausschwamm und andere Fäulepilze, gern sternförmig aus, bis die umgebende

Feuchte zu gering für sein Wachstum ist. Die häufigste Art ist der Braune Kellerschwamm, gefolgt vom Marmorierten Kellerschwamm (*Coniophora marmorata*). Beim Letzteren trifft die Bezeichnung Kellerschwamm besser, da der Marmorierte Kellerschwamm wirklich vorzugsweise in Kellerräumen zu finden ist.

Der Braune Kellerschwamm durchwächst wie der Echte Hausschwamm Mörtel, Mauerwerk und andere Substrate (Tab. 3). Anders als oft angenommen überwächst der Braune Kellerschwamm vergleichsweise trockenes Holz. Versuche zeigten, dass Fichten- und Kiefernsplintholz mit einer Holzfeuchte von 18 bis 20 u_m%[35] überwachsen wurde, wenn eine Feuchtigkeitsquelle nicht weiter als 30 cm entfernt war. Dies ist im Temperaturbereich von 15 bis 25 °C möglich.[36] Der Holzabbau setzte unter Laborbedingungen ab 21,5 u_m% ein, hierbei wurden Abbauraten von über 5 % in zwölf Wochen nachgewiesen. Holzabbau bei einer Holzfeuchte von 24 u_m% ist lange bekannt[37] und durch *Viitanen/Paajanen*[38] bestätigt. Sie wiesen einen Holzabbau ab Holzfeuchten von 22 bis 23 u_m% nach. Dies sind niedrigere Werte als beim Echten Hausschwamm, der Holzfeuchten von 28 u_m% (Kiefernholz) bzw. 26 u_m% (Fichtenholz) benötigt.[39]

Die geringere Gefährlichkeit des Kellerschwammes gegenüber dem Echten Hausschwamm lässt sich damit begründen, dass ihm die Fähigkeit zur Entwicklung schützender Oberflächenmycelien fehlt. Er wächst aber in einem breiteren Temperaturoptimum als der Echte Hauschwamm. Für sein optimales Mycelwachstum sind Temperaturen von 22 bis 28 °C nötig; höchste Abbauraten werden bei 31 °C erreicht (Abb. 38). Allerdings muss mit größeren Unterschieden zwischen den einzelnen Stämmen („Individuen") gerechnet werden. Der Pilz bewirkte im Laborversuch unter optimalen Bedingungen an Kiefernsplintholz einen Masseverlust von bis zu 49 % in 18 Wochen.[40] Die Abbauraten sind von der Holzfeuchte abhängig (Tab. 5).

Tipp/Hinweis

H *Wichtig zu wissen: Abbauwerte aus dem Labor lassen sich nicht 1:1 auf die Praxis/Gebäude übertragen. Ein Totalschaden durch einen Befall mit Braunem Kellerschwamm an Holz der Dauerhaftigkeitsklasse 5 ist frühestens nach einem Jahr zu erwarten, oft dauert der Fäulnis-Prozess deutlich länger. Oft ergeben sich Unterbrechungen durch den Abriss optimaler Abbau-Bedingungen (Stichworte: Trockenheit, zu niedrige/zu hohe Temperaturen etc.).*

35 Die Werte beziehen sich auf die Trockenmasse (m), das „u" gibt an, dass die Messungen nach DIN 52183 (ersetzt durch DIN EN 13183-1) erfolgten.

36 Stienen, T.; Schmidt, O.; Huckfeldt, T. (2014) Wood decay by indoor basidiomycetes at different moisture and temperature. Holzforschung 68 (1), S. 9 bis 15.

37 Ammer, U. (1964) Über den Zusammenhang zwischen Holzfeuchtigkeit und Holzzerstörung durch Pilze. Holz Roh-Werkstoff 22 (2), S. 47 bis 51.

38 Viitanen, H.; Paajanen, L. (1988) The critical moisture and temperature conditions for the growth of some mould fungi and the brown rot fungus *Coniophora puteana* on wood. Stockholm: Intern. Res. Group Wood Pre., Doc. No. 1369.

39 Huckfeldt, T.; Schmidt, O. (2015) Hausfäule- und Bauholzpilze. Diagnose und Sanierung. 2. Auflage, Rudolf Müller Verlag, Köln.

40 Schmidt, O.; Grimm, G.; Moreth, U. (2002) Molecular identity of species and isolates of the Coniophora cellar fungi. Holzforschung 56, S. 563 bis 571.

Die Fruchtkörper des Braunen Kellerschwammes sind jung weiß. Mit dem Reifen werden sie von der Mitte aus braun bis sattbraun, wobei ein weißer Zuwachsrand nicht lange erhalten bleibt (Abb. 36). Aber die Fruchtkörper sind i.d.R. kurzlebig und werden deshalb nur selten nachgewiesen. Die braunen Fruchtkörper bilden große Sporenmengen, sodass ein Finger beim Darüberstreifen braun wird. Ein charakteristisches Merkmal der sporenproduzierenden Fruchtkörper sind kleine braune Warzen auf der Oberfläche. Sie sind dicker als 0,5 mm. Fehlen die Warzen, muss mikroskopiert werden. Im Gegensatz zum Echten Hausschwamm finden sich in unmittelbarer Nähe der Fruchtkörper nur selten Stränge. Dies mag ein Grund sein, warum die Kellerschwämme fast nur an feuchtem Holz Fruchtkörper bilden: Mauerwerk wird **zur Fruchtköperbildung** nur wenige Zentimeter weit von Holz ausgehend bewachsen.

Tab. 5: Feuchteabhängiger Holzabbau im Labor-Stapelversuch1 durch den Braunen Kellerschwamm (*Coniophora puteana*) in 16 bis 20 Wochen

Holzfeuchte [u_m%]	**Holzabbau [%] an Kiefernsplintholz**
211 bis 270	4,1 bis 42,8[2]
171 bis 210	0,7 bis 43,5[2]
131 bis 170	2,2 bis 34,1
101 bis 130	28,3 bis 37,2
71 bis 100	10,2
51 bis 70	6,7 bis 28,8
41 bis 50	14,0 bis 21,0
36 bis 40	9,7 bis 14,0
32 bis 35	8,7 bis 11,7
30 bis 31	9,2
27 bis 29	6,5 bis 7,0
24 bis 26	0,1 bis 1,2

[1)] Bei den Angaben handelt es sich um Laborwerte, die nicht 1:1 auf die Praxis übertragen werden können. [2)] Diese Werte sind versuchsbedingt weniger belastbar und müssen wiederholt werden.

Zu anderen Zwecken werden jedoch Stränge gebildet. Diese verändern sich in ihrer Entwicklung deutlich: Sie sind zunächst weiß bis cremefarben, dann ocker bis braun und schließlich fast schwarz (Abb. 37). Die meist reich verzweigten Stränge sind wurzelartig und flach anliegend. Die Stränge sind eng und fest mit der Oberfläche verbunden, sie lassen sich nur von sandigen oder staubigen Oberflächen gut abnehmen.

Abb. 36: Brauner Kellerschwamm (Coniophora puteana) im 2. OG – Befallsbild mit Teilrückbau: Badeinbau in einen Altbauflur; Undichtigkeiten an der Duschtasse (ausgebaut); Eckbild: Detail eines Fruchtkörpers.

Quelle: Dipl.-Biol. Dr. Tobias Huckfeldt

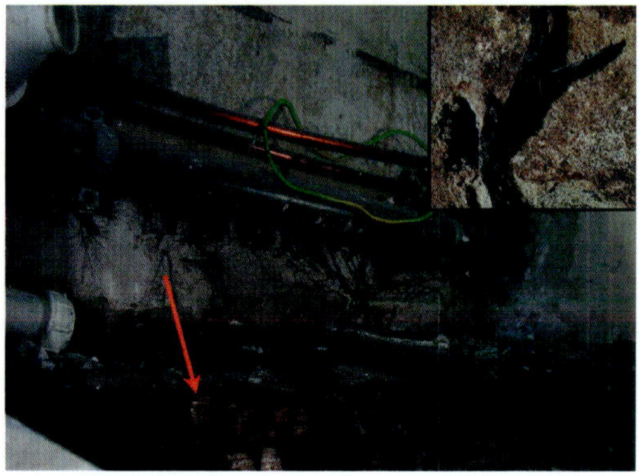

Abb. 37: Bauteilöffnung aufgrund von Befall mit Braunem Kellerschwamm (Coniophora puteana) – Detail aus Abb. 36: wurzelartige, schwarze Stränge am und im Mauerwerk aus einer feuchten Wand unter der Duschtasse; Konstruktion braunfaul (roter Pfeil); Eckbild: Detail eines Stranges.

Quelle: Dipl.-Biol. Dr. Tobias Huckfeldt

Abb. 38: Finale Braunfäule an einer Gerüstbohle, verursacht durch einen Braunen Kellerschwamm (Coniophora puteana), Bruchbild mit Würfelbruch hier im Holz-Querschnitt mit klaffenden Rissen (rote Pfeile; hier liegt ein finaler Holzabbau vor); Holz z.T. gelb und dunkelbraun verfärbt ; Gerichts-Beweisstück um den tödlichen Absturz eines Handwerkers (vgl. Abb. 1a).

Quelle: Dipl.-Biol. Dr. Tobias Huckfeldt

13.6.3 Gruppe der Weißen Porenschwämme[41] – *Antrodia* und *Oligoporus* spp. (Braunfäule; Hausfäulepilze)

Die Pilze dieser Gruppe bewirken eine intensive, schnell voranschreitende, aber vergleichsweise hellbraune Braunfäule. In Gebäuden sind sie lange bekannt, allerdings meist ohne Fruchtkörper-Bildung.[42] Sie befallen viele Holzarten und sind damit prädisponiert zum Abbau von Holzwerkstoffen, die aus unterschiedlichen Holzarten gefertigt wurden.[43] Die Gelbe Braunfäuletramete wird z. B. häufig an Eichenholz nachgewiesen. Der Rosafarbene Saftporling erreichte in Laborversuchen an Kiefernsplint- und Douglasienkernholz Masseverluste von 45 bis 62 % bei 20 °C in 18 Wochen.[44] Ein Wachstum ist zwischen 3 und 38 °C möglich, die Optimaltemperatur für das Wachstum liegt jedoch bei 28 °C, bei normaler Raumtemperatur sind der tägliche Zuwachs und der Holzabbau niedriger – hier variieren die Arten etwas. Ein Abgrenzungsmerkmal gegenüber dem Echten Hausschwamm ist, dass die Stränge der Porenschwämme auch trocken biegsam bleiben und nicht knackend brechen. Die Gruppe der Weißen Porenschwämme besteht aus zwei Gattungen: Braunfäuletrameten und Saftporlingen.

Braunfäuletrameten – *Antrodia* spp.

Die Braunfäuletrameten sind häufig zu finden an kondensatgeschädigten oder undichten Dachkonstruktionen, aber auch an feuchten Stellen unter Bädern und Küchen sowie an Fachwerk (Abb. 39 und Abb. 40). Das Wachstum wird durch die Holzfeuchte limitiert: Unter 19,4 u_m% Holzfeuchte ist an Kiefernsplintholz kein Wachstum mehr feststellbar, der Holzabbau setzt bei Holzfeuchten um 24 u_m% deutlich ein (Tab. 6). Sobald die Schadstellen abtrocknen, hört die Holzzersetzung auf, um bei erneuter Befeuchtung wieder einzusetzen. Diese Fähigkeit zur langen Trockenstarre ist an wechselfeuchten Bauteilen wichtig (Tab. 1). Allerdings ist nicht bekannt, ab welcher Holzfeuchte eine Infektion von nicht befallenem Bauholz möglich ist. Oftmals wird die Fasersättigung als Holzfeuchtewert bemüht, ab dem ein Befall durch Fäulepilze möglich erscheint. Dass dies kaum richtig sein kann, ergibt sich bei der Betrachtung von Fasersättigungswerten. Eichen- und Robinienkernholz zeigen Fasersättigung bei 23 bis 25 u_m%, Tanne und Fichte hingegen erst bei 32 bis 35 u_m%. Bei Fichten kann bei Fasersättigung schon ein kräftiger Abbau nachgewiesen werden. Die Braunfäuletrameten sind besonders widerstandsfähig gegenüber wechselnden Feuchtigkeitsverhältnissen und ertragen höhere Temperaturen als der Echte Hausschwamm und die Kellerschwämme – daher ihre Vorliebe für feuchte Dächer. Die Grundfarbe des Mycels und der Stränge ist weiß (Abb. 41).

41 Die Porling-Systematik verändert sich seit Jahren, so dass wir hier eine konservative Interpretation der Gattungen vornehmen. Mehr zur Aufteilung der Weißen Porenschwämme in mindestens fünf Gattungen (*Amyloporia*, *Antrodia*, *Anthoporia*, *Fibroporia* und *Oligoporus*) kann nachgelesen werden in Justo, A.; Miettinen, O.; Floudas, D.; Ortiz-Santana, B.; Sjökvist, E.; Lindner, D.; Nakasone, K.; Niemelä, T.; Larsson, K.-H.: Ryvarden, L.; Hibbett, D. S. (2017) A revised family-level classification of the Polyporales (Basidiomycota). Fungal Biology, doi: 10.1016/j.funbio.2017.05.010.

42 Bavendamm, W. (1974) Die Holzschäden und ihre Verhütung. Wissenschaftliche Verlagsgesellschaft MBH, Stuttgart.

43 Blanchette, R. A.; Obst, J. R.; Timell, T. E. (1994) Biodegradation of compression wood and tension wood by white and brown rot fungi. Holzforschung v. 48 (suppl.), S. 34 bis 42.

44 Eslyn, W. E. (1986) Utility pole decay. Part 4: Growth-Temperature relations and decay capabilities of eleven major utility poles. Holzforschung 40, S. 69 bis 77.

Tab. 6: Holzabbau im Labor-Stapelversuch1 durch die Schmalsporige Braunfäuletramete *(Antrodia sinuosa)* an Kiefernsplintholz in 16 bis 20 Wochen bei verschiedenen Holzfeuchten

Holzfeuchte [u_m%]	Holzabbau [%]
171 bis 200	11,1 bis 20,0
131 bis 170	16,5 bis 30,8
101 bis 130	**26,1 bis 41,2**
71 bis 100	32,9 bis 35,6
51 bis 70	27,2 bis 28,9
41 bis 50	17,4 bis 22,7
36 bis 40	11,0 bis 18,0
33 bis 35	9,0 bis 12,1
30 bis 32	7,4 bis 9,8
27 bis 29	5,7 bis 8,4
24 bis 26	3,6 bis 7,3
22 bis 23	0,5 bis 2,6

[1)] Bei den Angaben handelt es sich um Laborwerte, die nicht 1:1 auf die Praxis übertragen werden können.

Abb. 39: Unterseite eines Flachdaches nach Öffnung und Entfernung der Dämmung (Holz war nass; Braunfäule schwer erkennbar – vgl. Abb. 40): Befall durch Braunfäuletramete (Antrodia sp.), Moderfäulepilze und Schimmelpilze. Sparren und Schalung sind angegriffen. Der Schaden endet, wo die Dachterrasse in den Wohnraum übergeht (blaue Linie); eine Dampfsperre war nicht vorhanden; Eckbild: Detail eines Fruchtkörpers (roter Pfeil), ca. fünf Jahre alt.

Quelle: Dipl.-Biol. Dr. Tobias Huckfeldt

Abb. 40: Bauteilöffnung aufgrund von Befall mit einer Braunfäuletramete (Antrodia sp.): Braunfäule an Schalungsbrettern und Sparren: einsturzgefährdeter zerstörter Flachdach-Aufbau (Teilabriss), ca. neun Jahre alt.

Quelle: Dipl.-Biol. Dr. Tobias Huckfeldt

Abb. 41: Bauteilöffnung: typischer Wuchsort einer Braunfäuletramete (Antrodia sp.): Einschübe unter Feuchtigkeitsquellen wie z.B. WCs, Bädern oder Küchen; Eckbild: Details der weißen Stränge.

Quelle: Dipl.-Biol. Dr. Tobias Huckfeldt

Abb. 42: Gruppe der Weißen Porenschwämme – Braunfäuletramete (Antrodia sp.): Dunkelfruchtkörper an einem Balken nach einem verdeckten Wasserschaden; Fruchtkörper ca. 20 cm hoch; Eckbild: Details des weißen, watteähnlichen Mycels.

Quelle: Dipl.-Biol. Dr. Tobias Huckfeldt

Saftporlinge – *Oligoporus* spp. (Braunfäule; Hausfäulepilze)

Die Saftporlinge bilden auch bei einem massiven Befall nur selten ein dickes Mycel aus. Die Grundfarbe ist weiß, selten treten auch braune Farbtöne bei selteneren Arten hinzu. Die

Oberflächenmycelien des Rosafarbenen Saftporlings bleiben oft dünn und sind meist nicht deckend, durchwachsen aber Folien mit kleinen Fehlstellen (Abb. 43). Auch die Stränge sind weiß, werden aber häufig nur aus kurzen Abschnitten gebildet, die leicht einreißen (Abb. 44). Zudem wachsen unter Fruchtkörpern oft breitere Mycelmatten, die dann häufig eine leichte rosa Färbung zeigen. Die Myceldichte oder die Mycelmenge ist kein Maß für den Holzabbau. Andere Arten haben etwas dickere und auch farbige Mycelien.

Saftporlinge bilden z.T. Nebenfruchtformen, die Schimmelpilzen sehr ähnlich sind; sie werden *Ptychogaster* spp. genannt, auch ihre Substrathyphen zerstören Holz. Hier besteht die Gefahr einer Verwechslung (Abb. 44).

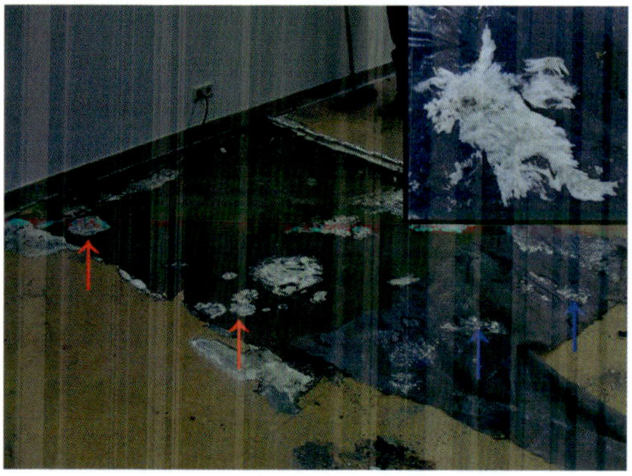

Abb. 43: Rosafarbener Saftporling (Oligoporus placenta) und Schimmelpilze: Befallsbild eines unterwachsenen Fußbodens aus Kunststoff-Belag, Bitumen, Weichfaserplatte, Schüttungsmaterial und Folie (Löcher durchwachsen, blaue Pfeile) – Mycel (rote Pfeile) wächst zwischen allen Schichten; Eckbild: Detail des Folien-Durchwuchses.

Quelle: Dipl.-Biol. Dr. Tobias Huckfeldt

Abb. 44: Rosafarbener Saftporling (Oligoporus placenta), Detail aus Abb. 43: weißes Oberflächenmycel mit biegsamen Strängen an braunfauler und verschimmelter Weichfaserplatte; Skala unten in Zenti-/Millimetern; Eckbild: Nebenfruchtform einer Oligoporus-Art: Ptychogaster rubescens.

Quelle: Dipl.-Biol. Dr. Tobias Huckfeldt

13.6.4 Ausgebreiteter Hausporling – *Donkioporia expansa* (Weißfäule; Hausfäulepilz)

Zerstört werden von diesem Weißfäule-Erreger feuchte Laub- oder Nadelhölzer, z.B. unter Bädern, Küchen und WCs, aber auch nasse Holzkonstruktionen in Unterbodenbereichen, Kellern, Dachböden und im Fachwerk (Abb. 18). Nach derzeitigem Wissen kann der Hausporling im Gegensatz zum Echten Hausschwamm und zum Braunen Kellerschwamm Mauerwerk nicht durchwachsen. Der Ausgebreitete Hausporling ist ein Fäulepilz, der ernst genommen werden muss, da es zu unerwarteten Einbrüchen kommen kann.

Der Ausgebreitete Hausporling verursacht eine Simultanfäule (Weißfäule – Abb. 19). Insbesondere wird das Splintholz bzw. auch gern das Frühholz abgebaut und er gehört zu den Pilzen mit großem Abbaupotenzial (Tab. 7). Von einer Vorliebe für Laub- oder Nadelholz kann nicht ausgegangen werden. Vorsicht ist bei Mehrfachbefällen geboten. Bei schwachem oder beginnendem Befall ist die Differenzierung des Fäuletyps z.T. nicht einfach. In einigen Fällen bleibt eine dünne Holzoberfläche intakt und nur das darunterliegende Holz wird abgebaut, dann kann bei flüchtiger Betrachtung der Eindruck einer Braunfäule entstehen.

Hinweis

*Eine Fäule kann vermutet werden, wenn ein Befall mit dem Bunten Nagekäfer (**Xestobium rufovillosum**) vorliegt, da die Käferlarven gerne faules Holz fressen. Die Ausflugslöcher der Käfer sind charakteristisch (Abb. 20).*

Die Fruchtkörper sind verschiedengestaltig: Es können kleine, nur wenige Zentimeter große Konsolen an Fenstern entstehen oder es können große, fast 1 m^2 erreichende, flächige, dicke Beläge sein, die sich z.B. auf Teppichböden oder in Schränken ausbreiten (Abb. 45). Auch die Dicke der Fruchtkörper ist entsprechend variabel von 0,4 bis 10 cm. Die Fruchtkörper sind fest bis korkähnlich, fast holzähnlich hart und leicht an ihren feinen Poren zu erkennen. Dies grenzt sie deutlich von allen Hausschwämmen ab, die fleischig sind und keine Poren bilden. Die Poren haben sie gemeinsam mit den Porenschwämmen, die aber eine Braunfäule verursachen. Die Porenschicht mit (drei bis) vier bis fünf Poren je Millimeter ist erst weiß, dann bräunlich mit silbernem Glanz, alt grau; verschimmelte Fruchtkörper zeigen auch andere Farben.

Das Mycel ist feinsamtig, dick-lappig und veränderlich (Abb. 46) und immer wieder kommt es in der Praxis zu Verwechslungen mit dem Echten Hausschwamm, obwohl der Ausgebreitete Hausporling eine Weißfäule verursacht, keine dicken Stränge bildet und die Fruchtkörper Poren haben. Gemeinsam haben Echter Hausschwamm und der Ausgebreitete Hausporling die Bildung von Guttationstropfen (Abb. 46, Eckbild).

Tab. 7: Abbauraten des Ausgebreiteten Hausporlings, zusammengestellt aus Lohwag, Buchwald, Acker, Schmidt/Moreth[45]

Zeitraum	Holzart (Typ)	Masseverlust
4 Wochen	Eiche (Splint)	3 %
8 Wochen	Eiche (Splint)	16 %
12 Wochen	Eiche (Splint)	49 %
12 Wochen	Eiche (Kern)	9 bis 23 %
18 Wochen	Traubeneiche (Splint)	35 %
16 Wochen	Traubeneiche (Kern)	10 %
12 Wochen	Kiefer (Splint)	25 bis 40 %
20 Wochen	Gemeine Fichte (Splint)	15,6 %

45 Lohwag, K. (1955) Zur Abbauintensität holzzerstörender Pilze. Sydowia, IX (1-6), S. 359 bis 366; Buchwald, G. (1986) On Donkioporia expansa (Desm.) Kotl. & Pouzar. Stockholm: Intern. Res. Group Wood Pre., Doc. No. IRG/WP 1285, 9 S.; Acker van, J. (1996) Laboratory culturing and decay testing with Physisporinus vitreus and Donkioporia expansa originating from identical cooling tower environments show major differences. Stockholm: Intern. Res. Group Wood Pre., Doc. No. 10184, 8 S.; Schmidt, O./Moreth, U. (2003) Molecular identity of species and isolates of internal pore fungi Antrodia spp. and Oligoporus placenta. Holzforschung 57, S. 120 bis 126.

Abb. 45: Ausgebreiteter Hausporling (Donkioporia expansa): braunes, styroporartiges Oberflächenmycel und Fruchtkörper mit braunen Resten von Guttationstropfen überwachsen eine Schrankecke (Bild: Christian Kittel, Schöneck; Rechte: Huckfeldt); Eckbild: weißes, frisches Oberflächenmycel mit durchsichtigen und gelben Guttationstropfen (Laborkultur).

Quelle: Dipl.-Biol. Dr. Tobias Huckfeldt

Abb. 46: Stark verschimmeltes Mycel des Ausgebreiteten Hausporlings (Donkioporia expansa): Die holzfarbenen Mycelien sind weißlich und schwarz durch Schimmelpilze überwachsen und z.T. zersetzt worden; unter dem Mycel liegt weißfaules Holz; Skala links in Millimetern.

Quelle: Dipl.-Biol. Dr. Tobias Huckfeldt

13.6.5 Sternsetenpilze – *Asterostroma* spp. (Weißfäule, langsam fortschreitend; Schichtpilz)

Sternsetenpilze wachsen in Dachkonstruktionen, Kellern, Wänden, Unterboden-Räumen und verwahrlosten Gebäuden. Sie treten nur selten allein auf; meist werden sie von Schimmelpilzen und auch einem potenten Fäulepilz begleitet (Tab. 8). Die Stränge durch- und überwachsen Mauerwerk, Decken und Schüttungen, um Fruchtkörper zu bilden und wahrscheinlich auch neues Holz zu besiedeln. Die Sternsetenpilze verursachen eine schwache bis mäßige Weißfäule.[46] In seltenen Fällen schienen keine Holzteile vorhanden zu sein, die Lebensgrundlage konnte dann nicht ermittelt werden. Eine sorgsame Prüfung der Umgebung ist daher nötig; nicht selten wird moder- und braunfaules Holz massiv überwachsen. Das Oberflächenmycel ist variabel: erst weiß, z.T. eine dicht deckende, 0,1 bis 0,5 (bis 2) mm dicke Schicht bildend, in der manchmal nur kleine Nester mit Setae zu finden sind, dann spärlich und durchscheinend, aber mit ockerfarbenen bis braunen, stets aber feinen Strängen (Abb. 47). Die Stränge sind etwas filzig, faserig und nicht fest mit dem Holz verwachsen, am Mauerwerk und anderen Materialien etwas fester. Ihr Durchmesser erreicht kaum einmal 1 mm. Es gibt in Gebäuden zwei Arten. Die immer flach anliegenden, kleinen bis sehr großen Fruchtkörper der beiden Sternsetenpilz-Arten unterscheiden sich gut durch ihre Farben: Ocker ist der Ockerfarbige Sternsetenpilz (*A. cervicolor*) und lachsfarben der Glattsporige Sternsetenpilz (*A. laxum*). Beide Arten bilden Fruchtkörper auch an Mauerwerk und Decken.

46 Ridout, B. V. (2000) Timber decay in buildings. The conservation approach to treatment. E & FN Spon, London.

Hinweis: Die braunen, sternförmigen Setae (spezielle Hyphenbildungen) des Sternsetenpilzes sind ein einmaliges Merkmal dieser Gattung und führen zu ihrer Unverwechselbarkeit im mikroskopischen Bild (Abb. 47, Eckbild).

Tab. 8: Sternsetenpilz als Begleiter von Fäule- und Moderfäulepilzen (ausgewertet wurden 72 Gutachten mit Doppelbefall)

Haus- und Moderfäulepilze	**Anzahl**
Moderfäulepilze (Deuteromyceten)	36
Kellerschwamm (*Coniophora* spp.)	10
Braunfäule (ohne weitere Eingrenzung)	8
Braunfäuletrameten (Artengruppe Weiße Porenschwämme – *Antrodia* spp.)	8
Hausschwamm (*Serpula* spp.)	4
Tintling (*Coprinus* spp.)	3
Ausgebreiteter Hausporling (*Donkioporia expansa*)	2
Balkenblättling (*Gloeophyllum trabeum*)	1
Muschel-Krempling (*Paxillus panuoides*)	1

Abb. 47: Braune Stränge des Ockerfarbigen Sternsetenpilzes (Asterostroma cervicolor) an Holz. Zwischen den Strängen (ca. 0,2 mm im Durchmesser) wächst kaum Zwischenmycel; Skala rechts in Millimetern; Eckbild: braune Sternsetae im mikroskopischen Bild (400-fach).

Quelle: Dipl.-Biol. Dr. Tobias Huckfeldt

13.6.6 Seitlinge – *Pleurotus* spp. (Weißfäule)

Seitlinge verursachen eine Weißfäule, meist an Laubholz. Befallen werden in Gebäuden vorzugsweise feuchte Spanplatten, Leimplatten, kunststoff-beschichtete Platten oder andere Holzwerkstoffe; Vollholz wird seltener befallen. Betroffen sind Holzwerkstoffe unter Badezimmern, Wandverkleidungen innen und außen, Unterboden-Räume, der Holz-Rahmenbau, Dachkonstruktionen, Schiffe, Fahrzeuge (z.B. Wohnmobile) und Spielgeräte. Einzig – die Gattung scheint Neubauten zu bevorzugen. Dies kann eine Gefahr sein, da man holzzerstörende Pilze nicht so schnell erwartet, Schimmelpilze aber schon. Die Holzabbauzeit ist von vielen Bedingungen abhängig, wie Feuchtigkeit, Temperatur und Angebot an feuchtem Holz. Unter Laborbedingungen wurden bei 20 °C in zwölf Wochen an Fichtenholz 15 % und bei Rotbuche 35 % Abbau gemessen. Schäden an Gebäuden werden meist durch die Fruchtkörper-Bildung entdeckt, z.T. schon ein bis zwei Jahre nach Fertigstellung (Abb. 48).

Die Fruchtkörper sind meist groß, weiß, grau bis bläulich. Ihre Oberseite ist, wenn der Platz ausreicht, trichterförmig eingedrückt und der Stiel zentral oder seitlich angewachsen. Die Lamellen sind cremefarben und etwas wellig mit glatter Schneide. Wie frisches Gemüse verschimmeln die Fruchtkörper leicht und riechen dann übel. Die Fruchtkörper werden häufig von Milben, Insekten und anderen Kleintieren gefressen. Die Fruchtkörper bilden viele Sporen, die bei empfindlichen Menschen Allergien hervorrufen können (als Berufskrankheit in der Pilzzucht: Farmerlunge).

Abb. 48: Befall mit essbaren Seitlingen (Pleurotus sp.): Fruchtkörper mit Lamellen (roter Pfeil); reichlich weißer Sporenstaub (blauer Pfeil) auf dem hochgedrückten PCV-Belag; der Pilz zerstörte Spanplatten im Boden unter einem Küchenschrank; aufgefallen war der Pilz durch den frisch-derben Pilzduft.

Quelle: Dipl.-Biol. Dr. Tobias Huckfeldt

13.6.7 Tintlinge – *Coprinus* spp. (schwache Weißfäule; Waldpilz)

Die Tintlinge sind eine große Gruppe mit über 170 Arten in Europa[47]. Die meisten Tintlinge, die in Gebäuden vorkommen, greifen Holz nur schwach oder gar nicht an. Viele Arten verursachen eine sehr langsam fortschreitende Weißfäule. Tintlinge werden in Gebäuden oft im Zusammenhang mit morschen Hölzern und gemeinsam mit anderen holzzerstörenden Pilzen gefunden, ähnlich wie die Sternsetenpilze. Sie zählen daher zu den Indikatorarten, die feuchte Böden, Decken, Wände und oft auch Fäulepilze anzeigen. Deshalb sollte ggf. der aggressivere holzzerstörende Pilz (Hauptzerstörer) im Gebäude gesucht werden. Eine Sanierung muss auf die nachhaltige Trocknung des Gebäudes abzielen, wenn keine anderen Fäulepilze vorhanden sind und die Gebäudestatik keine Mängel aufweist. Es gibt jedoch auch Tintlingsarten, die an defekten Leitungen ohne Beteiligung von Holz wachsen. Dann ist die Umgebung zu prüfen, ob faules Holz vorhanden ist oder nicht. Zudem gibt es unter diesen Pilzen Spezialisten, die auf besonderen Substraten gedeihen, so Arten, die an Ried und anderen Gräsern wachsen und sie zersetzen, andere Arten sind streng coprophil.

Die Gattung selbst kann gut anhand der zerlaufenden, meist sehr kurzlebigen Fruchtkörper (Abb. 49) und einiger mikroskopischer Merkmale bestimmt werden. Die Fruchtkörper gliedern sich in Hut und Stiel und sind meist fein, filigran und schlank.

Tintlinge gehören zu den schnellwüchsigen Pilzen: Mycel-Wachstumsgeschwindigkeiten von 13,6 mm je Tag wurden gemessen.[48] Die Mycelien einiger Tintlinge durchwachsen in fast aggressiver Weise Mauerwerk und so kommt es zu Verwechslungen mit dem Echten Hausschwamm, obwohl die Stränge der Tintlinge anders aussehen. Dies ist seit fast 100 Jahren bekannt.[49]

Die Mycelien differenzieren sich z.T. zu dünnen Strängen, die sich zu dickeren Bündeln zusammenlagern können. In Kellern können so geflechtähnliche, netz- oder tuchartige, z.T. auch kräftige Beläge entstehen, die auch als „Ozonium" oder „Kellertuch" bezeichnet werden. Das Mycel der Tintlingsarten in Gebäuden ist erst weißlich, dann schnell gelblich, hellbraun, fuchsbraun, rötlich bis braun, oft mit Ockerton, und filzig (Abb. 49). Oft sind auch noch Reste der Fruchtkörper vorhanden. Aufgrund der zahlreichen Arten, die im Hochbau vorkommen, variieren die Stränge, Mycelien und Fruchtkörper, sodass Vorsicht bei der Zuordnung angebracht ist.

Hinweis

Eine hohe Wachstumsgeschwindigkeit eines Fäulepilzes ist nicht gleichzusetzen mit einer hohen Abbauleistung.

47 Ludwig, E. (2007) Pilzkompendium. Bd. 2, Beschreibungen, Fungicon-Verlag, Berlin.
48 Eslyn, W. E.; Nakasone, K. K. (1984) Fifteen little-known wood-products-inhabiting hymenomycetes. Material und Organismen 19 (3), S. 201 bis 240.
49 Buller, A. H. R. (1924) Psathyrella disseminata [= Coprinus disseminatus]. Researches on fungi. Vol. III. Longmans, Green, and Co. New-York.

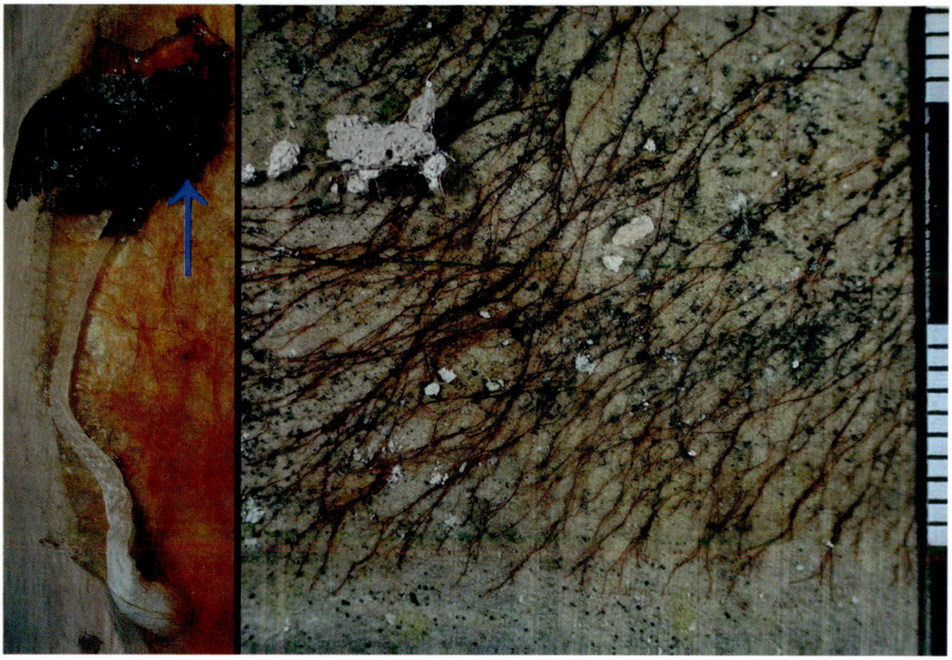

Abb. 49: Befall mit Tintlingen (Coprinus sp.) an Porenbetonsteinen: Stränge überziehen den Untergrund; Skala rechts in Millimetern; Seitenbild links: frisch zerlaufender Fruchtkörper-Hut (blauer Pfeil).

Quelle: Dipl.-Biol. Dr. Tobias Huckfeldt

Abb. 50: Pilze am Mauerwerk: Vergleich von Kellerschwamm-Mycel (links; Coniophora puteana; Stränge aus drei Hyphentypen: Grund-, Faser- und Gefäßhyphen) und Schimmelpilz-Mycel (rechts; ähnlich Cladosporium sp.; Mycel aus einem bzw. zwei Hyphentypen: Grundhyphen und gleich aussehendem Konidienträger).

Quelle: Dipl.-Biol. Dr. Tobias Huckfeldt

13.6.8 Becherlinge *Peziza* spp. – (ohne Fäule; Saprophyt)

Häufig in Gebäuden vorkommende Becherlinge sind die *Peziza*-Arten. Sie gehören zu den Ascomyceten (Schlauchpilzen[50]). In Gebäuden wachsen sie im gesamten Haus, wenn es feucht genug ist, die Dachkonstruktion von Spitzdächern wird allerdings kaum befallen. Gern wachsen sie an durchfeuchtetem – meist faulem – Holz oder Holzwerkstoffen, entwickeln sich aber auch in durchfeuchteten Decken und Wänden, auf Deckenputz mit Ried oder an Fachwerkfassaden. Ursache für das Wachstum von Becherlingen sind Wasserschäden, z.B. nach Wasserrohrbrüchen, Löschwassereinsatz oder Dachschäden. Einige Arten findet man jedoch auch an oder in der Nähe von Abwasserleitungen (z.B. unter WCs, Bädern, Küchen und Duschen) oder unter defekten Dachrinnen ohne Holzkontakt.

Ihre becherförmigen Fruchtkörper treten auch in bewohnten Räumen auf, dann oft an unzugänglichen Stellen, bei massiven Wasserschäden aber auch an der Zimmerdecke. Es wird angenommen, dass *Peziza*-Arten Holz nicht schädigen[51], ähnlich wie die Tintlinge treten sie jedoch oft auch vergesellschaftet mit holzzerstörenden Pilzen auf. Andere Ascomyceten, die mit sichtbaren Fruchtkörpern in Gebäuden auftreten, sind z. B. *Pyronema omphalodes* (Saprophyt) und *Orbicula parietina* (Moderfäulepilz).

Die Fruchtkörper sind meist becherförmig (Name) bis ausgebreitet, fest-gelatinös und leicht einreißbar, in Gebäuden treten auch unregelmäßig geformte Fruchtkörper auf. Ihre Größe reicht von wenigen Millimetern bis zu 12 cm (in Gruppen auch größer; Abb. 50a). Beim Trocknen schrumpfen die Fruchtkörper stark zusammen; sie sind dann weißlich bis cremefarben, hornähnlich fest, aber brüchig. Derartige Fruchtkörper können anhand der Asci (Schläuche) und der darin reifenden Sporen bestimmt werden.

50 Carlile, M. J.; Watkinson, S. C.; Gooday, G. W. (2001) The fungi. 2. Auflage, Academic press, London.
51 Langendorf, G. (1988) Holzschutz: Ein Handbuch für Baufachleute. VEB Fachbuchverlag, Leipzig.

Abb. 50a: Zahlreiche frische Fruchtkörper des Wachs-Becherlings (Peziza cerea); oberes Eckbild: Fruchtkörper nach dem Trocknen (gleicher Bildausschnitt); unteres Eckbild: typisches Befallsbild nach einem Wasserschaden in einer Zimmerdeckenecke.

Quelle: Dipl.-Biol. Dr. Tobias Huckfeldt

13.7 Fazit

Aufgrund von Unachtsamkeit oder Unkenntnis der Erscheinungsbilder von Fruchtkörpern, Mycelien, Strängen oder auch einer Fäule können Fäulepilz-Schäden bei einer Schimmelpilz-Sanierung übersehen werden, oder Fäulepilze werden für Schimmelpilze gehalten (Abb. 50).

Fäulepilze sind in der Lage, Holzkonstruktionen zu zerstören. Wurde ein Fäuleschaden entdeckt, muss das Schadensausmaß ermittelt werden. Dies obliegt entweder einer qualifizierten Fachfirma oder einem Sachverständigen für Holz- und Bautenschutz. Sind tragende Bauteile betroffen, ist die Standsicherheit durch einen Tragwerksplaner zu prüfen. Nötigenfalls ist das Gebäude oder Teile davon zu sperren.

Im Gegensatz zu einer Schimmelpilzsanierung wird die Sanierung von Fäulepilzen durch eine Norm geregelt. Dies ist die DIN 68800-4 (2020): Sie gibt den Rahmen einer Normsanierung vor; Abweichungen sind ggf. vertraglich zu vereinbaren. Abweichungen sind bei denkmalgeschützten Gebäuden oft sinnvoll, um den Substanzverlust zu minimieren.[52] Wurde ein Fäuleschaden entdeckt, muss das Schadensausmaß ermittelt werden. Dabei treten holzzerstörende Pilze oft an der tragenden Konstruktion eines Bauwerks auf, sodass umfangreiche Freilegungen z.B. von Balkenköpfen, Balkenlagen oder Schwellen nötig werden (Abb. 4, Abb. 17, Abb. 37 und Abb. 40) (Details zur Sanierung siehe *Flohr/Wegner* in diesem Buch).

Bei einem Fäulepilz-Befall muss immer auch mit einer Schimmelpilzbelastung gerechnet werden, da das Feuchteangebot, welches Fäulepilze benötigen, auch für das Wachstum von Schimmelpilzen ausreicht (siehe *Zöller/Warscheid* in diesem Buch).

Gibt es Hinweise auf eine Kontamination mit Holzschutzmitteln, ist der Bauherr zu informieren. Wird eine Kontamination mit Holzschutzmitteln festgestellt, ist eine besondere Betriebsanweisung nach § 14 der Gefahrstoffordnung zu erarbeiten (z.B. Anmeldung bei Berufsgenossenschaft und Gewerbeaufsicht, Maßnahmen zur Einhaltung der Arbeitsplatzgrenzwerte (AGW), Krebsvorsorgeuntersuchung der Beschäftigten und Atemschutztauglichkeit der Mitarbeiter). Der Arbeitsschutz ist nach den Vorgaben der BG-Bau (Berufsgenossenschaft der Bauwirtschaft) einzuhalten. Mitarbeiter, die Schwammbekämpfungen durchführen, müssen im Umgang mit Gefahrstoffen geschult sein und über einen Gefahrstoff-Schein verfügen (siehe *Flohr/Wegner* in diesem Buch).

13.8 Hinweise

Bei der Sanierung von Fäuleschäden in Gebäuden sind in Deutschland u. a. folgende Verordnungen zu beachten:

- Chemikalien-Verbotsverordnung vom 20. Januar 2017 (BGBl. I S. 94), aktuelle Version siehe http://www.gesetze-iminternet.de/bundesrecht/chemverbotsv_2017/gesamt.pdf
- Gefahrstoffverordnung vom 26. November 2010 (BGBl. I S. 1643), zuletzt geändert durch Artikel 2 der Verordnung vom 21. Juli 2021 (BGBl. I S. 3115), aktuelle Version siehe https://www.gesetze-im-internet.de/gefstoffv_2010/
- Verordnung über Anforderungen an die Verwertung und Beseitigung von Altholz (Altholzverordnung – AltholzV) vom 15. August 2002 (BGBl. I S. 3302), aktuelle Version siehe http://www.gesetze-im-internet.de/bundesrecht/altholzv/gesamt.pdf
- Verordnung über Sicherheit und Gesundheitsschutz auf Baustellen (Baustellenverordnung – BaustellV) vom 10. Juni 1998 (BGBl. I S. 1283), aktuelle Version siehe http://www.gesetze-im-internet.de/bundesrecht/baustellv/gesamt.pdf
- Verordnung über Sicherheit und Gesundheitsschutz bei Tätigkeiten mit biologischen Arbeitsstoffen (Biostoffverordnung – BiostoffV) vom 15. Juli 2013 (BGBl. I S. 2514), zuletzt geändert durch Artikel 1 der Verordnung vom 21. Juli 2021 (BGBl. I S. 3115), aktuelle Version siehe https://www.gesetze-im-internet.de/biostoffv_2013/

52 Huckfeldt, T.; Schmidt, O. (2015) Hausfäule- und Bauholzpilze. Diagnose und Sanierung. 2. Auflage, Rudolf Müller Verlag, Köln.

13.9 Dank

Für Material danke ich Ulrich Arnold (Sachverständiger, Castrop-Rauxel), Wolfgang Böttcher (Sachverständiger, Cölpin), Ulrich Ellenberg (Sachverständiger, Wernigerode), Dr. Klaus Geith (Sachverständiger, Gaimersheim), Björn Kleinlogel (Sachverständiger, Darmstadt), Nico Layher (Sachverständiger, Backnang), Hans-Joachim Rüpke (Sachverständiger, Hannover), Klaus Renhak (Sachverständiger, Benshausen), Martin Ruß (Sachverständiger, Radevormwald), Dr. Bernd Wischer (Sachverständiger, Warmsroth) und vielen anderen. Für Anregungen danke ich Prof. Dr. Constanze Messal (Sachverständige, Rostock) und Dr. Mathias Rehbein (Sachverständiger, Hamburg) und meiner Frau Sylvia Huckfeldt für die Hilfe bei der Textarbeit.

14 Arbeitsschutzanforderungen bei der Schimmelpilzsanierung

Dipl.-Ing. Andrea Bonner

Inhalt

Bei Tätigkeiten im Rahmen einer Schimmelpilzsanierung wie z.B. bei der Probenahme, beim Entfernen schimmelpilzbelasteter Materialien oder bei der Reinigung der Sanierungsbereiche kommen die Beschäftigten mit Biostoffen in Kontakt. Hohe Staub- und Schimmelpilzexpositionen bei den Sanierungsmaßnahmen und eine länger andauernde oder häufig wiederholte Exposition der Beschäftigten können bspw. zu allergischen Reaktionen bis hin zu schweren Lungenerkrankungen führen. Zum Schutz der Beschäftigten sind daher geeignete Maßnahmen zu ergreifen.

14.1 Allgemeine Anforderungen der Biostoffverordnung

Für Tätigkeiten bei der Schimmelpilzsanierung gilt die Biostoffverordnung (BioStoffV). Sie regelt Maßnahmen zum Schutz von Sicherheit und Gesundheit der Beschäftigten und beschreibt auch Maßnahmen zum Schutz anderer Personen, bspw. Nutzer, die durch eine Verschleppung der Stoffe aus den Sanierungsbereichen gefährdet werden können.

Die allgemeinen Anforderungen der Biostoffverordnung werden durch Technische Regeln für Biologische Arbeitsstoffe (TRBA) konkretisiert. Bei Einhaltung der Technischen Regeln kann der Arbeitgeber davon ausgehen, dass die entsprechenden Anforderungen der Verordnung erfüllt sind. Wählt der Arbeitgeber eine andere Lösung, muss er damit mindestens die gleiche Sicherheit für die Beschäftigten erreichen und dies in der Gefährdungsbeurteilung dokumentieren.

Biostoffe im Sinne der BioStoffV sind Mikroorganismen, die Infektionen, sensibilisierende oder toxische Wirkungen hervorrufen können. Zu den Biostoffen zählen u.a. Schimmelpilze und Bakterien sowie deren Zellbestandteile und Stoffwechselprodukte wie z.B. Mykotoxine.

Gemäß Biostoffverordnung ist für die Gefährdungsbeurteilung und die Ableitung der erforderlichen Schutzmaßnahmen die Art der Tätigkeit zu bestimmen. Die Verordnung unterscheidet dabei zwischen gezielten und nicht gezielten Tätigkeiten sowie zwischen Tätigkeiten mit und ohne Schutzstufenzuordnung.

Gezielte Tätigkeiten liegen dann vor, wenn

1. die Tätigkeiten auf einen oder mehrere Biostoffe unmittelbar ausgerichtet sind,
2. die Biostoffe mindestens der Spezies nach bekannt sind und
3. die Exposition der Beschäftigten im Normalbetrieb hinreichend bekannt oder abschätzbar ist.

Nicht gezielte Tätigkeiten liegen vor, wenn mindestens eine dieser Voraussetzung nicht gegeben ist. Zu nicht gezielten Tätigkeiten zählen u.a. Reinigungs- und Sanierungsarbeiten.

Biostoffe werden in der Biostoffverordnung entsprechend dem von ihnen ausgehenden Infektionsrisiko in eine Risikogruppe eingestuft:

Risikogruppe 1:	Biostoffe, bei denen es unwahrscheinlich ist, dass sie beim Menschen eine Krankheit hervorrufen,
Risikogruppe 2:	Biostoffe, die eine Krankheit beim Menschen hervorrufen können und eine Gefahr für Beschäftigte darstellen könnten; eine Verbreitung in der Bevölkerung ist unwahrscheinlich; eine wirksame Vorbeugung oder Behandlung ist normalerweise möglich,
Risikogruppe 3:	Biostoffe, die eine schwere Krankheit beim Menschen hervorrufen und eine ernste Gefahr für Beschäftigte darstellen können; die Gefahr einer Verbreitung in der Bevölkerung kann bestehen, doch ist normalerweise eine wirksame Vorbeugung oder Behandlung möglich,
Risikogruppe 4:	Biostoffe, die eine schwere Krankheit beim Menschen hervorrufen und eine ernste Gefahr für Beschäftigte darstellen; die Gefahr einer Verbreitung in der Bevölkerung ist unter Umständen groß; normalerweise ist eine wirksame Vorbeugung oder Behandlung nicht möglich.

Tätigkeiten in Laboratorien, der Versuchstierhaltung, der Biotechnologie oder in Einrichtungen des Gesundheitsdienstes, in denen überwiegend Biostoffe mit infektiösen Eigenschaften vorkommen können, sind einer Schutzstufe zuzuordnen. Die Schutzstufen orientieren sich an der Risikogruppe des jeweiligen Biostoffs und sind ein Maßstab für die Höhe der Infektionsgefährdung bei den Tätigkeiten. Entsprechend den Risikogruppen werden vier Schutzstufen unterschieden.

Für alle anderen Tätigkeiten mit Biostoffen, die nicht in Laboratorien, in der Versuchstierhaltung, in der Biotechnologie sowie in Einrichtungen des Gesundheitsdienstes stattfinden, ist eine Schutzstufenzuordnung nicht erforderlich. Solche Tätigkeiten werden bspw. in der Land- und Forstwirtschaft, in der Abfall- und Abwasserwirtschaft, bei Arbeiten an Sanitäranlagen oder bei Reinigungs- und Sanierungsarbeiten durchgeführt.

Bei Tätigkeiten im Rahmen einer Schimmelpilzsanierung wäre eine Schutzstufenzuordnung auch nicht praktikabel, da sie nur die Infektionsgefährdung, nicht aber das sensibilisierende bzw. toxische Potenzial der Biostoffe berücksichtigt, das bei der Schimmelpilzsanierung die Gefährdung für die Beschäftigten maßgeblich bestimmt. Zu den sensibilisierenden Biostoffen zählen u.a. Schimmelpilze und bestimmte Bakterien, u.a. Aktinomyzeten. Toxische Wirkungen können von Mykotoxinen (Stoffwechselprodukte von Schimmelpilzen) ausgehen.

Als Fazit dieser Überlegungen lässt sich zusammenfassen: Tätigkeiten bei der Schimmelpilzsanierung sind nicht gezielte Tätigkeiten im Sinne der Biostoffverordnung. Werden die Tätigkeiten außerhalb von Laboratorien, der Versuchstierhaltung, der Biotechnologie oder Einrichtungen des Gesundheitsdienstes ausgeführt, ist für diese Tätigkeiten keine Schutzstufenzuordnung erforderlich. Finden Sanierungsmaßnahmen bspw. in einem Labor oder einem Krankenhaus statt, muss vorab mit dem Auftraggeber geklärt werden, ob in den jeweiligen Arbeitsbereichen aufgrund dort vorhandener Biostoffe mit Infektionspotenzial eine Schutzstufenzuordnung und die damit verbundenen Schutzmaßnahmen zu ergreifen sind.

14.1.1 Informationsermittlung und Gefährdungsbeurteilung

Vor Aufnahme der Tätigkeiten mit Biostoffen ist eine Gefährdungsbeurteilung durchzuführen und geeignete Schutzmaßnahmen sind festzulegen. Dies ist Aufgabe des Arbeitgebers. Erster Schritt der Gefährdungsbeurteilung ist eine ausreichende Informationsbeschaffung, dazu sind insbesondere folgende Informationen erforderlich:

- Informationen zu den Biostoffen: gesundheitsschädigende Eigenschaften (infektiös, sensibilisierende oder toxische Wirkungen), Übertragungswege bzw. Aufnahmepfade der Stoffe in den Körper (inhalativ, dermal, oral)
- Informationen zu den Tätigkeiten: verwendete Arbeitsmittel (z.B. Arbeitsstoffe, Maschinen, Geräte), Art, Höhe, Dauer und Häufigkeit der Exposition

Die Gefährdungsbeurteilung ist nach Biostoffverordnung mindestens jedes zweite Jahr zu überprüfen, bei Bedarf zu aktualisieren, das Ergebnis ist zu dokumentieren. Ein Anlass zur Aktualisierung liegt bspw. dann vor, wenn sich die Arbeitsbedingungen maßgeblich ändern, wie beim Einsatz neuer Arbeitsverfahren oder Geräte.

! *Wichtige Informationsquellen für die Gefährdungsbeurteilung sind die Technischen Regeln für Biologische Arbeitsstoffe (TRBA) 400 „Handlungsanleitung zur Gefährdungsbeurteilung und für die Unterrichtung der Beschäftigten bei Tätigkeiten mit biologischen Arbeitsstoffen" sowie branchenspezifische Technische Regeln für Biologische Arbeitsstoffe oder Informationen der Unfallversicherungsträger.*

Für Tätigkeiten bei der Schimmelpilzsanierung stellt die DGUV-Information 201-028 „Gesundheitsgefährdungen durch Biostoffe bei der Schimmelpilzsanierung" alle erforderlichen Informationen für die Gefährdungsbeurteilung und die erforderlichen Schutzmaßnahmen bereit.

14.1.2 Fachkunde für die Erstellung der Gefährdungsbeurteilung

Die Gefährdungsbeurteilung ist von einer fachkundigen Person durchzuführen. Die Fachkunde für nicht gezielte Tätigkeiten ohne Schutzstufenzuordnung umfasst nach TRBA 200 „Anforderungen an die Fachkunde" die Komponenten Berufsausbildung oder einschlägige Berufserfahrung sowie Kompetenz im Arbeitsschutz. Als Kompetenz im Arbeitsschutz gelten Kenntnisse und Fähigkeiten, die Gefährdungen in Abhängigkeit von den vorhandenen Biostoffen und den ausgeführten Tätigkeiten zu beurteilen sowie alle erforderlichen Schutzmaßnahmen festzulegen und sachgerecht anzuwenden.

Die Kompetenz im Arbeitsschutz kann z.B. durch die Teilnahme an Weiterbildungsmaßnahmen erworben werden. Eine spezielle Sachkunde wie z.B. nach der DGUV-Regel 101-004 „Kontaminierte Bereiche" wird für die Schimmelpilzsanierung nicht gefordert.

14.1.3 Rangfolge der Schutzmaßnahmen

Auf Grundlage der Gefährdungsbeurteilung werden die erforderlichen Schutzmaßnahmen festgelegt. Dabei ist eine bestimmte Rangfolge zu beachten, die sich aus dem Arbeitsschutzgesetz ableitet. Mögliche Gefährdungen sind zunächst durch Substitution und technische Maßnahmen zu vermeiden oder zu minimieren. Führen diese Maßnahmen nicht zum Ziel, sind ergänzend organisatorische und personenbezogene Schutzmaßnahmen zu treffen. Diese Rangfolge wird als STOP-Prinzip bezeichnet: Substitution vor technischen, organisatorischen und personenbezogenen Maßnahmen. Ein erforderliches Abweichen von dieser Rangfolge ist in der Gefährdungsbeurteilung zu begründen.

Bei allen Tätigkeiten mit Biostoffen müssen grundlegende Maßnahmen eingehalten werden, die in der TRBA 500 beschrieben werden. Dazu zählen staubarme Arbeitstechniken sowie Hygienemaßnahmen. Maßnahmen der persönlichen Hygiene umfassen u.a. das Bereitstellen von Waschgelegenheiten sowie vom Arbeitsplatz getrennte Umkleidemöglichkeiten für die Beschäftigten.

14.2 Handlungsanleitung zur Erstellung der Gefährdungsbeurteilung

Die DGUV-Information 201-028 „Gesundheitsgefährdungen durch Biostoffe bei der Schimmelpilzsanierung" ist eine branchenspezifische Hilfestellung zur Durchführung der Gefährdungsbeurteilung und gilt für alle Tätigkeiten, die im Rahmen einer Schimmelpilzsanierung anfallen. Sie stellt die erforderlichen Informationen zur Beurteilung der Gefährdungen bereit und beschreibt geeignete Schutzmaßnahmen für die Probenahme, den Ausbau schimmelpilzbefallener Materialien, Trocknungsmaßnahmen, die Reinigung der Sanierungsbereiche und den Einsatz von Bioziden.

14.2.1 Beurteilung der Gefährdung durch Biostoffe bei der Schimmelpilzsanierung

Maßgebend für die Gefährdung der Beschäftigten sind die Höhe und die Dauer der Exposition der Beschäftigten. Die Exposition gegenüber luftgetragenen Biostoffen mit sensibilisierender oder toxischer Wirkung kann bspw. über einen Vergleich der Konzentration am Arbeitsplatz mit der Konzentration in der Außenluft beurteilt werden. Jahreszeitlich bedingt schwanken die Hintergrundkonzentrationen für Schimmelpilze: Sie liegen bei ca. 200 bis 800 KBE/m^3 (Winter/Frühjahr) bzw. 1.000 bis 4.000 KBE/m^3 (Sommer/Herbst) in der Außenluft (*Kolk et al.*, 2009).

Die in der DGUV-Information angegebenen Expositionsstufen beziehen sich auf einen Vergleich mit der Hintergrundkonzentration. Unterschieden werden Konzentrationsbereiche, die gegenüber der Hintergrundkonzentration als erhöht, hoch oder sehr hoch bezeichnet werden.

Als weiteres Zuordnungskriterium wird die Exposition gegenüber alveolengängigem Staub (A-Staub) und einatembarem Staub (E-Staub) berücksichtigt. Voraussetzung für die Zuordnung einer Tätigkeit zu der Expositionsstufe „Erhöht" ist die Einhaltung des allgemeinen Staubgrenzwertes, der in den Technischen Regeln für Gefahrstoffe (TRGS) 900 „Arbeitsplatzgrenzwerte" angegeben ist. Dieser beträgt für die alveolengängige Staubfraktion 1,25 mg/m^3, für die einatembare Fraktion 10 mg/m^3. Unter der alveolengängigen Fraktion versteht man den Teil des einatembaren Staubes, der so fein ist, dass er bis in die kleinsten Verzweigungen der Lunge, in die Alveolen (Lungenbläschen), vordringen kann.

Für die Zuordnung der Tätigkeiten zu den Expositionsstufen werden insgesamt folgende Kriterien herangezogen:

- erhöhte Exposition: Schimmelpilzexposition < 50.000 KBE /m^3 und Staubexposition A-Staub < 1,25 mg/m^3 sowie E-Staub < 10 mg/m^3,
- hohe Exposition: Schimmelpilzexposition 50.000–500.000 KBE /m^3 oder Staubexposition A-Staub 1,25–12,5 mg/m^3 bzw. E-Staub 10–100 mg/m^3,
- sehr hohe Exposition: Schimmelpilzexposition > 500.000 KBE/m^3 oder Staubexposition A-Staub > 12,5 mg/m^3 bzw. E-Staub > 100 mg/m^3.

In **Tab. 1** sind typische Tätigkeiten bei der Sanierung von Schimmelpilzschäden und die zu erwartende Höhe der Exposition gegenüber Schimmelpilzen aufgeführt. Die Zuordnung der Tätigkeiten erfolgte insbesondere auf der Grundlage personengetragener Expositionsmessungen.

Tab. 1: Typische Sanierungstätigkeiten und die zu erwartende Exposition der Beschäftigten.

Beispielhafte Tätigkeiten	Zu erwartende Schimmelpilz- und Staubexposition		
	erhöht	hoch	Sehr hoch
Sanierung im Wandbereich			
Fugendichtstoff (Silikon, Acryl) nach der Reinigung entfernen	■		
Tapete trocken entfernen			■
Raumseitig befallene Tapete nach Absaugen der Oberfläche und Anfeuchten / verdünntem Einkleistern entfernen	■		
Putz trocken entfernen – Abstemmen ohne staubbindende Maßnahmen			■
Betonschleifer / Putzfräse mit Absaugung		■	
Betonschleifer / Putzfräse mit Absaugung und lokaler Absaugung im Arbeitsbereich	■		
Putz entfernen mit gekapseltem Hochdruckwasserstrahlverfahren		■	
Trockenbauwände entfernen			■
Sanierung im Deckenbereich			
Tapete trocken entfernen			■
Zwischendecken, abgehängte Decken öffnen und befallene Materialien (u.a.Dämmung) entfernen			■
Sanierung im Fußbodenbereich			
Ausbau verklebter Bodenbeläge (Teppichboden, Parkett, PVC, Linoleum, Fliesen, etc.)			■
Ausbau nicht verklebter, glatter Bodenbeläge (Parkett, Laminat, etc.)		■	
Aufgeständerte Bodenkonstruktion entfernen			■

Beispielhafte Tätigkeiten	Zu erwartende Schimmelpilz- und Staubexposition		
	erhöht	hoch	Sehr hoch
Estrich und Dämmung trocken entfernen			
Estrich und Dämmung trocken entfernen mit zusätzlicher Lüftung des unmittelbaren Arbeitsbereiches			
Sonstige Tätigkeiten			
Entrümpeln / Räumen stark kontaminierter (verstaubter) Bereiche			
Archivgut reinigen / räumen (siehe auch TRBA 240)			
Dämmmaterial (Mineralwolle / Zellulose / Holzfaserplatten) ausbauen (*siehe auch TRGS 521)			
Schüttmaterial in Hohlraumkonstruktionen ausräumen			
Bohren (Boden, mineralischer Aufbau auf Dämmung) mit Absaugung am Gerät			

Quelle: DGUV Information 201-028

Aus der ermittelten Expositionsstufe und der Dauer der Tätigkeit wird eine Gefährdungsklasse abgeleitet (Abb. 1). Dabei wird zwischen folgenden Gefährdungsklassen unterschieden:

- Gefährdungsklasse 1 umfasst Tätigkeiten mit erhöhter Exposition unabhängig von der Dauer der Sanierung.
- Gefährdungsklasse 2 umfasst Tätigkeiten mit hoher Exposition. Kurzzeitige Tätigkeiten werden der Gefährdungsklasse 2a zugeordnet und umfassen i.d.R. zwei Stunden, abhängig von der Gebrauchsdauer der eingesetzten Atemschutzgeräte. Die Tätigkeiten beinhalten das Entfernen der befallenen Materialien einschließlich der Grobreinigung des Arbeitsbereiches. Bei Zuordnung in Gefährdungsklasse 2a darf der Arbeitsbereich nicht vor Abschluss der Arbeiten verlassen werden. Kann dies nicht gewährleistet werden, muss eine Schleuse oder ein Übergangsbereich eingerichtet werden.
- Gefährdungsklasse 3 umfasst Tätigkeiten mit sehr hoher Exposition, unabhängig von der Dauer der Sanierung.

Ziel ist es, durch die Auswahl geeigneter, staubarmer Arbeitsverfahren in eine möglichst niedrige Gefährdungsklasse zu gelangen.

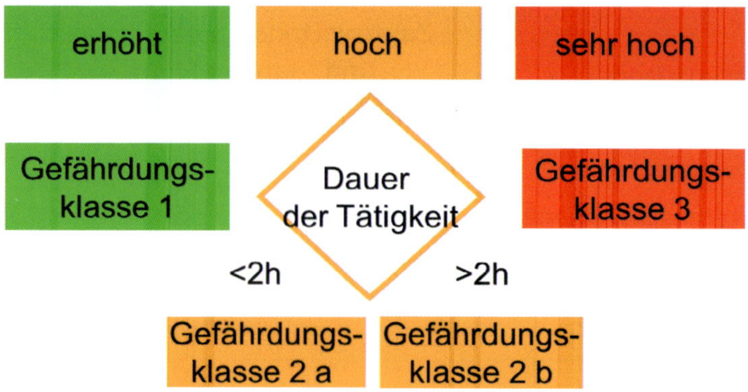

Abb. 1: Zuordnung der Tätigkeiten zu einer Gefährdungsklasse in Abhängigkeit von der Expositionshöhe und der Dauer der Tätigkeit.

Quelle: DGUV Information 201-028

Bei Schäden infolge von Hochwasserereignissen, Leckstellen in Schmutzwasserleitungen, Rückstau aus dem öffentlichen Kanalnetz (Schmutzwasser- oder Mischwasserkanalisation) können Biostoffe mit einem höheren Infektionsrisiko auftreten. Im Vordergrund stehen dabei Viren und Bakterien, die zu Magen-Darm-Erkrankungen führen können. Die daraus resultierenden Gefährdungen sind in der Gefährdungsbeurteilung ergänzend zu berücksichtigen. Die Aufnahme erfolgt i.d.R. über Hand-Mund-Kontakt. Sie kann auch über aufgeweichte oder rissige Haut, Hautverletzungen oder durch Einatmen erfolgen (Tröpfcheninfektion). Auch lokale Infektionen der Haut sind möglich.

Nach einem Hochwasserereignis besteht eine Gefährdung durch Infektionserreger insbesondere, wenn der verbleibende Schlamm trocknet. Werden bei Reinigungsarbeiten von diesem getrockneten Schlamm Stäube freigesetzt, können Fäkalkeime als Bioaerosole in die Luft gelangen und eingeatmet werden.

Bau- und nutzungsbedingte Schadstoffe in der Bausubstanz

Bei der Gefährdungsbeurteilung sind nicht nur die biologischen Belastungen zu berücksichtigen, sondern auch eventuell vorhandene Gebäudeschadstoffe oder nutzungsbedingte Kontaminationen. Beispiele für baustoffbedingte Schadstoffe sind:

- Asbest in z.B. Fußbodenbelägen (Vinylasbest-/Flexplatten, Cushioned-Vinyl(CV)-Beläge), Bodenbelagsklebstoffen, Putzen, Spachtelmassen, Fliesenklebern (Dünnbettmörtel),
- „alte" Mineralwolle-Dämmstoffe (Glaswolle, Steinwolle) zur Wärme- und Trittschalldämmung und zur Isolierung von Heiz- und Installationsleitungen,
- Holzschutzmittelwirkstoffe Pentachlorphenol (PCP), Lindan und DDT für den vorbeugenden und bekämpfenden Holzschutz,
- polychlorierte Biphenyle (PCB), z.B. in dauerelastischen Fugenmassen, als Flammschutzmittel in Anstrichstoffen und Beschichtungen,

- polycyclische aromatische Kohlenwasserstoffe (PAK) in teerhaltigen Produkten, z.B. Klebstoffe für Parkett und Holzpflaster, Dach- und Dichtungsbahnen, Teerkorkdämmungen.

Wird festgestellt, dass im Rahmen der Schimmelpilzsanierung auch Tätigkeiten an asbesthaltigen Baumaterialien oder anderen Gebäudeschadstoffen auszuführen sind, sind weitergehende Anforderungen u.a. an die Qualifikation der ausführenden Betriebe und an den Umfang der Schutzmaßnahmen zu beachten. Diese Anforderungen ergeben sich aus der Gefahrstoffverordnung und den Technischen Regeln für Gefahrstoffe.

14.2.2 Auswahl der Schutzmaßnahmen

Auf Grundlage der Gefährdungsbeurteilung werden die erforderlichen Schutzmaßnahmen festgelegt, durch die sowohl die Beschäftigten bei der Sanierung als auch Dritte, z.B. Nachbargewerke oder Nutzer, geschützt werden. Die Grundregel für Sicherheit und Gesundheitsschutz bei der Arbeit lautet, Gefährdungen zunächst durch Substitution und technische Maßnahmen zu vermeiden bzw. zu minimieren. Kann trotz technischer Maßnahmen eine Gefährdung nicht ausgeschlossen werden, sind ergänzend organisatorische und persönliche Schutzmaßnahmen zu treffen. Diese Rangfolge der Schutzmaßnahmen wird als STOP (Substitution, Technische, Organisatorische, Persönliche Maßnahmen) bezeichnet.

Tab. 2: Zuordnung der Schutzmaßnahmen zu den Gefährdungsklassen.

	Gefährdungsklasse 1	Gefährdungsklasse 2		Gefährdungsklasse 3
		2A	2B	
Formale Anforderungen				
Fachkunde	erforderlich	erforderlich		erforderlich
Gefährdungsbeurteilung	erforderlich	erforderlich		erforderlich
Betriebsanweisung und Unterweisung	erforderlich	erforderlich		erforderlich
Begrenzung der Zahl der exponierten Beschäftigten	erforderlich	erforderlich		erforderlich
Arbeitsmedizinische Vorsorge	Angebotsvorsorge (Schimmelpilze)	Angebotsvorsorge (Schimmelpilze) Angebots- bzw. Pflichtvorsorge Atemschutz – abhängig vom eingesetzten Atemschutzgerät		Angebotsvorsorge (Schimmelpilze) Angebots- bzw. Pflichtvorsorge Atemschutz – abhängig vom eingesetzten Atemschutzgerät
Koordination mit anderen Gewerken	erforderlich	erforderlich		erforderlich
Technische Schutzmaßnahmen				
Staubarme Arbeitsverfahren	erforderlich	erforderlich		erforderlich
Technische Lüftungsmaßnahmen * (Raumlüftung)	–	–	Technische Lüftung	Technische Lüftung – 15-facher Luftwechsel / h, Unterdruckhaltung

	Gefährdungsklasse 1	Gefährdungsklasse 2		Gefährdungsklasse 3
		2A	2B	
Reinigung	Staubarme Reinigung	Feinreinigung aller Oberflächen im Arbeitsbereich		Feinreinigung aller Oberflächen im Schwarzbereich
Abfalltransport	Ausgebaute Materialien verpacken, staubarm abtransprotieren	Ausgebaute Materialien verpacken, staubarm abtransprotieren		Ausgebaute Materialien verpacken, staubarm abtransprotieren
Organisatorische Schutzmaßnahmen				
Arbeitsvorbereitung	Schadensbereich räumen, schwer zu reinigende Gegenstände, Installationen abdecken / abkleben	Arbeitsbereich räumen schwer zu reinigende Gegenstände, Installationen abdecken / abkleben		Arbeitsbereich räumen schwer zu reinigende Gegenstände, Installationen abdecken / abkleben
Schwarz-Weiß-Trennung	Türen geschlossen halten	Zugang z.B. über Reißverschlusstür	Einkammerschleuse	Einkammer-Schleuse – empfohlen mit Luftwechsel, ggf. Mehrkammer-Schleuse
Persönliche Schutzausrüstung				
Handschutz	bei Feuchtarbeit flüssigkeitsdichte Schutzhandschuhe z.B. aus Nitril	bei Feuchtarbeit flüssigkeitsdichte Schutzhandschuhe z.B. aus Nitril		bei Feuchtarbeit flüssigkeitsdichte Schutzhandschuhe z.B. aus Nitril
Augenschutz	bei Spritzwasserbildung oder Arbeiten über Kopf	bei Spritzwasserbildung oder Arbeiten über Kopf		erforderlich

	Gefährdungsklasse 1	Gefährdungsklasse 2		Gefährdungsklasse 3
		2A	2B	
Schutzanzug	–	Staubdichter Schutzanzug Kategorie III, Typ 5-6		Staubdichter Schutzanzug Kategorie III, Typ 5-6
Atemschutz	bei Arbeiten über Kopf: Atemschutzgerät mit P2-Filter	Atemschutzgerät mit P2-Filter		Atemschutzgerät mit P3-Filter, Empfehlung: Gebläse unterstützte Vollmaske TM3P oder Haube TH3P

Quelle: DGUV Information 201-028

14.2.2.1 Technische Schutzmaßnahmen

Arbeitsverfahren, die mit einer Staub- bzw. Aerosolfreisetzung verbunden sind, führen im Allgemeinen auch zu hohen bis sehr hohen Sporenkonzentrationen in der Luft. Die Sanierungs- und Reinigungsarbeiten sind daher so durchzuführen, dass eine Staubfreisetzung durch die Auswahl staubarmer Arbeitsverfahren minimiert wird.

Beispiele für staubarme Arbeitsverfahren sind:

- Einsatz staubarmer Bearbeitungssysteme mit wirksamer Absaugung (z.B. abgesaugte Putzfräsen oder Betonschleifer, Abbruchhammer mit Absaugung).
- Einsatz von Luftreinigern.
- Oberflächen vor dem Entfernen mit einem Industriestaubsauger der Staubklasse H absaugen bzw. feucht abwischen oder sporenbindende Mittel, z.B. Tiefengrund oder Kleister, auftragen. Beim Auftrag ist darauf zu achten, dass möglichst wenige Biostoffe aufgewirbelt werden, z.B. Auftrag durch Streichen oder Rollen statt Sprühen.
- Vor dem Entfernen befallener Teppichböden eine feuchte Reinigung durchführen.
- Trockenbauwände händisch, möglichst zerstörungsfrei demontieren statt herausbrechen.
- Nach Abschluss der Arbeiten wird der Sanierungsbereich mit Industriestaubsaugern der Staubklasse H gesaugt oder feucht gereinigt.

Staubarme Bearbeitungssysteme

Maschinen und Geräte sind gemäß Gefahrstoffverordnung so auszuwählen und zu betreiben, dass möglichst wenig Staub freigesetzt wird. Staub emittierende Maschinen (z.B. Putzfräsen, Betonschleifer) müssen mit einer wirksamen Absaugung ausgestattet sein. Zur Absaugung mineralischer Stäube kommen Entstauber mindestens der Staubklasse M zum Einsatz, diese haben sich auch bei der Schimmelpilzsanierung bewährt.

Entstauber können sowohl zur Reinigung (Aufnehmen abgelagerter Stäube) als auch zur direkten Absaugung von Maschinen und Geräten verwendet werden. Im Gegensatz zu Staubsaugern besitzen Entstauber eine Warneinrichtung, die bei Unterschreitung eines zuvor eingestellten Volumenstromes eine optische oder akustische Warnung gibt. Diese Warnung signalisiert, dass die Staubfreisetzung am Bearbeitungswerkzeug nicht ausreichend erfasst wird.

Bei hohem Staubanfall, bspw. beim Einsatz von Putzfräsen, können Entstauber schnell an ihre Leistungsgrenzen gelangen, die Filter des Entstaubers sind bereits nach kurzer Zeit zugesetzt und die Saugleistung lässt nach. Ein Vorabscheider, der zwischen Staub erzeugender Maschine und Entstauber eingesetzt wird, trennt bereits große Anteile des abgesaugten Staubes ohne zusätzlichen Filteraufwand ab und reduziert so die Belastung des Filters.

Einsatz von Luftreinigern und technische Lüftungsmaßnahmen

Durch den Einsatz von Luftreinigern kann eine weitere Staubreduzierung erreicht werden. Insbesondere bei Tätigkeiten mit hoher bzw. sehr hoher Staubemission stellt der Luftreiniger eine unterstützende bzw. ergänzende Maßnahme dar.

Luftreiniger werden in den Sanierungsbereichen entsprechend ihrem jeweiligen Verwendungszweck mit Ansaug- oder Abluftschläuchen eingesetzt. Für die Luftreiniger gibt es grundsätzlich zwei Verwendungsmöglichkeiten:

- Einsatz zur Erfassung von Stäuben an der Gefahrenquelle: Luftreiniger mit einer Ansaugleitung erfüllen ähnliche Funktionen wie stationäre Absauganlagen. Der Staub kann in der Nähe der Entstehungsstelle erfasst und so aus dem unmittelbaren Arbeitsbereich der Beschäftigten abgeführt und im Luftreiniger abgeschieden werden.
- Luftreiniger können auch zur Reinigung der Raumluft eingesetzt werden. Hier wird der Luftdurchsatz dazu genutzt, die Schimmelpilz- und Staubbelastung in der Raumluft zu reduzieren.

Bei länger andauernden Tätigkeiten mit hoher Exposition (Gefährdungsklasse 2b) und bei sehr hoher Exposition der Beschäftigten (Gefährdungsklasse 3) ist im Sanierungsbereich ein ausreichender Luftwechsel mit einem ca. fünfzehnfachen Luftwechsel pro Stunde sicherzustellen. Die Abluft ist grundsätzlich nach außen abzuleiten und muss so geführt bzw. über Filter gereinigt werden, dass keine belastete Luft in die Atemluft anderer Beschäftigter oder Dritter gelangt. Ist eine Rückführung der Luft in den Sanierungsbereich erforderlich, ist zur Reinigung der angesaugten Luft ein Filter der Staubklasse H einzusetzen.

Über Undichtigkeiten in der Abschottung, an Rohr- oder Kabeldurchführungen, an Installations- und Lüftungsschächten kann belastete Luft aus dem Arbeitsbereich in angrenzende (Weiß-)Bereiche gelangen. Durch einen Unterdruck im Sanierungsbereich wird gewährleistet, dass die Luft aus dem Weißbereich in den Sanierungsbereich strömt. Eine kontrollierte Unterdruckhaltung kann insbesondere bei Sanierungen in sensiblen Bereichen wie Krankenhäusern erforderlich werden.

Reinigung der Sanierungsbereiche

Vor Aufheben der Schutzmaßnahmen ist eine Feinreinigung des Sanierungsbereiches durchzuführen, um eine Gefährdung nachfolgender Gewerke bzw. der Nutzer zu vermeiden. Die Feinreinigung schließt die Reinigung der Abschottungen und Schleusen bzw. Übergangbereiche ein.

Für die Feinreinigung werden Industriestaubsauger der Staubklasse H eingesetzt. Sauger der Staubklasse M können verwendet werden, wenn die Abluft nach außen abgeführt wird. Bei glatten Oberflächen oder Folien eignet sich eine Feuchtreinigung mit einem tensidhaltigen Reinigungsmittel. Dabei sollten Reinigungstechniken (wie z.B. die Falttechnik) angewandt werden, die das Verteilen oder Verwischen der Verschmutzungen vermeiden. Der Einsatz von Bioziden (Desinfektionsmitteln) ist nicht erforderlich.

Die Feinreinigung kann durch Luftreiniger sinnvoll unterstützt werden, um die Konzentration luftgetragener Schimmelpilzbestandteile und Stäube zu reduzieren.

Geräte und Werkzeuge, die bei einer Schimmelpilzsanierung zum Einsatz kommen, werden vor dem Abtransport gereinigt. Dazu werden die Oberflächen abgesaugt oder feucht gewischt. Ungereinigte Geräte, Werkzeuge und Zubehör wie z.B. die Schläuche der Sauger werden staubdicht verpackt, um eine Verschleppung der Stoffe zu vermeiden.

14.2.2.2 Organisatorische Maßnahmen

Bei der Schimmelpilzsanierung kommt der persönlichen Hygiene und der Arbeitsplatzhygiene eine große Bedeutung zu. Als grundlegende organisatorische Maßnahmen sind daher immer umzusetzen:

- Waschgelegenheiten zur Verfügung stellen,
- Hände vor Eintritt in die Pausen und bei Beendigung der Tätigkeit waschen,
- Mittel zum hygienischen Reinigen und Trocknen der Hände (Wasser und Seife, Einmalhandtücher) sowie Hautpflegemittel bereitstellen,
- im Arbeitsbereich nicht essen, trinken oder rauchen,
- Pausenräume nicht mit verunreinigter Arbeitskleidung oder Schutzkleidung betreten,
- Arbeitsbereiche sowie die eingesetzten Werkzeuge und Arbeitsmittel regelmäßig reinigen,
- Abfälle in geeigneten Behältnissen sammeln (z.B. Foliensäcke).

Da bei der Sanierung arbeitsbedingt Schimmelpilzsporen und Stäube aufgewirbelt bzw. freigesetzt werden, ist eine Verbreitung der Stäube und damit Kontamination unbelasteter Bereiche durch geeignete Maßnahmen zu verhindern. Dazu kommen in Abhängigkeit von der Gefährdungsklasse und den Randbedingungen der Baustelle (z.B. Zugangsmöglichkeit zum Sanierungsbereich, erhöhte Anforderungen an den Schutz Dritter wegen sensibler Nutzung im Umfeld) folgende Maßnahmen in Betracht:

- den Sanierungsbereich vor Beginn räumen, auszulagernde Gegenstände vorab reinigen oder staubdicht verpacken,
- Mobiliar, Einbauten, Wände und Böden abdecken. Schwer zugängliche oder schwer zu reinigende Gegenstände und Einbauten (z.B. Heizkörperverkleidungen, Akustikdecken, textile Wandbekleidungen) vor Beginn der Arbeiten staubdicht abkleben,
- den Sanierungsbereich staubdicht abtrennen, Öffnungen von raumlufttechnischen Anlagen und Durchgänge zu benachbarten Räumen staubdicht abkleben,
- Personenschleuse als Zugang zum Sanierungsbereich einrichten.

Schwarz-Weiß-Trennung: Abschottung und Schleusen

Je nach Sanierungsumfang und Umgebungsbedingungen kann die Trennung unterschiedlich gestaltet sein. Der Sanierungsbereich (Schwarzbereich) ist von unbelasteten Bereichen (Weißbereich) abzugrenzen. Abhängig von der Gefährdungsklasse werden staubdichte Abschottungen und Personenschleusen eingerichtet.

Für Tätigkeiten der Gefährdungsklassen 2b und 3 sind Personenschleusen einzurichten. In der Regel sind Einkammerschleusen ausreichend. Bei sensibler Nutzung im Umfeld, z.B. bei Sanierungen im Krankenhausbereich, können auch Mehrkammerschleusen erforderlich sein. Als Schleuse kann auch ein vorgelagerter Raum genutzt werden. Fußböden, Wände und Decken der Schleuse sind aus leicht zu reinigendem Material herzustellen. Im Schleusenbereich ist ein Abfallbehältnis für benutzte Schutzanzüge bereitzustellen. Die Schleuse ist mindestens arbeitstäglich zu reinigen. Erfolgt der Zugang zum Schwarzbereich vom Außenbereich, kann auf eine Schleuse verzichtet werden.

14.2.2.3 Persönliche Schutzausrüstung

Ergänzend zu den technischen und organisatorischen Maßnahmen kann der Einsatz von persönlicher Schutzausrüstung (PSA) erforderlich sein. Voraussetzung für die Auswahl geeigneter persönlicher Schutzausrüstung ist die Kenntnis aller am Arbeitsplatz auftretenden Gefährdungen. Bei der Festlegung der Anforderungen an die PSA müssen alle gleichzeitig auftretenden Gefährdungen, wie z.B. mechanische oder stoffliche Einwirkungen (Biostoffe, Gefahrstoffe), berücksichtigt werden. Ist das Tragen mehrerer PSA-Arten erforderlich, müssen diese aufeinander abgestimmt sein und es muss sichergestellt sein, dass diese zusammen verwendet werden können (z.B. Atemschutz und Augenschutz).

Die persönliche Schutzausrüstung für Kontakt mit Biostoffen setzt sich je nach Expositionssituation zusammen aus:

Handschutz	bei Feuchtarbeit: flüssigkeitsdichte Schutzhandschuhe, z.B. aus Nitril
Schutzkleidung	staubdichte Chemikalienschutzanzüge der Kategorie III, Typ 5/6. Beim Auftreten von Sprühnebeln oder beim Umgang mit fäkalhaltigem Abwasser können Schutzanzüge Kategorie III, Typ 4 bzw. Typ 3 erforderlich sein. Einwegschutzanzüge sind nach jedem Verlassen des Arbeitsbereiches zu entsorgen.
Augenschutz	Bei Arbeiten über Kopf mit Staubentwicklung und bei Gefahr von Spritzwasserbildung (z.B. beim Entfernen durchnässter Bauteilschichten) sind die Augen zu schützen. Dies kann gewährleistet werden durch den Einsatz von Korbbrille, Gesichtsschutzschirm, Vollmaske oder Atemschutzhaube.
Atemschutz	abhängig von der ermittelten Gefährdungsklasse
Fußschutz	Um ein Verschleppen zu vermeiden, sind abwaschbare Sicherheitsschuhe oder Überziehschuhe einzusetzen. Für Arbeiten mit Kontakt zu Abwasser eignen sich flüssigkeitsdichte, rutschfeste Schuhe, z.B. abwaschbare S5-Gummistiefel.

In Gefährdungsklasse 1 kann auf das Tragen von Atemschutz grundsätzlich verzichtet werden. Bei Tätigkeiten, bei denen Expositionsspitzen auftreten können (z.B. beim Wechsel der Staubbehälter von Saugern/Entstaubern), oder bei Arbeiten über Kopf wird auch in Gefährdungsklasse 1 das Tragen von Atemschutzgeräten mit P2-Filter empfohlen, z.B. partikelfiltrierende Masken FFP2.

Bei Tätigkeiten mit hoher Exposition (Gefährdungsklassen 2a und 2b) ist das Tragen von Atemschutz erforderlich. Geeignete Atemschutzgeräte sind partikelfiltrierende Masken (FFP) und Halbmasken mit P2-Filter. Bei Tätigkeiten mit sehr hoher Exposition (Gefährdungsklasse 3) sind Atemschutzgeräte mit P3-Filter einzusetzen.

Aufgrund der erhöhten körperlichen Belastung insbesondere bei länger andauernder Anwendung von Atemschutzgeräten mit Partikelfiltern wird der Einsatz gebläseunterstützter Atemschutzgeräte empfohlen. Beim Tragen von Atemschutz und Schutzkleidung sind die Gebrauchsdauern nach DGUV-Regel 112-190 „Benutzung von Atemschutzgeräten" zu beachten.

14.2.3 Information der Beschäftigten

Vor Beginn der Sanierungsmaßnahmen muss über die Gefährdungen, die bei den Tätigkeiten auftreten können, und die erforderlichen Schutzmaßnahmen informiert werden. Dies erfolgt anhand einer schriftlich formulierten Betriebsanweisung und einer darauf aufbauenden mündlichen Unterweisung.

Der Unternehmer hat auf Grundlage der Gefährdungsbeurteilung eine tätigkeitsbezogene Betriebsanweisung zu erstellen. Hierbei sind neben den Gefährdungen durch Biostoffe auch weitere Gefährdungen wie z.B. durch Gefahrstoffe, Lärm etc. zu berücksichtigen.

Die Betriebsanweisung beschreibt alle Maßnahmen und Verhaltensregeln, die zum Schutz der Beschäftigten und anderer Personen erforderlich sind. Dazu zählen neben der Handhabung der technischen Schutzmaßnahmen insbesondere Hygienemaßnahmen und Informationen zum Tragen der persönlichen Schutzausrüstung.

Die Beschäftigten sind anhand der Betriebsanweisung über auftretende Gefährdungen und die erforderlichen Schutzmaßnahmen mündlich zu informieren. Die Unterweisung ist vor Aufnahme der Tätigkeiten und danach mindestens jährlich arbeitsplatzbezogen durchzuführen. Inhalt und Zeitpunkt der Unterweisung werden dokumentiert und von den Unterwiesenen durch Unterschrift bestätigt.

14.2.4 Arbeitsmedizinische Betreuung

Beratung bei der Gefährdungsbeurteilung und der Auswahl der Schutzmaßnahmen kann der Arbeitgeber von der Fachkraft für Arbeitssicherheit und dem Betriebsarzt einholen. Der Betriebsarzt unterstützt den Arbeitgeber in allen Fragen des Arbeits- und Gesundheitsschutzes. Er hilft u.a. bei der Organisation der Ersten Hilfe im Betrieb und ermittelt, welchen Einfluss die Arbeitsbedingungen auf die Gesundheit der Beschäftigten haben.

Arbeitsmedizinische Vorsorge

Der Betriebsarzt berät auch bei der arbeitsmedizinischen Vorsorge. Im Rahmen regelmäßiger arbeitsmedizinischer Vorsorge können beginnende Gesundheitsstörungen rechtzeitig erkannt werden. Durch geeignete individuelle Präventionsmaßnahmen und rechtzeitige Behandlung kann somit der Entwicklung arbeitsbedingter Erkrankungen vorgebeugt werden. Hierzu gehört u.a. arbeitsmedizinische Vorsorge nach der Arbeitsmedizinischen Vorsorgeverordnung (ArbMedVV), die vom Arbeitgeber zu veranlassen (Pflichtvorsorge) oder anzubieten (Angebotsvorsorge) ist.

Bei den Sanierungsarbeiten ist eine arbeitsmedizinische Vorsorge in erster Linie wegen des Tragens von Atemschutzgeräten erforderlich. Weiterhin sind Hautbelastungen, insbesondere durch Feuchtarbeit (flüssigkeitsdichte Handschuhe), sowie mögliches sensibilisierendes und infektiöses Potenzial von Biostoffen, z.B. bei Kontakt zu fäkalhaltigem Abwasser oder nach Hochwasserschäden, zu berücksichtigen. Eine spezielle Vorsorge aufgrund einer Schimmelpilzexposition besteht nicht.

14.3 Schutzmaßnahmen beim Einsatz von Bioziden

Die wesentliche Gefährdung der Beschäftigten bei der Schimmelpilzsanierung stellt eine mögliche sensibilisierende Wirkung durch das Einatmen von Schimmelpilzbestandteilen dar. Auch nicht lebensfähige oder biozid behandelte Schimmelpilze können sensibilisierend wirken. Eine Biozidbehandlung vor Entfernen der belasteten Materialien hat daher keinen Einfluss auf die Zuordnung der Tätigkeiten zu den Gefährdungsklassen.

Die Verwendung von Bioziden ist mit zusätzlichen Gefährdungen verbunden. So können z.B. Einatmen oder Hautkontakt Gesundheitsschäden verursachen. Daher führt die Verwendung von Biozidprodukten i.d.R. zu weiter reichenden Arbeitsschutzmaßnahmen.

Dies ist im Rahmen der Gefährdungsbeurteilung zu berücksichtigen. Dabei ist zunächst zu prüfen, ob der Einsatz von Bioziden durch andere Maßnahmen ersetzt werden kann (Substitutionsgebot gemäß Gefahrstoffverordnung). Anstelle einer Oberflächendesinfektion vor dem Entfernen befallener Materialien wird das Absaugen mit einem Industriestaubsauger der Staubklasse H oder eine Feuchtreinigung der Oberflächen empfohlen.

In Tab. 2 sind für ausgewählte Wirkstoffe in Biozidprodukten die erforderlichen Arbeitsschutzmaßnahmen beschrieben. Bei Anwendung der Tabelle ist zu beachten, dass für die Einstufung und Kennzeichnung von Produkten nach CLP-Verordnung z.T. spezifische Konzentrationsgrenzwerte zu beachten sind. Nähere Informationen zu konkreten Biozidprodukten können dem jeweiligen Sicherheitsdatenblatt entnommen werden. Wirkstoffe als auch Biozidprodukte (gebrauchsfertige Formulierungen) müssen nach Biozidverordnung für die vorgegebene Verwendung zugelassen sein. Dies gilt auch für Verfahren, bei denen ein Biozid vor Ort hergestellt wird.

Eine Biozidbehandlung nach einer Schimmelpilzsanierung ist nicht notwendig. Eine Ausnahme stellt die anschließende Nutzung durch besonders gefährdete Personen dar. Dies sind Personen, die in ihrem Lebensumfeld generell auf geringe Keimlasten achten müssen, wie Patienten mit Krebserkrankungen, Transplantierte oder Chemotherapie-Patienten.

Tab. 3: Einsatz von Bioziden bei der Schimmelpilzsanierung, Wirkstoffe und Schutzmaßnahmen.

Wirkstoff	Grenzwerte / Gesundheitsgefahren / Einstufungen	Anforderungen Arbeitsschutz
Wasserstoffperoxid H_2O_2	**Angaben gelten für Wasserstoffperoxid-Lösung > 8 % bis < 35 %** • **Arbeitsplatzgrenzwert** (AGW): --- • Empfehlung der MAK-Kommission: 0,5 ml/m³ (ppm) bzw. 0,71 mg/m³ • Einatmen, Verschlucken oder Hautkontakt kann zu Gesundheitsschäden führen. • Es können vorübergehende Beschwerden wie Schwindel, Übelkeit, Kopfschmerzen auftreten. • Kann Brand verstärken; Oxidationsmittel (H 272) • Kann gegenüber Metallen korrosiv sein (H 290) • Gesundheitsschädlich bei Verschlucken (H 302) • Verursacht schwere Augenschäden (H 318) 	**Hygienemaßnahmen** • Einatmen von Dämpfen und Aerosolen vermeiden! • Berührung mit Augen, Haut und Kleidung vermeiden! • Vor Pausen und nach Arbeitsende Hände gründlich reinigen • Hautpflegemittel nach der Arbeit verwenden (rückfettende Creme) • Straßen- und Arbeitskleidung getrennt aufbewahren • Verunreinigte Kleidung sofort wechseln **Technische und organisatorische Maßnahmen** • Arbeiten nur bei Frischluftzufuhr • Gebinde nicht offen stehen lassen, Verspritzen vermeiden • Waschgelegenheit am Arbeitsplatz • Augendusche oder Augenspülflasche bereitstellen  **Persönliche Schutzausrüstung** • Augenschutz: Korbbrille • Handschutz: Chemikalienschutzhandschuhe z.B. aus Nitril, Butylkautschuk • Schutzkleidung: beim Verdünnen bzw. Abfüllen: Kunststoffschürze beim Versprühen: Chemikalienschutzanzug • Atemschutz: bei Grenzwertüberschreitung, z.B. Halbmaske oder Vollmaske mit Kombinationsfilter CO-P3 (schwarz/weiß) oder Kombinationsfilter NO-P3 (blau/weiß) 

Wirkstoff	Grenzwerte / Gesundheitsgefahren / Einstufungen	Anforderungen Arbeitsschutz
Natrium-hypochlorit NaClO	• **Arbeitsplatzgrenzwert** (AGW): Chlor 1,5 mg/m^3 bzw. 0,5 ml/m^3 (ppm) • Einatmen, Verschlucken oder Aufnahme über die Haut kann zu Gesundheitsschäden führen. • Reizt die Atemwege: z.B. Brennen der Nasen- und Rachenschleimhaut, Reizhusten, Atemnot • Kann Gesundheitsstörungen wie Lungenödem, chronische Bronchitis, Lungenschaden, Kehlkopfschwellung verursachen. • Kann gegenüber Metallen korrosiv sein (H290) • Verursacht schwere Verätzungen der Haut und schwere Augenschäden (H314) • Kann die Atemwege reizen. (H335) • Sehr giftig für Wasserorganismen (H400) 	**Hygienemaßnahmen** • Einatmen von Dämpfen und Aerosolen vermeiden! • Berührung mit Augen, Haut und Kleidung vermeiden! • Vor Pausen und nach Arbeitsende Hände gründlich reinigen • Hautpflegemittel nach der Arbeit verwenden (rückfettende Creme) • Straßen- und Arbeitskleidung getrennt aufbewahren • Verunreinigte Kleidung sofort wechseln **Technische und organisatorische Maßnahmen** • Arbeiten nur bei Frischluftzufuhr • Gebinde nicht offen stehen lassen, Verspritzen vermeiden • Waschgelegenheit am Arbeitsplatz • Augendusche oder Augenspülflasche bereitstellen **Persönliche Schutzausrüstung** • Augenschutz: Korbbrille • Handschutz: Chemikalienschutzhandschuhe z.B. aus Polychloropren, Nitril, Polyvinylchlorid, Fluorkautschuk oder Butylkautschuk • Schutzkleidung: beim Versprühen Chemikalienschutzanzug • Atemschutz: bei Grenzwertüberschreitung, z.B. Halbmaske oder Vollmaske mit Kombinationsfilter B-P2 (grau/weiß) 

Wirkstoff	Grenzwerte / Gesundheitsgefahren / Einstufungen	Anforderungen Arbeitsschutz
Quartäre Ammoniumverbindungen	• **Arbeitsplatzgrenzwert** (AGW): --- • Einatmen, Verschlucken oder Hautkontakt kann zu Gesundheitsschäden führen. • Sensibilisierte Personen können schon auf sehr geringe Konzentrationen an z.B. Benzalkoniumchlorid reagieren und sollten deshalb keinen weiteren Kontakt mit diesen Stoffen haben. • Verursacht schwere Verätzungen der Haut und schwere Augenschäden (H314) • Sehr giftig für Wasserorganismen (H400) 	**Hygienemaßnahmen** • Einatmen von Dämpfen und Aerosolen vermeiden! • Berührung mit Augen, Haut und Kleidung vermeiden! • Vor Pausen und nach Arbeitsende Hände gründlich reinigen • Hautpflegemittel nach der Arbeit verwenden (rückfettende Creme) • Straßen- und Arbeitskleidung getrennt aufbewahren • Verunreinigte Kleidung sofort wechseln **Technische und organisatorische Maßnahmen** • Arbeiten nur bei Frischluftzufuhr • Gebinde nicht offen stehen lassen • Versprühen des Produkts vermeiden • Waschgelegenheit am Arbeitsplatz • Augendusche oder Augenspülflasche bereitstellen **Persönliche Schutzausrüstung** • Augenschutz: Korbbrille • Handschutz: Chemikalienschutzhandschuhe z.B. aus Nitril, Fluorkautschuk oder Butylkautschuk • Schutzkleidung: je nach Anwendung ggf. Chemikalienschutzanzug • Atemschutz: z.B. beim Versprühen Halbmaske oder Vollmaske mit Partikelfilter mind. P2 (weiß) 

Wirkstoff	Grenzwerte / Gesundheitsgefahren / Einstufungen	Anforderungen Arbeitsschutz
Peressig-säure $C_2H_4O_3$	**Angaben gelten für Peressigsäure-Produkte mit PES < 15%** • **Arbeitsplatzgrenzwert** (AGW): Essigsäure: 25 mg/m³ bzw. 10 ml/m³ (ppm) • Einatmen, Verschlucken oder Aufnahme über die Haut kann zu Gesundheitsschäden führen. • Vorübergehende Beschwerden wie Husten können auftreten. • Kann Gesundheitsstörungen wie Nierenschaden, Leberschaden verursachen. • Erwärmung kann Brand verursachen. (H242) • Gesundheitsschädlich bei Verschlucken, Hautkontakt oder Einatmen. (H302 + H312 + H332) • Verursacht schwere Verätzungen der Haut und schwere Augenschäden. (H314) 	**Hygienemaßnahmen** • Einatmen von Dämpfen und Aerosolen vermeiden! • Berührung mit Augen, Haut und Kleidung vermeiden! • Vor Pausen und nach Arbeitsende Hände gründlich reinigen • Hautpflegemittel nach der Arbeit verwenden (rückfettende Creme) • Straßen- und Arbeitskleidung getrennt aufbewahren • Verunreinigte Kleidung sofort wechseln **Technische und organisatorische Maßnahmen** • Arbeiten nur bei Frischluftzufuhr • Gebinde nicht offen stehen lassen, Verspritzen vermeiden • Waschgelegenheit am Arbeitsplatz • Augendusche oder Augenspülflasche bereitstellen **Persönliche Schutzausrüstung** • Augenschutz: Korbbrille • Handschutz: Chemikalienschutzhandschuhe z.B. aus Polychloropren, Fluorkautschuk oder Butylkautschuk • Schutzkleidung: je nach Anwendung ggf. Chemikalienschutzanzug • Atemschutz: bei Grenzwertüberschreitung, z.B. Halbmaske oder Vollmaske mit Kombinationsfilter B-P2 (grau/weiß) 

Wirkstoff	**Grenzwerte / Gesundheitsgefahren / Einstufungen**	**Anforderungen Arbeitsschutz**
Ethanol	**Angaben gelten für Ethanol-Lösungen ab 60% in Wasser** • **Arbeitsplatzgrenzwert** (AGW): 960 mg/m³ bzw. 500 ml/m³ (ppm) • **Untere Explosionsgrenze:** 3,1 Vol.-% bzw. 59 g/m³ • Einatmen oder Verschlucken kann zu Gesundheitsschäden führen. • Kann die Haut, Atemwege und Magen-Darm-Trakt reizen. • Schwindel, Kopfschmerzen, Benommenheit bis zur Bewußtlosigkeit können auftreten. • Vorübergehende Beschwerden wie Kopfschmerzen, Schwindel, Übelkeit können auftreten. • Kann Gesundheitsstörungen wie Erbrechen, Herzrhythmusstörung, Leberschaden, Nervenschaden verursachen. • Flüssigkeit und Dampf leicht entzündbar (H225) • Verursacht schwere Augenreizung (H319) 	**Hygienemaßnahmen** • Einatmen von Dämpfen und Aerosolen vermeiden! • Berührung mit Augen und Haut vermeiden! • Vor Pausen und nach Arbeitsende Hände gründlich reinigen • Hautpflegemittel nach der Arbeit verwenden (rückfettende Creme) • Straßen- und Arbeitskleidung getrennt aufbewahren • Verunreinigte Kleidung sofort wechseln **Technische und organisatorische Maßnahmen** • Arbeiten nur bei Frischluftzufuhr • Gebinde nicht offen stehen lassen • Versprühen des Produkts vermeiden • Von Hitze, heißen Oberflächen, Funken, offenen Flammen und anderen Zündquellen fernhalten. Explosionsgeschützte Geräte verwenden. Maßnahmen gegen elektrostatische Entladungen treffen. • Waschgelegenheit am Arbeitsplatz • Augendusche oder Augenspülflasche bereitstellen  **Persönliche Schutzausrüstung** • Augenschutz: Korbbrille • Handschutz: Chemikalienschutzhandschuhe z.B. aus Fluorkautschuk oder Butylkautschuk • Schutzkleidung: flammhemmende, antistatische Schutzkleidung, beim Verdünnen bzw. Abfüllen: Kunststoffschürze • Atemschutz: bei Grenzwertüberschreitungen Halbmaske oder Vollmaske mit Gasfilter mind. A1 (braun) 

Wirkstoff	Grenzwerte / Gesundheitsgefahren / Einstufungen	Anforderungen Arbeitsschutz
Isopropanol	• **Arbeitsplatzgrenzwert** (AGW): 500 mg/m³ bzw. 200 ml/m³ (ppm) • **Untere Explosionsgrenze:** 2,0 Vol.-% bzw. 50 g/m³ • Einatmen oder Verschlucken kann zu Gesundheitsschäden führen. • Kann die Haut, Atemwege und Magen-Darm-Trakt reizen. • Schwindel, Kopfschmerzen, Benommenheit bis zur Bewußtlosigkeit können auftreten. • Vorübergehende Beschwerden wie Kopfschmerzen, Schwindel, Übelkeit, Konzentrationsstörungen können auftreten. • Kann Gesundheitsstörungen wie Herzrhythmusstörung, Leberschaden, Nervenschaden, Nierenschaden verursachen. • Flüssigkeit und Dampf leicht entzündbar (H225) • Verursacht schwere Augenreizung (H319) • Kann Schläfrigkeit und Benommenheit verursachen (H336) 	**Hygienemaßnahmen** • Einatmen von Dämpfen und Aerosolen vermeiden! • Berührung mit Augen, Haut und Kleidung vermeiden! • Vor Pausen und nach Arbeitsende Hände gründlich reinigen • Hautpflegemittel nach der Arbeit verwenden (rückfettende Creme) • Straßen- und Arbeitskleidung getrennt aufbewahren • Verunreinigte Kleidung sofort wechseln **Technische und organisatorische Maßnahmen** • Arbeiten nur bei Frischluftzufuhr • Gebinde nicht offen stehen lassen • Versprühen des Produkts vermeiden • Von Hitze, heißen Oberflächen, Funken, offenen Flammen und anderen Zündquellenarten fernhalten. Explosionsgeschützte Geräte verwenden. Maßnahmen gegen elektrostatische Entladungen treffen. • Waschgelegenheit am Arbeitsplatz • Augendusche oder Augenspülflasche bereitstellen  **Persönliche Schutzausrüstung** • Augenschutz: Korbbrille • Handschutz: Chemikalienschutzhandschuhe z.B. aus Nitril, Fluorkautschuk oder Butylkautschuk • Schutzkleidung: antistatische Schutzkleidung, beim Verdünnen bzw. Abfüllen: Kunststoffschürze • Atemschutz: bei Grenzwertüberschreitungen Halbmaske oder Vollmaske mit Gasfilter mind. A1 (braun) 

Quelle: Dipl.-Ing. Andrea Bonner

14.4 Fazit

Die DGUV-Information 201-028 liefert alle erforderlichen Informationen für die Gefährdungsbeurteilung und zur Auswahl geeigneter Schutzmaßnahmen. Dennoch gilt, dass für eine Schimmelpilzsanierung keine allgemein verbindliche Vorgehensweise beschrieben werden kann. Unterschiedliche Schadenursachen und -ausmaße, Bauteilkonstruktionen und Sanierungsverfahren erfordern i.d.R. immer eine Betrachtung des Einzelfalls.

Werden die Schutzmaßnahmen für die jeweils erforderlichen Tätigkeiten auf der Grundlage der DGUV-Information ermittelt, sind zum einen die rechtlichen Anforderungen der Biostoffverordnung erfüllt und zum anderen sind die Sicherheit und der Gesundheitsschutz sowohl der Beschäftigten als auch Dritter gewährleistet.

15 Die Bedeutung der technischen Trocknung bei der Sanierung von Wasser- und Feuchteschäden vor dem Hintergrund der aktuellen Schimmelpilzdiskussion

Dr. Ernst J. Baumann

Inhalt

15.1 Einführung

Allein Ausführungen über die Bedeutung der technischen Trocknung bei der Sanierung von Wasser- und Feuchteschäden zu machen, ist gerade in der heutigen Zeit (k)eine große Herausforderung. Auch nach fast zwanzigjähriger Tätigkeit als Geschäftsführer von auf diese Aufgabenstellungen spezialisierten Sanierungsunternehmen mache ich immer noch die Erfahrung, dass die verschiedenen Mit-Akteure des zu bedienenden Marktes mit anscheinend ständig zunehmender Geschwindigkeit immer noch neue Varianten der Arbeits-, Denk- und Verhaltensweisen in den Geschäftsalltag bringen. Es ist meines Erachtens schier unmöglich, hierauf mit stereotypen, einfachen Antworten zu reagieren. Die nachfolgenden Ausführungen sollen diese Entwicklung nicht nur in Form einer Detailbetrachtung skizzieren, sondern sie auch in dem größeren Zusammenhang einer systemtheoretisch basierten Betrachtung beleuchten.

Ohne auch nur in geringster Weise an dieser Stelle einen Ausblick auf die Schlussbetrachtung dieser Ausführung zu machen, kommt mir folgende für mich treffende Formulierung in den Sinn:
Die einen sagen so, die anderen sagen so. Diese Formulierung baut mir die Brücke zum zweiten Teil der vom Titel geforderten Ausführung:

Die Diskussion um die Schimmelpilzproblematik erscheint – wie viele andere Themen unseres modernen Alltagslebens – als „das Paradoxon der heutigen Zeit". Während dem Menschen in den (hoch-)industriellen Gesellschaften immer wieder suggeriert wurde und wird:

„Sorge Dich nicht, lebe – es ist und wird alles für Dich – zunehmend sogar auf Knopfdruck oder via „App“ – erledigt und Du musst Dich um nichts kümmern“, entstehen auf der Gegenseite immer straffer optimierte und organisierte Prozesse, die zunehmend automatisiert ablaufen. Dem gesunden Menschenverstand bleibt da nur ein geringer Spielraum.

Und wenn dann etwas einmal nicht funktioniert, fehlen diesem so geprägten Erdenbürger auch noch der Instinkt und die Erfahrung, selbst problemlösend einzugreifen.

Die heile Welt des Sich-um-nichts-kümmern-Müssens bekommt zunehmend Risse. Seit den 80er-Jahren des letzten Jahrhunderts berichtete die WHO zunehmend über Symptome von Krankheiten, die auf die zunehmende lange Zeit, die wir in Gebäuden verbringen, zurückgeführt wurden. Der Begriff des ***Sick-Building-Syndrom*** schwappte auch nach Deutschland über. Krank durch das eigene Zuhause, den Ort, den wir als unseren Schutz- und Rückzugsraum über Jahrzehnte liebevoll gestaltet und abbezahlt haben. Das war in der Erkenntnis ein schwerer Schock. Seitdem haben die Themen um eine Schadstoffbelastung in Innenräumen nicht nur an Bedeutung gewonnen, sondern sie gelangten auch deutlich stärker in den Fokus der Betrachtung und Diskussionen. Zusätzlich hat ein verändertes Umwelt- und Gesundheitsbewusstsein sowohl in der Wissenschaft als auch der Gesellschaft, der Politik und den Medien zu neuen Einstellungen und Verhaltensweisen in unserem Alltag geführt.

Aus dieser Schadstoffdiskussion geriet auch die Schimmelthematik zur Jahrtausendwende ins Visier der interessierten Personen, Verbände und Ämter. Wohnen und Leben in Gebäuden wird wieder deutlich anspruchsvoller. Es muss heute wieder deutlich mehr Zeit in die Beobachtung und Zustandskontrolle der Immobilien und des Verhaltens ihrer Nutzer investiert werden als vermutet. Zum Teil muss auch verlorenes Wissen über Gebäudekonstruktionen, Bauphysik und Lüftungsverhalten wiedererlangt werden.

Trotz einer nun schon jahrzehntelangen Auseinandersetzung mit der gebäudebezogenen Schimmeldiskussion und vieler erreichter Fortschritte passt eben auch hier noch der Satz: Die einen sagen so, die anderen sagen so.
Dennoch soll es gelingen, ein positives Fazit mit einem brauchbaren und auch unter langfristigen Aspekten anwendbaren Ansatz zu finden.

15.2 Wasser und Feuchtigkeit in Gebäuden

Das Thema ist schnell auf den Punkt gebracht. Während Wasser für jede Lebensform auf Erden, quasi als „Lebenselixier“, unabdingbar erforderlich ist, verhält es sich bei Gebäuden, Konstruktionen und fast allen verwendeten Materialien gerade umgekehrt. Überall dort, wo in Gebäuden Wasser und Feuchtigkeit unkontrolliert und unbemerkt vorkommt, ist der Schaden vorprogrammiert und er kann bis zum Totalverlust des betroffenen Gebäudes führen.

15.2.1 Wasser: Quell des Lebens!?

Eine dichte Gebäudehülle soll ja von jeher Schutz vor Wasser, Sturm und Kälte bieten. Die Gebäudenutzung stand in früheren Zeiten sehr stark im Vordergrund. Eine Burg sollte vor

Angriffen schützen, ein Verlies ein Entkommen unmöglich machen. Baufeuchte oder Heizung spielten dabei eine stark untergeordnete Rolle. Wohn- und Arbeitsräume mussten ausreichend geschützt und Lagerräume für die jeweils zu lagernden Güter geeignet sein. In diesen Fällen wurde von jeher auf eine entsprechend geeignete oder zuträgliche Materialwahl und Konstruktionsweisen zurückgegriffen.

Bei der Ausführung der Bauten wurde i.d.R., dem Stand der Technik und der in der Region verfügbaren Materialauswahl entsprechend, die Bauweise unter dem Aspekt „Schutz vor Wasser" optimiert. Die moderne Industriegesellschaft hat viele dieser Erfahrungen – im Rausch von Technikdenken, Wachstum, Bequemlichkeit, Individualisierung und letztendlich dem zunehmenden Preisdruck im Wirtschaftsleben geschuldet – leider vielfach über Bord geworfen.

Wasser und zu hohe Feuchtigkeit wirken im Laufe der Zeit zunehmend zerstörend auf Gebäude und Inventar. Und nicht nur das: Letztendlich führt eine zu hohe Feuchtigkeit auch zu schweren Erkrankungen beim Menschen bis hin zum Tode. Dieser Zusammenhang trat in breiter Front zutage, als bei vielen städtischen Neubauten Ende des 19. und Anfang des 20. Jahrhunderts arme Großfamilien Neubauten „trocken wohnen" durften (mussten), bevor die Wohnungen dann komplett ausgebaut an die neuen Mieter oder Eigentümer übergeben wurden. Die zunehmenden Probleme mit Wasser- und Feuchtigkeit in Gebäuden einfach auf den fortschreitenden Alterungsprozess des Gebäudebestandes zurückzuführen, wäre viel zu kurz gedacht.

15.2.2 Schadenursachen und Schadenbilder

Auch wenn wir schon damals aus derartigen Vorkommnissen entsprechende gesellschaftspolitische Lehren gezogen haben und mit verbesserten Heizungssystemen und neuen Techniken dieses Übel abgestellt wurde, zeigt sich hier die bis heute nicht überwundene Problematik bei der Verwendung vieler Baustoffe. Bis zur Fertigstellung werden oftmals mit den verwendeten Materialien nicht unerhebliche Mengen an Wasser verbaut. Auch wenn dieses Wasser zunächst in den verbauten Materialien gebunden ist, macht es als erhöhte Feuchtigkeit bei einer nicht lösungskonformen Handhabung große Probleme. Der über den Winter ruhende Rohbau ist heute eher eine Seltenheit. Immer kürzere Bauzeiten, Fertighäuser mit Massivkellern, Preisdruck beim Bau und die stark schwankende Qualifikation der am Bau Beteiligten führen immer wieder zu einem sehr schadenträchtigen Mix.

Die Ursachen von Wasser- und Feuchteschäden an Gebäuden sind heute längst ausreichend differenziert und strukturiert. Die eindeutige Ursachenermittlung für Wasser- und Feuchteschäden hat eine besonders hohe Bedeutung, da ohne sie weder ein nachhaltiger Trocknungsprozess realisiert werden kann noch eine erfolgreiche Wiederherstellung beschädigter Bauteile gelingt. Vor dem Hintergrund der allgemeinen Schadenminderungspflicht bei Leitungswasserschäden haben die Wasserschadensanierungsfachbetriebe bereits in den 90er-Jahren aus Einzellösungen das Tätigkeitsprofil eines Leckageorters geschaffen. Er verfügt bei der Suche verdeckter Schadenursachen über ein breites Spektrum von Technik- und Verfahrensansätzen zur geforderten zerstörungsarmen Ursachenermittlung.

Aus Millionen von Wasserschäden haben sich für Bausachverständige, Sanierungsfirmen und sonstige Baubeteiligte die folgenden Fehlerarten als sinnvolle Differenzierung identifizieren lassen:

- **Nutzungsfehler:** Wie die Gruppenbezeichnung schon vermuten lässt, steht hier der Gebäudenutzer im Mittelpunkt der Betrachtung. Dazu gehört die Unachtsamkeit im Umgang mit Wasser (z.B. übergelaufene Badewannen, Planschwasser, Betrieb des Rasensprengers bei geöffneten Terrassentüren oder nicht eingehängte Ablaufschläuche von Waschmaschinen), zu hoher Wasserdampf durch Dauerduschen oder auch eine mangelhafte Lüftung der betroffenen Gebäudeteile.
- **Konstruktionsfehler:** Die äußere Gebäudehülle ermöglicht nur dann eine problemlose Gebäudenutzung, wenn unter Berücksichtigung aller drei Dimensionen ihre Funktionsweise gesichert ist. Fehlerquellen bilden hier z.B. eine undichte Dachhaut, Bauwerkshülle oder Dachfugen ebenso wie mangelhafte Abdichtungen, fehlende oder nicht mehr funktionsfähige Dränagen, Horizontal- und/oder Vertikalsperren.
- **Leitungswasserschäden:** Der natürliche Verschleiß und Alterungsprozess stellt hier die Hauptursache der alltäglich auftretenden Schäden an Leitungswassersystemen dar. Geplatzte Schläuche, korrodierte Leitungen und Verbindungen sowie Defekte an Pumpen, Verteil- und Entnahmestellen stehen hier im Vordergrund. Zunehmend machen sich als Schadenursache aber auch Planungs- und Ausführungsmängel bemerkbar. In diesem Zusammenhang ist auch das Heer der hoch motivierten, aber nicht immer entsprechend qualifizierten Hobby-Handwerker (die frostsichere Leitungsverlegung im Bodenbereich scheint für den hoch motivierten Do-it-yourself-begeisterten Büromenschen bei einer Spatentiefe zu liegen) zu erwähnen. Außerdem führt der anhaltende Kostendruck zu einem breiten Angebot günstiger Materialausführungen, die in puncto Haltbarkeit und Belastbarkeit nicht immer dem Vergleich mit Markenprodukten standhalten. Großflächig angelegte Ursachenanalysen haben auch lokale Ursachenhäufungen im Zusammenhang mit erhöhten Korrosionsschäden und den vorgefundenen Frischwasserqualitäten ergeben.
- **Katastrophenfälle:** Durch Brandfälle entstandene Löschwasserschäden sowie durch Sturm entstandene Undichtigkeiten an der Dachhaut oder Gebäudehülle dominierten von jeher diese Kategorie von Schadenursachen. Das seit dem Jahr 2000 zunehmende Auftreten von Starkregenereignissen, Tornados und sehr heftigen Hochwasserereignissen macht aufgrund ihrer oftmals sehr lokalen Auswirkungen eine exakte Vorhersage der zu erwartenden Gefahren nicht möglich. Gleichzeitig muss der Erkenntnis stattgegeben werden, dass eine flächendeckende bauliche Prophylaxe wirtschaftlich nicht darstellbar ist. Die Überschwemmungskatastrophen im Jahr 2017 haben nicht nur weltweit gezeigt, welche Dimensionen für Geschädigte, ganze Landstriche und sogar Volkswirtschaften solche Katastrophen annehmen können und dass entsprechende Katastrophen auch bei uns in Deutschland zukünftig unseren Schadenalltag begleiten werden.

In Abhängigkeit von der Menge, der Art und der Einwirkzeit der Wassermengen treten ganz unterschiedliche Schadenbilder auf. Die auftretenden Schadenbilder lassen sich unterteilen in:

- **Physikalische Schäden:** Wasser- und Feuchteschäden führen i.d.R. zu mehr oder weniger unkontrollierbar verlaufenden Formveränderungen und/oder einem entsprechend veränderten Ausdehnungsverhalten. Es kann sich hierbei z.B. um das irreversible Ineinandersacken von Dämmstoffen hinter Klinkerfassaden oder unter Estrichen, die typischen Frostschäden oder das Aufquellen von Holz handeln. Wer einmal erlebt hat, wie aufgequollene Holzbohlen einer Turnhalle zu in ihrer Beseitigung lebensgefährlichen, über 1 m hohen Holzwellen geführt haben, der versteht auch, dass sogar Gebäude durch die Ausdehnung der Holzböden von der Bodenplatte geschoben und dadurch unbewohnbar werden können. Die massive Gewalt von Unterspülungen und Wasserdruck zeigt sich auch sehr eindrucksvoll insbesondere bei Hochwasserereignissen. Unter Umweltaspekten geht es dann auch noch um die Verteilung von Schadstoffen wie Fäkalien, Ölen etc.
- **Chemische Schäden:** Hier entstehen Schäden in Form von chemischen Reaktionen, die wiederum die betroffenen Materialeigenschaften irreversibel beeinflussen können. Zu den verbreitetsten Schadenbildern zählen hier die Aussalzungen – umgangssprachlich auch als Ausblühungen bezeichnet – im Mauerwerk, die in erster Linie als Kalium- und Natriumsulfate heraustreten. So treten z.B. bei Granit(boden)platten Farbänderungen auf, teilweise sogar in Kombination mit einer weiteren ansonsten weitverbreiteten chemischen Reaktion, der Korrosion. Es kann zu Verseifung von Klebern und Schäden durch die Wasserlöslichkeit bei Gipsbaustoffen kommen.
- **(Mikro-)biologische Schäden:** Auch wenn nur noch in zwei Bundesländern eine Meldepflicht für den Befall von Hausbock und Echtem Hausschwamm besteht, sind holzzerstörende Pilze und Insekten sehr ernst zu nehmen. Hier ist ein oft sehr hoher und oftmals nicht versicherter Sanierungsaufwand zu betreiben. Daher gelten fast bundesweit bei einem derartigen Befall bestimmungsgemäß erforderlich werdende Maßnahmen, die zur erfolgreichen Bekämpfung im gleichen Umfang vorzunehmen sind. Neben der Belastung durch Fäkalkeime und Bakterien zählen sowohl die zunehmend vorkommenden Probleme mit Algenbildung an Fassaden als auch die Schäden durch Schimmelpilzbildung zu weiteren Effekten.

Die Fülle und Vielfalt von Schadenbildern, die so in mehr oder weniger gravierender Form tagtäglich durch Wasser und Feuchte an und in Gebäuden entstehen können, zeigen bereits die große Dimension der Thematik an sich.

15.2.3 Bau-Know-how und Materialvielfalt: nicht immer Wege zum Glück

Auf der Suche nach Gründen für stetig ansteigende Aufwendungen für die Sanierung von Wasser- und Feuchteschäden fallen bei logischer Betrachtung die massiv gestiegenen Komfortansprüche im Umgang mit Wasser auf, die zu einer deutlichen Erhöhung der haustechnischen Gebäudeinstallationen führten, was wiederum immer stärker ausgedehntere Installationssysteme zur Folge hatte. Nicht alle diese Installationen sind von Fachfirmen ausgeführt worden. Eine ständig steigende Zahl von „Hobby-Installateuren" hat diese mit

Material in „Baumarktqualität" durchgeführt. Verdeckte Einbauweisen wasserführender Installationen erschweren die frühzeitige Erkennung von Wasseraustritten und führen zu sog. verdeckten Schäden, die eine verzögerte Schadenfeststellung mit i.d.R. erhöhtem Reparaturaufwand mit sich bringen.

Die zunehmende Verwendung von Leichtbauweisen (Holz, Gipskarton, Faserplatten, biologische Dämmungen etc.) führt bei einem Wasserschaden schnell zu einem Totalverlust dieser Bauteile und macht großflächige Wiederherstellungsarbeiten erforderlich.

Der hohe Wettbewerbsdruck bei den Herstellerfirmen macht sich in zweierlei Hinsicht bemerkbar: Das gekaufte Produkt verfügt zwar über die zugesagten und zu garantierenden Eigenschaften bei Verwendung und Nutzung, im Rahmen des Produktionsprozesses werden aber nur die Stoffe eingesetzt, die gerade am Markt kostengünstig zu bekommen sind. Der vermehrte Einsatz von Sekundärrohstoffen und Ersatzstoffen bietet unter produktqualitativen Aspekten zwar ein von der zugesagten Wirkungsweise her garantiertes Ergebnis. Eventuelle Nebenfolgen oder Wechselwirkungen bleiben aber weitestgehend unbeachtet.

Gleichzeitig wird versucht, durch innovative Produkte eine höhere Gewinnmarge zu erzielen und sich so einem eher ruinösen Preisdruck (Geiz ist geil) zu entziehen. Das hat zu einer als rasant zu bezeichnenden Entwicklung von neuen/optimierten Installationsmaterialien und -techniken geführt, für die oftmals keine ausreichenden Erfahrungswerte bei den Punkten Langlebigkeit, Schadenanfälligkeit und Auswirkungen im Schadenfall vorliegen. Diese Tatsache erschwert die Zurechenbarkeit innovativer Produkte und Stoffe in den Begriffsrahmen der „Anerkannten Regeln der Technik". Diese Regeln sind als Technikklauseln nicht nur für den Entwurf und die Ausführung von baulichen Anlagen und technischen Objekten von größter Bedeutung, sondern zeigen auch an, dass sie sich aufgrund fortdauernder Erfahrungen in der praktischen Anwendung bewährt haben.

Genau diese unerforschten Reaktionsweisen im Schadenfall und die fehlende Erfahrung bei manchen Installationsweisen vergrößern wiederum die Probleme bei der Sanierung von Wasser- und Feuchteschäden.

Das österreichische Institut für Baubiologie und -ökologie nannte bereits vor Jahren die Zahl von über 60.000 verschiedenen Substanzen, die bei der Herstellung von Wandbaustoffen, Dämmstoffen, Fugen- und Ausgleichmassen sowie Putzen zur Anwendung kommen.

Wir sind der Problematik der Wasser- bzw. Feuchteschäden aber nicht hilflos ausgeliefert. Wie die Ausführungen unter Punkt 15.4 noch zeigen werden, führen Be- und Entfeuchtungsprozesse in der Natur dazu, dass durchfeuchtete Materialien und Konstruktionen scheinbar wie von selbst auch wieder abtrocknen. Im Laufe der Zeit wurden hier für unterschiedlichste Materialien entsprechende Zustände ermittelt und in materialspezifischen Tabellen erfasst. Diese Tabellen ermöglichen die problemlose Verwendung der Materialien in der Neubau-, aber auch in der Wiederherstellungssituation (z.B. die Bestimmung der Verlegereife bei Fußbodenoberbelägen).

15.3 Richtig reagieren im Schadenfall: Geschwindigkeit ist keine Hexerei

Die bisherigen Ausführungen haben gezeigt, dass schon aufgrund der Vielfalt von Schadenursachen und Schadenbildern sowie auch bei der zerstörungsarmen Leckageortung bei verdeckten Schadenursachen die Bearbeitung derartiger Sanierungsaufgaben nicht ohne fundiertes Fachwissen möglich ist. Dieses erstreckt sich über die Grundlagen der Physik in den Bereichen der Klimatechnik, der Trocknung und der Bauphysik. Dazu kommen Fachkenntnisse über Baustoffe, Schadstoffe und Erfahrungen im Umgang mit Versicherungen, (Bau-)Sachverständigen, Koordination von unterschiedlichen Baugewerken, umfassende Kenntnisse zum Arbeiten in kontaminierten Bereichen etc. Die Aufzählung ließe sich noch lange fortführen und erhebt in keiner Weise einen Anspruch auf Vollständigkeit.

Der wichtigste Faktor ist aber die Erfahrung. Viele Dinge, die als Verfahren, Techniken oder Gerätschaften als selbstverständlich angesehen werden, gehen auf den ungebrochenen Willen weniger Fachsanierer zurück, die Sanierungsmöglichkeiten im Schadenfall zu optimieren. Wichtigster Erfahrungsbringer war die „MP-Methode" (Mal Probieren). Aus diesem Erfahrungsschatz sind viele Empfehlungen entstanden, um im Schadenfall der Verpflichtung zur Schadenminimierung erfolgreich folgen zu können.

Unumgänglicher Bestandteil dieser Vorgehensweise sind zwei Komponenten: die richtige Verhaltensweise und die Reaktionsgeschwindigkeit. Je kürzer die ungewollte Einwirkzeit von Wasser und Feuchtigkeit auf ein Gebäude oder sein Inventar ist, desto geringer ist die Ausbreitung des Schadens nach Fläche und Intensität. Diesem Anspruch werden Sanierungsfachunternehmen durch ein real existierendes Notfallsystem, das wirklich 24/7 ganzjährig einsatzbereit ist, gerecht.

Für den Schadenfall gibt es für den Geschädigten eine Reihe von Hinweisen und Tipps. Zu den wichtigsten gehören:

Hinweise für das richtiges Verhalten im Schadenfall:

Wasser- und Feuchteschaden

Allgemein:

Vorbereitet sein
- Vor einem Schaden ist die beste Zeit – Ihr Schadenszenario
- Halten Sie wichtige Adressen bereit und aktuell (Versicherer, Handwerker (Heizung/Sanitär, Reinigungsfirma, Fachsanierer)

Ruhe bewahren
- Erst denken, dann handeln: Viele Notmaßnahmen können Betroffene selbst vornehmen.

Umsichtig handeln
- Sicherheit geht vor Geschwindigkeit:
- Bringen Sie sich und andere nicht in Gefahr.
- Halten Sie das Schadenausmaß so klein wie möglich.
- Schnelles Reagieren hilft, Schäden an Lebewesen oder Sachgütern zu minimieren.
- Viele Versicherungsverträge verpflichten den Vertragspartner zur Schadenminderung.

Verhalten im Detail:

- Stromzufuhr unterbrechen (gem. VDE 0105 gegen Wiedereinschalten sichern)
- Sicherungen abschalten, in betroffenen Bereichen keine elektrischen Anlage einschalten.
- Keine Funktionstests durchführen
- Wasserzufuhr stoppen: Absperr- oder Hauptwasserhähne schließen, Leckage beheben.
- Verbreitung von Schadstoffen vermeiden. Gefahrgüter aus dem Risikobereich entfernen.
- Zum Abpumpen großer Wassermengen Feuerwehr rufen.
- Restwasser absaugen und/oder mit Tüchern aufwischen.
- Inventar sichern, insbesondere Dokumente, Bücher, Teppiche, Gemälde, Möbel etc..
- Luftentfeuchter im Raum aufstellen: Relative Luftfeuchtigkeit zur Vermeidung von Korrosionsschäden unter 45 % senken.
- Schadensbild dokumentieren (Fotos / Notizen / Aufzeichnungen).
- Bei Vandalismus und Einbruch / Diebstahl: eventuelle Spuren sichern.
- Schadenmeldung an den Versicherer

Abb. 1: Hinweise für das richtige Verhalten bei Wasser- und Feuchteschäden.

Quelle: Dr. Ernst J. Baumann

Im besten Fall existiert ein vorbereiteter Notfallplan mit festgelegten Auslagerungsmöglichkeiten, vorhandenen Absperrungsmöglichkeiten (Schilder, Trassierband) und einem festgelegten Kontakt zu einem Sanierungsfachbetrieb. Dieser ist auf die Durchführung sog. Sofortmaßnahmen spezialisiert.

Mit dem Einschalten des Sanierungsfachbetriebes gelangt der Geschädigte dann auch an alle weiteren Hilfe- und Unterstützungsmaßnahmen, die zur ordnungsgemäßen Abwicklung des Wasserschadens erforderlich sind. Die Schadenbearbeitung folgt dabei einem systematischen Prozess, der in der nachfolgenden Abb. 2 dargestellt wird.

Der Ablauf dieser Grafik gibt zum einen den kompletten Überblick über die einzelnen Maßnahmen in ihrem logischen Zusammenwirken. Gleichzeitig zeigt sie auch Bedingungen im Ablauf an. Sollten bei einer Schadenabwicklung Abweichungen vorkommen, ist es mehr als empfehlenswert, den Grund für diese zu erfragen und sich die weitere angedachte abweichende Vorgehensweise beschreiben zu lassen.

Der Prozess selbst ist in drei Phasen aufgeteilt, die aufeinander aufbauen:

In der Phase eins, der **Schadenaufnahme/Leckageortung**, geht es um die Schadenmeldung, eventuell erforderliche Sofortmaßnahmen, die Ursachenermittlung, die Festlegung des Schadenumfangs und den sich daraus ergebenden Umfang der Rückbau-, Trocknungs- und Instandsetzungsmaßnahmen.

In der Phase zwei, **Trocknung**, erfolgt der für die Durchführung einer erfolgreichen Trocknung notwendige Rückbau beschädigter oder betroffener Gebäudeteile. Der erforderliche Trocknungsprozess wird entsprechend überwacht und kontrolliert. Mit dem Erreichen des angestrebten Trocknungszieles endet die Trocknungsmaßnahme.

In Phase drei, **Sanierung**, geht es um die erfolgreiche Wiederherstellung und Instandsetzung der beschädigten Bauteile. Die Wiederherstellung endet mit der erforderlichen Abnahme aller erbrachten Leistungen.

Jede der einzelnen Phasen stellt eine eigenständige Vorgehensweise dar und definiert gleichzeitig die organisatorischen Schnittstellen, die – je nach Wunsch und Lage – von einem Dienstleister aus einer Hand oder durch verschiedene Dienstleister voneinander unabhängig erfolgen.

In der roten Säule sind die unterschiedlichen Mitarbeiter bzw. Tätigkeitsbeschreibungen aufgezeigt. Je nach individueller Organisationsform können diese Tätigkeiten auch in Personalunion erfolgen.

Egal, ob es sich bei dem Dienstleister um einen Komplettanbieter handelt oder er neben Kerntätigkeiten noch koordinierende Abwicklungsaufgaben übernimmt, ist die für jeden über den erkennbaren Kleinschaden hinausgehende Wasser- und Feuchteschaden aus fachlicher Sicht erforderliche umfassende Schadenaufnahme das Kernstück der Schadensanierung. Bei der Schadenaufnahme wird nicht nur der betroffene Bereich identifiziert und die erforderlichen Arbeiten für Rückbau, Durchführung erforderlicher Trocknungsmaßnahmen, sondern auch die Maßnahmen zur Wiederherstellung und Instandsetzung festgelegt. Dabei sind die Anforderungen an die Detailtiefe der Schadenaufnahme z.B. von der Schadenhöhe, der Anzahl der zu involvierenden Gewerke und der Vielfalt der zu verwendenden Baustoffe abhängig.

Komplexere Schäden sollten nur durch sachkundige Personen nach einem nachvollziehbaren, gut dokumentierten Formularweg aufgenommen werden. Dabei kann in Einzelfällen auch eine weiter gehende Gefährdungs- und/oder Schadstoffbeurteilung erforderlich sein.

Ein Beispiel für ein Muster einer solchen Schadendokumentation findet sich in der aktuellen Fassung der VdS 3151 im Anhang 4.[1]

1 VdS 3151 „Richtlinien zur Schimmelpilzsanierung nach Leitungswasserschäden" 03-2020 (02), Gesamtverband der Deutschen Versicherungswirtschaft e.V. (GDV).

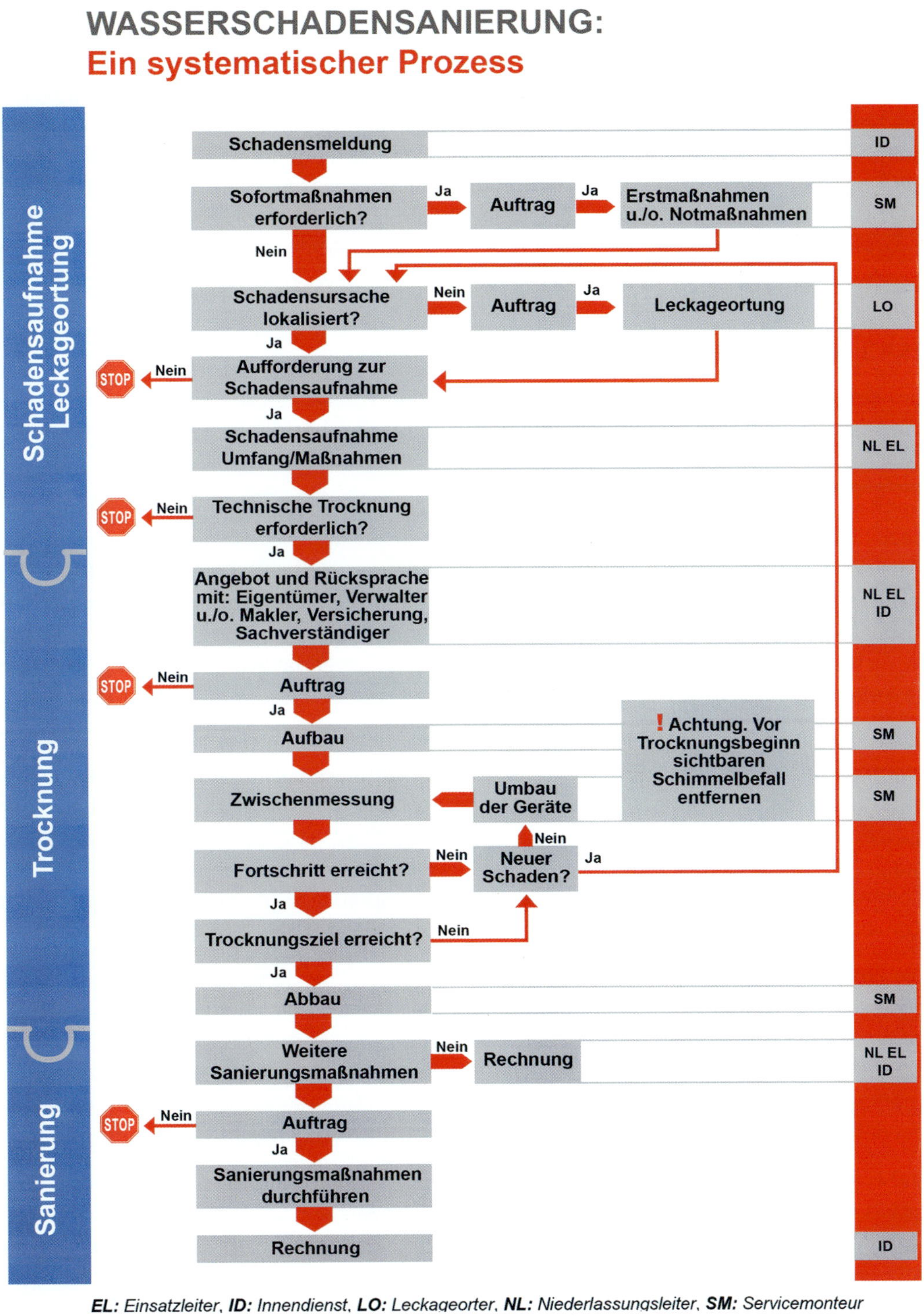

Abb. 2: Wasserschadensanierung als systematischer Prozess.

Quelle: Dr. Ernst J. Baumann

15.4 Technische Trocknung

Technische Trocknung ist eine von Menschenhand geschaffene und auf dem Einsatz technischer Geräte basierende Methode, die eine gezielte und von den natürlichen Begebenheiten unabhängige Beeinflussung von klimatischen Bedingungen im Raumklima und in der Prozessluft ermöglicht. Sie war schon immer von großer Bedeutung für Produktions-, Lager- und Transportprozesse. Über die Beschleunigung von Bauprozessen fand sie den Einzug in die Bauwirtschaft und letztendlich als temporäre Trocknung auch Verwendung bei der Sanierung von Wasserschäden in Gebäuden und von geschädigtem Inventar.

15.4.1 Natürliche und technische Trocknung

Um eine fundierte Aussage über die Bedeutung der technischen Trocknung bei der Sanierung von Wasser- und Feuchteschäden an sich zu treffen, ist der folgende Ausflug in die Welt der Physik unabdingbar.

Der Begriff „Natur" bezeichnet i.d.R. das, was nicht vom Menschen geschaffen wurde. So bezieht sich „natürliche Trocknung" auf den physikalischen Prozess der Verdunstung von Wasser, wie er in der Natur vorkommt. Die Verdunstung wird dabei durch die sich ständig in Bewegung befindlichen Wassermoleküle ermöglicht. Dabei werden einige von ihnen losgerissen, in die Luft gewirbelt und zwischen den Luftmolekülen weitergestoßen, sodass sie nicht mehr in die flüssige Form zurückkehren. Je wärmer das Wasser ist, desto schneller bewegen sich die Wassermoleküle. Dadurch intensiviert sich der Verdunstungsprozess.

Bei der natürlichen Trocknung sprechen wir i.d.R. von der Lufttrocknung, die mit Einschränkung auch als solare Trocknung bezeichnet wird. Die Lufttrocknung ist ein Überbegriff für alle Trocknungsprozesse, die unter atmosphärischen Standardbedingungen an der Luft erfolgen. Der Flüssigkeitsentzug bei Wasser erfolgt, wie bereits anfangs erwähnt, durch Verdunstung. Bei Windstille handelt es sich dagegen um eine freie Konvektion. Kommt der Wind, also eine Luftbewegung, hinzu, sprechen wir von einer erzwungenen Konvektion.

Die Trocknungsgeschwindigkeit wird letztendlich durch die Temperatur, Windgeschwindigkeit, Luftfeuchtigkeit und die effektive Oberfläche im Vergleich zu deren zuordnungsbarem Volumen, z.B. die sichtbare Oberfläche eines Ziegelsteines und seine tatsächlich verbaute Größe (Volumen), bestimmt. Der Prozess der natürlichen Trocknung endet mit Erreichen der materialspezifischen Ausgleichfeuchte – dem Feuchtegehalt eines Stoffes, den er bei den vorherrschenden Klimabedingungen, der Umgebungsfeuchte, annimmt.

Dabei können nur hygroskopische, sorptionsfähige Materialien ihren Feuchtegehalt aufgrund ihres Aufbaus und bei ausreichend langer Einwirkzeit der Umgebungsfeuchte anpassen. Diesen Umstand können wir uns bei der gezielten Auswahl von im Gebäude zu verwendenden Materialien und Stoffen zunutze machen. Bei der natürlichen Trocknung tendieren alle Materialien zu der im Raum bzw. der Umgebung erzielbaren Ausgleichsfeuchte. Die Ausgleichfeuchte wird masse- oder volumenbezogen in Prozent angegeben und sollte in intensiv genutzten Gebäudebereichen mit der in modernen Gebäuden bei ca. 55 % und bei Altbauten bei ca. 45 % anzustrebenden relativen Feuchte harmonieren.

Bei dauerhaft zu trockener Luft können Lebewesen und Inventar ebenso wie bei dauerhaft stark überhöhter relativer Luftfeuchtigkeit Schaden nehmen.

Bei der rückblickenden Betrachtung der großen negativen Auswirkungen, die ungewollt vorhandenes Wasser oder auch Feuchtigkeit auf Gebäudestrukturen, Inventar und den Menschen haben können, und der Möglichkeit einer natürlichen Trocknung lässt sich Folgendes festhalten:

(1.) Es gibt erhebliche Probleme durch ungewollt vorhandenes Wasser und auch Feuchtigkeit in Gebäuden.

(2.) Die Art und der Umfang des Schadens hängen von der Ursache und von dem so entstehenden Schadenbild ab.

(3.) Durch die Möglichkeit der natürlichen Trocknung können Schadenbilder, wie z.B. die fortschreitende Durchfeuchtung von Wandverkleidungen, Tapeten oder Fußbodenoberbelägen – eine vollständige Beseitigung der Schadenursache(n) vorausgesetzt –, durch den Entzug der überflüssigen Wassermengen gestoppt werden.

(4.) Je kürzer die Einwirkzeit des Wassers ist und je schneller die erforderliche Ausgleichfeuchte wieder erreicht wird, desto geringer ist der Schadenumfang.

Was aber, wenn Sonne und Wind der Gebäudekonstruktion geschuldet nicht ausreichend verfügbar sind? Hier kann quasi als Naturersatz künstlich auf den Trocknungsprozess Einfluss genommen werden. Ventilatoren sorgen für Luftbewegung, Heizungsenergie sorgt für die Erwärmung der Raumluft. Und schon entstehen in einem dunklen, feuchten Raum klimatische Bedingungen wie auf einer Sommerwiese im Garten. Über die Messung von Raumtemperatur und der relativen und absoluten Feuchte können wir so in den Grenzen der natürlichen physikalischen Gesetzmäßigkeiten über Luftbewegung und Temperatur Einfluss auf die klimatischen Verhältnisse nehmen. Aus der systematischen Erforschung der Zustandsänderungen feuchter Luft durch Erwärmung, Befeuchtung, Entfeuchtung, Kühlung und Mischung verschiedener Luftmengen lässt sich das Enthalpie-Wasserbeladungs-Diagramm ableiten. Es gilt für einen bestimmten, i.d.R. den atmosphärischen Luftdruck. Die Größen Temperatur, Luftfeuchtigkeit, Wärmeinhalt (Enthalpie) und Dichte können unmittelbar abgelesen werden. Zustandsänderungen können auf grafischem Wege ermittelt werden. Das Diagramm wurde bereits 1923 von *Richard Molier* vorgeschlagen und findet als Mollier-h-x-Diagramm bis heute Beachtung.

Im Falle eines Wasserschadens werden speziell dafür entwickelte Geräte zur Erfüllung der von den Versicherungen geforderten Schadenminderung zeitlich befristet vor Ort eingesetzt. Bis heute gibt es nur zwei Techniken, der Luft Feuchtigkeit zu entziehen: Zum einen ist es der Kältetrockner, dessen Funktion auf der Wasserdampfkondensation im Wärmetauschverfahren basiert. Die der Luft entzogene Feuchtigkeit kondensiert aus und wird in Form von flüssigem Wasser aufgefangen oder abgepumpt. Die Umgebungstemperatur setzt dabei dem effizienten Einsatz von **Kondenstrocknern** Grenzen. Der Einsatz erfolgt i.d.R. zur Raumtrocknung und zur frei zugänglichen Oberflächentrocknung. Zum anderen ist es der **Adsorptionstrockner**. Die feuchte Luft wird mittels Ventilator durch ein sich ständig drehendes Trockenrad geleitet, in dessen Wabenstruktur mit vielen axial verlaufenden Kanälen durch die hygroskopische Wirkung des Rotormaterials der Luft die Feuchtigkeit entzogen wird. Die so getrocknete Luft steht als Prozessluft für weitere Trocknungsvorgänge zur Verfügung. In einem abgegrenzten Bereich wird mittels eines Heizelementes stark erwärmte Luft durch den Rotor geführt, die dabei die Feuchtigkeit aus der Wabenstruktur drückt. Die feuchtwarme Luft wird als Regenerationsluft nach außen geführt. Der Adsorptionstrockner ist wirkungsvoller und in einem breiteren Temperaturbereich einsetzbar als der Kondenstrockner. Die Luftbewegung wird über Ventilatoren und für schwer zugängliche Baukonstruktionen, wie Hohlräume oder Dämmschichten unter dem Estrich, durch den Einsatz von Hochleistungsturbinen erreicht.

Der Trocknungsprozess kann dann durch Energiezugabe in Form von Wärme beschleunigt werden. Das geht über eine Raumerwärmung mittels Heizung oder über einen gezielten Einsatz von Dunkelfeldstrahlern bzw. -platten. Für monolithische, homogene Konstruktionen, wie starke Ziegelwände etc., werden auch Mikrowellengeräte eingesetzt, wenn es der Zeitdruck oder die Stärke der zu trocknenden Konstruktion empfehlen. Um diese Grundausstattung an Geräten wurde ein ständig erweitertes Angebot an mal mehr und mal weniger sinnvollen Zusatzkomponenten und Zubehör geschaffen. Viele Komponenten wurden und werden dabei von den spezialisierten Trocknungsunternehmen individuell entwickelt. Einen wesentlich detaillierteren Einblick in die Welt der Trocknungsgeräte und Verfahren gibt der Beitrag von *Resch* in diesem Buch.

Wichtiger als die vorhandene Technik ist aber der Mensch, der es versteht, mit den interdisziplinären und vielschichtigen Herausforderungen an die Methoden einer technischen Trocknung zur Erreichung der gesetzten und auch geforderten Ziele erfolgreich umzugehen. Für bestimmte Schadenbilder und die Trocknung spezifischer Stoffe bzw. Materialien wurden spezielle Trocknungsmethoden entwickelt, verfeinert und optimiert. Durch diese Breite und Tiefe von Anwendungsmöglichkeiten stehen dem Sanierer heute mehr als je zuvor Möglichkeiten und Alternativen zur Durchführung von technischen Trocknungen zur Verfügung.

Die argumentative Zusammenfassung am Anfang dieses Kapitels brachte uns unter dem Aufzählungspunkt (4.) zu der Überzeugung, dass eine kürzere Einwirkzeit und das schnelle Wiedererreichen der erforderlichen materialspezifischen Ausgleichsfeuchte schadenmindernd wirken. Daraus folgernd kann der technischen Trocknung an dieser Stelle attestiert werden, dass sie genau dieses Potenzial als großen Vorteil in sich trägt.

15.4.2 Technische Trocknung heute: ein Status-quo

Wenn die Betrachtung der schadenbezogenen Komponenten aus physikalischer, chemischer und (mikro-)biologischer Sicht für sich allein betrachtet ein so deutliches Fazit zulässt, drängt sich die Frage auf, wieso der Einsatz der technischen Trocknung heute so intensiv diskutiert wird. Die Gründe dafür sind vielschichtig und in ihren Ursache-Wirkung-Zusammenhängen nicht allumfassend zu bestimmen. Fest steht aber, dass die Masse der Fragen einen rein wirtschaftlichkeitsbezogenen und auf einen monetären Aufwand bezogenen Hintergrund haben. Hier kommt wieder zielführend nur eine systembezogene Betrachtungsweise in Betracht.

Technische Trocknung ist für die Masse aller Konsumenten nicht wirklich thematisch verankert. Die dominierende Kraft in dieser Thematik ist die Versicherungswirtschaft. Durch die entsprechenden Deckungszusagen im Schadenfall stellen die Versicherer ihre Gebäudekunden in vielerlei Hinsicht sorgenfrei. Die Frage der Schadenregulierung war und ist dabei eine der zentralen Daseinstätigkeiten der Versicherungswirtschaft. Daran ändern auch die alljährlich vom Gesamtverband der Deutschen Versicherungswirtschaft beklagten Probleme der ungelösten Kostenexpansion im Leitungswasserschaden nichts. Die langjährig praktizierte Regulierung von Brand- und Wasserschäden war erprobte Praxis und Versicherungsalltag. Dabei wurde von jeher auf Möglichkeiten geachtet, die erforderlichen Regulierungssummen durch gezielte Präventionsmaßnahmen und den Einsatz kostengünstigerer Sanierungsmethoden unter Kontrolle zu halten. Im Bereich der Wasserschadensanierung hat sich nur allein aus diesem Grunde seit Anfang der 80er-Jahre des letzten Jahrhunderts der Einsatz von technischen Trocknungsmethoden zur Beschleunigung von natürlichen Trocknungsprozessen und zur Minimierung von Schadensumfängen im Rahmen der Regulierung von Leitungswasserschäden fest etabliert. Jährlich werden mit nachweislichem Erfolg Hunderttausende von technischen Trocknungen durchgeführt.

Erbracht werden diese Leistungen durch eine Vielzahl von Unternehmen, die in unterschiedlichsten Ausprägungsformen organisatorisch, technisch und personell darauf spezialisiert sind, die Versicherungsunternehmen im Leistungsfalle bei der Bearbeitung des eingetretenen Schadens und damit auch beim Einlösen des vertraglichen Leistungsversprechens zwischen Versicherungsnehmern und Versicherung zu unterstützen. Der einzige Grund für die Existenz dieser Unternehmen war die Tatsache, dass die angebotene technische Trocknung deutliche Kostenvorteile im Vergleich zur damals üblichen Schadenregulierung durch Rückbau ohne Trocknung bot. Die Räume mussten nun nicht komplett geräumt und freigezogen werden. Kostspielige Hotelaufenthalte, eine eingeschränkte Verfügbarkeit und Nutzbarkeit des Inventars waren die Folge. Alles dies änderte sich mit der Einführung der technischen Trocknung. Jetzt blieben die Gebäude i.d.R. bewohnbar und die persönlichen Dinge des Alltags weitestgehend nutzbar. Im gewerblichen Bereich kam es zu erheblichen Einsparungen bei Aufwand und Ausfallzeiten (Betriebsunterbrechung).

Die Sanierungsfachunternehmen der Branche sehen sich heute trotz seit der Jahrtausendwende deutlich gesunkener realer Leistungsentgelte und bei sehr straffen Vorgaben der Versicherungswirtschaft in Form von Rahmenverträgen, organisatorischen Abwicklungsvorgaben (EDV-Portale, Service Level Agreement) und z.T. schon systematisch vorgehenden spezialisierten externen Nachverhandlungsorganisationen immer noch dem Vorwurf ausgesetzt, dass zu häufig zu viel und zu lange getrocknet würde. Andererseits hat das Vorgehen der Versicherungswirtschaft wesentlich dazu beigetragen, dass sich die Zahl der ca. 250 Sanierungsfachbetriebe im Zeitraum von 2000 bis 2017 auf über 3.000 teilweise im Nebengewerk oder Nebengewerbe Trocknung anbietende Unternehmen vergrößert hat. Eine detaillierte Betrachtung dieser Thematik ist an dieser Stelle aber nicht möglich.

Gerade im Massengeschäft ist die Qualifikation des Sanierungsdienstleisters besonders wichtig, da vor allem im Kleinschadensegment eine effektive Kontrolle vor Ort nur schwer darstellbar ist. Und es bedarf einer sehr vertrauensvollen Zusammenarbeit, da das Sanierungsunternehmen im Rahmen der qualifizierten Schadenaufnahme die entsprechenden Entscheidungen über die erforderlichen Trocknungs- und Sanierungsmaßnahmen i.d.R. allein vor Ort treffen muss.

Es war von jeher so, dass Gebäude und Inventar vor Wasser und Feuchtigkeit zu schützen waren. Betroffene Materialien konnten ausgebaut und bei gutem Wetter draußen oder bei schlechtem Wetter in dichten Scheunen und Hallen zum natürlichen Trocknen aufgestellt werden. Nicht demontierbare Teile trockneten vor Ort und der Schaden wurde halt so groß, wie ihn die natürliche Trocknung werden ließ. Die technische Trocknung macht von diesen natürlichen Gegebenheiten unabhängig. Richtig angewandt, wird der erforderliche Trocknungsprozess deutlich beschleunigt oder überhaupt erst ermöglicht. Dadurch verkürzt sich auch entsprechend die benötigte Zeit der gesamten Wiederherstellungsarbeiten. Technische Trocknung kann aber weit mehr. Sie ermöglicht die problemlose Weiternutzungsmöglichkeit von Räumen und schützt in der Peripherie von Schadenorten vor einer ungewollten weiteren räumlichen Ausdehnung des Schadenbildes.

Nicht immer ist eine technische Trocknung in vollem Umfang anwendbar. Durch falsche Trocknung oder Übertrocknung kann es zu gravierenden Schäden kommen. Es ist also unumgänglich, dass die richtige Anwendung der technischen Trocknung sowohl in der Art der ausgewählten Technik und Methodik wie auch in der Frage der Dimensionierung nur von entsprechend sach- und fachkundigem Personal durchgeführt werden sollte. In diese verantwortungsvollen Hände gehört auch letztendlich die Beantwortung der Frage, ob unter genauer Abwägung der Schadenart, der Schadenursache, der Gegebenheiten vor Ort, der vorhandenen und (eventuell noch nicht) betroffenen Materialien in welcher gerätetechnischen Dimensionierung über welchen Zeitraum getrocknet werden sollte. Bei diesen Überlegungen und Abwägungen muss aber auch berücksichtigt werden, dass der Prozess der natürlichen Trocknung bestimmten Gesetzmäßigkeiten unterliegt, die eingehalten werden müssen, damit Trocknung auf dem natürlichen Wege auch funktioniert. Es muss dann für eine ausreichende natürliche Luftbewegung gesorgt werden, die wiederum versicherungstechnisch (offene Fenster und/oder Türen) abgedeckt und zugelassen sein sollte.

Der für die Trocknung Verantwortliche kann nur Vorschläge und Angebote unterbreiten, in die er all sein Wissen und seine Erfahrung mit einbringen sollte. Das Sanierungsfachunternehmen kann dabei auf viele Varianten des Trocknungsaufbaus zurückgreifen, die insbesondere unter dem Aspekt einer schadenminimierenden Vorgehensweise viele Vorteile bieten. Gemeint sind hier z.B. Trocknungen mit Erhalt des Oberbelags, Trocknungsaufbauten von unten, von der Seite aus Nebenräumen etc. Sind das notwendige Wissen, die Schulung und Erfahrung vorhanden, ist es für den Fachmann möglich, anhand einer einfachen Checkliste die richtigen Entscheidungen zu treffen.

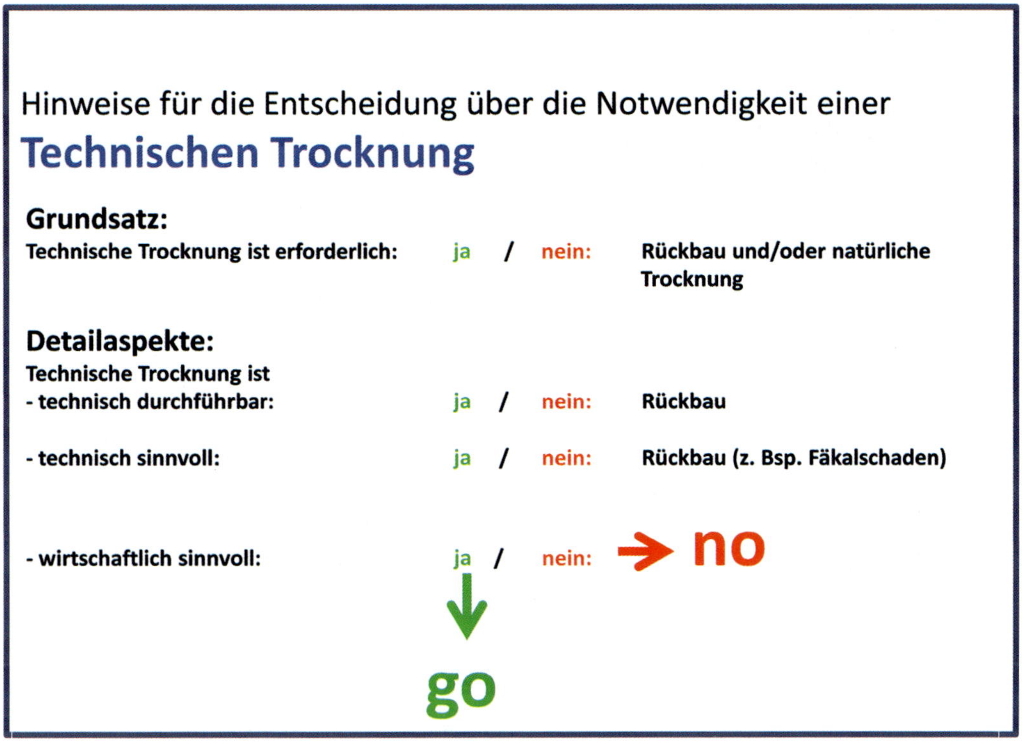

Abb. 3: Entscheidungshilfe zur Durchführung einer technischen Trocknung.

Quelle: Dr. Ernst J. Baumann

Zusammen mit den Fotos, den Messwerten und den Details der Schadenaufnahme kann dann ein fundierter, nachhaltiger Sanierungsvorschlag gemacht werden. Wichtig ist, dass die vorliegende Dokumentation auch noch nach Abschluss aller Tätigkeiten im Falle einer erneuten Fallbetrachtung z.B. durch Sachverständige die getroffenen Entscheidungen nachvollziehen lässt. Das entscheidende Wort hat aber – wie fast immer – derjenige im Geschäftsleben, der den dafür notwendigen finanziellen Aufwand tragen muss.

15.5 Schimmelpilze, Gebäudeschäden und technische Trocknung: ein magisches Dreieck?

Schimmelpilze sind viele Millionen Jahre alt und im Ökosystem fester verankert als der Mensch. Obwohl bereits etwa 100.000 verschiedene Schimmelpilzarten bisher näher bestimmt wurden, liegen die Schätzungen weltweit bei etwa 250.000 Arten. Viele warten also noch auf die Entschlüsselung ihrer positiven und/oder negativen Wirkungen. Schimmelpilze sind als Bestandteil unserer natürlichen Umwelt somit in unserer Umgebung und damit auch in unseren Gebäuden als ubiquitär, also überall verbreitet, anzusehen. Und sie waren, abgesehen von den holzzerstörenden Pilzen (Echter Hausschwamm), bis etwa Ende Mitte der 90er-Jahre auch noch kein allgegenwertiges Thema in unserem gesellschaftlichen Alltag.

Schäden an Gebäuden waren immer aus Sicht der Statik und unter Aspekten der Funktionalität zu bewerten. Ein Stall war ein Stall, eine Werkstatt eine Werkstatt und die Wohnung zum Leben, sofern man sich eine Wohnung getrennt von Stall und Werkstatt leisten konnte. Mit steigendem Einkommen wuchs die Zahl der individuellen Bau- und Einrichtungsvarianten. Durch ständig neue Produkte und die Verwendung immer neuer, nicht nur in der Werbung hochgelobter Materialien, wie z.B. Asbest, wurden immer neue Ebenen von Design, Nutzenoptimierung und Individualisierung erreicht. Ein Hauptfunktionsmerkmal der Gebäude war immer auch Schutz vor Nässe und Feuchtigkeit. Mit den Zeiten der Energiekrise rückten Kostensenkungspotenziale durch modernere Technik und veränderte Bauweisen in den Vordergrund. Mit der Thematik „Umweltschutz" kamen zusätzliche Beachtungskriterien dazu. Jetzt wurden Gebäude zusätzlich gedämmt und das Thema „Feuchtigkeit" kondensierte sich so langsam in den Alltag.

Mit dem Einzug der technischen Trocknung bei Bauvorhaben und nach Schadenereignissen wurde nicht nur die räumliche Ausdehnung von Schäden begrenzt, die Einwirkzeit der Feuchtigkeit auf die vom Schaden betroffenen Materialien verkürzt und die (Wieder-)Herstellungszeit verringert, sondern oftmals auch zusätzlich während der Trocknungsdauer die weitestgehende durchgehende Nutzung von Gebäuden sichergestellt.

Lässt sich bis hierhin der Argumentation gut folgen, so stellt sich die Frage, wo denn nun die Magie in der Verbindung der drei Bereiche zu einem Dreieck liegt. Alle Bereiche an sich betrachtet sind nicht neu und sollten doch auch in der gemeinsamen Dreiecksbeziehung zu keinen gänzlich neuen Problemen führen. Doch scheint es so, dass sich aus der Kombination und der zunehmend erkennbaren Wechselwirkung der einzelnen Themenbereiche ein für das vermehrte Auftreten von Schimmelpilzen sehr stark förderndes Umfeld ergeben hat.

15.5.1 Erkenntnisprobleme

Nährstoffreiche Baustoffe (Gipskarton, Leichtbauwände) und veränderte Bauweisen trafen auf zunehmend hohe Feuchtigkeitswerte in Innenräumen. Zunächst waren es Modernisierungsmaßnahmen bei den Fenstern, die zu einem vermehrten Auftreten von Schimmelproblemen führten. Das Klima in Gebäuden wurde sowohl bautechnisch als auch nutzungstechnisch verändert. Viele Mieter wurden von den Eigentümern erst auf die Problematik des vermehrten Lüftungsbedarfs hingewiesen, als die Probleme schon stark gehäuft auftraten.

Die Veränderungen in unserer sozialen, gesellschaftlichen Ausrichtung verstärkten diesen Aspekt. Zum einen fehlte der Masse der Gebäudenutzer das nötige Hintergrundwissen über die einfachsten physikalischen Zusammenhänge. Gleichzeitig führte das über Jahrzehnte kommunizierte konsumorientierte Weltbild dazu, dass der Lebensalltag ohne große Aufmerksamkeit und Sorgfalt „ganz easy" gemeistert werden kann. Dieser Effekt wurde durch die zunehmende Abwesenheit der Gebäudenutzer (Kleinfamilien, steigende Erwerbstätigkeit, Ganztagsschulen, Berufspendler mit zweitem Wohnsitz, Entstehen von Schlafstädten) verstärkt.

Vom Bauhelfer bis zum Planer und Architekten – unter bautechnischen Beurteilungsaspekten wird bei den Themen des Wohnklimas, der Feuchtigkeitslast und Problemen mit Wasser zunehmend über Mängel in der qualifizierten Bauausführung geklagt. An den Flügeln stehen zunehmend Gleichgültigkeit, Verantwortungslosigkeit, Profitgier und Egoismus bereit, unseren Traum vom gesunden, sicheren Wohnen zu (zer-)stören. Dazu tragen Paradigmen wie „Geiz ist geil" genauso bei wie ein übersteigertes „Shareholder Value"-Streben. „Do it yourself" heißt lange noch nicht „Tue es mit Verstand" oder „Mach es richtig!". Um den mehr oder weniger professionell qualifizierten Hobby-Bauherren ein passables Arbeitsergebnis erreichbar zu machen, enthalten viele Stoffe, z.B. Tapetenspezialkleister, Zuschläge für eine einfache und länger mögliche Korrektur der Arbeitsleistung. Diese Zuschläge sind oftmals unnötiger Nährboden für eine Besiedlung mit Schimmelpilzen. Der professionell agierende Anwender kommt (wenn er will) mit einem wesentlich günstigeren und nährstoffärmeren Einfachkleister aus.

Für die Schimmelpilze in Gebäuden erwies sich das Zusammenspiel genau dieser Größen – Wärme, Nährstoffe, Wasser, Feuchtigkeit und fehlende Luftbewegung – als ideal.

Im Falle eines Wasser- und Feuchteschadens bestand nun unter dem Aspekt des Schimmelpilzrisikos die Gefahr, während der technischen Trocknung Sporen im gesamten Gebäudebereich zu verteilen. Gleichzeitig sollte der gesamte Trocknungsprozess in seinen Wechselwirkungen zum Entstehen von Schimmelpilzen untersucht und hinterfragt werden.

Richtig Bewegung kam aber erst in das Thema, als sich die Politik und öffentliche Stellen des Themas der Schimmelpilzproblematik in Gebäuden annahmen. Die Innenraumhygienekommission des Umweltbundesamtes sah sich aus der Thematik „Schadstoffe in Gebäuden" aufgefordert, das Thema „Schimmelpilz" ausführlich zu behandeln, obwohl Schimmelpilze kein Schadstoff im engeren Sinne sind. Schnell wurden neben den hygienebezogenen Aspekten auch die gesundheitlichen Gefahren einer zu großen, über die normale umweltbezogene Hintergrundbelastung hinausgehenden Schimmelpilzexposition in Gebäuden in den Fokus der Betrachtung gerückt. Die ersten immer wieder diskutierten Fälle waren auch Vorkommnisse im medienwirksamen öffentlichen Bereich. Entsprechend heizten und heizen bis heute immer rechtzeitig zur beginnenden Heizperiode in den Gebäuden spektakuläre Berichterstattungen die Diskussionen immer mehr an.

Wie sensibel das Thema behandelt wurde, dokumentierte das Umweltbundesamt in seinem ersten Leitfaden zur Schimmelpilzthematik 2002 im Rahmen des Fallbeispiels Nr. 5 Schule B, S. 65: Obwohl definitive Anhaltspunkte für einen massiven Schimmelpilzbefall und eine Gesundheitsgefährdung nicht vorlagen, wurde auf Empfehlung des Gesundheitsamtes eine bauliche Sanierung beschlossen, da in der emotional erheblich vorbelasteten Situation eine schulische Nutzung im Einvernehmen mit Eltern und Lehrerschaft andernfalls fraglich geblieben wäre. Klartext: Schon allein die Vorstellung, dass etwas zukünftig fraglich sein könnte, rechtfertigt die Ausgabe Tausender Euro von Steuergeldern.

Das vermehrte Auftreten von Schimmelpilzen in Gebäuden wurde aber auch durch Vorgaben und Aktivitäten anderer Ministerien mit verursacht. Sie wurden allein durch die Vorgaben der Energieeinsparverordnung (EnEV) in Gebäuden wieder zu einem Thema. „Rückkehr der Schimmelpilze in Deutschland" – so titelte Die Welt am 8.2.2008 im Immobilienteil: *„Zu diesem Ergebnis kommt auch das Umweltbundesamt in einer Studie über die Konsequenzen aus den EnEV-Vorgaben: Erhöhte Konzentrationen flüchtiger organischer Verbindungen und Schimmelpilzwachstum auf feuchten Wänden können die Folge sein* *und dadurch gesundheitliche Folgen mit sich bringen."* Hier zeigt sich einmal mehr die mangelnde ressortübergreifende Tätigkeit der entsprechenden Ämter und Behörden.

So richtig das Anmahnen zur schnellen Reaktion bei festgestellten Schimmelpilzschäden in Gebäuden unter hygienischen und auch gesundheitlichen Aspekten ist, so wichtig ist aber auch die maßvolle, individuelle Beurteilung des Schadenbildes im Einzelfall. Es darf nicht vergessen werden, dass die anstehenden Maßnahmen zur Sanierung des Schadens mit erheblichen Aufwendungen verbunden sind. Das an dieser Stelle auch eine gehörige Portion Lobbyismus der an der Sanierung beteiligten Personen und Unternehmen im Spiel ist, ist nicht wirklich überraschend. Dass neben der hygienischen und gesundheitlichen Diskussion durch die Auseinandersetzung mit dem zukünftig zur Handhabung der Thematik erforderlichen „Was" und „Wie" auch erhebliche finanzielle Aufwendungen verbunden sind, hat nicht nur zur Bildung entsprechender Verbände zur Wahrnehmung der entsprechenden Interessen geführt. Das Marktvolumen der im Umgang mit Schimmelpilzen in Gebäuden begründeten Maßnahmen beläuft sich mittlerweile schon auf über 2 Mrd. €. Für die technische Trocknung als Einzeldienstleistung haben alle diese Aspekte der Schimmelpilzdiskussion zunächst nur einen eher geringen technischen Einfluss.

Wasser- und Feuchteschäden sind möglichst schnell nach ihrer Entdeckung zu sanieren. Hier sind die Forderungen im Schimmelbereich gleichlautend. Dabei gilt aber für das Trocknungsunternehmen, dass jede Form von unkontrollierter Luftbewegung zu vermeiden ist. Wenn also mit der Trocknung zu warten ist, bis der festgestellte Schimmelpilzschaden beseitigt ist, kann es zu einer nicht akzeptablen Verzögerung im Trocknungsverlauf kommen. Hier muss bei allen am Sanierungsprozess Beteiligten Einvernehmen bestehen, dass z.B. bis zum Vorliegen der mikrobiologischen Bewertung einer Estrichdämmschicht sofort mit einer Trocknung im Saugverfahren begonnen wird, um eine zwischenzeitliche Schimmelpilzbildung zu verhindern. Diese mehrtägige Trocknungszeit sollte akzeptiert sein, auch wenn im Nachhinein der Estrich ausgebaut wird.

Im Bereich der Schadenaufnahme muss das Trocknungsunternehmen seine Sichtweise entsprechend verfeinern. Abb. 4 zeigt beispielhaft einen solchen Ansatz bei der Entscheidung, ob eine technische Trocknung unter Schimmelpilzaspekten durchführbar ist oder nicht. Die richtige Interpretation der Bewertungen setzt natürlich einen entsprechend hohen Ausbildungs-, Erfahrungs- und Wissensstand voraus. Im Kern geht es im Abschnitt A um die Erkennung und Bewertung der den Schaden verursachenden Wasserart, ihrer Einwirkzeit und um die Frage nach der grundsätzlichen Trocknungsdurchführbarkeit. Hier zeigt sich schon wieder ein interdisziplinäres Problem zwischen den Wasserarten, die von der Versicherungswirtschaft und die von der Wasserwirtschaft genannt werden. Zusätzlich geht es im Abschnitt B um eine große Zahl von vielen Einzelpunkten, die zum einen dem Aufnehmenden des Schadens eine Gedächtnisstütze sein soll, um möglichst an alle wichtigen Aspekte zu denken. Zum anderen geht es darum, eine Verstärkung oder Abschwächung der in Abschnitt A durchgeführten Erstbeurteilung durchzuführen. Steht in Abschnitt A z.B. die Bewertung „3 bis 4", dann führt eine abschwächende bessere Bewertung im Abschnitt B eher zu einer Bewertung „3" und eine verstärkende schlechtere Bewertung zu „4".

	1 Trocknung unbedenklich	2 Trocknung möglich	3 Trocknung sorgfältig überdenken	4 Trocknung mit Risiko-abschätzung	5 Trocknung ablehnen
Abschätzung des Risikofaktors vorab					
A **Schaden/Alter**	Frisch	Mittel	alt	**Erläuterung:** **Grauwasser:** fäkalienfreies, gering verschmutztes Abwasser (Duschen, Waschmaschine etc.) **Küchenwasser:** wie Grauwasser, aber höher Fett- und Speisereste belastet **Schwarzwasser:** Toilettenabwasser (Die Begriffe Schwarz- und Grauwasser zur Benennung unterschiedlicher Wasserkreisläufe in Gebäuden.) **Hochwasser:** Belastung durch unkontrollierten Schadstoff- und Keimeintrag	
Leitungswasser	1	2-3	2-4		
Regenwasser	1-2	2-3	3-4		
Grauwasser	2-3	3-4	4-5		
Sickerwasser	2-3	3-4	4-5		
Küchenwasser	2-3	3-4	4-5		
Schwarzwasser	3-4	3-4	4-5		
Hochwasser	2-4	3-4	4-5		

Gewichtung des Risikofaktors bei Schadenaufnahme					
B *Risikofaktor*	1	2	3	4	5
Belast. Wasser mit Keimen	Keine	←	-	→	Hoch
Lüftung Ort	Gut	←	-	→	Schlecht
Vorbelastung der Baustelle	Unauffällig	←	-	→	Deutlich
org. Material (Baumaterial)	Keine	←	-	→	Größtenteils
org. Material (aus Umgebung)	Keine	←	-	→	Größtenteils
Wärmebrücken/ Tauwasserbildung	Nein	←	-	→	Ja
Temperatur (überwiegend)	unter 10°C	10-15°C	15-20°C	20-25°C	über 25°C
Umgeb.-feuchte	unter 40%	40-50%	50-60%	60-70%	über 70%
Bewohnt		Nein	⟷	Ja	
Risikopersonen	Nein	←	-	→	Ja
Schimmelpilz (sichtbar)	Nein	←	-	→	Ja
Hausschwamm (sichtbar)	←	←	←	Nein	Ja

Abwägung aus obigen Tabellen					
Risikobeurteilung nach Schaden, Alter und Eigenschaften	1	2	3	4	5
Konsequenz und Schlußfolgerungen A + B	Trocknung unbedenklich	Trocknung möglich	Trocknung sorgfältig überdenken	Trocknung mit Risikoabschätzung	Trocknung ablehnen

Abb. 4: Risikobewertungsfaktoren bei der technischen Trocknung.

Quelle: Dr. Ernst J. Baumann

15.5.2 Handlungsprobleme

Es mag schwer zu glauben sein, aber im historischen Rückblick stellt sich bis heute den Betroffenen und in den Sanierungsprozess Involvierten trotz vieler Klärungs- und Erläuterungsversuche noch kein wirklich einheitliches Bild dar. Das Umweltbundesamt hat mit dem 2005 erschienenen Schimmelpilzsanierungsleitfaden „Leitfaden zur Ursachensuche und Sanierung bei Schimmelpilzwachstum in Innenräumen" versucht, Klarheit zu schaffen. Der 1998 von 27 Individualisten und Visionären gegründete Berufsverband Deutscher Baubiologen (VDB e.V.) und der 2004 als Berufsverband für Fachleute aller Disziplinen, die mit dem Thema Schimmelpilzsanierung beruflich zu tun haben, gegründete Bundesverband Schimmelpilz-Sanierung (BSS e.V.) führen nicht nur wie der TÜV, die DEKRA oder viele andere private und öffentliche Träger Schulungen zum Thema „Schimmelpilzsanierung" durch, sondern geben viele Empfehlungen über anzuwendende Techniken, Geräte und Verfahren. Die Schulungen erfolgen oftmals im „Schnellverfahren". Sie enden aber i.d.R. mit dem Aushändigen eines entsprechenden Zertifikates.

Die Sanierungsverbände reagierten zwischenzeitlich mit verschiedenen ergänzenden Richtlinienansätzen. Zu den grundlegendsten zählen hier die Richtlinie „Schimmelpilzschäden in Gebäuden – Erkennen, Bewerten und Instandsetzen" des Netzwerks Schimmel e.V.[2], die sowohl vom Bundesverband öffentlich bestellter und vereidigter sowie qualifizierter Sachverständiger e.V., dem Bundesverband der Brand- und Wasserschadenbeseitiger e.V. (BBW) und dem Fachverband Sanierung und Umwelt e. V. (fsu) mitgetragen wird, und die „Richtlinien zur Schimmelpilzsanierung nach Leitungswasserschäden VdS 3151" des Gesamtverbandes der Deutschen Versicherungswirtschaft (GDV). Beide Richtlinien folgen der gleichen Logik und zielen darauf ab, die Sanierung von Schimmelpilzschäden inhaltlich zu versachlichen. Sie stützen sich dabei auch auf die Inhalte des UBA Schimmelleitfadens von 2017 sowie die Regelungen der DGUV Information 201-028 „Gesundheitsgefährdungen durch Biostoffe bei der Schimmelpilzsanierung" und konkretisieren die Inhalte für die praktische Anwendung.

Die VdS 3151 stellt den Prozessablauf einer Schimmelpilzsanierung nach Leitungswasserschäden wie folgt dar: Nach Feststellung des Schimmelpilzschadens erfolgt die Schadenmeldung an den Versicherer und die Sicherung der Schadenstelle. Hier sollte die Beratung durch eine fachkundige Person gesucht werden. Nach der Erstbegehung erfolgt die Einteilung in Schadenbereiche und es werden Sofortmaßnahmen ergriffen und die Ursachensuche begonnen. Nach Behebung der erkannten Schadenursache wird ein individuelles Sanierungskonzept bei gleichzeitiger Festlegung der Sanierungsziele erstellt. Den Sanierungsarbeiten gemäß Sanierungskonzept folgen die Erfolgskontrolle und Abnahme der Sanierungsarbeiten. Weiter gehende Informationen zur VdS 3151 finden sich im Beitrag von *Dreher* in diesem Buch.

Die Richtlinien wollen in erster Linie Sicherheit bei der Handhabung von Schimmelpilzsanierungen geben und zu einer Versachlichung dieses hochemotional besetzten Themas beitragen. Angst, Verunsicherung und spektakuläre Berichterstattungen in den Medien

2 Netzwerk Schimmel et al. (3. überarbeitete Fassung vom 01.06.2022). Richtlinie zum sachgerechten Umgang mit Schimmelpilzschäden in Gebäuden – Erkennen, Bewerten und Instandsetzen (Hrsg.: Deitschun, F., Warscheid, Th.).

sind bestens geeignet, emotionale Debatten zu erzeugen. Sie sind aber immer eine schlechte Basis für einen sachlichen Dialog, der zur Lösung der anstehenden Aufgaben dringend erforderlich ist. Und genau dieser emotionale Bereich hat bis heute verhindert, das Thema „Schimmelpilzbefall" abschließend sachlich zu behandeln. Grenzwerte, Bewertungen Laborergebnisse, Forderungskataloge – die Diskussionen finden kaum ein Ende.

Die Diskussion um die Fragestellungen der Impulsveranstaltung des Netzwerks Schimmel e.V. im September 2017 in Augsburg hat viele dieser ungeklärten Aspekte angeschnitten:

Zum Thema „Schadensbewertung, Sanierungsmaßnahmen und Abnahme" wurde unter den anwesenden Fachleuten diskutiert, was notwendig, technisch machbar und ökonomisch vertretbar ist. Im Einzelnen ging es um die Fragen, ob die Zielvorgaben aufgrund von vermeintlichen Hintergrundbelastungen („Soll"-Zustand) oder aus Gründen gesundheitlicher Vorsorge erfolgen und welcher mikrobiell-hygienische Status geschuldet bzw. notwendig ist. Außerdem ist die Diskussion um die verfügbaren trocknungs- und sanierungstechnischen Möglichkeiten hinsichtlich einer ausreichenden und wirkungsvollen Erreichung der schadenbezogenen Zielvorgaben bezüglich der Themen „Rückbau, Trocknung, Desinfektion und Reinigung" noch lange nicht als abgeschlossen anzusehen.

Und last but not least ist es wichtig, gerade in der emotional aufgeheizten Diskussion um die Handhabung der Schimmelpilzthematik in Gebäuden zunächst einen Konsens darüber zu finden, ob eine Sanierung von Schimmelpilzschäden auf Basis wissenschaftlich fundierter Erkenntnisse oder nach gesundem Menschenverstand erfolgen soll. Erst dann kann eine erfolgreiche Kommunikation und nachhaltige Handhabung in gesellschaftlichem Rahmen stattfinden.

Die Problematik der Diskussionsstände verdeutlichen die Abb. 5 und 6. Die fachliche Debatte wird auf der Basis gemachter Erfahrungen bei der Bearbeitung von Schäden nach Abb. 6 geführt. Die öffentliche Meinung bezieht sich dann, geschürt durch Ängste in den Medien, schon auf die Schadenbilder nach Abb. 5. Entsprechend schwierig ist es dann wiederum, im Einzelfall eine auf dem gesunden Menschenverstand basierende und auf die jeweilige individuelle Situation abgestimmte Vorgehensweise zu finden.

Da die fachliche Debatte um Grenzwerte und gesundheitliche Auswirkungen noch lange nicht als abschließend behandelt zu betrachten ist, wird immer wieder zu beobachten sein, dass Entscheidungen vieler am Sanierungsprozess Beteiligter eher zur Durchführung einer aufwendigeren Sanierung tendieren.

Abb. 5: Schimmelprobleme? Schimmelpilzbildung in der Türnische: Einstufung als Kleinschaden gemäß der Richtlinie zum sachgerechten Umgang mit Schimmelpilzschäden in Gebäuden des Netzwerk Schimmel.[3]

Quelle: Dr. Ernst J. Baumann

Abb. 6: Leerstandswohnung: Das ist ein Schimmelschaden!

Quelle: Dr. Ernst J. Baumann

3 Ebd.

15.5.3 Lösungsansätze

Mit der Veröffentlichung des Leitfaden „Zur Vorbeugung, Erfassung und Sanierung von Schimmelbefall in Gebäuden" hat das Umweltbundesamt einen mit 188 Seiten sehr umfangreichen Leitfaden geschaffen, der eine Vielzahl von klarstellenden und durch Beispiele sowie Erläuterungen ergänzte Handlungsempfehlungen enthält. Die gleichzeitig erfolgte Subsummierung von Schimmelpilzen, Hefen, Bakterien und Aktinobakterien unter dem Sammelbegriff „Schimmel" gibt allerdings bis heute zusätzlichen Diskussionsbedarf.

Die im Markt fachlich involvierten Verbände haben ihre Richtlinien mittlerweile mit den Ausführungen des Leitfaden des Umweltbundesamtes abgeglichen und wo nötig modifiziert. Gleichzeitig zeigt das im Februar 2023 erschienene Merkblatt des VdS „Fäkalwasserschäden" (VdS 3154), dass noch immer weiterer Konkretisierungsbedarf besteht.

Aus einer interdisziplinären Sicht brauchen wir für einen wirklichen Lösungsansatz bei allen Beteiligten ein größeres, neues Verantwortungsgefühl und einen deutlich ganzheitlichen Ansatz. Die Diskussion ist immer noch zu schadenorientiert geführt. Im Mittelpunkt steht ein zu kleiner Kreis von Beteiligten, die sich viel zu lange auf den kommerziellen Aspekt der Schadensanierung ausgerichtet haben. In der Auseinandersetzung fehlt ganz klar das Schwerpunktthema „Prävention von Schimmelpilzschäden". Wenn das Thema doch gesundheitlich so brisant ist, wo sind die Verbrauchermessen zum Thema? Wo sind die öffentlichen Gelder und Sponsoren? Warum gibt es so wenige auf das Erkennen und Erforschen dieser Zusammenhänge spezialisierte Ärzte?

Und wenn schon ihr Entstehen nicht verhindert werden kann, so sollte die rechtzeitige Entdeckung und rasche Entfernung der Schimmelpilze sichergestellt werden. Wo bleibt dabei die direkte Einbindung der Immobilienverbände? Es bedarf deutlich mehr eines großen gesellschaftlichen Dialogs. Es geht um die Definition der Rahmenbedingungen vor dem Hintergrund des wissenschaftlich/technisch Machbaren, des gesundheitlich Erforderlichen und des wirtschaftlich Darstellbaren als ganzheitlicher Ansatz. Panikmache und Generalverdacht bringen mehr Probleme als Nutzen. In der emotional aufgeheizten Stimmung fällt es immer wieder leicht, zielorientiert Stimmung zu machen oder Ober-Bedenkenträgern Markt und Kasse zu machen.

Für das Trocknungsfachunternehmen entstehen hier im Geschäftsumfeld die Probleme, nicht in der Durchführung der technischen Anwendung. Aus den Reihen der Trocknungsfach- und auch Sanierungsunternehmen gibt es einen Ansatz für die zu wünschende gesellschaftliche Plattform. Es ist das V-M-S-Prinzip und soll interdisziplinär zu mehr Sicherheit im Umgang mit dem Thema „Schimmelpilzschäden in Gebäuden" führen.

V-M-S-Prinzip®
Sicherheit im Umgang mit Schimmelpilzen

Abb. 7: Logo V-M-S-Prinzip

Quelle: Dr. Ernst J. Baumann, www.vms-prinzip.de

Das **V** steht dabei für die **V**ermeidung von Schimmelpilzschäden. Es gilt, durch die Unterstützung intensiver Informations- und Beratungsleistungen das Wissen um richtiges

Bauen, Lüften und Heizen zu mehren, um dadurch Probleme mit Schimmelpilzen erst gar nicht entstehen zu lassen. Die Immobiliennutzer sollen dazu bewegt werden, sich wieder intensiver mit dem jeweiligen Zustand der von ihnen genutzten Immobilie auseinanderzusetzen. Bei Leerstandsimmobilien sind regelmäßig Nachschauen zu tätigen. So können auftretende Probleme zeitnah entdeckt und behoben werden. Früh erkannt, fallen derartige Schäden dann in den Bereich der Klein- oder auch Bagatellschäden. Der erforderliche Behebungsaufwand kann dort i.d.R. durch den Betroffenen selbst ohne Einbindung von externen Fachbetrieben geleistet werden. Das Vermeiden von Schimmelpilzschäden in Form einer intensiv durchgeführten Prävention ist sowohl unter individuell gesundheitlichen als auch unter volkswirtschaftlichen Aspekten eine der größten Herausforderungen im Umgang mit Schimmelpilzen in Gebäuden. Zum Thema der Prävention bietet der Beitrag von *Kraus-Johnsen* in diesem Buch weiter gehende Ausführungen.

Das **M** steht für die **M**inimierung des Sanierungsaufwands. Im Schadenfall sollen durch richtiges und schnelles Reagieren unnötige Aufwendungen und Kosten verhindert werden. Neben einer eindeutigen Ursachenermittlung geht es auch um die richtige Erfassung des Schadenausmaßes. Die dann einzusetzenden bzw. anzuwendenden Verfahren müssen sowohl den Anforderungen des Arbeitsschutzes als auch wirtschaftlichen Betrachtungen gerecht werden. Die aktuellen Richtlinien geben den Beteiligten eine ausreichende Hilfestellung bei der Definition des Sanierungszieles und der Wahl der anzuwendenden Sanierungsmaßnahmen. Der Logik der Organisationslehre (Kontrolle ohne Planung ist unmöglich) folgend, kann eine durchgeführte Sanierung im Nachgang nur dann richtig bewertet werden, wenn vorher eindeutige Sanierungsziele definiert wurden.

Das **S** steht für die **S**icherstellung des Sanierungserfolges. Die Sicherstellung des Sanierungserfolges bedeutet neben der nachhaltigen Beseitigung der Schadenursache und des Schimmelbefalls auch die Vermeidung zukünftiger Probleme bei der Nutzung des Gebäudes. Im baulichen Bereich geht es um die Verwendung der richtigen Materialien und die fachgerechte Ausführung der Sanierungsarbeiten im Bereich der Wiederherstellung. Insbesondere wenn die Ursache des Schadens im Nutzungsverhalten liegt, wollen wir hier durch weitere Schulung und Unterweisung der betroffenen Gebäudenutzer den nachhaltigen Erfolg der oft aufwendigen Sanierungsleistungen nicht gefährdet sehen. Alle Bestrebungen zur Sicherstellung des Sanierungserfolges dienen auch dazu, eine unendliche Kette von „nach dem Schaden ist vor dem Schaden" nachhaltig zu durchbrechen. Hier schließt sich der Kreis durch die Hinweise zur Schadenprophylaxe wieder zur Schadenvermeidung. Das so betrachtete System kann nun effektiv bearbeitet und optimiert werden.

In diesem Dialogkonzept müssen viele komplexe Zusammenhänge allen verständlich zugänglich gemacht werden. Während der Ursachenbaum für Schimmelpilzbefall nach *Oswald*[4] für das Zusammenarbeiten mit Biologen, Sachverständigen und Sanierern gut anwendbar ist, bedarf es in der Diskussion mit Nutzern einer angepassten Kommunikation anhand einer einfacheren Darstellung.

---

4 Umweltbundesamt, UBA-Leitfaden zur Vorbeugung, Erfassung und Sanierung von Schimmelbefall in Gebäuden („Schimmelleitfaden"), 2017, ANLAGE 3 Übersicht über die Ermittlung der Schadensursachen bei Schimmelbelfall; siehe auch den Beitrag von *Zöller/Warscheid* in diesem Buch.

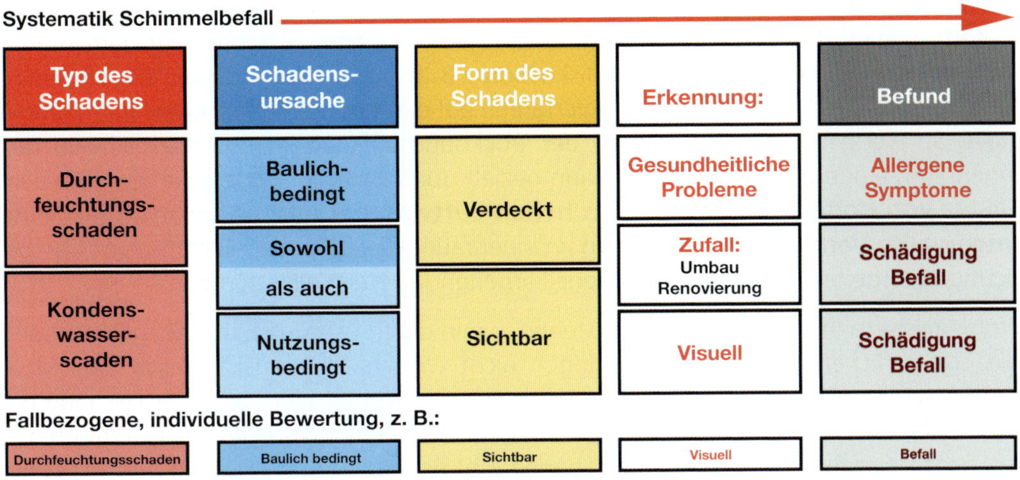

Die dargestellte fallbezogene individuelle Bewertung sagt, dass ein Durchfeuchtungsschaden, dessen Ursache baulich bedingt ist, als Schimmelpilz visuell erkannt wurde, der aber nicht zu einer erkennbaren gesundheitlichen Belastung geführt hat.

Abb. 8: Systematik Schimmelbefall

Quelle: Dr. Ernst J. Baumann

15.6 (Ab-)schließende Betrachtung

Die Zahl der Schäden durch ungewollt ausgetretenes oder eingedrungenes Wasser und zu hohe Feuchtigkeit in Gebäuden wird in den nächsten Jahren eher zunehmen als rückläufig sein. Diese Entwicklung wird meines Erachtens nicht nur auf eine zunehmende Überalterung der Gebäudesubstanz zurückzuführen sein. Durch die veränderten Bauweisen bei Neubau-, Sanierungs- und Instandsetzungsvorhaben werden auch verhältnismäßig junge Gebäude zu einem höheren Schadenaufkommen beitragen. Eine bei Weitem nicht immer DIN-konforme Ausführung der Bau-, Sanierungs- und Instandsetzungsarbeiten wird sich ebenso negativ auf die Schadenhäufigkeit und die erforderlichen Sanierungsarbeiten und -kosten auswirken wie die Verwendung von immer mehr Verbund- und/oder Systembaustoffen und Bauteilen. Für das versicherte Schadenereignis wäre das dann nichts anderes als die fortgesetzte Minimierung der Herstellungskosten bei steigenden Wiederherstellungskosten im Schadenfall zulasten der Solidargemeinschaft der Versicherten.

Im Schadenfall wird auch in Zukunft eine technische Trocknung schon aufgrund der physikalischen Gegebenheiten bei den betroffenen Bauteilen aus baulicher, kaufmännischer und – unter Bezugnahme auf die aktuelle Schimmelpilzdiskussion – zunehmend auch aus hygienischer Sicht erforderlich sein. Die Anwendung einzelner Trocknungsverfahren wird allerdings vor dem Hintergrund der aktuellen Schimmelpilzdiskussion fallbezogen sorgfältig zu prüfen sein. Hier haben Fachfirmen bereits – wie beispielhaft in Abb. 4 gezeigt –

beim Aufbau ihrer Schadenaufnahmen durch die Erfassung von vielen zusätzlichen Parametern reagiert. Die Fachfirmen der Branche haben bereits seit Jahren vor dem Hintergrund der zunehmenden Schadstoffdiskussion z.B. bei der Trocknung von Estrichdämmschichten von der Trocknung im Druckverfahren auf das Trocknen im Saugverfahren umgestellt. So werden durch den Betrieb der Trocknungsanlagen keine Schadstoffe in den Innenraum eingebracht. Die Abluft kann gezielt durch Filter ins Freie gelangen. Bei dem Einsatz **von Kodensationstrocknern helfen Luftwäscher und Abschottungen, eine ungewollte Verbreitung** von Sporen im Innenraum zu verhindern. Technisch ist also bei richtiger Vorgehensweise für professionell arbeitende Firmen alles im Griff.

Probleme werden allerdings dann entstehen, wenn durch Preisdruck und Vorgabenzwang die erforderlichen technischen Leistungen nicht wirtschaftlich auskömmlich darstellbar sind. Die Hauptprobleme liegen aber auch zukünftig weiter darin, dass der Umgang mit Schimmelpilzen in Gebäuden bis heute in der alltäglichen Praxis nicht eindeutig geregelt ist. Trotz vieler Richtlinien und Publikationen gibt es selbst unter Experten immer wieder gegensätzliche oder abweichende Sichtweisen. Die Höhe von Grenzwerten, die Nachweise von Wirkungszusammenhängen und „die richtige Vorgehensweise" sind immer noch Gegenstand alltäglicher Diskussionen. Und die im Schadenprozess involvierten Personen lassen aufgrund unterschiedlicher Zielsetzungen und Sichtweisen eine fast unbegrenzte Zahl von Handlungserwartungen entstehen, die für häufig in der vollen Haftung stehende beteiligte Sanierungsunternehmen eine fallbezogene, alle Beteiligten zufriedenstellende Sanierungsarbeit sehr erschweren. Die nachfolgende Grafik zeigt noch einmal die baulichen und nutzungsrelevanten Aspekte bei der erfolgreichen Schadenvermeidung.

Erfolgreiche Prophylaxe

zur Vermeidung von Problemen mit Schimmelpilzen in Gebäuden

(Nach Ausführungen des Institut für Bauforschung, IFB Hannover)

Gebäude bezogen:

Entsprechend der anerkannten Regeln der Technik

Fach- und sachgerechte Wärmedämmung

Wärmebrückenfreie Konstruktion

Verwendung anorganischer (mineralischer) Materialien mit alkalischem (hohen) pH-Wert

Diffusionsfähige Oberflächen / keine Behinderung von Warmluftströmungen

Möglichst optimales Lüftungs- und Heizungsverhalten

Wohnraumhygiene, Sauberkeit, Ordnung

„angepasste Nutzung"

„gebäudegerechte" Einrichtung bzw. Möblierung

Nutzerverhalten:

Abb. 9: Erfolgreiche Prophylaxe bei Schimmelpilzschäden nach Wasser- und Feuchteschäden

Quelle: Dr. Ernst J. Baumann (nach Ausführungen des Instituts für Bauforschung Hannover)

Unter gesellschaftspolitischen Gesichtspunkten bleibt – vor dem Hintergrund der eher uneinigen Grenzwert- und Belastungsdiskussion – abzuwarten, wie weit sich die von den Hardlinern geforderten umfassenden Sanierungsaufwendungen auch im nicht versicherten Bereich durchsetzen werden. Hier steht die Feuertaufe noch aus. Bis letztendlich die Ergebnisse der lebhaften und sehr emotional geführten Diskussionen in einheitlicher Form bei der Mehrheit der an der Schadenabwicklung beteiligten Akteure angekommen sind, gilt es für den einzelnen Betroffenen, noch viele große Klippen zu umfahren.

Dabei sollten die Beurteilung des Schadens und die Interpretation der vorliegenden Daten logisch nachvollziehbar sein. Es mag in der Beurteilung Schwankungen bei der Schadenhöhe geben, aber Fälle, in denen die Beurteilung eines Schadens aufwandsmäßig von 5.000,– € bis 23.000,– € reichten, sollten eindeutig der Vergangenheit angehören. Für die Durchführung einer erfolgreichen Trocknung müssen schon aus Gründen der Haftung und der Rechtssicherheit die erforderlichen Rahmenbedingungen genauso wiederholbar nachprüfbar sein wie die eigentliche Trocknung in ihrer umfassenden Dokumentation an sich.

16 Technik der Bautrocknung – „Nach der Trocknung ist vor der Trocknung"

Michael K. Resch

Inhalt

16.1 Es war einmal

Die technische Trocknung von durchfeuchteten Bauteilen, wie wir sie heute kennen, lässt sich bis in die 60er-Jahre zurückverfolgen. Wenn man allerdings das Aufstellen von Koksöfen in Neubauten hinzunimmt, gibt es die „künstliche Bautrocknung" schon seit den 1930er-Jahren. Bei dieser Methode verwendete man offene Körbe, in denen Koks zum Glühen gebracht wurde. Bei der Verbrennung entstand Kohlensäure, die das Abbinden und somit das Trocknen des Mörtels beschleunigte. Ganz ungefährlich war diese Methode nicht, da bei der Verbrennung auch Kohlenmonoxid entstand, ein giftiges Gas. Diesem waren die Arbeiter ausgesetzt, welche die Öfen beschicken mussten. Solchen Gefahren ist man bei der heutigen Bautrocknung nicht mehr ausgesetzt. Mit offener Flamme wird heutzutage keine technische Trocknung mehr durchgeführt. Mittlerweile stehen dem Anwender moderne Entfeuchtungsgeräte zur Verfügung. Beschränkte man sich in den 1930er-Jahren ausschließlich auf die künstliche Austrocknung von Neubauten, begann mit Aufkommen der Gebäudeversicherungen in Deutschland auch die Trocknung von Estrichdämmschichten. Kommt es infolge eines Rohrbruchs in der Fußbodenkonstruktion zu einem „bestimmungswidrigen Austritt von Leitungswasser" – wie es so schön im Versicherungsdeutsch heißt –, muss entweder der komplette Bodenaufbau entfernt oder eine Estrichdämmschicht-Trocknung installiert werden. Die letztere Methode ist die günstigere – was wiederum den Auftraggeber bzw. Geschädigten freut.

16.2 Gerätetechnik

In der technischen Trocknung werden unterschiedliche Geräte eingesetzt, die nachfolgend kurz vorgestellt werden sollen. Diese können einzeln oder auch in Kombination zum Einsatz kommen. Ausschlaggebend ist die Schadensituation und Herangehensweise an die Sanierung.

16.2.1 Kondenstrockner

Kondenstrockner entziehen der Umgebungsluft Feuchtigkeit. Sie arbeiten nach dem Kälteprinzip ähnlich wie ein Kühlschrank. Die Hauptbestandteile sind der Kompressor, das Wärmeteil, das Kälteteil und ein Ventilator. Im Kompressor wird das darin befindliche Kältemittel verdichtet. Über ein Leitungssystem gelangt das warme Kühlmittel in das Wärmeteil, wo die Wärme „gespeichert" wird. Danach wird das Kühlmittel über ein Expansionsventil in das Kälteteil gespritzt. Durch die schlagartige Volumenvergrößerung geht die gesamte Wärme verloren und es entsteht Kälte. Anschließend fließt das Kühlmittel wieder zum Kompressor und der Prozess beginnt von Neuem. Feuchte Luft, die über das Kälteteil angesaugt wird, kondensiert an den Kühlrippen. Das anfallende Kondensat wird entweder in internen Auffangbehältern aufgesammelt oder über einen Schlauch extern abgeführt.

Die entfeuchtete, abgekühlte Luft erwärmt sich beim Durchströmen des Wärmeteils und gelangt mit Hilfe des Ventilators wieder in den Raum.

Damit das Kälteteil nicht einfriert, beginnt in regelmäßigen Abständen ein Abtauprozess. Dieser kann zeitgesteuert oder über verbaute Sensoren am Kälteteil erfolgen. Moderne Kondenstrockner erzeugen eine relative Luftfeuchtigkeit von 30-40 %. Die optimalen Einsatztemperaturen liegen zwischen 10 und 25 °C; darunter und darüber arbeiten Kondenstrockner zwar auch noch, aber nicht mehr effizient.

Abb. 1: Kondenstrockner

Quelle: Dantherm Group, Oststraße 148, 22844 Norderstedt

16.2.2 Adsorptionstrockner

Adsorptionstrockner entziehen der Umgebungsluft Feuchtigkeit dadurch, dass diese in einem hygroskopischen Material gespeichert wird. Die Hauptkomponenten eines Adsorptionstrockners sind das Sorptionsrad, ein Heizelement und ein Ventilator. Im Gegensatz zum Kondenstrockner gibt es beim Adsorptionstrockner zwei Arbeitskreisläufe. Der sog. Prozesskreislauf entfeuchtet die angesaugte Umgebungsluft, indem sie durch das im Gehäuse verbaute Sorptionsrad geleitet wird. Das Rad besteht aus vielen einzelnen Waben, welche auf der Oberfläche mit Silikagel beschichtet sind. Dieses hygroskopische (wasserbindende) Salz bindet die Feuchtigkeit aus der Raumluft. Um eine gleichmäßige Ausnutzung der Wabenoberfläche zu gewährleisten, dreht sich das Sorptionsrad langsam. Irgendwann ist das Silikagel gesättigt und kann keine Feuchtigkeit mehr aufnehmen. Jetzt kommt es zum Regenerationsprozess. An einer Stelle im Gerät wird abgezweigte Umgebungsluft über ein Heizelement geleitet und auf 60 bis 80 °C erhitzt und durch das Sorptionsrad geführt. Die Wärme entzieht dem Salz die Feuchtigkeit und muss über einen angeschlossenen Regenerationsschlauch nach außen abgeleitet werden. Dieser Schlauch darf aber nicht zu lang sein, da sonst die Gefahr besteht, dass sich durch das Abkühlen der heißen Luft im Schlauch Kondensat bildet.

Der erzeugte Trockenheitsgrad der abgegebenen Luft liegt bei einem Neugerät zwischen 5 und 15 % relative Luftfeuchtigkeit. Nach ein paar Jahren Einsatz auf Baustellen steigt diese auf 15 bis 30 % relative Luftfeuchtigkeit.

Abb. 2: Adsorptionstrockner

Quelle: Dantherm GmbH, Oststraße 148, 22844 Norderstedt

16.2.3 Ventilatoren

Ventilatoren dienen dazu, die Luftzirkulation im Raum oder an einer Bauteiloberfläche zu erhöhen. Hersteller bieten hier zwei unterschiedliche Bauarten an: Axial- und Radialventilatoren.

Axialventilatoren sind die gebräuchlichste Bauform. Die Drehachse des Axiallaufrads verläuft parallel bzw. axial zum Luftstrom. Die Luft wird durch das Axiallaufrad ähnlich wie bei einem Flugzeug- oder Schiffspropeller bewegt. Die Vorteile von Axialventilatoren sind die im Verhältnis zum hohen geförderten Luftdurchsatz geringen Abmessungen. Der Nachteil ist die geringere Druckerhöhung im Verhältnis zum Radialventilator. Axialventilatoren sind bauartbedingt größer als Radialventilatoren, dafür aber robuster und eignen sich auch für den Einsatz auf staubigen Baustellen.

Radialventilatoren werden überall dort verwendet, wo es im Vergleich zu Axialventilatoren auf größere Druckerhöhung bei gleicher Luftmenge ankommt. Die Luft wird parallel bzw. axial zur Antriebsachse des Radialventilators angesaugt und durch die Rotation des Radiallaufrads um 90° umgelenkt und radial ausgeblasen. Die von den Herstellern für die technische Trocknung angebotenen Radialventilatoren sind besonders an ihrer Aufhängung anfällig gegen Staub und daher für den Baustellenbetrieb weniger geeignet. Durch ihre kompakte Bauweise werden sie gerne in bewohnten Räumen eingesetzt.

Abb. 3: Axialventilator

Quelle: Dantherm Group, Oststraße 148, 22844 Norderstedt

Abb. 4: Radialventilator

Quelle: Dantherm Group, Oststraße 148, 22844 Norderstedt

16.2.4 Seitenkanalverdichter

Seitenkanalverdichter werden u.a. zur Trocknung von Fußbodenkonstruktionen, Hohlräumen und Flachdächern benötigt. Mit ihnen kann sowohl Luft eingeblasen als auch abgesaugt werden. Der klassische Seitenkanalverdichter besteht aus einem Gussgehäuse, in dem sich ein Schaufelrad dreht. Das Gehäuse hat zwei parallel verlaufende Kanäle, über die entweder Luft angesaugt oder ausgeblasen wird. Der moderne Seitenkanalverdichter ist eher eine Turbine, wie sie z.B. in Staubsaugern zum Einsatz kommt. Sie sind wesentlich kompakter und leichter, erbringen aber die gleiche Leistung wie ihr größerer Bruder. Ihre Technik ist aber anfälliger gegen Schmutz und Wasser. Grundsätzlich wird empfohlen, vor der Ansaugseite der Seitenkanalverdichter immer einen Grobfilter zu installieren. Dieser hat die Aufgabe, Schmutz und Gegenstände von den schnell drehenden Rädern fernzuhalten. Gelangen diese in das Innere, werden sie zu Geschossen und zerstören den Verdichter.

Abb. 5a: Seitenkanalverdichter ohne Gehäuse.

Quelle: Michael Resch

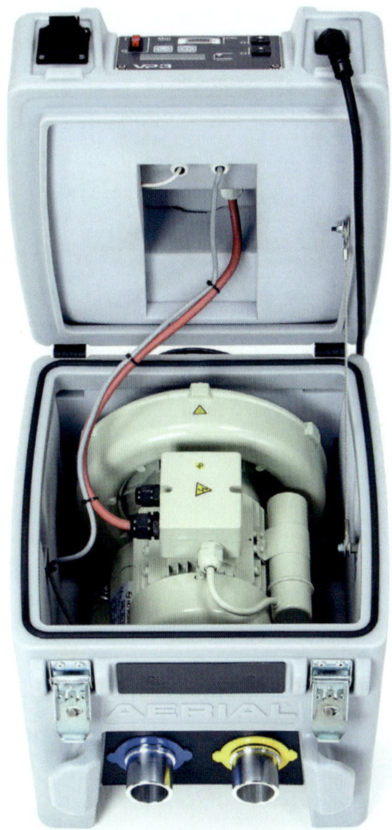

Abb. 5b: Seitenkanalverdichter mit Gehäuse.

Quelle: Dantherm GmbH, Oststr. 148, 22844 Norderstedt

Abb. 6a: Turbine mit Gehäuse.

Quelle: Dantherm GmbH, Oststr. 148, 22844 Norderstedt

Abb. 6b: Turbine ohne Gehäuse.

Quelle: Michael Resch

16.2.5 Wasservorabscheider

Wasservorabscheider dienen dazu, Wasser und Schmutz zu sammeln, wenn im Unterdruckverfahren getrocknet wird. Sie bestehen i.d.R. aus einem Behältnis, einer Tauchpumpe und ein wenig Elektronik zur Steuerung der einzelnen Bauelemente. Das Behältnis kann aus Metall, Kunststoff oder einem Verbundstoff bestehen. Einige Hersteller bieten zusätzlich festverbaute Filter der Klassen G und F an. Es ist empfehlenswert, bei Trocknungen im Unterdruckverfahren immer einen Wasservorabscheider vor dem Seitenkanalverdichter zu installieren. Auch wenn kein Wasser in der zu trocknenden Konstruktion vorhanden ist, schützt er den Verdichter vor Schmutz.

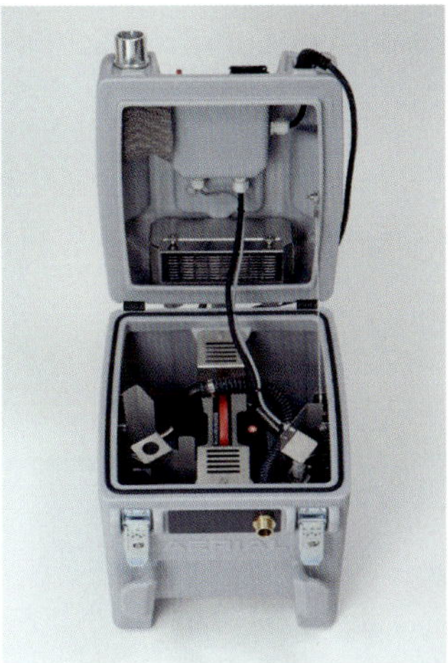

Abb. 7: Wasservorabscheider

Quelle: Dantherm GmbH, Oststr. 148, 22844 Norderstedt

16.2.6 Schallschutz

Der Schallschutz hat die Aufgabe, die Geräusche, welche durch die ausströmende Luft des Seitenkanalverdichters am Schlauchende entstehen, zu reduzieren. Ihre kompakte Bauweise besteht aus einem Gehäuse und Dämmmaterial. Mittlerweile gibt es auch Anbieter, welche als Zubehör einen Aktivkohlefilter anbieten. Damit können unangenehme Gerüche gefiltert werden, die aus den feuchten Konstruktionen angesaugt werden.

Abb. 8: Schallschutz mit Aktivkohle-Filter.

Quelle: Allegra, Berlin

16.2.7 Filter/Filtergehäuse

Bei der Sanierung von Schimmelschäden ist es unerlässlich, mit Filtern zu arbeiten. Auch im Rahmen einer technischen Trocknung sind sie erforderlich. Sie dienen dazu, gefährliche Stoffe von Personen, Tieren und der Umwelt fernzuhalten. In der Beseitigung von Schimmelpilzschäden und der technischen Trocknung verwendet man Grob-, Fein- und Hepafilter. Hierbei gilt es zu beachten, dass immer diese Reihenfolge einzuhalten ist. Vor einem Feinfilter ist immer ein Grobfilter und vor dem Hepafilter immer ein Fein- und Grobfilter einzusetzen. Es ist ratsam, ein sog. Filterbuch zu führen. In ihm wird festgehalten, wann an welchem Gerät welcher Filter getauscht bzw. erneuert wurde. Nach einer Schimmelpilzbeseitigung sind grundsätzlich alle Filter zu erneuern, um eine Verschleppung von Schimmelsporen zu verhindern.

Abb. 9: Filtergehäuse mit Hepa-Filter

Quelle: Dantherm GmbH, Oststr. 148, 22844 Norderstedt

Einteilung der Filterklassen im Auszug:

Filter	Klassen	Partikelgröße
Grobfilter	G3/G4	> 10 µm
Feinfilter	F7/F8	0,3–10 µm
Hepafilter	H13/H14	< 0,3 µm

16.2.8 Luftreiniger

Luftreiniger sind eigenständige Geräte, welche die Umgebungsluft von Staub, Partikeln und Gerüchen reinigen können. Sie werden unterschieden in Luftreiniger für den Baustellenbetrieb und den bewohnten Bereich. Der Unterschied liegt im Wesentlichen in der Bauform und im Luftdurchsatz. Alle Luftreiniger lassen sich mit den Filterklassen G, F und H bestücken; diejenigen für den bewohnten Bereich zusätzlich mit Aktivkohlefiltern.

Der Einsatzbereich richtet sich nach den verwendeten Filtern. Je höher die Filterklasse, desto geringer das Luftvolumen, welches gefiltert wird, bzw. das Raumvolumen, in dem er eingesetzt werden kann. Die nachfolgende Tabelle soll dies nochmals verdeutlichen.

Filterkombinationen und resultierende Raumgrößeneignung* der TAC-Luftreiniger

Empfehlung für einsatzspezifische Filterkombinationen und entsprechende Raumgrößeneignung für TAC-Luftreiniger von Trotec:

TAC-Luftreiniger		TAC 750 E		TAC 1500 S		TAC 1500		TAC 3000		TAC 5000		TAC 6500	
Einsatzgebiet	Filterkombination	geeignet für Räume bis[1]											
		m³	m²	m³	m²	m³	m²	m³	m²	m³	m²	m³	m²
Grobstaub [2] (≤ 3 LW/h [6])	G4	250	100	220	88	220	88	500	200	1200	480	1400	560
Feinstaub [3] (≤ 3 LW/h [6])	G4 + F7 bis F9	–	–	110	44	110	44	270	108	600	240	750	300
Schwebstoffe [4] (≥ 10 LW/h [6])	G4 + H13/ H14	25	10	50	20	50	20	100	40	150	60	200	80
Hygienebereiche [5] (≥ 15 LW/h [6])	G4 + H13/ H14	12,5	5	35	14	35	14	70	28	110	44	135	54

[1] Bei einer angenommenen Raumhöhe von 2,5 m. [2] Typische Grobstaubanwendungen: Sägen, Feilen. [3] Typische Feinstaubanwendungen: Sanierungsarbeiten mit mineral- oder glaswollhaltigen Materialien. [4] Typische Schwebstoffanwendungen: Schleifen, Asbest- bzw. Schimmelpilzsanierung, Mineralstäube etc. [5] H13/H14 nachgeschaltet. [6] Luftwechsel pro Stunde.

* *Die Flächenangaben in Quadratmeter basieren auf einer angenommenen Raumhöhe von 2,50 m*

** *Auf Basis einer Luftwechselrate von 3*

*** *Die notwendigen Luftwechselraten sind abhängig von der vorherrschenden Raumbelastung, Wertangaben im Beispiel auf Basis einer Luftwechselrate von 8*

Quelle: Trotec GmbH & Co. KG, Heinsberg

Abb. 10: TAC

Quelle: TROTEC GmbH & Co. KG, Grebbener Str. 7, 52525 Heinsberg

Abb. 11: IQAir

Quelle: TROTEC GmbH & Co. KG, Grebbener Str. 7, 52525 Heinsberg

16.3 Grundlagen der technischen Trocknung

Die technische Trocknung wird in zwei Bereiche unterteilt:

- die Trocknung durchfeuchteter Bauteile ohne Hohlräume und/oder Dämmschichten,
- die Trocknung durchfeuchteter Bauteile mit Hohlräumen und/oder Dämmschichten, die sich wiederum in drei Verfahrenstechniken unterteilen lassen: das Überdruck-, das Unterdruck- sowie das Hohlraumtrocknungsverfahren.

  Die Mikrowellentrocknung lässt sich nicht als eigenständiges Verfahren einordnen, da diese Technik in der Wasserschadensanierung nur in Verbindung mit einem der beiden vorgenannten Verfahren eingesetzt werden kann.

Die Trocknung durchfeuchteter Bauteile ohne Hohlräume und/oder Dämmschichten wird auch als Raum- und/oder Oberflächentrocknung bezeichnet. Hierbei wird das Verfahren der indirekten Bauteiltrocknung angewandt, welches auf dem physikalischen Prinzip basiert, dass der Wasserdampfpartialdruck ein Ausgleichsbestreben hat. Durch das Aufstellen von Entfeuchtern in einem Raum wird die relative Luftfeuchte herabgesetzt, im Raum ist der Wasserdampfpartialdruck niedriger als in den Kapillaren des nassen Baustoffs. Es kommt zu einer Wasserdampfwanderung aus dem Baustoff Richtung Raum. Das Bauteil trocknet aus. Zur Optimierung der Austrocknung sollte immer ein Ventilator zusätzlich zu den Entfeuchtern zum Einsatz kommen. An der Bauteiloberfläche bildet sich ein Luftpolster aus, welches eine relative Luftfeuchtigkeit von 80 bis 90 % hat. Die Aufnahmefähigkeit geht gegen null. Durch die Luftbewegung, die der Ventilator erzeugt, wird die „gesättigte" Luftschicht durch eine „trockene" Luftschicht ausgetauscht und das Bauteil kann mehr Feuchtigkeit abgeben. Hierbei ist es vollkommen ausreichend, wenn der Ventilator auf kleinster Stufe läuft.

Bei der Trocknung durchfeuchteter Bauteile mit Hohlräumen und/oder Dämmschichten kommen drei unterschiedliche Verfahrenstechniken zur Anwendung: das Überdruck-, das Unterdruck- sowie das Hohlraumtrocknungsverfahren.

Beim **Überdruckverfahren** wird über Bohrlöcher, die i.d.R. einen Durchmesser von 50 mm haben, trockene erwärmte Luft in die Fußbodenkonstruktion eingeblasen. Beim Durchströmen reichert sich die trockene Luft mit der vorhandenen Feuchtigkeit an und entweicht wieder über Entlastungsöffnungen. Da beim Durchströmen der Fußbodenkonstruktionen nicht nur Feuchtigkeit, sondern auch Schadstoffe und Dreck mit aufgenommen und transportiert werden, hat man seit 2005 vom Überdruckverfahren Abstand genommen. Auch deshalb, weil Feuchtigkeit zusätzlich in angrenzende aufgehende Wände und in Bereiche, die vorher ausgleichsfeucht waren, verfrachtet wurde. Die angrenzenden Wandbereiche wurden dadurch nur erschwert bzw. gar nicht mit getrocknet. Dieses Verfahren entspricht nicht mehr dem Stand der Technik und darf bei Gefahr gesundheitlicher Beeinträchtigungen durch Mikroorganismen und in öffentlichen Einrichtungen nicht mehr eingesetzt werden. So wird es auch in allen gültigen Richtlinien und Merkblättern, die sich mit dem Thema Trocknung bei Schimmelbefall befassen, kommuniziert.

Beim **Unterdruckverfahren** (Stand der Technik seit 2005) wird über Bohrlöcher die feuchte Luft aus der Fußbodenkonstruktion abgesaugt. Über Entlastungsöffnungen kann trockene erwärmte Luft nachströmen. Die angesaugte Luft wird, bevor sie zurück in den Raum gelangt, über unterschiedliche Filter geführt und gereinigt. Stehendes Wasser in der Konstruktion separiert ein vorgeschalteter Wasservorabscheider und pumpt es in einen Ablauf.

Beachtet werden muss, dass beim Einsatz von Wasservorabscheidern und Filtern die Leistung der Turbinen gemindert wird. Das betrifft auch die Verlegung der Ansaugschläuche. Diese sind optimal zu verlegen. Schleifen und lange Wege sind grundsätzlich zu vermeiden.

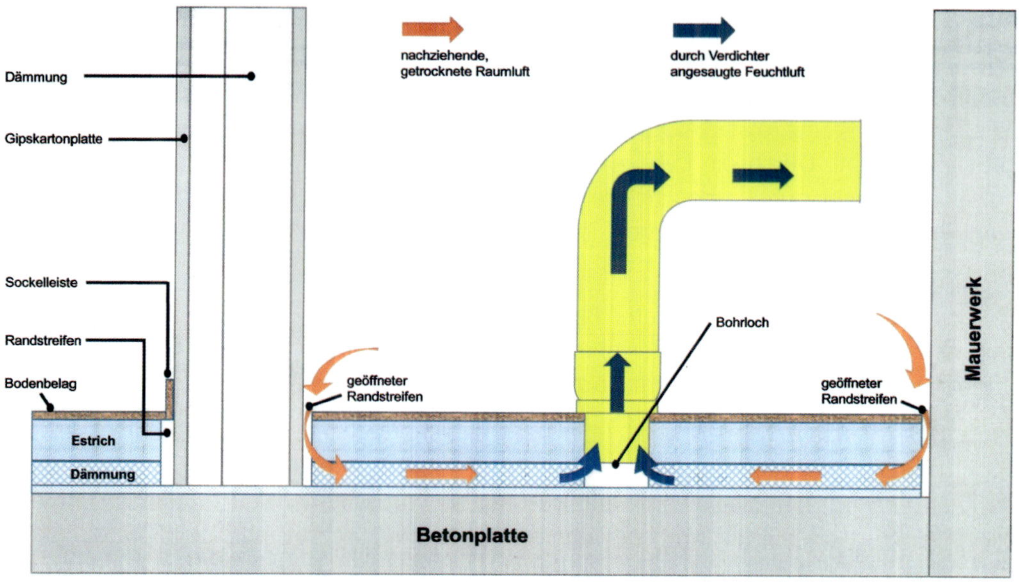

Abb. 12: Grafik Unterdruckverfahren

Quelle: Strobl Schadenmanagement GmbH, Holzkirchen

Bei der technischen Trocknung von durchfeuchteten Fußbodenkonstruktionen mit Dämmung spricht man auch von einer Estrichdämmschicht-Trocknung. Die beiden o.g. Verfahren können auch zur Trocknung durchfeuchteter Dämmschichtpakete auf Flachdächern zum Einsatz kommen. Beide Verfahren unterscheiden sich im Grunde nur in den Laufzeiten der Geräte. Bei einer Estrichdämmschicht-Trocknung stehen die Anlagen bis zur Erreichung der Ausgleichsfeuchte zwischen zehn und 14 Tagen – abhängig vom Dämmmaterial und Durchfeuchtungsgrad. Bei der Trocknung von durchfeuchteten Flachdachkonstruktionen kann das Erreichen des Trockenzustandes bis zu 120 Tage dauern.

Zu den bereits beschriebenen Verfahren der technischen Trocknung von Fußbodenkonstruktionen gehören noch die unterschiedlichen Einflut- bzw. Absaugtechniken. Je nach Objekt und örtlichen Gegebenheiten wird eines der nachfolgenden Verfahren einzeln oder in Kombination angewendet. Diese sind:

- Eckschiebe-/Eckzugverfahren
  Beim Eckschiebe- bzw. Eckzugverfahren werden mindestens in zwei Ecken eines Raumes je eine Bohrung gesetzt und die Luft so durch die Fußbodenkonstruktion „gezwungen".
- Unterflurverfahren
  Beim Unterflurverfahren wird von dem darunterliegenden Raum aus gebohrt und getrocknet.

- Diagonalverfahren
  Beim Diagonalverfahren wird vom angrenzenden Raum aus diagonal durch die Wand in die Fußbodenkonstruktion gebohrt und getrocknet.
- Fugendüsen-/Randfugenverfahren
  Beim Fugendüsen-/Randfugenverfahren nutzt man den Randstreifen zwischen Estrich und Wand aus, um mit speziellen Fugendüsen die Feuchtigkeit aus der Fußbodenkonstruktion zu ziehen.
- Fugenkreuzverfahren
  In das Fugenkreuz von Fliesen werden 3- bis 5-mm-Bohrungen gesetzt, über die die Feuchtigkeit aus der Konstruktion gesaugt wird.
- Schiebe-Zug-Verfahren
  Beim Schiebe-Zug-Verfahren wird auf der einen Seite trockene, erwärmte Luft über Bohrungen in die Konstruktion eingeblasen und auf der gegenüberliegenden Seite die feuchte Luft wieder abgesaugt.

Alle genannten Verfahren sollen hier nicht weiter vertieft werden, da sie im WTA-Merkblatt 6-15 „Technische Trocknung durchfeuchteter Bauteile Teil 1: Grundlagen"[1] ausführlich mit Vor- und Nachteilen beschrieben sind.

Bei der **Hohlraumtrocknung** als direkter Bauteiltrocknung wird die mit Feuchtigkeit angereicherte Luft aus einem Hohlraum abgesaugt und durch technisch getrocknete Prozessluft ersetzt. Hohlräume findet man überwiegend in Trockenbauwänden, Installationskanälen, abgehängten Decken und Holzbalkendecken. Hier wird empfohlen, das Schiebe-Zug-Verfahren einzusetzen, um eine kontinuierliche Luftbewegung zu erhalten. Das Unterdruckverfahren allein schafft eine Luftumwälzung über den gesamten Hohlraum nicht.

Die **Mikrowellentrocknung** ist ein Sonderverfahren und hatte ihren Höhepunkt in den Jahren 1999 bis 2004. Es sollte eine Revolution auf dem Trocknungsmarkt werden. Allerdings unterschätzte man das Risiko für Mensch und Tier, welches von der Mikrowellenstrahlung ausgeht. In einem offenen System werden Mikrowellen mit Hilfe eines Magnetrons erzeugt und über eine Antenne in die Wand oder in den Boden geleitet. Aufgrund ihres Dipolcharakters reagieren die Wassermoleküle auf das elektromagnetische Feld und es entsteht Wärme. Der partielle Dampfdruck erhöht sich und die Wasserdampfdiffusion wird verstärkt. Je mehr Wasser bzw. Feuchtigkeit in einem Bauteil/Baustoff enthalten ist und je länger die Mikrowellenstrahlung eindringen kann, desto wärmer (heißer) wird es im Inneren des Bauteils. Es gehört sehr viel Erfahrung dazu, die Mikrowellentechnik zur Trocknung von durchfeuchteten Bauteilen einzusetzen, ohne diese zu zerstören. Zu beachten ist bei der Mikrowellenstrahlung, dass sie zwar von nassen Baustoffen reflektiert wird, aber wenn der Baustoff austrocknet, die Mikrowellenstrahlung ungehindert durch ihn hindurchgeht. Aus diesem Grund gibt es Sicherheitsvorschriften, die beim Einsatz von Mikrowellentrocknern unbedingt einzuhalten sind.

Hierzu gehören:

1 WTA-Merkblatt 6-15 „Technische Trocknung durchfeuchteter Bauteile Teil 1: Grundlagen" Ausgabe 08.2013/D.

- Anwendung nur durch geschultes Personal,
- Sicherung der rückwärtigen Bereiche gegen unkontrollierte Strahlung,
- Messung der Strahlung in angrenzenden Bereichen,
- Aufenthalt von Personen mit Herzschrittmachern und künstlichen Gelenken untersagt.

Es gilt immer: Sollten gesetzliche Bestimmungen zum Gesundheits- und Arbeitsschutz nicht einhaltbar sein, ist vom Einsatz dieses Verfahrens abzusehen.

Abb. 13: Mikrowellenverfahren

Quelle: Michael Resch

Die **Trocknung mit Infrarotplatten** ist ebenfalls ein Sonderverfahren, welches aber nicht als Ersatz für Kondens- und/oder Adsorptionstrockner zur Erreichung der Ausgleichsfeuchte im Baustoff geeignet ist. Sie können in der ersten Phase des Austrocknungsprozesses unterstützend mit einem Entfeuchter und Ventilator eingesetzt werden.

Auf dem Markt gibt es zwei unterschiedliche Modelle, die älteren Platten lassen sich nur ein- und ausschalten, die Neueren und Innovativeren sind temperaturgesteuert und passen sich in ihrer Leistung an das zu trocknende Material an. Dadurch ist eine Überhitzung des Baustoffes ausgeschlossen, was im Einzelfall zur dessen Zerstörung führen kann. Zudem lassen sich die neueren Heizplatten über ein Portal aus der Ferne überwachen und steuern.

Abb. 14: Infrarotplatten

Quelle: IRES Infrarot Energiesysteme GmbH, Haid-und-Neu-Str. 7, 76131 Karlsruhe

Neben den bereits beschriebenen Standartverfahren gibt es Sonderverfahren in der technischen Trocknung. Hierzu zählen die thermisch-konvektive Trocknung, IR-Platten und -Strahler sowie die Trocknung mittels Heizstäben und/oder -matten. Ihnen soll aufgrund der Anwendung nur in Sonderfällen hier keine weitere Bedeutung geschenkt werden. Die Verfahren lassen sich im WTA-Merkblatt 6-15 „Technische Trocknung durchfeuchteter Bauteile Teil 1: Grundlagen" (Ausgabe 08.2013/D) nachlesen.

Auf ein Verfahren soll noch explizit hingewiesen werden, da es besonders bei der technischen Trocknung in der Schimmelpilzsanierung sehr häufig zum Einsatz kommt.

Das **Folienzelt- bzw. Luftkissenverfahren** wird angewendet, wenn kleinere durchfeuchtete von größeren trockenen Bereichen abgegrenzt werden sollen. Dazu wird der Teilbereich mit Folien abgeklebt oder mit vorgefertigten Ständern ein Folienzelt erstellt und abgeschottet. Zur Trocknung kann dann ein kleinerer Kondenstrockner gewählt werden, da nur noch ein reduziertes Volumen vorhanden ist. Wird von außen trockene Luft eingeblasen, z.B. über einen Adsorptionstrockner, so müssen an geeigneter Stelle Öffnungen in dem Folienzelt geschaffen werden, damit die feuchte Luft wieder entweichen kann.

Abb. 15: Folienzeltverfahren

Quelle: Michael Resch

16.4 Dimensionierung der Trocknungsgeräte

Der Aufbau der Geräte ist so zu dimensionieren, dass er im Verhältnis zur zu trocknenden Fläche/Volumen steht. Zu trocknende Wandbauteile sollten durch Folienzelte gegen den übrigen Bereich abgeschottet werden, da hierdurch das Volumen, in dem trockene Luft erzeugt werden muss, verkleinert wird. Das spart nicht nur Trocknungsgeräte, sondern auch Strom.

Die Anzahl der Trocknungsgeräte und deren Dimensionierung richten sich nach dem Raumvolumen bzw. nach der zu trocknenden Fläche. Dabei ist von unterschiedlichen Ausgangsparametern (Umgebungstemperatur, Luftfeuchtigkeit, Luftdurchsatz) bei der Ermittlung der Entfeuchtungsleistung auszugehen.

Bei einer Überdimensionierung von Entfeuchter- und Ventilatorleistungen oder bei falscher Auswahl von Trocknungsgeräten kann der Austrocknungsprozess unterbrochen bzw. verlängert werden. Reduziert man in dem zu trocknenden Raum/Objekt die Luftfeuchtigkeit zu schnell, reißt der kapillare Feuchtigkeitstransport im Baustoff ab und es wird kein Wasser mehr vom Bauteilinneren an die Oberfläche transportiert – die Austrocknung stoppt.

Optimal verläuft ein Austrocknungsprozess, wenn die eingesetzten Entfeuchter und Ventilatoren an das zu trocknende Raumvolumen angepasst werden.

Auch hier der Verweis auf das WTA-Merkblatt 6-16[2] „Technische Trocknung durchfeuchteter Bauteile Teil 2: Planung, Ausführung und Kontrolle", in dem ausführliche Tabellen zur Dimensionierung von Geräten enthalten sind.

16.5 Trocknungszeiten

In der technischen Trocknung beziehen sich Angaben zu Austrocknungszeiten auf praktische Erfahrungswerte und können deshalb nur als grobe Eckwerte gesehen werden. Auch im Merkblatt VdS 3151 „Richtlinien zur Schimmelpilzsanierung nach Leitungswasserschäden" ist unter „A7 Regeltrocknungszeiten" eine Tabelle abgedruckt, die für ein paar ausgesuchte Baustoffe und Dämmmaterialien grobe Eckwerte für Trocknungszeiten angibt. Diese Tabelle bzw. Werte sind mittlerweile fast 30 Jahre alt!

Bei allen Verfahren ist die Trocknungszeit abhängig von Luftfeuchtigkeit, Raumtemperatur, Bauteiltemperatur, konstruktiven Gegebenheiten wie z.B. Art und Dicke der Bauteile/ Baustoffe und dem Durchfeuchtungsgrad.

Viel wichtiger ist jedoch, welche Materialien und Baustoffe sich unbedenklich trocknen lassen. Im WTA-Merkblatt 6-16 „Technische Trocknung durchfeuchteter Bauteile Teil 2: Planung, Ausführung und Kontrolle" ist in Anhang A „Eignung der Trocknungsverfahren und Hinweise auf Schadstoffrisiken" eine Übersicht der gängigsten Dämmmaterialien und Baustoffe dargestellt. Aus ihr ist erkennbar, mit welchem Verfahren sie sich trocknen lassen und was dabei zu beachten ist. Auch in den VdS-Richtlinien 3150 „Richtlinien zur Leitungswasserschaden-Sanierung"[3] und 3151 „Richtlinien zur Schimmelpilzsanierung nach Leitungswasserschäden"[4] sind Tabellen zur Materialtrocknung abgedruckt.

16.6 Erfolgskontrolle

Ob ein Baustoff/Baumaterial trocken ist, lässt sich mit den gängigen elektronischen Messgeräten am besten durch Vergleichsmessungen bestimmen. Dabei wird beim Aufbau der technischen Trocknung begonnen, ein Messprotokoll zu führen. In dieses werden die gemessenen Werte beim Aufbau, den Zwischenmessungen und beim Abbau eingetragen. Nur durch die chronologische Fortführung des Protokolls kann ein Nachweis erbracht werden, ob eine technische Trocknung erfolgreich verlaufen ist. Vorlagen für Messprotokolle findet man in den nachfolgend aufgeführten Merkblättern. In der Praxis hat sich die hygrometrische Messung als erfolgreiches Messverfahren etabliert. Diese wird auch in den WTA-Merkblättern 4-12 „Ziele und Kontrolle von Schimmelpilzschadensanierungen in Innenräumen"[5], 6-16 „Technische Trocknung durchfeuchteter Bauteile Teil 2: Planung, Ausfüh-

2 WTA-Merkblatt 6-16 „Technische Trocknung durchfeuchteter Bauteile: Planung, Ausführung und Kontrolle" (Ausgabe 01.2019/D).

3 VdS 3150 „Richtlinien zur Leitungswasserschaden-Sanierung" 01-2018, Gesamtverband der Deutschen Versicherungswirtschaft e.V. (GDV).

4 VdS 3151 „Richtlinien zur Schimmelpilzsanierung nach Leitungswasserschäden" 03-2020 (02), Gesamtverband der Deutschen Versicherungswirtschaft e.V. (GDV).

5 WTA-Merkblatt 4-12 „Ziele und Kontrolle von Schimmelpilzschadensanierungen in Innenräumen" (Ausgabe 05.2021/D).

rung und Kontrolle", VdS 3151 „Richtlinien zur Schimmelpilzsanierung nach Leitungswasserschäden" und VdS 3150 „Richtlinien zur Leitungswasserschaden-Sanierung" sowie im WTA-Merkblatt 4-11 „Messung des Wassergehalts bzw. der Feuchte von mineralischen Baustoffen"[6] ausführlich beschrieben. Ergänzend sollte beim Abbau der Trocknungsgeräte die Widerstands- oder Leitfähigkeitsmessung durchgeführt werden. Sie gibt dem Sanierungsunternehmen zusätzliche Sicherheit. Es empfiehlt sich, die gleichen Messpunkte zu verwenden, die bei der Schadenaufnahme bzw. beim Aufbau genutzt wurden. Entlastungsöffnungen, die für eine bessere Zirkulation unter dem Estrich gebohrt wurden, können als zusätzliche Messpunkte genutzt werden und vervollständigen das Messprotokoll.

16.7 Besonderheiten bei der technischen Trocknung bei Schimmelpilzbefall

Im Rahmen der Schimmelpilzbeseitigung kann es unter bestimmten Voraussetzungen vorkommen, dass eine technische Trocknung durchgeführt werden muss. Handelt es sich dabei um einen Schaden in einer Fußbodenkonstruktion, darf die Estrichdämmschicht-Trocknung nur im Unterdruckverfahren unter Verwendung der kompletten Filterstufen – Grob-, Fein- und Hepafilter – durchgeführt werden. Dabei dient die technische Trocknung als Sofortmaßnahme im Sinne des neuen UBA-Leitfadens und der neuen DGUV-Information 201-028[7]. Mit der Reduzierung der Feuchtigkeit in der Fußbodenkonstruktion soll verhindert werden, dass sich der mikrobielle Befall vergrößert. Es ist jedoch keine Maßnahme zur Sanierung oder Beseitigung des Schimmels. Die technische Trocknung ist lediglich eine Sofortmaßnahme, bis der erstellte Schimmelpilzsanierungsplan in die Tat umgesetzt wird.

Handelt es sich um einen sichtbaren oberflächlichen Schimmelpilzbefall auf Bauteilen, sollte nach Abwischen/Absaugen und ggf. Versiegelung der bewachsenen Flächen eine Oberflächen-/Raumtrocknung installiert werden, um die Luftfeuchtigkeit zu senken. Dabei ist zu beachten, dass keine Ventilatoren zum Einsatz kommen und die Luftbewegung in dem kontaminierten Raum auf ein Minimum reduziert wird, um eine Ausbreitung und Verteilung der Sporen zu vermeiden.

In beiden Fällen ist es sinnvoll, professionelle Luftreiniger mit Hepafiltern in den befallenen Räumen als zusätzliche Sofortmaßnahme aufzustellen.

Hinweis

Eine technische Trocknung in kontaminierten Räumen bzw. bei Verdacht auf einen Befall mit Schimmelpilzen ist so aufzubauen, dass es zu keiner Verbreitung der Sporen kommen kann. Bei der Hohlraum- bzw. Estrichdämmschicht-Trocknung ist ausschließlich das Unterdruckverfahren einzusetzen. Die angesaugte Luft aus der Fußboden- und/oder Hohlraumkonstruktion ist über ein geeignetes Filtersystem zu leiten, bevor sie der Raumluft bzw. Umgebungsluft wieder zugeführt wird. Die Filterkette ist so wählen, dass am Ende die Schimmelpilzsporen von den Filtern zurückgehalten werden.

6 WTA Merkblatt 4-11 „Messung des Wassergehalts bzw. der Feuchte von mineralischen Baustoffen", Ausgabe 03.2016/D.
7 DGUV-Information 201-028 „Gesundheitsgefährdung durch Biostoffe bei der Schimmelpilzsanierung".

Die Filterkette besteht aus:

Grobfilter – G3

Feinfilter – F7/F8

Hepafilter – H13/H14

Beim Einsatz von Entfeuchtern zur Raum- bzw. Oberflächentrocknung ist ggf. ein Folienzelt oder eine komplette Einhausung der betroffenen Räume vorzunehmen. Dies verhindert das Ausbreiten der Sporen.

Befallene Oberflächen – sichtbarer Befall – dürfen aus dem gleichen Grund nicht direkt mit einem Ventilator angeblasen werden.

Ziel der technischen Trocknung muss es sein, den kritischen a_W-Wert schnellstmöglich zu durchlaufen bzw. zu verlassen. Dabei sollte beachtet werden, dass der Zustand des Kapillartransportes so lange wie möglich aufrechterhalten wird.

16.8 Gerätereinigung

Geräte und Werkzeuge, die während einer Schimmelpilzbeseitigung zum Einsatz kommen, sind vor dem Abtransport von der Baustelle zu reinigen. Ungereinigte Geräte, Werkzeuge und Zubehör (z.B. Schläuche, Stutzen, Verbindungsstücke) müssen staubdicht verpackt werden, damit es zu keiner Verschleppung von Stäuben und Schimmelpilzen kommt. Es empfiehlt sich, die Verpackungen zu kennzeichnen, um darauf hinzuweisen, dass es sich um einen mikrobiell belasteten Inhalt handelt. Grundsätzlich betrifft das alle Werkzeuge, Geräte und deren Zubehör, welche auf einer kontaminierten Baustelle im Einsatz waren.

Bei der technischen Trocknung von Hohlräumen mit und ohne Dämmschichten kann man sich als Eselsbrücke merken, immer vom Bohrloch rückwärts zum Verdichter zu gehen; alles, was bis einschließlich des Hepafilters von der mikrobiell belasteten Luft durchströmt wurde, ist als kontaminiert anzusehen.

Die Geräte und das Zubehör dürfen auf keinen Fall zu den nicht kontaminierten Materialien und/oder Geräten im Transportfahrzeug gestellt werden und ungereinigt auf einer Folgebaustelle zum Einsatz kommen. Im Betrieb werden die kontaminierten Geräte inkl. Zubehör in das Sperrlager gestellt, welches deutlich mit einem Schild und ggf. Markierungen auf dem Boden gekennzeichnet ist.

Die kontaminierten Werkzeuge, Geräte und das Zubehör sind mit einem tensidhaltigen Industriereiniger zu reinigen. Eine Desinfektion ist nicht nötig. Die gereinigten Geräte und das Zubehör sollten anschließend in einem Trocknungsraum getrocknet werden.

Die verbauten kontaminierten Filter – Grobfilter, Feinfilter, Hepafilter – sind unter Verwendung der entsprechenden PSA (persönliche Schutzausrüstung) auszutauschen und fachgerecht zu entsorgen. Eine Wiederverwendung der belasteten Filter ist nicht zulässig.

Im Anschluss erfolgt die Prüfung der elektrischen Geräte nach DGUV[8] V3 (ehemals BGV A3) sowie eine Funktionsprüfung. In der DGUV V3 heißt es: *„Nach der Unfallverhütungsvorschrift ‚Elektrische Anlagen und Betriebsmittel' ist der Unternehmer (Betreiber) verpflichtet, für regelmäßige Wiederholungsprüfungen zu sorgen. Gegenstand der Prüfung im Sinne der Unfallverhütungsvorschrift sind:*

- *ortsfeste elektrische Betriebsmittel*
- *ortsveränderliche elektrische Betriebsmittel*
- *stationäre Anlagen*
- *nicht stationäre Anlagen*

In den Durchführungsanweisungen zu § 5 Abs. 1 Nr. 2 der Unfallverhütungsvorschrift sind beispielhaft Richtwerte für Prüffristen genannt, die bei normalen Betriebs- und Umgebungsbedingungen gelten. Weitere Hinweise zu Prüffristen sind in der Technischen Regel für Betriebssicherheit ‚Prüfungen von Arbeitsmitteln und überwachungsbedürftigen Anlagen' – TRBS 1201 aufgeführt.

Davon abweichend kann der Unternehmer in eigener Verantwortung unter Berücksichtigung der betrieblichen Gegebenheiten und Erfahrungen eigene Prüffristen festlegen, wenn damit die gleiche Sicherheit erreicht werden kann."[9]

Die geprüften und gereinigten Werkzeuge und Geräte können jetzt wieder ins Lager geräumt werden und sind einsatzbereit für den nächsten Schaden.

16.9 Arbeitsschutz vor Aufnahme der Tätigkeiten/Arbeiten

Eine Sichtkontrolle der elektrischen Betriebsmittel, z.B. Trockner, vor dem Einschalten auf Beschädigungen und Verunreinigungen ist erforderlich. Elektrische Betriebsmittel müssen einen gültigen Aufkleber, der die Überprüfung der Geräte nach UVV[10] anzeigt, besitzen. Bei allen elektrischen Geräten ist vor Inbetriebnahme eine Sichtkontrolle durchzuführen um zu überprüfen, ob Leitungen und/oder Gehäuse unbeschädigt sind.

Leistungsverlust durch Leitung berücksichtigen. Die angelegte Spannung verteilt sich auf die Hinleitung, den Verbraucher und die Rückleitung. Dieser sog. Spannungsabfall in der Leitung geht dem Verbraucher verloren und verursacht so den sog. Leistungsverlust.

Gültige Vorsorgeuntersuchung der Mitarbeiter nach den Grundsätzen der arbeitsmedizinischen Vorsorge nach ArbMedVV[11]. Bei Arbeiten mit größerer Staubentwicklung ist Atemschutz (Filter P3) über Mehrwegmasken oder besser über Vollsichtmasken mit Gebläseunterstützung zu organisieren. Die Mitarbeiter müssen über eine gültige Atemschutzunterweisung (jährlich) verfügen. Unterweisung der Mitarbeiter anhand der entsprechenden Betriebsanweisungen.

---

8 DGUV = Deutsche Gesetzliche Unfallversicherung.

9 DGUV V3 „Prüfung ortsveränderlicher elektrischer Betriebsmittel", BGI/GUV-I 8524, Mai 2007, aktualisierte Fassung September 2009.

10 UVV = Unfallverhütungsvorschriften.

11 ArbMedVV = Verordnung zur arbeitsmedizinischen Vorsorge.

In der aktuellen Version der Biostoffverordnung sind Schimmelpilzsanierungen „nicht gezielte Tätigkeiten", bei denen Arbeitnehmer meist Mikroorganismen der niedrigsten Risikogruppe ausgesetzt sind. Dann ist von Schutzstufe 1 (von 4) nach Biostoffverordnung (BioStoffV[12]) auszugehen. Bei bestimmten Schimmelpilzen trifft Stufe 2 (laut Einteilung in TRBA 460[13]) zu. Die erforderlichen Maßnahmen sind mit einem Sachverständigen abzuklären.

Schimmelpilzhaltige Stäube sind nach TRGS 907[14] allergen. Deshalb müssen TRBA/TRGS 406[15] und TRGS 524[16] beachtet werden, da die Gefahr von Allergien oder toxischen Wirkungen besteht.

Arbeitsschutzmaßnahmen nach TRBA 500[17] und TRBA/TRGS 406 allgemein:

Technische Maßnahmen sind Staubabsaugung bei erhöhter Staubentwicklung, Staubminimierung durch Bindemittel oder Befeuchten (nur kurzzeitig, bei Langzeitbefeuchtung droht Schimmelpilzvermehrung), Abdecken (Abkleben schimmelpilzbefallener Materialien) sowie staubarme Arbeitstechniken.

Organisatorische Maßnahmen sind Verpflichtung zum Händewaschen vor Pausen und nach Beendigung der Arbeiten, Lagerung der Lebensmittel und Getränke außerhalb des kontaminierten Bereiches. Essen und Trinken sollte in einem gesonderten Raum und in sauberer Kleidung stattfinden. Schutzkleidung mit persönlicher Schutzausrüstung muss durch den Arbeitgeber regelmäßig gereinigt bzw. erneuert und von Straßenkleidung getrennt aufbewahrt werden.

Schimmelpilzbefallene Materialien müssen in luft- und staubdicht verschließbaren Behältern gesammelt und entsorgt werden. Hierzu müssen die Mitarbeiter unterwiesen und eine Betriebsanweisung ausgehängt werden.

---

12 Verordnung über Sicherheit und Gesundheitsschutz bei Tätigkeiten mit Biologischen Arbeitsstoffen (Biostoffverordnung - BioStoffV), 15. Juli 2013 (BGBl. I S. 2514), zuletzt geändert durch Artikel 1 der Verordnung vom 21. Juli 2021 (BGBl. I S. 3115).

13 TRBA 460, Einstufung von Pilzen in Risikogruppen, Technische Regel für Biologische Arbeitsstoffe, Ausgabe: Juli 2016, GMBl. 2016, Nr. 29/30 vom 22.07.2016, S. 562, 1. Änderung: GMBl. Nr. 42 vom 17.10.2016, S. 839.

14 TRGS 907, Verzeichnis sensibilisierender Stoffe und von Tätigkeiten mit sensibilisierenden Stoffen GMBl S. 1019 [Nr. 49-51] (November 2011).

15 TRBA/TRGS 406, Sensibilisierende Stoffe für die Atemwege, Technische Regeln für biologische Arbeitsstoffe und Gefahrstoffe, 24. Juni 2008, GMBl. S. 845, ber. 16. Februar 2009, GMBl. S. 236.

16 TRGS 524, Schutzmaßnahmen bei Tätigkeiten in kontaminierten Bereichen, GMBl 2010 S. 419-450 [Nr. 21] (vom Februar 2010), zuletzt geändert und ergänzt: GMBl S. 1018 [Nr. 49-51] (vom 19.12.2011).

17 TRBA 500, Grundlegende Maßnahmen bei Tätigkeiten mit biologischen Arbeitsstoffen, Technische Regel für Biologische Arbeitsstoffe, Ausgabe: April 2012 GMBl. Nr. 15-20 vom 25. April 2012, S. 373-379.

Persönliche Schutzmaßnahmen sind abhängig vom Risiko anzuwenden. In Anlehnung an die DGUV-Information 201-028 dient zur Orientierung die nachfolgende Einteilung:

Kleines Risiko:	Staubfreies Entfernen kleiner Flächen mit Schimmelpilz befallenen Material, z.B. Silikonfuge. Empfohlene Schutzmaßnahmen: keine besonderen
Mittleres Risiko:	Kurzzeitige Arbeiten oder bei Grobstaubentwicklung. Empfohlene Schutzmaßnahmen: Atemschutz mit P3-Filter, Einwegschutzanzug mit Kapuze Kategorie III, Typ 5/6, Schutzbrille, Handschuhe
Großes Risiko:	Arbeiten, die länger als zwei Stunden dauern oder über Kopf verrichtet werden oder bei starker Feinstaubentwicklung. Empfohlene Schutzmaßnahmen: Atemschutz mit P3-Filter, Einwegschutzanzug mit Kapuze Kategorie III, Typ 5/6, Schutzbrille, Handschuhe, abwaschbare Sicherheitsschuhe, möglichst technische Luftabsaugung

Grundsätzlich: Nur Schutzhandschuhe verwenden, die nebenstehendes Schutzsymbol aufweisen.

Mustergefährdungsbeurteilung

Gefährdungsbeurteilung Trocknung und Schimmelpilzbeseitigung

Objekt: ______________________________

Beurteilung durchgeführt von: ______________ *Datum:* ______________

Beurteilung übergeben an: ______________ *Unterschrift:* ______________

1 Beschreibung der Tätigkeit/Arbeiten:

Aufstellung von Trocknungsgeräten nach Wasserschäden aller Art. Anbohren von Boden- oder Wandflächen für die technische Trocknung.

2 Bakterienbelastung durch Abwasser oder Fäkalien:

Wenn Keller oder Wohnungen nach einem Wasserschaden voll Wasser stehen, befinden sich Keime im Anmarsch. Schimmelpilze und Bakterien sind schnell präsent. Auch der Eintrag von coliformen Keimen ist nicht auszuschließen. Fäkalien können sich in den Räumen und in der Dämmung der Gebäude ablagern. Gesundheitsbelastende Keime befinden sich auf Wänden und Böden, in der Raumluft und natürlich auch in der Dämmschicht unterhalb des Estrichs. Nach dem Leerpumpen und Trocknen der Gebäude ist die Gefahr keinesfalls gebannt. Durch die Baustoffe (Nährboden) und die noch vorhandene Feuchte hat sich ein optimales Klima zur Entwicklung von Schimmelpilzen und Bakterien gebildet. Davon können wesentliche Gefahren für die Gesundheit ausgehen.

Sporen von Schimmelpilzen und Bakterien sind letztendlich Partikel – also Feststoffe. Daher gilt bei Schadenbesichtigung und Maßnahmen zur Sanierung die Empfehlung, PSA zu tragen. PSA bedeutet im vorliegenden Fall die Verwendung einer FFP3-Maske, eines partikeldichten Einwegschutzanzugs Kategorie III, Typ 5/6, weiß und Handschuhe. Dabei beachten, dass nach dem Verlassen der kontaminierten Bereiche zuerst der Anzug ausgezogen wird und danach die Atemschutzmaske. Ein sehr wirksamer Schutz vor Infektionen mit Bakterien ist das regelmäßige und gründliche Händewaschen mit Seife. Für Arbeitskleidung bzw. Kleidung, die in den kontaminierten Bereichen getragen wurde, gilt: Waschen laut Angabe des Herstellers.

Für die Sanierung von Fäkalschäden gilt das neue Merkblatt VdS 3154 „Merkblatt Fäkalwasserschäden (Schwarzwasserschäden), Ergänzung zu den Richtlinie VdS 3150 und 3151 des GDV e.V.[18]

18 VdS 3154 „Merkblatt Fäkalwasserschäden (Schwarzwasserschäden)" 02-2023 (1), Gesamtverband der Deutschen Versicherungswirtschaft e.V. (GDV).

3 Voraussetzung vor Aufnahme der Tätigkeit/Arbeiten:

Sichtkontrolle der elektrischen Betriebsmittel, z.B. Trockner, vor dem Einschalten auf Beschädigungen und Verunreinigungen. Elektrische Betriebsmittel müssen einen gültigen Aufkleber, der die Überprüfung der Geräte nach UVV anzeigt, besitzen. Bei allen elektrischen Geräten ist vor Inbetriebnahme eine Sichtkontrolle durchzuführen, ob Leitungen und/oder Gehäuse unbeschädigt sind.

Leistungsverlust durch Leitung berücksichtigen. Die angelegte Spannung verteilt sich auf die Hinleitung, den Verbraucher und die Rückleitung. Dieser sog. Spannungsabfall in der Leitung geht dem Verbraucher verloren und verursacht so den sog. Leistungsverlust.

4 Mögliche Gefährdungen und Schutzmaßnahmen:

Gefährdung durch	***Technische Maßnahme***	***Organisatorische Maßnahme***	***Personenbezogene Maßnahme***
Freigesetzte Stäube können zu Augenreizungen und/oder Beeinträchtigung der Atmungsorgane führen.	*Staubarme Arbeitsverfahren auswählen.*	*Arbeitsbereiche regelmäßig säubern. Stäube saugen, nicht kehren.*	*Bei Staubbildung – auch beim Saugen – Verwendung von Atemschutz-Filter FFP3.*
Maßnahme durchgeführt/kontrolliert:		*Bemerkung/Datum:*	
Bohren von Trocknungslöchern	*Verwendung geeigneter Schlagbohrmaschinen und Zubehör.*	*Bestimmung von Wasserleitungen, Stromleitungen und Leitungen für die Fußbodenheizung vor dem Bohren.*	---
Maßnahme durchgeführt/kontrolliert:		*Bemerkung/Datum:*	
Nicht abgesicherte Speisepunkte	*Verwendung eines Baustromverteilers mit FI-Schalter, Auslösestrom <30 mA*	*Unterweisung der Mitarbeiter nach Betriebsanweisung „Elektrische Betriebsmittel auf Baustellen“.*	---
Maßnahme durchgeführt/kontrolliert:		*Bemerkung/Datum:*	

Gefährdung durch	**Technische Maßnahme**	**Organisatorische Maßnahme**	**Personenbezogene Maßnahme**
Beschädigte Trockner (elektrische Geräte allgemein) oder beschädigte elektrische Leitungen	*Regelmäßige UVV-Überprüfung der Trockner bzw. der verwendeten Geräte allgemein. Sichtkontrolle vor Beginn der Arbeiten.*	*Unterweisung der Mitarbeiter nach Betriebsanweisung „Elektrische Betriebsmittel auf Baustellen".*	---
Maßnahme durchgeführt/kontrolliert:		*Bemerkung/Datum:*	
Restfeuchtigkeit, z.B. Pfützen am Boden	*Entfernen der Restfeuchtigkeit am Boden.*	*Elektrische Leitungen höher legen und befestigen.*	---
Maßnahme durchgeführt/kontrolliert:		*Bemerkung/Datum:*	
Stolperstellen durch verlegte elektrische Leitungen oder Trocknungsschläuche	---	*Leitungen bzw. Schläuche so weit als möglich an den Wänden entlang legen. Leitungen in Schleifen verlegen.*	---
Maßnahme durchgeführt/kontrolliert:		*Bemerkung/Datum:*	
Überhitzung der Kabel/Schmorbrand bei nicht vollständig abgerollten Kabeltrommeln	*Kabeltrommel vollständig abrollen.*	---	---
Maßnahme durchgeführt/kontrolliert:		*Bemerkung/Datum:*	
Unzureichende Beleuchtung	*Räume ausreichend ausleuchten, in engen Räumen sind Kaltlichtstrahler zu verwenden.*	---	---
Maßnahme durchgeführt/kontrolliert:		*Bemerkung/Datum:*	

Gefährdung durch	**Technische Maßnahme**	**Organisatorische Maßnahme**	**Personenbezogene Maßnahme**
Verwendung eines Heißluftföhns (z.B. Verbrennungen)	*Nur UVV-überprüfte Geräte verwenden.*	*Gerät nicht in feuchtem Zustand oder in feuchter Umgebung benutzen. Nicht dauerhaft auf einen Punkt fixieren. Nicht auf Menschen oder andere Lebewesen richten. Düse nicht zu nah an die zu erhitzende Fläche halten.*	*Dicht schließende Schutzbrille bei den Arbeiten tragen.*
Maßnahme durchgeführt/kontrolliert:		*Bemerkung/Datum:*	
Bakterien, Viren oder Schimmel bei Wasserschäden	*Staubabsaugung mit einem HEPA-Filter. Staubentwicklung vermeiden.*	*Unterweisung der Mitarbeiter nach Betriebsanweisung „Umgang mit biologischen Stoffen Gruppe 2" und/oder „Schimmelpilzsanierung in Innenräumen".*	*Generell: Schutzhandschuhe gelb, Schutzbrille, Einwegschutzanzug Kategorie III, Typ 5/6. Atemschutz-Filter P3. Bei starkem Schimmelbefall Mehrwegmaske mit P3-Filter.*
Maßnahme durchgeführt/kontrolliert:		*Bemerkung/Datum:*	
Nicht ausreichend abgesicherte Leitung	---	*Leistungsaufnahme der Geräte berücksichtigen (siehe auch Punkt 4).*	---
Maßnahme durchgeführt/kontrolliert:		*Bemerkung/Datum:*	

Gefährdung durch	**Technische Maßnahme**	**Organisatorische Maßnahme**	**Personenbezogene Maßnahme**
Arbeiten auf Gerüsten (Rollgerüsten)	*Aufbau und Änderungen nur durch Fachkundigen, Gerüste mit dreiteiligem Seitenschutz.*	*Nutzung der Gerüste nur nach Freigabe durch Fachkundigen.*	---
Maßnahme durchgeführt/kontrolliert:		*Bemerkung/Datum:*	
Arbeiten auf Leitern	*Alternativ Rollgerüste verwenden.*	*Arbeiten auf Leitern nur zeitlich begrenzt (zwei Stunden) und ohne schwere Arbeitsmittel.*	---
Maßnahme durchgeführt/kontrolliert:		*Bemerkung/Datum:*	
Arbeiten auf Leitern, z.B. durch Kippen und Rutschen der Leiter	*Leiter mit ausreichender Länge verwenden. Bei Stehleiter Spreizsicherung benutzen.*	*Standsicherheit gewährleisten. Richtiger Aufstellwinkel für Anlegeleitern (ca. 70°) beachten. Körperschwerpunkt nicht nach außen verlagern, d.h., nicht die komplette Armlänge als Aktionsradius verwenden. Körperschwerpunkt muss innerhalb der Leiterholme liegen. Bei Standleiter nicht auf oberster Sprosse stehen.*	---
Maßnahme durchgeführt/kontrolliert:		*Bemerkung/Datum:*	

5 Leistungsaufnahme elektrischer Geräte:

Die elektrische Leistung P in Watt ist definiert als:

P = U x I (Spannung in Volt mal Stromstärke in Ampere)

Die Summe der Gesamtleistung der einzelnen Geräte addiert sich nach:

P (Gesamt) = P (1) + P (2) + …

Beispiel: Zwei Geräte mit einer Leistungsaufnahme von 1.600 Watt und 2.000 Watt ergeben eine Gesamtleistung von 3.600 Watt.

Dies bedeutet, an einem 230-Volt-Netz und unter der Voraussetzung, dass der einspeisende Stromkreis mit 16 Ampere abgesichert ist, liegt die maximal mögliche Leistungsaufnahme bei 3.680 Watt.

Ergänzende Beurteilung für den Umgang mit künstlichen Mineralfasern (KMF)

6 Beschreibung der Tätigkeit/Arbeiten:

Umgang mit künstlichen Mineralfasern (KMF), z.B. Mineralwolle-Dämmstoffen, Glaswolle, Steinwolle.

7 Voraussetzung vor Aufnahme der Tätigkeit/Arbeiten:

Gültige Vorsorgeuntersuchung der Mitarbeiter nach den Grundsätzen der ArbMedVV. Bei Arbeiten mit größerer Staubentwicklung ist Atemschutz (Filter P3) über Mehrwegmasken oder besser über Vollsichtmasken mit Gebläseunterstützung zu organisieren. Die Mitarbeiter müssen über eine gültige Atemschutzunterweisung (jährlich) verfügen.

Liegen keine Informationen über die Beurteilung der Fasern vor, ist bei der Beurteilung zunächst von „älteren" Mineralwolle-Dämmstoffen, d.h. von einer Krebsgefahr auszugehen. Dies bedeutet aber nicht, dass eingebaute Produkte entfernt werden müssen. Bei Entfernen von Mineralwolle-Dämmstoffen ist grundsätzlich von „alten" Produkten auszugehen.

Unter „alten" Produkten versteht man Mineralwolle-Dämmstoffe mit Herstellungsdatum vor 1.6.2000. Unter „neuen" Produkten versteht man Mineralwolle-Dämmstoffe mit Herstellungsdatum nach 1.6.2000, diese sind mit dem RAL-Gütezeichen gekennzeichnet.

Beim Umgang mit Mineralwolle-Dämmstoffen ist grundsätzlich die TRGS 521 anzuwenden. Für alle in Punkt 4 aufgeführten Arbeiten sind die Schutzmaßnahmen nach Expositionskategorie 2 anzuwenden. Für alle anderen Arbeiten mit KMF sind die Schutzmaßnahmen nach Expositionskategorie 3 anzuwenden. Die Schutzstufen sind in den jeweiligen Punkten beschrieben.

8 Mögliche Gefährdungen und Schutzmaßnahmen:

<table>
<tr><th>Gefährdung durch</th><th>Technische Maßnahme</th><th>Organisatorische Maßnahme</th><th>Personenbezogene Maßnahme</th></tr>
<tr><td>Einatmen von KMF-Fasern Kritische Fasern sind mit bloßem Auge nicht sichtbar!</td><td>Siehe Punkt 4 bzw. Punkt 5. Industriesauger der Staubklasse H verwenden.</td><td rowspan="2">Unterweisung der Mitarbeiter nach Betriebsanweisung „Demontage und Montage von Mineralwolle-Dämmstoffen (Faserstäube krebserzeugend)" bzw. „Demontage und Montage von Mineralwolle-Dämmstoffen (Faserstäube frei von Krebsverdacht)".</td><td>Siehe Punkt 4 bzw. Punkt 5.</td></tr>
<tr><td>Mechanische Hautreizungen und Augenreizungen durch freigesetzte Fasern</td><td>Für gute Durchlüftung sorgen, Staubaufwirbeln vermeiden. Industriesauger der Staubklasse H verwenden.</td><td>Geschlossene Arbeitskleidung, dicht schließende Schutzbrille, Sicherheitsschuhe S3, Schutzhandschuhe.</td></tr>
<tr><td colspan="2">Maßnahme durchgeführt/kontrolliert:</td><td colspan="2">Bemerkung/Datum:</td></tr>
<tr><td>Schnittverletzungen</td><td>Geeignetes Werkzeug auswählen.</td><td>---</td><td>Schutzhandschuhe aus Leder.</td></tr>
<tr><td colspan="2">Maßnahme durchgeführt/kontrolliert:</td><td colspan="2">Bemerkung/Datum:</td></tr>
</table>

9 Arbeiten und Schutzmaßnahmen nach Expositionskategorie 2:

- *Arbeiten an Wärmedämmverbundsystemen oder vergleichbaren Systemen mit Freilegen des Dämmstoffes mit Demontage/Remontage des Dämmstoffes.*
- *Arbeiten an Innenwänden (Trennwänden, Vorsatzschalen) mit Demontage/Remontage des Dämmstoffes.*
- *Arbeiten an Deckenbekleidungen und Unterdecken mit Demontage/Remontage des Dämmstoffes.*
- *Arbeiten an schwimmend verlegten Estrichen mit Demontage/Remontage des Dämmstoffes.*

Maßnahmenkatalog bei Expositionskategorie 2:

Technische Maßnahmen zur Faserstaubminimierung. Verpackte Dämmstoffe erst am Arbeitsplatz auspacken. Material nicht werfen. Keine schnell laufenden, motorgetriebenen Sägen ohne Absaugung verwenden. Auf fester Unterlage mit Messer oder Schere schneiden, nicht reißen. Für gute

Durchlüftung am Arbeitsplatz sorgen. Das Aufwirbeln von Staub vermeiden. Nicht mit Druckluft abblasen. Staubsaugen statt kehren. Arbeitsplatz sauber halten und regelmäßig reinigen. Verschnitte und Abfälle sofort in Plastiksäcken oder Spannringdeckelfässern sammeln. Nach Beendigung der Arbeiten Staub mit Wasser abspülen. Auswahl geeigneter Arbeitsverfahren. Schutzhandschuhe aus Leder oder Kunststoff verwenden. Einwegschutzanzug Kategorie III, Typ 5/6 verwenden. Dicht schließende Schutzbrille tragen. Arbeitsbereiche abgrenzen und kennzeichnen. Waschmöglichkeit vorsehen.

10 Arbeiten und Schutzmaßnahmen nach Expositionskategorie 3:

Alle nicht in Punkt 4 aufgeführten Arbeiten mit großer Faserfreisetzung.

Maßnahmenkatalog bei Expositionskategorie 3:

Alle in Punkt 4 aufgeführten Maßnahmen bei Expositionskategorie S2 und zusätzlich Schleusenbau, getrennte Umkleideräume für Straßen- und Arbeitskleidung, Waschraum mit Duschen, Vollsichtmasken mit Gebläseunterstützung (Filter P3).

11 Ergänzende Punkte (gilt für die gesamte Beurteilung):

Gefährdung durch	***Technische Maßnahme***	***Organisatorische Maßnahme***	***Personenbezogene Maßnahme***

Die o.g. Gefährdungsbeurteilung ist den Mitarbeitern auszuhändigen, gemeinsam zu besprechen und deren Erhalt sowie dass sie den Inhalt verstanden haben und sich danach richten werden, schriftlich zu dokumentieren. Eine jährliche Wiederholungsunterweisung ist erforderlich.

Quelle: Michael Resch, eigene Darstellung nach DGUV 201-028

17 Schimmelpilzprävention vor, während und nach der Bauphase

Dipl.-Ing. (FH) Architektin Irina Kraus-Johnsen

Inhalt

17.1 Einführung

In den letzten 120 Jahren haben sich die Anforderungen an die Nutzung von Gebäuden eklatant verändert. Früher hatten viele Gebäude eine Einzelraumheizung. Im Winter bollerte der Ofen, an den Fenstern blühten Eisblumen. Die Küche wurde durch den Herd erwärmt. Einmal in der Woche war Wasch- und Badetag.

Durch die nicht luftdichte Bauweise und die Kondensatorwirkung der Fensterverglasung herrschte im Winter eine niedrige relative Raumluftfeuchte, sodass die Wohnungen häufig ohne Schimmelpilzbefall funktionierten. Mit den Jahren wurden die Öfen durch Zentralheizungen ersetzt. Die Warmwasserbereitung erfolgte erst durch strombetriebene Boiler, dann durch Erwärmung über die Heizungsanlage. Somit stand Warmwasser immer schnell zur Verfügung. Mit dem Einzug von Wasch- und Geschirrspülmaschine wurde die Hausarbeit leichter.

Durch diese Errungenschaften veränderte sich das Wohnverhalten der Menschen. Warmes Wasser war immer verfügbar und wurde ausgiebig für die Körper- und Wäschepflege genutzt. Baden und Duschen sowie Wäschewaschen sind heute für die meisten selbstverständliches Tagesgeschäft.

Parallel zu dieser Entwicklung wurden die Gebäude immer luftdichter, zuerst durch den Einbau neuer Fenster, dann durch neue Baukonstruktionen. Moderne Gebäude sind aus Energiespargründen sehr luftdicht und sehr gut gedämmt. Hinzu kommt, dass die Bauzeiten immer kürzer werden. Bei in Massivbauweise errichteten Gebäuden ist eine relevante Austrocknung der Bauteile aufgrund der komprimierten Bauzeiten bis zum Nutzungsbeginn fast nicht möglich.

Durch das in den Baumaterialien enthaltene Wasser sowie die nutzerbedingte Feuchtigkeit im Gebäude auf der einen Seite und den verringerten Luftwechsel innerhalb der Gebäudehülle auf der anderen Seite ergibt sich häufig das Problem, dass es in Häusern zu Schimmelpilzbildung kommt.

Manche Altbauten sind jahr(zehnt)elang frei von Schimmelpilzbewuchs, bis dieser plötzlich auftritt. Bei Neubauten und Sanierungsmaßnahmen kommt es z.T. aber auch schon während der Bauphase zu mikrobiellem Bewuchs.

In beiden Fällen sind die Ursachen für die Schimmelpilzbildung mannigfaltig (siehe dazu auch den Beitrag von *Zöller/Warscheid* in diesem Buch).

Schimmelpilzwachstum in Gebäuden ist daher in den letzten zwei Jahrzehnten vermehrt in den Blick der Öffentlichkeit gerückt. Heute zählen Schimmelpilze in der Wohnung für große Teile der Bevölkerung zu den wichtigsten Innenraumschadstoffen.

Schimmelpilzwachstum ist immer ein Indikator für zu viel Feuchtigkeit. Schimmelpilze können unterschiedliche gesundheitliche Wirkungen bei Menschen auslösen. Aber nicht bei jeder Person, die dem Einfluss von Schimmelpilzen ausgesetzt ist, treten diese Wirkungen zwangsläufig auf. Ob jemand auf Schimmelpilze in seiner Umgebung reagiert, hängt maßgeblich von dessen gesundheitlicher Disposition ab (siehe dazu auch den Beitrag von *Fenner* in diesem Buch).

Neben Schimmelpilzen können auch andere Mikroorganismen wie Bakterien und Milben beteiligt sein. Auch von diesen können gesundheitliche Risiken für die Gebäudenutzer ausgehen.

Im Folgenden wird von Schimmelpilzen gesprochen, denn bei einer fachgerechten Schimmelpilzbeseitigung werden auch Bakterien und Milben entfernt.

Schimmelpilzprävention bedeutet, im Sinne der gesundheitlichen Vorsorge zu verhindern, dass sich Schimmelpilze (und andere Mikroorganismen) in genutzten Gebäuden über das natürliche Maß hinaus vermehren. Ziel ist, dass weder die Nutzer von Gebäuden noch Baustoffe durch Schimmelpilze und andere Mikroorganismen geschädigt werden.

Dieser Beitrag befasst sich mit den Möglichkeiten zur Verhinderung von Schimmelpilzwachstum in Gebäuden vor Baubeginn, während der Bauzeit und in der Nutzungsphase.

17.2 Schimmelpilzprävention

17.2.1 Schimmelpilzprävention vor Baubeginn

Bei der Vorbereitung einer Baumaßnahme sind neben den Wünschen und Vorstellungen der Bauherrschaft und der Prüfung der Realisierungsfähigkeit zusätzlich diverse Rechtsvorschriften und Normen zu beachten.

Im Rahmen eines Bau- oder Umbauprojekts sind auch Maßnahmen zur Schimmelpilzprävention zu ergreifen, um die Wachstumsvoraussetzungen wie Feuchtigkeit, Temperatur und Nährboden zu verringern. Dies ergibt sich so auch aus den folgenden Rechtsvorschriften und Normen.

In § 13 der **Musterbauordnung (MBO)**[1] sind Vorgaben zum Schutz von Gebäuden gegen schädliche Einflüsse aufgeführt:

1 Arbeitsgemeinschaft für Städtebau, Bau- und Wohnungswesen der 16 Bundesländer (ARGEBAU): Musterbauordnung (MBO), Fassung von November 2002, zuletzt geändert durch Beschluss der Bauministerkonferenz vom 22./23.09.2022.

> „Bauliche Anlagen müssen so angeordnet, beschaffen und gebrauchstauglich sein, dass durch Wasser, Feuchtigkeit, pflanzliche und tierische Schädlinge sowie andere chemische, physikalische oder biologische Einflüsse Gefahren oder unzumutbare Belästigungen nicht entstehen. Baugrundstücke müssen für bauliche Anlagen geeignet sein."

Diese Anforderung ist in die Landesbauordnungen der einzelnen Bundesländer aufgenommen worden. Daraus ergibt sich, dass Gebäude, die dem Aufenthalt von Menschen dienen, unbedenklich sein müssen und von ihnen kein Gesundheitsrisiko für die Nutzer ausgehen darf.

Am 01.11.2020 ist das Gesetz zur Einsparung von Energie und zur Nutzung erneuerbarer Energien zur Wärme- und Kälteerzeugung in Gebäuden (**Gebäudeenergiegesetz – GEG**)[2] in Kraft getreten. Im GEG wurden die Inhalte der Energieeinsparverordnung (EnEV), des Energieeinsparungsgesetzes (EnEG) und des Erneuerbare-Energien-Gesetzes (EEWärmeG) zusammengefasst und zu einer Vorschrift verbunden.

Ziel des GEG ist es, einen sparsamen Einsatz von Energie in Gebäuden zu sichern und eine zunehmende Nutzung erneuerbarer Energien zur Erzeugung von Wärme, Kälte und Strom für den Gebäudebetrieb durchzusetzen.

Bei der geforderten Verbesserung der Wärmedämmung und der Luftdichtigkeit von Gebäuden zur Energieeinsparung hat man auch erkannt, dass bei immer dichter werdenden Gebäuden Maßnahmen zum Feuchteschutz ergriffen werden müssen.

Im § 13 GEG heißt es dazu:

> „Ein Gebäude ist so zu errichten, dass die wärmeübertragende Umfassungsfläche einschließlich der Fugen dauerhaft luftundurchlässig nach den anerkannten Regeln der Technik abgedichtet ist. Öffentlich-rechtliche Vorschriften über den zum Zweck der Gesundheit und Beheizung erforderlichen Mindestluftwechsel bleiben unberührt."

Zum Thema Mindestwärmeschutz und Wärmebrücken in Neubauten wird in § 11 Absatz 1 GEG ausgeführt:

> „Bei einem zu errichtenden Gebäude sind Bauteile, die gegen die Außenluft, das Erdreich oder gegen Gebäudeteile mit wesentlich niedrigeren Innentemperaturen abgrenzen, so auszuführen, dass die Anforderungen des Mindestwärmeschutzes nach DIN 4108-2: 2013-02 und DIN 4108-3: 2018-10 erfüllt werden."

Im § 12 GEG wird ergänzend gefordert, dass der Einfluss konstruktiver Wärmebrücken auf den Jahres-Heizwärmebedarf des Gebäudes gering zu halten ist.

Maßgeblich für den Wärmeschutz von Gebäuden ist die Wärmeschutznorm **DIN 4108**. In der **DIN 4108 Teil 2**[3] werden Mindestanforderungen an den Wärmeschutz definiert. Im Abschnitt 5.1.1. heißt es:

> „Der Mindestwärmeschutz muss an jeder Stelle vorhanden sein …"

2 Gebäudeenergiegesetz (GEG), in Kraft getreten am 01.11.2020, 1. Novellierung am 01.01.2023 in Kraft getreten. Die 2. Novellierung trat am 01.01.2024 in Kraft.

3 DIN 4108-2: 2013-02 Wärmeschutz und Energieeinsparung in Gebäuden – Teil 2: Mindestanforderungen an den Wärmeschutz.

Der Abschnitt 6 der Norm befasst sich mit dem Mindestwärmeschutz von Wärmebrücken. Im Abschnitt 6.2.2 sagt die Norm:

> „An der ungünstigsten Stelle ist bei stationärer Berechnung unter den Randbedingungen nach 6.3 mindestens ein Temperaturfaktor von 0,70 einzuhalten. Dies entspricht bei den Randbedingungen nach 6.3 einer einzuhaltenden Mindestinnenoberflächentemperatur von 12,6 °C entsprechend einem f_{Rsi} von 0,70 nach DIN EN ISO 10211. Fenster sind davon ausgenommen."

Die Randbedingungen für den Wärmebrückennachweis für Wohn- oder wohnähnliche Nutzung sind im Abschnitt 6.3 der Norm aufgeführt. Bei Einhaltung dieser Randbedingungen soll gewährleistet sein, dass sich kein Schimmelpilzbewuchs auf den Innenflächen von Außenbauteilen bildet.

Vorausgesetzt wird bei den Randbedingungen und Berechnungen zum Wärmebrückennachweis eine gleichmäßige Beheizung und ausreichende Belüftung der Räume sowie eine weitgehend ungehinderte Luftzirkulation an den innenseitigen Außenwandoberflächen.

Ergänzend zu DIN 4108-2 enthält **DIN 4108 Beiblatt 2**[4] Planungs- und Ausführungsbeispiele zur Verminderung von Wärmebrückenwirkungen. Im Abschnitt 5.1 des Beiblattes erfolgt der Hinweis:

> „Bei den dargestellten zweidimensionalen Anschlussausbildungen hält der Temperaturfaktor f_{Rsi} unter den in Tabelle 108 dargestellten Randbedingungen den in DIN 4108-2 geforderten Grenzwert von 0,70 zur Sicherstellung des Mindestwärmeschutzes ein, sofern in Tabelle 5 bis Tabelle 105 nicht anders angegeben."

Bei Verwendung der Planungs- und Ausführungsbeispiele nach Beiblatt 2 entfällt der gemäß DIN 4108-2 sonst für Gebäude mit Wohn- oder wohnähnlicher Nutzung erforderliche Wärmebrückennachweis.

Das Beiblatt 2 zur DIN 4108 ist eine Planungshilfe für den Neubau und die energetische Sanierung im Bestand. Altbauten werden hier nicht behandelt.

In **DIN 4108 Teil 7**[5] werden Anforderungen an den Luftwechsel in Gebäuden gestellt. Der Normenteil beinhaltet Vorgaben und Beispiele zur Gewährleistung der Luftdichtigkeit von Gebäuden, um Wärmeverluste zu vermeiden.

Der zur Schimmelpilzprävention wichtigen Feuchtevermeidung während der Bauzeit ist im Abschnitt 5 folgender Absatz gewidmet:

> „Die Durchführung der Innenausbauarbeiten muss so aufeinander abgestimmt sein, dass keine schädliche Feuchtigkeit in der Konstruktion eingeschlossen wird. Dies muss entweder durch geeignete Maßnahmen, wie z. B. Luftentfeuchter, Heizgeräte oder durch einen zeitlich sinnvollen Ablauf der verschiedenen Gewerke sicher gestellt sein."

Hinweise für die Planung von Maßnahmen für die Lüftung von Wohnungen zum Feuchteschutz enthält **DIN 1946 Teil 6**[6].

---

4 DIN 4108 Beiblatt 2: 2019-06 Wärmeschutz und Energie-Einsparung in Gebäuden – Wärmebrücken – Planungs- und Ausführungsbeispiele.

5 DIN 4108-7: 2011-01 Wärmeschutz und Energieeinsparung in Gebäuden – Teil 7: Luftdichtheit von Gebäuden – Anforderungen, Planungs- und Ausführungsempfehlungen sowie -beispiele.

6 DIN 1946-6: 2019-12 Raumlufttechnik – Teil 6: Lüftung von Wohnungen – Allgemeine Anforderungen, Anforderungen an die Auslegung, Ausführung, Inbetriebnahme und Übergabe sowie Instandhaltung.

Diese Norm soll beachtet werden bei neu zu errichtenden oder zu modernisierenden Gebäuden mit lüftungstechnisch relevanten Änderungen. Dabei sind die Vorgaben der Norm bereits zu berücksichtigen, wenn bei Bestandsgebäuden in einer Nutzungseinheit eines Mehrfamilienhauses oder einem Einfamilienhaus mehr als ein Drittel der Fenster getauscht und/oder bei einer Dachgeschosswohnung im MFH oder bei einem EFH mehr als ein Drittel der Dachfläche abgedichtet wird und/oder wenn Lüftungssysteme in Teilbereichen oder einzelnen Räumen nachgerüstet werden.

Zum Feuchteschutz und zur Einhaltung einer guten Raumluftqualität können nach dieser Norm entweder freie oder ventilatorgestützte Systeme der Wohnungslüftung zur Anwendung kommen.

In der aktuellen DIN 1946-6 ist auch der Begriff reduzierte Lüftung zur Sicherstellung der gesundheitlichen Mindestanforderungen sowie des feuchtebedingten Bautenschutzes bei reduzierter Anwesenheit der Nutzer oder geringerer Raumluftqualität definiert.

Bei dieser Vielzahl der sich aus Verordnungen und Normen ergebenden sowie zu beachtenden Aspekte für die Schimmelpilzprävention kommt der Aufklärung der Bauherren eine besondere Bedeutung zu.

Das betrifft bspw. die Wahl der Baumaterialien und der Konstruktion als auch die Planung der Bauabläufe.

Bei deren Umsetzung ist die **Honorarordnung für Architekten und Ingenieure (HOAI) zu beachten.** In der **HOAI** ist in § 34 das Leistungsbild für Gebäude und Innenräume in insgesamt neun Leistungsphasen aufgeteilt. Innerhalb dieser Leistungsphasen sind von den Architekten/Ingenieuren Grundleistungen zu erbringen, die im Bedarfsfall durch besondere Leistungen zu ergänzen sind. Die folgenden Anregungen zur Schimmelprävention aus dem Aufgabenspektrum der HOAI richten sich nicht nur an Architekten und Ingenieure, sondern an alle Planenden, z. B. auch an Generalunternehmer und Generalübernehmer.

Grundleistungen und Besondere Leistungen sind in der **Anlage 10 zur HOAI** im Abschnitt 10.1 aufgezählt.

Die in den einzelnen Leistungsphasen zu erbringenden Leistungen bauen aufeinander auf und werden im weiteren Verlauf immer detaillierter.

Nachfolgend wird auf die Leistungsphasen eingegangen, in denen für die Schimmelpilzprävention relevante Leistungen zu erbringen sind.

Leistungsphase 1 – Grundlagenermittlung:

In dieser Leistungsphase ist die Aufgabenstellung auf Grundlage der Vorgaben oder der Bedarfsplanung des Auftraggebers zu klären.

Äußern die Bauherren den Wunsch, dass ihr Gebäude, zum Beispiel aufgrund der Erkrankung eines Familienmitglieds mit Asthma, unter Verwendung von schimmelpilzhemmenden Konstruktionen oder Baumaterialien geplant und errichtet werden soll, muss diese Forderung vom Planer beachtet werden.

Bei Neubauten lassen sich über die Auswahl der Baustoffe sowie die Festlegungen zu Materiallagerung und Bauabläufen relativ sichere Angaben zu einem in mikrobiologischer Sicht zu erzielenden hygienischen Zielwert machen.

Dabei sollte mit Zielwert ein Normalzustand gemeint sein, der in Räumen vorhanden ist, in denen keine Schimmelpilzbelastung besteht.

Bei Baumaßnahmen im Bestand ergibt sich im Hinblick auf die Schimmelpilzprävention in Leistungsphase 1 bei der Projektierung ein erhöhter Aufwand für die Grundlagenermittlung. In diesen Fällen muss zunächst durch eine gründliche Bestandsaufnahme der Zustand der Immobilie vor Beginn der Planung festgestellt und dokumentiert werden.

Dieses geschieht durch:

- Untersuchungen des Schichtenaufbaus von Bauteilen
- Feuchtemessungen in Bauteilen und Baumaterialien

Erforderlich für die Bewertung einer Bestandsimmobilie auch im Hinblick auf deren mikrobiologischen Zustand sind ergänzend:

- Materialuntersuchungen (Mikroskopie, Kultivierung, stoffwechselphysiologische Untersuchungen)
- Luftuntersuchungen (Luftkeimsammlung, Partikelsammlung)

In Altbauten muss oftmals auch nach Abschluss der Umbaumaßnahmen von einer erhöhten Schimmelpilzkonzentration in der Raumluft ausgegangen werden. Als Beispiel sei hier die Hintergrundbelastung durch Schimmelpilze in Schüttungen alter Holzbalkendecken genannt. Die Schimmelpilzkonzentration in alten Schüttungen beträgt durchaus zwischen 10^5 und 10^7 KBE/m^3.

Ist in einem Altbau eine solche Deckenkonstruktion vorhanden, muss dieses im Rahmen der Hinweispflicht der Planenden mit der Bauherrschaft gleich zu Beginn der Planungsphase thematisiert werden. Dann ist zu entscheiden, ob die Deckenkonstruktion erhalten bleibt oder ob eine neue Deckenkonstruktion erstellt oder alternativ der Einschub ausgeräumt und durch unbedenkliches/unbelastetes Material, wie beispielsweise Quarzsand, ersetzt wird.

Leistungsphase 2 – Vorplanung:

In dieser Leistungsphase sind die Zielvorstellungen mit dem Bauherrn abzuklären sowie eine Kostenschätzung nach DIN 276 und ein Terminplan zu erstellen.

Stark gegliederte Baukörper sind vor dem Hintergrund der Schimmelpilzprävention ungünstig, da der Aufwand zur Vermeidung von Wärmebrücken an solchen Gebäuden sehr hoch ist.

Winterbaustellen oder die Ausführung von Arbeiten, bei denen viel Feuchtigkeit in den Neubau eingebracht wird, bergen ein hohes Risiko für die Entstehung von Schimmelpilzbewuchs. Daher kann der Planer bereits in dieser frühen Leistungsphase im Terminplan berücksichtigen, dass bspw. der Baubeginn so gelegt wird, dass Putz- und Estricharbeiten nicht im Winterhalbjahr ausgeführt werden.

Ist eine Winterbaustelle nicht zu vermeiden, sollte der Planer in der Kostenschätzung Maßnahmen für einen besonderen Wetterschutz sowie Kosten für die Beheizung des Gebäudes bei niedrigen Außentemperaturen und ggfs. Kosten für technische Trocknungsmaßnahmen vorsehen.

Leistungsphase 3 – Entwurfsplanung:

Im Entwurf müssen besondere Konstruktionen, die der Schimmelpilzprävention dienen, in die Planung integriert werden. Schimmelpilzbildung begünstigende Konstruktionen sollten vermieden werden.

Abb. 1 bis 3 zeigen ein Gebäude, in dem die Fenster außen bündig in die Fassade eingebaut wurden. Die raumseitigen Fensteröffnungen im Hintermauerwerk sind kleiner als die Fensteröffnungen im Verblendmauerwerk. Im Gebäude ergeben sich vor den Fenstern hierdurch Nischen. Durch diese bauliche Situation wird die Erwärmung der Außenbauteile, die sich innerhalb der Nischen befinden, durch die warme Heizungsluft behindert.

Die Beheizung der Räume erfolgt über Heizkörper, die in Nischen in den Innenwänden montiert sind (Abb. 4).

Die ungewöhnliche Gestaltung hat an diesem Objekt dazu geführt, dass es in nahezu allen Wohnungen vor allem an den Fenstern, vereinzelt zusätzlich auch in den Fensternischen durch unzureichende Erwärmung zu Kondensat- und Schimmelpilzbildung gekommen ist.

Abb. 1 und 2: Fassadenbündige Anordnung der Fenster. Die Fensteröffnungen im Hintermauerwerk sind kleiner und versetzt zu den Fensteröffnungen im Verblendmauerwerk angeordnet.

Quelle: Irina Kraus-Johnsen

Abb. 3: Die Öffnung im Hintermauerwerk ist kleiner als das Fenster.

Quelle: Irina Kraus-Johnsen

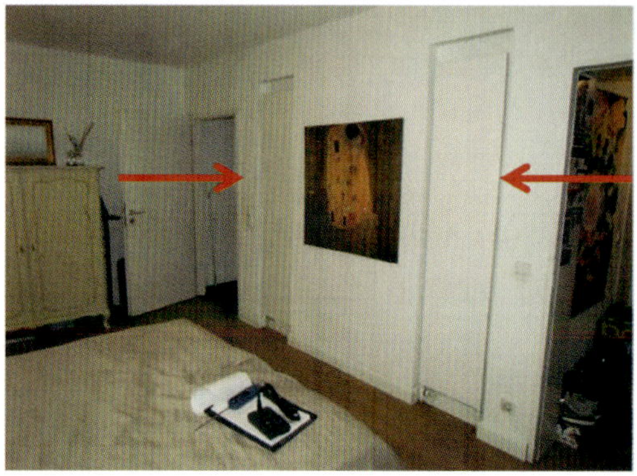

Abb. 4: Die Heizkörper sind in Nischen in den Innenwänden montiert (Pfeile).

Quelle: Irina Kraus-Johnsen

Bei der Sanierung von Bestandsgebäuden ist bspw. die Anordnung von Dämmschichten an Außenbauteilen, die der Einhaltung des Mindestwärmeschutzes und damit der Schimmelpilzprävention dienen, bereits in die Entwurfspläne einzutragen. Dies kann als zweite Linie vor der Wand oder in Form einer dickeren Wand dargestellt werden.

Die in dieser Phase anzufertigende Objektbeschreibung soll Hinweise auf die besonderen Konstruktionen und Abläufe für die Schimmelpilzprävention enthalten.

Bei der Planung ist es darüber hinaus sinnvoll, das Thema Monitoring zu betrachten. In den letzten Jahren sind Monitoringsysteme entwickelt worden, die in nach der Baufertigstellung nicht mehr zugänglichen Bereichen wie Dächern, Wänden und Fußböden installiert werden können und dort permanent die Feuchtigkeit und/oder das Klima messen. Es existieren kabelgebundene Systeme und kabellos funktionierende Sensor-Systeme. Die Messwerte können zentral ausgelesen oder über spezielle Messgeräte per Funk abgerufen werden. Durch dieses Monitoring ist es möglich, Feuchteschäden schnell zu erkennen und zu beheben, bevor eine großflächige Ausbreitung der Feuchtigkeit stattfinden kann. Besonders zu empfehlen sind Monitoringsysteme für Gebäude oder Bauteile von Gebäuden, bei denen Baustoffe durch Feuchtigkeit zerstört werden können, z. B. Gebäude in Holztafelbauweise, Decken- und Flachdachkonstruktionen in Holzbauweise.

In der Kostenberechnung nach DIN 276 sind die Kosten für besondere Maßnahmen zur Schimmelpilzprävention und im Terminplan die auf Feuchtevermeidung zur Schimmelpilzprävention abgestellten Bauabläufe zu berücksichtigen.

Leistungsphase 5 – Ausführungsplanung:

In der Ausführungsplanung werden die planerischen Vorgaben aus der Entwurfsplanung detailliert und der Terminplan fortgeschrieben.

Bei der Planung ist im Hinblick auf die Schimmelpilzprävention Materialien und Konstruktionen der Vorzug zu geben, die eine möglichst hohe Sicherheit bei Feuchteeinwirkung besitzen. Dazu eigenen sich bspw. mineralische Baustoffe mit hohem pH-Wert, wie z.B. Baustoffe aus Kalk und Zement. Es sollten weiterhin Materialien vorgesehen werden, die möglichst wenig organische Substanzen enthalten, hygroskopische Eigenschaften aufweisen und diffusionsoffen sind.

Bei den Anstrichen sind Farben auf Silikatbasis oder Kalkfarben den gängigen Dispersionsfarben vorzuziehen. Dies gilt vor allem für Bauten im Bestand mit geringem Wärmeschutz.

Die Verwendung von biozidhaltigen Baumaterialien zur Schimmelpilzprävention in Gebäuden sollte vor dem Aspekt der Wohngesundheit vermieden werden. So können bspw. für Feuchträume auch biozidfreie MS-Hybrid-Dichtstoffe auf Basis von modifizierten Silanen verwendet werden, anstelle von elastischen Fugendichtstoffen mit Biozidausrüstung.

Die Verwendung von Baumaterialien mit organischen Anteilen muss im Hinblick auf die Schimmelpilzprävention mit besonderem Augenmaß erfolgen.

Bereits durch den Einfluss der Neubaufeuchte besteht bspw. an Gipskartonplatten das Risiko von Schimmelpilzbildung.

Abdichtungsbahnen aus Bitumen, die zur Sohlenabklebung verwendet werden, bergen ebenfalls ein Schimmelpilzrisiko, wenn sie Weichmacher enthalten oder im Herstellungsprozess mit pflanzlichen Ölen behandelt wurden. Bei solchen Bahnen kann bereits die in der Anfangsphase nach dem Einbringen des Estrichs im Bodenaufbau herrschende hohe Luftfeuchtigkeit Schimmelpilzwachstum anregen.

Ähnlich verhält es sich mit gebundenen Schüttungen aus bituminierten Hanfspänen, die bspw. im Bereich von Installationstrassen in Ebene der Estrichdämmung eingebracht werden.

Baumaterialien, die der Schimmelpilzprävention dienen, sind häufig teurer als Materialien, die üblicherweise bei Baumaßnahmen zum Einsatz kommen, in denen Maßnahmen zur Schimmelpilzprävention nicht im Vordergrund stehen (Tab. 1).

Tab. 1 zeigt die Mittelpreise netto[7] von verschiedenen Baumaterialien, die anfällig und die weniger anfällig für Schimmelpilzbewuchs sind. Die wenig anfälligen Baumaterialien sind durch Kursivschrift gekennzeichnet.

Tab. 1: Mittelpreise netto von verschiedenen Baumaterialien, die anfällig und die weniger anfällig für Schimmelbewuchs sind.

Innenputze	• Gipsputz, Innenwand, einlagig, Q3, gefilzt: 19,00 €/m² • *Kalkzementputz, Innenwand, einlagig, Q3, abgezogen: 21,00 €/m²*
Trockenbaubekleidung	• Bekleidung Dachgeschoss, Gipsplatten, d = 12,5 mm, einlagig, Holz-UK: 47,00 €/m² • *Bekleidung Dachschräge, Gipsfaserplatten, d = 12,5 mm, einlagig, Holz-UK: 57,00 €/m²* • *Bekleidung Dachschräge, Zementplatten, d = 12,5 mm, einlagig, Feuchtraum, Holz-UK: 92,00 €/m²*

7 Aus: BKI Baupreise 2023, Neubau. BKI Baukosteninformationszentrum (Hrsg.), Stuttgart, 2022.

Innenbeschichtungen	• Innenbeschichtung Dispersionsfarbe auf Decken- und Wandflächen, lösemittel- und weichmacherfrei, Nassabriebklasse 3, weiß: 5,60 €/m² • *Innenbeschichtung Silikatfarbe, Putzflächen, auf Decken- und Wandflächen, weiß, Nassabriebbeständigkeit 3: 7,40 €/m²* • *Innenbeschichtung Kalkfarbe auf Decken- und Wandflächen: 9,30 €/m²*

Quelle: zusammengestellt durch Irina Kraus-Johnsen

Ähnlich verhält es sich mit besonderen Konstruktionen und Vorsorgemaßnahmen: Zur einfachen und sicheren Ausführung der Luftdichtheitsschicht können bspw. durchgehende Ebenen vorgesehen werden, an die angrenzende Konstruktionen erst nach Montage der luftdichten Ebene angeschlossen werden.

Bei der Verwendung von Trockenbaukonstruktionen und anderen feuchteempfindlichen Materialien sind schon im Planungsprozess Maßnahmen zum Feuchteschutz während der Bauzeit vorzusehen. Hierzu zwei Beispiele:

- Trockenbauwände nicht direkt auf dem Rohfußboden montieren, sondern auf einer feuchtebeständigen Unterkonstruktion. Diese dient zum Schutz der Beplankung vor auf dem Rohfußboden aufstauendem Tagwasser sowie vor Feuchteeinwirkung während des Einbringens und der Trocknung des Estrichs.

- Beschichtung der unteren Steinschicht des auf dem Rohfußboden stehenden Mauerwerks mit Dichtschlämme zur Vermeidung einer Durchfeuchtung bei aufstauendem Tagwasser während der Bauzeit.

Bereits im Planungsprozess sollten auch Maßnahmen zur Sicherstellung eines erhöhten Luftwechsels bei Baumaßnahmen mit hohem Feuchtigkeitseintrag während der Bauzeit vorgesehen werden.

Eine große Zahl von Feuchteschäden, die während oder nach Ende der Bauzeit auftreten, resultiert aus versehentlich unverpressten oder nicht korrekt verpressten Verbindungen in wasserführenden Leitungen. Damit diese schnell auffallen, ist die Planung von Pressfitting-Systemen mit Leckage-Funktion oder mit akustischer Funktion zu empfehlen.

Leistungsphase 6 – Vorbereitung der Vergabe:

In dieser Leistungsphase werden die Bauleistungen ausgeschrieben und die Umsetzung der Baumaßnahme vorbereitet. Dies betrifft auch die Vorgaben zur Einhaltung der innenraumhygienischen Ziele.

Leistungsbeschreibungen und Leistungsverzeichnisse sollen möglichst verständlich und umfassend abgefasst werden, damit eine einheitliche Kalkulation möglich ist. Bei der Erstellung der Leistungsverzeichnisse, der allgemeinen technischen Vertragsbedingungen und der Vortexte sind die Grundanforderungen an die Bauprodukte, die besondere Stoffauswahl zur Schimmelpilzprävention und Besonderheiten bei Lagerung, Bauablauf und Verarbeitung genau zu beschreiben.

Bereits in der Bauphase sind zu ergreifende Maßnahmen zur Reduzierung der relativen Luftfeuchtigkeit, wie das Aufstellen und Vorhalten von Trocknungsgeräten und Ventilatoren, oder die Montage von Abschottungen, auszuschreiben.

In den Leistungsbeschreibungen sollte auf vorgesehene Kontrolluntersuchungen, wie bspw. Luftmessungen zur Überprüfung des raumlufthygienischen Zustands, hingewiesen werden. Dieser Hinweis zeigt dem Bieter, welche Anforderungen an die von ihm zu erbringende Leistung gestellt werden.

Um das Risiko von Fehlstellen in der luftdichten Ebene und daraus resultierender Schimmelpilzbildung in später schwer zugänglichen Bereichen zu verringern, ist es ratsam, bereits nach Fertigstellung der luftdichten Ebene die Luftdichtheit mittels eines ersten Blower-Door-Tests zu überprüfen. Fehlstellen lassen sich zu diesem Zeitpunkt einfacher finden und mit geringerem Aufwand beseitigen als bei der im Neubau und bei energetischen Sanierungen ohnehin erforderlichen Luftdichtheitsprüfung kurz vor Fertigstellung/Übergabe des Gebäudes.

Diese Überprüfungen der Luftdichtheit gehen über das Maß der üblichen Untersuchungen hinaus und müssen gesondert ausgeschrieben werden.

Leistungsphase 7 – Mitwirkung bei der Vergabe:

Bei der in dieser Leistungsphase durchzuführenden Angebotsprüfung und Auftragsvorbereitung ist darauf zu achten, dass die ausgeschriebenen Materialien und Verfahren in den Angeboten berücksichtigt sind. Bei alternativ angebotenen Bauprodukten ist deren Eignung und Gleichwertigkeit zu überprüfen.

Im Hinblick auf die Schimmelpilzprävention ist es sinnvoll, die Anforderungen zur Baustoffauswahl, Baustelleneinrichtung, Lagerung und Verarbeitung der Baumaterialien in den Werkverträgen zu vereinbaren.

Durch Beschaffenheitsvereinbarungen im Sinne des § 633 BGB kann in den Werkverträgen mit den Planern und den ausführenden Firmen ein gewünschter Standard, bspw. zum innenraumhygienischen Zielwert der Schimmelpilzkonzentration im Gebäude bei Übergabe, verbindlich festgeschrieben werden.

Für die **Leistungsphase 8 – Objektüberwachung und Dokumentation** sind Empfehlungen zur Überwachung der besonderen Maßnahmen zur Schimmelpilzprävention im Abschnitt 17.2.2 enthalten.

17.2.2 Schimmelpilzprävention während der Bauphase

Die in den Werkverträgen festgeschriebenen Anforderungen müssen eingehalten werden. Hierfür ist eine Überwachung der Baumaßnahme unerlässlich.

Beispiele zu Ursachen für Schimmelpilzwachstum fördernde Umstände während der Bauzeit:

- ungeeignete oder fehlende Lagermöglichkeiten für Baumaterialien, denn alle der Witterung ausgesetzten Bauteile sind gegen Niederschlagswasser zu sichern, mit dem üblicherweise zu rechnen ist,

- ungünstige Witterungsbedingungen (z.B. auf Winterbaustellen oder Starkregenereignisse),
- fehlender oder unzureichender Schutz vor Wassereindringen (Abb. 5 und 6),
- Außer-Acht-Lassen der Herstellerempfehlungen für Lagerung und Verarbeitung von Baumaterialien, z.B. fehlende Abdeckungen oder zu hohe Luftfeuchtigkeit in der Umgebung,
- unzureichende Baustellenhygiene,
- fehlende Abdeckungen auf Bauteilen, wie z.B. frei bewitterte Wandkronen und Holzkonstruktionen (Abb. 7 bis 9),
- fehlende Abschottungen sensibler Bereiche, z.B. zum Dachgeschoss offene Treppenhäuser bzw. Treppenöffnungen zwischen Dachgeschoss und nicht wärmegedämmtem Spitzboden (Abb. 10 und 11), nicht geschlossene Lüftungskanäle und Anschlüsse an Lüftungsgeräte,
- fehlende oder unzureichende Belüftung der Baustelle,
- fehlende oder unzureichende Beheizung der Baustelle bei ungünstigen Witterungsverhältnissen,
- Entfernung von Dämmschichten bei Umbauten und Aufstockungen (Abb. 12 und 13).

Abb. 5: Aus der Baugrube durch die ungesicherte Fensteröffnung eingespültes sedimenthaltiges Regenwasser.

Quelle: Irina Kraus-Johnsen

Abb. 6: Unzureichender Wetterschutz an einem Treppenhauskopf.

Quelle: Irina Kraus-Johnsen

Abb. 7: Durch fehlende Abdeckung massiv durchfeuchtetes Porenbetonmauerwerk.

Quelle: Irina Kraus-Johnsen

Abb. 8 und 9: Kellerdecke mit Anschlussbewehrung. In dem Abschnitt, in dem ein Deckenfeld anbetoniert werden soll, wurden die Löcher in den Kalksandsteinen nicht geschlossen. Folge: nach Starkregen vollständig durchfeuchtete Kelleraußenwand.

Quelle: Irina Kraus-Johnsen

Abb. 10 und 11: Nachträglich geöffnete und nicht wieder verschlossene Abschottung der Öffnung zum nicht gedämmten Spitzboden. Die Folge ist Schimmelpilzbewuchs an der Dachkonstruktion und der Unterspannbahn.

Quelle: Irina Kraus-Johnsen

Abb. 12: Für die Vorbereitung einer Aufstockung wurden von der obersten Geschossdecke der Estrich und die 2 cm dicke Wärmedämmung entfernt mit der Folge …

Quelle: Irina Kraus-Johnsen

Abb. 13: ... von Schimmelpilzbildung in den darunterliegenden, vorher schadenfreien Wohnungen durch Verschlechterung des ursprünglichen Wärmeschutzes der obersten Geschossdecke.

Quelle: Irina Kraus-Johnsen

Um diesen Ursachen vorzubeugen, sind bei der Vorbereitung und Durchführung der Baumaßnahme nachfolgende Punkte zu beachten:

Beispiele für präventive Maßnahmen zur Vermeidung von Schimmelpilzwachstum während der Bauzeit:

- Schaffung und Vorhaltung geeigneter Lagermöglichkeiten für Baumaterialien.
- Einhaltung der Herstellerempfehlungen bei Lagerung und Verarbeitung von Baumaterialien.
- Kein Einbau feuchter Materialien (z.B. Dämmstoffe, holzbasierter Baustoffe, gipshaltiger Baustoffe etc.)
- Schutz vor Tagwasser, bspw. durch Abdeckung von Wandkronen, Holzkonstruktionen, Fensteröffnungen und Deckendurchbrüchen. Hierzu zählen auch Abdichtungsmaßnahmen der untersten Steinreihen von Mauerwerk durch z.B. mineralische Dichtschlämmen.
- Regelmäßige Reinigung der Baustelle; Entfernung von Bauschutt, Verschmutzungen und Lebensmittelresten.

- Offene Teile von Lüftungsanlagen bis zur Inbetriebnahme der Anlage luft- und staubdicht abkleben.

- Reinigung des Untergrunds vor dem Aufbringen weiterer Schichten (z.B. mechanische Reinigung der Betondecken vor dem Aufbringen der Estrichdämmung durch Abfegen und anschließendes Absaugen).

- Visuelle Kontrolle und messtechnische Überprüfung der Materialfeuchte von Baustoffen und Bauteilen (bspw. Holzfeuchtemessungen).

- Abschottung sensibler Bereiche (bspw. Aussparungen in obersten Geschossdecken zur Dachkonstruktion).

- Regelmäßige Lüftung der Baustelle durch geöffnete Fenster, bei Erfordernis zusätzlich Ventilatoren zur Unterstützung der Luftbewegung aufstellen.

- Beheizung der Baustelle bei ungünstigen Witterungsverhältnissen.

- Bei Erfordernis technische Trocknung von Bauteilen oder des Gebäudes einleiten; Beispiel: Betrieb von Luftentfeuchtern in nicht gedämmten Spitzböden während der Putz- und Estricharbeiten in den Wohngeschossen.

- Bauabläufe im Hinblick auf Trocknungszeiten planen.

- Vermeidung von Winterbaustellen, wenn kurze Bauzeiten geplant sind.

- Ist eine Winterbaustelle nicht zu vermeiden, Verzicht auf feuchtesensible Materialien, wie bspw. Holzfaserplatten und Gipskarton.

- Verlegung einer PE-Folie auf Betondecken bei nachfolgend aufzubringenden feuchteempfindlichen Bodenaufbauten.

- Ergänzen von Wärmedämmung zu bewohnten, beheizten Bereichen bei Maßnahmen im Bestand.

Das folgende Ablaufschema bietet für mit der Bauüberwachung betraute Personen eine gute Hilfestellung für ein strukturiertes Vorgehen, um das Risiko für Schimmelpilzbildung während der Bauzeit durch gezielte Kontrollen zu minimieren.

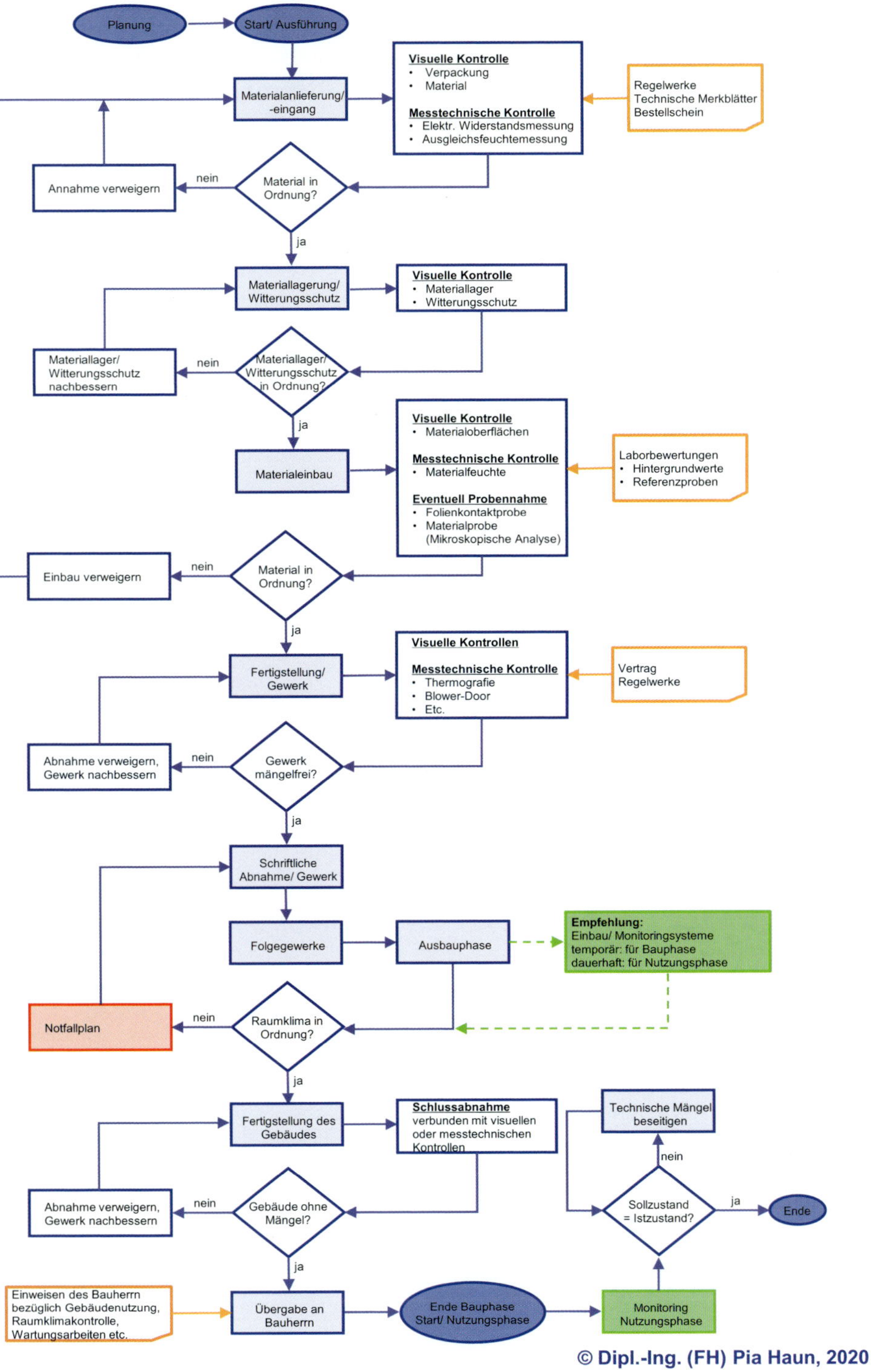

Abb. 14: Ablaufplan zum Feuchtemanagement während der Bauphase.

Quelle: Dipl.-Ing. (FH) Pia Haun, Trier

Das Risiko einer unplanmäßigen Feuchtebeanspruchung während der Bauphase besteht jederzeit, bspw. durch Sturm, Starkregenereignisse, Leitungshavarien oder Unachtsamkeit. Wenn dieser Fall eintritt, ist es gut, über einen Notfallplan zu verfügen. Dieser hilft den Verantwortlichen, in kürzester Zeit das Feuchteproblem anzugehen, damit die Bildung von Schimmelpilzen möglichst verhindert wird.

Das in Abb. 15 dargestellte Ablaufschema gibt Empfehlungen für geeignete Notfallmaßnahmen.

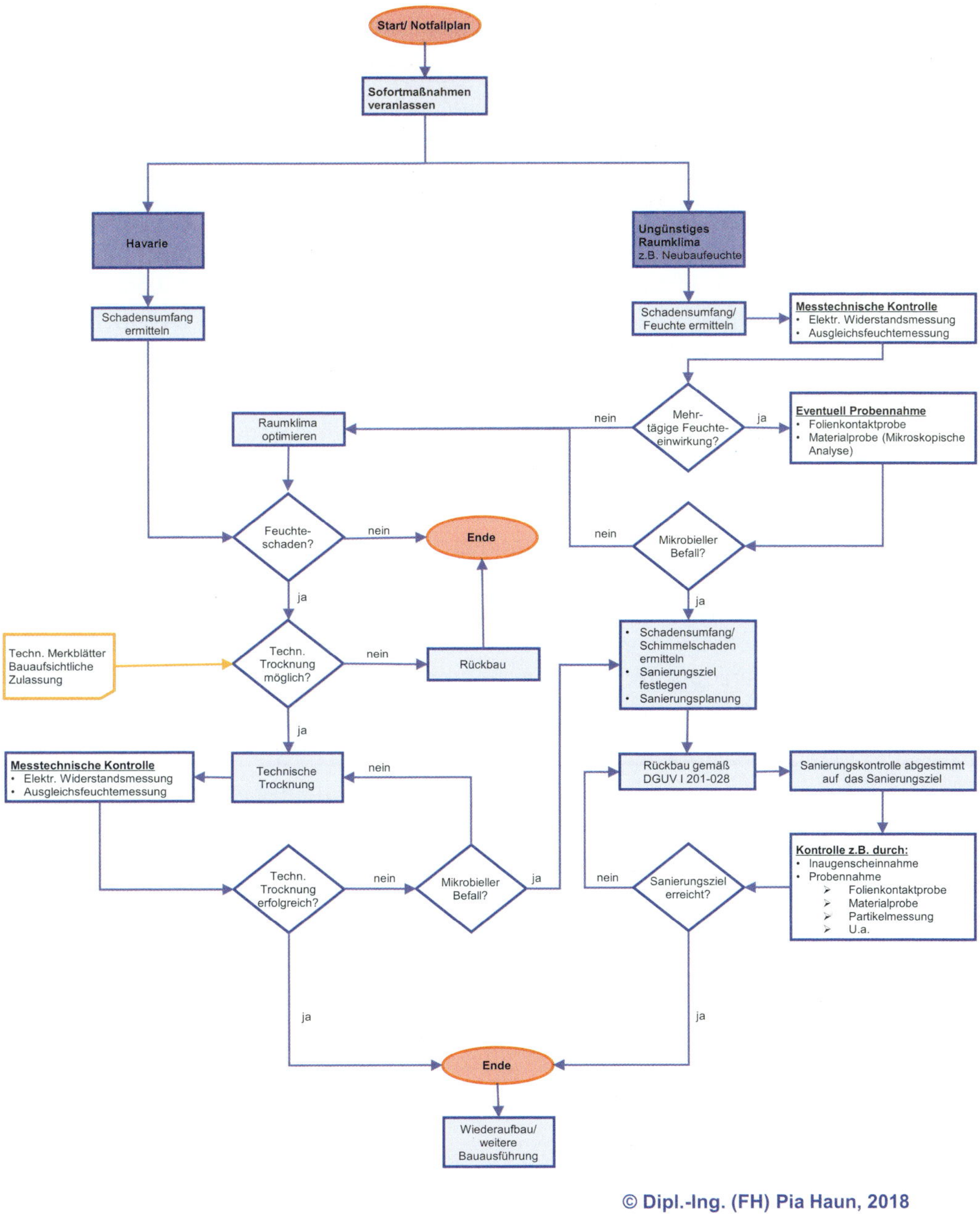

Abb. 15: Ablaufschema für einen Notfallplan/

Quelle: Dipl.-Ing. (FH) Pia Haun, Trier

17.2.3 Schimmelpilzprävention in der Nutzungsphase

Nach Neubau, Sanierung und Modernisierung von Gebäuden, bei denen zumeist Fachleute und Handwerksfirmen beteiligt sind, kommt die Phase der Nutzung, in der die Gebäudenutzer für den Betrieb der Nutzungseinheit selbst verantwortlich sind. Im Hinblick auf die Schimmelpilzprävention kommt dieser Phase daher eine hohe Bedeutung zu.

In Neubauten ist in den ersten ca. zwei Jahren nach Fertigstellung durch die sukzessive Austrocknung der Bauteile mit erhöhter Feuchtigkeit zu rechnen. Daher muss häufiger gelüftet oder der Luftwechsel durch andere geeignete Maßnahmen erhöht werden, um die Feuchtigkeit schnellstmöglich aus dem Gebäude zu transportieren. Technische Trocknungsmaßnahmen können in den ersten Monaten nach Einzug ebenfalls erforderlich sein.

So hilft bspw. ein im Keller fest installiertes Trocknungsgerät dabei, die Luftfeuchtigkeit zu reduzieren (bei temperierten Kellern i.d.R. Luftentfeuchter mit Kondensationstechnik und Wasserableitung in ein Abflussrohr oder ins Ausgussbecken).

Permanentes Lüften ist nur über mechanische Lüftungsanlagen (siehe DIN 1946-6) sinnvoll. In Wohnungen ohne kontrollierte Raumlüftung sind für einen ausreichenden Luftwechsel mehrfach täglich die Fenster zu öffnen. Die Lüftungsvorgänge sollen idealerweise als Querlüftung bei mehreren gleichzeitig weit geöffneten Fensterflügeln und geöffneten Zimmertüren erfolgen. Hier können bspw. einfache Thermo-Hygrometer oder in Fensteroliven eingebaute Datenlogger mit Assistenz-System eine sinnvolle Unterstützung sein, um festzustellen, wann eine kritische Luftfeuchte im Raum erreicht ist und gelüftet werden muss.

Die folgenden Fotos wurden in einer Musterwohnung aufgenommen. In den Räumen herrschte eine relative Luftfeuchtigkeit über 75 %. Da die Wohnung nur gelegentlich besichtigt und nicht regelmäßig gelüftet wurde, hat die in der Raumluft enthaltene Feuchtigkeit zu Schimmelpilzbildung an den Außenwänden und auf Einrichtungsgegenständen geführt.

Abb. 16 und 17: Hohe Luftfeuchtigkeit in einer Musterwohnung führte zu Schimmelpilzbildung an Außenbauteilen und Hausrat, wie hier an Exponaten aus Holz.

Quelle: Irina Kraus-Johnsen

Vor allem in Neubauten herrscht zu Anfang ein hohes Staubaufkommen. Filter in Lüftungsanlagen sind daher regelmäßig zu tauschen. Die Lüftungsgeräte sollten im Zuge des Filtertauschs auf Verunreinigungen überprüft und bei Erfordernis gereinigt werden. Hierbei sind die Empfehlungen der VDI 6022[8] zu beachten.

Direkt an den Wänden aufgestellte Möbel, wie z.B. Küchenzeilen oder Einbauschränke, behindern das Abtrocknen der Neubaufeuchtigkeit. Es kommt zu einer Auffeuchtung der Luft zwischen Bauteil und Möbel, die eine Schimmelpilzbildung begünstigt. Eine Hinterlüftung kann hier Abhilfe schaffen. Dies gilt z. B. auch für Bilder mit Glasscheibe. Für Möbel empfiehlt das Umweltbundesamt einen Wandabstand von etwa 10 cm.

Zur Vorbeugung von Schimmelpilzbildung an Fußleisten aus Holz oder Holzwerkstoffen kann deren Montage bis zum Ablauf der ersten Heizperiode nach Bezug verschoben werden. Bis dahin kann Feuchtigkeit aus dem Bodenaufbau über die Estrichrandfugen abtrocknen.

Auch das regelmäßige Entfernen von Staubablagerungen und Verschmutzungen von Bauteiloberflächen und Möbeln ist eine wirksame Maßnahme zur Verhinderung von Schimmelpilzwachstum auf diesen Flächen.

8 Richtlinienreihe VDI 6022 „Raumlufttechnik, Raumluftqualität“.

In sanierten Gebäuden kann es ebenfalls zu Schimmelpilzschäden kommen, die aber durch die gebäudespezifischen Bearbeitungen sehr unterschiedlich sind. Ein Beispiel sind Gebäude, an denen die Fenster erneuert, die wärmedämmenden Eigenschaften der Außenwände jedoch nicht verbessert werden. In diesen Gebäuden ist deshalb eine eingehendere Betrachtung der möglichen Risiken für Schimmelpilzbildung nach der Sanierung erforderlich. In solchen Gebäuden können beispielsweise gleich Maßnahmen wie Oberflächentemperierung an Bauteilen mit geringem Wärmeschutz oder die Anordnung von Ventilatoren zur Luftanströmung an kühlen Bauteiloberflächen vorgesehen werden.

In der Nutzungsphase von Neubauten und sanierten Gebäuden sind regelmäßige Kontrollen sowie die Reinigung und Wartung des Daches einschließlich Abläufe, Regenrinnen, Kehlen und Fallrohre, die Wartung der Fassaden sowie außen liegender Bauteilanschlüsse wichtig, um das Risiko von unplanmäßigem Wassereintritt ins Gebäude durch Fehlstellen in der Außenhaut zu minimieren.

Erdberührte Bauteile können nur von der Innenseite auf Feuchteschäden überprüft werden.

Im Gebäude sollen mit elastischem Fugendichtstoff geschlossene Anschlussfugen im Spritzwasserbereich der Bäder und auch Anschlüsse an Fenster und Außentüren regelmäßig kontrolliert und müssen in mehrjährigen Abständen erneuert werden. Nicht mehr intakte Dichtstofffugen sollen umgehend erneuert werden. Vorsicht ist geboten bei Dichtstofffugen, hinter denen sich eine Abdichtung im Verbund (AIV) befindet. Die Abdichtung darf beim Herausschneiden der Dichtstofffugen nicht beschädigt werden. Die Dichtigkeit von Sanitäranschlüssen, wasserführenden Leitungen und Armaturen soll ebenfalls kontrolliert werden.

Die oben beschriebenen regelmäßigen Kontrollen und Maßnahmen dienen dazu, Sanierungsbedarf und Schäden rechtzeitig festzustellen, um Wassereintritt in die Konstruktion und damit Schimmelpilzbildung zu vermeiden. Regelmäßige Kontrollen und Reinigung der Bauteile und Anlagen zur Wohnungslüftung sind für die Einhaltung der Raumlufthygiene und für die Schimmelpilzprävention ebenfalls unerlässlich.[9]

Bei der freien Lüftung müssen Luftdurchlässe und Lüftungsschächte regelmäßig gereinigt werden. In Nutzungseinheiten mit ventilatorgestützter Lüftung ist neben der regelmäßigen Reinigung zusätzlich der turnusmäßige Austausch von System- und Anlagenkomponenten erforderlich.

Bei Auffälligkeiten, wie plötzlich sichtbaren Dunkelfärbungen, Wasserrändern und Wasseraufstauen im Gebäude, muss schnell gehandelt werden. Je früher das Wasser entfernt und eine technische Trocknung installiert wird sowie nicht zu trocknende Gegenstände entfernt werden, desto geringer ist die Gefahr von Schimmelpilzbildung.

17.3 Informationen für die Nutzer

Den Nutzern von Immobilien sind Informationen über geeignete Maßnahmen für die Vermeidung von Schimmelpilzbildung in Gebäuden zur Verfügung zu stellen. Sie müssen da-

9 VDI 6022 „Raumlufttechnik, Raumluftqualität", Blatt 1.

rüber informiert sein, dass luftdichte Bauweise, ungenügendes Lüftungs- und Heizverhalten, ungünstige Anordnung von Möblierung und unzureichende Reinigung Schimmelpilzbildung begünstigen.

Doch wie kann dies geschehen? Durch Aufklärung!

Im Regelfall händigen Bauträger und Architekten nach Neubau- und Umbaumaßnahmen der Bauherrschaft heute zur Übergabe des Gebäudes umfangreiche Ordner oder USB-Sticks mit Empfehlungen für die Beheizung und Belüftung sowie die Möblierung der Immobilie aus, außerdem auch Wartungs- und Pflegehinweise für Materialien und Installationen. So werden die Eigentümer über die komplexen Anforderungen und Zusammenhänge ihrer Immobilie informiert.

Bei einer Neuvermietung sind die den Mietern mitgeteilten Informationen in der Regel deutlich geringer.

Die Vielzahl von Schäden und Streitigkeiten wegen mikrobieller Belastungen in Gebäuden belegt, dass die Bewohner und Nutzer nicht oder nicht ausreichend über Kriterien für die Entstehung und die Vermeidung von Schimmelpilzbildung in bewohnten Räumen informiert sind.

Woran liegt das?

Im Gegensatz zu Gebäuden aus früherer Zeit mit einfach verglasten Fenstern und Ofenheizung sind die Gebäude in den letzten Jahrzehnten technisch immer komplexer geworden. In hochwärmegedämmten Neubauten mit oder ohne Lüftungsanlage müssen zur Vermeidung von Schimmelpilzbildung andere Dinge beachtet werden als in Altbauten mit bauzeitbedingt geringem Wärmeschutz.

Große Anforderungen an die Bewohner stellen bspw. teilsanierte Gebäude dar, an denen nur einzelne Bauteile nachträglich gedämmt oder durch Konstruktionen mit geringer Wärmeleitung ersetzt werden.

Hinzu kommt, dass in unserer Gesellschaft das Grundwissen über Wohnungspflege und Haushaltsführung vor dem Hintergrund der Schimmelprävention nicht vermittelt wird.

Wenn schon die aus dieser Klimazone stammende Bevölkerung in der breiten Mehrheit nicht über die Zusammenhänge zwischen Wohnfeuchte und Schimmelpilzbildung informiert ist, wie sollen es dann Menschen sein, die aus anderen Klimaregionen nach Deutschland ziehen? Wer bspw. aus einem Land stammt, in dem höhere Temperaturen und weniger Niederschläge herrschen, der ist auf das Wetter und die zur Reduzierung der Wohnfeuchte erforderlichen Maßnahmen in unserer Region nicht vorbereitet.

Das Corona-bedingte Arbeiten im Homeoffice und die nach Beginn des Ukraine-Krieges stark gestiegenen Energiekosten haben eine deutliche Zunahme von Schimmelpilzschäden in Gebäuden bewirkt. Auch dies ist zumeist die Folge unzureichender Kenntnis bauphysikalischer Zusammenhänge in großen Teilen der Bevölkerung.

Wohnungsunternehmen, Bauträger und Vermieter sollten die zukünftigen Bewohner/Nutzer bereits vor deren Einzug über sachgerechtes Heizen und Lüften ihrer neuen Wohn- und Nutzeinheit informieren. Dabei empfiehlt es sich, auch die jeweiligen Besonderheiten der

Mieteinheit zu erläutern, wie z.B. besondere Erfordernisse bei teilsanierten Altbauten oder bei luftdichten Neubauten und die Reinigungserfordernis von lüftungstechnischen Anlagen. Weiterhin sollten Hinweise zur Möblierung gegeben werden. Hier können bspw. die Checklisten aus *Schnapauff/Richter-Engel*[10] eine sehr gute Vorlage sein.

In verschiedenen Bereichen des öffentlichen Lebens wurde begonnen, sich Gedanken darüber zu machen, wie die Schimmelpilzproblematik einheitlich angegangen und die Information über angemessenes Heiz- und Lüftungsverhalten in der Bevölkerung verbreitet werden kann.

Das Umweltbundesamt und das Gesundheitsamt des Landes Baden-Württemberg haben bereits vor Jahren Broschüren und Informationsblätter zu diesen Themen herausgegeben, die kostenfrei angefordert oder aus dem Internet heruntergeladen werden können.

In einzelnen Bundesländern und auch regional haben sich Netzwerke gebildet, in denen sich Behörden, Verbände und Fachleute, die sich mit Schimmelpilzschäden in Gebäuden befassen, zusammengeschlossen haben, um ein einheitliches Vorgehen bei der Vorbeugung und Behandlung von Schimmelpilzwachstum in Gebäuden zu entwickeln. Beteiligt sind neben verschiedenen Landesbehörden u.a. Verbände der Wohnungswirtschaft, Grundeigentümer- und Mietervereine, Handwerkerverbände, Architekten- und Ingenieurkammern sowie Verbraucherzentralen.

Die Mitglieder dieser Netzwerke haben teils eigene Informationsbroschüren und Flyer entwickelt, andere Netzwerke bearbeiten gemeinschaftlich Empfehlungen zum Heiz- und Lüftungsverhalten und zum Umgang mit Schimmelpilzschäden.

Von den Netzwerken und einzelnen Mitgliedern werden zusätzlich telefonische Info-Hotlines, Berater-Telefone und Informationsstände zur Schimmelpilzberatung organisiert und angeboten. Vermehrt werden Erklär-Videos auf den Homepages der Netzwerkmitglieder und auf deren Präsenzen in den sozialen Medien eingestellt. Seit einigen Jahren befasst man sich auch mit Maßnahmen zur Aufklärung und Integration von Flüchtlingen und Mitbürgern aus anderen Sprachregionen. Für diese wird eine Vielzahl der genannten Informationen bereits in verschiedenen Sprachen angeboten.

Die Ergebnisse und Erfahrungen der Bearbeitung in den Landesnetzwerken werden bei regelmäßigen Treffen von deren Vertretern und zusätzlich im Netzwerk Schimmelberatung Deutschland erörtert, um auch auf überregionaler Ebene eine gemeinsame Linie zu finden.

Erklär-Videos, Flyer, Broschüren und Literatur zum Download wie auch Telefonhotlines und Beratungsstände auf Veranstaltungen erreichen jedoch nur einen geringen Anteil der Bevölkerung.

Selbst wenn die Bewohner so erreicht und über richtiges Heiz- und Lüftungsverhalten aufgeklärt werden, fällt es vielen schwer, die Empfehlungen im täglichen Leben umzusetzen, weil sie dafür oft langjährige Gewohnheiten ändern müssten.

Einen anderen Weg beschreitet bspw. das Zimmerwetter-Projekt des Regionalverband Umweltberatung Nord e.V. Bei diesem Projekt wird das Thema „Schimmelvorbeugung durch

10 Schnapauff, V.; Richter-Engel, S., AIBAU Aachener Institut für Bauschadensforschung und angewandte Bauphysik, Gemeinnützige GmbH Aachen: Gebrauchsanweisung für Häuser, Fraunhofer IRB Verlag, Stuttgart, 1997.

(energiesparende) Lüftung" an Kinder und Jugendliche vermittelt. Bei Kindern und Jugendlichen haben sich noch keine langjährigen Gewohnheiten festgesetzt. Sie sind deshalb offener und noch sehr aufnahmebereit für Verhaltensänderungen, auch im Hinblick auf das Heiz- und Lüftungsverhalten.

Ehrenamtliche Zimmerwetter-Profis besuchen auf Anforderung der Schulen fünfte und sechste Klassen und führen mit den Schülern verschiedene Experimente durch. Die Schüler sollen dabei selbst erkunden, wie es sich mit Luft- und Oberflächentemperaturen sowie der relativen Luftfeuchtigkeit in Räumen verhält. Auch zu den Themen Kondensation, CO_2-Gehalt der Luft und effektive Fensterlüftung wird experimentiert. Um im häuslichen Umfeld weiter zu forschen, nehmen die Kinder für einen Tag ein Thermohygrometer mit nach Hause und notieren ihre Messergebnisse auf einem Aufgabenblatt. Die Ergebnisse und Erkenntnisse aus den häuslichen Messungen aller Schüler werden dann in einer Abschlussstunde erörtert.

Abb. 18: Impression aus dem Zimmerwetter-Projekt, hier ein Experiment zur Erkundung der Effektivität von Lüftungsmaßnahmen.

Quelle: Eibe Maleen Krebs

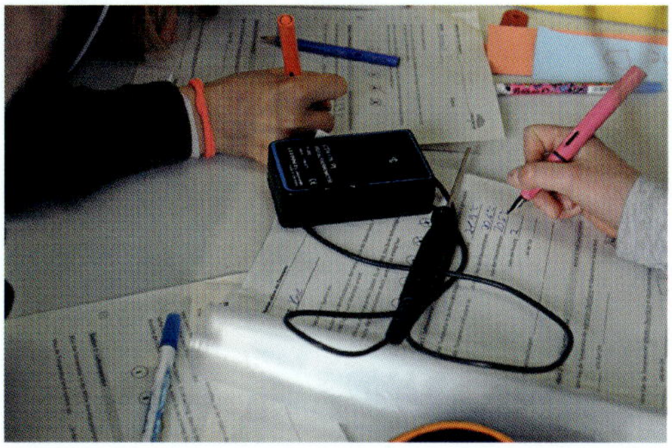

Abb. 19: Die Ergebnisse der Experimente werden in Arbeitsbögen notiert.

Quelle: Eibe Maleen Krebs

Auf diese Weise werden die Erkenntnisse aus den in der Schule durchgeführten Experimenten durch die Kinder in die Familien transportiert.

Für Wohnungsbaugenossenschaften besteht darüber hinaus die Möglichkeit, Zimmerwetter-Forscher-Stunden zu buchen. Bei diesen Veranstaltungen bieten die Wohnungsbaugenossenschaften ihren Mietern und deren sieben- bis zwölfjährigen Kindern die Möglichkeit, unter Anleitung von Zimmerwetter-Profis auf experimentelle Art Erkenntnisse zu Abhängigkeit von Oberflächen- und Raumlufttemperaturen, relativer Luftfeuchtigkeit, Luftqualität und dem Einfluss von Lüftungsmaßnahmen zu gewinnen.

Abb. 20: Zimmerwetter-Forscher bei der Arbeit

Quelle: Carsten Frömchen

Ein Projekt zur Sensibilisierung der Bevölkerung im Hinblick auf Luftverschmutzung in Räumen geht auch in diese Richtung:

Der Regionalverband Umweltberatung Nord e.V. hat in Kooperation mit dem Bundesverband für Umweltberatung e.V. das Projekt Gutes KinderzimmerWetter ins Leben gerufen. Im Rahmen von insgesamt 18 interaktiven Video-Seminaren erhalten junge Eltern Informationen dazu, wie trotz energiesparendem Heizen und Lüften Schimmelpilzbildung und Schadstoffe in der Wohnung vermieden werden können.

Den Teilnehmenden wird im Vorwege ein Thermo-Hygrometer geschenkt, damit sie Wohnklima-Messungen unter Anleitung durchführen können.

Das Projekt wird durch das Bundesministerium für Umwelt, Naturschutz, nukleare Sicherheit und Verbraucherschutz und durch das Umweltbundesamt gefördert und ist für die Nutzer kostenlos.

Auf dem Gebiet der Schimmelpilzprävention in bewohnten Gebäuden ist durch die beschriebenen gezielten Informationsangebote für die Bevölkerung viel in der Entwicklung. Diese Informationsmaßnahmen verfolgen allesamt das Ziel, die Zahl der Schimmelpilzschäden in Gebäuden weitestmöglich zu reduzieren.

Ausblick

Im Gesundheitsbereich ist das Thema Prävention bereits ein fester Bestandteil der Beratung und Vorsorge. Es ist zu wünschen, dass die Information und Sensibilisierung der Bürger zu den Themen Ursachen und Vermeidung von Schimmelpilzbildung in Gebäuden und Haushaltspflege allgemein ebenfalls als sinnvolle Maßnahme zur Schadensvermeidung erkannt werden.

Informationsangebote und Informationen zu Präventivmaßnahmen erreichen nicht alle Gebäudenutzer. Vor diesem Hintergrund würde es sich anbieten, dass das Wissen über bauphsikalische Zusammenhänge bei der Schimmelpilzbildung in Gebäuden und über die Pflege von zum Aufenthalt von Personen genutzten Räumen in den Schulen vermittelt wird. Dort könnte bspw. ein entsprechendes Unterrichtsfach oder ein Wahlpflichtkurs „Wohnkunde" in die Lehrpläne der neunten Klassen aufgenommen werden. In diesem würden die Schüler lernen, wie Innenräume regelmäßig gelüftet und beheizt werden, was bei der Möblierung und der Reinigung der Räume, Fenster und Haushaltsgeräte beachtet werden sollte, um Schimmelpilzbewuchs zu vermeiden, Energie zu sparen und dabei eine gute Luftqualität zu erhalten.

17.4 Fazit

Schimmelpilzprävention muss nicht aufwendig und teuer, sollte aber selbstverständlich sein. Ein eventueller Mehraufwand für präventive Maßnahmen entspricht jedoch meistens nur einem Bruchteil der Kosten, die für eine Schimmelpilzsanierung anfallen können.

Mit Blick auf die Gesundheit der Gebäudenutzer und die Wohnqualität in Gebäuden sollte daher beim Bauen an präventiven Maßnahmen zur Schimmelpilzvermeidung nicht gespart werden.

Die Aufklärung der Bevölkerung über die Zusammenhänge ihres Wohnverhaltens mit der Entstehung von Schimmelpilzen in Gebäuden ist sinnvoll und vermeidet teure Sanierungskosten.

Teil 5:

Schimmelpilzschäden im Versicherungsfall

18 Schimmelpilzschäden aus Sicht der Versicherer

Dr. Sven Dreher

Inhalt

18.1 Einleitung

Schimmelwachstum wird neben Faktoren wie Nährstoffdargebot, pH-Wert und Temperatur vor allem durch das Vorhandensein von Feuchtigkeit begünstigt. Dies gilt für das Vorkommen der Schimmelpilze in allen Milieus gleichermaßen, sei es in freier Natur, im Zusammenhang mit Lebens- oder Futtermitteln und auch für Innenräume von Gebäuden. Das Auftreten von Schimmelpilzen in Gebäuden ist somit ein sicherer Indikator für erhöhte Feuchtigkeit in der Bausubstanz oder auf der Oberfläche des betroffenen Bauteils. Die Ursachen hierfür sind vielfältig, bspw.:

- Baumängel aufgrund von Fehlplanungen, Ausführungsfehlern oder von Schäden am Bauwerk,
- falsches Nutzerverhalten,
- Leckagen von Leitungen innerhalb oder außerhalb des Gebäudes,
- mangelhaft ausgeführte oder falsch geplante Gebäudesanierungen (Altbauten, Umbauten),
- mangelhaft ausgeführte oder falsch geplante Lüftungsanlagen,
- Überschwemmungen, äußere Feuchtigkeitseinflüsse.

Für die Frage, ob ein versicherter Schaden vorliegt, ist zunächst die Bestimmung der Ursache erforderlich. Steht eine – oder mehrere – Ursachen fest, können die unterschiedlichsten Versicherungsverträge eintrittspflichtig sein. Diese werden nachfolgend beschrieben. Von versicherten Leistungen sind nicht schadenbedingte Ursachen wie nicht versicherte Vorschäden abzugrenzen oder bei erhöhten Innenraumkonzentrationen Einflüsse von Schimmelpilzen aus anderen Quellen, z.B. der Außenluft, zu berücksichtigen.

Für die Sanierung von Schimmelpilzschäden gibt es diverse Leitfäden, Handlungsanleitungen und Merkblätter. Die aus den Jahren 2002 und 2005 stammenden Leitfäden des Umweltbundesamtes[1] (UBA) wurden Ende 2017 überarbeitet. Im aktuellen Leitfaden werden Hinweise gegeben, wie ein Befall erkannt und wie sichtbare und verdeckte Schimmelschäden beseitigt werden können.[2] Es wird auf die Ursachen für Schimmelbefall in Gebäuden und auf nutzungsbezogene Sanierungsmaßnahmen eingegangen. Hierzu werden vier Nutzungsklassen definiert. Neben dem UBA gibt es verschiedene Institutionen, die diverse Punkte und Fragestellungen für die Schimmelpilzbewertung und -sanierung konkretisiert haben. Hierzu zählen bspw. die vom Bundesverband öffentlich bestellter und vereidigter sowie qualifizierter Sachverständiger (b.v.s.) empfohlene Richtlinie des Netzwerks Schimmel e.V.[3] (3. aktualisierte Auflage) sowie die vom Gesamtverband der Deutschen Versicherungswirtschaft e.V. (GDV) herausgegebene VdS 3151[4], die seit 2020 in einer zweiten, aktualisierten Auflage vorliegt. Auf Letztere sowie auf die allgemeine Abwicklung von Versicherungsschäden wird ebenfalls eingegangen.

18.2 Statistiken zur Wohngebäudeversicherung

Ein Teil der feuchtebedingten Schimmelpilzschäden wird über die verbundene Wohngebäudeversicherung reguliert. Diese umfasst die Gefahren Feuer, Leitungswasser, Blitz, Hagel und Sturm. Daneben können auch Elementargefahren zusätzlich versichert werden. Die Versicherung gegen Elementargefahren schützt Hausbesitzer und Mieter vor den Folgen von Naturgefahren wie Starkregen, Überschwemmung und Hochwasser.

Die nachfolgenden Statistiken zeigen Beiträge, Leistungen und Schaden-Kosten-Quoten („Combined Ratio") für die Jahre 2014 bis 2020 (Tab. 1) sowie die Anzahl der Schäden, die gezahlten Versicherungsleistungen für diese Schäden sowie den Schadendurchschnitt aufgeteilt auf die Leistungsarten Feuer, Leitungswasser, Sturm/Hagel und Elementarschäden der Jahre 2018 bis 2020 (Tab. 2). Aus Tab. 1 wird ersichtlich, dass die gezahlten Leistungen, d.h. Anzahl und Höhe der Schadenzahlungen, starken Schwankungen unterworfen sind. Bei der Schaden-Kosten-Quote werden die Versicherungsleistungen zuzüglich der internen Kosten der Versicherungsunternehmen den verdienten Bruttobeiträgen gegenübergestellt. Danach wurde in den Jahren 2016, 2017, 2019 und 2020 ein versicherungstechnisch positives Ergebnis < 100 % erzielt. In den Jahren 2014, 2015 und 2018 stehen dagegen Beitragseinnahmen von 100 EUR Ausgaben zwischen 101 EUR und 104 EUR gegenüber, somit jeweils versicherungstechnisch negative Ergebnisse.

1 Umweltbundesamt Berlin: Leitfaden zur Vorbeugung, Untersuchung, Bewertung und Sanierung von Schimmelpilzwachstum in Innenräumen, Berlin 2002.
Umweltbundesamt Berlin: Leitfaden zur Ursachensuche und Sanierung bei Schimmelpilzwachstum in Innenräumen, Dessau 2005.

2 Umweltbundesamt, Innenraumlufthygiene-Kommission des Umweltbundesamtes: Leitfaden zur Vorbeugung, Erfassung und Sanierung von Schimmelbefall in Gebäuden, Dessau-Roßlau 2017.

3 Netzwerk Schimmel et al. (3. überarbeitete Fassung vom 01.06.2022). Richtlinie zum sachgerechten Umgang mit Schimmelpilzschäden in Gebäuden – Erkennen, Bewerten und Instandsetzen (Hrsg.: Deitschun, F., Warscheid, Th.).

4 VdS 3151: Richtlinien zur Schimmelpilzsanierung nach Leitungswasserschäden, Verlag VdS Schadenverhütung GmbH, 2020-03 (02).

Tab. 1: Beiträge, Leistungen und Schaden-Kosten-Quoten in der verbundenen Wohngebäudeversicherung

Inländisches Direktgeschäft der GDV-Mitgliedsunternehmen

Jahr	Anzahl Versicherungsunternehmen	Beiträge[1]		Leistungen[2]		Schaden-Kosten-Quote[3]
		in Mio. EUR	Veränderung ggü. Vorjahr	in Mio. EUR	Veränderung ggü. Vorjahr	
2014	120	5.981	6,6%	4.341	-27,8%	101,80%
2015	120	6.342	6,0%	4.742	9,2%	101,4%
2016	117	6.791	7,1%	4.725	-0,4%	96,0%
2017	116	7.198	6,0%	5.208	10,2%	97,9%
2018	110	7.669	6,5%	5.969	14,6%	104,2%
2019	108	8.233	7,4%	5.807	-2,7%	96,7%
2020	107	8.834	7,3%	5.814	0,1%	94,4%

1 Gebuchte Bruttobeiträge; ohne Versicherungsteuer; einschl. Feuerschutzsteuer;
2 Bruttoaufwendungen für Versicherungsfälle des Geschäftsjahres;
3 Combined Ratio: Schaden-Kosten-Quote nach Abwicklung; in Relation zu den verdienten Bruttobeiträgen.

Quelle: Gesamtverband der Deutschen Versicherungswirtschaft e.V. (GDV)

Betrachtet man die Schadenanzahl, die gezahlten Leistungen im Schadenfall und den Schadendurchschnitt in der Entwicklung zwischen 2018 und 2020 (Tab. 2), ist festzustellen, dass sich sowohl in der Feuer- als auch in der Leitungswasserversicherung der Trend der vergangenen Jahre zu insgesamt immer höheren Versicherungsleistungen und einer Zunahme des Schadendurchschnitts kontinuierlich fortsetzt. In der Feuerversicherung wurden in der Addition der von allen Mitgliedsunternehmen an den GDV gemeldeten Schäden zwischen 2018 und 2020 jährlich zwischen 1,16 und 1,25 Mrd. EUR ausgezahlt. Der Schadendurchschnitt des einzelnen Schadens stieg dabei statistisch gesehen von 5.886 EUR auf 7.267 EUR an. Für die Sanierung von Leitungswasserschäden wurden in dem betrachteten Zeitraum jährlich sogar zwischen 2,94 und 3,31 Mrd. EUR aufgewendet. Der Schadendurchschnitt stieg dabei von 2.704 EUR auf 3.003 EUR an. Pro Jahr werden in Deutschland über eine Mio. Leitungswasserschäden gemeldet, d.h. im Schnitt ungefähr alle 30 Sekunden einer. Leitungswasserschäden haben eine Beteiligung von über 50% am gesamten Schadenaufwand in der Gebäudeversicherung.

Schadenanzahl und -aufwand in den Naturgefahren wie Sturm/Hagel und Elementarschäden (z.B. Starkregen, Überschwemmung) unterliegen im Gegensatz zu den Feuer- und Leitungswasserschäden je nach Stärke des Ereignisses wesentlich größeren Schwankungen und können auch regional sehr unterschiedlich ausgeprägt sein. Das Auftreten sogenannter „Kumulereignisse" wie im Juli 2021 durch das Tief „Bernd", stellt die Versicherungsbranche aufgrund der Vielzahl von Schäden in einem kurzen Zeitraum von teilweise nur wenigen Minuten oder Stunden vor große Herausforderungen. Man spricht von einem

Kumulschaden, wenn bei einer Vielzahl von Versicherungsnehmern eine große Anzahl von Schäden eingetreten ist, die durch dasselbe Schadenereignis verursacht wurden. Das Tiefdruckgebiet „Bernd" verursachte in Mittel- und Westeuropa schwere Sturzfluten, Überschwemmungen und Hochwässer. In Deutschland wird aufgrund der hohen Zahl an Todesopfern und der extremen Verwüstungen das Ahr-Hochwasser in Rheinland-Pfalz in Erinnerung bleiben. Aber auch in Nordrhein-Westfalen, vor allem im Kreis Euskirchen, verursachten die langanhaltenden, schweren Regenfälle starke Zerstörungen.

Inländisches Direktgeschäft der GDV-Mitgliedsunternehmen

Tab. 2: Schäden je Gefahr in der verbundenen Gebäudeversicherung

	Anzahl Schäden in Tausend			**Leistungen[2] in Mio. EUR**			**Schadendurchschnitt[3] in EUR**		
	2018	**2019**	**2020[5]**	**2018**	**2019**	**2020[5]**	**2018**	**2019**	**2020[5]**
Feuer[1]	200	180	170	1.160	1.170	1.250	5.886	6.639	7.267
Leitungwasser[1]	1.080	1.070	1.100	2.940	3.080	3.310	2.704	2.881	3.003
Sturm/Hagel[1]	1.200	770	830	1.430	1.240	920	1.187	1.591	1.127
Elementar[1,4]	60	50	40	290	180	160	5.035	3.598	4.422
Wohngebäudeversicherung gesamt	**2.605**	**2.137**	**2.214**	**5.969**	**5.807**	**5.814**	**2.291**	**2.717**	**2.626**

1 Schätzung aufgrund von Teilbeständen (mit der Genauigkeit gerundet auf 10.000 Stück bzw. 10 Mio. EUR);
2 Bruttoaufwendungen für Versicherungsfälle des Geschäftsjahres;
3 Es wurden alle Unternehmen berücksichtigt, die die bei der jeweiligen Kennzahl zugrunde liegenden Messzahlen auf die Untersparten aufgeteilt haben. Daraus wurde direkt (ohne Hochrechnung) der Schadendurchschnitt ermittelt.
4 Versichert sind die Gefahren Überschwemmung (Ausuferung und Starkregen), Rückstau, Erdbeben, Erdsenkung, Erdrutsch, Schneedruck, Lawinen und Vulkanausbruch.
5 2020 vorläufig

Quelle: Gesamtverband der Deutschen Versicherungswirtschaft e.V. (GDV)

Feuchtigkeit mit nachfolgender Schimmelpilzbildung kann bei Leitungswasserschäden entstehen, aber natürlich auch infolge von Starkregen- oder Hochwasserereignissen. Eine separate statistische Erfassung von „Schimmelpilzschäden" in der Leitungswasserversicherung gibt es nicht. Aus diesem Grund kann auch keine genaue Aussage darüber getroffen werden, welcher „Markt" sich genau dahinter verbirgt. Es dürfte sich dabei geschätzt zwar „nur" um einen einstelligen prozentualen Anteil der insgesamt gezahlten Leistungen handeln, allerdings liegen mittlerweile alleine die Untersuchungs- und Sanierungskosten bei größeren Schimmelpilzschäden häufig weit über den in Tab. 2 genannten statistischen Durchschnittskosten von zuletzt 3.003 EUR im Jahr 2020, die dort für die Abwicklung des gesamten Leitungswasserschadens genannt werden. Auch fällt bei Schimmelpilzsanierungen auf, dass Vorgaben zum Umfang der durchzuführenden Maßnahmen seitens der eingesetzten Gutachter und die Sanierungsstrategie der beauftragten Unternehmen sehr unterschiedlich sein können und somit für die Außenregulierer oder Innendienstmitarbeiter der Versicherungsunternehmen eine Nachvollziehbarkeit dieser Leistungen nicht immer gegeben ist.

Vor allem bei länger unbemerktem Wasseraustritt aus verdeckten Leckagen oder anderen Undichtigkeiten kann es nachfolgend zu großflächiger Schimmelpilzbildung mit entsprechend hohem Sanierungsaufwand kommen. Aber auch in den Risiken Feuer sowie Sturm/Hagel sind größere Feuchtigkeitseintritte in das Gebäude möglich. Während sich bei Feuerereignissen Löschwasser in großen Mengen im Gebäude verteilt, ist es bei Sturm- und Hagelereignissen eindringender Niederschlag aufgrund von abgedeckten Dächern oder zerstörten Fenstern. Bei Überschwemmungen sind meist ganze Keller- oder Erdgeschossetagen von Gebäuden betroffen. In allen Fällen ist eine schnelle und richtige Gebäudetrocknung entscheidend dafür, dass kein Schimmelpilzschaden entsteht.

18.3 Versicherungsschutz bei Feuchte- und Schimmelpilzschäden

18.3.1 Allgemeine Zusammenhänge

Neben Gebäudemängeln oder dem (falschen) Nutzerverhalten sind bei der Bewertung der Ursache von Schimmelpilzschäden auch natürliche thermodynamische Bedingungen mit einzubeziehen. So spielen saisonale, temperarturabhängige Einflüsse für den Feuchtigkeitsgehalt in Innenräumen eine große Rolle. Warme Luft ist in der Lage, mehr Wasserdampf aufzunehmen als kalte Luft. So kann 1 m^3 Luft bei einer Temperatur von 10 °C maximal 9,41 Gramm Wasser aufnehmen, bei 30 °C bereits 30,38 Gramm. Die in Gramm/Luftvolumen (üblicherweise g/m^3) gemessene Dampfdichte wird als absolute Luftfeuchtigkeit bezeichnet. Daraus folgt, dass ein Luftaustausch zwischen feuchter Innenraumluft und Außenluft im Sommer deutlich schlechter funktioniert als im Winter, da im Sommer ähnliche Außen- und Innentemperaturen mit vergleichbarer Luftfeuchtigkeit herrschen. In kälteren Monaten (oder kühleren Tages- bzw. Nachtzeiten) kann die Feuchtigkeit des wärmeren Innenraums dagegen deutlich effektiver und schneller gegen kalte Außenluft abgeführt werden. Probleme können in den Sommermonaten entstehen, wenn **warme Außenluft** auf kühle Wände in Keller oder Souterrain trifft und dort kondensiert. Im Winter kann es dagegen zur Kondensation von warmer und feuchter **Innenraumluft** an kühlen Wänden in unzureichend geheizten Räumen oder schlecht gedämmten Außenwänden mit hohem Wärmedurchgangskoeffizienten oder an Wärmebrücken kommen. Ein klassisches Beispiel hierfür ist die Feuchteproduktion während mehrstündigen Schlafes durch Atmen und Schwitzen in oftmals kühlen Schlafzimmern, in deren Folge es dann zu Schimmelpilzbildung an den Wänden oder an kalten Gebäudeecken kommen kann. Aber auch Feuchtigkeit, die z.B. beim Duschen im Badezimmer oder beim Trocknen von Wäsche in der Wohnung entsteht, muss effektiv abgeführt werden.

Ein weiterer saisonaler Effekt ist die natürliche jahreszeitliche Konzentrationsschwankung von Schimmelpilzsporen in der Außenluft, die in der Vegetationsperiode zwischen Frühjahr und Herbst verstärkt auftreten. Insbesondere in ländlichen Gebieten etwa während der Getreideernte können extrem hohe natürlich bedingte Schimmelpilzkonzentrationen vorkommen, die dann erheblich über den Konzentrationen liegen, bei denen Sanierungsbedarf bei Innenraumschäden besteht. Diese Außenpilze kommen über Lüftungsanlagen oder über die normale Fensterlüftung in das Gebäudeinnere. Hohe Schimmelpilzkonzentrationen in Gebäuden stellen somit nicht automatisch einen Mangel oder eine Gesundheitsgefährdung dar, da wir ihnen in der Umwelt natürlich und in teils hohen Konzentrationen ausgesetzt sind. Viele der Außenluftarten können auch in Innenräumen als Folge von Feuchteschäden vorkommen. Deshalb sind bei Messungen, die feststellen sollen, ob eine Schimmelbelastung aus einer internen Quelle, d.h. aus dem Gebäude selber stammt, immer vergleichende Innen- und Außenluftmessungen vorzunehmen und die oben beschriebenen Zusammenhänge zu beachten.

Bereits diese Beispiele verdeutlichen, dass Schimmelpilze immer in Gebäuden und in der Umwelt vorkommen und ihre Konzentrationen je nach den lokalen, zeitlichen und bauphysikalischen Gegebenheiten schwanken. Der analytische Nachweis von Schimmelpilzen ist somit noch kein Beleg für einen Mangel, einen Schaden oder für eine Gesundheitsgefährdung. Messungen an der Bausubstanz oder der Innenraumluft werden in jedem, auch „unbelasteten" Gebäude Schimmelpilze nachweisen können. Dies ist sowohl bei der Bewertung von Luftmessungen als auch von Materialproben zu berücksichtigen. Insoweit gilt es – gerade wenn in einem Versicherungsfall Ansprüche geltend gemacht werden – vorrangig festzustellen, ob tatsächlich die Möglichkeit einer Innenraumquelle vorhanden ist und auf welcher Ursache diese beruht. Erst wenn die Ursache bekannt ist, kann geprüft werden, ob Versicherungsschutz aus einem bestehenden Vertrag besteht oder nicht.

Neben diesen teilweise auch für Fachleute schwierig zu beurteilenden Konstellationen gibt es jedoch auch eindeutige Fälle, in denen Schimmelpilze bspw. als Folge eines Leitungswasserschadens auftreten und durch die Gebäudeversicherung gedeckt sind. Hierfür hat der Gesamtverband der Deutschen Versicherungswirtschaft (GDV) die VdS 3151 als Handlungsanleitung zum Vorgehen und zur Sanierung bei Schimmelpilzbefall erstellt, die die bestehenden Vorschriften z.B. zum Arbeitsschutz und zur Probenahme sowie die gängigen Vorgehensweisen zur Trocknung und Sanierung zusammenfasst (siehe Kap. 18.5). Der „klassische" Leitungswasserschaden weist i.d.R. jedoch keinen nachfolgenden Schimmelpilzbefall auf. Die Abläufe bei einem Leitungswasserschaden sind vom GDV in den „Richtlinien zur Leitungswasserschaden-Sanierung (VdS 3150)" erarbeitet worden. Die VdS 3150 wurde im April 2018 veröffentlicht.

18.3.2 Versicherungsprodukte

Wenn infolge von Feuchte- oder Wasserschäden nachfolgend Schimmelpilze auftreten, können unterschiedliche Versicherungsprodukte leistungspflichtig sein. Der häufigste Fall dürfte die Regulierung über die **Leitungswasserversicherung der Gebäudeversicherung** sein, sofern ein „bestimmungswidriger Austritt" des Leitungswassers vorliegt.

Bei Gebäudeschäden durch Hochwasser und Überschwemmungen greift die **Elementarschadenversicherung**. Sie kann optional im Rahmen der normalen Gebäudeversicherung zusätzlich abgeschlossen werden. Dabei sind nicht nur Überschwemmungen durch ausufernde Flüsse, sondern auch durch Starkregen gedeckt.

Wenn die Ursache eines Wasserschadens ein Montage- oder Planungsfehler ist, für den ein Verantwortlicher herangezogen werden kann, tritt dessen **Berufs- bzw. Betriebshaft-**

pflichtversicherung ein. Sachschäden an Neubauten innerhalb der Bauphase können über eine **Bauleistungsversicherung** versichert werden.

Letztlich sind drei Faktoren dafür entscheidend, welcher Versicherer bzw. welcher Versicherungsvertrag im Schadenfall heranzuziehen ist: die Ursache, die zu dem Schaden geführt hat, die Haftung des Schadenverursachers und der Inhalt der Vertragsbedingungen („Deckung"). Ob der Schaden aus der Haftpflicht- oder aus der Sachversicherung (Gebäude, Elementar, Bauleistung) heraus bezahlt wird, ist von großer Bedeutung für den Versicherungsnehmer. Wichtigster Punkt ist dabei, dass bei den gesetzlichen Ansprüchen aus der Haftpflichtversicherung der meist geringere Zeitwert der betroffenen Sache entschädigt wird, während die Gebäudeversicherung eine Neuwertentschädigung beinhaltet.

18.3.2.1 Gebäudeversicherung – Leitungswasser

Die für die Bildung von Schimmelpilz notwendige Feuchtigkeit kann unter Umständen als Folge eines versicherten Leitungswasserschadens auftreten, etwa dann, wenn es sich um einen seit längerer Zeit unentdeckten Feuchteschaden handelt oder besonders „anfällige" Baumaterialien wie z.B. Gipskarton- oder OSB-Platten betroffen sind. Die Leitungswasserversicherung deckt Rohrbruch- und Frostschäden, bei denen das Gebäude durch den Austritt von Leitungswasser Nässeschäden erleidet. Unter Rohrbruch wird dabei nicht ein schlagartiges Versagen der Dichtigkeit verstanden, sondern allgemein die „nachteilige Veränderung", d.h. die Schädigung des Rohrmaterials, wobei die darin geleiteten Flüssigkeiten „bestimmungswidrig" aus Löchern oder Rissen austreten. Dies kann durch Korrosion, mechanische Beschädigungen, z.B. Einschlagen von Nägeln oder Dübeln, oder sonstige Ursachen entstehen. Auch können Flüssigkeitsaustritte aus nicht dicht verbundenen Rohrverbindungen resultieren. Hieraus können somit sowohl plötzliche Schäden als auch Allmählichkeitsschäden resultieren.

Frostschäden entstehen durch die Volumenvergrößerung von Wasser unterhalb des Gefrierpunktes von 0 °C. Dies kann zum Aufplatzen der Rohrleitungen führen. Diese Schäden machen sich meist erst in der Auftauperiode bemerkbar, wenn das gefrorene Wasser wieder flüssig wird und dann austritt.

Voraussetzung für den Leistungsfall ist ein bestimmungswidriger Leitungswasseraustritt aus Zu- oder Ableitungsrohren der Wasserversorgung oder verbundenen Schläuchen. Der bestimmungswidrige Leitungswasseraustritt bezieht sich darüber hinaus auf „Einrichtungen" der Wasserversorgung, die mit den Zu- oder Ableitungsrohren der Wasserversorgung verbunden sind. Damit sind alle Anlagen gemeint, in denen Wasser fließt, in denen Wasser ge- oder verbraucht oder zu sonstigen Zwecken aufgenommen wird, bspw. sanitäre Einrichtungen wie Badewannen, Duschen, Waschbecken oder auch Wasch- und Geschirrspülmaschinen sowie Boiler oder Durchlauferhitzer. Somit sind auch Schäden aus übergelaufenen Badewannen oder Waschbecken, z.B. wegen ungenügend geschlossener Armaturen, oder auch undichte Silikonfugen in den Duschwannen bzw. der Duschkabine gedeckt. Rückstauschäden sind dann gedeckt, wenn sich z.B. häusliches Abwasser aufgrund einer Verstopfung zurückstaut.

Über die Leitungswasserversicherung nicht gedeckt sind Nässeschäden, die nicht aus dem Leitungswassersystem stammen, sondern allgemein aus der Umwelt, wie eintretendes Grundwasser, Schäden durch stehende oder fließende Gewässer, Überschwemmung/Hochwasser und Witterungsniederschläge wie Starkregenereignisse.

Der genaue Deckungsumfang ergibt sich immer aus dem jeweiligen Versicherungsvertrag und kann je nach Versicherungsgesellschaft deutlich unterschiedliche Leistungen beinhalten!

Ausschluss von Schwamm

Bezogen auf Innenraumschäden ist der Ausschluss von Schäden durch Schwamm von Bedeutung. Hier erfolgte aufgrund des BGH-Urteils IV ZR 212/10 vom 27. Juni 2012 eine Klarstellung, dass sich der Ausschluss nicht nur auf den „Echten Hausschwamm", sondern allgemein auf „Schwammbefall als Folge eines versicherten Leitungswasseraustritts" bezieht. Der BGH konkretisiert den Schwammbegriff auf „alle Arten von Hausfäulepilzen", gemeint sind damit alle holzzerstörenden Pilze. Dem Urteil lag das Bedingungswerk WGB F 01/03 der Wohngebäudeversicherung aus dem Jahr 2003 zugrunde. Im Text heißt es: *„6.2 Der Versicherungsschutz gegen Leitungswasser erstreckt sich ohne Rücksicht auf mitwirkende Ursachen nicht auf Schäden durch .... 6.2.5 Schwamm; ..."*

Dem Rechtsstreit lag folgender Vorgang zugrunde: Im Februar 2003 entdeckte der Versicherungsnehmer, dass infolge eines defekten Pressrings Wasser aus einem Heizungsrohr seiner Obergeschosswohnung austrat. Die Leckage wurde durch Erneuerung des Pressrings behoben und der Fußboden des Obergeschosses bzw. die Decke des Erdgeschosses im März 2003 durch eine Fachfirma getrocknet. Der Schaden wurde seitens der Versicherung anerkannt und mit Zahlung von 1.000 EUR erledigt. Im März 2004 wurde im Obergeschoss ein luftundurchlässiger PVC-Boden verlegt. Im August 2004 begannen Küchenmöbel in den neu verlegten Boden einzusinken. Als Ursache wurde ein durch Feuchtigkeit hervorgerufener Befall der Holzteile der Fußboden-/Deckenkonstruktion mit Braunem Kellerschwamm ermittelt. Der Versicherungsnehmer meldete diesen Schaden als Folgeschaden des ersten Versicherungsfalles und verlangte die Erstattung der infolge des Schwammbefalls angefallenen Sanierungskosten. Dies wurde von der Versicherung unter Hinweis auf den Ausschluss durch Schwamm abgelehnt.

In vielen Bedingungswerken der Wohngebäudeversicherung bezog sich der Ausschluss bis dahin explizit auf den „Echten Hausschwamm". In anderen Bedingungen – wie auch hier – war jedoch allgemein der Begriff „Schwamm" aufgeführt. Der BGH führte aus, dass sich keine Anhaltspunkte dafür entnehmen lassen, dass mit dem Wort „Schwamm" allein der Echte Hausschwamm bezeichnet werden soll. Vielmehr seien umgangssprachlich mit dem Begriff „Schwamm" im Zusammenhang mit Gebäuden „pflanzliche Holzzerstörer" bezeichnet und führt als bekannteste Arten den Echten Hausschwamm, den Braunen Kellerschwamm, den Porenschwamm und verschiedene Blattlinge an. Daneben verweist das Gericht auf eine Liste nach *Huckfeldt* unter www.hausschwamminfo.de.

Für die Regulierungspraxis bedeutet das, dass seit diesem Urteil Folgeschäden durch holzzerstörende Pilze nicht gedeckt sind, sofern in den Bedingungen ein allgemeiner Schwammausschluss definiert ist. Vereinfacht ausgedrückt sind somit Tragwerks- oder sonstige massive Holzschäden, die praktisch immer durch holzzerstörende Pilze (aufgrund des Abbaus von Zellulose, Hemizellulose oder Lignin) und nicht durch das Leitungswasser selber verursacht werden, vom Versicherungsschutz ausgeschlossen. Dies kann vereinzelt zu erhöhtem Probenahme- und Bestimmungsaufwand führen. Da Schimmelpilze Zersetzungen eher im Mikrobereich verursachen und keine vollständige Zerstörung von Vollholz bewirken können, sind diese von dem Urteil nicht betroffen.

Aktuell wird ein Rechtsstreit ausgetragen, der sich mit der Thematik eines Schimmelausschlusses beschäftigt (BGH, Urt. v. 12.7.2017, IV ZR 151/15). Strittig ist hier u.a., ob ein Schimmelschaden eine *„regelmäßige oder zumindest sehr häufige, zwangsläufige und kennzeichnende Folge des Austritts von Leitungswasser“* ist oder nicht. Diese Frage zielt darauf ab, ob ein allgemeiner Ausschluss von Schimmelschäden das Leistungsversprechen des Versicherers auf umfassenden Schutz für die Folgen von Leitungswasserschäden aushöhlt oder nicht. Dies darf nach Auffassung des BGH nur durch einen Sachverständigenbeweis geklärt werden, was in den Vorinstanzen unterblieben ist. Die Sache wurde zur neuen Verhandlung und Entscheidung an das Berufungsgericht zurückverwiesen. In den bisherigen Vorinstanzen war die Klage des Versicherungsnehmers erfolglos geblieben, u.a. weil nach Meinung der Gerichte die Erwägungen zum „Schwammschaden-Ausschluss“ auf den Streitfall übertragbar seien. Der Fall ist bisher noch nicht endgültig entschieden.

18.3.2.2 Elementarschadenversicherung

Neben den Risiken Feuer, Leitungswasser und Sturm/Hagel können in der Wohngebäudeversicherung zusätzliche „Elementargefahren“ versichert werden. Diese in der Elementarschadenversicherung zusammengefassten Risiken sind:

- Überschwemmung,
- Rückstau,
- Erdbeben, Erdrutsch, Erdsenkung/Erdfall,
- Schneedruck,
- Lawinen,
- Vulkanausbruch.

Wasserschäden infolge von Überschwemmung oder von Rückstau aufgrund der Überlastung des öffentlichen Kanalnetzes können innenraumrelevante mikrobiologische Belastungen zur Folge haben. Sowohl bei Wasser, welches aus der Kanalisation über Rohrleitungen in das Gebäude eindringt, als auch bei flächenhaften Überschwemmungsereignissen ist mit dem Eindringen von verunreinigtem Wasser zu rechnen. Die Verunreinigungen bei Überschwemmungen aufgrund von Starkregen resultieren vor allem aus dem Straßen- oder allgemein Oberflächenschmutz, der durch die Wassermassen aufgenommen und dort gelöst wird. Darüber hinaus können jedoch auch wassergefährdende Stoffe, wie Heizöl aus aufschwimmenden Heizölanlagen, oder auch landwirtschaftliche Produkte aus Ställen oder gedüngten Flächen eine Rolle spielen. Sofern ein Fluss-Hochwasser zur Überschwemmung geführt hat, ist die Qualität des Flusswassers ebenfalls ein Kriterium. Hierbei spielt bspw. die Nähe zu Industriegebieten oder allgemein industriellen Betrieben, die mit wassergefährdenden Stoffen umgehen, eine Rolle. Darüber hinaus leisten die in der Kanalisation geführten Abwässer ebenfalls einen erheblichen Beitrag zur Verunreinigung.

Entscheidend für den Versicherungsschutz bei Überschwemmungen ist, dass eine Überschwemmung bzw. Überflutung des „Grund und Bodens" des Versicherungsgrundstücks mit „erheblichen Mengen" von Oberflächenwasser stattfindet und dass das Oberflächenwasser von der Erdoberfläche in das Gebäude eindringt. Ausdrücklich hiervon abzugrenzen und vom Versicherungsschutz ausgeschlossen sind Schäden durch Grundwasser, welches ebenfalls infolge von Hochwasser oder Starkregen so weit ansteigt, dass es „von unten" durch Bodenplatte oder Wände als drückendes Grundwasser Gebäudeschäden verursacht. Auch das Ansammeln von Wasser im Kellerschacht und Eindringen in das Gebäude von dort folgt nicht der Definition des Eindringens über die Geländeoberfläche und ist somit ebenfalls vom Versicherungsschutz ausgeschlossen.

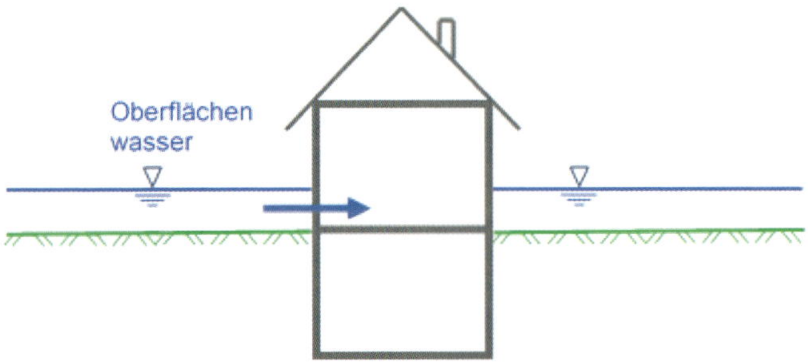

Abb. 1: Über die Elementarschadenversicherung gedeckte Überschwemmung durch Oberflächenwasser.

Quelle: R+V-Versicherung, überarbeitet durch Dr. Sven Dreher

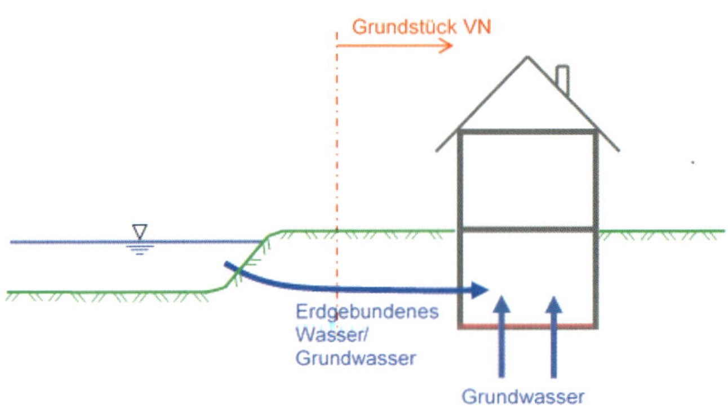

Abb. 2: Über die Elementarschadenversicherung nicht gedeckter Schaden durch eindringendes Grundwasser (VN = Versicherungsnehmer).

Quelle: R+V-Versicherung, überarbeitet durch Dr. Sven Dreher

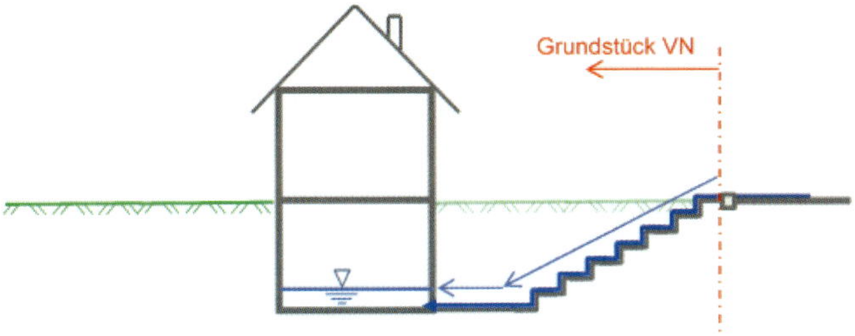

Abb. 3: Über die Elementarschadenversicherung nicht gedeckter Schaden, da keine Überschwemmung des Grundstücks. Wasser dringt als „Sturzbach" über Wege oder die Kellertreppe in den Keller ein (VN = Versicherungsnehmer).

Quelle: R+V-Versicherung, überarbeitet durch Dr. Sven Dreher

Ein Rückstau ist gemäß den Bedingungen gegeben, wenn Wasser durch Ausuferung von oberirdischen (stehenden oder fließenden) Gewässern oder durch Witterungsniederschläge bestimmungswidrig aus dem Rohrsystem der Wasserversorgung des versicherten Gebäudes, den gebäudeeigenen Ableitungsrohren oder damit verbundenen Einrichtungen in das Gebäude eindringt. Mit den gebäudeeigenen Ableitungssystemen bzw. dem Rohrsystem der Wasserversorgung sind alle auch in der Leitungswasserversicherung erwähnten Rohre und Einrichtungen gemeint. Im Einklang damit sind außen liegende Dachrinnen, außen liegende Regenabflussrohre sowie Dränageleitungen nicht versichert.

Der klassische Auslöser für Rückstau ist ein Starkregenereignis, welches zu einer Überlastung des öffentlichen Kanalnetzes führt, wenn die Wassermassen nicht vollständig aufgenommen und abgeführt werden können. Daraus resultierende Gebäudeschäden sind maximal bis zur Rückstauebene möglich, d.h. bis zu der Höhe, auf die das Wasser im öffentlichen Netz ansteigen kann. Näherungsweise ist das die Gelände- oder Gehwegoberkante. Rückstausicherungen in den Gebäuden bilden einen wirksamen Schutz gegen dieses Szenario. Sie können über Landesbauordnungen oder Ortssatzungen verpflichtend vorgeschrieben sein.

Zur Risikoklassifizierung bedient sich die Versicherungswirtschaft einer Einstufung nach den sog. ZÜRS-Zonen (Zonierungssystem für Überschwemmung, Rückstau und Starkregen). Diese bewerten in vier Zonen z.B. die Nähe des zu versichernden oder bereits versicherten Gebäudes zu Flussläufen und das damit verbundene Überschwemmungsrisiko. Wenn ein Haus in der höchsten Gefährdungsklasse 4 liegt, bedeutet dies, dass ein Hochwasser innerhalb von zehn Jahren wahrscheinlich ist. In Gefährdungsklasse 3 ist die statistische Wahrscheinlichkeit eines Hochwassers einmal in zehn bis 100 Jahren gegeben, in Gefährdungsklasse 2 nur noch einmal in 100 bis 200 Jahren. In der niedrigsten Gefährdungsklasse 1 ist mit einem Hochwasser in mehr als 200 Jahren zu rechnen. In dieser Zone liegt die überwiegende Mehrheit der Gebäude in Deutschland. Die Einstufung erfolgt objektbezogen und individuell aufgrund der Eingabe der Adressdaten oder der Geo-Koordinaten.

18.3.2.3 Bauleistungsversicherung

Die Bauleistungsversicherung gewährt Versicherungsschutz gegen Sachschäden durch unvorhergesehen eingetretene Beschädigungen oder Zerstörungen am Bauvorhaben während der Bauzeit. Je nach Intention und Interesse des Versicherungsnehmers bestehen zwei unterschiedliche Versicherungsvarianten: die ABN (Allgemeine Bedingungen für die Bauleistungsversicherung von Gebäudeneubauten durch Auftraggeber) und die ABU (Allgemeine Bedingungen für die Bauleistungsversicherung von Unternehmerleistungen). Die ABN versichert den Auftraggeber, d.h. den Bauherrn, sowie alle am Bauobjekt beteiligten Unternehmen. Versicherungsgegenstand ist dabei das gesamte Bauvorhaben, d.h. alle Lieferungen und Leistungen beim Neubau oder Umbau eines Gebäudes einschließlich dazugehöriger Außenanlagen. Die ABU kann dagegen vom Auftragnehmer, d.h. vom beauftragten Unternehmer, abgeschlossen werden, um nur seine eigenen Lieferungen und Leistungen am Bauvorhaben zu versichern. Nicht versichert sind Mängel der versicherten Lieferungen und Leistungen. Dies gilt aber gleichermaßen auch für die Haftpflichtversicherung. Die Unterscheidung in ABN und ABU dürfte in den nächsten Jahren an Bedeutung verlieren, da es ein neues Bedingungswerk gibt, welches beide Interessen zusammenfasst und welches von den Versicherungsunternehmen nach und nach am Markt angeboten wird. Grundlage für die neuen ABBL (Allgemeine Bedingungen für die Versicherung von Bauleistungen) bilden die Musterbedingungen des GDV aus dem Jahr 2018 (Fassung 10/2021).

Bezogen auf Feuchte- und ggf. nachfolgende Schimmelschäden spielen Schäden durch un- oder außergewöhnliche Witterungseinflüsse die Hauptrolle. Starkregenereignisse können im Rohbau oder bereits im Ausbauzustand befindliche Gebäude erheblich schädigen. „Normale" Witterungseinflüsse, mit denen aufgrund der jahreszeitlichen und örtlichen Verhältnisse gerechnet werden muss, sind allerdings vom Versicherungsschutz ausgeschlossen. Aufschluss darüber, wie ein Witterungsereignis bezüglich der Begriffe „ungewöhnlich" oder „außergewöhnlich" einzustufen ist, geben Wettergutachten. Die Bewertung bezieht sich dabei auf das konkrete Starkregenereignis am Schadentag, d.h. die Intensität des Niederschlags zu diesem Zeitpunkt. Nach besonderer Vereinbarung können auch *„Schäden durch Gewässer und/oder durch Grundwasser, das durch Gewässer beeinflusst wird"* (ABN/ABU 2010) infolge von *„ungewöhnlichem"* oder *„außergewöhnlichem Hochwasser"* versichert werden.

18.3.2.4 Haftpflichtversicherung

Bei einer Haftpflichtversicherung werden die Schadensersatzansprüche „Dritter" reguliert, also nicht die eigenen Schäden am Objekt des Versicherungsnehmers wie in der Gebäude-, Elementar- oder Bauleistungsversicherung. Viele Versicherer bieten Versicherungsprodukte an, die genau auf das Risikoportfolio bestimmter Berufsgruppen wie Planer, Architekten, ausführende Firmen im Baugewerbe oder Hersteller von Produkten zugeschnitten sind. Man spricht hierbei von der Berufs- oder Betriebshaftpflichtversicherung. Dennoch ist es wichtig, auch bei diesen Versicherungsprodukten genau auf den Deckungsumfang zu achten, da trotz spezieller Vereinbarungen nicht automatisch alle Risiken des jeweiligen Unternehmens abgedeckt werden.

In Schadensfällen ist die gesetzliche Haftung Anspruchs- und Regulierungsgrundlage. Von besonderer Bedeutung ist § 823 BGB, welcher die Schadensersatzpflicht regelt. Andere wichtige gesetzliche Grundlagen bilden haftungsseitig z.B. das Handelsgesetzbuch (HGB), hier vor allem die Mängelrüge gemäß § 377 („Prüf- und Rügepflicht"), sowie das Versicherungsvertragsgesetz (VVG) auf Seiten der Versicherungsbedingungen. Neben dem Ausgleich von Schadensersatzansprüchen bietet die Haftpflichtversicherung auch Rechtsschutz bei der Abwehr unberechtigter Ansprüche.

Die Haftpflichtversicherung wird bei einem Schaden dann eintrittspflichtig, wenn den Versicherungsnehmer ein Verschulden am eingetretenen Schaden trifft („deliktische Haftung", z.B. Verstöße gegen geltende Vorschriften und Normen, soweit diese nicht vorsätzlich begangen wurden) oder ihm ein „gefahrerhöhendes Verhalten" im Rahmen der Gefährdungshaftung nachgewiesen wird. Hierzu zählt bspw. die Verkehrssicherungspflicht, etwa beim Absichern einer Baustelle.

Den Leistungsumfang der Betriebshaftpflichtversicherung bei werkvertraglichen Sachmängeln zeigt die folgende Übersicht (Abb. 4). Sie verdeutlicht, dass Erfüllungsschäden, d.h. Mängel am eigenen Gewerk des Versicherungsnehmers, einen nicht versicherten Haftungstatbestand (Mangelschaden) darstellen und nur der Folgeschaden bei Dritten, d.h. der Mangelfolgeschaden, gedeckt ist.

Sofern Nachbesserungsbegleitschäden explizit eingeschlossen werden, sind auch bei einem Mangelschaden die Such-, Freilege- und Wiederherstellungskosten, die erforderlich sind, um die Nachbesserung am mangelhaften Gewerk durchführen zu können, gedeckt. Die Nachbesserung am eigenen Gewerk selbst unterliegt dagegen nicht dem Versicherungsschutz. Sofern eine erweiterte Produkthaftpflichtversicherung besteht, sind die Aus- und Einbaukosten, die für den Austausch eines vom Versicherungsnehmer gelieferten mangelhaften Produktes anfallen, gedeckt. Nur im Zusammenhang mit einem Mangelfolgeschaden sind Mangelnebenkosten, sofern ausdrücklich eingeschlossen, gedeckt. Hierunter fallen Leistungen, die erforderlich sind, um die mangelhafte Werkleistung, die einen Schaden verursacht hat, zugänglich zu machen und den vorherigen Zustand wiederherzustellen.

In Bezug auf Folgeschäden von Werkmängeln besteht über die Betriebshaftpflichtversicherung allgemein Versicherungsschutz für Personen- und Sachschäden, die infolge einer mangelhaften Werkleistung des Versicherungsnehmers eintreten („Drittschaden" bzw. „Mangelfolgeschaden").

Im Schadenfall kann die Prüfung, welche Leistungen über die Betriebshaftpflichtversicherung abgedeckt werden, erfolgen, indem zunächst festgestellt wird, welche Werkleistung zwischen Versicherungsnehmer und dem Geschädigten vereinbart wurde. Prüfbasis können bspw. Angebote, Leistungsverzeichnisse oder Rechnungen sein. Sodann ist zu ermitteln, ob bzw. in welchem Umfang die geschuldete Leistung des Versicherungsnehmers mangelhaft war und zu Schäden geführt hat. In einem weiteren Schritt sind dann Umfang und Art der Schäden unter Berücksichtigung der Trennung von Mangel- und Mangelfolgeschaden zu untersuchen.

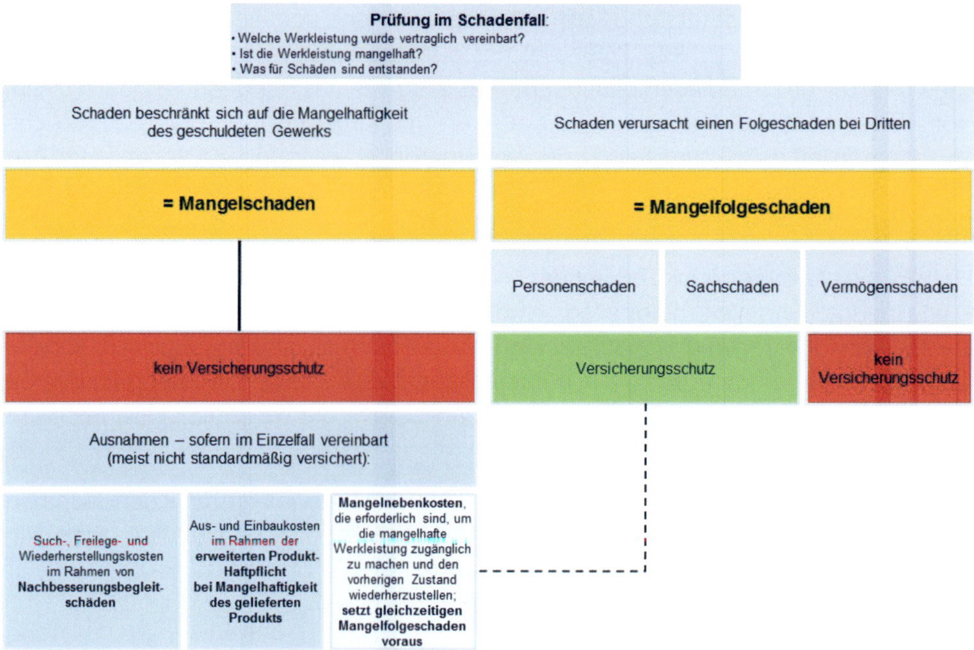

Abb. 4: Leistungsumfang der Betriebshaftpflichtversicherung bei werkvertraglichen Sachmängeln.

Quelle: Dr. Sven Dreher

18.4 Abwicklung von Versicherungsschäden (Sachschaden)

Wenn die Ursache, die zu einem Schimmelpilzschaden geführt hat, durch einen Versicherungsvertrag, z.B. eine Gebäude-Leitungswasserversicherung gedeckt ist, sollte der Versicherer so früh wie möglich durch den Versicherungsnehmer über den Schaden informiert und eingebunden werden. Die frühzeitige und umfassende Schadenmeldung führt dazu, dass Versicherer und Versicherungsnehmer die Schadensbehebung kooperativ und übereinstimmend durchführen können. Spätere Missverständnisse oder Unstimmigkeiten, die sich bspw. auf die Frage der Deckung insgesamt oder auch auf den Umfang und die Angemessenheit von Maßnahmen beziehen, werden dadurch vermieden. Die professionelle Unterstützung des Versicherers, z.B. bei der Gestellung von Handwerkern, Trocknungs- und Sanierungsfirmen oder von Gutachtern, führt auch zu einer beschleunigten Schadenbehebung.

Die Schadenmeldung an den Versicherer kann auf verschiedene Weise erfolgen: telefonisch, schriftlich per Brief, Fax oder E-Mail oder online über die Internetseiten der Versicherungsunternehmen. In allen Fällen ist es seitens des Versicherungsnehmers erforderlich, Angaben zum Vertrag (Versicherungsscheinnummer), zum Schaden selbst, zum Schadenort, zur möglichen Schadenursache und – sofern bekannt – zu der zu erwartenden Schadenhöhe zu machen. Auch sollte eine Dokumentation des Schadens per Fotos erfolgen. Nach der Schadenmeldung, die bei telefonischer Meldung in vielen Fällen bereits eine erste Abstimmung über das weitere Vorgehen beinhaltet, erhält der Versicherungsnehmer eine

Schadennummer, die in der weiteren Korrespondenz zur eindeutigen Zuordnung immer anzugeben ist.

Der Versicherungsvertrag sieht vor, dass der Versicherer seine Verpflichtung durch Zahlung eines Geldbetrages an den Versicherten erfüllt. Der Versicherer kann somit zwar unterstützen, die Auftragsvergabe für Reparatur-, Instandsetzungs- oder Sanierungsarbeiten muss aber grundsätzlich vom Gebäudeeigentümer, der häufig auch der Versicherungsnehmer ist, oder einer von ihm bevollmächtigten Person erfolgen. Bei Wohnungseigentümergemeinschaften kann die Hausverwaltung bevollmächtigt sein. Der Gebäudeeigentümer als Auftraggeber hat die durchgeführten Arbeiten abzunehmen und hat für die Arbeiten Gewährleistungsansprüche bei den ausführenden Unternehmen.

Es besteht auch die Möglichkeit, dass der Versicherungsnehmer seinen Entschädigungsanspruch gegen den Versicherer an den Auftragnehmer abtreten kann. Dabei rechnet der Auftragnehmer (z.B. das Trocknungs- oder Sanierungsunternehmen) direkt mit dem Versicherungsunternehmen ab und der Versicherte muss bei der Bezahlung nicht in Vorleistung treten. Die vertraglich vereinbarte Entschädigungshöhe bleibt davon jedoch unberührt, d.h. mögliche Abzüge für Selbstbeteiligung, für nicht ersatzpflichtige Leistungen oder für Wertverbesserungsmaßnahmen, ebenso das Abnahmerecht und die Gewährleistungsansprüche, die beim Auftraggeber liegen.

18.4.1 Regressmöglichkeiten

Sofern es im Falle eines über einen Leitungswasserschaden gemeldeten Schimmelpilzbefalls Hinweise auf die Verursachung durch einen Dritten gibt, sollte dies der Versicherungsnehmer oder der beauftragte Gutachter (s.u.) unbedingt dem Versicherungsunternehmen mitteilen. Hierzu sind möglichst umfassende Beweise zu sichern, z.B. über eine Fotodokumentation oder das Aufbewahren von schadenrelevanten Gegenständen wie Armaturen, Rohren oder anderem. Schäden, die der Gebäudeversicherung gemeldet werden, aber durch einen Dritten verursacht wurden, können sein:

- Anbohren oder Beschädigen einer Leitung,
- mangelhafte Ausführungen im Zusammenhang mit Reparaturen, Umbauten etc. wie undichter Siphon, undicht verpresste Leitungsverbindung,
- Materialfehler,
- Planungs- oder Konstruktionsfehler.

Auch können Schäden wie Rohrbrüche von Nachbargebäuden oder -grundstücken ausgehen, für die der Nachbar oder das Versorgungsunternehmen verantwortlich ist.

Für den Versicherungsnehmer ist es meist sinnvoll, den Schaden zunächst über die Gebäudeversicherung abzuwickeln, da dieser Anspruch i.d.R. wesentlich einfacher nachzuweisen ist als die Anspruchsvoraussetzungen gegen den Schadenverursacher. Da die Ansprüche mit Zahlung des Entschädigungsbetrages auf den Versicherer übergegangen sind, kann er im Nachgang die Haftungsansprüche gegen den Dritten bzw. dessen Haftpflichtversicherung geltend machen. Von diesem Vorgang bleibt der Versicherungsnehmer unberührt. Allerdings ist ein erfolgreicher Regress für ihn von Vorteil, da dadurch sein eigener Gebäude-Versicherungsvertrag aufgrund der Übernahme von Kosten durch den Verursacher entlastet wird. Ein weiterer Vorteil bei dieser Abwicklung ist, dass die Gebäudeversicherung den Schaden zum Neuwert ersetzt. Der Anspruch an den Schadenverursacher besteht jedoch nur zum Zeitwert. Der Neuwert ist i.d.R. höher als der Zeitwert, da dieser Abzüge durch Alter, Zustand und Abnutzung berücksichtigt.

18.4.2 Zeitwert/Neuwert

Der Zeitwert beschreibt den Wert einer Sache zu einem festgelegten Zeitpunkt und berücksichtigt die Zeitkomponente bei der Wertermittlung. Im versicherungstechnischen Sinne versteht man darunter den Neuwert einer Sache abzüglich der Wertminderung durch Alter und Abnutzung. Bei einer Zeitwertbestimmung ist somit die technische Wertminderung durch Alter und Abnutzung zu ermitteln.

Die Zeitwertermittlung für Gebäude ist u.a. in der Wertermittlungsrichtlinie (Baugesetzbuch) geregelt. In die Zeitwertermittlung fließen die Gesamtnutzungsdauer (je nach Gebäudetyp und Nutzungsart ist diese unterschiedlich; hierzu gibt es umfangreiche Literatur) und die Restnutzungsdauer ein. Die Restnutzungsdauer kann durch einen sehr guten Erhaltungszustand (regelmäßige Reparaturen, Wartungen, Modernisierungen) erhöht oder durch einen schlechten Erhaltungszustand (keine Wartung, keine Modernisierung ...) vermindert sein.

Die Versicherung zum Zeitwert spielt in der Wohngebäudeversicherung nur eine geringe Rolle. Dies liegt daran, dass es in der Wohngebäudeversicherung keine untere Zeitwert- bzw. Entwertungsgrenze gibt. Üblicherweise wird eine Zeitwertversicherung für Risiken, die einer starken Entwertung unterliegen, vereinbart. Sie kommt für die Gebäudeversicherung aber dann zum Tragen, wenn eine Wiederbeschaffung bzw. ein Wiederaufbau innerhalb der bedingungsgemäß vorgeschriebenen Frist nicht erfolgt.

Der Neuwert ist der ortsübliche Neubauwert des Gebäudes. Der Neuwert bemisst sich nach Größe, Ausstattung sowie Ausbau des Gebäudes. Hierzu gehören auch Architektengebühren sowie sonstige Konstruktions- und Planungskosten (Ziff. 11.1 WGB S 07/09).

18.4.3 Die Rolle des Sachverständigen

Bei größeren Schimmelpilzschäden werden häufig Sachverständige beauftragt. Auftraggeber kann sowohl der Versicherungsnehmer als Geschädigter als auch der Versicherer sein. Der Auftragsgegenstand kann somit unterschiedliche Zielsetzungen beinhalten.

Den Versicherer wird vor allem interessieren, welche Ursache der Schaden hat (um festzustellen, ob der Schaden vertraglich gedeckt ist), wer für den Schaden verantwortlich ist (ebenfalls um die Eintrittspflicht zu prüfen, aber auch um mögliche Regressansprüche wahrnehmen zu können), welche Sanierungsmöglichkeiten es gibt und welche Schadenhöhe ungefähr im Raum steht.

Der Versicherungsnehmer beauftragt einen Sachverständigen dagegen häufig, weil ihm die Erfahrung im Umgang mit entsprechenden Schäden fehlt und er sich vom Fachmann eine allgemeine Beratung zum weiteren Vorgehen, teilweise auch zu Fragen möglicher Gesundheitsgefährdungen durch Schimmelpilze erhofft. Insoweit ist der Auftrag an den

Sachverständigen durch den Gebäudenutzer oder -besitzer als Privatmann häufig weniger klar definiert als durch das Versicherungsunternehmen. Dies lässt dem eingeschalteten Sachverständigen dann auch Raum für mehr oder weniger weitgehende Untersuchungen, bei denen keineswegs klar ist, ob die daraus resultierenden Kosten auch vom Versicherungsunternehmen übernommen werden. Aus diesem Grund sollte im Schadenfall die Beauftragung eines Sachverständigen immer mit dem Versicherer abgestimmt werden. Falls die Einschaltung eines Sachverständigen erfolgt, bevor klar ist, dass es sich um einen versicherten Schaden handelt, ist im Eigeninteresse des Auftraggebers in jedem Fall vor Beauftragung ein Angebot mit Auftragsumfang und Kosten vom Sachverständigen einzuholen.

Auch kann der betroffene Versicherungsnehmer mangels Erfahrung die Qualität und fachliche Expertise eines Sachverständigen, der aus dem Branchenbuch oder dem Internet ausgewählt wird, nur schwer erkennen. Trotz Bemühungen von Fachverbänden oder entsprechenden Institutionen sind leider nach wie vor Gutachter tätig, deren Qualifizierung für das komplexe Thema der Beurteilung und Sanierung von Schimmelpilzschäden ungenügend ist. Da der Begriff des „Sachverständigen" weder geschützt noch an verbindliche Qualitätskriterien gebunden ist, führt diese Bezeichnung für sich genommen häufig in die Irre. Dies gilt auch für den ebenso wenig geschützten und keinem bestimmten Berufsbild zuordenbaren Begriff des „Baubiologen". Davon abzugrenzen ist der „öffentlich bestellte und vereidigte" (öbuv) Sachverständige, der für sein Fachgebiet vor den Industrie- und Handelskammern (IHK), Architekten-, Ingenieur-, Landwirtschafts- und Handwerkskammern oder den Landesregierungen umfassende Prüfkriterien durchläuft, bis er diesen Titel erhält. Für Schimmelpilzschäden wäre bspw. die Zulassung für die Beurteilung von Schadstoffen in Innenräumen oder von Schäden an Gebäuden (beides mit Schwerpunkt Schimmelpilze oder mikrobiologische Belastungen) notwendig. Diese Sachverständigen sind auch als unabhängige Gutachter vor Gericht zugelassen. Fachlich und regional passende Sachverständige können den Listen der IHK entnommen werden.

Neben den öbuv-Gutachtern gibt es jedoch auch Fachverbände, in denen erfahrene und qualifizierte Sachverständige mit unterschiedlichsten Ausbildungen wie Architekten, Bauingenieure, Mikrobiologen, Geologen oder auch Sachverständige mit besonderer technischer oder handwerklicher Berufsausbildung organisiert sind.

18.4.3.1 Aufbau und Inhalt eines Gutachtens

Aufgrund der oben beschriebenen unterschiedlichen Qualifizierung der im Schadenfall eingeschalteten Sachverständigen erschien es dem GDV notwendig, in der VdS 3151 „Richtlinien zur Schimmelpilzsanierung nach Leitungswasserschäden" (siehe nachfolgendes Kapitel) Mindestanforderungen an ein Schimmelpilz-Gutachten vorzugeben. Ziel ist es, ein möglichst nachvollziehbares Bild vom Vorgehen, den Überlegungen zu Untersuchungen und Probenahmen, zur Bewertung des Sachverhaltes und zum Sanierungskonzept des beauftragten Sachverständigen zu erhalten.

Gemäß VdS 3151 sollte das Gutachten folgende Inhalte und Informationen enthalten:

In einer **Einleitung** sind der Auftragsumfang und das Untersuchungsziel zu beschreiben, z.B. Ermittlung der Schadenursache, Abgrenzung des Schadenbereiches, Abgrenzung von befallenen zu nicht befallenen Materialien, Erstellung eines Sanierungskonzeptes oder Ermittlung der Schadenhöhe. Es sind **Angaben zum Schadenobjekt** zu machen, wobei das geschädigte Gebäude, sein Alter und sein Zustand zu beschreiben sind. Der Schwerpunkt soll dabei auf den vom Schaden betroffenen Bauteilen, Baumaterialien und Räumlichkeiten liegen. Der Zeitpunkt der Ortsbegehung sowie sämtliche Teilnehmer sind zu benennen, ebenso die zur Gutachtenerstellung verwendeten Unterlagen, z.B. bereits vorhandene Berichte oder Gutachten, Laborberichte, Schadenmeldungen, Angebote.

Zur **Ursache des Schimmelpilzbefalls** und des Schadenereignisses ist Stellung zu nehmen. Dazu sollten folgende Punkte erwähnt werden:

- Angaben zum Zeitpunkt der Schadenentstehung oder – falls dies nicht möglich ist – der Entdeckung des Schadens. Hierbei ist zu klären, wann erstmals Feuchtigkeit festgestellt wurde, wann die Schadenursache entdeckt wurde, wann bzw. ob getrocknet wurde und wann der Schimmelpilzbefall festgestellt wurde.
- Plausibilitätsprüfung zu den Angaben der Beteiligten bzw. der Schadenmeldung.
- Sofern neben der gemeldeten Ursache wie Rohrbruch noch weitere Ursachen ermittelt werden (z.B. Nutzerverhalten, Gebäudemängel, Vorschäden etc.), sind diese zu beschreiben und ihr Verursachungsanteil an der Schimmelpilzbildung abzuschätzen.

Die für die Ursachen verantwortlichen Ereignisse sind zu benennen, z.B. Korrosion, mangelhaftes Bauteil oder durch Dritte verursachte Schäden. Bei Letzterem sollten die Verantwortlichen und ihre Tätigkeit bezogen auf den Schaden möglichst genau benannt werden.

Der Umfang des Schimmelpilzbefalls aus der Ortsbesichtigung, d.h. Lage, Fläche und Ausdehnung von visuell erkennbarem Schimmelpilzbefall, ist anzugeben und zu dokumentieren. Auch ist auf weitere Auffälligkeiten wie muffiger oder schimmliger Geruch oder Ergebnisse von Feuchtigkeitsmessungen einzugehen. Sofern weiter gehende Untersuchungen oder Probenahmen durchgeführt werden, sind diese detailliert zu beschreiben.

Probenahmen von Baumaterialien dienen der Ermittlung des Schadenausmaßes, d.h. der räumlichen Eingrenzung des Schadens oder der Feststellung, ob überhaupt ein Schaden vorliegt. Nicht in jedem Fall sind Probenahmen notwendig. So ist in einem zeitnah entdeckten und fachgerecht getrockneten Wasserschaden das Risiko einer Schimmelpilzbildung sehr gering. Vertiefende mikrobiologische Untersuchungen sind in diesen Fällen nur bei begründetem Verdacht, z.B. bei besonders anfälligen Materialien, notwendig. Auch sind keine Proben bei sichtbarem Befall an sowieso zu sanierenden oder rückzubauenden Flächen nötig. Hier können Probenahmen lediglich zur Abgrenzung von nicht befallenen Bereichen sinnvoll sein.

Beprobungen in verdeckten Bereichen (z.B. hinter Wand- und Deckenverkleidungen oder unterhalb des Estrichs) sind vorzugsweise im vermuteten Schadenzentrum durchzuführen, sofern der Verdacht auf eine Schimmelpilzbildung besteht. Weitere Beprobungen ergeben sich ggf. aufgrund der Durchfeuchtung. Bei stehendem Wasser im Schadenzentrum ist es sinnvoll, vorwiegend feuchte Randbereiche zu beproben, da das Wachstum von Schimmelpilzen eher dort erfolgt. Die Probenahme hat fachgerecht, staubfrei und steril, korrekt verpackt und eindeutig beschriftet und dokumentiert zu erfolgen.

Bei speziellen Gebäudebedingungen ist zu prüfen, ob Referenzmessungen in anderen Innenräumen des Gebäudes zur Beurteilung des Schadens herangezogen werden können.

Bei der **gutachterlichen Bewertung** sind die im Auftrag gestellten Fragen zu beantworten. Dabei sind alle vorliegenden Ergebnisse einzubeziehen und zu interpretieren. Vergleichende Werte oder Tabellen sind mit Quellenangabe zu erläutern. Das Sanierungsziel ist zu erläutern. Der **Sanierungsvorschlag** soll die erforderlichen Sanierungsmaßnahmen beschreiben, mit denen die vereinbarten Sanierungsziele vollständig erreicht werden. Voraussetzung ist die Beseitigung der Ursache. Neben der Beschreibung von Sofortmaßnahmen (falls nicht bereits durchgeführt) sind die durchzuführenden Maßnahmen in den betroffenen Sanierungsbereichen und an den zu sanierenden Bauteilen zu beschreiben (Trocknung, Rückbau, Desinfektionsmaßnahmen, Versiegelungen). Auch sind Hinweise zum Arbeitsschutz, ggf. auch Bautenschutz oder möglichen vorhandenen Gefahrstoffen in der Bausubstanz zu geben. Bei Sanierungen größeren Umfangs sind die Maßnahmen durch den Sachverständigen zu begleiten und zu kontrollieren. Nach Abschluss der Arbeiten ist eine Endkontrolle durchzuführen und zu dokumentieren.

Allgemeine Angaben zu möglichen Gesundheitsgefährdungen durch Schimmelpilze oder einzelnen Schimmelpilzgattungen sind nicht zielführend, da sie sich individuell völlig unterschiedlich ausprägen. Sofern jedoch konkrete Hinweise auf gesundheitliche Beeinträchtigungen der Nutzer vorliegen (z.B. Allergiker oder immunsupprimierte Personen), ist dies zu beschreiben und bezüglich der Dringlichkeit der Sanierungsmaßnahmen zu berücksichtigen.

18.5 Richtlinien zur Schimmelpilzsanierung – die VdS 3151

Eine Expertengruppe hat unter Leitung des Autors Richtlinien erarbeitet, die eine fachgerechte Sanierung und ein möglichst einheitliches Vorgehen bei versicherten Schimmelpilzschäden, die infolge eines Leitungswasserschadens auftreten, ermöglichen soll. Die Ergebnisse der Arbeitsgruppe finden sich in der VdS 3151 („Richtlinien zur Schimmelpilzsanierung nach Leitungswasserschäden"). Die 2. Auflage 2020 wurde grundlegend überarbeitet und ergänzt, z.B. um das Thema Fäkalwasserschäden. Sie berücksichtigt u.a. die Regelungen der Berufsgenossenschaftlichen Information zum Arbeitsschutz (DGUV-Information 201-028) und die Empfehlungen des Schimmelleitfadens des UBA und bereitet diese praxisgerecht auf. Als Ergänzung zu den Richtlinien VdS 3150 und VdS 3151 erschien im Februar 2023 das „Merkblatt Fäkalwasserschäden (Schwarzwasserschäden)" als VdS 3154. Dieses Merkblatt enthält wichtige Hinweise für den fachgerechten Umgang mit Fäkalwasserschäden als fakultativer Leitfaden für die Beteiligten und Betroffenen.

In den Richtlinien zur Schimmelpilzsanierung, der VdS 3151, wird vorausgesetzt, dass die Ursache des Leitungswasserschadens, der zu der Schimmelpilzbelastung geführt hat, bekannt (und behoben) ist. Somit geht es hier nicht mehr um die Ursachenforschung für das Wasser-/Feuchteereignis, sondern vorwiegend um die Sanierung des nachgelagerten Schadens. Insoweit wird auch nicht auf bauphysikalische Aspekte oder Untersuchungsmethoden wie Leckageortung eingegangen. Neben dem aus Schadenverhütungssicht wichtigen Thema der technischen Trocknung werden verschiedene Aspekte der Sanierung wie Sofortmaßnahmen, Sanierungsmethoden, Feinreinigung und Erfolgskontrolle beschrieben. Auf das Mustergutachten im Anhang („Mindestanforderungen an ein Schimmelpilz-Gutachten") wurde bereits im vorhergehenden Kapitel ausführlich eingegangen. Daneben finden sich Vorlagen für die Schadendokumentation und für Messprotokolle, eine Übersicht über Messmethoden für Feuchtigkeitsmessungen, ein Muster-Lageplan für die Darstellung von Probenahmen und Messungen sowie ein Ablaufschema bei Versicherungsschäden.

In den Richtlinien wird davon ausgegangen, dass es neben dem Rückbau auch Alternativen gibt. So ist es in bestimmten Fällen und unterstützend zu anderen Methoden durchaus möglich, Materialien mit Bioziden zu behandeln oder so vom Innenraum abzuschotten, dass von diesen keine Gefährdung für den Bewohner ausgeht und auch keine Schädigung der Gebäudesubstanz vorliegt. Das UBA wählt im neuen Leitfaden anstelle des Terminus „Desinfektion" den Begriff „Biozideinsatz". Dieser Terminus wird auch in der Neufassung der VdS 3151 übernommen. Letztlich sollten bei den Überlegungen, welche Sanierungsmethode angewendet wird, auch wirtschaftliche Aspekte und die Wiederherstellung des üblichen Gebrauchszustandes eines Raumes, einer Wohnung oder eines Gebäudes eine Rolle spielen. Hierbei ist auch die Nutzung der Räumlichkeiten (handelt es sich z.B. um eine wenig aufgesuchte Waschküche im Keller, einen Schlafraum, ein Kinderzimmer, eine Abstellkammer im Dachstuhl) und die jeweilige gesundheitliche Disposition der Bewohner (z.B. Allergiker) zu berücksichtigen. Diese Überlegung hat nun auch das UBA im seinem neuen Leitfaden aufgegriffen und verschiedene Nutzungsklassen mit unterschiedlichen Anforderungen an die Innenraumhygiene definiert. Die Tabelle der Nutzungsklassen I – IV wird in der VdS 3151 übernommen.

Weitere Ergänzungen betreffen beispielsweise eine Stellungnahme zu Bakterien. Alleine aufgrund des Auftretens von Bakterien Maßnahmen oder Handlungsempfehlungen abzuleiten, erachtet die Arbeitsgruppe der VdS 3151 als problematisch. Dies sollte einzelfallbezogen begründet werden, da es für Bakterien bisher weder einheitliche Bestimmungs- noch Bewertungsmethoden gibt.

Bezogen auf die labormäßige Untersuchung von Materialproben – vor allem bei der Untersuchung von Estrich-Dämmschichten – wird außerdem die Wichtigkeit der Direktmikroskopie herausgestellt. Dadurch können verlässlich Indikatoren für aktives Wachstum – also Befall aufgrund des Auftretens von Hyphen, Mycel und Fruchtkörpern – erkannt werden. Eine Kultivierung mit Bestimmung der KBE-Anzahl ist als alleinige Methode nicht belastbar.

Da es sich bei Schimmelpilzen um natürliche, überall in der Natur vorkommende Mikroorganismen handelt, ist eine gewisse Hintergrundbelastung in der Luft, die jahres- und tageszeitlichen Schwankungen unterliegt, normal. Auch ist von Hintergrundbelastungen in Baumaterialien auszugehen. Schon beim Einbringen eines Estrichs in der Bauphase werden zusätzlich zu den natürlich vorhandenen Schimmelsporen Schmutzpartikel mit weiterer Sporenbeaufschlagung sowie eine hohe Baufeuchte in den Fußbodenaufbau eingebracht. Die erhöhte Baufeuchte in der Bodenkonstruktion kann dort in Verbindung mit den Schimmelsporen bereits zu einem mikrobiellen Bewuchs führen. Andere Materialien wie Bauhölzer lagern häufig länger im Freien und werden so bereits vor dem Einbau mit Schimmelpilzen kontaminiert bzw. bewachsen.

18.5.1 Trocknung

Die frühzeitige und fachgerechte Trocknung nach einem Wasserschaden ist entscheidend für die Vermeidung von Folgeschäden wie Schimmelpilzbefall. Insoweit wird in der VdS 3151 auf die Grundlagen der Trocknungstechnik und die verschiedenen technischen Trocknungsmethoden eingegangen. Im Anhang der VdS 3151 werden die Anwendungsgebiete der verschiedenen Feuchtigkeitsmessmethoden und ihre Vor- und Nachteile kurz beschrieben und gegenübergestellt (dielektrische Feuchtemessung, Widerstandsmessung, Thermo-Hygrometer, Mikrowellenmessung, CM-Methode, Neutronensonde, Darr-Methode).

Sofern bereits sichtbarer Schimmelpilzbefall oder aber der Verdacht auf verdeckte oder nicht sichtbare Schimmelpilzbildung bzw. auf andere Schadstoffe in der Bausubstanz besteht (z.B. asbesthaltige Bodenbeläge etc.), sind bei der Trocknung besondere Vorsichtsmaßnahmen zu beachten. Auf jeden Fall ist die Estrich-Dämmschichttrocknung bei Verdacht auf eine Schimmelpilzbelastung oder auf Gefahrstoffe in der Gebäudesubstanz im **Unterdruckverfahren** auszuführen („saugendes Verfahren"), da beim Überdruckverfahren die Gefahr besteht, dass Schimmelsporen oder andere Schadstoffe über die Gebläse im Innenraum verteilt werden und auf diese Weise auch bisher unbelastete Räumlichkeiten sekundär verunreinigt („kontaminiert") werden. Eine Filterung der Luft mittels HEPA-Filter ist dabei als Standard anzusehen.

Verdeckter Befall liegt vor, wenn es sich um nicht offen liegende Flächen handelt, z.B. in der Estrich-Dämmschicht oder hinter Hohlräumen. Bei nicht sichtbarer Schimmelpilzbildung handelt es sich um einen primären Befall oder um eine sekundäre Verunreinigung, die sich noch im mikroskopischen Wachstumsstadium befinden und somit mit bloßem Auge nicht wahrnehmbar sind. Während es sich bei primärem Befall um aktives Wachstum an der feuchten Schadenstelle handelt, spricht man von sekundärer Verunreinigung (oder Kontamination) bei Ablagerungen, die vom ursprünglichen Schadenort über Luftbewegungen an eine andere Stelle verfrachtet wurden und sich dort absetzen.

18.5.2 Sanierungsmaßnahmen

In den Richtlinien werden folgende Sanierungsmethoden beschrieben:

- *Demontage (ausbauen und entfernen)*
- *Reinigung ohne Biozideinsatz*
- *Reinigung mit Biozideinsatz*
- *Abschottung einer Belastung vom Innenraum (Wohnbereich), sodass keine Belastung der Innenraumluft erfolgen kann.*

18.5.2.1 Reinigung

Eine Reinigung (ggf. auch mit Einsatz von Bioziden) an belasteten Materialien vor deren Entfernung (z.B. schimmelpilzbelastete Tapeten etc.) senkt die Exposition von Schimmelpilzbestandteilen in die Raumluft und dient damit dem Arbeitsschutz für nachfolgende Maßnahmen. Außerdem erleichtert eine verringerte Gesamtkonzentration an Schimmelpilzen in der Raumluft die abschließende Feinreinigung. Dies gilt ebenso für die fachgerechte Ablüftung der Arbeitsbereiche. Außerdem ist zu bedenken, dass auch Hausrat betroffen sein kann. Ob dies der Fall ist und ob eine Reinigung von Hausrat möglich ist, kann über eine Probenahme („Klebefilmprobe") und nachfolgende mikroskopische Untersuchung festgestellt werden.

Nach Beendigung der Sanierung ist eine abschließende Feinreinigung durchzuführen. Hierbei werden alle Stäube entfernt, die im Rahmen der Sanierungsarbeiten freigesetzt worden sind. Ziel der abschließenden Feinreinigung ist es, die Sporenkonzentration auf ein für Wohnzwecke übliches Maß herabzusetzen. Es soll zum einen ein erneutes Ankeimen verbliebener Sporen auf Oberflächen und zum anderen sollen mögliche Gesundheitsgefährdungen für die Bewohner durch Allergene vermieden werden. Die abschließende Feinreinigung ist i.d.R. ohne den Einsatz von Bioziden durchzuführen. Die Sanierung inkl. der Feinreinigung wird anschließend durch eine Erfolgskontrolle (s.u.) überprüft.

Es ist auch möglich, Reinigung und Biozidbehandlung in einem Arbeitsschritt miteinander zu kombinieren. So kann bei kleineren Befallsflächen ein Abwischen mit Desinfektionsmitteln (z.B. mit Alkohol – geeignet ist 70%iges Isopropanol – oder mit verdünntem Wasserstoffperoxid) vor allem auf glatten, dichten Flächen ausreichend sein.

18.5.2.2 Biozideinsatz

Biozide können gemäß der VdS 3151 in bestimmten Fällen, meist begleitend und unterstützend zu anderen Maßnahmen, eingesetzt werden. Da ein Infektionsrisiko durch Schimmelpilze für den Menschen im üblichen Wohnumfeld praktisch zu vernachlässigen ist, dient der im Rahmen einer Sanierung angewendete Biozideinsatz auch nicht wie etwa in Krankenhäusern der Vermeidung eines Infektionsrisikos, also der tatsächlichen „Desinfektion" im wahrsten Sinne des Wortes, sondern sie soll vielmehr die Keimfähigkeit von Schimmelpilzen und die von ihnen ausgehende Belastung reduzieren. Es handelt sich somit vielmehr um eine unterstützende hygienische Maßnahme.

Unter der Voraussetzung, dass die Ursache der einwirkenden Feuchtigkeit behoben ist, sind kurzzeitig wirkende Mittel (Alkohol, Wasserstoffperoxid, Peressigsäure) die Mittel der Wahl, da sie sich schnell zersetzen und somit keine schädlichen Folgen für die Nutzer haben. Allerdings ist beim Einsatz auf mögliche Folgeschäden wie Korrosions- oder Bleichwirkungen bzw. Explosionsfähigkeiten zu achten. Die Einsatzfelder sind vielschichtig und individuell je nach Schadenbild festzulegen, z.B. Reinigung mit Biozideinsatz von oberflächlichem Befall, Biozideinsatz bei schlecht zugänglichen Hohlräumen im Kaltnebelverfahren (Abb. 5) oder Spülen/Schäumen von Estrichdämmschichten. Vielfach wird auch eine Belastung der Randfuge zwischen Boden und aufgehender Wand festgestellt und darauf begründet ein kompletter Austausch der Estrichdämmung (inkl. Estrich und Bodenbelag) gefordert. Da dieses Schadenbild häufig jedoch ausschließlich die Randfuge selber betrifft und nicht die gesamte Bodenfläche, kann die Behandlung der Randfuge mit einem Biozid eine wirksame und wesentlich kostengünstigere Alternative sein.

In allen Fällen ist zu prüfen, ob die befallenen Materialien überhaupt erhaltungswürdig sind, d.h., ob die Materialeigenschaften nach einem Wasserschaden noch gegeben sind. Bei Materialien, die schnell besiedelt werden können, z.B. Raufaser, Gipskarton- oder Weichholzfaserplatten, ist i.d.R. ein Rückbau zu bevorzugen. Die Wirksamkeit der Biozide ist – wie auch der gesamte Sanierungserfolg, unabhängig von der angewendeten Methode – durch eine Erfolgskontrolle nachzuweisen.

Ein weiteres Einsatzfeld bietet sich an, wenn Trocknungs- und Sanierungsmaßnahmen erst verzögert durchgeführt werden können. Hierbei kann eine Reinigung mit Biozideinsatz je nach Schadenbild, z.B. durch Fogging im Kaltnebelverfahren oder durch die Spülung der Estrichdämmschicht, das Schimmelwachstum so lange verzögern, bis die Trocknungsmaßnahmen eingeleitet werden können.

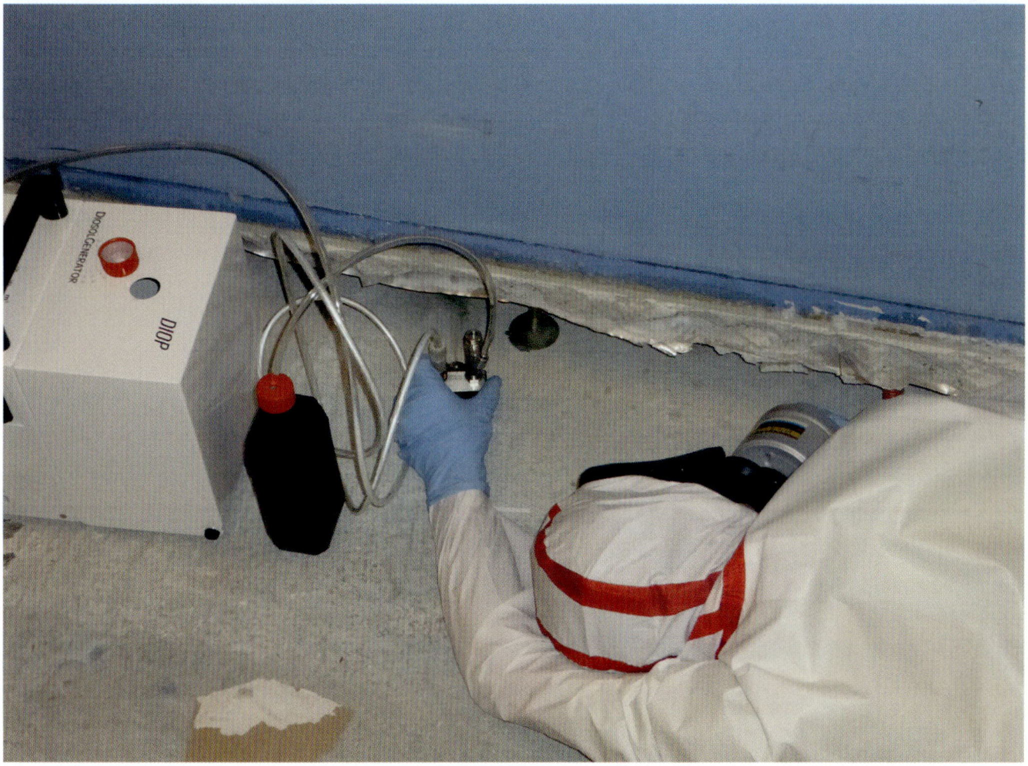

Abb. 5: Kaltnebelverfahren zur Desinfektion von unzugänglichen Hohlräumen.

Quelle: Fa. Sprint Sanierung GmbH

Für welche Zwecke und in welchem Umfang Biozide eingesetzt werden können, wird nach wie vor strittig diskutiert. Nach aktueller Auffassung des UBA können bei kleineren Schimmelbelastungen Biozide eingesetzt werden. Dies würde bspw. für die klassische Wärmebrücke gelten, bei der es ohne aufwendige bauliche Maßnahmen wiederkehrend zu Schimmelbefall kommt (Abb. 6).

Abb. 6: Schimmelpilzbildung über einer Dusche aufgrund erhöhter Feuchteproduktion, ungenügender Luftabfuhr und einer Wärmebrücke in der Gebäudeecke.

Quelle: Dr. Sven Dreher

18.5.2.3 Abschottung zum Innenraum

Mit der „Abschottung" als Sanierungsmethode ist nicht die Abtrennung des Arbeitsbereiches während der Sanierungsdurchführung gegen unbelastete Räumlichkeiten gemeint, sondern die Abschottung von möglichen Restbelastungen oder wirtschaftlich nicht zu sanierenden Bereichen gegenüber dem Innenraum (auch „Einkapselung"). In der Praxis kommt es immer wieder vor, dass Feuchtigkeit in den Randfugen zwischen schwimmendem Estrich und aufgehender Wand sehr begrenzt zu einer Belastung der dortigen Dämmschicht führt. Diese Situation kann durch Reinigung mit Biozideinsatz des Estrich-Randstreifens und ggf. zusätzliche Abschottung saniert werden. Auch ist es grundsätzlich möglich, nach einer Estrichspülung eine zusätzliche Abschottung des Randstreifens vorzunehmen. Abschottungen sind jedoch nicht auf den Bereich der Estrich-Randfugen begrenzt, sondern können auch als Sanierungsmaßnahme bei anderen schwer zugänglichen Stellen, z.B. Installationsschächten, geprüft werden.

18.5.2.4 Demontage

Demontagen, also Rückbaumaßnahmen, haben den Vorteil, dass durch den Ausbau und die Entfernung des belasteten Materials eine vollständige Beseitigung von Schimmelpilzbelastungen gewährleistet ist. Auf der anderen Seite führen sie zu erheblicher Staub-

und Sporenfreisetzung und zu teilweise langfristiger Nichtnutzung von Räumlichkeiten oder ganzen Gebäuden. Auch stellt sich – gerade bei der Bewertung von Schimmelpilzbelastungen in Materialien – häufig die Frage, ob es sich bei den vorgefundenen Konzentrationen (sofern eine entsprechende Probe vorliegt) um einen „Schaden" bzw. eine „Belastung" oder um einen „Hintergrundwert" handelt. Hierzu gibt es verschiedene, meist laborinterne Untersuchungen, deren Bewertung letztlich dem Sachverständigen obliegt. Allgemeingültig kann gesagt werden, dass rasch zu besiedelnde Materialien mit hohem organischen Anteil, z.B. Trockenbauwände oder Raufasertapeten, i.d.R. rückzubauen sind. Gerade bei Trockenbauwänden besteht die Möglichkeit, diese nur im befallenen Bereich rückzubauen und neues Material wieder anzusetzen (Abb. 7). Auch beim Rückbau sind wirtschaftliche Überlegungen in die Sanierungsplanung mit einzubeziehen und Alternativen zu prüfen, da neben dem Rückbau und der Wiederherstellung der Gewerke beim Abtransport der befallenen Materialien zusätzlicher Aufwand durch das Verpacken, Entsorgen und durch Sicherungsmaßnahmen, die eine Verschleppung von Schimmelsporen durch unbelastete Räumlichkeiten vermeiden sollen, anfällt.

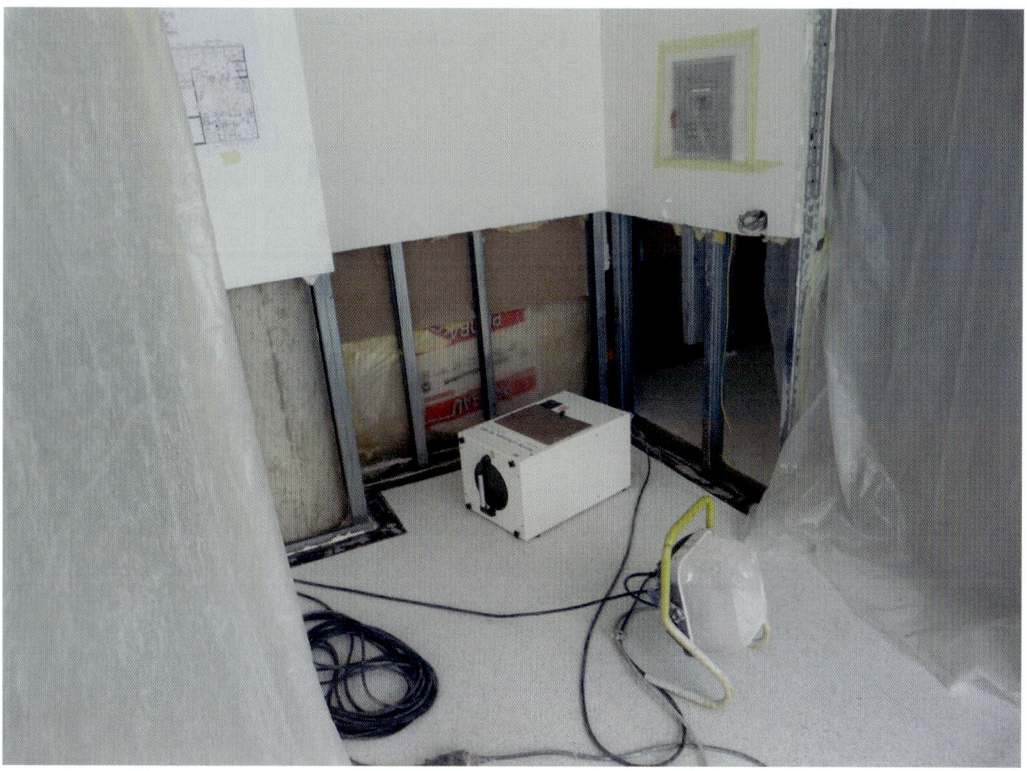

Abb. 7: Teilentkernung einer von unten geschädigten Gipskartonwand.

Quelle: Fa. Sprint Sanierung GmbH

Vor allem bei Belastungen der Bodenkonstruktion bzw. der Estrichdämmschicht wird in letzter Zeit sehr häufig ein Rückbau des kompletten Bodenaufbaus gefordert. Dabei ist erstens zu berücksichtigen, dass bei einer erfolgreichen technischen Trocknung kein weiteres Schimmelwachstum mehr möglich und zweitens ein Übergang von in der Dämmung verbliebenen Schimmelsporen in die Gebäuderaumluft praktisch zu vernachlässigen ist. Außerdem wird durch das Einbringen eines neuen Estrichs wieder Feuchtigkeit in die Bodenkonstruktion eingebracht, was dort zu einem erneuten Bewuchs führen kann.

18.5.2.5 Erfolgskontrolle

Der Erfolg der Sanierung ist mit einer Erfolgskontrolle zu belegen. Hierbei kann es ausreichend sein, zu prüfen, ob das Sanierungskonzept umgesetzt wurde, d.h., ob alle Maßnahmen wie vorab beschrieben durchgeführt wurden. Mit einer Sicht- und Wischkontrolle ist die Feinreinigung zu überprüfen, d.h., ob noch sichtbarer Staub auf Böden, Zwischenräumen, Hohlräumen etc. erkennbar ist. Weiterhin sollte durch abschließende Feuchtemessungen die ordnungsgemäße Trocknung und die erfolgreiche Beseitigung der Feuchtigkeitsursache geprüft werden. Auch hat der sanierte Bereich geruchlich unauffällig zu sein. Umfangreiche Probenahmen sind somit nicht zwangsläufig für eine Erfolgskontrolle notwendig. Bei Sanierungsmaßnahmen größeren Umfangs dienen sie jedoch haftungsseitig der Entlastung der tätigen Unternehmen und Gutachter im Rahmen einer Abnahme.

Die Bewertung der Ergebnisse ist Sache des Gutachters. Häufig werden für die Erfolgskontrolle in Anlehnung an den Schimmelpilz-Sanierungsleitfaden des Umweltbundesamtes aus dem Jahr 2005 die dort aufgeführten Kategorien „Innenraumquelle nicht auszuschließen" oder „Innenraumquelle unwahrscheinlich" als Referenzwert verwendet. Auch im aktuellen Leitfaden des Jahres 2017 finden sich die Bewertungshilfen für Luftproben („kultivierbare Schimmelpilze" und „Gesamtsporensammlung"). Da es sich bei diesen Werten jedoch nicht um Werte nach einer Sanierung handelt, bei der ja erhebliche Mengen von Schimmelsporen freigesetzt werden (die auf der anderen Seite durch die Feinreinigung wieder entfernt werden sollten), dürfte zumindest die Kategorie „Innenraumquelle unwahrscheinlich" für eine Freigabe bzw. Abnahme eine relativ hohe Hürde aufgrund der dort aufgeführten geringen Konzentrationen darstellen. Alternativ gibt das Netzwerk Schimmel e.V. „Aufmerksamkeitswerte" für die raumlufthygienische Kontrollmessung vor, die nach dem Rückbau und der anschließenden Feinreinigung herangezogen werden können. Dabei werden für die Kategorien „vor" und „nach" der Wiederherstellung unterschiedliche Werte angegeben. Die Messungen erfolgen im Vergleich zur Außenluftkonzentration.

18.6 Fazit

Im Versicherungsfall sollten die Beteiligten (Versicherungsnehmer, Sachverständige, Sanierungsunternehmen) wissen, welcher Versicherungsvertrag der Regulierung zugrunde liegt. Für Feuchteschäden mit nachfolgender Schimmelpilzbildung kommen Verträge in Frage, bei denen die versicherte „Sache", d.h. das betroffene Gebäude, unmittelbar vom Versicherungsschutz umfasst ist. Hierzu zählen die Leitungswasserversicherung, die Elementardeckung und die Bauleistungsversicherung. Ist ein „Dritter" für den Schaden verantwortlich zu machen, ist dessen Haftpflichtversicherung eintrittspflichtig.

Für eine reibungslose Abwicklung des Versicherungsschadens sollte eine frühzeitige und umfassende Kommunikation und Abstimmung zwischen Versicherungsnehmer und dem

Versicherer stattfinden. Auf diese Weise können Missverständnisse oder Unstimmigkeiten bei der späteren Regulierung vermieden werden. Werterhöhende Maßnahmen, z.B. der Ersatz eines älteren Laminatbodens durch hochwertige Fliesen, fallen nicht in die Ersatzpflicht. Der Einsatz von Gutachtern sollte auf jeden Fall im Vorfeld mit der Versicherung abgestimmt werden. Meist kann der Versicherer entsprechende Fachleute zur Verfügung stellen. Dies können entweder eigene Mitarbeiter oder externe Sachverständige sein.

Bei der Planung und Durchführung der Sanierungsmaßnahmen ist sicherzustellen, dass die Arbeiten fachgerecht und unter Beachtung der Arbeitsschutzmaßnahmen erfolgen. Dazu zählt auch, dass keine Verschleppung von Sporen in angrenzende, bisher unbelastete Räume stattfindet. Auch ist insbesondere bei Rückbau- und Trocknungsmaßnahmen, etwa bei der Herstellung von Bohrlöchern für die technische Trocknung, auf weitere Gefahrstoffe, die sich in der Gebäudekonstruktion befinden können, z.B. Asbest, zu achten. Eine Handlungsanleitung zur Untersuchung und Sanierung bei Schimmelpilzschäden infolge von Leitungswasserschäden gibt die VdS 3151, die online als pdf-Dokument oder als Papierexemplar über den VdS-Verlag bezogen werden kann.

Teil 6:

Rechtliche Bewertung von Schimmelpilzschäden

19 Mietrechtliche Grundlagen bei Schimmelpilz

RA Lutz D. Fischer

Inhalt

Vorbemerkungen

Feuchtigkeitserscheinungen und Schimmelpilzbefall spielen bei Mietstreitigkeiten sowohl außergerichtlich als auch gerichtlich eine bedeutsame Rolle.

Das IBF Institut für Bauforschung e.V., Hannover hat in seiner Analyse zur Entwicklung der Bauschäden und Bauschadenkosten – Update 2022 zum Schadenbild „Feuchtigkeit" festgestellt, dass Durchfeuchtungsschäden besonders häufig an Außenmauerwerk sowie an Innenwänden auftreten, mit ausgeprägten Wasserrändern auf Oberflächen, teils auch mit Salzausblühungen sowie Farb- und Putzablösungen. Dieses komplexe Schadenbild sei vor allem in Kellerräumen zu beobachten, insbesondere in alten Bestandsgebäuden. Weitere typische Schadenbilder seien Wasserablaufspuren und Schimmelpilzbefall.[1] Das Umweltbundesamt (UBA) führt dazu in seinem Schimmelleitfaden[2] – wenig überraschend – aus, dass Schimmel nach wie vor eines der häufigsten Probleme in Innenräumen darstellt. Die Dimension des Streitpotenzials der Schimmel-Problematik zeigt sich auch in der noch in der Vorlauflage von *Ulrich*[3] zitierten Studie „Wohnen und Leben 2012"[4], wonach rund 17 % der Deutschen in von Schimmelpilzbefall betroffenen Räumlichkeiten leben. *Baumann*[5] meinte deshalb zutreffend, dass kein Thema die Innenraumhygiene so beherrscht wie das Thema Schimmelpilzschäden.

Kaum verwunderlich ist, dass es bei Streitigkeiten um Mängel der Mietsache in der Einkleidung einer Mietminderung und/oder Kündigung häufig auch um die Frage geht, welche Ursachen die festgestellte Feuchtigkeit in Innenräumen hat und wer diese zu vertreten hat: der Mieter oder der Vermieter. Streitpunkt ist dabei regelmäßig, ob der festgestellte Schimmelpilzbefall auf falsches Heizungs- und Lüftungsverhalten des Mieters oder auf die mangelhafte Bausubstanz des Mietobjekts bzw. die mangelhafte/schlechte Heizleistung des Mietobjekts zurückzuführen ist. In vielen Fällen lässt sich diese (bau-/technische) Frage verlässlich nur durch ein privat beauftragtes außergerichtliches oder gerichtliches Sachverständigengutachten klären oder im Rahmen eines selbständigen (gerichtlichen) Beweisverfahrens. Das Wohnraum- und Gewerbemietrecht ist insoweit auch stark durch Rechtsfortbildung der Rechtsprechung der Gerichte geprägt.[6]

„Schimmel" wird häufig auch als Ursache von Gesundheitsgefährdungen für Mieter von feuchten Innenräumen genannt. Er soll zu den typischen Auslösern sog. wohnraumbedingter Erkrankungen wie Allergien, Asthma, Bronchitis, auch Erschöpfungszuständen und Kopfschmerzen, gehören. Bisweilen werden sogar Gedächtnis- und Sprachstörungen diesen Erscheinungen ursächlich zugeordnet. Streitpotenzial besteht hier insbesondere in den Fällen, wenn Mieterorganisationen diesbezüglich nicht hinreichend wissenschaftlich unterlegte Bekanntmachungen verlautbaren. Im Rahmen von Mietstreitigkeiten sind zum Nachweis von konkreten Gesundheitsgefährdungen daher zur Abklärung beweisrelevanter Tatsachen nicht nur bautechnische Gutachten, sondern ggf. auch ergänzende medizinisch-biologische Gutachten einzuholen. Insoweit sind neben den materiell-rechtlichen Aspekten auch die damit zusammenhängenden Beweislastfragen von Bedeutung.

---

1 Im Auftrag des Bauherren-Schutzbund e. V., Berlin, im Internet abrufbar unter https://bauforschung.de/wp-content/uploads/2022/12/SchadenUpdate_2022_Abschlussbericht_20221110.pdf.

2 Leitfaden zur Vorbeugung, Erfassung und Sanierung von Schimmelbefall in Gebäuden, Umweltbundesamt, Dezember 2017, im Internet abrufbar unter https://www.umweltbundesamt.de/www.umweltbundesamt.de/schimmelleit faden.

3 In der Vorauflage, Schimmelpilz-Handbuch, 1. Aufl. 2018, Kap. 18, S. 491.

4 Durchgeführt vom Marktforschungsunternehmen Innofact im Auftrag des Immobilienportals immowelt mit 1.012 Befragten (= 508 Mieter + 504 Immobilieneigentümer).

5 *Baumann,* Schimmelpilze: Unerwünschte Mitbewohner, Das Grundeigentum 2014, S. 1111.

6 Die nachfolgend aufgeführten Gerichtsentscheidungen sind nach Gericht, Entscheidungsdatum und mitgeteiltem Aktenzeichen im Internet durchweg per Volltext auffindbar.

19.1 Mietrechtliche Grundlagen

Die allgemeinen Vorschriften für Mietverhältnisse sind in den §§ 535ff. BGB[7] geregelt.

19.1.1 Hauptpflichten des Vermieters

Zu den **Hauptpflichten des Vermieters** gehören gemäß § 535 Abs. 1 S. 1, 2 BGB die **Gebrauchsüberlassung und Erhaltung der Mietsache** in einem vertragsgemäßen Zustand. Nach dem Wortlaut des Gesetzes wird der Vermieter durch den Mietvertrag verpflichtet, *„die Mietsache dem Mieter in einem zum vertragsgemäßen Gebrauch geeigneten Zustand zu überlassen und sie während der Mietzeit in diesem Zustand zu erhalten"*. Der Vermieter ist daher zur Erhaltung des vertrags- und ordnungsgemäßen Zustands verpflichtet. In seinen Pflichtenkreis fällt die Beseitigung der durch Abnutzung, Alterung und witterungsbedingt aufgetretenen baulichen sowie sonstigen Mängel. In Mietverträgen wird meist u.a. über Klauseln zu Schönheitsreparaturen ein Teil dieser Vermieterpflichten auf den Mieter übergewälzt.

In Bezug auf Feuchtigkeit und Schimmelpilzbefall des Mietobjekts gilt daher für den vertrags- und ordnungsgemäßen Zustand grundsätzlich Folgendes: Die vom **Vermieter** überlassenen Räumlichkeiten müssen von der Bausubstanz her so ausgestaltet sein, dass bei üblichem Gebrauch Feuchtigkeit und Schimmelpilz in den Innenräumen gar nicht erst auftreten.

Daneben bestehen auch **Informationspflichten** des Vermieters sowie ggf. **vorvertragliche Aufklärungspflichten**. Der Vermieter hat zwar grundsätzlich keine Pflicht, den Mieter über besondere Umstände zur Mietsache aufzuklären. Ungünstige Eigenschaften des Mietvertragsgegenstands brauchen daher grundsätzlich nicht ungefragt offengelegt zu werden.[8] Es ist vielmehr Sache des Mieters, sich umfassend zu informieren und zu klärungsbedürftigen Punkten in den Vertragsverhandlungen Fragen zu stellen. Stellt der Mieter aber Fragen oder macht der Vermieter von sich aus Aussagen, müssen diese Angaben jedoch richtig und vollständig sein.[9] Fragen des künftigen Mieters in Bezug auf Feuchtigkeitserscheinungen des Mietobjekts müssen vom Vermieter daher vollständig und wahrheitsgemäß beantwortet werden. Macht der Vermieter auf Fragen des potenziellen Mieters zur eventuellen Feuchtigkeit der Wohnung wissentlich falsche Angaben, kann der Mieter den geschlossenen Mietvertrag wegen arglistiger Täuschung anfechten.[10]

Ausnahmsweise hat der Vermieter zudem vorvertragliche Aufklärungspflichten gegenüber dem (künftigen) Mieter hinsichtlich derjenigen Umstände mit Bezug auf das Mietobjekt,

---

7 **Hinweis**: Die aktuellen mietrechtlichen Bestimmungen des Bürgerlichen Gesetzbuchs (BGB) können kostenlos über die Internetseite „Gesetze im Internet" abgerufen werden; vgl. https://www.gesetze-im-internet.de/bgb/index.html. Das Bundesministerium der Justiz und das Bundesamt für Justiz stellen dort nahezu das gesamte aktuelle Bundesrecht kostenlos bereit. Die Gesetze und Rechtsverordnungen können in ihrer jeweils geltenden Fassung abgerufen werden. Sie werden durch die Dokumentationsstelle im Bundesamt für Justiz fortlaufend konsolidiert.

8 *LG Lübeck* v. 7.7.2022, 14 S 23/21.

9 *BGH* v. 28.4.2004, XII ZR 21/02.

10 *AG Langen* v. 30.6.2004 – 3 C 401/02. *AG Charlottenburg* v. 23.3.2015 – 237 C 285/14 mit Anm. *Rohr* IMR 2015, 519: Der Mieter kann vom Makler die gezahlte Courtage gemäß § 812 Abs. 1 Satz 1 BGB zurückfordern, wenn er den Mietvertrag einvernehmlich aufgehoben hat, diesen aber hätte anfechten können wegen arglistigen Verschweigens eines dem Vermieter bekannten Schimmelpilzvorkommnisses.

die – erkennbar – für den Entschluss des Mieters zur Eingehung des Mietvertrags von besonderer Bedeutung sind und deren Mitteilung nach Treu und Glauben erwartet werden kann. Das Bestehen und der Umfang einer Aufklärungspflicht richten sich nach den konkreten Umständen des Einzelfalls.[11]

19.1.2 Nebenpflichten des Vermieters

Die Nebenpflichten der Mietvertragsparteien bestimmen sich nach Zweck und Inhalt des Vertrags. Fehlt es insoweit an ausdrücklichen Regelungen, sind vor allem die Art der Mietsache (Mietwohnung, Gewerbeobjekt, usw.) und deren beabsichtigte Nutzung maßgeblich. Es gilt die Pflicht der Parteien zur gegenseitigen Rücksichtnahme. Aus der Fürsorgepflicht des Vermieters folgt insoweit eine Nebenpflicht zum Schutz vor Störungen: Der Vermieter hat Störungen des Mieters und Beschädigungen der von diesem eingebrachten Sachen zu unterlassen. Er schuldet insoweit eine ungestörte Gebrauchsgewährung.

Zu den Nebenpflichten gehören ferner auch **Verkehrssicherungspflichten** des Vermieters. Derjenige, der einen Verkehr eröffnet und damit eine Gefahrenquelle schafft, ist verpflichtet, notwendige Schutzvorkehrungen zu treffen, damit andere keinen Schaden daraus erleiden. Grundsätzlich ruhen die Schutzpflichten für die Mietsache auf dem Vermieter. Die Verkehrssicherungspflichten erstrecken sich grundsätzlich auf alle Teile des Hauses. Bei einem Wohngebäude muss bereits als Teil der Gebrauchserhaltungspflicht entsprechende Vorsorge getroffen werden. Werden dem Vermieter Mängel bekannt, von denen eine Gefahr für die Mietsache ausgehen kann, muss er sie unverzüglich beheben. Das gebietet jedoch keine regelmäßige Generalinspektion der Mietsache.[12] Etwas anderes gilt, wenn Verkehrssicherungspflichten durch Mietvertrag auf den Mieter übertragen werden oder für die Innenräume, für die der Mieter grundsätzlich selbst Sorge tragen muss.

Daneben trifft den Vermieter vor allem die Gewährleistung für Sach- und Rechtsmängel nach §§ 536 bis 536d BGB.

19.1.3 Hauptpflichten des Mieters

Hauptpflicht des Mieters ist die **Zahlung der** vereinbarten **Miete** gemäß § 535 Abs.2 BGB. Der Mieter bekommt im Gegenzug das Recht zum vertragsgemäßen Gebrauch des Mietobjekts.

19.1.4 Nebenpflichten des Mieters: Obhuts- und Sorgfaltspflichten

Kraft Gesetzes treffen den Mieter mit Übergabe der Mietsache an ihn (und nicht schon mit Unterzeichnung des Mietvertrags) als Nebenpflichten ungeschriebene **Obhuts- und Sorgfaltspflichten**[13] in Bezug auf das Mietobjekt. Diese Obhutspflicht (= „Wohnen und Schonen") kann als Nebenpflicht aus § 241 Abs. 2 BGB abgeleitet werden.[14] Der Umfang der Nebenpflichten ist im Einzelfall durch Vertragsauslegung des Mietvertrags zu bestim-

11 § 242 BGB; vgl. BGH v. 15.11.2006, XII ZR 63/04.
12 *BGH* v. 15.9.2008, VIII ZR 321/07.
13 *BGH* v. 24.11.1993, XII ZR 79/92.
14 *BGH* v. 5.3.2014 – VIII ZR 205/13 (Rn. 10).

men. Die Parteien können weitere Pflichten zur Hauptpflicht erheben; soweit es bei einem solchen gemischten Vertrag um die Gebrauchsüberlassung geht, ist das Mietrecht des BGB anwendbar.

Der **Mieter** hat sich im Rahmen seiner Obhutspflichten so zu verhalten, dass Feuchtigkeitserscheinungen möglichst vermieden werden; dazu gehört, dass er insbesondere zu heizen und zu lüften hat.[15] Der Mieter muss Feuchtebildung und auch die Entstehung von Schimmelpilz möglichst vermeiden.[16] Beschlagen die Fenster, muss der Mieter selbst darauf kommen, wie er in angemessener Weise durch Heizen und Lüften zu reagieren hat.[17] Daher stellt ein auf Luftfeuchtigkeit beruhender Stockflecken-Pilzbefall in der Wohnung, der an denjenigen Stellen auftritt, die an den kältesten Außenwänden liegen oder der Luftzirkulation entzogen sind, keinen Mangel dar, wenn er durch Art und Intensität der Nutzung entsprechendes, *zumutbares* Heizen und Lüften vermieden werden kann.[18] Kann die gemietete Wohnung bei angemessenem Heizen und Lüften schadensfrei bewohnt werden, wenn dazu die allgemein bekannten Regeln zur Beheizung und Belüftung beachtet werden, ist eine Mietminderung nicht berechtigt; etwaige Minderungsbeträge müssen zurückgezahlt werden.[19]

Andererseits darf diese Verhaltenspflicht den Mieter nicht unangemessen in der Verwirklichung seines Rechts zum Gebrauch der Mietsache beeinträchtigen. Aus diesem Pflichtenkreis des Mieters ergibt sich durchweg ein praktisches Dilemma, das im Streitfall einzelfallbezogen aufzulösen ist. Insoweit sind die Pflichten der jeweiligen Vertragspartner stets auf den Einzelfall bezogen konkret aus den vertraglichen Vereinbarungen zu ermitteln.

Die Rechtsprechung hat diesbezüglich eine **Beschränkung der Obhutspflichten** des Mieters herausgearbeitet, dass dieser „das ihm **Zumutbare**" vorzunehmen hat. Die Obhutspflicht des Mieters ist daher auf das billigerweise Zumutbare beschränkt. Weder das Verlangen nach einer regelmäßigen Fensterlüftung, insbesondere in Form einer Stoßlüftung, und einer ausreichenden Beheizung der Räume (einschließlich Schlafzimmer) noch das Erfordernis, größere Möbelstücke von der Außenwand etwas abzurücken oder an anderer Stelle zu platzieren, stellen sich als nicht zumutbar dar, um Schimmel zu vermeiden.[20] Soweit mit dem Vermieter nichts anderes vereinbart worden ist, ist der Mieter aber nicht gehalten, seine Möbel in einer bestimmten Weise oder Anordnung aufzustellen. Daher ist er grundsätzlich auch berechtigt, die Möbel direkt an den Außenwänden aufzustellen. Mietwohnungen müssen in bauphysikalischer Hinsicht so beschaffen sein, dass sich bei einem Wandabstand von nur wenigen Zentimetern keine Feuchtigkeitserscheinungen bilden können.[21] Zur ordnungsgemäßen Belüftung einer Wohnung reicht es aus, dass morgens zweimal und abends einmal quergelüftet wird.[22] Unzumutbar ist insoweit das fünf- bis sechsmalige Lüften für berufstätige Mieter oder die Fenster ständig weit geöffnet zu

---

15 *LG Braunschweig* v. 12.11.1987, 7 S 141/87.
16 *AG Hannover* v. 11.8.2004 – 542 C 2976/03 = *LG Hannover* v. 11.3.2005 – 8 S 82/04; *AG Hannover* v. 8.6.2005 – 544 C 17163/04.
17 *LG Hannover* v. 11.3.2005 – 8 S 82/04.
18 *OLG Celle* v. 19.7.1984 – 2 UH 1/84. *AG Hannover* v. 27.9.2005 – 544 C 17163/04.
19 *AG Hannover* v. 8.6.2005 – 544 C 17163/04.
20 *LG Hanau* v. 13.7.2022 – 2 S 2/21.
21 *LG Mannheim* v. 14.2.2007 – 4 S 62/06.
22 *OLG Frankfurt* a.M. v. 11.2.2002, 19 U 7/99.

halten. Ist ein unzumutbares Verhalten erforderlich, um Feuchtigkeitserscheinungen zu verhindern, ist die Mietsache jedoch mangelhaft.

Zur Erfüllung seiner Sorgfaltspflichten hat der Mieter bei seinem Verhalten eine **Sorgfalt wie in eigenen Angelegenheiten** walten zu lassen. So ist es ihm zumutbar, sich bei Umbauten des Mietobjekts den geänderten bauphysikalischen Verhältnissen anzupassen und wie ein Eigentümer sein Wohnverhalten zu optimieren. Der Mieter ist verpflichtet, zur Vermeidung von Feuchtigkeitsschäden darauf zu achten, dass Wasserdampf effektiv beseitigt wird oder gar nicht erst zur Entstehung gelangt.[23] Das setzt aber auch voraus, dass der Vermieter ihn konkret auf das erforderliche Verhalten hinweist und das insoweit veränderte Verhalten zumutbar bleibt, wie z.B. bei einem nachträglichen Fenstereinbau. Erfordert der Einbau neuer Isolierglasfenster ein geändertes Lüftungsverhalten und kommt es in der Mietwohnung zur Schimmelbildung, weil der Mieter den Anforderungen an eine sachgerechte Lüftung nicht entspricht, dann stammt der Mangel dennoch aus dem Gefahrenbereich des Vermieters, wenn er den Mieter nicht präzise über die nach dem Fenstereinbau aufgrund des veränderten Raumklimas notwendigen zusätzlichen Lüftungsmaßnahmen aufgeklärt hat.[24] Jedenfalls bei Einbau neuer Fenster *vor* Abschluss des Mietvertrags muss der Vermieter den Mieter aber nicht auf die Notwendigkeit eines erhöhten Lüftungsverhaltens hinweisen.[25] Bei Erstbezug dem Mieter übergebene allgemeine schriftliche Hinweise zum Auftreten von Feuchtigkeitserscheinungen in Neubauten begründen jedoch keine Pflicht zur übervertraglichen Heizung und Lüftung.[26]

19.1.5 Rechtsfortbildung durch Richterrecht

Definitionen und weitere Details zur konkreten Ausgestaltung dieser grundlegenden Rechte und Pflichten der Mietvertragsparteien bietet das Mietrecht des Bürgerlichen Gesetzbuchs (BGB) jedoch nicht umfänglich. Die weiteren Einzelheiten ergeben sich daher im jeweiligen Streitfall als Fortbildung des BGB-Mietrechts durch die mietrechtliche Rechtsprechung der Gerichte.

19.2 Allgemeines zu Ansprüchen wegen Feuchtigkeit und Schimmel als Mietmangel

Die Einkleidung für eine Streitigkeit zwischen den Mietvertragsparteien um einen Mietmangel wegen Feuchtigkeit und Schimmel kann vielgestaltig sein. Ansprüche des Vermieters auf Zahlung des vereinbarten Mietzinses setzen regelmäßig die Überlassung eines mangelfreien Mietobjekts voraus. Der Mangel als Streitpunkt kann daher relevant werden, wenn der Vermieter außergerichtlich Zahlungsansprüche geltend macht oder Zahlungsklage erhebt und der Mieter hiergegen die Mangelhaftigkeit des Mietobjekts einwendet. Auch kann der Mieter im Zusammenhang mit einem Mangel des Mietobjekts außergerichtlich oder gerichtlich Erfüllungsansprüche sowie Ansprüche auf Mietminderung gel-

---

23 *AG Marburg* v. 20.12.1996 – 9 C 934/95.
24 *LG Gießen* v. 12.4.2000 – 1 S 63/00.
25 *LG Hanau* v. 2.6.2023, Az. 2 S 106/22.
26 *LG Nürnberg-Fürth* v. 28.8.1987 – 7 S 10158/86.

tend machen. Bei allen diesen Anspruchslagen geht es letztlich darum, dass ein Mangel des Mietobjekts nach § 536 BGB vorliegt.

19.2.1 Feuchtigkeit und Schimmel als Mangel des Mietobjekts

Der Vermieter haftet gegenüber dem Mieter für die dauernde Mangelfreiheit des Mietobjekts, vgl. §§ 536, 536a BGB. Grundvoraussetzung für Ansprüche des Mieters gegen den Vermieter wegen Feuchtigkeit und Schimmel ist daher – neben dem Bestehen eines wirksamen Mietvertrags – das Vorhandensein eines Mangels im Sinne von § 536 Abs. 1 BGB. Ein solcher liegt vor, wenn der tatsächliche Zustand der Mietsache vom vertraglich vorausgesetzten Zustand nachteilig abweicht und deren Tauglichkeit zu dem von den Vertragspartnern vereinbarten Gebrauch aufhebt oder mindert.[27] Was ein vertragsgemäßer Gebrauch ist, ergibt sich einerseits aus den Parteivereinbarungen im Mietvertrag sowie aus der gewöhnlichen Verwendung. Daher kann eine objektiv mangelhafte Wohnung oder Gewerbeeinheit sich als nicht mangelhaft (im Rechtssinn) erweisen, sofern die Mietvertragsparteien diesen Zustand als vertragsgemäß vereinbaren. Insoweit kann der „mangelbehaftete" Überlassungszustand geschuldet und daher durchaus vertragsgemäß sein.[28]

Während der gesamten Mietdauer haftet der Vermieter verschuldensunabhängig für die Gebrauchstauglichkeit des Mietobjekts. Es ist insoweit unbeachtlich, ob der Mangel bereits zum Zeitpunkt der Überlassung des Mietobjekts an den Mieter vorhanden war oder ob er erst später während der Mietzeit entstanden ist.

Ursache für Feuchtigkeitserscheinungen mit Schimmelpilzbildung als Mietmangel können beispielsweise der Zustand der baulichen Substanz, die mangelhafte Instandhaltung des Außenputzes, eine unzureichende Isolierung des Gebäudes, des Daches, der Fenster oder nachträgliche bauliche Veränderungen wie beispielsweise Maßnahmen zur Wärmedämmung oder der Einbau neuer Fenster sein.[29] Bilden sich während der Mietzeit Feuchtigkeitserscheinungen, Schimmel und Spak, handelt es sich grundsätzlich um einen Mangel.[30] Eine Fleckenbildung mit Schimmelbefall als Folge sich niederschlagender Luftfeuchtigkeit in der Mietwohnung ist ein Fehler der Mietsache im Sinne von § 537 BGB.[31] Auch eine Fleckenbildung mit Schimmelpilzbefall als Folge niederschlagender Luftfeuchtigkeit in der Mietwohnung beinhaltet einen Mangel der Mietsache.[32] Ebenfalls ist sog. Neubaufeuchte ein Mangel.[33] Grundsätzlich darf z.B. der (Erst-)Mieter darauf vertrauen, dass das Gebäude vor der Überlassung ausgetrocknet ist oder getrocknet wurde. Gleichgültig ist daher, ob der Mangel dem Mietobjekt selbst anhaftet, wie z.B. Bau- oder Beschaffenheitsmängel oder ob dieser durch äußerliche Einwirkungen auf die Mietsache erst zu einem späteren Zeitpunkt entsteht. Ein Anspruch des Mieters, die Mietsache an geänderte technische Normen oder neue Wohnstandards anzupassen, besteht nicht. Der Mieter kann daher auch keine Verbesserung des Zustands der Mietobjekts verlangen, der ursprünglich bei

27 Prütting/Wegen/Weinreich/*Feldhahn*, BGB, 18. Aufl. 2023, § 536 BGB Rn. 7.
28 *BGH* v. 20.1.1993 – VIII ZR 22/92.
29 *OLG Celle* v. 19.7.1984 – 2 UH 1/8,
30 *OLG Celle* v. 19.7.1984 – 2 UH 1/8, *LG Kassel* v. 04.02.1988, 1 S 229/87.
31 *LG Kassel* v. 04.2.1988, 1 S 229/87.
32 *LG Kassel* v. 04.2.1988 – 1 S 229/87.
33 *LG Hamburg* v. 2.3.1976 – 11 S 161/75; vgl. auch *LG Nürnberg-Fürth* v. 28.08.1987 – 7 S 10158/86.

Vertragsabschluss zugrunde gelegt wurde.[34] Eine Wohnung ist grundsätzlich dann nicht mangelhaft, wenn zwar die bei ihrer Errichtung geltenden Normen eingehalten worden sind, die nunmehr geltenden Normen jedoch höhere Anforderungen stellen, die nicht mehr eingehalten werden. Die Verschärfung der technischen Normen ist nur dann zu berücksichtigen, wenn diese die sonst drohende Gesundheitsgefährdung der Bewohner verhindern sollen.[35]

Ein Mangel kann nach § 536 Abs. 2 BGB auch dann vorliegen, wenn dem Mietobjekt eine **zugesicherte Eigenschaft fehlt** oder später wegfällt. Eine entsprechende Zusicherung ist gegeben, wenn der Vermieter im Mietvertrag bindend zu erkennen gibt, dass er gegenüber dem Mieter für eine bestimmte Eigenschaft des Mietobjekts (wie z.B. Freiheit von Feuchtigkeit, Freiheit von Immissionen) rechtlich einstehen will. Eine derartige Zusicherung kann jedoch nur innerhalb der Grenzen der §§ 138, 242 BGB wirksam vereinbart werden.

Nach dem Gesetz spielt es keine Rolle, ob den Vermieter ein Verschulden an Mängeln der Mietsache trifft oder nicht. Wichtig ist allein, dass ein solcher Mangel vorliegt.

Mangelansprüche können sogar in ***Fällen der konkreten Gefahr von Schimmelpilzbildung*** gegeben sein. Insoweit stellen nicht erst **feuchte Wände und/oder das Auftreten von Schimmelpilzen in den vermieteten Räumlichkeiten Mängel der Mietsache dar,**[36] die Gewährleistungsansprüche des Mieters auslösen können.[37]

> *„Beseitigt der Vermieter den periodisch immer wieder auftretenden Schimmel unfachmännisch durch Malerarbeiten, ohne dadurch die Ursache zu bekämpfen, und riskiert der Mieter etwa, dass sich Schimmelpilz an den Außenwänden dann bildet, wenn er dort Möbel aufstellt, stellt sich die Frage, ob nicht schon die bloße Gefahr der Schimmelpilzbildung einen Mangel der Mietsache darstellt. Vom Mieter kann man nicht verlangen, dass er den Mangel quasi provoziert, indem er Möbel an Außenwände stellt und so dem Vermieter ‚beweist', dass die Wohnung mangelhaft ist. Richtigerweise wird in diesen* **Fällen der konkreten Gefahr von Schimmelpilzbildung** *bei geometrischen Wärmebrücken bei Unterschreitung der kritischen 12,6 Grad Wandtemperatur bei 20 Grad Innentemperatur, minus 5 Grad Außentemperatur und 50 % Luftfeuchtigkeit gerade hinter Möbeln an Außenwänden bereits ein Mangel der Mietsache zu bejahen sein."*[38]

Für diese Qualifizierung als Mangel kommt es weder auf die Ursache der Schimmelpilzbildung noch auf die Einhaltung von DIN-Normen, die bei der Errichtung des Gebäudes galten, an. Weil der Mieter – von dem Fall einer entsprechenden Vereinbarung mit dem Vermieter abgesehen – seine Möbel an jedem Platz der Wohnung aufstellen, also auch einen großen Schrank unmittelbar vor der nördlichen Außenwand des Schafzimmers platzieren darf, kann er vom Vermieter die **Beseitigung des dadurch auf der Wand entstehen-**

34 *LG Berlin* v. 18.6.1999 – 64 S 63/99.

35 *LG Berlin* v. 18.6.1999 – 64 S 63/99.

36 *LG Bochum* v. 19.7.2016 – I-11 S 33/16; *LG Kassel* 4.2.1988 – 1 S 229/87; *LG Mannheim* 15.11. 1989 – 4 S 214/88: Wird ein Haus zu Wohnzwecken vermietet, können die Parteien einen konkret gegebenen schlechten Bauzustand als vertragsgemäß vereinbaren; dennoch liegt ein Mangel vor, wenn das vermietete Haus infolge seines Bauzustandes zu Wohnzwecken nicht geeignet ist und die Eignung auch nicht durch vereinbarte Reparaturen hergestellt werden kann.

37 *BGH* v. 28.11.1979 – VIII ZR 302/78: Die Vorschriften über die Gewährleistungs-/Sachmängelhaftung im Mietrecht verdrängen jedenfalls dann die Bestimmungen über die anfängliche Unmöglichkeit, wenn die Mietsache dem Mieter überlassen worden ist.

38 *Selk* IMR 2016, 443, 444.

den Schimmelpilzvorkommnisses verlangen.[39] Fällt das Auftreten von Schimmelpilz allein in den Verantwortungsbereich des Mieters, stehen diesem **entsprechend § 326 Abs. 2 BGB** grundsätzlich keine Rechte gegen den Vermieter zu.[40] Weil beispielsweise allgemein bekannt ist, dass das Auftreten von Schimmelpilzen auf den zur Dusche gehörenden Fliesen durch Abwischen, mithin durch eine normale Benutzungshandlung, zu vermeiden ist, geht das Auftreten von Schimmelpilz in der Dusche eines dieses Abwischen nicht praktizierenden Mieters in dessen Verantwortungsbereich.[41] Allein ein verwitterter Außenanstrich der Fenster schränkt den vertragsgemäßen Gebrauch der Mietsache noch nicht ein, selbst wenn dadurch die Reinigung der Fenster erschwert wird. Solange es bei diesen optischen Gegebenheiten der Fensteraußenseite bleibt und sich keine weiteren Folgen, etwa die Undichte der Fenster mit Feuchteeintritt, ergeben, hat der Mieter – noch – keine Gewährleistungsrechte.[42] Fällt indes das Auftreten dieser Vorkommnisse nicht bzw. nur teilweise in den Verantwortungsbereich des Mieters, können diese Vorkommnisse zugunsten des Mieters verschiedene Rechtsfolgen auslösen, die dieser einzeln und in manchen Fällen auch kumuliert geltend machen kann. Diese sind im Wesentlichen der Erfüllungs-/ Beseitigungsanspruch, die Mietminderung, der Anspruch auf Selbstbeseitigung, der Vorschussanspruch, die Zahlung unter Vorbehalt/auf ein Anderkonto, das Zurückbehaltungsrecht und die Kündigung. Ferner können sie zu Schadensersatzansprüchen des Mieters führen.

19.2.2 Ausschluss von Mangelansprüchen

Ansprüche wegen Mietmängeln sind in verschiedenen Konstellationen **ausgeschlossen:**

19.2.2.1 Kenntnis des Mangels bei Vertragsschluss

Kennt der Mieter zum Zeitpunkt des Mietvertragsabschlusses den mangelhaften Zustand der Mietsache, sprich das Vorhandensein von Feuchtigkeitserscheinungen, und billigt er diesen, sind Ansprüche des Mieters auf Minderung oder Schadenersatz aus den §§ 536 und 536a BGB ausgeschlossen, vgl. § 536b BGB (Kenntnis des Mieters vom Mangel bei Vertragsschluss oder Annahme). Ist dem Mieter der Mangel infolge grober Fahrlässigkeit unbekannt geblieben, so stehen ihm diese Rechte nur zu, wenn der Vermieter den Mangel arglistig verschwiegen hat. Kennt der Mieter einen Mangel bei Begründung des Mietverhältnisses, so kann eine Mietminderung unabhängig von einem vertraglich vereinbarten Gewährleistungsausschluss nicht geltend gemacht werden.[43] Der Mieter braucht die Mietsache aber nicht auf verborgene Mängel zu untersuchen.

Eine Vereinbarung eines bestimmten Zustands der Mietsache, der unterhalb des Mindeststandards liegt („Qualität nach unten"), muss jedoch konkret und eindeutig sein.[44] Eine

39 *LG Lübeck* v. 7.3.2014 – 1 S 106/13 mit Anm. *Irrgeher* IMR 2014, 504. *AG Halle/Saale* v. 8.11.2016 – 95 1634/ 15: Wenn kein baulicher Mangel festgestellt wurde und die Ursache von Schimmelpilzvorkommnissen in dem Wohnverhalten des Mieters liegt, schließt dies eine Mietminderung nur aus, sofern dieses Wohnverhalten in dieser konkreten Situation vorwerfbar war. *LG Flensburg* 17.11.2017 – 14 S 107/11.

40 *LG Lüneburg* v. 13.12.1984 – 1 S 263/83; *BGH* v. 15.12.2010 – VIII ZR 113/109 mit Anm. *Blank* IMR 2010, 138.

41 *LG Berlin* v. 9.8.1999 – 61 S 510/98.

42 *AG Wedding* v. 4.11.2014 – 7 C 159/14.

43 *OLG Brandenburg* v. 22.9.2015 – 6 U 99/14 mit Anm. *Biebelheimer* IMR 2015, 497.

44 *BGH* v. 10.2.2010 – VIII ZR 343/08 mit Anm. *Lehmann-Richter* IMR 2010, 169f.; *KG Berlin* v. 01.10.2001 – 8 U 2875/00.

pauschal gefasste Formulierung wie *„gemietet wie besichtigt"* erscheint dafür nicht ausreichend. Die Rechte des Mieters bleiben auch dann bestehen, wenn der Mieter die mangelhafte Mietsache in Kenntnis des Mangels annimmt, sich jedoch bei der Annahme die Rechte aus den §§ 536 und 536a BGB vorbehält. Gleiches gilt, wenn der Vermieter eine Mängelbeseitigung zugesagt hatte.

19.2.2.2 Widerspruchsloser Gebrauch und Fortzahlung der Miete

Ferner sind Mängelansprüche des Mieters entsprechend § 536b BGB ausgeschlossen, wenn dieser einen Mangel des Mietobjekts nachträglich zwar erkennt, aber ohne jeglichen Widerspruch den Gebrauch der Mietsache über einen längeren Zeitraum – etwa sechs Monate – fortsetzt sowie ohne jeden Vorbehalt den Mietzins weiter fortzahlt.[45]

19.2.2.3 Mitverschulden des Mangels durch den Mieter, unerhebliche Beeinträchtigung

Schließlich sind Mängelansprüche des Mieters auch dann ausgeschlossen, wenn dieser den Mietmangel selbst zu vertreten (sprich: selbst verschuldet) hat (z.B. durch „falsches" Heiz- und Lüftungsverhalten) oder wenn durch eine vom Mieter gewünschte bauliche Veränderung der Mietsache ohne Verschulden des Vermieters die Mietsache mangelhaft wird.[46] Bei selbst verschuldeten Mietmängeln durch den Mieter ist eine Mietminderung daher ausgeschlossen. Besitzen die betroffenen Räume einer Wohnung ausreichend großzügig bemessene Fenster, sind jeweils einzeln sowie separat beheizbar und kommen weder die Außenwände noch die Kellerdecke mit Blick auf eine erfolgte Aufbringung eines sog. Wärmedämmverbundsystems als schädliche Kältebrücken in Betracht, so ist eine Schimmelpilzbildung in der Wohnung ausschließlich auf ein unsachgemäßes Nutzerverhalten (Wohn-, Heiz- und/oder Lüftungsverhalten) des Mieters zurückzuführen.[47]

Ausgeschlossen ist eine Mietminderung zudem dann, wenn die Mietsache nur unerheblich beeinträchtigt ist.[48] Als unerheblich ist ein Mangel insbesondere dann anzusehen, wenn er leicht erkennbar ist und schnell und mit geringen Kosten beseitigt werden kann, sodass die Geltendmachung von Mangelansprüchen wie einer Minderung gegen Treu und Glauben (§ 242 BGB) verstößt.[49]

Bei einem Mietverhältnis über Wohnraum ist gemäß § 536 Abs. 4 BGB eine zum Nachteil des Mieters abweichende Vereinbarung in Bezug auf einen Ausschluss der Mietminderung bei Sachmängeln unwirksam.

19.2.3 Allgemeine Fragen der Darlegungs- und Beweislast

Die Darlegungs- und Beweislast für einen Mangel der Mietsache und das Verschulden des Vermieters ist nach den beiderseitigen Verantwortungsbereichen verteilt. Nach der sog. Sphärentheorie obliegt es zunächst dem Vermieter darzulegen und zu beweisen, dass die Schadensursache für einen Mangel in der Mietwohnung (hier: für eine Schimmelpilzbil-

45 *OLG Düsseldorf* v. 30.7.2002 – 24 U 200/01.
46 *OLG Düsseldorf* v. 5.12.1991 – 10 U 10/91.
47 *LG Hanau* v. 13.7.2022 – 2 S 2/21.
48 *LG Frankfurt* v. 9.7.1999 – 2-19 O 63/99.
49 *BGH* v. 30.6.2004 – XII ZR 251/02; BGH v. 6.4.2005 – XII ZR 225/03.

dung) nicht in seinem Einfluss- und Verantwortungsbereich liegt, sondern aus dem Herrschafts- und Obhutsbereich des Mieters stammt.[50] Hat er diesen Beweis geführt, muss der Mieter nachweisen, dass er den Mangel nicht zu vertreten hat.[51] Erst wenn der Vermieter den Beweis führt, dass der Schimmel nicht auf bauseitige Ursachen zurückzuführen ist, muss die Mieterseite beweisen, dass der Schimmel nicht durch ein vertragswidriges Heiz- und Lüftungsverhalten entstanden ist.[52]

Bei Feuchtigkeitsschäden gilt insoweit, dass zunächst der Vermieter beweisen muss, dass die Ursache hierfür nicht in Baumängeln des Mietobjekts liegt. Erst dann muss der Mieter den Beweis führen, dass die aufgetretenen Beeinträchtigungen und Schäden nicht auf seinem fehlerhaften Verhalten wie z.B. einem unzureichenden Heiz- und Lüftungsverhalten beruhen. Dazu muss der Mieter konkret darlegen und beweisen, dass das Mietobjekt einen Mangel in Form von Feuchtigkeitserscheinungen und Schimmelpilz aufweist. Dazu muss der Mangel nachvollziehbar nach Art, Ort, Lage, Ausmaß und Zeitpunkt beschrieben werden. Gelingt dies dem Mieter nicht, ist z.B. ein Anspruch auf Mietminderung ausgeschlossen.

Der Vermieter hingegen hat die vom Mieter behaupteten Mängel substantiiert zu bestreiten, denn diese können Gegenstand seiner eigenen Wahrnehmung sein. Insoweit obliegt dem Vermieter auch der Beweis von Ausschlusstatbeständen wie z.B. einer nur unerheblichen Beeinträchtigung, einer durchgeführten Mangelbeseitigung sowie des Verschuldens des Mieters. Wendet der Mieter ein, die Mietsache sei nach Reparaturversuchen des Vermieters weiterhin mangelbehaftet, so trifft den Vermieter die Beweislast für den Erfolg seiner Mängelbeseitigungsmaßnahmen.[53]

Die Voraussetzungen für den von einem Mieter wegen des sogenannten Fogging (schwärzliche Verfärbungen an den Wänden) gegen den Vermieter geltend gemachten Schadensersatzanspruch aus § 536a Abs. 1 Alt. 2 BGB einschließlich des Verschuldens des Vermieters sind vom Mieter darzulegen und zu beweisen. Insoweit gilt nur dann etwas anderes, wenn feststeht, dass die Schadensursache im Herrschafts- und Einflussbereich des Vermieters gesetzt worden ist; in diesem Fall muss sich der Vermieter hinsichtlich des Verschuldens entlasten.[54]

Gibt es für die aufgetretenen Feuchtigkeitsschäden mehrere – multiple – Ursachen, ist also die Ursache für die aufgetretene Feuchtigkeit sowohl auf Mängel der Bausubstanz als auch auf ein Fehlverhalten des Mieters zurückzuführen, ist die Mietminderung in entsprechender Anwendung der Regelung zum Mitverschulden nach § 254 BGB anteilig aufzuteilen.[55]

---

50 *BGH* v. 1.3.2000 – XII ZR 272/97; *LG Hanau* v. 13.7.2022 – 2 S 2/21.
51 *BGH* v. 1.3.2000 – XII ZR 272/97; *LG Hanau* v. 13.7.2022 – 2 S 2/21; *LG Berlin*, Urteil vom 10.3.2022 – 64 S 163/20.
52 *LG Berlin* v. 10.3.2022 – 64 S 163/20.
53 *BGH* v. 1.3.2000 – XII ZR 272/97.
54 *BGH* v. 25.1.2006 – VIII ZR 223/04.
55 *LG Bonn* v. 3.12.1990 – 6 S 76/90.

19.3 Rechte und Ansprüche des Mieters

Wegen Mängeln der Mietsache hat der Mieter verschiedene Ansprüche:

- **Erfüllungsanspruch, § 535 Abs. 1 Satz 2 BGB = Anspruch auf Beseitigung des Mangels,**
- **Zurückbehaltung der Miete, § 320 BGB: Einrede des nicht erfüllten Vertrags,**
- **Mietminderung gemäß § 536 BGB,**
- **Selbstvornahme/Aufwendungsersatz gemäß § 536a Abs. 2 Nr. 1 BGB,**
- **Schadensersatz gemäß § 536a BGB,**
- **Kündigung des Mietverhältnisses, § 543 Abs.1 Satz 1, Abs. 2 Nr. 1 BGB.**

19.3.1 Mängelanzeige durch den Mieter

Die vorgenannten Rechte stehen dem Mieter zu, wenn er dem Vermieter den Mangel rechtzeitig angezeigt hat. Neben dem Mangel der Mietsache muss also grundsätzlich Verzug des Vermieters vorliegen. Der Mieter ist insoweit nach § 536c Abs.1 BGB verpflichtet, dem Vermieter den Mangel anzuzeigen. Tritt in der Wohnung während der Mietzeit ein Mangel auf, sind die Minderung der Miete, das Zurückbehaltungsrecht und die fristlose Kündigung seitens des Mieters gemäß § 536c Abs. 2 Satz 2 Nr. 1 BGB ausgeschlossen, wenn der Mieter den ihm erkennbar gewordenen Mangel nicht **unverzüglich**, also ohne schuldhaftes Zögern im Sinne des § 121 Abs. 1 BGB, konkret anzeigt und der Vermieter aus diesem Grunde keine Abhilfe schaffen kann.[56] Für die Mängelanzeige ist auch ohne Bedeutung, ob eine Benutzungsbeeinträchtigung erst für eine spätere Jahreszeit zu erwarten ist.

Das Erfordernis einer Mangelanzeige gegenüber dem Vermieter beruht auf der gesetzlichen Wertung im Mietvertragsrecht: Der Vermieter hat insoweit Vorrang bei der Beseitigung des Mangels des Mietobjekts. Deshalb soll er die Möglichkeit erhalten, die Mietsache daraufhin zu untersuchen, ob der vom Mieter behauptete Mangel besteht, auf welcher Ursache er beruht und auf welche Weise er beseitigt werden kann einschließlich der Möglichkeit, ggf. Beweise zu sichern. Diese Möglichkeit zur Untersuchung und Beweissicherung geht dem Vermieter jedoch verloren, wenn er nach der vom Mieter vorgenommenen Mängelbeseitigung im Rahmen der Geltendmachung eines Anspruchs aus § 539 Abs.1 BGB vor „vollendete Tatsachen" gestellt wird. Beseitigt der Mieter eigenmächtig einen Mangel der Mietsache, ohne dass der Vermieter mit der Mangelbeseitigung in Verzug ist (§ 536a Abs. 2 Nr. 1 BGB) oder die umgehende Beseitigung des Mangels zur Erhaltung oder Wiederherstellung des Bestands der Mietsache notwendig ist (§ 536a Abs. 2 Nr. 2 BGB), so kann er die Aufwendungen zur Mangelbeseitigung weder nach § 539 Abs. 1 BGB noch als Schadensersatz gemäß § 536a Abs. 1 BGB vom Vermieter ersetzt verlangen.[57]

56 *KG Berlin v.* 26.2.2004 – 12 U 1493/00; *AG Berlin-Köpenick* v. 15.7.2014 – 7 C 127/14. *AG Neustadt/Rübenberge* v. 9.6.2017 – 48 C 835/15.

57 *BGH* v. 16.1.2008 – VIII ZR 222/06; Dauner-Lieb/*Dötsch* NZM 2004, 641, 645f.; *Lange* ZGS 2009, 442, 443f.

Die Mängelanzeige kann mündlich oder schriftlich erfolgen. Die Mangelanzeige **bedarf** aber **nicht der Schriftform**; sie muss – auf dem Mindestniveau der sog. Symptomtheorie – den **Mangel so genau bezeichnen, dass der Vermieter imstande ist, sogleich die für eine Abhilfe notwendigen Entscheidungen zu treffen.**[58] Die Anforderungen an die Darlegung des Mangels der Mietsache dürfen nicht überspannt werden, sodass das Maß der Gebrauchsbeeinträchtigung oder ein bestimmter Minderungsbetrag nicht genannt werden muss. Dies ändert jedoch nichts daran, dass der Mieter eine hinreichend genaue Beschreibung der Mangelerscheinung (Symptome) in dem erforderlichen Minderungszeitraum vorzunehmen hat.[59] Für die insoweit erforderliche Erkennbarkeit des Mangels kommt es nicht auf die Erkenntnisfähigkeiten des konkreten Mieters, sondern auf diejenigen des Durchschnittsmieters an, der keine besonderen Fähigkeiten bei der Beurteilung von baulichen Zuständen hat.[60]

Die Anzeigepflicht des Schimmelbefalls entfällt, wenn der Vermieter auf andere Weise Kenntnis erlangt hat oder ohne Weiteres hätte erlangen können; Letzteres ist bei einem durchfeuchteten Sockelputz im Außenbereich der Fall.[61]

Reagiert der Vermieter auf den Hinweis des Mieters, dass Schimmelpilz aufgetreten ist, nicht hinreichend, braucht der Mieter dem Vermieter eine weitere Ausbreitung des Schimmelpilzvorkommnisses nicht anzuzeigen; die Ausweitung der Schimmelpilzbildung infolge unterbliebener Mängelbeseitigung liegt nämlich auf der Hand; der Mieter kann also angesichts dieser Ausweitung ohne Weiteres in höherem Ausmaß mindern.[62] Konnte der Vermieter ernsthaft davon ausgehen, er habe das Erforderliche zur Beseitigung des ihm angezeigten Schimmelpilzbefalls veranlasst – im Anschluss an den Einsatz von „Schimmelpilz-Beseitigungsspray" durch den vom Vermieter eingesetzten Hausmeister bestätigte der Mieter dem Vermieter, dass der Schimmelpilz aktuell beseitigt sei – und kommt es einige Zeit später an derselben Stelle erneut zum Auftreten von Schimmelpilz, kann der Mieter nicht sogleich eigene Maßnahmen zulasten des Vermieters veranlassen, sondern muss wegen dieser Zeitspanne diesem den Schimmelpilz erneut anzeigen.[63]

Wenn der Mieter den Mangel nicht oder nicht unverzüglich anzeigt, kann er sich unter Umständen sogar schadensersatzpflichtig machen, vgl. § 536c Abs. 2 Satz 1 BGB. Unterlässt der Mieter die Mängelanzeige, ist er danach dem Vermieter zum Ersatz des daraus entstehenden Schadens verpflichtet. Soweit der Vermieter infolge der Unterlassung der Anzeige nicht Abhilfe schaffen konnte, ist der Mieter ferner gemäß § 536c Abs. 2 S. 2 Nr. 1 BGB nicht berechtigt, die in § 536 BGB bestimmten Rechte geltend zu machen, nach § 536a Abs. 1 BGB Schadensersatz zu verlangen oder ohne Bestimmung einer angemessenen Frist zur Abhilfe nach § 543 Abs. 3 Satz 1 BGB zu kündigen.

58 *AG Rheinberg* v. 11.4.2005 – 13 C 6/04: Die Rüge des Vorhandenseins von *„Modrigkeit"* genügt nicht. *KG Berlin* v. 21.12.2012 – 8 U 286/11.
59 *KG Berlin* v. 21.12.2012 – 8 U 286/11.
60 *Streyl* Beilage zu WuM 7/2016, 37, 38 m.w.N.
61 *AG Bergisch Gladbach* v. 15.2.2018 – 60 C 436/15.
62 *BGH* v. 18.3.2014 – VIII ZR 317/13.
63 *AG München* v. 8.11.2011 – 431 C 20886/11.

19.3.2 Erfüllungsanspruch (§ 535 Abs. 1 Satz 2 BGB)

Der Mieter kann zunächst die Beseitigung des Mangels verlangen. Dieser Anspruch des Mieters ergibt sich aus § 535 Abs. 1 Satz 2 BGB.[64] Ein Verschulden des Vermieters ist dafür – anders als beim Schadensersatzanspruch des Mieters – nicht erforderlich.[65] Der Erfüllungsanspruch des Mieters setzt auch nicht voraus, dass der Mangel wesentlich ist.[66] Hat der Mieter indes den Schaden schuldhaft verursacht, steht dem Vermieter ein Schadensersatzanspruch zu, den er dem Erfüllungsanspruch des Mieters entgegenhalten kann.[67]

Ausnahmsweise kann der Erfüllungsanspruch des Mieters jedoch ausgeschlossen sein; das ist insbesondere dann der Fall, wenn für die Mängelbeseitigung besonders hohe und in keinem Verhältnis zum Ergebnis stehende Aufwendungen notwendig sind (sog. **Opfergrenze**)[68]. Juristisch (= dogmatisch) wird dieses Ergebnis aus § 275 Abs. 2 BGB (= wirtschaftliche Unmöglichkeit) bzw. aus § 313 BGB (= Wegfall der Geschäftsgrundlage) abgeleitet. Dem **Verlangen des Mieters einer Eigentumswohnung auf Beseitigung von Feuchteeinfall** steht aber nicht entgegen, dass der Vermieter für die Durchführung der Mängelbeseitigung die Zustimmung der anderen Wohnungseigentümer herbeiführen muss.[69] Der Mieter ist zur **Duldung von Reparaturmaßnahmen** verpflichtet. Beachtlich ist, dass der Vermieter Instandsetzungsmaßnahmen betreffend Schimmelpilzbefall bereits zu einem Zeitpunkt vornehmen darf, in dem der vorhandene Schimmelpilzbefall noch nicht nach außen sichtbar geworden ist. Auch solche Betätigungen, die dann keine Gebrauchswertverbesserungen, sondern Instandsetzungsmaßnahmen darstellen, muss der Mieter hinnehmen.[70] Der Vermieter muss diese Maßnahmen **vorher rechtzeitig ankündigen**, wobei je nach Dringlichkeit der Arbeiten eine kürzere oder längere Ankündigungsfrist zu beachten ist; mitzuteilen ist dem Mieter nicht nur der Beginn der Arbeiten, sondern auch deren voraussichtliches Ende; außerdem sind der Umfang der Arbeiten und die zu erwartenden Beeinträchtigungen zu erläutern, damit der Mieter prüfen kann, ob er zur Duldung der Maßnahmen verpflichtet ist.[71]

---

64 *AG Aachen* v. 28.10.2016 – 121 C 73/15. Entgegen *AG Berlin-Lichtenberg* v. 23.9.2009 – 11 C 108/07 bedarf dieser Erfüllungsanspruch des Mieters nicht des Arguments, dass der Vermieter – im konkreten Fall vom Gericht auch nicht festgestellte – drohende Gesundheitsgefahren nachfolgend zu beseitigen habe.

65 *LG Flensburg* v. 16.11.1990 – 7 S 70/90: Der Vermieter muss die konstruktiven Schwachstellen der Mietwohnung beseitigen. AG Berlin-Mitte v. 29.8.2017 – 5 C 93/16: Den Mieter trifft keine Pflicht, eine durch die Unterlassung von Instandsetzungsmaßnahmen seitens des Vermieters bedingte Verschlechterung der Mietsache – hier: Schimmelpilz aufgrund undichter Dichtungsfugen – durch erhöhten Reinigungsaufwand zu kompensieren.

66 *AG Hamburg-Altona* v. 18.8.2014 – 314a C 55/13.

67 *BGH* v. 19.11.2014 – VIII ZR 191/13 mit Anm. *Börstinghaus* IMR 2015, 50: Dem Schadensersatzanspruch des Vermieters kann der Mieter einen eigenen Schadensersatzanspruch entgegensetzen, wenn der Vermieter pflichtwidrig eine bestehende Versicherung nicht in Anspruch nimmt. Kritisch *Schmid* VersR 2015, 551.

68 *LG Osnabrück* v. 2.12.1988 – 11 S 277/88: Es kommt auf die Umstände des Einzelfalls an, ob dem Vermieter nach den Grundsätzen von Treu und Glauben die Instandsetzung der Mietsache zuzumuten ist; ist die umfassende Sanierung des Außenmauerwerks verbunden mit der Einbringung einer Wärmedämmung erforderlich, kann die Opfergrenze überschritten sein. *OLG Hamburg* v. 8.11.2000 – 4 U 205/99: Die Opfergrenze ist überschritten, wenn die Beseitigungskosten das 12-Fache der Jahresmiete übersteigen. *BGH* v. 21.4.2010 – VIII ZR 131/09: *„Wann diese Opfergrenze überschritten ist, muss von Fall zu Fall unter Berücksichtigung der beiderseitigen Parteiinteressen wertend ermittelt werden; doch darf kein krasses Missverhältnis entstehen zwischen dem Reparaturaufwand einerseits sowie dem Wert des Mietobjektes und den aus ihm zu ziehenden Einnahmen andererseits (…). … Erforderlich ist die Würdigung aller Umstände. Bei den dem Schuldner zuzumutenden Anstrengungen ist auch ein etwaiges Verschulden des Mieters zu berücksichtigen."* Prütting/Wegen/Weinreich/Elzer, BGB, 18. Aufl. 2023, § 535 Rdn. 117.

69 *BGH* v. 20.7.2005 – VII ZR 342/03 mit *Schmid* IBR 2006, 54.

70 *AG Schöneberg* v. 18.2.2016 – 106 C 282/15 mit Anm. *Binder* IMR 2016, 506.

71 *AG Köln* v. 25.8.2015 – 222 C 93/15 mit Anm. *Feckler* IMR 2016, 1057.

Grundsätzlich obliegen dem Vermieter, dem der Mieter ein Schimmelpilzvorkommnis angezeigt hat, das Recht zur Durchführung einer Überprüfung der erhobenen Mängelrüge sowie die **Entscheidung über die Art und Weise der Beseitigung der Feuchtigkeitsursache und der Schimmelpilzbildung.**[72] Der Mieter kann mithin nicht eine bestimmte Art der Mängelbeseitigung verlangen; deshalb kann sich seine Forderung – ebenso einen Klageantrag – nur auf das Ergebnis und nicht die Art und Weise der Reparatur beziehen, diese ist Sache des Vermieters.[73] Allerdings darf die vom Vermieter beabsichtigte Reparaturmaßnahme nicht zu einer unzulässigen Änderung des vertragsgemäßen Gebrauchs führen. Deshalb scheidet regelmäßig eine zusätzliche Innendämmung zur Beseitigung von Feuchtigkeitsbildung aus, da durch sie die nutzbare Wohnfläche verkleinert wird.[74] Der Mieter braucht sich nicht darauf einzulassen, dass der Vermieter Feuchtigkeitsschäden durch Malerarbeiten beseitigen will, wenn dies klar keine dauerhafte Schadensbeseitigung erwarten lässt.[75] Tritt in den Mieträumen wiederholt Feuchtigkeit durch Undichtigkeit des Dachs auf, darf der Vermieter sich nicht mit provisorischen Reparaturen der jeweils konkreten Undichtigkeit begnügen, sondern muss das Dach dauerhaft sanieren.[76] Ausnahmsweise – dann aber beschränkt durch die **Opfergrenze** – kann der Mieter eine bestimmte Art der Reparatur verlangen, wenn nämlich die vertragsgerechte Erfüllung auf andere Weise nicht möglich ist. Schuldet der Vermieter die Sanierung einer vom Mieter insofern zeitweise zu räumenden Mietwohnung, so ist eine **vertretbare Handlung im Sinne des § 887 ZPO** grundsätzlich gegeben; eine Vereitelung der Erfüllung durch den Mieter/Gläubiger liegt nicht vor, wenn der Vermieter/Schuldner Ersatzwohnraum aus seinem Bestand unter Umgehung des Prozessbevollmächtigten des Gläubigers anbietet; notfalls ist dem Mieter/Gläubiger unverzüglich ein Hotelaufenthalt für die Dauer der Sanierungsarbeiten zu ermöglichen.[77] Ist der Vermieter durch Urteil verpflichtet worden, Feuchtigkeitsschäden in der Wohnung zu beseitigen, muss er die Mängel dauerhaft abstellen. Ist der Vermieter in diesem Fall lediglich zu unzureichenden Malerarbeiten bereit, kann das Gericht den Mieter gemäß **§ 887 ZPO** zur **Ersatzvornahme** ermächtigen.[78] Im Falle einer erfolgten Verurteilung des Vermieters zur Mängelbeseitigung kann sich der – gesondert zu beantragende[79] – **Vorschussanspruch** des Mieters **gemäß § 887 Abs. 2 ZPO** ergeben.[80] Ist der Vermieter bereits dazu verurteilt worden, einen Mangel zu beseitigen, und verhindert der Mieter un-

72 *LG Berlin* v. 14.6.1988 – 64 S 176/88; *LG Hamburg* v. 25.3.2010 – 307 S 152/09. *LG Berlin* v. 9.10.2015 – 65 T 180/15 mit Anm. *Schnatenberg* IMR 2016, 1043; *AG Saarbrücken* v. 24.8.2016 – 3 C 490/15.

73 *LG Bochum* v. 19.7.2016 – I-11 S 33/16.

74 *LG Mannheim* v. 14.2.2007 – 4 S 62/06; *Selk* IMR 2016, 443, 445.

75 *LG Hamburg* v. 25.7.1997 – 311 S 52/97. AG Bremen v. 26.10.2017 – 9 C 476/15: Der Vermieter schuldet primär lediglich die Beseitigung des eigentlichen Mangels und der Mangelfolgen, die Mangelursache selbst muss er nicht beseitigen; dies gilt jedenfalls dann, wenn zumindest vorübergehend vertragsgemäße Zustände wiederhergestellt werden.

76 *OLG Düsseldorf* v. 20.9.2007 – I-10 U 46/07 mit Anm. *Bosse* IMR 2008, 46.

77 *AG Bremen* v. 29.12.2016 – 9 C 447/13.

78 *OLG Frankfurt* v. 8.2.1989 – 25 W 131/88.

79 *AG Bremen* v. 29.12.2016 – 9 C 447/13.

80 *OLG Koblenz* v. 5.6.2013 – 5 U 1349/12 mit Anm. *Sommer* IMR 2015, 368: Hat der Mieter auf diesem Wege einen Kostenvorschuss erlangt, muss er damit alsbald für Abhilfe sorgen; versäumt er dies, ist die Miete nach Verstreichen der angemessenen Abhilfefrist nicht mehr gemindert; muss der Mieter den Vorschuss wegen seiner Säumigkeit dem Vermieter zurückerstatten, lebt das Recht zur Minderung wieder auf.

berechtigt diese Mangelbeseitigung, so kann der Mieter nicht verlangen, selbst die Arbeiten auf Kosten des Vermieters durchführen zu lassen.[81]

Die Vollstreckung eines Titels auf Beseitigung von Feuchtigkeitsschäden und/oder Schimmelpilzbefall in einer **Eigentumswohnung** des Vermieters erfolgt aber dann nicht nach **§ 887 ZPO**, wenn wegen mitzuerledigender Arbeiten am Gemeinschaftseigentum zuvor ein Eigentümerbeschluss betreffend diese Maßnahmen herbeizuführen ist; hängt die Handlung nicht ausschließlich vom Willen des schuldenden Eigentümers der Wohnung ab, kommt auch die Vollstreckung nach **§ 888 ZPO** (Anhaltung durch Zwangsgeld oder Zwangshaft) nicht in Betracht, wenn dieser Schuldner versucht hat, die Handlung vorzunehmen, indem er mit der gebotenen Intensität die erforderliche Mitwirkung der Eigentümergemeinschaft herbeizuführen betrieben hat.[82]

Kennt der Mieter bei Vertragsschluss **den Mangel der Mietsache**, stehen ihm gemäß § 536b Satz 1 BGB die Rechte auf Minderung nach § 536 BGB und der Schadens- und Aufwendungsersatzanspruch des § 536a BGB sowie gemäß § 543 Abs. 4 BGB das Recht zur Kündigung aus wichtigem Grund nicht zu[83], es sei denn, er hat bei Annahme der Mietsache seine Rechte vorbehalten (§ 536b Satz 3 BGB)[84]. Indes wird vertreten, dass dem Mieter aus § 569 Abs. 1 Satz 2 BGB ein Kündigungsrecht auch dann zusteht, wenn er den gesundheitsgefährdenden Mangel bei Abschluss des Mietvertrages gekannt und darauf verzichtet hat, die ihm wegen der gesundheitsgefährdenden Beschaffenheit der Mieträume zustehenden Rechte geltend zu machen.[85] Kommt es bei Vertragsbeginn zu einer schriftlichen Auflistung von Mängeln und liefert der Vermieter zusätzliche schriftliche Instandsetzungsvorschläge, kann daraus ggf. geschlossen werden, dass eine Mängelbeseitigung durch den Vermieter noch stattfinden sollte, diese Mängel also vorbehalten wurden.

Besonderes kann trotz grob fahrlässiger Unkenntnis des Mangels bei arglistigem Verschweigen seitens des Vermieters gelten (§ 536b Satz 2 BGB).[86] Die vorbehaltlose Ausübung einer Verlängerungsoption durch den Mieter führt nicht gemäß oder entsprechend

81 *LG Berlin* v. 9.10.2015 – 65 T 180/15 mit Anm. *Schnatenberg* IMR 2016, 1043: Der Schuldner kann den Einwand des Verstoßes des Gläubigers gegen seine Mitwirkungspflicht im Rahmen des Verfahrens nach § 887 ZPO geltend machen.

82 *OLG Düsseldorf* v. 13.3.2002 – 3 W 404/01.

83 *KrsG Görlitz* v. 16.12.1992 – 7 C 0371/92: Die Beweislast für die Kenntnis liegt beim Vermieter.

84 *LG Hannover* v. 23.10.2013 – 6 O 208/12 mit Anm. *Gerhards* IMR 2015, 1049: bei gemeinsamer Begehung des Mietobjekts vor Unterzeichnung des Mietvertrags und Anerkennung des Zustands als vertragsgerecht im Mietvertrag, kann der Mieter nicht nachträglich Minderungsansprüche für bei der Begehung vorhandene und erkennbare Mängel geltend machen. Prütting/Wegen/Weinreich/Feldhahn, BGB, 18. Aufl. 2023, § 536b Rz. 8: Der Mieter sollte den Vorbehalt seiner Rechte schriftlich dokumentieren.

85 *OLG Brandenburg* v. 7.2.2017 – 6 U 169/14: betreffend das zu DDR-Zeiten in das Gebäude zur Behandlung des Holzgebälks eingebrachte Holzschutzmittel Holotox 59. *AG Saarbrücken* v. 23.8.2017 – 4 C 348/16: Ein durch das Übergabeprotokoll nachweislich erteiltes Einverständnis mit dem Zustand der Wohnung steht der außerordentlichen Kündigung nicht entgegen, da eine Kenntnis der gefahrbringenden Beschaffenheit bei Mietvertragsschluss nicht zur Unwirksamkeit der Kündigung führt.

86 *LG Bonn* v. 13.9.2012 – 6 S 69/12: Hat der Mieter bei seinem Einzug Kenntnis von dem Mangel bzw. von den Symptomen, schließt dies lediglich den Anspruch auf Minderung aus. *KrsG Görlitz* v. 29.12.1992 – 7 C 372/92: Das gilt aber nicht, wenn der Vermieter entgegen seiner Zusage den Mangel nicht beseitigt.

§ 536b BGB dazu, dass der Mieter für die Zukunft mit seinen Rechten aus §§ 536, 536a BGB ausgeschlossen ist.[87]

Beruhen die Feuchtigkeitsschäden und/oder die Schimmelpilzbildung in der Mietwohnung **im Wesentlichen auf Baumängeln** und nur zu einem geringen Teil auf dem Nutzungsverhalten des Mieters, hat dieser einen Anspruch auf Instandsetzung und kann zusätzlich wegen dieses Mietmangels Mietminderung geltend machen.[88] Ein beachtliches **Mitverschulden des Vermieters** soll sich nach Auffassung einiger bereits daraus ergeben, dass dieser im Zusammenhang mit dem Einbau wärmedämmender Fenster den Mieter nicht zur Änderung seines Lüftungsverhaltens aufgefordert hat.[89] Beachtlich ist auch, dass der Anspruch auf Mängelbeseitigung – weil immer neu entstehend – während der Mietzeit nicht verjährt.[90] Er kann allerdings u.U. verwirkt sein. Im Falle des nicht unerheblichen Vertragsbruchs des Mieters – hier: keinerlei Mietzahlung – hat der Vermieter das Recht, seine Leistung – hier: Beseitigung des Schimmelpilzvorkommnisses – zurückzuhalten.[91]

19.3.3 Selbstvornahme/Aufwendungsersatz gemäß § 536a Abs. 2 Nr. 1 BGB

Gemäß § 536a Abs. 2 BGB darf der Mieter den vorhandenen Schimmelpilz-Mangel **selbst beseitigen** und von dem Vermieter den gegen die Mietszinschuld aufrechenbaren Ersatz der Aufwendungen (sowie vorweg einen schließlich abrechenbaren **Vorschuss**[92]) verlangen, wenn der Vermieter mit der Mängelbeseitigung in **Verzug** ist;[93] beachtlich ist, dass nach wohl allgemeiner Meinung für die **Verjährung** § 548 Abs. 2 BGB (= sechs Monate nach der rechtlichen Beendigung des Mietverhältnisses) einschlägig ist.[94] Ein Anspruch auf Aufwendungsersatz für eigenmächtige Reparatur kann auch nicht auf § 539 BGB (= Ersatz von Aufwendungen des Mieters auf die Mietsache nach den Grundsätzen der Geschäftsführung ohne Auftrag) gestützt werden.[95]

Das Recht des Mieters zur Selbstvornahme und Aufwendungsersatz besteht nach § 536a Abs. 2 BGB nur, wenn entweder der Vermieter mit der Mängelbeseitigung in Verzug gera-

---

87 *BGH* v. 5.11.2014 – XII ZR 15/12 mit Anm. *Castor* IMR 2015, 24 und *Börstinghaus* LMK 2015, 365739: Nachträgliche Änderungen der Miethöhe können für sich genommen die entsprechende Anwendung des § 536b BGB ebenfalls nicht rechtfertigen, was die Anwendung des § 242 BGB im Einzelfall nicht ausschließt. Ebenso *BGH* v. 14.10.2015 – XII ZR 84/14 mit Anm. *Castor* IMR 2015, 494. A.A. *OLG Brandenburg* v. 25.2.2014 – 3 U 154/11 mit Anm. *Biebelheimer* IMR 2014, 205: Verlängert ein Mieter trotz Kenntnis oder grobfahrlässiger Unkenntnis des Mangels der Mietsache vorbehaltlos die Mietzeit, ist das Recht zur außerordentlichen Kündigung aus wichtigem Grund nach § 536b BGB ausgeschlossen. *OLG Koblenz* v. 21.7.2014 – 2 U 901/13 mit Anm. *Leppersjohann* IMR 2014, 519: Daran ändert auch die Tatsache nichts, dass es nach Ausübung der Verlängerungsoption zu einer Mieterhöhung gekommen ist; anderes kann gelten, wenn die Äquivalenz zwischen Miethöhe und Nutzwert durch die Mieterhöhung relevant verschoben wird, was bei einer angemessenen Mieterhöhung aufgrund einer Wertsicherungsklausel nicht der Fall ist.

88 *LG Berlin* v. 10.8.2006 – 62 S 101/06; *AG Tempelhof-Kreuzberg* v. 24.4.2012 – 7 C 326/10; *LG Berlin* v. 4.5.2012 – 65 S 14/11.

89 *LG Berlin* v. 23.11.1999 – 65 S 94/99: 50%ige Mithaftung des Vermieters.

90 *BGH* v. 17.2.2010 – VIII ZR 104/09; *LG Berlin* v. 7.9.2016 – 65 C 315/15 mit Anm. *Danner* IMR 2017, 130.

91 *AG Reinbek* v. 6.6.2017 – 14 C 509/16.

92 *BGH* v. 28.5.2008 – VIII ZR 271/07; *BGH* v. 21.4.2010 – VIII ZR 131/09.

93 *BGH* v. 16.1.2008 – VIII ZR 222/06 mit Anm. *Biebelheimer* IMR 2008, 112; *BGH* v. 28.5.2008 – VIII ZR 271/07 mit Anm. *Kölling* IMR 2008, 225, und *Bub/v.d.Osten* FD-MietR 2008, 263551; *AG Hamburg* v. 20.7.2012 – 41 C 6/12: Der Aufwendungsersatzanspruch des Mieters geht nach § 536 Abs. 2 BGB ins Leere, wenn der Mieter – was der Vermieter zu beweisen hat – den beseitigten Schaden selbst verursacht hat und dem Vermieter aus diesem Grunde schadensersatzpflichtig ist. *LG Lübeck* v. 17.11.2017 – 14 S 107/11.

94 *OLG Düsseldorf* v. 29.7.2010 – 24 U 20/10 mit Anm. *Irrgeher* IMR 2010, 513: Ansprüche des Mieters auf Ersatz der Kosten zur gutachterlichen Feststellung, ob Mängel vom Vermieter beseitigt sind, verjähren nach sechs Monaten.

95 *AG Saarbrücken* v. 24.8.2016 – 3 C 490/15.

ten (Nr. 1) oder die umgehende Beseitigung des Mangels zur Erhaltung oder Wiederherstellung des Bestands der Mietsache (Nr. 2) geboten ist.

Ein Verzug des Vermieters mit der Mängelbeseitigung im Sinne von **§ 536 a II Nr. 1 BGB** setzt grundsätzlich eine vorherige erfolglose Mahnung i.S.v. § 286 Abs. 1 BGB voraus. Eine solche kann ausnahmsweise lediglich dann entbehrlich sein, wenn besondere Gründe den sofortigen Eintritt des Verzugs rechtfertigen, § 286 Abs. 2 Nr. 4 BGB. Erfasst sind davon insbesondere solche Fälle, in denen nur durch sofortige Leistung erhebliche Nachteile von Rechtsgütern abgewendet werden können. Darunter fallen also unaufschiebbare Notmaßnahmen wie z.B. die Reparatur eines Rohrbruchs, eines beschädigten Daches oder der Heizung im Winter. In einem solchen Falle ist regelmäßig auch nach § 286 Abs. 2 Nr. 4 BGB keine Mahnung erforderlich, um den Vermieter nach § 536a Abs. 2 Nr. 1 BGB in Verzug zu setzen.

Im zweiten Fall berechtigt **§ 536 a Abs. 2 Nr. 2 BGB** den Mieter zu Maßnahmen, die aufgrund der akuten Gefährdung der Mietsache keinen Aufschub mehr dulden. § 536 a Abs. 2 Nr. 2 BGB hat insoweit den Vorteil, dass das Selbstvornahmerecht nicht von einem Vertretenmüssen des Vermieters (vgl. § 286 Abs.4 BGB) abhängt, an dem es fehlt, solange der Vermieter von dem Mangel nichts weiß und nichts wissen kann. Auch wenn die Voraussetzungen der Selbstvornahme nicht vorliegen, so kann der Mieter ausnahmsweise doch Ersatz seiner Aufwendungen über §§ 539 Abs. 1, 683, 670 BGB verlangen; diese Bestimmungen sind aber eng auszulegen. Beseitigt der Mieter eigenmächtig einen Mangel der Mietsache, ohne dass der Vermieter mit der Mangelbeseitigung in Verzug ist (§ 536a Abs. 2 Nr. 1 BGB) – sprich ohne Wissen des Vermieters – oder die umgehende Beseitigung des Mangels zur Erhaltung oder Wiederherstellung des Bestands der Mietsache notwendig ist (§ 536a Abs. 2 Nr. 2 BGB), so kann er die Aufwendungen zur Mangelbeseitigung weder nach § 539 Abs. 1 BGB noch als Schadensersatz gemäß § 536a Abs. 1 BGB vom Vermieter ersetzt verlangen.[96]

Betreffend den Anspruch aus § 536a Abs. 2 BGB ist Voraussetzung, dass die **Opfergrenze** nicht überschritten ist. Gegebenenfalls, insbesondere bei eigener sonstiger Betätigung in der Baubranche, kann gegen den Mieter, der als Vorschuss einen erheblichen Betrag vereinnahmt hat und dann nicht mit den Beseitigungsarbeiten startet, die fristlose Kündigung gemäß § 543 BGB in Betracht kommen.[97]

Dem Mieter steht gegen den Vermieter aber kein Herausgabe- und auch kein Auskunftsanspruch betreffend die Ergebnisse einer von dem Vermieter auf seine Kosten wegen des Schimmelpilzbefalls in der Mietwohnung durchgeführten sog. Klimamessung zu.[98] Im Aktivprozess des Mieters gegen den Vermieter auf Mängelbeseitigung finden schließlich die **§§ 265, 325 ZPO** Anwendung, sodass die **Veräußerung des streitbefangenen Mietobjektes** keinen Einfluss auf den Prozess und insbesondere die Passivlegitimation des ursprünglichen Beklagten hat.[99] Dem Mieter fehlt ferner die Klagebefugnis für eine Anfechtungsklage gegen eine seinem Vermieter erteilte Baugenehmigung; meint er, dass durch

96 *BGH* v. 16.01.2008 – VIII ZR 222/06.
97 *BGH* v. 17.1.2012 – VIII ZR 63/11.
98 *AG Bad Segeberg* v. 7.6.2012 – 17 C 21/12; *Flatow* jurisPR-MietR 13/2012 Anm. 1.
99 *LG Bonn* v. 13.9.2012 – 6 S 69/12.

den Neubau gemäß der seinem Vermieter erteilten Baugenehmigung sich bei dem Mietobjekt wegen der wegfallenden Belüftungsmöglichkeit zu Gesundheitsschäden führender Schimmelpilz bilden könnte, kann er nur seine zivilrechtlichen Ansprüche gegen den Vermieter geltend machen.[100]

Der Mieter, der den Vermieter auf Beseitigung von Feuchtigkeitsschäden der Wohnung einschließlich aller Mangelfolgen und Mangelbeseitigungsfolgen verklagt, obwohl er aufgrund des bevorstehenden Endes eines befristeten Mietverhältnisses ohne Weiteres davon ausgehen kann, dass ein eventuell einzuholendes Gutachten betreffend diese Vorkommnisse vor **Ablauf der Mietzeit** nicht fertiggestellt werden wird, erhebt eine mangels Vorliegens eines Rechtsschutzbedürfnisses unzulässige Klage.[101]

Betreffend ein vom Mieter im Zusammenhang mit Schimmelpilzvorkommnissen angestrengtes Eilverfahren gilt dies: Für das im Wege des Antrags auf Erlass einer **einstweiligen Verfügung** gebrachte Begehren des Mieters, dem Vermieter die Beseitigung von Schimmelpilz aufzugeben, fehlt es an dem Vorliegen eines **Verfügungsgrundes**, wenn der Mieter nicht eine gesundheitsgefährdende Beschaffenheit der Mietsache hinreichend glaubhaft macht; darüber hinaus stellt die sach- und fachgerechte Beseitigung von Schimmelpilzvorkommnissen eine **Vorwegnahme der Hauptsache** dar, weshalb sie nur ausnahmsweise im Rahmen der einstweiligen Verfügung angeordnet werden kann.[102]

19.3.4 Zurückbehaltung der Miete (§ 320 BGB)

Beim Vorliegen von Mietmängeln besteht ein Zurückbehaltungsrecht. Zur Durchsetzung seines Erfüllungsanspruchs gem. § 536 BGB steht dem Mieter gegenüber dem Vermieter bei Vorliegen von Mängeln ein Zurückbehaltungsrecht bzw. Leistungsverweigerungsrecht gemäß § 320 BGB zu. Das Leistungsverweigerungsrecht stellt insoweit ein zweckmäßiges Druckmittel zur Mangelbeseitigung dar.[103] § 536 Abs. 1 Satz 2 BGB schließt daher nicht die **Einrede des nicht erfüllten Vertrages** aus. So hat der Mieter gemäß **§ 320 BGB** das Recht, durch Zurückbehalten eines von der Minderung nicht erfassten weiteren Anteils des Mietzinses den Vermieter zur Erfüllung seiner Vermieterpflichten, mithin insbesondere zur Durchsetzung des Erfüllungsanspruchs, anzuhalten.

Beseitigt der Vermieter den Mietmangel nicht, so kann der Mieter grundsätzlich neben der Mietminderung einen weiteren Teil der Miete einbehalten (sog. „Druckzuschlag"). Das Zurückbehaltungsrecht sollte gegenüber dem Vermieter ausdrücklich erklärt werden. Die Höhe des Zurückbehaltungsrechts richtet sich gemäß § 320 Abs. 2 BGB nach der Art und der Schwere des Mangels. Überwiegend wird vertreten, dass der Mieter den **drei- bis**

100 *OVG Magdeburg* v. 2.7.2015 – 2 O 22/15.
101 *AG Bergisch Gladbach* v. 1.6.2011 – 67 C 230/10.
102 *AG Hamburg* v. 28.1.2013 – 44 C 18/13 = *LG Hamburg* v. 19.2.2013 – 316 T 7/13. Kritisch *Waßmann* ZMR 2015, 5 ff.
103 *BGH* v. 26.10.1994 – VIII ARZ 3/94.

fünffachen Minderungsbetrag monatlich zurückhalten darf.[104] Das bedeutet, das Recht zur Zurückhaltung der Miete ist zu beschränken bis zur Höhe des drei- bis fünffachen Betrags der geschätzten Mängelbeseitigungskosten.[105] Eine Nichtbezahlung der gesamten Miete kommt also allenfalls in Betracht, wenn die Minderungsquote im konkreten Fall mindestens 20 % beträgt.[106] Vereinzelt wird mit Verweis auf die durch das **Forderungssicherungsgesetz** im Baurecht eingeführte Neuregelung des § 641 Abs. 3 BGB die Begrenzung der Höhe auf das Doppelte der vorgenannten Beträge für hinreichend erachtet.[107]

Das dem Mieter neben der kraft Gesetzes eintretenden Minderung zustehende Recht, die Zahlung der (geminderten) Miete nach § 320 Abs. 1 Satz 1 BGB zu verweigern, unterliegt nach seinem Sinn und Zweck sowie unter Berücksichtigung dessen, dass das durch den Mangel der Wohnung bestehende Ungleichgewicht zwischen Leistung und Gegenleistung durch die Minderung wiederhergestellt ist, grundsätzlich einer zeitlichen und betragsmäßigen Begrenzung. Die Höhe des Mietanteils, den der Mieter gemäß § 320 Abs. 2 BGB neben der Minderung zurückhalten darf, und die Dauer der Zurückhaltung können nicht schematisch beurteilt werden, sondern sind vom Tatrichter aufgrund einer Gesamtwürdigung der Umstände im Einzelfall zu entscheiden.[108] Ist der Schimmelpilzmangel **geringfügig**, kann ein Zurückbehaltungsrecht gemäß §§ 320 Abs. 2, 242 BGB nicht geltend gemacht werden.

Bei Wohnraummietverhältnissen ist ein vertraglicher Ausschluss von Zurückbehaltungsrechten gemäß **§ 556b Abs. 2 Satz 2 BGB** unzulässig.

Nach erfolgter Mängelbeseitigung oder Beendigung des Mietverhältnisses muss der Mieter die zurückbehaltenen Beträge unverzüglich an den Vermieter auskehren; geschieht dies nicht, kann der Vermieter ohne das Erfordernis einer vorhergehenden besonderen Zahlungsaufforderung oder einer Abmahnung unter den Voraussetzungen des § 543 Abs. 1, 2 Nr. 3b BGB fristlos kündigen.[109]

Ergibt sich das Zurückbehaltungsrecht, so genügt **für den Nichteintritt des Zahlungsverzuges**, dass das Recht besteht; der Mieter muss sich nicht darauf berufen.[110] Im Umfang des zurückhaltbaren Anteils der Miete/-n kann mithin auch ein Kündigungsrecht des Vermieters nicht gegeben sein. Will der Mieter indes eine **Zug-um-Zug-Verurteilung nach § 322 Abs. 1 BGB** erreichen, muss er sein Zurückbehaltungsrecht geltend ma-

---

104 *LG Hamburg* v. 3.2.1984 – 11 S 87/83; *AG Berlin-Charlottenburg* v. 31.8.2010 – 226 C 111/10; *AG Köln* v. 21.7.2011 – 222 C 25/11; *LG Berlin* v. 19.12.2014 – 65 S 142/14 mit Anm. *Blank* IMR 2015, 181. *LG Kassel* v. 12.12.2013 – 1 S 73/13: Starre Grenzen betreffend die Höhe des zurückhaltbaren Geldes finden sich im Mietverhältnis nicht; es kommt auf die Gegebenheiten des Einzelfalls an. *AG Köln* v. 21.7.2011 – 222 C 25/11; *AG Köln* 9.8.2015 – 212 C 86/13: drei- bis fünffacher Betrag der zulässigen Minderung. A.A. *AG Siegburg* v. 4.1.2008 – 117 C 306/06: Grundsätzlich darf der gesamte Mietzins zurückbehalten werden. *AG Gießen* v. 5.11.2015 – 48 C 48/15: Zusätzlich zur Minderung hat der Mieter ein Zurückbehaltungsrecht in Höhe des zweifachen Minderungsbetrags, das nicht durch die Erhebung der Räumungsklage entfällt; denn es kann nicht richtig sein, dass der Vermieter das Zurückbehaltungsrecht durch Erhebung einer unschlüssigen Klage beendet.

105 *LG Saarbrücken* v. 26.3.1999 – 13 B S 233/98.

106 *LG Bonn* v. 3.12.1990 – 6 S 76/90; *OLG Naumburg* v. 3.8.1999 – 11 U 25/99; *BGH* v. 26.3.2003 – XII ZR 167/01.

107 *Selk* NZM 2009, 142.

108 *BGH* v. 17.5.2015 – VIII ZR 19/14 mit Anm. *Cymutta* IMR 2015, 357; *LG Berlin* v. 15.4.2016 – 65 S 400/15 mit Anm. *Fodor* IMR 2017, 51.

109 *LG Berlin* v.19.12.2014 – 65 S 142/14 mit *Blank* IMR 2015, 181.

110 *LG Berlin* v. 29.4.2011 – 63 S 465/10.

chen.[111] Dem Zurückbehaltungsrecht steht die Verwirkung eines Rechts zur Minderung nicht entgegen.[112]

Wegen eines Mangels, von dem der Vermieter keine Kenntnis hat, kann ein Zurückbehaltungsrecht erst an den Mieten gegeben sein, die fällig werden, nachdem der Mieter dem Vermieter den Mangel angezeigt hat.[113]

Dem Mieter steht bis zur Leistung eines Vorschusses für notwendige Hotelkosten ein Zurückbehaltungsrecht auch gegenüber dem Duldungsanspruch aus § 555a BGB zu.[114]

Die **Geltendmachung eines Zurückbehaltungsrechts** an den laufenden Mietzinszahlungen soll allerdings **ausgeschlossen** sein, wenn der Vermieter einem Mängelbeseitigungsverlangen über Jahre hinweg nicht nachkommt, weil Streit über die Verantwortlichkeit der entstandenen Schäden besteht, der Mieter in der Vergangenheit Mietzins in erheblicher Höhe zurückgezahlt hat und er sodann im kündigungsrelevanten Intervall die Mietzinszahlung völlig eingestellt hat; denn wenn nicht mehr zu erwarten ist, dass der Vermieter seiner Verpflichtung zur Beseitigung des Mangels unter dem Druck der Leistungsverweigerung nachkommen wird, hat das Leistungsverweigerungsrecht seinen Zweck verfehlt, den Vermieter zur eigenen Vertragstreue anzuhalten.[115]

Das Zurückbehaltungsrecht erlischt bei **Veräußerung der vermieteten Immobilie**, denn der Anspruch auf Mietzahlung für die Vergangenheit geht gemäß § 566 Abs. 1 BGB nicht auf den Erwerber über. Das Zurückbehaltungsrecht erlischt ferner, wenn der Mieter wegen des Mangels **kündigt**, denn damit verliert er seinen Instandsetzungsanspruch.[116] Wird vermieteter Wohnraum daher nach der Überlassung an den Mieter von dem Vermieter an einen Dritten veräußert, verliert der Mieter dem Veräußerer gegenüber sein Zurückbehaltungsrecht an der rückständigen Miete wegen eines Mangels der Mietsache, der vor der Veräußerung entstanden ist. Vom Zeitpunkt der Veräußerung an ist nur noch der Erwerber zur Mangelbeseitigung verpflichtet und der Mieter kann nur die Leistung der diesem geschuldeten Miete bis zur Mangelbeseitigung verweigern.[117]

19.3.5 Mietminderung gemäß § 536 BGB

Gemäß § 536 Abs. 1 Satz 2 BGB ist die **Miete für die Zeit des Vorhandenseins des Mangels angemessen herabgesetzt**.[118] Der Mieter kann danach die Miete, die er gemäß § 535 Abs. 2 BGB an den Vermieter zahlen muss, im Rahmen der Mietminderung kürzen, sofern die Tauglichkeit der Mietsache zum vertragsgemäßen Gebrauch wegen des Mangels nicht unerheblich beeinträchtigt ist.

111 *BGH* v. 7.10.1999 – VIII ZR 100/97.
112 *VerfGH Berlin* v. 19.8.2005 – VerfGH 84/04; *AG Berlin-Schöneberg* v. 15.10.2008 – 14 C 65/08.
113 *BGH* v. 3.11.2010 – VIII ZR 330/09 mit Anm. *Deitschun* IMR 2011, 1002.
114 *LG Aachen* v. 12.11.2015 – 100 C 272/15 mit Anm. *Börstinghaus* IMR 2016, 1052: berechtigte Zurückbehaltung in Höhe von 30 %.
115 *LG Saarbrücken* v. 5.2.2016 – 10 S 76/15 mit Anm. *Burbulla* IMR 2016, 147.
116 *LG Berlin v.* 21.11.2006 – 64 S 193/06; *AG Lüdenscheid* v. 7.12.2006 – 94 C 21/06. *AG Spandau* v. 31.3.2015 – 5 C 4/15: Nach Beendigung des Mietverhältnisses ist ein Zurückbehaltungsrecht nicht mehr gegeben.
117 *BGH* v. 19.6.2006 – VIII ZR 284/05.
118 *Harz* ZMR 2014, 943: *„Mietminderung ist der Beginn der Eiszeit zwischen Vermieter und Mieter."*

Diese Minderung ergibt sich aus dem das Mietrecht beherrschenden Äquivalenzprinzip, sodass sie im Rechtssinne (= dogmatisch) kein Schaden des Mieters und deshalb auch nicht von einem Verschulden des Vermieters abhängig ist.

Der Mieter ist insoweit von der Verpflichtung zur Entrichtung des Mietzinses befreit oder zur Zahlung eines herabgesetzten Mietzinses berechtigt, wenn und solange die Mietsache mit einem Fehler behaftet ist, der ihre Tauglichkeit zu dem vertragsgemäßen Gebrauch aufhebt oder in nicht nur unerheblicher Weise mindert. Das Recht auf Minderung des Mietzinses ist seiner rechtlichen Natur nach, anders als beim Kauf das Recht zur Minderung des Kaufpreises, kein Anspruch, sondern bewirkt kraft Gesetzes eine Änderung der Vertragspflichten. Die teilweise oder vollständige Befreiung von der Mietzinspflicht tritt ein, solange die Gebrauchstauglichkeit der Mietsache durch den Mangel herabgesetzt oder aufgehoben ist, ohne dass sich der Mieter darauf berufen muss. Das bedeutet für die Darlegungslast des Mieters, der sich gegenüber dem Zahlungsanspruch des Vermieters auf einen Mangel der Mietsache beruft und daraus eine Minderung des Mietzinses herleitet, dass er nur konkrete Sachmängel darzulegen braucht, die die Tauglichkeit der Mietsache zum vertragsgemäßen Gebrauch beeinträchtigen. Hingegen fällt das Maß der Gebrauchsbeeinträchtigung durch den Mangel nicht in die Darlegungslast des Mieters.[119]

Anders als beim Kauf- und beim Werkvertragsrecht ist die Mietminderung kein Gestaltungsrecht; sie tritt – gleichsam automatisch – kraft Gesetzes ein, bedarf also nicht der Erklärung des Mieters.[120] Deshalb ist es ohne Bedeutung, ob der Mieter eine Benutzungsbeeinträchtigung empfindet, tatsächlich in seinem Gebrauch beeinträchtigt ist oder ob er bei Mangelfreiheit die Mietsache umfassend nutzen konnte oder wollte. Zugunsten des Mieters ergibt sich keine Minderung, wenn dieser den Mangel durch seine vertragswidrige Nutzung verschuldet hat bzw. er deshalb seiner Sphäre zuzurechnen ist. Einige begründen dieses unstreitige Ergebnis aus dem Rechtsgedanken, dass der Gläubiger kein Recht beanspruchen darf, welches er aus seinem vertragswidrigen Verhalten ableitet; andere argumentieren, dass dem Vermieter gegen den Mieter, der den zur Gebrauchsbeeinträchtigung führenden Mangel verursacht hat, ein Anspruch auf Schadensersatz dahin zusteht, dass dieser die Minderung nicht geltend macht.[121] Der Mieter ist lediglich verpflichtet, dem Vermieter den Mangel anzuzeigen (s.o.).

---

119 *BGH* v. 27.2.1991 – XII ZR 47/90 noch zu § 537 BGB a.F.; BGH v. 25.10.2011 – VIII ZR 125/11; BGH v. 29.2.2012 – VIII ZR 155/11.
120 *BGH* v. 27.7.2016 – XII ZR 59/14 mit Anm. *Hirsch* IMR 2016, 412.
121 *AG Dortmund* 29.9.2015 – 525 C 7665/14.

Die Minderung scheidet aus, wenn der Mieter eine ihm zumutbare **Mitwirkung an der Beseitigung der Schimmelpilzvorkommnisse unterlässt oder verweigert.**[122] Eine **Klausel in Allgemeinen Geschäftsbedingungen** des Vermieters, durch die das gesetzliche, verschuldensunabhängige Minderungsrecht zum Nachteil des Mieters etwa durch das Erfordernis eines Verschuldens des Vermieters eingeschränkt wird, ist nach § 307 BGB unwirksam. Indes ist eine Klausel, die nur den sofortigen Abzug von der Mietzahlung ausschließt, jedoch dem Mieter die Möglichkeit belässt, den Mangel im Wege der Klage auf Rückzahlung überzahlter Miete (§§ 536, 812 BGB) geltend zu machen, wirksam;[123] ebenfalls nicht unwirksam nach § 307 BGB ist die Klausel: *„Eine Minderung der Mietzahlungen … ist nur möglich bei anerkannten oder rechtskräftig festgestellten Ansprüchen.*[124]

Beachtlich ist, dass der Mieter bloß den Sachmangel der Schimmelpilzbildung konkret im Rechtsstreit bekannt geben muss, das Ausmaß der Gebrauchsbeeinträchtigung fällt nicht in seine **Darlegungslast.**[125] Trägt der auf Minderung abzielende Mieter zur Beeinträchtigung seines Mietgebrauchs unsubstantiiert vor, hat das Gericht auf Ergänzung hinzuwirken und Hinweise zu erteilen; bleibt es bei dem unsubstantiierten Vortrag, es sei Schimmelbildung vorhanden, ohne das Ausmaß irgendwie zu bezeichnen, und wird z.B. zusätzlich bloß die Mitteilung gebracht, aus der Badewanne fließe Wasser heraus, ohne hierzu Details zu liefern, sind diese Ausführungen mit der Folge der Zurückweisung des Begehrens auf Minderung unschlüssig.[126] Im Falle der schlüssigen Darlegung muss die richterliche Ermittlung der konkreten Minderung wegen Schimmelpilzbefalls gemäß den Vorgaben des § 536 Abs. 1 BGB erfolgen; das Gericht muss für die **Ermittlung der Minderung** das Maß der Beeinträchtigung des Gebrauchswertes im jeweils betroffenen Bereich (Räumlichkeit) in das Verhältnis zur gesamten Wohnung setzen. Im Rechtsstreit wird vielfach die – auch betreffend die Einstufung von werkrechtlichen Mängeln gebräuchliche – **Nutzwertanalyse** angewandt.[127] Dazu wird zunächst die Beschaffenheit der Mietsache ohne den Man-

---

122 *AG Köln* v. 14.3.2005 – 206 C 161/04: Die mehrfache Absage seitens der Mieter betreffend vom Vermieter genannte Termine zur Mängelbeseitigung mit Begründungen wie *„Prüfungen des Sohnes"*, *„Ostern"* oder *„verstorbener Hund"* beinhaltet jedenfalls dann insgesamt die Absage aus nicht nachvollziehbaren Gründen, wenn mieterseits keine Alternativtermine genannt wurden. *AG Stuttgart-Bad Cannstatt* 1.7.2008 – 2 C 876/06. *AG Frankfurt/M.* v. 11.9.2008 – 33 C 1753/08: Solange der Mieter die Besichtigung der Mängel verweigert, steht ihm keine Minderung zu. *AG Berlin-Wedding* v. 18.7.2011 – 21 b C 105/11: Lässt der die *„schimmlige Tapete"* rügende Mieter die ihm seitens des Vermieters angebotene Reparatur unstreitig zu, scheidet Minderung aus. *BGH* v. 13.5.2015 – XII ZR 65/14 mit *Neuhaus* IMR 2015, 331: Verhindert der Mieter – etwa indem er Erhaltungsmaßnahmen pflichtwidrig nicht duldet oder ihre Duldung von ungerechtfertigten Forderungen (hier: „Umsatzausfall-Anerkenntnis", welches der Vermieter nur bei Verschulden abzugeben hat) abhängig macht – unberechtigt die Mängelbeseitigung durch den Vermieter, folgt aus den Grundsätzen von Treu und Glauben gemäß § 242 BGB, dass er sich ab dem Zeitpunkt nicht mehr auf Minderung berufen kann, ab dem die Mängelbeseitigung ohne sein verhinderndes Verhalten nach dem gewöhnlichen Lauf der Dinge voraussichtlich abgeschlossen gewesen wäre und der Vermieter wieder die ungeminderte Miete hätte verlangen dürfen; die Darlegungs- und Beweislast für den Einwand, der Mieter habe die Mängelbeseitigung treuwidrig verhindert, trägt der Vermieter.

123 *KG Berlin* v. 17.9.2012 – 8 U 87/11.

124 *KG Berlin* v. 13.7.2015 – 8 W 45/15 mit Anm. v. *Kölling* IMR 2016, 15.

125 *BGH* v. 27.2.1991 – XII ZR 47/90; *BGH* v. 12.2.2014 – XII ZR 92/13. *BGH* v. 27.7.2016 – XII ZR 59/14 mit Anm. v. *Hirsch* IMR 2016, 412: Weil die Minderung nach § 536 Abs. 1 BGB kraft Gesetzes eintritt, genügt der Mieter seiner Darlegungslast bereits mit der Bekanntgabe eines konkreten Sachmangels, der die Tauglichkeit der Mietsache zum vertragsgemäßen Gebrauch beeinträchtigt; das Maß der Gebrauchsbeeinträchtigung oder einen bestimmten Minderungsbetrag braucht der Mieter nicht vorzutragen; von ihm ist auch nicht zu fordern, dass er über eine hinreichend genaue Beschreibung der Mangelerscheinungen („Mangelsymptome") hinaus die – ihm häufig nicht bekannte – Ursache dieser Symptome bezeichnet. *BGH* 21.2.2017 – VIII ZR 1/16.

126 *AG Gießen* v. 14.7.2014 – 48 C 8/14.

127 *LG Hamburg* v. 24.5.1983 – 16 S 332/82. *AG Hamburg-Blankenese* v. 12.1.2005 – 508 C 283/04: Zur Ermittlung des Prozentsatzes kann die Zielbaummethode Anwendung finden.

gel („**Sollbeschaffenheit**") bestimmt; dann erfolgt die Ermittlung der einzelnen wertbildenden Bestandteile („Multifaktoren") der Mietsache; schließlich wird der Grad der konkreten Beeinträchtigung ermittelt.

Die Höhe der angemessenen Minderung ist abhängig vom Einzelfall. Nach heute ganz einhelliger Auffassung bestimmt sich die Minderungsquote unabhängig von dem jeweiligen Beseitigungsaufwand. Die in der Praxis gebräuchlichen **Mietminderungstabellen/ Berechnungsschemata** bieten lediglich Argumentationshilfen und – beschränkt[128] – Orientierungsrahmen; sie eignen sich keinesfalls für die schematische Übernahme der darin genannten Werte.[129] Ein Schema darf daher nicht überschätzt werden; es darf insbesondere nicht dazu führen, die Mietminderung auf ein Rechenexempel zurückzuführen.[130] Vielmehr ist eine Prüfung stets unter Berücksichtigung aller Umstände des Einzelfalls durchzuführen. Fallbezogen zu gewichten sind die konkreten, für die Tauglichkeit maßgeblichen Umstände des Einzelfalls. Längere Untätigkeit des Vermieters bezüglich seiner Mängelbeseitigung dürfte für die Höhe der Minderungsquote aber nicht beachtlich sein,[131] dem kann der Mieter u.a. durch das Beseitigungsrecht und den Vorschussanspruch angemessen und hinreichend begegnen.

Die Parteien können ferner die Höhe der Minderung vereinbaren; dem steht § 536 Abs. 4 BGB nicht entgegen. Im Falle der Minderung erfolgt ansonsten regelmäßig eine prozentuale, bisweilen eine Bruchteilskürzung.

Auch wenn die Feuchtigkeitsschäden und/oder die Schimmelpilzbildung in der Mietwohnung im Wesentlichen auf Baumängeln und nur zu einem geringen Teil auf dem Nutzungsverhalten des Mieters beruhen, hat dieser Mieter nach wohl herrschender Meinung einen Anspruch auf Instandsetzung und kann wegen dieses Mietmangels Mietminderung geltend machen.[132] Steht fest, dass der aufgetretene Schimmelpilz **Ursachen** hat, **die vom Vermieter und vom Mieter gesetzt worden sind**, ist dies bei der Bemessung der Min-

---

128 *Mersson* Beck'sche Online-Formulare Prozess 15.1.2.2 „Klageerwiderung gestützt auf Mängel" Rn. 7: Vorsicht ist geboten vor pauschalen Angaben in Minderungstabellen.

129 *LG Hamburg* v. 24.5.2002 – 1 S 1703/01; *Isenmann/Mersson* NZM 2005, 881, 885.

130 *LG Hamburg* v. 24.5.2002 – 1 S 1703/01; *Isenmann/Mersson* NZM 2005, 881, 885.

131 Schmid/Harz/*Harting/Harsch* Fachanwaltskommentar Mietrecht 4. A. 2014 § 536 Rn. 176: Irrelevant sind alle Umstände, die über das Äquivalenzprinzip hinausgehen wie etwa das Verschulden des Vermieters. A.A. *LG Hamburg* 24.5.2002 – 1 S 1703/01: Bei längerer Untätigkeit des Vermieters erhöht sich die Mietminderung um einen „Druckzuschlag".

132 *AG Hannover* v. 27.6.2012 – 425 C 9635/10; *LG Berlin* v. 10.8.2006 – 62 S 101/06. *LG Bonn* v. 3.12.1990 – 6 S 76/90: Beruht die Schimmelpilzbildung zu 65 % auf baulichen Mängeln, kann die Miete um 14 % gemindert werden. A.A. *LG Bonn* v. 13.9.2012 – 6 S 69/12: *„Selbst in Fällen, wo der Sachverständige aus handwerklich-technischer Sicht zu dem Ergebnis kommt, dass sowohl eine bauseits bedingte Schimmelentstehung als auch eine auf vertragswidriges Heizungs- oder Lüftungsverhalten zurückzuführende Schimmelpilzentstehung zu bejahen ist, liegt zum einen ein Mangel i.S.v. § 536 BGB vor, und zum anderen hat dies weder rechtliche Relevanz für das Bestehen oder die Höhe des Minderungsrechts noch für das Bestehen des Mängelbeseitigungsanspruchs, da hierfür allein entscheidend ist, dass ein bestimmter erheblicher Mangel vorliegt, der (auch) aus der Sphäre des Vermieters stammt. Da i.d.R. auch nicht abgrenzbar sein wird und nicht der Schätzung gemäß § 287 ZPO zugänglich sein wird, in welchem Maße das etwa vertragswidrige Verhalten des Mieters den Mangel mitverursacht hat, wird i.d.R. eine Kürzung der Minderung nicht gemäß §§ 280, 249 BGB angezeigt sein."*

derungsquote zu berücksichtigen.[133] Eine beachtliche Mitverursachung des Mieters kann aber nicht angenommen werden, wenn die Förderung des Schimmelpilzschadens durch den Mieter auf ein konkretes Nutzungsverhalten dieses Mieters zurückzuführen ist, das sich noch im Rahmen des Vertragsgemäßen verhielt.[134] Teilweise wird vertreten, dass ein Mieter, der erkennen kann, dass andernfalls Feuchtigkeitsschäden auftreten, selbst dann zum sog. Trockenheizen verpflichtet ist, wenn dies vertraglich nicht ausdrücklich vereinbart worden ist.[135]

Bemessungsgrundlage für die Minderung ist nach der BGH-Rechtsprechung die **Bruttomiete**[136], d.h. der Mietzins einschließlich sämtlicher Nebenkosten; dabei ist unerheblich, ob die Nebenkosten als Vorauszahlung oder als Pauschale geschuldet sind.[137] Mithin kann neben der Kürzung der Grundmiete ein weiterer Abschlag für die geschätzten tatsächlich anfallenden Betriebskosten vorgenommen werden.

Eines besonderen Vorbehalts seitens des Mieters gemäß § 814 BGB, um sich die Minderung auch hinsichtlich des Saldos zu sichern, bedarf es nicht. Bei der Nebenkostenabrechnung müssen dann die vereinbarten – und nicht bloß die um den Minderungsanteil gekürzten – Vorauszahlungen berücksichtigt werden, um so zu vermeiden, dass der Mieter über die Betriebskostennachzahlung nicht die geminderte Miete teilweise leistet.[138] Obergerichtlich ist noch nicht geklärt, wie die Minderung bei deutlich zu wenig oder zu hoch berechneten Nebenkostenvorauszahlungen betreffend den Nebenkostenanteil vorzunehmen ist.

Mindert der Mieter die Miete, weil er irrtümlich annimmt, dass die auftretenden Schimmelpilz- und Kondenswasservorkommnisse bauseitige Ursachen haben, ist eine auf den ange-

133 *LG Itzehoe* v. 22.4.1982 – 1 S 24/81: Liegt eine Wärmebrücke vor mit der Folge der Temperaturherabsetzung an der Innenoberfläche der Decke sowie an benachbarten Teilen der Wände und sind die Heizgewohnheiten der Mieter mitursächlich für die Schimmelpilzvorkommnisse, ist eine 10%ige Minderung berechtigt. *LG Braunschweig* v. 12.11.1987 – 7 S 141/87; *LG Hannover* v. 16.5.1988 – 9 S 389/87. *LG Bonn* v. 3.12.1990 – 6 S 76/90: Beruht das an sich zu einer 20%igen Minderung berechtigende Schimmelpilzvorkommnis ausweislich des Sachverständigengutachtens zu 65 % auf den baulichen Gegebenheiten und zu 35 % auf dem Lüftungsverhalten der Mieter, berechnet sich die Minderung mit (20 % x 65 % =) 13 %. *LG Berlin* v. 23.11.1999 – 65 S 94/99: 50 % Mitverschulden des Vermieters, der den Mieter nach Einbau von Wärmedämmung nicht zu einer dem Mieter zumutbaren Änderung des Lüftungsverhaltens auffordert. *LG Berlin* v. 18.11.2002 – 67 S 147/02: 5 % Minderung bei Schwarzschimmelbildung im Schlafzimmer, der auf Baumängel zurückzuführen ist und zusätzlich auf das Nutzungsverhalten der Mieter. *LG Berlin* v. 15.6.2009 – 67 S 279/08: Steht fest bzw. ist erwiesen, dass mehrere Gegebenheiten für ein Schadensbild ursächlich geworden sind und jede Ursache für sich zu einer anteiligen Vergrößerung des Schadensbildes geführt hat, ist dies bei der Bemessung der Minderungsquote zu berücksichtigen. *AG Bühl* v. 29.8.2011 – 3 C 359/08; *AG Tempelhof-Kreuzberg* v. 24.4.2012 – 7 C 326/10: Minderung in Höhe von 2 %, wenn der Schimmelpilz einerseits auf einen Riss in der Mauer sowie auf schadhaften Putz und andererseits auf nachgewiesen unzureichendes Heizverhalten des Mieters zurückzuführen ist. *LG Karlsruhe* v. 2.6.2017 – 9 S 169/16 mit Anm. *Schulze Steinen* IMR 2017, 434: Ist der Mieter für einen Mietmangel – hier: Feuchtigkeit und Schimmel – mitverantwortlich, so ist er zwar zur Mietminderung berechtigt, sein Verursachungsbeitrag ist aber bei der Bestimmung der Minderungsquote negativ zu berücksichtigen. *LG Lübeck* v. 17.11.2017 – 14 S 107/11.

134 *LG Berlin* v. 4.5.2012 – 65 S 14/11: Es ist sehr verbreitet, dass bei niedrigen Temperaturen geschlafen wird, weil dies als angenehm empfunden wird; verhält sich der Mieter entsprechend und wäre das Schimmelpilzvorkommen bei höherer Beheizung des betroffenen Schlafzimmers nicht aufgetreten, ist dies dem Mieter so lange nicht anzurechnen, wie betreffend die Beheizung des Schlafzimmers ein besonderes Heizverhalten des Mieters vertraglich nicht wirksam vereinbart worden war.

135 *LG Lübeck* v. 8.1.1988 – 6 S 289/87.

136 *AG Hamburg-Blankenese* v. 12.1.2005 – 508 C 283: Der Vermietereinwand, die Wohnung sei auch mit dem konkreten Mangel den vereinbarten Mietzins wert, ist ohne Bedeutung.

137 *BGH* v. 6.4.2005 – XII ZR 225/03 mit Anm. *Kölling* IBR 2005, 450: Gewerberaum; *BGH* v. 20.7.2005 – VIII ZR 347/04: Wohnraum; *AG Bergheim* v. 12.4.2011 – 28 C 147/10; *BGH* v. 13.4.2011 – VIII ZR 233/10; *Binder* IMR 2011, 321.

138 Zum Berechnungsmodell *Schmidt* DWW 2014, 252, 253.

fallenen Mietrückstand gestützte fristlose Kündigung seitens des Vermieters berechtigt, wenn der Mieter bei Anwendung verkehrsüblicher Sorgfalt hätte erkennen können, dass die tatsächlichen Voraussetzungen des von ihm in Anspruch genommenen Minderungsrechts nicht bestehen. Der Mieter hat insoweit die Nichtzahlung der Miete im Rahmen des § 543 Abs. 2 BGB nämlich bei Vorsatz und Fahrlässigkeit zu vertreten; es besteht keine Veranlassung für die Privilegierung eines Mieters in einem Fall, in dem er die Ursache der Schimmelpilzbildung schuldhaft fehlerhaft einschätzt.[139] Auch im Rahmen des § 543 Abs. 2 BGB hat der Mieter die Nichtzahlung der Miete zu vertreten, wenn ihm Vorsatz oder Fahrlässigkeit zur Last fällt. Dafür gilt der allgemeine Sorgfaltsmaßstab des § 276 Abs. 1 Satz 1 BGB. Für eine mildere Haftung und damit eine Privilegierung des Mieters besteht auch in den Fällen kein Anlass, in denen der Mieter die Ursache eines Mangels, hier der Schimmelpilzbildung, fehlerhaft einschätzt. Der Mieter kann bei Zweifeln die Miete unter Vorbehalt zahlen, sodass ihm die Möglichkeit bleibt, eine gerichtliche Klärung seiner Rechte herbeizuführen, ohne dem Risiko einer fristlosen Kündigung ausgesetzt zu sein.

Dabei muss sich der Mieter eine schuldhaft fehlerhafte Beratung – etwa durch den Mieterverein – als eigenes Verschulden gemäß § 278 BGB zurechnen lassen.[140] **Mindert der Mieter unberechtigt bzw. zu hoch**[141]**,** kann Verzug wegen eines unvermeidbaren Rechtsirrtums ausscheiden, sodass kein Vertretenmüssen i.S.d. § 286 Abs. 4 BGB vorliegt; daran sind allerdings strenge Maßstäbe anzulegen.[142] Der Mieter muss die Rechtslage unter Einbeziehung der höchstrichterlichen Rechtsprechung sorgfältig prüfen; entschuldigt ist ein Rechtsirrtum nur dann, wenn der Mieter bei Anwendung der im Verkehr erforderlichen Sorgfalt mit einer anderen Beurteilung durch die Gerichte nicht zu rechnen brauchte; wird die maßgebliche Rechtsfrage in der obergerichtlichen Rechtsprechung und in der Literatur indes unterschiedlich diskutiert, muss der Mieter eine abweichende Einschätzung in Betracht ziehen und handelt mindestens fahrlässig, wenn er dennoch weiter mindert (hier: unberechtigte Forderung des Mieters auf Abgabe eines „Umsatzausfall-Anerkenntnisses, welches der Vermieter allenfalls bei eigenem Verschulden abgeben muss).[143]

Mittlerweile ist höchstrichterlich geklärt, wie sich die **Höhe des Streitwertes für die gerichtliche Feststellung, dass die Miete wegen eines Mangels gemindert ist**, bestimmt: Bei einer Klage des Mieters auf Feststellung einer Minderung der Miete ist der Streitwert nicht gemäß § 41 Abs. 5 Satz 1 GKG analog mit dem einfachen Jahresbetrag,

---

139 *BGH* v. 11.7.2012 – VIII ZR 138/11 mit Anm. *Mayer* IMR 2012, 362, *Börstinghaus* jurisPR-MietR 19/2012 Anm. 1, und *Seibl* LMK 2012, 339758: Hat der Mieter keine vollständige Gewissheit betreffend die Ursache der Schimmelpilzbildung, kann er das Risiko, einer fristlosen Kündigung wegen Mietrückstandes ausgesetzt zu sein, dadurch ausschließen, dass er die Miete unter Vorbehalt zahlt und dann die gerichtliche Klärung seiner Rechte herbeiführt. *AG Kassel* v. 11.3.2014 – 451 C 1403/13: Tritt der Schimmelpilz im Anschluss an vom Vermieter veranlasste Dämmarbeiten auf und hatten sich in den vorhergegangenen 30 Jahren der Mietzeit dieses Mieters betreffend diese Wohnung keine Schimmelpilzvorkommnisse ergeben, erscheint eine vorgenommene Minderung jedenfalls dann nicht schuldhaft, wenn der Mieter sogleich nach Erhalt eines Gutachtens, das einen Mangel der Bausubstanz als Ursache ausschließt, den Rückstand – wenn auch unter Vorbehalt – ausgleicht.

140 *BGH* v. 25.10.2006 – VIII ZR 102/06 mit Anm. *Lammel* IMR 2007, 1.

141 *Merson* Beck'sche Online-Formulare Prozess 15.1.2.2.2 *„Die Verlockung, mit einer Mietminderung Miete zu ‚sparen', ist nicht von der Hand zu weisen."*

142 *BGH* v. 13.5.2015 – XII ZR 65/14 mit Anm.*Neuhaus* IMR 2015, 332; Prütting/Wegen/Weinreich/*Feldhahn*, BGB, 18. Aufl. 2023, § 543 Rn. 20 m.w.N.

143 *BGH* v. 13.5.2015 – XII ZR 65/14 mit Anm.*Neuhaus* IMR 2015, 332; Prütting/Wegen/Weinreich/*Feldhahn*, BGB, 18. Aufl. 2023, § 543 Rn. 20 m.w.N.

sondern gemäß § 48 Abs. 1 Satz 1 GKG, §§ 3, 9 ZPO mit dem dreieinhalbfachen Jahresbetrag der geltend gemachten Mietminderung zu bemessen.[144]

Wird ein **selbständiges Beweisverfahren** allein zur Feststellung der Mängel der Mietsache betrieben ohne die zusätzliche Angabe des Zieles der Minderung, soll sich nach Auffassung einiger der Streitwert nach der Höhe der vom Sachverständigen dann ermittelten Mängelbeseitigungskosten und nicht nach dem Jahresbetrag der angemessenen Minderung bestimmen.[145] Gleiches gilt auch für das betreffend Mängel der Mietsache eingeleitete selbstständige Beweisverfahren.[146]

19.3.6 Zahlung unter Vorbehalt / Zahlung auf ein Anderkonto

In Zweifelsfällen sollten Mieter bedenken, die Miete bis zu einer Klärung des mutmaßlichen Mangels unter Vorbehalt weiterzuzahlen. Zur Vermeidung der Risiken, die sich aus einer unberechtigten oder überhöhten Minderung ergeben, kann der Mieter erwägen, den als angemessen eingestuften Minderungsbetrag **„unter Vorbehalt"** zu zahlen.[147] Zum einen vermeidet der Mieter hierdurch, dass seine Leistung als Anerkenntnis bewertet wird, um die Wirkung des § 814 BGB auszuschließen, sich damit letztlich die Möglichkeit zu erhalten, das Geleistete nach den Regeln der ungerechtfertigten Bereicherung zurückzufordern.[148] Dies stellt die Ordnungsgemäßheit der Erfüllung nicht infrage. Allerdings folgt der Ausschluss der Rückforderung nicht zwingend aus der fehlenden Erklärung des Vorbehalts bei Zahlung, vielmehr sind seine Voraussetzungen im Einzelfall festzustellen: Wird die Miete nach dem Vertrag oder gemäß § 556b Abs. 1 BGB im Voraus geschuldet und tritt anschließend ein Mangel auf, so ist die Möglichkeit der Rückforderung die Regel, denn der Mieter kann im Zeitpunkt der (Vor-)Leistung nicht wissen, dass die Miete im Verlaufe des kommenden Zeitabschnitts wegen eines Mangels nach § 536c Abs. 1 BGB herabgesetzt

---

144 *BGH* v. 14.6.2016 – VIII ZR 43/15 mit Anm. *Lehmann-Richter* IMR 2016, 396. *KG Berlin v.* 6.6.2016 – 12 W 19/16: Der Gebührenstreitwert einer Feststellungsklage des Mieters, dass der Mietzins um einen bestimmten Betrag bzw. Prozentsatz gemindert sei, bestimmt sich gemäß § 48 GKG, § 9 ZPO. Aber *KG* Berlin v. 30.5.2016 – 8 W 13/16: Wird die Feststellungsklage mit der Klage auf Beseitigung des Mangels verbunden, ist das Feststellungsinteresse jedoch nach § 3 ZPO i.d.R. auf den Jahresbetrag der (ggf. vom Mieter angegebenen) Minderung zu schätzen; die Vorschrift des § 9 Satz 1 ZPO ist in dieser Konstellation nicht anzuwenden; sie bezieht sich auf Rechte, die ihrer Natur nach und erfahrungsgemäß eine Dauer von dreieinhalb Jahren haben oder haben können; die Minderung bis zur Mangelbeseitigung hängt hingegen von der im Zeitpunkt der Klageeinreichung (§ 40 GKG) absehbaren Dauer bis zum Erlass und zur Vollstreckung eines (vorläufig vollstreckbaren) Titels ab; diese ist regelmäßig eher mit einem Jahr als mit dreieinhalb Jahren anzunehmen. Handelt es sich nach dem für die Streitwertbemessung maßgeblichen Vortrag des Mieters um einen behebbaren Mangel und ist die Mangelbeseitigung ebenfalls ein (nicht notwendig prozessuales) Anliegen des Mieters, gilt § 9 Satz 2 ZPO. Gemäß § 9 Satz 2 ZPO ist grundsätzlich davon auszugehen, dass die Minderung auf eine bestimmte Dauer – nämlich bis zur Mängelbeseitigung – begrenzt ist und ihr Gesamtbetrag regelmäßig unter dem dreieinhalbfachen Jahresbetrag liegt. Nach dem Rechtsgedanken des § 41 Abs. 5 Satz 1 2. Alt. GKG ist im Allgemeinen von einem Jahresbetrag der geltend gemachten Minderung auszugehen.

145 *LG Darmstadt* v. 8.2.2010 – 19 T 8/10; *LG Stade* v. 6.7.2012 – 7 T 116/12.

146 *OLG Hamburg* v. 20.2.2009 – 4 W 12/09; *KG Berlin v.* 4.8.2011 – 8 W 48/11; *LG Dessau-Roßlau* v. 3.1.2012 – 1 T 264/11; *LG Hamburg* v. 8.4.2013 – 334 T 8/13. A.A. *LG Berlin* v. 2.4.2012 – 63 T 47/12.

147 *BGH* 11.7.2012 – VIII ZR 138/11 mit *Mayer* IMR 2012, 362, und *Seibl* LMK 2012, 339758. *LG Berlin* 11.3.2016 – 63 T 28/16: Die Ankündigung einer Mietminderung enthält noch keinen Vorbehalt in Bezug auf die künftig gleichwohl in voller Höhe geleisteten Zahlungen.

148 *Hinz* NJW 2013, 337, 340, weist auf die – problematische – Unterscheidung zwischen einfachem und qualifiziertem Vorbehalt hin, er empfiehlt: *„Will der Anwalt des Mieters ganz sichergehen, sollte er den Vorbehalt in der vorherigen schriftlichen Ankündigung konkretisieren, indem er dem Vermieter verdeutlicht, dass damit lediglich der Erhalt des bereicherungsrechtlichen Rückforderungsrechts erstrebt wird, im Übrigen aber eine Erfüllung der Mietforderung erfolgen soll."*

sein wird.[149] Kündigt der Mieter an, die Miete zukünftig wegen eines bestehenden Schadens zu kürzen, kann er die Miete nicht zurückfordern, wenn er sie trotz dieser Ankündigung und ohne Vorbehalt der Rückforderung in voller Höhe leistet.[150]

Hiervon abzugrenzen ist aber der Fall, dass der Mieter in der Weise unter dem Vorbehalt zahlt, dass den Leistungsempfänger in einem Rückforderungsstreit weiterhin die Beweislast für das Bestehen der Forderung treffen soll; denn ein solcher Vorbehalt lässt die Schuldtilgung in der Schwebe und schließt deshalb die Erfüllungswirkung des § 362 Abs. 1 BGB aus. Ein solcher Fall ist gegeben, wenn der Mieter während eines Rechtsstreits etwa zur Abwendung der Zwangsvollstreckung zahlt und den Rechtsstreit fortsetzt. Dasselbe ist anzunehmen bei einer Zahlung der Miete auf ein Konto eines Dritten, z.B. des Verfahrensbevollmächtigten des Vermieters, mit der ausdrücklichen Anweisung, die Empfangsberechtigung des Vermieters zu prüfen und die Miete nur bei deren Bejahung auszukehren.[151]

In Betracht kommt auch die Bezahlung des dem angenommenen Minderungsbetrag entsprechenden Anteils des Mietzinses auf ein **Anderkonto**. Diese Variante hat für den Mieter den Vorteil, dass diese Geldbeträge vom sonstigen Vermögen des Vermieters getrennt verwahrt sind und bleiben. Indes setzt dieses Zahlungsverhalten, soll ihm Erfüllungsfunktion zukommen, gemäß §§ 362 Abs. 2, 185 BGB die **Zustimmung des Vermieters** voraus, die selten kommen wird, weil der Vermieter durch eine solche Bezahlung keine Verfügungskompetenz in Bezug auf das so geflossene Geld erhält.

19.3.7 Schadensersatz gemäß § 536a BGB

Entsteht dem Mieter durch den Mangel des Mietobjekts ein Schaden, so kann er diesen unter den Voraussetzungen des § 536 a Abs. 1 BGB ersetzt verlangen. Das Gleiche gilt bei einer verspäteten Mangelbeseitigung durch den Vermieter. Nach dieser Bestimmung kann der Mieter bei Vorliegen eines Mangels in drei Fällen Schadensersatz verlangen:

- Der Mangel lag schon bei Überlassung der Mietsache vor (§ 536a Abs. 1, 1. Alt. BGB); hier gilt eine verschuldensunabhängige Garantiehaftung.
- Der Mangel ist später aufgetreten und liegt im Verantwortungsbereich des Vermieters, der dies zu vertreten hat (§ 536a Abs. 1, 2. Alt. BGB). Hier ist ein Verschuldensnachweis erforderlich.
- Der Vermieter befindet sich mit der Beseitigung des Mietmangels in Verzug (§ 536a Abs. 1, 3. Alt. BGB): In diesem Fall müssen zusätzlich die Voraussetzungen von §§ 280 Abs. 2, 286 BGB vorliegen, d.h. insbesondere eine Mahnung durch den Mieter.

---

149 *LG Berlin* v. 4.4.2016 – 65 S 45/16: Ist der Mangel hingegen bei Zahlung der Miete bereits vorhanden und dem Mieter bekannt, kann davon ausgegangen werden, dass der Mieter positive Kenntnis von der Minderung hat. In diesem Fall kommt § 814 Abs. 1 BGB zur Anwendung, wenn sich der Mieter die Rückforderung nicht vorbehalten hat. Das Vertrauen des Vermieters darauf, die Miete behalten zu dürfen, entfällt auch nicht (ausnahmsweise) deswegen, weil der Mieter an der Mängelbeseitigung mitwirkt oder Aufwendungen hierzu tätigt.

150 *AG Schöneberg* v. 27.01.2016 – 109 C 421/15.

151 *BGH* v. 24.11.2006 – LwZR 6/05.

Nach § 536a Abs. 1 BGB kann der Mieter unter den in dieser Vorschrift genannten Voraussetzungen *„unbeschadet der Rechte aus § 536"* Schadensersatz verlangen.[152] Die formularmäßige Abbedingung dieser verschuldensunabhängigen Haftung für anfängliche Sachmängel ist zulässig,[153] weil die für Schadensersatzansprüche untypische in § 536 Abs. 1 Satz 1 **1. Alt.** BGB normierte Garantie kein gesetzliches Leitbild i.S.d. § 309 Nr. 7 BGB darstellt; dies gilt auch für Wohnraummietverhältnisse. Betreffend nachträgliche Mängel ist dagegen jede **formularmäßige Haftungsbegrenzung** unwirksam.[154] Dagegen kann § 536a Abs. 2 BGB wegen § 307 Abs. 2 Nr. 1 BGB weder bei Wohn- noch bei Geschäftsraummiete durch **Allgemeine Geschäftsbedingungen** beschränkt werden.[155] Eine zulässige individuelle Haftungsbeschränkung erstreckt sich auch auf deliktsrechtliche Ansprüche.[156]

Der Mieter muss die Voraussetzungen des § 536a Abs. 1 **2. Alt.** BGB, zu denen auch das Verschulden des Vermieters[157] gehört, **substanziiert behaupten**[158] **und im Streit beweisen**[159]. Weil es sich bei den vermeintlichen Mieterschäden i.d.R. nicht um Umstände aus dem Wahrnehmungsbereich des Vermieters handelt, darf dieser insoweit einfach bestreiten.[160]

Gehört ein festgestellter Mangel ohne Zweifel zum Obhuts- und Risikobereich des Vermieters, wird entsprechend § 280 Abs. 1 Satz 2 BGB die **Beweislast umgekehrt**, sodass sich der Vermieter entlasten muss; gemäß § 309 Nr. 12 BGB kann in Formularverträgen nichts Abweichendes bestimmt werden.

---

152 *BGH* v. 21.7.2010 – XII ZR 189/08: Dritte Personen, also Familienangehörige, im Haushalt Beschäftigte oder Mitarbeiter des gewerblichen Mieters, die nicht selbst die Mieter sind, können in den Schutzbereich des Mietvertrages einbezogen sein mit der Folge, dass ihnen ggf. eigene Schadensersatzansprüche gegen den Vermieter zustehen.

153 *LG Mannheim* v. 15.11.1989 – 4 S 214/88; *BGH* v. 4.10.1990 – XII ZR 49/90.

154 *BGH* v. 24.10.2001 – VIII ARZ 1/01 mit Anm, *Vogel* IBR 2002, 387. a.A. betreffend Gewerberaummiete *OLG Koblenz* v. 30.3.1999 – 3 U 1317/98.

155 *OLG Hamburg* v. 26.4.1991 – 4 U 25/91: Die formularmäßig verwendete Klausel *„Der Vermieter haftet nicht für durch Feuer, Rauch, Sott, Schnee, Wasser, Schwamm und allmähliche Einwirkungen von Feuchtigkeit entstandene Schäden an den Sachen des Mieters, es sei denn, dass die Schäden durch Vernachlässigung des Grundstücks entstanden sind und der Vermieter trotz rechtzeitiger Anzeige und Aufforderung durch den Mieter es unterlassen hat, Mängel zu beseitigen"* ist AGB-rechtlich unwirksam. Prütting/Wegen/Weinreich/*Feldhahn*, BGB, 18. Aufl. 2023, § 536a Rn. 3.

156 *OLG Frankfurt* v. 9.7.1971 – 2 U 57/71.

157 *OLG München* v. 29.1.2015 – 32 U 1185/14 mit Anm. *Biebelheimer* IMR 2015, 2535: Mieträume im Bereich einer historisch gewachsenen Stadt, die wegen ihrer Lage grundsätzlich einer erhöhten Hochwassergefahr ausgesetzt sind, müssen, wenn sie bei Hochwasser nicht geräumt werden können, so beschaffen sein, dass sie gegen solche Hochwasser geschützt sind, die voraussehbar sind und für deren Eintritt tatsächliche Anhaltspunkte bestehen.

158 *LG Dresden* v. 17.12.2002 – 4 S 0152/02: Der Schadensersatz fordernde Mieter hat die entstandenen Feuchtigkeitsschäden hinsichtlich Art und Umfang sowie Zeitpunkt des Schadenseintritts konkret zu bezeichnen.

159 *AG Cottbus* v. 28.7.2004 – 41 C 677/03. *BGH* v. 25.1.2006 – VIII ZR 223/04 mit Anm. *Poetzsch-Heffter* IBR 2006, 234: Die Voraussetzungen für den Schadensersatzanspruch aus § 536a Abs. 1 Alt 2 BGB einschließlich des Verschuldens des Vermieters sind vom Mieter darzulegen und zu beweisen; anderes gilt nur, wenn feststeht, dass die Schadensursache im Herrschafts- und Einflussbereich des Vermieters gesetzt wurde; in diesem Fall muss sich der Vermieter hinsichtlich seines Verschuldens entlasten.

160 *AG Siegburg* v. 4.1.2008 – 117 C 306/06. A.A. *LG Kassel* v. 26.2.1982 – 1 S 339/80, wonach der Vermieter über seine gegen die Forderung des Mieters auf Ersatz für Teppichböden und Gardinen gebrachte Erklärung, die alten Materialien hätten wiederverwendet werden können, hinaus diesen Einwand substanziieren muss.

Grundsätzlich kann gemäß §§ 536a Abs. 1, 253 BGB auch ein **Schmerzensgeldanspruch** in Betracht kommen;[161] dann muss sich aber belegbar ergeben, dass eine Erkrankung auf das Schimmelpilzvorkommnis zurückgeht.[162]

Aus dem Wortlaut des § 536a Abs. 1 BGB ergibt sich, dass **Schadensersatz und Minderung einander nicht ausschließen**, der Mieter kann mithin im Anschluss an eine Minderung betreffend seine Schäden Ersatz verlangen. Eine Kündigung aufgrund § 543 Abs. 2 Nr. 1 BGB oder § 569 Abs. 1 BGB schließt den Anspruch auf Schadensersatz ebenfalls nicht aus.[163] Die Kündigung eines Mietverhältnisses, die von einem sachlichen Grund, etwa dem des Vorhandenseins von Schimmelpilzvorkommnissen, getragen ist, steht, auch wenn sie an einem formellen Mangel leidet, einem auf § 536a Abs. 1 BGB gestützten Ersatz derjenigen Schäden nicht entgegen, die darauf beruhen, dass der Mieter bestehende Mängel der Mietwohnung berechtigterweise zum Anlass nimmt, wegen einer nicht mehr vorhandenen Tauglichkeit der Wohnung zum vertragsgemäßen Gebrauch eine den Umständen nach angemessene neue Wohnung zu mieten.[164] Zwar regelt § 536a Abs. 1 BGB keinen Fall des Schadensersatzes statt der Leistung; dennoch findet § 284 BGB auf den Mieteranspruch Anwendung, sodass es **auf die Rentabilitätsvermutung**[165] **nicht ankommt.**[166]

Im Falle **anfänglich vorhandener Mängel** der Mietsache erfordert die Verpflichtung des Vermieters zur Zahlung von Schadensersatz nach § 536a Abs. 1 1. Fall BGB nicht auch noch das Vorhandensein von Verschulden des Vermieters;[167] insoweit handelt es sich um eine sog. Garantiehaftung.

Anders ist es bei **nachträglichen Mängeln**: Nach § 536a Abs. 1 2. Alt. BGB haftet der Vermieter dem Mieter nur dann für Mängel, die nach Abschluss des Vertrages auftreten, wenn er den zugrunde liegenden Umstand nach §§ 276 bis 278 BGB zu vertreten hat, also Verschulden vorliegt.[168] Dieses Verschulden kann sich daraus ergeben, dass der Vermieter angesichts der vorhandenen Feuchtigkeitserscheinungen gegen seine Instandsetzungspflicht verstößt. Der Vermieter muss sich das Verhalten seiner Erfüllungsgehilfen, mithin des Hausmeisters und der von ihm eingesetzten Handwerker, über **§ 278 BGB** zurechnen lassen. Bleibt offen, ob auch das Mieterverhalten zur Schimmelpilzbildung beigetragen hat, kann dem Mieter kein Mitverschulden angelastet werden.[169]

161 *KG Berlin* v. 9.3.2006 – 22 W 33/05 mit Anm. *Poetzsch-Heffter* IMR 2007, 106; Prütting/Wegen/Weinreich/*Feldhahn*, BGB, 18. Aufl. 2023, § 536a Rn. 9.

162 *AG Siegburg* v. 4.1.2008 – 117 C 306/06.

163 Staudinger/*Emmerich* BGB, 2021, § 536a Rn. 17.

164 *BGH* v. 3.7.2013 – VIII ZR 191/12 mit Anm. *Riecke* IMR 2013, 357.

165 Prütting/Wegen/Weinreich/*Luckey*, BGB, 18. Aufl. 2023, 251 Rn. 19: *„Die von einer Partei für den Vertrag gemachten Aufwendungen sollen einen ‚ersten handgreiflichen Schaden' begründen (…). Diese Vermutung versagt aber, wenn der Geschädigte mit dem Vertrag keinen wirtschaftlichen Zweck verfolgt (…)."*

166 *Emmerich* NZM 2002, 362, 364.

167 *AG Gera* v. 29.10.2001 – 4 C 775/01: Es genügt, dass die gefährdende Ursache – d.h. die Gefahrenquelle – vorlag, deren Weiterentwicklung zum Mangel geführt hat; unerheblich ist, dass die Gefahr bei Vertragsschluss noch nicht erkennbar war, insbesondere der Mieter deshalb die Gefahr nicht befürchtete. *LG Berlin* v. 20.1.2009 – 65 S 345/07: Allein die Behauptung des Mieters, der Schimmelpilzbefall sei bereits bei Mietvertragsabschluss vorhanden gewesen, genügt nicht für die Begründung des Anspruchs auf Erstattung der Umzugskosten; dieses Vorhandensein zu einer bestimmten Zeit muss im Streit bewiesen werden.

168 Staudinger/*Emmerich* BGB, 2021, § 536 Rdn. 46: *„Fordert der Mieter Schadensersatz (§ 536a Abs. 1 Fall 2), so muß sich der Vermieter (nur) entlasten, wenn feststeht, daß die Ursache in seinem Herrschaftsbereich liegt (…)."*

169 *AG Hamburg* v. 20.7.2012 – 41 C 6/12.

Erstattungsfähig können Schäden an den von dem Mieter eingebrachten Gegenständen sein. Betreffend gebrauchsuntaugliches Mobiliar beschränkt sich der Schadensersatzanspruch nicht auf den Wiederbeschaffungswert für Gebrauchtmöbel, vielmehr ist die Höhe des zu ersetzenden Schadens unter Berücksichtigung des **Neuanschaffungspreises** sowie eines Abzuges **„neu für alt"** zu ermitteln.[170] Der Abzug „neu für alt" erstreckt sich auch auf Arbeiten und Zusatzleistungen, die zur Herbeiführung der Verwendungsfähigkeit der neuen Sache erforderlich sind. Weil Rechtsgrundlage für einen Abzug „neu für alt" § 249 BGB ist, liegt die Darlegungs- und Beweislast dieses Abzugs nicht beim Schädiger, vielmehr hat der Geschädigte darzulegen und zu beweisen, dass und warum ein solcher Abzug nicht einzusetzen ist.[171] Beachtlich ist insoweit, dass der Vorteil dem Geschädigten aufgedrängt wird, mithin ist die Höhe des Ausgleichs an der fallbezogenen individuellen Nützlichkeit des Vorteils des Geschädigten zu bemessen,[172] Es kommt also darauf an, ob und wie sich das individuelle Nutzungspotenzial der neuen Sache für den Geschädigten im Vergleich zur alten Sache erhöht hat.

Geht es allein um den Anspruch des Mieters auf Beseitigung des Schimmelpilzbefalls an der Bausubstanz, kann ein Abzug „neu für alt" bereits begrifflich nicht in Betracht kommen.[173]

Gegebenenfalls ist ein **merkantiler Minderwert**[174] auszugleichen. Kosten der Entsorgung beschädigter Gegenstände, Kosten für ein Ausweichquartier[175], Umzugskosten[176], eigener Zeitaufwand im Zusammenhang mit der Schadensbeseitigung und dem Umzug[177],

170 *LG Mannheim* v. 14.2.2007 – 4 S 62/06; *BGH* v. 13.1.2012 – V 136/11 mit Anm. *Illies* IMR 2012, 384. AG Bergisch Gladbach v. 15.2.2018 – 60 C 436/15: Müssen aufgrund des Schimmelpilzbefalls Mobiliar, Spielzeug etc. neu angeschafft werden, ist ein Abzug „neu für alt" beim Schadensersatzanspruch vorzunehmen.

171 *OLG Koblenz* v. 26.6.2003 – 5 U 192/03. A.A. *OLG Brandenburg* v. 22.10.2015 – 12 U 131/13 mit Anm. *Weißleder* IBR 2017, 1002: Die Darlegungs- und Beweislast der objektiven Werterhöhung durch Erhalt der neuen Sache trägt allein der Schädiger.

172 Staudinger/Schiemann, BGB, Neubearbeitung 2017, § 249 Rn. 176.

173 *LG Bonn* v. 13.9.2012 – 6 S 69/12.

174 In jüngerer Zeit wird über das rechtliche Verhältnis von Sanierung eines Schimmelpilzvorkommnisses an einem Gebäude zu dem merkantilen Minderwert dieses Gebäudes nach erfolgter Sanierung diskutiert. Insbesondere *Zöller* (IBR 2013, 1 ff.; IBR 2016, 263 ff.) bezweifelt mit Bezug auf Ausführungen, welche *Liebheit* anlässlich der Aachener Bausachverständigentage 2015 mündlich abgeliefert hat, grundsätzlich wohl nicht nur die rechtliche Berechtigung, sondern auch das technische Gegebensein eines merkantilen Minderwerts bei – wohl nach erfolgreicher Schimmelpilzsanierung – vollständig mängelreparierten Gebäuden. Dazu *LG Hamburg* v. 3.2.2016 – 302 O 365/14 mit Anm. *Karczewski* IBR 2016, 1084: Der merkantile Minderwert ist in Bezug auf die individuellen Eigenschaften des konkreten Objekts unter Berücksichtigung der Schadensursache und der zum Tage der Wertermittlung gegebenen Marktbedingungen zu bestimmen; das Gericht darf die Höhe nach § 287 Abs. 1 ZPO schätzen. Die Schätzung kann im Einzelfall dazu führen, dass nach vollständiger Schadensbeseitigung kein merkantiler Minderwert verbleibt; das kann angenommen werden, wenn die Kosten der Schadensbeseitigung im Verhältnis zum Verkehrswert nur gering sind und keine gravierenden Schäden vorlagen, die nach der allgemeinen Verkehrsansicht befürchten lassen, dass das Schadensbild zukünftig erneut auftreten kann. Das Landgericht hat hier fallbezogen einen merkantilen Minderwert verneint, weil die Kosten der Schadensbeseitigung i.H.v. 13.000,– € bloß 1,42 % des Verkehrswertes des Objekts darstellten und binnen der fünf seit dem Schadensereignis vergangenen Jahre keine neuen Risse aufgetreten sind. Vgl. *BGH* v. 6.12.2012 – VII ZR 84/10 IBR 13, 70: Der Mindestbetrag für den merkantilen Minderwert eines Gebäudes nach Beseitigung von Mängeln – Beispiel: Vom Mieter verursachter beachtlicher Schimmelpilz ist komplett beseitigt worden – darf geschätzt werden, wenn ein Schaden in einem der Höhe nach nicht exakt bestimmbaren, aber jedenfalls erheblichen Ausmaß entstanden ist und sich aus den Umständen Anhaltspunkte für einen entstandenen (Mindest-)Schaden ergeben.

175 *AG Berlin-Schöneberg* v. 13.3.2008 – 109 C 256/07.

176 *LG Kassel* v. 26.2.1982 – 1 S 339/80.

177 *AG Bonn* v. 8.6.2016 – 203 C 317/15: Dieser Zeitaufwand kann gestützt auf plausible Angaben des Mieters richterlich gemäß § 287 ZPO geschätzt werden; gegen 8,– € pro Stunde bestehen keine Bedenken; hinzu kann der Ersatz der Kosten für einen Mietwagen einschließlich Kraftstoff für den Umzug in die zeitweilige Ersatzwohnung kommen.

Maklerkosten sowie Internet- und Telefonanschlusskosten können im Falle genügender Anknüpfungstatsachen ohne Beweisaufnahme gemäß § 287 Abs. 1 ZPO richterlich geschätzt werden.[178] Der Mieter, der ausführt, er müsse täglich die Kondensfeuchte an den einfachverglasten Scheiben des Wintergartens abwischen, erhält keinen Ausgleich für diesen Arbeitsaufwand.[179]

Im Falle einer berechtigten – ggf. fristlosen[180] – Kündigung des Mieters können die Kosten der Suche nach einer anderen Wohnung, die **Umzugskosten**, auch Hotelkosten – diese mit Abzug ersparter **Sowieso-Kosten** – und die für eine anderweitige **Einlagerung des Mobiliars** angefallenen Kosten erstattungsfähig sein. Beachtlich ist, dass sich der Anspruch auf Ausgleich der **Differenz der Mietkosten** beschränkt auf denjenigen Zeitraum, welcher bis zur erstmöglich zulässigen, ordentlichen Kündigung des Vermieters läuft. Keinen Schaden beinhaltet die für die neue Wohnung anfallende Mietkaution, denn diese bleibt nach § 551 BGB im Vermögen des Mieters. Ausgleichsfähig können ferner die Kosten eines vom Mieter besorgten **Privatgutachtens** betreffend den Schimmelpilz sein.[181]

Gemäß § 249 Abs. 2 Satz 2 BGB ist die **Umsatzsteuer** nur auszugleichen, wenn und soweit sie angefallen ist.

Weil § 536a Abs. 1 BGB in § 548 Abs. 2 BGB nicht erwähnt wird, greift insoweit die dreijährige **Regelverjährung** der §§ 195, 199 BGB.[182]

Die **Schadensminderungspflicht des Mieters** geht nicht so weit, dass dieser zur Geringhaltung des Schadens von seinem Kündigungsrecht Gebrauch machen muss. Unterlässt es der Mieter indes, seine Möbel, nachdem die Wohnung von dem Wasserschaden betroffen worden ist, kurzfristig aus dem feuchten Bereich abzurücken, und sorgt er nicht für ihm mögliche Belüftung der Wohnung, kommt seine Verletzung der Schadensminderungspflicht in Betracht.[183]

Eine schuldhafte Verletzung des Vermieters seiner gegenüber dem Mieter bestehenden Verkehrssicherungspflicht, diese Mieter und die in den Schutzbereich des Mietvertrages einbezogene Dritte davor zu bewahren, dass sie durch den Zustand der Mieträume in Ausübung der Rechte aus dem Mietverhältnis an Körper und Gesundheit gefährdet oder beschädigt werden, kann neben der Haftung aus Vertrag auch eine **deliktsrechtliche Haftung des Vermieters** begründen.[184]

---

178 *LG Osnabrück* v. 19.10.2011 – 1 S 203/10.

179 *AG Pankow-Weißensee* v. 7.5.2002 – 8 C 215/01: Eigene Arbeitsleistungen sind nur zu ersetzen, wenn sie einen Marktwert haben.

180 *LG Berlin* v. 21.2.2012 – 63 S 251/11: Veranlasst der Vermieter durch schuldhaftes Verhalten eine vom Mieter ausgesprochene Kündigung, ist er grundsätzlich verpflichtet, dem Mieter den durch die Kündigung bedingten Schaden zu ersetzen; das gilt jedoch nur dann, wenn das schuldhafte Verhalten des Vermieters derart gravierend ist, dass es den Mieter zur fristlosen Kündigung berechtigt. Ein solcher Fall ist nicht anzunehmen, wenn der Mieter über einen Zeitraum von drei Jahren Feuchtigkeit in seinen Wohnräumen hingenommen hat; dann war ihm zuzumuten, das Mietverhältnis bis zum Ablauf der ordentlichen Kündigungsfrist fortzusetzen.

181 *LG München I v.* 26.9.1990 – 31 S 20071/89 mit Anm. *Thomas* IBR 1991, 522; *AG Regensburg* v. 10.11.2010 – 8 C 1808/09: Ersatz von Kosten des privat für die Feststellung der Ursache unstreitiger Feuchtigkeitsschäden und Schimmelpilzbildung eingeschalteten Sachverständigen.

182 AG Bergisch Gladbach v. 15.2.2018 – 60 C 436/15.

183 *LG Dresden* v. 17.12.2002 – 4 S 0152/02.

184 *KG* Berlin v. 9.3.2006 – 22 W 33/05.

Tritt einige Zeit, also nicht sogleich, nach vom Vermieter bei einer Malerunternehmung in Auftrag gegebener und auch ausgeführter Mangelbeseitigung **erneut Schimmelpilz** auf, kann der Mieter nicht ohne Weiteres kündigen und Schadensersatz in Höhe der Umzugskosten verlangen; vielmehr muss er erneut dem Vermieter Anzeige von diesem Schimmelpilzvorkommnis machen und befristet Beseitigung der Mängel verlangen.[185]

Besonderes gilt, wenn der Mieter den Schaden an der Mietsache nur leicht fahrlässig verursacht hat, der Vermieter eine Gebäudeversicherung abgeschlossen hat, deren Prämien er auf die Mieter gemäß dem Vertrag umlegt, und der Schaden dem Versicherungsvertrag unterfällt; wählt der Vermieter dann nicht die „Versicherungslösung, d.h., nimmt er nicht die Versicherung in Anspruch, kann der Mieter dem Schadensersatzanspruch des Vermieters einen sich aus § 280 Abs. 1 BGB ergebenden eigenen Schadensersatzanspruch entgegensetzen.[186]

19.3.8 Kündigung des Mietverhältnisses (§ 543 Abs.1 Satz 1, Abs. 2 Nr. 1 BGB)

Ist der Mangel des Mietobjekts erheblich und wird dadurch der Gebrauch der Mietwohnung dem Mieter ganz oder teilweise nicht gewährt, kann der Mieter selbst den Mietvertrag ggf. außerordentlich kündigen, § 543 Abs. 1, Abs. 2 S. 1 Nr. 1 BGB. Ist dem Mieter der Mangel der Mietsache bei Vertragsschluss bekannt, so stehen ihm die Rechte aus den §§ 536 BGB und 536a BGB gemäß § 536b S. 1 BGB nicht zu. Ist ihm der Mangel infolge grober Fahrlässigkeit unbekannt geblieben, so stehen dem Mieter diese Rechte nur dann zu, wenn der Vermieter den Mangel des Mietobjekts gemäß § 536b S. 2 BGB arglistig verschwiegen hat.

Grundsätzlich kommt ein Mieterrecht zur fristlosen Kündigung[187] wegen Schimmelpilzbildung nur in Betracht, wenn die **Nutzung der Wohnung im Ganzen durch Schimmelpilzbildung bedeutsam beeinträchtigt** ist; es reicht i.d.R. nicht aus, wenn sich Schimmelpilz nur in einem Raum (z.B. der Kammer neben der Küche) gebildet hat.[188] Zu berücksichtigen sind indes die Gesamtumstände: Treten unmittelbar nach Mietbeginn Feuchtigkeitserscheinungen in der Wohnung auf und reagiert der Vermieter sogleich nach der Mängelanzeige, darf der Mieter die Wohnung nicht ohne vorherige Fristsetzung und Zutrittsgewährung zur Wohnung fristlos kündigen.[189] Mussten die Mieter für die Dauer der Sanierung der relativ geringen Schimmelpilzbeeinträchtigung indes einen Monat lang

185 *AG München* v. 8.11.2011 – 431 C 20886/11; *AG Neumarkt v.* 8.1.2014 – 3 C 517/12.

186 *BGH* v. 19.11.2014 – VIII ZR 191/13 mit Anm. *Börstinghaus* IMR 2015, 50; kritisch *Schmid* VersR 2015, 551.

187 *OLG Düsseldorf* v. 20.9.2007 – 10 U 46/07 mit Anm. *Bosse* IMR 2008, 46: Darin, dass der Mieter bei außerordentlicher Kündigung gemäß § 543 Abs. 1 BGB den Auszugstermin nicht konkretisiert („*Wir werden schnellstmöglich neue Räume suchen und Ihnen in Kürze den Auszugstermin mitteilen.*"), liegt keine unwirksame, nämlich unbestimmt befristete, Kündigung; denn der Mieter hat nicht den Zeitpunkt der Kündigungswirkung auf einen unbestimmten Termin gelegt, sondern lediglich den konkreten Auszugstermin offengelassen. *OLG Brandenburg* v. 2.7.2008 – 3 U 156/07: Da das Kündigungsrecht so lange wie der gesundheitsgefährdende Zustand fortbesteht, ist es unschädlich, wenn der Mieter in seiner Kündigungserklärung eine Auslauffrist von fast drei Monaten in Anspruch nimmt; dies gilt umso mehr, wenn es aufgrund der Größe des Haushaltes eines gewissen Zeitraumes bedarf, um ein neues Mietobjekt zu finden und zu beziehen.

188 *LG Berlin* v. 16.11.2004 – 63 S 174/04. *OLG Düsseldorf* v. 19.7.2011 – 24 U 186/10: Eine unerhebliche Minderung der Tauglichkeit des Mietobjektes – hier: eine Feuchtigkeitsstelle an der rückwärtigen Gebäudewand in einem Bereich, in dem sich zuvor Kühlgeräte befunden haben (20 m^2 von insgesamt 800 m^2 ohne Schimmelpilzbefall) – berechtigt nicht zur fristlosen Kündigung seitens des Mieters.

189 *AG Hamburg-Wandsbek* v. 26.7.2016 – 715 C 109/16.

in einem Hotel wohnen und ergab sich bei ihrem Wiedereinzug erneut ein Schimmelpilzbefall, ist ihnen nicht weiter zuzumuten, die gesetzliche Kündigungsfrist abzuwarten, sie können in diesem besonderen Fall fristlos kündigen.[190]

Zeitlich vor dem Ausspruch einer fristlosen, gemäß § 568 BGB **schriftlich** gegenüber dem Vermieter vorzunehmenden Kündigung des Mieters, der für den **Zugang** die Beweislast trägt, wegen der Feuchtigkeits- bzw. Schimmelpilzerscheinungen gemäß § 543 Abs. 3 Satz 1 BGB sind die Vornahme einer im Streit vom Mieter auch bezüglich des Zugangs zu beweisenden **Abmahnung,** also die an den Vermieter gerichtete Anzeige und Aufforderung zur Beseitigung der Mängel, sowie der Fristablauf erforderlich.[191] Ist die so gesetzte Frist zu kurz, macht dies die Abmahnung nicht unwirksam, sondern setzt eine auf den Fall bezogene angemessene Frist in Gang. Das Verlangen „unverzüglicher" Abhilfe reicht. Eine qualifizierte Abmahnung, also die Androhung der Kündigung, ist nicht notwendig.[192] Die Mängel müssen möglichst genau bezeichnet werden, wobei die Beschreibung der vorgefundenen **Symptome** genügt; dem Mieter ist nicht zuzumuten, allein zum Zwecke einer korrekten Abmahnung ein Privatgutachten einzuholen. Mündliche Abmahnung mit Fristsetzung reicht. Wenn klar ist, dass die Mängelbeseitigung nicht erfolgen wird, kann unter den Voraussetzungen des § 543 Abs. 3 Satz 2 BGB mit der auf den Fall bezogenen Begründung „ … *es ergab sich aus der Natur der Sache, dass dem Mangel binnen angemessener Frist nicht beizukommen sein werde*", auf die Abmahnung mit Bestimmung einer Abhilfefrist verzichtet werden.[193] Durchaus überzeugend erscheinen diese Ausführungen:[194]

> *„Die nach dem Gesetz vorgesehene Fristsetzung ist aber entbehrlich, wenn mit der Beseitigung des Mangels innerhalb einer angemessenen Frist nicht zu rechnen ist (…). Ein solcher Ausnahmefall liegt hier vor. Denn es ist nicht erkennbar und von der Klägerin auch nicht geltend gemacht worden, dass sie bei erfolgter Fristsetzung in der Lage gewesen wäre, die Wohnung in absehbarer Zeit in einen vertragsgemäßen Zustand zu versetzen. Dies ergibt sich auch aus dem unwidersprochenen Vorbringen der Beklagten, wonach der Nachfolgemieter ebenfalls beabsichtigt, das Mietverhältnis wegen der nach wie vor in der Wohnung herrschenden Feuchtigkeit zu kündigen. Außerdem ist aus einer Reihe weiterer Prozesse, die bei Gericht wegen anderer Mietwohnungen derselben Wohnanlage aus den hier streitigen Gründen anhängig waren oder noch sind, gerichtsbekannt, dass die Klägerin bzw. ihre Rechtsvorgängerin trotz der seit mehreren Jahren vorhandenen Mängel keine Abhilfe geschaffen haben."*

Gleiches dürfte gelten, wenn der Vermieter die Beseitigung ernsthaft und endgültig verweigert oder die Beseitigung nur mit für den Mieter unzumutbaren Belastungen verbunden ist. Die Antwort auf die Frage, ob ausnahmsweise eine Fristsetzung entbehrlich ist, ist

---

190 *LG Wiesbaden* v. 12.11.2015 – 3 S 65/15.

191 *Kern* NZM 2007, 634, 635, vertritt die Auffassung, dass jedenfalls bei Gesundheitsgefährdung durch Schimmelpilzbefall der Mieter durch den Normzweck des § 569 Abs. 1 BGB aufgefordert sei, die Gefahrenzone umgehend zu verlassen; der Mieter müsse keine Abhilfefrist setzen. Einschränkend *LG Stendal* v. 24.3.2005 – 22 S 140/04: Die fristlose Kündigung wegen auf Schimmelpilzerscheinungen der Mietwohnung zurückzuführender Gesundheitsgefährdung bedarf einer zur Abhilfe bestimmten angemessenen Frist bzw. einer erfolglosen Abmahnung, es sei denn, einer der Ausnahmefälle des § 643 Abs. 3 Satz 2 BGB liegt vor, was der Mieter darzulegen und zu beweisen hat. *LG Berlin* v. 20.1.2009 – 65 S 345/07: Die Abhilfefrist ist allenfalls entbehrlich in Fällen der auf den Schimmelpilz zurückzuführenden lebensgefährdenden Erkrankung des Mieters.

192 *BGH* v. 13.6.2007 – VIII ZR 281/06.

193 *LG Düsseldorf* v. 8.10.1991 – 24 S 82/91: Kommt als Sanierung allein die Anbringung einer neuen Wärmeisolierung in Betracht, die *„viele Wochen, wenn nicht Monate"* erfordert, erscheint die Bestimmung einer Abhilfefrist nicht geboten.

194 *AG Bad Schwartau* v. 3.11.1987 – 3 C 1176/86.

indes keiner von vornherein allgemeingültigen Feststellung zugänglich, sondern vom Tatrichter unter Würdigung sämtlicher Umstände des Einzelfalls zu geben. Wenn die auf Schimmelpilzbefall in der Wohnung zurückgehende Gesundheitsgefährdung zu einer lebensgefährlichen Erkrankung der Mieterin und ihrer Tochter geführt hat, soll die Abmahnung mit Fristsetzung vor der außergerichtlichen Kündigung entbehrlich sein.[195]

Beachtlich ist, dass betreffend die nachfolgende Kündigung eine sachliche Identität vorliegen muss, will heißen: **Die Kündigung muss sich auf die zuvor abgemahnten Gegebenheiten stützen.**

Auf Schimmelpilz in für seine Arztpraxis gemieteten Räumlichkeiten kann der Mieter eine **fristlose Kündigung** erst stützen, wenn der Vermieter nach Anzeige des Mangels nicht alsbald für Abhilfe sorgt.[196] Hat der Mieter den Vermieter zur Beseitigung der Schimmelpilzvorkommnisse aufgefordert und eine Mangelbeseitigungsklage angedroht, ist der Mieter im Falle der Nichterfüllung gemäß § 543 Abs. 2 Satz 1 Nr. 1 BGB zur fristlosen Kündigung berechtigt; einer vorhergehenden Androhung der Kündigung bedarf es nicht mehr, wenn der Vermieter den Mangel bestritten und seine Pflicht zur Mängelbeseitigung in Abrede gestellt hat.[197]

Ist die Schimmelpilzbeseitigung sogleich **fehlgeschlagen**, braucht der Mieter dem Vermieter den vorhandenen Mangel vor einer fristlosen Kündigung nicht vorweg erneut anzuzeigen.[198]

Die Abmahnung kann gemäß **§ 543 Abs. 3 Satz 2 BGB** unter den in dieser Vorschrift genannten Voraussetzungen (Frist oder Abmahnung versprechen offensichtlich keinen Erfolg/sofortige Kündigung ist bei Abwägung der beiderseitigen Interessen gerechtfertigt) entbehrlich sein, wobei den Mieter betreffend das tatsächliche Vorliegen dieser besonderen Voraussetzungen die Beweislast trifft.[199] Werden in einem Einzimmerapartment zur Behebung eines Wasserschadens Trocknungsgeräte noch eineinhalb Monate laufen müssen, ist eine fristlose Kündigung seitens des Mieters ohne vorherige Abmahnung zulässig.[200]

Beachtlich ist auch noch, dass das Kündigungsrecht des Mieters gemäß § 314 Abs. 3 BGB nur innerhalb einer angemessenen Frist nach Kenntnis des Mieters von den zur Kündigung berechtigenden Umständen genutzt werden kann; je länger der Mieter wartet, desto mehr spricht dies gegen die Erheblichkeit und für die Zumutbarkeit der Vertragsfortsetzung.[201] Anderes kann allenfalls bei Gesundheitsgefahren gelten. Der Zeitraum von zwei Monaten zwischen der Erlangung der Kenntnis des Kündigungsgrundes (z.B. Dachundichtigkeit) und der Kündigungserklärung ist noch angemessen i.S.d. § 314 Abs. 3 BGB.[202]

195 *LG Berlin* v. 20.1.2009 – 65 S 345/07.
196 *OLG Düsseldorf* v. 19.7.2011 – 24 U 31/11.
197 *BGH* v. 13.6.2007 – VIII ZR 281/06: Das Setzen einer Abhilfefrist ist nur dann entbehrlich, wenn dies *„offensichtlich keinen Erfolg verspricht"*.
198 *OLG Düsseldorf* v. 4.4.2006 – 24 U 145/05.
199 *BGH* v. 18.4.2007 – VIII ZR 182/06 mit Anm. *Warnecke* jurisPR-MietR 14/2007 Anm. 2, *Streyl* WuM 2007, 365, und Anm *Blank* IMR 2007, 207.
200 *LG Köln* v. 29.3.2012 – 1 S 176/11.
201 *LG Berlin* v. 21.2.2012 – 63 S 251/11: Hat der Mieter über einen Zeitraum von drei Jahren die in den angemieteten Räumlichkeiten aufgetretene Feuchtigkeit hingenommen, ist ihm zumutbar, das Mietverhältnis bis zum Ablauf der ordentlichen Kündigungsfrist fortzusetzen. Ebenso *OLG Brandenburg* v. 25.2.2014 – 3 U 154/11 mit Anm. *Biebelheimer* IMR 2014, 205.
202 *OLG Düsseldorf* v. 20.9.2007 – 10 U 46/07 mit Anm. *Bosse* IMR 2008, 46.

19.4 Rechte und Ansprüche des Vermieters

19.4.1 Anspruch auf Mietzahlung; Mietzinsforderung im Urkundenprozess

Der Vermieter hat gegen den Mieter einen Anspruch auf Zahlung der vereinbarten Miete gemäß § 535 Abs.2 BGB. Für das Wohnraummietverhältnis[203] wie für das gewerbliche Mietverhältnis[204] ist höchstrichterlich geklärt, dass der Vermieter seine Mietzinsforderung im Urkundenprozess durch Vorlage des die verlangte Miete ausweisenden schriftlichen Mietvertrages erfolgreich geltend machen kann, sofern die vom Mieter behaupteten Mängel unstreitig sind oder diese mit den im Urkundenprozess zulässigen Beweismitteln vom Mieter bewiesen werden können;[205] der Mieter kann sich dann auch nicht erfolgreich auf die Einrede des nicht erfüllten Vertrages berufen.[206]

War die Mietsache unstreitig **mit anfänglichen Mängeln behaftet** und vermag der Vermieter die vom Mieter bestrittene Beseitigung des Mangels nicht urkundlich zu beweisen, ist die Mietzinsklage im Urkundenprozess nicht begründet.[207] Gleiches gilt, wenn der Mieter in einem Wohnungsübernahmeprotokoll betreffend bestimmte Gegebenheiten Vorbehalte gemacht hat und nachfolgend betreffend diese Gegebenheiten Mängel rügt.[208] Die Einwendung des die Minderung oder ein Zurückbehaltungsrecht geltend machenden Mieters dahin, dass von vornherein Schimmelpilz vorhanden gewesen sei, hindert den das Vorhandensein der Mängel bestreitenden Vermieter aber dann nicht an der Geltendmachung der Mietzinsforderung im Urkundenprozess, wenn der Mieter die Wohnung unstreitig oder vom Vermieter durch Urkunden beweisbar ohne Mängelrüge als Erfüllung angenommen hat.[209]

Kommt in dem Urkundenprozess des Vermieters, der mit der Vorlage des Mietvertrages die Voraussetzungen der geforderten Miete durch Urkunde beweist, der Mieter mit Minderung wegen streitiger Mängel, braucht nicht der Vermieter das Negativmerkmal der Mängelfreiheit der Räumlichkeiten zu beweisen, vielmehr **trägt der Mieter die Beweislast für seine Minderung**; für diesen Beweis reicht in diesem Urkundenprozess **nicht die Rechnung des vom Mieter eingeschalteten Sanierungsunternehmens**, denn die Beweiskraft dieser Privaturkunde erstreckt sich nicht auf ihre inhaltliche Richtigkeit.[210]

Mietmängel können ohne Verstoß gegen den Grundsatz der Unmittelbarkeit der Beweisaufnahme im Wege des **Urkundenbeweises** durch Verwertung des Protokolls über eine Zeugenaussage und die richterliche Inaugenscheinnahme aus einem anderen Verfahren bewiesen werden; die Verwertung der Niederschrift ist aber ausgeschlossen, wenn eine der

203 *BGH* v. 1.6.2005 – VIII ZR 216/04.
204 *BGH* v. 10.3.1999 – XII ZR 321/97.
205 *BGH* v. 8.7.2009 – VIII ZR 200/08; *BGH* 8.7.2009 – VIII 266/08. *Dötsch* IMR 2009, 364: Der Vermieter sollte daher stets Wert auf ein aussagefähiges Übergabe- bzw. Mängelbeseitigungsprotokoll legen; wegen des Klauselverbotes nach § 309 Nr. 12b BGB stellt die in AGB-Mietverträgen aufgenommene Bestätigung der einwandfreien Übernahme keine Hilfe dar.
206 *BGH v.* 20.12.2006 – VIII ZR 112/06.
207 *OLG Düsseldorf* v. 18.3.2008 – 24 U 136/07 mit Anm. *Riecke* IMR 2008, 363.
208 *OLG Köln* v. 30.3.2012 – 1 U 77/11: Der im Abnahmeprotokoll aufgenommene Vorbehalt schließt die Beweislastumkehr des § 363 BGB aus.
209 *BGH* v. 8.7.2009 – VIII ZR 200/08; a.A. AG *Hamburg-Bergedorf* v. 18.9.2012 – 409 C 109/12.
210 *LG Frankfurt/M.* v. 6.9.2013 – 2-11 S 183/13.

Parteien von dem Recht Gebrauch macht, die Anhörung von Zeugen und die Inaugenscheinnahme im anhängigen Rechtsstreit zu beantragen.[211]

19.4.2 Anspruch auf Instandsetzung, Schadensersatzanspruch und Kündigungsrecht

Ein Anspruch des Vermieters gegen die Mieter nach Räumung der Wohnung auf Beseitigung der aufgebrachten Wandfarbe „Super Color Wohnraumfarbe, seidenglänzend" bzw. nach Nichtentfernung auf **Schadensersatz** – i.H.v. 400,– € für die fachgerechte Entfernung und das zweifache Aufbringen eines geeigneten Farbauftrags – mit der Begründung, das seitens der Mieter verwendete Material sei nicht atmungsaktiv und fördere deshalb das Auftreten von Schimmelpilz, ist nicht gegeben, wenn die Mieter eine Produktinformation betreffend das von ihnen verwendete Material vorlegen, aus der sich ergibt, dass dieses Material diffusionsoffen und damit für den Einsatz auf Wänden im Innenbereich geeignet ist; dann mangelt es nämlich an der für die Schadensersatzforderung notwendigen schuldhaften Pflichtverletzung der Mieter.[212] Schuldet der Mieter Schadensersatz wegen der Verursachung von Schimmelpilzschäden, kann der Vermieter für seine Schadensberechnung nur die Reparatur der konkret betroffenen Fläche und nicht die Renovierung sämtlicher Wände der betroffenen Räume zugrunde legen;[213] auffällige Farbunterschiede müssen aber nicht hingenommen werden. Auch hier gilt § 249 Abs. 2 Satz 2 BGB, wonach Umsatzsteuer nur in dem tatsächlich angefallenen Umfang zu erstatten ist.

Der Vermieter kann sich von seiner Pflicht zur Überlassung der Mietsache in einem (sach-)mangelfreien Zustand nicht dadurch wirksam freizeichnen, dass er im Mietvertrag die „*Kosten der Instandsetzung* ... dem Mieter auferlegt. „*Instandsetzung* meint nämlich schon vom natürlichen Wortgebrauch her die Wiederherstellung des vertrags- und ordnungsgemäßen Zustandes der Mietsache durch Beseitigung, insbesondere durch Reparatur von Schäden und Erneuerung nicht reparaturfähiger oder -würdiger Teile bzw. Einrichtungen; die Beseitigung anfänglicher Herstellungsmängel wird hiervon begrifflich nicht erfasst. Ergab sich also bereits im Zeitpunkt der Überlassung die Vorbeschädigung in Form von Feuchtigkeit und Schimmelpilz, bleiben die Kosten der Herstellung trotz dieser Instandsetzungsregelung bei dem Vermieter.

Ein Schadensersatzanspruch des Vermieters gegen den Mieter aus § 280 Abs. 1 BGB ergibt sich nicht, wenn zwar feststeht, dass die Feuchtigkeitsschäden auf die mangelhafte Beheizung seitens des Mieters und damit auf eine Obhutspflichtverletzung zurückgehen, andererseits aber auch feststeht, dass es vom Fußboden aufsteigende baubedingte Feuchtigkeit gibt.[214] Indes macht sich der Mieter gegenüber dem Vermieter aus § 280 Abs. 1 BGB schadensersatzpflichtig, wenn er die ihm mietvertraglich obliegende **Obhutspflicht** dadurch **schuldhaft verletzt** hat, dass sich allein aufgrund seiner Pflichtverletzung in seiner Wohnung Feuchtigkeitsschäden und Schimmelpilzbefall gebildet haben, die durch ausreichendes und zumutbares Lüften hätten verhindert werden können;[215] Gleiches gilt, wenn die

211 *OLG Düsseldorf* v. 12.6.2014 – 24 U 119/13 mit Anm. *Dötsch* IMR 2015, 387.
212 *AG München* v. 21.5.2015 – 432 C 7911/15.
213 *AG Bergisch-Gladbach* v. 7.11.2011 – 68 C 230/07.
214 *LG Hildesheim* v. 8.4.2004 – 7 S 9/04.
215 *AG Miesbach* v. 22.11.1979 – C 605/79: Der Vermieter ist für seine Behauptung beweispflichtig, Nässe und Feuchtigkeit in der Wohnung seien von dem Mieter schuldhaft herbeigeführt worden.

Notwendigkeit zu lüften auch für den nicht sachverständigen Nutzer, z.B. durch erkennbar stickige und verbrauchte Luft, spürbar war und dieser dennoch nicht lüftete.[216] Selbst wenn sich ergibt, dass die Schimmelpilzbildung auf ein vertragswidriges Verhalten des Mieters zurückgeht, kann dem Vermieter im Einzelfall zumutbar sein, den Mieter ggf. unter Einschaltung der Gerichte zunächst auf Vornahme der erforderlichen Sanierungsarbeiten in Anspruch zu nehmen, bevor er eine hierauf gestützte Kündigung des Mietverhältnisses ausspricht.[217] Nach Beendigung des Mietverhältnisses ist eine Nachfristsetzung nach §§ 280 Abs. 3, 281 Abs. 1 BGB seitens des Vermieters gegenüber dem Mieter entbehrlich, wenn dem Vermieter ein Schadensersatzanspruch wegen nicht mehr vom vertragsgemäßen Mietgebrauch gedeckten Eingriffen in die Substanz des Mietobjekts zusteht; denn es geht dann nicht um „Schadensersatz statt der Leistung" i.S.d. § 280 Abs. 3 BGB, was eine Nachfristsetzung erfordert; vielmehr geht es um **das Integritätsinteresse des Vermieters verletzende Beschädigungen der Mietsache, die dem § 280 Abs. 1 BGB unterfallen.**[218]

Der Vermieter darf sich nach Verzugseintritt bezüglich der Mietzinszahlung der unberechtigten Minderung wegen Schimmelpilzbefalls anbringenden Mieters mit der Folge des Schadensersatzanspruchs gegen den Mieter allumfänglich und insoweit auch durch einen **privat hinzugezogenen Sachverständigen, dessen Kosten der Mieter zu ersetzen hat,** beraten lassen.[219] Es wird – insoweit nicht überzeugend – vertreten, dass sich ein Zahlungsanspruch des Vermieters gegen den Mieter aus § 280 Abs. 1 BGB auf Erstattung der vom Vermieter aufgewendeten Sachverständigenkosten erst ergibt, wenn der Vermieter, nachdem der Mieter Mängel der Mietsache gerügt hat, diesem Mieter mitteilt, er werde die Kosten für die örtliche Überprüfung in Rechnung stellen, sollten die gerügten Mängel nicht vorhanden sein, und sich dann kein Mangel ergibt. Holt der Vermieter vorprozessual ein Gutachten betreffend die Schimmelpilzvorkommnisse ein und ergibt sich aufgrund der Begutachtung im Rechtsstreit, dass sowohl das Mieterverhalten als auch die Bausubstanz Ursachen der Schimmelpilzvorkommnisse sind, sind über die analoge Anwendung des § 254 BGB (Mitverschulden) diese vorprozessualen **Gutachterkosten** dem Vermieter nur anteilig materiell-rechtlich gemäß §§ 280 Abs. 1, Abs. 2, 286 Abs. 1 BGB erstattungsfähig.[220]

---

216 *LG Berlin* v. 8.11.1984 – 61 S 19/84.

217 *LG Berlin* v. 23.7.2014 – 65 S 225/13 mit Anm. *Wagner* IMR 2015, 56.

218 *LG Dessau-Roßlau* v. 29.9.2016 – 5 S 177/15: Es ist systemwidrig, dem Vermieter, der im laufenden Mietverhältnis wegen Beschädigung der Mietsache einen Schadensersatzanspruch hat, diesen Anspruch nach Beendigung der Mietsache entfallen zu lassen bzw. von einer Nachfristsetzung abhängig zu machen; ferner stehe dem Vermieter unabhängig davon bei Beschädigung der Mietsache ein deliktischer Schadensersatzanspruch, auch dieser ohne Nachfristsetzung, zu. BGH v. 28.2.2018 – VIII ZR 157/17 mit Anm. *Lehmann-Richter* IMR 2018, 185: Schäden an der Sachsubstanz der Mietsache, die durch eine Verletzung von Obhutspflichten des Mieters entstanden sind, hat dieser nach §§ 280 Abs. 1, 241 Abs. 2 BGB als Schadensersatz neben der Leistung nach Wahl des Vermieters durch Wiederherstellung (§ 249 Abs. 1 BGB) oder durch Geldzahlung (§ 249 Abs. 2 BGB) zu ersetzen; einer vorherigen Fristsetzung des Vermieters bedarf es dazu nicht; das gilt unabhängig von der Frage, ob es um einen Schadensausgleich während eines laufenden Mietverhältnisses oder nach dessen Beendigung geht. Aber *AG Ottweiler* v. 24.11.2016 – 16 C 170/15 mit Anm. *Leppersjohann* IMR 2017, 101: Ersatz für die vor Fristablauf in Auftrag gegebene Schimmelanalyse kann der Vermieter nicht verlangen, weil ein solcher Anspruch erst entsteht, wenn der Mieter die Frist ungenutzt verstreichen lässt.

219 *LG Aachen* v. 13.1.1989 – 5 S 338/88: Dass möglicherweise ein selbständiges Beweisverfahren hätte eingeleitet werden können, steht dem nicht entgegen.

220 *AG Bühl* v. 29.8.2011 – 3 C 359/08.

Hält der Mieter fällige Mietzinsen zurück und begründet er dies ebenfalls für ihn erkennbar unberechtigt mit der Behauptung von Mängeln der Mietsache, weshalb der Vermieter nach Verzug des Mieters ein die Mängel ausschließendes Gutachten einholt und dann seine auf den Mietrückstand gestützte Kündigungserklärung in der gemäß § 132 BGB gesetzlich vorgesehenen Form, nämlich per Gerichtsvollzieher, zustellt, kann der Vermieter diese **Aufwendungen als Verzugsschaden** nach §§ 280 Abs. 1 Satz 1, 286 BGB ersetzt verlangen.[221]

Dass der Vermieter wegen seiner Befürchtung des möglichen Auftretens von Schimmelpilz die Wohnung fristgerecht kündigen kann, weil sich die zur Zeit der Anmietung der 49 m^2 großen Wohnung aus zwei Erwachsenen und drei Kindern bestehende Mieterfamilie mittlerweile um zwei weitere Kinder vergrößert hat, ist bejaht worden.[222] Diese Überbelegung durch Familienzuwachs sei ähnlich gewichtig den in § 573 Abs. 2 BGB genannten – und in diesem Fall nicht greifenden – Gegebenheiten i.S.d. § 573 Abs. 1 Satz 1 BGB einzustufen.[223] Umgekehrt rechtfertigt bei einem langjährig beanstandungsfrei geführten Mietverhältnis die fahrlässige Verursachung eines (Wasser-)Schadens durch den Mieter weder die außerordentliche noch die ordentliche Kündigung des Mietverhältnisses.[224]

Ist der Mieter wegen einer erheblichen und schuldhaften Verletzung seiner vertraglichen (Neben-)Pflicht zur Obhut der Mietsache rechtskräftig zur Leistung von Schadensersatz für verursachte Feuchtigkeitsschäden verurteilt worden, kann in dem beharrlichen Leugnen der Pflichtverletzung und erneuten Mindern der Miete jedenfalls dann ein berechtigter Grund zur ordentlichen Kündigung nach § 573 Abs. 2 Nr. 1 BGB liegen, wenn Umstände festgestellt werden können, die die Besorgnis des Vermieters begründen, der Mieter setze seine Obhutspflichtverletzung auch nach der rechtskräftigen Verurteilung fort.[225] Lüften Mieter auch noch nach der an sie gerichteten Aufforderung des Vermieters, ihr bisheriges Lüftungsverhalten zu ändern, ihre Wohnung unzureichend, indem sie die **Fenster bei zugezogenen Gardinen bloß auf Kipp** stellen und gelegentlich in der Küche allein die Balkontür öffnen mit der **Folge des großflächigen Auftretens von Schimmelpilz** an den Wänden und Böden in allen Zimmern, begründet dies ein Recht des Vermieters zur **fristlosen Kündigung** nach § 543 Abs. 2 Nr. 2 BGB.[226]

Reagiert der Mieter mit einem überhöhten Zurückbehaltungsrecht, können sich die Voraussetzungen zur Kündigung seitens des Vermieters wegen Mietzinszahlungsverzuges gemäß § 543 Abs. 2 Nr. 3a BGB ergeben.[227] Die Frage, ob dem Mieter eine Prüfungsfrist

221 *LG Aachen* v. 13.1.1989 – 5 S 338/88; *LG Koblenz* v. 19.1.2016 – 6 S 180/14.

222 Bejahend *LG Mönchengladbach* v. 7.12.1990 – 2 S 254/90: *„Das berechtigte Interesse, im Falle einer Überbelegung der Wohnung das Mietverhältnis zu kündigen, ist aber in seinem Gewicht den in § 564b Abs. 2 BGB ..."* (= alte Fassung) *„... aufgeführten Beispielsfällen (Verletzung vertraglicher Verpflichtungen durch den Mieter, Eigenbedarf des Vermieters, Hinderung des Vermieters an angemessener wirtschaftlicher Nutzung) in seinem Gewicht vergleichbar (...)."*

223 Zur angenommenen berechtigten fristgerechten Kündigung durch den Vermieter wegen Überbelegung infolge Familienzuwachses u.a. unter dem Gesichtspunkt der hohen Luftfeuchtigkeit in der Wohnung und der innen beschlagenen Fenster: *AG Stuttgart* v. 24.5.2011 – 37 C 5827/10.

224 *LG Berlin* v. 2.2.2017 – 67 S 410716: dies selbst bei einer erheblichen Schadenshöhe (hier: 10.500,– €).

225 *BGH* v. 13.4.2016 – VII ZR 39/15 mit Anm. *Riecke* IMR 2016, 272.

226 *AG Hannover* v. 31.8.2005 – 565 C 15388/04: Der Vermieter braucht keine weitere Beschädigung seines Eigentums hinzunehmen; der Vermieter ist nicht dadurch gemäß § 242 BGB an der Geltendmachung eines der fristlosen Kündigung folgenden Räumungsanspruchs gehindert, dass die Mieter dann angeben, ihr Lüftungsverhalten jetzt geändert zu haben.

227 *LG Berlin* v. 19.12.2014 – 65 S 142/14 mit Anm. *Blank* IMR 2015, 181.

zuzubilligen ist, wenn der Vermieter einen seit Langem bestehenden Mangel ohne Vorankündigung beseitigt und infolge dieses Umstandes ein aus zahlreichen Einzelforderungen resultierender Rückstand entsteht, ist einer generalisierenden Betrachtungsweise nicht zugänglich. Der Tatrichter hat in einem solchen Fall aufgrund der Würdigung aller Umstände des Einzelfalls festzustellen, ob der Zahlungsverzug wegen fehlenden Verschuldens entfällt, wenn der Mieter die nachzuzahlende Miete auch nach Erlöschen des Zurückbehaltungsrechts nicht bezahlt.[228]

Widerruft der Mieter die betreffend Miete und Nebenkosten dem Vermieter gemäß Vereinbarung im Mietvertrag erteilte **Einziehungsermächtigung** wegen im Mietobjekt aufgetretener Stockflecken und erweist sich nachfolgend, dass diese Phänomene allein auf falsches Wohnverhalten des Mieters und nicht auf Baumängel zurückzuführen sind, ist der Mieter aufgrund Verletzung mietvertraglicher Nebenpflicht dem Vermieter zum Ersatz diesem angefallener **Rücklastschriftgebühren** verpflichtet.[229] Es wird – überzeugend – vertreten, dass bei nicht mehr vom vertragsgemäßen Mietgebrauch gedeckten Eingriffen des Mieters in die Substanz des Mietobjekts der Anspruch des Vermieters auf Schadensersatz nach Maßgabe des § 280 Abs. 1 BGB auch dann ohne Fristsetzung nach §§ 280 Abs. 3, 281 Abs. 1 BGB zu gewähren ist, wenn der Mieter wegen der Beendigung des Mietverhältnisses zur Rückgabe verpflichtet ist.[230]

Beachtlich ist ferner, dass Ersatzansprüche des Vermieters wegen Verschlechterungen der Mietsache **in sechs Monaten** ab Rückgabe der Mietsache gemäß § 548 Abs. 1 BGB **verjähren**; eine Verlängerung dieser Frist durch AGB ist nicht zulässig.[231] Eine Mietvertragsformularklausel, die den Beginn der Verjährungsfrist einheitlich auf den Zeitpunkt der Beendigung des Mietverhältnisses festlegt, weicht von der Regelung des § 548 BGB unangemessen zugunsten des Vermieters ab und ist deshalb unwirksam.[232]

19.4.2.1 Betretens- und Besichtigungsrecht des Vermieters

Im Falle einer Mängelanzeige durch den Mieter hat der Vermieter das Recht, persönlich – ggf. durch Dritte und mit Helfern – eine **Besichtigung** der Schäden vorzunehmen,[233] damit er eine Entscheidung über die Art der Mängelbeseitigung vornehmen kann; der Mieter verliert sein Minderungsrecht, wenn er dann dem Vermieter den Zugang zur Wohnung verwehrt.[234] Ein – ggf. einklagbares – **Betretens- und Besichtigungsrecht des Vermie-**

228 *BGH* v. 16.9.2014 – VIII ZR 221/14 mit Anm. *Blank* IMR 2015, 10, und *Bub/Bernhard* FD-MietR 2014, 362817.

229 *AG Wolfsburg* v. 9.10.1985 – 10 C 163/85.

230 *LG Saarbrücken* v. 21.11.2014 – 10 S 60/14 mit Anm. *Reng* IMR 2015, 57: Dem Vermieter steht aufgrund der Substanzverletzung auch ein deliktsrechtlicher Schadensersatzanspruch zu, dessen Fälligkeit nicht von einer Nachfristsetzung abhängt.

231 *LG Bielefeld* v. 30.6.2014 – 22 S 100/14. *BGH* v. 8.11.2017 – VIII ZR 13/17: Die in einem vom Vermieter verwendeten Formularmietvertrag enthaltene Bestimmung *„Ersatzansprüche des Vermieters wegen Veränderungen oder Verschlechterungen der Mietsache und Ansprüche des Mieters auf Ersatz von Aufwendungen oder Gestattung der Wegnahme einer Einrichtung verjähren in 12 Monaten nach Beendigung des Mietverhältnisses"* ist mit wesentlichen Grundgedanken des § 548 Abs. 1 Satz 1, 2 BGB unvereinbar und benachteiligt den Mieter deshalb entgegen den Geboten von Treu und Glauben unangemessen; sie ist daher nach § 307 Abs. 1 Satz 1, § 307 Abs. 2 Nr. 1 BGB unwirksam.

232 *LG Berlin* v. 26.10.2016 – 65 S 305/16: Nimmt ein Vermieter die Wohnung freiwillig schon vor Ende des Vertragsverhältnisses zurück, hätte er mit einer solchen Klausel nämlich die Möglichkeit einer zeitnahen Weitervermietung ohne das Risiko eines früheren Beginns der Verjährungsfrist.

233 *AG Frankfurt/M.* v. 11.9.2008 – 33 C 1753/08.

234 *LG Berlin* v. 15.10.2013 – 63 S 626/12 mit Anm. *Zehelein* IMR 2014, 323.

ters[235] betreffend den Zustand der Wohnung, dessen Wahrnehmung immer der entsprechenden Vorankündigung bedarf, ergibt sich ferner bei auf konkrete Tatsachen gestützter Besorgnis, dass die Gebäudesubstanz durch Schimmelpilz beschädigt worden sein könnte. Die Annahme eines grundsätzlichen 5-Jahres-Zeitraums betreffend ein auch ohne konkreten Anlass gegebenes Besichtigungsrecht des Vermieters erscheint nicht berechtigt.[236] Der Vermieter, der wegen der Beseitigung eines Mangels den Zugang zur Mietwohnung benötigt, darf den Mietvertrag fristlos kündigen, wenn der Mieter ihm diesen Zugang verweigert; er muss also zuvor nicht zunächst in einem Rechtsstreit die Duldungspflicht klären lassen.[237]

Zieht der Mieter nach seiner unwirksamen Kündigung wegen angeblichen Verzuges des Vermieters mit Mängelbeseitigungsarbeiten aus, muss der Vermieter **die Wohnung diesem Mieter nach Abschluss der Arbeiten ausdrücklich anbieten**, um sich den Anspruch auf Mietzinszahlung zu erhalten.[238]

19.4.2.2 Erheblichkeitsschwelle

Beachtlich ist die sog. **Erheblichkeitsschwelle** des § 536 Abs. 1 Satz 3 BGB: Kommt es zu Schimmelpilzbefall nur an einer optisch gar nicht einsehbaren Stelle, also etwa hinter den Einbauschränken einer Küche, und ist nicht nachgewiesen, dass es sich bei dem Schaden um toxischen Schimmelpilz handelt, steht dem Mieter aufgrund anzunehmender Unbedeutsamkeit insoweit keine Minderung zu.[239] Die Beweislast für das Vorliegen einer solchen **„Bagatelle"** obliegt dem Vermieter.

19.4.2.3 Kein Verlust der Minderung trotz Kenntnis vom Mangel und ungekürzter Zahlung

Zeigt sich im Laufe der Mietzeit ein Mangel am Mietgegenstand, so verliert der Mieter sein Recht zur Mietminderung nicht allein deshalb, weil er den **Mangel längere Zeit nicht rügt und die Miete ungekürzt und vorbehaltlos weiterzahlt.**[240]

19.4.2.4 Mitwirkung des Mieters

Verweigert der Mieter beharrlich seine technisch erforderliche Mitwirkung an der Beseitigung der Schimmelpilzvorkommnisse der Wohnung, verliert er sein Recht auf Minde-

235 *AG Frankfurt/M.* v. 29.3.2016 – 33 C 4224/15 (26): Die Zutrittsgewährung ist keine rechtsgeschäftliche Erklärung, sondern eine Kundgebung des tatsächlichen Willens.

236 A.A. *AG München* v. 8.1.2016 – 461 C 19626/15 mit – zweifelnd – Anm. *Fodor* IMR 2016, 322.

237 *BGH* v. 15.4.2015 – VIII ZR 281/13: Der Mieter hat Maßnahmen zu dulden, die zur Erhaltung der Mietsache (hier: Beseitigung des Befalls mit Hausschwamm) erforderlich sind.

238 *LG Berlin* v. 8.5.2013 – 67 S 474/12.

239 *AG Köln* v. 22.1.2007 – 206 C 284/04. *AG Berlin-Schöneberg* v. 26.8.2015 – 104 C 85/17: Geringfügiger Schimmelpilzbefall an einem Küchenfenster (hier: Dachflächenfenster), eine beginnende Ablösung von Tapeten im Fensterbereich, ein abgetrockneter, handtellergroßer Wasserfleck oder ein 7 x 13 cm großer Feuchtigkeitsfleck im Decken-/Wandbereich des Badezimmers berechtigen als nur geringfügige optische Beeinträchtigungen nicht zu einer Mietminderung. *LG Berlin* v. 29.4.2011 – 63 S 465/10. *Isenmann/Mersson* NZM 2005, 881, 883, führen aus: *„Als Faustregel kann hier eine Geringfügigkeitsgrenze bei 3 bis 5 % angenommen werden, wobei allerdings auch mehrere, für sich betrachtet geringfügige, Feuchtigkeitserscheinungen in ihrer Gesamtheit zu einer Mietminderung führen können."*

240 *BGH v.* 16.7.2003 – VIII ZR 274/01 mit *Klose* IBR 2003, 702. A.A. *AG Pforzheim* v. 4.7.2016 – 6 C 63/16: Der Mieter verliert jedoch sein Recht zur Mietminderung, wenn er in Kenntnis des Mangels den Mietzins vorbehaltlos und ungekürzt über einen Zeitraum von wenigstens sechs Monaten bezahlt.

rung[241] nicht nur mit der Folge, dass in Höhe des geminderten Mietzinses Zahlungsverzug gegeben ist, der die fristlose Kündigung seitens des Vermieters begründen kann,[242] sondern auch mit der Konsequenz, dass der Vermieter im Einzelfall dem Mieter wegen Nicht-Duldens der Durchführung der erforderlichen Instandhaltungsmaßnahmen fristlos kündigen darf.[243] Das bloße Schweigen des Mieters auf eine Aufforderung des Mieters, Untersuchungen zu dulden, stellt aber noch keine dem Mieter mit der Folge der Verwirkung des Minderungsrechts anzulastende Vereitelung von Mängelbeseitigungsmaßnahmen dar.[244]

19.4.2.5 Unberechtigte/Zu hohe Minderung

Mindert der Mieter wegen unstreitig vorhandener Schimmelpilzerscheinungen, deren Ursache indes streitig ist, **zu hoch** und kommt nach Abmahnung seitens des Vermieters die auf Mietrückstand und auf ständige Unpünktlichkeit der Mietzahlungen gestützte sofortige **Kündigung seitens des Vermieters**, kann diese berechtigt sein.[245]

Erweist sich das Mängelbeseitigungsverlangen des Mieters als unberechtigt, ergibt sich daraus eine **zum Schadensersatz verpflichtende schuldhafte Pflichtverletzung des Mieters** i.S.d. § 280 BGB nur dann, wenn dieser erkannt oder fahrlässig[246] nicht erkannt hat, dass der von ihm angezeigte Mangel der Mietsache nicht vorliegt, sondern die Ursache für das Symptom, hinter dem er einen Mangel vermutet, in seinem eigenen Verantwortungsbereich liegt.[247] Ein **unberechtigtes Mängelbeseitigungsverlangen des Mieters** stellt eine zum Schadensersatz verpflichtende schuldhafte Vertragsverletzung seitens des Mieters erst dann dar, wenn der Mieter erkannt oder fahrlässig nicht erkannt hat, dass der von ihm angezeigte Mangel der Mietsache nicht vorliegt und die Ursache für das Symptom, betreffend welches er den Mangel vermutet, in seinem eigenen Verantwortungsbereich liegt.[248] Erheblicher Schimmelpilzbefall, der seine Ursache in dem Nutzerverhalten des Mieters hat, kann einen Schadensersatzanspruch des Vermieters auch wegen einer vorsätzlich begangenen unerlaubten Handlung begründen,[249] zur zweckentsprechenden Rechtsverfolgung notwendige Sachverständigenkosten hat der Mieter dem Vermieter als Schadensersatz zu ersetzen.

241 *AG Berlin-Wedding* v. 18.7.2011 – 21b C 105/11: Rügt der Mieter die *„schimmlige Tapete"*, lässt er dann aber die seitens des Vermieters ihm angebotene Reparatur nicht zu, steht ihm eine Minderung nicht zu.

242 *AG Stuttgart-Bad Cannstatt* v. 1.7.2008 – 2 C 876/06; *AG Frankfurt a.M.* v. 11.9.2008 – 33 C 1753/08.

243 *BGH* v. 15.4.2015 – VIII ZR 281/13 mit Anm. *Börstinghaus* IMR 2015, 312.

244 *LG Hamburg* v. 8.1.2008 – 307 S 144/07.

245 *AG Erkelenz* v. 26.1.1995 – 14 C 157/95; *LG Berlin* v. 22.10.2010 – 63 S 690/09 mit – kritisch – Anm. *Gies* jurisPR-MietR 6/2011 Anm. 5.

246 *AG Nürtingen* v. 9.6.2010 – 42 C 1905/09 mit Anm. *Schlimme* IMR 2010, 468: Fahrlässigkeit des Mieters liegt darin, dass dieser sein Heiz- und Lüftungsverhalten den eingebauten hochdichten Fenstern nicht anpasst und eine ungewöhnlich hohe Anzahl von Pflanzen in der Wohnung hat (*„Erforderlich sind in diesem Zusammenhang gewisse Grundkenntnisse der Zusammenhänge von Luft, Feuchtigkeit und Temperatur. Das kann man bei einem durchschnittlichen Mieter voraussetzen. Ebenfalls kann erwartet werden, dass ältere Häuser gerade in Bezug auf Wärmeschutz schlechter sind als Neubauten (…)."*).

247 *AG Hamburg* v. 19.11.2014 – 49 C 142/14: Maßgeblich kommt es darauf an, ob der zur Mängelanzeige nach § 536c BGB verpflichtete Mieter den äußeren Umständen nach von einem vom Vermieter zu verantwortenden Mangel ex ante ausgehen durfte, selbst wenn sich dies nachträglich als unrichtig herausstellen sollte.

248 *AG Hamburg* v. 19.11.2014 – 49 C 142/14: Maßgeblich kommt es darauf an, ob der zur Mängelanzeige nach § 536c BGB verpflichtete Mieter den äußeren Umständen nach von einem vom Vermieter zu verantwortenden Mangel ausgehen durfte, selbst wenn sich dies nachträglich als unrichtig herausstellen sollte.

249 *AG Duisburg-Hamborn* 15.3.2016 – 7 C 274/13. *Stobbe* IMR 2016, 280: *„Die Feststellung einer vorsätzlich begangenen unerlaubten Handlung ermöglicht zum einen weitere Pfändungsmöglichkeiten (vgl. § 850f Abs. 2 ZPO) und zum anderen sind Forderungen aus einer vorsätzlich begangenen unerlaubten Handlung von der Restschuldbefreiung ausgenommen (vgl. § 174 Abs. 2, § 302 Nr. 1 InsO)."*

Nimmt der Mieter **irrtümlich** an, dass die aufgetretenen Schimmel- und Kondenswasser-Erscheinungen bauseitige Ursachen haben, weshalb er die Miete mindert, ist eine auf den angefallenen Mietrückstand gestützte **fristlose Kündigung seitens des Vermieters** wirksam: Der Mieter hat die Nichtzahlung der Miete im Rahmen des § 543 Abs. 2 BGB bei Vorsatz und Fahrlässigkeit zu vertreten; es besteht keine Veranlassung für die Privilegierung eines Mieters in einem Fall, in dem er die Ursache der Schimmelpilzbildung fehlerhaft einschätzt;[250] ein **Verschulden seines – ggf. Mietervereins- – Beraters** muss sich der Mieter gemäß § 278 BGB als eigenes zurechnen lassen.[251] Die nachträgliche Bezahlung des Restbetrages soll das Fehlverhalten des Mieters „in ein milderes Licht rücken können und das Festhalten des Vermieters an der Kündigung als rechtsmissbräuchlich erscheinen lassen.[252] Allerdings dürfte dies nicht gegeben sein, wenn sich in der gerichtlichen Klärung eindeutig ergeben hat, dass die Feuchtigkeits-/Schimmelpilzvorkommnisse allein auf ein fehlerhaftes Mieterverhalten zurückzuführen sind.

19.4.2.6 Beseitigungsfrist durch den Vermieter

Hat der Mieter durch sein unzureichendes Heiz- und Lüftungsverhalten die Schimmelpilzbildung und damit den Schaden der Mietsache verursacht, kann der Vermieter Schadensersatz wegen der Beseitigungskosten aber nur verlangen, wenn er dem Mieter erfolglos eine **Frist zur Beseitigung** gesetzt hat; dies gilt nicht, wenn der Mieter die Beseitigung ernsthaft und endgültig verweigert hat oder wenn unter Abwägung der beiderseitigen Interessen die sofortige Geltendmachung des Schadensersatzes gerechtfertigt ist (§ 280 Abs. 2 BGB).[253]

Der Vermieter ist grundsätzlich zur Beseitigung des Mietmangels verpflichtet, es sei denn, die sog. **Opfergrenze** ist überschritten; das ist der Fall, wenn unter Berücksichtigung der konkreten beiderseitigen Parteiinteressen die Sanierungskosten in krassem Missverhältnis zum Verkehrswert der Mietsache stehen.[254] Ob diese Voraussetzungen vorliegen, ist aufgrund einer umfassenden Würdigung der gesamten Umstände des Einzelfalls festzustellen: Bei Grundstücksverkäufen kann als erster Anhaltspunkt davon ausgegangen werden, dass die Kosten der Mangelbeseitigung unverhältnismäßig sind, wenn sie entweder den Verkehrswert des Grundstückes in mangelfreiem Zustand oder 200 % des mangelbedingten Minderwertes übersteigen.[255] Entsprechendes kann für das Mietrecht übernommen werden.

---

250 *BGH* v. 11.7.2012 – VIII ZR 138/11 mit Anm. *Börstinghaus* jurisPR-BGHZivilR 18/2012 Anm. 4; *Bub/von der Osten* FD-MietR 2012, 33616; *Mayer* IMR 2012, 362; *Mettler* IMR 2012, 351; *Selk* NZM 2012, 797; *Blank* WuM 2012, 501; *Hinz* NJW 2013, 337; *Krapf* jurisPR-MietR 19/2012 Anm. 1: Hat der Mieter keine vollständige Gewissheit betreffend die Ursache der Schimmelpilzbildung, kann er das Risiko, einer fristlosen Kündigung wegen Mietrückstandes ausgesetzt zu sein, dadurch ausschließen, dass er die Miete unter Vorbehalt zahlt und dann die gerichtliche Klärung seiner Rechte herbeiführt.

251 *Neuhaus* IMR 2015, 332.

252 *LG Krefeld* v. 28.11.2012 – 2 S 33/12.

253 *LG Saarbrücken* v. 23.3.2012 – 10 S 29/11; *Kraemer* NZM 2010, 395. *Oechsler* NZM 2004, 888.

254 *LG Berlin* v. 7.5.2013 – 63 S 387/12; *BGH* v. 22.1.2014 – VIII ZR 135/13.

255 *BGH* v. 4.4.2014 – V ZR 275/15 mit Anm. *Rodemann* IBR 2014, 635.

19.4.2.7 Bedeutung des Abnahmeprotokolls

Liegt ein **Abnahmeprotokoll betreffend die dem Vermieter zurückgegebene Wohnung** vor, so handelt es sich um ein negatives Schuldanerkenntnis hinsichtlich des Zustands der Wohnung; dem Vermieter ist damit verwehrt, Rechte wegen Mängeln (hier: sichtbare Schimmelpilzbildung im Bad) geltend zu machen, die im Protokoll nicht vermerkt wurden.[256]

19.4.2.8 Instandsetzung/ Instandhaltung/ Modernisierung: Mieterhöhung?

Jede Modernisierungsmaßnahme beinhaltet begrifflich eine Maßnahme der Instandhaltung, also eine vorbeugende Maßnahme an Bestandteilen des Wohngebäudes, um drohende Defekte oder Schäden an diesem Vermietungsobjekt zu verhindern; davon abzugrenzen sind Maßnahmen der Instandsetzung, also Maßnahmen des Vermieters, die zur Behebung von Schäden erforderlich werden. Kosten, die für die Reparatur der mangelbehafteten Substanz des Mietobjektes aufgewendet werden, sind keine Kosten für Modernisierungsmaßnahmen i.S.d. § 559 BGB und können deshalb auch nicht eine Mieterhöhung rechtfertigen. Erspart sich der Vermieter per Durchführung von Modernisierungsarbeiten (z.B. Anbringung einer Außendämmung; Einbau neuer Fenster) Kosten einer für Schimmelpilzsanierung an sich erforderlichen Erhaltungsmaßnahme, hat er im Falle einer Mieterhöhung wegen Modernisierung die fiktiven Erhaltungskosten abzuziehen.[257]

19.5 Weitere Besonderheiten

19.5.1 „Zumutbarkeit" beim Lüften der Wohnung, Heiztemperatur

Technisch ist ein Lüften auf mindestens diese beiden Arten machbar: **Austausch der vorhandenen Raumluft** oder **Entfeuchten der in dem Raum vorhandenen Luft**. Beachtlich ist dabei aber immer auch der Feuchtegehalt der im Raum vorhandenen sonstigen Materialien; insbesondere in die Räumlichkeiten eingebrachtes Holz nimmt in feuchter (Luft-)Umgebung Wasserteile auf und gibt diese in trockener (Luft-)Umgebung nach und nach ab.[258]

Am 1. November 2020 ist das Gebäudeenergiegesetz (GEG)[259] in Kraft getreten. Ab diesem Tag hat das GEG (2020) die folgenden bisherigen Regeln abgelöst: die Energieeinsparverordnung (EnEV 2014 / ab 2016), das Energie-Einsparungs-Gesetz (EnEG 2013) und das Erneuerbare-Energien-WärmeGesetz (EEWärmeG 2011). Die Anforderungen an Lüftungs-

---

256 *AG Leonberg* v. 3.2.2015 – 4 C 469/14 mit Anm. *Rave* IMR 2015, 278; *AG Ottweiler* v. 14.11.2016 – 16 C 170/15 mit Anm. *Leppersjohann* IMR 2017, 101.

257 Prütting/Wegen/Weinreich/*Elzer*, BGB, 18. Aufl. 2023, § 559 Rdn. 13: Dieses Trennungsprinzip gilt auch für Kosten einer modernisierenden Instandsetzung. *AG München* v. 10.6.2015 – 424 C 19429/14 mit *Schlosser* IMR 2016, 1060: Dienen Arbeiten wie der Austausch von Fenstern und Türen durch Exemplare mit Mehrfachverglasung oder das Dämmen der kältesten Außenfassade ausschließlich der Einsparung von Energie und Wohnwertverbesserung, so liegen Modernisierungsmaßnahmen vor.

258 *Künzel* Der Bausachverständige 2012 (Heft 5), 30.

259 Gebäudeenergiegesetz (GEG) vom 8.8.2020 (BGBl I 2020, 1728), zuletzt geändert durch Art. 1 des Gesetzes zur Änderung des Gebäudeenergiegesetzes, zur Änderung des Bürgerlichen Gesetzbuches, zur Änderung der Verordnung über Heizkostenabrechnung, zur Änderung der Betriebskostenverordnung und zur Änderung der Kehr- und Überprüfungsordnung vom 16.10.2023 (BGBl I 2023, Nr. 280); verkündet am 19. 10.2023.

und Klimaanlagen nach § 15 der aufgehobenen Energieeinsparverordnung (EnEV) werden in den §§ 65 bis 68 und 70 des Gebäudeenergiegesetzes (GEG) im Wesentlichen fortgeführt. Aufgrund der Änderungsrichtlinie 2018/844 zur EU-Richtlinie über die Gesamtenergieeffizienz von Gebäuden müssen bei relevanten Änderungen an gebäudetechnischen Systemen Dokumentationen über die Energieeffizienz des geänderten Teils erstellt und an den Eigentümer übergeben werden. Diese Vorgabe wird in Deutschland durch § 96 GEG umgesetzt.

Der – aufgehobene – § 6 Abs. 2 EnEV 2014 bestimmte, dass *„zu errichtende Gebäude so auszuführen sind, dass der zum Zwecke der Gesundheit erforderliche Mindestluftwechsel sichergestellt ist"*; diese Regelung nannte somit keine konkrete Mindestluftwechselrate. Diese Regelung wird nunmehr abgedeckt durch **§ 13 GEG (Dichtheit)** in der Fassung 2023/2024; dieser lautet: *„Ein Gebäude ist so zu errichten, dass die wärmeübertragende Umfassungsfläche einschließlich der Fugen dauerhaft luftundurchlässig nach den anerkannten Regeln der Technik abgedichtet ist.* ***Öffentlich-rechtliche Vorschriften über den zum Zweck der Gesundheit und Beheizung erforderlichen Mindestluftwechsel bleiben unberührt."***[260] Daher sind die bislang gültigen Regelwerke zum Luftwechsel auch weiterhin unverändert anzuwenden.

In Nr. 4.2.3 der **DIN 4108-2** (sog. **Schimmelpilzkriterium** findet sich dieser Text: *„Auf ausreichenden Luftwechsel ist aus Gründen der Hygiene, der Begrenzung der Raumluftfeuchte (...) nach bauaufsichtlichen Vorschriften (...) zu achten. Dies ist in der Regel der Fall, wenn während der Heizperiode ein auf das Luftvolumen innerhalb der Systemgrenze bezogener durchschnittlicher Luftwechsel von 0,5 (1/h) bei der Planung sichergestellt wird."* Diese Regelung beschreibt mithin, dass binnen einer Stunde ein Luftvolumen abzieht, welches der Hälfte des Raumvolumens entspricht, was also zwölf vollständige Luftwechsel am Tag bedeutet. Gemäß der im Mai 2009 eingeführten DIN 1946-6: 2009-5 „Lüftung von Wohnungen – allgemeine Anforderungen, Anforderungen zur Bemessung, Ausführung und Kennzeichnung, Übergabe/Übernahme (Abnahme) und Instandhaltung" – dazu DIN 1946-6 Beiblatt 1 (2012-09): Beispielberechnungen für ausgewählte Lüftungssysteme – muss die zur Vermeidung von Schimmelpilz erforderliche Lüftung nutzerunabhängig, mithin unter Annahme stets geschlossener Fenster, hergestellt werden.[261] Es ist schon für den Baubereich streitig, ob und inwieweit dieses spezielle technische Regelwerk da beachtlich ist;[262] dieses Regelwerk – und eben dies übersehen einige gerichtliche Sachverständige, wenn sie dieses Regelwerk als Maßstab heranziehen, und ebenso Richter, wenn sie dem dann nicht differenzierend folgen – hat aber jedenfalls **für den Bereich des**

260 Hervorhebung durch den Verfasser.

261 Dazu *Oster/Bredemeyer* Der Bausachverständige 2010 (Heft 6), 20, und Der Bausachverständige 2011 (Heft 3), 35; *Westfeld* Der Bausachverständige 2011 (Heft 2), 34 ff.; *Breiholt/Nierhaus* NZM 2012, 329; *Gerken* Der Sachverständige 2012, 276.

262 *LG Flensburg* v. 15.1.1988 – 7 S 166/88; *LG Hamburg* v. 11.7.2000 – 316 S 227/99; *LG Freiburg* v. 25.10.2013 – 9 S 36/11: Es kommt nicht darauf an, ob die technischen Normen – hier: des „Schimmelpilzkriteriums" nach DIN 4108-2 – eingehalten sind; entscheidend ist vielmehr, ob die den Erfordernissen des vertragsgemäßen Gebrauchs der Räume entsprechende Sollbeschaffenheit gegeben ist. *Lucenti/Westfeld* NZBau 2009, 291, 295. A.A. *LG München I* v. 2.7.2015 – 8 O 2699/10 mit Anm. *Langjahr* IMR 2016, 301: Für einen geregelten Feuchtigkeitsabbau in Wohnräumen muss eine Mindestluftwechselrate in Höhe von 0,5 h^{-1} durch die Konstruktion des Baus sichergestellt sein; die Voraussetzungen der EnEV bzw. der Wärmeschutzverordnung setzen die übrigen bautechnischen Notwendigkeiten nicht außer Kraft; eine Wohnung ist nicht gebrauchstauglich und damit mangelhaft, wenn der Erwerber seine Wohnung sieben- bis zehnmal pro Tag lüften muss.

Mietrechts keine unmittelbare Bedeutung.[263] Gleiches gilt für das WTA-Merkblatt 6-3-05/D „Rechnerische Prognose des Schimmelpilzwachstumsrisikos".

Umgekehrt kann der Vermieter sich nicht erfolgreich darauf berufen, dass die Wohnung den Anforderungen der **DIN-Normen** genügt,[264] die bei der Errichtung des Gebäudes galten;[265] entscheidend ist, dass die Räume dem vereinbarten Zustand entsprechen[266] und kein Schimmelpilz auftritt[267]. Entsprechend kann die mietrechtliche Zuordnung des Schim-

---

263 *OLG Celle* v. 19.7.1984 – 2 UH 1/84: *„DIN-Vorschriften haben ihre Funktion im Baurecht. ... Für die Beurteilung, ob eine vermietete Sache zur Zeit der Überlassung an den Mieter mit einem Fehler behaftet ist, der ihre Tauglichkeit zu dem vertragsgemäßen Gebrauch aufhebt oder mindert (§ 537 BGB), ist dagegen Maßstab der Zustand der Sache, der erforderlich ist, um dem Mieter uneingeschränkt den ihm zustehenden vertragsgemäßen Gebrauch zu ermöglichen. ... Spakflecken oder Stockflecken als Folge sich niederschlagender Feuchtigkeit in der Mietwohnung sind ein Fehler der Mietsache im Sinne von § 537 Abs. 1 BGB."* Das Vorhandensein von Stockflecken-Pilzbefall durch Luftfeuchtigkeit begründet einen Mangel der Mietsache ohne Rücksicht darauf, ob bei der Errichtung des Gebäudes die anerkannten Regeln der Technik eingehalten worden sind. *LG Hannover* v. 16.5.1988 – 9 S 389/87: Es ist ganz ohne Bedeutung, ob das Gebäude den zur Zeit seiner Errichtung geltenden oder den gegenwärtigen DIN-Vorschriften entspricht. *LG München I* v. 10.4.2008 – 31 S 677/06: DIN-Normen sind hauptsächlich im Werkvertragsrecht von Bedeutung. *LG Freiburg* v. 25.10.2011 – 9 S 36/11: *„Soweit das Schimmelpilzkriterium nach DIN 4108-2 ... nicht eingehalten ist, stellt dies keinen Mangel des 1977 erbauten Hauses dar. Es kommt nicht darauf an, ob technische Normen eingehalten worden sind, sondern ob die den Erfordernissen des vertragsgemäßen Gebrauchs entsprechende Sollbeschaffenheit der Mietsache gegeben ist." Breiholt/Nierhaus* NZM 2012, 330, 331, 334: Die DIN 1946-6: 2009-5 ist im Mietrecht nicht zur Ermittlung der Soll-Beschaffenheit der Mietsache anwendbar. *LG Berlin* v. 8.6.2012 – 63 S 423/11; *Eisenschmid* WuM 2012, 568: Allein aus dem Verstoß gegen eine DIN-Norm ergibt sich der Mietmangel noch nicht, es kommt auf die tatsächliche Gebrauchstauglichkeit der Mietsache an. *Garrecht/Reeb* Bausubstanz 2012, 58, 59, weisen darauf hin, dass die DIN 4108 *„eher einen überschlägigen Charakter"* hat. A.A. *LG Marburg* v. 2.12.1981 – 5 S 166/81: Bei der Beurteilung, ob der Mieter Feuchtigkeit durch unzureichende Beheizung und Lüftung der Wohnung verursacht hat, sind sowohl besondere mietvertragliche Bedingungen über sparsames Heizen und Lüften als auch die Raumtemperatur der DIN (Wärmeschutz im Hochbau) zu berücksichtigen. Nicht hinreichend differenzierend *LG Konstanz v.* 20.12.2012 – 61 S 21/12 A mit Anm. *Ramm* IMR 2013, 240. Ebenfalls nicht überzeugend *LG Kassel* v. 12.12.2013 – 1 S 73/13, das einem erstinstanzlich eingeholten Gutachten ausdrücklich folgt, welches die Vorgaben der DIN 4108-2 als für die Beheizung von Räumlichkeiten üblich angesehen und vorausgesetzt einstuft.

264 *LG Berlin* v. 19.5.1987 – 64 S 392/86: Für die Beurteilung, ob eine vermietete Wohnung mit Baumängeln behaftet ist, kommt es nur auf die den Erfordernissen des vertragsgemäßen Gebrauchs entsprechende Sollbeschaffenheit der Mietsache an; die Einhaltung der DIN-Vorschriften schließt in diesem Zusammenhang nicht aus, dass die in der Wohnung aufgetretenen Feuchtigkeitsschäden auf vom Vermieter zu vertretende Baumängel zurückzuführen sind. *LG Flensburg* v. 15.1.1988 – 7 S 166/88; *LG Köln* v. 12.7.1990 – 6 S 79/90: Für die Frage, ob ein Mangel vorliegt, ist der Zustand der Sache, der erforderlich ist, um dem Mieter uneingeschränkt den ihm zustehenden vertragsgemäßen Gebrauch zu ermöglichen, maßgeblich, nicht die Einhaltung der allenfalls baurechtlich bedeutsamen einschlägigen DIN-Vorschriften. *BGH* v. 6.10.2004 – VIII ZR 355/03; *AG Siegburg* v. 3.11.2004 – 4 C 227/03: Für die Beurteilung, ob eine Mietwohnung Mängel aufweist, ist in erster Linie die von den Mietvertragsparteien vereinbarte Beschaffenheit der Wohnung, nicht die Einhaltung bestimmter technischer Normen maßgebend. Bub/Treier/*Kraemer/Ehlert* Handbuch der Geschäfts- und Wohnraummiete Rz. 3157: Für die Qualifizierung als Mangel kommt es weder auf die Ursache der Schimmelpilzbildung noch auf die Einhaltung der DIN-Normen, die bei der Errichtung des Gebäudes galten, an. Fehlerhaft *AG Marbach v.* 24.5.2007 – 3 C 462/06: *„Maßgeblich waren nicht die z. Zt. der Errichtung des Gebäudes geltenden DIN-Normen, sondern die zur Zeit der Überlassung der Mietwohnung geltenden DIN-Normen. Sind die zum Zeitpunkt der Überlassung der Mietsache an den Mieter gültigen Normen nicht eingehalten, so ist dies mangels anderer Absprachen ein Indiz dafür, dass die Mietsache nicht dem vertragsgemäßen Gebrauch entspricht ..."*

265 *LG Hannover* v. 27.1.1982 – 11 S 322/81; *AG Hannover* v. 26.3.1982 – 28 C 100/80; *LG Berlin* v. 14.6.1988 – 64 S 176/88; *LG Flensburg* v. 16.11.1990 – 7 S 70/90: Die Einhaltung der Bauvorschriften über die Wärmedämmung bei Errichtung des Gebäudes schließt nicht aus, dass die in einer Wohnung aufgetretenen Feuchtigkeitsschäden auf einen vom Vermieter zu vertretenden Baumangel zurückzuführen sind. *LG München I* v. 10.4.2008 – 31 S 677/06.

266 *OLG Celle* v. 19.7.1984 – 2 UH 1/84; *AG Tempelhof-Kreuzberg* v. 23.12.2008 – 9 C 14/08.

267 *LG Berlin* v. 14.1.2005 – 63 S 357/04: Der Vermieter ist zur nachhaltigen Beseitigung eines Schimmelpilzvorkommnisses selbst dann verpflichtet, wenn bei der Errichtung des Hauses die zu diesem Zeitpunkt maßgeblichen technischen Normen und Richtlinien eingehalten worden sind; denn entscheidend ist, dass die Mietsache zum Wohnen benutzt werden kann, ohne dass durch den normalen Wohngebrauch Feuchtigkeitsschäden auftreten. *LG Dortmund* v. 25.9.2012 – 1 S 73/11. ibr-online/IBR-Kommentare *Deppen/Heilmann*, Prozesse in Mietsachen Rn. 69.

melpilzvorkommens auch nicht abstrakt an einem bestimmten **Wärmedurchlasskoeffizienten**[268] konkret festgemacht werden.[269]

Beachtlich ist ferner dies:

> *„Den Mieter trifft – da er keine Gebrauchspflicht hat, keine Heizpflicht; er ist nur verpflichtet, die Wohnung so zu beheizen, dass keine Schäden entstehen. Nach h.M. genügt im Schlafzimmer etwa nachts eine Beheizung von 14 bis 16 Grad (…), was meist deutlich von den Vorgaben der Bauphysik abweicht. Daraus folgt, dass die Feststellungen der gerichtlichen Sachverständigen aus rechtlicher Sicht oft zu hinterfragen sind. … Die gerichtlichen Sachverständigen stellen hier regelmäßig* ***zu hohe Anforderungen an das bauphysikalische Wissen der Mieter****, zumal selbst in der Bauphysik höchst umstritten ist, welche Lüftungsart wirklich vorzuziehen ist (zuletzt wird dort etwa von Künzel … gar das Spaltlüften bei andauernder Beheizung vertreten). Vom Mieter kann man aber nicht mehr verlangen als von einem Bauingenieur.*[270] *„Zudem sind die Fälle, in denen ein Sachverständiger zu dem Ergebnis kommt, dass eine* ***doppelte Ursache*** *vorläge, in der Regel auf eine* ***unsorgfältige Gutachtenerstattung*** *bzw.* ***nicht hinreichende Anleitung des Sachverständigen durch das Gericht*** *zurückzuführen, wodurch der Sachverständige das Heiz- oder Lüftungsverhalten des Mieters aus (rein) technischer Sicht als Mitursache feststellt, obwohl das zur Vermeidung der Schimmelentstehung (technisch) notwendige Heiz- und Lüftungsverhalten über das vertraglich geschuldete hinausgeht, sodass zwar technisch gesehen eine Mitverursachung, aber rechtlich keine Mitverursachung durch eine schuldhafte Pflichtverletzung des Mieters vorliegt – und nur auf Letzteres kommt es an. Daher ist es zweckmäßig, dass das* ***Gericht dem Sachverständigen bereits mit dem Beweisbeschluss mitteilt, welches Heiz- und Lüftungsverhalten dieser bei seiner Begutachtung als vertragsgemäß zu unterstellen hat****, oder aber dass der Sachverständige im Gutachten konkret ausführen soll, welches Heiz- und Lüftungsverhalten die Schimmelentstehung hätte vermeiden können, sodass dann das Gericht entscheiden kann, ob dieses technisch notwendige Maß des Heiz- u. Lüftungsverhaltens als vom Mieter geschuldet bzw. dessen Unterlassung als schuldhaft anzusehen ist.*[271]

In einem 2010 vom AG Regensburg entschiedenen Fall[272] nahm der mit der Ursachenermittlung betreffend Schimmelpilzbefall beauftragte gerichtliche Sachverständige die Ortsbesichtigung vor, nachdem die an dem Rechtsstreit beteiligten Mieter die Wohnung bereits geräumt hatten und mittlerweile andere Mieter diese Wohnung nutzten; der gerichtliche Sachverständige schloss in seinem Gutachten daraus, dass die neuen Mieter in ihrer bisherigen fünfmonatigen Mietzeit keine Schimmelpilzbildung verzeichneten, darauf, dass die von ihm sachverständig festgestellten – und weiterhin vorhandenen – baulichen Mängel nicht alleiniger Auslöser der von den früheren Mietern festgestellten Schimmelpilzbildun-

---

268 Dazu *Gerken* Der Bausachverständige 2012 (Heft 5), 34, 35.

269 *Bolle* Der Bausachverständige 2012 (Heft 2), 34: *„Selbst bei heutigen Wärmedurchlasswiderständen größer 1,2 m^2 K/W kann Kondensfeuchtigkeit im Inneren des Gebäudes auftreten (mit der möglichen Folge der Schimmelpilzbildung), die nicht dem Nutzer der Wohnung zuzuschreiben ist, sondern anderen Eigenschaften des Gebäudes… ."* A.A. *Blank* Der Bausachverständige 2012 (Heft 5), 33: *„Ein Gebäude mit einem R-Wert (m^2K/W) von weniger als 0,4 ist mangelhaft. … Bei einem R-Wert von 0,4 bis 1,2 muss je nach Größe mehr oder weniger intensiv gelüftet werden (‚angepasstes Lüften'). Ein solches Lüften ist dem Mieter regelmäßig auch zuzumuten. … Tritt bei einem R-Wert von mehr als 1,2 Feuchtigkeit auf, so ist dies regelmäßig auf falsches Wohnverhalten zurückzuführen. Hier ist die Verantwortung – bei ansonsten mangelfreiem Gebäudezustand – dem Mieter zuzuweisen."* Ebenso *Künzel* WuM 2012, 652, 654.

270 *Selk* IMR 2016, 443, 444.

271 *LG Bonn* v. 13.9.2012 – 6 S 69/12.

272 *AG Regensburg* v. 10.11.2010 – 8 C 1808/09.

gen sein konnten, sondern auch Fehlverhalten der früheren Mieter vorgelegen habe; insoweit ermittelte er – ungefragt – eine prozentuale Verteilung der Verursachung; dieses AG führt in seinem Urteil insoweit dies aus:

> *„Soweit der Sachverständige allein aus dem Umstand, dass die von Dezember 2009 bis April 2010 in der Wohnung lebende Familie bislang keine Schimmelbildungen verzeichnete, schloss, dass die baulichen Mängel nicht alleine Auslöser der in Rede stehenden Schimmelbildungen sein können, ist dies in rechtlicher Hinsicht irrelevant. Zum Nachteil gereichen kann den Klägern nämlich nur ein Wohnverhalten, das die Bandbreite des Üblichen verlässt. Ein solches steht jedoch nicht allein schon deswegen fest, weil die Nachmieter keine Schimmelbildung verzeichneten. Im Übrigen ist auch nicht ausgeschlossen, dass die Nachmieter gerade zu jenen überobligatorischen Maßnahmen greifen, durch die der erwiesene Baumangel kompensiert wird. Die Ausführungen des Sachverständigen zur prozentualen Verteilung der Verursachung haben demgemäß unberücksichtigt zu bleiben, da dies allein Gegenstand richterlicher Beurteilung ist. Das Versehen einzelner Zimmer mit Pflanzen (auch auf dem Fensterbrett) ist nicht zu beanstanden, da dies üblichem Wohnverhalten entspricht. Dass insoweit mietvertraglich etwas anderes vereinbart worden wäre, wurde nicht vorgetragen."*

Die diversen Urteile erscheinen – auch wegen der individuellen Fallbezogenheit – vielfältig, stark verfächert und bisweilen zueinander widersprüchlich. Im Prinzip gilt, dass **nicht alles, was technisch möglich** – ggf. auch technisch notwendig – **ist, rechtlich gefordert werden kann.**[273]

19.5.2 Problematik der erheblichen Gesundheitsgefährdung

Auf der Grundlage der §§ 569 Abs. 1 Satz 1[274], 542 Abs. 1 BGB kommt zugunsten des Mieters ein **unverzichtbares und grundsätzlich auch nicht verwirkbares**[275] **Recht zur außerordentlichen fristlosen Kündigung aus wichtigem Grund** wegen auf den Mietgegenstand zurückgehender Gesundheitsgefährdung nur in Betracht, wenn klar ist, dass

273 *LG Lübeck* v. 15.2.2018 – 14 S 14/17: Ein Mieter ist – ohne besondere vertragliche Vereinbarungen – grundsätzlich nur verpflichtet, täglich zweimal für fünf bis zehn Minuten Stoß zu lüften und die Innenraumtemperatur im Schlafzimmer auf mindestens 16° C und in allen übrigen Räumen auf mindestens 20° C zu halten, hierbei ist bereits die Feuchtigkeitsproduktion beim Kochen und Duschen berücksichtigt; das Gebäude ist daher mangelhaft, wenn nur durch übermäßiges und unwirtschaftlich heißes Heizen und Lüften Feuchtigkeitsschäden vermieden werden; ist es notwendig, zur nachhaltigen Vermeidung von Schimmelpilzbefall die Wohnung dreimal täglich für ca. neun Minuten zu lüften, handelt es sich bereits um das Erfordernis eines übermäßigen Lüftens; die Grenze der Zumutbarkeit ist ferner überschritten, wenn die ständige Beheizung des Schlafzimmers mit 20° C notwendig ist; des Weiteren ist die Zumutbarkeitsgrenze überschritten bei dem notwendigen Einbau einer Dämmung oder Aufstellen zusätzlicher Heizquellen; der Mieter muss die Möglichkeit haben, seine Möbel grundsätzlich an jeden beliebigen Platz in der Wohnung nahe der Wand aufzustellen, denn es gehört zur Gebrauchstauglichkeit eines Wohnraums, dass er in üblicher Art mit Möbeln eingerichtet werden kann; auch eine besondere „Klimapflege" unter Zuhilfenahme eines Hygrometers, mit der das Ablagern von Kondensfeuchtigkeit mit der Folge des Pilzbefalls vermieden werden könnte, kann nicht als übliches Wohnverhalten von Mietern gefordert werden. Wenn *Künzel* WuM 2012, 656, ausführt *„Wegen der fehlenden Tradition bei der Fensterlüftung ist nunmehr eine entsprechende ‚Lüftungskultur' erforderlich …"*, mag dies aus gesundheitspolitischer Sicht zu empfehlen sein, unter rechtlichen Aspekten ist diese Forderung indes nicht relevant.

274 Münchener Kommentar/*Häublein* BGB 9. Aufl. . 2023, § 569 Rn. 3: § 569 Abs. 1 Satz 1 BGB gewährt ein Recht zur fristlosen Kündigung für einen Fall, der eigentlich bereits von § 543 Abs. 1, Abs. 2 Satz 1 Nr. 1 BGB geregelt ist; denn der Gebrauch einer Mietsache, die mit einer erheblichen Gefährdung für die Gesundheit einhergeht, ist grundsätzlich nicht vertragsgemäß.

275 *LG Köln* v. 24.4.1980 – 1 S 516/77: Der Mieter verwirkt sein Recht auf fristlose Kündigung wegen Gesundheitsgefährdung nicht schon dadurch, dass er erst ca. fünf Monate nach einem Wassereinbruch kündigt; allenfalls eine ungebührliche, d.h. treuwidrige, Verzögerung kann zur Verwirkung führen; eine solche Verzögerung ist nicht gegeben, wenn der Mieter sich zunächst um die Klärung der Ursache des Schadens kümmert.

die Benutzung der Räumlichkeiten mit einer erheblichen[276] Gefährdung der Gesundheit verbunden ist.[277]

Mit der vertragsgemäßen Nutzung der Mietsache dürfen keine Gesundheitsgefahren für den Mieter und für Dritte verbunden sein. Schließt der Mieter den Mietvertrag in Kenntnis der gesundheitsgefährdenden Beschaffenheit der Mietsache ab, ohne mit dem Vermieter insoweit eine ausdrückliche Vereinbarung über die Sollbeschaffenheit zu treffen, ist der Mieter selbst im Falle der vorbehaltlosen Ingebrauchnahme der an ihn vermieteten Räume berechtigt, den Vermieter gemäß § 535 Abs. 1 Satz 2 BGB auf Beseitigung des gesundheitsgefährdenden Zustands der Mietsache in Anspruch zu nehmen.[278]

Eine Schimmelpilzbildung in der Mietsache führt nicht per se dazu, dass eine Gesundheitsgefährdung besteht und der Mieter fristlos kündigen kann.[279] Zweifelhaft insoweit die Entscheidung des LG Bremen, die annimmt, dass Mieter wegen der möglichen Gesundheitsbeeinträchtigung fristlos kündigen dürfen, wenn sie kurz nach Abschluss des Mietvertrages in der Wohnung Feuchtigkeit und Schimmelpilzbildung feststellen.[280]

Für den Kündigungsgrund nach § 569 Abs. 1 BGB wegen erheblicher Gesundheitsgefährdung muss durch Einwirkung aus der Wohnung eine Schädigung der Gesundheit unmittelbar bevorstehen, d.h. nach dem gewöhnlichen Lauf der Dinge zu erwarten sein. Vorübergehende oder kurzfristige, behebbare Störungen reichen nicht aus, sofern der Vermieter zur Behebung bereit ist. Es existiert kein allgemeiner Erfahrungssatz dahin, dass von jedem Schimmelpilzbefall eine erhebliche Gesundheitsgefährdung ausgeht.[281] Einige sind nämlich als sog. Materialzerstörer im ökologischen Kreislauf notwendig; andere sind aufgrund

---

276 *LG Kiel* v. 20.1.2005 – 1 S 100/04. *AG Saarbrücken* v. 23.8.2017 – 4 C 348/16 mit Anm. *Ramm* IMR 2017, 491: Erheblich ist die Gesundheitsgefährdung, wenn nachhaltige oder dauernde Schädigungen drohen und die Gefährdung nicht leicht zu beseitigen ist, wobei Maßstab eine allgemeine objektive Wohnraumhygiene ist.

277 *OLG Brandenburg* v. 12.9.2012 – 3 U 100/09: Eine erhebliche Gesundheitsgefährdung ist nur gegeben, wenn eine nachhaltige oder dauernde Schädigung droht; es müssen Gesundheitsstörungen mit Krankheitscharakter konkret zu befürchten sein. *Schläger* ZMR 1998, 669, 670, 677: Allein ein vorhandenes *„Angst-Syndrom"* (= Außenseiter vertreten das Vorhandensein einer Gesundheitsgefahr, Medien verbreiten diese Meinung) genügt nicht; denn *„Angst ist keine Eigenschaft der Wohnung"*.

278 *LG Berlin* v. 12.5.2022 – 67 S 30/22.

279 Überzeugend: *OLG Düsseldorf* v. 6.6.2013 – 10 U 26/13 mit Anm. *Zehelein* IMR 2014, 18.

280 Zweifelhaft *LG Bremen* v. 18.10.2006 – 1 S 181/06; ebenso *AG Krefeld* v. 12.6.2007 – 12 C 301/06. Differenzierend *KG Berlin* v. 3.6.2010 – 12 U 164/09: Macht der Mieter geltend, wegen eines gesundheitsgefährdenden Schimmelpilzbefalls der Mieträume zur Mietminderung berechtigt zu sein, muss er konkret zu Art und Konzentration der Schimmelsporen vortragen sowie ärztliche Atteste vorlegen, um dem Gericht genügend Anknüpfungstatsachen für die Einholung eines Sachverständigengutachtens zu liefern.

281 *AG Neumarkt* v. 8.1.2014 – 3 C 517/12 mit Anm. *Blank* IMR 2007, 207. *AG Bergisch Gladbach* v. 15.2.2018 – 60 C 436/15: Das außerordentliche Kündigungsrecht wegen Schimmelpilzbefalls setzt zwar nicht voraus, dass bereits eine Gesundheitsgefährdung eingetreten ist; es genügt vielmehr, wenn eine solche Gefahr zum Zeitpunkt des Kündigungsausspruches ernsthaft in Betracht gezogen werden muss, d.h. wenn eine Gefährdung der Gesundheit nach sachkundiger Beurteilung nicht ausgeschlossen werden kann; bei Schimmelpilzbildung genügt jedoch nicht die Feststellung, dass Schimmelpilz im Allgemeinen zu Gesundheitsgefährdungen führen kann; vielmehr ist im Einzelfall anhand objektiver Kriterien zu ermitteln, welcher Art der Schimmel zuzuordnen ist und welche konkreten Gefahren bei der Nutzung der Mietsache bestehen. Diese Ausführungen im Teilnehmerhandbuch des Impuls-Programms der *Energieagentur NRW* „Schimmelpilz im Wohnungsbau – Richtig lüften und Feuchtigkeit vermeiden" (01/2005, S.7), erscheinen nicht hinreichend: *„Schimmelpilze, die sich in Wohnungen ansiedeln, können nicht nur zu Schäden an Gebäuden führen, sie stellen auch immer eine Gesundheitsgefährdung für die Bewohner dar. Sie können zu Allergien und Infektionen der Atemwege und inneren Organe führen, einige Schimmelpilzarten wirken giftig. Von den etwa 120 bekannten Schimmelpilzarten, die sich in Wohnbereichen ansiedeln, gelten 10 % als besonders giftig."* Solche Mitteilungen, die ohne wissenschaftliche Zitate geliefert werden, schüren fehlerhafte Mietervorstellungen.

ihrer lungengängigen Sporen für den Menschen indes unmittelbar gefährlich; wieder andere können giftige Substanzen erzeugen.[282]

Nach einhelliger Rechtsprechung und Literatur muss **eine konkret relevante Gesundheitsgefährdung nach objektiven Maßstäben** bestehen.[283] Abzustellen ist auf den objektiven allgemeinen Hygienestandard für Wohn- und Aufenthaltsräume[284]. Individuelle, besondere Auffälligkeiten einzelner Personen (= in der Person des Mieters liegende besondere Dispositionen wie Vorerkrankungen, Allergien und/oder Empfindlichkeiten) haben im Rahmen des § 569 BGB außer Betracht zu bleiben;[285] indes ist die spezielle Anfälligkeit bestimmter Bevölkerungsgruppen (Säuglinge, Kinder, alte Personen[286]) ausreichend.[287] Das LG Berlin hat bereits im Jahre 1998[288] ausgeurteilt, dass der Mieter bei der von ihm ausgesprochenen fristlosen **Kündigung des Wohnraummietverhältnisses wegen gesundheitsgefährdender Beschaffenheit der Räume** beweisen muss, dass der Zustand der Räume tatsächlich eine konkrete (= naheliegende) Gesundheitsgefährdung bewirken kann; das Aufgetreten-Sein einer Erkrankung ist nicht erforderlich.[289] Ausschlaggebend ist dabei ein objektiv-typisierender Maßstab und nicht schon die subjektive Befindlichkeit dieses konkreten Mieters;[290] insbesondere reicht ein bloßes Unbehagen des Mieters nicht.

Für die Ausübung des Kündigungsrechts des Mieters wegen Gesundheitsgefährdung ist ein Verschulden des Vermieters nicht erforderlich. Es wird vertreten, dass der Mieter selbst dann kündigen kann, wenn er den gesundheitsgefährdenden Zustand zu vertreten hat;

282 *Reis/Schrader/Riedlinger* Der Bausachverständige 2010 (Heft 5), 18, 19.

283 *Gramlich* Mietrecht, 569 Rdn. 2: Erforderlich ist eine erhebliche Gefährdung der Gesundheit; eine Gesundheitsbeschädigung muss noch nicht eingetreten sein. Staudinger/Emmerich, BGB, 2021, § 569 Rdn. 7. *Hannemann/Wiegner/Kleinrahm* Münchener Anwaltshandbuch Mietrecht,§ 28 Rn. 127: Lediglich eine abstrakte Gesundheitsgefahr reicht nicht. A.A. noch *AG Neukölln* v. 5.10.2000 – 6 C 586/99: Bei großflächigem Schimmelpilzbefall ist grundsätzlich von einer Gesundheitsgefährdung auszugehen, die den Mieter zur fristlosen Kündigung berechtigt. *AG Köln* v. 19.3.2001 – 206 C 29/00: Sowohl Schimmelpilzbefall als auch Durchfeuchtung stellen grundsätzlich eine Gesundheitsgefährdung dar und berechtigen den Mieter zur fristlosen Kündigung.

284 Entgegen *AG Kiel* v. 28.3.1980 – 14 C 577/78 erscheint zweifelhaft, aus einem erheblichen Auftreten von Silberfischen von vornherein auf das sichere Vorliegen einer erheblichen Gefährdung der Gesundheit zu schließen.

285 A.A. noch *BGH* v. 12.2.1959 – VIII ZR 54/58. Münchener Kommentar/*Häublein*, BGB, 9. Aufl. . 2023, § 569 Rn. 8: Besondere vom Normalzustand der Bevölkerung abweichende Empfindlichkeiten gefährdeter Personen können entgegen verbreiteter, wohl sogar herrschender Ansicht nicht einmal per se unberücksichtigt bleiben, wenn sie nicht Vertragsbestandteil geworden sind; es widerspräche dem Normzweck und wäre „inhuman", jemanden, der infolge Allergie besonders stark auf bestimmte Giftstoffe reagiert, am Vertrag festzuhalten; demgegenüber ist nicht zu erkennen, welchen Vorteil es für den Vermieter hätte, wenn der Mieter sämtliche derartige Erkrankungen bei Vertragsschluss offenlegte; in jedem Fall muss aber eine für einen bestimmten Personenkreis, z.B. für Säuglinge und Kleinkinder, typische erhebliche Gesundheitsgefährdung ausreichen.

286 *LG Saarbrücken* v. 13.5.1981 – 16 S 118/80.

287 A.A. *LG Oldenburg* v. 7.10.1999 – 9 S 731/99: Leidet der Mieter an einer Hausstaubmilben-Allergie, deren Ausbrechen durch Raumfeuchtigkeit befördert wird, muss von einer erheblichen und mietrechtlich relevanten Gesundheitsgefährdung ausgegangen werden.

288 *LG Berlin* v. 11.6.1998 – 62 S 10/98. Ebenso *AG Münster* v. 20.2.2008 – 48 C 61/08 mit Anm.*Emmert* WuM 2008, 660; *OLG Brandenburg* v. 25.2.2014 – 3 U 154/11 mit Anm. *Biebelheimer* IMR 2014, 205; *OLG Brandenburg* v. 7.2.2017 – 6 U 169/14 mit Anm. *Biebelheimer* IMR 2017, 193; a.A. *LG Bremen* v. 18.10.2006 – 1 S 181/06.

289 Nach der Auffassung von *Adam/Isenmann* WuM 2007, 492, *„ist es in der Praxis nahezu unmöglich zu beweisen, dass genau der/die in einer Wohnung vorhandene/n Schimmelpilz/e der/die Allergieauslöser ist/sind und die allergischen Reaktionen nicht auf andere, z.B. in Lebensmitteln (wie Obstsäfte, bestimmte Käsesorten) enthaltene Schimmelpilze zurückzuführen ist"*.

290 *AG Berlin-Charlottenburg* v. 9.7.2007 – 203 C 607/06: Ergeben sich ausweislich eines privat eingeholten Gutachtens in der Luft des Schlafzimmers auffällige Mengen des potenziell toxinbildenden Schimmelpilzes *Fusarium* sp. und werden darüber hinaus Schimmelpilzsporen aus der *Aspergillus-restrictus*-Gruppe nachgewiesen, die zu den fakultativ pathogenen Schimmelpilzen zählen, werden darüber hinaus durch ärztliche Atteste auf den Schimmelpilzbefall zurückzuführende tatsächliche Erkrankungen belegt, kann die Miete um 100 % gemindert und seitens der Mieter die fristlose Kündigung erklärt werden.

argumentiert wird damit, dass die Regelung des § 569 Abs. 1 BGB sozialpolitische Erwägungen zugunsten des Mieters beinhalte. Andere stimmen dem nicht zu, weil dem Mieter durch sein vertragswidriges Verhalten keine Vorteile erwachsen dürfen.[291] Diese Meinung erscheint überzeugend: Mit dem Grundsatz der Verpflichtung, geschlossene Verträge einzuhalten, ist nicht vereinbar, wenn ein Vertragspartner absichtlich (oder unabsichtlich) ein Kündigungsrecht selbst schaffen kann. Wer indes meint, der Mieter könne auch **bei selbst verursachtem Schimmelpilzbefall** kündigen, muss konsequent zu der Schadensersatzpflicht des Mieters jedenfalls im Falle seines schuldhaften Handelns gelangen.

Jedenfalls wenn sich die **Ursache der Gesundheitsrisiken nicht klären** lässt, bleibt der Mieter zur Kündigung grundsätzlich berechtigt, denn das Wertesystem des Grundgesetzes – insoweit Art. 2 Abs. 2 GG – und wohl auch Sinn und Zweck der Regelungen des § 569 Abs. 1 Satz 2, Abs. 5 BGB privilegieren erkennbar die körperliche Unversehrtheit. Ausweislich § 569 Abs. 1 Satz 2 BGB besteht das Kündigungsrecht des Mieters auch dann, wenn er die Gefahr bringende Beschaffenheit der Mietsache bei Vertragsschluss kannte[292] oder auf die Geltendmachung der auf diesem Zustand folgenden Rechte verzichtet hat. § 569 Abs. 5 BGB stellt nun heraus, dass das **Kündigungsrecht wegen erheblicher Gesundheitsgefährdung weder abbedungen noch eingeschränkt** werden darf.

Will der private oder gewerbliche Mieter gerichtlich geltend machen, wegen eines gesundheitsgefährdenden Schimmelpilzbefalls der Mieträume zur Mietminderung berechtigt zu sein, muss er gemäß dem Urteil des KG aus dem Jahr 2010[293] zur Schlüssigkeit seines Vortrags konkret betreffend Art und Konzentration der Schimmelpilzsporen vortragen sowie **ärztliche Bescheinigungen** über den Zusammenhang des konkreten Schimmelbefalls in der Wohnung mit dem Gesundheitszustand vorlegen,[294] um dem Gericht genügend Anknüpfungstatsachen – ggf. für die gerichtliche Einholung eines Sachverständigengutachtens – zu liefern. Der betreffend die von ihm behauptete Gesundheitsgefährdung beweispflichtige Mieter führt den Beweis dafür, dass festgestellte Schimmelpilze tatsächlich toxinbildend sind und zu einer Gesundheitsbeeinträchtigung geführt haben, nicht schon durch Vorlage von ärztlichen Bescheinigungen über Erkenntnisse, die ohne konkrete und fallbezogene Laboruntersuchungen gewonnen worden sind.[295] Atteste des Hausarztes reichen in aller Regel nicht aus, weil diese Ärzte oft die Ausführungen des Patienten (Mieter) zum

291 *LG Mainz* v. 24.4.2001 – 6 S 336/00.

292 *AG Saarbrücken v.* 23.8.2017 – 4 C 348/16 mit Anm. *Ramm* IMR 2017, 491: Durch Übergabeprotokoll nachweislich erteiltes Einverständnis mit dem Zustand der Wohnung steht der außerordentlichen Kündigung nicht entgegen, da eine Kenntnis der gefahrbringenden Beschaffenheit bei Mietvertragsschluss nicht zur Unwirksamkeit der Kündigung führt.

293 *KG Berlin v.* 3.6.2010 – 12 U 164/09: Andernfalls ist der Vortrag nicht hinreichend substanziiert.

294 *LG Kiel* v. 20.1.2005 – 1 S 100/04: Ärztliche Mitteilungen dahin, dass die Wohnung möglichst saniert sein sollte, genügen nicht.

295 *KG Berlin v.* 26.2.2004 – 12 U 1493/00. Ebenso *BGH v.* 18.4.2007 – VIII ZR 182/06 mit Anm. *Warnecke* jurisPR-MietR 14/2007 Anm. 2, *Streyl* WuM 2007, 365, und *Blank* IMR 2007, 207; *OLG Düsseldorf* v. 6.6.2013 – I-10 U 26/13 mit Anm. *Zehelein* IMR 2014, 18. *Schläger* ZMR 2002, 85, 93: Privatärztliche Atteste haben durchweg keinen Beweiswert. *Wiesmüller/Heinzow/Szewzyk/ Valtanen/Hurraß* Möglichkeiten und Grenzen der gesundheitlichen Bewertung von Schimmelexpositionen im innenraum, Der Bausachverständige 4/2017, 26.

Zustand der Wohnung übernehmen, jedenfalls eine Kausalitätsprüfung nicht stattfindet.[296] Es genügt auch nicht die Vorlage von Fotos des Zustands der Räume.[297]

Die bisweilen vertretene Auffassung, bei Bildung von Schimmelpilz handele es sich generell um die Belastung der Wohnung mit Schadstoff, weshalb neben dem ästhetischen Nachteil *„in diesen Fällen bei der Bemessung der Minderungsquote die gesundheitsgefährdenden Auswirkungen von Schimmelsporen zu berücksichtigen*[298] seien, überzeugt nicht. Denn die Frage, ob ein bestimmter Wohnungszustand im konkreten Fall zu Gesundheitsschäden führt, kann i.d.R. mit der erforderlichen Sicherheit nur durch die **gerichtliche Einschaltung eines medizinischen Sachverständigen** geklärt werden.[299] Allein die Überschreitung von Grenz- oder Vorsorgerichtwerten genügt zur Annahme von erheblicher Gesundheitsgefährdung nicht; umgekehrt schließt die Einhaltung dieser Werte eine erhebliche Gesundheitsgefährdung auch nicht aus. Ob der konkret vorhandene Schimmelpilz ein gesundheitsgefährdender ist, kann durchweg nicht ohne zusätzliche vertiefende **Laboruntersuchungen** ermittelt werden.[300] Unzureichend erscheint deshalb das – auch im Übrigen nicht überzeugende[301] – Urteil des AG Eisenach aus dem Jahre 2012[302], wonach bereits aus dem Gutachten des bautechnischen Sachverständigen die richterliche Überzeugung gewonnen wurde, dass die Schimmelpilzsporen bei den Bewohnern allergische Erkrankungen hervorrufen können.

Weil nicht jeder Schimmelpilzbefall und erst recht nicht jedes Auftreten von Feuchtigkeit in der Wohnung toxinbildend und damit gesundheitsgefährdend ist,[303] reicht der bloße Verdacht, mithin die mögliche **Anscheinsgefahr**, einer gesundheitlichen Beeinträchti-

---

296 Hannemann/Wiegner/*Kleinrahm* Münchener Anwaltshandbuch Mietrecht, a.a.O., Rn. 128.

297 Nicht überzeugend deshalb *AG Langenfeld* v. 20.6.1986 – 23 C 166/86, das nach Vorlage von Fotos der Räumlichkeiten bloß noch ausführt: *„Es liegt auf der Hand, dass die Benutzung derartiger für den dauernden Aufenthalt der Beklagten bestimmter Räume mit erheblicher Gefährdung der Gesundheit verbunden gewesen wäre"*, und die bereits vor Einzug der Mieter erklärte fristlose Kündigung für berechtigt hält. Ebenfalls nicht überzeugend *LG Saarbrücken* v. 13.5.1981 – 16 S 118/80, wonach bereits aus einem festgestellten feuchten Zustand der Wohnung und dem Alter des diese bewohnenden Menschen auf eine für die Bemessung der Minderungsquote (immerhin monatlich 40 % auch für zwei Jahre und einen Monat Vergangenheit!) bedeutsame Gesundheitsgefährdung geschlossen wird.

298 *LG München I* v. 6.12.2012 – 14 S 12138/12.

299 *LG Mannheim v.* 25.11.1987 – 4 S 8/87: *LG Berlin* v. 4.5.2017 – 12 C 183/16 mit Anm. *Dötsch* IMR 2017, 302: Wird eine Mietminderung wegen eines angeblich gesundheitsgefährdenden Zustands der Wohnung geltend gemacht, bedarf es im Zweifel der Beweiserhebung durch Sachverständigengutachten hinsichtlich der Gesundheitsgefährdung; die Durchführung einer förmlichen Beweiserhebung ist nur dann aufgrund eigener Sachkunde des Gerichts entbehrlich, wenn diese Sachkunde nicht nur tatsächlich vorliegt, sondern den Parteien vor Schluss der mündlichen Verhandlung auch aufgezeigt wurde; das Gericht kann sich nicht auf ein Arbeitsblatt berufen, wenn dieses nicht von den Parteien in den Prozess einbezogen wurde; in diesem Fall würde es sich um eine gegen den Beibringungsgrundsatz und § 291 ZPO verstoßende richterliche Eigenrecherche handeln; eine solche ist allenfalls zulässig, wenn sie dazu dient, sich über allgemeinkundige Tatsachen zu informieren.

300 *BGH* v. 18.4.2007 – VIII ZR 182/06 mit Anm. *Warnecke* jurisPR-MietR 14/2007 Anm. 2, *Streyl* WuM 2007, 365, und *Blank* IMR 2007, 207: Allein dem Gericht vorgelegte Fotos, die Schimmelpilzbefall zeigen, vermögen eine Gesundheitsgefahr nicht zu begründen. Ebenso *Sternel* Mietrecht aktuell Rn. VIII 57; Staudinger/Emmerich, BGB, 2021, § 569 Rz. 9a. *Streyl* WuM 2007, 365 vertritt die – grundsätzlich nicht überzeugende – Auffassung, dass bei Verwendung der vom Umweltbundesamt veröffentlichten Publikationen die Einholung von gerichtlichen Gutachten nicht erforderlich sein könne. *Selk/Hankammer* NZM 2008, 65, halten die vorzitierte BGH-Entscheidung vom 18.4.2007 für fehlerhaft; sofern die Wohnräume mit Schimmelpilz in nennenswertem Umfang befallen seien, müsse der Mieter – fruchtlose Fristsetzung und Mängelbeseitigungsaufforderung vorausgesetzt – im Regelfall fristlos kündigen dürfen, ohne die konkrete Gesundheitsgefahr nachweisen zu müssen. Zu Details der Begutachtung *Clemens/Clemens* WuM 1999, 667.

301 *Gies* jurisPR-MietR 3/2013 Anm. 2.

302 *AG Eisenach* v. 22.11.2012 – 54 C 336/10.

303 *KG Berlin v.* 26.2.2004 – 12 U 1493/00; *KG Berlin v.* 9.3.2006 – 22 W 33/05 mit Anm. *Poetzsch-Heffter* IBR 2007, 106.

gung des Mieters und insbesondere allein die **abstrakte Befürchtung**, die Feuchtigkeit bzw. der aufgetretene Schimmelpilz könne Krankheiten aus dem allergischen Formenkreis auslösen, noch nicht für eine Kündigung aus.[304] Umgekehrt kann auch nicht gefordert werden, dass die Gesundheitsbeeinträchtigung bereits eingetreten ist; vielmehr kann bereits die **konkrete und nicht schon die bloß subjektiv angenommene Gefahrbesorgnis betreffend die Gesundheit der Mieter** aufgrund bevorstehender – also noch gar nicht vorhandener – Feuchtigkeits-/Schimmelpilzerscheinungen im Einzelfall genügen.[305] Verlangt wird ein **Verdachtmangel**, der auf konkrete Tatsachen gestützt und naheliegend ist; ein abstrakter Mangelverdacht, mithin bloßes Misstrauen, Vermutungen oder ein nur vager Verdacht, genügen nicht.[306] Nicht überzeugend erscheint die Auffassung, dass die fristlose Kündigung auch dann als berechtigt gilt, wenn sich später die **Unbegründetheit des Verdachts** herausstellt; die Berechtigung der Kündigung kann hingegen angenommen bleiben, wenn sich die objektiv vorhanden gewesene Gefahr nicht verwirklichte.[307] Erweist sich aber später, dass die Gefahr von vornherein gar nicht vorhanden war, geht dies zulasten des gegenüber dem Vermieter aktiv gewordenen Mieters.

Lässt sich die Gesundheitsgefährdung der vorhandenen Schimmelpilzerscheinungen nicht auch in ihrem konkreten Ausmaß klären,[308] führt dies nicht zu einer höheren Minderungsquote im Verhältnis zu dem Fall, in dem eine Gesundheitsgefahr klar ausgeschlossen ist.[309]

Entgegen einer in einem Teil der Rechtsprechung vertretenen Auffassung[310] rechtfertigt das Vorhandensein von Schimmelpilz nicht ohne Weiteres auch den Verdacht der Gesundheitsgefährdung der Mieter und damit die sofortige Berechtigung des Mieters zur fristlo-

---

304 *LG Mainz* v. 14.11.1997 – 3 T 102/97; *KG* Berlin v. 11.8.2003 – 8 U 124/02; *LG Berlin* v. 16.11.2004 – 63 S 174/04: Allein die Möglichkeit, dass aufgrund beobachteter Schimmelpilzbildung sich Schimmelpilzsporen und toxische Stoffe in der Atemluft befinden könnten, stellt noch keine konkrete Gesundheitsgefahr dar, die eine fristlose Kündigung rechtfertigen könnte. A.A. *AG Bad Vilbel* v. 20.9.1996 – 3b C 52/96, wonach aufgrund sichtbarer Feuchtigkeit auf erhebliche Gesundheitsgefahren geschlossen werden kann.

305 *LG Hamburg* v. 11.7.2000 – 316 S 227/99, AG Saarbrücken v. 23.8.2017 – 4 C 348/16 mit Anm. *Kamm* IMR 2017, 491. Missverständlich *LG Lübeck* v. 6.11.1997 – 14 S 135/97 und *LG Lübeck* v. 15.1.2002 – 6 S 161/00: Die bloß latent befürchtete, aber begründete Gefahr genügt.

306 *V. d. Horst* NJOZ 2013, 385: *„Mangelverdacht/Verdachtmangel: Wie verdächtig muss ein Verdachtmangel sein?"*

307 *AG Saarlouis* v. 29.9.1989 – 24b C 437/89 H: Die fristlose Kündigung wegen gesundheitsgefährdender Beschaffenheit der Wohnung ist auch dann berechtigt, wenn der Mieter vernünftigerweise von dem Bestehen einer Gefahr ausgehen konnte, tatsächlich eine Gefahr nicht gegeben war.

308 *AG Bonn* v. 2.7.1991 – 6 C 402/89: Auch bei generell-abstrakter Gefährdungssituation für die Gesundheit des Mieters ist zur Annahme der Minderung erforderlich, in messbarer Weise die Auswirkung des Mangels auf die Gebrauchstauglichkeit der Mietwohnung zu klären.

309 *LG Berlin* v. 26.11.2010 – 63 S 188/10: Zudem kann der Mieter, wenn der die Gesundheitsgefahr auslösende Umstand ohne Weiteres leicht behebbar ist (hier: mögliche Sanierung der schimmelpilzbefallenen Wandflächen), die Kündigung nur anbringen, wenn er zuvor erfolglos eine Fristsetzung mit der Aufforderung zur Mängelbeseitigung ausgesprochen hat.

310 *LG München I* v. 26.9.1990 – 31 S 20071/89 mit Anm. *Thomas* IBR 1991, 522; *LG Bremen* v. 18.10.2006 – 1 S 181/06: Stellen Mieter kurz nach Abschluss des Mietvertrages in der Wohnung Feuchtigkeit und Schimmelpilzbildung fest, dürfen sie wegen der möglichen Gesundheitsbeeinträchtigung fristlos kündigen. Ebenso *AG Krefeld* v. 12.6.2007 – 12 C 301/06. *OLG Brandenburg* v. 25.2.2014 – 3 U 154/11 mit Anm. *Biebelheimer* IMR 2014, 205: Wird ein Kündigungsbegehren auf Gesundheitsgefahren gestützt, die von Schimmelpilzbefall ausgehen, bedarf es der Feststellung, dass von dem den Mietgebrauch beeinträchtigenden Schimmelpilzbefall konkrete Gesundheitsgefahren jedenfalls für Gruppen der Benutzer der Räumlichkeiten ausgehen; um dies nachzuweisen, genügt nicht, lediglich auf die allgemeine, grundsätzliche Gefährlichkeit von Schimmelpilz für die menschliche Gesundheit hinzuweisen.

sen Kündigung[311] ohne **vorheriges** angemessen befristetes **Abhilfeverlangen**[312]. Vielmehr spricht die Bezugnahme auf § 543 Abs. 1 BGB für die Anzeigepflicht nach § 536c BGB auch betreffend Gesundheitsgefährdung; in diesem Zusammenhang ist indes auch auf § 543 Abs. 3 Satz 2 Nr. 2 BGB hinzuweisen, wonach es der Fristsetzung ausnahmsweise nicht bedarf, wenn *„die sofortige Kündigung aus besonderen Gründen unter Abwägung beiderseitiger Interessen gerechtfertigt ist"*. Diese Situation ist nicht gegeben, wenn die Gesundheitsgefahr innerhalb kurzer Frist behoben werden kann und dies dem Mieter ohne intensive und kostspielige Nachforschungen erkennbar ist.[313] Lässt indes der Vermieter, dem mehrfach und eindeutig seitens der Mieter mitgeteilt worden ist, dass dieser die Beseitigung der Gesundheitsgefahr ernsthaft wünscht, gar durch Anwaltsschreiben mitteilen, dass er den gegebenen Zustand der Mietsache nicht für mangelhaft halte, braucht der Mieter die Ernsthaftigkeit dieser Ablehnung nicht mehr mittels Abhilfefristsetzung zu prüfen.[314]

Beachtlich ist schließlich in diesem Zusammenhang, dass sich im Falle vorzeitiger, wegen erheblicher Gesundheitsgefährdung berechtigter Beendigung eines auf längere Zeit geschlossenen Mietvertrages durch den Mieter wegen eines **mieterseits geflossenen Baukostenzuschusses**, der nicht als Mietzinsvorauszahlung gelten soll, aus § 812 Abs. 1 Satz 2 BGB (Nichteintritt des mit der Leistung bezweckten Erfolgs) ein Anspruch auf Rückzahlung ergeben kann.[315]

19.5.3 Auswirkung des Gebäudealters („Altbau")

Bei der Frage, ob eine Altbaumietwohnung einen Mangel aufweist, ist unter Berücksichtigung des vereinbarten Nutzungszwecks und des Grundsatzes von Treu und Glauben zu prüfen, was der Vermieter schuldet bzw. welchen Standard der Mieter aufgrund seines Vertrags erwarten kann. Für die Ermittlung des vertragsgemäßen Standards ist, soweit die Bauweise zu bewerten ist, grundsätzlich der **Zeitpunkt der Errichtung des Gebäudes maßgeblich**. Dabei darf der Mieter jedoch einen Mindeststandard erwarten, der den heu-

---

311 So aber *LG Lübeck* v. 6.11.1997 – 14 S 135/97. *Kern* NZM 2007, 634, 635, vertritt die Auffassung, dass der Mieter bei erheblicher Gesundheitsgefährdung keine Abhilfefrist setzen müsse.

312 *LG Berlin* v. 16.11.2004 – 63 S 174/04: Eine fristlose Kündigung wegen Eintritts einer Gesundheitsgefahr ist zudem dann ausgeschlossen, wenn sie nicht innerhalb eines angemessenen Zeitraumes nach Eintritt der Gesundheitsgefahr erklärt worden ist; bei einer Kündigung nach Ablauf von drei Monaten ist der erforderliche zeitliche Zusammenhang nicht mehr gewahrt. *LG Duisburg* v. 14.7.2009 – 13 S 55/09: Auch im Falle einer Gesundheitsgefährdung bedarf es grundsätzlich einer Fristsetzung zur Vornahme einer Abhilfe; eine Kündigung, die nahezu neun Monate nach dem Verstreichenlassen einer gesetzten Frist zur Mängelbeseitigung und nach Einleitung eines selbstständigen Beweisverfahrens erklärt wird, erfolgt nicht mehr innerhalb einer angemessenen Frist, vielmehr ist dann eine weitere Fristsetzung zumutbar. *OLG Braunschweig* v. 17.9.2015 – 9 U 196/14 mit Anm. *Neuhaus* IMR 2015, 498: Ist zwischen der Mängelrüge und der außerordentlichen Kündigung mehr als ein Jahr vergangen und der Mangel in der Zwischenzeit trotz mehrerer Möglichkeiten dazu nicht mehr thematisiert worden, muss eine erneute Frist gesetzt werden, unterbleibt diese, ist die Kündigung unwirksam. Hannemann/Wiegner/*Kleinrahm* Münchener Anwaltshandbuch Mietrecht § 28 Rn. 124. A.A. *LG Duisburg v.* 23.1.2001 – 13/23 S 359/00: Eine fristlose Kündigung wegen Gesundheitsgefährdung ist nicht von einer Mängelanzeige oder einer Mängelbeseitigungsaufforderung abhängig; sie ist auch nicht wegen der langen Dauer des Vorhandenseins des Mangels verwirkt. Einschränkend *LG Oldenburg* v. 7.10.1999 – 9 S 731/99: Eine Fristsetzung zur Behebung der Gesundheitsgefährdung ist nicht erforderlich, wenn die Gefährdung nicht ohne Weiteres behebbar ist. Münchener Kommentar/*Häublein*, BGB, 9. Aufl. . 2023, § 569 Rn. 13.

313 *OLG Düsseldorf* v. 14.1.2010 – I-10 U 74/99 mit Anm. *Harz* IMR 2010, 187.

314 *OLG Brandenburg* v. 2.7.2008 – 3 U 156/07.

315 *BGH* v. 12.2.1959 – VIII ZR 54/58.

tigen Maßstäben gerecht wird.[316] Auch ohne weitere vertragliche Vereinbarung muss eine Altbaumietwohnung einen Mindeststandard des zeitgemäßen Wohnens gewährleisten. Dies ist nicht gegeben, wenn sich bei vertragsgerechtem und ordnungsgemäßem Mieterverhalten ein Raumklima entwickelt, das zur Schimmelpilzbildung führt.[317] Betreffend den vertragsgemäßen baulichen Zustand der Mietwohnung ist ansonsten grundsätzlich der Zustand des Errichtungsjahres maßgeblich.[318]

Bei einem Altbau kann nämlich nicht von vornherein erwartet werden, dass die Dämmung des Gebäudes den Maßstäben eines Neubaus genügt.[319] Der Mieter darf ohne besondere Absprache einen Mindeststandard erwarten, der den heutigen Maßstäben gerecht wird; er kann deshalb auch in Altbauwohnungen verlangen, dass die Wohnung schimmelfrei ist, selbst wenn die Wohnung entsprechend dem damaligen Baustandard errichtet wurde und zum Errichtungszeitpunkt die Ursachen der Entstehung von Schimmelbefall noch nicht hinreichend bekannt waren.[320]

Ohne Beschaffenheitsangaben oder Zusicherungen im Mietvertrag ist eine Altbauwohnung im EG (hier: von 1926) nicht mangelhaft i.S.d. § 536 BGB, wenn die Wände im Sockelbereich und z.T. bis zur Höhe von ca. 1 m feucht sind, sich jedoch kein Schwarzschimmel bildet, sondern nur Salzausblühungen auftreten.[321] Bei einem Altbau ist immer mit Instandsetzungen zu rechnen. Dies gehört mangels konkludenter oder ausdrücklich abweichend vereinbarter Soll-Beschaffenheit zum vertragsgemäßen Zustand der Mietsache und derartige Maßnahmen berechtigen deshalb nicht zur Minderung der Miete. Gerade bei Holz-Kastendoppelfenstern ist eine komplett luftdichte Verschließung nicht geschuldet, mitunter sogar kontraproduktiv. Auch ist es grundsätzlich nicht als zur Minderung berechtigender Mangel anzusehen, wenn bei (älteren) Holz-Kastendoppelfenstern ein gewisses Spiel vorhanden ist.[322] Bei einem Gebäude aus den 60er Jahren ist der Mieter zu einem Wohnverhalten verpflichtet, das dem konkreten Gebäudezustand Rechnung

316 *LG Lübeck* v. 17.11.2017 – 14 S 107/17.

317 *BGH* v. 26.7.2004 – VIII ZR 281/03; *LG Berlin* v. 22.2.2013 – 65 S 244/12; *LG Lübeck* v. 5.11.2015 – 14 S 74/14 mit Anm. *Selk* IMR 2016, 444: Bei Schimmelpilzbefall in einer Wohnung kommt es nicht auf den Standard zum Zeitpunkt der Errichtung der Wohnung an; von einem Mieter kann bauphysikalische Kenntnis nicht erwartet werden; zum zeitgemäßen Wohnen gehört eine Wohnung ohne Schimmelpilze. *LG Lübeck* v. 17.11.2017 – 14 S 107/11 mit Anm. *Börstinghaus* IMR 2018, 95. LG Lübeck v. 15.2.2018 – 14 S 14/17: Der Mieter darf ohne besondere Absprache einen Mindeststandard erwarten, der den heutigen Maßstäben gerecht wird; er kann deshalb auch in Altbauwohnungen verlangen, dass die Wohnung schimmelfrei ist, selbst wenn die Wohnung entsprechend dem damaligen Baustandard errichtet wurde und zum Errichtungszeitpunkt die Ursachen der Entstehung von Schimmelbefall noch nicht hinreichend bekannt waren.

318 *LG München I* v. 16.3.1988 – 14 S 17946/86; *LG Lüneburg* v. 22.11.2000 – 6 S 70/00; *BGH* v. 6.10.2004 – VIII ZR 355/03; *LG Berlin* v. 15.6.2009 – 67 S 279/08. *AG Lehrte* v. 6.9.2011 – 9 C 387/10: Der Mieter kann bei Bezug älterer Räumlichkeiten nicht erwarten, dass diese durchweg auf dem aktuellen Stand der Wärmedämmung sind. *LG Freiburg* 25.10.2011 – 9 S 36/11: Soweit die Parteien des Mietvertrages nichts anderes vereinbart haben, ist der technische Standard zur Zeit der Errichtung des Gebäudes maßgebend. Betreffend den Zustand eines veräußerten Altbaus *BGH* v. 23.9.2009 – VIII ZR 300/08.

319 *AG Berlin-Schöneberg* v. 26.8.2015 – 104 C 85/15: Nicht jeder suboptimale Zustand stellt einen Mangel der Mietsache dar. Unter einem Mangel im Sinne von § 536 Abs. 1 BGB ist vielmehr nur eine negative Abweichung des bestehenden Zustands des Mietobjekts vom vertraglich geschuldeten Zustand zu verstehen; der geschuldete Zustand ist im Allgemeinen derjenige, der bei der Übergabe des Mietobjekts vorgelegen hat bzw. von dessen Bestehen der Mieter ausgehen durfte; die Mietminderung bemisst sich nach der objektiven Beeinträchtigung des Wohngebrauchs; individuelle Besonderheiten sind weder zugunsten noch zulasten des Mieters zu berücksichtigen; bei einem Gebäude aus den 1970er-Jahren darf ein Mieter konstruktions- und materialbedingt keine luftdicht schließenden Dachfenster erwarten.

320 *LG Lübeck* v. 15.2.2018 – 14 S 14/17.

321 *AG Paderborn* v. 30.9.2022 – 51 C 90/21.

322 *AG Neukölln* v. 22.7.2021 – 14 C 75/20.

trägt. Hierzu zählen ohne weiteres ausreichendes Lüften und Beheizen sämtlicher Räume und eine schadensverhütende Möblierung.[323]

Bei durch den Sachverständigen festgestellten Wärmebrücken eines Altbaus kann sich der Vermieter indes nicht mehr erfolgreich darauf berufen, dass das Gebäude nach den zu seiner Errichtung geltenden Baunormen erstellt worden sei.[324] Für die Frage der bauseitigen Verursachung von Schimmelpilz ist gemäß §§ 535, 536 BGB nicht entscheidend, ob die zum Zeitpunkt der Errichtung des Mietobjektes oder des Vertragsschlusses gültigen baurechtlichen Normen, wie insbesondere die damals gültigen DIN, eingehalten wurden, sondern es ist zu berücksichtigen, ob sich der bauliche Zustand nach der Errichtung bzw. dem Vertragsschluss verändert hat und ob hierdurch eine bauseits bedingte Schimmelpilzgefahr entstanden ist.[325] Fanden im Jahre 2005 zwar Umbauten im Keller, nämlich die Einbringung eines Betonkellerbodens und auch einer Horizontalabdichtung unterhalb der Kellerdecke, statt, führten diese jedoch nicht zu grundlegenden Eingriffen in die Substanz des aus dem Jahre 1905 stammenden Gebäudes, liegt ein Mangel nicht darin, dass nicht auch eine die auftretende Feuchtigkeit verhindernde technisch mögliche und wohl sinnvolle Vertikalabdichtung eingebracht wurde.[326] Entsprach das Gebäude den bei der Errichtung geltenden Vorschriften und sind auch gegenwärtig keine Mängel an der Bausubstanz festzustellen, sind aufgetretene Schimmelpilzbildungen nicht auf bauliche Ursachen zurückzuführen.[327] Bei seiner Anmietung einer erkennbar älteren Wohnung kann der Mieter ohne besondere Angaben seitens des Vermieters nicht davon ausgehen, dass die Wohnung einen besseren Wärme- und Feuchteschutz aufweist, als dieser zur Zeit der Gebäudeerrichtung erforderlich war. Der Umstand, dass diese Wohnung erhöhte Heizaufwendungen und ein vermehrtes Lüften erfordert, um ein schadenfreies Wohnen zu ermöglichen, ist ein Gesichtspunkt, der bei der Festlegung der konkreten Miete eine Rolle spielt, aber allein noch keinen Mangel der Mietsache darstellt.[328] Der Mieter einer Altbauwohnung kann nicht damit rechnen, dass diese wie eine Neubauwohnung gedämmt ist; er muss deshalb sein Heiz- und Lüftungsverhalten den Anforderungen einer solchen Wohnung anpassen.[329]

Ist indes eine im Jahre 1939 errichtete Doppelhaushälfte vermietet, stellt es einen zu beseitigenden Mangel dar, wenn der Keller dieses Hauses derart verschimmelt ist, dass dort gelagerte Lebensmittel und Schuhe Schimmelpilz ansetzen und in jedem Monat Bausubstanz

---

323 *LG Hanau* v. 13.7.2022 – 2 S 2/21.

324 *LG Flensburg* v. 16.11.1990 – 7 S 70/90; *AG Marbach* v. 24.5.2007 – 3 C 462/06; *AG Tostedt* v. 28.7.2009 – 3 C 46/09.

325 *LG Bonn* v. 13.9.2012 – 6 S 69/12; *AG Brandenburg* v. 28.6.2013 – 31 C 279/11 mit Anm. *Hülsmann* IMR 2014, 1020.

326 *LG Dresden* v. 17.6.2014 – 4 S 4/14: Die nachträgliche Errichtung eines technisch fehlerhaften Entlüftungssystems begründet keinen Mangel der Mietsache, wenn sich der vom Mieter hinzunehmende bereits bestehende, schlechte Zustand des Kellers hierdurch nicht noch weiter verschlechtert hat; der Vermieter braucht nämlich auch bei einem Umbau nicht alles umzusetzen, was technisch beherrschbar ist.

327 *LG Hamburg* v. 10.4.2003 – 307 151/02. *AG Hamburg-Blankenese* v. 6.8.2003 – 508 C 130/03: Der Vermieter hat bezogen auf den Stand der Technik zur Bauzeit darzulegen und zu beweisen, dass das Gebäude frei von wärmetechnischen Baumängeln ist und hieran gemessen keine aus dem Rahmen fallende, dem Mieter auch im Hinblick auf das Alter des Gebäudes zumutbare Beheizungs- und Belüftungsmaßnahmen erforderlich sind, um Feuchtigkeitsschäden zu vermeiden. *AG Berlin-Schöneberg* v. 30.10.2014 – 102 C 194/13: Das gilt auch, wenn eine früher übliche Wärmedämmung vorgenommen wurde und der Sachverständige einen „Sanierungsstau" feststellt; zu Modernisierungsmaßnahmen ist der Vermieter nämlich aus § 535 Abs. 1 BGB nicht verpflichtet.

328 *LG Konstanz* v. 10.6.1986 – 1 S 1/86.

329 *LG Frankfurt/a.M.* v. 1.2.2010 – 2/11 S 156/09.

im Umfang des Inhaltes mehrerer Kehrbleche von den Kellerwänden rieselt.[330] Ist das Gebäude unter Verwendung von Gasbeton-Blockstein-Mauerwerk, der eine erhöhte Ausgleichsfeuchte aufweist, ohne die zur Vermeidung von Feuchtigkeitserscheinungen dann nötige Verarbeitung von Wärmedämmmörtel errichtet worden, liegt ein – damaliger und weiterhin beachtlicher – Verstoß gegen die anerkannten Regeln der Technik vor, der dem Vermieter zuzurechnen ist.[331] Gleiches gilt, wenn – ausweislich des gerichtlich eingeholten Gutachtens – der Wärmedurchlasswiderstand 0,396 beträgt, mithin unter demjenigen Wärmedurchlasswiderstand von 0,55 liegt, der bereits bei der Errichtung des Gebäudes im Jahre 1953 einzuhalten gewesen wäre, und die in die Wohnung eingetretene Feuchtigkeit hierauf beruht.[332]

Weil es auch im Mietrecht wegen des sog. subjektiven Mangelbegriffs auf die Abweichung des Ist- vom Soll-Zustand ankommt, ist in erster Linie der vereinbarte Zustand bedeutsam.[333] Wer als Mieter in ein älteres und deshalb von der Mietzinshöhe her preiswerteres Haus einzieht, verzichtet damit zwar nicht darauf, die Wohnung im Rahmen des vertraglichen und üblichen Mietgebrauchs nutzen zu können; der Mieter einer – klar als solche auch erkennbaren – Altbauwohnung kann aber nicht annehmen, dass die Wärmedämmung des Gebäudes dem Standard eines modernen/modernisierten Hauses entspricht.[334] Mithin sind keine Mängel der Mietsache die nach Art, Lage und Alter des Mietobjekts selbstverständlichen und daher vertraglich vorausgesetzten Nachteile für den Mietgebrauch.[335] Der Mieter kann mithin Neuerungen nur insoweit erwarten, als diese zugleich eine Instandsetzung bedeuten und dazu auch erforderlich sind; zur Modernisierung ist der Vermieter gemäß § 535 Abs. 1 BGB nicht verpflichtet.[336] Der Mieter einer Altbauwohnung muss sein Wohnverhalten auf die erkennbare alte Bauweise einrichten.[337] Der Mieter einer Atbauwohnung in einem ca. im Jahre 1900 erbauten und nicht baulich veränderten Jugendstilhaus kann nicht erwarten, dass auch der Kellerraum betreffend seiner Isolierung dem aktuellen Stand der Technik entspricht. Werden in diesem Keller gelagerte Polstermöbel durch von außen eindringende Feuchtigkeit durchnässt und dann durch auftretende Schimmelpilzvorkommnisse beschädigt, besteht keine Berechtigung des Mieters zur Minderung oder zum Verlangen auf Zahlung von Schadensersatz.[338] Denn bei Gebäuden dieses Baualters, bei denen der Mieter ohne Weiteres erkennen kann, dass schon zum Zeit-

---

330 *LG Berlin* v. 12.3.2013 – 63 S 628/12 mit Anm. *Zöller* IBR 2013, 659.

331 *AG Bad Schwartau* v. 3.11.1987 – 3 C 1176/86.

332 *AG Bremerhaven* v. 10.6.1998 – 53 C 2533/96.

333 *AG Ansbach* v. 5.2.2013 – 2 C 2268/11: Für die Frage, ob ein Mangel der Mietsache vorliegt, ist darauf abzustellen, was der Mieter zur Zeit des Vertragsabschlusses hinsichtlich des Bauzustandes bei vernünftiger Würdigung sämtlicher Umstände erwarten durfte; ein erkennbarer Altbau bietet nicht denselben Zustand wie ein Neubau; das betrifft in besonderer Weise den Kellerbereich.

334 *LG Freiburg* v. 5.1.2010 – 3 S 232/09. Wenn das *AG Marbach* v. 24.5.2007 – 3 C 462/06 ausführt: *„Nach Auffassung des Sachverständigen muss in einem, nach heutigem Kenntnisstand, mangelhaft gedämmten Haus ein erhöhter Heizaufwand in Kauf genommen werden. Dieser rechtlichen Einschätzung des Sachverständigen kann allerdings nicht gefolgt werden"*, so kann das nur überzeugen, wenn – worauf dieses Amtsgericht dann auch abstellt – *„keine Baumängel"* gegeben sein dürfen; die – in dem von diesem Amtsgericht entschiedenen Fall festgestellten – Wärmebrücken braucht der Mieter einer Altbauwohnung nicht hinzunehmen.

335 *Pilz* DWW 2007, 402.

336 *AG Esslingen* v. 9.7.2010 – 1 C 1497/09: Erweist sich in einem im Jahre 1954 errichteten Gebäude oberflächlicher Schimmelpilzbefall an Fenstern, stellt dies keine beachtliche Gebrauchsbeeinträchtigung dar.

337 *AG Rheine* v. 20.7.1988 – 3 C 431/87.

338 *LG Ansbach* v. 11.8.2014 – 1 S 228/14. *OLG Brandenburg* v. 8.8.2013 – 5 U 75/12 mit Anm. *Eichhorn* IBR 2014, 1033: Der Käufer eines im Jahre 1920 errichteten Hauses kann keine Feuchtigkeitsabdichtung durch Horizontal- oder Vertikalsperre erwarten.

punkt der Errichtung keine wirksame Abdichtung im Kellerbereich vorhanden war, ist Feuchtigkeit im Kellerbereich üblich.[339] Im Falle der Anmietung einer Altbauwohnung ist dem Mieter ggf. ein zur Vermeidung von Schimmelpilzbildung führendes und bei solchen Anmietungen übliches Heiz- und Lüftungsverhalten zumutbar.[340] Dennoch ist davon auszugehen, dass stillschweigend mietvertraglich vereinbart ist, dass bei von vornherein erkennbarer längerer Mietdauer das für den ungestörten Mietgebrauch jedenfalls des Wohnbereichs Erforderliche geschuldet ist.[341] Im Falle der Vermietung der Mietsache als Wohnung muss diese deshalb zu Mietzwecken geeignet sein, sie muss also dem Mindeststandard genügen, der ein zeitgemäßes Wohnen ermöglicht. Kommt es bei herkömmlichem Nutzerverhalten zu Schimmelpilzbefall, der den vertragsgemäßen Gebrauch beeinträchtigt, ist diese Mietsache auch dann mit der Rechtsfolge des Entstehens entsprechender Mieterrechte mangelhaft, wenn der eingeschaltete Sachverständige ausführt, dass konstruktionsbedingt die Schimmelpilzbildung nicht vermeidbar war.[342]

Wird ein Mietvertrag betreffend Wohnraum und Kellerräumlichkeiten eines im Jahre 1937 errichteten Gebäudes geschlossen und hinsichtlich des Zustandes der Kellerräume keine bestimmte Beschaffenheit vereinbart, kann der Mieter Gewährleistungsansprüche nicht geltend machen, weil der Keller, der sich ausweislich des gerichtlich eingeholten Gutachtens in dem für dieses Baujahr üblichen bautechnischen Zustand befindet, wegen des Auftretens von Feuchtigkeit nicht für die Lagerung von organischen Stoffen geeignet ist.[343]

Die **für den Vermieter geltende Anpassungspflicht an zeitgemäße Wohnverhältnisse** gilt insbesondere, wenn es um durch Schimmelpilzbildung produzierte Gesundheitsgefahren geht.[344]

Der Mieter einer Altbauwohnung kann aber nicht ohne Weiteres erwarten, dass der zur Wohnung gehörende Keller trocken und zur Lagerung feuchtigkeitsempfindlicher Gegenstände geeignet ist.[345] Anderes dürfte gelten, wenn eine Altbauwohnung als *„umfassend modernisierte oder sanierte Altbauwohnung"* vermietet worden ist; dann schuldet der

339 *AG München* v. 11.6.2010 – 461 C 19454/09 mit Anm. *Pfattheicher* IMR 2010, 520: Bei Gebäuden, die um das Jahr 1950 errichtet worden sind, muss mit feuchten Kellern gerechnet werden. *AG Hannover* v. 19.1.2012 – 451 8604/09: Übersteigt die Feuchtigkeit im Keller aber das Maß des Üblichen, hat der Mieter Gewährleistungsrechte.

340 *LG Freiburg* v. 5.1.2010 – 3 S 232/09.

341 *LG Nürnberg-Fürth* v. 22.7.1983 – 7 S 1924/83: Der Einzug in ein älteres Haus zu einer geringeren Miete beinhaltet keinen Verzicht des Mieters auf seinen Anspruch, die Wohnung im Rahmen des vertraglichen und üblichen Mietgebrauchs nutzen zu können. *BGH* v. 26.7.2004 – VIII ZR 281/03: Der Mieter einer nicht modernisierten Altbauwohnung kann mangels abweichender vertraglicher Vereinbarung jedenfalls einen Mindeststandard erwarten. *LG Berlin* v. 29.6.2010 – 63 S 540/09: Der zum vertragsgemäßen Gebrauch geeignete Zustand der Wohnung, der mangels einer konkreten Vereinbarung nach der Verkehrsanschauung zu bestimmen ist, muss auch bei der Anmietung einer Wohnung in einem Altbau einem Mindeststandard genügen, der ein zeitgemäßes Wohnen ermöglicht; hierzu gehört, dass der Mieter mit der ihm vom Vermieter gestellten Einrichtung ein Wohnklima erhalten kann, welches das Entstehen von Feuchtigkeits- und Schimmelpilzbildung vermeidet. *AG Köln* v. 13.4.2012 – 201 C 481/10: Unabhängig davon, wie alt ein Heizsystem ist, muss der Vermieter für eine sog. Behaglichkeitstemperatur von 20 bis 22 °C in den Haupträumen und 18 bis 20 °C in den Nebenräumen sorgen, wenn er sie mit Heizung vermietet; zudem muss der Mieter die Möglichkeit bekommen, die Wärme zu regulieren.

342 *AG Wedding* v. 1.7.2011 – 15a C 58/10; *Kölling* IMR 2012, 408.

343 *LG Bochum* v. 20.10.2015 – 11 S 53/15.

344 *AG Köln* v. 6.5.2010 – 208 C 310/09.

345 *LG Osnabrück* v. 11.4.2001 – 6 S 1247/00.

Vermieter den im Zeitpunkt des Vertragsabschlusses für eine Wohnung üblichen Zustand.[346]

Hat der Mieter nach Besichtigung eine Wohnung angemietet, deren Fenster von Anfang an für jedermann erkennbar undicht waren, Farbabplatzungen aufwiesen und bei denen die Fensterrahmen gerissen und verzogen waren, kann er nicht die Miete mindern, wenn es später aufgrund dieser Gegebenheiten zu Feuchtigkeits- oder Schimmelpilzbildungen kommt.[347]

19.6 Darlegungs- und Beweislast Vertiefung

Die Darlegungs- und Beweislast beurteilt sich grundsätzlich[348] nach der **Sphärentheorie (= Gefahrkreistheorie).** Das bedeutet, dass die Darlegungs- und Beweislast nach dem jeweiligen Verantwortungsbereich von Mieter und Vermieter aufgeteilt ist,[349] wobei in Fällen, in denen der – durchweg Schadensersatz – Anspruch das Verschulden des Schuldners voraussetzt, die Darlegungs- und Beweislast dieses Verschuldens dem Gläubiger obliegt.

Beruft sich der **Mieter** auf Feuchtigkeit und/oder Schimmelpilz, hat er – nur – darzulegen[350] und bei Bestreiten zu beweisen[351], dass diese Erscheinungen in den Mieträumen aufgetreten sind[352] und die Gebrauchstauglichkeit beeinträchtigen[353]. Insbesondere gegenüber dem Zahlungsanspruch des Vermieters braucht der Mieter, der sich auf einen Mangel der Mietsache beruft und daraus die Minderung herleiten will, lediglich den konkreten Sachmangel, der die Tauglichkeit der Mietsache zum vertragsgemäßen Gebrauch

346 *AG Dortmund* v. 19.9.2011 – 426 C 6424/09. *BGH* v. 6.10.2004 – VIII ZR 355/03: Nimmt der Vermieter bauliche Veränderungen vor, kann der Mieter erwarten, dass diese den Anforderungen der zur Zeit des Umbaus geltenden DIN-Normen genügen.

347 *LG Berlin* v. 18.3.2005 – 63 S 336/04. *LG Karlsruhe* v. 23.9.2005 – 9 S 157/05 mit Anm. *Juli-Heptner* IMR 2006, 111: Die Mieter einer Altbauwohnung können die Miete nicht kürzen, wenn es durch die Fenster zieht, es besteht auch kein Anspruch auf Modernisierung dieser Fenster; ein Altbau muss nur dem zum Zeitpunkt der Errichtung geltenden Wärmeschutzniveau entsprechen, wobei Fenster und Türen jedoch noch in einem dem Alter und der Konstruktion des Hauses entsprechenden Zustand sein müssen; der Mieter hat gewisse Unzulänglichkeiten eines Altbaus – wie Zugluft an Fenstern und Balkontüren – hinzunehmen, sofern die Wohnung noch unter zumutbaren Bedingungen benutzt werden kann.

348 *Selk* NJW 2013, 2629, 2630, meint zu erkennen, dass sich in der Instanzenrechtsprechung Tendenzen einer Abkehr von der Sphärentheorie zugunsten von Mitverschuldenserwägungen finden.

349 *BGH* v. 10.11.2004 – XII ZR 71/01; *LG Frankfurt/O.* v. 14.9.2010 – 19 S 22/09. *AG Saarbrücken* v. 9.12.2009 – 4 C 487/08: Auch für den Zeitpunkt des Entstehens von Schimmelpilz trifft den Vermieter die Darlegungs- und Beweislast. *AG Neukölln* v. 8.3.2017 – 16 C 395 mit Anm. *Dötsch* IMR 2017, 359; *LG Lübeck* v. 17.11.2017 – 14 S 107/11.

350 *LG Berlin* v. 5.10.2010 – 65 S 322/09: Im Allgemeinen reicht aus, wenn der Mieter den Mangel nachvollziehbar umschreibt; allerdings muss hinsichtlich des Ausmaßes so viel vorgetragen werden, dass sich das Gericht ein Bild von der sich ergebenden Beeinträchtigung machen kann. ibr-online/IBR-Kommentare: *Deppen/Heilmann* Prozesse in Mietsachen § 3 Rdn. 74: Pauschaler Vortrag wie *„Überall war Schimmelpilz"* ist ohne spezifizierte Ausführungen zu Art und Ausmaß der Feuchtigkeitserscheinungen nicht hinreichend substanziiert.

351 *AG Münster* v. 25.7.1984 – 5 C 219/83. Entgegen *LG München I v.* 10.4.2008 – 31 S 677/06 erscheint sehr zweifelhaft, dass das Vorhandensein von Schimmelpilz in Mieträumen durch die Vorlage von Lichtbildern bewiesen werden kann.

352 *LG Osnabrück* v. 19.10.2011 – 1 S 203/10: Der kündigende Mieter muss das Vorhandensein von Schimmelpilzbildung und Feuchtigkeit in der Wohnung beweisen. *AG München* v. 21.1.2012 – 461 C 31177/10: Erweist sich der Vortrag des insoweit Prozesskostenhilfe erhalten habenden Mieters, im Wohnzimmer und in der Küche sei Schimmelpilz vorhanden, im Verlaufe des Rechtsstreits als klar unrichtig, kann wegen Vortäuschens bewilligungserheblicher Tatsachen der Prozesskostenhilfebeschluss aufgehoben werden.

353 *KG Berlin v.* 25.9.2006 – 12 U 118/05: Der Vortrag des Mieters, es sei *„Schimmel"* an der Rückseite von Einbaumöbeln aufgetreten, belegt keinen unmittelbaren Mangel der Mietsache, solange die hierfür möglicherweise ursächliche Feuchtigkeit des Raumes als Ursprungsmangel nicht hinreichend dargelegt ist.

beeinträchtigt, substanziiert darzulegen;[354] das Maß der Beeinträchtigung fällt nicht in die Darlegungslast des Mieters.[355]

Vereinzelt wird demgegenüber betreffend diese ohnehin schon reduzierten Substantiierungsanforderungen jetzt die – nicht überzeugende, weil diese erste den Mieter treffende Darlegungs- und Beweislast verkennende – Auffassung vertreten, als Erstes habe der Vermieter zu beweisen, dass er die Mietsache in einem zum vertragsgemäßen Gebrauch geeigneten Zustand erhalten hat.[356]

Anschließend – oder wenn das Vorhandensein von Feuchtigkeit und/oder Schimmelpilzen unstreitig ist – obliegt es dem **Vermieter,** darzulegen[357] und zu beweisen, dass ein Vorliegen baulicher Mängel aus technisch-handwerklicher Sicht[358] auszuschließen ist[359] und der

354 *BGH* v. 25.10.2011 – VIII ZR 125/11: *„Der Sachvortrag zur Begründung eines Anspruchs ist dann schlüssig und erheblich, wenn die Partei Tatsachen vorträgt, die in Verbindung mit einem Rechtssatz geeignet und erforderlich sind, das geltend gemachte Recht als in der Person der Partei entstanden erscheinen zu lassen. Die Angabe näherer Einzelheiten ist nicht erforderlich, soweit diese für die Rechtsfolgen nicht von Bedeutung sind (...). Das Gericht muss nur in die Lage versetzt werden, aufgrund des tatsächlichen Vorbringens der Partei zu entscheiden, ob die gesetzlichen Voraussetzungen für das Bestehen des geltend gemachten Rechts vorliegen." VerfGH Berlin v.* 23.1.2013 – VerGH 11/12: Ein Mieter, der wegen Mangels Mietminderung geltend macht, muss nur den konkreten Sachmangel und nicht auch das Maß der Gebrauchsbeeinträchtigung darlegen. Ebenso *AG Pforzheim* v. 30.4.2014 – 8 C 218/13; *Wetekamp* NZM 2012, 441.

355 *BGH* v. 27.2.1991 – XII ZR 47/90; *BGH* v. 30.6.2004 – XII ZR 251/02; *BVerfG* v. 29.2007 – BvR 624/03: *„Der Umfang der Gebrauchsbeeinträchtigung ist gegebenenfalls durch Hinzuziehung eines Sachverständigen zu klären."*

356 *AG Hamburg-Bergedorf v.* 10.7.2012 – 409 C 192/11 mit Anm. *Hermes* IMR 2013, 61: Will das Gericht ein Gutachten einholen, kann es dem Vermieter gemäß §§ 402, 379 ZPO die befristete Einzahlung eines Vorschusses für den Sachverständigen aufgeben; kommt der Vermieter der Einzahlung nicht nach, bleibt er beweispflichtig. Ebenso *AG Hamburg*-Bergedorf v. 18.9.2012 – 409 C 109/12.

357 *AG Köln* v. 26.10.1998 – 213 C 266/98: Weist der Wohnraum Feuchtigkeitsschäden auf, genügt der Vermieter nicht schon dadurch seiner Darlegungslast, dass er hierfür ein falsches Lüftungsverhalten des Mieters ohne näheren Vortrag verantwortlich macht; er hat vielmehr im Einzelnen darzulegen, wie sich die Wärmedämmung des Objektes darstellt und dass sich bei üblicher Lüftung das Auftreten von Feuchtigkeit verhindern lässt. *LG Berlin* v. 5.1.2010 – 65 S 322/09: Jedenfalls wenn die Mieter über einen längeren Zeitraum Mängel rügen, muss der Vermieter die Gelegenheiten zur Besichtigung wahrnehmen. Er darf sich nicht darauf beschränken, ohne vorherige Besichtigung schließlich Klage auf Mietzahlung zu erheben und die behaupteten Mängel mit Nichtwissen zu bestreiten. *Selk* NZM 2014, 577, propagiert ein Umdenken betreffend den Gehalt der vermieterseits erforderlichen Darlegungen: Angezeigte Mängel, die der Wahrnehmung des Vermieters ohne Weiteres zugänglich sind (Dach, Fassade), müsse er besichtigen, hier werde man substanziiertes Bestreiten verlangen können. Demgegenüber reiche einfaches Bestreiten von Mängeln in der Wohnung ohne Besichtigung aus; dem Versuch der Instanzgerichte, zulasten des Vermieters den Mangel als gegeben anzunehmen und von Beweisaufnahmen abzusehen, sei entgegenzutreten.

358 *LG Hannover* v. 16.5.1988 – 9 S 389/87: Ein dem Vermieter zuzurechnender Baumangel liegt vor, wenn aufgrund der vorgegebenen Baukonstruktion, insbesondere der Wärmedämmung der Außenwände, bei normalen Außentemperaturen und Raumklima Kondenswasser innen austritt, welches nur durch extremes, für den Mieter nicht zumutbares Lüften und Heizen vermieden werden kann. *LG Freiburg* v. 5.1.2010 – 3 S 232/09; *LG Bonn* v. 13.9.2012 – 6 S 69/12; *LG Dortmund* v. 25.9.2012 – 1 S 73/11; *AG Osnabrück* v. 10.10.2013 – 48 C 31/12 mit Anm. *Fleindl* IMR 2014, 1084: Kann der Vermieter den Beweis des Fehlens von Baumängeln nicht führen, braucht der Mieter sich hinsichtlich eines Verschuldens durch falsches Lüftungsverhalten nicht zu entlasten. *AG Reinbek* v. 15.4.2014 – 13 C 312/13: Bei Vorhandensein von Feuchtigkeit und Schimmelpilzbildung hat nach der Gefahrkreistheorie der Vermieter den Beweis zu führen, dass der Schimmelpilz nicht auf bauseitige Ursachen zurückzuführen ist und der Zustand der Fenster und Türen sowie der Heizung keinen Einfluss auf die Mängel ausübt.

359 *BGH* v. 18.5.1994 – XII ZR 188/92: Der Vermieter muss eine in seinen Verantwortungsbereich fallende Schadensursache ausräumen. *AG Siegburg* v. 3.11.2004 – 4 C 227/03: Kommen als denkbare Ursachen für einen Feuchtigkeits-/Schimmelpilzschaden in der Mietwohnung ein Gebäudefehler oder ein fehlerhaftes Nutzerverhalten in Betracht, muss der Vermieter im Streitfall beweisen, dass der bauliche Zustand der Wohnung während der Mietzeit als Ursache für das Entstehen des Schadens gänzlich ausscheidet.

Zustand der vermieteten Räumlichkeiten[360], insbesondere der Fenster[361], der Türen und der Heizung[362], keinen Einfluss auf diese Mängel ausübt[363]. Weil der Vermieter durchweg das konkrete Nutzungs-/Lüftungsverhalten des Mieters nicht kennt, braucht (und kann) er insoweit kein Fehlverhalten des Mieters darzulegen und zu beweisen.[364]

Ist das Badezimmer nur mit einer Badewanne ohne Duschaufsatz und bloß halbhoch gefliest vermietet, stellt das Duschen seitens des Mieters im Stehen, der einen Duschvorhang

---

360 *LG Münster* v. 22.3.2011 – 3 S 208/10: Führt die auf der Innenseite der Wand vermieterseits aufgebrachte Styropor-Wärmedämmung aufgrund ihrer Wirkung zu einer Dampfsperre zum Schimmelpilzbefall auf der Wand, ist ein bauphysikalischer und dem Vermieter anzulastender Mangel der Mietsache gegeben.

361 *LG Düsseldorf* v. 9.9.1988 – 21 S 625/87: Bei Auftreten von Feuchtigkeitsschäden in einer Altbauwohnung nach Einbau von Isolierglasfenstern ist der Vermieter dafür beweispflichtig, dass der Mieter die Feuchtigkeit durch vertragswidriges Wohnverhalten verursacht hat; ebenso *LG Hamburg* 17.6.2003 – 307 S 48/02. *LG Berlin* v. 23.1.2001 – 64 S 320/99: Ein Baumangel kann darin liegen, dass nachträglich ein Isolierglasfenster in die vermieteten Räume eingebaut wird mit der Folge, dass nunmehr die Außenwände die schlechteste Wärmeisolierung aufweisen. *LG Köln* v. 12.7.1990 – 6 S 79/90: Ein bauseits bedingter Mangel kann darin liegen, dass das Haus zwar den damaligen DIN-Normen entsprechend errichtet wurde, aber im Zusammenwirken mit der später eingebauten Isolierverglasung und einer den neuen Verhältnissen nicht angepassten Wärmedämmung Feuchteerscheinungen auftreten. *AG Nürtingen* v. 9.6.2010 – 42 C 1905/09 mit Anm. *Schlimme* IMR 2010, 468: Es stellt keinen Mangel der Mietwohnung dar, wenn wegen des Einbaus moderner Fenster im Altbau ein erhöhter Heiz- und Lüftungsbedarf und ein erhöhtes Risiko der Schimmelpilzbildung besteht.

362 *AG Köln* v. 19.1.1988 – 208 C 147/87: Lässt die konkret in die unzureichend wärmegedämmte Wohnung vermieterseits eingebaute Heizung nur eine eingeschränkte Beheizung zu, können auftretende Feuchtigkeitserscheinungen nicht dem Mieter zugerechnet werden.

363 *AG Aurich* v. 9.2.2005 – 2 T 51/05: Wohngebäude mit Mietwohnungen müssen so beschaffen sein, dass mit den im Alltagsleben üblichen Lüftungsmethoden eine Schimmelpilzbildung ausgeschlossen ist; der Mieter muss durch ihm zumutbare Maßnahmen Feuchtigkeitsschäden abwehren können. *LG Hamburg* v. 17.9.2009 – 307 S 39/09: Grundsätzlich hat der Vermieter die Beweislast dafür, dass es sich nicht um von außen eindringende oder im Mauerwerk aufsteigende Feuchtigkeit handelt. Ferner muss der Vermieter beweisen, dass das Gebäude nach dem Stand der Technik zur Bauzeit frei von wärmetechnischen Baumängeln ist und hieran gemessen keine aus dem Rahmen fallende Beheizungs- oder Belüftungsmaßnahmen erforderlich gewesen wären, um den Schaden zu vermeiden. *LG Dessau-Roßlau* v. 1.8.2008 – 1 S 199/06: An die Beweisführung des Vermieters dürfen keine übersteigerten Anforderungen gestellt werden, weil sich eine absolute Gewissheit nicht erlangen lässt. *LG Münster* v. 22.3.2011 – 3 S 208/10: Der Vermieter, der den Mieter auf Schadensersatz (Kosten der Beseitigung des Schimmelpilzes und Kosten eines eingeholten Privatgutachtens) in Anspruch nimmt, muss darlegen, dass die Schadensursache weder in seinem Verantwortungsbereich noch aus seinem Pflichtenkreis stammt, sondern in dem Herrschafts- und Obhutsbereich des Mieters begründet ist; er muss sämtliche Umstände ausräumen, die aus seinem Gefahrenbereich herrühren und insbesondere die Mietsache betreffen, also den Negativbeweis erbringen. *AG Tostedt* v. 28.7.2009 – 3 C 46/09: Bei vom Sachverständigen festgestellten Wärmebrücken kann sich der Vermieter nicht mehr erfolgreich darauf berufen, dass das Haus gemäß den zur Zeit der Errichtung geltenden Baunormen gebaut worden sei. *AG Tempelhof-Kreuzberg* v. 24.4.2012 – 7 C 326/10: Bei vorhandenem Feuchtigkeitsschaden obliegt grundsätzlich dem Vermieter die Darlegungs- und Beweislast dafür, dass die Schadensursache nicht in seinem Verantwortungsbereich liegt und kein Baumangel vorliegt. Zu weitgehend *LG Berlin* v. 14.6.1988 – 64 S 176/88: Der Vermieter hat den Nachweis zu erbringen, dass die Schadensursache in dem der unmittelbaren Einflusssphäre, Herrschaft und Obhut des Mieters unterliegenden Bereich gesetzt worden ist. *LG Gießen* v. 2.4.2014 – 1 S 199/13 mit Anm. *Binder* IMR 2014, 369: *„Eine bauphysikalische Überprüfung wird sich darauf beziehen müssen, ob Wärmebrücken vorhanden sind und die Raumthermik so beschaffen ist, dass jedenfalls eine Gefahrenquelle in Bezug auf Feuchtigkeitsschäden ausscheidet (…). Es ist eine unzutreffende Vereinfachung, dem Vermieter nur von außen eindringende Feuchtigkeit anzulasten (…); auch die Folgen von Wärmebrücken und Eingriffen in die raumklimatischen Verhältnisse fallen in seine Sphäre (…).“*

364 A.A. *LG Göttingen* v. 7.5.1986 – 5 S 106/85: Hat der Vermieter durch den nachträglichen Einbau von Kunststofffenstern mit doppelt isolierverglasten Scheiben die Wohnsituation objektiv verändert, obliegt ihm bei nachfolgendem Auftreten von Schimmelpilzvorkommnissen im Wohnzimmer die volle Beweislast für ein fehlerhaftes Wohnverhalten der Mieter; dieser kommt er weder durch Vorlage von Gutachten noch mit dem Angebot der Durchführung einer Augenscheinseinnahme und der weiteren Behauptung nach, der Schimmelpilz sei nach dem Auszug dieser Mieter verschwunden. *LG Düsseldorf* v. 8.10.1991 – 24 S 82/91: Der Vermieter trägt die Darlegungslast dafür, dass Feuchtigkeitsschäden in den Verantwortungsbereich des Mieters fallen. Nach Auffassung des *LG Berlin* v. 23.7.2014 – 65 S 225/13 mit Anm. *Wagner* IMR 2015, 56, soll dem Vermieter bei unstreitig vorhandener Schimmelpilzbildung, deren Ursache im Verhältnis zum Mieter streitig ist, zumutbar sein, ggf. unter Hinzuziehung sachverständiger Hilfe Feststellungen zu Ursache und Auswirkungen zu treffen und sodann tatsächliche und/oder rechtliche Konsequenzen zu ziehen.

und oberhalb der Fliesen eine Duschkopfhalterung installiert hat, eine allein diesem Mieter anzulastende Verursachung des Schimmelpilzvorkommnisses dar.[365]

Das Gericht hat durchweg das Gutachten eines gerichtlich beauftragten Sachverständigen zu Beweiszwecken einzuholen; kann der Vermieter nach Verkauf der Immobilie die Wohnung diesem gerichtlichen Sachverständigen nicht mehr für einen Ortstermin zur Verfügung stellen, bleibt er mit der Folge des Unterliegens beweispflichtig.[366] Ergibt sich aus diesem Gutachten, dass das Auftreten des Schimmelpilzes im Schlafzimmer des Souterrains darauf zurückzuführen ist, dass der Mieter die Tür zwischen dem Wohn- und dem Schlafraum nicht ständig geschlossen gehalten hat, geht der Mangel zulasten des Vermieters und nicht auf eine übermäßige Mieterbenutzung zurück, wenn dieses besondere Verhalten des Mieters nicht von vornherein zwischen den Mietvertragsparteien abgesprochen worden war; der Umstand, dass ein **Luftentfeuchtegerät** mitvermietet worden ist, genügt insoweit nicht.[367] Ergibt sich ferner aus dem Gutachten, dass bei Außentemperaturen von –3 bis –5 °C die Temperatur in der Wohnung wegen der manifesten baulichen Defizite auf mindestens 23 °C gebracht werden muss, um eine Kondensatbildung an den Wärmebrücken zu verhindern, und indiziert die **Nachzahlungsforderung des Vermieters** betreffend das entsprechende Betriebsjahr eine überdurchschnittliche Beheizung durch den Mieter, sodass sich ein etwaiger Mitverursachungsbeitrag des Mieters nicht konkretisieren lässt, haftet allein der Vermieter für die Schimmelpilzbildung.[368] Dagegen soll **Tauwasserbildung an Fenstern** der Mietwohnung regelmäßig ein Indiz für eine im Verhältnis zur Raumtemperatur zu hohe relative Luftfeuchtigkeit sprechen, die der Verursachungssphäre des Mieters zuzurechnen ist, wenn keine Anhaltspunkte für Baumängel vorliegen.[369]

Gelingt dem Vermieter dieser Beweis, muss sich der Mieter entlasten.[370] Er muss beweisen, dass er diesen Mangel nicht zu vertreten hat,[371] dass also sein Wohnverhalten und das Wohnverhalten der weiteren berechtigten Benutzer in der Wohnung dem allgemein zumutbaren Normverhalten entsprach und noch entspricht[372] bzw. ihm ein das Auftreten

365 *LG Köln* v. 24.2.2017 – 1 S 32/15 mit Anm. *Feckler* IMR 2017, 131.
366 *AG Flensburg* v. 2.2.1996 – 63 C 246/95.
367 *LG Berlin* v. 23.5.2014 – 65 C 524/13.
368 *AG Bremen* v. 18.6.2015 – 9 C 447/13 mit Anm. *Danner* IMR 2015, 446.
369 *LG Berlin* v. 3.2.2015 – 63 S 230/14.
370 *LG Berlin* v. 19.5.1987 – 64 S 392/86.
371 *BGH* v. 1.3.2000 – XII ZR 272/97; *AG Köpenick* v. 5.2.2003 – 6 C 365/02; *AG Königs Wusterhausen* v. 11.5.2007 – 9 C 174/06. *LG Köln* v. 20.8.2003 – 9 S 126/03: Tritt Schimmelpilz in einem Badezimmer auf, welches mit starren Duschtrennwänden und nur mit einem einzigen kleinen, auch noch mit Fliegengitter versehenen Fenster ausgestattet ist, und stellt der Sachverständige keine Baumängel fest, muss der Mieter darlegen und beweisen, dass er in dem für diese baulichen Gegebenheiten erforderlichen Ausmaß geheizt und gelüftet hat; eine Pflicht des Vermieters, den Mieter insoweit besonders hinzuweisen, besteht nicht.
372 *LG Bochum* v. 26.9.1990 – 10 S 136/89; *LG Berlin* v. 29.8.2000 – 64 S 139/00; *LG Braunschweig* v. 16.4.2002 – 6 S 771/01. *LG Kleve* v. 9.1.2003 – 6 S 329/01: Feuchtigkeitsschäden aufgrund der Zimmerausstattung mit einer vom Mieter in der vom Vermieter so überlassenen Wohnung vorgefundenen Aluminiumtapete hat der Mieter nicht zu verantworten.

von Schimmelpilzen vermeidendes Heiz- und Lüftungsverhalten nicht zumutbar war.[373] Der Beweis des fehlerhaften Verhaltens des Mieters liegt vor, wenn der Sachverständige überzeugend ausführt, dass die Schimmelpilzbildung auf zu geringe Raumheizung und falsches Aufheizen der Wandkonstruktion verbunden mit nicht ausreichender Raumentfeuchtung zurückgeht; es ist nicht erforderlich, dass der Sachverständige zusätzlich die Kriterien für ein ordnungsgemäßes Verhalten in diesem konkreten Fall liefert.[374] Vereinzelt wird angenommen, dass den Mietern „die volle Beweislast für ihre Entlastung" zukomme, wenn sich die Mietwohnung bis zu ihrem Einzug in einem gebrauchsfähigen Zustand befunden habe, da unstreitig bei sämtlichen Vormietern keine Feuchtigkeitserscheinungen aufgetreten sind und die vorhandenen Verbundglasfenster die in der Wohnung aufgetretenen Feuchtigkeitserscheinungen nicht verursacht haben.[375]

Ist die Verursachung für den Feuchtigkeitsschaden bzw. Schimmelpilzbefall nicht aufzuklären, geht dies zulasten des Vermieters.[376]

Wegen dieser gleichsam mehrstufigen – und filigranen – Darlegungs- und Beweisgegebenheiten erscheint die Auffassung[377] zweifelhaft, der sich gegen die Minderung oder Kündigung des Mieters wehrende Vermieter könne nur erfolgreich sein, wenn er beweise, dass der Mieter selbst für den Mangel verantwortlich ist.

Die Auffassung, der **Beweis des ersten Anscheins** bei einem Auftreten von Feuchtigkeitsschäden in einer Mietwohnung spreche dafür, dass diese ihre Ursache in der mangelhaften Bausubstanz der vermieteten Wohnung haben,[378] überzeugt mangels eines derartigen Erfahrungssatzes nicht. Steht allerdings eine mangelhafte Isolierung der Bausubstanz – weil unstreitig oder aufgrund Gutachtens – fest, spricht der Beweis des ersten Anscheins für eine alleinige Verursachung der Feuchtigkeit durch diese mangelhafte Isolierung, es sei denn, der Vermieter kann nachweisen, dass derselbe Mangel infolge eines vertragswidrigen Wohnverhaltens des Mieters auch dann eingetreten wäre, wenn das Ge-

373 *LG München I* v. 20.10.1982 – 15 S 8971/82: Geht die aufgetretene Feuchtigkeit auf einen Baumangel zurück, braucht der Mieter dies nicht dadurch zu kompensieren, dass er ständig die Fenster weit geöffnet hält. *OLG Karlsruhe* v. 9.8.1984 – 3 REMiet 6/84. *LG Bochum* v. 8.11.1991 – 5 S 100/91: Fehlerhaftes Lüftungsverhalten des Mieters scheidet aus betreffend Schimmelpilzbildung in einem Badezimmer, das kein Fenster, sondern nur eine Zwangsentlüftung aufweist. *AG Hannover* v. 11.10.2005 – 517 C 4195/05: Eine ständige Kippstellung der Fenster belegt kein ordnungsgemäßes Lüftungsverhalten. *LG Frankfurt/M.* v. 16.1.2015 – 2-17 S 51/14 mit Anm. *Binder* IMR 2016, 7: Ergibt sich, dass der Mieter in der Küche eine Waschmaschine und einen Wäschetrockner betreibt, obwohl ihm dafür ein gesonderter und dafür auch brauchbarer Wäschekeller zur Verfügung steht, und ergibt sich in der Wohnung eine deutlich zu hohe relative Luftfeuchte sowie ferner, dass der Mieter verspätet lüftet, ist die aufgetretene Schimmelpilzbildung dem Mieter zuzurechnen. Aber *LG Bochum* v. 19.7.2016 – 11 S 33/16: Liegt die Ursache der Feuchtigkeit und Schimmelbildung darin, dass die Tür zum Schlafzimmer nachts verschlossen wurde, sich die Luft deshalb mit zu viel Feuchtigkeit anreicherte und eine Kondensatbildung förderte, ist dieses Verhalten den Mietern nicht vorwerfbar; denn das Offenhalten der Schlafzimmertür während der Nacht ist kein übliches und von einem durchschnittlichen Mieter zu erwartendes Lüftungsverhalten. Zweifelhaft *LG Hannover* v. 9.11.1983 – 11 S 292/83: Treten nach dem Einbau von Isolierglasfenstern in ein Gebäude neueren Baujahres Feuchtigkeitsschäden in der Wohnung auf, muss sich der Mieter dahin entlasten, dass er ausreichend geheizt und gelüftet hat. (Die Argumentation dieses Gerichts allein mit den nicht anfallenden Mehrheizkosten durch häufigeres Lüften im Verhältnis zu den früheren Heizkosten zur Zeit des Vorhandenseins nicht isolierter Fenster greift zu kurz. Ebenfalls so nicht überzeugend *LG Lüneburg* v. 2.10.1986 – 1 S 151/86: Der Mieter *„ist vielmehr verpflichtet, so ausreichend zu heizen und zu lüften, dass es bei dem vorhandenen Bauzustand der Wohnung mit schlechterer Wärmedämmung nicht zu Feuchtigkeitsschäden an den Wänden kommt"*.

374 *AG Hanau* v. 14.7.2010 – 91 C 78/10 (91).

375 *LG Lüneburg* v. 13.12.1984 – 1 S 263/83.

376 *AG Köln* v. 7.10.2014 – 211 C 446/13.

377 *LG Hamburg* v. 1.12.1987 – 16 S 122/87; *LG Osnabrück* v. 19.10.2011 – 1 S 203/10.

378 *AG Melsungen* v. 11.1.1983 – 1 C 64/82.

bäude ordnungsgemäß isoliert gewesen wäre.[379] Gleiches kann gelten, wenn in den Wänden Risse sind und Feuchtigkeit vorhanden ist.[380] Spricht indes aufgrund der bauphysikalischen Gegebenheiten ein erster Anschein dafür, dass der Mieter die aufgetretene Schimmelpilzbildung zu vertreten hat, muss er andere Gründe als sein fehlerhaftes Wohnverhalten beweisen.[381]

Angesichts der vorbeschriebenen Beweislastverteilung erscheinen diese nachfolgenden Auffassungen wenig überzeugend:

Hat sich die Mietwohnung bis zum Einzug der jetzigen Mieter ständig in einem gebrauchsfähigen Zustand befunden, da unstreitig bei sämtlichen Vormietern keine Feuchtigkeitserscheinungen aufgetreten sind, und haben ferner die vorhandenen Verbundglasfenster die Fehlerhaftigkeit der Wohnung nicht verursacht, so kann sich daraus ergeben, dass für die Feuchtigkeitsschäden das Wohnverhalten des Mieters ursächlich gewesen ist; in diesem Fall tragen die Mieter die volle Beweislast für ihre Entlastung.[382] Werden baubedingte Mängel als Grund für den Schimmelpilz ausgeschlossen, bedeutet es nicht, dass der Vermieter dafür nicht verantwortlich sein kann.[383] Treten an gleichen Stellen in den Wohnungen dreier anderer Mieter mit unterschiedlichen Lebensgewohnheiten gleiche Schimmelpilzvorkommnisse auf, spricht vieles dafür, dass die Ursache des Schimmelpilzbefalls aus der Sphäre des Vermieters stammt.[384]

Streiten die Parteien darüber, ob die Mangelbeseitigungsmaßnahme des Vermieters erfolgreich war, obliegt insoweit dem Vermieter die Beweislast.[385]

Vom Mieter kann nur verlangt werden, dass er solche Ursachen ausschließt, die ernsthaft in Betracht kommen und darüber hinaus den Rahmen vertragsgemäßen Gebrauchs nicht verlassen.[386] Das Duschen in Badewannen ist heute weitgehend üblich und kann einem Mieter nicht verwehrt werden; es gehört zum normalen Gebrauch eines Badezimmers.[387] Ist ein baulicher Mangel ausgeschlossen, soll auch dann, wenn aktuelle Untersuchungen kein falsches Nutzerverhalten belegen, aus den konkreten Mängelsymptomen auf entsprechendes Fehlverhalten des Mieters in der Vergangenheit geschlossen werden können.[388]

379 *LG Kassel* v. 4.2.1988 – 1 S 229/87.

380 *AG Braunschweig* v. 10.11.1982 – 14 C 490/82: Dann muss der Vermieter beweisen, dass der Mangel nicht in seinem Bereich liegt.

381 *LG München I* v. 16.3.1988 – 14 S 17946/86. *AG Berlin-Schöneberg* v. 30.10.2014 – 102 C 194/13 mit Anm. *Danner* IMR 2015, 185: Liegt die vom Sachverständigen gemessene Oberflächentemperatur an den Wänden über dem Taupunkt und ist eine unzureichende Beheizung verbunden mit hoher Luftfeuchtigkeit in der Wohnung festgestellt oder vom Vermieter substanziiert vorgetragen worden, kommt nur eine Schadensursache aus der Sphäre des Mieters in Betracht, sodass Minderungs- und Zurückbehaltungsrechte ausscheiden.

382 *LG Lüneburg* v. 13.12.1984 – 1 S 263/83.

383 Deshalb sind diese Ausführungen des *LG Stuttgart* v. 30.3.2011 – 5 S 219/10: *„Nachdem also alle bauseitigen Ursachen für den entstandenen Schimmel ausgeschlossen werden können, liegt die Ursache des Schimmels zwangsläufig im Altbau nicht angepassten Heiz- und Lüftungsverhalten bzw. Reinigungsverhalten der Beklagten"* nicht schlüssig.

384 *LG Osnabrück* v. 19.10.2011 – 1 S 203/10.

385 *Isenmann/Mersson* NZM 2005, 881.

386 *LG Wuppertal v.* 19.7.2012 – 9 S 212/11: Es verlässt nicht den Bereich des vertragsgemäßen Gebrauchs der Mietsache, wenn ein Mieter Kerzen abbrennt, ohne auf die hierdurch verursachte Änderung der thermischen Verhältnisse Rücksicht zu nehmen.

387 *LG Bochum* v. 8.11.1991 – 5 S 100/91: Das Duschen in Badewannen ist heute weitgehend üblich und kann einem Mieter nicht verwehrt werden; es gehört zum normalen Gebrauch eines Badezimmers.

388 *AG Köln* v. 26.8.2011 – 221 C 341/10.

Diese **Beweislastverteilung** gilt nicht nur für das Erfüllungsrecht des Mieters und die – gleichsam automatisch eintretende, mithin im rechtsdogmatischen Sinne kein Mieterrecht darstellende – Minderung aus § 536 BGB, sondern auch für seinen sich aus § 536a Abs. 1 BGB ergebenden Schadensersatzanspruch.[389] In der Regel können diese jeweiligen – nicht allen juristischen Beteiligten von vornherein immer vollständig geläufigen – tatsächlichen Gegebenheiten nicht ohne die Einholung gutachterlicher Äußerungen eines – oder mehrerer – auf das Feststellen und Bewerten von Schimmelpilzen fachlich spezialisierten Sachverständigen aufgeklärt werden.

Zahlt der Mieter trotz seiner Kenntnis des Vorhandenseins eines die Rechtsfolge der Minderung auslösenden Mangels der Mietsache die ungeminderte Miete, ergibt sich das Rechtsproblem, ob er den im Umfang der berechtigten Minderung ohne Rechtsgrund geleisteten Anteil der Miete gemäß **§ 812 Abs. 1 Satz 1 Alt. 1 BGB** kondizieren (= zurückfordern) bzw. gegenüber der Metzinsschuld aufrechnen kann.[390] Das dürfte gewiss der Fall sein, wenn diese Zahlung auf einem Versehen dieses Mieters oder dem seiner Bank beruht.[391]

Anderes gilt gemäß **§ 814 BGB** bei positiver **Kenntnis der Nichtschuld**, denn dann liegt eine – ggf. teilweise – Leistung auf eine Nichtschuld im Sinne dieser Vorschrift vor.[392] Es wird vertreten, dass ein Wissen der Tatsachen, aus denen sich das Fehlen der rechtlichen Verpflichtung ergibt, für § 814 BGB noch nicht genüge; vielmehr müsse der leistende Mieter, ggf. aufgrund seiner „Parallelwertung der Laiensphäre", auch die zutreffenden rechtlichen Folgerungen daraus gezogen haben.[393] Zeigt der Mieter aber den Mangel der Mietsache dem Vermieter an und zahlt er dennoch die ungekürzte Miete vorbehaltlos weiter, ist i.d.R. von der Kenntnis des Mieters auch vom Minderungsrecht auszugehen, sodass die

---

389 Staudinger/Emmerich, BGB, 2021, § 536a Rz. 46.

390 *AG Köln* v. 14.7.1959 – 14 C 243/8; *LG Saarbrücken* v. 13.5.1981 – 16 S 118/80: Dem Mietzinszahlungsanspruch kann der Minderungsanspruch für einen zurückliegenden Zeitraum entgegengehalten werden.

391 *OLG Stuttgart* v. 12.6.2006 – 5 U 28/067; *AG Mannheim* v. 23.9.2011 – 10 C 44/11. *AG Frankfurt/M.* v. 2.11.2011 – 33 C 2424/11: Entrichtet der Mieter die Miete in Kenntnis des Mangels ungemindert und vorbehaltlos weiter, steht dies einer rückwirkenden Minderung, also einer Aufrechnung mit Rückforderungsansprüchen aus Bereicherungsrecht mit laufenden Mietzinsansprüchen, gemäß § 814 BGB entgegen.

392 *KG Berlin* v. 11.9.2014 – 8 U 77/13 mit Anm. *Achenbach* IMR 2015, 66: Verwendet der Vermieter eine Klausel, die eine Mietminderung durch Abzug von der monatlichen Zahlung in unwirksamer Weise beeinträchtigt („*Aufrechnung, Minderung oder Geltendmachung eines Zurückbehaltungsrechts sind ausgeschlossen, es sei denn, die Forderung des Mieters ist vom Vermieter anerkannt oder rechtskräftig festgestellt*"), steht dies der Rechtskenntnis des Mieters vom Eintritt einer Minderung grundsätzlich entgegen; der Mieter leistet bei ungekürzter Zahlung dann nicht in Kenntnis der Nichtschuld; es wäre dann Sache des Vermieters, zu beweisen, dass der Mieter die Unwirksamkeit dieser Klausel positiv erkannt hat.

393 *LG Köln v.* 29.3.2012 – 1 S 176/11. *AG Hamburg* v. 2.3.2016 – 49 C 91/13: § 814 BGB schließt eine Kondiktion erst dann aus, wenn der Leistende nicht nur die Tatumstände kennt, aus denen sich ergibt, dass er nicht verpflichtet ist, sondern auch weiß, dass er nach der Rechtslage nichts schuldet. Zweifel daran, dass diese Voraussetzungen vorliegen, gehen zulasten des darlegungs- und beweispflichtigen Leistungsempfängers, d.h. hier des Vermieters. Zwar ist zu berücksichtigen, wenn der Mieter – hier: für eine Bank tätiger – Volljurist ist; dies lässt aber jedenfalls bei einem nicht rechtsanwaltlich tätigen oder auch nicht anderweitig mietrechtlich bewanderten Mieter nicht den Rückschluss auf eine Kenntnis des Minderungsrechts zu; es ist insbesondere nicht von einer allgemeinen Kenntnis in allen Bevölkerungsteilen vom Bestehen eines Mietminderungsrechtes bei Mängeln der Mietsachen auszugehen. *LG Berlin* v. 12.10.2017 – 67 S 196/17: Eine tatsächliche Vermutung zulasten des Mieters, er habe die vollständige Miete gemäß § 814 BGB in Kenntnis der Nichtschuld geleistet, ist allenfalls bei einem Sachverhalt gerechtfertigt, der für einen Laien ohne juristischen Beistand tatsächlich und rechtlich unschwer selbst zu durchdringen ist. *LG Berlin* v. 1.3.2018 – 67 C 342/17: Zahlt der Mieter trotz Vorliegens eines Mangels vorbehaltlos die vollständige Miete, kann er seine Überzahlungen gemäß § 812 BGB im Umfang der gemäß § 536 BGB eingetretenen Minderung kondizieren, ohne dass dem Vermieter im Rahmen des § 814 BGB für eine mieterseitige Kenntnis seiner Nichtschuld Darlegungs- oder Beweiserleichterungen zu Gute kommen; eine tatsächliche Vermutung, dem Mieter sei „sein Recht zur Herabsetzung der Miete" regelmäßig in einer die Anwendbarkeit des § 814 Alt. 1 BGB begründenden Weise bekannt, ist nicht gerechtfertigt.

Rückforderung gemäß § 814 BGB ausgeschlossen ist.[394] Nicht überzeugend kann vertreten werden, die Anzeige des Mangels sei grundsätzlich als konkludenter Vorbehalt der Rückforderung des überzahlten Mietanteils zu werten.[395] Beachtlich ist in diesem Zusammenhang **§ 556b Abs. 2 BGB**, wonach eine vertragliche Bestimmung des Ausschlusses der **Aufrechnung** des Wohnungsmieters mit einer Forderung aus ungerechtfertigter Bereicherung unwirksam ist.

Die **Bezahlung der vollen Miete unter dem ausdrücklichen Vorbehalt der Rückforderung wegen der konkret bezeichneten Mängel** steht einer „rückwirkenden" Minderung nicht entgegen.[396]

Sind dem Mieter aufgrund Schimmelpilzbildung **Schäden an seinen eingebrachten Sachen** entstanden, hat er keinen Ersatzanspruch, wenn er dem Vermieter diese Schimmelpilzbildung nicht sogleich angezeigt hat und diese Schäden bei rechtzeitiger Sanierung hätten vermieden werden können.[397] Unter diesem Gesichtspunkt dürfte umgekehrt in Betracht kommen, dem Mieter einen Teil seines Schadens per **Mitverschulden** zuzurechnen, wenn seine Mängelanzeige verspätet gekommen und deshalb der Schaden des Mieters vergrößert worden ist. Indes entfällt die Anzeigepflicht des Mieters betreffend Mängel, die sich aus einer dem Vermieter bekannten Gefahrenlage entwickelt haben.[398] Der BGH hat im Jahr 2010[399] klargestellt, dass, obwohl § 320 BGB in § 536c Abs. 2 BGB nicht genannt wird, bei unterlassener Mängelanzeige und Unkenntnis des Vermieters betreffend den Mangel dem Mieter auch kein Zurückbehaltungsrecht zusteht. Im Jahr 2014[400] hat der BGH zusätzlich geklärt, dass der im Verlaufe eines Rechtsstreits gebrachte Vortrag der nun eingetretenen **Verschlechterung** des Feuchtigkeits- und Schimmelpilzschadens nicht deshalb als unbeachtlich eingestuft werden kann, weil diese Verschlechterung nicht vorher angezeigt worden ist.

Der (Erfüllungs-)Anspruch des Mieters auf Mängelbeseitigung nach § 535 Abs. 1 BGB besteht hingegen unabhängig von der Mängelanzeige.

Für dem Vermieter zuzurechnende Schäden haftet der Mieter nur, wenn seine unterlassene rechtzeitige Anzeige zur unverzüglichen Mängelbeseitigung – und damit zum Nichtentstehen dieser Schäden – geführt hätte.[401]

Der Mieter muss im Streit beweisen, dass der Mangel der Mietsache dem Vermieter oder einem Vertreter angezeigt wurde und zuging. Dazu gehört auch, dass ein nicht mit dem

394 *KG Berlin* v. 21.12.2012 – 8 U 286/11.

395 *AG Mannheim* v. 23.9.2011 – 10 C 44/11: Aus einer bloßen Mangelanzeige und einer Minderungsankündigung lässt sich ein Zahlungsvorbehalt nicht entnehmen.

396 *AG Hamburg-Bergedorf* v. 28.7.2011 – 408 C 31/11.

397 *LG Köln* v. 26.3.2008 – 10 S 190/07: Gleiches gilt, wenn der Mieter den Schaden infolge grober Fahrlässigkeit übersehen hat.

398 *OLG Düsseldorf* v. 2.6.2008 – 24 U 193/07.

399 *BGH* v. 3.11.2010 – VIII ZR 330/09 mit Anm. *Deitschun* IMR 2011, 1002; *Blank* IMR 2011, 47; *Börstinghaus* jurisPR-BGHZivilR 3/2011 Anm. 4; *Schlimme* jurisPR-MietR 4/2011 Anm. 1.

400 *BGH* v. 18.3.2014 – VIII ZR 317/13: *„Denn die von der Beklagten in Anspruch genommene Minderung beruhte nach dem Sachvortrag der Beklagten allein auf Baumängeln (Feuchtigkeitsschäden), die den Klägern aufgrund des im Vorprozess eingeholten Sachverständigengutachtens bekannt gewesen seien und die sie nicht beseitigt hätten. Dass infolge der unterbliebenen Mängelbeseitigung eine Ausweitung der Schimmelpilzbildung zu besorgen war, lag auf der Hand und erforderte – offensichtlich – keine erneute Mängelanzeige."*

401 *OLG Düsseldorf* v. 24.7.2009 – 24 U 6/09.

Vermieter identischer Adressat der Mängelanzeige der berechtigte (= bevollmächtigte) Vertreter oder Empfangsbote des Vermieters war oder dass die Anzeige dem Vermieter auf andere Weise bekannt geworden ist.[402]

Die **Darlegungs- und Beweislast** für die Verletzung der den Mieter treffenden Anzeigepflicht trägt der Vermieter.[403] Seine Behauptung, der Mangel müsse schon länger vorgelegen haben, reicht zur schlüssigen Behauptung der Kenntnis des Mieters vom Vorhandensein des Mangels nicht aus.[404]

Erweist sich, dass die ihm seitens des Mieters angezeigten Mängel nicht dem Verantwortungsbereich des Vermieters entstammen, ergibt sich ein Schadensersatzanspruch des Vermieters gegen den Mieter – etwa auf Ausgleich vom Vermieter aufgewendeter Privatgutachterkosten – erst, wenn der Mieter bewusst oder fahrlässig dies nicht erkannt hat; allein eine nicht berechtigte Mängelanzeige beinhaltet noch keine schuldhafte Vertragsverletzung i.S.d. § 280 BGB.[405]

402 *LG Frankfurt/M.* v. 1.2.2010 – 2/11 S 156/09; *OLG Koblenz* v. 17.1.2013 – 5 U 983/12.
403 *AG Wusterhausen* v. 11.5.2007 – 9 C 174/06: Die mangelnde Aufklärbarkeit der Ursachen des Schimmelpilzvorkommnisses geht zulasten des Vermieters. *BGH* v. 5.12.2012 – VIII ZR 74/12.
404 *AG Hannover* v. 10.7.2001 – 555 C 1622/01.
405 *AG Hamburg* v. 19.11.2014 – 49 C 142/14.

20 Aspekte zum Werkvertragsrecht und zu den Mängelrechten bei der Schimmelbeseitigung

RA Jochen Kern

Inhalt

20.1 Einleitung

Die Gesetzesänderung zum Bauvertragsrecht gilt für alle seit dem 1.1.2018 abgeschlossenen Verträge. Mit „a.F." (= alte Fassung) ist die bis 31.12.2017 gültige Fassung gemeint.

Zusätzlich werden Problem- und Diskussionspunkte dargestellt, die dem Verfasser in der täglichen Praxis „immer wieder über den Weg laufen" bzw. deren Berücksichtigung einen wichtigen Beitrag zur Vermeidung von – für alle Beteiligten aufwendigen und kostenträchtigen – Auseinandersetzungen leisten könnte. Die angesprochenen Themen können im Rahmen dieses Beitrags – selbstredend – nicht erschöpfend behandelt werden. Es wird daher um Verständnis gebeten, wenn einzelne Aspekte unberücksichtigt bleiben (müssen). Die Gliederung richtet sich nach dem üblichen Ablauf eines Vertrages.

20.2 Bauvertrag (§§ 650a bis 650h BGB)

Ein – seit der Bauvertragsreform 2018 neu eingeführter – Bauvertrag liegt vor, wenn ein *„Vertrag über die Herstellung, Wiederherstellung, die Beseitigung oder den Umbau eines Bauwerks, einer Außenanlage oder eines Teils davon"* geschlossen wird (§ 650a Abs. 1 BGB).

Bei einem Vertrag über die Instandhaltung eines Bauwerks handelt es sich dann um einen Bauvertrag, wenn das Werk *„für die Konstruktion, den Bestand oder den bestimmungsgemäßen Gebrauch von wesentlicher Bedeutung"* ist (§ 650a Abs. 2 BGB).

Schon die Beseitigung von Setz- und Spannungsrissen in der Fassade eines Hauses macht den Vertrag über den Anstrich eines Hauses zu einem Bauvertrag[1]. Bei den häufig vorkommenden Verträgen über die Sanierung von Gebäuden wird also sicher von einem Bauvertrag auszugehen sein, da es in solchen Verträgen um die Wiederherstellung der bestimmungsgemäßen Gebrauchstauglichkeit des Gebäudes geht.

Exkurs: Geltung der Vergabe- und Vertragsordnung für Bauleistungen (VOB)

Wegen der von Rechtsprechung und Gesetzgebung seit Langem betriebenen Angleichung der Regelungen im BGB und der VOB/B ist für die üblichen zivilrechtlichen Vertragskonstellationen aus juristischer Sicht kein relevanter Grund mehr ersichtlich, die Geltung der VOB/B zu vereinbaren. Im Gegenteil, eine solche Einbeziehung erweist sich häufig als hoch problematisch: Die VOB wurden erschaffen, um der öffentlichen Hand die Erteilung von Bauaufträgen zu erleichtern und zu vereinheitlichen.[2] In dem Regelwerk ging es also niemals darum, die Rechtsposition der Werkunternehmer zu stützen, sondern die der öffentlichen Hand als Auftraggeber. Es gibt insbesondere in der besonders relevanten VOB/B eine Reihe Vertragsklauseln, die einem Werkunternehmer vorteilhafte Möglichkeiten eröffnen. Dazu müsste man aber mit dem Regelwerk gut vertraut sein, was – nach dem Eindruck des Verfassers – häufig nicht der Fall ist.

Aus juristischer Sicht ist Folgendes zu berücksichtigen:

Bei den VOB handelt es sich nach gesicherter Rechtsprechung um **A**llgemeine **G**eschäfts-**B**edingungen (AGB), denn die Texte haben keine gesetzgeberische Legitimation.[3] Seit vielen Jahren wird in der höchstrichterlichen Rechtsprechung davon ausgegangen, dass die insbesondere relevante VOB/B als Ganzes „gerade noch" den Anforderungen des AGB-Rechts gerecht wird und dementsprechend die dort festgeschriebenen einzelnen Klauseln keiner Wirksamkeitsprüfung unterzogen werden.[4] Dies gilt aber nur dann, wenn tatsächlich „die VOB/B als Ganzes vereinbart" wurde.[5] Dies ist bspw. bereits dann nicht der Fall, wenn im sonstigen Vertragstext Klauseln enthalten sind, die von den Regelungen der VOB/B abweichen.[6] In aller Regel kann von dem einzelnen Werkunternehmer bereits nicht kompetent abgeschätzt werden, ob diese einfache Anforderung bei seinen eigenen Vertragsformularen erfüllt ist. Selbst wenn die VOB/B wirksam vereinbart wäre, sind detaillierte Kenntnisse über das Regelwerk notwendige Voraussetzung für eine korrekte und risikoarme Vorgehensweise.

Ist die VOB allerdings nicht „als Ganzes" wirksam vereinbart, unterliegen die einzelnen Klauseln der sog. Klauselkontrolle nach AGB-Recht. Beruft sich also der Vertragspartner des Verwenders auf den Verstoß einer Klausel gegen AGB-Recht, hat ein Gericht – bspw. im Rahmen einer Werklohnklage – folgende Prüfung vorzunehmen:

Bei der Prüfung jeder einzelnen Rechtsfrage wird die in Frage kommende Klausel in der Interpretationsvariante, die dem Vertragspartner des Verwenders am ungünstigsten ist, zur

1 Vgl. OLG Karlsruhe Beschluss 15.12.2021 – 25 U 342/21.
2 Vgl. BGH, Urt. v. 24.8.2007, VII ZR 55/07 Rn. 26.
3 St. Rspr., vgl. bspw. BGH, Urt. v. 14.1.1971, VII ZR 3/69.
4 Vgl. grundlegend BGH, Urt. v. 16.12.1982, VII ZR 92/82.
5 Vgl. die seit 1.1.2002 geltende gesetzliche Bestimmung des § 310 Abs. 1 Satz 3 BGB.
6 Vgl. grundlegend BGH, Urt. v. 22.1.2004, VII ZR 419/02.

Prüfung herangezogen, auf Vereinbarkeit mit dem AGB-Recht geprüft und für wirksam bzw. unwirksam erklärt. Dies wird bei jeder einzelnen Rechtsfrage wiederholt. Mithin kann dieselbe Klausel einmal wirksam, einmal unwirksam sein. Nachdem sich der Verwender aber auf die Unwirksamkeit der eigenen Klauseln nicht berufen darf, geht also jede Prüfung maximal zu seinen Lasten aus. Schlimmstenfalls kommt bei der Prüfung des Inhalts der Vertragsklauseln heraus, dass man das Ergebnis „ebenso gut so herum wie andersherum" entscheiden kann. Dies hat dann womöglich zur Konsequenz, dass ein gerichtliches Verfahren in voller Höhe gewonnen, aber ebenso gut auch in voller Höhe verloren werden könnte. Kommt diese Beliebigkeit dann auch noch kaskadenförmig vor, ist die Chance eines Werkunternehmers, seinen Werklohn erfolgreich geltend machen zu können, möglicherweise gleich null. Und bis zu diesem Punkt der juristischen Prüfung wurde über die tatsächlich geleistete Arbeit noch nicht einmal ein einziges Wort verloren!

Bei einem **Vertrag mit Verbrauchern** kommt es zudem zu weiteren Anforderungen, so insbesondere der Pflicht, den Kunden ein Exemplar der in Bezug genommenen VOB zur Verfügung zu stellen. Zudem unterliegt die VOB der vollständigen Inhaltskontrolle nach AGB-Recht, da die Interessen der Verbraucher bei der Erstellung der VOB keine Beachtung finden.[7]

Fazit

Bei einer vollständigen Prüfung kommt noch eine Vielzahl weiterer Risiken hinzu. Die bisherigen Ausführungen sollten aber bereits ausreichend verdeutlichen, dass die Entscheidung, die Geltung der VOB/B zu vereinbaren, wohlüberlegt sein will. Nach Überzeugung des Verfassers ist davon dringend abzuraten, sofern man mit den Regelwerken nicht bestens vertraut ist.

Es kommt seit dem Jahreswechsel 2017/2018 noch ein **weiteres – gravierendes – Problem** hinzu:

Mit der dann eingetretenen Änderung des BGB ändern sich die Klauseln der VOB/B – noch – nicht mit. Es ist zwar – dem Vernehmen nach – eine Aktualisierung in Arbeit, ein Termin für die Veröffentlichung steht aber noch nicht fest. Mit dem 1.1.2018 weicht also die derzeit aktuelle Fassung 2019 der VOB/B (die zur Fassung 2016 unverändert ist) maßgeblich vom dann gültigen Gesetzesinhalt ab, was die Anwendung des AGB-Rechts auf den Plan ruft. Viele Klauseln werden voraussichtlich einer Einzelfallprüfung nicht standhalten[8], die daraus resultierenden Folgen sind nicht abschätzbar. Die einzige Möglichkeit, diesem Dilemma zu entgehen, besteht im Moment darin, die VOB bis auf Weiteres nicht mehr zum Vertragsinhalt zu machen.

7 Vgl. BGH, Urt. v. 25.8.2007, VII ZR 55/07 Rn. 27 ff.
8 Vgl. beispielsweise OLG Frankfurt/Main Urteil 28.10.2020 – 29 U 146/19.

20.3 Verbraucher-Bauvertrag (§ 650i BGB)

Der Bauvertrag unterliegt insbesondere dann besonderen Regelungen, wenn dieser mit einem Endverbraucher abgeschlossen wird und den *„Bau eines neuen Gebäudes oder den erheblichen Umbau eines bestehenden Gebäudes"* zum Vertragsinhalt hat. Im Bereich der Schadstoffsanierung scheidet also die Variante „Neubau" aus, jedoch ist fraglich, wie die Abgrenzung eines „erheblichen Umbaus" vorzunehmen ist. Die Gesetzesbegründung spricht davon, dass Umfang, Komplexität und Ausmaß des Eingriffs maßgeblich seien. Es wird die Entwicklung der Rechtsprechung abzuwarten sein, jedoch deuten zwei BGH-Entscheidungen aus dem Jahre 2023 darauf hin, dass ausschließlich umfassende Sanierungen als „Umbau" betrachtet werden.[9]

Werden diese Anforderungen nicht erreicht, sind die Vorschriften der §§ 650i ff. BGB nicht anwendbar. Es handelt sich dann um einen Bauvertrag nach § 650a BGB; geht es hingegen „nur" um Bauleistungen von untergeordneter Bedeutung, liegt ein Werkvertrag über Bauleistungen vor (§ 631 BGB; sog. „kleiner" Bauvertrag). Bei allen Verträgen ist die Anwendbarkeit der Vorschriften zu Verbraucherverträgen zu prüfen und ggf. zu beachten (§§ 312 ff. BGB).

Man hat es mit einem **Endverbraucher** im Sinne des Gesetzes (§ 13 BGB) zu tun, wenn es sich um eine natürlichen Person handelt, die ein „Geschäft zum Zwecke des privaten Konsums" abschließt.

Nach dieser Definition handelt selbst ein Unternehmer als Verbraucher, wenn das Geschäft für seinen privaten Konsum geschlossen wird. Gleiches gilt für einen Arbeitnehmer, der berufsbezogene Dinge erwirbt (Berufskleidung, Werkzeug etc.). Abzugrenzen ist folglich nach der Frage, ob ein geschäftlicher Zweckzusammenhang erkennbar wurde wie bspw. beim Hinweis des Kunden auf seine Berechtigung zum Vorsteuerabzug. „Im Zweifel" sollte von einer Verbrauchereigenschaft ausgegangen werden.

Es ist nach jüngeren höchstrichterlichen Entscheidungen davon auszugehen, dass eine Wohnungseigentümergemeinschaft[10] einem Verbraucher gleichzustellen ist, sofern mindestens ein Mitglied als Verbraucher anzusehen ist und das Geschäft weder gewerblichen noch selbständigen beruflichen Zwecken dient. Auch wenn die Abgrenzung im Detail schwierig – und möglicherweise noch nicht abschließend geklärt – ist, ist dringend zu empfehlen, im Zweifel davon auszugehen, dass ein Verbrauchervertrag vorliegt.

Ob selbst einer BGB-Gesellschaft[11] eine Verbrauchereigenschaft zuzuweisen sein kann, kann wohl noch nicht als abschließend geklärt angesehen werden[12].

9 Vgl. BGH Urteil vom 26.10.2023 - VII ZR 25/23; BGH Urteil vom 16.03.2023 - VII ZR 94/22.
10 Vgl. BGH Urteil 25.3.2015 – VIII ZR 243/13.
11 Vgl. BGH Beschluss 24.10.2017 – XI ZR 189/17; grundlegend BGH Urteil 23.10.2001 – XI ZR 63/01.
12 Vgl. z.B. BGH Urteil 30.3.2017 – VII ZR 269/15.

Bei einem Verbraucherbauvertrag nach § 650i BGB ist der Unternehmer (zum Schutz der Verbraucher) verpflichtet,

- eine detaillierte **Baubeschreibung** in Textform[13] (§ 126b BGB) „rechtzeitig vor Abgabe der Vertragserklärung" vorzulegen, in der die wesentlichen Eigenschaften des Werkes dargestellt werden (vgl. Art. 249 §§ 1 bis 3 EGBGB[14] n.F.).

Die Baubeschreibung muss

- allgemein eine Beschreibung der vorzunehmenden Arbeiten,
- Art und Umfang der angebotenen Leistungen,
- die ggf. erforderlichen Gebäudedaten, Pläne, Raum- und Flächenangaben, Ansichten, Grundrisse und Schnitte,
- ggf. Angaben zum Energie-, Brandschutz- und Schallschutzstandard sowie zur Bauphysik,
- Angaben zur Konstruktion aller wesentlichen Gewerke,
- ggf. eine Beschreibung des Innenausbaus,
- ggf. eine Beschreibung der gebäudetechnischen Anlagen,
- Angaben zu den Qualitätsmerkmalen, denen das zu erstellende Werk genügen muss,
- ggf. Angaben zu Sanitärobjekten, Armaturen, Elektroanlage, Installationen, Informationstechnologie und Außenanlagen

enthalten. Werden die Anforderungen nicht eingehalten, werden die Lücken *„unter Berücksichtigung sämtlicher vertragsbegleitender Umstände, insbesondere des Komfort- und Qualitätsstandards nach der übrigen Leistungsbeschreibung"*[15] ausgelegt.

- eine verbindliche Angabe zur voraussichtlichen **Bauzeit** bzw. zum Zeitpunkt der Fertigstellung des Werks zu machen und
- den Verbraucher vor dessen Abgabe der Vertragserklärung auf das für ihn geltende **Widerrufsrecht** in Textform in deutlich wahrnehmbarer Form zu belehren, das 14 Tage lang ab Vertragsabschluss gültig ist (vgl. § 650l BGB, § 355 BGB).

Handelt es sich aber insbesondere um einen Vertrag, der

- außerhalb von Geschäftsräumen (dazu zählen z.B. alle Besuche auf der Baustelle!),
- als Fernabsatzgeschäft (dazu zählt insbesondere die elektronische Übersendung eines Angebots),
- eine unentgeltliche Finanzierungshilfe gewährt (also bspw. eine Zahlung des Werklohns in Raten vereinbart),

13 **Textform**: Es ist zulässig, die Baubeschreibung neben der herkömmlichen Papierform auch in elektronischer Form vorzulegen, solange diese vom Auftraggeber dauerhaft gespeichert werden kann. Die bloße Möglichkeit zur Einsichtnahme in eine Cloud-Datei wäre also nicht ausreichend.

14 = Einführungsgesetz zum BGB.

15 § 650k Abs. 2 BGB.

abgeschlossen wurde, beginnt die Widerrufsfrist erst mit der Belehrung über das Widerrufsrecht zu laufen (vgl. §§ 356 ff. BGB). Das gesetzlich vorgesehene Muster für die Widerrufsbelehrung ist als **Anlage 1** beigefügt.

Der Auftraggeber kann aber – ersten Gerichtsentscheidungen und den zustimmenden Kommentierungen zufolge – auf das Widerrufsrecht ausdrücklich und gesondert **verzichten** und um die umgehende Einleitung und/oder Durchführung der vereinbarten Maßnahmen bitten.[16] In der Konsequenz bedeutet das für das Sanierungsunternehmen, dass die Arbeiten ggf. erst nach Ablauf dieser 14-Tages-Frist beginnen sollten, wenn man sichergehen will, infolge eines Widerrufs nicht plötzlich ohne den Schutz des abgeschlossenen Vertrages dazustehen.

Der fristgerecht – in beliebiger Form – erklärte Widerruf (Begründung ist nicht erforderlich) wandelt mit dem (auch nach Fristablauf erfolgten) Zugang der Widerrufserklärung beim Unternehmer den geschlossenen Vertrag in ein Abwicklungsverhältnis um, die Pflichten der Parteien zur Erfüllung des Vertrags enden. Unverzüglich, u.U. spätestens binnen 14 Tagen sind *„die empfangenen Leistungen zurückzugewähren"* (vgl. z.B. § 357 BGB).

Stellt sich also im Nachhinein heraus, dass die Arbeiten noch während der Widerrufsfrist begonnen und/oder durchgeführt wurden, dann stellt sich die Frage nach den Konsequenzen:

- Etwaig bereits gezahlte Beträge sind grundsätzlich auf demselben Weg zurückzuerstatten.
- Der Kunde hat die empfangenen Leistungen zurückzugeben. Nachdem dies bei Sanierungsarbeiten schlecht möglich ist, steht dem Werkunternehmer Wertersatz für die bereits geleistete Arbeit zu (§ 357d BGB).

Es wird allgemein angenommen, dass ein solcher Anspruch auch dann besteht, wenn der Auftraggeber ausdrücklich der vorzeitigen Durchführung der Arbeiten zugestimmt hat oder die Arbeiten bereits abgeschlossen sind (entspr. § 356 Abs. 4 BGB).

Weitere Aspekte der durchaus komplexen Materie können im Rahmen dieser Abhandlung nicht erläutert werden. Alle Beteiligten sollten das Eintreten einer solch unsicheren Rechtsposition aber tunlichst vermeiden.

Wurde der Widerruf nach Ansicht des Werkunternehmers **erst nach Ablauf** der Widerrufsfrist erklärt, ist die Erklärung unwirksam, es liegt nach wie vor ein geschlossener Vertrag vor.

Fazit

Es ist also dringend anzuraten, die gesetzlichen Regelungen in der eigenen Beratungspraxis und Vertragsgestaltung zu berücksichtigen. Hinsichtlich der **Baubeschreibung** dürfte dies kein größeres Problem darstellen, da eine detaillierte Beschreibung der durchzuführenden Arbeiten ohnehin in Form von Angebotstexten, Leistungsbeschreibung u.Ä. im

16 Vgl. exemplarisch https://www.verbraucherzentrale.de/wissen/digitale-welt/onlinehandel/koennen-vertraege-widerrufen-werden-5584; Abrufdatum: 16.1.2018.

Grundsatz bereits vorhanden sein dürfte bzw. müsste und die Texte lediglich „allgemeinverständlich" ausformuliert werden müssen. Auch die Angabe einer **Bauzeit** dürfte kein prinzipielles Problem aufwerfen. Zum **Widerrufsrecht** von Verbrauchern existiert im Internet eine Vielzahl von Musterformulierungen etc., derer man sich bedienen kann. Im Zweifel sollte man von der Verbraucherstellung des Kunden ausgehen und ihn entsprechend über die Verbraucherschutzrechte belehren. Nachdem regelmäßig der Wunsch zur umgehenden Aufnahme der Arbeiten vorliegen dürfte, lässt sich über die Zustimmungserklärung das wirtschaftliche Risiko verlässlich in Grenzen halten.

20.4 Herausgabe von Unterlagen (vgl. § 650n BGB)

Der Werkunternehmer muss ggf. rechtzeitig vor Beginn der Arbeiten die notwendigen Unterlagen vorlegen, die der Auftraggeber benötigt, um gegenüber Behörden die fachgerechte Ausführung der Arbeiten belegen zu können. Gleiches gilt danach für die erforderlichen Unterlagen zum Nachweis ihrer Durchführung. Diese müssen mit Fertigstellung der Arbeiten vorgelegt werden.

Dies gilt ebenfalls, wenn Dritte, bspw. Darlehensgeber, derartige Belege verlangen.

20.5 Anordnungsrecht des Auftraggebers (§§ 650b ff. BGB)

Mit der Baurechtsreform 2018 wurde erstmals ein „Anordnungsrecht des Bestellers" ins BGB eingeführt, das bislang ausschließlich aus den Regelungen der VOB/B bekannt war. Dies stellt in der mehr als einhundertjährigen Geschichte des BGB ein Novum dar, da das einseitige Anordnungsrecht eine Änderung des bestehenden Vertrags bewirkt und Derartiges bislang ausschließlich aufgrund einer zusätzlichen Vereinbarung möglich war. Diese Befugnis zur einseitigen Änderung des Vertragsinhalts sollte jedoch zu keinen maßgeblichen Nachteilen für den Sanierungsbetrieb führen. Zu unterscheiden ist zwischen einer sog. freien Anordnung und einer notwendigen Änderung.

Eine **freie Anordnung** liegt vor, wenn die geänderte Vorgehensweise nicht erforderlich ist, um den ursprünglich vereinbarten Werkerfolg herbeizuführen, wenn also bspw. der Auftraggeber den Einbau neuer Sanitärgegenstände anstatt des Wiedereinbaus der vorhanden gewesenen wünscht.

Eine **notwendige Änderung** liegt dann vor, wenn sich während der Durchführung der Arbeiten herausstellt, dass die ursprünglich vorgesehenen Arbeiten nicht zu dem vereinbarten Werkerfolg führen können (bspw. sind tatsächlich drei Zimmer unterflutet, nicht nur eines, deshalb wäre die Trocknung nur des einen Zimmers sinnlos).

Offenbaren sich während der Durchführung der Arbeiten solche neuen Erkenntnisse, war der Sanierungsbetrieb bereits nach der bisherigen Rechtslage verpflichtet, seinen Auftraggeber über die neuen Erkenntnisse zu informieren (vgl. § 650 Abs. 2 BGB a.F.). Dann mussten die Parteien eine Einigung über die weitere Vorgehensweise erzielen, was sich mitunter als schwierig bis unmöglich erwies.

Nach der neuen Rechtslage ist der Werkunternehmer verpflichtet, über die Mehr- oder Minderleistungen ein Angebot zu erstellen. Kommt es dann binnen 30 Tagen nach Zugang des Änderungsbegehrens nicht zu einer Einigung, ist der Auftraggeber berechtigt, die gewünschten Arbeiten in Textform „anzuordnen" (vgl. § 650b BGB). Wurde eine solche Anordnung ausgesprochen, ist der Werkunternehmer in aller Regel verpflichtet, die Arbeiten auszuführen (außer sie wären für ihn unzumutbar), und erwirbt damit gleichzeitig den Anspruch auf eine zusätzliche Vergütung, die sich an den tatsächlichen zusätzlichen Kosten, Zuschlägen und am Gewinn orientiert (vgl. § 650c BGB). Wie diese zusätzliche Vergütung zu berechnen sein wird, muss den kommenden gerichtlichen Entscheidungen vorbehalten bleiben. Hier gibt es unterschiedliche Ansätze, die in diesem Rahmen nicht dargestellt werden können und deren Gerichtsfestigkeit nicht vorhergesagt werden kann.

Die neue Gesetzeslage korrespondiert mit der durch die Rechtsprechung entwickelten und seit Jahrzehnten ausgestalteten **Prüfungs- und Hinweispflicht** des Unternehmers, mit der ihm die Anwendung und Mitteilung seines (zu unterstellenden) Fachwissens in einer Weise abverlangt wird, die den – i.d.R. nicht fachkundigen – Auftraggeber zu sachgerechten Entscheidungen befähigen soll. Wird also bspw. während der Arbeiten offenkundig, dass neben der beauftragten Beseitigung des Schimmelschadens bspw. auch eine Belastung mit Hausschwamm, Asbest, Holzschutzmitteln o.Ä. vorhanden ist, ist der Werkunternehmer dazu verpflichtet, dem Auftraggeber einen Hinweis auf die (möglicherweise) bestehende zusätzliche Problematik (in der VOB/B Bedenkenanmeldung genannt) zu geben. Nachdem der Hinweis den Auftraggeber in die Lage versetzen soll, eine sinnvolle Entscheidung über die weitere Vorgehensweise zu fällen, muss er also entsprechend verständlich etc. verfasst sein. Liegt eine solche notwendige Änderung vor, ist der einzuschlagende Weg nunmehr gesetzlich vorgegeben.

Fazit

Die Gesetzesänderung mag prinzipiell geeignet sein, aus einer Patt-Situation herauszuhelfen. Sie ist insofern zu begrüßen. Erste Entscheidungen weisen darauf hin, dass die Rechtsprechung dem eingeführten Procedere zur Umsetzung verhilft.

20.6 Teilkündigung

Die Rechtsprechung gestand beiden Vertragsparteien schon immer ein Kündigungsrecht aus wichtigem Grund zu (entsprechend § 314 BGB; vgl. nunmehr § 648a BGB), das in aller Regel als berechtigt anerkannt wurde, wenn erhebliche vertragliche Pflichten verletzt wurden – z.B. der Auftraggeber Zahlungsverpflichtungen nicht nachkam, der Unternehmer die Durchführung der Arbeiten verweigerte oder der Auftraggeber seinen Mitwirkungspflichten nicht gerecht wurde (vgl. § 643 BGB). In der Vergangenheit hatte die Rechtsprechung bereits die Möglichkeit entwickelt, auch wegen abgrenzbarer Teilbereiche eine solche außerordentliche Kündigung auszusprechen. Diese Möglichkeit wurde nunmehr ausdrücklich gesetzlich geregelt (vgl. § 648a Abs. 2 BGB). Damit eröffnet sich die Möglichkeit, bspw. die Kündigung des Aufgabenteils der Wiederherstellung der Sanitärinstallation auszusprechen, die übrigen Teile des Auftrags jedoch fortzuführen. Damit wird den Vertragsparteien eine erhöhte Bewegungsfreiheit verschafft und die Möglichkeit eröffnet, in Konfliktfällen nicht den gesamten Vertrag kündigen zu müssen, sondern nur den strittigen Teil aus einem bestehenden Vertrag herauszulösen. Eine solche Kündigung gemäß § 648a BGB muss **schriftlich** ausgesprochen werden (vgl. § 650h BGB).

Die gesetzliche Regelung beschränkt die möglichen Kündigungsgründe nicht, sie können auch vertraglich ausgestaltet werden. Somit böte sich bspw. die Möglichkeit an, im Vertrag eine Passage aufzunehmen, dass bei fortgesetzter Beschädigung oder Missachtung der „Schwarz-Weiß-Trennung" eine Kündigung aus wichtigem Grund ausgesprochen werden kann.

20.7 Abschlagszahlungen

Abschlagszahlungen können seit 2018 in Höhe des Wertes der (nach dem Vertrag geschuldeten und) erbrachten Leistungen verlangt werden (vgl. § 632a Abs. 1 BGB). Bei Verbraucherbauverträgen können maximal 90 % der Gesamtvergütung auf diese Art verlangt werden (vgl. § 650m Abs. 1 BGB). Liegen Mängel vor, konnte bislang die Zahlung des Werklohns in voller Höhe verweigert werden. Nunmehr ist dies nur noch in Höhe der voraussichtlichen Mangelbeseitigungskosten inkl. eines Druckzuschlages möglich. Seit dem Jahre 2009 ist von der Bemessung des Druckzuschlags auf „in der Regel das Doppelte" der für die Beseitigung erforderlichen Kosten auszugehen (§ 641 Abs. 3 BGB).

20.8 Abnahme

Im Werkvertragsrecht stellt das Institut der „Abnahme" einen höchst wesentlichen Zeitpunkt dar. Abnahme bedeutet „Entgegennahme des Werks als im Wesentlichen vertragsgerecht".

Mit der Abnahme ist der Anspruch auf Erstellung des Werks erfüllt, es müssen allenfalls noch Mängel beseitigt werden. Gleichzeitig geht aber auch die sog. Gefahr auf den Auftraggeber über, es wird also insbesondere das Risiko einer Beschädigung bzw. des Untergangs des Werks auf den Auftraggeber übertragen. Dieser Aspekt ist insbesondere bei der Sanierung mikrobieller Schäden von essenzieller Bedeutung. Wie sonst sollte der Aspekt der Vertragserfüllung nachgewiesen werden können, wenn der Sanierungsbereich dauerhaft nur niedrige Keimwerte aufweisen dürfte? Die weiteren Wirkungen einer Abnahme bestehen v.a. im Anlaufen der Verjährungsfrist für Mängelansprüche (§ 634a BGB) und der Fälligkeit des Werklohnanspruchs (§ 641 BGB).

Bis zum Inkrafttreten des neuen Werkvertragsrechts Anfang 2018 durfte die Abnahme wegen wesentlicher Mängel verweigert werden, auch eine fiktive Abnahme war dann nicht möglich.[17] Regelmäßig gab es dann auch keine Dokumentation über den Zustand des Werks zum Zeitpunkt der/des Abnahme(-versuchs), was erhebliche prozessuale Probleme nach sich zog.

---

17 Vgl. § 640 Abs. 1 BGB a.F.

Seit Anfang 2018 tritt die gesetzliche Wirkung der sog. **Abnahmefiktion** ein, falls der Auftraggeber nach Fertigstellung des Werks einer fristgebundenen Aufforderung zur Abnahme nicht nachkommt. Damit gilt das Werk als mängelfrei abgenommen![18]

Bei einem Verbraucherbauvertrag gilt dies aber nur, wenn der Auftraggeber zusammen mit der Aufforderung zur Abnahme auf die Folgen einer nicht erklärten oder ohne Angabe von Mängeln verweigerten Abnahme hingewiesen wurde. Dieser Hinweis muss (mindestens) in Textform erfolgen.

Seit 2018 ist eine Abnahme selbst dann möglich, wenn wesentliche Mängel vorliegen.[19] Will der Auftraggeber verhindern, dass die Wirkungen der Abnahme eintreten, muss er diese nun ausdrücklich unter Angabe mindestens eines (auch unwesentlichen) Mangels **verweigern**. Wird die Abnahme unter Berufung auf Mängel verweigert, ist der Auftraggeber gleichwohl verpflichtet, auf Verlangen des Unternehmers an der Erstellung der dann notwendig werdenden sog. **Zustandsfeststellung** mitzuwirken. Sie soll datiert werden und ist von beiden Parteien zu unterschreiben.[20] Bleibt der Auftraggeber fern, fertigt der Unternehmer das Protokoll der Zustandsfeststellung alleine an und stellt es dem Auftraggeber zur Verfügung.[21]

Steht das Werk dem Auftraggeber zur Verfügung, gilt nun die Vermutung des § 650g Abs. 3 BGB, dass ein **später gerügter Mangel** erst nach Abnahme aufgetreten und vom Auftraggeber zu vertreten ist (außer, dies kann nicht sein; bspw. weil es zu einer Undichtigkeit der Fußbodenheizung unter dem Estrich kam).

Fazit

Demzufolge sollte unbedingt in allen Fällen zur Abnahme aufgefordert werden, am besten unter Fristsetzung, auch bei vorzeitigem Abbruch des Vertrags. Ein Verbraucher ist in Textform gleichzeitig mit dem Abnahmeverlangen auf die beschriebenen Folgen hinzuweisen.

Zudem sollte unbedingt dafür gesorgt werden, dass ein Abnahmeprotokoll bzw. ein Protokoll über die Zustandsfeststellung erstellt wird.

20.9 Prüffähige Schlussrechnung

Mit der Baurechtsreform wurde die Systematik der VOB/B zur Vorlage der Schlussrechnung in das BGB übernommen (vgl. § 650g Abs. 4 BGB). Der Unternehmer muss eine „prüffähige Schlussrechnung" vorlegen. Dazu muss diese eine übersichtliche Aufstellung der erbrachten Leistungen enthalten und für den Auftraggeber nachvollziehbar sein (also insbesondere mit dem Angebot etc. abgleichbar sein). Einwendungen gegen die Prüffähigkeit sind nicht mehr möglich, wenn binnen 30 Tagen seit Zugang der Schlussrechnung keine begründeten Einwendungen erhoben wurden.

18 Vgl. § 640 Abs. 2 BGB n.F.
19 Vgl. § 640 Abs. 2 BGB n.F.
20 Vgl. § 650g Abs. 1 BGB n.F.
21 Vgl. § 650g Abs. 2 BGB n.F.

Die Prüffähigkeit hat jedoch nichts mit der Korrektheit der Schlussrechnung zu tun. Eine Auseinandersetzung beispielsweise über die Frage, wieviel Material verbaut wurde, ist auch bei einer prüffähigen Schlussrechnung nicht ausgeschlossen.

Fazit

Dies hat für den Unternehmer einerseits zur Konsequenz, dass aussagekräftige, allgemeinverständliche Schlussrechnungen erstellt sein müssen, deren Zugang beim Auftraggeber zumindest dokumentiert, besser jedoch nachweisbar sein sollte. Andererseits besteht für den Unternehmer innerhalb von 30 Tagen Klarheit, ob die Prüffähigkeit der Schlussrechnung bezweifelt wird oder nicht.

20.10 Mangelfreiheit

Im Bereich der Beseitigung von Schadstoffen in Innenräumen ist die Bestimmung der Mangelfreiheit der Werkleistung alles andere als unkompliziert. Ein Mangel liegt vor, wenn der sog. „Soll-Zustand" vom „Ist-Zustand" abweicht. Der „Soll-Zustand" bemisst sich also in erster Linie nach den vertraglichen Vereinbarungen bzw. – falls es keine konkreten Vereinbarungen gibt – nach dem üblichen Standard. Dieser wiederum wird maßgeblich von den anerkannten Regeln der Technik bestimmt, die das Mindestniveau festlegen. Maßgeblich sind im Übrigen die Regeln der Technik zum Zeitpunkt der Abnahme. Nach ständiger Rechtsprechung des BGH unterliegen die anerkannten Regeln der Technik einem fortlaufenden Wandel, sodass nicht davon ausgegangen werden kann, dass die in Regelwerken beschriebenen Maßstäbe die anerkannten Regeln der Technik ausreichend wiedergeben. Umgekehrt ist mit großer Wahrscheinlichkeit von einer Mangelhaftigkeit auszugehen, wenn die einschlägigen Regelwerke nicht eingehalten sind.

Es darf davon ausgegangen werden, dass insbesondere die Leitfäden des Umweltbundesamtes[22,23,24,25] und des Landesgesundheitsamtes Baden-Württemberg[26] im Großen und Ganzen allgemein anerkannt sind und dementsprechend ein Mindestniveau widerspiegeln (auf die Veröffentlichungen anderer Organisationen wird aus Platzgründen hier nicht weiter eingegangen).

Vielfach unbeachtet bleibt die problemlos zulässige Möglichkeit, den auf die eigene Werkleistung anzulegenden Maßstab **ausdrücklich vertraglich festzulegen**. So wäre es – aus rechtlicher Sicht – unkompliziert möglich, bspw. hinsichtlich der nach WTA-Merkblatt 4-12[27] durchzuführenden Sanierungskontrolle einer Feinreinigung die dann zulässige Rest-

22 Leitfaden für die Innenraumlufthygiene in Schulgebäuden, Umweltbundesamt Berlin 2000 und 2008.
23 Leitfaden zur Vorbeugung, Untersuchung, Bewertung und Sanierung von Schimmelpilzwachstum in Innenräumen, Umweltbundesamt Berlin 2002.
24 Leitfaden zur Ursachensuche und Sanierung bei Schimmelpilzwachstum in Innenräumen, Umweltbundesamt Dessau-Roßlau 2005.
25 Leitfaden zur Vorbeugung, Erfassung und Sanierung von Schimmelbefall in Gebäuden, Umweltbundesamt Dessau-Roßlau 2017.
26 Schimmelpilze in Innenräumen – Nachweis, Bewertung, Qualitätsmanagement, Landesgesundheitsamt Baden-Württemberg 2004.
27 WTA-Merkblatt 4-12, Ausgabe: 05,2021/D Ziele und Kontrolle von Schimmelpilzschadensanierungen in Innenräumen, Wissenschaftlich-Technische Arbeitsgemeinschaft für Bauwerkserhaltung und Denkmalpflege e.V. 2021.

konzentration in der Raumluft zu vereinbaren. Damit wäre die Notwendigkeit (und damit verbundene Unsicherheit) zur Interpretation des mutmaßlichen Willens der Vertragsparteien bzw. des wechselseitigen Verständnisses der Formulierungen vermieden. In diesem Zusammenhang wird auch der gegenüber Verbrauchern vorzulegenden Baubeschreibung in Zukunft eine gesteigerte Bedeutung zukommen, sodass es – selbstredend – wohlüberlegt sein will, welche Ankündigungen in derartigen Beschreibungen gemacht werden.

Gerade im Bereich der biologischen Schadstoffsanierung stellt sich die Frage, wie die Abnahme ausgestaltet werden sollte, wie also die ordnungsgemäße Arbeit nachgewiesen werden kann. Es kann nur dazu geraten werden, unmittelbar nach Beendigung der Arbeiten eine Sanierungskontrolle – z.B. durch einen unabhängigen, für die entsprechende Disziplin kompetenten Sachverständigen – durchführen zu lassen und erst danach den Sanierungsbereich freizugeben (also insbes. eine Schwarz-Weiß-Trennung zu entfernen). Diese Vorgehensweise sollte direkt in den Vertrag aufgenommen werden. Eine solche Sanierungskontrolle kann anschließend auch dem Auftraggeber gute Dienste leisten, kann er damit doch seine redliche Vorgehensweise nachweisen. Deckt sich der Soll- mit dem Ist-Zustand nicht, liegt ein Mangel vor, der nach den allgemeinen Regeln über Mängelansprüche zu behandeln ist.

20.11 „Schimmelpilze sind doch überall …"

Dieses immer wieder vorgebrachte „Argument" (ist es denn überhaupt eins?) greift nach der Überzeugung des Verfassers in diesem Zusammenhang nicht. Ist der Werkunternehmer mit der Schadensbeseitigung beauftragt, ist diese Formulierung tatsächlich im Wortsinne zu verstehen. Der Unternehmer hat also die Aufgabe übernommen, **den vorhandenen mikrobiellen Schaden zu entfernen**. Dessen Ursache spielt in diesem Zusammenhang allenfalls dann eine Rolle, wenn diese ebenfalls beseitigt werden muss. Der Vertrag ist also nur dann erfüllt, wenn die vorhanden gewesene mikrobielle Belastung in den Räumen nach Durchführung der Arbeiten nicht mehr vorhanden ist. Demzufolge genügt eine Biozidbehandlung (also bspw. eine bislang so genannte Desinfektionsmaßnahme) den anzulegenden Maßstäben nicht, da der mikrobielle Schaden – möglicherweise – verändert, aber eben nicht beseitigt wird.

Streng genommen ist also der Werkunternehmer gut beraten, eine zulässige Restkonzentration festzulegen, damit er die Räume nicht „auf null" sanieren muss. In diesem Zusammenhang mag noch eine kurze Bemerkung zum sog. Dachstuhlurteil des BGH[28] gestattet sein. In dieser Entscheidung hatte der BGH die – bemerkenswerte – Anforderung formuliert, dass bei einem Vertragsschluss unausgesprochen mitvereinbart ist (eine sog. konkludente Vereinbarung), dass das Bauwerk frei von **Schimmelbefall** zu sein hat. Auch wenn dies durch die Urteilsbegründung nicht deutlich ersichtlich ist, macht der BGH einen bedeutsamen Unterschied zwischen einer **Kontamination,** also der bloßen Beaufschlagung

28 BGH, Urt. v. 29.6.2006, VII ZR 274/04.

der Oberflächen mit mikrobiellen Bestandteilen, und einem **Bewuchs,** also eigenständigem Wachstum an Ort und Stelle.[29]

Deren Abgrenzung darf heutzutage als möglich erachtet werden, insbesondere durch Material- und Klebefilmprobennahmen sowie Referenzuntersuchungen. Gleiches gilt für die Abgrenzung eines mikrobiellen Wachstums aufgrund eines Schadensereignisses von mikrobiellen Kontaminationen aus der Umgebung.

Jeder Schimmel**befall** macht Bauarbeiten an einem Gebäude also mangelhaft. Bei der Auftragserteilung zur Sanierung eines solchen Schadens wird also (mindestens) derselbe Maßstab anzulegen sein.

20.12 Mängelansprüche

Die Mängelrechte im Baurecht können an dieser Stelle auch nicht ansatzweise erschöpfend dargestellt werden. Dennoch sollen einige für die Praxis bedeutsame Anmerkungen gemacht werden:

Stellt sich die Mangelhaftigkeit des Werks heraus, steht dem Werkunternehmer ein **Nacherfüllungsrecht** zu, er hat aber gleichzeitig auch eine **Nacherfüllungspflicht.** Dazu gehört sowohl die Frage der Ermittlung der Ursache als auch die der Schadensausdehnung.

Nach höchstrichterlicher, bis heute unwidersprochen gebliebener Rechtsprechung hat der Werkunternehmer alles in seiner Macht Stehende zu unternehmen, um die Mangelbeseitigung voranzutreiben.[30] Demzufolge können die vom Auftraggeber gesetzten Fristen durchaus knapp bemessen sein, es muss nur möglich sein, die Arbeiten innerhalb dieser Frist auszuführen. Sollte die gesetzte Frist sich als zu kurz erweisen, wird sie dadurch nicht unwirksam, sondern gilt als in angemessener Dauer gesetzt.[31] Der Beendigungstermin wird also „nach hinten verschoben".

Kommt es nun zu Meinungsverschiedenheiten zwischen den Parteien, ist oftmals zu beobachten, dass der Werkunternehmer die Mängelbeseitigung nicht in Angriff nimmt, vermutlich aus Unsicherheit über die Frage, was er nun konkret tun soll. Wie oben bereits angegeben, ist der Werkunternehmer aber nicht nur zur Nacherfüllung berechtigt, sondern auch verpflichtet. Dies bedeutet, dass die Nichterfüllung dieser Pflicht unweigerlich rechtliche Konsequenzen nach sich zieht. Der Werkunternehmer würde ausschließlich dann berechtigterweise untätig bleiben, wenn er ein Leistungsverweigerungs- bzw. Zurückbehaltungsrecht in Anspruch nehmen könnte. Ein solches Recht steht ihm aber häufig nicht zu, sodass er häufig mit der Mängelbeseitigung in Verzug gerät und damit sein Nacherfüllungsrecht verliert. Selbst die an den Auftraggeber gerichtete Aufforderung, einer bestimmten Mangelbeseitigungsmaßnahme zuzustimmen, wurde in der Rechtsprechung bereits als Verweigerungshandlung angesehen.

---

29 Dies wurde in der nachfolgenden – rechtskräftig gewordenen – Entscheidung des Berufungsgerichts so festgestellt, vgl. OLG Celle, Urt. v. 28.8.2007, 16 U 56/04, unter www.advokaten-nuernberg.de/service veröffentlicht.

30 Vgl. BGH, Urt. v. 23.2.2006, VII ZR 84/05 mit Hinweis auf BGH, Urt. v. 11.6.1964, VII ZR 216/62 (n.v.).

31 So bereits das Reichsgericht, z.B. in Urt. v. 5.5.1908, Rep II 539/1907.

Steht dem Werkunternehmer kein Nacherfüllungs**recht** mehr zu, bedeutet dies aber nicht, dass ihm nicht nach wie vor die Nacherfüllungs**pflicht** zur Last läge. Wird er also zur Durchführung von Arbeiten aufgefordert, sollte er der Aufforderung tunlichst nachkommen.

Gerät der Werkunternehmer mit der Nacherfüllung in Verzug oder wird gar Verweigerung angenommen, stehen dem Auftraggeber die sog. sekundären Mängelansprüche zu, also Rücktritt, Minderung, Schadensersatz etc.

Der Auftraggeber kann insbesondere das Recht auf **Selbstvornahme** (§ 637 BGB) wählen, was zwei bedeutsame Konsequenzen nach sich zieht: Zum einen entsteht ein Kostenvorschussanspruch, den der Auftraggeber auch gerichtlich geltend machen kann. Zum anderen steht dem Auftraggeber dann ein Anspruch auf **Ersatz seiner Aufwendungen** zu. Dieser Anspruch ist weiter gefasst als der Anspruch auf Schadensersatz. Während Letzterer sich auf die sog. notwendigen Kosten der Mangelbeseitigung beschränkt, umfasst der Aufwendungsersatzanspruch alles, was der Auftraggeber in der konkreten Situation vernünftigerweise als erforderlich erachten darf.

Existiert also bspw. eine Sanierungsmethode, bei der der Erfolg unsicher ist, darf der Auftraggeber im Rahmen des Aufwendungsersatzes deren Kosten ersetzt verlangen, selbst wenn die Durchführung erfolglos war. Beim Schadensersatzanspruch hingegen bestünde – wegen der Erfolglosigkeit des Versuchs – kein Ersatzanspruch. Kommt der Auftraggeber zu dem Ergebnis, dass der Schimmelbefall am Dachstuhl am zuverlässigsten durch Neuerrichtung zu beseitigen ist, sind die damit verbundenen Kosten im Rahmen eines Aufwendungsersatzanspruchs zu ersetzen. Ob dieser Aufwand wirklich notwendig war, würde nur im Rahmen eines Schadensersatzanspruchs eine Rolle spielen.

Fazit

Kommt es zu Mängelrügen, deren Berechtigung nicht zuverlässig in Abrede gestellt werden kann, ist Aktivität gefragt. Die fachkompetente und verlässliche Ergründung der Mangelursache muss an erster Stelle stehen – ggf. unter Inanspruchnahme sachverständiger Hilfe –, anschließend sollte umgehend die Beseitigung im als erforderlich angesehenen Ausmaß betrieben werden. Nur dann kann man erwarten, in einer etwaigen Auseinandersetzung von einem Gericht bescheinigt zu erhalten, sich korrekt um die Mängelrüge gekümmert zu haben. In allen anderen Varianten wird der Aufwand und damit der eintretende wirtschaftliche Schaden nur größer.

20.13 Haftung des Baustofflieferanten (§ 439 Abs. 3 BGB)

Nach der neuen gesetzlichen Regelung haftet der Baustofflieferant nicht nur auf Ersatz der mangelhaft angelieferten Produkte selbst, sondern auch für die erforderlich werdenden **Aus- und Wiedereinbaukosten**. Diese – an sich erfreuliche – Neuerung ist jedoch mit einigen „Komplikationen“ verbunden, die eine entsprechende Anpassung der Verhaltensweisen erfordern:

Bei den Verträgen zwischen Baustofflieferanten und Werkunternehmern handelt es sich meist um Handelsverträge, denn es handeln praktisch ausnahmslos Kaufleute. Nachdem es sich bei den betreffenden Verträgen in aller Regel um Kaufverträge handelt, sind die zugehörigen Mängelvorschriften anzuwenden (§§ 434 ff. BGB). Dies beinhaltet insbesondere den Vorteil, dass die Vorschrift des § 434 BGB Abs. 1 Satz 3 BGB anzuwenden ist, nach der die „öffentlichen Äußerungen des Verkäufers, des Herstellers oder seines Gehilfen, insbesondere in der Werbung" die Beschaffenheit des Produkts mit beschreiben. Faktisch gibt es damit eine Haftung für die Richtigkeit von **Werbeaussagen**. Demzufolge kommt also den Informationen in Katalogen, Broschüren, Werbefilmen etc. eine nicht zu unterschätzende Bedeutung zu.

Nach § 377 HGB ist der Werkunternehmer verpflichtet, das angelieferte Produkt unverzüglich nach Erhalt auf vertragsgemäßen Zustand hin zu überprüfen und ggf. dem Verkäufer unverzüglich Anzeige zu machen. Andernfalls gilt die Ware als genehmigt, es sei denn, die Mangelhaftigkeit war bei der Untersuchung nicht erkennbar. Folglich ist also zumindest die **angemessene Sichtprüfung** der angelieferten Baustoffe dringend anzuraten. Im Zeitalter von Smartphones sollte auch eine direkte Mitteilung an den Lieferanten – ggf. unter Zuhilfenahme von Fotos – keinerlei Problem mehr darstellen.

In Anbetracht des Dilemmas um die europäische **Bauprodukte-Verordnung** (BauPVO) sollte ggf. auch die Überprüfung der Übereinstimmung der Produktdeklaration/Lieferscheine/Leistungserklärung mit den Ausschreibungs-/Planungsanforderungen erfolgen. Es ist zu verifizieren, dass das gelieferte Bauprodukt tatsächlich alle in der Planung benannten Merkmale erfüllt. Im Zweifel sollten Bauprodukte zurückgewiesen werden, wenn deren Begleitdokumente nicht den Vorgaben entsprechen. Dieselbe Prüfung sollte unbedingt ebenso erfolgen, sofern Subunternehmer beschäftigt werden, die eigene Arbeits- und/oder Baumaterialien verwenden.

Exkurs

Dies führt zur nächsten „Problemzone", nämlich zur fachgerechten Lagerung von Gerätschaften, Bauprodukten etc. auf der Baustelle. Die gründlichste Prüfung bspw. des Restfeuchtegehalts von Holzbauteilen bei Anlieferung ist überflüssig, wenn sie anschließend auf der Baustelle allen erdenklichen Feuchtigkeitseinwirkungen ausgesetzt werden.

In diesem Zusammenhang sei auf den Beitrag von *Kraus-Johnsen* zum Thema Schimmelpilzprävention in diesem Buch hingewiesen.

20.14 Tauglichkeit von Desinfektionsmitteln etc.

Aus juristischer Sicht sind eine Schadstoffsanierung und eine Biozidbehandlung (also insbesondere eine „Desinfektion", „Demobilisierung" etc.) nicht identisch. Eine Beseitigung eines mikrobiellen Schadens liegt nur dann vor, wenn die Biomasse tatsächlich beseitigt, also entfernt wurde.

Ganz davon abgesehen bestehen bereits juristische Zweifel, ob durch eine Biozidbehandlung die **anerkannten Regeln der Technik** erfüllt sind, da dazu die Wirksamkeit der verschiedenen angewandten Methoden **wissenschaftlich nachgewiesen** sein müsste. Ein solcher wissenschaftlicher Nachweis der Funktionstauglichkeit ist bislang nicht ersichtlich. Auf die weiteren (wohl ebenfalls nicht erfüllten) Voraussetzungen kommt es daher nicht mehr an.

Wenn der Werkunternehmer mit dem Kunden hingegen die Durchführung einer Biozidbehandlung ausdrücklich vereinbart, dann mag mit einer dauerhaft erfolgreichen (!) Desinfektion der Auftrag ordnungsgemäß erfüllt sein. Dann verbleibt allenfalls die juristische Frage, ob der Unternehmer ausreichend seiner Pflicht nachgekommen ist, auf die damit verbundenen Besonderheiten und Risiken in ausreichender Deutlichkeit hinzuweisen.

Erfolgreich kann eine Werkleistung nur dann sein, wenn sie den Werkerfolg **auf Dauer** herbeizuführen imstande ist. Verschiedenen Untersuchungen zufolge bestehen deutliche Zweifel an der Dauerhaftigkeit des Erfolgs einer Biozidbehandlung, die ja – praktisch per Definition – die Vermehrung der Biomasse drastisch reduzieren soll, nicht aber die Wachstumsfähigkeit dauerhaft zu unterbinden in der Lage ist. Dem interessierten Juristen stellt sich zudem die – in der Praxis offenkundig vollkommen ignorierte – Frage, welche sonstigen Folgeschäden möglicherweise mit der Verwendung von chemischen Substanzen verbunden sind. Kann ein Werkunternehmer also gewährleisten, dass es bspw. im Falle der chemischen Behandlung eines mikrobiellen Schadens in einer Fußbodenkonstruktion nicht zu Oxidations- oder sonstigen chemischen Prozessen an den dort befindlichen sonstigen Bauteilen und/oder Installationen (Kunststoffe, Metalle etc.) kommt? Wurde auf die damit verbundenen Risiken vor Vertragsabschluss hingewiesen?

20.15 Gesamtfazit

Durch die Baurechtsreform kam es zu einigen bedeutsamen Änderungen, die zwar neue Aufgaben mit sich bringen, aber insbesondere auch neue Möglichkeiten eröffnen. Insgesamt dürften die Veränderungen aber deutlich als Verbesserungen einzustufen sein.

Im Tagesgeschäft beobachtet der Verfasser insbesondere bei den Sanierungsunternehmen teilweise deutliche Defizite bei dem als erforderlich angesehenen Wissen um die rechtlichen Hintergründe und Möglichkeiten der eigenen Tätigkeit. Insoweit ist der Möglichkeit zu danken, mit derartigen Veröffentlichungen diesem Problem entgegenzuwirken.

Anlage 1: Muster für die Widerrufsbelehrung bei Verbraucherverträgen

Bundesgesetzblatt Jahrgang 2017 Teil I Nr. 23, ausgegeben zu Bonn am 4. Mai 2017

Anlage (zu Artikel 2 Nummer 4)

Anlage 10
(zu Artikel 249 § 3)

Muster für die
Widerrufsbelehrung bei Verbraucherbauverträgen

Widerrufsbelehrung

Widerrufsrecht

Sie haben das Recht, binnen 14 Tagen ohne Angabe von Gründen diesen Vertrag zu widerrufen.

Die Widerrufsfrist beträgt 14 Tage ab dem Tag des Vertragsabschlusses. Sie beginnt nicht zu laufen, bevor Sie diese Belehrung in Textform erhalten haben.

Um Ihr Widerrufsrecht auszuüben, müssen Sie uns (*) mittels einer eindeutigen Erklärung (z. B. Brief, Telefax oder E-Mail) über Ihren Entschluss, diesen Vertrag zu widerrufen, informieren.

Zur Wahrung der Widerrufsfrist reicht es aus, dass Sie die Erklärung über die Ausübung des Widerrufsrechts vor Ablauf der Widerrufsfrist absenden.

Folgen des Widerrufs

Wenn Sie diesen Vertrag widerrufen, haben wir Ihnen alle Zahlungen, die wir von Ihnen erhalten haben, unverzüglich zurückzuzahlen.

Sie müssen uns im Falle des Widerrufs alle Leistungen zurückgeben, die Sie bis zum Widerruf von uns erhalten haben. Ist die Rückgewähr einer Leistung ihrer Natur nach ausgeschlossen, lassen sich etwa verwendete Baumaterialien nicht ohne Zerstörung entfernen, müssen Sie Wertersatz dafür bezahlen.

Gestaltungshinweis:

* Fügen Sie Ihren Namen oder den Namen Ihres Unternehmens, Ihre Anschrift und Ihre Telefonnummer ein. Sofern verfügbar sind zusätzlich anzugeben: Ihre Telefaxnummer und E-Mail-Adresse.

Teil 7:

Schimmelpilzschäden bei der Immobilienbewertung

21 Schimmel als Einflussfaktor auf Immobilienwerte

Ina Viebrok-Hörmann, Dipl.-Ing. Daniela Unglaube

Inhalt

21.1 Fragestellung

Beeinflusst Schimmel in Innenräumen den Verkehrswert von Immobilien? Und falls sich aus Schimmelbefall ein Werteinfluss ergibt, ist dieser bundesweit überall gleich? In der Diskussion um Schimmel in Innenräumen stellt sich für Immobilienbewerter immer wieder die Frage, wie sie mit Schimmelbefall in der Ermittlung von Verkehrswerten umgehen. In der Literatur finden sich bisher keine Untersuchungen zu diesem Thema. Ein direkter Zugang zu Marktteilnehmern lässt sich bundesweit kaum herstellen.[1] Stattdessen bietet es sich an, Experten zu befragen. Um regionale Gepflogenheiten ebenso zu berücksichtigen wie die Lage auf unterschiedlichen Immobilienmärkten, hat Viebrok-Hörmann 2017 eine Umfrage unter 1.826 Sachverständigen und Maklern aus dem gesamten Bundesgebiet als Sachkundige und Beteiligte am Grundstücksverkehr durchgeführt. Dabei hat sie sowohl öffentlich bestellte als auch nicht öffentlich bestellte Sachverständige einbezogen.

Das Thema Schimmel hat seitdem nichts an Bedeutung verloren, wie ergänzende Untersuchungen von Unglaube aus den Jahren 2018 bis 2020 zeigen.

Beiträge zu Schimmel in Innenräumen sind seit vielen Jahren in der Fachpresse und den Medien präsent. Bereits in den 1980er-Jahren diskutierten Bausachverständige kontrovers über die Auswirkungen von Schimmelbefall in Innenräumen. In Fachkreisen wurde das Thema seit Ende der 1990er-Jahre verstärkt in einem interdisziplinären Zusammenhang betrachtet. Der Verband der Bausachverständigen Norddeutschlands (VBN, seit 2003 Verband der Bausachverständigen Deutschlands) veranstaltete in den Jahren 2000 bis 2004 mehrere Symposien mit Referenten aus den Fachbereichen Mikrobiologie, Medizin, Bauphysik und Bauschäden. Im VBN-Info-Sonderheft „Topthema Schimmelpilz“ 2001 wurde der interdisziplinäre Diskussionsstand erstmals zusammengefasst. Inwieweit Schimmel in Innenräumen Einfluss auf den Wert einer Immobilie hat, war damals nicht Teil der Diskussion.

1 Morgenstern, 2015, S. 68.

In den Medien werden Schimmelschäden teilweise sehr effekthaschend dargestellt,[2] andere Artikel beleuchten den Umstand, dass Schimmel in Wohnungen auftritt und welche Folgen sich daraus ergeben können, etwas sachlicher.[3]

Das Internetportal Immowelt veröffentlichte zum Thema Schimmelbefall am 7. März 2012 eine Studie in der Reihe „Wohnen und Leben"[4] und fasste die Ergebnisse der Studie wie folgt zusammen:
„Schimmel in deutschen Haushalten

- *In 17 Prozent der deutschen Haushalte ist mindestens ein Raum von Schimmel befallen.*
- *11 Prozent der Deutschen glauben, dass Schimmelbefall keinen oder nur schwach negativen Einfluss auf ihre Gesundheit hat.*
- *Mindestens 7 Prozent der deutschen Kinder leben in einem Schimmelhaushalt."*

Diese Studie wurde im Dezember 2011 als Online-Panel-Befragung mit 1.012 Teilnehmern (deutsche Bevölkerung ab 18 Jahren) durchgeführt, davon 508 Mieter und 504 Vermieter. Die Frage, ob sich durch Einbeziehung weiterer Personenkreise ein anderer Anteil schimmelbefallener Haushalte ergäbe, bleibt offen. Die Studie gibt auch keinen Aufschluss darüber, wie viel Prozent der Befragten annehmen, dass Schimmelbefall eine negative Auswirkung auf ihre Gesundheit hat. Es ist nicht erkennbar, ob bei der Frage nach einem Einfluss von Schimmelbefall auf die Gesundheit neben den Antworten „ja" und „nein" auch „keine Meinung" möglich war. Insofern lässt sich aus den vorgelegten Daten nicht ableiten, dass 89 % der Deutschen glauben, dass Schimmelpilz einen negativen Einfluss auf die Gesundheit hat. Erfahrungsgemäß ist ein Teil der Bevölkerung unentschieden, was sich in der Wiederholungsstudie 2016 auf dem Internetportal Immowelt zeigt, bei der zwischen 5 und 11 % der Befragten die Frage mit „weiß ich nicht" beantwortet haben. Ich vermute einen ähnlichen Prozentsatz an Unentschiedenen schon bei der Befragung 2012, sodass es über 70 % der Teilnehmer sein dürften, die Schimmelbefall für gesundheitsgefährdend halten.

Im Februar 2016 wurde die Befragung erneut wiederum mit 1.000 Teilnehmern und denselben Auswahlkriterien durchgeführt. Danach sind 80 % der Wohnungen von Schimmel befallen, 26 % der Haushalte mit Kindern leben in einer mit Schimmel befallenen Woh-

---

2 U.a. Süddeutsche Zeitung am 27. Juli 2017: *„Schimmel im Neubau – Die unterschätzte Gefahr"*, Lippische Landes-Zeitung am 12. April 2017: *„Müll, Schimmel oder andere Gefahren"*, Pharmazeutische Zeitung online 7/2013: *„Schimmel – Der versteckte Krankmacher"*, Bild-Zeitung am 1. September 2017: *„Hilfe, die ElPhi schimmelt"* oder am 5. April 2013: *„Nach dem langen Winter Schimmel-Alarm! Schimmel in den eigenen vier Wänden – für Mieter oder Eigentümer von Wohnungen und Häusern ist das ein wahrer Horror!"*.

3 U.a. Süddeutsche Zeitung am 20. August 2014: *„Wie krank macht Schimmel? Mit den Pilzen wuchert die Angst – Wer Schimmel in der Wohnung entdeckt, muss nicht in Panik ausbrechen. Auch wenn manche Berichte alarmistisch klingen: Für gesunde Menschen sind die Pilze zunächst ungefährlich. Anders ist die Lage jedoch für Allergiker …"*, Der Spiegel am 8. Oktober 2014: *„Auch nicht direkt sichtbarer Schimmel kann krank machen – Kann Gebäudeschimmel krank machen? Welche Art von Befall ist schädlich? Mikrobiologin Regine Szewzyk erklärt, welche Beschwerden von Schimmelpilzen herrühren können und warum es keine sporenfreie Luft gibt"*, Frankfurter Allgemeine Zeitung (faz.net) am 25. März 2012: *„Schreckgespenst Schimmel. Schimmelbefall gehört zu den häufigsten Streitthemen zwischen Vermieter und Mieter. Die gesundheitlichen Folgen werden oft überschätzt, dennoch ist richtige Vorbeugung wichtig."*

4 Wohnen und Leben 2012 – Repräsentative Studie zu Wohnen und Leben in Deutschland: *„Unterschätzte Gefahr: Jeder sechste Deutsche wohnt in einer Schimmelwohnung"*, Durchführung der Befragung: Marktforschungsinstitut Innofact.

nung und 75 % der Befragten sind der Meinung, dass Schimmel einen starken Einfluss auf die Gesundheit hat.

Seit einiger Zeit verlagert sich der Fokus der Berichterstattung und Diskussion auf Rechtsfragen wie Mietminderung.[5] Auch in einschlägigen Internetportalen, die von vielen Miet- und Kaufinteressenten genutzt werden, taucht das Thema Schimmel seit 2010 vermehrt auf, u.a. in der Rubrik Ratgeber[6]. Mittlerweile dominieren im Internet Informationen aus Anwaltskanzleien, von Unternehmen der Dämmstoffindustrie und -verarbeitung sowie unterschiedlichsten Interessenverbänden. Zusammenfassend lässt sich damit feststellen, dass in den neueren Veröffentlichungen ein Konsens darüber besteht, dass Schimmelpilze gesundheitsgefährdend und für betroffene Wohnungen oder Häuser geminderte Mieten angebracht sind, dass einseitige Schuldzuweisungen jedoch häufig an der Sache vorbeigehen und extreme Mietminderungen ebenso häufig unangemessen sind.

21.2 Ermittlung des Verkehrswertes

Wenn sich in der Öffentlichkeit die Einschätzung durchgesetzt hat, dass Schimmelpilz zu einer Mietminderung führt, stellt sich für die Verkehrswertermittlung die Frage, ob und ggf. in welchem Ausmaß Schimmelbefall Einfluss auf den Verkehrswert einer Immobilie hat, und zwar unabhängig davon, ob eine Gesundheitsgefährdung nachgewiesen werden kann oder nicht. Die Definition des Begriffes Verkehrswert findet sich im Baugesetzbuch § 194:

> „Der Verkehrswert (Marktwert) wird durch den Preis bestimmt, der in dem Zeitpunkt, auf den sich die Ermittlung bezieht, im gewöhnlichen Geschäftsverkehr nach den rechtlichen Gegebenheiten und tatsächlichen Eigenschaften, der sonstigen Beschaffenheit und der Lage des Grundstücks oder sonstigen Gegenstands der Wertermittlung ohne Rücksicht auf ungewöhnliche oder persönliche Verhältnisse zu erzielen wäre."

Kriterien für den gewöhnlichen Geschäftsverkehr sind nach Gablers Wirtschaftslexikon:[7]

- offene Märkte, in denen der Marktzugang nicht durch Vorschriften oder andere staatliche oder sonstige Eingriffe behindert wird,
- Freiheit der Marktteilnehmer, die weder unter zeitlichem oder wirtschaftlichem Druck stehen noch durch einen rechtlichen Zwang zu einer Entscheidung genötigt sind,
- totale Informationsfreiheit durch Zugang für alle Marktteilnehmer zu allen Medien.

---

5 Z.B. Stiftung Warentest Special am 3. Januar 2014: *„Schimmel im Haus"*, Frankfurter Allgemeine Zeitung am 7. Oktober 2015: *„Was tun bei Schimmel? Bei Schimmel in der Wohnung streiten Bewohner und Vermieter meist darüber, wer für den Befall die Verantwortung trägt"*, Focus online am 23. Dezember 2014: *„Gutachten, Mietminderung, Klage – So wehren Sie sich bei Schimmel in der Wohnung. Schimmelbefall ist nicht nur eklig, er gefährdet auch die Gesundheit. Doch wer ist für die Bekämpfung zuständig? Wie Mieter sich wehren – und was sie auf keinen Fall tun sollten"*.

6 Z.B. Immobilienscout24: *„Mietminderung bei Schimmel – Darf ich bei Schimmelbefall die Miete mindern? … Schimmel ist ein Gesundheitsrisiko"*, Immowelt Ratgeber: *„Schimmel: Ursachen erkennen, Schäden beseitigen"* mit Informationen zu gesundheitlichen Aspekten, Schimmelbekämpfung und Haftungsfragen, Immonet Wissenswertes-Rechtliches: *„Mietminderung: Wenn es in der Wohnung schimmelt"*, NDR: *„Schimmel in der Wohnung entfernen und vermeiden"* vom 4. Januar 2021, Verbraucherzentrale Bundesverband: *„Schimmel in der Wohnung"* vom 8. September 2022.

7 www.wirtschaftslexikon.gabler.de.

Allerdings ist zu beachten, dass der Grundstücksmarkt in eine Vielzahl sektoraler und regionaler Teilmärkte mit jeweils spezifischen Käuferpotenzialen zerfällt[8]. Gleichzeitig werden Kaufpreise nicht nur von rationalen Einschätzungen bestimmt.

Der Wert eines Grundstücks ist daher grundsätzlich zunächst nach objektiven Kriterien wie marktüblichen Mieten, objektbezogenen Normalherstellungskosten o.Ä. zu ermitteln. Für die Ableitung des Verkehrswertes sind darüber hinaus auch besondere objektspezifische Grundstücksmerkmale sowie das übliche Marktverhalten[9] bei dieser Immobilienart oder eben die Reaktion auf spezielle Schadensbilder einzubeziehen. Bau- und Immobiliensachverständige und Makler erleben immer wieder, dass Käufer von Eigenheimen bspw. meist mit Sorge auf Risse reagieren, selbst wenn diese statisch unbedenklich sind, während sie Altlasten und schädliche Bodenveränderungen teilweise mit erstaunlicher Unbefangenheit betrachten.

Für die Einschätzung eines Kaufpreises ist wichtig, welcher Typ Marktteilnehmer an der Transaktion beteiligt ist. Professionelle Käufer wie z.B. institutionelle Anleger, Kreditinstitute als Darlehensgeber, Wohnungsbaugesellschaften o.Ä. werden i.d.R. subjektiven Empfindungen wenig Raum in ihrer Entscheidungsfindung geben. Anders sieht es bei Käufergruppen aus, die nur gelegentlich mit Immobiliengeschäften zu tun haben, wie es Erwerber von Einfamilienhäusern, Erben, Mieter oder Pächter überwiegend sind, denen die bisher gemietete oder gepachtete Immobilie zum Kauf angeboten wird. Bei dieser Gruppe spielen nach meiner Erfahrung subjektive Empfindungen meistens eine deutlich größere Rolle.

Die Immobilienwertermittlungsverordnung 2021 (ImmoWertV 2021) schreibt vor, dass in allen Bewertungsverfahren zunächst ein vorläufiger Wert zu ermitteln ist, und zwar auf Grundlage modellkonformer Daten wie marktüblichen Mieten, Liegenschaftszinssätzen, Bewirtschaftungskosten pp. im Ertragswertverfahren, objektbezogenen Normalherstellungskosten, modellkonformen Ansätzen für Gesamt- und Restnutzungsdauer usw. im Sachwertverfahren oder passenden Vergleichsobjekten im Vergleichswertverfahren. In einem zweiten Schritt hat die Marktanpassung zu erfolgen, und danach sind besondere objektspezifische Grundstücksmerkmale[10] wie Einflüsse aus Rechten und Lasten, Baumängeln oder -schäden, überdurchschnittlicher Instandsetzungs- und Modernisierungsbedarf zu berücksichtigen. Erst in diesem letzten Schritt haben Sachverständige all die Eigenschaf-

8 *Kleiber et. al.*, 2017, S. 332.

9 Das übliche Marktverhalten ist aus der Beobachtung von Kaufverhalten und Preisgestaltung abzuleiten und kann je nach Immobilienart, Region usw. stark variieren. So kann das Fehlen eines Balkons in einer Wohnung in einigen Regionen als erheblicher Nachteil betrachtet werden, während dieser Umstand in anderen Gegenden eine untergeordnete Rolle spielt. Ähnliches gilt für Grundstücksgröße, Gebäudegestalt, Ausstattungsstandard usw.

10 In der ImmowertV 2021 wird unter § 8 (3) definiert: *„Besondere objektspezifische Grundstücksmerkmale sind wertbeeinflussende Grundstücksmerkmale, die nach Art und Umfang erheblich von dem auf dem jeweiligen Grundstücksmarkt Üblichen oder erheblich von den zugrunde gelegten Modellen oder Modellansätzen abweichen. Besondere objektspezifische Grundstücksmerkmale können insbesondere vorliegen bei*
1. besonderen Ertragsverhältnissen
2. Baumängeln und Bauschäden
3. baulichen Anlagen, die nicht mehr wirtschaftlich nutzbar sind (Liquidationsobjekte) und zur alsbaldigen Freilegung anstehen,
4. Bodenverunreinigungen
5. Bodenschätzen
6. grundstücksbezogenen Rechten und Belastungen. "Die besonderen objektspezifischenGrundstücksmerkmale werden […] durch marktübliche Zu- und Abschläge berücksichtigt."

ten zu berücksichtigen, die für den speziellen Immobilienmarkt, die besondere Immobilienart und eben auch für besondere Schadensbilder oder andere spezifische Grundstücksmerkmale typisch sind.

Schäden werden dabei i.d.R. als Wertminderung wahrgenommen. Die mit Einführung der ImmoWertV 2021 aufgehobene Sachwertrichtlinie hat drei Möglichkeiten für die Berücksichtigung einer Wertminderung durch Baumängel und Bauschäden aufgezeigt:

- durch Abschläge nach Erfahrungswerten,
- unter Zugrundelegung von Bauteiltabellen,
- auf der Grundlage von Schadensbeseitigungskosten.

Dabei sollte ein Abzug der Schadensbeseitigungskosten in voller Höhe nur in Betracht kommen, wenn der Schaden unverzüglich beseitigt werden muss, wobei auch dann ggf. ein Vorteilsausgleich („neu für alt") vorzunehmen ist.

Mit der neuen ImmoWertV 2021 wird ausdrücklicher als vorher das Marktverhalten als Grundlage zur Bestimmung des Werteinflusses vorgegeben. Dabei sind vorrangig Erfahrungswerte oder Schadensbeseitigungskosten zu Grunde zu legen.

In der Immobilienbewertung hat sich in weiten Kreisen die Meinung gebildet, dass Instandsetzungs- und Modernisierungskosten nur in dem Maß berücksichtigt werden dürfen, wie sie im gewöhnlichen Geschäftsverkehr, also von einem informierten, aber nicht unbedingt fachkundigen Käufer ohne wirtschaftliche oder rechtliche Notlage, angesetzt würden. In der Praxis hat sich gezeigt, dass die Annahmen von Kaufinteressenten über die Höhe der erforderlichen Kosten häufig weit von den tatsächlichen Kosten abweichen oder durch andere Aspekte wie eine besonders gefragte örtliche Lage oder eine Mangelsituation überlagert werden.

Die Höhe des Werteinflusses hängt somit maßgeblich von Faktoren ab wie

- örtliche Lage – in sehr nachgefragten Lagen wirken sich Mängel und Schäden weniger stark auf die Nachfrage und den Preis aus als in weniger gesuchten Lagen, weil potenzielle Käufer Bauschäden oder -mängel um der attraktiven Lage willen hinnehmen.
- Angebot und Nachfrage – bei guter Nachfrage und knappem Angebot werden Baumängel und -schäden einen wesentlich geringeren Einfluss auf den Kaufpreis haben als bei schwacher Nachfrage und hohem Angebot, denn bei einem geringen Angebot sind die Käufer froh, überhaupt eine Immobilie gefunden zu haben, und akzeptieren auch einen unterdurchschnittlichen Gebäudezustand, während sich ein Käufer bei großem Angebot an Immobilien entweder für eine besser erhaltene Immobilie entscheidet oder eine schad- oder mangelbehaftete Immobilie nur mit deutlichen Abschlägen akzeptiert.
- Verfügbarkeit von Handwerkern – bei guter Baukonjunktur und zunehmend durch den Mangel an Fachkräften sind Handwerker oft nur mit langen Wartezeiten verfügbar und können erheblich höhere Preise am Markt durchsetzen als in Flautezeiten; diese Preisentwicklung wird von nicht institutionellen Käufern aber häufig unterschätzt, wenn sie Kosten für bauliche Maßnahmen in ihrer Kalkulation einrechnen.

- Liefer- und Preisentwicklungen von Baumaterial – unvorhersehbare Ereignisse und Entwicklungen können Lieferketten und -zeiten verlängern und Preissteigerungen verursachen, die frühere Kalkulationen obsolet machen und ggf. das Aussetzen oder den Abbruch von Baumaßnahmen mit sich bringen.

Unglaube hat in ihrer Umfrage in den Jahren 2018 / 2019 zuletzt fünf Einflussfaktoren identifiziert:

- Schadensart,
- Schadensumfang,
- Lage,
- Baujahr,
- Teilmarkt,
- Dringlichkeit.

Schadensart

Ganz erheblich für die Reaktion eines Käufers ist die Schadensart. Untersuchungen haben gezeigt, dass Käufer auf unterschiedliche Schadensszenarien unterschiedlich reagieren. So beurteilen sie Risse als wesentlich weniger wertmindernd als zum Beispiel Feuchteschäden. Bei Schimmelschäden spielen neben den rationalen Aspekten auch emotionale Aspekte eine Rolle. Ein Großteil der Befragten reagierte zurückhaltend bei einem vorliegenden Schimmelbefall. Nicht wenige von ihnen würden sogar vom Kauf zurücktreten.

Schadensumfang

Nicht ganz so erheblich wie die Schadensart hat die Schadensgröße einen Einfluss auf die Wertminderung. Bei kleinen Schäden reagiert der Markt nicht so stark wie bei Schäden größeren Ausmaßes. Partielle Putzabplatzungen im Sockelbereich sind nicht von großer Bedeutung, ein Wassereindrang durch Fugen einer weißen Wanne hingegen finden Beachtung bei Käufern. Punktueller mikrobieller Befall in einer Dusche hat keine besondere Wertrelevanz, wogegen großflächige Ausbreitungen an Decken und Außenwänden durchaus beängstigend sein können.

Lage

Schadensart und Lage haben den größten Einfluss auf die Wertminderung infolge Bauschäden. In Ballungsgebieten, in denen das Angebot knapp ist, sind die Käufer oftmals bereit, Bauschäden hinzunehmen, ohne einen Preisabschlag zu machen. Auf dem Land, wo man eine vergleichbare Immobilie auch ohne Schäden erstehen kann, haben Bauschäden eine verhältnismäßig große Auswirkung auf den Kaufpreis.

Baujahr

Eine weitere Rolle spielt das Baujahr des Gebäudes. Bei einem älteren Gebäude rechnen die Käufer bereits mit Sanierungskosten. Bei einer neueren Immobilie gehen die Käufer davon aus, dass das Gebäude in einem guten Zustand ist. Bauschäden werden dann nicht so akzeptiert, wie es bei älteren Gebäuden der Fall ist.

Teilmarkt

Der Teilmarkt ist nach der Lage und der Schadensart ein wichtiger Aspekt. Käufer von Einfamilienhäusern haben ein anderes Budget und andere Erwartungen als Käufer von Mehrfamilienhäusern. Während der Einfamilienhausmarkt geprägt ist von Privatpersonen, Familien mit Kindern oder Paaren, die die Immobilien in der Regel zur Eigennutzung suchen und ein begrenztes Budget haben, sind die Absichten von Käufern bzw. Investoren von Mehrfamilienhäusern üblicherweise stärker von ihren Gewinnspannen abhängig. Dabei wird schnell klar, dass ein Schimmelschaden in einem selbstgenutzten Einfamilienwohnhaus von diesem Markt wesentlich sensibler wahrgenommen wird, als es bei einem Investor eines Mehrfamilienhauses der Fall ist.

Käufer von Wohnungseigentum reagieren wieder anders. Der Einfluss des Marktes auf den Verkehrswert wird unterschiedlich beurteilt, je nachdem ob die Käufer beabsichtigen, die Wohnung selbst zu nutzen oder sie zu vermieten. Bei Eigennutzung ist davon auszugehen, dass der Käufer eher emotional auf Schäden reagiert. Betrachtet er das Wohnungseigentum als reines Ertragsobjekt, wird er lediglich abwägen, inwieweit sich der vorhandene Schaden auf die erzielbare Miete auswirken könnte. Hinzu kommt, dass beim Wohnungseigentum größere Sanierungsmaßnahmen in der Regel Bauteile betreffen, die zum Gemeinschaftseigentum gehören und die Kosten somit über die Miteigentumsanteile aufgeteilt werden.

Beim Teilmarkt Gewerbe ist individuell zu bewerten, inwieweit der Schaden einen Einfluss auf den Kaufpreis hat. Emotionale Bedenken wie beim Einfamilienhausmarkt entfallen hier. Es stellt sich eher die Frage, ob der Schaden die Nutzung beeinträchtigt und wie hoch die Schadensbeseitigungskosten sind.

Dringlichkeit

An dieser Stelle sollte auch der Aspekt der Dringlichkeit angesprochen werden. Wenn im Einfamilienhausmarkt im Rahmen der Kaufüberlegung über notwenige Sanierungsmaßnahmen und Investitionen gesprochen wird, ist es für die Käufer in Einzelfällen mitunter entscheidend, ob die Maßnahmen umgehend erfolgen müssen oder auch mittelfristig oder langfristig umsetzbar sind. Bei einem undichten Dach ist es erforderlich, dass dieses sofort repariert wird. Der Käufer muss damit anders kalkulieren. Er muss die Kosten unmittelbar zum Kaufpreis aufbringen. Ist das Dach nur alt, aber noch nicht defekt, kann das erforderliche Budget im Laufe der kommenden Jahre angespart werden. Da dieser Aspekt aber nur in Einzelfällen und insbesondere im Einfamilienhausmarkt zu berücksichtigen ist, wird er nachfolgend nicht weiter behandelt.

Bei hoch emotional behafteten Vorkommnissen (siehe nachstehende Beispiele) kann auch nach der Beseitigung und trotz umfassender Instandsetzung ein Makel auf der Immobilie verbleiben. Man spricht hier von merkantilem Minderwert, der laut BGH-Urteil (8. Dezember 1977, VII ZR 60/1976)

> „in der Minderung des Verkaufswertes einer Sache [liegt], die trotz völliger und ordnungsgemäßer Instandsetzung deshalb verbleibt, weil bei einem großen Teil des Publikums vor allem wegen des Verdachts verborgen gebliebener Schäden eine den Preis beeinflussende Abneigung gegen den Erwerb besteht".

In der Verkehrswertermittlung wird als Beispiel für einen merkantilen Minderwert häufig das „Selbstmörderhaus" genannt. Die Sachverständige *Adam* hat für die Beantwortung der Frage, ob und ggf. welchen Minderwert ein ehemals radioaktiv belastetes, danach dekontaminiertes und freigemessenes Wohnhaus hat, 170 Marktteilnehmer (Sachverständige, Makler, Gutachterausschüsse, Projektentwickler, private und institutionelle Investoren und Kreditinstitute) befragt und aus deren Antworten ihren Ansatz für einen Minderwert erarbeitet, da in der Literatur keine Ansätze für derlei Belastungen zu finden waren (u.a. vorgestellt bei den Freiburger Immobilientagen am 18. und 19. November 2010).

Natürlich führt nicht jeder in der Vergangenheit aufgetretene und dann behobene Mangel zu einem merkantilen Minderwert. Aufgabe des Sachverständigen ist, zu prüfen, ob sich dieser frühere Mangel im gewöhnlichen Geschäftsverkehr tatsächlich auswirkt. Hier können erhebliche Unterschiede auftreten, sowohl regional als auch zwischen Stadt und Land, aber auch in Abhängigkeit von der Immobilienart und dem Schadensereignis. Eine Auflistung von Beispielen, in denen ein merkantiler Minderwert eingeklagt wurde, findet sich u. a. im Beitrag von *Bischoff*[11]. Der merkantile Minderwert wird in der Verkehrswertermittlung meistens mit einem Prozentsatz des unbelasteten Verkehrswertes angegeben, wobei die Sachverständigen zu prüfen haben, ob Einflüsse aus dem Schaden oder Mangel nicht bereits in die vorangegangenen Berechnungen (z.B. durch einen verringerten Mietansatz, verkürzte Restnutzungsdauern o. ä.) eingerechnet wurden. Dann wäre ein zusätzlicher Abschlag für einen merkantilen Minderwert eine unzulässige Doppelberücksichtigung.

Darüber hinaus ist zu beachten, dass ein merkantiler Minderwert nach gewisser Zeit schwindet und nach fünf, in Ausnahmefällen bis 15 Jahren meistens nicht mehr feststellbar ist. Laut *Adam* liegt dies *„am natürlichen ‚Vergessenszeitraum' der Menschen sowie an der Tatsache, dass unmittelbar nach einem Schadensereignis am ehesten mit weiteren Folgeschäden gerechnet wird und die Wahrscheinlichkeit für spätere Schäden mit Abstand zum Ereignis immer geringer wird"*. Ähnliche Ergebnisse haben auch andere Sachverständige festgestellt, u.a. *Vogel* in seinem Vortrag „Wertminderung bei bebauten Grundstücken an zwei Praxisbeispielen"[12].

21.3 Umfrage 2017

Für die 1. Auflage des vorliegenden Handbuches hat die Sachverständige *Viebrok-Hörmann* die Einschätzung von Fachleuten zum Thema Werteinfluss von Schimmel auf den Immobilienwert im Rahmen einer Umfrage eingeholt. Die Online-Umfrage war vom 8. Juli 2017 bis 16. August 2017 freigeschaltet. Alle Mailadressen stammten aus öffentlich zugänglichen Datenbanken. Die Umfrage beschränkte sich auf sechs fachliche Fragen sowie eine Frage zur beruflichen Zuordnung. Zwei weitere Abfragen boten den Teilnehmern die Möglichkeit, Kommentare einzugeben und um eine Information über das Umfrageergebnis zu bitten. Diese Umfrage erhebt weder den Anspruch, repräsentativ zu sein, noch die Thematik in allen Aspekten behandelt zu haben. Meinungserhebungen mit mehr Fragen

---

11 Bischoff: Wohnen neben Boateng: Minderung? In: Wertminderungen und Minderwert: Theorien zur Beurteilung und Berechnung, Olzog Verlag, 2016.

12 Adam: Vortrag bei den Freiburger Immobilientagen am 18. und 19. November 2010; Vogel: Vortrag am 11. Oktober 2017 bei den Nordischen Bausachverständigentagen 2017.

führen erfahrungsgemäß zu niedrigeren Antwortquoten. Da in diesem Fall eine hohe Zahl von Antworten erwünscht war, fiel die Entscheidung für einen reduzierten Fragenkatalog trotz der damit verbundenen Unschärfen.

Die vorangegangenen Betrachtungen haben aufgezeigt, dass ein Werteinfluss sowohl aus objektiven als auch subjektiven Einflüssen resultieren kann. Das Thema Schimmelbefall in Innenräumen wird in der Öffentlichkeit heftig diskutiert und beunruhigt offenbar weite Teile der Bevölkerung (siehe u.a. die Immowelt-Umfrage). Schimmelbefall kann insofern als emotional behaftetes Phänomen betrachtet werden, bei dem eine Verkehrswertermittlung zu hinterfragen hat, ob daraus ein Werteinfluss abgeleitet werden muss, egal, ob objektiv ein gesundheitsgefährdender Zustand besteht oder nicht.

Von den 1.826 angemailten fachkundigen Personen wurden 43 nicht erreicht, da die Mailadressen nicht korrekt oder nicht mehr existent waren. Von den verbleibenden 1.783 Adressaten haben 348 Personen geantwortet, das sind 19,52 %. Von den Rückläufern haben 283 (85,5 %) angegeben, dass sie als Sachverständige für Immobilienbewertung tätig sind, 62 (18,7 %) arbeiten als Makler und 60 (18,1 %) haben andere Berufe oder Fachgebiete angegeben (davon 15 Sachverständige für Schäden an Gebäuden, elf Verwalter, fünf Architekten und fünf Sachverständige für Schimmelpilzschäden, außerdem Bauträger, Projektentwickler, Mitglieder von Gutachterausschüssen, aber auch ein Zwangsverwalter, ein Mediator sowie ein Beratender Ingenieur). Einige Befragte haben mehrere Tätigkeitsfelder angegeben, sodass die Summe der einzelnen Antworten größer ist als die Gesamtzahl der Teilnehmer an dieser Frage.

Bei der regionalen Aufteilung stammen in allen drei Berufsgruppen über 30 % aus dem Süden, der Norden ist in allen drei Gruppen mit knapp 36 % bis 48 % am stärksten vertreten, während der Anteil an Antworten aus der Mitte Deutschlands in allen befragten Kreisen mit 22 bis 30 % am geringsten war.

In der Umfrage wurden neben den Fragen zum Werteinfluss von Schimmelbefall auch Informationen über die Region gestellt, auf die sich die Antworten beziehen. Abweichend von der häufig gewählten Aufteilung in Nord, Süd, Ost und West hat die Autorin in Anlehnung an die Regionalgliederung des Immobilienverbandes IVD eine Einteilung in drei Bereiche vorgezogen (Nord, Mitte, Süd).

338 Teilnehmer der Befragung haben angegeben, auf welche Region Deutschlands sich ihre Antworten beziehen. Knapp 37 % sind danach im Norden (Berlin, Brandenburg, Bremen, Hamburg, Niedersachsen, Mecklenburg-Vorpommern und Schleswig-Holstein) tätig, rd. 33 % im Süden (Baden-Württemberg, Bayern, Rheinland-Pfalz, Saarland) und rd. 30 % in der Mitte (Hessen, Nordrhein-Westfalen, Sachsen, Sachsen-Anhalt, Thüringen). Damit sind die drei Regionen fast gleich stark repräsentiert.

Der größte Teil der Befragten arbeitet in Großstädten,[13] Mittelstädte und Metropolen machen die nächstgroßen Bewertungsgebiete aus. Dabei ist die Verteilung in den Regionen Nord, Mitte und Süd im Wesentlichen ähnlich. Lediglich die Region Mitte weicht bei Klein- und Mittelstädten sowie den ländlichen Regionen von der allgemeinen Verteilung ab.

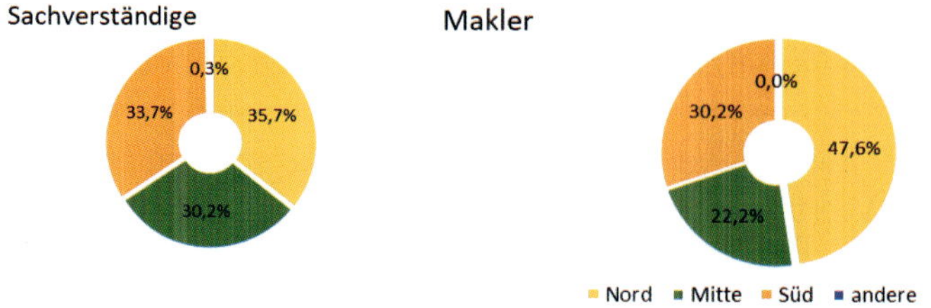

Abb. 1: Regionale Verteilung der Teilnehmer der Befragung.

Quelle: Ina Viebrok-Hörmann

340 Befragte haben die Nachfragesituation auf dem Immobilienmarkt, auf dem sie überwiegend tätig sind, nach „hoch", „mittel" und „gering" klassifiziert. Die Auswertung der Antworten zeigt folgende Verteilung:

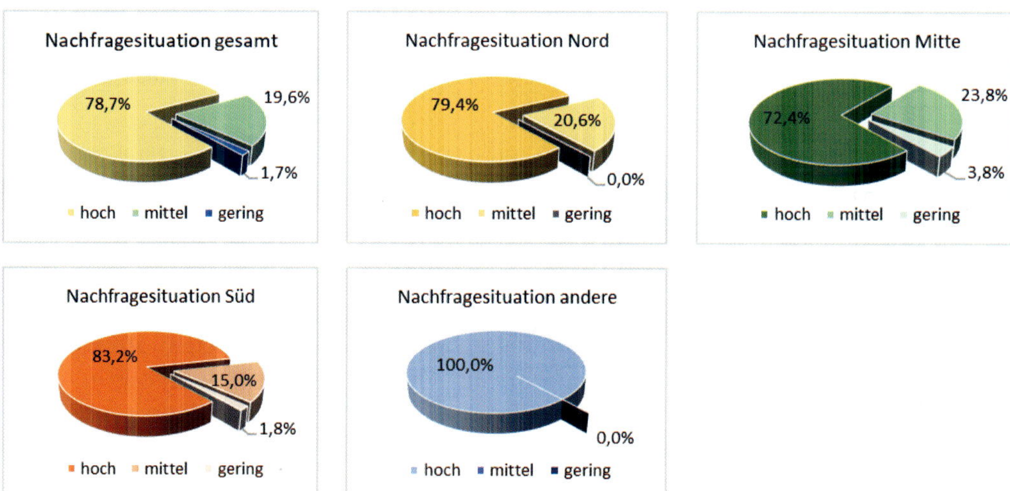

Abb. 2: Nachfragesituation auf den Immobilienmärkten.

Quelle: Ina Viebrok-Hörmann

Die Antworten auf die Fragen nach einem Werteinfluss von Schimmelbefall bezogen sich zum einen auf akuten Schimmelbefall und zum anderen auf beseitigten Schimmelbefall (Prozentangaben der Antworten jeweils bezogen auf die Gesamtzahl der Antworten zu den einzelnen Fragen).

---

13 Als Kleinstadt sind hier Städte von 5.000 bis 20.000 Einwohner gemeint, die Fragen bezogen sich jeweils auch das unmittelbare Einzugsgebiet der jeweiligen Städte. Unter Mittelstadt wird hier eine Stadt von 20.000 bis 100.000 Einwohner verstanden. Als Großstadt gelten Städte größer 100.000 Einwohner. Metropolen sind hier Berlin, Hamburg, Frankfurt/Main, München.

Frage 1: Hat akuter Schimmelbefall einen Einfluss auf den Verkehrs-/Marktwert einer Immobilie?

a)	Bei punktuellem Befall an wenigen Stellen (z.B. Fensterleibungen, Duschkabine)	ja/nein
b)	Bei Befall an mehreren Stellen (z. B. Fensterleibungen, Bad, hinter Schränken, Bildern o. ä.)	ja/nein
c)	bei großflächigem Befall	ja/nein

Fast alle Befragten (346) haben diese Frage beantwortet. Dass großflächiger akuter Schimmelbefall den Verkehrswert beeinflusst, hat fast die Gesamtheit der Antwortenden bejaht (97 %). Weniger eindeutig war die Einschätzung bei geringem Befall bzw. Befall an mehreren Stellen. Fast drei Viertel aller Antworten (72 %) halten einen akuten Schimmelbefall an mehreren Stellen für wertbeeinflussend, ein knappes Viertel auch punktuellen Befall (rd. 23 %). Akuter punktueller Befall wird damit von fast drei Viertel der Befragten als nicht wertrelevant eingestuft.

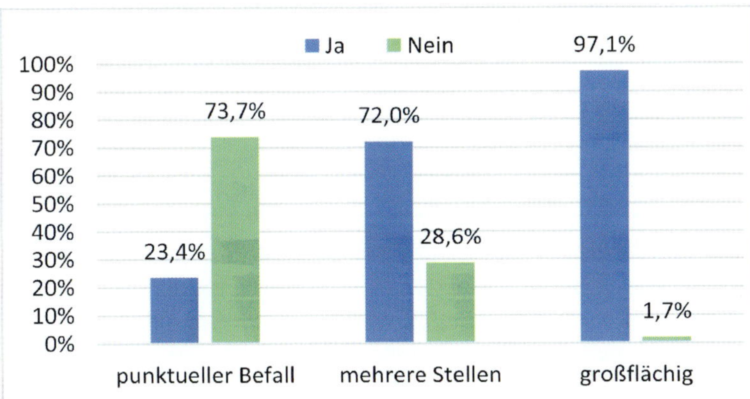

Abb. 3: Einfluss von aktuem Schimmelbefall.

Quelle: Ina Viebrok-Hörmann

Hinsichtlich der Einschätzung, ob Schimmelbefall einen Werteinfluss hat, antworten die Makler häufiger als die Sachverständigen, dass es einen solchen Werteinfluss gibt. Bei punktuellem Befall und Befall an mehreren Stellen sind die Abweichungen recht groß, während die Differenz bei großflächigem Befall marginal ist.

	Sachverständige	Makler	Differenz
punktueller Befall	23,0 %	34,9 %	11,9 %
Befall mehrerer Stellen	70,4 %	84,1 %	13,7 %
großflächiger Befall	97,9 %	98,4 %	0,5 %

Betrachtet man die Antworten nach Regionen, zeigt sich, dass die Antworten aller Befragten aus den Regionen Nord, Mitte und Süd nur wenig vom Mittel aller Regionen abweichen.

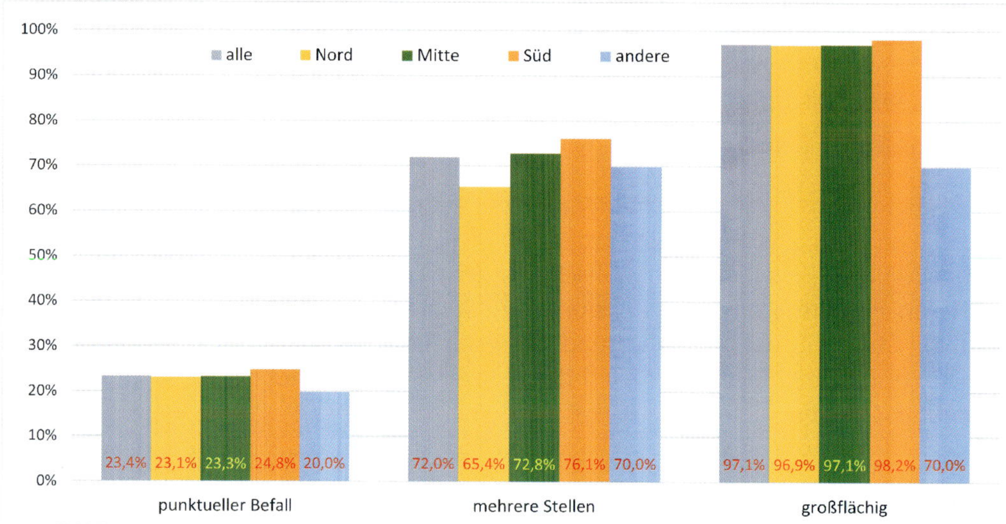

Abb. 4: Werteeinfluss von akutem Schimmelbefall (regionale Verteilung).

Quelle: Ina Viebrok-Hörmann

In der Bewertungsliteratur finden sich für einige Fragestellungen bundesweite Durchschnittswerte (z.B. Umrechnungskoeffizienten für unterschiedliche Geschossflächen, Liegenschaftszinssätze für verschiedene Immobilienarten). In der Bewertungspraxis hat sich jedoch gezeigt, dass sich in den einzelnen regionalen Immobilienmärkten die Ausprägungen ganz anders als im bundesdeutschen Mittel darstellen können. Für das Thema Schimmelbefall hat sich deshalb die Frage gestellt, wie sich die Lage Metropole, Großstadt oder deren Randlage, Mittelstadt oder deren unmittelbares Einzugsgebiet, Kleinstadt oder deren unmittelbares Einzugsgebiet bzw. ländliche Region oder sonstige Regionen (wie Nord- und Ostseeinseln) auf die Einschätzung auswirken.

Bei der Frage nach dem Werteinfluss eines punktuellen Befalls zeigen sich uneinheitliche Antworten sowohl bezüglich der regionalen Einschätzung als auch hinsichtlich des Bewertungsraumes. In Mittel- und Großstädten sowie Metropolen ist nach Einschätzung der Befragten eher kein Werteinfluss vorhanden. Beantwortet wurde dieser Frageteil von 336 Befragten. Die Darstellung zeigt gewichtete Prozentangaben, basierend auf dem Verhältnis der Gesamtheit aller Antworten zu dieser Teilfrage zu den zugehörigen Antworten aus der jeweiligen Region. Die Auswertung aller Antworten zeigt folgende Ergebnisse:

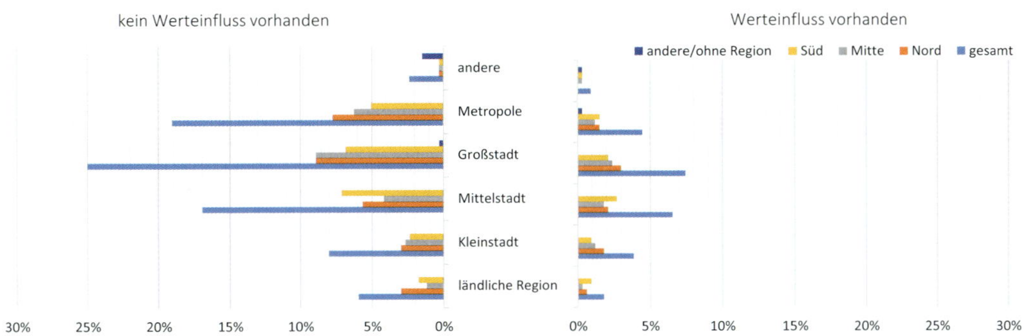

Abb. 5: Punktueller Schimmelbefall.

Quelle: Ina Viebrok-Hörmann

Ordnet man die Antworten von Sachverständigen und Maklern den Regionen zu, zeigt sich, dass in der Region Mitte Makler etwas seltener einen Werteinfluss in punktuellem Schimmelbefall sehen als die Sachverständigen. In den beiden anderen Regionen stufen Makler einen punktuellen Befall als wichtiger für einen Werteinfluss ein als die Sachverständigen. Im Süden messen sogar fast doppelt so viele Makler einem Schimmelbefall einen Werteinfluss bei wie die Sachverständigen. Für den Bereich „andere Regionen" lag nur eine Antwort vor, die einen Werteinfluss bejaht. In der nachfolgenden Grafik ist diese Angabe zur Vermeidung einer Fehlinterpretation nicht enthalten. Es gab einige Mehrfachnennungen, daher ergibt sich teilweise aus den Ja- und den Nein-Stimmen ein Wert über 100 %.

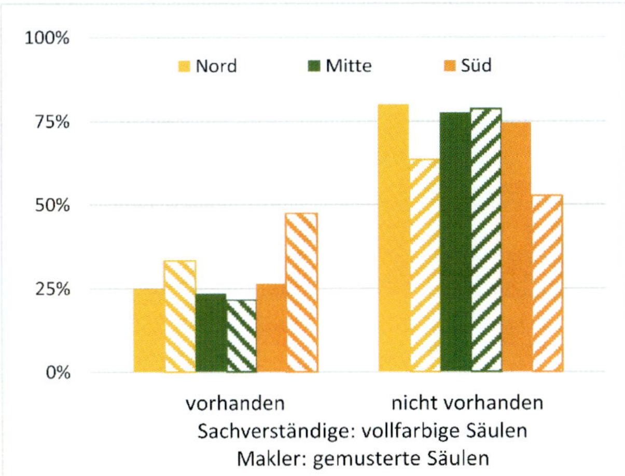

Abb. 6: Werteeinfluss bei punktuellem Schimmelbefall.

Quelle: Ina Viebrok-Hörmann

Die Frage nach dem Einfluss von Schimmelbefall in mehreren Stellen haben alle 348 Teilnehmer der Befragung beantwortet. Die Einschätzung, ob ein Werteinfluss gegeben ist oder nicht, hat sich gegenüber punktuellem Befall nahezu umgekehrt. Die unterschiedliche regionale Einschätzung ist jedoch geblieben. Die gewichteten Antworten aller Befragten ergaben folgende Verteilung:

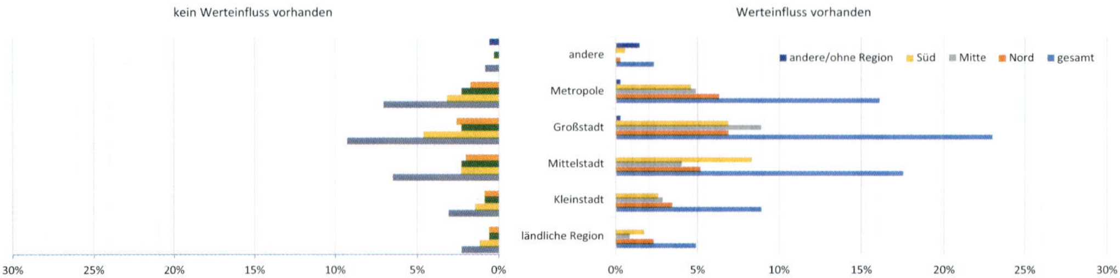

Abb. 7: Schimmelbefall in mehreren Stellen.

Quelle: Ina Viebrok-Hörmann

In ihren Antworten zeigten Makler und Sachverständige wiederum abweichende Einschätzungen. Dass Schimmelbefall an mehreren Stellen einen Werteinfluss hat, befanden in allen Regionen mehr Makler als Sachverständige, allerdings waren die Abweichungen zwischen der Einschätzung beider Berufsgruppen in der Region Süd erheblich geringer als bei punktuellem Befall. Bei der Frage, ob Schimmelbefall an mehreren Stellen ohne Werteinfluss bleibt, lagen die Antworten der Sachverständigen aller Regionen über denen der Makler.

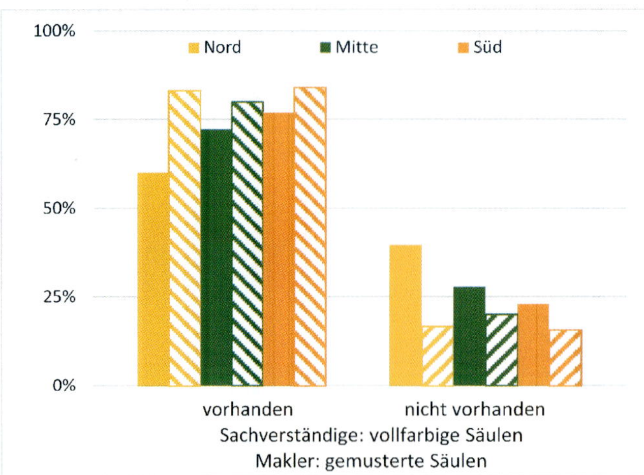

Abb. 8: Werteinfluss bei Schimmelbefall an mehreren Stellen.

Quelle: Ina Viebrok-Hörmann

Die Frage nach einem Werteinfluss bei großflächigem Schimmelbefall haben 342 Teilnehmer beantwortet. Die Anzahl der Antworten, die keinen Werteinfluss sehen, liegt insgesamt bei rd. 1,7 %. In der Region Nord halten 2,3 % und in der Region Mitte 1,9 % der Befragten großflächigen Schimmelbefall für nicht wertbeeinflussend, im Süden sind es 0,9 %. In den übrigen Regionen wird großflächiger Schimmel immer als wertrelevant eingestuft. Die Darstellung mit gewichteten Anteilen zeigt die Verteilung nach Regionen und Bewertungsräumen:

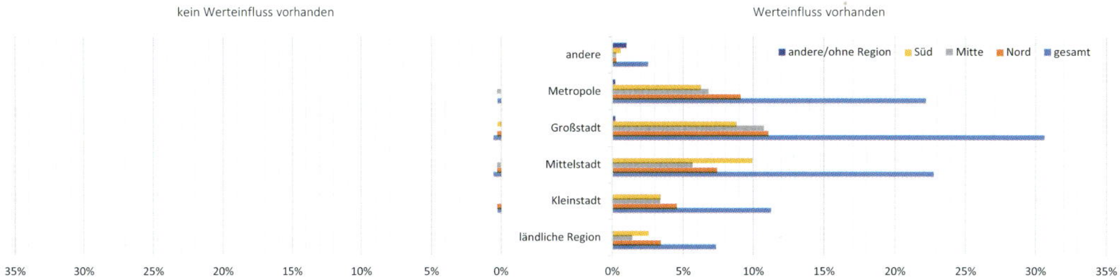

Abb. 9: Erheblicher Schimmelbefall.

Quelle: Ina Viebrok-Hörmann

Bei der Unterscheidung der Antworten nach Berufsgruppen zeigt sich, dass im Norden ein sehr geringer Prozentsatz an Sachverständigen (0,7 %) und Maklern (1,6 %) auch bei großflächigem Schimmelbefall keinen Werteinfluss sieht und in der Region Mitte 0,3 % der Sachverständigen diese Auffassung vertritt. Makler aus der Region Mitte und Sachverständige und Makler aus dem Süden sehen in jedem Fall einen Werteinfluss bei großflächigem Schimmelbefall. In der Mitte und im Süden Deutschlands liegt der Prozentsatz von Maklern, die großflächigen Schimmelbefall für wertbeeinflussend halten, unter dem der Sachverständigen, allerdings nicht mit einem solchen Abstand wie im Norden, wo rd. 11 % mehr Makler als Sachverständige diese Auffassung vertreten.

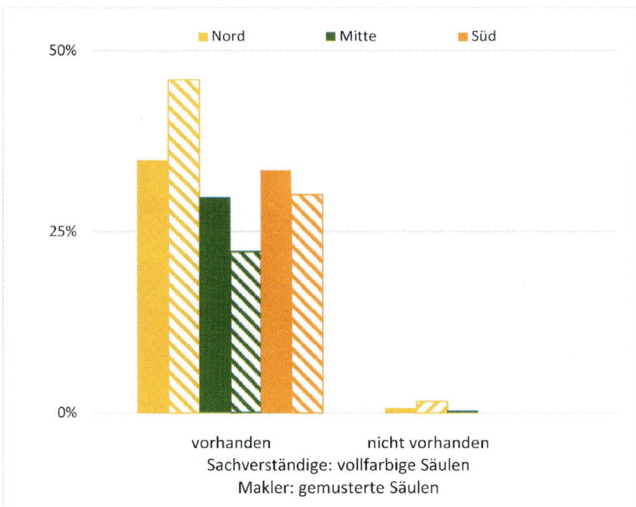

Abb. 10: Werteinfluss bei großflächigem Schimmelbefall.

Quelle: Ina Viebrok-Hörmann

Wirkt sich die Nachfragesituation auf die Einschätzung des Werteinflusses eines Schimmelpilzes aus? Für diese Frage war zu klären, ob ein linearer Zusammenhang zwischen den Merkmalen „Werteinfluss" und „Nachfragesituation" besteht. Der Korrelationskoeffizient

r_{xy} bzw. das Bestimmtheitsmaß R^2 als Quadrat des Korrelationskoeffizienten sind ein Maß für die Stärke dieses Zusammenhangs. $r_{xy} = \pm 1$ bedeutet, dass alle Punkte eines Streudiagramms genau auf einer Linie liegen. Für den Betrag des Koeffizienten gilt laut Fernuniversität Hagen „Deskriptive Statistik" folgende Interpretationsrichtlinie:

|r|	**Bedeutung**
0	kein linearer Zusammenhang
0 bis 0,5	schwach linearer Zusammenhang
0,5 bis 0,8	mittlerer linearer Zusammenhang
0,8 bis 1	stark linearer Zusammenhang
1	perfekt linearer Zusammenhang

Allerdings hängt die Aussagekraft maßgeblich vom Fachgebiet ab. Während in den Naturwissenschaften messbare Größen zu Grunde gelegt werden und Störeinflüsse minimiert werden können, sind Einschätzungen von Menschen von etlichen, meist nicht messbaren Größen bestimmt. Ein Bestimmtheitsmaß deutlich unter 0,5 kann hier deshalb noch eine brauchbare Interpretation erlauben.

Die Auswertung der Bestimmtheitsmaße für den Zusammenhang „Werteinfluss – Nachfragesituation" mit dem Merkmal „Werteinfluss vorhanden" ergab folgende Tabelle:

	Befall		
Nachfrage	punktuell	mehrere Stellen	großflächig
hoch	0,009	0,006	0,019
mittel	0,011	0,000	0,000
gering	0,007	0,013	0,009

Für das Merkmal „kein Werteinfluss vorhanden" wurden folgende Bestimmtheitsmaße ermittelt:

	Befall		
Nachfrage	punktuell	mehrere Stellen	großflächig
hoch	0,013	0,004	0,002
mittel	0,004	0,002	0,003
gering	0,005	0,000	0,000

Auch unter Berücksichtigung des „menschlichen Faktors" zeigen die Bestimmtheitsmaße keinen linearen Zusammenhang der beiden Einflussgrößen in dieser Umfrage auf.

Frage 2: Wirkt sich nach Ihrer Einschätzung und Erfahrung ein fachgerecht beseitigter Schimmel, der zum Zeitpunkt des Verkaufs nicht mehr sichtbar ist und nur mitgeteilt wird, auf den Verkehrs-/Marktwert einer Immobilie aus?

a) Bei punktuellem/geringem früheren Befall,

b) bei erheblichem früheren Befall,

c) unabhängig vom Umfang des früheren Befalls.

Diese Frage wurde von 344 Teilnehmern beantwortet, 298-mal wurde eine der drei Antwortmöglichkeiten mit „Ja" beantwortet. Fast 90 % aller Befragten sehen in fachgerecht beseitigtem Schimmel bei ehemals punktuellem oder geringem Befall keinen Werteinfluss mehr, und fast ein Drittel tut dies auch nicht bei ehedem erheblichem Befall. Fast zwei Drittel aller Antworten bejahen jedoch einen Werteinfluss bei ehemals erheblichem Schimmelbefall auch nach Beseitigung, und knapp ein Fünftel der Antworten sieht dies unabhängig vom Umfang des Befalls.

Makler und Sachverständige liegen in ihrer Einschätzung, ob fachgerecht beseitigter Schimmelbefall noch einen Werteinfluss hat, in einer Spanne von rd. 4 % bis 8 % auseinander. Dabei sehen mehr Makler für jeglichen, gleich ob punktueller oder erheblicher, Befall einen Werteinfluss als Sachverständige.

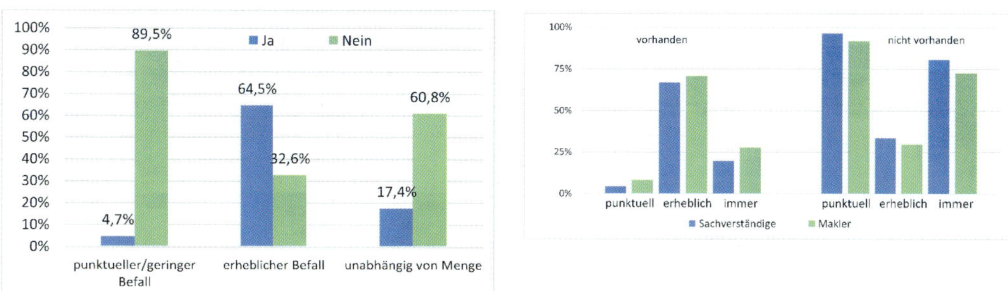

Abb. 11: Einfluss von früherem Schimmelbefall (links), Werteinfluss von fachgerecht beseitigtem Schimmbefall (rechts).

Quelle: Ina Viebrok-Hörmann

Bei der regionalen Einschätzung zeigen sich grundsätzlich identische Ansätze in den Regionen Nord, Süd und Mitte. Hier liegen die Abweichungen zwischen 1,2 % und 5,1 %. In den sonstigen Regionen wird beseitigtem Schimmelbefall fast keine Bedeutung für den Wert beigemessen, unabhängig davon, ob der Befall gering oder erheblich war.

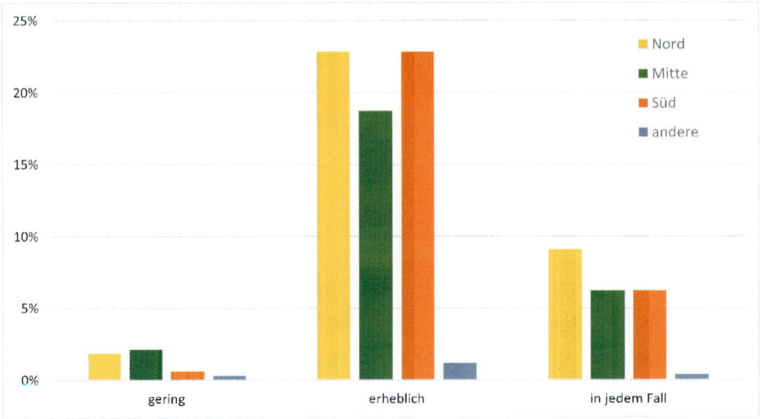

Abb. 12: Werteinfluss von beseitigtem Schimmelbefall in den Regionen.

Quelle: Ina Viebrok-Hörmann

Anders sieht es bei der Einschätzung der beiden Berufsgruppen Makler und Sachverständige aus. Hier zeigen sich sowohl bei den Berufsgruppen als auch bei den Regionen deutliche Unterschiede. Während knapp 30 % der Makler im Norden auch bei geringem früheren Schimmelbefall einen Werteinfluss sehen, halten nur knapp 10 % der Sachverständigen in diesem Bereich dies für wertbeeinflussend. In der Mitte bewerten die Sachverständigen einen früheren Schimmelbefall deutlich stärker als die Makler, während im Süden Sachverständige nur in geringem Maß einen früheren Schimmelbefall für wertrelevant halten und die Makler gar nicht.

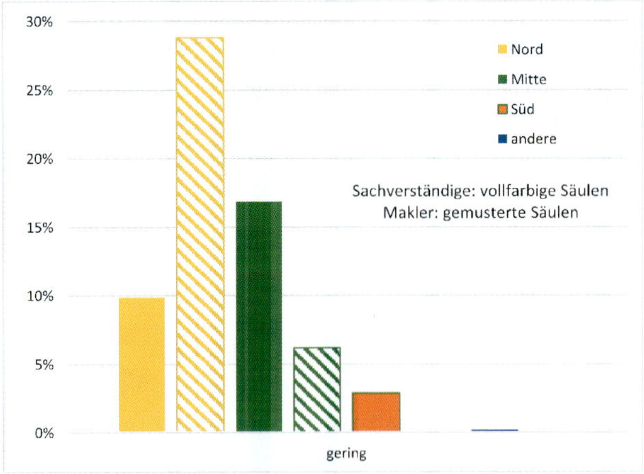

Abb. 13: Werteinfluss nach beseitigtem Schimmelbefall.

Quelle: Ina Viebrok-Hörmann

Bei erheblichem früheren Schimmelbefall liegt die Einschätzung von Maklern und Sachverständigen dichter beieinander: Die Makler im Norden sehen wieder einen höheren Werteinfluss nach der Schimmelbeseitigung, die Differenz zu den Sachverständigen liegt aber nur bei rd. 4 %. Im Süden wird ehemaliger erheblicher Schimmelbefall kritischer gesehen als in der Region Mitte, für die übrigen Regionen wird kein Werteinfluss benannt.

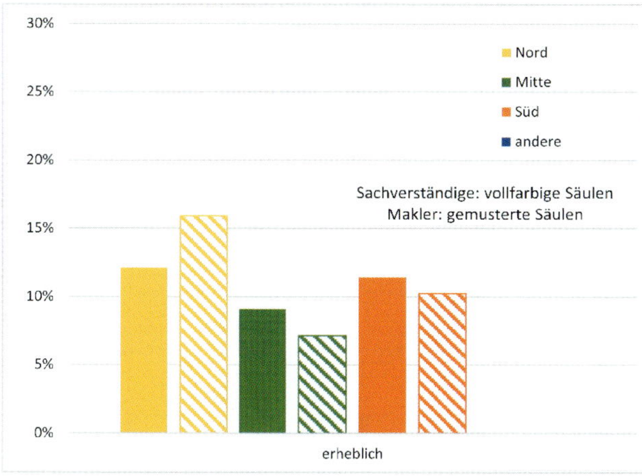

Abb. 14: Werteinfluss nach beseitigtem Schimmelbefall.

Quelle: Ina Viebrok-Hörmann

Die Einschätzung zum Werteinfluss unabhängig vom Umfang des Schimmelbefalls zeigt wiederum, dass im Norden mehr Sachverständige und Makler einen solchen Werteinfluss bejahen als in der Mitte oder im Süden. Der Unterschied zwischen Maklern und Sachverständigen ist im Norden und in der Mitte mit rd. 5 % gleich groß, während im Süden Makler und Sachverständige einen nahezu identischen Werteinfluss sehen.

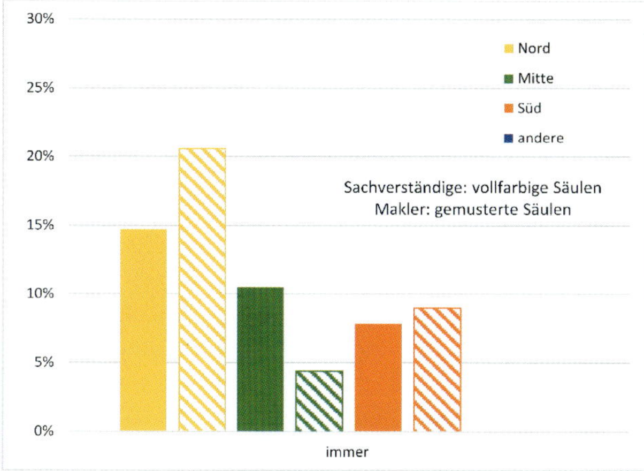

Abb. 15: Werteinfluss nach beseitigtem Schimmelbefall.

Quelle: Ina Viebrok-Hörmann

Für die unterschiedlichen Bewertungsräume zeigten die Antworten von 2017, dass geringer Schimmelbefall nach fachgerechter Beseitigung überwiegend für nicht wertrelevant gehalten wird. In Mittel- und Großstädten wurde ehemaliger Schimmelbefall häufiger für nicht mehr wertbeeinflussend gehalten als in Kleinstädten oder ländlichen Regionen.

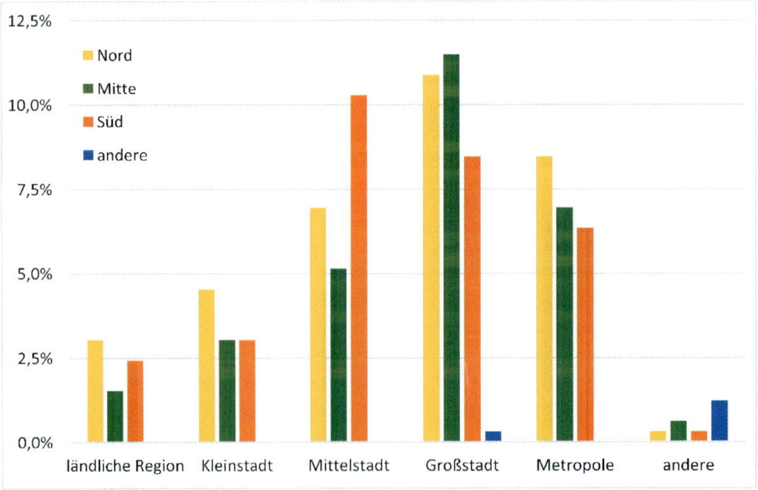

Abb. 16: Kein Werteinfluss nach beseitigtem geringen Schimmelbefall.

Quelle: Ina Viebrok-Hörmann

Bei ehedem erheblichem Schimmelbefall bleibt nach Einschätzung etlicher Befragter auch nach fachgerechter Beseitigung ein Werteinfluss. In Mittel- und Großstädten ist er im Norden und Süden höher als in den übrigen Regionen und Bewertungsräumen.

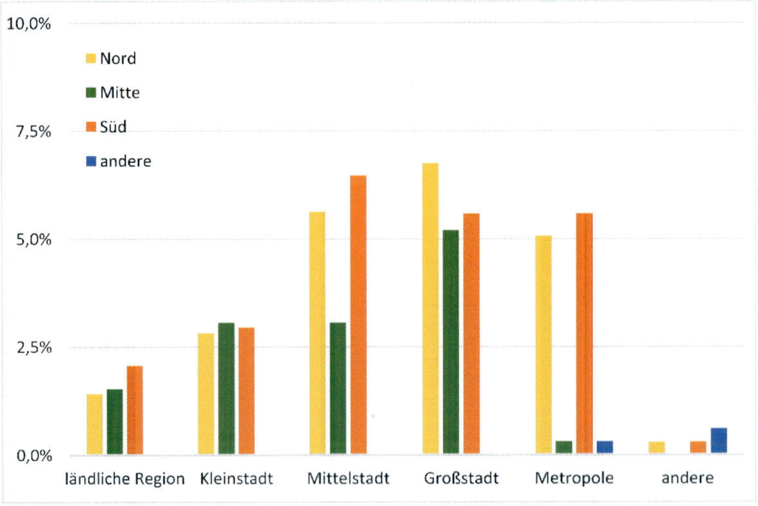

Abb. 17: Werteinfluss nach beseitigtem erheblichen Schimmelbefall.

Quelle: Ina Viebrok-Hörmann

Keinen Werteinfluss nach beseitigtem Schimmelbefall unabhängig von dessen Größe weisen die Antworten vor allem für Großstädte aus, im Süden auch für Mittelstädte.

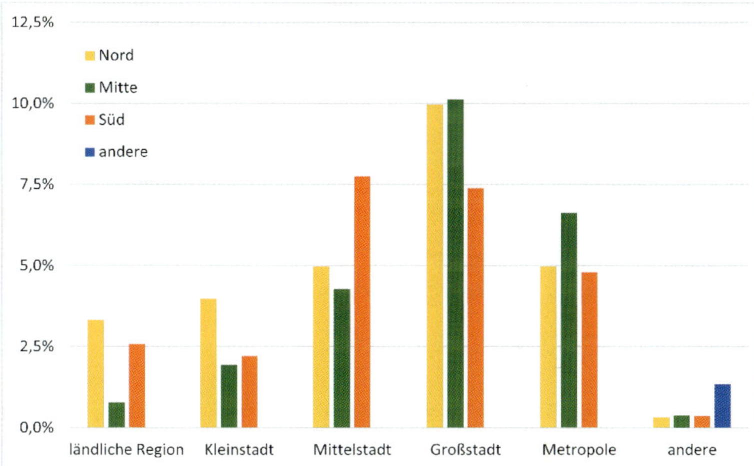

Abb. 18: Kein Werteinfluss nach beseitigtem Schimmelbefall unabhängig von dessen Umfang.

Quelle: Ina Viebrok-Hörmann

Frage 3 war nur von Teilnehmern zu beantworten, die einen Werteinfluss durch fachgerecht beseitigten Schimmelpilz bejaht hatten. 284 Teilnehmer gaben an, wie lange ein solcher ehemaliger Schimmelschaden nach ihrer Erfahrung nachwirkt. Auch bei dieser Frage sind die Antworten relativ gleichmäßig auf die Regionen Nord, Süd und Mitte verteilt.

Frage 3: Wenn ein Schimmelbefall Einfluss auf den Verkehrswert einer Immobilie hat, wie lange wirkt sich dieser Schaden nach Ihrer Einschätzung und Erfahrung auf den Verkehrswert aus?

Nach einem punktuellen oder geringen Befall sinkt der Werteinfluss nach Meinung der Befragten innerhalb des ersten Jahres von 50 % auf etwas unter 20 %. Nach ehemals erheblichem Befall sehen nur rd. 10 % der Befragten eine Nachwirkung von bis zu sechs Monaten. Zwei Drittel der Befragten sehen einen Werteinfluss jedoch nur für einen Zeitraum bis zwei Jahre.

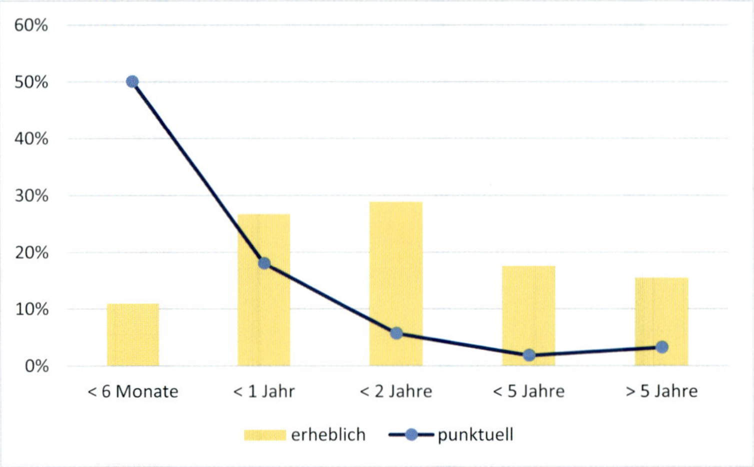

Abb. 19: Nachwirkung eines früheren fachgerecht behobenen Schimmelbefalls.

Quelle: Ina Viebrok-Hörmann

Die Thematik wird von Maklern und Sachverständigen in nahezu gleicher Weise eingeschätzt. Lediglich bei ehemals erheblichem Befall liegen die beiden Berufsgruppen für die Stufe „bis zwei Jahre" relativ deutlich auseinander.

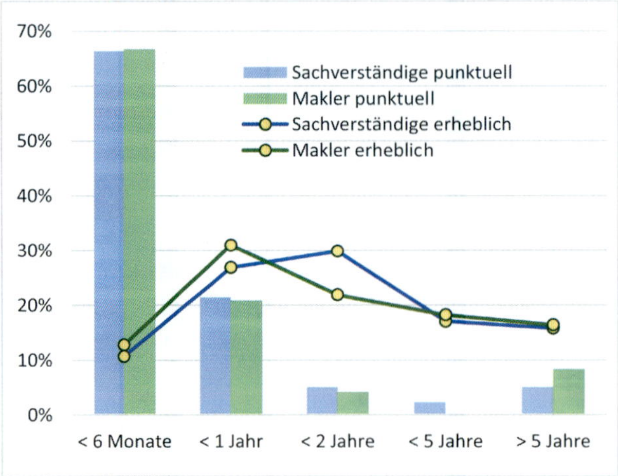

Abb. 20: Nachwirkungszeit nach Berufsgruppen.

Quelle: Ina Viebrok-Hörmann

Betrachtet man die Einschätzung beider Berufsgruppen nach Regionen und Bewertungsräumen getrennt, ergeben sich folgende Daten:

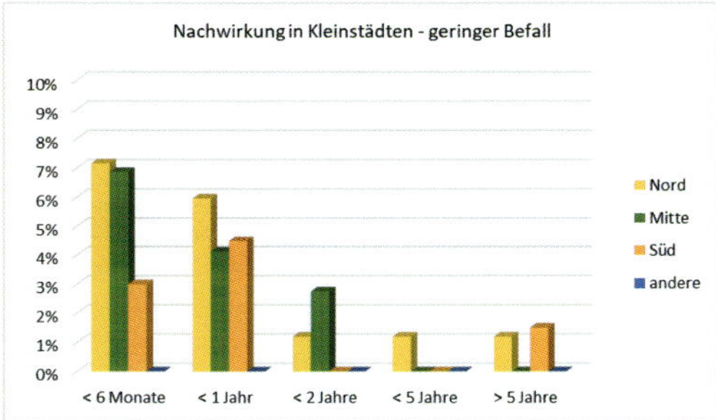

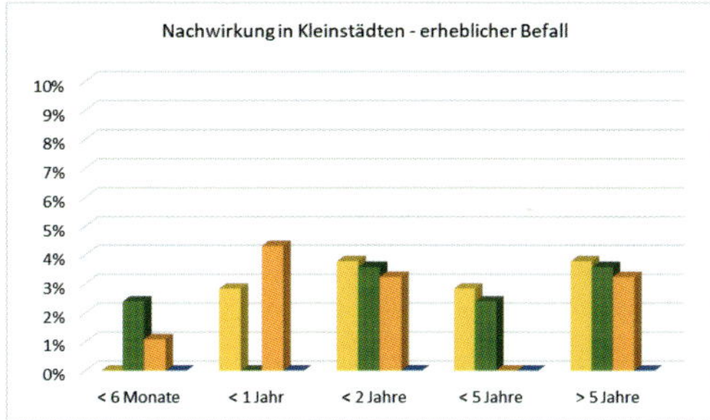

Abb. 21a und 21b: Nachwirkung in Kleinstädten – geringer Befall/erheblicher Befall.

Quelle: Ina Viebrok-Hörmann

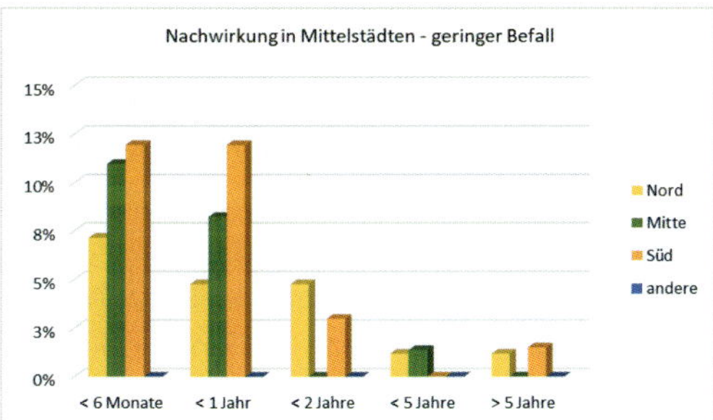

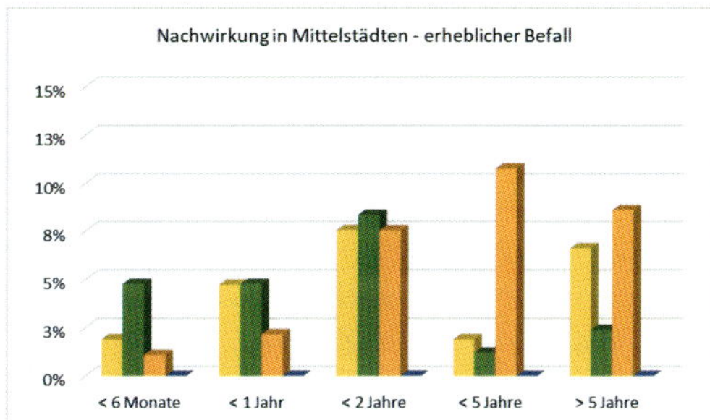

Abb. 22a und 22b: Nachwirkung in Mittelstädten – geringer Befall/erheblicher Befall.

Quelle: Ina Viebrok-Hörmann

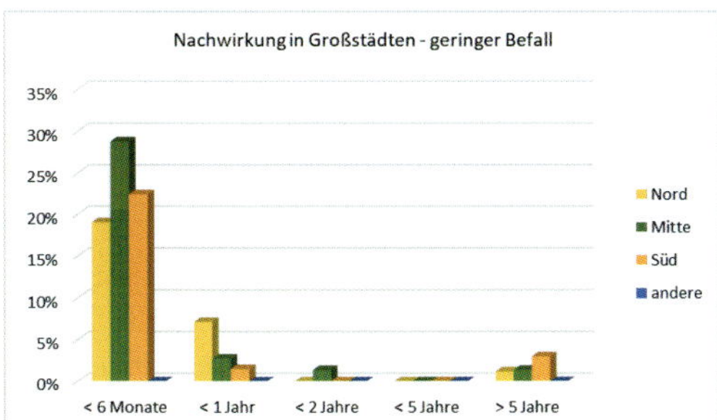

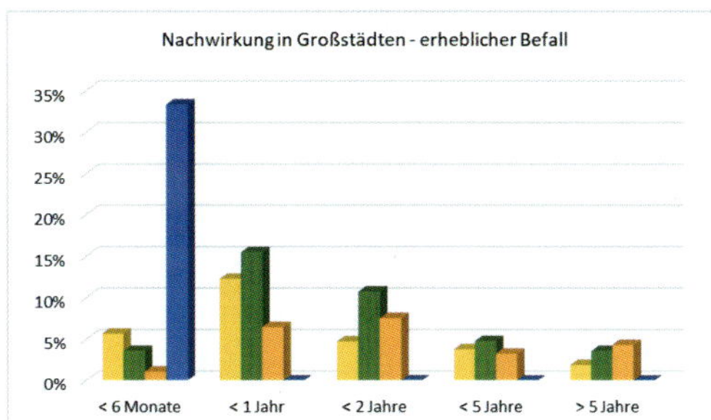

Abb. 23a und 23b: Nachwirkung in Großstädten – geringer Befall/erheblicher Befall.

Quelle: Ina Viebrok-Hörmann

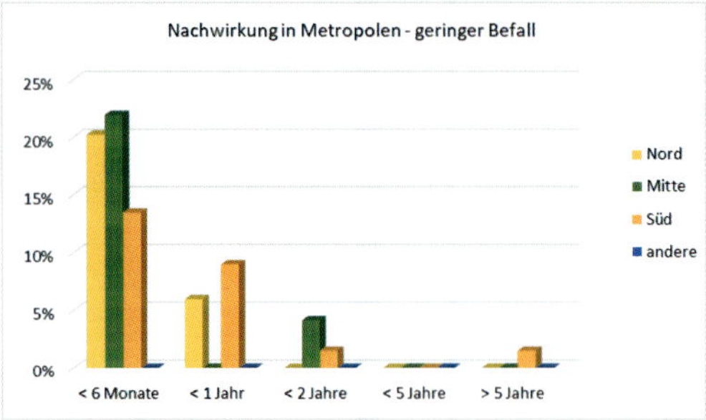

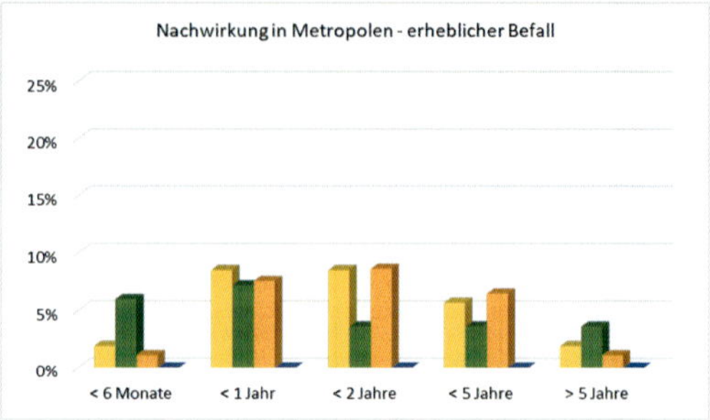

Abb. 24a und 24b: Nachwirkung in Metropolen – geringer Befall/erheblicher Befall.

Quelle: Ina Viebrok-Hörmann

Aus den anderen Regionen gab es kaum Antworten, sodass hier auf eine gesonderte Darstellung verzichtet wird. Wenn in diesem Bereich ein Werteinfluss nach punktuellem Befall gesehen wird, dann nicht länger als sechs Monate. Nach erheblichem Befall ist nach Meinung der Fachleute auch hier spätestens nach zwei Jahren kein Werteinfluss mehr erkennbar.

Insgesamt kann man für die Zeit um 2017 feststellen, dass nach punktuellem Befall die überwiegende Anzahl der Befragten einen Werteinfluss bis zu einem Jahr ansetzt, während sich bei ehemals erheblichem Befall die Einflussdauer mehrheitlich bis zu zwei Jahren erstreckt. Allerdings ist hier zu beachten, dass die Einflussdauer auch von der Ursache abhängt. Dieser Zusammenhang wurde in der Umfrage jedoch nicht erfasst. Ein großer Teil der Kommentare wies dementsprechend darauf hin, dass eine Unterscheidung zwischen baulich bedingtem und nutzungsbedingtem Schimmelbefall gefehlt habe. Dies sei unglücklich, weil die Beseitigung des Letzteren i.d.R. mit weniger Aufwand möglich sei als die Behebung baulicher Mängel oder Schäden. Die Klärung der Schadensursache wurde in vielen Kommentaren als wichtiges Kriterium für die Einschätzung, welche Maßnahmen und damit welche Kosten in einem Gutachten zu berücksichtigen seien, genannt. Allerdings wies auch fast ein Viertel aller Kommentare darauf hin, dass die Nachfragesituation einen erheblichen Einfluss auf das Marktverhalten und damit auf die Bedeutung solcher Schäden hat. Knapp 13 % der Anmerkungen bezogen sich auf das Erfordernis, eine fachgerechte Sanierung nachzuweisen, was in den meisten Fällen etwaige Wertminderungen verringere oder beseitige. Auch hier kam einige Male der ergänzende Hinweis auf die Nachfragesituation mit der Bemerkung, dass in Lagen mit geringer Nachfrage oder Immobilienarten wie hochpreisigen Einfamilienhäusern auch eine fachgerechte Sanierung nicht zur vollkommenen Freiheit von Abschlägen führe.

21.4 Untersuchungen Unglaube

21.4.1 Umfrage 2019/2020

Im Zeitraum von 2019 bis 2020 hat *Unglaube* eine Umfrage mit 220 Teilnehmern durchgeführt. Dabei wurde gefragt, welche Schäden sie in welchem Umfang beim Kauf eines Einfamilienhauses zum Abzug bringen würden. Untersucht wurden dabei die am häufigsten auftretenden Schäden wie Risse, Schimmelbefall und Feuchtigkeit.

Wichtig bei der Umfrage war es, dass die Befragten aus unterschiedlichen Interessengruppen kamen. Es sollten absichtlich nicht ausschließlich Sachverständige befragt werden, da diese nicht den Markt widerspiegeln, sondern allenfalls eine Einschätzung haben können, wie der Markt reagieren könnte.

Darüber hinaus sollte ermittelt werden, ob Sachverständige den Markt anders einschätzen, als potenzielle Käufer tatsächlich handeln.

Wie reagiert der Markt auf unterschiedliche Schadensbilder?

Grundsätzlich herrscht die Meinung, dass die Käufer in Ballungsgebieten, aufgrund der Angebotsknappheit bereit sind, mehr oder weniger stark mangelbehaftete Immobilien zu hohen Preisen zu kaufen. Im Vordergrund steht das Grundstück, die Bauschäden sind unerheblich. Mit der Umfrage sollte herausgearbeitet werden, ob dies wirklich so ist und ob die Schadensart einen Einfluss auf die Käuferreaktion und damit auf den Kaufpreis hat.

Aufbau der Umfrage

Zu Beginn der Umfrage mussten die Befragten definieren, zu welchem Marktteilnehmerkreis sie gehören (siehe Abb. 25). Als nächstes wurde die Lage abgefragt. Hier gab es die Auswahl zwischen Ballungsgebiet, Randlage und ländlichem Gebiet (siehe Abb. 26).

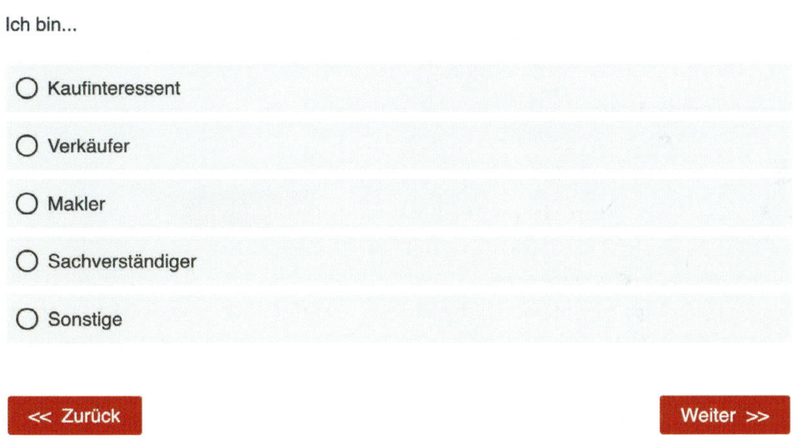

Abb. 25: Auswahlmenu Marktteilnehmer

Quelle: Daniela Unglaube

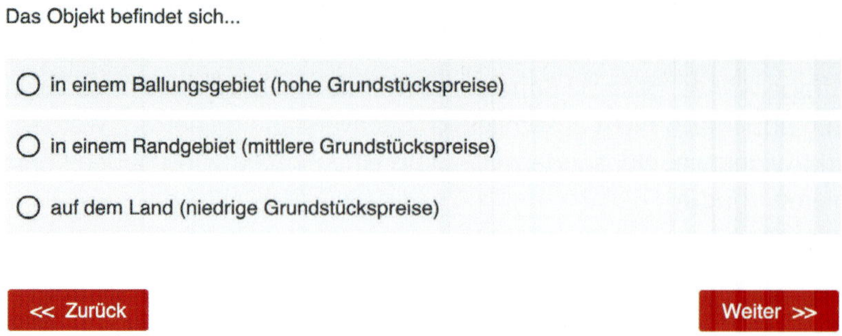

Abb. 26: Auswahlmenu Lage

Quelle: Daniela Unglaube

Weiter konnte ausgewählt werden, für welches Objekt die Umfrage beantwortet wird. Dabei wurde zwischen Altbauten, Gebäuden mittleren Alters und Neubauten unterschieden (siehe Abb. 27). Je nach Gebäudealtersklasse wurden die entsprechenden baujahrestypischen Schadensszenarien beschrieben.

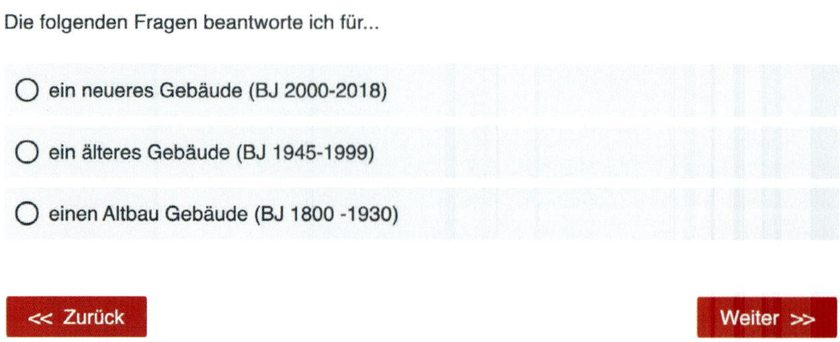

Abb. 27: Auswahlmenu Gebäudealter

Quelle: Daniela Unglaube

Danach folgten die Beschreibungen der einzelnen Schadensszenarien in Abhängigkeit vom Baualter und der angegebenen Lage. Hatten die Teilnehmer im Vorfeld z.B. angegeben, die Fragen für ein Gebäude mittleren Alters in einem Randgebiet zu beantworten, folgte der Text gemäß Abb. 28:

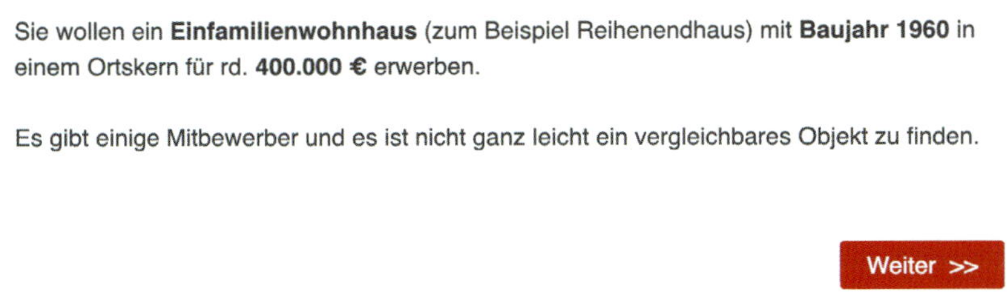

Abb. 28: Einleitung

Quelle: Daniela Unglaube

Es folgte die Frage, welche Bauschäden den Teilnehmer am meisten bei seiner Kaufentscheidung beeinflussen.

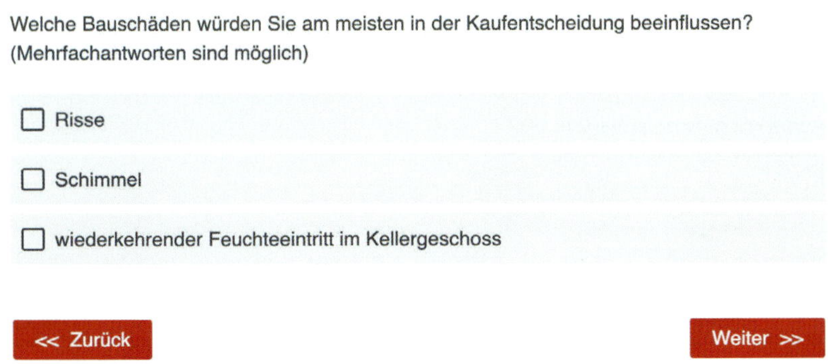

Abb. 29: Auswahl Schäden

Quelle: Daniela Unglaube

Die anschließend im Detail beschriebenen Schadensszenarien folgten für Risse, Schimmel- und Feuchteschäden. Nachfolgend sind die Abfragen zu Schimmelschäden und Feuchtigkeit dargestellt. Bei allen Fällen wurde gefragt, ob der Käufer einen Werteinfluss aufgrund der Bauschäden sieht. Es konnte gewählt werden zwischen:

- Der Schaden hat keinen Einfluss auf mein Kaufangebot, ich biete den vollen Kaufpreis.
- Der Schaden hat einen geringen Einfluss.
- Der Schaden hat einen großen Einfluss, ich setze die vollen Kosten an.
- Ich trete vom Kauf zurück.

Vorgenanntes **Einfamilienwohnhaus** weist **Schimmelschäden** im Schlafzimmer an der Innenseite der Außenwand auf. Es ist nicht klar, ob die Schäden nutzerbedingt (mangelndes Lüften) oder bauphysikalische Ursachen haben oder etwa aus beidem resultieren.

Die Schimmelbeseitigungskosten werden auf **15.000 €** (Kaufpreis 400.00 €) geschätzt.

Sie haben entschieden, das Haus zu kaufen. Es entspricht vollumfänglich Ihren Vorstellungen.

Inwieweit würde der vorgenannte Schaden Ihr Gebot beeinflussen?

- ○ Ich bin froh, endlich ein Haus gefunden zu haben, der Schaden beeinflusst mein Angebot nicht, ich biete 400.000 €.
- ○ Der Schaden beeinflusst mein Angebot geringfügig, ich biete 395.000 €.
- ○ Der Schaden beeinflusst mein Angebot erheblich, ich ziehe die vollen Kosten ab und biete 385.000 €.
- ○ Ein Haus mit Schimmelschaden kommt für mich nicht in Frage, ich trete vom Kauf zurück.

<< Zurück   Weiter >>

Abb. 30: Schadensszenario Schimmelschaden

Quelle: Daniela Unglaube

Vorgenanntes **Einfamilienwohnhaus** weist **wiederkehrende Feuchteschäden** im Keller infolge Starkregenereignisse auf. Das Wasser drückt durch die Außenwand. Aufgrund des Baujahres ist die Abdichtung für heutige Bedingungen (drückendes Wasser bei Starkregenereignissen) nicht mehr ausreichend. Es müsste ggf. aufgegraben werden und eine neue Abdichtung hergestellt werden.

Die Sanierungskosten werden auf ca. **30.000 €** (Kaufpreis 400.000 €) geschätzt.

Sie haben entschieden, das Haus zu kaufen. Es entspricht vollumfänglich Ihren Vorstellungen.

Inwieweit würde der vorgenannte Schaden Ihr Gebot beeinflussen?

- ○ Ich bin froh, endlich ein Haus gefunden zu haben, der Schaden beeinflusst mein Angebot nicht, ich biete 400.000 €.
- ○ Der Schaden beeinflusst mein Angebot geringfügig, ich biete 390.000 €.
- ○ Der Schaden beeinflusst mein Angebot erheblich, ich ziehe die vollen Kosten ab und biete 370.000 €.
- ○ Ein Haus mit feuchtem Keller kommt für mich nicht in Frage, ich trete vom Kauf zurück.

<< Zurück   Weiter >>

Abb. 31: Schadensszenario Feuchtigkeit

Quelle: Daniela Unglaube

Auswertung der Umfrage zum Thema Schimmelschäden

Ballungsgebiet: Einfluss von Schimmelschäden auf den Verkehrswert

Der Einfluss von Schimmelschäden auf den Verkehrswert von Immobilien im Ballungsgebiet wurde insgesamt größer eingeschätzt als der zuvor beschriebene Werteinfluss von Rissen. Nur 17 % der Sachverständigen sahen keinen Einfluss auf den Verkehrswert, 41 % der Befragten waren der Meinung, dass Schimmelschäden einen geringen Einfluss auf den Verkehrswert haben und 38 % sahen einen großen Einfluss, weitere 4 % entschieden, vom Kauf zurückzutreten. Nur 4 % der Marktteilnehmer sahen keinen Einfluss, 9 % schätzten den Einfluss als gering ein. Überraschend war, dass die überwiegende Mehrheit den Einfluss von Schimmelschäden mit 42 % als hoch einschätzte und für weitere 45 % ein Haus mit Schimmelschäden nicht in Frage kam.

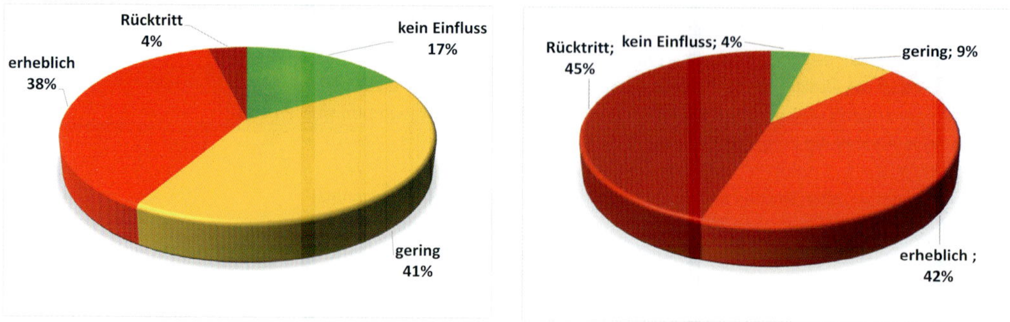

Abb. 32a links: Werteinfluss von Schimmelschäden in Ballungsgebieten nach Einschätzung der Sachverständigen.

Abb. 32b rechts: Werteinfluss von Schimmelschäden in Ballungsgebieten nach Einschätzung der Marktteilnehmer.

Quelle: Daniela Unglaube

Randgebiet: Einfluss von Schimmelschäden auf den Verkehrswert

In Randgebieten wurde der Einfluss von Schimmelschäden von den Sachverständigen etwas stärker eingeschätzt als im Ballungsgebiet. Hier schätzten 51 % der Befragten den Werteinfluss als erheblich ein und 8 % wären vom Kauf zurückgetreten. 33 % sahen einen geringen Einfluss und 8 % keinen.

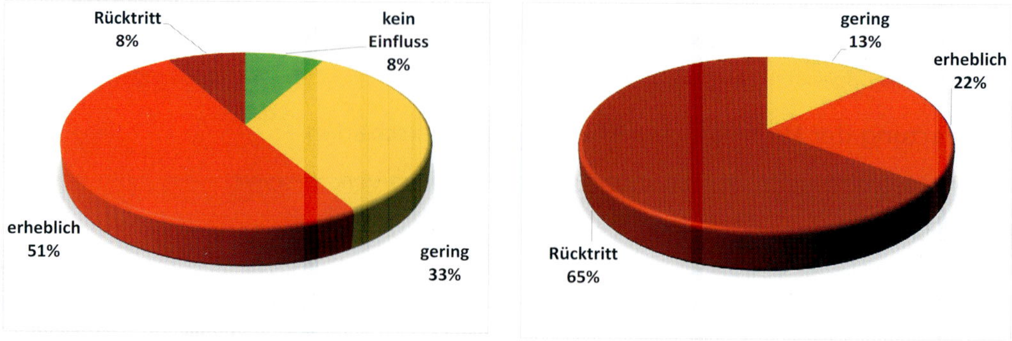

Abb. 33a links: Werteinfluss von Schimmelschäden in Randgebieten nach Einschätzung der Sachverständigen.

Abb. 33b rechts: Werteinfluss von Schimmelschäden in Randgebieten nach Einschätzung der Marktteilnehmer.

Quelle: Daniela Unglaube

Auch die Marktteilnehmer schätzten den Werteinfluss von Schimmelschäden in Randgebieten insgesamt stärker ein als im Ballungsgebiet. 65 % der Befragten gaben an, vom Kauf zurückzutreten (im Ballungsgebiet waren es 45 %), 22 % sahen einen erheblichen Einfluss und 13 % sahen einen geringen Werteinfluss. Keiner der Befragten schätzte den Werteinfluss als unerheblich ein.

Ländliches Gebiet: Einfluss von Schimmelschäden auf den Verkehrswert

Die Sachverständigen schätzten den Einfluss von Schimmelschäden auf den Verkehrswert im ländlichen Gebiet hoch ein. Nur 17 % der Befragten sahen einen geringen Einfluss. 50 % würden die vollen Schadensbeseitigungskosten vom Verkehrswert abziehen und 33 % würden vom Kauf zurücktreten.

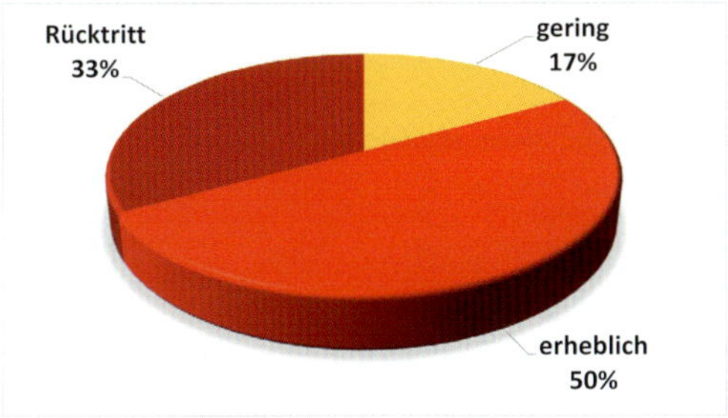

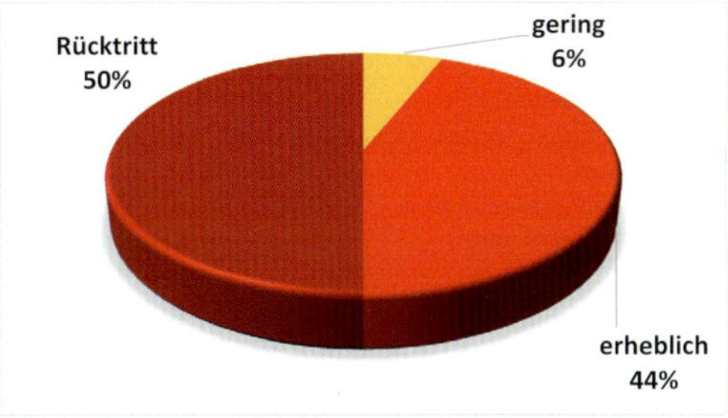

Abb. 34a links: Werteinfluss von Schimmelschäden in ländlichen Gebieten nach Einschätzung der Sachverständigen.

Abb. 34b rechts: Werteinfluss von Schimmelschäden in ländlichen Gebieten nach Einschätzung der Markteilnehmer.

Quelle: Daniela Unglaube

Die Marktteilnehmer schätzen den Einfluss von Schimmelschäden auf den Verkehrswert wesentlich stärker ein. Nur 6 % sahen einen geringen Einfluss. 44 % würde die vollen Kosten vom Verkehrswert abziehen und 50 % und damit die Hälfte der befragten Marktteilnehmer, würde ein Haus mit Schimmelschaden im ländlichen Gebiet nicht kaufen.

21.4.2 Auswertung aus der Kaufpreissammlung

Im Rahmen eines von *Unglaube* initiierten und zusammen mit dem Gutachterausschuss für Immobilienwerte für den Bereich der Landkreise Bergstraße, Darmstadt-Dieburg, Groß-Gerau, Offenbach und des Odenwaldkreises ins Leben gerufenen Pilotprojekts wurde der Fragebogen des Gutachterausschusses hinsichtlich des Themas Bauschäden konkretisiert.

In den neuen Fragebögen wird nun die Schadensart abgefragt. Darüber hinaus wird direkt nach der Wertminderung gefragt. Zum einen kann angegeben werden, ob eine Wertminderung aufgrund von Baumängeln und Bauschäden erfolgte, und zum anderen wird abgefragt, wie hoch die Wertminderung war. Zur Einschätzung der Angaben wird ebenfalls erfasst, ob die Angaben von einem Sachverständigen gemacht werden oder von einem Laien.

Diese erweiterten Fragebögen werden seit Juni 2020 versendet. Die Rückläufe der ersten 6 Monate wurden nun ausgewertet. Die Ergebnisse werden im Folgenden vorgestellt:

12. Bauschäden / Bauzustand

12.1 Schadensgröße

- ☐ Kleinere Schäden (Schadensbeseitigungskosten bis 10.000 €)
- ☐ Mittlere Schäden (Schadensbeseitigungskosten 10.000 € - 25.000 €)
- ☐ Größere Schäden (Schadensbeseitigungskosten 25.000 € - 70.000 €)
- ☐ Erhebliche Schäden (Schadensbeseitigungskosten größer 70.000 €)

☐ Eigeneinschätzung **☐ Einschätzung eines Sachverständigen**

12.2 Schadensart

- ☐ Feuchteschäden (Wasserflecken, Verfärbungen, Putzabplatzungen, Salzausblühungen, Wassereindrang, etc.)
- ☐ Risse
- ☐ Schimmelschäden
- ☐ Hausschwamm
- ☐ Schädlinge

12.3 Haben Sie den Kaufpreis aufgrund des vorhandenen Bauschadens gemindert?

☐ Nein ☐ Ja, wie hoch war der Wertabschlag? ....€

Abb. 35: Auszug aus dem neuen Fragebogen vom Gutachterausschuss für Immobilienwerte für den Bereich der Landkreise Bergstraße, Darmstadt-Dieburg, Groß-Gerau, Offenbach und des Odenwaldkreises.

Quelle: Daniela Unglaube

Datengrundlage

Ausgewertet wurden ca. 230 Kauffälle. Die untersuchten Kauffälle setzten sich wie folgt zusammen:

Teilmarkt	1-2 Familienhäuser: 80 %	Mehrfamilienwohnhäuser: 14 %	
Lage[14]	Ballungsgebiet: 30 %	Randgebiete: 57 %	Landgebiet: 13%
Baujahr	Neubau 10 %	Mittleres Baujahr: 65 %	Altbau: 25%

Verteilung des Schadensausmaßes

Von allen untersuchten Kauffällen weisen demnach 56 % kleine Schäden auf, 26 % haben mittlere Schäden, 10 % große und 8 % erhebliche.

Die Zuordnung der Schadensgrößen im Rahmen der Auswertung ist wie folgt definiert:

Schadensausmaß	Geschätzte Schadensbeseitigungskosten
Kleine Schäden	< 10.000 €
Mittlere Schäden	10.000 € – 25.000 €
Große Schäden	25.000 € – 70.000 €
Erhebliche Schäden	>70.000 €

14 Ländliches Gebiet: Bodenrichtwert ≤ 149 €/m^2,
Randlage: Bodenrichtwert 150 €/m^2 – 499 €/m^2,
Ballungsgebiet: Bodenrichtwert ≥ 500 €/m^2.

Mehr als die Hälfte der erfassten Schadensfälle ist damit gering, d.h. die Schadensbeseitigungskosten liegen unter 10.000 €. Sehr große Schäden mit mehr als 70.000 € Schadensbeseitigungskosten machen nur 8 % der Kauffälle aus. Damit bewegen sich 36 % der Fälle in einer Kostenspanne von 10.000 € bis 70.000 € (Abb. 36).

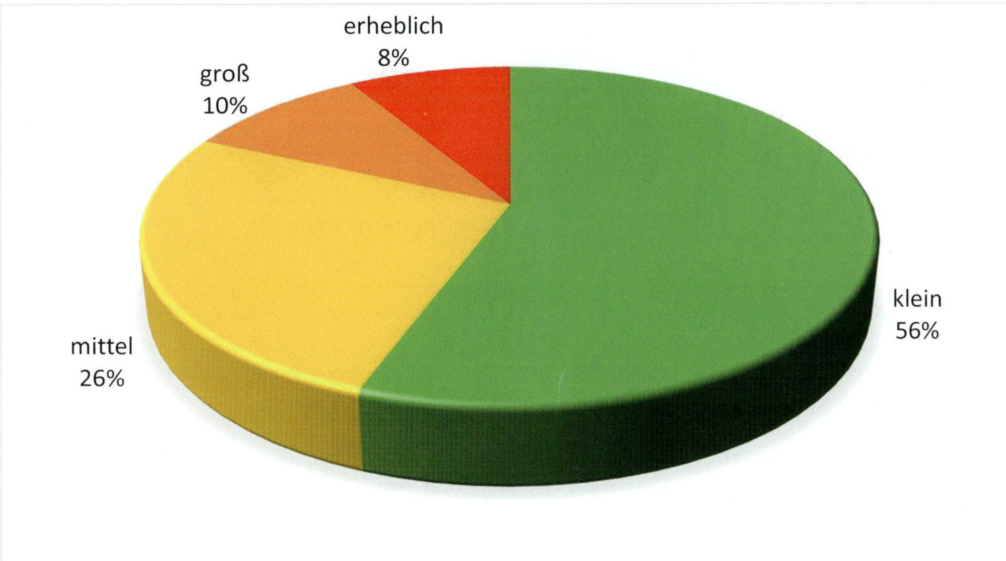

Abb. 36: Verteilung des Schadensausmaßes

Quelle: Daniela Unglaube

Minderung nach Schadenshöhe

Bezüglich der durchgeführten Abschläge ohne Unterteilung nach Teilmarkt und Lage ist eindeutig zu erkennen, dass in 76 % der Fälle keine Abschläge wegen Baumängeln oder Bauschäden vorgenommen wurden (Abb. 37). Minderungen erfolgten in 17% der Fälle. Dabei ist ersichtlich, dass bei Schäden mit einer geschätzten Schadenshöhe von unter 10.000 € in 2% der Fälle Abschläge gemacht wurden. Abschläge zwischen 10.000 € und 25.000 € wurden in 9 % der Fälle gemacht, 25.000 € bis 70.000 € in 4 % und 2 % entfielen auf große Abschläge größer 70.000 €.

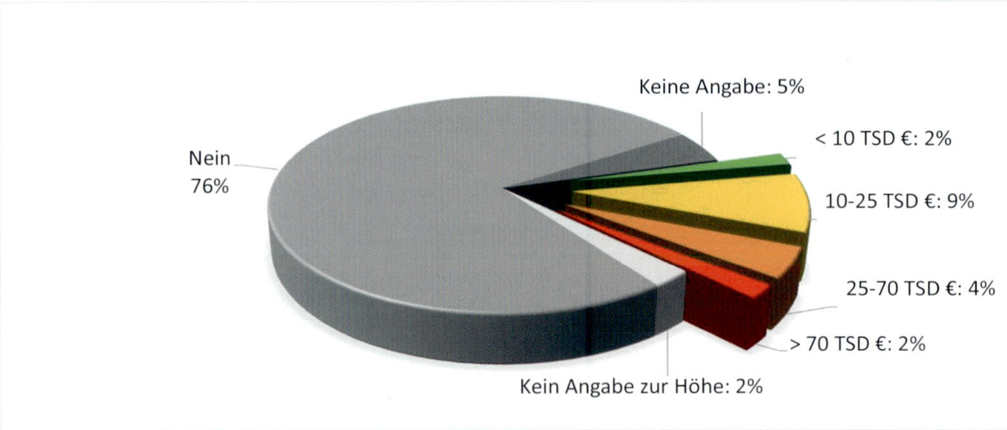

Abb. 37: Minderung

Quelle: Daniela Unglaube

Verteilung der Schadensarten Teilmarkt EFH / ZFH

Im Rahmen der Untersuchung werden unterschiedliche Schadensarten betrachtet. Die untenstehende Darstellung (Abb. 38) zeigt, dass etwas mehr als die Hälfte der Schadensfälle auf Feuchteschäden zurückzuführen ist. Risse machen 32 % der Schadensfälle aus, Schimmelschäden 10 %.

Genau genommen handelt es sich bei Schädlingsbefall und Schimmelbefall und sicher auch bei einigen Risseschäden ebenfalls um Feuchteschäden. Die Ursache der vorgenannten Schadensarten ist auf Feuchte zurückzuführen. Somit machen Feuchteschäden tatsächlich mehr als 70 % aller Schadensarten aus. Die Marktreaktionen aber differieren bei unterschiedlichen Feuchteschäden, daher ist eine Untergliederung in Schädlinge und Risse, wie unten dargestellt, sinnvoll.

Hausschwamm und Schädlinge kommen mit insgesamt 3 % recht selten vor. An dieser Stelle ist allerdings zu beachten, dass in der Auswertung verhältnismäßig wenig Altbauten untersucht wurden. Gerade bei diesen Objekten ist das Vorkommen von Holzschädlingen vermehrt festzustellen.

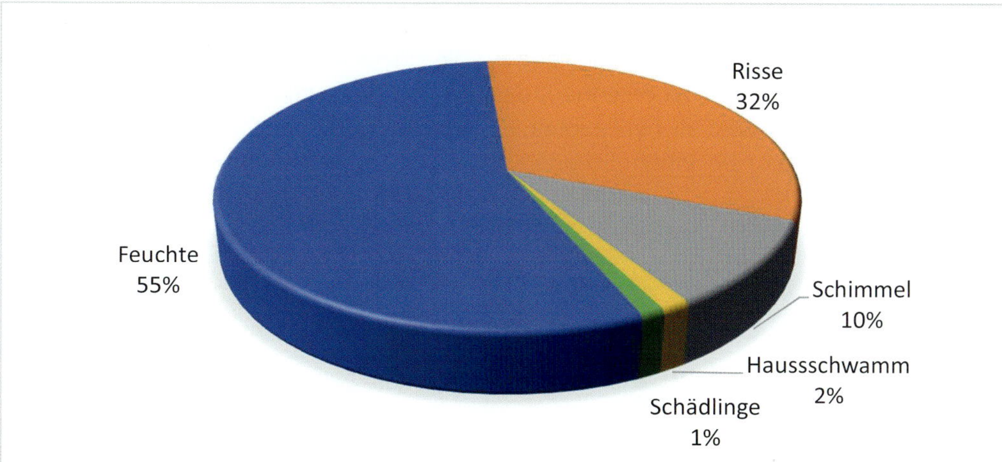

Abb. 38: Verteilung Bauschäden

Quelle: Daniela Unglaube

Minderung nach Schadensart

Die Darstellung der Minderungen nach Schadensart (Abb. 39) zeigt, dass Schimmel-, Hausschwamm- und Schädlingsbefall die größten Schäden verursachen. Das Schadensausmaß von Feuchteschäden und Rissen ist bei den untersuchten Fällen überwiegend klein bis mittel, während erhebliche Schäden bei Schimmel-, Hausschwamm- und Schädlingsbefall 21 % – 50 % ausmachen.

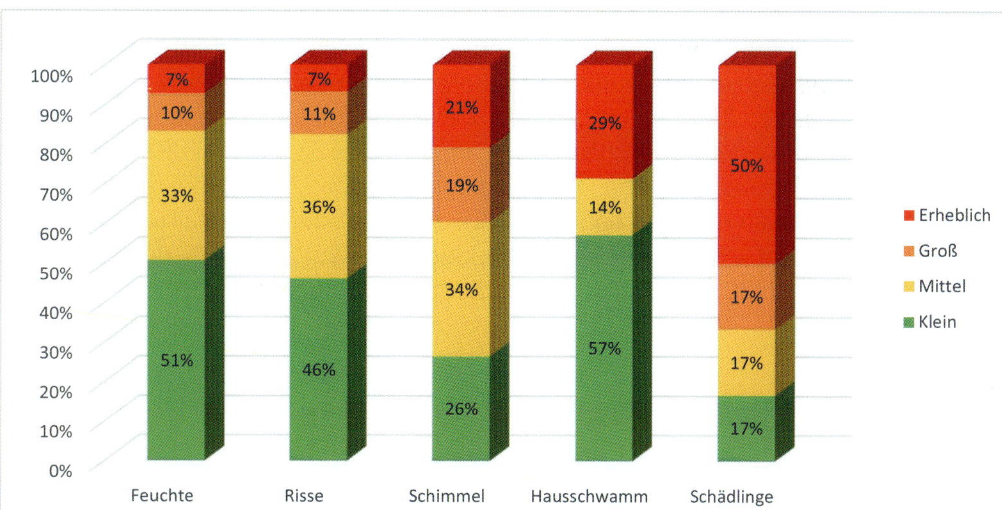

Abb. 39: Minderung nach Schadensart

Quelle: Daniela Unglaube

In der Auswertung über alle Lagen (Abb. 40) ist zu erkennen, dass im Ein- und Zweifamilienhausmarkt überwiegend keine Abschläge für die einzelnen Bauschadensarten gemacht werden. Es ist eine Tendenz zu erkennen, dass bei Hausschwamm und Schädlingen eher ein Abschlag gemacht wird als bei Feuchte, Rissen und Schimmelschäden. Das deutet darauf hin, dass der Markt bei einem Schaden infolge von Hausschwamm oder Schädlingen sensibler reagiert.

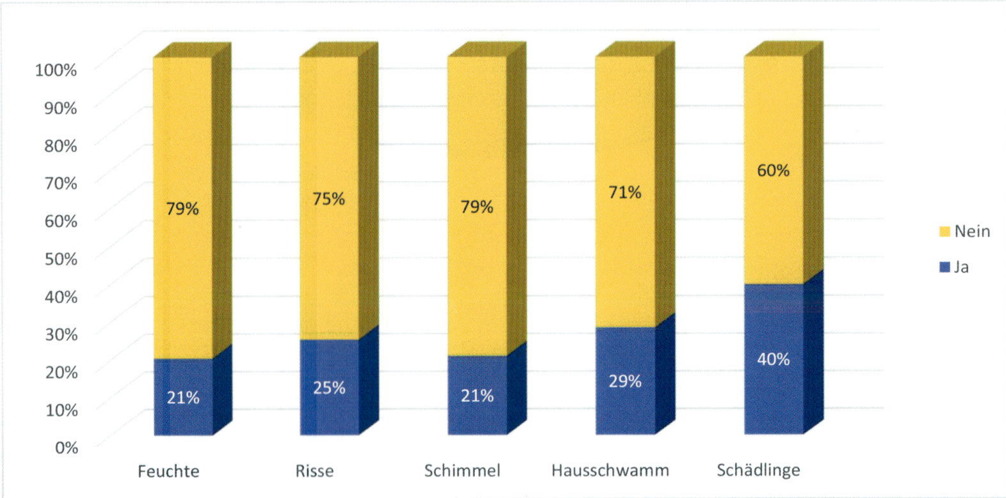

Abb. 40: Minderung nach Schadensart bei EFH / ZFH

Quelle: Daniela Unglaube

Unterteilt man die vorbeschriebene Auswertung in die drei Lagen Ballungsgebiet, Randgebiet und ländliches Gebiet, ist deutlich zu sehen, dass im Ballungsgebiet überwiegend keine Abschläge wegen Bauschäden gemacht werden, wogegen im Randgebiet die Zahl der Abschläge steigt und im ländlichen Gebiet am höchsten ist. Ebenfalls ist auch hier zu erkennen, dass die Bereitschaft, einen Abschlag durchzusetzen, insbesondere bei Schäden infolge von Hausschwamm und Schädlingen, hoch ist. Für Schimmelbefall wurden in Ballungsgebieten keine Abschläge gemacht. In Randgebieten wurde in 24 % der Fälle und in ländlichen Gebieten in 30 % der Fälle ein Abschlag vom Kaufpreis gemacht.

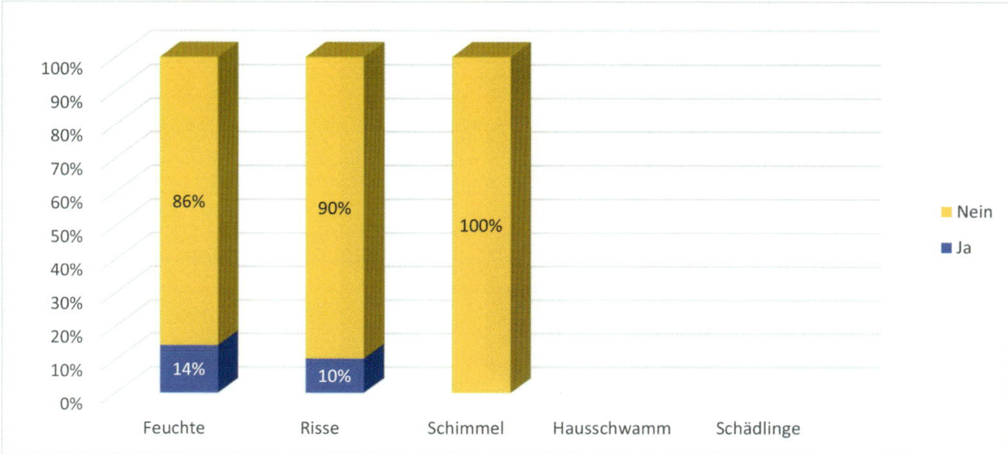

Abb. 41: Minderung nach Schadensart – Ballungsgebiet

Quelle: Daniela Unglaube

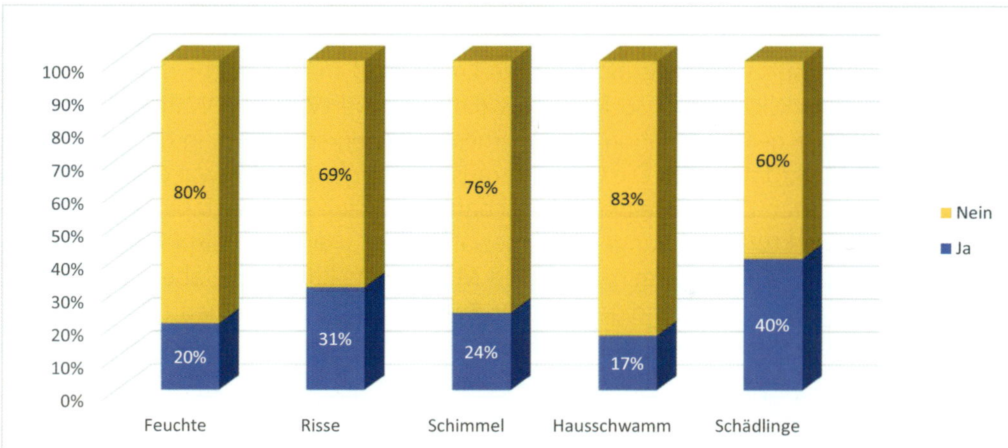

Quelle: Daniela Unglaube

Abb. 42: Minderung nach Schadensart – Randgebiet

Quelle: Daniela Unglaube

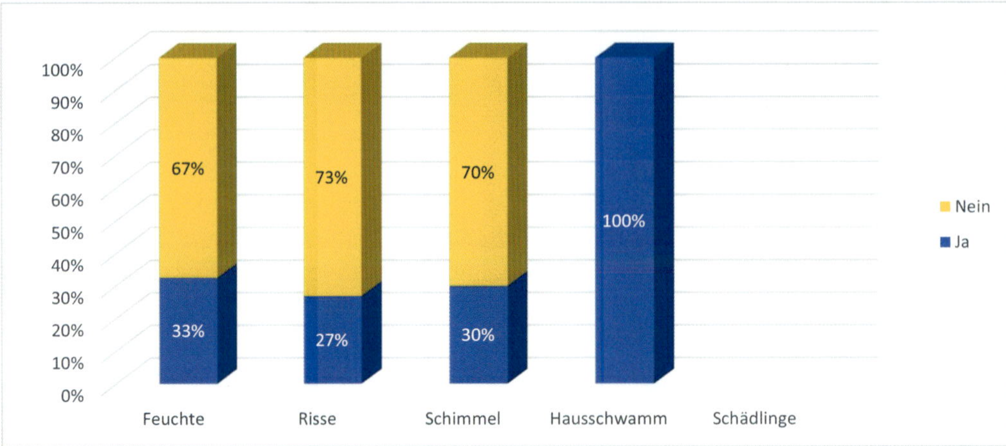

Abb. 43: Minderung nach Schadensart – Ländliches Gebiet

Quelle: Daniela Unglaube

21.4.3 Merkantiler Minderwert

„Besondere objektspezifische Grundstücksmerkmale sind marktgerecht durch Zu- oder Abschläge zu berücksichtigen", so fordert es die ImmoWertV21. Die Wahl der richtigen Zu- oder Abschläge gestaltet sich in den Themenbereichen schwierig, in denen es keine ausreichenden Marktdaten gibt. Die Gutachterausschüsse generieren zwar die wichtigsten bewertungsrelevanten Daten wie die Liegenschaftszinssätze, Sachwertfaktoren sowie Bodenrichtwerte. Marktuntersuchungen zu Spezialthemen wie zum Beispiel Bauschäden, Altlasten, Schadstoffen oder dem merkantilen Minderwert können sie aber nicht leisten. Deshalb werden die Sachverständigen bei der Bewertung dieser Themen allein gelassen. Sie sollen Minderwerte marktgerecht und nachvollziehbar ermitteln, haben aber keinerlei Marktdaten zur Verfügung. Ein ganz besonders umstrittenes Thema in diesem Zusammenhang ist die Ermittlung des merkantilen Minderwerts.

> „[...] Unter einem merkantilen Minderwert ist dabei der Betrag zu verstehen, um den sich der Verkehrswert eines Grundstücks, das einen Mangel aufwies, trotz vollständiger Beseitigung dieses Mangels in technisch einwandfreier Weise (auch z.B. aufgrund eines Bauschadens) in der allgemeinen verbliebenen Befürchtung mindert, dass sich ein Folgeschaden irgendwie auch künftig auswirken könnte, auch wenn diese Befürchtung tatsächlich unbegründet ist. Der merkantile Minderwert wird auch als psychologischer Minderwert bezeichnet [...]".[15]

Um besser einschätzen zu können, wie der Markt auf spezielle Gegebenheiten reagiert, hat Unglaube eine Umfrage zum Thema „merkantiler Minderwert" durchgeführt. Ziel war es, eine Einschätzung zu bekommen, wie die Marktteilnehmer, insbesondere die Kaufinteressenten, auf folgende Szenarien reagieren:

1. Verbrechen/Unglücke/Mysteriöses,
2. Fachgerecht sanierte ehemalige Bauschäden,

15 BGH Urteil vom 24.02.1972, VII ZR 177/70, BGHZ58, 181 = EzGuG 3.38b.

3. Fachgerecht sanierte Grundstücke mit ehemaligen Altlasten,
4. Sonstiges wie nahegelegene Umspannwerke, Mobilfunkmasten u.a.

Nach Teilnahmen von 200 Personen wurde eine erste Auswertung durchgeführt.

Der Teilnehmerkreis war heterogen. Die Umfrage sollte alle Marktbeteiligten erreichen. Es ging dabei nicht um Expertisen, sondern um das Gefühl jedes Einzelnen, denn viele Kaufentscheidungen, insbesondere auf dem Einfamilienhaus-Markt, sind überwiegend emotional. 26 % der Teilnehmer waren Kaufinteressenten, 28 % Sachverständige, 18 % Architekten und Ingenieure, 5 % Verkäufer, 2 % Makler, 1 % Bauunternehmer und 20 % fielen unter die Kategorie „Sonstige".

Die meisten Bewertungsobjekte mit 51 % befanden sich in Ballungsgebieten. 32 % machten die Randgebiete aus und 17 % der Objekte lagen in ländlichen Gebieten.

Es wurden mit 55 % überwiegend Einfamilienhäuser angegeben, gefolgt von Mehrfamilienhäusern mit 16 %. Eigentumswohnungen waren mit 15 % und Zwei- und Dreifamilienhäuser mit 12 % vertreten. Eine Minderheit stellten die Gewerbeobjekte mit 1 % dar.

Die meisten Objekte stammten aus den Baujahren 1945-1999, nämlich 57 %. 26 % der Objekte waren neuere Gebäude und 17 % umfassten die Altbauten.

Die Zwischenergebnisse der Umfrage sind auszugsweise im Folgenden dargestellt. Bei den Ergebnissen wurde zunächst keine Differenzierung hinsichtlich der Lage, des Teilmarktes sowie des Baujahres gemacht.

Die Antworten zu Fragen bezüglich ehemaliger, fachgerecht sanierter Bauschäden polarisiert nicht so stark wie die beim vorhergehenden Themenblock „Tod/Unglück/Mysteriöses". Hier gibt es auch im Bereich der Wertminderungen zahlreiche streuende Angaben. Dennoch ist erkennbar, dass ehemalige Bauschäden insgesamt offensichtlich nicht sehr wertbeeinflussend sind. In den meisten Fällen überwiegt die Anzahl derer, die keine Abschläge machen würden. Weiter ist ersichtlich, dass ein Hausschwammbefall auch nach fachgerechter Beseitigung den höchsten Werteinfluss im Vergleich zu anderen beseitigten Bauschäden hat, dicht gefolgt von Schimmelschäden. Ehemalige Probleme mit der Tragfähigkeit sind am wenigsten wertbeeinflussend.

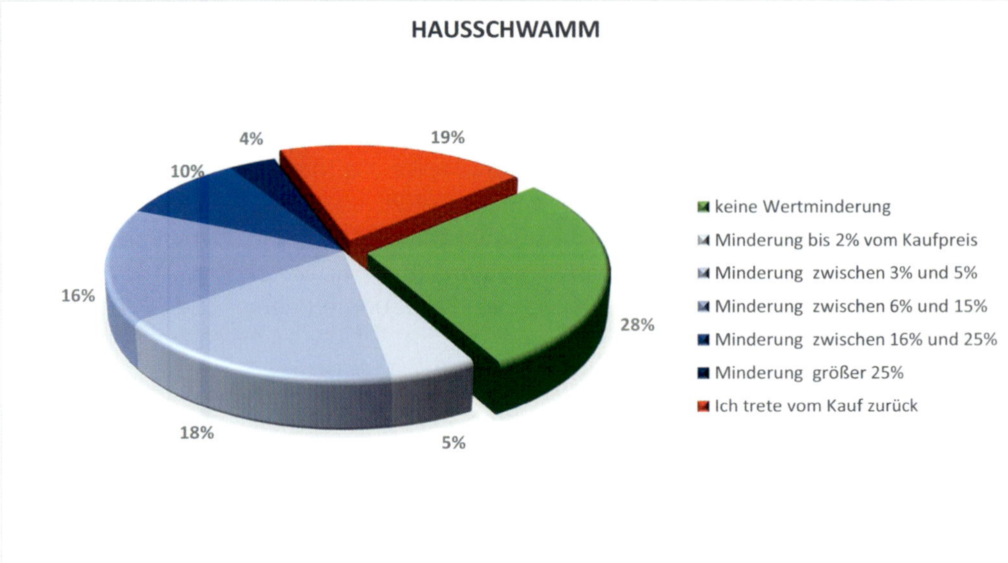

Abb. 44: Einfluss eines beseitigten Hausschwamms auf den Verkehrswert

Quelle: Daniela Unglaube

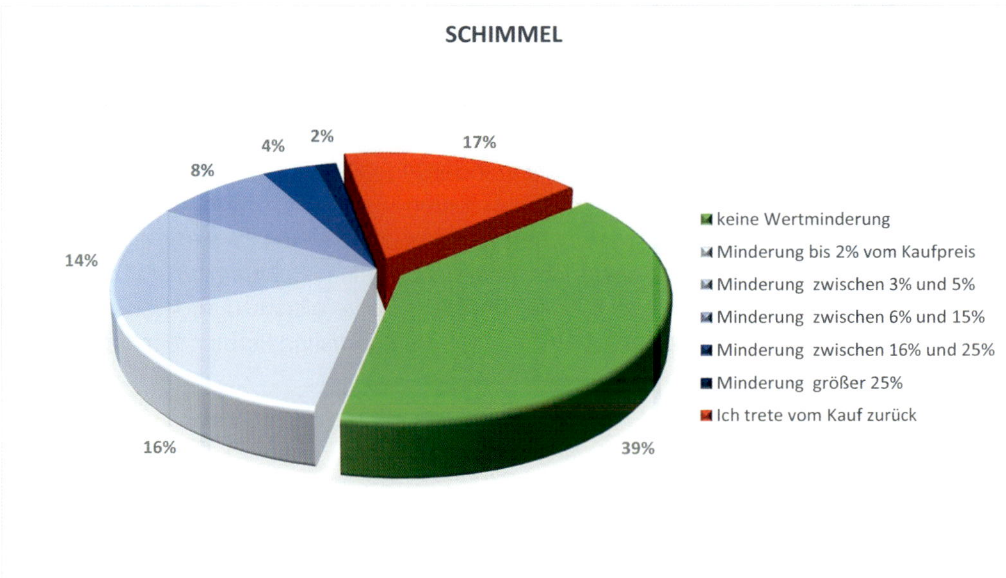

Abb. 45: Einfluss eines beseitigten Schimmelbefalls auf den Verkehrswert

Quelle: Daniela Unglaube

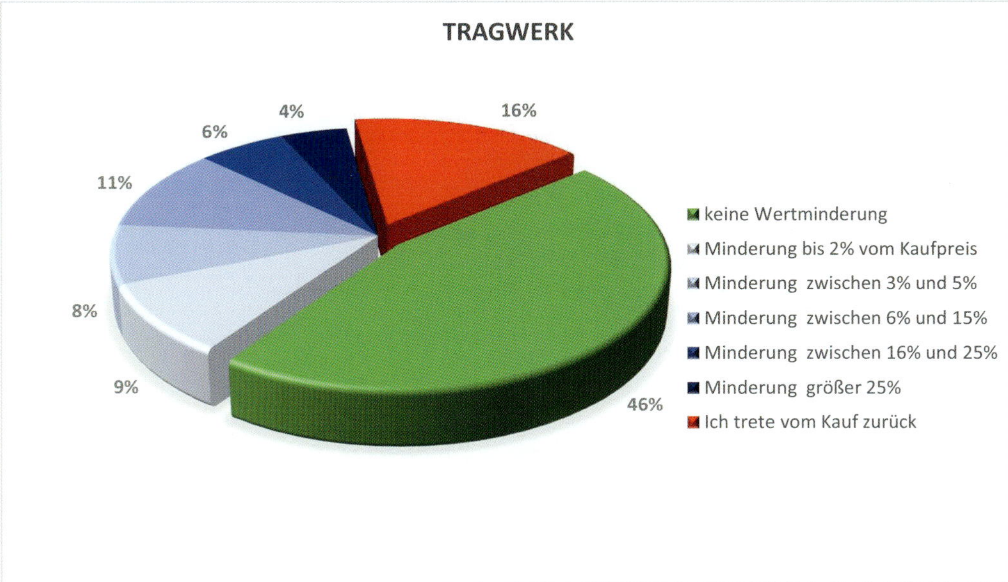

Abb. 46: Einfluss eines beseitigten statischen Problems auf den Verkehrswert

Quelle: Daniela Unglaube

Diese erste Auswertung zeigt deutlich, wie individuell das Empfinden jedes einzelnen Marktteilnehmers ist. Was den einen nicht stört, ist für den anderen unmöglich. Es zeigt auch, dass es den merkantilen Minderwert durchaus gibt bzw. geben kann. Als nächstes muss untersucht werden, wie die neuen Umfrageergebnisse in der Wertermittlung verwendet werden können. Dazu muss als erstes eine tiefergehende Auswertung mit Differenzierung nach Lagen erfolgen. Danach wird man entscheiden müssen, wie man mit den Ergebnissen umgeht. Es fällt auf, dass sich die Antworten auf die Absolute konzentrieren. Das war auch zu erwarten, denn entweder hat jemand eine Abneigung gegen ein Haus, in dem es ein schreckliches Ereignis gab, oder nicht. Wenn jemand Angst hat, wird man diese auch nicht mit einem Geldbetrag erträglich machen können. Insofern sind die Angaben zu den Minderungsoptionen kritisch zu betrachten und im Einzelfall zu bewerten. Ganz sicher wird es nicht marktgerecht sein, aus den vorliegenden Angaben eine mittlere Minderung zu berechnen. Vielmehr müsste man im einzelnen Themenblock bewerten, welche Aussagekraft die Ergebnisse haben. Wenn sich das Thema Schimmel zum Beispiel so darstellt, dass etwa 17 % der Teilnehmer vom Kauf zurücktreten würden und nur 39 % kein Problem mit einem beseitigten Schimmelbefall haben, dann ist der Interessentenkreis, der einen ehemaligen Schimmelbefall ohne Beanstandung akzeptiert, deutlich kleiner. Es stellt sich dann die Frage, wieviel länger es dann dauern wird, bis man eben diesen Prozentsatz der Teilnehmer gefunden hat, die den vollen Preis zahlen. Dies wiederum hängt von der Nachfrage und somit von der Lage ab. Aber nicht nur die Lage, sondern auch weitere Faktoren wie die Bekanntheit, die Schadensart, die Zeitdauer, die Größe des Schadens, der Teilmarkt sowie das Gebäudealter spielen eine Rolle.[16]

16 Unglaube, Baumängel und Bauschäden in der Wertermittlung, Reguvis Fachmedien GmbH, Köln 2021, 6.7.1.

Mit einer tiefergehenden Auswertung könnten zumindest vier der sieben Einflusskriterien des merkantilen Minderwerts abgedeckt werden:

- Bekanntheit des Mangels/Schadens/Ereignisses,
- Schadensart/Art des Ereignisses,
- Lage,
- Zeitdauer nach Beseitigung des Schadens/Ereignisses,
- Größe des Schadens,
- Teilmarkt,
- Gebäudealter.

Unbedingt zu beachten sind dabei nach wie vor mögliche „k.o.-Kriterien", solche Kriterien, die das Vorhandensein eines merkantilen Minderwerts von vornherein ausschließen. Dies kann z.B. eine sehr lange Zeitdauer nach Schadenseintritt oder eine sehr starke Nachfragesituation sein.

21.5 Fazit

Die Befragung von 2017 von *Viebrok-Hörmann* lieferte eine Einschätzung des Werteinflusses von Schimmelpilz in Innenräumen von Maklern und Sachverständigen aus allen Teilen Deutschlands. Mit einer Teilnehmerzahl von ca. 350 Sachverständigen und Maklern betrug die Rücklaufquote knapp 20 %. Mit den Antworten der Experten am Immobilienmarkt ergab sich auch eine Einschätzung des Verhaltens der Marktteilnehmer.

Andere Untersuchungen wie z.B. die Studie „Wohnen und Leben" hatten gezeigt, dass die Mehrzahl der Deutschen glaubte, dass Schimmelbefall einen negativen Einfluss auf ihre Gesundheit hat. Für Schimmelbefall in Wohnungen wird bis heute in zahlreichen Ratgebern (u.a. Immobilien-Internetportalen) eine Mietminderung angeraten. Schimmelbefall wird somit in breiten Kreisen mit Gefährdung und Minderwert assoziiert. Insofern stellt sich die Frage, ob sich Schimmelbefall auch auf den Verkehrswert als zu erzielendem Preis im gewöhnlichen Geschäftsverkehr auswirkt. Die Fragen in der Erhebung bezogen sich deshalb auf Werteinfluss aus akutem und früherem Schimmelbefall sowie die Dauer einer Nachwirkung von fachgerecht beseitigtem Befall. Bei akutem punktuellem Befall sahen fast drei Viertel der Befragten keinen Werteinfluss, akuten großflächigen Befall hielten fast alle für wertrelevant. Der Berufsstand der Makler schätzte dabei den Werteinfluss insgesamt höher ein als die Sachverständigen. In den einzelnen Ausprägungen gab es jedoch deutliche regionale Unterschiede. So hielten nur die Makler in der Region Mitte punktuellen Schimmelbefall für weniger gravierend als Sachverständige, während bei der Frage nach dem Werteinfluss von großflächigem Schimmelbefall nur die Makler im Norden einen deutlich höheren Werteinfluss sahen.

Eine Nachwirkung von beseitigtem Schimmelbefall auf den Immobilienwert in einem Zeitraum von sechs Monaten bis zwei Jahre bejahten die Befragten sowohl bei der Betrachtung nach Regionen als auch nach Bewertungsräumen und Berufsgruppen. Bei dieser

Frage sahen durchgängig mehr Makler keinen Werteinfluss als Sachverständige. Auch hier wich die Einschätzung der Makler im Norden von den übrigen Regionen ab, bei ehedem geringem Schimmelbefall war die Abweichung am stärksten.

Ergänzend konnten die Teilnehmer Kommentare abgeben. Die wichtigsten Themenbereiche waren hier die Ursache von Schimmelbefall (baulicher oder nutzungsabhängiger Befall), der ggf. andere Auswirkungen auf den Wert einer Immobilie hat, sowie der Einfluss der Nachfragesituation. In einigen Kommentaren wurde darüber hinaus auf einen Zusammenhang zwischen nachgewiesen fachgerechter Sanierung und Nachwirkung eines Werteinflusses hingewiesen.

Die Befragung zeigte, dass Schimmelbefall in Abhängigkeit von Ausprägung, Region und Bewertungsraum den Verkehrswert beeinflussen kann und dass bei der Immobilienbewertung dieser Aspekt zu berücksichtigen ist.

Zusammenfassend ist zu sagen, dass zum Zeitpunkt 2017 Schimmelschäden kleineren Ausmaßes lageübergreifend keinen Einfluss auf den Verkehrswert hatten. Ab einem mittleren Ausmaß gab es insbesondere in Randgebieten und ländlichen Gebieten Abschläge. Es war auffallend, dass diese dann im Verhältnis zu den tatsächlichen Schadensbeseitigungskosten hoch angesetzt wurden. Dies wiederum deutete darauf hin, dass neben der Wertminderung aufgrund der tatsächlichen Schäden auch Bedenken in Bezug auf verbleibende Nachteile nach Schadensbeseitigung beim Publikum vorherrschen. Für Immobilienbewertungen ist deshalb immer im Einzelfall zu prüfen, ob eine merkantile Wertminderung einzurechnen ist.

Die Auswertung von *Unglaube* 2019/2020 zeigt, dass es nach wie vor einen Unterschied zwischen der Einschätzung der Sachverständigen und der Beurteilung der anderen Marktteilnehmer gibt. Die Sachverständigen schätzen den Einfluss von Schimmelschäden auf den Verkehrswert grundsätzlich in der Regel geringer ein als der Markt.

Einmal mehr wird klar, wie wichtig es ist, in der Immobilienbewertung Marktuntersuchungen durchzuführen. Die Sachverständigen können ohne eine solche Rückkoppelung den Markt nur bedingt einschätzen. Es wird auch deutlich, dass im Ballungsgebiet wie schon bei der Untersuchung von *Viebrok-Hörmann* keine oder geringe Abschläge für Schimmelschäden gemacht werden. In Randgebieten und auf dem Land findet man niemanden mehr, der den vollen Kaufpreis bei einem vorhandenen Schimmelschaden zahlt.

Schimmel und Feuchtigkeit sind Schäden, bei denen der Markt höchst sensibel reagiert. Während ein Sachverständiger rational an die Sache herangeht und abwägt, was die Schadensursache ist und wie diese zu beseitigen ist, ist der Käufer beim Wort „Schimmel" bereits alarmiert. Aspekte wie der Gesundheitsschutz der Familie, das Risiko, dass ein behobener Schimmelschaden möglicherweise noch negative Auswirkungen haben könnte oder gegebenenfalls zurückkehrt, spielen eine Rolle. Aus diesem Grund wird es bei dieser Art von Schäden keine Kompromisse geben. Stört sich der Käufer an dem Schimmelschaden, und dies hat die Umfrage von *Unglaube* in der Mehrheit der Fälle gezeigt, dann wird dieses Problem auch nicht mit einer Minderung zu kompensieren sein. Für ihn kommt ein schimmelbelastetes Haus nicht in Frage.

Die vorgenannte Auswertung der Umfrage von *Unglaube* bildet aufgrund der teilweise geringen Fallzahlen nur eine Tendenz ab. Auch muss davon ausgegangen werden, dass nicht alle der befragten Käufer unmittelbar vor einer Kaufentscheidung standen. Es ist ein Unterschied, ob der Kaufinteressent bereits seit Monaten nach einem Haus sucht und nun froh ist, endlich das richtige Objekt gefunden zu haben, oder ob der Kaufinteressent die Frage hypothetisch beantwortet. Im ersten Fall wird er sicherlich bereit sein, größere Defizite hinzunehmen.[17]

Die Auswertungen der neuen Fragebögen haben gezeigt, dass in 80 % der Kauffälle keine Wertminderungen der Kaufpreise wegen Bauschäden durchgeführt wurden. Das liegt unter anderem daran, dass der Großteil der Schäden an Gebäuden kleine Schäden sind. Für kleine Schäden, deren Beseitigung auf bis zu 10.000 € beziffert werden, erfolgen keine oder nur sehr geringe Abschläge vom Kaufpreis. Weiter kann festgestellt werden, dass für Ein- und Zweifamilienhäuser in Ballungsgebieten die Abschläge wegen Bauschäden generell gering bis sehr gering sind.

Bei den Schimmelschäden ergab die Auswertung, dass in Ballungsgebieten kein Abschlag gemacht wurde, in Randgebieten wurde in 76 % der Fälle kein Abschlag gemacht und in ländlichen Gegenden in 70 %. Damit ist auch mit einer anderen Herangehensweise bestätigt, dass Schäden in Ballungsgebieten weniger Einfluss auf den Verkehrswert haben als in Randgebieten oder ländlichen Gebieten. Auch konnte nachgewiesen werden, dass die Minderungen je nach Schadensart unterschiedlich hoch sind. Bei Schimmelbefall, Hausschwamm und Schädlingen sind die Abschläge vom Kaufpreis am größten. Bei Schimmelbefällen liegen die Minderungen in 60 % der Fälle zwischen 25.000 € und 75.000 € und in 40 % der Fälle sind die Abschläge größer als 75.000 €. Das ist insoweit erstaunlich, da die tatsächlichen Kosten zur Schimmelbeseitigung in den meisten Fällen wesentlich niedriger sind.

Die Schadensbeseitigungskosten von Schimmelschäden hängen stark vom Schadensausmaß ab. Oberflächliche Schimmelschäden verursachen erfahrungsgemäß keine großen Schadensbeseitigungskosten. Diese entstehen erst bei einem erheblichen Befall, bei dem auch die Bausubstanz angegriffen ist. Auch fachgerecht beseitigte Schimmelschäden können einen Werteinfluss in Form eines merkantilen Minderwerts haben. Voraussetzung ist, dass der Schaden entsprechend groß war und keine angespannte Marktsituation vorherrscht. Die Umfrage zum merkantilen Minderwert hat gezeigt, dass Schimmelbefall an zweiter Stelle nach Hausschwamm zu den Schäden zählt, die auch nach fachgerechter Beseitigung einen negativen Einfluss auf den Verkehrswert haben. 17% der Befragten würden ein Haus mit einem ehemaligen Schimmelschaden nicht kaufen.

17 Siehe auch Unglaube, Baumängel und Bauschäden in der Wertermittlung, Reguvis Fachmedien GmbH, 2021.

Herausgeberin

Dipl.-Ing. (FH) Irina Kraus-Johnsen, Architektin, Bausachverständigenbüro, Hamburg. Sachverständige für Schimmelpilzerkennung, -bewertung und -sanierung (TÜV), Sachkundige nach Anlage 4 der TRGS 519 für Abbruch- und Instandhaltungsarbeiten an Asbestzementprodukten ASI-Arbeiten geringen Umfangs, Mediatorin. Tätigkeitsschwerpunkte: Begutachtung und Beratung zu Feuchte- und Schimmelpilzschäden, Beweissicherungen, Ankaufberatung, Baubegleitende Qualitätskontrolle.

Gründungsmitglied und Beauftragte für Öffentlichkeitsarbeit im Netzwerk Schimmel e.V., aktive Mitarbeit im Netzwerk Schimmelpilzberatung Deutschland, Netzwerk Schimmelberatung Hamburg und Landesnetzwerk Schimmelberatung NRW. Mitglied im Regionalverband Umweltberatung Nord e.V. sowie im Bundesverband Feuchte und Altbausanierung e.V. (BuFAS). Von 2013 bis 2015 ehrenamtlich tätig als Zimmerwetter-Profi im Zimmerwetter-Projekt des Regionalverband Umweltberatung Nord e.V.

Mitverfasserin der Richtlinie zum sachgerechten Umgang mit Schimmelpilzschäden in Gebäuden (Verfasser Netzwerk Schimmel e.V., empfohlen vom Bundesverband öffentlich bestellter und vereidigter sowie qualifizierter Sachverständiger e.V. [b.v.s]), Aufsätze in Zeitschriften (u.a. „Der Bausachverständige") und Vorträge zum Thema „Schimmelpilz".

Autorinnen und Autoren

Dr. Ernst J. Baumann, sammelte seit 1998 seine Erfahrungen in der technischen Trocknung von Wasserschäden als Geschäftsführer der Munters Trocknungsservice GmbH (1998 – 2005) sowie als geschäftsführender Gesellschafter der AllTroSan Trocknungsservice GmbH & Co. KG (2005 – 2019). Seit 2019 ist er als Bereichsleiter Unternehmensstrategie der BELFOR Deutschland GmbH tätig. Er ist 1. Vorsitzender des Fachverbandes Sanierung und Umwelt FSU e.V. und als Mitglied in Arbeitskreisen des Gesamtverbandes der Deutschen Versicherungswirtschaft (GDV) Mitverfasser der Richtlinien zur Brandschadenssanierung (VdS 2357), der Richtlinien zur Leitungswasserschaden-Sanierung (VdS 3150), der Richtlinien zur Schimmelpilzsanierung nach Leitungswasserschäden (VdS 3151) und der Richtlinie zum sachgerechten Umgang mit Schimmelpilzschäden in Gebäuden des Netzwerk Schimmel e.V. Neben seiner Unternehmertätigkeit ist er auch als Autor und Referent in der Sanierungsbranche aktiv.

Dipl.-Chem. Wolfhard Böttcher war von 1987 bis 1996 als angestellter Chemiker und Sachverständiger im Institut Dr. Günther Böttcher – Laboratorium für Baustoffe – tätig. Seit 1990 ist er öffentlich bestellter und vereidigter Sachverständiger für Bauchemie und Bauphysik. 1997 wurde Dipl.-Chem. Wolfhard Böttcher Partner bei Dr. Böttcher + Partner, Sachverständige – Laboratorium für Baustoffe. Schwerpunkt seiner Tätigkeit ist der Zusammenhang zwischen Bauschäden und Materialeigenschaften. Der Autor war im Jahr 2016 Referent bei der Fachtagung des VBD Verband der Bausachverständigen Deutschlands e.V. zum Thema „Bauchemische Korrosion".

Dipl.-Ing. Andrea Bonner studierte Bauingenieurwesen an der Technischen Universität Karlsruhe. Sie ist seit 1999 bei der Berufsgenossenschaft der Bauwirtschaft und dort als stellvertretende Leiterin des Sachgebietes Sanierung und Bauwerksunterhalt tätig. Schwerpunkte ihrer Tätigkeit sind Arbeitssicherheit und Gesundheitsschutz bei Arbeiten in kontaminierten Bereichen, bei der Sanierung von Gebäudeschadstoffen und beim Umgang mit Biostoffen. Andrea Bonner leitete u.a. die Projektgruppe zur Aktualisierung der DGUV-Information zur Schimmelpilzsanierung. Sie tritt bundesweit als Referentin auf Fachveranstaltungen u.a. zu den Themen Asbest, Kontaminierte Bereiche und Schimmelpilzsanierung auf. Darüber hinaus ist sie Mitglied u.a. der Kommission Innenraumhygiene, in Arbeitsgruppen von VDI-Richtlinien und dem DIN / GAEB.

Tobias Doll ist seit 2011 Geschäftsführer der inn-o-tec GmbH und der inn-o-tec Spezial-Sanierung GmbH, BSS-zertifizierter Sachverständiger für mikrobielle Schäden an und in Gebäuden, Koordinator Schimmelpilzsanierung und Fachkraft für die Sanierung von Schimmelpilzschäden. Er ist seit 2005 Mitglied im Bundesverband Schimmelpilzsanierung e.V. und arbeitet aktiv im dort angesiedelten Fachausschuss Sanierungsdurchführung mit. Sein Arbeitsschwerpunkt ist die Bearbeitung von Feuchtigkeits- und Schimmelpilzschäden aller Art von der Schadenaufnahme bis zur Sanierungsendkontrolle.

Dr. Sven Dreher arbeitete nach dem Studium der Geologie ab 1990 zunächst in einem Ingenieurbüro für Altlasten- und Baugrunduntersuchungen in den Bereichen Hydrogeologie, Altlastensanierung und Innenraumschadstoffe. 1998 kam er als Umweltsachverständiger zur R+V-Versicherung. Dort hat er die Schadenleitung für die Direktionsschäden der

Sparte „Technische Versicherungen" inne. Er ist Sprecher der Projektgruppe „Schimmelpilzsanierung" im Gesamtverband der Deutschen Versicherungswirtschaft (GDV) und Mitglied des Wissenschaftlichen Beirates des Brand- und Wasserschadensanierers Sprint Sanierung GmbH. Er ist ordentliches Mitglied des VDI-Normen-Ausschusses „Erfassung von Mikroorganismen" innerhalb der „Kommission Reinhaltung der Luft" und hält seit vielen Jahren zahlreiche Vorträge zum Thema „Schimmelpilze".

Dr. Dr. med. Thomas Fenner, Medizinstudium an den Universitäten Hamburg, Freiburg i. Breisgau, Monash University Melbourne und der Universität Wien. Weiterbildung im AK St. Georg in Hamburg in der II. Inneren Med., AK Harburg – pathologischen Abteilung, Untersuchungsinstitut der Bundeswehr Laborabteilung 1, Bernhard Nocht Institut für Tropenmedizin – virologische Abteilung und dem Klinikum der Universität Freiburg Institut f. Krankenhaushygiene und Umweltmedizin. Nach der Facharztanerkennung Mikrobiologie und Infektionsepidemiologie Oberarzt am Bernhard Nocht Institut für Tropenmedizin und Aufbau der dortigen Zentraldiagnostik. Seit Ende 1993 als Facharzt im Laboratorium Dr. Fenner und Kollegen in Hamburg niedergelassen. Die weitere Spezialisierung: Fachkunde Krankenhaushygiene, Fachkunde Umweltmedizin, Facharzt für Laboratriumsmedizin, Zusatzbezeichnung Infektiologie, Experte für Antibiotikatherapie der DGI (Antibiotic Steward Ship) sowie der Qualifikation zur fachgebundenen genetischen Beratung. Gremienarbeit in der Handelskammer Hamburg als Vereidigter Sachverständiger, Umweltausschuss ÄK Hamburg, und des Berufsverbandes der Ärzte für Mikrobiologie.

RA Lutz D. Fischer, Inhaber und Gründer der Kanzlei fischer.legal in Sankt Augustin, ist seit über 20 Jahren tätig im Zivil- und Wirtschaftsrecht sowie im privaten Bau- und Immobilienrecht. Ein Schwerpunkt ist die Schadenregulierung u.a. im Baunachbarrecht. Er war mehrere Jahre Syndikus eines Verlags- und Medienunternehmens sowie eines Prozessfinanzierungsunternehmens. Seit 2006 betreut er nebenberuflich als verantwortlicher Redakteur die Rechtsrubrik der Fachzeitschrift „Der Bausachverständige". Als Referent hält er bundesweit offene Seminare, Inhouse-Schulungen und Vorträge u.a. zur Schadenregulierung sowie zu Rechtsfragen der betrieblichen Mobilität und der Elektromobilität / Ladeinfrastruktur.

Dipl.-Ing. (FH) Ekkehard Flohr studierte 1981 an der Ing.-Schule für Hochbau in Leipzig und war danach in einem Projektierungsbetrieb tätig. Von 1989 bis 1990 absolvierte er das Postgradualstudium „Sachverständiger für Holzschutz" an der TU Dresden. Er gründete 1991 eine Holz- und Bautenschutzfirma und ist seit 1998 Geschäftsführer eines Ingenieur- und Sachverständigenbüros. Er hält bundesweit Fachvorträge und Seminare auf dem Gebiet des Holzschutzes, z.B. für die EIPOS, DHBV, HFN, BuFAS, Deula, HBZ-Münster, TU Göttingen, FH-Anhalt. Ekkehard Flohr ist Mitglied bzw. hat leitende Funktionen im DHBV, WTA, DIN Normen- und Kommentarausschuss, Ausbildungsbeirat für Sachkundeausbildung Holzschutz am Bau, Prüfungskommission, GEAB. Neben zahlreichen Fachveröffentlichungen in Zeitschriften ist er Mitautor von WTA-Merkblättern zum Thema Holzschutz und einiger Fachbücher.

Dr. rer. nat. Lothar Grün, seit 1997 von der IHK Köln als Sachverständiger für Luftverunreinigungen und Schimmelpilze in Innenräumen öffentlich bestellt und vereidigt. Gründer und langjähriger Geschäftsführer der eco-LUFTQUALITÄT + RAUMKLIMA GmbH in Köln, bis Ende 2023 Mitglied der Arbeitsgruppen „Planung von Innenraumluftmessungen", „Erfassung von Mikroorganismen" und „Bioaerosole und biologische Agenzien – luftgetragene Mikroorganismen und Viren" der Kommission Reinhaltung der Luft im VDI/DIN.

Mario Hänseler, Inhaber Sachverständigenbüro für Feuchte- und Schimmelpilzschäden Hänseler, Sprockhövel, Öffentlich bestellter und vereidigter Sachverständiger für Schimmelpilze in Innenräumen, EU-Zertifizierter Sachverständiger für Schäden an Gebäuden gem. DIN EN ISO/IEC 17024, TG Feuchte- und Schimmelpilzschäden. Mehr als 1.500 Gutachten, überwiegend Bewertung der Ursachen und des Ausmaßes von Wasser- und Feuchteschäden, daraus resultierenden Schimmelpilzschäden und Schäden durch holzzerstörende Pilze. Mitglied im Netzwerk Schimmel e.V., in der WTA Arbeitsgruppe 1.11 – „Schimmel auf Holz" und in der WTA Arbeitsgruppe 4.12 „Beseitigung von Schimmelpilzschäden in Innenräumen".

Dipl.-Biol. Dr. Tobias Huckfeldt studierte Biologie an der Universität Hamburg. Promotion zum Thema „Ökologie und Cytologie des Echten Hausschwammes (Serpula lacrymans) und anderer Hausfäulepilze" 2003. Seit 2003 ist er Sachverständiger und Fachautor im Themenkreis Bestimmung und Bewertung von Schäden durch Fäulepilz an Bauwerken. Wichtige Werke sind: Huckfeldt/Schmidt (2015) Hausfäule- und Bauholzpilze. 2. Aufl., R. Müller Verlag, Huckfeldt/Wenk (2009) Holzfenster, R. Müller Verlag sowie Huckfeldt/Rehbein (Hrsg. 2023, 2. Aufl.) Holzspielplätze, Beuth Verlag, zudem rund 60 weitere Aufsätze bzw. Beiträge in Fachzeitungen/Büchern (siehe Publikationsliste auf www.ifholz.de). Der Autor betätigt sich bundesweit als Referent auf Fachveranstaltungen zum Thema „Diagnose von Hausfäulepilzen" von der Masten-Gründung bis zum Flachdach. Seit 2012 ist er Gesellschafter am Institut für Holzqualität und Holzschäden. Darüber hinaus betreut er Master- und Doktorarbeiten im Themenkreis Fäulepilze als externe Kraft.

RA Jochen Kern, Fachanwalt für Miet- und Wohnungseigentumsrecht, mit eigener Kanzlei in Nürnberg. Seit Ende 90er Jahre intensive Auseinandersetzung mit Fragen des Produkthaftungs- und Umweltrechts. Er beschäftigt sich insbesondere mit rechtlichen Problemlösungen im Zusammenhang mit Wohngiften und Schimmelpilzen in Wohn- und Geschäftsräumen. Dieses Anliegen verfolgt er auch im Rahmen von Vorträgen, u.a. bei Verbraucherzentrale Bundesverband e.V., VDB e.V., AGÖF e.V. und anderen. Er wirkte bei der Erstellung des Berichts der fachübergreifenden Arbeitsgruppe beim Landesgesundheitsamt Baden-Württemberg „Untersuchung, Nachweis und Bewertung von Schimmelpilzen in Innenräumen" mit und wurde in zwei Arbeitskreise der Innenraumhygienekommision des Umweltbundesamtes berufen. Jochen Kern ist seit Jahren zudem bei Fortbildungsveranstaltungen für Sanierungsbetriebe und Sachverständige und in zwei Arbeitskreisen des WTA e.V. aktiv.

Dr. rer. nat. Klaus Klus, Diplom-Biologe, Mitgründer und Mitinhaber der BMA-Labor GbR (Bochum). 2008 von der IHK Mittleres Ruhrgebiet als Sachverständiger für Schimmelpilze in Innenräumen öffentlich bestellt und vereidigt. Sachverständigen-Gutachten zu Erkennung und Bewertung von Feuchte- und Schimmelpilzschäden in Gebäuden. Sanierungsplanung und -begleitung sowie mikrobiologische Laboranalytik. Vorstandsmitglied im Fachbereich Innenraumhygiene und Naturwissenschaften des BVS e.V. Mitglied im VDI Richtlinienausschuss „Erfassung von Mikroorganismen" der VDI/DIN-Kommission Reinhaltung der Luft (KRdL) und im Netzwerk Schimmel e.V. Autor verschiedener Veröffentlichungen zum Thema mikrobielle Schäden in Innenräumen und mikrobiologische Methoden zur Innenraumanalysen und tritt bundesweit als Referent zu diesen Themen auf.

Dr. sc. agr. Uwe Koop ist seit 1993 öffentlich bestellter und vereidigter Sachverständiger für Asbestrevision und Asbestanalytik. In dieser Eigenschaft führt er bundesweit Schulungen zum Umgang mit Asbest im Rahmen der Technischen Regel für Gefahrstoffe 519 für das Umweltinstitut Offenbach GmbH und für den Gesamtverband Schadstoffsanierung e.V., Berlin, durch. Ein viertägiger Kursus für Schimmelpilz-Sanierer und Schimmelpilz-Gutachter – angeboten über das Umweltinstitut Offenbach GmbH – ergänzt seine Arbeit als Dozent. Neben Artikeln in Fachzeitschriften zum Thema Asbest ist der Autor im Auftrag des Gesamtverbandes Schadstoffsanierung e.V. im Fachausschuss der BG Bau zur Novellierung der DGUV-Information 201-028 (BGI 858, Handlungsanleitung Gesundheitsgefährdungen durch biologische Arbeitsstoffe bei der Gebäudesanierung) tätig gewesen.

Glenn Lange, geboren 1995 in Hannover, gelernter Anlagenmechaniker SHK. Er studiert Bautechnik für das Lehramt an berufsbildenden Schulen an der Leibniz Universität Hannover. Am Institut für Berufswissenschaften im Bauwesen betreibt er Schimmelpilzstudien im angegliederten Forschungsbereich der optischen Bau-Forensik. Sein Arbeitsbereich ist die Untersuchung sanierungspraktischer und optischer Zusammenhänge chemischer und physikalischer Detektions- und Behandlungsmethoden zur Sanierung von Schimmelpilzschäden.

Dipl.-Ing. Architektur (FH) Arndt Lubrich war mehrere Jahre als Gebietsleiter im Bereich der Brand- und Wasserschadensanierung tätig, bevor er von 2007 bis 2020 die Verantwortung für das Schulungswesen der HEYLO GmbH und die Inhalte des HEYLO-Forums übernahm. Seit dem Jahr 2009 betreibt Arndt Lubrich ein Sachverständigenbüro in Oldenburg i. O., das sich schwerpunktmäßig mit versicherten Leitungswasserschäden befasst. Daneben tritt er bundesweit als Dozent zu den Themen technische Trocknung von Gebäuden, Sanierung von Schimmelpilzschäden, Anwendung von Mess- und Ortungstechnik sowie versicherungstechnischen Aspekten beim Leitungswasserschaden in Erscheinung. Seit 2022 beteiligt er sich an der Organisation der FSU-Schadentage in Hildesheim.

Dipl.-Inf.-Wirt, M.Sc. Judith Meider studierte Informationswirtschaft an der FH Köln und Biologie an der Open University Milton Keyes, GB. Sie ist Geschäftsführerin und Laborleiterin der Labor Urbanus GmbH. Schwerpunkt ihrer Tätigkeit ist die Analytik von Schimmelpilzen auf Baumaterialen. Judith Meider ist Autorin – unter anderem des Werkes „Schimmelpilzanalytik: Grundlagen, Methoden, Beispiele“, erschienen im Rudolf Müller Verlag – sowie weiterer Aufsätze und Fachbeiträge und tritt bundesweit als Referentin auf Fachveranstaltungen zum Thema Schimmelpilzanalytik in Erscheinung. Judith Meider ist Mitveranstalterin der Fachveranstaltung „Deutscher Schimmelpilzstag“ und darüber hinaus Mitglied in WTA- und VDI- und Leiterin einer ISO-Arbeitsgruppe.

Frank B. Peters promoviert auf dem Gebiet der Bau-Forensik bei Prof. Rapp an der Leibniz-Universität Hannover. Seit 2018 begleitet er Bau-Forensikseminare an unterschiedlichen Standorten didaktisch und fachlich. Nach einer Tischlerausbildung studierte er Lehramt an berufsbildenden Schulen mit dem Hauptfach Holztechnik. Schwerpunkte seiner Arbeit sind die Fluoreszenz und Verwitterung von Holzoberflächen, multivariate Datenanalyse sowie Wissenschaftskommunikation. Er ist Host im Podcast „Astrein", der sich mit den wissenschaftlichen Hintergründen der Holztechnik befasst.

Prof. Dr. Andreas O. Rapp ist seit 1994 öffentlich bestellter und vereidigter Sachverständiger für Parkett. Von 1993 bis 2007 war er Wissenschaftler an der Bundesforschungsanstalt für Forst- und Holzwirtschaft, Stellvertretender Leiter des Instituts für Holzbiologie und Holzschutz und Dozent an der Universität Hamburg. Seit 2007 ist Andreas O. Rapp Professor für Holztechnik und Didaktik an der Leibniz Universität Hannover und Leiter des Instituts für Berufswissenschaften im Bauwesen. 2013 bis 2015 war er Senator der Leibniz Universität Hannover. Fachbuchautor des Werkes „Schäden an Holzfußböden", Fraunhofer IRB-Verlag.

Michael K. Resch leitet das Qualitätsmanagement bei der Strobl Schadenmanagement GmbH in Holzkirchen und ist von der Handwerkskammer München und Oberbayern öffentlich bestellter und vereidigter Sachverständiger für das Bautentrocknungsgewerbe mit dem Schwerpunkt Erkennen und Bewerten von Schimmel. Er ist Mitglied im Sachverständigenkreis des Deutschen Holz- und Bautenschutzverbandes e. V. (DHBV) und in diversen Arbeitsgruppen und Ausschüssen tätig. Zudem ist er Autor von Fachbüchern und zahlreicher Veröffentlichungen und Dozent zu den Themen „Bauwerksdiagnostik, Bautrocknung, Wasserschadensanierung".

Dipl.-Biol. Nicole Richardson gründete 1993 das Sachverständigenbüro Richardson in Witten mit MitarbeiterInnen aus den Bereichen Chemie, Biologie und Architektur – Schwerpunkt: Chemische und mikrobielle Innenraumschadstoffe erfassen und bewerten, Sanierungsbegleitung und Sanierungskonzeptionen, Erstellen von Leistungsverzeichnissen, Fachbauleitung bei Sanierungen. Neben ihrer Tätigkeit engagiert sie sich im Bundesverband öffentlich bestellter und vereidigter sowie qualifizierter Sachverständiger – BVS u. a. als Bundesfachbereichsleiterin Innenraumhygiene und ist Mitglied in WTA und VDI Arbeitsgruppen zum Thema Schimmel.

Dr. rer. nat. Dipl.-Biol. Christoph Trautmann, Geschäftsführer der Umweltmykologie GmbH, Berlin. Schwerpunkte seiner Tätigkeit sind der Nachweis und die Beurteilung von mikrobiellen Belastungen, insbesondere durch Schimmelpilze und holzzerstörende Pilze, das Erstellen von Gutachten, die Durchführung von Fortbildungen zur Entnahme von Umweltproben und zur Beurteilung von Mikroorganismen in Umweltproben sowie die Veranstaltung von Kursen zur mikroskopischen Differenzierung von Schimmelpilzen. Er hält bundesweit Vorträge zu den Themen „Methoden zur Erfassung von Schimmelpilzen und Bakterien", „Hintergrundkonzentrationen von Schimmelpilzen", „Bewertung von Mikroorganismen in Innenräumen" sowie „Sanierung von Feuchteschäden". Dr. Christoph Trautmann hat bei der Erstellung des Schimmelpilzleitfadens sowie des Leitfadens zur Sanierung von Schimmelpilzschäden vom Bundesumweltamt mitgearbeitet und ist Autor von zahlreichen Fachbeiträgen in Büchern und Zeitschriften.

Dipl.-Ing. Daniela Unglaube ist Inhaberin des Ingenieurbüros Unglaube für die Bewertung von bebauten und unbebauten Grundstücken sowie Bauschadenbewertung in Frankfurt am Main. Nach ihrem Bauingenieurstudium an der Technischen Universität Darmstadt sowie dem Politecnico di Torino und der Universitá degli Studi di Firenze arbeitete sie über 15 Jahre in der Bauleitung und im Projektmanagement. In 2015 wurde sie von der DEKRA als Sachverständige für Bauschadenbewertung zertifiziert. Seit 2017 ist sie von der IHK Frankfurt öffentlich bestellt und vereidigt für die Bewertung von bebauten und unbebauten Grundstücken. Zu dem Thema Baumängel und Bauschäden sowie deren Werteinfluss hat sie mehrere Studien durchgeführt. Frau Unglaube schreibt Fachartikel und ist als Dozentin tätig. Zuletzt hatte sie einen Lehrauftrag an der University of Applied Science, Frankfurt. Sie ist Mitglied des Gutachterausschusses für Immobilienwerte für den Bereich der Stadt Frankfurt sowie im Gutachterausschuss für den Bereich der Landkreise Bergstraße, Darmstadt-Dieburg, Groß-Gerau, Offenbach und des Odenwaldkreises.

Kerttu Valtanen (Dr. rer. nat.), Biologin, spezialisiert auf Schimmelpilze. Seit 2014 Expertin für Schimmelpilze und Leiterin des mykologischen Labors im Umweltbundesamt. Für das UBA seit 2014 beteiligt an der Entwicklung der Qualitätsprüfung für Schimmelspürhundteams, und damit Prüfungen in Deutschland, Finnland und in Island begleitet, dabei geschätzt 50 Schimmelspürhundteams bei Training und /oder Prüfungen kennengelernt. Mitautorin (Redaktionsteam UBA-Schimmelleitfaden 2017, beteiligt an Standardisierungsarbeit der Schimmel-Detektionsmethoden in ISO, DIN und VDI), seit 2022 Expertin für Schimmel im European Topic Center. Von Kindesalter an Hunde als Hobby (Obedience/Agility/Hundeshows/Tracking). Erster Schimmelspürhund seit 2014.

Ina Viebrok-Hörmann ist seit 2008 öffentlich bestellte und vereidigte Sachverständige für die Bewertung von bebauten und unbebauten Grundstücken, für Mieten und Pachten (Handelskammer Bremen – IHK für Bremen und Bremerhaven) und führt das seit 1955 bestehende Sachverständigenbüro Hörmann fort. Neben ihrer Tätigkeit engagiert sie sich im Bundesverband öffentlich bestellter und vereidigter sowie qualifizierter Sachverständiger – BVS, u. a. als Bundesfachbereichsleiterin Immobilienbewertung sowie durch die Förderung angehender Sachverständiger im Rahmen des Mentoringprogramms des BVS. Ina Viebrok-Hörmann ist Referentin bei Fortbildungsveranstaltungen, u. a. des BVS, und hat einige Fachaufsätze (u. a. in „Der Immobilienbewerter") veröffentlicht.

Dr. Thomas Warscheid ist Geomikrobiologe und ö.b.u.v. Sachverständiger für „Mikrobielle Schäden im Bauwesen" (IHK Oldenburg), Berater und Wissenschaftler auf dem Gebiet der Werkstoffmikrobiologie. Er ist seit 2003 Inhaber und Leiter des Fachlabors LBW-Bioconsult (Wiefelstede) für angewandte Mikrobiologie. Mitarbeit in verschiedenen nationalen wie internationalen Forschungsprojekten im Bereich der mikrobiellen Ökologie, Schimmelpilze in Innenräumen, mikrobielle Schäden an Fassaden und zur Erhaltung historischer Gebäude und Sammlungen. Entwicklung biotechnologischer Anwendungen von Algen zur Reinigung von Abluft und Abwässern. Mitglied in verschiedenen Fachverbänden (u.a. VAAM, GHUP und DECHEMA), Vorsitzender des Netzwerk Schimmel e.V. Lehrauftrag an der TU München und FH Erfurt für „Mikrobiologie in der Denkmalpflege".

Dr. Robby Wegner studierte Chemie an der Technischen Hochschule Merseburg und promovierte 1993 am Institut für organische Chemie der Martin-Luther-Universität Halle-Wittenberg. Seit 1994 ist er als Laborleiter an der Materialprüfanstalt Eberswalde tätig. Schwerpunkte seiner Tätigkeit sind chemisch-analytische Prüfungen von Holzschutzmitteln und Holzprodukten sowie deren Überwachung und Zertifizierung. Robby Wegner ist u.a. Mitglied der Sachverständigenausschüsse Holzschutzmittel am DIBt und des Normenausschusses zur DIN 68800-3.

Prof. Dipl.-Ing. Matthias Zöller ist Honorarprofessor für Bauschadensfragen am Karlsruher Institut für Technologie (Universität Karlsruhe), Architekt und ö.b.u.v. Sachverständiger für Schäden an Gebäuden. Am AIBau Aachener Institut für Bauschadensforschung und angewandte Bauphysik (AIBau gGmbH) leitet er die systematische Forschung der Ursachen von Bauschäden und formuliert Empfehlungen zu deren Vermeidung. Nach dem Tod von Prof. Dr. Rainer Oswald übernahm er die Leitung der Aachener Bausachverständigentage. Prof. Zöller arbeitet in Fachgremien, die sich mit Regelwerken der Abdichtungstechniken beschäftigen, und hat am „UBA-Schimmelleitfaden" mitgearbeitet. Er ist Autor von Fachveröffentlichungen und jeweils Mitherausgeber bei der „IBR Immobilien- & Baurecht" und der „Bautechnischen und -rechtlichen Themensammlung".

Literaturverzeichnis

1. Fachbücher, Aufsätze, Schriftenreihen

Achenbach, B., KG – Unwirksame Klausel zum Minderungsausschluss: Vorbehalt bei Zahlung erforderlich?, IMR, 2015, S. 66.

Acker van, J., Laboratory culturing and decay testing with Physisporinus vitreus and Donkioporia expansa originating from identical cooling tower environments show major differences, Stockholm, Intern. Res. Group Wood Pre., 1996, Doc. No. 10184.

Ackerbauer, H., Vorhersage feuchteinduzierter Bewuchsentwicklung auf Außenwandoberflächen. Stuttgart, Fraunhofer IRB Verlag 2020.

Adan, O. C. G./Samson, R. A./Wijnen, J. Th. M., Fungal resitance tests of gypsum based interior finishes under steady state airhumidities, in: Adan, O. C. G./Samson, R. A./ Verhoeff, A. P./Flanning, M. E./Hoekstra, E. S./Flanning, B. (Eds.), Health implications of fungi in indoor environments, Air Quality Monographs, No. 2, Elsevier, Amsterdam 1994, pp. 451-484.

Agnihotri NT, Greenberger PA. Unproved and controversial methods and theories in allergy/immunology, Allergy Asthma Proc, 2019, 40(6), S. 490-493; doi: 10.2500/ aap.2019.40.4278.

Allsopp, D./Seal, K. J./Gaylarde, C. C., Introduction to Biodeterioration, Cambridge University Press, Cambridge 2004.

Ammer, U., Über den Zusammenhang zwischen Holzfeuchtigkeit und Holzzerstörung durch Pilze, Holz Roh-Werkstoff 22 (2), 1964, S. 47-51.

Bacha, N. et al., Development of a novel quantitative PCR assay as a measurement for the presence of geosmin-producing fungi, Journal of applied Microbiology, Vol. 118, Issue 5 May 2015, pp.1144-1151.

Bardage, S. L./Daniel, G., The ability of fungi to penetrate micropores: implication for wood surface coatings, in: Bardage, S. L., Colonization of painted wood by blue stain fungi, PhD thesis, Swedish University of Agricultural Sciences, Uppsala 1997.

Bauer, A., Führt Einbaufeuchte in schwimmenden Estrichkonstruktionen im Neubau zu Feuchteschäden? Bachelorarbeit Hochschule für Technik, Studiengang Bauphysik, Stuttgart, 1.7.2015.

Baumann, E., Unerwünschte Mitbewohner – Schimmelpilze: Ursachen, Verantwortlichkeit und Gegenmaßnahmen, Das Grundeigentum, Heft 17, 2014, S. 1111 f.

Bavendamm, W., Die Holzschäden und ihre Verhütung, Wissenschaftliche Verlagsgesellschaft MBH, Stuttgart 1974.

Bayerisches Landesamt für Denkmalpflege, Schriftenreihe Nr. 13, Kontaminiert – Dekontaminiert, Strategien zur Behandlung biozidbelasteter Ausstattungen, Volk Verlag, München 2016.

Behr, M./Serchi, T./Cocco, E./Guignard, C./Sergeant, K./Renaut, J./Evers, D., Description of the mechanisms underlying geosmin production in Penicillium expansum using proteomics, J Proteomics, 16. Jan. 2014, 96:13-28. doi: 10.1016/j.jprot.2013.10.034.

Bekker, M./Huinink, H. P./Adan, O. C. G/Samson, R. A./Wyatt, T./Dijksterhuis, J., Production of an Extracellular Matrix as an Isotropic Growth Phase of Penicillium rubens on Gypsum, Applied and Environmental Microbiology, Vol. 78, No. 19, 2012, pp. 6930-6937.

Bernstein, J. A./Alexism, N./Bacchus, H./Bernstein, I./Fritz, P./Horner, E./Li, N./Mason, S./Nel, A./Oullette, J./Reijula, K./ Reponen, T./Seltzer, J./Smith, A./Tarlo, S. M., The health effects of nonindustrial indoor air pollution, Journal of Allergy and Clincal Immunology, March 2008, Vol. 121, Issue 3, pp. 585-591.

Biebelheimer, M., BGH – Mängel der Mietsache: Vermieter ist grundsätzlich vorrangig zur Beseitigung berechtigt!, IMR, 2008, S. 112.

Biebelheimer, M., OLG Brandenburg – Mietvertrag trotz Mängeln verlängert: Kündigung wegen dieser Mängel unwirksam!, IMR, 2014, S. 205.

Biebelheimer, M., OLG Brandenburg – Mangel der Mietsache: Zeigt ihn der Mieter nicht an, ist die Minderung ausgeschlossen!, IMR, 2015, S. 497.

Biebelheimer, M., OLG Brandenburg – Erhebliche Gefährdungen für die Gesundheit: Mieter kann fristlos kündigen!, IMR, 2017, S. 193.

Bielecki, R./Hempel, B., Schimmelpilze – Alternativen zur Bekämpfung und Vorbeugung, Bauhandwerk, Fachzeitschrift für die gewerkeübergreifende Bauausführung, Bauverlag, Gütersloh, Heft 4/2000, S. 61.

Binder, H.-J., AG Bergheim – Feuchtigkeitsschäden in Mietwohnung: Wie ist die Mietminderung zu berechnen?, IMR, 2011, S. 321.

Binder, H.-J., LG Gießen – Bei Schimmelgefahr wegen neuen Fenstern: Verhaltenshinweise des Vermieters erforderlich!, IMR, 2014, S. 369.

Binder, H.-J., AG Schöneberg – Auch ohne momentanen Austritt von Schadstoffen: Mieter hat Asbestsanierung zu dulden!, IMR, 2016, S. 506.

Blanchette, R. A./Obst, J. R./Timell, T. E., Biodegradation of compression wood and tension wood by white and brown rot fungi, Holzforschung v. 48 (suppl.), 1994, pp. 34-42.

Blank, H., BGH – Fristlose Kündigung wegen Gesundheitsgefährdung?, IMR 2007, S. 207.

Blank, H., BGH – Schimmel: Kein Zurückbehaltungsrecht an der Miete bei unterlassener Mängelanzeige!, IMR, 2011, S. 47.

Blank, H., BGH – Mangel beseitigt: Ist Mieter eine Prüfungsfrist zuzubilligen?, IMR 2015, S. 10.

Blank, H., LG Berlin – Fortsetzung der Zahlungseinstellung nach Mängelbeseitigung: Kündigung wegen Zahlungsverzugs, IMR, 2015, S. 181.

Block, S. S., Humidity requirements for mold growth, in: Applied microbiology. Hrsg.: American Society for Microbiology, Washington DC, 1 (1953), Heft 6, pp. 287 ff.

Börjesson, T., Volatile fungal metabolites as indicators of mold growth in stored cereals, PhD thesis, Swedish Univ. of Agricultural Science, Uppsala 1993.

Börstinghaus, U., BGH – Vermieter muss auch bei vom Mieter verursachtem Schaden seine Versicherung in Anspruch nehmen!, IMR, 2015, S. 50.

Börstinghaus, U., BGH – Kündigung wegen Verweigerung der Modernisierungsduldung zulässig?, IMR, 2015, S. 312.

Börstinghaus, U., AG Aachen – Gewährleistung: Ausschluss der Minderung bei verweigerter Mängelbeseitigung, IMR, 2016, S. 1052.

Bosse, J., OLG Düsseldorf – Mangelhafte Reparaturen durch Vermieter: Kündigung aus wichtigem Grund?, IMR, 2008, S. 46.

Bossemeyer, D./Dolata, S./Zwiener, G./Schubert, U., Schadstoffe im Baubestand: Erkennen und richtig reagieren – Katalog nach Bauteilen und Gewerken, Rudolf Müller Verlag, Köln 2016.

Breitenbach, J./Kränzlin, F., Pilze der Schweiz, Bd. 2, Nichtblätterpilze. Mykologia, 2. Aufl., Luzern 1986.

Bresinsky, A./Besl, H., Giftpilze, Wissenschaftliche Verlagsgesellschaft mbH, Stuttgart 1985.

*Briza, P./Breitenbach, M./Ellinger, A./ Segall, J.,*Isolation of two developmentally regulated genes involved in spore wall maturation in Saccharomyces cerevisiae. In: Genes & development 4 (10), 1990, S. 1775–1789. DOI: 10.1101/gad.4.10.1775.

Buchwald, G., On Donkioporia expansa (Desm.) Kotl. & Pouzar, Stockholm, Intern. Res. Group Wood Pre., 1986, Doc. No. IRG/WP 1285.

Buller, A. H. Reginald, Psathyrella disseminata [= Coprinus disseminatus]. Researches on fungi, Vol. III, Longmans, Green, and Co., New York 1924.

Bundesinstitut für Bau-, Stadt- und Raumforschung im Bundesamt für Bauwesen und Raumordnung (Hrsg.), Ökologische Baustoffauswahl, Schriftenreihe Zukunft Bauen: Forschung für die Praxis, Band 04, Bonn 2016.

Burbulla, R., LG Saarbrücken – Kein Zurückbehaltungsrecht an Mietzinszahlungen bei jahrelangem Streit über Schaden?, IMR, 2016, S. 147.

Butt, T.M./Hoch, H.C./Staples, R.C./St. Leger, R.J., Use of Fluorochromes in the Study of Fungal Cytology and Differentiation. Experimental Mycology 13, 1998, S. 303-320.

Carlile, M. J./Watkinson, S. C./Gooday, G. W., The fungi, 2nd ed., Academic press, London 2001.

Castor, R., BGH – Minderung nach vorbehaltsloser Ausübung einer Verlängerungsoption?, IMR, 2015, S. 24.

Clausnitzer, K.-D., Historischer Holzschutz, Ökobuch Verlag, Staufen 1990.

Cymutta, C. R., BGH – Zurückbehaltungsrechte des Mieters neben der Minderung sind betragsmäßig begrenzt!, IMR, 2015, S. 357.

Danner, R., AG Schöneberg – Unzureichend geheizt und gelüftet: Schimmelbildung liegt in der Sphäre des Mieters!, IMR, 2015, S. 185.

Danner, R., AG Bremen – Muss der Mieter Schimmelbildung vermeiden?, IMR, 2015, S. 446.

Danner, R., LG Berlin – Vermieter darf Fliesenboden nicht durch Holzboden ersetzen!, IMR, 2017, S. 130.

De Hoog, G. S./Guarro, J./Gené, J./Figueras, M. J., Atlas of clinical fungi, 2nd ed., Centraalbureau voor Schimmelcultures, Baarn 2001.

Deitschun, F., BGH – Schimmelpilz in der Mietwohnung: Ohne Kenntnis des Vermieters kein Zurückbehaltungsrecht!, IMR, 2011, S. 1002.

Dickinson, D. J., The decay of commercial timbers, in: Frankland, J. C./Hedger, J. N./Swift, M. J. (eds.), Decomposer basidiomycetes, British Mycological Society Symposium 4, 1982, pp. 179-190.

DIN e. V./ Marutzky, R./iVTH (Hrsg.), Holzschutz: Praxiskommentar zu DIN 68800 Teile 1 bis 4, 2. Aufl., Beuth Verlag, Berlin 2013.

Dötsch, W., OLG Düsseldorf/BGH – Hilfswiderklage bei Minderungsausschluss!, IMR, 2015, S. 387.

Dötsch, W., LG Berlin – § 291 ZPO versus Beibringungsgrundsatz?, IMR, 2017, S. 302.

Dötsch, W., AG Neukölln – Schadensersatzpflicht des Mieters für Kosten des Kammerjägers?, IMR, 2017, S. 359.

Doi, S./Nishimoto, K., Case study of damage caused in wooden houses by dry rot fungus, Serpula lacrymans, Wood Research and Technical Note 22, 1986, pp. 78-98.

Domsch, K. H./Gams, W./Anderson, T.-H., Compendium of soil fungi, 2. Aufl., IHW-Verlag, Eching 2007.

Dri-Eaz Education Series, New Guide to Restorative Drying, Revised Edition, Dri-Eaz Products Inc. Burlington, USA 2006.

Droste, L. F., Erkennen und Sanieren von Leitungswasserschäden, Dr. Ing. Paul Christiani GmbH & Co. KG, Konstanz 2007.

Eichhorn, K., OLG Brandenburg – Altbau: Feuchter Keller ein Mangel?, IBR 2014, S. 1033.

Ellis, M. B., Dematiaceous Hyphomycetes, CAB International, Kew 1971.

Erhorn, H., Schimmelpilzanfälligkeit von Baumaterialien, IBP-Mitteilungen 17, Nr. 196, 1990, Hrsg. Fraunhofer-Institut für Bauphysik, Stuttgart.

Eslyn, W. E., Utility pole decay, Part 4: Growth-Temperature relations and decay capabilities of eleven major utility poles, Holzforschung 40, 1986, pp. 69-77.

Eslyn, W. E./Nakasone, K. K., Fifteen little-known wood-products-inhabiting hymenomycetes, Material und Organismen 19 (3), 1984, pp. 201-240.

Falck, R., Hausschwamm-Forschung, Heft 8, Jena Verlag von Gustav Fischer, 1927.

Feckler, K., AG Köln – Wann und wie sind Reparaturmaßnahmen anzukündigen?, IMR, 2016, S. 1057.

Feckler, K., LG Köln – Duschen im Stehen kann vertragswidrig sein!, IMR, 2017, S. 131.

Findlay, W. P. K./Savory, J. G., Moderfäule. Die Zerstörung von Holz durch niedere Pilze, Holz Roh-Werkstoff 12 (8), 1954, S. 22-24.

Fischer, C./Hein, B., Blei und Cadmium in Pilzen aus Westberlin, Zeitschrift für Mykologie 56 (1), 1990, S. 159-166.

Fischer, G., Bestimmung von Hintergrundkonzentrationen von Schimmelpilzen in Dämmstoffen und anderen Materialien im Innenraum im Hinblick auf Sanierungsempfehlungen: Abschlussbericht, Landesgesundheitsamt Baden-Württemberg, Stuttgart 2015.

Flammer, R., Giftpilze, AT Verlag, München 2014.

Fleindl, H., AG Osnabrück – Schimmel in der Wohnung: Vermieter trägt die Beweislast für Fehlverhalten des Mieters!, IMR, 2014, S. 1084.

Flemming, H.-C., Biofilme, Biofouling und mikrobielle Schädigung von Werkstoffen, Oldenbourg Verlag, München 1994.

Fodor, M., AG München – Vermieter darf alle fünf Jahre in die Wohnung!, IMR, 2016, S. 322.

Fodor, M., LG Berlin – Tägliches Stoßlüften: Mehr als sechs Lüftungsvorgänge sind unzumutbar!, IMR, 2017, S. 51.

Gerhards, M., LG Hannover – Keine Minderungsmöglichkeit bei gemeinsamer Begehung vor Übergabe der Mietsache, IMR, 2015, S. 1049.

Gerken, H., Fachbericht DIN 4108-8:2010-09 „Vermeidung von Schimmelwachstum in Wohngebäuden", Der Bausachverständige, 2012, Heft 5, S. 34-37.

Gertis, K./Erhorn, H./Reiß, J., Klimawirkung und Schimmelpilzbildung bei sanierten Gebäuden, Bauphysik der Außenwände – Schlussbericht, Internationaler Bauphysikkongress, Berlin, 1997, Fraunhofer IRB Verlag Stuttgart, S. 569 ff.

Graf, B./Göbel, U. B./Adam, T., Qualitative und quantitative Untersuchungen zur Autofluoreszenz bei Pilzen. In: Mycoses 41 Suppl 1, 1998, S. 39-46. DOI: 10.1111/j.1439-0507.1998.tb00582.x.

Graßl M., Ermittlung des Dekontaminierungserfolg von Aspergillus versicolor durch antimikrobiell wirkende Substanzen. Bachelorarbeit. Fachbereich 01 Chemie. Hochschule Niederrhein Krefeld 2012.

Grün, L./Kaesler, C./Wiesmüller, G. A., MVOC – Vergleichbarkeit und Aussagekraft von Messungen, Umweltmed ForschPraxis 18, 2013, S. 17-26.

Hankammer, G., Schimmelpilze in Gebäuden – Erkennen und beurteilen von Symptomen und Ursachen, 3. Aufl., Rudolf Müller Verlag, Köln 2016.

Hankammer, G./Resch, M., Bauwerksdiagnostik bei Feuchteschäden, Rudolf Müller Verlag, Köln 2012.

Hankammer, G./Resch, M.,/Böttcher, W., Bautrocknung im Neubau und Bestand: Technik, Geräte, Praxis, Rudolf Müller Verlag, Köln 2014.

Hannemann, T./Wiegner, M.(Hrsg.), Münchener Anwaltshandbuch Mietrecht, 4. Aufl., C.H. Beck Verlag, München 2014.

Harz, A., OLG Düsseldorf – Fristlose Kündigung wegen Gesundheitsgefährdung muss vorher angedroht werden!, IMR, 2010, S. 187.

Heinzow B./Walker G., Gesundheitliche Bedeutung der MVOC, Umweltmed ForschPraxis 17, 2012, S. 143-155.

Hermes, N., AG Hamburg-Bergedorf – Beweislastverteilung bei der Minderung und beim Kautionsrückzahlungsanspruch, IMR, 2013, S. 61.

Hinterberger, H./Grinda, M. S., Prüfverfahren für Schutzmittel gegen Schwamm im Mauerwerk. Entwicklung eines Laborverfahrens. Vortrag, in: Cymorek, S./Ehrentreich, W./ Metzner, W. (Hrsg.), Holzschutz – Forschung und Praxis, DRW, Leinfelden-Echterdingen 1984, S. 86-89.

Hinz, W., Mietminderung auf ungeklärter Tatsachengrundlage?, NJW, 2013, S. 337ff.

Hirsch, B., BGH – Minderung: Symptomrechtsprechung zu Mängeln gilt auch im Gewerberaummietrecht!, IMR, 2016, S. 412.

Hörmann, F./Warmbrunn, D. (Hrsg.), Topthema Schimmelpilz (VBN-Info Sonderheft), 2. Aufl., VBN Seminare GmbH, Bremerhaven 2001.

Horn, W./Roßkamp, E./Ullrich, D., Aktuelle DDT- und Lindan-Konzentrationen in Wohnräumen nach intensivem Holzschutzmitteleinsatz auf Dachböden in der Vergangenheit, UBA-Texte 70/99, Umweltbundesamt, Berlin 1999.

Huckfeldt, T., Ökologie und Cytologie des Echten Hausschwammes (Serpula lacrymans) und anderer Hausfäulepilze, Mitt. Bundesforschungsanstalt Forst- und Holzwirtschaft, Hamburg 2003.

Huckfeldt, T., Schäden durch Pilze und Pflanzen, in: Huckfeldt, T./Wenk, H.-J. (Hrsg.), Holzfenster, Rudolf Müller Verlag, Köln 2009, S. 163-208.

Huckfeldt, T., Holzzerstörende und holzbewohnende Pilze, in: Binker, G./Brückner, G./ Flohr, E./Huckfeldt, T./Noldt, U./Parisek, L./Rehbein, M./Wegner, R., Praxis-Handbuch Holzschutz, Rudolf Müller Verlag, Köln 2014, S. 57-111.

Huckfeldt, T./Melcher, E., Moderfäulepilze, in: Venzmer, H. (Hrsg.), Europäischer Sanierungskalender 2008, Beuth Verlag, Berlin 2007, S. 233-250.

Huckfeldt, T./Schmidt, O., Hausfäule- und Bauholzpilze. Diagnose und Sanierung, 2. Aufl., Rudolf Müller Verlag, Köln 2015.

Hülsmann, H.-B., AG Brandenburg – Zugluftercheinungen sind ein Mietmangel!, IMR, 2014, S. 1020.

Hurraß, Julia u.a., Stellungnahme zum Beitrag von Carmen Kroczek, Jochen Kern und Hartmut M. Hanauske-Abel „Mykotoxine: Thesen"; in: Umwelt – Hygiene – Arbeitsmedizin 22 (3), 2017, S. 105-114.

Illies, S., BGH – Sachenrechtlicher Beseitigungsanspruch: Auch hier gilt Abzug „neu für alt"!, IMR, 2012, S. 384.

Irrgeher, P., OLG Düsseldorf – Kurze Verjährungsfrist für Gutachterkosten nach beendetem Mietverhältnis!, IMR, 2010, S. 513.

Irrgeher, P., LG Lübeck – Vermieter muss Schimmel in der Mietwohnung beseitigen (lassen)!, IMR, 2014, S. 504.

Jahn, H./Reinartz, H./Schlag, M., Pilze an Bäumen, Patzer Verlag, Berlin 1990.

Juli-Heptner, B. C., LG Karlsruhe – Zugige Altbaufenster: Mieter müssen frieren!, IMR, 2006, S. 111.

Justo, A./Miettinen, O./Floudas, D./Ortiz-Santana, B./Sjökvist, E./Lindner, D/ Nakasone, K./ Niemelä, T./Larsson, K.-H./Ryvarden, L./Hibbett, D. S., A revised family-level classification of the Polyporales (Basidiomycota), Fungal Biology, 2017, doi: 10.1016/ j.funbio.2017.05.010.

Kaesler, C./Wiesmüller, G.A, MVOC als mögliche Indikatoren für Feuchtigkeitsschäden, Umweltmed ForschPraxis 17, 2012, S. 27-33.

Karczewski, T., LG Hamburg – Kein merkantiler Minderwert bei vollständiger Schadensbeseitigung!, IBR, 2016, S. 1084.

Kauhanen, E./Harri, M./Nevalainen A./Nevalainen, T., Validity of detection of microbial growth in buildings by trained dogs, Environment International 28, 2002, S.153-157.

Keller, R./Senkpiel, K./Butte, W., Detektion von saisonal bedingten MVOC-Referenzwerten in unbelasteten Wohnungen, Gefahrstoffe – Reinhaltung der Luft, 66, 2006, S. 107-111.

Kespohl S., Maryska S., Zahradnik E., Sander I., Brüning T., Raulf-Heimsoth M., Biochemical and immunological analysis of mould skin prick test solution: current status of standardization, Clin Exp Allergy 2013; 43(11): S. 1286-1296; doi: 10.1111/cea.12186.

Kille, R. A., Ist die CM-Messung ein Auslaufmodell?, bwd bodenwanddecke, Ausgabe 8, 2016, S. 40.

Kim, SH/Lee, DG/Kwon, JC/Lee, HJ/Cho, SY/Park, C/Kwon, EY/Park, SH/Choi, SM/Choi, JH/ Yoo, JH, Clinical Impact of Cytochrome P450 2C19 Genotype on the Treatment of Invasive Aspergillosis under Routine Therapeutic Drug Monitoring of Voriconazole in a Korean Population, Infect Chemother., 2013 Dec; 45(4): pp. 406-414.

Kleiber, W., Verkehrswertermittlung von Grundstücken: Kommentar und Handbuch, 8. vollständ. neu bearb. Aufl., Bundesanzeiger Verlag, Köln 2017.

Klose, C., BGH – Kein Ausschluss des Minderungsrechts trotz rügeloser Fortzahlung der Miete!, IBR, 2003, S. 702.

Klus, K., Bewertung von Ergebnissen mikrobiologischer Untersuchungen im Innenraum – Helfen Aufmerksamkeitswerte? Der Bausachverständige, Zeitschrift für Bauschäden, Grundstückswert und gutachterliche Tätigkeit, 2 (2012), S. 30.

Klus, K., Anwendung und Umsetzung mikrobiologischer Analyseberichte durch Bausachverständige, Der Bausachverständige, Zeitschrift für Bauschäden, Grundstückswert und gutachterliche Tätigkeit, 4 (2013), S. 10-15.

Knaut, J./Berg, A., Handbuch der Bauwerkstrocknung: Ursachen, Diagnose und Sanierung von Wasserschäden in Gebäuden, 3. Aufl., Fraunhofer IRB Verlag, Stuttgart 2013.

Kölling, L., BGH – Ist plötzlich auftretendes „Fogging" ein Mangel der Mietsache?, IMR, 2008, S. 225.

Kölling, L., AG Wedding – Schimmel: Auch im Altbau ein Mangel!, IMR, 2012, S. 408.

Kölling, L., KG – Wirksame Einschränkung des Minderungsrechts des Mieters im Gewerberaummietvertrag, IMR, 2016, S. 15.

Koldehoff, J. S., Schimmelpilze auf unterschiedlichen Baumaterialien und Textilien unter verschiedenen Kultivierungsbedingungen mit dem Ziel der maximalen Kontrastierung zwischen Myzel und Untergrund durch den Einsatz monochromatischen Lichts. Bachelorarbeit. Institut für Berufswissenschaften im Bauwesen. Leibniz Universität Hannover 2019.

Kolk et al., Mikrobiologische Hintergrundwerte in der Außenluft – Auswertung der BGIA-Expositionsdatenbank MEGA, Gefahrstoffe – Reinhaltung der Luft, 69 (2009) Nr.4, S. 130-136.

Kommission für Krankenhaushygiene und Infektionsprävention beim Robert Koch-Institut (RKI), Anforderungen an die Hygiene bei der medizinischen Versorgung von immunsupprimierten Patienten (Empfehlung), Bundesgesundheitsbl 2010, 53:357–388 DOI 10.1007/s00103-010-1028-9, online publiziert: 20. März 2010.

Kraft S., Buchenauer L., Polte T., Mold, Mycotoxins and a Dysregulated Immune System: A Combination of Concern?, Int J Mol Sci 2021; 22(22): S. 12269; doi: 10.3390/ijms222212269.

Krumbein, W. E., Biogenerated Rock Structures, Space Sci. Rev. 135, 2008, pp. 81-94.

Kruppa, B., Experimentelle Untersuchung zur Frage der aerogenen Übertragung von Luftmikroorganismen bei hybriden Heizungssystemen, Gesundheits-Ingenieur – Haustechnik – Bauphysik – Umwelttechnik, 113, 1993, 5 ff.

Kück, U. et al., Schimmelpilze – Lebensweise, Nutzen, Schaden, Bekämpfung, 3. Aufl., Springer Verlag, Berlin 2009. Online verfügbar unter https://ebookcentral.proquest.com/lib/kxp/detail.action?docID=428765.

Lammel, S., BGH – Mieter haftet für fehlerhafte Beratung durch Mieterschutzverein!, IMR, 2007, S. 1.

Lange, G., Erprobung chemischer und physikalischer Behandlungsmethoden zur Sanierung von Schimmelpilzbefällen unter Verwendung von Methoden der optischen Bau-Forensik. Bachelorarbeit. Institut für Berufswissenschaften im Bauwesen. Leibniz Universität Hannover 2021.

Langendorf, G., Handbuch für den Holzschutz, VEB Fachbuchverlag, Leipzig 1961.

Langendorf, G., Holzschutz: Ein Handbuch für Baufachleute, VEB Fachbuchverlag, Leipzig 1988.

Langjahr, G., LG München I – Bis zu 10 Mal lüften pro Tag notwendig: Wohnung mangelhaft!, IMR, 2016, S. 301.

Lehmann-Richter, A., BGH – AGB: Kann unter dem Standard liegende Elektroversorgung vereinbart werden?, IMR, 2010, S. 169.

Lehmann-Richter, A., BGH – Minderungsfeststellungsklage: Dreieinhalbfacher Jahresbetrag ist der Streitwert!, IMR, 2016, S. 396.

Leppersjohann, D., OLG Koblenz – Keine Minderung nach vorbehaltloser Ausübung einer Verlängerungsoption!, IMR, 2014, S. 519.

Leppersjohann, D., AG Ottweiler – Vorsicht beim Rückgabeprotokoll!, IMR, 2017, S. 101.

Lieberman A., Curtis L., Mold Exposure and Mitochondrial Antibodies. Altern Ther Health Med 2020; 26(6): S. 4-47.

Liedtke, S./Popp, J., Laser, Licht und Leben – Techniken in der Medizin. Wiley- Verlag 2012.

Liese, W./Ammer, U., Über den Befall von Buchenholz durch Moderfäulepilze in Abhängigkeit von der Holzfeuchte, Holzforschung 18 (4), 1964, S. 97-102.

Lohwag, K., Zur Abbauintensität holzzerstörender Pilze, Sydowia, IX (1-6), 1955, S. 359-366.

Lorenz, W./Hankammer, G./Lassl, K., Sanierung von Feuchte- und Schimmelpilzschäden, Rudolf Müller Verlag, Köln 2005.

Ludwig, E., Pilzkompendium, Bd. 2, Beschreibungen, Fungicon-Verlag, Berlin 2007.

Lüder, R., Grundkurs Pilzbestimmung, Quelle & Meyer, Wiebelsheim 2007.

Magan, N./Lacey, J., Effect of water activity, temperature and substrate on interactions between field and storage fungi, Trans. Br. Mycol. Soc. 82, 1984, pp. 83-93.

Mahlke, F./Troschel, E./Liese, J. (Hrsg), Handbuch der Holzkonservierung, 3. neubearb. Aufl., Springer Verlag, Berlin 2014.

Mangold, K., Digitale Infrarotfotografie, mitp-Verlag, Frechen 2015.

Manzke, J./Laar, C. von/Berg, A., Projektbezogene Untersuchung zu Schimmelpilzbefall auf Gipsbaustoffen, 23. Hanseatische Sanierungstage, Feuchte – Wärme –Schimmelpilz, BuFAS e.V. (Hrsg.), Heringsdorf 2012, Berlin u. a.: Beuth Verlag, Stuttgart: Fraunhofer IRB Verlag, 2012, S. 131 ff.

Margarot, J./Deveze, P., Aspect de quelques dermatoses en lumière ultraparaviolette – note préliminaire, in: Bulletin de la Société des sciences médicales et biologiques de Montpellier, Band 6, 1925, S. 375-378.

Mayer, M., BGH – Irrtum über Mangelursache ist Verschulden des Mieters!, IMR, 2012, S. 362.

Mitteilung der Kommission „Methoden und Qualitätssicherung in der Umweltmedizin", Oxidativer Stress und Möglichkeiten seiner Messung aus umweltmedizinischer Sicht. Bundesgesundheitsbl – Gesundheitsforsch – Gesundheitsschutz 2008, 51:1464–1482 DOI 10.1007/s00103-008-0720-5, Springer Medizin Verlag 2008.

Möhring, R. (Hrsg.), Baustoffkenntnis, 18. Aufl., Bundesanzeiger Verlag, Köln 2016.

Morgenstern, M., Analyse der Einflüsse auf den merkantilen Minderwert von nutzungsbezogen saniertem Gewerbebauland auf der Basis einer empirischen Studie, Dissertation an der Technischen Universität Berlin, Fakultät VI – Planen, Bauen, Umwelt, Berlin 2015.

Mücke, W./Lemmen, C., Schimmelpilze: Vorkommen, Gesundheitsgefahren, Schutzmaßnahmen, 3. Aufl., Ecomed-Verlag, Landsberg am Lech 2004.

Murray, R., Asbestos: a chronology of its origins and health effects, Br J Ind Med, 1990. 47(6): pp. 361-365, in: Kröger, S., Asbest und seine gesundheitlichen Effekte: Eine szientometrische Untersuchung, Dissertation, Charité – Universitätsmedizin Berlin 2010.

Neubert, H./Nowotny, W./Baumann, K., Die Myxomyceten, Bd. 1 bis 3, K. Baumann, Gomaringen 1993.

Neuhaus, J., BGH – Mieter macht Mängelbeseitigung von Auflagen abhängig: Verliert er sein Minderungsrecht?, IMR, 2015, S. 331.

Neuhaus, J., BGH – Mieterminderung auf „dünnem rechtlichen Eis": Unverschuldeter Rechtsirrtum?, IMR, 2015, S. 332.

Neuhaus, J., OLG Braunschweig – Heizung zu schwach: Kündigung wegen Gesundheitsgefährdung möglich?, IMR, 2015, S. 498.

Orial, G./Bousta, F.,/Francois, A./Pallot-Frossard, I./Warscheid, Th., Managing Biological Activities in Lascaux: Identification of Microorganisms, Monitoring and Treatments, in: Proceedings of the International Symposium „Lascaux and Preservation Issues in Subterranean Environments" (Ed.: Noel Coye), Documents d'archaelogie francaise – dAf 105 (Chapter 9), 2013, pp. 220-251.

Oster, N./Bredemeyer, J., Wird Wohnungslüftung Vermietersache?, Der Bausachverständige, 2010, Heft 6, S. 20-25.

Oster, N./Bredemeyer, J., Erwiderung zur Stellungsnahme von Hans Westfeld zu unserem Artikel „Wird Wohnungslüftung Vermietersache?": In „Der Bausachverständige" Ausgabe 6/2010 und 2/2011, Der Bausachverständige, 2011, Heft 3, S. 35-38.

Oswald, R./Abel, R., Leitfaden über hinzunehmende Unregelmäßigkeiten bei Neubauten, Fraunhofer IRB Verlag, Stuttgart 1998.

Oswald, R./Liebert, G./Spilker, R., Schimmelpilzbefall bei hochwärmegedämmten Neu- und Altbauten, Bauforschung für die Praxis, Band 84, Fraunhofer IRB Verlag, Stuttgart 2008.

Pechmann, von, H./Graessle, E./Wutz, A., Untersuchungen über Bläuepilze an Kiefernholz, Forstwissenschaftliches Centralblatt 83 (9/10), 1964, S. 290-314.

Peters, F.B./Rapp, A., Wavelength-dependent photodegradation of wood and its effects on fluorescence. Holzforschung, 76(1), 2021, S. 60-67. https://doi.org/10.1515/hf-2021-0102.

Pfattheicher, A., AG München – Mietminderung wegen feuchter Keller und Taubenplage?, IMR, 2010, S. 520.

Poetzsch-Heffter, A., BGH – Darlegungs- und Beweislast beim sog. Fogging, IBR, 2006, S. 234.

Poetzsch-Heffter, A., KG – Schmerzensgeld bei Schimmelpilz?, IMR, 2007, S. 106.

Pott, F., Zur Wirkung von Asbest, bga-Schriften, 2/84 „Zur Beurteilung der Krebsgefahr durch Asbest" 2, 1984, S. 82-89.

Prütting, H./Wegen, G./Weinreich, G. (Hrsg.), BGB Kommentar, 12. Auflage, Luchterhand Verlag, Köln 2017.

Radtke, F., KRL ergänzt die CM-Messung – so geht es, FußbodenFuxx, Heft 1/2014, S. 18.

Ramm, M., LG Konstanz – Dreimaliges Lüften ist ausreichend: Keine Mieterpflicht zu weiteren Lüftungen!, IMR, 2013, S. 240.

Ramm, M., AG Saarbrücken – Außerordentliche Kündigung aufgrund Schimmelbefalls?, IMR, 2017, S. 491.

Rapp, A./Sudhoff, B./Weber, M., Schäden an Holzfußböden, 3. Aufl., Fraunhofer IRB Verlag, Stuttgart 2018 (Druck in Vorbereitung).

Rave, N., AG Leonberg – Rückgabeprotokoll: Negatives Schuldanerkenntnis für alle Arten von Forderungen!, IMR, 2015, S. 278.

Rehbein, M./ Koch, G./Klein, P., Moorleiche: Frau von Peiling, Holzbiologische Befunde vom Sarg, Restauro 5/2009, S. 320-325.

Reick, M./Setzer, M., Erstellung eines materialspezifischen Kataloges für wohnraumumschließende Materialien, Bauphysik der Außenwände – Schlussbericht, Internationaler Bauphysikkongress, Berlin, 1997, Fraunhofer IRB Verlag, Stuttgart, S. 363 ff.

Reis, J./Schrader, J./Riedlinger, J., Schimmelpilzbefall in der Wohnung ist keine Lappalie. Auflistung und Beschreibung der innerhalb von 20 Jahren Bausanierung gefundenen Schimmelpilze, Der Bausachverständige, 2010, Heft 5, S. 18-23.

Reng, A., LG Saarbrücken – Schadensersatzforderung gegen Mieter: Keine Nachfristsetzung notwendig!, IMR, 2015, S. 57.

Renner, U./Sohni, M., Ross-Brachmann – Ermittlung des Verkehrswertes von Immobilien, 30. Aufl., Theodor Oppermann Verlag, Isernhagen 2012.

Richardson, N./Grün, L., Sanierung betroffener Wohnungen und Gebäude, 15. Erg.-Lieferung 9/2005, Handbuch für Bioklima und Lufthygiene, ecomed Verlag.

Ridout, B. V., Timber decay in buildings, The conservation approach to treatment, E & FN Spon, London 2000.

Riecke, O., OLG Frankfurt – Rechtsmittel gegen isolierte Kostenentscheidungen zulässig?, IMR, 2008, S. 331.

Riecke, O., BGH – Schadensersatzanspruch des Mieters nur bei auch formell korrekter Kündigung?, IMR, 2013, S. 357.

Riecke, O., BGH – Beharrliche Obhutspflichtverletzung des Mieters als Kündigungsgrund?, IMR, 2016, S. 272.

Rieckhoff, K., Die künstliche Bautrocknung, Das Bauwerk – Fachblatt des deutschen Baugewerksbundes, 3. Jahrgang, Nr. 11, 15. November 1929.

Ritschkoff, A.-C./Viitanen, H./Koskela, K., The response of building materials to the mould exposure at different humidity and temperature conditions, in: „Proceedings of Healthy Buildings 2000", Vol. 3 (Microbes, moisture and building physics), Säteri, O. (Hrsg.), SIY Indoor Air Information, Helsinki 2000, pp. 317 ff.

Rödelsperger, K./Gerhard, J., Asbest: Mineralogie – Eigenschaften – Verwendung, in: Asbest-Handbuch, Erich Schmidt Verlag, Berlin1991, S. 0110.

Rohr, B. v., AG Charlottenburg – Schimmel verschwiegen: Kein Provisionsanspruch!, IMR, 2015, S. 519.

Rückert, J./Neubauer, F./Zietelmann, C., Einfluß von bituminösen Dachbelagsmaterialien auf das Korrosionsverhalten von Dachentwässerungssystemen aus Zink und verzinktem Stahl, Bericht Nr. 91 des Gemeinschaftsausschuß Verzinken e.V., Düsseldorf 1983.

RWE Bau-Handbuch, 15. Aufl., EW Medien und Kongresse, Frankfurt am Main 2014.

Sánchez P., Vélez-Del Burog A., Sunén E., Matínez J., Postigo I., Fungal Allergen and Mold Allergy Diagnosis: Role and Relevance of Alternaria alternata Alt a 1 Protein Family. J Fungi (Basel) 2022; 8(3): S. 277; doi: 10.3390/jof8030277.

Schaudel, S./Lischtschenko, O., Spektroskopische Analyse von Schimmel am Bau. Vortrag anlässlich 2. Bau-Forensik Conference Workshop, Leibniz Universität Hannover 2016.

Schlimme, N., AG Nürtingen – Kein Mangel, wenn im Altbau nach Fensteraustausch Schimmel entsteht?, IMR, 2010, S. 468.

Schlosser, A., AG München – Mieterhöhung nach Modernisierungsmaßnahmen: Umlegung der Kosten für Folgemaßnahmen?, IMR, 2016, S. 1060.

Schmid, M., BGH – Kann Mieter Mängelbeseitigung am Gemeinschaftseigentum verlangen?, IBR, 2006, S. 54.

Schmid, M./Harz, A. L. (Hrsg.), Fachanwaltskommentar Mietrecht, 4. Auflage, Luchterhand Verlag, Köln 2013.

Schmidbauer, W. (Hrsg.), Wertminderungen und Minderwert: Theorien zur Beurteilung und Berechnung, Olzog Verlag, München 2016.

Schmidt, O., Wood and tree fungi, Biology, damage, protection, and use, Springer, Berlin/Heidelberg 2006.

Schmidt, O./Grimm, G./Moreth, U., Molecular identity of species and isolates of the Coniophora cellar fungi, Holzforschung 56, 2002, pp. 563-571.

Schmidt, O./Moreth, U., Molecular identity of species and isolates of internal pore fungi Antrodia spp. and Oligoporus placenta, Holzforschung 57, 2003, pp. 120-126.

Schmoll, F. (Hrsg.), Basiswissen Immobilienwirtschaft, 3. vollständ. akt. und erw. Aufl., Grundeigentum-Verlag, Berlin 2015.

Schnapauff, V./Richter-Engel, S./AIBAU Aachener Institut für Bauschadensforschung und angewandte Bauphysik, Gemeinnützige GmbH Aachen (Hrsg.), Gebrauchsanweisung für Häuser, Fraunhofer IRB Verlag, Stuttgart 1997.

Schnatenberg, A., LG Berlin – Ablehnung der Mängelbeseitigung entspricht nicht der „Nichterfüllung" im Sinne des § 887 ZPO, IMR, 2016, S. 1043.

Schriftenreihe der Bundesanstalt für Arbeitsschutz (Hrsg.), Asbestersatzstoffkatalog, GA 17, Band I bis X.

Schroer, B./Klus, K./Stephan, U., Schimmelpilzbelastungen in Archiven – Konzentrationen und Arten in der Raumluft im Jahresverlauf, Gefahrstoffe – Reinhaltung der Luft (Air Quality Control), 77 (2017) Nr. 6, S. 237-248.

Schürger, U., Messung und Bewertung erhöhter Feuchtegehalte von Baumaterialien, in: Tagungsband der 21. Pilztagung 2017, hrsg. vom Berufgsverband Deutscher Baubiologen VDB e.V., AnBUS e. V., Fürth 2017, S. 41.

Sedlbauer, K., Vorhersage von Schimmelpilzbildung auf und in Bauteilen, Universität Stuttgart, Dissertation, Stuttgart 2001.

Seibl, M., Außerordentliche Kündigung bei Nichtentrichtung der Miete auf Grund schuldhaft unzutreffender Annahme des Vorliegens der Voraussetzungen einer mangelbedingten Mietminderung, LMK, 2012, 339758.

Selk, M., AG Besigheim – Pauschalierung der Kosten für Heizungsstrom unzulässig!, IMR, 2016, S. 443.

Smail, E. H./Briza, P./Panagos, A./Berenfeld, L., Candida albicans cell walls contain the fluorescent cross-linking amino acid dityrosine. In: Infection and immunity 63 (10), 1995, S. 4078–4083. DOI: 10.1128/iai.63.10.4078-4083.

Sommer, M., OLG Koblenz/BGH – Mieter beseitigt Mangel trotz Kostenvorschusses nicht: Keine weitere Minderung!, IMR, 2015, S. 368.

Steineck, H., Pilze im Garten, Ulmer Verlag, Stuttgart 1990.

Stienen, T./Schmidt, O./Huckfeldt, T., Wood decay by indoor basidiomycetes at different moisture and temperature, Holzforschung 68 (1), 2014, pp. 9-15.

Stobbe, M., AG Duisburg-Hamborn – Erheblicher, nicht angezeigter Schimmelpilzbefall stellt vorsätzliche unerlaubte Handlung dar!, IMR, 2016, S. 280.

Sutter, H.-P., Holzschädlinge an Kulturgütern erkennen und bekämpfen, 3. Aufl., P. Haupt, Bern 1997.

Technische Kommission Bauklebstoff (TKB), TKB-Bericht 1: Belegereife und Feuchte/Versuche zur Trocknung von Estrichen; Bericht und Tabelle, Düsseldorf 2012.

Technische Kommission Bauklebstoff (TKB), TKB-Bericht 2: Die KRL-Methode zur Bestimmung der Feuchte in Estrichen, Düsseldorf 2013.

Technische Kommission Bauklebstoff (TKB), TKB-Bericht 3: Belegreife und Feuchte / Geeignete Messgeräte zur Feuchtebestimmung nach der KRL-Methode, Düsseldorf 2016.

Testo Industrial Services, Feuchtefibel – Messtechnik und Kalibrierung, 3. Aufl., Testo Industrial Services GmbH, Kirchzarten 2014.

Theden, G., Das Absterben holzzerstörender Pilze in trockenem Holz, Mat. Org. 7, 1972, S. 1-10.

Thomas, D. R., Vitamins in Aging, Health, and Longevity, Clin Interv Aging, 2006 Mar; 1(1), pp. 81-91.

Thomas, J., LG München I – Formaldehyd in Mieträumen, IBR, 1991, S. 522.

Thomas, L. (Hrsg.), Labor und Diagnose, 8. Aufl., 2 Bde., TH-Booms Verlagsgesellschaft mbH, Frankfurt am Main 2012.

Trautmann, C., Aussagekraft von Schimmelpilzuntersuchungen, in: Tagungsband der 9. Pilztagung des VDB: Schimmel sicher erkennen, bewerten und sanieren, hrsg. Vom Berufsverband Deutscher Baubiologen VDB e. V., AnBUS e. V., Fürth 2005.

Trogisch, A./Franzke, U., Feuchte Luft – h,x-Diagramm: Praktische Anwendungs- und Arbeitshilfen, VDR Verlag GmbH, Berlin 2012.

Umweltbundesamt (UBA), Schimmel im Haus. Ursachen, Wirkungen, Abhilfe (Broschüre), Dessau 2014.

US Dep. Of the Interior and US Geologial Survey (Circular 1298, 2006), Worldwide Asebstos Supply and Consumption Trendsfrom 1900 trough 2003.

Unger, A., Fußbodenatlas, Quo-Vado AG, Donauwörth 2000.

Unglaube, D., Baumängel und Bauschäden in der Wertermittlung, Reguvis Fachmedien GmbH, Köln 2021.

VDI/GVSS Asbesthaltige Putze, Spachtelmassen und Fliesenkleber in Gebäuden, Diskussionspapier zu Erkundung, Bewertung und Sanierung, 2015.

Verbraucherzentrale, Feuchtigkeit und Schimmelbildung – Erkennen, beseitigen, vorbeugen, Verbraucherzentrale NRW, Düsseldorf 2016.

Verein Deutscher Zementwerke e.V. (Hrsg.), Zement-Taschenbuch 2002, Verlag Bau + Technik, Düsseldorf 2002.

Viitanen, H./Paajanen, L.,The critical moisture and temperature conditions for the growth of some mould fungi and the brown rot fungus Coniophora puteana on wood, Stockholm: Intern. Res. Group Wood Pre., Doc. No. 1369, 1988.

Wälchli, O., Der Temperatureinfluß auf die Holzzerstörung durch Pilze, Holz als Roh-Werkstoff 35, 1977, S. 45-51.

Wagner, S., LG Berlin – Nicht aufgeräumte Wohnung ist kein Grund zur Kündigung, IMR, 2015, S. 56.

Warscheid, T., Wandbaustoffe aus Kalk. Ein natürlicher Schutz gegen Schimmelpilzbildung in Innenräumen, BauSchäden. Jg. 3, Nr. 1 (2007), S. 11-16.

Warscheid, T., Schimmelbewuchs – gilt noch das 80% r.F Kriterium? In: Aachener Bausachverständigentage 2016, Praktische Bewährung neuer Bauweisen – ein (un-)lösbarer Widerspruch? Hrsg. von Oswald, M. und Zöller, M., AIBau – Aachener Institut für Bauschadensforschung und Angewandte Bauphysik gGmbH, Springer Fachmedien, Wiesbaden 2016.

Waßmann, J., Schimmelpilzsanierung sofort oder „Land unter"?, ZMR, 2015, S. 5ff.

Wegner, R./Dürrwald, S./Melcher, E., Anwendung und Vorkommen von Holzschutzmitteln in gedeckten Räumen in der ehemaligen DDR – Theorie und Praxis, Holz als Roh- und Werkstoff, 2001, S. 431-435.

Weiß, S./Ungerer, K., Feuchtemessverfahren bei Gebäudeschäden, 2. Aufl., Lauth & Partner GmbH, Waiblingen 2001.

Weißleder, A., OLG Brandenburg – Neue Sache für den Geschädigten subjektiv ohne Wert: Kein Abzug „Neu für Alt"!, IBR, 2017, S. 1002.

Westfeld, H., Stellungnahme zum Beitrag „Wird Wohnungslüftung Vermietersache?" Kritische Anmerkungen zur DIN 1946-6 „Lüftung von Wohnungen": In „Der Bausachverständige" Ausgabe 6/2010, Der Bausachverständige, 2011, Heft 2, S. 34-36.

Willems, W. M. et al, Lehrbuch der Bauphysik: Schall – Wärme – Feuchte – Licht – Brand – Klima, 8. Aufl., Springer Vieweg, Wiesbaden 2017.

Winkel, A. zum/Fenner, T./Köster, H. D., Oxidativer Stress in der Umweltmedizin, Umwelt-Medizin-Gesellschaft 17(3), 2004, pp. 238-243.

Zehelein, K., OLG Düsseldorf – Kündigung wegen Schimmels: Keine zwingende Gesundheitsgefahr bei Schimmel!, IMR, 2014, S. 18.

Zehelein, K., LG Berlin – Keine Minderung bei Verweigerung der Mängelbesichtigung!, IMR, 2014, S. 323.

Ziegler, D., Hygrometrische Feuchtemessung – Anwendung in der Praxis, Institut für Bautenschutz, Baustoffe und Bauphysik, Dr. Rieche und Dr. Schürger GmbH & Co. KG., Fellbach, veröffentlicht in 7. Kolloquium Industrieböden 2010.

Zwiener, G., Handbuch Gebäude-Schadstoffe, Rudolf Müller Verlag, Köln 1997.

2. Leitfäden, Leitlinien, Richtlinien

AWMF-Schimmelpilz-Leitlinie „Medizinisch klinische Diagnostik bei Schimmelpilzexposition in Innenräumen", AWMF-Register-Nr. 161/001 – Endfassung 2016. Gerhard. E. Wiesmüller et al.

AWMF-Schimmelpilz-Leitlinie „Medizinisch klinische Diagnostik bei Schimmelpilzexposition in Innenräumen" – Update 2023 AWMF-Register-Nr. 161/001.

DAfStb Richtlinie Wasserundurchlässige Bauwerke aus Beton (WU-Richtlinie), Ausgabe November 2003 (erhältlich seit Mai 2004), Deutscher Ausschuss für Stahlbeton im Deutschen Institut für Normung e.V., Berlin; Erläuterungen zur DAfStb-Richtlinie, Schriftenreihe Heft 555, 1. Aufl. Juli 2006.

Landesgesundheitsamt Baden-Württemberg im Regierungspräsidium Stuttgart, Leitfaden Handlungsempfehlung für die Sanierung von mit Schimmelpilzen befallenen Innenräumen, 2. überarb. Ausgabe, Stuttgart 2006.

Netzwerk Schimmel et al. (3. überarbeitete Fassung vom 01.06.2022). Richtlinie zum sachgerechten Umgang mit Schimmelpilzschäden in Gebäuden – Erkennen, Bewerten und Instandsetzen (Hrsg.: Deitschun, F., Warscheid, Th.).

Richtlinie für die Bewertung und Sanierung Pentachlorphenol (PCP)-belasteter Baustoffe und Bauteile in Gebäuden (PCP-Richtlinie), Fassung Oktober 1996 vom 4. Februar 1997, GABl. S. 233.

Umweltbundesamt, Leitfaden zur Vorbeugung, Untersuchung, Bewertung und Sanierung von Schimmelpilzwachstum in Innenräumen („Schimmelpilz-Leitfaden"), Berlin 2002.

Umweltbundesamt, Leitfaden zur Ursachensuche und Sanierung bei Schimmelpilzwachstum in Innenräumen („Schimmelpilz-Sanierungsleitfaden"), Dessau 2005.

Umweltbundesamt, Leitfaden für die Innenraumhygiene in Schulgebäuden, Berlin 2008.

Umweltbundesamt, Leitfaden zur Vorbeugung, Erfassung und Sanierung von Schimmelbefall in Gebäuden („Schimmelleitfaden"), Dessau-Roßlau 2017.

VDI 3492 Messen von Innenraumluftverunreinigungen – Messen von Immissionen – Messen anorganischer faserförmiger Partikel – Rasterelektronenmikroskopisches Verfahren, 2013.

VDI 4254 Blatt 1: Bioaerosole und biologische Agenzien – Messen von Stoffwechselprodukten von Mikroorganismen – Messen von MVOC in der Außenluft, 2018.

VDI 6022 Raumlufttechnik, Raumluftqualität.

VDI/GVSS 6202, Blatt 1 Schadstoffbelastete bauliche und technische Anlagen – Abbruch-, Sanierungs- und Instandhaltungsarbeiten, Blatt 2 Schadstoffbelastete bauliche und technischen Anlagen, Erkundung und Bewertung, Grundlagen und Blatt 3 Schadstoffbelastete bauliche und technischen Anlagen, Erkundung und Bewertung, Asbest (z.T. in der Bearbeitung).

VdS 3150 Richtlinien zur Leitungswasserschaden-Sanierung, hrsg. vom Gesamtverband der Deutschen Versicherungswirtschaft e.V. (GDV).

VdS 3151 Richtlinien zur Schimmelpilzsanierung nach Leitungswasserschäden, hrsg. vom Gesamtverband der Deutschen Versicherungswirtschaft e.V. (GDV).

3. WTA Merkblätter

WTA Merkblatt 1-2-05/D, Der echte Hausschwamm – Erkennung, Lebensbedingungen, vorbeugende Maßnahmen, bekämpfende chemische Maßnahmen, Leitungsverzeichnis.

WTA Merkblatt 1-8-13/D, Dekontamination von Holzschutzmitteln belastetem Holz I: Ermittlung und Gefährdungsbeurteilung.

WTA Merkblatt 1-9-13/D, Dekontamination von Holzschutzmitteln belastetem Holz II: Abreicherung von Holz.

WTA Merkblatt 4-11-02/D, Messung der Feuchte von mineralischen Baustoffen.

WTA Merkblatt 4-11-16/D, Messung des Wassergehalts bzw. der Feuchte von mineralischen Baustoffen.

WTA Merkblatt 4-12-21/D, Ziele und Kontrolle von Schimmelpilzschadensanierungen in Innenräumen.

WTA Merkblatt 6-15-13/D, Technische Trocknung durchfeuchteter Bauteile – Teil 1: Grundlagen.

WTA Merkblatt 6-16-19/D, Technische Trocknung durchfeuchteter Bauteile: Planung, Ausführung und Kontrolle.

4. Normen

DIN 1946-6:2019-12 Raumlufttechnik – Teil 6: Lüftung von Wohnungen – Allgemeine Anforderungen, Anforderungen an die Auslegung, Ausführung, Inbetriebnahme und Übergabe sowie Instandhaltung.

DIN 4108-2: 2013-02 Wärmeschutz und Energieeinsparung in Gebäuden – Teil 2: Mindestanforderungen an den Wärmeschutz.

DIN 4108-4: 2020-11 Wärmeschutz und Energie-Einsparung in Gebäuden – Teil 4: Wärme- und feuchteschutztechnische Bemessungswerte.

DIN 4108-7: 2011-01 Wärmeschutz und Energieeinsparung in Gebäuden – Teil 7: Luftdichtheit von Gebäuden – Anforderungen, Planungs- und Ausführungsempfehlungen sowie -beispiele.

DIN 4108 Beiblatt 2: 2019-06 Wärmeschutz und Energie-Einsparung in Gebäuden – Wärmebrücken – Planungs- und Ausführungsbeispiele.

DIN 18533: 2017-07 Abdichtung von erdberührten Bauteilen.

DIN EN ISO 7899-2:2000 Wasserbeschaffenheit – Nachweis und Zählung von intestinalen Enterokokken – Teil 2: Verfahren durch Membranfiltration.

DIN EN ISO 9308-1:2000 Wasserbeschaffenheit – Zählung von Escherichia coli und coliformen Bakterien – Teil 1: Membranfiltrationsverfahren für Wässer mit niedriger Begleitflora.

DIN ISO 16000-16:2009-12 Innenraumluftverunreinigungen – Teil 16: Nachweis und Zählung von Schimmelpilzen – Probenahme durch Filtration (ISO 16000-16:2008).

DIN ISO 16000-17:2010-06 Innenraumluftverunreinigungen – Teil 17: Nachweis und Zählung von Schimmelpilzen – Kultivierungsverfahren (ISO 16000-17:2008).

DIN ISO 16000-18:2012-01 Innenraumluftverunreinigungen – Teil 18: Nachweis und Zählung von Schimmelpilzen – Probenahme durch Impaktion (ISO 16000-18:2011).

DIN EN ISO 16000-19:2014-12 Innenraumluftverunreinigungen – Teil 19: Probenahmestrategie für Schimmelpilze (ISO 16000-19:2012), Deutsche Fassung EN ISO 16000-19:2014.

DIN ISO 16000-20:2015-11 Innenraumluftverunreinigungen – Teil 20: Nachweis und Zählung von Schimmelpilzen – Bestimmung der Gesamtsporenanzahl (ISO 16000-20:2014).

DIN ISO 16000-21:2014-05 Innenraumluftverunreinigungen – Teil 21: Nachweis und Zählung von Schimmelpilzen – Probenahme von Materialien (ISO 16000-21:2013).

5. DGUV Regeln und Informationen

DGUV Information 201-028, Gesundheitsgefährdungen durch Biostoffe bei der Schimmelpilzsanierung, 2022.

DGUV Information 203-049, „Prüfung ortsveränderlicher elektrischer Betriebsmittel. Praxistipps für Betriebe", 2009.

DGUV Regel 112-190, „Benutzung von Atemschutzgeräten", 2021.

6. Technische Regeln

TRBA 500 Grundlegende Maßnahmen bei Tätigkeiten mit biologischen Arbeitsstoffen, GMBl. 2012, Nr. 15-20, S. 373-379.

TRBS 1111 Gefährdungsbeurteilung und sicherheitstechnische Bewertung, BAnz. 232a, S. 7.

TRGS 400 Gefährdungsbeurteilung für Tätigkeiten mit Gefahrstoffen, GMBl 2017, Nr. 36, S. 638.

TRGS 519 (Fassung 31.03.2022) Ausgabe: Januar 2014 GMBl 2014 S. 164-201 v. 20.3.2014 [Nr. 8/9] zuletzt geändert und ergänzt: GMBl 2022 S. 269-272 v. 31.3.2022 [Nr. 12].

TRGS 521 Abbruch-, Sanierungs- und Instandhaltungsarbeiten mit Alter Mineralwolle, GMBl 2008, Nr. 14.

TRGS 524 Schutzmaßnahmen für Tätigkeiten in kontaminierten Bereichen, GMBl 2010, Nr. 21, S. 419-450, zuletzt geändert und ergänzt GMBl 2011, Nr. 49-51, S. 1018-1019.

TRGS 910 Risikobezogenes Maßnahmenkonzept für Tätigkeiten mit krebserzeugenden Gefahrstoffen, GMBl 2014, Nr. 12, S. 258-270, zuletzt geändert und ergänzt GMBl 2017, Nr. 20, S. 372-373 vom 8.6.2017.

7. Internetfundstellen

Keller, H., Gablers Wirtschaftslexikon, Stichwort gewöhnlicher Geschäftsverkehr, http://wirtschaftslexikon.gabler.de/Archiv/1020813/gewoehnlicher-geschaeftsverkehr-v2.html, abgerufen am 4.10.2017.

Korrelationskoeffizient, http://www.fernuni-hagen.de/ksw/neuestatistik/content/MOD_23196/html/comp_23414.html, abgerufen am 6.10.2017.

Sedlbauer, K., Dämmstoffe aus nachwachsenden Rohstoffen und Schimmelpilze – ein Junktim?; abgerufen am 1.12.2017 unter https://www.ibp.fraunhofer.de/content/dam/ibp/de/documents/Publikationen/Konferenzbeitraege/Deutsch/KB_8_tcm45-30.

Unger, A., Schäden durch nachstoßende Feuchtigkeit aus der Rohbetonplatte, Fachkolumne „Dr. Estrich", http://dr-estrich.info/auszug-aus-dem-fussboden-atlas-www-fuss bodenatlas-de-schaden-durch-nachstosende-feuchtigkeit-aus-der-rohbetonplatte.

8. Vorträge

Adam, B., Ermittlung des merkantilen Minderwerts einer ehemals radioaktiv verstrahlten Wohnung, 17. Freiburger Immobilientage 2010, Freiburg i. Br.

Berg, A., Praktische Probenahme bei stark staubenden Arbeiten, 18. Forum Asbest 2008.

Böcking, A., Mechanismus der Krebsentstehung durch Asbestfasern und Möglichkeit der Frühdiagnose maligner Mesotheliome, 18. Forum Asbest 2009.

Hiltpold, W., Asbest in Fliesenklebern und die damit verbundene Exposition, 22. Forum Asbest 2013.

Kodim, C., Haus und Grund Deutschland, Nationaler Asbestdialog, Themenblock 1, 22.6.2017.

Schaudel, S./Lischtschenko, O., Spektroskopische Analyse von Schimmel am Bau, 2. Bauforensik Conference Workshop 2016, Leibniz Universität Hannover.

Vogel, R. R., Wertminderung bei bebauten Grundstücken, 24. Nordische Bausachverständigentage, Wismar 2017.

9. Sonstiges

Arbeitsschutzgesetz vom 7. August 1996 (BGBl. I S. 1246), das zuletzt durch Artikel 6k des Gesetzes vom 16. September 2022 (BGBl. I S. 1454) geändert worden ist.

Biostoffverordnung vom 15. Juli 2013 (BGBl. I S. 2514), die zuletzt durch Artikel 1 der Verordnung vom 21. Juli 2021 (BGBl. I S. 3115) geändert worden ist.

Gemeinsame Stellungnahme von ZVPF, ZVR, BSR, BVFGB und TKB, Ermittlung der Belegreife von Estrichen für Bodenbelag- und Parkettarbeiten anhand der CM-Methode – Stand der Technik, Presseinformation des Industrieverband Klebstoff e. V., Düsseldorf.

Gesetz zur Einsparung von Energie und zur Nutzung erneuerbarer Energien zur Wärme- und Kälteerzeugung in Gebäuden (Gebäudeenergiegesetz – GEG) vom 13. August 2020

(BGBl I S. 1728), in Kraft getreten am 01. Januar 2020, 1. Novellierung am 01. Januar 2023 in Kraft getreten, 2. Novellierung am 01. Januar 2024 in Kraft getreten.

Hessisches Ministerium für Frauen, Arbeit und Sozialordnung, Bericht zur Schwerpunktaktion Asbest, März 1996.

Honorarordnung für Architekten und Ingenieure (Verordnung über die Honorare für Architekten- und Ingenieurleistungen – HOAI) vom 10. Juli 2013 (BGBl. I S. 2276), in Kraft getreten am 17.07.2013, zuletzt geändert durch Gesetz vom 22. März 2023 (BGBl. I S. 88) m.W.v. 28. September 2023.

Landesamt für Arbeitsschutz, Gesundheitsschutz und technische Sicherheit Berlin, Umgang mit holzschutzmittelbelasteten Bauteilen, Gegenständen und Materialien, HSM – Handlungsanleitung: Umbau – Instandhaltung – Rückbau, November 2007.

Landesgesundheitsamt Baden-Württemberg, Schimmelpilze in Innenräumen – Nachweis, Bewertung, Qualitätsmanagement. Abgestimmtes Arbeitsergebnis des Arbeitskreises „Qualitätssicherung – Schimmelpilze in Innenräumen" am Landesgesundheitsamt Baden-Württemberg, Stuttgart, überarb. Ausgabe Dezember 2004.

Musterbauordnung (MBO), Arbeitsgemeinschaft für Städtebau, Bau- und Wohnungswesen der 16 Bundesländer (ARGEBAU): Fassung von November 2002, zuletzt geändert durch Beschluss der Bauministerkonferenz vom 22./23. September 2022.

Stichwortverzeichnis

H

I

K

L

M

N

O

P

Q

R

U

V

W

X

Z